핵심 화학반응공학

ESSENTIALS OF CHEMICAL REACTION ENGINEERING

SECOND EDITION

핵심 화학반응공학

H. SCOTT FOGLER 지음
이윤우 옮김

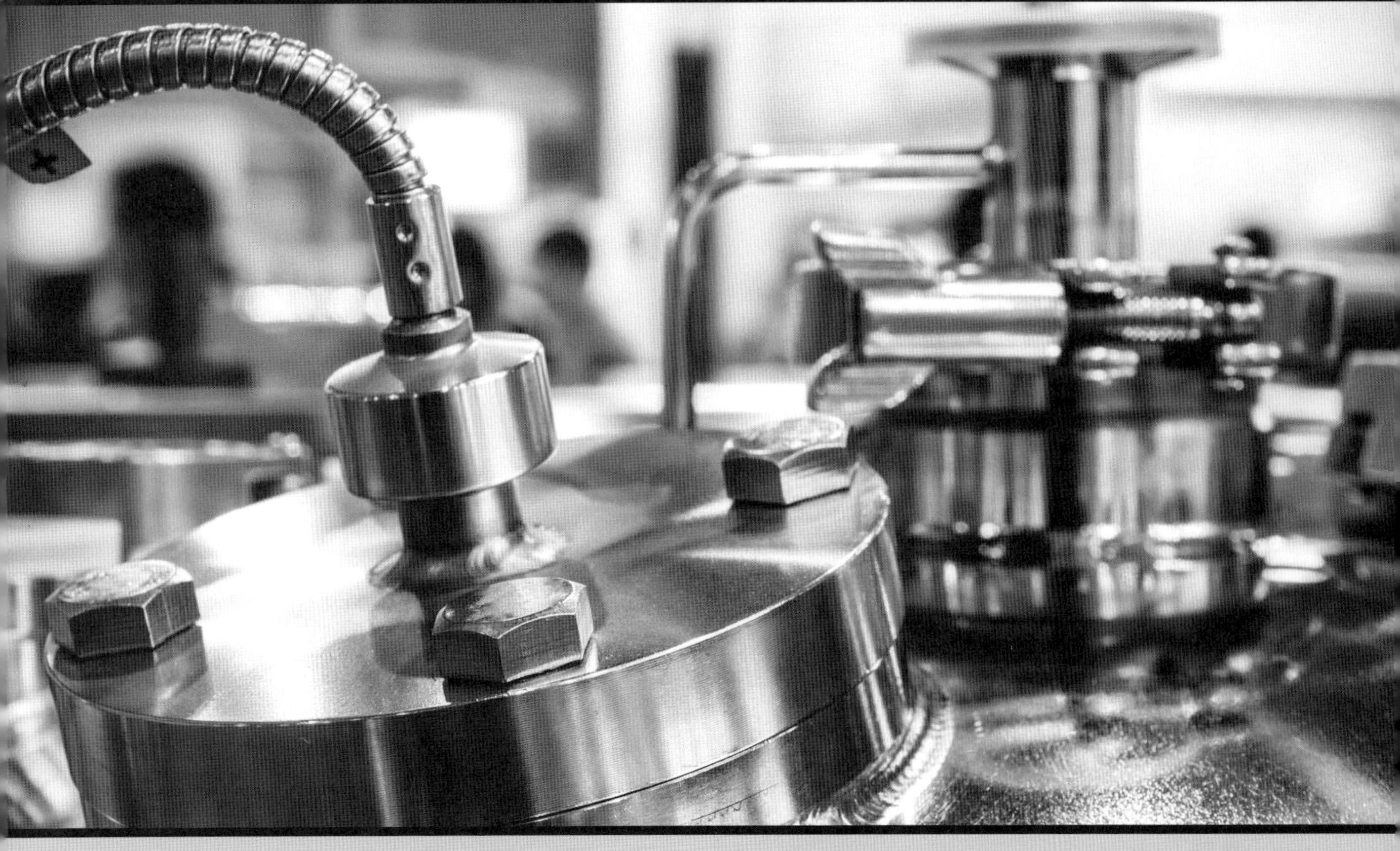

Pearson Education South Asia Pte Ltd
63 Chulia St
#15-01
Singapore 049514

Pearson Education offices in Asia: *Bangkok, Beijing, Ho Chi Minh City, Hong Kong, Jakarta, Kuala Lumpur, Manila, Seoul, Singapore, Taipei, Tokyo*

3 2 1
26 25 24

발행일: 2024년 2월 22일
공급처: 사이플러스(02-332-6171/sciplus@sciplus.co.kr)
ISBN: 978-981-3351-49-3(93570)
가격: 35,000원

http://pearson.com/asia

역자 서문

Preface

반응공학은 반응기를 합리적으로 설계하고, 안전하게 운전하는 데 필요한 지식을 체계화한 학문이다. 구체적으로 반응공학은 **몰수지**(얼마나 많은 원료를 취급하고 얼마나 생산할 것인가?), **반응속도**(얼마나 빨리 생산할 것인가?), **화학양론**(반응조건에 따른 원료의 전화율, 생성물의 수율, 생성물 간의 선택도는 어떤가?), 그리고 **에너지수지**(최적 반응온도는 무엇인가? 온도에 따른 반응속도는? 안전하게 운전할 수 있는가?), **열역학**(우리가 도달할 수 있는 한계는 어디까지인가?) 등을 **결합**하여 반응공학문제를 공학적 접근을 통하여 해결하는 학문이다. 주요 반응공학문제로는 화학반응을 동반하는 반응기의 형태와 크기 결정, 반응기의 배열, 반응시간의 예측, 반응 실험 자료의 확보 및 해석, 복수반응에서의 선택도와 수율의 최대화, 비정상상태 반응기 운전, 비기초반응의 속도식 결정과 반응메커니즘의 예측, 고체 촉매 반응에서의 속도식 결정과 속도제한단계의 분석, 반응과 물질전달, 반응기 내에서의 압력강하, 최적의 반응온도 결정, 비등온반응에서의 열교환 능력의 결정, 단열 반응기의 안전성 해석 등이 있다. 이러한 반응공학문제를 해결하는 능력을 키우기 위하여 이 교재에서는 회분식반응기(batch reactor), 연속교반탱크반응기(CSTR), 플러그흐름반응기(PFR), 충전층반응기(PBR), 유동층 CSTR, 미분반응기(differential reactor), 반회분식반응기(semi-batch reactor), 멤브레인반응기, 반응증류장치 등과 같은 이상적인 반응기(ideal reactor)를 대상으로 하여 반응기 설계 알고리즘을 따라서 여러 가지 문제를 논리적으로 접근하며 해결할 수 있도록 하였다. 이 교재에서는 CRE 웹사이트와 웹모듈을 통하여 다양한 소프트웨어를 설치하고 이들을 이용하여 반응조건에 따른 반응기 거동을 관찰하도록 하여, 학생들은 자연스럽게 반응공정, 분리공정, 공정제어를 포함하는 전체 화학공정을 최적화하는 방법을 배우게 된다.

나는 서울대학교에 온 2004년 이후 줄곧 포글러 교수의 화학반응공학 교재(*Elements of Chemical Reaction Engineering*)으로 반응공학을 가르쳐 왔다. 우리말로도 가르치고, 영어 강의도 하고, 2018년에는 화상 강의 녹화를 마쳐 flip learning도 하였다. 일본(동경대학과 구마모토대학)과 스페인(바야돌리드대학)에서도 영어로 강의를 하였으며, 공기업 특강 및 산업체 인력을 대상으로 한 집중강의도 하였다. 2010년 12월에 포글러 교수의 새로 나온 반응공학 교재(*Essentials of Chemical Reaction Engineering*)를 번역해 달라고 제안을 받았을 때 잠시 머뭇거렸다. 최근에는 국제화 물결을 타고 영어 강의를 권장하는 때이고 따라서 번역판에 대한 필요성이 낮아지는 시기였기 때문이다. 그러나 아직도 대다수 학생들이 번역판을 보고 있는 현실과 우리말로 전공지식을 정확하게 전달하는 중요성을 고려하여 숙고하였다. 특히 이 책은 반응공학문제를 통하여 학생들에게 **합리적인 사고**, **비판적 사고**, 그리고 **창의적 사고**를 훈련하는 훌륭한 교재로서 평소에 애착을 두고 있던 차였다. 결국, 이 책을 번역하면서 원저의 내용이 제대로 살아날 수 있는 번역판을 만들어 보기로 다짐을 하였다. 만만해 보이던 번역 작업이 얼마나 까다로운가를 종종 절감하면서 후회를 한 적이 여러 번 있었다. 1판에서는 어쩔 수 없는 어색함과 때로는 무지에서 비롯된 오역이 있었다. 그러나 2판 번역은 적어도 원서보다는 읽기가 어려운 수준은 면하였을 것으로 확신한다. 독자 여러분께서도 잘못을 지적해 주시면 3판 작업 시 반드시 참조할 것을 약속드린다. 참고로 본서에 나오는 용어 표기는 한국화학공학회에서 1998년에 편찬한 화학공학술어집(*http://www.kiche.or.kr*)을 기본적으로 따랐음을 밝혀 둔다.

끝으로 초판 번역에 참여한 서울대 초임계유체공정연구실 대학원생들과 이 책이 출간될 수 있도록 여러 가지로 많은 수고를 해 주신 피어슨에듀케이션 관계자들에게도 감사를 드린다.

2020년 1월 20일

관악산에서 이윤우 씀

ywlee@snu.ac.kr

서문

Preface

배우기를 중단한 사람을 이처럼 위험한 시기에
방황하게 그냥 내버려 두어서는 안 된다.
코디(M. M. Coady)

A. 누구를 위한 것인가?

이 책과 쌍방향 웹사이트는 화학반응공학 분야의 학부 및 대학원 수준의 텍스트로 사용하기 위한 것이다. 수준은 장(chapter) 선택, 취급할 **전문 참고자료 서고**(*PRS*) 자료(동반 웹사이트에서), 그리고 할당된 문제의 종류와 난이도에 따라 달라질 것이다. 이 책은 오늘날의 학생들을 염두에 두고 쓰여졌다. 이 책은 정보에의 즉각적인 접근을 제공하고, 관련 없는 세부사항에 시간을 낭비하지 않으며, 요점을 정확하게 하고, 정보를 보다 쉽게 접근하기 위해 더 많은 자료를 사용하고, 화학반응공학(예, 태양에너지)에 대한 새롭고 참신한 문제들을 포함하고 있다. 이 책은 화학반응기 안전(제12장, 제13장)과 대체에너지인 태양광(제3장, 제8장, 제10장)과 바이오연료 생산(제9장)을 더욱 강조하고 있다. 유효 인자, 비이상적 반응기, 체류시간 분포 등의 주제에 관한 대학원 자료는 PDF 제14~18장(예, *http://www.umich.edu/~elements/5e/14chap/obj.html*)의 웹사이트에 있다.

B. 강의 목표는 무엇인가?

B.1 화학반응공학을 배우는 즐거움

화학반응공학(CRE)은 화학공학에 특유하고 화학공학자와 다른 공학자를 구분하는 두 가지 핵심 과목 중 하나이다. CRE는 배우기에 재미있고 화학공학의 핵심인 중요한 과목이다. 이 책에 미시간 유머를 조금 제공하려고 노력해 왔다. 본문에서 어떤 원리를 설명하는 유머러스한 YouTube 동영상(예, "Black Widow" 또는 "Chemical Engineering Gone Wrong")을 살펴보자. 이 비디오들은 앨라배마와 미시간 대학의 화학공학 학생들에 의해 만들어졌다. 게다가, 나는 학생들이 비디오와 함께 CRE 홈페이지(*http://www.umich.edu/~elements/5e*)에서 링크되는 대화형 컴퓨터 게임(ICG)을 매우 즐기는 것을 발견했다.

B.2 반응공학에 대한 기본개념의 이해

이 책의 두 번째 목표는 독자들이 화학반응공학(chemical reaction engineering, CRE)에 대한 기본을 명확하게 이해하도록 하는 것이다. 이러한 목표를 달성하기 위해 독자들이 반응공학문제를 풀 때 수많은 방정식과 각각의 방정식에 적용된 제약과 조건들을 **암기하거나 기억에 의존하여 풀기보다는 논리에 의해 풀도록** 체계를 제시하였다. 이 교재에 제시된 반응기 설계 알고리즘은 이 체계를 제공하며, 숙제 문제는 서문 C절에 있는 그림 P-1과 그림 P-2에 기술된 알고리즘을 사용하는 훈련을 제공한다. 각 장의 끝에 있는 전통적인 숙제 문제는 이 장의 원리를 강화하기 위해 고안되었다. 이 문제들은 계산기로 해결할 수 있는 문제들과 Polymath, Wolfram, MATLAB, AspenTech 또는 COMSOL과 같은 수치 소프트웨어 패키지가 있는 개인용 컴퓨터로 풀 수 있는 문제들로 동등하게 나누어져 있다.

실제로 현장의 전문 직종에서 요구하는 화학반응공학에 관한 이해 수준을 알 수 있도록 캘리포니아 토목기사 및 기술사 등록국에서 시행한 화학공학시험(California Board of Registration for Civil and Professional Engineers—Chemical Engineering Examination, PECEE)의 반응공학문제들을 본 교재에 많이 포함시켰다.[1] 전형적으로 이 문제들을 푸는 데는 한 문제당 약 30분이 소요된다.

마지막으로, 동반 웹사이트는 광범위하게 개정되고 확장되었다. 업데이트된 사이트는 **실전 예제 문제**와 함께 **컴퓨터 시뮬레이션과 실험**을 포함하고 있으며, 이들은 서문 D.2절에서 논의한 질문기반학습(Inquiry Based Learning, IBL)[2]을 쉽게 한다. 동반 웹사이트에는 각 장에 수록된 자료의 대화형 요약노트, 강의노트의 PowerPoint 슬라이드, 확대된 유도과정, YouTube 동영상, 웹모듈, i>clicker 질문 및 자체테스트가 포함되어 있다. 이러한 학습자료에 대한 완전한 설명은 부록 I에 있다.

B.3 사고능력의 향상

이 책의 세 번째 목표는 **비판적 사고능력**(critical thinking skill)과 **창의적 사고능력**(creative thinking skill)을 향상시키는 것이다. 어떻게 이 교재가 여러분의 비판적이고 창의적인 사고능력 향상에 도움이 되는가? 서문의 I.1절 비판적 생각, I.2절 창의적 생각, 그리고 웹사이트 *http://www.umich.edu/~scps/html/06chap/frames.htm*과 *http://www.umich.edu/~scps/html/07chap/frames.htm*에서 이러한 향상을 달성하는 방법에 대해 논의한다.

---

1. 이 문제들의 사용에 대해서는 캘리포니아주 새크라멘토시 6번가 1004번지(1004 6th Street, Sacramento, CA 95814)에 소재한 캘리포니아 토목기사 및 기술사 등록국의 화학공학시험 문서보관처로부터 허락을 받았으며, 이에 진심으로 감사하게 생각한다(주의: 이들 문제들은 캘리포니아 등록국 소유이므로 그들의 허가 없이는 복제를 금지한다).

2. Adbi, A. "The Effect of Inquiry-based Learning Methods on Students' Academic Achievement in Science Course," *Universal Journal of Educational Research*, 2(1), 37–41 (2014). 또한, 다음도 참조: Freeman, S., S. L. Eddy, M. McDonough, M. K. Smith, N. Okoroafor, H. Jordt, and M. P. Wenderoth, "Active Learning Increases Student Performance in Science, Engineering, and Mathematics," Proceedings of the National Academy of Sciences, Vol. 111 No. 23, p. 8410 (2014).

C. CRE의 체계란 무엇인가?

C.1 CRE 기초를 형성하는 개념

이 교재에서 배후에 숨겨져 있는 전략은 다양한 문제들을 풀면서 화학반응공학의 몇 가지 기본 개념을 계속적으로 구축하는 것이다. **화학반응공학의 기둥**(Pillars of Chemical Reaction Engineering)(그림 P-1)이라고 하는 이러한 개념들은 초석이 되고, 그 위에 여러 가지 서로 다른 응용분야들이 놓여 있다. 그림 P-1은 화학반응공학 응용분야들을 받쳐 주고 있는 기둥들을 나타낸 것이다. 그것들은 화학반응 해석의 구성요소일 뿐만 아니라 화학반응기 설계에 영향을 미치는 확산과 접촉의 물리적 현상도 나타낸다.

그림 P-2는 CRE의 기본적인 블록들과 암기보다는 논리로 등온 CRE 문제를 해결할 수 있는 기본적인 알고리즘을 보여주고 있다. 우리는 **몰수지 블록**(제1장)으로 시작해서 차례로 한 블록씩을 쌓아 갈 것이며 **계산 블록**(5장)에 도달할 때까지 많은 등온 CRE 문제들을 해결할 수 있게 된다. 각 블록을 연구하면서 우리는 그 블록의 모든 것을 확실히 이해할 필요가 있고 어떤 것도 빼서 모서리를 잘라 원통형 블록으로 마무리해서는 안 된다. 원통형 블록이 있는 탑은 불안정하고 우리가 뒤에 나오는 장들을 공부할 때 무너질 것이다. CRE 웹사이트의 Lecture 1 notes 끝에 있는 애니메이션을 보면, 만약 원통형 블록의 불안정한 탑을 가지고 있다면 CRE 탑이 무너지는 것을 볼 수 있다(*http://www.umich.edu/~elements/5e/lectures/umich.html*).

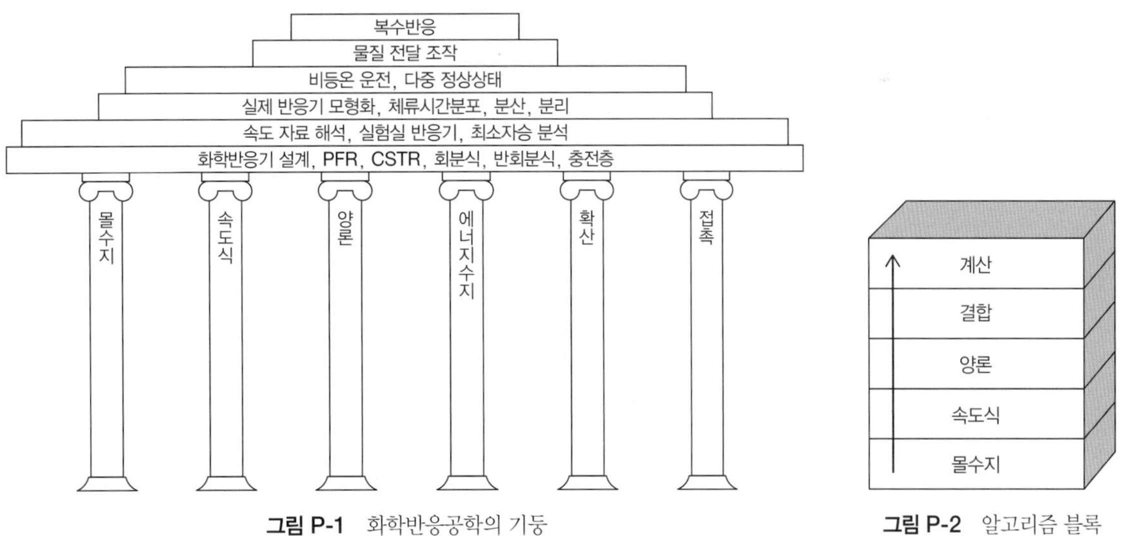

그림 P-1 화학반응공학의 기둥

그림 P-2 알고리즘 블록

비등온 반응의 경우, 그림 P-2의 "결합" 블록을 "에너지수지" 블록으로 교체한다. 왜냐하면, 비등온 반응은 거의 항상 컴퓨터-풀이가 필요하기 때문이다. 결과적으로, 컴퓨터가 우리를 위해 모든 것을 결합하기 때문에 "결합" 블록이 필요하지 않다. 이러한 기둥과 블록으로부터 CRE 알고리즘을 구축한다.

몰수지 + 속도식 + 양론 + 에너지수지 + 결합 → 문제풀이

다소 제약이 따르기는 하겠지만, 학생들이 처음 6개의 장에 관한 공부를 마친 뒤에는 이 책의 내용은 사실상 순서와 관계없이 공부할 수 있다. 가능한 경로를 나타내는 흐름도를 그림 P-3에 나타내었다.

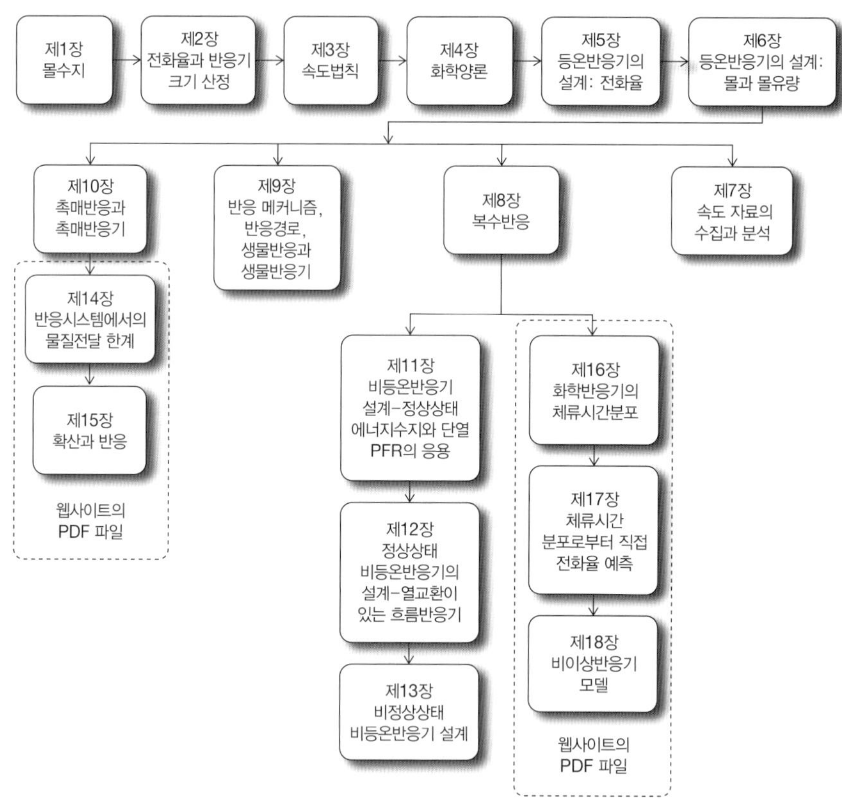

그림 P-3 이 교재를 공부하는 순서도

이 책에서는 미터법 단위계(예, kmol/m^3, J/mol)를 원칙으로 하여 사용하고 있으며, 몇 가지 문제와 예제에 영국 단위계(예, lb$_m$/ft^3, Btu)도 사용되고 있는 것을 독자들은 알게 될 것이다. **이것은 의도적으로 한 것이다!** 오늘날 발간되는 대부분 논문에서 미터계가 사용되고 있지만, 옛날 문헌을 보면 상당히 많은 양의 화학반응공학 자료들이 영국 단위로 되어 있다. 엔지니어들은 최근 문헌뿐만 아니라 옛날 문헌에서도 정보나 반응속도 자료들을 인용해야 하는 경우에 직면할 수 있으므로, 미터계와 영국 단위계 둘 다에 똑같이 친숙해야만 한다.

C.2 이 책이 사용될 수 있는 주제 순서는 무엇인가?

표 P-1에는 대학원과정과 학부과정으로 융합할 수 있는 주제의 예가 수록되어 있다. 미시간대학의 4시간 학부과정에서는, 1장부터 7장까지(시험 1), 8장, 11장, 12장(시험 2), 13장 그리고 9장과 10장의 일부(시험 3) 순서로 대략 13개 장을 다루고 있다. 14장부터 18

장(그림 P-3에 점선으로 표시)은 웹사이트에서 이용할 수 있다.

여백의 주석

여백에 있는 주석은 두 가지 목적으로 사용되었다. 첫째는 내용을 읽어 나갈 때 안내나 주석 역할을 하는 것이고, 둘째는 화학반응공학문제들을 푸는 데 사용되는 중요한 방정식이나 관계식들을 확인하는 것이다.

표 P-1 학부과정/대학원과정에서 다루는 CRE 범위

학부 자료/과정	대학원 자료/과정
몰수지(제1장)	단기 복습(제1~8장, 제11~12장)
로스앤젤레스 분지의 스모그(PRS 제1장)	충돌 이론(PRS 제3장)
반응기 다단(제2장)	전환 상태 이론(PRS 제3장)
하마 소화기관(PRS 제2장)	분자 역학(PRS 제3장)
속도식(제3장)	에어로졸반응기(PRS 제4장)
양론(제4장)	복수반응(제8장):
반응기(제5장):	측면 공급 멤브레인반응기
회분식, PFR, CSTR, PBR	생물반응과 반응기(제9장, PRS 9.3~9.5절)
반응기(제6장):	중합반응(PRS 제9장)
반회분식, 멤브레인	병류와 향류 열교환기(제12장)
데이터 분석: 회귀분석(제7장)	PFR에서 반경방향과 축방향 구배 COMSOL(제12장)
복수반응(제8장)	반응기 안정성과 안전(제12장, 제13장, PRS 12.3절)
생물반응공학(제9장)	폭주반응(PRS, 제12장)
단열 반응기(제11장)	촉매 비활성화(제10장)
정상상태 열효과(제12장):	체류시간 분포(제16장, 제17장)
열교환기 사용 및 미사용 PFR 및 CSTR	실제 반응기 모델(제18장)
다중 정상상태	응용(PRS): 다상반응기, CVD반응기, 생물반응기
비정상상태 열효과(제 13장)	
반응기 안전	
촉매(제10장)	

D. CRE 웹사이트의 구성요소는 무엇인가?

대화식 동반 웹사이트 자료는 상당히 업데이트되었으며 이 책의 독특하고 새로운 부분이다. 이 웹사이트의 주요 목적은 풍부한 자료원(enrichment resource)과 "전문 참고자료 서고"로서의 역할을 하도록 하는 것이다. 그림 P-4는 CRE 웹사이트(*http://www.umich.edu/~elements/5e/index.html*)의 홈페이지의 모습이다. 웹사이트와 텍스트를 대화식으로 사용하는 방법에 대한 자세한 내용은 부록 I를 참조하여라.

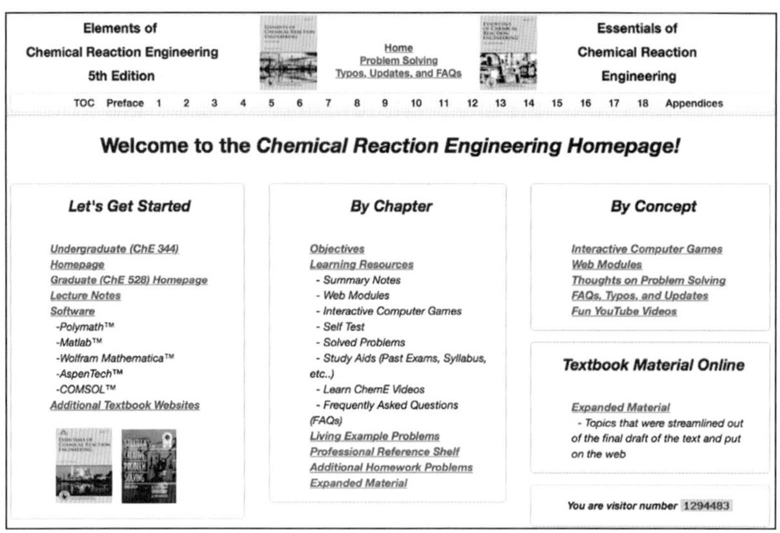

그림 P-4 교재의 동반 웹사이트 스크린샷(*http://www.umich.edu/~elements/5e/index.html*)

웹사이트의 목표는 다음과 같은 네 가지이다.

(1) 부록 I에서 논의된 펠더/솔로몬의 학습스타일 목록(Inventory of Learning Styles)을 적극적으로 다루고 동반 웹사이트를 이용하여 CRE의 쌍방향 학습을 촉진하는 것
(2) 확장자료와 전문 참고자료 서고에 추가적인 기술 자료를 제공하는 것
(3) i>clicker 질문과 같은 자습서 정보 및 자기평가 연습을 제공하는 것
(4) CRE의 개념을 탐구하는 질문기반학습(Inquiry Based Learning, IBL)을 이용하는 것을 허용하는 대화식 게임, LEP 시뮬레이션, 컴퓨터 실험 등을 통해 CRE의 재미를 알게 하는 것

광범위하게 사용하는 자료(Chapter Resources)와 실전 예제 문제들 같은 것을 좀 더 확장하고자 한다. 이러한 항목은 페이지 상단에 있는 TOC(Chapter Table of Contents) 막대를 클릭하여 접근할 수 있다. TOC는 주요 주제 모두를 담고 있다. 12장을 예로 들어보면, 다음에 보이는 스크린샷은 12장에 대한 TOC 쪽을 보여준다.

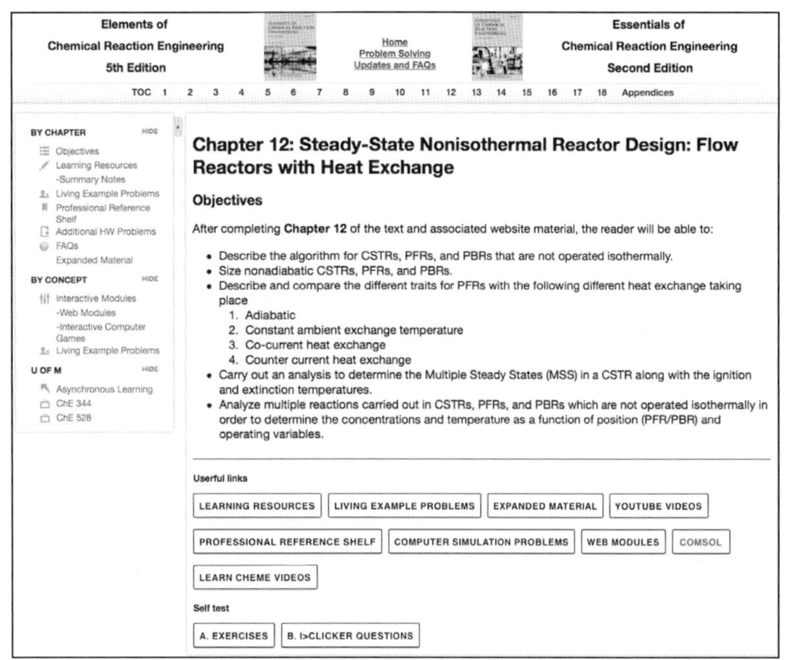

그림 P-5 제12장 TOC 페이지의 스크린샷(*http://www.umich.edu/~elements/5e/12chap/obj.html*)

이 장의 목적을 나열하는 것 외에 Learning Resources, Living Example Problems, B. i>clicker questions 와 같은 여러 가지 **주요한 버튼들**을 발견할 것이다. 우리는 이제 이 버튼들에 대해 자세히 논의할 것이다.

D.1 학습자료(Learning Resources)

학습자료는 요약노트를 통해 각 장에 있는 자료의 개요를 제공한다. 이 노트에서는 화학반응공학의 기본 개념을 강화시켜 주기 위한 핵심 방정식의 주문형 유도과정, 오디오 설명, 추가 예제, 자체테스트 등이 포함된다. 추가 자료로는 대화형 컴퓨터 게임(ICG), 컴퓨터 시뮬레이션과 실험, CRE의 새로운 응용프로그램 웹모듈, 풀이된 문제, 학습보조자료, 자주 묻는 질문(FAQ), Microsoft PowerPoint 강의 슬라이드, LearnChemE 비디오 링크 등이 있다. 이러한 자원은 부록 I에 기술되어 있다.

D.2 실전 예제 문제(LEP)

실전 예제 문제

LEP란 무엇인가? LEP는 매개변수의 값을 변경하고 그것이 답에 미치는 영향을 볼 수 있도록 웹사이트에 해가 있는 **실전 예제 문제**(Living Example Problems)이다. LEP는 그 독창성으로 인하여 이 책의 특징이 되었으며, *Elements of Chemical Reaction Engineering* (2001) 세 번째 판 이후에 교재에 포함시켰다. LEP는 시뮬레이션 소프트웨어(예, Polymath 상미분방정식 문제해결 프로그램, Wolfram, MATLAB)를 사용한다. 이 소프트웨어는 핵심 변수와 가정을 "가지고 놀기(play with)" 위해 자신의 컴퓨터에 직접 로딩할 수 있다. LEP를 사용하여 문제를 탐구하고 "만약에 ...이라면 어떻게 되는가?" 질문하는 것은 학생들에게 비판적이고 창의적으로 생각하는 기술을 훈련할 기회를 제공한다. 학생들에게 이러한 시뮬레이션을 사용할 수 있도록 지도하기 위해서, 각 장(즉, *http://www.umich.edu/~elements/5e/12chap/obj.html*)에 대한 질문이 웹사이트에서 주어진다. LEP를 사용하는 방법에 대한 아이디어는 서문 D.11절을 참조하여라.

질문기반학습(Inquiry Based Learning, IBL)을 사용하는 학생들이 전통적인 방법으로 교육받은 학생들보다 정보를 이해하는 것이 훨씬 더 높은 것으로 나타났다(*Universal Journal of Education Research,* 2(1) 37−41 (2014))[3]. "온도 변화추이가 왜 최소를 통과하는가?"와 같은 해석을 요구하는 질문을 했을 때 학습이 가장 확실하게 향상되었다. 각 장에는 IBL을 연습하는 데 있어서 학생들을 지도할 **컴퓨터 시뮬레이션과 실험**(Computer Simulations and Experiments)에 관한 섹션이 있다. 학생들은 Wolfram 슬라이더 LEP가 화학반응기의 운전을 연구하는 데 매우 효율적인 방법이라고 평했다. 예를 들어 반응기에 대한 시뮬레이션 실험(예, LEP 12-2)을 수행하면서 어떤 조건이 안전하지 않은 운전으로 이어질지 연구할 수 있다.

D.3 확장자료

확장자료는 교재의 CRE 알고리즘을 만드는 CRE 원리의 유도, 예제 및 새로운 응용에 관한 내용을 담고 있다.

D.4 유튜브 동영상

여기에서는 앨라배마대학의 앨런 레인(Alan Lane) 교수의 2008년 화학반응공학 수업시간에 학생들이 만든 유머러스한 유튜브 영상과 항상 인기를 끌던 화학공학 고전인 "Reaction Engineering Gone Wrong"이 포함된 미시간대학의 2011년 CRE 수업의 영상과의 연계를 볼 수 있다.

D.5 전문 참고자료 서고(Professional Reference Shelf)

참고자료 서고

이 자료는 SO_2 산화반응을 수행하는 공업용 반응기 설계, 구형 반응기 설계 및 화학반응공학 코스의 주요 부분에 포함되지 않는 기타 자료 등이며 현장 엔지니어에게 중요하다.

D.6 컴퓨터 시뮬레이션 문제

이러한 문제들은 학생들이 매개변수와 운전조건이 반응과 반응기에 어떻게 영향을 미치는지 이해하는 데 도움이 된다. 이러한 문제는 *Essentials of Chemical Reaction Engineering*의 제2판 인쇄판에는 있지만, *Elements of Chemical Reaction Engineering*의 제5판 인쇄판에는 없다.

D.7 웹모듈

웹모듈은 핵심 CRE 개념을 표준 반응공학 문제와 비표준 반응공학 문제(예, 발광막대(glow stick), 독성 화학물질을 분해하는 습지의 사용, 코브라에 물린 상처로 인한 사망에 관한 약물동력학)에 적용하는 많은 예제다. 웹모듈은 CRE 웹사이트(*http://www.umich.edu/~elements/5e/web_mod/index.html*)에서 직접 로드할 수 있다.

---

3. Ibid. Adbi, A.

D.8 COMSOL

COMSOL Multiphysics 소프트웨어는 제12장 및 제18장의 축방향 및 반경방향의 온도와 농도 변화추이를 모두 보기 위해 사용되는 편미분방정식 문제풀이 프로그램이다. 이 교재 사용자를 위해 COMSOL을 예제와 함께 단계별 지침서를 포함하는 특별한 웹사이트에 제공했다. *http://www.comsol.com/ecre*를 참조하라. 자세한 내용은 부록 D에 수록되어 있다.

D.9 i>clicker 질문

i>clicker 질문이 모든 장에 추가되었다. 학생들은 이것을 사용하여 객관식 문제를 보고 대응한 다음 답을 보면서 이해 정도를 테스트할 수 있다.

D.10 연습

이 섹션에는 시험공부에 사용할 수 있는 추가 문제가 포함되어 있다.

D.11 지침서

다음으로 그림 P-5에 표시된 Living Example Problems(실전 예제 문제) 버튼을 클릭한 다음, 그림 P-6이 나타나도록 제12장의 Living Example Problems 을 클릭하여라.

여러분은 실전 예제 문제 페이지의 스크린샷 바로 아래에 나열된 지침서를 보게 될 것이다. Polymath 지침서는 11개, Polymath, Wolfram, MATLAB 각각에 대한 LEP 지침서는 1개씩 있다. 또한 6개의 COMSOL 지침서가 있다. 사용하고 싶은 LEP 소프트웨어, 즉 Polymath, Wolfram 또는 MATLAB에 액세스하려면 적절한 핫 버튼을 클릭한 다음, 선택한 소프트웨어에서 LEP를 로드하고 실행하여라. LEP를 이용한 숙제 문제는 Wolfram과 Polymath를 사용해야 하는 각 장에 추가되었다. Wolfram의 사용으로 학생들은 컴퓨터 시뮬레이션 문제에 대해 완전히 이해할 수 있게 된다.

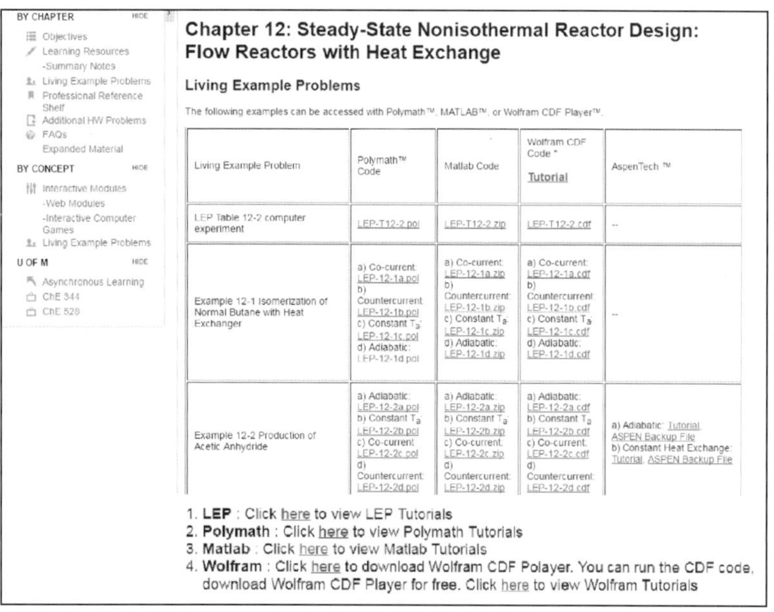

Living Example Problem	Polymath™ Code	Matlab Code	Wolfram CDF Code * Tutorial	AspenTech ™
LEP Table 12-2 computer experiment	LEP-T12-2.pol	LEP-T12-2.zip	LEP-T12-2.cdf	--
Example 12-1 Isomerization of Normal Butane with Heat Exchanger	a) Co-current: LEP-12-1a.pol b) Countercurrent: LEP-12-1b.pol c) Constant T_a: LEP-12-1c.pol d) Adiabatic: LEP-12-1d.pol	a) Co-current: LEP-12-1a.zip b) Countercurrent: LEP-12-1b.zip c) Constant T_a: LEP-12-1c.zip d) Adiabatic: LEP-12-1d.zip	a) Co-current: LEP-12-1a.cdf b) Countercurrent: LEP-12-1b.cdf c) Constant T_a: LEP-12-1c.cdf d) Adiabatic: LEP-12-1d.cdf	--
Example 12-2 Production of Acetic Anhydride	a) Adiabatic: LEP-12-2a.pol b) Constant T_a: LEP-12-2b.pol c) Co-current: LEP-12-2c.pol d) Countercurrent: LEP-12-2d.pol	a) Adiabatic: LEP-12-2a.zip b) Constant T_a: LEP-12-2b.zip c) Co-current: LEP-12-2c.zip d) Countercurrent: LEP-12-2d.zip	a) Adiabatic: LEP-12-2a.cdf b) Constant T_a: LEP-12-2b.cdf c) Co-current: LEP-12-2c.cdf d) Countercurrent: LEP-12-2d.cdf	a) Adiabatic: Tutorial, ASPEN Backup File b) Constant Heat Exchange: Tutorial, ASPEN Backup File

그림 P-6 실전 예제 문제 페이지의 스크린샷(*http://www.umich.edu/~elements/5e/12chap/live.html*)

D.12 완성된 제14장~제18장(PDF 파일)

이 PDF 장들에는 대학원과정에 가장 많이 포함되는 자료가 수록되어 있다. 그러나 여러 학교의 학부 반응공학 강좌에는 유효 인자(effectiveness factor) 등과 같은 대학원 수준의 주제 1~3개가 포함된다. 따라서 대학원과정은 PDF 제14장~제18장(예, *http://www.umich.edu/~elements/5e/14chap/Fogler_Web_Ch14.pdf*)에 수록되어 있다.

E. 왜 숙제를 내주는가?

숙제 문제를 푸는 것은 CRE에 대한 진정한 이해를 촉진한다. 한 장을 읽은 후에 학생은 자신이 그 자료를 이해했다고 느낄지 모른다. 그러나 숙제 문제에서 CRE의 새로운 또는 약간 다른 적용을 시도할 때, 학생들은 숙제의 문제를 최종적으로 해결하는 데 필요한 이해 수준을 얻기 위해 다시 돌아가서 이 장의 다른 부분을 다시 읽어야 할 필요가 생긴다.

학생들은 다른 문제로 가기 전에 먼저 **컴퓨터 시뮬레이션 문제**를 통해 작업하는 것이 좋다. 장 말미에 있는 "2"로 번호가 매겨진 문제들(예, P3-2_A, P12-2_B)은 그 장의 예제에 관해 질문을 한다. 이러한 예제 문제는 핵심 자원이다. 이 숫자-2-수준의 문제들은 주어진 장에서 더 어려운 숙제 문제에 도전하기 전에 다루어져야 한다. 각 문제 번호 뒤의 아래첨자(A, B, C, D)는 문제의 난이도를 나타낸다(즉, A = 쉽다; D = 어렵다).

F. 다른 웹사이트 자료가 있는가?

CRE 웹사이트(*http://www.umich.edu/~elements/5e/index.html*). 모든 교육 자료와 이들을 사용하는 방법에 대한 완전한 설명은 부록 I에서 확인할 수 있다.

웹사이트에 재미있는 것은 무엇이 있는가?

A. YouTube 동영상. 재미있는 비디오들이 위의 D절(CRE 웹사이트의 구성요소는 무엇인가?)에서 논의된다.

B. 대화형 컴퓨터 게임(ICG). 학생들은 중요한 장의 개념들을 복습할 때 대화형 컴퓨터 게임이 재미있으면서도 아주 유용할 뿐 아니라, 이들을 독특하고 재미있는 방법으로 실제 문제에도 적용할 수 있다는 것을 알게 된다. 웹사이트에서 다음과 같은 ICG를 사용할 수 있다.

- 퀴즈쇼 Ⅰ(제1장)
- 반응기 다단화(제2장)
- 퀴즈쇼 Ⅱ(제4장)
- 미스테리 살인(제5장)
- Tic-Tac(제5장)
- 생태학(제7장)
- Great Race(제8장)
- Enzyme Man(제9장)
- 촉매반응(제10장)
- 열효과 Ⅰ(제12장)
- 열효과 Ⅱ(제12장)

여러분은 이러한 대화형 컴퓨터 게임을 하면서, 교과서의 해당 자료와 관련된 질문들을 받을 것이다. ICG는 모든 답을 추적하게 되며, 게임 종료 시 내용을 얼마나 잘 숙달했는지를 반영하는 암호화된 수행번호(coded performance number)을 보여줄 것이다. 교수는 암호화된 수행번호를 해독하는 매뉴얼을 가지고 있다.

G. 비판적 사고와 창의적 사고 능력을 어떻게 향상할 수 있는가?

(http://umich.edu/~scps/html/probsolv/strategy/crit-n-creat.htm)

G.1 비판적 사고능력 강화

이 책의 세 번째 목표는 비판적 사고능력을 향상하는 것이다. 어떻게 하면 비판적 사고력을 높일 수 있을까? 답변: 표 P-2의 비판적 사고 질문을 하고 표 P-3의 조치를 수행하는 방법을 학습한다. 이러한 목적을 위해 고안된 많은 숙제 문제가 포함되어 있다. 소크라테스 질문(Socratic question)[4]은 비판적 사고의 핵심이고, 많은 숙제 문제가 표 P-2에 보이는 R. W. Paul의 여섯 가지 유형의 소크라테스 질문에서 비롯되며, 웹사이트의 확장자료에 나와 있다.

"반응기가 폭주하여 폭발할 가능성이 있는가?" 또는 "반응기가 왜 폭발했을까?" 등의 문제를 조사할 때 이들 여섯 가지 유형을 알고 적용할 수 있어야 한다.

또 다른 중요한 기술은 누군가의 가설(hypothesis)이나 진술(statement)을 검토하고 의심할 수 있는 능력이다. 이 도전하는 알고리즘은 **체계화된 비판적 추론**(Structured Critical Reasoning)(*http://www.umich.edu/~scps/html/03chap/frames.htm*)이며, Marco Angelini와 University College London에서 연구년을 보내던 Scott Fogler 교수가 개발했다(*http://www.umich.edu/~elements/5e/toc/SCPS,3rdEdBookCh03.pdf*).

비판적 사고능력은, 다른 기술과 마찬가지로, 반드시 연습해야 한다. Scheffer와 Rubenfeld[5,6]는 표 P-3에 있는 활동, 진술 및 질문을 이용하여 비판적 사고능력을 연습하는 방법을 설명한다. 독자는 표 P-1과 웹사이트의 비판적 사고 질문을 하는 것뿐만 아니라 이러한 행동의 일부 또는 전부를 사용하여 매일 연습하도록 노력해야 한다.

나는 비판적 사고능력을 개발하고 연습하는 가장 좋은 방법은 학생들이 할당된 숙제 문제에 대한 질문을 쓰는 것을 돕고 그 질문에 비판적 사고가 포함되는 이유를 설명하기 위해 표 P-2와 P-3을 사용하는 것이라는 것을 발견했다.

비판적 사고에 대한 자세한 내용은 CRE 웹사이트의 문제해결 섹션(*http://www.umich.edu/~elements/5e/probsolv/index.htm*)에서, SCR은 *http://www.umich.edu/~elements/5e/toc/SCPS,3rdEdBook(Ch07).pdf*에서 찾을 수 있다.

---

4. R. W. Paul, *Critical Thinking* (Santa Rosa, CA: Foundation for Critical Thinking, 1992).
5. B. K. Scheffer and M. G. Rubenfeld, "A Consensus Statement on Critical Thinking in Nursing," *Journal of Nursing Education*, 39, 352–359 (2000).
6. B. K. Scheffer and M. G. Rubenfeld, "Critical Thinking: What Is It and How Do We Teach It?" *Current Issues in Nursing* (2001).

표 P-2 비판적 사고에 사용되는 6가지 유형의 소크라테스식 질문

(1) 명확성에 관한 질문: 그렇게 말하는 이유는 무엇인가? 이것이 우리의 논점과 어떤 관계가 있는가?
"전화율을 계산할 때 분석에 압력강하를 포함시킬 것인가?"

(2) 가정을 탐색하는 질문: 주어진 가정 대신에 어떤 다른 가정을 할 수 있는가? 그 가정을 어떻게 증명하거나 어떻게 반증하겠는가?
"촉매 입자가 압력강하를 무시할 만큼 충분히 큰가?"

(3) 이유와 증거를 탐색하는 질문: 예로는 어떤 것이 있는가?
"압력강하를 무시한 것이 예측된 전화율이 측정된 것보다 큰 이유가 되는가?"

(4) 관점과 균형감에 관한 질문: 대안은 무엇인가?
"압력강하가 크기 때문에 촉매 입자의 크기를 늘리는 것이 합리적일까?"

(5) 영향과 결과를 탐색하는 질문: 어떤 일반화를 할 수 있는가? 그 가정의 결과는 무엇인가?
"만약 확산을 무시한다면 결과는 어떻게 영향을 받는가?"

(6) 질문에 대한 질문: 이 질문의 요점은 무엇인가? 왜 이러한 질문을 했다고 생각하는가?
"어떤 이유로 인해 계산에 압력강하를 포함시킬지 여부를 묻는 생각을 하게 되었는가?"

표 P-3 비판적 사고 기술[7]

분석하기: 특성, 기능 그리고 관계를 밝혀내기 위하여 전체를 부분으로 나누거나 분해하기
"나는 그것을 하나하나 단편적으로 분석하였다."
"나는 그것들을 분류하였다."

기준을 적용하기: 설정된 개인적, 전문적, 또는 사회적 규칙이나 기준에 따라서 판단하기
"나는 그것을 ...에 따라서 판단하였다."

식별력: 사물이나 상황 간의 차이점이나 유사점들을 인식하여 범주나 등급에 따라 조심스럽게 구별하기
"나는 여러 가지를 ...로 등급을 매겼다."
"나는 여러 가지를 함께 그룹화하였다."

정보 찾기: 관련된 자료의 출처를 찾아내고 이 자료원에서 객관적, 주관적, 과거 및 현재의 자료를 모음으로써 증거, 사실 또는 지식을 찾기
"나는 ...를 찾을/조사할 필요가 있다는 것을 알았다."
"나는 계속해서 자료를 찾았다."

논리적으로 추론하기: 증거에 의해 뒷받침되거나 정당화되는 추론 또는 결론들을 끌어내기
"나는 ...라는 정보로부터 추론하였다."
"결론에 대한 나의 근거는 ...이다."

예측하기: 계획과 그 결과를 상상하기
"나는 결과가 ...일 것이라고 예상하였다."
"나는 ...에 대해 준비하였다."

지식을 변환하기: 전후관계들 간의 개념들에 대한 조건, 특성, 형태 또는 기능을 바꾸거나 변환하기
"나는 ...에 의해서 기본을 개선하였다."
"나는 그것이 ...의 상황에 맞을지 궁금하다."

7. R. W. Paul, Critical Thinking (Santa Rosa, CA: Foundation for Critical Thinking, 1992); B. K. Scheffer and M. G. Rubenfeld, "A Consensus Statement on Critical Thinking in Nursing," *Journal of Nursing Education*, 39, 352–59 (2000).

G.2 창의적 사고능력의 향상

이 책의 네 번째 목표는 창의적 사고능력을 계발하도록 돕는 것이다. 이 목표는 다양한 수준의 개방형(open-ended) 문제들을 많이 다루어 봄으로써 달성할 수 있을 것이다. 여기서 학생들은 각 장 숙제 문제의 시작부분에서 개략적으로 주어진 예제 문제들을 조사함으로써, 그리고 새로운 독창적인 문제를 만들고 풀어 봄으로써 **창의적 능력**을 연습할 수 있다. 문제 P5-1은 새로운 독창적 문제 계발에 약간의 지침들을 제공한다. 학생들이 그들의 창의력[8]을 연습하고 배양하는 데 도움을 줄 수 있는 많은 기법을 포글러(Fogler)와 르블랑(LeBlanc)[9]의 저서(그리고 동반 웹사이트)나 *Strategies for Creative Problem Solving*, 3판(*http://www.umich.edu/~scps/html/06chap/frames.htm*)에서 얻을 수 있다. 이 책의 웹사이트는 CRE 웹사이트 홈페이지에서 접속이 가능하다. Osbon의 체크리스트나 de Bono의 수평적 사고법(lateral thinking, 이는 다른 사람의 관점을 고려하고 무작위적인 자극에 대해 응답하는 것을 포함한다)(**역자 주 |** 상상력을 발휘하여 새로운 방식으로 사고함으로써 문제해결을 시도하는 것)과 같은 방법들을 사용하여 표 P-4에 주어진 추가 질문에 답할 수 있다. 아이디어 창출에 대한 정신적 블록(mental blocks)은 *http://umich.edu/~scps/html/06chap/frames.htm*에서 찾을 수 있고, 창의성을 향상하기 위해 할 수 있는 12가지(12 Things You Can Do To Improve Your Creativity)는 *http://www.umich.edu/~elements/5e/probsolv/strategy/creative.htm*에서 찾을 수 있다. 미래진단법(futuring), 유추법(analogy), 상호교류법(cross-fertilization), TRIZ 기법과 함께 Osborn과 de Bono의 브레인스토밍(brainstorming techniques)은 *http://www.umich.edu/~scps/html/07chap/frames.htm*과 *http://www.umich.edu/~elements/toc/SCPS,3rdEdBook(Ch07).pdf*에서 찾을 수 있다.

표 P-4 창의적 사고 연습법

(1) 주어진 숙제 문제에 대해 색다른 질문을 해보거나, 또는 색다른 계산방법들을 제시하는 발상들을 브레인스토밍(brainstorming)하라. (역자 주 | 브레인스토밍: 각자가 아이디어를 내놓아 최선책을 결정하는 창조 능력 개발 방법 또는 창조적 집단 사고)

(2) 주어진 숙제 문제를 틀리게 풀어보는 방법을 브레인스토밍하여라.

(3) 주어진 문제를 더욱 쉽게, 혹은 흥미롭게 하는 방법을 브레인스토밍하여라.

(4) 주어진 숙제 문제를 풀면서 배운 것들과 문제의 요점이 무엇인지 목록을 만들기 위해 브레인스토밍하여라.

(5) 반응기가 운전될 때 측정된 값보다 계산된 값이 더 크게 예측된 이유를 브레인스토밍하라. 계산할 때 수치적인 오류는 없었다고 가정한다.

(6) "...이라면 어찌 되는가?"의 질문(what if ... question): "...이라면 어찌 되는가?"의 질문은 문제를 파악하기 위하여 매개변수들을 변화시켜 민감도 분석을 행하는 실전 예제 문제(Living Example Problem)를 다룰 때 특히 효과적이다. 이를테면, 만약 어떤 사람이 당신에게 촉매의 입자 직경을 2배로 해야 한다고 제안한다면, 어떻게 대답하겠는가?

8. Creativity: *http://www.umich.edu/~scps/html/06chap/frames.htm*.

9. H. S. Fogler, S. E. LeBlanc, with B. Rizzo, *Strategies for Creative Problem Solving*, 3rd ed. (Upper Saddle River, N.J.: Prentice Hall, 2014), *http://www.umich.edu/~scps/*.

학부 수준에서 주요 목표 중 하나는 열효과가 있는 복수반응과 같은 복잡한 반응문제들을 풀 수 있고 "...이라면 어찌 되는가(what if ...)?"라는 질문을 할 수 있으며, 최적 운전 조건과 안전하지 못한 운전 조건을 찾을 수 있는 곳까지 학생들을 인도하는 것이다. 이러한 목표를 예시하는 문제가 P12-26$_C$의 스티렌 제조이다. 이 문제가 특별히 흥미로운 것은 두 개의 반응은 흡열반응이고, 한 개는 발열반응이기 때문이다.

(1) 에틸벤젠 → 스티렌 + 수소: 흡열반응
(2) 에틸벤젠 → 벤젠 + 에틸렌: 흡열반응
(3) 에틸벤젠 + 수소 → 톨루엔 + 메탄: 발열반응

학생은 다음과 같은 연습문제 (x), (y), (z) 중 하나를 장 말미의 숙제 문제에 추가함으로써 비판적이고 창의적인 사고능력의 더 많은 연습을 할 수 있었다.

(x) 어떻게 하면 이 문제를 쉽게 만들 수 있을까? 더 어렵게 만들 수 있을까?
(y) 비판적인 생각을 하는 질문을 써서 당신의 답을 비판하라.
(z) 이 문제를 틀리게 푸는 두 가지 방법을 제시하여라.

요약하자면 표 P-2, P-3, P-4를 사용하여 각 장 끝의 숙제 문제를 어느 정도 확장함으로써 비판적 사고력과 창의적 사고력을 모두 향상시킬 수 있다는 것이 저자의 경험이다.

H. 제2판의 새로운 점은?

H.1 교수법

이 교재는 암기보다는 논리로 화학반응공학 등을 배울 수 있는 알고리즘을 활용하는 초판의 *Essentials of Chemical Reaction Engineering*의 모든 장점을 유지한다. 동시에, 제2판은 반응기가 다른 상황에서 어떻게 동작하는지에 대한 직관적인 느낌과 이해를 얻기 위해 학생들이 방정식을 푸는 것을 넘어설 수 있는 새로운 자원을 제공한다. 본문과 관련 웹사이트를 종합하면 화학반응공학 학습에서 작은 패러다임 변화가 나타난다. 이 변화는 질문기반학습(Inquiry Based Learning, IBL)[10]과 텍스트와 웹사이트의 LEP(실전 예제 문제) 사이의 상호작용을 사용하여 달성된다. CRE에서의 Wolfram의 등장은 이러한 패러다임의 변화를 촉진시킨 것 중 하나이다.

창의적 사고능력(creative thinking skills)은 예제 문제를 탐구하고 "만약 ...이라면(what if ...)?" 질문을 하며, 표 P-4의 브레인스토밍 연습 중 하나 이상을 사용하여 숙제 문제를 확장하고, 개방형 문제(open-ended problem)를 해결함으로써 향상될 수 있다. 예를 들어, 안전에 관한 사례연구에서, 학생들은 CRE 웹사이트의 LEP를 사용하여 예제 13-2의 니트로아닐린 폭발에 대한 사후 분석을 수행하여 냉각이 10분이 아니라 5분 동안 실패했다면 어떻게 되었을지 알 수 있다. 이를 위해 이 교재의 새로운 특징은 각 예제 문제의 끝에 있는 분석 단평이다. 비판적 사고와 창의적 사고를 키우는 예제와 숙제 문제를 개발하는 데 상당한 노력을 기울였다.

10. 아직 받지 못함

제2판에서는 80개 이상의 쌍방향 시뮬레이션(LEP)이 웹사이트에 제공된다. 이 웹사이트는 대화형 요약노트, i>clicker 질문, ICG(Interactive Computer Games)를 통해 펠더/솔로몬의 다양한 학습 스타일 목록(Felder/Solomon Inventory of Different Learning Styles)[11]을 다루기 위해 크게 확장되었다. 예를 들어, 부록 I에서 논의한 바와 같이 포괄적 학습자(global learner)는 요약노트에서 장 자료의 개요를 얻을 수 있고, 순차적 학습자(sequential learner)는 모든 i>clicker 질문과 Self Test 핫버튼을 사용할 수 있으며, 적극적 학습자(active learner)는 ICG와 상호작용하고 요약노트의 Derive 핫버튼을 사용할 수 있다.

비판적 사고능력을 개발하기 위해 강사들은 문제해결에 대한 새로운 숙제 문제 중 하나를 배정할 수 있을 뿐만 아니라, 학생들에게 표 P-2와 표 P-3을 이용한 비판적 사고와 관련된 질문을 함으로써 숙제 문제를 확대하도록 요구할 수 있다.

다음 영역들은 Polymath, Wolfram 및 MATLAB을 사용한 완벽한 대화형 예제 문제를 가지고 신규 제2판의 웹사이트에 더 강조하였다.

1. 안전: 3가지 산업에서 발생한 폭발에 대해 논의하고 모델링함.
   a. 암모늄 질산염 CSTR 폭발(제12장과 제13장)
   b. 니트로아닐린 회분식반응기 폭주반응(제13장)
   c. T2 Laboratories 회분식반응기 폭주반응(제13장)
   d. SAChE와 CCPS의 자원(제12장)
2. AspenTech: 화학반응공학에 대한 AspenTech 지침서와 네 가지 예제의 문제가 CRE 웹사이트에서 제공된다. 예를 들면 다음과 같다.
   a. 에탄으로부터 에틸렌 생산
   b. 벤젠의 열분해반응
   c. *n*-부탄의 단열 액상 이성질화반응
   d. 무수 아세트산(Acetic Anhydride)의 단열 생산

그리고 항상 기억해야 할 가장 중요한 것은:

바라건대, 모든 강력한 법칙들은 종종 예외를 두는 경향이 있다. 매우 중요한 개념들은 질서 있고 책임감 있는 표현이어야 한다. 사실상 모든 법칙은 본질적으로 자연스러운 생각이다. 실험 중에 얻은 보편적 관찰은 법칙이 된다.

I. 어떻게 감사하다고 말할까?

별도의 장을 만들어 그들 모두에게 적절한 방법으로 감사를 표해야 할 정도로 이 책에 기여한 동료들이나 학생들이 많다. 이 책, *Essentials of Chemical Reaction Engineering* 제2판에 기여한 모든 친구들과 학생들 그리고 동료들에게 다시 한 번 감사한다. 특별히 다음에 나오는 분들께 감사한다.

---

11. *http://www.ncsu.edu/felder-public/ILSdir/styles.htm*

맨 먼저, 나는 Ame와 Catherine Vennema에게 빚을 졌다. 그들의 석좌교수 기부가 이 프로젝트의 완성을 크게 촉진했다. 나의 동료인 Nihat Gürmen 박사는 *Elements of Chemical Reaction Engineering*의 제4판을 쓰면서 원래의 웹사이트를 공동 집필했다. 그는 함께 일하기에 훌륭한 동료였다. 나는 또한 미시간대학의 학생 Arthur Shih, Maria Quigley, Brendan Kirchner, 그리고 이전 버전의 웹사이트에서 일했던 Ben Griessmann에게 감사드리고 싶다.

Polymath의 공동저자인 Michael B. Cutlip은 초판의 제안과 비판적 독해뿐만 아니라, 가장 중요한 것은 이 프로젝트 과정 내내 지속적인 지원과 격려를 제공했다는 점이다. Chau-Chyun Chen 교수는 두 가지 AspenTech 예제를 제공했다. COMSOL Mutiphysics의 Ed Fontes는 격려를 해주었을 뿐 아니라 CRE 예제가 있는 지침서가 포함된 COMSOL 웹사이트를 제공했다. 나의 모든 책 프로젝트들의 풀서비스 제작 매니저인 Prentice Hall의 Julie Nahil은 내내 환상적이었다. 그녀의 격려와 세세한 부분까지의 관심, 유머감각에 큰 감사를 드린다. 인도공대(IIT)−Guwahati의 화학공학과 졸업생인 Mayur Tikmani는 이 텍스트를 적시에 편집자에게 전달하는 데 도움을 준 것이 놀라웠다. 그는 LEP 예제를 위해 모든 Wolfram 코딩을 제공했다; 필요한 경우 CRE 웹사이트의 Polymath, Wolfram 및 MATLAB 지침서를 확인하고 수정했으며, 또한 모든 장들을 교정하는 데 도움을 주었다. 여름 인턴인 Kaushik Nagaraj(인도 IIT-Bombay)와 Jakub Wlodarczyk(폴란드 Warsaw Technology University)는 갤리 교정과 페이지 교정 모두를 도왔다. Kaushik는 3.5절에서 해답집의 최신 부분과 MATLAB 코딩의 일부를 업데이트했고, Jakub은 i>clicker의 모든 질문과 해답을 점검했다. 미시간대 컴퓨터공학부(CSE) 학생들인 Kyungjun Kim과 Wen He는 웹사이트의 주요 부분을 재설계하는 데 탁월한 성과를 거두고 링크와 자료를 웹사이트 전체에 삽입했다. 미시간대학 학생인 Julia Faeth와 Eric O'Neill은 각각 5장의 독창적인 문제에 공헌하였다. 미시간대학의 Heather Mays 교수는 2017년 겨울학기 동안 이 과정을 가르치면서 초안 장과 i>clicker 질문에 대해 조언을 했다. Mayur, Kaushik, Jakub, Jun, Wen, Julia, Eric, Heather에게 감사한다.

나는 이 판의 집필 기간 내 박사과정 학생들의 인내심에 매우 감사한다. Mark Sheng Zheng, Cláudio Vilas Bôas Fávero, 그리고 Luqman Hakim Bin Ahmad Mahir에게 감사한다.

나는 다양한 이유로 아래 언급한 사람들에게 감사하고 싶다: David Bogle, Lee Brown, Hank Browning, John Chen, Stu Churchill, Jim Duderstadt, Tom Edgar, John Falconer, Rich Felder, Asterios Gavriilidis, Joe Goddard, Robert Hesketh, Mark Hoefner, Jay Jorgenson, Lloyd Kemp, Costas Kravaris, Steve LeBlanc, Charlie Little, Kasper Lund, the Magnuson 가족, Joe Martin, Susan Montgomery, 우리의 부모, Guiseppe Parravano, Max Peters, Sid Sapakie, Phil Savage, Jerry Schultz, Johannes Schwank, Mordechai Shacham, Michael Stamatakis, Klaus Timmerhaus, Jim Wilkes, June Wispelwey, Max, Joe(aka "Jofo"), Sophia, Nicolas, 명예교수 금요 점심모임 그룹, 그리고 이 책의 마지막 편집이 이루어진 곳인 Plymouth Road Mall의 스타벅스 직원.

Laura Bracken은 이 책의 일부분이다. 나는 그녀의 방정식과 낙서에 대한 훌륭한 해독, 그녀의 체계성, 실수와 모순의 발견, 세심한 교정에 감사한다. 이 모든 결과는 항상 그녀가 보여준 훌륭한 성격 덕분이었다. 고마워요, 레이더(Rader)!

마지막으로, 내 아내 Janet에게 사랑과 감사를 보낸다. 그녀가 이 책의 초판을 타이핑했고—당신은 Royal Select 타자기를 믿을 수 있는가!—이번 2판에서도 사운딩 보드(sounding board)(역자 주 | 반응 테스트에 대상이 되는 사람) 역할을 하였다. 그녀는 항상 기꺼이 단어 선택과 문장 구조를 도와주었다. 예를 들어, 나는 종종 그녀에게 "이것이 여기서 사용하기에 올바른 문구인가?" 또는 "여기서 Jofostan을 언급해야 하는가?"라고 물었다. Jan은 또한 독창성은 무엇을 빼야 하는지를 아는 것과 관련이 있다는 것을 알게 해주었다. 그녀의 엄청난 도움과 지원이 없었다면, 이 프로젝트는 가능하지 않았을 것이다.

HSF
미시간주 앤아버에서
2017년 8월

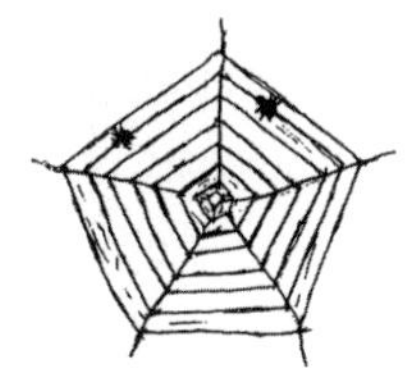

업데이트와 새롭고 흥미로운 응용분야들을 위해 다음 웹사이트를 방문하여라:

http://www.umich.edu/~elements/5e/index.html.

인쇄상의 오류는 홈페이지의 Updates와 FAQ를 클릭하여 찾아라:

http://www.umich.edu/~elements/5e/updates/index.html.

저자에 관하여

About the Author

스캇 포글러(H. Scott Fogler)는 화학공학의 Ame and Catherine Vennema 석좌교수이고, 미시간대학교의 Arthur F. Thurnau 석좌교수이며, 2009년도 50,000명 회원의 미국화학공학회(American Institute of Chemical Engineers) 회장이다. 그는 University of Illinois에서 학사학위를 받았고, University of Colorado에서 박사학위를 받았다. 그는 *Essentials of Chemical Reaction Engineering* 제5판의 저자이고, *Strategies for Creative Problem Solving* 제3판을 Steven LeBlanc과 Benjamin Rizzo와 함께 저술하였다.

그의 관심 연구 분야는 다공성 매질에서의 흐름과 반응, 왁스와 아스팔튼(asphaltene)의 침적, 아스팔튼 응집 역학, gellation 속도학, 콜로이드(colloidal) 현상, 그리고 촉매 용해 등을 포함한다. 그는 45명 이상의 박사과정 학생들을 지도하였고, 이 분야의 240편이 넘는 심사받은 논문을 가지고 있다. 포글러는 ASEE의 화학공학부에서 미국화학공학협회(American Institute of Chemical Engineers, AIChE) 회장으로 일해 왔고, AIChE에서 화학공학 교육에 대한 공로로 Warren K. Lewis 상을 받았다. 그는 또한 Chemical Manufacturers Association의 국가 촉매 상(National Catalyst Award)을 받았고, CCR(Council for Chemical Research)에서 2010년도 Malcom E. Pruitt 상을 받았다. 그는 11개의 지명된 강의의 수상자이고 Energy & Fuels의 부편집장이다. 2016년 4월 15일 스캇은 스페인 Tarragona 소재 Universitat Rovira i Virgili로부터 명예 박사학위를 받았다.

차례

Contents

8장 복수반응 303

9장 반응 메커니즘, 반응경로, 생물반응과 생물반응기 363

몰수지 1

Mole Balances

지식에의 첫걸음은 모른다는 것을 인지하는 것이다.

—소크라테스(Socrates, 470-399 B.C.)

화학반응공학의 넓은 미개척의 세계

화공엔지니어는 다른 분야의 엔지니어와 어떻게 다른가?

화학반응속도론(chemical kinetics)은 화학반응속도(chemical reaction rate)와 반응 메커니즘(reaction mechanism)을 연구하는 학문이다. 화학반응공학(chemical reaction engineering, CRE)은 화학반응속도론을 반응이 일어나는 반응기(reactor)와 결합시킨 내용을 연구하는 학문이다. 화학반응속도론과 반응기 설계(reactor design)는 그림 1-1에서 나타낸 프탈산 무수물(phthalic anhydride)의 제조와 같은 대부분의 화학제품을 생산하는 데에 가장 중요하다. 화학공학 기술자가 다른 공학 기술자들과 구별되는 것은 무엇보다도 화학반응속도론과 반응기 설계에 대한 지식 때문이다. 어떤 화학공장의 경제적인 성공 여부는 가장 안전하고 가장 효율적인 방식으로 운전되는 반응계(reaction system)를 선택할 수 있느냐에 달려 있다. 예컨대 어떤 반응계가 다량의 원하지 않는 생성물을 생산한다면, 원하는 생성물을 정제 및 분리하는 후속 공정이 따라야 하므로 전체 공정이 경제적이지 않을 수 있다.

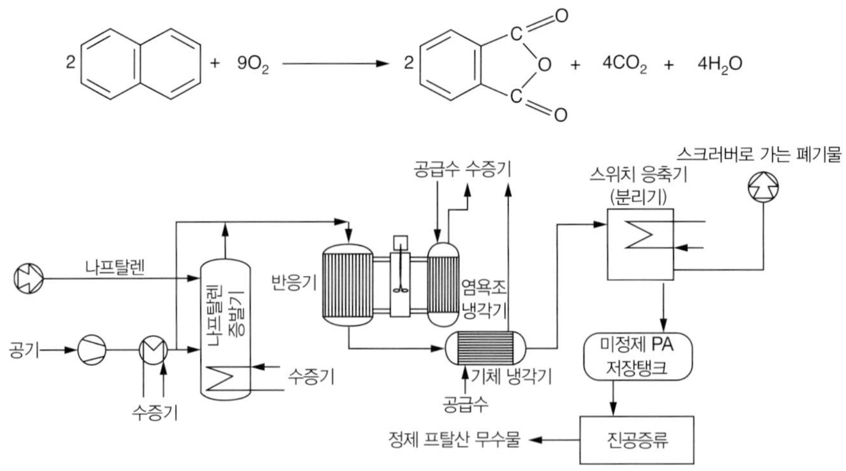

그림 1-1 프탈산 무수물의 제조

이 책에서 배우게 되는 화학반응공학(**CRE**) 원리는 화학제품이나 의약품의 제조와 같은 전통적인 분야뿐만 아니라, 폐기물 처리, 마이크로전자공학, 나노입자, 그리고 생체 시스템과 같은 분야에서도 응용될 수 있다. CRE 원리를 응용하는 몇 가지 사례를 그림 1-2에서 나타내었다. 이 사례들은 로스앤젤레스 분지의 스모그 모델링(제1장), 하마의 소화기 계통(CRE 웹사이트의 제2장, *www.umich.edu/~elements/5e/index.html*), 그리고 분자 화학반응공학(제3장)을 포함하고 있다. 이 외에도 가장 일반적인 세 가지 유형의 공업용 반응기(제5장과 제6장)가 사용되고 있는 에틸렌글리콜(부동액)의 제조공정(제4장), 독성 화합물을 분해하기 위한 습지의 활용(CRE 웹사이트의 제7장)과 같은 사례들이 나타나 있다. 다른 예들로는 원유 회수를 증진시키기 위한 acid-rock 상호작용에 대한 고체–액체 속도론(제7장); 코브라에게 물렸을 때 약물속도론(웹사이트 Module의 제8장); 엔진 오일에 첨가되는 자유라디칼 포집제(제9장); 효소반응속도론(제9장)과 약물전달 속도론(CRE 웹사이트의 제9장); 열효과, 폭주반응(runaway reaction), 공장의 안전성(제11장부터 제13장); 가솔린의 옥탄가 증가와 컴퓨터 칩의 제조(제10장) 등이 있다.

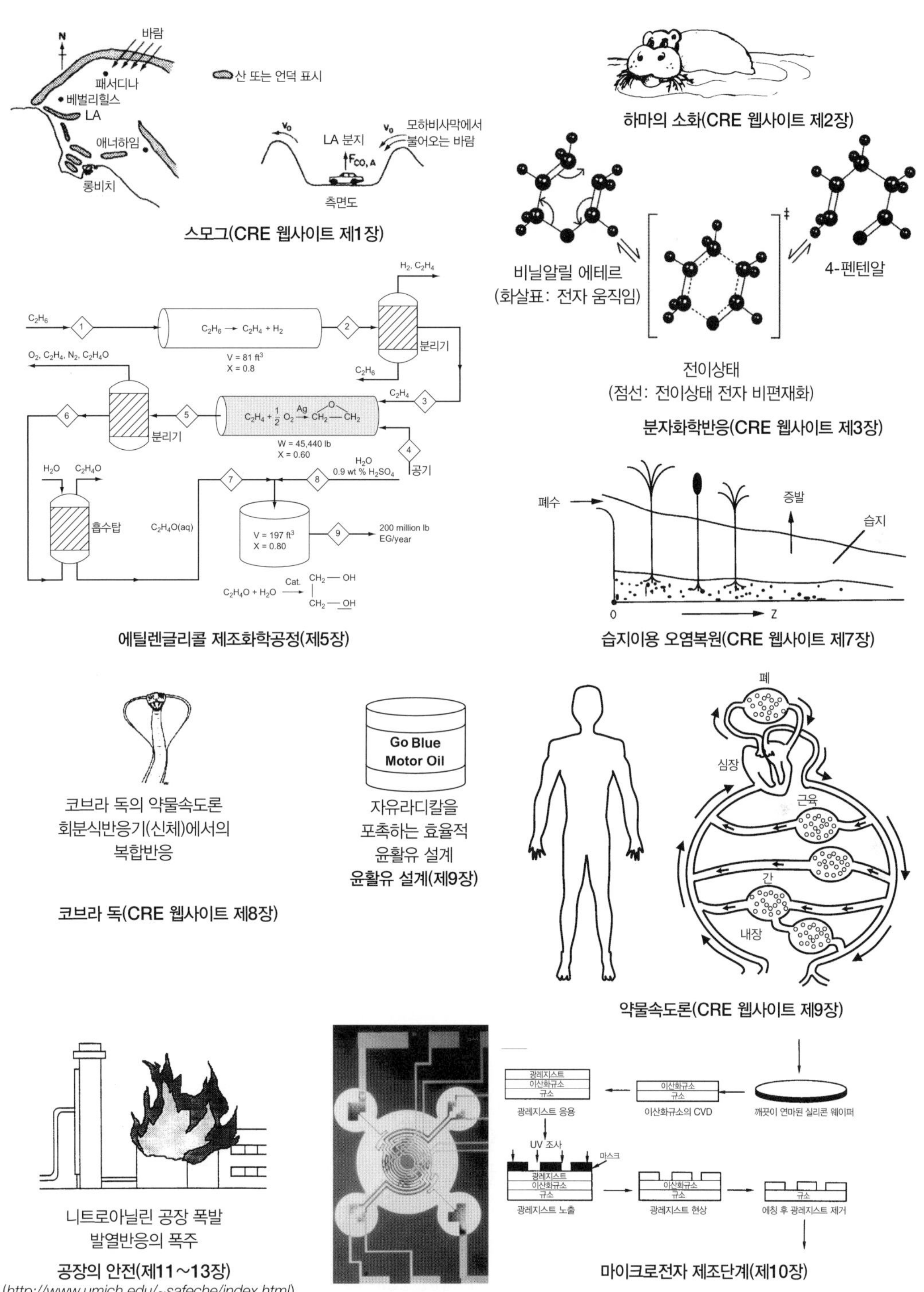

그림 1-2 화학반응공학의 넓은 응용분야

개요

이 장에서는 화학반응공학의 첫 번째 블록인 **몰수지**를 개발한다. 이 몰수지는 이 책을 통틀어서 계속하여 사용될 것이다. 이 장을 공부한 후에 독자들은

- 반응속도를 기술하고 정의할 수 있으며
- 일반 몰수지식을 유도할 수 있고
- 일반 몰수지식을 가장 일반적인 네 가지 형태의 공업용 반응기에 적용할 수 있게 된다.

화학반응속도 메커니즘 및 반응기 설계에 영향을 주는 조건에 대한 논의를 시작하기 전에 반응계에 들어가고 나가는 여러 가지 화합물에 대한 고려가 필요하다. 이러한 고려는 반응계에서의 개별 화합물에 대한 총괄 몰수지를 세움으로써 달성할 수 있다. 이 장에서는 반응 시스템 부피 내에서 유입되고, 유출되며, 남아 있는 어떤 화합물에도 모두 적용할 수 있는 일반 몰수지를 개발한다. 반응속도 $-r_A$를 정의한 후, 일반 몰수지식을 사용하여 가장 공통적으로 공업용 반응기들에 대한 예비적인 형태의 설계방정식(design equation)을 유도하는 방법을 설명한다(*http://encyclopedia.che.engin.umich.edu/Pages/Reactors/menu.html*).

- 회분식반응기(BR)
- 연속교반탱크반응기(CSTR)
- 플러그흐름반응기(PFR)
- 충전층반응기(PBR)

이 설계방정식들을 구하기 위해서, 각각 형태의 반응기의 모델링에 관련되는 가정들을 상세히 설명한다. 끝으로, 이 단원의 끝에는 간략한 요약과 일련의 짧은 복습문제들이 주어진다.

1.1 반응속도, $-r_A$

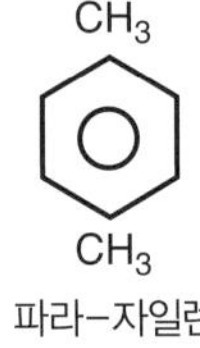

파라-자일렌

동일성
-종류
-개수
-입체배치

반응속도는 한 화합물의 몰수가 얼마나 빨리 소모되어 다른 화합물을 형성하는지를 말해준다. **화합물**(chemical species)이란 주어진 **동일성**(identity)을 가지고 있는 임의의 화학성분 또는 원소를 말한다. 어떤 화합물의 동일성은 원자의 **종류**(kind)와 **개수**(number) 및 **배치**(configuration)에 의하여 결정된다. 예컨대, 화합물 파라-자일렌(para-xylene)은 분명한 분자 배열 또는 배치를 하는 고정된 개수의 특정한 원자들로 구성되어 있다. 그림에서 나타낸 구조는 분자 수준에서 원자들의 종류와 개수 그리고 배치를 분명하게 보여주고 있다. 2개의 화합물이 각 원소의 원자 개수가 정확히 같더라도, 서로 다른 배치로 인해 서로 다른 화합물이 될 수 있다. 예컨대 2-부텐은 4개의 탄소원자와 8개의 수소원자를 가지고 있다; 그러나 이 화합물의 원자들은 두 가지 다른 배열을 할 수 있다.

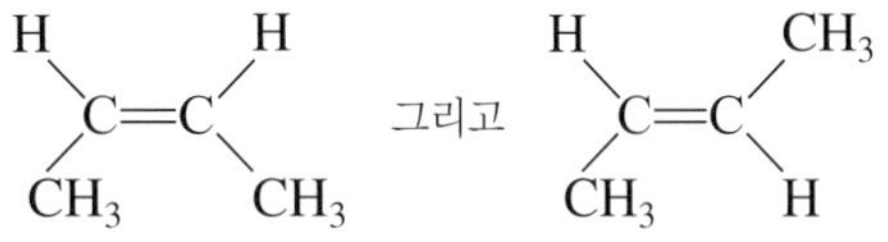

$$\underset{\text{시스-2-부텐}}{\overset{\text{H}\qquad\quad\text{H}}{\underset{\text{CH}_3\qquad\text{CH}_3}{\text{C}=\text{C}}}} \quad \text{그리고} \quad \underset{\text{트랜스-2-부텐}}{\overset{\text{H}\qquad\quad\text{CH}_3}{\underset{\text{CH}_3\qquad\text{H}}{\text{C}=\text{C}}}}$$

서로 다른 배치 결과로, 이 두 이성질체는 서로 다른 화학적, 그리고 물리적 성질을 나타낸다. 그러므로 분자들이 가지고 있는 원자의 종류와 개수가 비록 같다고 하더라도, 이것들은 서로 다른 화합물로 여긴다.

언제 화학반응이 일어나는가?

하나 이상의 화합물에서 검출 가능한 개수의 분자들이 자신의 동일성을 상실하였을 때 **화학반응**(chemical reaction)이 일어났다고 말하며, 화합물에 포함된 원자의 종류 또는 개수가 변하거나 원자들의 구조 또는 배치가 변하여 새로운 형태가 된다. 화학적 변화에 대한 이러한 고전적 접근방법에서는, 화학반응이 일어날 때 전체 질량은 늘어나지도 않고 감소하지도 않는다고 가정한다. 여기서 말하는 질량은 계 내의 서로 다른 모든 화합물들의 질량을 합한 전체 질량이다. 그러나 특정 반응에 관련된 개별 화합물을 고려할 때는, 그 특정 화합물의 질량 소멸속도에 대해서 표현할 수 있다. **화합물 A의 소멸속도는 반응 도중에 화학결합의 분해와 재형성을 통하여 화학적 동일성을 상실하는 A분자의 단위시간당 단위부피당 개수이다.** 계 내에서 특정 화합물이 "출현"하기 위해서는, 다른 화합물의 어떤 정해진 분량이 자신의 화학적 동일성을 상실해야만 한다.

반응속도의 정의

어떤 화합물이 자신의 화학적 동일성을 상실하는 세 가지 기본적인 방법은 분해(decomposition), 결합(combination), 그리고 이성질화(isomerization) 반응이다. **분해**에서는 분자가 쪼개져서 더 작은 분자, 원자 또는 원자조각들로 됨으로써 자신의 동일성을 상실한다. 예컨대, 하나의 큐멘 분자로부터 벤젠과 프로필렌이 형성되었다면, 큐멘 분자는 결합이 파괴되어 이러한 분자들을 형성함으로써 자신의 동일성을 상실하였다(즉 소실되었다).

화합물은 분해, 결합, 이성질화반응에 의하여 자신의 동일성을 상실할 수 있다.

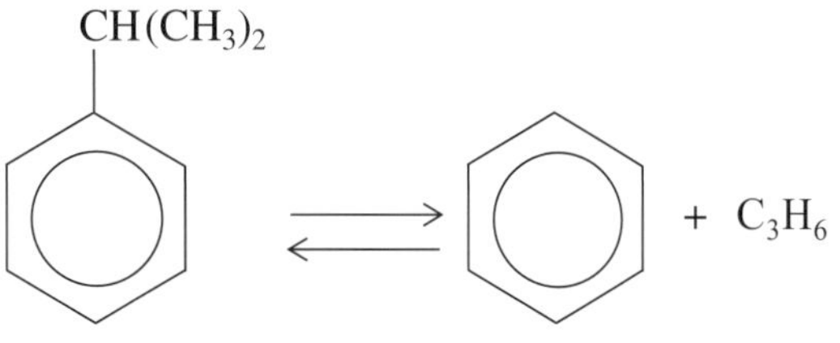

$$\underset{\text{큐멘}}{C_6H_5CH(CH_3)_2} \rightleftarrows \underset{\text{벤젠}}{C_6H_6} + \underset{\text{프로필렌}}{C_3H_6}$$

어떤 분자가 동일성을 상실할 수 있는 두 번째 방법은 다른 분자 또는 원자와의 **결합반응**이다. 위의 예에서, 반응이 역방향으로 수행되어 프로필렌이 벤젠과 결합하여 큐멘을 형성한다면, 프로필렌 분자는 자신의 동일성을 상실한다. 어떤 화합물이 자신의 동일성을 상실하는 세 번째 방법은 다음과 같은 반응으로 표현되는 **이성질화반응**에 의한 것이다.

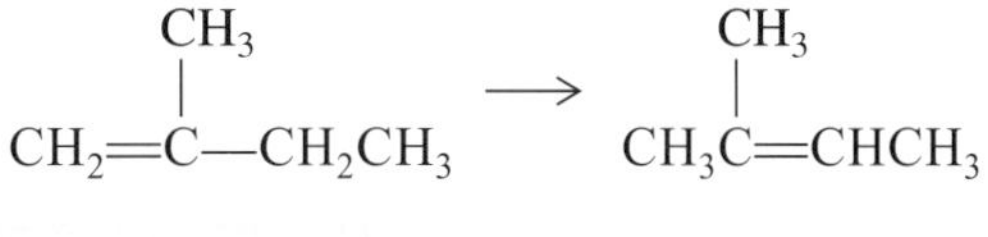

$$CH_2{=}\overset{\overset{\large CH_3}{|}}{C}{-}CH_2CH_3 \longrightarrow CH_3\overset{\overset{\large CH_3}{|}}{C}{=}CHCH_3$$

여기서 이 분자는 다른 분자들을 자신에게 첨가하지 않았을 뿐만 아니라 더 작은 분자들로 쪼개지지도 않았지만, 배치의 변화를 통하여 자신의 동일성을 상실한다.

이를 요약하면, 특정 화합물의 주어진 개수의 분자들(예, 몰)이 자신의 화학적 동일성을 상실했을 때, 이 분자들이 반응했다거나 소실되었다고 말한다.

주어진 화학반응이 진행되는 속도는 여러 가지 방법으로 표현될 수 있다. 이를 설명하기 위하여, 발연 황산 존재 하에서 클로로벤젠과 클로랄이 반응하여 지금은 금지된 살충제 DDT(디클로로디페닐 트리클로로에탄)를 생산하는 반응을 생각하자.

$$CCl_3CHO + 2C_6H_5Cl \longrightarrow (C_6H_4Cl_2)_2CHCCl_3 + H_2O$$

클로랄은 기호 A, 클로로벤젠은 B, DDT는 C, 그리고 H_2O는 D로 각각 나타내면, 다음 반응식을 얻는다.

$$\text{A} + 2\text{B} \longrightarrow \text{C} + \text{D}$$

반응물 A의 소멸속도, $-r_A$의 수치 값은 양수이다.

$-r_A$는 무엇인가?

> 반응속도, $-r_A$는 단위시간, 단위부피당 반응하는(소멸되는) A(예, 클로랄)의 몰수 (mol/dm^3·s)이다.

예제 1-1 소멸 및 생성속도

클로랄은 위에 설명한 클로로벤젠과 반응하여 DDT와 물을 생성하는 반응에서 10 mol/m^3·s의 속도로 소모된다. 반응은 다음과 같이 기호로 표현된다.

$$A + 2B \longrightarrow C + D$$

이 반응에서 각 화합물에 따른 소멸과 생성 속도를 쓰라.

해답

> $-r_A = 10$ mol A/m^3·s
> $r_A = -10$ mol A/m^3·s
> 77쪽 식 (3-1)로부터
> $\frac{r_A}{-1} = \frac{r_B}{-2} = \frac{r_C}{1} = \frac{r_D}{1}$
> $r_B = 2(r_A) = -20$ mol B/m^3·s
> $-r_B = 20$ mol B/m^3·s
> $r_C = -r_A = 10$ mol C/m^3·s
> $r_D = -r_A = 10$ mol D/m^3·s

(a) 클로랄[A]: 클로랄[A]의 반응속도($-r_A$)는 10 mol/m^3·s로 주어졌다.
A의 소멸속도 = $-r_A$ = 10 mol/m^3·s
A의 생성속도 = r_A = −10 mol/m^3·s

(b) 클로로벤젠[B]: 1몰의 클로랄이 사라질 때, 2몰의 클로로벤젠[B]이 또한 사라진다.
B의 소멸속도 = $-r_B$ = 20 mol/m^3·s
B의 생성속도 = r_B = −20 mol/m^3·s

(c) DDT[C]: 1몰의 클로랄이 사라질 때, 1몰의 DDT[C]가 생성된다.
C의 생성속도 = r_C = 10 mol/m^3·s
C의 소멸속도 = $-r_C$ = −10 mol/m^3·s

(d) 물[D]: 클로랄과 DDT의 관계와 같은 관계를 갖는다.
D의 생성속도 = r_D = 10 mol/m^3·s
D의 소멸속도 = $-r_D$ = −10 mol/m^3·s

분석: 이 예제의 목적은 반응속도에 대한 이해를 높이기 위한 것이다. 기호 r_j는 화합물 j의 생성속도이다. 만일 화합물 j가 반응물(reactant)이면, r_j의 수치 값은 음수이다. 만일 화합물 j가 생성물(product)이면, r_j의 수치 값은 양수이다. 반응속도 $-r_A$는 반응물 A가 소멸되는 속도이고 반드시 양수여야 한다. A에서 B의 상대반응속도를 구하는 것을 도와주는 연상 기호 관계(mnemonic relationship)가 77페이지의 식 (3-1)로 주어져 있다.

$A + 2B \rightarrow C + D$
관례

$-r_A = 10\ \text{mol A/m}^3\cdot\text{s}$
$r_A = -10\ \text{mol A/m}^3\cdot\text{s}$
$-r_B = 20\ \text{mol B/m}^3\cdot\text{s}$
$r_B = -20\ \text{mol B/m}^3\cdot\text{s}$
$r_C = 10\ \text{mol C/m}^3\cdot\text{s}$

제3장에서, 화학반응에서 한 화합물(예, DDT[C])의 형성속도 r_j와 다른 화합물(예, 클로로벤젠[B])의 소멸속도 $-r_i$ 사이의 정해진 관계에 대하여 설명할 것이다.

불균일반응(heterogeneous reaction)은 하나 이상의 상(phase)을 포함한다. 불균일 반응계에서의 반응속도는 일반적으로 부피보다는 반응표면적이나 촉매무게와 같은 단위로 표현된다. 기체–고체 촉매반응의 경우에, 제10장에서 설명하는 바와 같이, 반응이 일어나려면 기체 분자들은 고체 촉매와의 상호작용이 있어야만 한다.

$-r'_A$는 무엇인가?

이러한 불균일 반응속도, 즉 r'_A(prime)의 차원은 **단위시간당 단위촉매질량당 반응하는 A의 몰수**(mol/s·g catalyst)이다.

r_j의 정의

이 책에서 화학반응공학에 관한 대부분의 기초적인 논의는 균일계(homogeneous system)이며 이 경우에는 r_j는 단순히 **단위부피당 j의 생성속도**에 초점을 맞추었다. 즉 r_j는 단위시간, 단위부피당 생성되는 j의 몰수이다.

반응속도 r_j에 대한 4가지를 말할 수 있다. r_j의 반응속도법칙은

속도법칙은 반응기의 형태에 의존하지 않는다!!

- **화합물 j의 생성속도(mole/time/volume)이고,**
- **대수방정식(algebraic equation)이며,**
- **반응기 형태(즉, 회분식 또는 연속흐름식)에 무관하고,**
- **시스템의 어느 한 위치에서의 오로지 반응물과 반응조건(즉, 화합물의 농도, 온도, 압력 또는 만약에 있다면 촉매의 종류)만의 함수이다.**

$-r_A$는 무엇의 함수인가?

그러나 반응물의 성질과 반응 조건은 반응기의 위치에 따라 달라지기 때문에, r_j는 위치의 함수일 수 있고, 따라서 계 내의 위치마다 다를 수 있다.

화학반응속도법칙은 본질적으로 농도 항을 포함하는 대수식이지, 미분식이 아니다[1]. 예를 들어, 아래 반응에 대한

$$A \longrightarrow \text{생성물}$$

속도식, $-r_A$의 대수적 형태의 속도법칙은 다음과 같이 농도의 선형함수일 수도 있다.

$$-r_A = kC_A \tag{1-1}$$

또는, 제3장에서 나타낸 식 (3-6)과 같이, 다음과 같이 농도에 대한 다른 대수적 함수일

1. 이에 대해 좀 더 알아보려면 다음 문헌을 참조하여라. *Chem. Eng. Sci., 25, 337* (1970); B. L. Crynes and H. S. Fogler, eds., *AIChE Modular Instruction Series E: Kinetics,* 1, 1 (New York: AIChE, 1981); and R.L. Kabel, "Rates," *Chem, Eng. Commun., 9,* 15 (1981).

수도 있다. 즉,

$$-r_A = kC_A^2 \tag{1-2}$$

또는

속도법칙은 대수식이다.

$$-r_A = \frac{k_1 C_A}{1 + k_2 C_A}$$

주어진 반응에 대하여, 반응식에 대한 농도의존성(즉, $-r_A = kC_A$ 또는 $-r_A = kC_A^2$ 등 ...)은 반드시 **실험 관찰**(experimental observation)에 의해서 결정해야만 한다. 식 (1-2)는 A의 소멸속도가 속도상수 k(k는 온도의 함수임)와 C_A^2의 곱과 같다는 것을 말해 준다. 관례상 r_A는 A의 생성속도를, $-r_A$는 A의 소멸속도를 의미한다. 이 책 전체를 통해서, **생성속도**(rate of generation)라는 관용구와 **형성속도**(rate of formation)라는 관용구의 의미는 같으며, 이들은 서로 호환적으로 사용하고 있다.

관례

1.2 일반 몰수지식(General Mole Balance Equation)

임의의 계에 관하여 몰수지를 세우기 위해서는, 먼저 시스템 경계(system boundary)가 구체적으로 명시되어야만 한다. 이러한 경계에 의해 둘러싸인 부피를 **계부피**(system volume)라 한다. 어떤 계부피 내에서 화합물 j에 관한 몰수지를 세우고자 한다. 여기서 화합물 j는 물이나 NaOH 등과 같이 관심의 대상이 되는 특정 화합물을 나타낸다(그림 1-3).

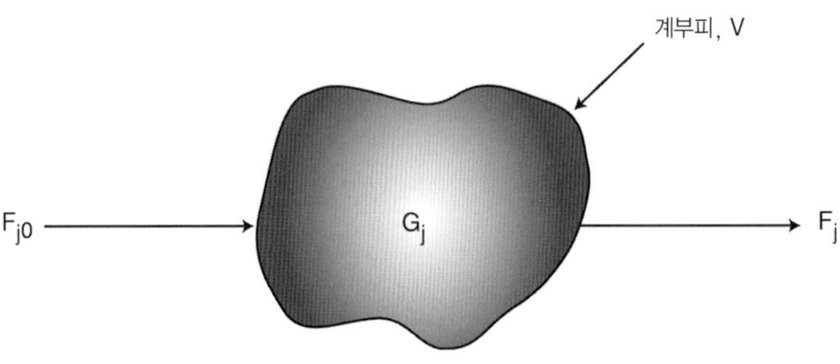

그림 1-3 계부피에서의 몰수지

어느 임의의 시점 t에서 화합물 j에 관한 몰수지는 다음 식과 같다.

$$\begin{bmatrix} \text{계 안으로 } j\text{의} \\ \text{흐름속도} \\ \text{(몰/시간)} \end{bmatrix} - \begin{bmatrix} \text{계 밖으로 } j\text{의} \\ \text{흐름속도} \\ \text{(몰/시간)} \end{bmatrix} + \begin{bmatrix} \text{계에서 화학반응에} \\ \text{의한 } j\text{의 생성속도} \\ \text{(몰/시간)} \end{bmatrix} = \begin{bmatrix} \text{계에서 } j\text{의} \\ \text{축적속도} \\ \text{(몰/시간)} \end{bmatrix}$$

몰수지식 (mole balance)

유입	−	유출	+	생성	=	축적
F_{j0}	−	F_j	+	G_j	=	$\dfrac{dN_j}{dt}$

$$F_{j0} - F_j + G_j = \frac{dN_j}{dt} \quad (1\text{-}3)$$

여기서 N_j는 시각 t에서 계 내에 존재하는 화합물 j의 몰수를 나타낸다. 만약 계변수(system variable)들(예, 온도, 촉매활성도, 화합물들의 농도 등) 모두가 계부피 전체를 통틀어 공간적으로 균일하다고 하면, 화합물 j의 생성속도 G_j는 반응부피 V와 화합물 j의 생성속도 r_j의 곱과 같다. 즉,

$$G_j = r_j \cdot V$$

$$\frac{\text{몰}}{\text{시간}} = \frac{\text{몰}}{\text{시간} \cdot \text{부피}} \cdot \text{부피}$$

이제 주어진 반응에 대해서 화합물 j의 생성속도가 계부피 내의 위치에 따라 변한다고 가정하자. 즉, 작은 부피 ΔV_1에 의해 둘러싸인 위치 1에서의 반응속도는 r_{j1}의 값을 가지고, ΔV_2에 의해 둘러싸인 위치 2에서의 반응속도는 r_{j2}의 값을 가진다고 가정하자(그림 1-4 참조). 여기서 ΔV_1과 ΔV_2는 매우 작아서 각각 그 안에서는 균일한 반응속도를 갖는다.

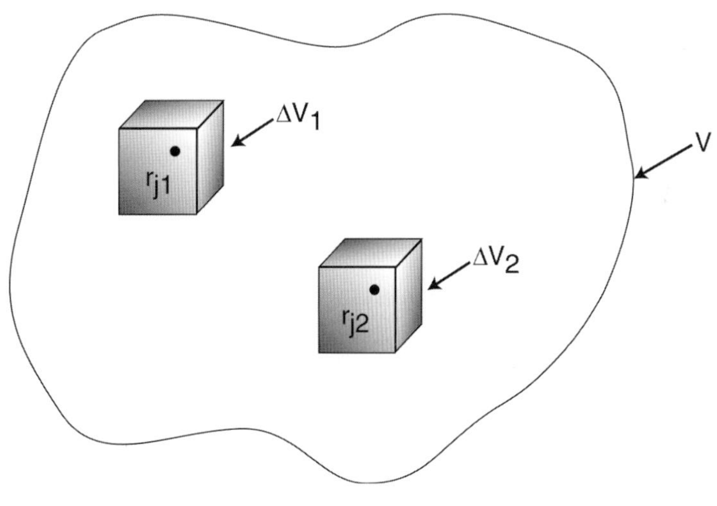

그림 1-4 계부피 V의 분할

생성속도 ΔG_{j1}을 r_{j1}과 부분부피(subvolume) ΔV_1의 항으로 나타내면

$$\Delta G_{j1} = r_{j1}\, \Delta V_1$$

ΔG_{j2}에 대해서도 또 다른 부분부피 ΔV_i에 대해서도 유사하게 나타낼 수 있다. 계부피 내의 전체 생성속도는 모든 부분부피 내에서의 생성속도의 합과 같다. 만약 전체 계부피가 M개의 부분부피로 나누어졌다면 전체 생성속도는 다음과 같이 표현된다.

$$G_j = \sum_{i=1}^{M} \Delta G_{ji} = \sum_{i=1}^{M} r_{ji}\ \Delta V_i$$

적절한 극한(즉, $M \to \infty$ 및 $\Delta V \to 0$)을 취하고 적분의 정의를 이용하면 앞의 식은 다음과 같은 형태로 나타낼 수 있다.

$$G_j = \int^V r_j\ dV$$

반응물의 성질과 반응조건들(예, 농도, 온도)은 반응기 내의 다른 위치에 따라 서로 다른 값을 가질 수 있으므로, r_j는 위치의 간접적인 함수가 될 것이다.

G_j의 적분형을 식 (1-3)에 대입하면,

$$F_{j0} - F_j + G_j = \frac{dN_j}{dt} \tag{1-3}$$

계부피 V 내에서 들어가고, 나가고, 반응하고, 축적되는 화합물 j에 대한 일반 몰수지식을 다음과 같이 얻을 수 있다.

이것이 화학반응공학의 기본 방정식이다.

$$\boxed{F_{j0} - F_j + \int^V r_j\ dV = \frac{dN_j}{dt}} \tag{1-4}$$

이 일반 몰수지식으로부터 공업용 반응기의 여러 가지 형태, 즉 회분식반응기, 반회분반응기 및 연속흐름반응기에 대한 설계방정식들을 개발할 수 있다. 이 설계방정식들을 이용하면 정해진 양의 반응물을 생성물로 전환하는 데 필요한 시간(회분식반응기)이나 반응기 부피(연속흐름반응기)를 구할 수 있다.

1.3 회분식반응기(Batch Reactors, BR)

회분식반응기는 어떤 경우에 사용되는가?

회분식반응기(batch reactor)는 소규모 조업이나 완전히 개발되지 않은 새로운 공정의 실험, 값비싼 생성물의 제조, 그리고 연속운전으로 전환하기가 용이하지 않은 공정들에 대해 사용된다. 반응기는 상단에 있는(그림 1-5(a)) 구멍(hand hole)을 통해 채워진다. 회분식반응기는 반응물을 반응기 내에 장시간 넣어 둠으로써 높은 전환율을 얻을 수 있다는 장점을 갖고 있지만, 한 회분 운전당 인건비가 비싸고, 매 회분마다 생성물의 품질이 균일하지 못할 수 있으며, 대규모 생산이 어렵다는 단점도 지니고 있다(CRE 웹사이트 *www.umich.edu/~elements/5e/index.html*의 *Professional Reference Shelf* [PRS]에 있는 공업용 반응기 사진 및 *http://encyclopedia.che.engin.umich.edu/Pages/Reactors/menu.html* 참조).

참고자료 서고

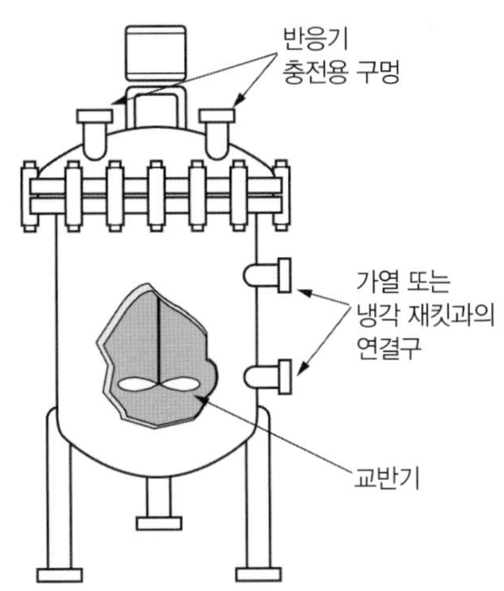

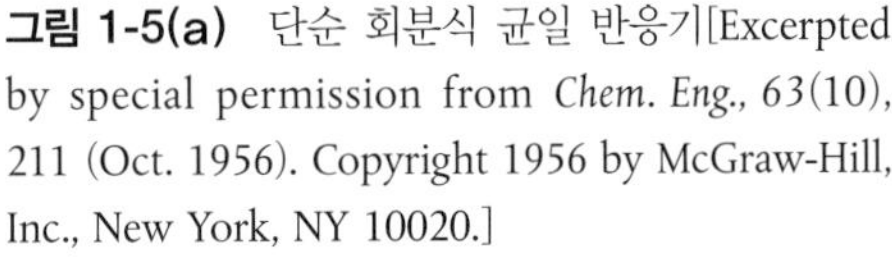
그림 1-5(a) 단순 회분식 균일 반응기[Excerpted by special permission from *Chem. Eng.*, 63(10), 211 (Oct. 1956). Copyright 1956 by McGraw-Hill, Inc., New York, NY 10020.]

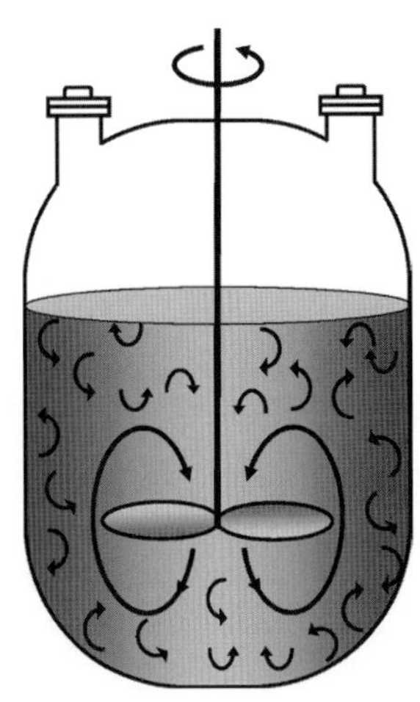
그림 1-5(b) 회분식반응기의 교반 패턴. 회분식반응기에 대한 더 많은 설명이나 사진은 CRE 웹사이트의 *Visual Encyclopedia of Equipment*와 *Professional Reference Shelf*에서 찾아볼 수 있다.

http://encyclopedia.che.engin.umich.edu/Pages/Reactors/Batch/Batch.html 참조.

반응이 수행되는 동안 회분식반응기에서 반응물들 또는 생성물들의 유입 또는 유출이 없다. 즉 $F_{j0} = F_j = 0$이다. 따라서 화합물 j에 대한 일반 몰수지는 다음과 같이 된다.

$$\frac{dN_j}{dt} = \int^{V} r_j \, dV$$

만약 반응혼합물이 완전히 혼합되어(그림 1-5(b)) 반응기 부피 전체를 통틀어 반응속도의 변화가 없다면, r_j를 적분 밖으로 끄집어낼 수 있으므로, 몰수지는 다음과 같은 형태로 나타낼 수 있다.

완전혼합

$$\boxed{\frac{dN_j}{dt} = r_j V} \quad (1\text{-}5)$$

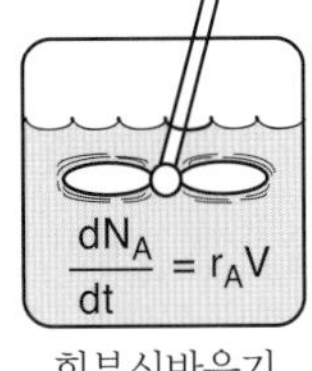

회분식반응기

이제 회분식반응기에서 일어나는 화합물 A의 이성질화반응을 고려하자.

$$A \longrightarrow B$$

반응이 진행될수록, 그림 1-6에서 보여주듯 A의 몰수는 감소하고 B의 몰수는 증가한다.

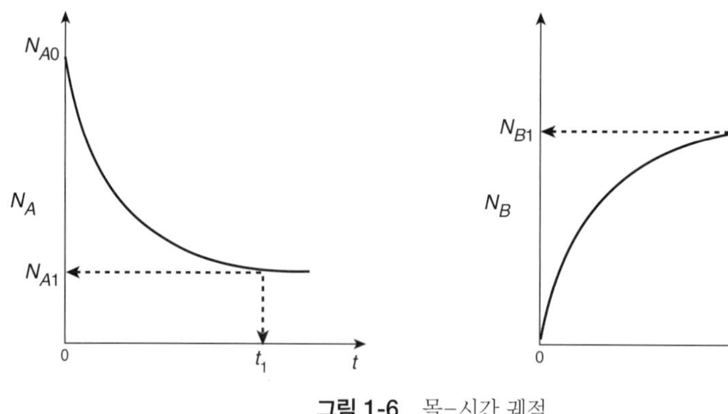

그림 1-6 몰-시간 궤적

A의 초기 몰수를 N_{A0}으로부터 최종 원하는 몰수 N_{A1}까지 감소시키는 데 필요한 시간 t_1은 무엇인가라는 질문을 할 수 있다. 식 (1-5)를 이 이성질화반응에 적용하고

$$\frac{dN_A}{dt} = r_A V$$

재정리하면 다음과 같다.

$$dt = \frac{dN_A}{r_A V}$$

적분한계를 $t = 0$에서 $N_A = N_{A0}$, $t = t_1$에서 $N_A = N_{A1}$로 하여 적분하면 다음을 얻는다.

$$t_1 = \int_{N_{A1}}^{N_{A0}} \frac{dN_A}{-r_A V} \tag{1-6}$$

이 식은 회분식반응기에 대한 몰수지식의 적분형이다. 이 식을 이용하여, A의 몰수를 N_{A0}로부터 최종 몰수 N_{A1}까지 감소시키고, N_{B1} 몰의 B를 생성시키는 데 필요한 시간 t_1을 구할 수 있다.

1.4 연속흐름반응기(Continuous-Flow Reactors)

참고자료 서고

연속흐름반응기(continuous-flow reactor)는 거의 항상 정상상태(steady state)에서 운전된다. 여기서는 세 가지 형태의 연속흐름반응기를 취급할 것이다: **연속교반탱크반응기**(continuous-stirred tank reactor, CSTR), **플러그흐름반응기**(plug-flow reactor, PFR) 및 **충전층반응기**(packed bed reactor, PBR). 이 반응기들에 대한 상세한 설명은 제1장의 *Professional Reference Shelf* [PRS] (*www.umich.edu/~elements/5e/index.html*)와 장치의 시각적 백과사전 *http://encyclopedia.che.engin.umich.edu/Pages/Reactors/menu.html* 또는 CRE 웹사이트 상에서 찾아볼 수 있다.

1.4.1 연속교반탱크반응기(Continuous-Stirred Tank Reactor, CSTR)

산업공정에서 널리 사용되는 반응기의 한 형태는 연속적으로 운전되는 교반탱크(그

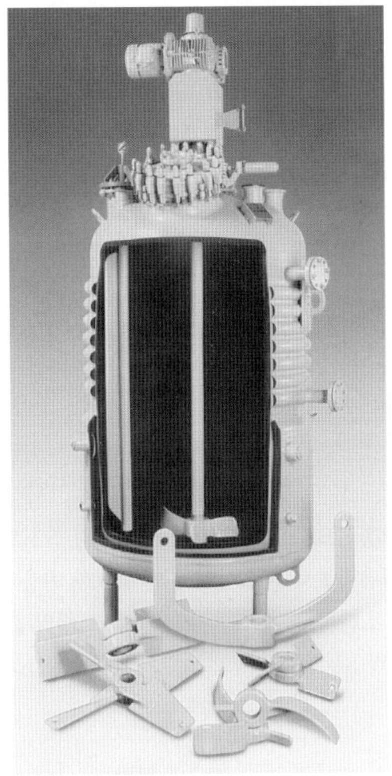

그림 1-7(a) CSTR/회분식 반응기[Courtesy of Pfaudler, Inc.]

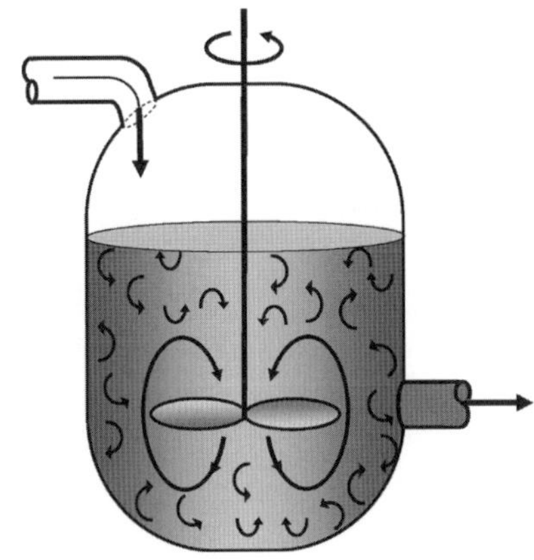

그림 1-7(b) CSTR 교반 패턴

http://encyclopedia.che.engin.umich.edu/Pages/Reactors/CSTR/CSTR.html 참조.

CSTR은 어떤 경우에 사용되는가?

림 1-7)로서 **연속교반탱크반응기**(CSTR) 또는 **역혼합반응기**(backmix reactor)라고 한다. CSTR은 주로 **액상반응**에 사용된다. CSTR은 보통 **정상상태**(steady state)에서 운전되며 반응기 내부는 **완전히 혼합된다**(perfectly mixed)고 가정된다; 따라서 CSTR 내에서 온도, 농도, 또는 반응속도는 시간 또는 공간에 따라 변하지 않는다. 즉 반응기 내의 어느 위치에서나 모든 변수의 값이 동일하다. 온도 및 농도가 반응 용기 내의 어느 위치에서나 같으므로, **출구**에서의 온도와 농도는 탱크 내의 어느 위치에서의 값들과 같다. 따라서 CSTR을 모델링할 때는 출구흐름에서의 온도와 농도는 반응기 내의 값들과 같다고 한다. 혼합이 매우 비이상적으로 일어나는 계에서는 완전혼합 모델은 부적합하며, 의미 있는 결과를 얻기 위해서는 체류시간분포(residence-time distribution)와 같은, 다른 모델링 기법을 사용해야 한다. 이러한 비이상혼합에 대한 문제들은 웹사이트 PDF 16, 17, 18장에서 논의한다.

다음 일반 몰수지를

$$F_{j0} - F_j + \int^V r_j \, dV = \frac{dN_j}{dt} \tag{1-4}$$

정상상태(즉, 조건들이 시간에 따라서 변하지 않는다)에서 운전되는 CSTR에 적용하면

다음과 같이 되고

$$\frac{dN_j}{dt} = 0$$

반응기 내에서는 반응속도의 공간적 변화가 없으므로(즉, 완전혼합) 다음과 같이 된다.

이상적인 CSTR에서는 반응기 내에서 완전혼합 된다고 가정한다.

$$\int^V r_j \, dV = Vr_j$$

따라서 CSTR에 대한 **설계방정식**으로 잘 알려진 다음 식을 얻는다.

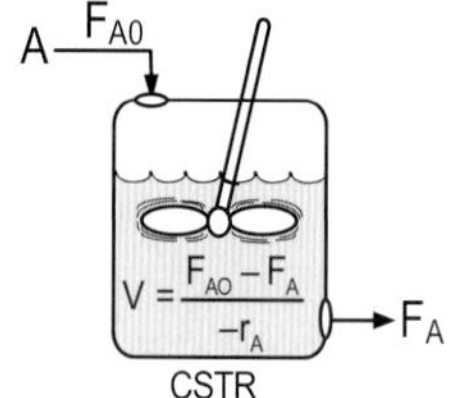

$$\boxed{V = \frac{F_{j0} - F_j}{-r_j}} \tag{1-7}$$

상기의 CSTR 설계방정식으로부터 화합물 j가 $-r_j$의 속도로 소모되는 경우에, 화합물 j의 유입유량 F_{j0}를 유출유량 F_j로 감소시키는 데 필요한 반응기 부피 V를 구할 수 있다. CSTR은 출구흐름에서의 조건들(예, 농도, 온도)이 탱크 내의 값들과 **같다**고 가정했다는 점에 유의해야 한다. 몰유량 F_j는 화합물 j의 농도와 부피유량 υ의 곱이다.

$$\boxed{\begin{aligned} F_j &= C_j \cdot \upsilon \\ \frac{\text{몰수}}{\text{시간}} &= \frac{\text{몰수}}{\text{부피}} \cdot \frac{\text{부피}}{\text{시간}} \end{aligned}} \tag{1-8}$$

비슷하게, 입구 몰유량으로 $F_{j0} = C_{j0} \cdot \upsilon_0$. 따라서 식 (1-7)과 식 (1-8)을 결합하여, 화합물 A에 관한 몰수지식을 다음과 같이 나타낼 수 있다.

$$V = \frac{\upsilon_0 C_{A0} - \upsilon C_A}{-r_A} \tag{1-9}$$

이상적인 CSTR의 몰수지식은 미분방정식이 아니고 대수방정식이다.

1.4.2 관형반응기(Tubular Reactor)

관형반응기는 주로 어떤 경우에 사용되는가?

CSTR과 회분식반응기 이외에 산업체에서 널리 사용되는 반응기의 또 다른 형태는 **관형반응기**(tubular reactor)이다. 이는 원통형의 파이프로 이루어져 있으며, CSTR처럼 일반적으로 정상상태에서 운전된다. 관형반응기는 주로 **기상반응**(gas-phase reactions)에 사용된다. 공업용 관형반응기에 대한 개략도와 사진을 그림 1-8에 나타내었다.

관형반응기에서 반응물은 반응기의 길이를 따라 흐르면서 연속적으로 소모된다. 관형반응기를 모델링하는 경우에 농도는 반응기의 축 방향에 따라 연속적으로 변한다고 가정한다. 결과적으로, 0차 반응(식 3-2 참고)이 아닌 모든 반응의 경우에 **반응속도**(reaction rate)는 농도의 함수이므로, 반응속도는 축 방향에 따라 변하게 된다. 여기서 제시될 내용을 유도하기 위해서 그림 1-9에서 보여주듯이, 유체흐름장(flow field)이 플러그흐름분포로 모델링할 수 있는(예, 난류에서와 같은 균일한 속도분포, uniform velocity) 계를 생각

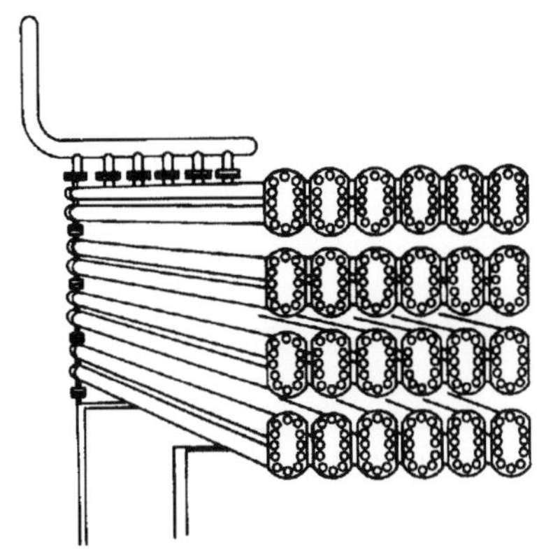

그림 1-8(a) 관형반응기 개략도. 길이방향 관형 반응기. [Excerpted by special permission from *Chem. Eng.*, *63*(10), 211 (Oct. 1956). Copyright 1956 by McGraw-Hill, Inc., New York, NY 10020.]

그림 1-8(b) 관형반응기 사진. Dimersol G 생산용 관형반응기. [Photo courtesy of Editions Techniq Institute Français du Pétrole.]

http://encyclopedia.che.engin.umich.edu/Pages/Reactors/PFR/PFR.html 참조.

해 보자. 그러면 반경 방향의 농도 변화가 없어지므로 **플러그흐름반응기**(plug-flow reactor, PFR)로 볼 수 있다. (층류흐름반응기는 PDF 16장과 18장 그리고 웹사이트, 비이상반응기의 논의와 함께 토의된다.)

PRS와 장치의 시각적 백과사전 (*Visual Encyclopedia of Equipment*)도 참조하라.

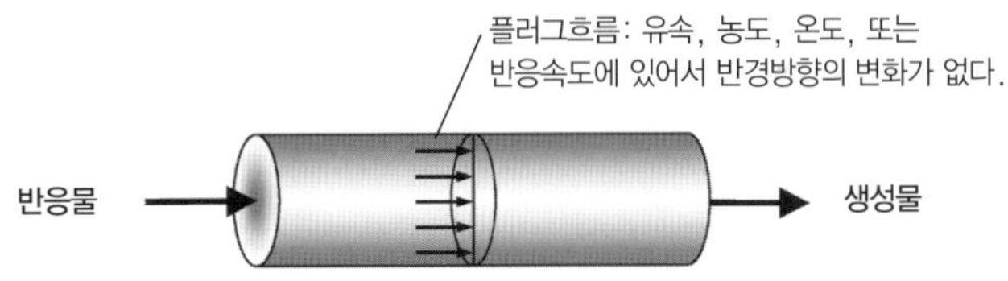

그림 1-9 플러그흐름반응기

식 (1-4)에 주어진 일반 몰수지식은 다음과 같다.

$$F_{j0} - F_j + \int^V r_j \, dV = \frac{dN_j}{dt} \tag{1-4}$$

정상상태로 운전되는 PFR을 설계하기 위하여 사용될 식은 두 가지 방법으로 개발할 수 있다: (1) 식 (1-4)를 부피 V에 관하여 미분하고 그 결과를 재정리하거나, (2) 반응기의 미소부분부피 ΔV에서 화합물 j에 관한 몰수지를 세움으로써 유도할 수 있다. 여기서는 두 번째 방법에 의하여 미분형의 PFR 몰수지식을 구해 보기로 하자. 그림 1-10에 나타낸 미분부피 ΔV는, 그 안에서는 반응속도의 공간적 변화가 없을 만큼 충분히 작은 부피로 선택하자. 따라서 생성항 ΔG_j는 다음과 같다.

$$\Delta G_j = \int^{\Delta V} r_j \, dV = r_j \, \Delta V$$

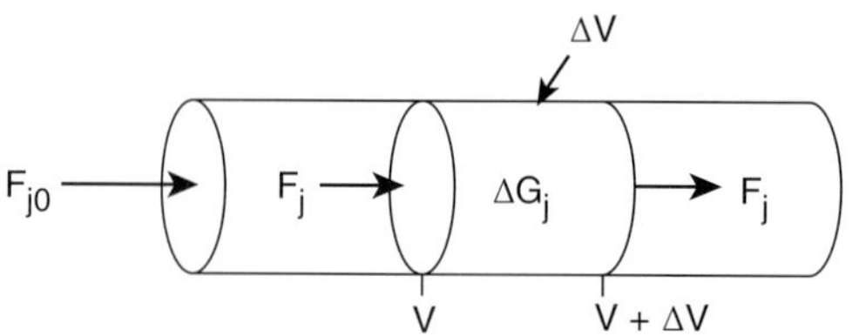

그림 1-10 부피 ΔV에서 화합물 j의 몰수지

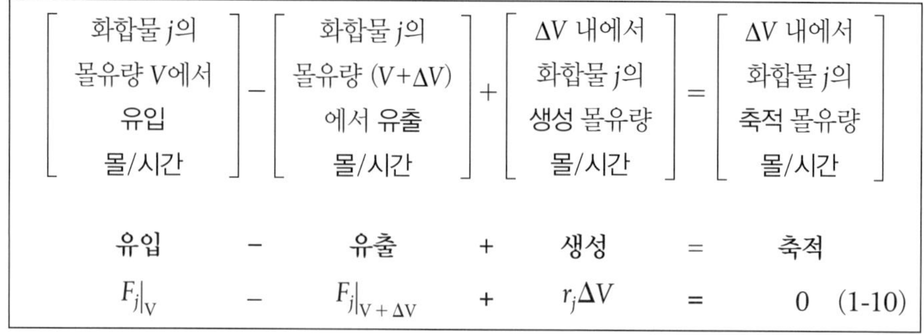

화합물 j의 몰유량 V에서 유입 몰/시간	−	화합물 j의 몰유량 $(V+\Delta V)$에서 유출 몰/시간	+	ΔV 내에서 화합물 j의 생성 몰유량 몰/시간	=	ΔV 내에서 화합물 j의 축적 몰유량 몰/시간
유입	−	**유출**	+	**생성**	=	**축적**
$F_j\|_V$	−	$F_j\|_{V+\Delta V}$	+	$r_j \Delta V$	=	0 (1-10)

ΔV로 나누고 재정리하면

$$\left[\frac{F_j|_{V+\Delta V} - F_j|_V}{\Delta V}\right] = r_j$$

여기서 괄호 안의 항은 다음 도함수의 정의와 같은 형태이다.

$$\lim_{\Delta x \to 0}\left[\frac{f(x+\Delta x) - f(x)}{\Delta x}\right] = \frac{df}{dx}$$

ΔV가 0에 접근하도록 극한을 취하면, PFR에 대한 미분형 정상상태 몰수지식을 얻게 된다.

A $\frac{dF_A}{dV} = r_A$
관형반응기

$$\boxed{\frac{dF_j}{dV} = r_j} \tag{1-11}$$

반응물 A에 대해 그림 1-11에서 보여준 것과 같은 불규칙적인 형태의 반응기에 대해서도 몰수지를 세워서 원통형 반응기를 만들 수 있다. 그러나 식 (1-10)을 적용하면, 결과는 동일한 식(즉 식 (1-11))으로 된다는 것을 알 수 있다. 즉 화합물 A에 대해서 몰수지식은 다음과 같이 된다.

$$\boxed{\frac{dF_A}{dV} = r_A} \tag{1-12}$$

결과적으로, 파블로 피카소나 그의 추종자가 설계하지 않았다면 그림 1-11에서 보여준

피카소 반응기

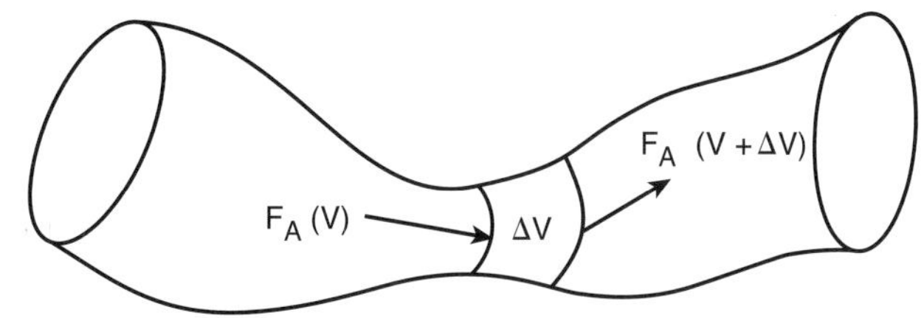

그림 1-11 파블로 피카소의 반응기

형태의 반응기가 존재할지 어떨지 모르겠지만, 단면적이 일정할 때뿐만 아니라 단면적이 변할 때의 관형반응기 모델에도 똑같이 식 (1-11)을 잘 적용할 수 있음을 알 수 있다.

설계방정식을 파블로 피카소의 반응기에 적용함으로써 얻은 이 결론은 매우 중요한 것이다: 즉 이상적인 PFR에서의 반응 진행 정도는 반응기의 모양에 의존하지 않고, 반응기의 전체 부피에만 의존한다.

이번에는 PFR에서 일어나는 이성질화반응 A → B를 생각해 보자. 반응기 길이를 따라서 반응물이 하류로 이동함에 따라서, 화학반응에 의해 A는 소모되고 B는 생성된다. 따라서 그림 1-12에서 보여준 바와 같이, 반응기 부피가 증가하면서 A의 몰유량, F_A는 감소하고, B의 몰유량, F_B는 증가한다.

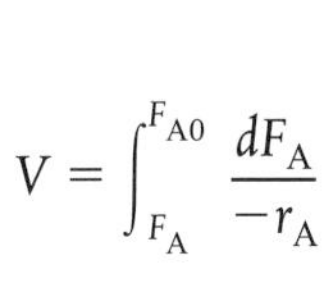

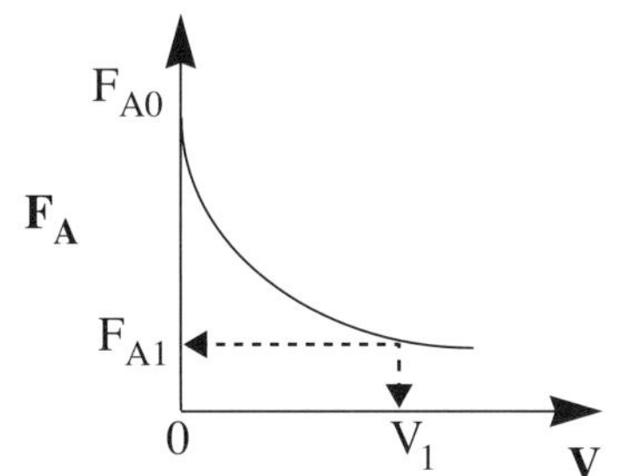

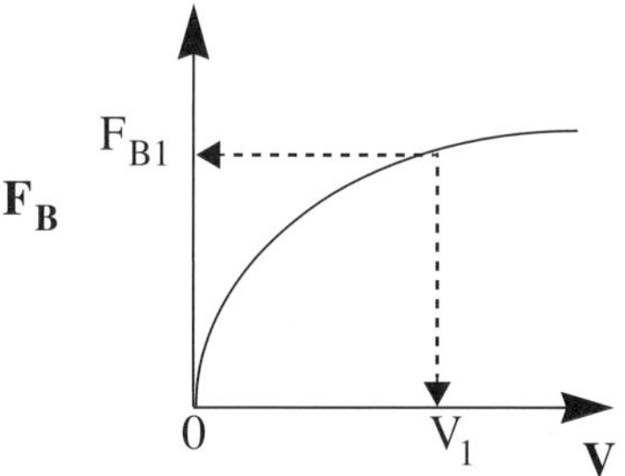

그림 1-12 PFR에서의 몰유량 분포

이제 우리는 다음과 같은 질문을 할 수 있다. A의 공급 몰유량을 F_{A0}에서 F_{A1}으로 감소시키는 데 필요한 반응기 부피 V_1은 얼마인가? 식 (1-12)를 다음 형태로 재정리하고

$$dV = \frac{dF_A}{r_A}$$

$V = 0$일 때 $F_A = F_{A0}$이고, $V = V_1$일 때 $F_A = F_{A1}$인 경우를 적분하면 다음을 얻는다.

$$V_1 = \int_{F_{A0}}^{F_{A1}} \frac{dF_A}{r_A} = \int_{F_{A1}}^{F_{A0}} \frac{dF_A}{-r_A} \tag{1-13}$$

V_1은 유입 몰유량 F_{A0}를 어떤 정해진 값 F_{A1}으로 감소시키는 데 필요한 반응기 부피이고, 또한 B의 몰유량을 F_{B1}으로 만드는 데 필요한 반응기 부피이다.

1.4.3 충전층반응기(Packed-Bed Reactor, PBR)

균일반응이 일어나는 반응기 설계 계산과 유체-고체 불균일반응(fluid-solid heterogeneous reactions)이 수행되는 반응기 설계 계산 사이의 중요한 차이점은 불균일반응의 경우에는 반응이 고체의 표면에서 일어난다는 것이다(그림 10-5 참조). 촉매의 무게가 무거워지면 반응표면적도 커진다. 따라서 불균일반응의 반응속도는 반응기 부피, V를 기준으로 하는 것이 아니라 고체촉매의 질량, W에 기준을 둔다. 유체-고체 불균일계에 대해서, 물질 A의 반응속도는 다음과 같이 정의된다.

$$-r'_A = \text{반응한 A의 mol} / (\text{시간} \times \text{촉매무게})$$

고체의 질량을 기준으로 사용한 이유는, 생성물의 생성속도에 있어서 중요한 것은 촉매의 양이기 때문이다. 불균일반응속도 $-r'_A$에 부피촉매밀도(bulk catalyst density) $\rho_b \left(\frac{mass}{volume}\right)$을 곱하면 균일반응속도, $-r_A$가 얻어진다.

$$-r_A = \rho_b(-r'_A)$$

$$\left(\frac{mol}{dm^3 \cdot s}\right) = \left(\frac{g}{dm^3}\right)\left(\frac{mol}{g \cdot s}\right)$$

촉매를 담고 있는 반응기 부피는 이차적으로 중요하다. 그림 1-13은 고체 촉매가 충전된 수직 튜브들이 장착된 공업용촉매반응기의 개략도이다.

앞에서 논의된 세 가지의 이상적인 반응기들(완전혼합 회분식반응기[BR], 플러그흐름관형반응기[PFR], 그리고 완전혼합 연속교반탱크반응기[CSTR])에 대해서, 설계방정식(즉, 몰수지)들은 반응기 부피를 기준으로 하여 유도되었다. 관형반응기의 설계방정식

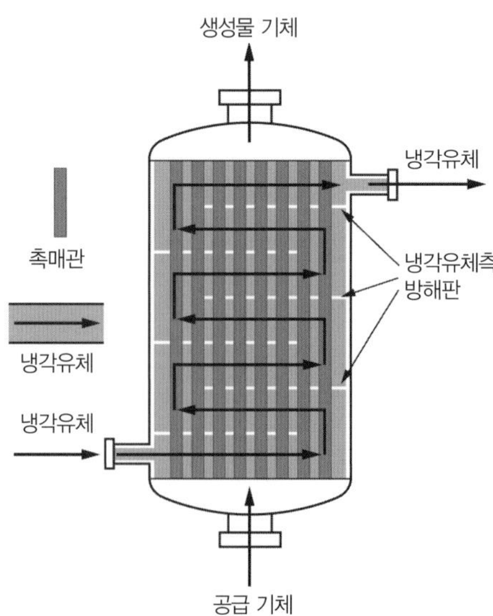

그림 1-13 세로방향 촉매 충전층반응기 [From Cropley, *American Institute of Chemical Engineers*, 86(2), 34(1990). 또한 *http://encyclopedia.che.engin.umich.edu/Pages/Reactors/PBR/PBR.html* 참조.

PBR 몰수지식

의 유도와 비슷한 방법으로, 충전층 촉매반응기(packed-bed catalytic reactor, PBR)에 대한 설계방정식을 유도해 보자. 충전층 촉매반응기의 설계방정식을 유도하기 위해서는 단순히 식 (1-10)의 부피를 촉매질량(중량) W로 바꿔 주면 된다(그림 1-14).

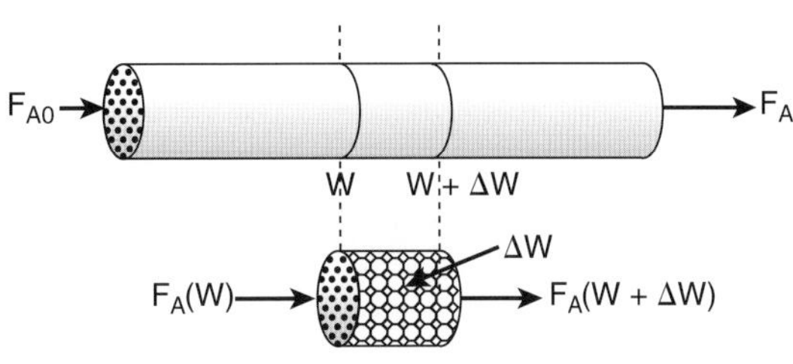

그림 1-14 충전층 반응기의 개략도

PFR에서와 마찬가지로, PBR의 경우에도 반경방향으로의 농도 구배 및 온도 구배, 또는 반응속도의 구배가 없다고 가정할 수 있다. 촉매무게 ΔW에 대해서 화합물 A에 관한 일반화된 몰수지는 다음 식과 같이 된다.

$$\text{유입} - \text{유출} + \text{생성} = \text{축적}$$

$$F_{A|W} - F_{A|(W+\Delta W)} + r'_A\,\Delta W = 0 \tag{1-14}$$

식 (1-14)에서 생성 항의 차원은 다음과 같으며,

$$(r'_A)\,\Delta W \equiv \frac{\text{A의 몰수}}{(\text{시간})(\text{촉매 무게})}\cdot(\text{촉매 무게}) \equiv \frac{\text{A의 몰수}}{\text{시간}}$$

이는, 예견된 바와 같이, 몰유량 F_A와 같은 단위이다. ΔW로 나누고, $\Delta W \to 0$의 극한을 취하면, 다음과 같은 충전층반응기에 대한 미분형 몰수지가 얻어진다.

촉매 비활성화 및 압력 강하가 있을 때에는 미분형 설계방정식을 이용한다.

$$\boxed{\frac{dF_A}{dW} = r'_A} \tag{1-15}$$

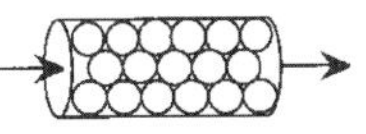

반응기를 통한 압력강하(5.5절 참조)와 촉매 비활성화(제10장의 10.7절 참조)를 무시할 때는, 충전층 촉매반응기의 적분형 설계방정식을 이용하여 촉매의 무게를 계산할 수 있다.

촉매 비활성화 및 압력 강하 ΔP가 없을 경우에는 적분형 설계방정식을 이용한다.

$$W = \int_{F_{A0}}^{F_A} \frac{dF_A}{r'_A} = \int_{F_A}^{F_{A0}} \frac{dF_A}{-r'_A} \tag{1-16}$$

여기서 W는 화합물 A의 공급 몰유량 F_{A0}를 몰유량 F_A로 감소시키는 데 필요한 촉매무게이다.

이해를 돕기 위하여 관형반응기 설계방정식 (1-11)을 어떻게 사용하는지를 보여주는 다음의 예제를 검토해 보도록 하자.

예제 1-2 반응기 부피가 얼마나 큰가?

다음의 2-부텐 시스-트랜스에 대한 액상 이성질화반응을 생각하자.

$$\text{cis: } (H)(CH_3)C{=}C(H)(CH_3) \longrightarrow \text{trans: } (H)(CH_3)C{=}C(CH_3)(H)$$

시스-2-부텐 트랜스-2-부텐

이 반응을 기호로 표현하면 다음과 같다.

$$A \longrightarrow B$$

관형반응기에서 A 농도의 1차반응($-r_A = kC_A$)이 수행되고 있으며, 부피유량 υ가 일정하다(즉, $\upsilon = \upsilon_0$).

C_{A0}, υ_0 → [A → B] → υ, $C_A = 0.1C_{A0}$

V = 0 V V_1

1. 농도 변화추이(concentration profile)를 그려라.
2. 반응기 부피를 A의 유입 및 유출 농도, 속도상수 k, 그리고 부피유량 υ_0와 관련짓는 식을 유도하여라.
3. 부피유량(υ_0)이 10 dm^3/min(즉, liters/min)이고, 반응속도상수(reaction rate) k가 0.23 min^{-1}일 때 유출농도를 유입농도의 10%로 줄이는 데 필요한 반응기 부피를 구하여라.

풀이

1. 부피의 함수로 C_A를 개략적으로 도시하라.

   화합물 A는 반응기를 따라 하류로 내려가면서 소모되기 때문에, 반응기 길이에 따라서 A의 몰유량과 농도는 감소하게 된다. 부피유량이 일정하기 때문에(즉, $\upsilon = \upsilon_0$), 식 (1-8)을 사용하여 A의 농도를 구할 수 있다. 즉 $C_A = F_A/\upsilon_0$. 따라서 그림 1-12와 비교함으로써 그림 E1-2.1에 나타낸 바와 같이, 반응기 부피의 함수로서 A의 농도를 도시할 수 있다.

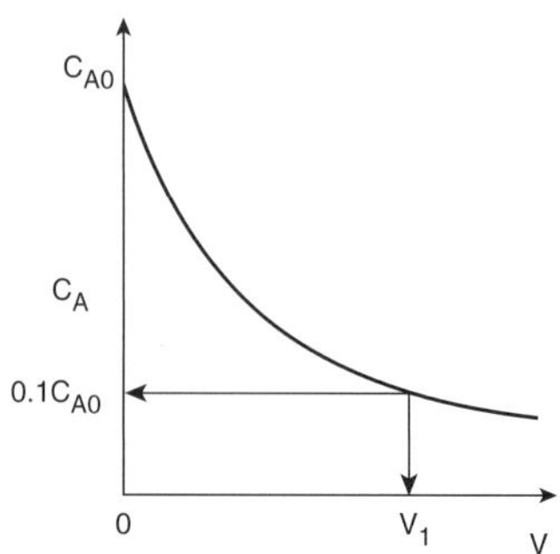

그림 E1-2.1 농도 변화추이

2. V, υ_0, k, C_{A0} 및 C_A를 관련짓는 식을 유도하라.

관형반응기에 대해서, 화합물 A(j = A)에 관한 몰수지는 식 (1-11)에 의하여 나타내었다. 화합물 A에 대해서

몰수지식: $$\frac{dF_A}{dV} = r_A \quad (1\text{-}12)$$

1차반응에 대한 속도법칙(제3장의 식 (3-5)에서 논의된다)은 다음과 같다.

속도법칙: $$-r_A = kC_A \quad (E1\text{-}2.1)$$

반응기의 크기 결정

대부분의 액상반응에서 그러한 것처럼, 부피유량 υ는 일정하므로($\upsilon = \upsilon_0$)

$$\frac{dF_A}{dV} = \frac{d(C_A\upsilon)}{dV} = \frac{d(C_A\upsilon_0)}{dV} = \upsilon_0\frac{dC_A}{dV} = r_A \quad (E1\text{-}2.2)$$

식 (E1-2.2)의 양변에 −1을 곱하고 식 (E1-2.1)을 대입하면

결합: $$-\frac{\upsilon_0\, dC_A}{dV} = -r_A = kC_A \quad (E1\text{-}2.3)$$

변수 분리를 하고, 다시 정리하면 다음과 같이 된다.

$$-\frac{\upsilon_0}{k}\left(\frac{dC_A}{C_A}\right) = dV$$

반응기 입구에서의 조건, 즉 $V = 0$일 때 $C_A = C_{A0}$를 이용하면,

$$-\frac{\upsilon_0}{k}\int_{C_{A0}}^{C_A}\frac{dC_A}{C_A} = \int_0^V dV \quad (E1\text{-}2.4)$$

식 (E1-2.4)의 적분을 수행하면

해답: $$\boxed{V = \frac{\upsilon_0}{k}\, ln\frac{C_{A0}}{C_A}} \quad (E1\text{-}2.5)$$

반응기 부피의 함수로서 A의 농도를 풀면 식 (E1-2.5)를 다음과 같이 정리할 수 있다.

농도 변화추이

$$C_A = C_{A0}\exp(-kV/\upsilon_0)$$

3. V를 계산하라. $C_A = \frac{1}{10}C_{A0}$, $k = 0.23\ \text{min}^{-1}$, 그리고 $\upsilon_0 = 10\ \text{dm}^3/\text{min}$일 때의 부피 V_1을 구하려고 한다.

계산:

C_{A0}, C_A, υ_0 및 k를 식 (E1-2.5)에 대입하면 다음이 얻어진다.

$$V = \frac{10\ \text{dm}^3/\text{min}}{0.23\ \text{min}^{-1}} \ln \frac{C_{A0}}{0.1C_{A0}} = \frac{10\ \text{dm}^3}{0.23} \ln 10 = 100\ \text{dm}^3\ (100\ \text{L};\ 0.1\ \text{m}^3)$$

유입농도를 $C_A = 0.01C_{A0}$로 줄이기 위한 부피를 계산해 보자.

$$V = \frac{10\ \text{dm}^3/\text{min}}{0.23\ \text{min}^{-1}} \ln \frac{C_{A0}}{0.01C_{A0}} = \frac{10\ \text{dm}^3}{0.23} \ln 100 = 200\ \text{dm}^3$$

참고: 입구농도가 더 작은 값을 갖도록(즉, $C_A = 0.01C_{A0}$) 출구농도를 줄이는 데 큰 반응기(200 dm³)가 필요하다. 유입되는 반응물 A의 90%를 생성물 B로 전환시키는 데는 0.1 m³의 반응기 부피가 필요하다는 것을 알 수 있다.

분석: PFR에서 진행되는 비가역 1차 액상반응(즉, $-r_A = kC_A$)에서, 반응물의 농도는 반응기의 길이(즉, 부피 V)에 따라 지수적으로 감소한다. 더 많은 A가 소모되어 생성물 B로 전환되려면, 반응기 부피 V도 더 커져야 한다. 이 예제의 목적은 화학반응공학(CRE) 공부에서 수행할 계산에 대한 시야를 넓혀 주는 것이다.

예제 1-3 예제 1-2(반응기 부피가 얼마나 큰가?)에 대한 수치해법

이제 변수를 변경하여 반응기 부피 또는 출구 농도에 대한 효과를 배우기 위해 예제 1-2를 **실전 예제 문제**로 바꿔 보자. 농도 변화추이를 구하기 위하여 몰수지식과 속도법칙을 결합하여 풀 수 있는 Polymath를 사용하자.

식 (E1-2.2)의 몰수지식을 Polymath 표기법으로 다시 쓰자.

몰수지식

$$\frac{d(Ca)}{d(V)} = ra/\upsilon o \tag{E1-3.1}$$

$$\frac{d(Cb)}{d(V)} = rb/\upsilon o \tag{E1-3.2}$$

속도법칙

$$ra = -k{*}Ca \tag{E1-3.3}$$

$$rb = -ra \tag{E1-3.4}$$

$$k = 0.23$$

$$\upsilon_0 = 10$$

상미분방정식을 풀기 위한 Polymath 사용지침서는 웹사이트(*http://www.umich.edu/~elements/5e/tutorials/ODE_Equation_Tutorial.pdf*)에서 찾을 수 있다.

매개변수값은 $k = 0.23\ \text{min}^{-1}$, $\upsilon_0 = 10\ \text{dm}^3/\text{s}$, 그리고 $C_{A0} = 10\ \text{mol}/\text{dm}^3$이다. 부피로 표현된 적분의 초기값과 최종값은 $V = 0$ 그리고 $V = 100\ \text{dm}^3$이다.

Polymath 해의 출력을 표 E1-3.1에 나타냈고, 화합물 A와 B의 축방향 농도 변화 추이는 그림 E1-3.1에 나타냈다.

표 E1-3.1 Polymath 프로그램과 등온 PFR에 대한 결과

Differential equations

1 d(Cb)/d(V) = rb/vo

2 d(Ca)/d(V) = ra/vo

Explicit equations

1 vo = 10

2 k = 0.23

3 ra = −k*Ca

4 rb = −ra

Calculated values of DEQ variables

	Variable	Initial value	Final value
1	Ca	10.	1.002588
2	Cb	0	8.997412
3	k	0.23	0.23
4	ra	−2.3	−0.2305953
5	rb	2.3	0.2305953
6	V	0	100.
7	vo	10.	10.

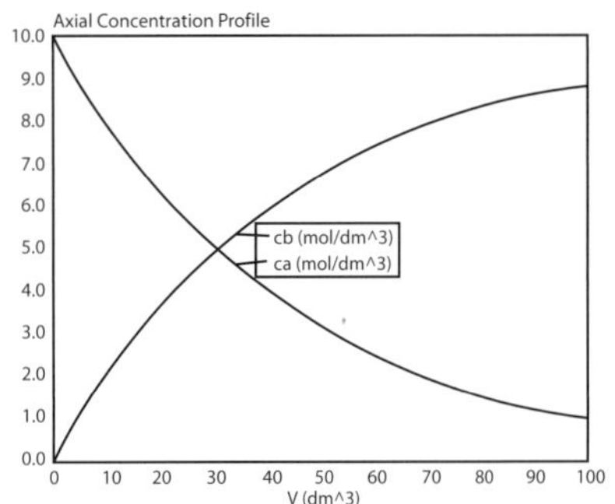

그림 E1-3.1 A와 B에 대한 축방향 농도 변화추이

분석: Polymath는 비선형 미분방정식을 풀기 위해서 뒷장에서 많이 다루기 때문에, 여기서는 독자들이 이것을 친숙하게 다룰 수 있도록 소개한다. 그림 E1-3.1에서는 PFR의 길이 방향을 따라서 하류로 가면서 화합물 A와 B 농도가 어떻게 변하는지를 보여준다.

1.5 공업용 반응기[2]

참고자료 서고

CRE 웹사이트에서 공업용 반응기들의 실제 사진을 반드시 찾아보기 바란다. 다른 웹사이트에서도 반응기 사진들을 찾아볼 수 있는 링크가 있다. 또한 CRE 웹사이트의 *encyclopedia.che.engin.umich.edu*에는 미시간대학교의 쑤잔 몬까메리(Susan Montgomery) 박사와 제자들이 만든 장치의 시각적 백과사전–"화학반응기"(*Visual Encyclopedia of Equipment*–"Chemical Reactors")의 일부분이 수록되어 있다. 또한 CRE 웹사이트에 있는 전문 참고자료 서고(*Professional Reference Shelf*)의 "액상과 기상 반응을 위한 반응기"("Reactors for Liquid-Phase and Gas-Phase Reactions")를 찾아보고, 더불어 공업용 반응기의 다양한 그림과 CRE 웹사이트에서 더 많은 자료들을 찾아보기 바란다.

http://encyclopedia.che.engin.umich.edu/Pages/Reactors/menu.html

이 장에서, 그리고 CRE 웹사이트에서, 각각의 주요한 공업용 반응기들, 즉 회분식, 교반탱크, 관형, 그리고 고정층(충전층) 반응기들을 소개하였다. 이러한 공업용 반응기들

2. *Chem. Eng.*, *63*(10), 211 (1956). 또한 *AIChE Modular Instruction Series E*, *5* (1984).

을 변형 그리고 개조한 반응기들도(즉, 반회분식 반응기, 유동층 반응기) 현재 많이 사용되고 있다. 좀 더 자세한 내용은 왈라스(Walas)[3]가 제공하는 공업용 반응기에 대한 논의를 참조하도록 한다.

CRE 웹사이트는 전형적인 공급물과 운전조건의 공업용 반응기들을 묘사하고 있다. 덧붙여서, 제1장에서 두 개의 풀이된 예제 문제가 CRE 웹사이트에 제공된다(*http://www.umich.edu/~elements/5e*).

마무리. 이 교과서의 목표는 화학반응공학의 기본원리를 사용하기 쉽고 다양한 문제에 적용할 수 있는 알고리즘 속으로 짜 맞추는 데 있다. 이제 겨우 이러한 알고리즘의 첫 번째 블록인 몰수지를 마쳤다.

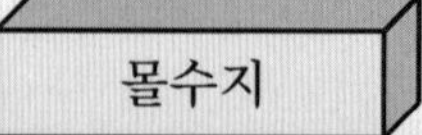

이 알고리즘과 이 알고리즘의 구성요소들은 다음과 같은 장들에서 전개되고 논의될 것이다.

- 몰수지, 제1장, 제2장
- 속도법칙, 제3장
- 화학양론, 제4장
- 결합, 제5장
- 계산, 제5장
- 에너지수지, 제11장부터 제13장까지

이러한 알고리즘을 사용하여, 우리는 암기보다는 논리에 의해서 화학반응공학 문제들을 접근하고 해결할 수 있다.

3. S. M. Walas, *Reaction Kinetics for Chemical Engineers* (New York: McGraw-Hill, 1959), Chapter 11.

요 약

각 장의 요약에서는 기억해야 하고 다음 장들에서 이용해야 하는 그 장의 요점들을 정리한다.

1. 계부피(system volume) V에 들어가고, 나가고, 반응하고, 그리고 축적되는 화합물 j에 대한 몰수지는 다음과 같다.

$$F_{j0} - F_j + \int^V r_j \, dV = \frac{dN_j}{dt} \tag{S1-1}$$

   반응기의 내용물이 잘 혼합되는 경우에만 한해서, 화합물 A에 관한 몰수지(식 S1-1)는 다음과 같다.

$$F_{A0} - F_A + r_A V = \frac{dN_A}{dt} \tag{S1-2}$$

2. r_j에 대한 반응속도법칙은 다음과 같다.
   - 단위부피당 화합물 j의 생성속도이다(예, mol/s·dm^3).
   - 반응물의 성질과 반응조건[예, 농도(활동도), 온도, 압력, 촉매 또는 용매(만약 있다면)]만의 함수이다.
   - 세기량(intensive quantity)이다(즉, 전체량에 무관하다).
   - 미분방정식이 아니라 대수식이다(예, $-r_A = kC_A$, $-r_A = kC_A^2$).

   균일촉매계에 있어서, $-r_j$의 전형적인 단위는 gmol/s/L이고, 불균일계에 대한 r_j'의 전형적인 단위는 gmol/s/g of catalyst이다. 관례상, $-r_A$는 화합물 A의 소멸속도를 나타내고, r_A는 화합물 A의 생성속도를 나타낸다.
3. 네 가지 형태의 일반적인 반응기에 대한 몰수지는 표 S1-1과 같다.

표 S1-1 반응기 몰수지식의 요약

반응기	주석	몰수지		
		미분형	대수형	적분형
BR	공간적 변화 없음	$\frac{dN_A}{dt} = r_A V$		$t_1 = \int_{N_{A1}}^{N_{A0}} \frac{dN_A}{-r_A V}$
CSTR	공간적 변화 없음, 정상상태	—	$V = \frac{F_{A0} - F_A}{-r_A}$	—
PFR	정상상태	$\frac{dF_A}{dV} = r_A$		$V_1 = \int_{F_{A1}}^{F_{A0}} \frac{dF_A}{-r_A}$
PBR	정상상태	$\frac{dF_A}{dW} = r_A'$		$W_1 = \int_{F_{A1}}^{F_{A0}} \frac{dF_A}{-r_A'}$

BR CSTR PFR PBR

CRE 웹사이트 자료

- **확장자료**(*http://www.umich.edu/~elements/5e/01chap/expanded.html*)
  1. 공업용 반응기(*http://www.umich.edu/~elements/5e/01chap/expanded_ch01.html*)
- **학습자료**(*http://www.umich.edu/~elements/5e/01chap/learn.html*)
  1. 요약노트(*http://www.umich.edu/~elements/5e/01chap/summary.html*)
  2. 자체테스트
     A. 연습문제
     (*http://www.umich.edu/~elements/5e/01chap/summary-selftest.html*)
     B. i>clicker 질문
     (*http://www.umich.edu/~elements/5e/01chap/iclicker_ch1_q1.html*)
  3. 웹 자료
     A. 문제풀이 알고리즘(Problem-Solving Algorithm)
     (*http://www.umich.edu/~elements/5e/probsolv/closed/alg/alg.htm*)
     B. 문제풀이 혼란에서 빠져나가기
     (*http://www.umich.edu/~elements/5e/probsolv/closed/unstuck/unstuck.html*)
     C. LA에서의 스모그 웹모듈(P1-2_B)
     (*http://www.umich.edu/~elements/5e/web_mod/la_basin/index.htm*, 또는
     실전 예제 문제: *http://www.umich.edu/~elements/5e/01chap/live.html*)

B. 문제에서 빠져나가기

C. LA의 스모그

Fotografiert von ©2002 Hank Good

  4. 대화형 컴퓨터 게임(*http://www.umich.edu/~elements/5e/icm/index.html*)
     A. 퀴즈쇼 I(*http://www.umich.edu/~elements/5e/icm/kinchal1.html*)

5. 풀이된 문제
   A. CDP1−A_B 회분식반응기 문제: 문제풀이 힌트
   (*http://www.umich.edu/~elements/5e/01chap/learn-cdp1.html*)

- **FAQ**[**자주 묻는 질문**]
  (*http://www.umich.edu/~elements/5e/01chap/faq.html*)
- **전문 참고자료 서고**

R1.1 실제 반응기의 사진

A. *http://www.umich.edu/~elements/5e/01chap/prof.html*

B. *http://encyclopedia.che.engin.umich.edu/Pages/Reactors/menu.html*

R1.2 장치의 시각적 백과사전의 반응기 부분

(*http://encyclopedia.che.engin.umich.edu/Pages/Reactors/menu.html*)

CRE 웹사이트의 이 부분에서는 공업용 장치들 및 운전방법들을 보여준다. 이 백과사전의 반응기 부분은 CRE 웹사이트에 포함되어 있다.

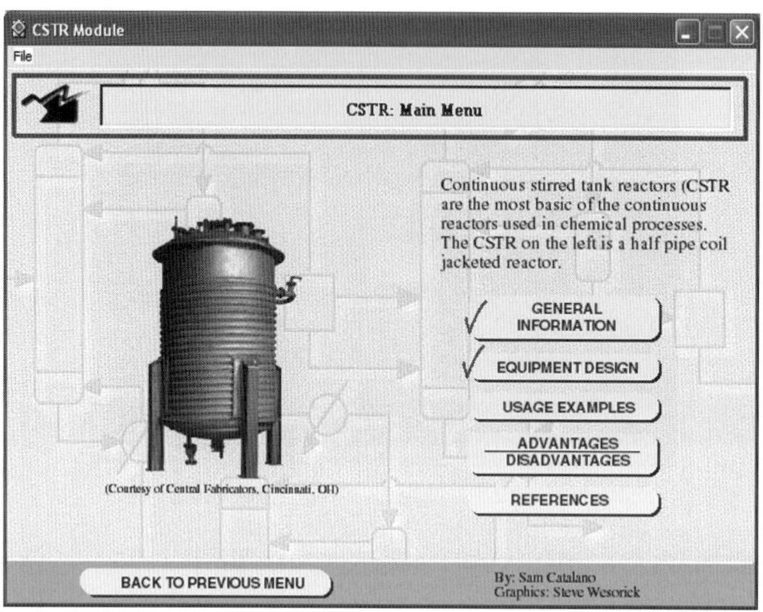

R1.3 공업용 반응기들
(*http://umich.edu/~elements/5e/01chap/expanded_ch01.html*)

A. 액상

- 반응기 크기와 비용
- 한 벌의 교반조
- 반회분식

B. 기상

- 가격
- 유동층 개요

R1.4 화학생성물과 화학회사들의 상위 10개 리스트
(*http://umich.edu/~elements/5e/01chap/prof-topten.html*)

질문과 문제

그 문제에 대한 해답을 가지고 있으면 좋을 텐데, 왜냐하면 나는 그 문제를 푸는 데 싫증을 느끼고 있는 중이기 때문이다.

요기 베라, 뉴욕 양키스
Sports Illustrated, June 11, 1984

각 문제의 아래첨자는 난이도를 나타낸다. A는 가장 쉬운 문제, B는 비교적 어려운 문제, C는 꽤 어려운 문제, D는 가장 어려운 문제. A = ● B = ■ C = ◆ D = ◆◆. 예를 들어, P1-5_B에서 1은 제1장, 5는 문제번호, $_B$는 비교적 어려운 문제임을 나타낸다.

문제를 풀기 전에 예측되는 결과나 경향들을 정성적으로 설명하거나 스케치하여라.

■ 질문

Q1-1$_A$ **i>clicker**. 웹사이트(*http://www.umich.edu/~elements/5e/01chap/iclicker_ch1_q1.html*)를 방문하고 적어도 5개의 i>clicker 질문을 둘러보아라. 다음 시험에 포함되도록 그대로 사용할 수 있거나 변형할 수 있는 질문 하나를 골라라. 반대의 경우를 고려할 수도 있다. 즉, 왜 다음 시험에 그 질문이 있어서는 안 되는지를 설명하는 것이다. 어떤 경우든지, 당신의 이유를 설명하여라.

Q1-2$_A$ **예제 1-1**을 식 (3-1)을 이용해서 다시 풀고, 반응속도를 비교하라. 예제에서 계산된 것과 비교했을 때 이 값들은 어떠한가?

Q1-3$_A$ **예제 1-2**에서, 만약에 PFR을 CSTR로 바꾸었다면 부피는 어떻게 되는가?

Q1-4$_A$ **예제 1-2**를 일정 부피를 갖는 회분식반응기에서 수행하고 초기 A의 몰수가 1%로 감소하는 데 걸리는 시간이 20분이라고 한다고 가정하고 다시 풀어라. 이 문제를 틀리게 푸는 두 가지 방법을 제시하여라.

Q1-5$_A$ 저자 서문을 통틀어 읽어 보아라. 이 과목과 이 교과서의 주제(content)에 대한 목표와 지적(intellectual) 목표에 대해 한 단락을 작성하여 보아라. 또한 웹사이트에 수록된 내용이 무엇인지 기술하고, 이 교과서와 이 과목에서 웹사이트를 어떻게 이용할 수 있는지에 대해서 설명하여라.

Q1-6$_A$ 전문 참고자료 서고(Professional Reference Shelf) 제1장(*http://www.umich.edu/~elements/5e/01chap/prof.html*)의 그림과 개요를 둘러보아라. 2개 이상의 반응기에 대해서 한 단락을 작성하여라. 웹(예, *www.loebequipment.com*), 웹사이트, 그리고 교과서에 있는 반응기 사이에서 관찰한 유사한 점과 다른 점은 무엇인가? 표 1-1에 있는 것과 비교하면 중고 반응기의 가격은 어떤가?

Q1-7$_A$ 제1장의 Learn ChemE Videos(*http://www.umich.edu/~elements/5e/01chap/learncheme.html*) 중 하나를 다음과 같은 관점에서 비평하여라: (a) 유용성, (b) 표현의 명료성, (c) 시각정보, 그리고 (d) 얼마나 관심을 끄는지(점수 1-7; 7 = 탁월, 1 = 빈약).

Q1-8$_A$ 다음 설계방정식들을 유도하는 데 사용된 가정들은 무엇인가? **(a)** 회분식반응기, **(b)** CSTR, **(c)** PFR, **(d)** PBR, **(e)** $-r_A$와 $-r_A'$의 의미를 말로 기술하여라.

Q1-9$_A$ 촉매의 무게(W) 그리고 다른 적절한 항들을 사용하여 촉매입자를 포함하는 유동층 CSTR에 대한 식 (1-7)과 유사한 식을 유도하기 위한 몰수지식을 사용하여라.

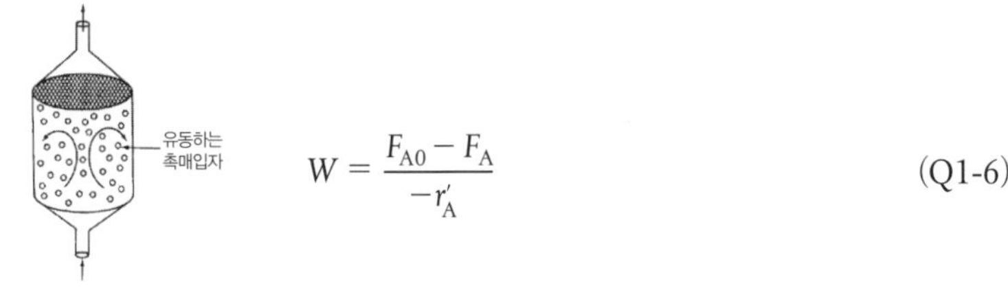

$$W = \frac{F_{A0} - F_A}{-r_A'} \tag{Q1-6}$$

그림 Q1-6 유동층 CSTR

■ 컴퓨터 시뮬레이션과 실험

P1-1$_A$ **(a)** **예제 1-3**을 다시 논의하여라.

Wolfram

(i) 부피유량 υ_0와 반응속도상수 k를 변화시키면서 실험을 할 경우 C_A와 C_B가 어떻게 변하는지 기술하고, 실험에 대한 결론을 적어 보아라.

(ii) 반응속도식이 어떻게 $-r_A = k\left[C_A - \dfrac{C_B}{K_e}\right]$가 되는지를 이해하기 위해서 가역반응(A $\rightleftarrows$ B)을 기술한 부분을 클릭하여라. K_e를 최소값으로 설정하고 k와 υ_0를 변화시켜 보아라. 다음은 K_e를 최대값으로 설정하고 k

와 υ_0를 변화시켜 보아라. k, υ_0, 그리고 K_e의 변화가 어떻게 농도 변화추이(concentration profile)에 영향을 주는지를 몇 문장으로 작성하여라.

(iii) 웹사이트(*http://www.umich.edu/~elements/5e/toc/SCPS,3rdEdBook(Ch07).pdf*)의 아이디어 및 해법 생성(*Generating Ideas and Solutions*)을 검토한 후, 이 문제에 포함되어야 하는 두 가지 질문을 제안하기 위해서 브레인스토밍 기법(예, 수평적 사고) 중 하나를 선택하여라. (**역자 주** | 브레인스토밍(brainstorming, 창조적 집단 사고): 무엇에 대해 여러 사람들이 동시에 자유롭게 자기 생각을 제시하는 방법)

Polymath

(iv) 위의 문제 (ii)에서 토론한 것처럼 반응이 가역적인 경우를 고려하고 $K_e = 3$을 사용하여 Polymath 프로그램을 수정하여라.

P1-2$_B$ 그림 P1-2$_B$에 로스앤젤레스 분지의 개략도를 나타내었다. 분지 바닥 면적은 약 700 mi^2(2×10^{10} ft^2)이며, 거의 전부가 산맥으로 둘러싸여 있다. 만약 이 분지의 기온반전 고도(inversion height)가 2,000 ft라고 가정한다면, 이에 상응하는 분지의 공기 부피는 4×10^{13} ft^3이다. 이 시스템 부피를 사용하여 대기 오염물질의 축적과 소멸을 모델화하고자 한다. 문제를 단순화하기 위한 가정으로서, 로스앤젤레스 분지를 오염물 농도의 공간적 변화가 없는 완전히 혼합된 용기(CSTR과 유사한)라고 취급하려고 한다.

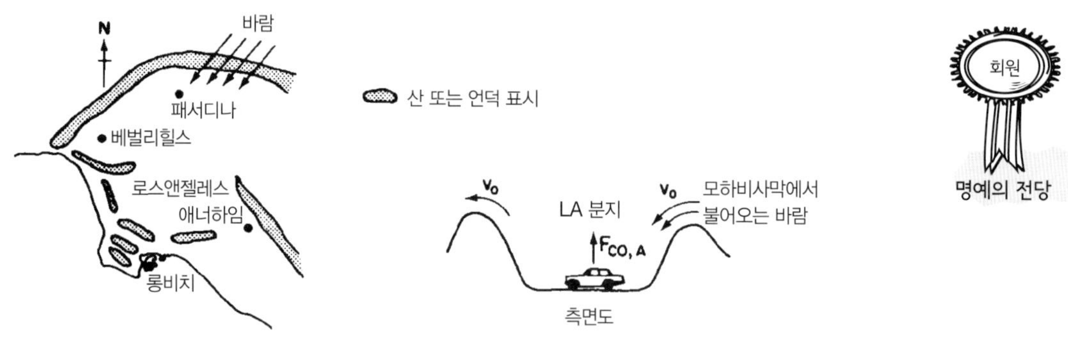

그림 P1-2$_B$ 로스앤젤레스 분지의 개략도
(*http://www.umich.edu/~elements/5e/web_mod/la_basin/index.htm*)

산타아나 바람에 의해 CO가 분지에서 감소하는 것에 대한 CO의 비정상상태 몰수지를 세우고자 한다. 산타아나 바람은 로스앤젤레스 북동쪽에 위치한 모하비사막에서 높은 풍속으로 불어온다. **Smog in Los Angeles Basin** 웹모듈을 로딩(loading)하여라. 모듈에 주어진 항 1-12(a)에서 (h)까지 풀기 위하여 모듈의 자료를 이용하여라. **Living Example Polymath Code**를 로딩하고 문제를 분석해 보아라. 항 (i)에 대해서, 파라미터 υ_0, a 및 b의 값을 바꾸어 보고, 여러분이 알아낸 것을 기술하는 한 단락을 작성해 보아라.

근로자들이 로스앤젤레스 번화가에 있는 회사에 출퇴근하면서 출퇴근 시간에는 로스앤젤레스 분지에서의 교통량이 훨씬 많아지게 된다. 따라서 로스앤젤레스 분지로의 CO유입 흐름은 24시간 주기로 변하는 사인함수(sine function)로 나타내는 것이 좋을 것이다.

P1-3$_B$ 이 문제는 비선형방정식(NLE) 문제풀이 프로그램과 상미분방정식(ODE)의 문제풀이 프로그램인 Polymath의 사용에 초점을 맞추고 있고, 이런 프로그램들은 뒤에 나오는 장들에서 광범위하게 이용될 것이다. 어떻게 Polymath 소프트웨어를 얻고 설치하는지는 웹사이트와 **부록 D**에 주어져 있다.

(a) Jofostan Riça 근처의 스벤 코틀로프(Sven Köttlov) 교수의 조카인 스테판 도레츠의 농장에, 처음에는 토끼(x) 500마리와 여우(y) 200마리가 있었다. Polymath 또는 MATLAB을 이용하여 500일 기간 동안에 여우와 토끼의 농도를 시간의 함수로 도시하여라. 포식자-먹이의 관계는 다음의 연립 상미분방정식으로 주어진다.

$$\frac{dx}{dt} = k_1 x - k_2 x \cdot y$$

$$\frac{dy}{dt} = k_3 x \cdot y - k_4 y$$

토끼의 증식상수, $k_1 = 0.02\ day^{-1}$

토끼의 소멸상수, $k_2 = 0.00004/(\text{day} \times \text{여우 수})$

토끼를 먹은 여우의 증식상수, $k_3 = 0.0004/(\text{day} \times \text{토끼 수})$

여우의 소멸상수, $k_4 = 0.04\ day^{-1}$

만약에 $k_3 = 0.00004/(\text{day} \times \text{토끼 수})$ 및 $t_{final} = 800$일인 경우에는 어떤 결과가 얻어지는가? 또한 토끼의 수에 따른 여우의 수를 도시하여라. 왜 그러한 곡선이 얻어지는지를 설명하여라. **Polymath 사용지침서**(*https://www.youtube.com/watch?v=nyJmt6cTiL4*).

(b) 웹사이트 제1장 LEP에 있는 Wolfram을 이용하여 토끼 수에 따른 여우 수의 도해를 타원형에서 원형으로 바꾸려면 어떤 조작변수를 바꿔야 하는지 기술하여라.

(c) 이제 토끼가 치명적인 바이러스에 감염되는 경우를 고려하려고 한다. 이때 토끼의 사멸속도(death rate)는 $r_{Death} = k_D x (k_D = 0.005\ \text{day}^{-1})$이다. 시간의 함수로 여우와 토끼의 농도를 그리고, 토끼의 수에 대한 여우의 수를 그려라. 가능하다면, 사멸속도가 총 토끼 수가 알짜로 감소하는 데 기여하지 않는 최소 증식속도(minimum growth rate)를 기술하여라.

(d) Polymath 또는 MATLAB을 이용하여 다음의 연립비선형대수식을 풀어라.

$$x^3 y - 4y^2 + 3x = 1$$
$$6y^2 - 9xy = 5$$

초기 추정값은 $x = 2, y = 2$로 하여라. Polymath 또는 MATLAB에 있는 편집 키들과 친숙해질 수 있도록 노력하여라. 설명은 CRE 웹사이트을 보아라.

어떻게 Polymath를 운영하는지에 대한 스크린샷을 제1장의 요약노트의 마지막에 나타내었다. 또는 CRE 웹사이트 *www.umich.edu/~elements/5e/software/polymath-tutorial.html*에서도 찾아볼 수 있다.

■ 대화형 컴퓨터 게임

P1-4$_A$ CRE 웹사이트에서 대화형 컴퓨터 게임(ICG)을 찾아보아라(*http://www.umich.edu/~elements/5e/icg/index.html*). Kinetic Challenge 모듈(*http://www.umich.edu/~elements/5e/icm/kinchal1.html*)에 기술된 것을 읽고 당신의 컴퓨터에 모듈을 설치하기 위하여 설치 설명서(*http://www.umich.edu/~elements/5e/icm/install.html*)로 가라. 이 게임을 하고 내용의 숙달정도를 나타내는 당신의 수행번호를 기록하여라.

ICG Quiz Show

Mole Balance	Reactions	Rate Laws
100	100	100
200	200	200
300	300	300

ICG Kinetics Challenge 1 수행번호 # ______________________

■ 문제

P1-5$_A$ 반응 A + B ⟶ 2C가 비정상상태 CSTR에서 일어나고 있다. 공급물에는 A와 B만 있고 같은 몰비로 공급된다. 아래 주어진 식의 세트 중에서 A, B, 그리고 C의 몰수지식으로 맞는 세트가 어느 것인가? A와 B는 사라지고 C는

생성된다. 모든 몰수지가 맞는 정확한 답에 동그라미를 그려라.

(a)
$$F_{B0}-F_A-\int^V r_A dV=\frac{dN_A}{dt}$$
$$F_{B0}-F_B-\int^V r_A dV=\frac{dN_B}{dt}$$
$$-F_C+2\int^V r_A dV=\frac{dN_C}{dt}$$

(b)
$$F_{A0}-F_A+\int^V r_A dV=\frac{dN_A}{dt}$$
$$F_{A0}-F_B+\int^V r_A dV=\frac{dN_B}{dt}$$
$$-F_C-2\int^V r_A dV=\frac{dN_C}{dt}$$

(c)
$$F_{A0}-F_A+\int_0^V r_A dV=\frac{dN_A}{dt}$$
$$F_{A0}-F_B+\int^V r_A dV=\frac{dN_B}{dt}$$
$$F_C+\int^V r_C dV=\frac{dN_C}{dt}$$

(d)
$$F_{B0}-F_A-\int^V r_A dV=\frac{dN_A}{dt}$$
$$F_{B0}-F_{A0}-\int^V r_A dV=\frac{dN_B}{dt}$$
$$-F_C+\int^V r_C dV=\frac{dN_C}{dt}$$

(e) 위의 어느 것도 아님

P1-6$_B$ 연속흐름반응기에서 다음 반응이 등온적으로 수행된다.

$$A \longrightarrow B$$

유입 몰유량 υ_0이 10 dm^3/h이다. (참고: $F_A = C_A\upsilon$. 부피유량이 일정하면, $\upsilon = \upsilon_0$, 따라서 $F_A = C_A\upsilon_0$이 된다. 또한 $C_{A0} = F_{A0}/\upsilon_0$ = [5 mol/h]/[10 dm^3/h] = 0.5 mol/dm^3.)

유입 몰유량이 5 mol/h일 때, A의 99%가 소비되는 데(즉, $C_A = 0.01C_{A0}$) 필요한 CSTR 및 PFR의 반응기 부피를 각각 계산하여라. 반응속도, $-r_A$는 아래와 같이 가정한다.

(a) $-r_A = k$, $k = 0.05\,\dfrac{\text{mol}}{\text{h}\cdot\text{dm}^3}$ (답: V_{CSTR} = 99 dm^3)

(b) $-r_A = kC_A$, $k = 0.0001\ \text{s}^{-1}$

(c) $-r_A = kC_A^2$, $k = 300\,\dfrac{\text{dm}^3}{\text{mol}\cdot\text{h}}$ (답: V_{CSTR} = 660 dm^3)

(d) C_{A0} = 0.5 mol/dm^{3}인 경우, **(a)**, **(b)** 및 **(c)**를 반복하여, 1,000 dm^{3}의 정용회분식반응기(constant-volume batch reactor)에서 화합물 A의 99.9%가 소모되는 데 필요한 시간을 계산하여라.

P1-7$_A$ **엔리코 페르미(Enrico Fermi, 1901~1954) 문제(EFP)**. 엔리코 페르미는 핵공정(nuclear process)에 관한 연구로 노벨물리학상을 수상한 이태리 물리학자이다. 페르미는 "봉투 뒷면에 자릿수의 크기를 추산하는 계산(Order of Magnitude Calculation)"에 대하여 논리적 추론법과 합리적인 가정을 통하여 추정값을 얻은 것으로 유명하다. 그는 답에, 어떤 수보다는 크고 다른 어떤 수보다는 작다고 하는, 한계를 설정함으로써 한 자릿수 오차 이내의 답을 얻게 되었다.

*http://mathforum.org/workshops/sum96/interdisc/sheila2.html*을 참조하라.

엔리코 페르미 문제

(a) **EFP #1.** 시카고에는 몇 명의 피아노 조율사가 있는가? 여러분이 해답을 구할 때 근거를 아래 단계별로 보여라.

1. 시카고 인구 ________
2. 가구당 인원 ________
3. 기타 ________

정답은 CRE 웹사이트에 있는 제1장의 요약노트에 있다.

(b) **EFP #2.** 2016년 가을학기 동안 20,000명의 대학생이 먹은 피자는 몇 제곱미터인가?

(c) **EFP #3.** 사람이 일생 동안 마시는 물의 양은 목욕탕 욕조 몇 개의 부피만큼 되는가?

P1-8$_A$ **이 풀이는 무엇이 잘못되었는가?** 비가역 이차 액상반응($-r_A = kC_A^2$)

$$2A \xrightarrow{k} B \quad k = 0.03\,dm^3/mol \cdot s$$

가 CSTR에서 일어나고 있다. A의 유입농도 C_{A0}은 2 mol/l이고, 출구농도 C_A는 0.1 mol/l이다. 부피유량 v_0은 3 dm^3/s의 상수이다. 이것에 상응하는 반응기의 부피는 무엇인가?

풀이:

1. 몰수지식

$$V = \frac{F_{A0} - F_A}{-r_A}$$

2. 속도 법칙(2차)

$$-r_A = kC_A^2$$

3. 결합

$$V = \frac{F_{A0} - F_A}{kC_A^2}$$

4. $F_{A0} = v_o C_{A0} = \frac{3dm^3}{s} \cdot \frac{2molA}{dm^3} = \frac{6molA}{s}$

5. $F_A = v_o C_A = \frac{3dm^3}{s} \cdot \frac{0.1molA}{dm^3} = \frac{0.3molA}{s}$

6. $V = \dfrac{(6-0.3)\frac{mol}{s}}{\left(0.03\frac{dm^3}{mol \cdot s}\right)\left(2\frac{mol}{dm^3}\right)^2} = 47.5dm^3$

이 풀이는 무엇이 잘못되었는가에 대한 더 많은 문제는 홈페이지 CRE 웹사이트의 각 장에서 "Expanded Material"로 표시된 확장자료를 보아라.

강의교수를 위한 쪽지: 문제풀이집과 CRE 웹사이트에서 추가적인 문제들(이전 판의 문제들)을 찾을 수 있다. 이 문제들을 복사하여 사용하면 이 장에서 논의된 기본원리를 이해하는 데 도움이 될 것이다.

보충교재

1. 일반 몰수지식의 유도에 대해서 더 학습하기를 원한다면, 웹사이트 *www.umich.edu/~elements/5e/index.html* 뿐만 아니라 다음 문헌도 보아라.

FELDER, R.M. and R.W. ROUSSEAU, *Elementary Principles of Chemical Processes,* 3rd ed. New York: Wiley, 2000, Chap 4.

SANDERS, R.J., *The Anatomy of Skiing,* Denver, CO: Golden Bell Press, 1976.

2. 이 장의 여러 가지 주제들에 대한 자세한 설명은 다음 교재를 참조하여라.

CRYNES, B.L., and H.S. FOGLER, eds., *AIChE Modular Instruction Series E: Kinetics,* Vols. 1 and 2. New York: AIChE, 1981.

3. 몇 가지 매우 중요한 산업공정들에 대한 논의는 다음 책을 참조하여라.

AUSTIN, G.T., *Shreve's Chemical Process Industries,* 5th ed. New York: McGraw-Hill, 1984.

4. 이 교재의 주제에 해당하는 짧은 비디오(6 – 9분) *http://www.learncheme.com/.*

전화율과 반응기 크기 산정 2

Conversion and Reactor Sizing

당신에 대한 평판보다는 인격에 좀 더 관심을 가져라.
왜냐하면, 인격은 당신의 진정한 모습이지만,
평판이란 단지 당신에 대한 다른 사람들의 생각이기 때문이다.

—존 우든, UCLA 브루인스
(역자 주 | UCLA를 대학농구 명가로 만든 전설적인 감독)

개요

제1장에서는 일반 몰수지식을 유도하였고 이를 4가지 가장 일반적인 형태의 공업용 반응기에 적용하였다. 각 반응기 형태에 대하여 수지식을 유도하였으며, 이 방정식들을 제1장의 표 S1-1에 요약하였다. 제2장에서는 개념적으로 어떻게 이런 반응기들의 크기를 구하고 어떻게 배열하는지 보여줄 것이다. 그리하여 독자들은 수학적 세부사항에서 헤매지 않으면서 화학반응공학 설계(CRE design)의 구조에 대해 배우게 된다.

이번 장에서는

- 전화율을 정의하고,
- 제1장에서 배운 4종류의 공업용 반응기의 모든 수지식들을 전화율 X의 항으로 다시 쓰며,
- 일단 반응속도와 전화율 사이의 관계가 주어진 경우(즉, $-r_A = f(X)$)에, 반응기의 크기(반응기 부피)를 어떻게 구하는지 보여주고,
- 어떻게 CSTR과 PFR의 크기를 비교하는지 보여주며,
- 가장 중요한 원리인, 직렬로 연결된 반응기들을 어떻게 최적으로 배열하는지를 보여줄 것이다.

반응속도와 전화율 사이의 관계가 주어졌을 때, CSTR과 PFR의 크기를 구할 수 있을 뿐 아니라, 직렬로 배열된 반응기들의 반응기 부피들과 총괄전화율(overall conversion)을 계산할 수 있을 것이다.

2.1 전화율의 정의

전화율을 정의할 때, 반응물 중의 한 화합물을 계산의 기준(basis of calculation)으로 선택한 후에 반응에 참여하는 다른 화합물을 이 기준에 관련시킨다. 사실상 모든 경우에 있어서, **한계반응물**((limiting reactant)을 계산의 기준으로 선택해야 한다. 화학양론관계 및 설계방정식을 개발하기 위하여 다음의 일반적인 반응을 고려해 보자.

$$aA + bB \longrightarrow cC + dD \tag{2-1}$$

대문자는 화합물을 나타내며, 소문자는 화학양론계수를 나타낸다. 화합물 A를 한계반응물로 간주하고 **계산의 기준**(basis of calculation)으로 한다. 한계반응물은 반응물들이 혼합된 후에 먼저 완전히 고갈되는 반응물을 의미한다. 그런 다음, 반응식을 화합물 A의 화학양론계수로 나누면, 반응식은 다음 형태로 되며, 모든 항이 한계반응물 "A의 몰당"의 기준으로 된다.

$$A + \frac{b}{a}B \longrightarrow \frac{c}{a}C + \frac{d}{a}D \tag{2-2}$$

이제 다음과 같은 질문을 해보자. "예를 들어 식 (2-2)와 같은 반응이 오른쪽으로 어느 정도 진행되었는지를 어떻게 정량화할 수 있는가?" 또는 "1몰의 A가 소비될 때마다 몇 몰의 C가 생성되는가?" 이 질문들에 대하여 대답하기 위한 편리한 방법 중의 하나는 **전화율**(conversion)이라고 하는 파라미터를 정의하는 것이다. 전화율 X_A는 계에 공급된 A의 몰당 반응한 A의 몰수이다.

X의 정의

$$X_A = \frac{\text{반응한 A의 몰수}}{\text{공급된 A의 몰수}}$$

전화율은 계산의 기준[식 (2-2)에서 A]에 관하여 정의되기 때문에, 간략히 하기 위하여 아래첨자 A를 생략하고 $X \equiv X_A$로 둔다. **비가역반응**인 경우에, 최대전화율은 1.0이며, 완전 전화되었음을 의미한다. **가역반응**일 때, 최대전화율은 평형전화율 X_e(즉 $X_{max} = X_e$)이다. 평형전화율은 4.3절에서 자세히 알아볼 것이다.

2.2 회분식반응기 설계방정식

대부분의 회분식반응기에서, 반응물이 반응기 내에 오래 머무를수록 더 많은 반응물이 생성물로 전환되어 평형에 도달하거나 반응물이 완전히 소비된다. 따라서 회분식계에서 전화율 X는 반응물이 반응기 내에서 머무르는 시간의 함수이다. 만약 A의 초기 몰수를 N_{A0}라 하면($t = 0$), 시간 t 동안에 반응된(소비되어진) A의 전체 몰수는 $[N_{A0}X]$이다.

$$[\text{반응된(소비된) A의 몰수}] = [\text{공급된 A의 몰수}] \cdot \left[\frac{\text{반응된 A의 몰수}}{\text{공급된 A의 몰수}}\right]$$

$$\begin{bmatrix}\text{반응된}\\ \text{(소비된)}\\ \text{A의 몰수}\end{bmatrix} = [N_{A0}] \cdot [X] \tag{2-3}$$

이제, 시간 t 후에 반응기 내에 남아 있는 A의 몰수 N_A는 N_{A0}와 X의 항으로 표현할 수 있다.

$$\begin{bmatrix}\text{시간 } t\text{에서}\\ \text{반응기 내의}\\ \text{A의 몰수}\end{bmatrix} = \begin{bmatrix}t=0\text{에서}\\ \text{반응기에}\\ \text{공급된 A의}\\ \text{초기 몰수}\end{bmatrix} - \begin{bmatrix}\text{시간 } t \text{ 동안}\\ \text{화학반응에 의해}\\ \text{소비된 A의 몰수}\end{bmatrix}$$

$$[N_A] = [N_{A0}] - [N_{A0}X]$$

전화율 X가 달성된 후에 반응기 내의 A의 몰수는 다음과 같이 된다.

t시간에 반응기 내의 A의 몰수

$$\boxed{N_A = N_{A0} - N_{A0}X = N_{A0}(1-X)} \tag{2-4}$$

반응기 내부에서 반응속도의 공간적 변화가 없는 경우에, 회분식계에 대한 화합물 A의 몰수지는 다음 식으로 표현된다[식 (1-5) 참조].

$$\frac{dN_A}{dt} = r_A V \tag{2-5}$$

이 식은 반응기의 부피가 일정하거나 그렇지 않을 때도 유효하다. 식 (2-2)의 일반적인 반응에서 반응물 A는 소실되고 있으므로, 식 (2-5)의 양변에 -1을 곱하여 다음 형태의 회분식반응기에 대한 몰수지를 얻는다.

$$-\frac{dN_A}{dt} = (-r_A)V$$

이 반응에서 A의 소멸속도 $-r_A$는 $-r_A = kC_AC_B$와 같은 식 (1-2)와 유사한 속도법칙을 대입할 수 있다.

회분식반응기의 경우에는, 주어진 전화율 X를 달성하기 위하여 반응물을 반응기 내에 얼마나 오랫동안 넣어 두어야만 하는가를 결정해야 하는 일에 관심이 있다. 이 시간을 구하기 위하여 몰수지식 (2-5)를 전화율의 항으로 나타내어야 한다. N_{A0}는 초기에 존재하는 A의 몰수이므로 시간에 관하여 상수(constant)라는 것을 염두에 두고 식 (2-4)를 미분하면 다음을 얻는다.

$$\frac{dN_A}{dt} = 0 - N_{A0}\frac{dX}{dt}$$

위의 식을 식 (2-5)와 결합하면 다음과 같이 된다.

$$-N_{A0}\frac{dX}{dt} = r_A V$$

회분식반응기에 대하여, 미분형의 설계방정식은 다음과 같다.

회분식반응기
설계방정식

$$N_{A0}\frac{dX}{dt} = -r_A V \tag{2-6}$$

몰수지식을 전화율의 항으로 표현했기 때문에, 식 (2-6)을 회분식반응기에 대한 미분형 **설계방정식**(design equation)이라 부른다. 회분식반응기의 미분형 몰수지식들, 즉 식 (2-5)와 식 (2-6)은 각각 반응속도자료의 해석에서(제7장), 그리고 열효과를 동반하는 반응기일 때(제11-13장) 종종 사용된다. 회분식반응기는 산업현장에서 기상반응뿐만 아니라 액상반응을 수행하기 위해서 아주 많이 사용된다. 실험실용 봄베 열량계 반응기(bomb calorimeter reactor)는 반응속도자료를 얻는 데 널리 사용된다. 소규모 생산을 원하거나 조업의 어려움으로 인해 연속흐름계의 사용이 어려운 경우에, 액상반응은 주로 회분식반응기에서 수행된다.

회분식반응기의 용도

주어진 전화율 X를 달성하기 위한 시간을 구하기 위하여 먼저 식 (2-6)에서 다음과 같이 변수 분리를 한다.

$$dt = N_{A0}\frac{dX}{-r_A V}$$

전화율 X에 도달하기 위한 회분시간 t

이 식은 전화율이 0인 최초의 시간에 반응이 시작되고(즉 $t = 0$, $X = 0$) 전화율 X가 이루어지는 시간 t에 반응이 끝나는(즉 $t = t$, $X = X$) 조건을 적분 구간을 사용하여 적분된다. 적분을 수행하여 회분식반응기에서 전화율 X에 도달하는 데 필요한 시간 t를 얻는다.

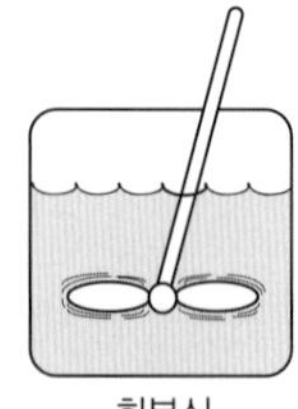
회분식
설계방정식

$$t = N_{A0}\int_0^X \frac{dX}{-r_A V} \tag{2-7}$$

반응물들이 반응기에 오래 남아 있으면 있을수록 전화율은 높아진다. 식 (2-6)은 회분식반응기에 대한 미분형 설계방정식이고, 식 (2-7)은 적분형 설계방정식이다.

2.3 흐름반응기의 설계방정식

회분식반응기에 대해서, 전화율은 반응물이 반응기 내에서 머무는 시간에 따라서 증가한다는 것을 알았다. 연속흐름계의 경우에, 이 시간은 일반적으로 반응기 부피가 증가함에 따라 증가한다. 예컨대 반응기가 더 크거나 더 길수록, 반응물들이 반응기를 끝까지 흐르는 데 더 많은 시간이 걸리게 되고 더 오래도록 반응하게 된다. 따라서 전화율 X는 반응기 부피 V의 함수이다. 만약 정상상태에서 운전되는 어떤 계에 공급되는 화합물 A의 몰유량이 F_{A0}이면, 전체 계 내에서 화합물 A가 반응하는 몰유량은 $F_{A0}X$이다.

$$[F_{A0}]\cdot[X] = \frac{\text{공급된 A의 몰수}}{\text{시간}} \cdot \frac{\text{반응된 A의 몰수}}{\text{공급된 A의 몰수}}$$

$$[F_{A0}\cdot X] = \frac{\text{반응된 A의 몰수}}{\text{시간}}$$

계에 공급된 A의 몰유량에서 계 내에서 반응된 A의 몰유량을 뺀 것은 계를 떠나는 A의 몰유량 F_A와 같다. 앞의 문장은 다음과 같이 수학적으로 표현될 수 있다.

$$\left[\begin{array}{c}\text{계에 공급된} \\ \text{A의 몰유량}\end{array}\right] - \left[\begin{array}{c}\text{계 내에서 소비된} \\ \text{A의 몰유량}\end{array}\right] = \left[\begin{array}{c}\text{계를 떠나는} \\ \text{A의 몰유량}\end{array}\right]$$

$$[F_{A0}] \quad - \quad [F_{A0}X] \quad = \quad [F_A]$$

다시 정리하면 다음과 같다.

$$\boxed{F_A = F_{A0}(1 - X)} \tag{2-8}$$

화합물 A의 유입 몰유량, F_{A0}(mol/s)는 유입 농도 C_{A0}(mol/dm^3)와 유입 부피유량 υ_0(dm^3/s)의 곱과 같다.

$$\boxed{F_{A0} = C_{A0}\,\upsilon_0} \tag{2-9}$$

액상 **액상계의 경우,** 부피유량 υ은 일정하고, C_{A0}는 일반적으로 몰농도로 주어진다. 예컨대, $C_{A0} = 2$ mol/dm^3.

기상계의 경우, C_{A0}는 A의 유입 몰분율 y_{A0}, 온도 T_0, 압력 P_0로부터 이상기체법칙 또는 다른 기체법칙을 사용하여 계산할 수 있다. 이상기체의 경우(부록 B 참조),

기상

$$C_{A0} = \frac{P_{A0}}{RT_0} = \frac{y_{A0}P_0}{RT_0} \tag{2-10}$$

이제 몰유량과 전화율 사이의 관계식[식 (2-8)]을 알고 있으므로, 제1장에서 논의된 흐름반응기에 대하여, 설계방정식(몰수지)을 전화율의 항으로 표현할 수 있다.

2.3.1 CSTR(또는 역혼합반응기 또는 Vat)

CSTR은 완전히 혼합되어 반응기 내에서의 공간적인 변화가 없는 것으로 모델링된다는 사실을 상기하자. 다음 반응에 대해서,

$$A+\frac{b}{a}B \longrightarrow \frac{c}{a}C+\frac{d}{a}D \tag{2-2}$$

CSTR 몰수지식 (1-7)을 재배치하면 다음과 같다.

$$V=\frac{F_{A0}-F_A}{-r_A} \tag{2-11}$$

이제 F_A를 F_{A0}와 X의 항으로 치환하면,

$$F_A=F_{A0}-F_{A0}X \tag{2-12}$$

그리고 식 (2-12)를 (2-11)에 대입하면,

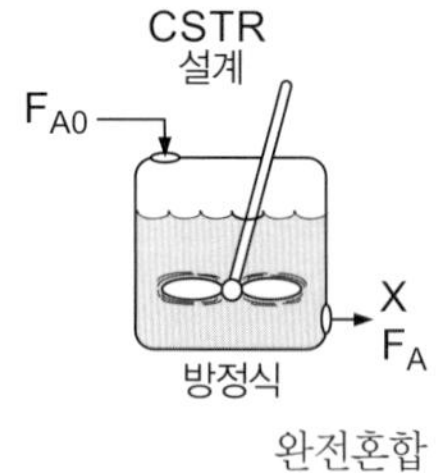

완전혼합

$$V=\frac{F_{A0}-(F_{A0}-F_{A0}X)}{-r_A}$$

간략화시키면, 주어진 전화율 X를 달성하는 데 필요한 CSTR의 부피는 다음과 같이 된다.

$$\boxed{V=\frac{F_{A0}X}{(-r_A)_{exit}}} \tag{2-13}$$

CSTR 출구조건에서 $-r_A$를 계산한다!!

반응기는 **완전히 혼합**되기 때문에, 반응기의 출구조성은 반응기 내의 조성과 동일하다. 따라서 반응속도는 출구조건에서 계산한다.

2.3.2 관형흐름반응기(PFR)

관형반응기는 반경방향의 농도구배 및 온도구배, 즉 반응속도의 구배가 없는, 플러그흐름(plug flow)으로 흐르고 있는 유체를 가지고 있는 것으로 모델링할 수 있다[1]. 반응물들은 반응기로 유입되어 축방향으로 흘러가면서 소비되기 때문에 반응기 길이에 따라서 전화율은 증가한다. PFR 설계방정식을 유도하기 위하여, 관형반응기 몰수지식 (1-12)의 양변에 −1을 곱하고, 화합물 A에 대해서 나타내면 다음과 같다.

$$\frac{-dF_A}{dV}=-r_A \tag{2-14}$$

흐름계에 대해서, F_A는 유입 몰유량 F_{A0}와 전화율 X의 항으로 앞에서 다음과 같이 주어져 있으며,

$$F_A=F_{A0}-F_{A0}X \tag{2-12}$$

1. CRE 웹사이트의 PDF 제16장과 제18장에서 비이상(공업용) 반응기에 대하여 해석을 확장할 때에는 이 제약조건을 사용하지 않을 것이다.

이를 미분하면 다음과 같다.

$$dF_A = -F_{A0}dX$$

이를 식 (2-14)에 대입하면, 플러그흐름반응기(PFR)에 대한 미분형 설계방정식을 얻는다.

$$\boxed{F_{A0}\frac{dX}{dV} = -r_A} \tag{2-15}$$

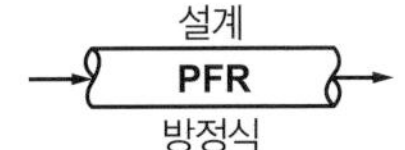

이제 변수를 분리하고 $X = 0$일 때 $V = 0$인 조건으로 적분하면, 주어진 전화율 X를 달성하는 데 필요한 플러그흐름반응기의 부피를 얻게 된다.

$$\boxed{V = F_{A0}\int_0^X \frac{dX}{-r_A}} \tag{2-16}$$

CSTR 설계방정식인 식 (2-13)의 계산을 하기 위해서 뿐만 아니라, 각각 회분식반응기와 PFR의 설계방정식인 식 (2-7)과 식 (2-16)의 적분을 수행하기 위해서는 반응속도 $-r_A$가 반응화합물들의 농도(즉 전화율)에 따라서 어떻게 변하는지를 알아야 한다. 반응속도와 농도 사이의 이러한 관계에 대해서는 제3장에서 논의된다.

2.3.3 충전층반응기(PBR)

충전층반응기(packed-bed reactor)는 촉매입자들로 채워진 관형반응기이다. PBR에서는 반응기의 부피보다 촉매의 무게(W)가 중요하다. 충전층반응기에 대한 미분형 설계방정식과 적분형 설계방정식의 유도는 PFR의 경우와 유사하다[식 (2-15)와 (2-16) 참조]. 즉, 식 (1-15)의 F_A에 대해서 식 (2-12)를 대입하면 다음과 같이 된다.

PBR설계방정식

$$\boxed{F_{A0}\frac{dX}{dW} = -r'_A} \tag{2-17}$$

반응기의 길이에 따라 **압력강하**가 있는 반응기를 해석하는 경우에는 미분형 설계방정식[즉 식 (2-17)]을 **반드시** 사용해야만 한다. 충전층에서의 압력강하에 대해서는 제5장에서 다룰 것이다.

압력강하가 **없는 경우**에(즉, $\Delta P = 0$), $W = 0$일 때 $X = 0$ 그리고 $W = W$일 때 $X = X$의 적분구간에서 적분하면 다음을 얻는다.

PBR

F_{A0} → F_A

$$\boxed{W = F_{A0}\int_0^X \frac{dX}{-r'_A}} \tag{2-18}$$

전체 압력이 일정한 경우에 전화율 X를 달성하는 데 필요한 촉매의 무게 W(질량)를 구하기 위해서는 식 (2-18)을 사용할 수 있다.

2.4 연속흐름반응기의 크기 산정

이 절에서는, 전화율 X에 대한 반응속도 $-r_A$의 함수관계[$-r_A = f(X)$]를 알고 있는 경우에, CSTR과 PFR의 크기를 산정하는(즉 그들의 반응기 부피를 구하는) 방법을 보여주고자 한다. A의 소멸속도 $-r_A$는 거의 언제나 화합물들의 농도의 함수이다(제3장 참조). 단 하나의 반응만 일어나면, 각 화합물의 농도를 전화율 X의 함수로 표현할 수 있다(제4장 참조). 결과적으로, $-r_A$는 X의 함수로 표현할 수 있다.

아주 간단한 형태이지만, 자주 나타나는 함수적 의존관계는 1차 함수적 의존관계이다. 즉

$$-r_A = kC_A = kC_{A0}(1-X)$$

여기서 k는 비반응속도(specific reaction rate)로서 온도만의 함수이고, C_{A0}는 A의 유입 농도이다. 식 (2-13)과 식 (2-16)에서 반응기 부피는 $-r_A$의 역수의 함수로 표현되어 있음을 유의하여라. 위와 같은 1차 함수적 의존관계의 경우에, 반응속도의 역수$(1/-r_A)$를 전화율의 함수로서 도시하면, 그림 2-1에 나타낸 것과 같은 곡선이 된다.

$$\frac{1}{-r_A} = \frac{1}{kC_{A0}}\left(\frac{1}{1-X}\right)$$

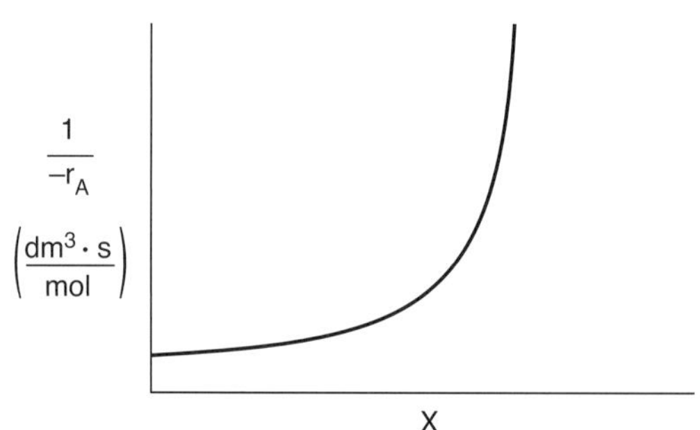

그림 2-1 전화율 함수로서 전형적인 속도 역수 곡선

이 그림 2-1을 사용해 서로 다른 유입 몰유량에 대하여, CSTR과 PFR의 크기를 구할 수 있다. **크기를 산출한다**는 말은 특정한 전화율을 얻기 위한 반응기의 부피를 구하거나, 특정한 반응기 부피에서의 전화율을 구하는 것을 의미한다. 흐름반응기들의 크기를 산출하기 전에, 먼저 이 반응에 대한 몇 가지 지식을 알아보자. 만일 일정한 온도에서 반응이 일어난다면, 반응속도는 일반적으로 반응물의 농도가 최대인 반응 초기(즉 전화율을 무시할 수 있는[$X \cong 0$] 경우)에 최대가 된다. 따라서 반응속도의 역수$(1/-r_A)$는 작은 값이다. 반응이 거의 끝날 때는 반응물은 거의 소모되어 A의 농도는 작아져서(즉, 전화율은 크다), 반응속도는 작게 된다. 따라서 반응속도의 역수$(1/-r_A)$는 큰 값을 갖게 된다.

반응차수가 0보다 큰 모든 비가역반응의 경우(0차 반응에 대해서는 제3장 참조), 한계반응물(limiting reactant)이 모두 고갈되는 완전전화율(즉 $X = 1$)에 접근하면서, 반응속도의 역수는 무한대에 접근하며 반응기 부피도 무한대에 접근한다. 즉

A → B + C

$$X \to 1 \text{ 경우, } -r_A \to 0, \text{ 따라서, } \frac{1}{-r_A} \to \infty \text{ 그러므로 } V \to \infty$$

"무한대와 그것을 넘어서" –Buzz Lightyear

따라서 완전전화율, $X = 1.0$에 도달하는 데는 무한히 큰 반응기 부피가 필요하다.

가역반응(예, A ⇄ B)의 경우에, 최대전화율은 평형전화율 X_e이다. 평형에서 반응속도는 영이다($r_A \equiv 0$). 그러므로

A ⇄ B + C

$$X \to X_e \text{ 경우, } -r_A \to 0, \text{ 따라서, } \frac{1}{-r_A} \to \infty \text{ 그러므로 } V \to \infty$$

가역반응에 대하여, 평형전화율, $X = X_e$에 도달하는 데 무한히 큰 반응기 부피가 필요하게 된다. X_e에 대해 더 많은 정보는 제4장을 참조하라.

$-r_A = f(X)$가 주어졌을 경우 반응기 설계 예제

여기서 흐름반응기(즉, CSTR, PFR)의 설계에 대하여 설명하기 위해, 다음의 등온 기상 이성질화반응을 고려해 보자.

$$A \longrightarrow B$$

반응물 A의 전화율의 함수로서 화학반응속도를 구하기 위하여 실험실로 가보도록 하자. 표 2-1에 주어진 실험 측정치들은 전화율의 함수로서의 화학반응속도를 보여준다. 온도는 500 K(400°F)이었고, 전체 압력은 830 kPa(8.2 atm)이었으며, 순수한 A를 초기에 반응기로 공급한다. A의 유입 몰유량 $F_{A0} = 0.4$ mol/s이다.

만일 X의 함수로서의 $-r_A$를 안다면, 등온반응계의 크기를 산출할 수 있다.

표 2-1 실험 자료(raw data)†

X	0	0.1	0.2	0.4	0.6	0.7	0.8
$-r_A$ (mol/m^3 · s)	0.45	0.37	0.30	0.195	0.113	0.079	0.05

† 독점 코드화된 이 자료는 Jofostan Çölow 소재 조포스탄 중앙 연구소의 소유이며, Jofostan Journal of Chemical Engineering Research 제21권, 제73호(2019호)에 게재되었다.

CSTR과 PFR의 설계방정식, 즉 식 (2-13)과 식 (2-16)에서 기억해 보면, 반응기 부피는 $-r_A$의 몰유량(F_{A0})에 비례하고, $-r_A$의 역수인 $\left(\frac{1}{-r_A}\right)$에 따라 변하는 것을 알 수 있다. 즉, $V = \left(\frac{F_{A0}}{-r_A}\right)X$이다. 따라서 반응기 크기를 산출하기 위해서는, 먼저 표 2-1의 실험 자료에서 전화율의 함수로서의 $-r_A$를 전화율의 함수로서 $\left(\frac{1}{-r_A}\right)$로 변환한다. 그리고 표 2-2에서 보여주듯, 여기에다가 $F_{A0} = 0.4$ mol/s를 곱하여 $\left(\frac{F_{A0}}{-r_A}\right)$를 얻는다.

다음 다섯 개의 예제 문제에 대해서 이 표의 자료를 사용할 것이다.

표 2-2 처리된 자료

X	0.0	0.1	0.2	0.4	0.6	0.7	0.8
$-r_A\left(\frac{mol}{m^3 \cdot s}\right)$	0.45	0.37	0.30	0.195	0.113	0.079	0.05
$(1/-r_A)\left(\frac{m^3 \cdot s}{mol}\right)$	2.22	2.70	3.33	5.13	8.85	12.7	20
$(F_{A0}/-r_A)(m^3)$	0.89	1.08	1.33	2.05	3.54	5.06	8.0

다른 몰유량, F_{A0}으로 들어가는 반응기들의 크기를 산출하기 위하여, 표 2-2의 1열과 3열을 이용하여 다음 그림을 만든다.

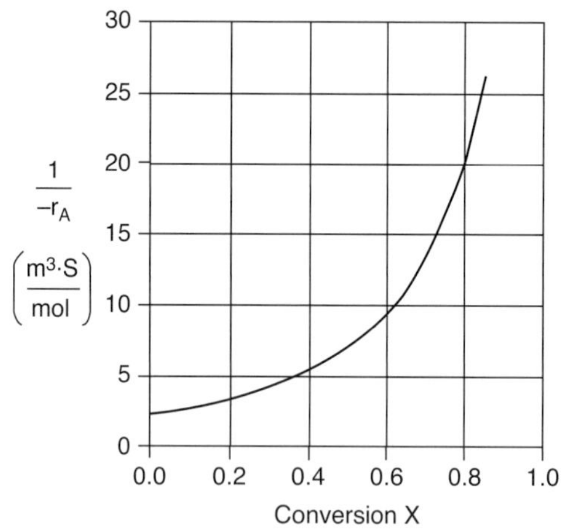

그림 2-2A 처리된 자료 1

그러나 F_{A0}가 주어지면, 반응기 크기를 구하기 위하여, 그림 2-2A를 사용하기보다는, 레벤스필 플롯(Levenspiel plot)이라고 불리는, 전화율의 함수인 $\left(\frac{F_{A0}}{-r_A}\right)$를 도시하는 것이 종종 더 유리하다. 이제 특정한 몰유량인 $F_{A0} = 0.4$ mol A/s을 가지고 몇몇의 예를 수행하고자 한다.

표 2-2의 자료를 사용하여 $\left(\frac{F_{A0}}{-r_A}\right)$를 X의 함수로서 도시하면, 그림 2-2B에 나타낸 그래프를 얻는다.

이제 CSTR과 PFR의 크기를 산출하기 위하여 처리된 자료(그림 2-2B)의 레벤스필 플롯을 사용할 것이다.

레벤스필 플롯

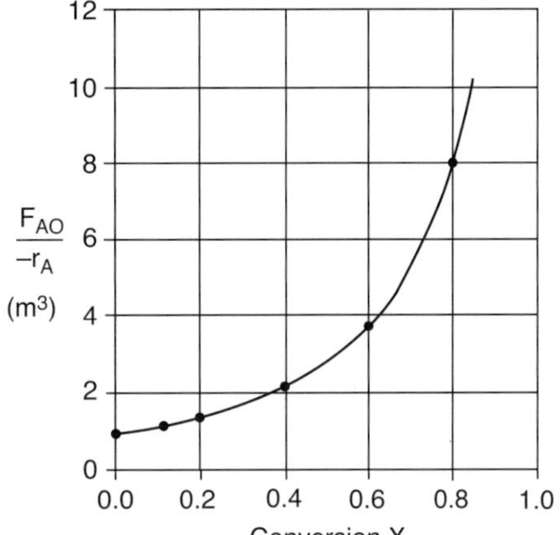

그림 2-2B 처리된 자료 2의 레벤스필 플롯

예제 2-1 CSTR의 크기 산출

표 2-2의 자료에 의하여 기술되는 다음 반응이 CSTR에서 일어난다.

$$A \rightarrow B$$

그림 2-2B를 그리는 데 사용된 0.4 mol/s의 몰유량으로 화합물 A가 반응기에 공급된다.

(a) 표 2-2, 또는 그림 2-2B를 이용하여, CSTR에서 80%의 전화율을 달성하는 데 필요한 부피를 산출하여라.

(b) 80%의 전화율(즉 $X = 0.8$)을 달성하는 데 필요한 CSTR의 부피가 되는 면적을 그림 2-2B에서 빗금으로 나타내어라.

풀이

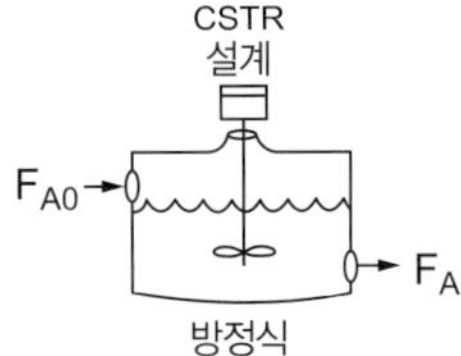

(a) 식 (2-13)은 F_{A0}, X, 그리고 $-r_A$의 함수로서 CSTR의 부피를 구하는 식이다.

$$V = \frac{F_{A0}X}{(-r_A)_{exit}} \tag{2-13}$$

CSTR에서는 완전혼합을 가정했기 때문에, 배출흐름의 조성, 온도 및 전화율은 반응기 내 유체의 그것들과 같다. 그러므로 $X = 0.8$에서의 $-r_A$ 값(또는 역수)을 구해야 한다. 표 2-2 또는 그림 2-2A에서, $X = 0.8$일 때,

$$\left(\frac{1}{-r_A}\right)_{X=0.8} = 20\frac{m^3 \cdot s}{mol}$$

이 된다. 유입 몰유량 $F_{A0} = 0.4$ mol A/s과 $X = 0.8$을 식 (2-13)에 대입하면

$$V = 0.4\frac{mol}{s}\left(\frac{20\ m^3 \cdot s}{mol}\right)(0.8) = 6.4\ m^3 \tag{E2-1.1}$$

$$V = 6.4\ m^3 = 6400\ dm^3 = 6400\ L$$

(b) 그림 2-2B 위에 CSTR의 부피가 되는 면적을 어둡게 칠하여라. 식 (2-13)을 다시 정리하면

$$V = \left[\frac{F_{A0}}{-r_A}\right] X \tag{2-13}$$

그림 E2-1.1에서, 이 부피는 높이가 ($F_{A0}/-r_A = 8\ m^3$)이고 밑변이 ($X = 0.8$)인 직사각형의 면적과 같다. 이 직사각형은 그림에서 어두운 부분으로 나타냈다.

대표적인 공업용 CSTR 크기

$$V = \left[\frac{F_{A0}}{-r_A}\right]_{X=0.8} (0.8) \tag{E2-1.2}$$

$$V = \text{레벤스필 직사각형 면적} = \text{높이} \times \text{폭}$$

$$V = [8\ m^3][0.8] = 6.4\ m^3 = 6400\ dm^3 = 6400\ L$$

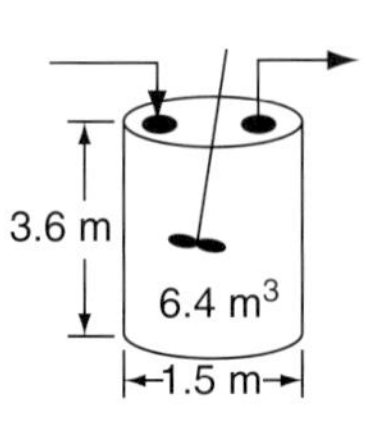

온도 500 K, 압력 830 kPa(8.2 atm)에서 운전되고, A의 유입 몰유량이 0.4 mol/s인 경우에, 80% 전화율을 달성하는 데 필요한 CSTR의 부피는 6.4 m^{3}이다. 이 부피는 대략 직경 1.5 m 그리고 높이 3.6 m인 반응기에 해당된다. 이는 큰 CSTR이다. 그러나 이 반응은 기상반응이고, CSTR은 보통 기상반응에서는 사용되지 않는다. CSTR은 주로 액상반응에서 사용된다. 아이쿠!

X에 대한 $F_{A0}/-r_A$의 그래프를 때때로 레벤스필 플롯(Octave Levenspiel 교수의 이름을 따서)이라고도 한다.

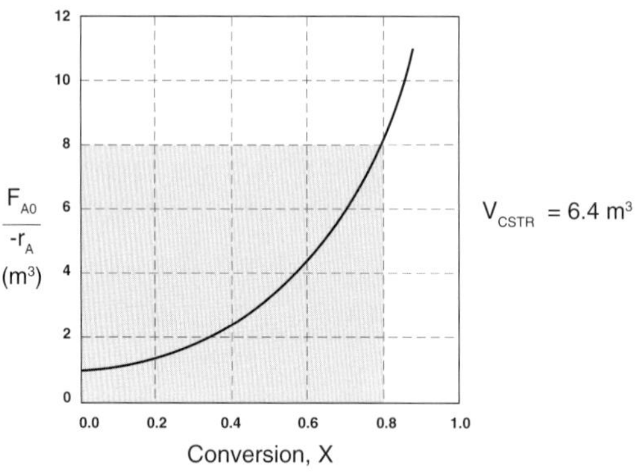

그림 E2-1.1 레벤스필 CSTR 플롯

분석: 화합물 A의 몰유량과 전화율의 함수로서 반응속도 등이 주어지면, 정해진 전화율에 대해서 CSTR의 부피를 계산하는 방법을 보았다. 주어진 실험자료와 정보로부터, 80%의 전화율을 얻기 위한 부피가 6.4 m^{3}라는 것을 계산하였다. 설계방정식 (2-13) 또는 레벤스필 플롯을 이용하여 이러한 계산을 어떻게 하는지를 나타내었다.

예제 2-2 PFR의 크기 산출

표 2-1 및 2-2의 자료에 의하여 기술된 반응이 PFR에서 수행되고 있다. A의 유입 몰유량은 0.4 mol/s이다.

(a) 첫 번째로, 부록 A.4에서 주어진 적분공식 중의 하나를 사용하여 80% 전환율을 달성하는 데 필요한 PFR 반응기 부피를 구하여라.

(b) 다음으로, 80% 전환율을 달성하는 데 필요한 PFR 반응기 부피가 되는 면적을 그림 2-2B 위에 어둡게 칠하여라.

(c) 마지막으로, 반응기 길이(부피)에 대한 전환율 X와 반응속도 $-r_A$의 분포를 정성적인 스케치를 하여라.

풀이

먼저 표 2-3의 결과를 만들기 위해 표 2-2의 행 1과 행 4를 반복하여서 하면 다음과 같다.

표 2-3 처리된 자료 2

X	0.0	0.1	0.2	0.4	0.6	0.7	0.8
$(F_{A0}/-r_A)(m^3)$	0.89	1.08	1.33	2.05	3.54	5.06	8.0

(a) 수치해석적으로 PFR 부피 구하기. PFR에 대한 미분형 몰수지는

$$F_{A0}\frac{dX}{dV} = -r_A \tag{2-15}$$

다시 정리하고 적분하면

$$V = F_{A0}\int_0^{0.8}\frac{dX}{-r_A} = \int_0^{0.8}\frac{F_{A0}}{-r_A}dX \tag{2-16}$$

부록 A.4에 주어진 5-점 적분공식(five-point quadrature formula)을 사용하여 식 (2-16)을 수치적으로 계산하고자 한다. 최종 전환율이 0.8인 5-점 공식일 때, $X = 0$과 $X = 0.8$ 사이를 4개의 등간격으로 나누면 구간의 길이는 $\Delta X = \frac{0.8}{4} = 0.2$이다. 적분 내의 함수는 $X = 0$, $X = 0.2$, $X = 0.4$, $X = 0.6$, 그리고 $X = 0.8$에서 각각 계산된다.

$$V = \frac{\Delta X}{3}\left[\frac{F_{A0}}{-r_A(X=0)} + \frac{4F_{A0}}{-r_A(X=0.2)} + \frac{2F_{A0}}{-r_A(X=0.4)} + \frac{4F_{A0}}{-r_A(X=0.6)} + \frac{F_{A0}}{-r_A(X=0.8)}\right] \tag{E2-2.1}$$

표 2-3의 다른 전환율들에 상응하는 $F_{A0}/-r_A$ 값들을 사용하여 다음을 얻는다.

$$V = \left(\frac{0.2}{3}\right)[0.89 + 4(1.33) + 2(2.05) + 4(3.54) + 8.0]\text{m}^3 = \left(\frac{0.2}{3}\right)(32.47\ \text{m}^3)$$

$$\boxed{V = 2.165\ \text{m}^3 = 2165\ \text{dm}^3}$$

0.1 m 2.8 m 0.4 mol/s X = 0.8
병렬연결된 100개의 PFR

80% 전화율을 달성하는 데 필요한 PFR 반응기 부피는 2165 dm^3이다. 이 부피는 각각의 길이가 2.8 m이고 직경이 0.1 m인 100개의 PFR 묶음(예, 여백그림 또는 그림 1-8(a)와 (b) 참조)에 상당한다.

(b) 식 (2-16)의 적분은 X에 대한 ($F_{A0}/-r_A$)의 그래프의 곡선 아래의 면적으로부터 구할 수도 있다.

$$V = \int_0^{0.8} \frac{F_{A0}}{-r_A} dX$$ = (X = 0)과 (X = 0.8) 사이의 곡선 아래의 면적 (그림 E2-2.1에서 어두운 면적 참조)

PFR

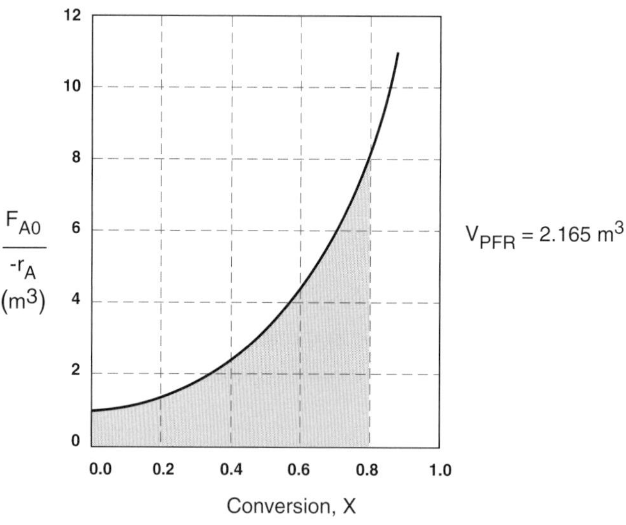

그림 E2-2.1 레벤스필 PFR 플롯

이 곡선 아래의 면적은 명시된 전화율을 달성하는 데 필요한 관형반응기 부피가 된다. 80% 전화율에 대해서, 어두운 면적은 약 2165 dm^3(2.165 m^3)이다.

(c) 반응기 길이(부피)에 대한 전화율 X와 반응속도 $-r_A$의 분포를 스케치하라.

반응기 하류로 내려가면서, 반응물이 더 많이 생성물로 전환되기 때문에 전화율은 증가한다. 따라서 등온반응에서는 반응물이 소비되어 없어짐에 따라서, 반응물의 농도는 감소하게 되고, A의 소멸속도도 감소한다는 사실을 알고 있다.

(i) <u>X = 0.2</u>에 대해서, $\Delta X = 0.1$로 하고 표 2-2의 1행과 4행의 자료를 사용하여, 심프슨 공식[부록 A.4에서 식 (A−21)]을 적용하면 이에 상응하는 반응기 부피는 다음과 같이 구할 수 있다.

$$V = F_{A0}\int_0^{0.2} \frac{dX}{-r_A} = \frac{\Delta X}{3}\left[\frac{F_{A0}}{-r_A(X=0)} + \frac{4F_{A0}}{-r_A(X=0.1)} + \frac{F_{A0}}{-r_A(X=0.2)}\right] \quad \text{(E2-2.2)}$$

$$= \left(\frac{0.1}{3}\left[0.89 + 4(1.08) + 1.33\right]\right) m^3 = \frac{0.1}{3}(6.54\ m^3) = 0.218\ m^3 = 218\ dm^3$$

$$= 218\ dm^3$$

이 부피(218 dm^3)는 $X = 0.2$에서의 부피이다. 표 2-3에 따르면, $X = 0.2$일 때 반응속도는 $-r_A = 0.3\ \frac{mol}{dm^3 \cdot s}$이다.

그러므로 $X = 0.2$에서 $-r_A = 0.3\ \frac{mol}{dm^3 \cdot s}$ 그리고 $V = 218\ dm^3$이다.

(ii) $X = 0.4$에 대해서 $\Delta X = 0.2$로 놓고, 다시 표 2-3과 심프슨 공식을 적용하면 40%의 전화율을 달성하는 데 필요한 반응기 부피를 구할 수 있다.

$$V = \frac{\Delta X}{3}\left[\frac{F_{A0}}{-r_A(X=0)} + \frac{4F_{A0}}{-r_A(X=0.2)} + \frac{F_{A0}}{-r_A(X=0.4)}\right]$$

$$= \left(\frac{0.2}{3}[0.89 + 4(1.33) + 2.05]\right) m^3 = 0.551 m^3$$

$$= 551\ dm^3$$

표 2-3에서 $X = 0.4$일 때, $-r_A = 0.195 \frac{mol}{dm^3 \cdot s}$이고 $V = 551\ dm^3$임을 안다.

이와 같은 방법을 계속하여 표 E2-2.1을 얻는다.

표 E2-2.1 전화율과 반응속도 분포

X	0	0.2	0.4	0.6	0.8
$-r_A \left(\frac{mol}{m^3 \cdot s}\right)$	0.45	0.30	0.195	0.113	0.05
$V\ (dm^3)$	0	218	551	1093	2165

표 E2-2.1의 자료를 그림 E2-2.2(a)와 (b)에 플롯하였다.

등온반응에서 PFR의 길이를 따라 내려갈수록 전화율은 증가하고 반응속도는 감소한다.

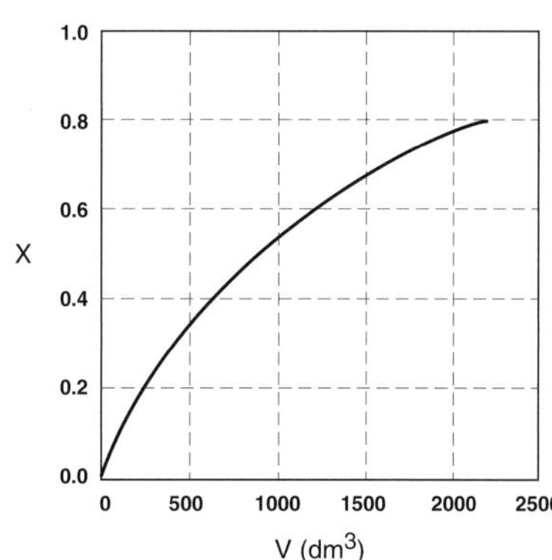

그림 E2-2.2(a) 전화율 변화추이

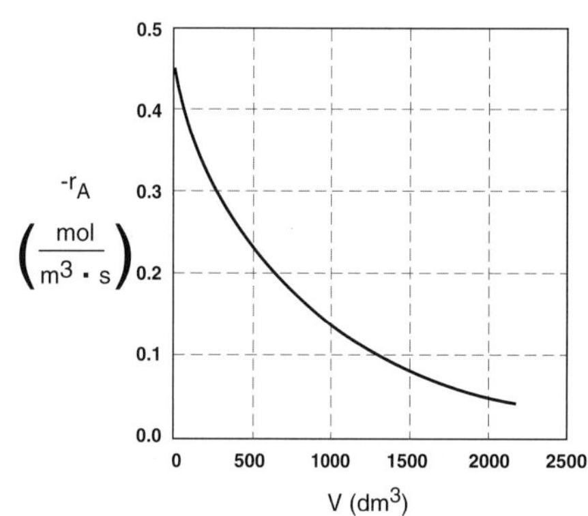

그림 E2-2.2(b) 반응속도 변화추이

분석: 반응기를 따라 하류로 내려감에 따라서 전화율은 증가하는 한편, 반응속도 $-r_A$ 는 감소한다. 이 플롯들은 일정한 온도에서 운전되는 반응기에 대해서 일반적인 모습이다.

예제 2-3 CSTR과 PFR의 크기 비교

그림 2-2B의 자료를 사용하여 동일한 전화율에 도달하는 데 필요한 CSTR 부피와 PFR 부피를 서로 비교해 보아라. 80%의 전화율을 달성하기 위해 어느 반응기가 더 작은 부피를 필요로 하는가: CSTR 또는 PFR? 유입 몰유량과 공급조건은 두 경우에서 동일하다.

풀이

또 다시 표 2-3을 사용한다.

표 2-3 처리된 자료 2

X	0.0	0.1	0.2	0.4	0.6	0.7	0.8
$(F_{A0}/-r_A)(m^3)$	0.89	1.08	1.33	2.05	3.54	5.06	8.0

CSTR 부피는 6.4 m^3이었고 PFR 부피는 2.165 m^3이었다. 그림 E2-3.1(a)는 그림 E2-1.1과 그림 E2-2.1을 결합하여 동일 그래프 위에 나타낸 것이다. 곡선 위의 빗금무늬 음영으로 표시된 면적이 CSTR 부피와 PFR 부피의 차이임을 알 수 있다.

0차보다 더 큰 차수의 등온반응의 경우에(제3장 참조), 동일한 전화율과 동일한 반응조건들(온도, 유량 등)에 대해서 CSTR 부피가 PFR 부피보다 일반적으로 더 크다.

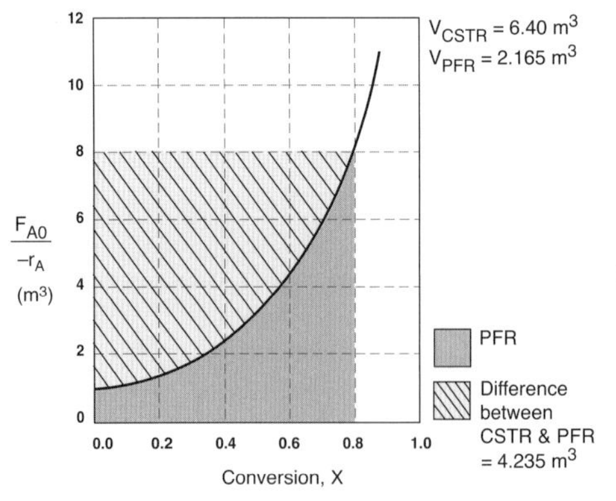

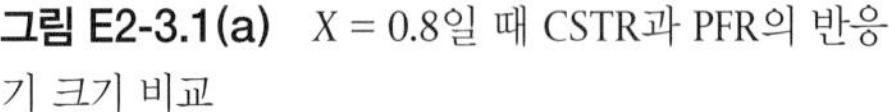

그림 E2-3.1(a) $X = 0.8$일 때 CSTR과 PFR의 반응기 크기 비교

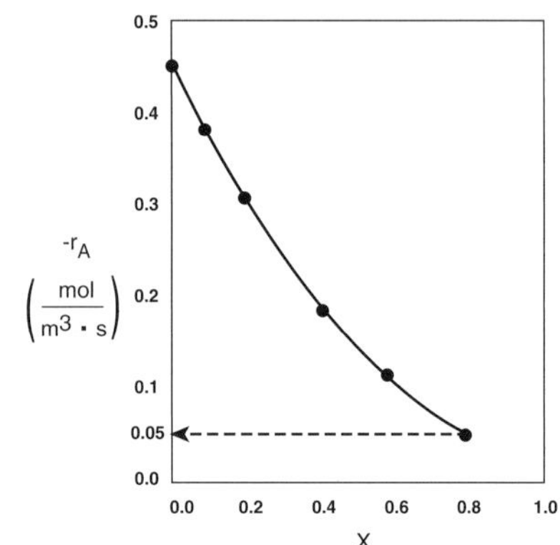

그림 E2-3.1(b) 표 2-2.1로부터 얻어진 X의 함수로서의 $-r_A$

분석: 등온 CSTR 부피가 등온 PFR 부피보다 일반적으로 더 큰 이유는 CSTR이 항상 가장 낮은 반응속도에서(예, 그림 E2-3.1(b)에서 $-r_A = 0.05\ \text{mol/m}^3\cdot\text{s}$) 운전되기 때문이라는 것을 알았다. 이에 반해서, PFR에서는 입구에서 높은 속도로 시작하여 출구 속도로 점진적으로 감소한다. 이에 따라서, 반응기 부피는 반응속도에 반비례하기 때문에 더 작은 부피가 요구되는 것이다. 그러나 자동촉매반응(autocatalytic reaction), 생성물-억제반응(product-inhibited reaction), 그리고 비등온 발열반응(nonisothermal exothermic reaction)의 경우에는 항상 이러한 경향이 일어나지는 않는다. 이에 대해서는 제9장과 제11장을 참조하기 바란다.

2.5 직렬연결된 반응기들

많은 경우에, 한 반응기의 출구흐름이 다른 반응기에 대한 공급흐름이 되도록 반응기들을 직렬로 연결하여 사용한다. 이렇게 연결된 경우에는, 어떤 한 반응기에 대한 전화율을 정의하기보다는, 하류의 한 지점에서 거리의 관점으로 전화율을 정의함으로써 계산 속도를 빠르게 할 수 있다. 즉, 전화율 X는 **첫 번째** 반응기에 공급된 A의 몰당 그 지점까지에서 반응한 A의 **전체 몰수**이다.

측면흐름이 없는 경우에만 성립한다!!

직렬로 연결된 반응기에 대해서

$$X_i = \frac{\text{위치 } i\text{까지에서 반응한 A의 전체 몰수}}{\text{첫 번째 반응기에 공급된 A의 몰수}}$$

그러나 이 정의는 직렬로 연결된 첫 번째 반응기로만 공급흐름이 유입되고, 공급되거나 또는 제거되는 측면흐름이 **없는** 경우(no side stream)에만 사용될 수 있다. 위치 i에서 A의 몰유량은, 첫 번째 반응기에 공급된 A의 몰수에서 위치 i까지에서 반응한 모든 A의 몰수를 뺀 것과 같다.

$$F_{Ai} = F_{A0} - F_{A0}X_i$$

즉 그림 2-3에서 나타낸 반응기들에 대해서, 위치 $i = 1$에서의 전화율 X_1은 첫 번째 PFR이 달성한 전화율이고, 위치 $i = 2$에서의 전화율 X_2는 2개의 반응기(첫 번째 PFR 및 두 번째 CSTR)가 이 위치까지 성취한 누적 전화율이며, X_3는 직렬로 연결된 3개의 반응기 모두에 의하여 달성된 전체 전화율이다.

이러한 발상을 증명하기 위하여, 세 가지 다른 직렬로 연결된 반응기 구성을 고려해 보자: 즉 직렬로 연결된 2개의 CSTR, 직렬로 연결된 2개의 PFR, 그리고 직렬로 연결된 PFR과 CSTR의 조합. 다른 전화율에서의 반응속도가 주어진 실험실 자료를 사용하여 반응기들의 크기를 산출해 보자.

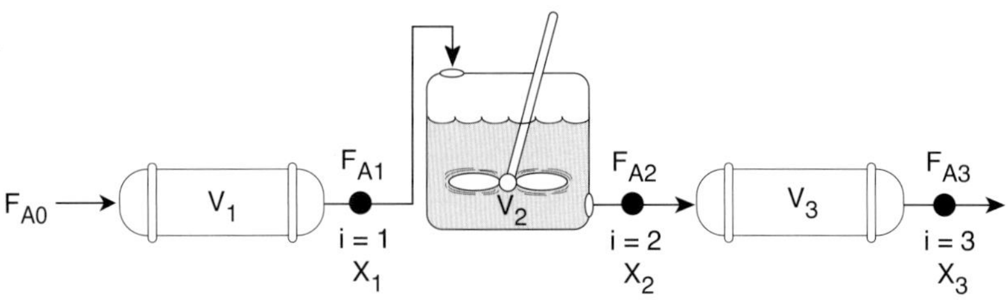

그림 2-3 직렬로 연결된 반응기들

2.5.1 직렬연결 CSTR

고려할 첫 번째 구성은 직렬연결된 2개의 CSTR로서 그림 2-4에 나타내었다.

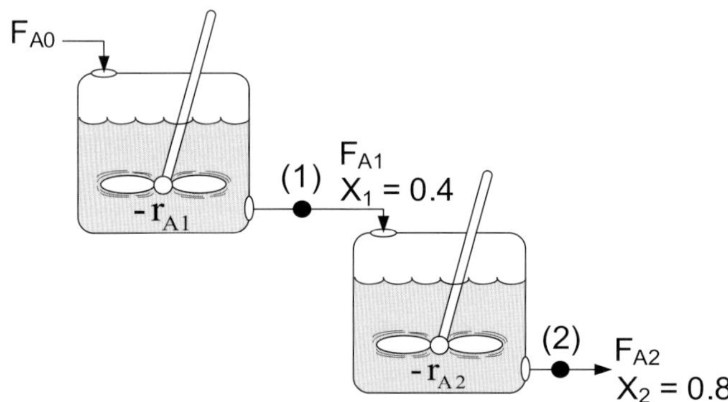

그림 2-4 직렬로 연결된 2개의 CSTR

첫 번째 반응기에 대해서, 전화율 X_1에서 A의 소멸속도는 $-r_{A1}$이다.

반응기 1에 대한 몰수지는 다음과 같다.

$$\textbf{유입} - \textbf{유출} + \textbf{생성} = 0$$

반응기 1:

$$F_{A0} - F_{A1} + r_{A1}V_1 = 0 \tag{2-19}$$

위치 1에서 A의 몰유량은

$$F_{A1} = F_{A0} - F_{A0}X_1 \tag{2-20}$$

식 (2-19)와 식 (2-20)을 결합하여 정리하면

반응기 1

$$\boxed{V_1 = \frac{F_{A0}X_1}{-r_{A1}}} \tag{2-21}$$

두 번째 반응기에서 A의 소멸속도 $-r_{A2}$는 반응기 2의 출구흐름의 전화율 X_2에서 계산된다. 두 번째 반응기에 대한 몰수지는 다음과 같다.

$$\text{유입} - \text{유출} + \text{생성} = 0$$

반응기 2: $$F_{A1} - F_{A2} + r_{A2}V_2 = 0 \quad (2\text{-}22)$$

위치 2에서 A의 몰유량은

$$F_{A2} = F_{A0} - F_{A0}X_2 \quad (2\text{-}23)$$

결합하여 정리하면

$$V_2 = \frac{F_{A1} - F_{A2}}{-r_{A2}} = \frac{(F_{A0} - F_{A0}X_1) - (F_{A0} - F_{A0}X_2)}{-r_{A2}}$$

반응기 2

$$\boxed{V_2 = \frac{F_{A0}}{-r_{A2}}(X_2 - X_1)} \quad (2\text{-}24)$$

두 번째 CSTR에서 $-r_{A2}$는 X_2에서 계산된다는 점을 유념하고, $(X_2 - X_1)$ 값을 이용하여 V_2를 계산한다.

이어지는 예제들에서 예제 2-1에서 계산된 A의 몰유량 ($F_{A0} = 0.4$ mol A/s) 값과 표 2-3에 주어진 반응조건들을 사용할 것이다.

예제 2-4 직렬연결 CSTR의 부피 비교

직렬연결된 2개의 CSTR에 대해서, 첫 번째 반응기에서 40% 전환율이 달성된다. 유입 화합물 A의 총괄전환율(overall conversion) 80%를 달성하는 데 필요한 두 반응기의 부피는 각각 얼마인가? (표 2-3 참조)

표 2-3 처리된 자료 2

X	0.0	0.1	0.2	0.4	0.6	0.7	0.8
$(F_{A0}/-r_A)(m^3)$	0.89	1.08	1.33	2.05	3.54	5.06	8.0

풀이

반응기 1에 대하여, 표 2-3 또는 그림 2-2B로부터 $X = 0.4$일 때

$$\left(\frac{F_{A0}}{-r_{A1}}\right)_{X=0.4} = 2.05\ m^3$$

식 (2-13)을 사용하면

$$V_1 = \left(\frac{F_{A0}}{-r_{A1}}\right)_{X_1} X_1 = \left(\frac{F_{A0}}{-r_{A1}}\right)_{0.4} X_1 = (2.05)(0.4) = 0.82\ m^3 = 820\ dm^3$$

반응기 2에 대하여, $X_2 = 0.8$에서 $\left(\frac{F_{A0}}{-r_A}\right)_{X=0.8} = 8.0\ m^3$

동일한 총괄전화율을 달성하기 위하여 직렬연결된 2개의 CSTR을 사용하는 경우에 필요한 전체 부피는 단일 CSTR을 사용하는 경우보다 더 작다.

식 (2-24)를 사용하여

$$V_2 = \frac{F_{A0}}{-r_{A2}}(X_2 - X_1) \tag{2-24}$$

$$V_2 = (8.0\ \text{m}^3)(0.8 - 0.4) = 3.2\ \text{m}^3 = 3200\ \text{dm}^3$$

$$V_2 = 3200\ \text{dm}^3(\text{L})$$

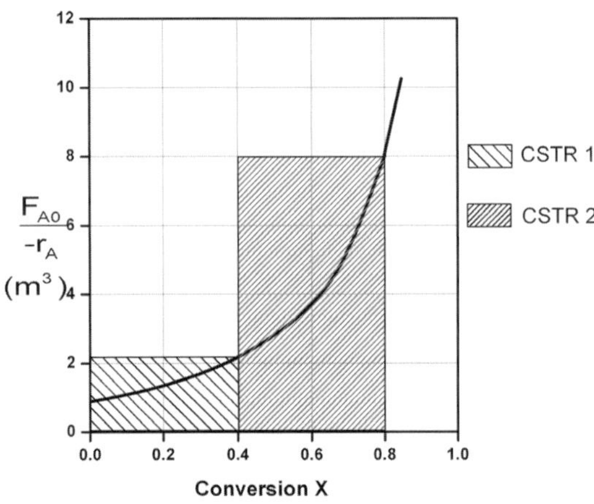

그림 E2-4.1 직렬연결된 2개의 CSTR

그림 E2-4.1의 어둡게 칠한 면적으로 CSTR1과 CSTR2의 부피를 산정할 수도 있다.

직렬로 연결된 2개의 CSTR에 대해서, 속도 $-r_{A1}$은 전화율 0.4에서 계산되고 속도 $-r_{A2}$는 전화율 0.8에서 계산된다는 점을 다시 유의하여라. 이 직렬연결된 두 반응기에 대한 전체 부피는 다음과 같다.

$$V = V_1 + V_2 = 0.82\ \text{m}^3 + 3.2\ \text{m}^3 = 4.02\ \text{m}^3 = 4020\ \text{dm}^3$$

$-r_A = f(X)$와 F_{A0}을 알기만 하면, 반응기 크기를 구할 수 있다.

비교해 보기 위하여 **한 개**의 CSTR에서 80% 전화율을 달성하는 데 필요한 부피를 구해보면,

$$V = \left(\frac{F_{A0}}{-r_{A1}}\right)X = (8.0)(0.8) = 6.4\ \text{m}^3 = 6400\ \text{dm}^3$$

동일한 총괄전화율을 달성하기 위하여 필요한, 직렬연결된 2개의 CSTR의 부피의 합(4.02 m^3)은 하나의 CSTR 부피(6.4 m^3)보다 작다는 것을 예제 2-5에서 살펴보았다.

분석: 직렬로 반응기들을 연결할 때, 각각의 반응기의 전화율을 계산하기보다는 직렬연결된 각 지점의 총괄전화율을 정의함으로써 분석과 계산을 빠르게 할 수 있다. 이 예제에서, 첫 번째 반응기의 출구인 지점 1에서는 40%의 전화율이고, 총괄전화율인 80%는 두 번째 반응기의 출구에서 달성된다.

직렬로 연결된 많은 CSTR에 의한 PFR의 근사

여러 개의 작은 같은 부피의 CSTR들이 직렬연결된 계(그림 2-5)로 PFR을 근사(approximating)시키는 방법을 알아보자. 동일한 전화율(예컨대, 80%)에 대해서, 직렬연결된 CSTR들의 전체 부피와 하나의 플러그흐름반응기의 부피를 비교해 보자.

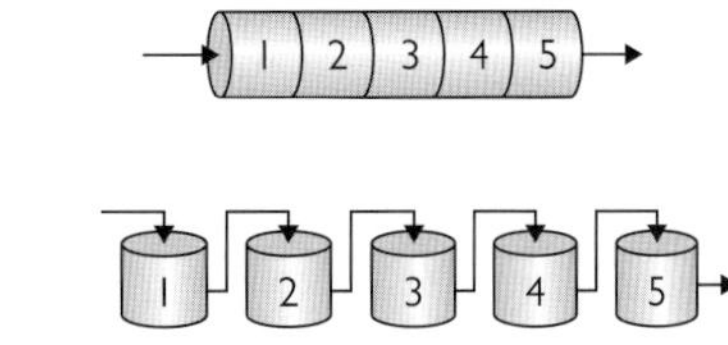

그림 2-5 직렬로 연결된 CSTR에 의한 PFR의 모델링

많은 CSTR에 의하여 PFR을 모델화할 수 있다는 것은 중요한 성과이다.

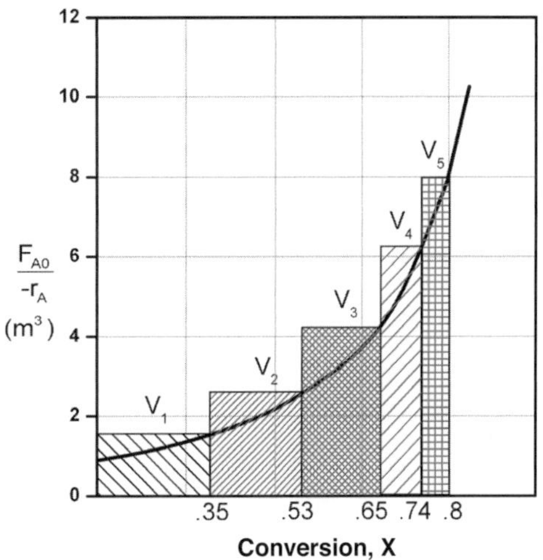

그림 2-6 직렬로 연결된 CSTR과 1개의 PFR의 비교를 위한 레벤스필 플롯

그림 2-6에서 매우 중요한 사실을 관찰할 수 있다! 동일한 부피를 가진 5개의 CSTR이 직렬연결된 경우에 80%의 전화율을 달성하는 데 필요한 전체 부피는 "대략적으로" 하나의 PFR의 부피와 같다. 각 CSTR의 부피가 작아지고 CSTR의 개수가 증가함에 따라서 직렬연결된 CSTR들의 전체 부피는 PFR의 부피와 같게 된다. 즉 PFR을 여러 개의 CSTR들이 직렬연결된 것으로 모델링할 수 있다. 많은 CSTR들이 직렬연결된 것으로 PFR을 모델링하는 이 개념은 나중에 충전층반응기에서의 촉매 비활성화(catalyst decay) 또는 PFR에서의 시간에 따라 변하는 열효과(transient heat effects)의 모델링과 같은 여러 가지 경우에 이용될 것이다.

2.5.2 직렬연결 PFR

동일한 전화율을 달성하는 경우에, 직렬연결된 2개의 CSTR의 전체 부피가 단일 CSTR의 부피보다 작다는 사실을 알았다. 그림 2-7에 나타낸 직렬연결된 2개의 PFR의 경우에는 이러한 사실은 성립하지 않는다.

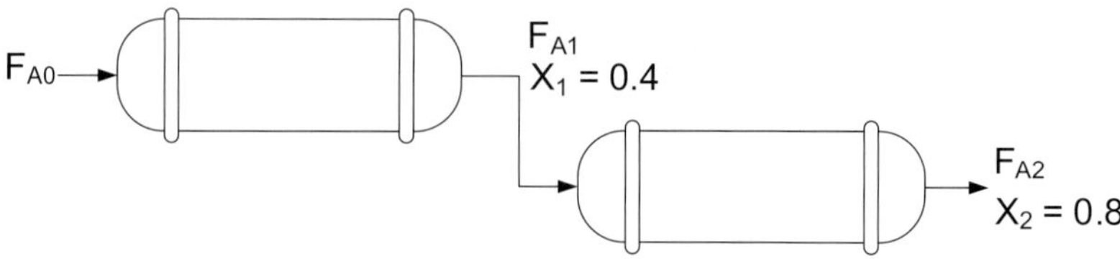

그림 2-7 직렬연결된 2개의 PFR

직렬연결 PFR

직렬연결된 2개의 PFR들을 사용하느냐 또는 하나의 연속 PFR을 사용하느냐는 중요하지 않다는 것을 그림 2-8 및 다음 식에서 알 수 있다.

$$\int_0^{X_2} F_{A0}\frac{dX}{-r_A} \equiv \int_0^{X_1} F_{A0}\frac{dX}{-r_A} + \int_{X_1}^{X_2} F_{A0}\frac{dX}{-r_A}$$

즉 동일한 전화율을 달성하는 데 필요한 전체 반응기의 부피는 동일하다!

전체 부피가 동일한 경우, 직렬연결된 2개의 PFR의 총괄전화율은 단일 PFR의 전화율과 같다.

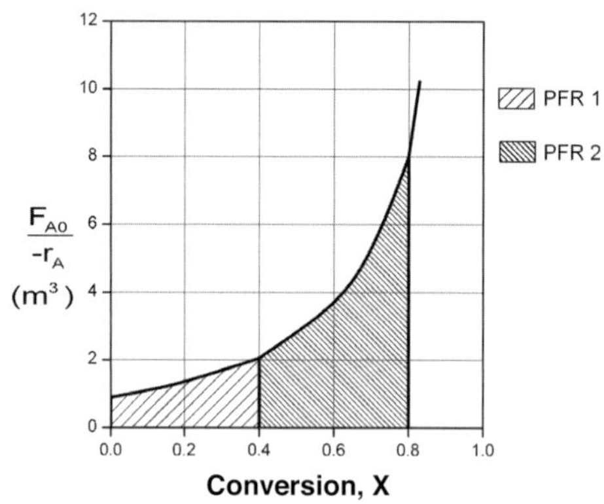

그림 2-8 직렬로 연결된 2개의 PFR에 대한 레벤스필 플롯

2.5.3 직렬로 연결된 CSTR과 PFR의 조합

마지막으로 검토하고자 하는 배열은 직렬로 연결된 CSTR과 PFR의 조합이다. 그림 2-9의 사진에서 보여준 것은 직렬연결된 반응기가 사용되고 있는 하나의 공업적인 예이다. 이 배열은 프로필렌(A)을 이량화하여(dimerize) 올레핀(B)을 제조하는 데 사용된다. 예컨대

$$2CH_3-CH=CH_2 \longrightarrow CH_3\overset{\overset{\displaystyle CH_3}{|}}{C}=CH-CH_2-CH_3$$

$$2\,A \longrightarrow B$$

이 CSTR들이 기네스 세계 기록에 등재되었는지 확실하지 않음.

그림 2-9 프로필렌을 이량화하여 이소헥산을 제조하는 Dimersol G(유기금속촉매) 장치(직렬연결된 2개의 CSTR과 1개의 관형반응기). 프랑스석유연구소 공정. [Photo courtesy of Editions Technip (Institut Français du Pétrole)]

그림 2-9의 공업용 반응기 시스템의 개략도를 그림 2-10에 나타내었다.

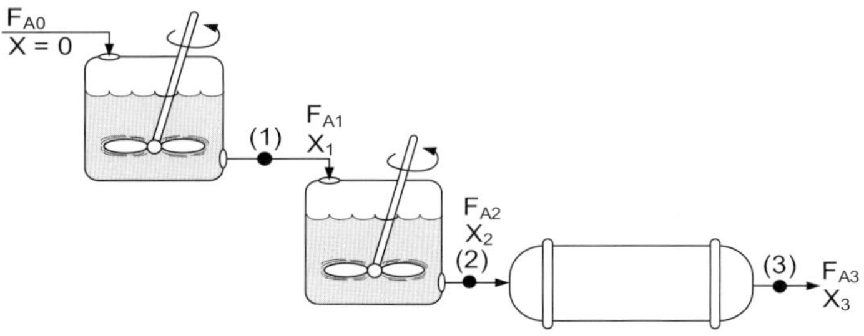

그림 2-10 실제 시스템의 개략도

설명을 하기 위한 목적으로, 그림 2-10의 반응기에서 일어나고 있는 반응은 표 2-3에 주어진 것과 똑같은 $\left(\frac{F_{A0}}{-r_A}\right)$ 대 X의 곡선을 따른다고 가정하자.

직렬연결된 처음 2개의 CSTR들의 부피는 다음과 같다(예제 2-5 참조).

이 직렬배열에서 $-r_{A2}$는 2번째 CSTR에 대한 X_2에서 계산된다.

반응기 1:
$$V_1 = \frac{F_{A0}X_1}{-r_{A1}} \tag{2-13}$$

반응기 2:
$$V_2 = \frac{F_{A0}(X_2 - X_1)}{-r_{A2}} \tag{2-24}$$

미분형의 PFR 설계방정식으로부터 시작하면

$$F_{A0}\frac{dX}{dV} = -r_A \tag{2-15}$$

정리하고, $V = 0$일 때 $X = X_2$ 그리고 $V = V_3$에서 $X = X_3$의 적분 구간에서 적분하면

반응기 3:
$$V_3 = \int_{X_2}^{X_3} \frac{F_{A0}}{-r_A} dX \tag{2-25}$$

이 세 반응기의 각각에 대응하는 반응기 부피를 그림 2-11의 음영면적으로부터 찾아볼 수 있다.

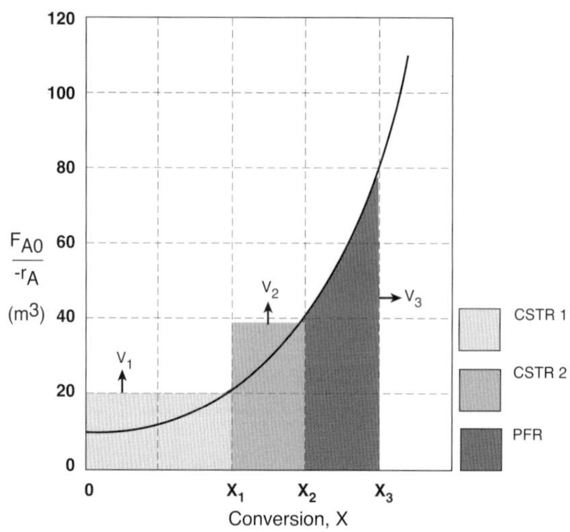

그림 2-11 반응기 부피 V_1, V_2 및 V_3를 구하기 위한 레벤스필 플롯

앞의 예제들에서 사용됐던 X에 대한 $(F_{A0}/-r_A)$의 곡선들은 등온반응계(isothermal reaction systems)에서 찾아볼 수 있는 전형적인 자료들이다. 이제 단열적으로(adiabatically) 일어나는 실제 반응계를 고려해 보자. 등온반응계는 제5장에서, 단열반응계는 제11장에서 다룰 것이다.

예제 2-5 단열 액상 이성질화반응

부탄의 이성질화반응이

$$n\text{-}C_4H_{10} \rightleftarrows i\text{-}C_4H_{10}$$

액상에서 단열상태로 일어나고 있다. 가역반응에 대한 속도 자료는 표 E2-5.1에 정리하였다(표 E2-5.1의 자료가 어떻게 얻어졌는지는 예제 11.3 참조).

표 E2-5.1 실험 자료(raw data)

X	0.0	0.2	0.4	0.6	0.65
$-r_A$(kmol/m³ · h)	39	53	59	38	25

어떻게 이 자료를 얻었는지 또는 왜 $(1/-r_A)$ 분포가 이러한지는 신경 쓰지 말기 바란다. 제11장 예제 11-3에서 이 표가 어떻게 작성되었는지를 알게 될 것이다. 이 자료는 단열적으로 일어나는 **실제 반응**에 대한 **실제 자료**이며, 그림 E2-5.1에서 보여준 반응기 개요가 사용되었다.

실제 반응에 대한 실제 자료

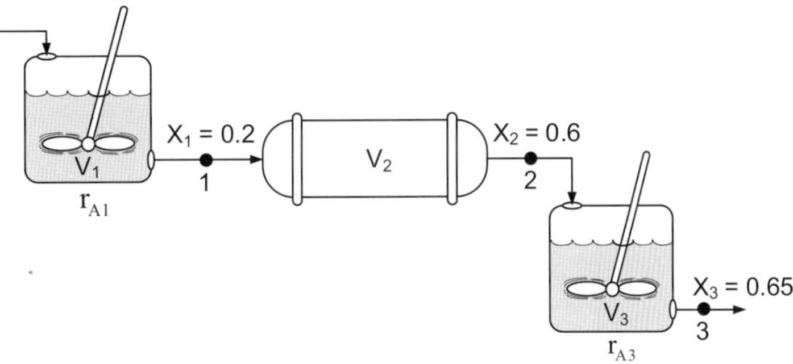

그림 E2-5.1 직렬연결 반응기

n−부탄의 유입 몰유량이 50 kmol/h인 경우에 각 반응기의 부피를 계산하여라.

풀이

$-r_A$의 역수를 취하고 F_{A0}를 곱하면, 표 E2-5.2를 얻게 된다.

$$\text{예컨대, } X = 0\text{에서 } \frac{F_{A0}}{-r_A} = \frac{50 \text{ kmol/h}}{39 \text{ kmol/h}\cdot\text{m}^3} = 1.28 \text{ m}^3$$

표 E2-5.2 처리된 자료†

X	0.0	0.2	0.4	0.6	0.65
$-r_A$ (kmol/m³ · h)	39	53	59	38	25
$[F_{A0}/-r_A]$ (m³)	1.28	0.94	0.85	1.32	2.0

† 자료는 표 E11-3.1에서 발췌

(a) 첫 번째 CSTR에 대하여,

$$X = 0.2\text{에서 } \frac{F_{A0}}{-r_A} = 0.94 \text{ m}^3$$

$$V_1 = \frac{F_{A0}}{-r_A} X_1 = (0.94 \text{ m}^3)(0.2) = 0.188 \text{ m}^3 \tag{E2-5.1}$$

$$\boxed{V_1 = 0.188 \text{ m}^3 = 188 \text{ dm}^3} \tag{E2-5.2}$$

(b) PFR에 대하여,

$$V_2 = \int_{0.2}^{0.6} \left(\frac{F_{A0}}{-r_A}\right) dX$$

심프슨의 3-점 공식을 사용한다. $\Delta X = (0.6 - 0.2)/2 = 0.2$, $X_1 = 0.2$, $X_2 = 0.4$, 그리고 $X_3 = 0.6$.

$$V_2 = \int_{0.2}^{0.6} \frac{F_{A0}}{-r_A} dX = \frac{\Delta X}{3}\left[\left.\frac{F_{A0}}{-r_A}\right)_{X=0.2} + 4\left.\frac{F_{A0}}{-r_A}\right)_{X=0.4} + \left.\frac{F_{A0}}{-r_A}\right)_{X=0.6}\right]$$

$$= \frac{0.2}{3}[0.94 + 4(0.85) + 1.32]\ \mathrm{m}^3 \tag{E2-5.3}$$

$$\boxed{V_2 = 0.38\ \mathrm{m}^3 = 380\ \mathrm{dm}^3} \tag{E2-5.4}$$

(c) 마지막 반응기 그리고 두 번째 CSTR에 대하여, CSTR에 대한 A에 관한 몰수지는

유입 − 유출 + 생성 = 0

$$F_{A2} - F_{A3} + r_{A3}V_3 = 0 \tag{E2-5.5}$$

정리하면

$$V_3 = \frac{F_{A2} - F_{A3}}{-r_{A3}} \tag{E2-5.6}$$

$$F_{A2} = F_{A0} - F_{A0}X_2$$

$$F_{A3} = F_{A0} - F_{A0}X_3$$

$$V_3 = \frac{(F_{A0} - F_{A0}X_2) - (F_{A0} - F_{A0}X_3)}{-r_{A3}}$$

간략화하면

$$\boxed{V_3 = \left(\frac{F_{A0}}{-r_{A3}}\right)(X_3 - X_2)} \tag{E2-5.7}$$

표 E2-5.2로부터, $X_3 = 0.65$에서, $\frac{F_{A0}}{-r_{A3}} = 2.0\ \mathrm{m}^3$이므로

$$V_3 = 2\ \mathrm{m}^3\,(0.65 - 0.6) = 0.1\ \mathrm{m}^3$$

$$\boxed{V_3 = 0.1\ \mathrm{m}^3 = 100\ \mathrm{dm}^3} \tag{E2-5.8}$$

$(F_{A0}/-r_A)$ 대 X의 레벤스필 플롯을 그림 E2-5.2에 나타내었다.

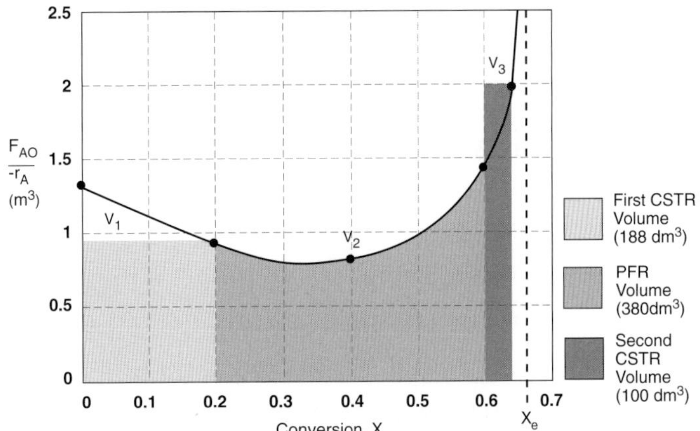

그림 E2-5.2 직렬연결된 단열 반응기에 대한 레벤스필 플롯

이 단열 반응에 대해서 세 개의 반응기를 직렬로 연결시켜 전체 전화율을 65%가 되도록 하였다. 도달할 수 있는 최대전화율은 평형전화율인 68%이고, 그림 E2-5.2에 점선으로 표시하였다. 평형상태에서 반응속도는 영이고 반응기의 부피는 무한대인 것을 상기하여라$\left(V \sim \frac{1}{-r_A} \sim \frac{1}{0} = \infty\right)$.

분석: 일정 온도에서 수행되지 않는 발열반응에서는 반응온도가 올라가기 때문에, 반응속도는 반응이 시작하면서 증가한다. 그러나 반응이 진행됨에 따라 반응물이 소비되고 전화율이 늘어나면서 반응속도는 결국에는 줄어든다. 이런 두 경쟁효과가 그림 E2-5.2처럼 굽은 곡선으로 나타나며, 이는 제12장에서 좀 더 알아보게 될 것이다. 이런 상황에서, 낮은 전화율에서는 CSTR이 PFR보다 더 작은 부피가 필요하다는 것을 알 수 있다.

2.5.4 CSTR과 PFR의 반응기 부피 비교 그리고 반응기 배열

어떤 배열이 가장 좋은가?

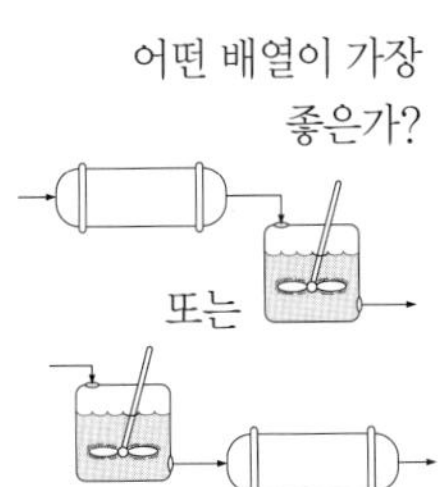

그림 E2-5.2에서 $X = 0$과 $X = 0.2$ 사이의 곡선 아래 면적(PFR 부피)을 살펴보면, 이 PFR 면적이 CSTR 부피에 대응하는 직사각형 면적보다 더 크다. 즉 $V_{PFR} > V_{CSTR}$. 그러나 $X = 0.6$과 $X = 0.65$ 사이의 곡선 아래 면적들을 비교해 보면, 곡선 아래 면적(PFR 부피)이 CSTR 부피에 대응하는 직사각형 면적보다 더 작다(즉 $V_{CSTR} > V_{PFR}$). 이러한 결과는 반응이 단열적으로 일어나는 경우에 종종 나타나며, 이에 대해서는 제11장의 열효과에 대한 논의에서 토의할 것이다.

반응기 배열순서(sequencing of reactors) 문제에서 다음과 같은 질문을 받을 때가 종종 있다. "가장 높은 총괄전화율을 얻기 위하여 어느 반응기를 먼저 배치해야 하는가? 먼저 PFR을 배치하고 나중에 CSTR을 배치하는 것이 유리한가? 또는 두 개의 CSTR과 한 개의 PFR을 차례로, 또는 …?" 이에 대한 대답은 **"상황에 따라 다르다"**. 이는 (F_{A0}/$-r_A$) 대 X의 레벤스필 플롯의 형태에 의존할 뿐만 아니라, 반응기들의 상대적인 크기에도 의존한다. 연습으로서, 그림 E2-5.2에서 두 개의 CSTR과 하나의 PFR을 배열하는 더 나은 방법이 있는지 알기 위하여 조사해 보아라. 이제, 그들의 부피가 각각 $V_{CSTR1} = 3\ m^3$, $V_{CSTR2} = 2\ m^3$, 그리고 $V_{PFR} = 1.2\ m^3$인 세 개의 반응기가 직렬연결된 계에 대하여 ($F_{A0}/-r_A$) 대 X의 레벤스필 플롯이 주어져 있다고 가정하자. 이 경우 가능한 가장 높은 전화율을 찾고자 한다. 어떻게 해야 하는가? 반응기 부피를 계산하기 위하여, 절차를 바꾸는 것을 제외하고는 모든 것을 적용하고, 각 반응기로부터 출구 총괄전화율을 구하기 위해서는 시행착오 해법이 필요하다(연습문제 P2-5_B 참조).

V와 $\left[\frac{F_{A0}}{-r_A}\text{ 대 } X\right]$가 주어진 경우에 X를 구하여라.

앞의 예제들에서 만약 반응기에 공급되는 몰유량과 전화율의 함수로서의 반응속도를 알고 있다면, 특정 전화율을 달성하는 데 필요한 반응기 부피를 계산할 수 있다는 것을 알았다. 그러나 반응속도는 전화율에만 의존하는 것은 아니다. 반응속도는 반응물의 초기 농도, 온도 및 압력에 의해서도 영향을 받는다. 따라서 실험실에서 수집되어 X의 함수로서의 $-r_A$의 형태로 표 2-1에서 보여준 실험 자료는 단지 그 실험실과 동일한 조건(온도, 압력, 초기반응물농도)에서 운전될 실제 공장규모의 반응기를 설계할 때에만 유용하다. 그러나 이러한 경우는 **거의 일어나지 않으므로**, $-r_A$를 X의 함수로 나타내기 위해서 제3장과 제4장에서 기술하는 방법들을 이용해야만 한다.

흐름반응기의 크기를 구하기 위해서 단지 $-r_A = f(X)$만 필요하다.

만일 반응속도자료가 주어져 있거나 단지 반응속도가 전화율만의 함수, 즉 $-r_A = f(X)$로서 주어질 수 있다면, 또는 만일 어떤 중간 계산으로 반응속도가 구해질 수 있다면, 다양한 종류의 반응기 또는 반응기들의 조합을 설계할 수 있다는 것을 알고 있는 것이 중요하다.

제3장에서 $-r_A = f(X)$를 어떻게 구하는지 배운다.

대개는, 실험실에서 얻은 자료는 속도법칙을 만드는 데 사용되며, 반응속도와 전화율 사이의 함수관계는 이 속도법칙을 이용하여 구한다. 앞 절에서 반응속도와 전화율 사이의 관계를 이용하여 서로 다른 반응기 구성에 대한 반응기 크기를 쉽게 구할 수 있다는 것을 알 수 있었다. 제3장과 제4장에서는 반응속도와 전화율 사이의 이러한 관계를 반응속도식과 반응의 화학양론(reaction stoichiometry)으로부터 어떻게 얻을 수 있는지를 배우게 된다.

2.6 추가적인 정의

제3장으로 넘어가기 전에, 반응공학에서 일반적으로 사용되는 몇 가지 용어 및 식들을 정의한다. 부피유량이 일정한 경우의 플러그흐름 설계방정식의 특수한 경우도 고려해 보도록 한다.

2.6.1 공간시간

공간시간(space time) τ는 반응기 부피를 반응기로 유입되는 부피유량으로 나눔으로써 얻는다.

τ는 중요한 양이다!

$$\boxed{\tau \equiv \frac{V}{\upsilon_0}} \tag{2-26}$$

공간시간은 입구조건을 기준으로 반응기 부피의 유체를 처리하는 데 필요한 시간을 말한다. 예컨대, 그림 2-12에서 보여준 길이가 20 m, 부피가 0.2 m^3인 관형반응기를 생각해 보자. 그림 2-12에서 점선은 반응기의 바로 상류에 있는 0.2 m^3의 유체를 나타낸다. 이 유체가 반응기에 완전히 들어가는 데 걸리는 시간이 **공간시간**(space time)이다. 이를 **유지시간**(holding time) 또는 **평균 체류시간**(mean residence time)이라고도 한다.

공간시간 또는 평균 체류시간 $\tau = V/\upsilon_0$

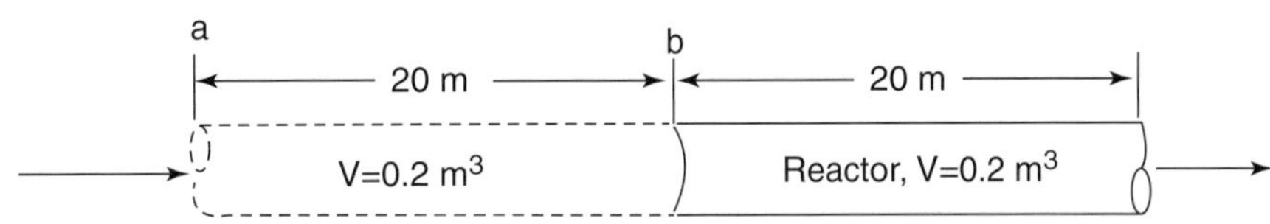

그림 2-12 같은 부피의 상류 유체를 보여주는 관형반응기

예컨대, 만일 부피유량이 0.01 m^3/s이고 반응기 부피가 0.2 m^3이라면, 점선을 그은 상류의 부피($V = 0.2\ m^3$)가 반응기에 유입되는 데 걸리는 시간 τ는 다음과 같을 것이다.

$$\tau = \frac{0.2\ \text{m}^3}{0.01\ \text{m}^3/\text{s}} = 20\ \text{s}$$

즉 바꾸어 말하면, 점 a에 있는 유체가 점 b까지 이동하는 데 20 s가 걸릴 것이고, 이는 20 s의 공간시간과 같다. 식 (2-13)과 식 (2-16)에 $F_{A0} = \upsilon_0 C_{A0}$를 대입하고 양변을 υ_0로 나누면 몰수지식을 다음과 같은 형태로 쓸 수 있다.

PFR에 대해서 $$\tau_p = \left(\frac{V_p}{\upsilon_0}\right) = C_{A0}\int_0^X \frac{dX}{-r_A}$$

CSTR에 대해서 $$\tau = \left(\frac{V}{\upsilon_0}\right) = \frac{C_{A0}}{-r_A}X$$

플러그흐름에 대해서, 공간시간은 반응기 내에서의 평균 체류시간 t_m과 같다(웹 PDF 제16장 참조). 이 시간은 분자들이 반응기 내에서 체류하는 평균시간이다. 공업용 반응기에 대하여 공간시간(체류시간)의 항으로 나타낸 전형적인 공정 시간을 표 2-4에 나타내었다.

현실적인 가이드라인

표 2-4 공업용 반응기에 대한 전형적인 공간시간[2]

반응기 형태	평균 체류시간 범위	생산 능력
회분식	15분에서 20시간	몇 kg/day에서 100,000톤/년
CSTR	10분에서 4시간	10에서 3,000,000톤/년
관형	0.5초에서 1시간	50에서 5,000,000톤/년

2. Trambouze, Landeghem, and Wauquier, *Chemical Reactors* (Paris: Editions Technip, 1988; Houston: Gulf Publishing Company, 1988), p. 154.

표 2-5에는 6개의 공업용 반응과 관련된 반응기에 대한 공간시간의 크기를 나타내었다.

표 2-5 공업용 반응기의 공간시간 사례[3]

전형적인 공업용 반응의 공간시간

	반응	반응기	온도	압력 (atm)	공간 시간
(1)	$C_2H_6 \rightarrow C_2H_4 + H_2$	PFR†	860°C	2	1 s
(2)	$CH_3CH_2OH + HCH_3COOH \rightarrow CH_3CH_2COOCH_3 + H_2O$	CSTR	100°C	1	2 h
(3)	Catalytic cracking	PBR	490°C	20	1 s < τ < 400 s
(4)	$C_6H_5CH_2CH_3 \rightarrow C_6H_5CH = CH_2 + H_2$	PBR	600°C	1	0.2 s
(5)	$CO + H_2O \rightarrow CO_2 + H_2$	PBR	300°C	26	4.5 s
(6)	$C_6H_6 + HNO_3 \rightarrow C_6H_5NO_2 + H_2O$	CSTR	50°C	1	20 min

†반응기가 관형이지만 흐름은 이상적인 플러그흐름일 수도 있고 아닐 수도 있다.

참고자료 서고

표 2-6에는 회분식반응기와 CSTR(유사한 크기의 익숙한 물건과 함께)에 대한 전형적인 크기가 주어졌으며 그 크기에 해당하는 가격도 나타내었다. 모든 반응기는 유리 안감(glass lined)으로 되어 있고 가격에는 가열/냉각 재킷, 모터, 혼합기(mixer) 그리고 방해판(baffles)의 가격이 포함되어 있다. 반응기는 20~450°F, 압력 100 psi까지 운전 가능하다.

표 2-6 대표적인 Pfaudler CSTR/회분식 반응기 크기와 가격†

부피	가격
20 dm^3 (휴지통)	\$30,000
200 dm^3 (쓰레기통)	\$40,000
2,000 dm^3 (욕조)	\$75,000
30,000 dm^3 (휘발유 탱커)	\$300,000

†계측장비 가격은 포함되지 않음.

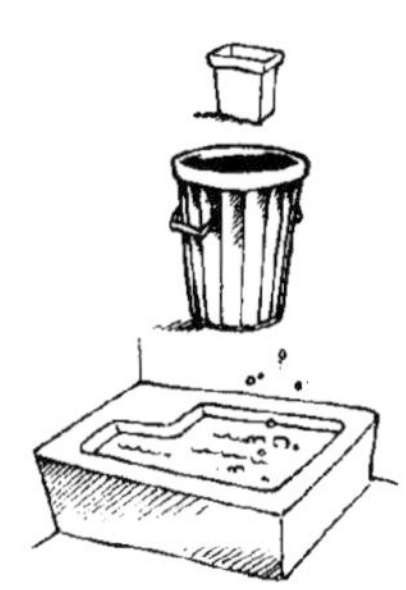

2.6.2 공간속도

공간속도(space velocity, SV)는 다음과 같이 정의된다.

$$SV \equiv \frac{v_0}{V} \qquad SV = \frac{1}{\tau} \tag{2-27}$$

3. Walas, S. M. Chemical Reactor Data, *Chemical Engineering*, 79 (October 14, 1985).

첫눈에 보기에는 공간속도는 공간시간의 역수로 생각할 수 있다. 그러나 이 두 양(quantity)들의 정의에는 차이가 있을 수 있다. 공간시간의 경우에는 유입 부피유량은 입구조건에서 측정되지만, 공간속도의 경우에는 종종 다른 조건들이 사용된다. 산업현장에서 일반적으로 사용되는 두 가지 공간속도는 **시간당 액체공간속도**(liquid hourly space velocities)와 **시간당 기체공간속도**(gas hourly space velocities), 즉 각각 LHSV와 GHSV이다. 비록 반응기로 들어가는 원료가 다소 높은 온도의 증기이더라도, LHSV에서의 유입 부피유량 υ_0는 종종 60°F 또는 75°F에서의 액체의 유량으로 측정된다. 이상하게 들리겠지만 사실이다. GHSV에서의 기체의 부피유량 υ_0는 보통 표준온도와 압력(STP)에서 측정된다.

$$LHSV = \frac{\upsilon_0|_{liquid}}{V} \tag{2-28}$$

$$GHSV = \frac{\upsilon_0|_{STP}}{V} \tag{2-29}$$

예제 2-6 반응기 공간시간과 공간속도

예제 2-1과 예제 2-3의 각 반응기에 대해서 유입 몰유량이 2 dm³/s일 경우 공간시간 τ와 공간속도를 계산하여라.

풀이

유입 몰유량은 2 dm³/s (0.002 m³/s)이다.

예제 2-1에서, CSTR 부피는 6.4 m³이었으며 이에 대응하는 공간시간 τ와 공간속도 SV는

$$\tau = \frac{V}{\upsilon_0} = \frac{6.4\ m^3}{0.002\ m^3/s} = 3200\ s = 0.89\ h$$

반응기 내에 6.4 m³을 채우려면 0.89시간이 걸린다.

$$SV = \frac{1}{\tau} = \frac{1}{0.89\ h} = 1.125\ h^{-1}$$

예제 2-3에서 PFR 부피는 2.165 m³이었으며 이에 대응하는 공간시간과 공간속도는 각각 다음과 같다.

$$\tau = \frac{V}{\upsilon_0} = \frac{2.165\ m^3}{0.002\ m^3/s} = 1083\ s = 0.30\ h$$

$$SV = \frac{1}{\tau} = \frac{1}{0.30\ h} = 3.3\ h^{-1}$$

분석: 이 예제는 중요한 산업적인 개념을 알려 준다. 이 공간시간은 반응기 하나의 부피(one reactor volume)에 해당하는 유체를 가져다가 반응기 안에 넣는 데 걸리는 시간이다.

요약

이러한 마지막 예제 문제들에서, 우리는 반응속도자료가 얻어진 조건과 동일한 조건(예, 온도 및 초기 농도)에서 운전되는 반응기들을 설계하는 경우에, 단독으로 존재하는 경우뿐만 아니라 여러 가지 조합으로 배열된 경우에도 CSTR 및 PFR의 크기를 산출할 수 있다는 것을 알았다(반응기 부피를 구할 수 있다는 것). 원칙적으로는 X 또는 C_A의 함수로서의 $-r_A$에 대한 지식만 가지고서도 실험실 규모(laboratory-bench) 또는 파일럿 공장(pilot-plant) 규모의 반응계로 스케일업(scale-up) 설계를 하는 것이 가능하다. 그러나 반응속도 $-r_A$가 전화율만의 함수로 주어지는 것은 거의 드물기 때문에 산업계 대부분의 반응기 시스템은 이와 같은 방법으로 스케일업 공정을 달성할 수 없다. 제3장과 제4장에 있는 정보를 결합함으로써, 실험실에서 또는 문헌에서 얻어진 정보로부터 $-r_A$ 대 $f(X)$의 함수관계를 구하는 방법을 배우게 될 것이다. 이 함수관계는 두 단계 과정으로 유도될 것이다. 1단계에서는 반응속도가 농도의 함수(표 3-1)로서 표현된다는 것을 발견할 것이고, 2단계에서는 농도가 전화율의 함수(그림 4-3)로서 표현되는 것을 발견할 것이다. 제3장과 제4장에서 1단계와 2단계를 결합함으로써, $-r_A = f(X)$를 얻게 된다. 그런 다음, 적분법 및 수치법과 함께 이 장에서 개발한 방법들을 사용하여 반응기 크기를 산출할 수 있다.

제3장과 제4장의 다가오는 매력

CRE 알고리즘

- 몰수지, 제1장
- 속도법칙, 제3장
- 화학양론, 제4장
- 결합, 제5장
- 계산, 제5장
- 에너지수지, 제11장

마무리. 이 장에서, 만약 전화율의 함수로서의 반응속도, 즉 $-r_A = f(X)$가 주어지면, CSTR과 PFR의 크기를 산정할 수 있으며, 최대의 총괄전화율을 달성하기 위하여 주어진 일련의 반응기들의 순서를 정할 수 있다는 것을 배웠다. 이 장을 마친 후에는 다음과 같은 능력을 가지게 될 것이다.

a. **전화율**을 정의하고 몰수지식을 전화율의 함수로 바꾸어 쓸 수 있다.

b. $-r_A$를 전화율 X의 함수로 표현함으로써 많은 반응기와 반응계의 크기를 구하거나 주어진 반응기 크기에 대한 전화율을 구할 수 있다.

c. 주어진 레벤스필 플롯에 대해서 최대의 전화율을 달성하도록 반응기들을 직렬로 배열할 수 있다.

요 약

1. 전화율 X는 공급된 A의 몰당 반응한 A의 몰수이다.

회분식계에 대해서,
$$X = \frac{N_{A0} - N_A}{N_{A0}} \tag{S2-1}$$

흐름계에 대해서,
$$X = \frac{F_{A0} - F_A}{F_{A0}} \tag{S2-2}$$

측면흐름이 없는 직렬연결 반응기에 대해서, 위치 i에서의 전화율은

$$X_i = \frac{\text{위치 } i\text{까지 반응한 A의 총 몰수}}{\text{첫 번째 반응기에 유입된 A의 몰수}} \tag{S2-3}$$

2. 전화율의 함수로 표현된 미분형 및 적분형 설계방정식은 다음과 같다.

표 S2-1 전화율 항으로 표현된 BR, CSTR, PFR, 그리고 PBR의 몰수지식

	미분형	대수형	적분형
회분식	$N_{A0}\frac{dX}{dt} = -r_A V$		$t = N_{A0}\int_0^X \frac{X}{-r_A V}\ d$
CSTR		$V = \frac{F_{A0}(X_{out} - X_{in})}{(-r_A)_{out}}$	
유동화 CSTR		$W = \frac{F_{A0}(X_{out} - X_{in})}{(-r'_A)_{out}}$	
PFR	$F_{A0}\frac{dX}{dV} = -r_A$		$V = F_{A0}\int_{X_{in}}^{X_{out}} \frac{dX}{-r_A}$
PBR	$F_{A0}\frac{dX}{dW} = -r'_A$		$W = F_{A0}\int_{X_{in}}^{X_{out}} \frac{dX}{-r'_A}$

3. 만일 A의 소멸속도가 전화율의 함수로 주어지면, 다음 도표를 이용하는 기법을 이용하여 CSTR 및 플러그흐름반응기의 크기를 구할 수 있다.

   A. 레벤스필 플롯을 이용하는 도식적분

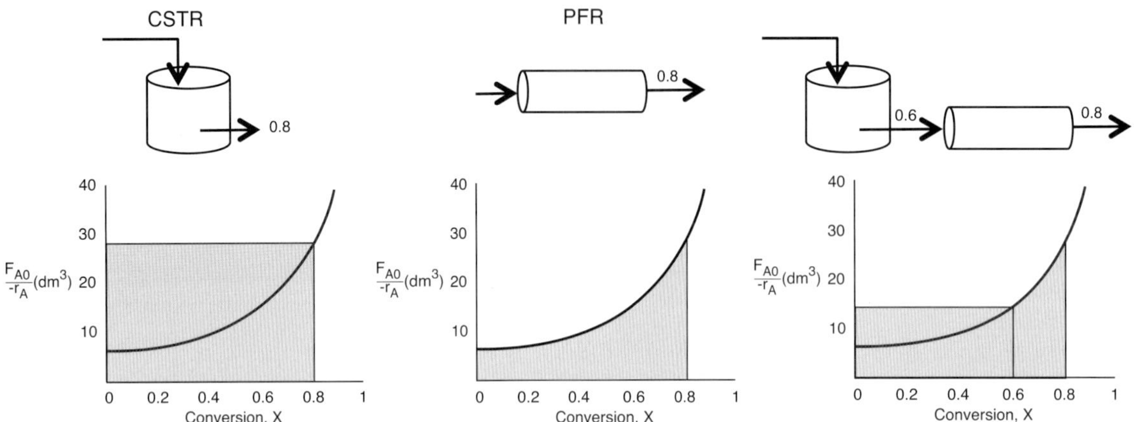

   PFR 적분은 다음 방법에 의해서도 계산될 수 있을 것이다.

   B. 수치적분

   $\Delta X = 0.8/4$인 다섯 개의 일정 간격으로 나누어진 위치, $X_1 = 0$, $X_2 = 0.2$, $X_3 = 0.4$, $X_4 = 0.6$ 및 $X_5 = 0.8$에 대한 5-점 적분공식과 같은 구분구적법 공식에 대해서는 부록 A.4를 참조하여라.

4. 공간시간, τ 및 공간속도, SV는 다음과 같이 주어진다.

$$\tau = \frac{V}{\upsilon_0} \tag{S2-4}$$

$$SV = \frac{\upsilon_0}{V} \text{(기상반응에 대해 표준 온도 압력에서)} \tag{S2-5}$$

CRE 웹사이트 자료

- **확장자료**(*http://umich.edu/~elements/5e/02chap/expanded.html*)
  1. Web P2-1$_A$ 가역반응에 대한 반응기 크기 결정
     (*http://umich.edu/~elements/5e/02chap/expanded_ch02_ homeproblem.pdf*)
  2. Web P2-2$_A$ 퍼즐 문제 "이 풀이는 무엇이 잘못되었는가?"
     (*http://umich.edu/~elements/5e/02chap/ expanded_ch02_puzzle.pdf*)
- **학습자료**(*http://umich.edu/~elements/5e/02chap/learn.html*)
  1. 요약노트(*http://umich.edu/~elements/5e/02chap/summary.html*)
  2. 자체테스트
     A. 연습문제(*http://www.umich.edu/~elements/5e/01chap/summary-selftest.html*)
     B. i > clicker 질문(*http://www.umich.edu/~elements/5e/02chap/iclicker_ch2_q1.html*)

3. 웹모듈

   하마의 소화시스템

   (*http://umich.edu/~elements/5e/web_mod/hippo/index.htm*)

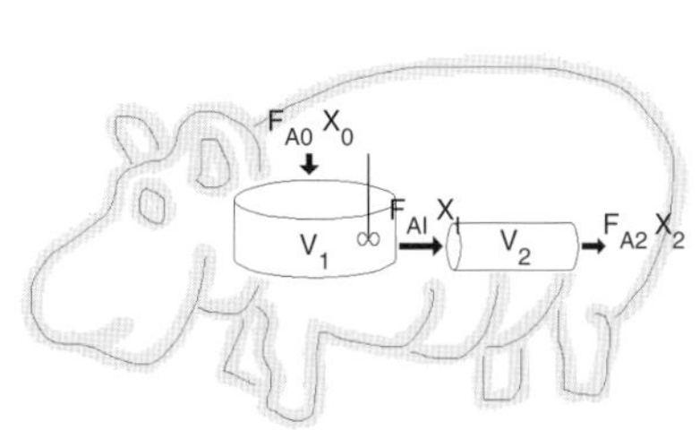

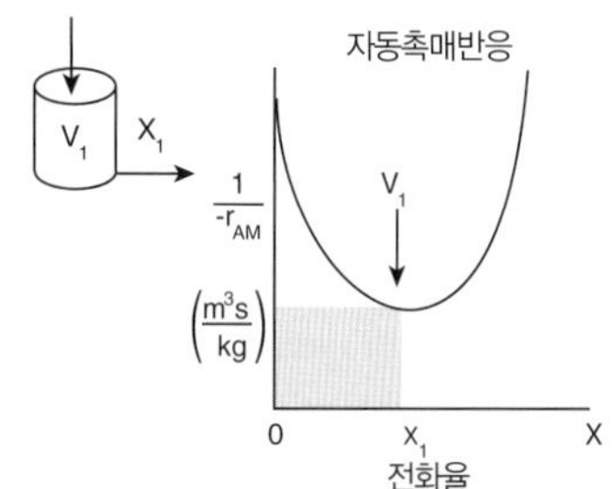

CSTR에서 자동촉매소화반응을 위한 레벤스필 플롯

4. 대화형 컴퓨터 게임

   A. 반응기 직렬연결(*http://umich.edu/~elements/5e/icm/staging.html*)

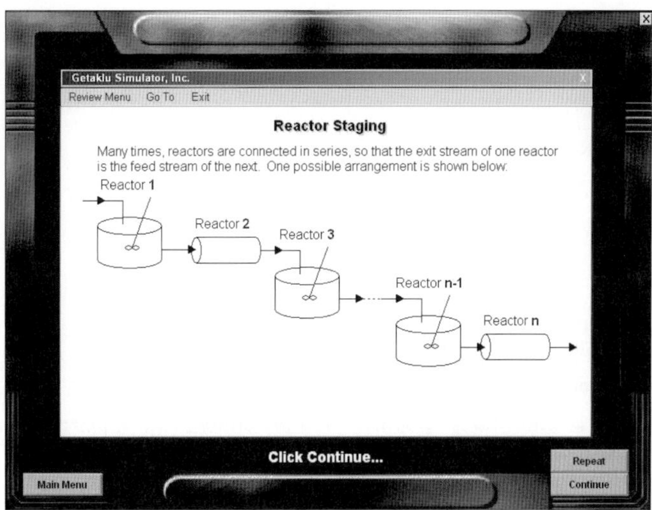

5. 풀이된 문제

   A. CDP2–A_B 추가적인 CSTR 및 PFR 계산문제–암기하지 말 것

   (*http://umich.edu/~elements/5e/02chap/learn-cdp2.html*)

- **FAQ[자주 묻는 질문]**(*http://umich.edu/~elements/5e/02chap/faq.html*)
- **전문 참고자료 서고**(*http://umich.edu/~elements/5e/02chap/prof.html*)

질문과 문제

각 문제의 아래첨자는 난이도를 나타낸다. A는 가장 쉬운 문제, B는 비교적 어려운 문제, C는 꽤 어려운 문제, D는 가장 어려운 문제.

A = ● B = ■ C = ◆ D = ◆◆

■ 질문

$Q2\text{-}1_A$ **i>clicker.** 웹사이트(*http://www.umich.edu/~elements/5e/02chap/iclicker_ch2_q1.html*)를 방문하고 적어도 5개의 i>clicker 질문을 둘러보아라. 다음 시험에 포함되도록 그대로 사용할 수 있거나 변형할 수 있는 질문 하나를 골라라. 반대의 경우를 고려할 수도 있다. 즉, 왜 다음 시험에 그 질문이 있어서는 안 되는지를 설명하는 것이다. 어떤 경우든지, 당신의 이유를 설명하여라.

Q2-2 **(a)** 앞의 내용을 보지 않고서 이 장에서 배운 것 중에서 가장 중요한 항목들의 표를 작성해 보아라.

(b) 이 장의 총괄적인 목표는 무엇이었다고 생각하는가?

Q2-3 웹사이트 *www.engr.ncsu.edu/learningstyles/ilsweb.html*을 방문하여라. 학습 스타일 목록(Inventory of Learning Style) 시험을 치르고, 펠더/솔로몬(Felder/Solomon) 목록에 따라서 여러분의 학습 스타일을 기록하여라. 부록 I.2를 사용하여 네 가지 범주의 각각에서 여러분의 학습 스타일을 도울 수 있는 두 가지 방법을 제안하여라.

포괄적/순차적(Global/Sequential) _______

적극적/사색적(Active/Reflective) _______

감각적/직관적(Sensing/Intuitive) _______

시각적/언어적(Visual/Verbal) _______

■ 문제

문제를 풀기 전에 예측되는 결과나 경향들을 정성적으로 설명하거나 스케치하여라.

$P2\text{-}1_A$ **(a)** **예제 2-1**에서부터 **예제 2-3**까지 다시 논의하여라. 만일 유량 F_{A0}가 절반으로 되면, 답은 어떻게 될 것인가? 만일 유량 F_{A0}가 반으로 줄면 어떻게 될 것인가? 두 배가 되면? 4.5 m^3의 PFR과 4.5 m^3의 CSTR의 전화율은 어떻게 되는가?

(b) **예제 2-2**를 다시 논의하여라. 회사가 파산 직전에 있어서 당신은 오직 2.5 m^3 CSTR밖에 사용할 수 없다. 전화율은 얼마나 될까?

(c) **예제 2-3**을 다시 논의하여라. 만약 당신이 2.40 CSTR에 붙일 1.0 m^3의 PFR을 구입하기 위해 더 많은 돈을 소비하는 것을 당신의 상사인 Pennypincher 박사에게 확신시킬 수 있다면, 전화율은 얼마나 될까?

(d) **예제 2-4**를 다시 논의하여라. 만일 두 개의 CSTR들(하나는 0.82 m^3, 다른 하나는 3.2 m^3)이 병렬로 연결되고, 유량 F_{A0}가 똑같이 반반씩 나뉘어서 각각의 반응기로 유입되면, 답은 어떻게 바뀌는가?

(e) **예제 2-5**를 다시 논의하여라. (1) 두 개의 CSTR과 한 개의 PFR의 가능한 배열 중에서 최악의 배열방법은 무엇인가? (2) 만일 두 개의 중간 전화율이 각각 20%와 50%로 바뀌면, 반응기 부피들은 어떻게 될 것인가? (3) 만일 모든 반응기들이 100 dm^3의 동일한 부피를 가지고 같은 순서로 연결되면, 전화율 X_1, X_2, X_3는 어떻게 될 것인가?

(f) 예제 2-6을 다시 논의하여라. 만약 80% 전화율을 달성하는 데 $C_{A0}\int_0^X \frac{dX}{-r_A}$ 항이 2초가 된다면, 3 m^3의 반응기에서 얼마나 많은 액체(m^3/min)를 처리할 수 있는가?

■ 대화형 컴퓨터 게임

P2-2$_A$ **ICG 반응기 다단연결.** CRE 웹사이트 *http://www.umich.edu/~elements/5e/icm/staging.html*에서 대화형 컴퓨터 게임(ICG)을 내려받아라. 이 게임을 실행하고 수행번호(performance number)를 기록하여라. 수행번호는 그 내용을 얼마나 이해하는가에 대한 숙달정도(mastery)를 나타낸다. 수행번호를 해독할 수 있는 열쇠는 여러분의 교수님이 가지고 있다. **참고**: 이 게임을 실행하기 위해서는 윈도우즈 2000 또는 그 이상의 최신 버전을 가지고 있어야 한다.

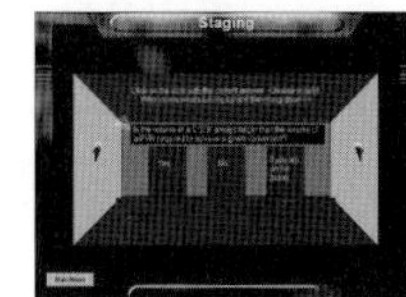

ICG 반응기 다단연결 수행번호 #________________

■ 문제

P2-3$_B$ 2개의 CSTR과 2개의 PFR이 있다. 각각 반응기의 부피는 1.6 m^{3}이다. 다음의 각 배열에 대하여, 그림 2-2B를 사용하여 각 반응기의 전화율을 계산하여라.

(a) 직렬연결된 2개의 CSTR(**답**: $X_1 = 0.435$, $X_2 = 0.66$)

(b) 직렬연결된 2개의 PFR

(c) 병렬연결된 2개의 CSTR에 원료 F_{A0}가 똑같이 나뉘어서 각 반응기로 유입되는 경우

(d) 병렬연결된 2개의 PFR에 대해서 원료가 똑같이 나뉘어서 각 반응기로 유입되는 경우

(e) 주의: 이 문제는 C 레벨 문제이다. 1개의 CSTR과 1개의 PFR이 병렬 연결되어 있고 원료가 똑같이 나뉘어서 각 반응기로 유입된다. 총괄전화율 X_{ov}을 계산하여라.

$$X_{ov} = \frac{F_{A0} - F_{ACSTR} - F_{APFR}}{F_{A0}}, \quad F_{ACSTR} = \frac{F_{A0}}{2} - \frac{F_{A0}}{2} X_{CSTR}, \quad F_{APFR} = \frac{F_{A0}}{2}(1 - X_{PFR})$$

(f) 하나의 PFR의 뒤를 이은 하나의 CSTR

(g) 하나의 CSTR의 뒤를 이은 하나의 PFR(**답**: $X_{CSTR} = 0.435$, $X_{PFR} = 0.71$)

(h) 하나의 PFR의 뒤를 이은 2개의 CSTR. 이 배열은 좋은 배열인가 또는 더 나은 배열이 있는가?

P2-4$_B$ stillbene(A)의 발열반응으로 경제적으로 중요한 trospophene(B)과 methane(C)이 생성되는 반응, 즉,

$$A \longrightarrow B + C$$

가 단열적으로 수행되어 다음과 같은 자료를 얻었다.

X	0	0.2	0.4	0.45	0.5	0.6	0.8	0.9
$-r_A$ (mol/dm^3·min)	1.0	1.67	5.0	5.0	5.0	5.0	1.25	0.91

A의 주입 몰유량은 300 mol/min이다.

(a) 40%의 전화율을 얻는 데 필요한 CSTR과 PFR의 부피를 구하여라. ($V_{PFR} = 72$ dm^3, $V_{CSTR} = 24$ dm^3)

(b) 전화율의 어떤 범위에서 CSTR과 PFR의 부피가 동일한가?

(c) 105 dm^3 CSTR에서 성취할 수 있는 최대전화율은?

(d) 72 dm^3 PFR 이후 24 dm^3 CSTR을 직렬연결한다면 전화율은?

(e) 24 dm^3 CSTR 이후 72 dm^3 PFR을 직렬연결한다면 전화율은?

(f) 100 dm^{3}까지 PFR 부피의 함수로서 전화율과 반응속도를 플롯하여라.

P2-5$_B$ 가치 있는 생성물 B(실제 이름이 아님)를 생산하기 위한 재정적으로 중요한 반응이 Jesse Pinkman의 창고에서 수행되고 있다. 무책임한 회사인 브레이킹 배드(Breaking Bad)는 예산이 적어서 장치를 구입할 돈이 거의 없다. 다행히 사촌 Bernie가 반응기 공급회사를 운영하고 있어서 당신은 Bernie로부터 반응기들을 얻을 수 있다. 반응

$$A \longrightarrow B + C$$

가 액상에서 진행된다. 이 반응의 레벤스필 플롯이 아래에 있다. 당신은 아래 주어진 목록으로부터 10,000달러까지 사용할 수 있다.

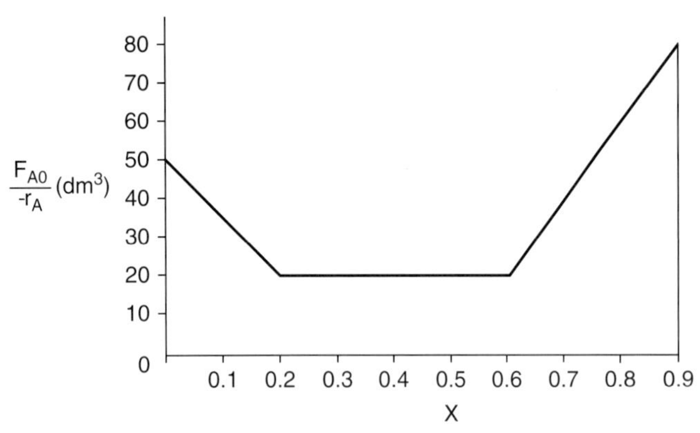

Reactor Type	Number	Volume (dm^3)	Cost
CSTR	2	2	$1,000
CSTR	1	4	$2,000
PFR	2	4	$2,000
CSTR	2	6	$4,000
CSTR	3	12	$8,000
PFR	2	12	$6,000

어떤 반응기들을 선택하고, 어떻게 배열하고, 10,000달러로 얻을 수 있는 최대전화율은 무엇인가? 당신이 배열한 반응기에 해당하는 최고의 전화율은 대략 얼마인가?

당신의 반응기 부피를 도해하고 스케치하여라.

P2-6$_B$ CRE 웹사이트(*http:/www.umich.edu/~elements/5e/web_mod/hippo/index.htm*)에서 웹모듈 "하마의 소화기관에 대한 화학반응공학(Chemical Reaction Engineering of Hippopotamus Stomach)"을 읽어라.

(a) 웹모듈에서 배운 것을 다섯 문장으로 요약하여 작성하여라.

(b) Hippo 웹모듈에서 문제 (1)과 (2)를 풀어라.

(c) 하마는 강 곰팡이균(river fungus)에 의한 감염에서 회복되고 있다. 현재 하마 위장의 CSTR 격실의 유효 부피는 0.2 m^3에 지나지 않는다. 하마가 생존하기 위해서는 30%의 전화율이 필요하다. 하마는 생존할 것인가?

(d) 하마의 위장이 막힌 것을 제거하기 위하여 수술해야 한다. 불행하게도, 외과의사가 수술 중에 사고로 CSTR과 PFR의 순서를 바꾸어 버렸다. 아차!! 이 새로운 소화기 배열에 대한 전화율은 얼마인가? 하마는 생존할 수 있는가?

P2-7$_B$ 다음의 단열 발열 비가역 기상반응

$$2A + B \longrightarrow 2C$$

가 A와 B가 같은 몰유량으로 공급되고 있는 어떤 흐름반응기에서 일어나고 있다. 그림 P2-7$_B$는 이 반응에 대한 레벤스필 플롯이다.

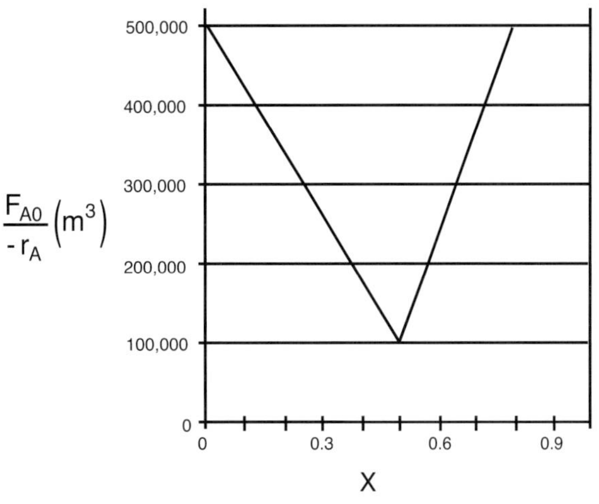

그림 P2-7$_B$ 레벤스필 플롯

(a) 50% 전화율을 달성하는 데 필요한 PFR 부피는 얼마인가?

(b) 50% 전화율을 달성하는 데 필요한 CSTR 부피는 얼마인가?

(c) 80%의 총괄전화율을 달성하기 위하여, (b) 문제에 나오는 첫 번째 CSTR에 직렬로 추가해야 하는 두 번째 CSTR의 부피는 얼마인가? (**답**: $V_{CSTR} = 1.5 \times 10^5\ m^3$)

(d) 전화율을 80%로 올리기 위하여 (b) 문제에 나오는 첫 번째 CSTR에 추가해야 하는 PFR의 부피는 얼마인가?

(e) $6 \times 10^4\ m^3$ CSTR과 $6 \times 10^4\ m^3$ PFR은 각각 얼마의 전화율을 달성할 수 있는가?

(f) 이 문제에 대한 답들(숫자들)에 대하여 비판적 사고를 하여라. (서문, G절, xvii쪽 참조)

P2-8$_A$ 그림 2-9에 나타난 2개의 CSTR과 PFR의 반응기 부피를 추정하여라. [**힌트**: 문의 크기를 측정자로 활용하여라.]

P2-9$_D$ 아무것도 계산하지 마라. 그저 집에 가서 휴식을 취하여라.

P2-10$_C$ 그림 2-1에서 나타낸 곡선은 등온적으로 수행되는 반응의 전형적인 모양인 반면에, 그림 P2-10$_C$(예제 11-3 참조)에 나타낸 곡선은 단열적으로 수행되는 기체–고체 촉매 발열반응의 전형적인 모양이다.

$$A \longrightarrow B + C$$

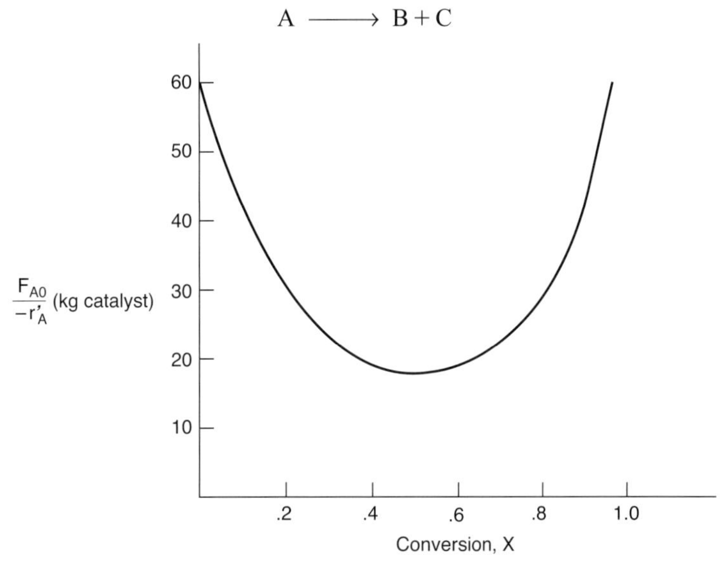

그림 P2-10$_C$ 단열 고체촉매 발열반응에 대한 레벤스필 플롯

(a) 동일한 무게의 촉매가 들어 있는 한 개의 유동화 CSTR과 한 개의 PBR이 있다고 가정하면, 이 단열반응의 경우에 이들을 어떻게 배열하여야 하는가? 각 경우에 있어서 촉매의 무게는 최소로 사용해야 하며 전화율은 80%에 도달하여야 한다.

(b) 유동화 CSTR에서 80%의 전화율을 달성하는 데 필요한 촉매의 무게는 얼마인가? (**답**: $W = 23.2$ kg-cat)

(c) 40% 전화율을 달성하는 데 필요한 유동화 CSTR의 촉매무게는 얼마인가?

(d) 80% 전화율을 달성하는 데 필요한 PBR의 촉매무게는 얼마인가?

(e) 40% 전화율을 달성하는 데 필요한 PBR의 촉매무게는 얼마인가?

(f) 반응속도 및 전화율을 PBR 촉매무게 W의 함수로 도시하여라.

추가 정보: $F_{A0} = 2$ mol/s.

• 추가 숙제 문제는 CRE 웹사이트 Chaper 2 **A. EXERCISES** 버튼에서 찾을 수 있다.

1. **CDP2-A_A** 경쟁사 화학플랜트를 보고 반응기 크기를 결정하는가에서의 윤리적 딜레마(*http://www.umich.edu/~elements/5e/02chap/add.html*)
2. **CDP2-E_A** 직렬연결된 CSTR과 PFR의 레벤스필 플롯
3. **CDP2-F_A** 직렬연결된 CSTR과 PFR의 레벤스필 플롯

보충교재

$-1/r_A$ 대 X의 그래프가 주어진 경우에, 여러 가지 속도법칙에 대한 직렬연결 반응기들의 적합한 배열에 대해 좀 더 검토하려면 다음 보충교재들을 참고하기 바란다.

BURGESS, THORNTON W., *The adventures of Poor Mrs. Quack*, New York: Dover Publications, Inc., 1917.

KARRASS, CHESTER L., *Effective Negotiating: Workbook and Discussion Guide*. Beverly Hill, CA: Karrass Ltd., 2004.

LEVENSPIEL, O., *Chemical Reaction Engineering*, 3rd ed. New York: Wiley, 1999, Chapter 6. pp. 139-156.

속도법칙 3
Rate Laws

성공이란 일생 도달한 지위보다 성공하려고
노력하는 동안 극복한 난관에 의하여 더 많이 평가된다.

—부커 T. 워싱턴(Booker T. Washington)
(역자 주 | 미국의 교육자이자 연설가, 흑인 사회 리더)

개요

제2장에서 전화율의 함수로서 반응속도를 알고 있다면, $-r_A = f(X)$, 흐름계에서는 특정한 전화율을 달성하는 데 필요한 반응기 부피를 계산할 수 있고, 회분식계에서는 주어진 전화율을 달성하는 데 필요한 시간을 구할 수 있다는 것을 보였다. 불행하게도, 실험 자료로부터 $-r_A = f(X)$를 바로 구하기는 설사 있다고 해도 매우 드물다. 그러나 이를 두려워 말라. 이 장에서 전화율의 함수로서 반응속도를 구하는 방법을 배우게 될 것이다. 반응속도와 전화율 사이의 관계는 두 단계에서 얻어진다.

- 1단계(제3장)에서는, 반응속도를 반응물(reacting species)의 농도와 온도에 관련짓는 속도법칙(rate law)을 정의한다.
- 2단계(제4장)에서는, 흐름계와 회분식계에 대한 농도를 정의하고 화학양론표(stoichiometric table)를 개발하여, 농도를 전화율의 함수로 표현할 수 있도록 한다.
- 1단계와 2단계를 결합하면, 반응속도를 전화율의 함수($-r_A = f(X)$)로 표현할 수 있으며, 제2장에서 전개된 방법들을 사용하여 반응계를 설계할 수 있다는 것을 알게 된다.

이 장을 마친 뒤에는

- 어떤 반응에서 각 화합물의 반응속도를 서로 연관지을 수 있고,
- 농도의 함수로 속도법칙을 구할 수 있으며,
- 온도의 함수로서의 속도상수를 구하기 위해 아레니우스 식을 사용할 수 있고,
- 에너지장벽 높이(활성화 에너지)와 이를 넘는 에너지를 갖고 반응하는 분자 충돌 분율을 기술할 수 있을 것이다.

3.1 기본 정의

균일반응(homogeneous reaction)은 단 하나의 상(phase)만을 수반하는 반응이다. **불균일반응**(heterogeneous reaction)은 2개 이상의 상을 수반하며, 일반적으로 반응은 상들 사이의 계면(interface)에서 일어난다. **비가역반응**(irreversible reaction)은 한 방향으로만 진행하는 반응으로, 반응물의 하나가 완전히 없어질 때까지 그 방향으로만 계속 반응한다. 반면 **가역반응**(reversible reaction)은 해당 평형 농도에 대한 반응물과 생성물의 상대적인 농도에 따라서 어느 방향으로든 진행될 수 있다. 비가역반응은 마치 평형조건이 존재하지 않는 것처럼 행동한다. 엄밀히 말하면, 어떠한 반응도 완전히 비가역적이지는 않다. 그러나 평형점이 생성물 쪽으로 너무나 멀리 놓여 있는 반응이 많이 있으며, 이러한 반응들은 비가역반응으로 취급된다.

반응의 유형

반응의 **분자도**(molecularity)는 한 반응단계에 참여하는(충돌하는) 원자, 이온, 또는 분자의 수이다. **단분자**(unimolecular), **2분자**(bimolecular), 그리고 **3분자**(termolecular) 반응은 임의의 한 반응단계에서 상호작용 또는 충돌하는 원자(또는 분자)의 수가 각각 하나, 둘, 그리고 셋인 반응을 의미한다. **단분자** 반응의 가장 일반적인 예로는, 다음 식에서 나타낸 바와 같이 우라늄-238에서 알파 입자가 자발적으로 방출되어 토륨과 헬륨이 생성되는 것과 같은 방사성 붕괴를 들 수 있다.

$$_{92}U^{238} \rightarrow {}_{90}Th^{234} + {}_{2}He^{4}$$

우라늄(U)의 소멸속도는 다음의 속도법칙으로 주어진다.

$$-r_U = kC_U$$

진정한 2분자 반응(bimolecular reaction)은 다음과 같이 자유라디칼(즉, 짝 없는 전자, 예, Br•)의 충돌이 관여하는 반응뿐이다.

$$Br\bullet + C_2H_6 \rightarrow HBr + C_2H_5\bullet$$

브롬 소멸속도는 다음의 속도법칙으로 주어진다.

$$-r_{Br\bullet} = kC_{Br\bullet}C_{C_2H_6}$$

3개의 분자가 동시에 충돌하는 **3분자 반응**(termolecular reaction)이 일어날 확률은 거의 없다. 대부분의 반응경로는 다음 반응에서처럼 일련의 **2분자 반응**을 따른다.

$$2NO + O_2 \rightarrow 2NO_2$$

"명예의 전당(Hall of Fame)"에 오른 이 반응의 반응경로는 아주 흥미로우며, 그들의 반응경로에서 활성 중간 복합체(active intermediate complex)를 형성하는 이와 유사한 반응들과 함께 P9-5$_B$와 웹사이트 제16장에서 논의된다.

화학반응속도(rates of chemical reaction)를 논의하는 데 있어서, 3가지의 속도를 고려하자.

- 상대속도
- 속도법칙
- 순속도

상대속도(relative rates)는 주어진 반응에서 다른 화합물에 대해서 어느 하나의 화합물이 얼마나 빨리 사라지거나 나타나는지를 말해 준다.

속도법칙(rate laws)은 반응속도가 반응물의 농도와 온도의 함수로 주어지는 대수식(algebraic equation)이다.

어떤 화합물(즉, A)의 **순속도**(net rates)는 시스템에서 A가 반응물이든 생성물이든 모든 반응에서 A의 반응속도의 합이다.

순속도에 대한 자세한 논의는 복수반응을 토론하는 표 8-2에 제시되어 있다.

3.1.1 상대반응속도

반응에 참여하는 여러 화합물의 상대반응속도(relative rate of reaction)는 화학양론계수(stoichiometric coefficient)의 비를 이용하여 구할 수 있다. 다음 반응 (2-2)에서 소모된 A의 1몰마다 c/a몰의 C가 생성된다.

반응화학양론

$$A + \frac{b}{a}B \rightarrow \frac{c}{a}C + \frac{d}{a}D \tag{2-2}$$

바꾸어 말하면 다음과 같다.

$$\text{C의 생성속도} = \frac{c}{a} \times (\text{A의 소멸속도})$$

$$r_C = \frac{c}{a}(-r_A) = -\frac{c}{a}r_A$$

이와 유사하게, C와 D의 생성속도 사이의 관계는 다음과 같다.

$$r_C = \frac{c}{d}r_D$$

이 관계는 반응의 화학양론에서 바로 얻을 수 있다. 즉 다음 반응에 대해서,

$$aA + bB \rightarrow cC + dD \tag{2-1}$$

상대반응속도 사이의 관계는 다음과 같다.

$$\boxed{\frac{-r_A}{a} = \frac{-r_B}{b} = \frac{r_C}{c} = \frac{r_D}{d}} \tag{3-1}$$

또는

$$\boxed{\frac{r_A}{-a} = \frac{r_B}{-b} = \frac{r_C}{c} = \frac{r_D}{d}}$$

예컨대, 다음 반응에 대하여,

$$2NO + O_2 \rightleftarrows 2NO_2$$

다음 관계를 얻는다.

$$\frac{r_{NO}}{-2} = \frac{r_{O_2}}{-1} = \frac{r_{NO_2}}{2}$$

만일 NO_2가 4 mol/m^3/s의 속도로 생성되면, 즉

$$r_{NO_2} = 4 \text{ mol/m}^3\text{/s}$$

NO의 생성속도는 다음과 같고,

요약
$2NO + O_2 \rightarrow 2NO_2$
만약
$r_{NO_2} = 4$ mol/m^3/s
일 때
$-r_{NO} = 4$ mol/m^3/s
$-r_{O_2} = 2$ mol/m^3/s

$$r_{NO} = \frac{-2}{2}\, r_{NO_2} = -4 \text{ mol/m}^3\text{/s}$$

NO의 소멸속도는 다음과 같으며,

$$-r_{NO} = 4 \text{ mol/m}^3\text{/s}$$

O_2의 소멸속도는 다음과 같다.

$$-r_{O_2} = \frac{-1}{-2}\, r_{NO_2} = 2 \text{ mol/m}^3\text{/s}$$

3.2 반응차수와 속도법칙

반응속도를 이해하기 위해서는 분자에 대한 3가지 개념을 기술하여야 한다. **개념 1: 질량작용법칙.** 반응속도는 반응하는 화합물의 농도와 관련이 있다. **개념 2: 포텐셜 에너지 표면**과 **개념 3: 장벽을 넘는 데 필요한 에너지**는 반응속도에 대한 온도의 효과를 설명하는 데 도움을 준다.

다음에서 논의되는 화학반응에서 반응의 결과로 소멸되고 있는 반응물들 중의 하나인 화합물 A를 계산의 기준(basis of calculation)으로 선택한다. 일반적으로 한정반응물(limiting reactant)을 계산의 기준으로 선택한다. A의 소멸속도 $-r_A$는 온도와 조성에 의존한다. 많은 비가역반응에서 속도식은 **반응속도상수**(reaction rate constant) k_A와 반응에 참여하는 여러 화합물의 농도(활동도) 함수의 곱으로 나타낼 수 있다.

$$\boxed{-r_A = [k_A(T)][\text{fn}(C_A, C_B, \ldots)]} \tag{3-2}$$

개념 1: 질량작용법칙. 반응속도는 반응물의 농도가 증가하면 증가하는데 이는 분자 충돌 수가 증가하기 때문이다. 2분자 충돌에 관한 속도식의 유도는 *Professional Reference Shelf R3.1(http://www.umich.edu/~elements/5e/03chap/prof.html)*의 충돌이론 부분에서 볼 수 있다. 분자 **A**와 **B**의 충돌과 반응에 대한 개요도는 그림 R3.1에 나타나 있다.

속도법칙은 반응속도와 농도 사이의 관계식이다.

$-r_A$를 화합물들의 농도에 관련시키는 대수식(algebraic equation)을 속도식(kinetic expression) 또는 **속도법칙**(rate law)이라고 한다. 비반응속도(specific rate of reaction) [= 속도상수(rate constant)] k_A는 반응속도 $-r_A$의 경우와 같이, 항상 그 반응의 특정 화합물이 언급되며 보통 그 특정 화합물은 아래첨자로 표시된다. 그러나 반응에 참여하는

모든 화합물의 양론계수가 1인 아래 반응에 대해서는

$$1\ NaOH + 1\ HCl \rightarrow 1\ NaCl + 1\ H_2O$$

비반응속도에 표시된 아래첨자(예, k_A의 A)가 삭제되어 다음처럼 표현된다.

$$k = k_{NaOH} = k_{HCl} = k_{NaCl} = k_{H_2O}$$

3.2.1 지수법칙 모델과 기초 속도식

반응화합물의 농도들에 대한 반응속도 $-r_A$의 함수적 의존관계 $fn(C_j)$는 거의 예외 없이 실험적 측정으로 구해진다. 비록 농도에 대한 함수적 의존관계가 이론에서 추정될 수는 있지만, 제안된 함수 형태를 확인하는 데는 실험이 필수적이다. 이 의존관계에 대하여 가장 많이 사용되는 일반적인 형태 중 하나는 **지수법칙 모델**(power law model)이다. 이 모델에서 속도법칙은 각각 거듭제곱 된 개별 반응화합물 농도들의 곱으로 주어진다. 예컨대, 다음과 같다.

$$\boxed{-r_A = k_A C_A^{\alpha} C_B^{\beta}} \tag{3-3}$$

식 (3-3)의 농도 지수는 **반응차수**(reaction order)의 개념으로 이끌어 준다. 속도법칙에서 농도가 거듭제곱되는 지수를 **반응차수**(reaction order)라고 말한다[1]. 식 (3-3)에서, 이 반응은 반응물 A에 관해서는 α차, 반응물 B에 관해서는 β차이다. 총괄반응차수 $\boldsymbol{n}$은 다음과 같다.

총괄반응차수

$$n = \alpha + \beta$$

반응속도 $-r_A$의 단위는 항상 단위시간당 농도인 반면에, 반응속도상수 k_A의 단위는 반응차수에 따라 달라진다. 단지 한 반응물만 포함하고 있는, 반응차수가 n인 어떤 반응을 생각해 보자.

$$A \rightarrow 생성물$$

이 반응에서 반응속도와 반응속도상수의 단위는 다음과 같다.

$$\{-r_A\} = [농도/시간]$$

$$\{k\} = \frac{[농도]^{1-n}}{시간}$$

따라서 이러한 형태의 반응에 대한 0차, 1차, 2차, 3차 반응의 속도법칙과 이에 해당하는

---

1. 엄밀히 말해서 반응속도는 활동도 a_i($a_i = \gamma_i C_i$, 여기서 γ_i는 활동도계수이다)의 항으로 나타내어야 한다. Kline and Fogler, *JCIS, 82, 93* (1981); 앞의 글, p. 103; *Ind. Eng. Chem Fundamentals* 20,155 (1981).

$$-r_A = k_A' a_A^{\alpha} a_B^{\beta}$$

그러나 많은 반응계의 경우에, 활동도계수 γ_i는 반응이 진행되는 동안 현저하게 변화하지는 않으므로 반응속도상수 k_A에 흡수된다. 즉

$$-r_A = k_A' a_A^{\alpha} a_B^{\beta} = k_A'(\gamma_A C_A)^{\alpha}(\gamma_B C_B)^{\beta} = \overbrace{\left(k_A' \gamma_A^{\alpha} \gamma_B^{\beta}\right)}^{k_A} C_A^{\alpha} C_B^{\beta} = k_A C_A^{\alpha} C_B^{\beta}$$

속도상수들의 전형적인 단위는 다음과 같다.

0차 ($n=0$): $-r_A = k_A$:

$$\{k\} = \text{mol/dm}^3\text{/s} \tag{3-4}$$

1차 ($n=1$): $-r_A = k_A C_A$:

$$\{k\} = \text{s}^{-1} \tag{3-5}$$

2차 ($n=2$): $-r_A = k_A C_A^2$:

$$\{k\} = \text{dm}^3\text{/mol/s} \tag{3-6}$$

3차 ($n=3$): $-r_A = k_A C_A^3$:

$$\{k\} = (\text{dm}^3\text{/mol})^2\text{/s} \tag{3-7}$$

기초반응(elementary reaction)은 다음 활성산소와 메탄올 분자 사이의 2분자 반응과 같이 하나의 단계로 일어나는 반응(single reaction step)이다.

$$O\bullet + CH_3OH \rightarrow CH_3O\bullet + OH\bullet$$

이 반응의 화학양론계수는 속도법칙의 지수와 **동일하다**. 따라서 활성산소의 소멸에 대한 속도법칙은 다음과 같다.

$$-r_{O\bullet} = kC_{O\bullet}C_{CH_3OH}$$

참고자료 서고

이 반응은 활성산소에 관하여 1차이고 메탄올에 관하여 1차이다; 그러므로 반응뿐만 아니라 속도법칙도 **기초**(elementary)라고 말한다. 이러한 형태의 속도법칙은 CRE 웹사이트(*www.umich.edu/~elements/5e/index.html*)의 **전문 참고자료 서고** R3.1(*Professional Reference Shelf R3.1*)에서 보여주는 바와 같이 **충돌이론**(collision theory)에 의하여 유도될 수 있다. 화학양론계수들이 반응차수들과 같은 반응들이 많지만, 활성 중간체(active intermediate)들을 포함하는 경로를 지나가거나 연속반응(series reaction)과 같은 이유 때문에, 기초반응이 아닌 경우가 많다. 기초반응은 아니지만 양론계수들이 속도법칙의 반응차수들과 같은 반응에 대해서, 이 반응은 **기초 속도법칙**(elementary rate law)을 **따른다**고 말한다. 예를 들어서, 앞에서 논의된 일산화질소의 산화반응

충돌이론

$$2NO + O_2 \rightarrow 2NO_2$$

은 기초반응은 아니지만, 기초 속도법칙을 따른다. 즉, NO에 대하여 2차, O_2에 대하여 1차이며, 다음과 같이 표현한다.

참고: 반응속도상수 k는 NO에 관하여 정의되어 있다.

$$-r_{NO} = k_{NO}C_{NO}^2 C_{O_2}$$

기초 속도법칙을 따르는 비기초반응의 또 다른 예로서는, 다음 수소와 요오드 사이의 기상반응을 들 수 있는데, 수소에 대하여 1차, 요오드에 대하여 1차이다.

$$H_2 + I_2 \rightarrow 2HI$$

이 반응의 속도식은 다음과 같다.

$$-r_{H_2} = k_{H_2}C_{H_2}C_{I_2}$$

요약하면, 많은 단계와 경로를 포함하는 반응에서 속도법칙의 지수들이 놀랍게도 양론계수들과 일치하는 경우가 많다는 것이다. 결과적으로 이러한 종류의 반응들을 용이하게 기술하기 위하여, 반응차수들이 적혀진 반응에 대해서 반응물의 양론계수들과 같을 때, 이 반응은 **기초 속도법칙을 따른다**고 말한다. 속도식은 **실험적 측정에 의하여 구한다**는 것을 기억하는 것이 중요하다! 제7장에는 실험결과로부터 속도식이 어떻게 전개되는지 기술되어 있다. 속도법칙은 반응화학(reaction chemistry)에 의존하는 것이지 반응이 일어나는 반응기의 형태에 의존하지 않는다. 많은 반응에 대한 속도식의 예를 표 3-1에 정리하였다. 어떠한 반응이 적혀 있는 대로의 기초 속도법칙을 따른다고 이야기하면, 반응화학양론을 보고 속도식의 수학적 형태를 바로 쓸 수 있다. 이 반응들과 다른 많은 반응에 대한 반응속도상수의 값들은 CRE 웹사이트의 데이터베이스(Database)에서 찾아볼 수 있다.

속도법칙은 어디서 찾는가?

여러 가지의 기상 및 액상반응에 대한 활성화 에너지, 빈도인자 및 반응차수를 미국 표준기술연구소(National Institute of Standards and Technology, NIST) 회람과 부록[2]에서 찾아볼 수 있다. 제1장의 끝에 나열된 저널 목록도 참고하여라.

표 3-1의 **1차반응속도법칙**에서 (3)번 반응과 **2차반응속도법칙**에서 (1)번 반응이 기초 반응속도법칙을 따르지 않는 것에 주목해야 한다. 이것은 반응차수가 반응식에 표기된 화학양론계수와 같지 않기 때문이다.[†]

표 3-1 반응속도법칙의 실례

A. 1차반응속도법칙

	반응	속도식
(1)	$C_2H_6 \longrightarrow C_2H_4 + H_2$	$-r_A = kC_{C_2H_6}$
(2)	$C_6H_5N{=}NCl \longrightarrow C_6H_5Cl + N_2$	$-r_A = kC_{\phi N=NCl}$
(3)	$CH_2(O)CH_2 + H_2O \xrightarrow{H_2SO_4} CH_2OH{-}CH_2OH$	$-r_{CH_2OCH_2} = kC_{CH_2OCH_2}$
(4)	$CH_3COCH_3 \longrightarrow CH_2CO + CH_4$	$-r_A = kC_{CH_3COCH_3}$
(5)	$nC_4H_{10} \rightleftarrows iC_4H_{10}$	$-r_n = k[C_{nC_4} - C_{iC_4}/K_C]$

아주 중요한 문헌이다. 실험적으로 측정하기 전에 다른 문헌도 찾아보아야 한다.

2. 더 많은 반응들에 대한 속도론적 자료들을 **미국표준기술연구소**(*NIST*)에서 제공하는 CD-ROM에서 찾아볼 수 있다. Standard Reference Data 221/A320 Gaithersburg, MD 20899; 전화: (301) 975-2208. 추가적인 자료 출처는 *Tables of Chemical Kinetics: Homogeneous Reactions*, National Bureau of Standards Circular 510 (Sept. 28, 1951); Suppl. 1 (Nov. 14, 1956); Suppl. 2 (Aug. 5, 1960); Suppl. 3 (Sept. 15, 1961) (Washington DC: U.S. Government Printing Office). *Chemical Kinetics and Photochemical Data for Use in Stratospheric Modeling*, Evaluate No. 10, JPL Publication 92-20 (Pasadena, CA: Jet Propulsion Laboratories, Aug. 15, 1992).

† 코멘트로서, Jofostan Riça의 저명한 주민인 Sven Köttlov 교수는 한때 반응속도법칙을 어긴 죄로 끌려가 심문을 받고 감옥에 갇히기도 했다. 실험에서 반응이 1차라는 것을 분명히 보여주었어도 그는 2차반응이라고 주장했다.

표 3-1 반응속도법칙의 실례(계속)

B. 2차반응속도법칙

(1) 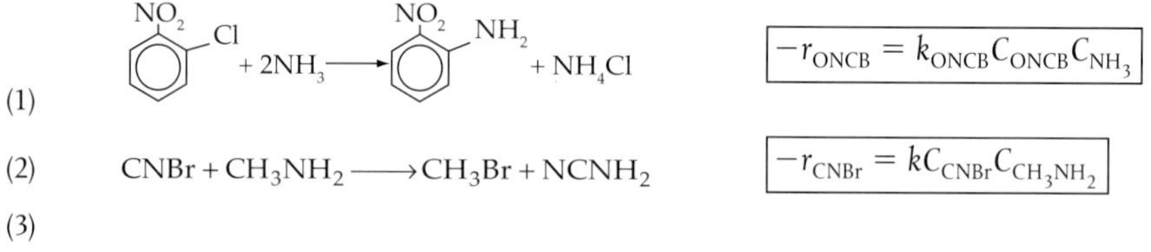

$-r_{ONCB} = k_{ONCB}C_{ONCB}C_{NH_3}$

(2) $CNBr + CH_3NH_2 \longrightarrow CH_3Br + NCNH_2$ $-r_{CNBr} = kC_{CNBr}C_{CH_3NH_2}$

(3)
$CH_3COOC_2H_5 + C_4H_9OH \rightleftarrows CH_3COOC_4H_9 + C_2H_5OH$
A + B ⇄ C + D

$-r_A = k[C_AC_B - C_CC_D/K_C]$

C. 비기초 속도법칙

(1) 균일계

$CH_3CHO \xrightarrow[cat]{} CH_4 + CO$ $-r_{CH_3CHO} = kC_{CH_3CHO}^{3/2}$

(2) 불균일계

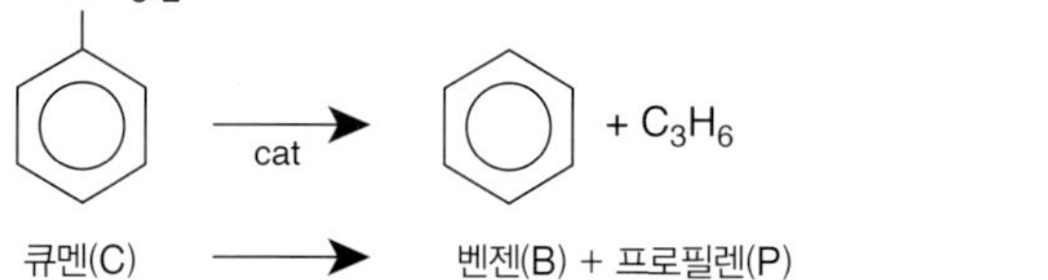

큐멘(C) ⟶ 벤젠(B) + 프로필렌(P)

$$-r'_C = \frac{k[P_C - P_BP_P/K_P]}{1 + K_BP_B + K_CP_C}$$

D. 효소반응(요소(U) + 우레아제(E))

NH_2CONH_2 + 우레아제 $\xrightarrow{+H_2O}$ $2NH_3 + CO_2$ + 우레아제 $-r_U = \dfrac{kC_U}{K_M + C_U}$

E. 바이오매스반응

기질(S) + 세포(C) → 더 많은 세포 + 생성물 $-r_S = \dfrac{kC_SC_C}{K_S + C_S}$

참고: 이 예들에서 제시된 여러 반응에 대한 속도상수 k와 활성화 에너지는 부록 E의 데이터베이스에 주어져 있다.

3.2.2 비기초 속도법칙

많은 수의 균일반응과 불균일반응은 단순한 속도법칙을 따르지 않는다. 단순한 기초 속도법칙을 따르지 않는 반응의 예들을 아래에서 논의할 것이다.

균일반응(homogeneous reaction). 반응의 총괄차수는 정수일 필요가 없으며, 임의의 개별 화합물에 관한 차수도 정수일 필요가 없다. 예로서, 다음의 포스겐의 기상 합성반응을 생각해 보자.

$$CO + Cl_2 \rightarrow COCl_2$$

여기서 **속도법칙**은 다음과 같다.

$$-r_{CO} = kC_{CO}C_{Cl_2}^{3/2}$$

이 반응은 일산화탄소에 관해서는 1차이고, 염소에 관해서는 3/2차이며, 총괄차수는 5/2 차이다.

때로는 온도 의존항과 농도 의존항으로 분리될 수 없는 복잡한 속도식을 가지는 반응들도 있다. 일산화이질소의 분해반응에서

$$2N_2O \rightarrow 2N_2 + O_2$$

속도법칙은 다음과 같다.

$$-r_{N_2O} = \frac{k_{N_2O}C_{N_2O}}{1 + k'C_{O_2}}$$

k_{N_2O}와 k'는 둘 모두 온도에 크게 의존한다. 속도식이 이렇게 얻어질 때에는 총괄반응차수에 대해서 말할 수 없다. 여기서는 어떤 제한적인 조건에서만 반응차수에 대해서 말할 수 있다. 예컨대 산소의 농도가 매우 낮으면, 분모의 두 번째 항은 1과 비교하여 무시될 수 있으므로($1 >> k'C_{O_2}$), 이 반응은 일산화이질소에 관하여 "겉보기(apparent)" 1차이며 총괄적으로도 1차이다. 그러나 산소의 농도가 충분히 커서 분모 에 있는 수 1이 두 번째 항 $k'C_{O_2}$와 비교하여 무의미하게 되면($k'C_{O_2} >> 1$), **겉보기** 반응차수는 산소에 관하여 −1차이고, 일산화이질소에 관하여 1차이며, 총괄적으로는 **겉보기** 0차이다. 이러한 형태의 속도식은 고체촉매에 의해 촉진되는 액체반응 및 기체반응의 경우에 아주 흔하게 나타난다(제10장 참조). 반응 중간체(reactive intermediate)를 수반하는 균일반응계에서도 이러한 형태의 속도식이 얻어진다(제9장 참조).

HI를 생성하는 수소와 요오드 사이의 반응에서처럼 반응차수가 화학양론계수에 해당하는 경우도 종종 있지만, 수소와 다른 할로겐인 브롬 사이의 반응속도식은 매우 복잡하다는 것은 흥미로운 사실이 아닐 수 없다. 다음의 반응에 대해서,

$$H_2 + Br_2 \rightarrow 2HBr$$

이 반응은 자유라디칼 메커니즘으로 진행되며, 이 반응의 반응속도법칙은 다음과 같다.

$$-r_{Br_2} = \frac{k_{Br_2}C_{H_2}C_{Br_2}^{1/2}}{k' + C_{HBr}/C_{Br_2}} \tag{3-8}$$

겉보기 1차반응(apparent first-order reaction). 충돌이론에서 질량작용의 법칙은 속도식이 2차가 되려면 두 분자가 반드시 충돌해야 하는 것을 보여주기 때문에, 당신은 1차반응식 또는 식 (3-8)과 같은 속도식이 어떻게 나올 수 있는지 궁금할 것이다. 방사성 붕괴가 아닌 1차반응의 예로는 에틸렌과 수소를 생성하는 에탄올의 분해반응이다.

$$C_2H_6 \longrightarrow C_2H_4 + H_2$$

$$-r_{C_2H_6} = kC_{C_2H_6}$$

기호로 표현하면

$$A \longrightarrow B + C$$

$$-r_A = kC_A$$

이러한 형태의 속도법칙은 보통 다수의 기초반응과 적어도 하나 이상의 활성 중간체가 관여한다. **활성 중간체(active intermediate)란 사실상 생성되자마자 반응에 참여하는 고에너지의 분자를 일컫는다.** 그렇기 때문에 활성 중간체는 아주 낮은 농도로 존재한다. 활성 중간체(예, A^*)는 비활성 화합물 또는 반응물과 같은 다른 분자(M)와의 충돌 또는 상호작용을 통해 생성될 수 있다.

$$A + M \xrightarrow{k_1} A^* + M$$

여기서 활성화는 병진운동 에너지가 내부 자유도, 특히 진동 자유도에 저장된 에너지로 전환될 때 발생한다[3]. 불안정한 분자(예, 활성 중간체)는 빠른 속도(높은 병진운동 에너지)로 움직이는 분자 하나에서는 생성되지 않는다. 고진폭의 진동(high-amplitude oscillations)이 화학 결합에 에너지가 흡수되어야 하고 그 결과로 결합 해리(bond rupture), 분자 재배열(molecular rearrangement), 분해(decomposition)를 일으키게 한다. 광화학적 효과나 그와 비슷한 현상이 없다면, 병진 에너지가 진동 에너지로 전환되어 활성 중간체가 생성되는 현상은 분자의 충돌이나 상호작용에 의해서만 일어날 수 있다. 충돌이론에 대해서는 CRE 웹사이트 제3장의 **전문 참고자료 서고**(*Professional Reference Shelf*)에서 다루었다.

제9장에서 보게 되겠지만, 분자 A가 다른 분자 M과 충돌해서 활성화된 A^*가 된다. 활성화된 분자들은 다른 분자 또는 활성화된 분자와 충돌해서 비활성화된다.

$$\begin{array}{c} A + M \underset{k_2}{\overset{k_1}{\rightleftarrows}} A^* + M \\ \qquad\qquad \downarrow k_3 \\ \qquad\qquad B + C \end{array}$$

이러한 메커니즘을 이용하면, 속도식은 9.1.1절의 식 (9-10)처럼 될 것이고, M의 농도가 높은 경우에는 아래 식을 얻게 된다.

$$-r_A = \frac{k_1 k_3}{k_2} C_A = k_A C_A$$

M의 농도가 낮은 경우에는, 속도식이 다음과 같게 된다.

$$-r_A = \frac{k_1 k_3 C_A C_M}{k_2 C_M + k_3} \approx k_3 C_A C_M$$

3. W. J. Moore, *Physical Chemistry* (Reading, MA: Longman Publishing Group, 1998).

식 (3-8)에서 나타낸 HBr의 생성에 대한 속도식과 같은 비기초속도법칙에 도달하게 하는 반응 메커니즘과 반응경로에 대해서는 제9장에서 논의할 것이다.

불균일반응(heterogeneous reaction). 많은 기체-고체 촉매반응에서, 속도법칙을 농도 대신에 분압의 항으로 표현하는 것은 역사적으로 관행이 되어 왔다. 불균일 촉매반응에서 중요한 것은 반응기의 부피가 아니라 촉매의 무게이다. 결론적으로, PBR 설계를 위해서는 속도식을 단위시간당 촉매의 kg당 몰로 나타내기 위해 $-r'_A$를 사용한다. 불균일반응과 이에 대한 속도법칙의 한 예로서, 고체 촉매상에서 수행되어 벤젠(B)과 메탄(M)을 생성하는 톨루엔(T)의 수첨탈메탄화 반응(hydrodemethylation)의 경우를 소개한다.

$$C_6H_5CH_3 + H_2 \underset{\text{cat}}{\rightarrow} C_6H_6 + CH_4$$

촉매의 질량당 톨루엔의 소멸속도 $-r'_T$(몰/질량/시간)는 랭뮤어-힌셜우드(Langmuir-Hinshelwood) 속도론을 따르며, 실험적으로 구해진 속도법칙은 다음과 같다(10.4.2절 참조).

$$-r'_T = \frac{k' P_{H_2} P_T}{1 + K_B P_B + K_T P_T}$$

여기서 $-r'_T$의 프라임 부호는 일반적인 단위가 촉매의 킬로그램당(mol/kg-cat/s)임을 나타내고, P_T, P_{H_2}, P_B는 톨루엔, 수소, 벤젠의 분압을 kPa(또는 atm)로 나타낸 것이고, K_B와 K_T는 각각 벤젠과 톨루엔의 흡착상수를 kPa^{-1}(또는 atm^{-1})의 단위로 나타낸 것이다. 비반응속도 k는 다음과 같은 단위를 가진다.

$$\{k'\} = \frac{\text{톨루엔의 몰수}}{\text{kg-cat} \cdot \text{s} \cdot \text{kPa}^2}$$

거의 모든 불균일 촉매반응의 속도법칙이 분모에 $(1 + K_A P_A + \ldots)$ 또는 $(1 + K_A P_A + \ldots)^2$과 같은 항을 가진다는 것을 알 수 있을 것이다(제10장 참조).

반응속도를 분압 대신에 농도의 항으로 표현하기 위해서는, 이상기체법칙을 이용하여 P_i에 대하여 치환하기만 하면 된다.

$$\boxed{P_i = C_i RT} \tag{3-9}$$

단위 촉매무게(또는 질량)당의 반응속도 $-r'_A$(예, $-r'_T$)와 단위부피당의 반응속도 $-r_A$는 유체매질 내에서의 **촉매입자**의 벌크밀도(bulk density) ρ_b(고체질량/부피)를 통하여 다음과 같이 관계시킬 수 있다.

단위부피당 속도식과 단위질량당 속도를 비교하기

$$\boxed{-r_A = (\rho_b)(-r'_A)}$$

$$\frac{\text{몰}}{\text{시간} \cdot \text{부피}} = \left(\frac{\text{질량}}{\text{부피}}\right)\left(\frac{\text{몰}}{\text{시간} \cdot \text{질량}}\right)$$

유동화 촉매층에서 벌크밀도 ρ_b는 일반적으로 층을 통과하는 부피유량의 함수이다.

결과적으로, P_i와 $-r_T'$에 대한 위의 식들을 사용하면, 톨루엔의 수첨탈메탄반응의 속도식을 농도항으로 표현할 수 있고, 반응기 부피항으로 표현된 속도식, $-r_T$는 다음과 같다.

$$-r_{\mathrm{T}} = \frac{\overbrace{\left[\rho_b k'(RT)^2\right]}^{k} C_{\mathrm{H_2}} C_{\mathrm{T}}}{1 + K_{\mathrm{B}} RTC_{\mathrm{B}} + K_{\mathrm{T}} RTC_{\mathrm{T}}} \left(\frac{\mathrm{mol}}{\mathrm{dm}^3 \cdot s}\right)$$

$$\{k\} = \left(\frac{\mathrm{dm}^3}{\mathrm{mol} \cdot s}\right)$$

부분압의 항으로 속도식을 그대로 놓아두면 제4장 식 (S4-14)에서 찾아볼 수 있다.

반응차수에 관하여 요약하면, 반응차수는 반응의 화학양론으로부터 추론될 수 **없다**. 비록 기초 속도법칙을 따르는 반응들도 많이 있지만, 기초 속도법칙을 따르지 않는 반응이 더 많다. 반응차수는 **반드시** 문헌으로부터 또는 실험으로부터 구해야만 한다.

3.2.3 가역반응

평형에서는 가역반응에 대한 모든 속도법칙은 반응하는 화학물질들의 농도들을 관련시키는 열역학적 관계식으로 **반드시** 환원되어야 한다. 평형에서 순반응속도는 모든 화합물에 대해서 똑같이 0이다($-r_A \equiv 0$). 즉 다음의 일반적인 반응에서,

$$a\mathrm{A} + b\mathrm{B} \rightleftarrows c\mathrm{C} + d\mathrm{D} \tag{2-1}$$

평형에서의 농도들은 평형상수 K_C에 대한 열역학적 관계식에 의하여 결부시킬 수 있다 (부록 C 참조).

열역학적 평형 관계

$$K_{\mathrm{C}} = \frac{C_{\mathrm{Ce}}^{\mathrm{c}} C_{\mathrm{De}}^{\mathrm{d}}}{C_{\mathrm{Ae}}^{\mathrm{a}} C_{\mathrm{Be}}^{\mathrm{b}}} \tag{3-10}$$

열역학적 평형상수 K_C의 단위는 $(\mathrm{mol/dm^3})^{d+c-b-a}$이다.

가역반응의 속도법칙을 나타내는 방법을 설명하기 위하여, 두 분자의 벤젠이 결합하여 한 분자의 수소와 한 분자의 디페닐을 생성하는 반응을 생각해 보자. 이 논의에서 기초반응이며 가역적인 기상반응을 고려할 것이다.

$$2\mathrm{C_6H_6} \underset{k_{-\mathrm{B}}}{\overset{k_{\mathrm{B}}}{\rightleftarrows}} \mathrm{C_{12}H_{10} + H_2}$$

기호로 나타내면,

$$2\mathrm{B} \underset{k_{-\mathrm{B}}}{\overset{k_{\mathrm{B}}}{\rightleftarrows}} \mathrm{D + H_2}$$

정반응 및 역반응의 비반응속도상수 k_B와 k_{-B}는 각각 **벤젠에 관하여 정의**된 것이다.

벤젠(B)은 다음의 정반응에 의해서 소실되고 있으며,

$$2C_6H_6 \xrightarrow{k_B} C_{12}H_{10} + H_2$$

벤젠의 소멸속도는 다음과 같다.

$$-r_{B,\text{forward}} = k_B C_B^2$$

이 식의 양변에 −1을 곱하면, 정반응에 대한 벤젠의 생성속도식이 얻어진다.

$$r_{B,\text{forward}} = -k_B C_B^2 \tag{3-11}$$

디페닐(D)과 수소(H_2) 사이의 역반응에 대하여,

$$C_{12}H_{10} + H_2 \xrightarrow{k_{-B}} 2C_6H_6$$

벤젠의 생성속도는 다음과 같다.

비반응속도 k_i는 특정 성분에 관하여 정의해야 한다.

$$r_{B,\text{reverse}} = k_{-B} C_D C_{H_2} \tag{3-12}$$

다시 한 번 두 속도상수들 k_B와 k_{-B}는 모두 **벤젠에 관하여 정의되었다는** 것을 유의하자.

벤젠의 순생성속도(net rate of formation)는 정반응 생성속도[식 (3-11)]와 역반응 생성속도[식 (3-12)]의 합이다.

순속도

$$r_B \equiv r_{B,\text{net}} = r_{B,\text{forward}} + r_{B,\text{reverse}}$$

$$r_B = -k_B C_B^2 + k_{-B} C_D C_{H_2} \tag{3-13}$$

식 (3-13)의 양변에 −1을 곱하고 k_B를 묶어내면, 벤젠의 소멸속도 $-r_B$에 대한 속도법칙이 얻어진다.

가역기초반응 $A \rightleftarrows B$

$-r_A = k\left(C_A - \frac{C_B}{K_C}\right)$

$$-r_B = k_B C_B^2 - k_{-B} C_D C_{H_2} = k_B\left(C_B^2 - \frac{k_{-B}}{k_B} C_D C_{H_2}\right)$$

정반응 속도상수에 대한 역반응 속도상수의 비를 평형상수 K_C로 치환하면, 다음 식을 얻게 된다.

$$\boxed{-r_B = k_B\left(C_B^2 - \frac{C_D C_{H_2}}{K_C}\right)} \tag{3-14}$$

여기서

$$\frac{k_B}{k_{-B}} = K_C = \text{농도평형상수}$$

발열반응의 경우에 평형상수(equilibrium constant)는 온도가 증가함에 따라서 감소하고, 흡열반응의 경우에는 온도가 증가함에 따라서 증가한다.

디페닐의 생성속도 r_D를 수소(H_2)의 농도, 디페닐(D)의 농도, 그리고 벤젠(B)의 농도

항으로 나타내 보자. 디페닐의 생성속도 r_D는 반응화합물들의 농도에 대하여, **반드시** 벤젠의 소멸속도 $-r_B$의 경우와 똑같은 함수적 의존관계를 가져야 한다. 디페닐의 생성속도는 다음과 같다.

$$r_D = k_D\left(C_B^2 - \frac{C_D C_{H_2}}{K_C}\right) \tag{3-15}$$

일반적인 반응에 대하여 식 (3-1)에서 주어진 관계를 이용하면,

상대속도

$$\boxed{\frac{r_A}{-a} = \frac{r_B}{-b} = \frac{r_C}{c} = \frac{r_D}{d}} \tag{3-1}$$

비반응속도 k_B와 k_D 사이의 관계를 구할 수 있다. 식 (3-1)에 의하여,

$$\frac{r_D}{1} = \frac{r_B}{-2} = \frac{-k_B\,[C_B^2 - C_D C_{H_2}/K_C]}{-2} = \frac{k_B}{2}\left[C_B^2 - \frac{C_D C_{H_2}}{K_C}\right] \tag{3-16}$$

식 (3-15)와 식 (3-16)을 비교하면, 디페닐에 관한 비반응속도 k_D와 벤젠에 관한 비반응속도 k_B 사이의 관계는 다음과 같다는 것을 알 수 있다.

$$k_D = \frac{k_B}{2}$$

따라서 속도상수 k는 특정 화합물에 관하여 정의되어야 한다.

마지막으로 식 (3-14)로 주어진 속도법칙이 평형에서 열역학적으로 모순이 없는지를 검토해야 한다. 이 디페닐반응에 식 (3-10)[그리고 부록 C의 식 (C-2)]을 적용하고, 적합한 화합물의 농도와 지수를 대입하면, 다음의 열역학적 관계를 얻게 된다.

$$K_C = \frac{C_{De} C_{H_2e}}{C_{Be}^2} \tag{3-17}$$

평형에서 속도법칙은 열역학적 평형식과 일치하는 식으로 환원되어야 한다.

이제 속도법칙을 살펴보자. 평형에서 $-r_B \equiv 0$이며, 식 (3-14)로 주어진 속도법칙은 다음과 같이 된다.

$$-r_B \equiv 0 = k_B\left[C_{Be}^2 - \frac{C_{De} C_{H_2e}}{K_C}\right]$$

정리하면 예상한 바와 같이, 다음의 평형식을 얻으며, 열역학에서 얻은 식 (3-17)과 동일하다.

$$K_C = \frac{C_{De} C_{H_2e}}{C_{Be}^2}$$

부록 C의 식 (C-9)로부터 전체 몰수의 변화가 없고, 열용량 항이 $\Delta C_P = 0$인 경우에 농도 평형상수의 온도 의존성은 다음과 같다.

$$K_C(T) = K_C(T_1)\, exp\left[\frac{\Delta H^\circ_{Rx}}{R}\left(\frac{1}{T_1} - \frac{1}{T}\right)\right] \tag{C-9}$$

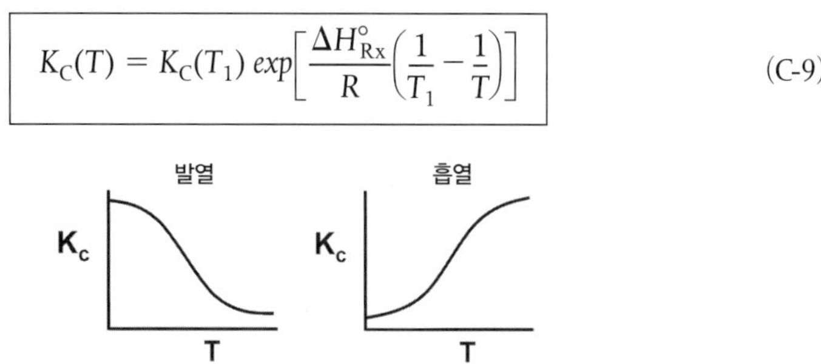

그러므로 만약 우리가 어떤 온도 T_1에서의 평형상수[즉 $K_C(T_1)$]와 반응열 ΔH°_{Rx}를 알고 있다면, 임의의 다른 온도 T에서의 평형상수를 계산할 수 있다. 흡열반응의 경우 평형상수 K_C는 온도가 증가함에 따라서 증가하고, 발열반응의 경우 K_C는 온도가 증가함에 따라서 감소한다. 평형상수와 열역학적 관계에 대한 보다 상세한 논의는 부록 C에 실었다. 많은 평형상수값, K_C에 대해서, 반응은 마치 비가역적인 것처럼 거동한다.

3.3 반응속도상수(Reaction Rate Constant)

3.2절에서 **개념 1**, 반응속도식의 농도의존성에 대해서 토의하였다. 이 절에서는 반응속도상수, k와 그것의 온도의존성을 논의할 것이다. 이 경우 **개념 2**, 포텐셜 에너지 표면과 에너지 장벽과 **개념 3**, 이러한 에너지 장벽을 넘는 데 필요한 에너지를 사용할 것이다.

3.3.1 반응속도상수 k와 온도의존성

반응속도상수 k는 사실은 상수가 아니고, 단지 반응에 참여하는 화합물들의 농도에 무관한 것이다. 또한 k를 **비반응속도**(specific reaction rate) 또는 **속도상수**(rate constant)라 부르기도 한다. 이 양은 거의 항상 온도에 크게 의존한다. 촉매의 존재 여부에 의존하며, 기상반응에서는 전압의 함수가 될 수 있다. 액체반응계에서는, 이온강도나 용매의 종류와 같은 다른 파라미터들의 함수가 될 수도 있다. 온도 이외의 이러한 변수들이 비반응속도에 미치는 영향은, 초임계 물과 같은 초임계 유체에서의 경우를 제외하면, 온도가 미치는 영향보다 훨씬 작다. 결과적으로 이 책에서 제시되는 내용의 목적에 맞추어서, k_A는 온도에만 의존한다고 가정될 것이다. 이 가정은 대부분의 실험실 반응 및 공업적 반응에서 타당하며, 매우 잘 맞는 것으로 여겨진다.

비반응속도상수 k_A의 온도의존성이 다음 형태의 식으로 상관될 수 있다고 처음으로 제안한 사람은 노벨상을 수상한 스웨덴의 위대한 화학자 스반테 아레니우스(Svante Arrhenius, 1859-1927)이다.

아레니우스 식

$$k_A(T) = Ae^{-E/RT} \tag{3-18}$$

여기서 A = 지수 앞 인자(pre-exponential factor) 또는 빈도인자(frequency factor)
E = 활성화 에너지(activation energy), J/mol 또는 cal/mol
R = 기체상수 = 8.314 J/mol·K = 1.987 cal/mol·K

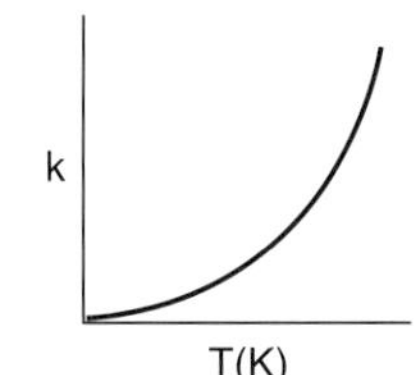

참고자료 서고

T = 절대온도, K

(*http://www.umich.edu/~elements/5e/03chap/summary.html*)

아레니우스 식(Arrhenius equation)으로 알려진 식 (3-18)은, 상당히 넓은 온도범위에 걸쳐서 대부분의 반응속도상수들의 온도 거동을 실험 오차 이내에서 잘 나타낸다고 실험적으로 입증되었다. 아레니우스 식은 웹사이트의 전문 참고자료 서고 R3.A: 충돌이론에 유도되어 있다.

또한 충돌이론의 관점에서 활성화 에너지를 볼 수 있다(전문 참고자료 서고 R3.1). 온도가 올라가면 반응 분자의 운동 에너지가 증가한다. 운동 에너지는 다시 분자 충돌을 통해서 내부 에너지로 전달되고, 결합의 늘림(stretching)과 굽힘(bending)이 증가되면 활성화된 상태에 진입하여 결국은 결합이 분해되기 쉬워져서 반응이 일어난다.

3.3.2 활성화 에너지의 해석

왜 활성화 에너지가 존재하는가? 만약 반응물들이 본질적으로 충돌 즉시 반응하는 자유라디칼이라면, 일반적으로 활성화 에너지는 존재하지 않는다. 그러나 반응을 하게 되는 대부분의 원자들과 분자들에는, 활성화 에너지가 존재한다. 이에 대한 두 가지 이유로서는,

1. 분자들이 그들의 결합을 뒤틀거나 당겨서 결합을 깨고 새로운 결합을 형성하기 위해서는 에너지가 필요하다.
2. 반응 분자들이 서로 접근하고 있을 때 입체적 힘과 전자 반발력을 극복해야 한다.

활성화 에너지는, 반응 분자들 사이의 에너지 전달(운동 에너지로부터 포텐셜 에너지까지)에 대한 반드시 넘어야 하는 장벽(barrier)으로 생각될 수 있다. 활성화 에너지란 반응물이 생성물로 변환되기 위해 공급되어야 하는 반응물의 포텐셜 에너지의 최소 증가이다. 이러한 증가는 충돌하는 분자의 운동 에너지에 의해 공급될 수 있다.

반응물의 농도뿐 아니라, 반응속도에 영향을 주는 2개의 다른 인자가 있다.

- 포텐셜 에너지 장벽의 높이, 즉 활성화 에너지와
- 장벽을 넘을 수 있는 충분한 에너지를 갖는 분자 충돌 분율(즉 분자가 충돌했을 때 반응)

만약에 장벽의 높이가 낮으면, 분자 충돌은 장벽을 넘는 데 필요한 낮은 운동 에너지만 필요로 할 것이다. 낮은 장벽의 높이를 갖는 분자들의 반응은 상온에서 일어나는데, 왜냐하면 많은 분율의 분자들은 낮은 온도에서 이 에너지를 갖기 때문이다. 그러나 높은 장벽의 높이에 대해서, 고온이 요구되는데, 고온에서는 충돌한 많은 분자들이 장벽을 넘는 데 필요한 에너지를 갖게 되어 반응할 것이다. 우리는 이러한 개념을 각각 분리해서 토론하려고 한다.

개념 2: 포텐셜 에너지 표면과 에너지 장벽. 반응에 대한 장벽을 보는 한 가지 방법은 포텐셜 표면 에너지와 반응좌표를 사용하는 것이다. 이 좌표는 반응물로부터 중간체를 거쳐서 생성물로 나아가는 반응경로를 따라서 진행의 함수로서 최소한의 시스템 포텐셜 에너지를 보여준다. 다음 발열반응에 대한 반응에 대해서

$$A + BC \rightleftarrows A - B - C \longrightarrow AB + C$$

포텐셜 에너지 표면과 반응좌표를 그림 3-1과 3-2에 나타내었다. 여기서 그림3-2(a)에 나타난 E_A, E_{AB}, E_{BC}, E_C는 반응물(A와 BC)의 포텐셜 표면 에너지와 생성물(AB와 C)의 포텐셜 표면 에너지이고, E_{ABC}는 장벽 정상에 있는 A−B−C 복합체의 에너지이다.

그림 3-1(a)는 포텐셜 에너지 표면의 3D 플롯으로, 계곡에서 시작하여 꼭대기를 통과하여 **안장점**(saddle point)을 지나 다음 계곡으로 지나가는 산길과 유사하다. 그림 3-1(b)는 계곡과 계곡을 지나 영(嶺)을 넘어가는 반응좌표와 산길과 계곡에 대한 등고선 플롯을 보여준다.

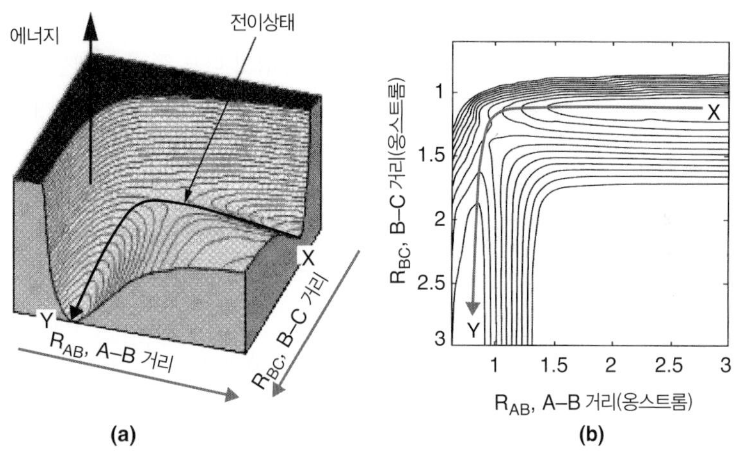

그림 3-1 Blowers와 Masel의 계산 결과로부터 $H + CH_3OH \longrightarrow H_2 + CH_2OH$에 대한 포텐셜 에너지 표면. 그림의 선들은 일정한 에너지 등고선. 선들은 5 kcal/mol 간격으로 그려져 있다. Richard I. Masel, *Chemical Kinetics and Catalysis*, p. 370, Fig. 7.6 (Wiley, 2001).

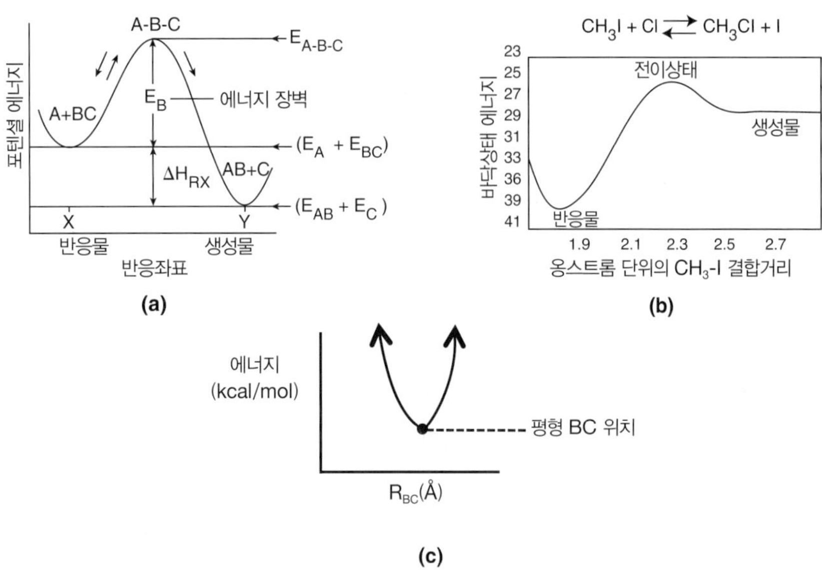

그림 3-2 반응경로에 따른 진행. **(a)** 기호로 표시된 반응; **(b)** CRE 웹사이트 제3장 웹모듈에서 소프트웨어에 의하여 계산된 결과; **(c)** 그림 3−1(b)의 X점에서의 측면도, 계곡을 보여주기.

포텐셜 에너지 표면 내에서 이동하면서 에너지 변화

그림 3-1(b)의 X점에서 A와 BC는 서로 멀리 떨어져 있고 서로 작용하지 않는데, R_{BC}는 바로 B와 C사이의 평형 결합 길이(equilibrium bond length)이다. 결과적으로, 포텐셜 에너지는 단지 BC 결합 에너지이다. 여기서, A와 BC는 계곡에서 최소 포텐셜 에너지로 존재하고, 계곡으로부터 영(嶺)까지 가파르게 상승하는 것은 A와 BC가 접근하면서 포텐셜 에너지가 증가하는 것에 해당한다. 그림 3-2(c)는 BC 결합이 X점인 평형 위치로부터 늘어날 때, 포텐셜 에너지가 계곡 언덕 한편으로 증가하게 되는 것을 보여준다(R_{BC} 증가). B−C 거리를 평형 거리로 되돌리려는 상호 당기는 힘 때문에 포텐셜 에너지는 이제 커지게 된다. 만약 X 위치에서 BC 결합이 평형 위치로부터 압축된다면(즉, X에서 R_{BC}가 감소) 상호 밀치려는 힘이 계곡 언덕의 다른 쪽에 포텐셜의 증가를 일으킨다. 반응이 종결되는 Y점에서는, 생성물 AB와 C는 계곡의 바닥 위에서 서로 멀리 떨어져 있고, 포텐셜 에너지는 바로 평형 AB 결합 에너지(equilibrium AB bond energy)이다. Y가 위치한 계곡의 측면들은 AB가 압축하거나 늘어나는 경우를 나타내는데 이것들은 Y점에서 포텐셜 에너지가 증가하는 것을 야기하며, X점에서의 BC로 유사하게 묘사할 수 있다.

우리는 분자들의 운동 에너지가 포텐셜 에너지로 전환하는 데 있어서 장벽을 넘는 최소 에너지 경로를 원한다. 이 경로는 그림 3-1에 X → Y 곡선으로 나타내었으며 그림 3-2(a)에도 보였다. 그림 3-2(a)에서 A−B거리 축을 따라서 움직일 때 A는 BC와 가까워지고, B는 A와 결합하기 시작하여 BC를 떼어내도록 강제해서 반응 쌍(reaction pair)의 포텐셜 에너지는 에너지 장벽의 꼭대기(전이상태: transition state)에 이를 때까지 증가하게 된다. 전이상태에서 A와 B 그리고 B와 C 사이의 거리는 가깝다. 그 결과, 세 원자(분자)들의 포텐셜 에너지는 높다. 그림 3-1(a)에 나타난 반응좌표의 곡선을 따라서 반응이 더 진행되면서, AB결합은 강해지고 BC결합은 약해져서 C는 AB로부터 멀어진다. 결국 반응 쌍의 에너지는 AB가 C로부터 멀리 떨어져 있는 계곡의 바닥에 도달할 때까지 감소한다. 반응좌표는 반응이 얼마나 진행되었는지를 정량화한다. 상업적인 소프트웨어로 계산하여 그림 3-2(b)에 도시된 실제 반응

$$CH_3I + CI \rightarrow CH_3CI + I$$

의 전이상태의 결과가 CRE 웹사이트의 웹모듈 *Molecular Modeling in Chemical reaction Engineering*에 논의되어 있다.

참고자료 서고

다음은 Y−X선을 따라서 나타난 장벽을 넘는 경로에 대하여 토의하자. 반응이 일어나기 위해서는 반응물은 그림 3-2(a)에 보인 최소 에너지 장벽, E_B를 극복하여야 한다. 에너지 장벽(E_B)은 활성화 에너지(E)와 연관되어 있다. 에너지 장벽의 높이 E_B는 전이상태 분자의 생성 에너지와 반응물들의 생성 에너지의 차이로부터 계산될 수 있다. 즉

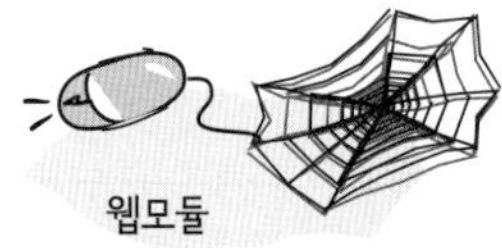
웹모듈

$$E_B = E^\circ_{fA-B-C} - (E^\circ_{fA} + E^\circ_{fB-C})$$

반응물의 생성 에너지는 문헌에서 찾거나 양자역학으로부터 계산할 수 있고, 전이상태의 생성 에너지는 Gaussian(*http://www.gaussian.com/*)과 Dacapo(*https://wiki.fysik.dtu.dk/*

dacapo) 같은 소프트웨어 프로그램을 사용하여 양자역학을 통해 계산할 수 있다. 활성화 에너지 E의 근사값으로서 종종 에너지 장벽의 높이를 사용하는데, 양자역학적 터널현상(quantum mechanical tunneling)이 없는 경우에는 아주 훌륭한 근사값이 된다.

이제 반응좌표에 대한 일반적인 개념을 알게 되었으므로 다음의 실제 반응계를 검토해 보자.

$$H\bullet + C_2H_6 \rightarrow H_2 + C_2H_5\bullet$$

수소원자와 에탄분자 사이의 에너지-반응좌표 선도를 그림 3-3에 나타내었다. 이 그림에서 결합의 뒤틀림(distortion), 깨짐(breaking), 그리고 형성(forming)을 확인할 수 있다. 이 그림은 어떻게 수소분자, H가 CH_3-CH_3분자로 이동해서 C-H결합을 뒤틀리게 하고, C-H결합을 밀어내서 methyl hydrogen을 떼어내어 전이상태에 도달하게 하는지를 보여준다. 반응좌표를 따라 계속 진행하면 methyl hydrogen은 C-H결합으로부터 나와서 H-H결합으로 가서 생성물인 CH_3CH_2와 H_2를 형성한다.

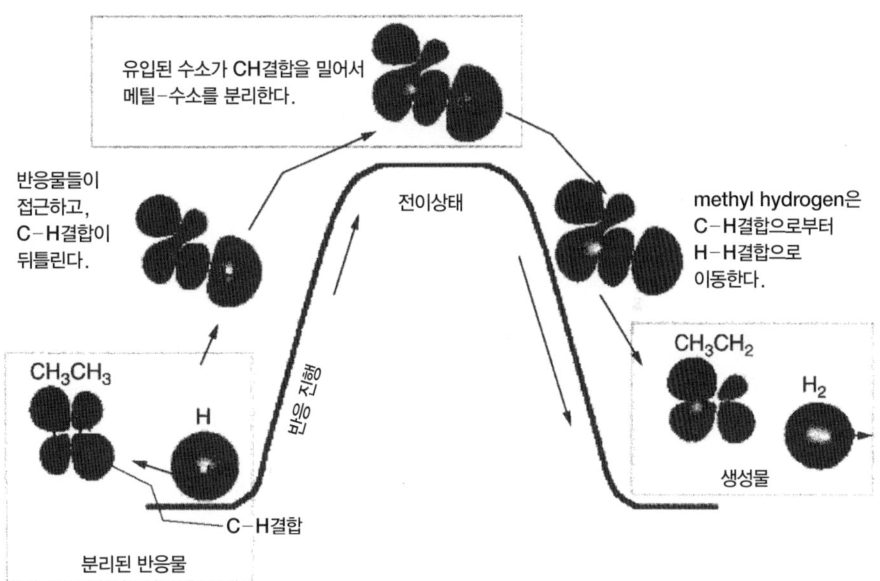

그림 3-3 $H\bullet + CH_3CH_3 \rightarrow H_2 + CH_2CH_3\bullet$ 반응 중의 궤도 비틀림 선도. 이 그림에서는 에탄(C-H 결합)의 에너지 상태와의 상호작용만 나타나 있다. 에탄의 다른 분자 오비탈도 뒤틀린다. Courtesy of Richard I. Masel, *Chemical Kinetics and Catalysis*, p. 594 (Wiley, 2001).

개념 3: 반응하는 데 충분한 에너지를 갖는 충돌한 분자의 분율. 장벽의 높이를 규명하였기 때문에, 이제 우리는 충돌한 분자의 어떤 분율이 장벽을 넘고 반응하기 위한 충분한 에너지를 갖는지 알아야 한다. 이 문제를 토의하기 위해서, 반응분자가 단일 속도, U만을 갖는 것이 아니라 속도분포, $f(U,T)$를 갖는 기상반응을 고려하자. 분자들이 여기저기 이동하며 충돌하면서 일부는 빠른 속도를 갖고 일부는 낮은 속도를 갖게 될 것이다. 이러한 속도들은 고정된 좌표 시스템에 대해서 정의하지 않는다; 이러한 속도들은 다른 반응분자들에 대해서 정의한다. 상대속도의 맥스웰-볼츠만 분포는 확률 함수, $f(U,T)$에 의하여 주어진다.

$$f(U,T) = 4\pi\left(\frac{m}{2\pi k_B T}\right)^{3/2} \exp\left[\frac{-mU^2}{2k_B T}\right] U^2$$

k_B = 볼츠만 상수 = 3.29×10^{-24} cal/molecule/K
m = 환산 질량(reduced mass), g
U = 상대속도(relative velocity), m/s
T = 절대온도, K
e = 에너지 kcal/molecule
E = 운동 에너지 kcal/mol

보통 $f(U,T)$를 dU와 함께 해석한다. 즉 $f(U,T)\ dU$ = 속도가 U와 $(U + dU)$ 사이의 값을 갖는 반응분자의 분율.

장벽을 넘는 충분한 에너지를 갖는 분자의 분율을 토의하기 위한 속도를 사용하기보다는, 다음 운동 에너지 식을 이용하여 이 속도를 운동 에너지로 바꾸자.

$$e = \frac{1}{2}mU^2$$

이 대체를 사용하면, 온도 T에서 에너지 E(cal/molecule)를 갖는 충돌에 대한 맥스웰-볼츠만 확률분포는 다음과 같게 된다.

$$f(e,T) = 2\pi\left(\frac{1}{\pi k_B T}\right)^{3/2} e^{1/2}\ \ exp\left[\frac{-e}{k_B T}\right] \tag{3-19}$$

분자당 에너지 E 대신 몰당 에너지 항으로 바꾸면 다음과 같게 된다.

$$f(E,T) = 2\pi\left(\frac{1}{\pi RT}\right)^{3/2} E^{1/2}\ \ exp\left[\frac{-E}{RT}\right] \tag{3-20}$$

여기서 단위는 E(cal/mol), R(cal/mol/K), $f(E,T)$(mol/cal)이다.

이 함수를 두 개의 다른 온도에 플롯하여 그림 3-4에 나타내었다. $[f(E,T)dE]$를 E와 $(E + dE)$ 사이의 에너지를 가지는 분자의 분율로 인식함으로써, 이 분포함수 $f(E,T)$를 가장 쉽게 이해할 수 있다.

$$f(E,T)dE = 2\pi\left(\frac{1}{\pi k_B T}\right)^{3/2} E^{1/2} \exp\left[-\frac{E}{k_B T}\right] dE \tag{3-21}$$

예를 들면, 0.25 kcal/mol에서 0.35 kcal/mol 사이의 에너지를 갖는 충돌의 분율은

$$\left(0.25\text{와 } 0.35\text{와 } \frac{\text{kcal}}{\text{mol}} \text{ 사이의 에너지를 갖는 분율}\right) = \int_{0.25}^{0.35} f(E,T)dE$$

이다. 그림 3-4에서 어두운 영역으로 표시하였고, E = 0.3 kcal/mole에서 $f(E,T)$의 평균값 0.81 mol/kcal로 거의 정확하게 얻을 수 있다.

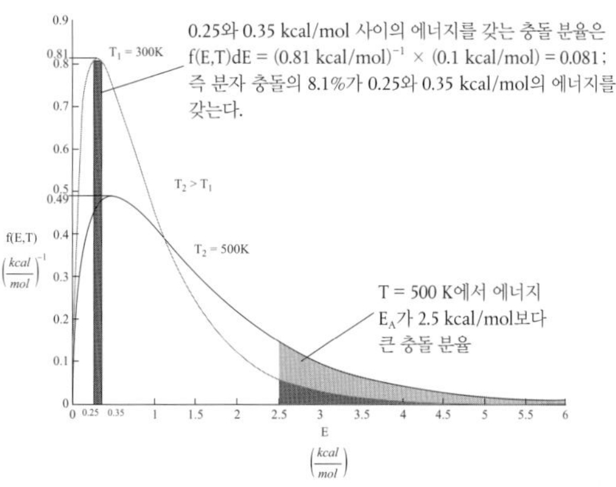

그림 3-4 반응하는 분자의 에너지 분포

$$f(E,T)dE = f(0.3,\ 300K)\Delta E = \frac{0.81\text{ mol}}{\text{kcal}}\left(0.35\frac{\text{kcal}}{\text{mol}} - 0.25\frac{\text{kcal}}{\text{mol}}\right) = 0.081$$

따라서 분자 충돌의 8.1%가 0.25와 0.35 kcal/mol의 에너지를 갖는다. LEP “Energy Distribution”에 방문하고 Wolfram을 사용하여 온도변화에 따라 분포가 얼마나 변하는지를 보아라. Wolfram은 무료로 내려받을 수 있다(*http://www.wolfram.com/cdf-player/*).

어떤 값, E_A보다 큰 에너지를 갖는 충돌 분율을 구할 수 있다.

$$(E > E_A\text{인 분자 분율}) = F(E > E_A, T) = \int_{E_A}^{\infty} f(E,T)dE \tag{3-22}$$

이 분율은 E_A = 2.5 kcal/mole에서 T = 300 K(진한 음영)와 T = 500 K(밝은 음영)로 어두운 면적으로 표현된다. T = 500 K에서는 더 많은 충돌 분율이 E_A = 2.5 kcal/mol의 장벽을 넘어서 반응하는데, 이는 온도가 상승하면 반응속도가 증가하는 우리의 관측과 일치한다.

$E_A > 3RT$일 때, 식 (3-21)과 식 (3-22)를 결합하여 E_A보다 큰 에너지를 갖는 충돌분자 분율에 대한 해석근사값(analytical approximation)을 얻을 수 있으며, 이를 적분하면 다음 식이 된다.

$$\left[\begin{array}{c} E_A\text{보다} \\ \text{큰 에너지를 갖는} \\ \text{충돌 분율} \end{array}\right] = F(E > E_A,\ T) \cong \frac{2}{\sqrt{\pi}}\left(\frac{E_A}{RT}\right)^{1/2} \exp\left(-\frac{E_A}{RT}\right) \tag{3-23}$$

그림 3-5는 두 개의 다른 온도에서 선택한 E_A의 함수로서 E_A보다 큰 에너지를 갖는 충돌 분율을 보여준다. 활성화 에너지 E_A가 20 kcal/mol일 때 온도가 300 K에서 20 kcal/mol보다 큰 에너지를 갖는 분자들의 충돌 분율은 1.76×10^{-14}인 반면, 600 K에서는 2.39×10^{-7}으로 약 7자릿수만큼 차이가 난다.

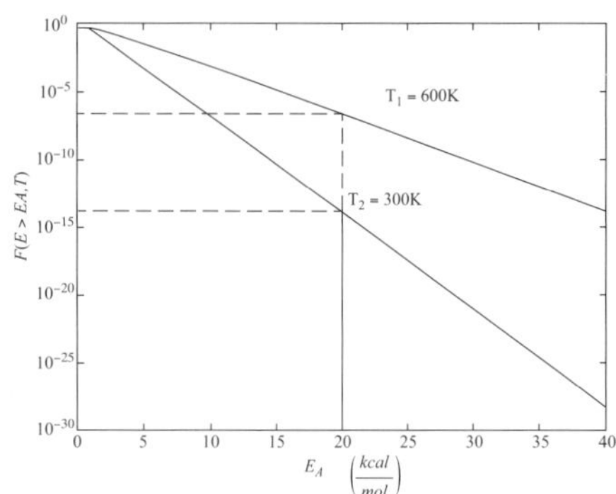

그림 3-5 E_A보다 큰 에너지를 갖는 충돌 분율

이렇게 반응속도의 농도와 온도의존성을 설명하고 통찰력을 주기 위해서, 다음과 같은 세 가지 개념을 도입하였다.

개념 1 반응물의 농도가 증가하면 속도가 증가한다.

개념 2 속도는 포텐셜 에너지 장벽의 높이와 병진운동 에너지가 포텐셜 에너지로 전환되는 것과 관련이 있다.

개념 3 속도는 장벽을 넘을 수 있는 충분한 에너지를 갖는 충돌 분율이 증가하고 생성물이 증가하면 증가한다.

이 토의를 분자들의 쌍을 수집하여 평균을 내어 전이상태를 넘어서 생성물이 되는 평균 속도를 찾아내는 것과 같이 다음 단계로 끌고 가는 것은 이 교과서의 범위를 넘어선다.

지금까지 절의 개요를 말하자면, 개별 분자의 에너지는 다른 분자보다 더 큰 에너지를 갖는 어떤 분자들의 에너지 분포 내에 있다. 그러한 분포를 그림 3-4에 나타낸 볼츠만 분포(Boltzmann distribution)라 하고 $f(E,T)$는 반응물 분자의 운동 에너지에 대한 에너지 분포함수이다. $[f(E,T)\ dE]$를 가장 쉽게 해석하는 방법은 E와 $(E + dE)$ 사이의 에너지를 갖는 분자충돌분율로서 인식하는 것이다. 예를 들어, 그림 3-4의 왼쪽의 음영면적으로 나타낸 것처럼 에너지가 0.25에서 0.35 kcal/mol을 갖는 충돌 분율은 0.081이다. 활성화 에너지는 반응이 일어나기 전에 반응물 분자가 가져야 할 최소한의 에너지와 같다. 에너지 E_A보다 더 에너지를 갖는 큰 충돌 분율은 그림 3-4의 오른쪽 음영으로 표현하였다. 그림 3-5에는 두 개의 다른 온도에서 E_A의 함수로서 E_A보다 큰 에너지를 갖는 충돌 분율을 나타내었다.

3.3.3 아레니우스 플롯

참고자료 서고

식 (3-18) 아레니우스[4] 식의 가정은 화학반응속도론에서 하나의 위대한 진보이며, 거의 1세기가 지난 오늘날에도 여전히 유용성이 유지되고 있다. 활성화 에너지 E는 여러 개의 다른 온도에서 반응속도를 실험적으로 측정하여 구한다. 식 (3-18)에 자연 로그를 취하면 다음과 같으며,

$$\ln k_A = \ln A - \frac{E}{R}\left(\frac{1}{T}\right) \tag{3-24}$$

4. Arrhenius bio : *http://www.umich.edu/~elements/5e/03chap/summary-bioarr.html*

활성화 에너지 계산

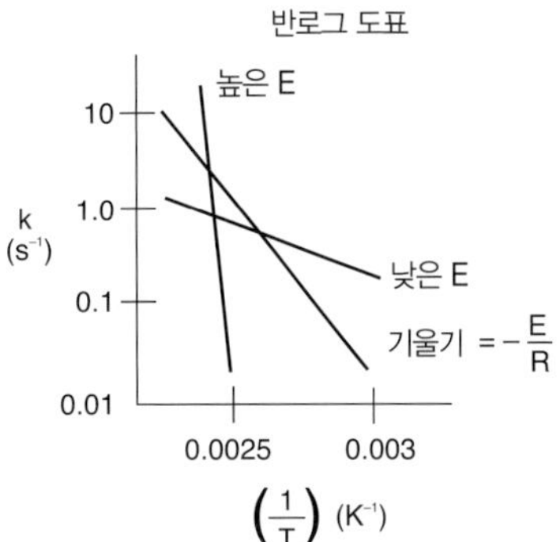

그림 3-6 아레니우스 플롯을 통한 활성화 에너지의 계산

ln k_A를 (1/*T*)의 함수로서 도시한 것을 아레니우스 플롯(Arrhenius plot)이라 하며, 이를 통해 활성화 에너지를 구할 수 있음을 알 수 있다. 그림 3-6에서 볼 수 있듯이 활성화 에너지가 크면 기울기가 커지고 온도에 민감한 반응이 된다. 다시 말해, *E*가 클 때, 온도가 조금만 증가해도 *k*가 크게 증가하고, 따라서 반응속도도 증가한다. k_A의 단위는 반응차수에 따라 달라지며, 그림 3-6의 *k*에 s^{-1}의 단위를 갖는다는 사실은 여기서의 반응이 1차임을 나타낸다.

예제 3-1 활성화 에너지의 계산

벤젠 디아조늄 클로라이드(benzene diazonium chloride)가 분해하여 클로로벤젠(chlorobenzene)과 질소를 생성하는 다음 1차반응에서

$$C_6H_5N{=}NCl \longrightarrow C_6H_5Cl + N_2$$

표 E3-1.1의 정보를 이용하여 활성화 에너지를 계산하여라.

표 E3-1.1 자료

k (s^{-1})	0.00043	0.00103	0.00180	0.00355	0.00717
T (K)	313.0	319.0	323.0	328.0	333.0

풀이

먼저 식 (3-24)를 다시 사용하여 시작한다.

$$\ln k_A = \ln A - \frac{E}{R}\left(\frac{1}{T}\right) \tag{3-24}$$

표 E3-1.1의 자료를 사용하여, 두 가지 다른 방법으로 활성화 에너지 E와 빈도인자 A를 구할 수 있다. 한 가지 방법은 $(1/T)$에 대한 k의 반로그 플롯(semilog plot)을 하고 아레니우스 곡선의 기울기 $(-E/R)$로부터 E를 구하는 것이다. 다른 방법은 Excel 또는 Polymath를 이용하여 자료를 회귀(regress, **역자 주 |** 오류를 최소화하면서 파라미터를 구하는 회귀분석법)시키는 것이다. 표 E3-1.1의 자료를 Excel에 입력하여 그림 E3-1.1에 나타내었으며, 이를 이용하여 그림 E3-1.2를 작도하였다.

figureE3-1

	A	B	C
1	k (s^{-1})	ln (k)	1/T (K^{-1})
2	0.00043	-7.75	0.00320
3	0.00103	-6.88	0.00314
4	0.00180	-6.32	0.00310
5	0.00355	-5.64	0.00305
6	0.00717	-4.94	0.00300

그림 E3-1.1 Excel 스프레드시트

사용설명서

Excel 및 Polymath의 스프레드시트 단계별 작성법은 웹사이트 *http://umich.edu/~elements/5e/software/polymath-tutorial-linearpolyregression.html* 그리고 *http://umich.edu/~elements/5e/live/chapter03/Excel_tutorial.pdf*에서 찾아볼 수 있다.

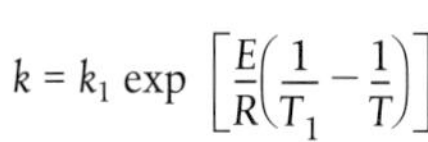

$$k = k_1 \exp\left[\frac{E}{R}\left(\frac{1}{T_1} - \frac{1}{T}\right)\right]$$

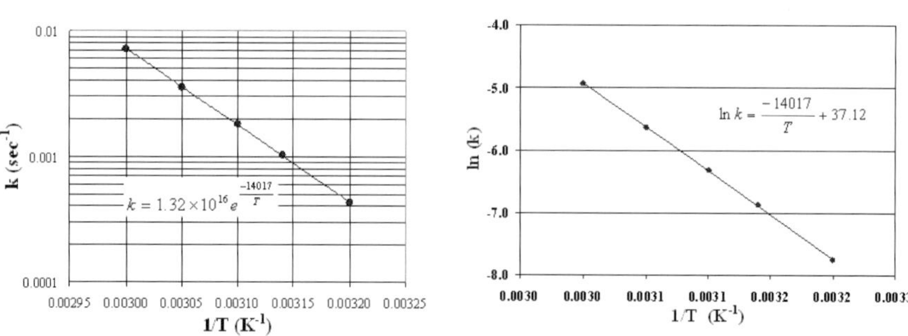

그림 E3-1.2 (a) Excel 반로그 플롯; (b) ln(k)를 취한 Excel 정규도표 (*http://www.umich.edu/~elements/5e/software/polymath-tutorial-linearpolyregression.html*)

그림 E3-1.2(b)에서 보는 바와 같이, 다음의 식에 의하여 주어진 자료를 가장 잘 맞추는 파라미터를 구할 수 있다.

$$\ln k = \frac{-14,017}{T} + 37.12 \tag{E3-1.1}$$

그림 E3-1.2(b)에 주어진 직선의 기울기와 식 (3-24)에서

$$-\frac{E}{R} = -14,017\ \mathrm{K}$$

$$E = (14,017\ K)R = (14,017\ K)\left(8.314\ \frac{J}{mol \cdot K}\right)$$

$$\boxed{E = 116.5\ \frac{kJ}{mol}}$$

그림 E3-1.2(b)와 식 (E3-1.1)에서 다음을 구할 수 있다.

$$\ln A = 37.12$$

역로그(antilog)를 취하면 다음과 같이 빈도인자(frequency factor)를 구할 수 있다.

$$A = 1.32 \times 10^{16}\ s^{-1}$$

$$k = 1.32 \times 10^{16}\ exp\left[-\frac{14,017\ K}{T}\right] \qquad (E3\text{-}1.2)$$

분석: 서로 다른 두 온도 T_1과 T_2에서의 비반응속도(specific reaction rate) k를 알고 있다면 활성화 에너지 E와 빈도인자 A를 계산할 수 있다. T_1에서 한 번, T_2에서 한 번씩 아레니우스 식을 두 번 사용하여 두 개의 미지수 A와 E를 가진 두 개의 방정식을 풀 수도 있고, 또는 $(1/T)$의 함수 $(\ln k)$의 곡선의 기울기를 구할 수도 있다; 이때의 기울기는 $(-E/R)$과 같다.

온도가 10°C 증가한다고 해서 항상 속도가 2배로 되지는 않는다.

온도가 10°C 증가할 때마다 반응속도가 2배로 된다는 경험법칙(rule of thumb)이 있다. 그러나 이 경험법칙은 활성화 에너지 및 온도가 특정한 값들을 갖는 경우에만 성립한다. 예컨대 활성화 에너지가 53.6 kJ/mol일 때, 온도가 300 K에서 310 K로 증가할 때에만 2배가 된다. 활성화 에너지가 147 kJ/mol일 때에는 온도가 500 K에서 510 K로 증가할 때에만 이 경험법칙이 성립한다(이 관계의 유도에 대해서는 연습문제 P3-7_B 참조).

참고자료 서고

활성화 에너지가 커질수록 반응속도는 온도에 더 민감해진다. 비록 1차 기상반응에 대한 빈도인자 및 활성화 에너지의 전형적인 값은 없는데도 불구하고, 억지로 추정해야 한다면, A와 E의 값은 각각 $10^{13}\ s^{-1}$과 100 kJ/mol 정도이다. 그러나 비슷한 반응군(群)(예, 할로겐화반응)에 대하여 활성화 에너지를 추산할 수 있는 많은 상관관계식(correlation)이 있다. 이러한 상관관계식 중의 하나는 활성화 에너지를 반응열과 관계시키는 폴라니–세메노프 식(Polanyi-Semenov equation)이다(전문 참고자료 서고 R3.1 참조). 활성화 에너지를 생성물과 반응물 사이의 결합 강도의 차이와 관계시키는 또 다른 상관관계식도 있다[5]. 비록 활성화 에너지는 현재로서는 연역적으로 예측할 수 없지만, 기초 원리들로부터 활성화 에너지를 계산하기 위해 많은 연구 노력이 진행되고 있다[6].

식 (3-18)에서 나타낸 아레니우스 식에 대하여, 마지막으로 한마디 언급하고자 한다. 이 식을 가장 유용한 형태로 변환하기 위하여 온도 T_0와 온도 T에서 각각 이 식을 적용하면 다음을 얻는다.

---

5. M. Boudart, *Kinetics of Chemical Processes* (Upper Saddle River, NJ: Prentice Hall), p. 168. J. W. Moore and R. G. Pearson, *Kinetics and Mechanisms*, 3rd ed. (New York: Wiley), p. 199. S. W. Benson, *Thermochemical Kinetics*, 2nd ed. (New York: Wiley).

6. R. Masel, *Chemical Kinetics and Catalysis*, New York: Wiley, 2001, p. 594.

$$k(T_0) = Ae^{-E/RT_0}$$

그리고

$$k(T) = Ae^{-E/RT}$$

위의 두 식의 비를 취하하면, 가장 유용한 형태의 아레니우스 식을 얻게 된다.

$k(T)$에 대한 가장 유용한 형태

$$\boxed{k(T) = k(T_0)e^{\frac{E}{R}\left(\frac{1}{T_0}-\frac{1}{T}\right)}} \tag{3-25}$$

이 식을 사용하여, 온도 T_0에서의 비반응속도 $k(T_0)$를 알고 있고 활성화 에너지 E를 알고 있는 경우에, 임의의 다른 온도 T에서 그 반응에 대한 비반응속도 $k(T)$를 구할 수 있다.

3.4 분자 시뮬레이션

3.4.1 역사적 관점

지난 5-10년에 걸쳐, 화학반응 경로와 메커니즘을 이해하는 방법으로 분자 시뮬레이션이 점점 더 많이 활용되고 있다. 이러한 추세를 반영하여 이 절에서는 MATLAB을 이용하여 간단한 반응을 모사하고 몇 가지 분자 시뮬레이션 경로를 살펴봄으로써 분자 시뮬레이션 분야를 소개하고자 한다. 50년 전, 마틴 카플러스(Martin Karplus) 교수는 몇 가지 초기 분자 시뮬레이션들을 수행하였으며 다음과 같은 반응을 *J. Chem. Phys. 43* p. 3259 (1965)에서 다뤘다.

$$A + BC \rightarrow AB + C$$

두 분자가 가까워질 때 서로 간의 상호작용을 묘사하기 위해 사용된 분자 간 힘과 포텐셜 에너지에 대한 정보는 전문 참고자료 서고 R3.3을 참조하라(*http://www.umich.edu/~elements/5e/03chap/prof-moldyn.html*).

카플러스가 제안한 절차는 분자 배향을 고려한 이동 궤적 및 충돌에 대한 계산과 분석을 통해 분자들이 반응하기 위해 충분한 병진, 진동 및 속도 에너지를 가졌는지 판별한다. 비반응성 경로와 반응성 경로는 각각 그림 3-7(a)와 3-7(b)에서 확인할 수 있다. 여기서, R_{AB}와 R_{BC} 그래프에서 AB와 BC 분자들의 진동 운동 정도에 주목할 필요가 있다. 계산 절차는 다음과 같다. 몬테카를로(Monte Carlo) 시뮬레이션에서 우선 (1) A와 BC 사이의 거리, (2) A에 대한 BC의 배향, (3) BC의 각운동량의 초기값을 임의로 설정한다.

그 다음, 반응경로의 계산을 통해 주어진 경로가 반응성 경로인지 혹은 비반응성 경로인지를 확인하고 그 결과를 기록한다. 이러한 계산과정을 반복함으로써 얻게 되는 반응성 경로와 비반응성 경로의 수를 이용하여 반응 확률을 정의한다. 반응 확률은 비반응속도상수와 활성화 에너지를 결정하는 데 사용된다(cf. PRS R3.3).

카플러스 교수는 분자 시뮬레이션 분야에서의 이러한 혁신적인 성과로 2013년 노벨

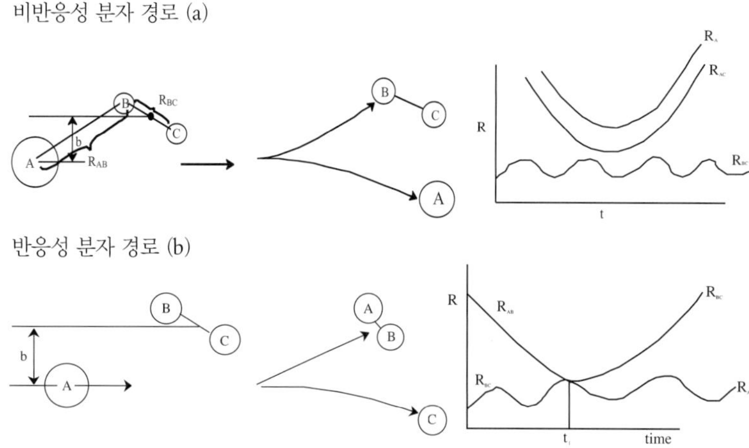

그림 3-7 (a) 비반응성 분자 경로; (b) 반응성 분자 경로

화학상을 받았다.

3.4.2 화학반응의 확률론적 모델링[7]

그러나 여기서는 카플러스가 수행했던 단일 경로들에 대한 계산을 수행하기보다는, 분자 집단(ensemble)과 반응물 및 생성물 간의 충돌을 고려하고, 확률론적 모델링을 이용하여 반응 분자들의 농도 궤적을 결정해 보자. 화학반응의 확률론적 모델링을 설명하기 위해 다음 가역반응을 살펴볼 것이다.

$$A + B \underset{k_r}{\overset{k_f}{\rightleftarrows}} C + D$$

이 반응을 독립적인 반응으로 살펴보면

$$A + B \xrightarrow{k_f} C + D \tag{1}$$

$$C + D \xrightarrow{k_r} A + B \tag{2}$$

와 같으며 이 반응들은 기초반응이며 결정론적 속도법칙에 따라 $-r_A = k_f C_A C_B$ 그리고 $-r_C = k_r C_C C_D$로 주어진다고 가정한다.

이 반응들을 확률론적으로 모사하기 위해 임의의 반응 i가 단위시간당 일어날 확률 r_i를 정의해 보자. 이 확률은 결정론적인 반응 법칙과 마찬가지로 단위시간당 반응이 일어날 수 있는 방법의 수와 관련이 있다. 단위시간당 일어나는 반응 (1)의 **확률 함수** r_f는

$$r_f = k_f x_A x_B \tag{3-26}$$

이고 단위시간당 일어나는 반응 (2)의 **확률 함수**는

$$r_r = k_r x_C x_D \tag{3-27}$$

---

7. 확률론적 모델링에 대한 전반적인 설명은 웹사이트 파워포인트 발표 자료에서 확인할 수 있다(*http://www.doc.ic.ac.uk/~jb/conferences/pasta2006/slides/stochastic-simulation-introduction.pdf*).

로 주어진다. 여기서 x_i는 화합물 i의 분자수이다. 여기서 r_f와 r_R은 단위시간당 정반응과 역반응의 **확률 함수**이고 반응속도상수 k_f와 k_r은 분자 A와 분자 B 간의 충돌로 반응 (1)이 일어날 확률과 분자 C와 분자 D의 충돌로 반응 (2)가 일어날 확률이다. 반응속도상수 k_f와 k_r의 단위는 $\left[\dfrac{1}{(\text{분자의 수})^2\cdot\text{초}}\right]$로 주어진다. 총 반응 확률 함수 r_t는 다음과 같이 주어진다.

$$r_t = r_f + r_r \tag{3-28}$$

확률론적 시뮬레이션에서는 두 반응이 일어날 확률을 토대로 매 시간 단계마다 어떤 반응[반응 (1) 혹은 반응 (2)]이 일어날지 선택한다. 반응 (1)이 일어날 확률은

$$f_1 = \frac{r_f}{r_f + r_r} = \frac{k_f x_A x_B}{k_f x_A x_B + k_r x_C x_D} \tag{3-29}$$

와 관련이 있고 반응 (2)가 일어날 확률은

$$f_2 = \frac{r_r}{r_f + r_r} = \frac{k_r x_C x_D}{k_f x_A x_B + k_r x_C x_D} \tag{3-30}$$

과 관련이 있다. 이를 계산한 뒤 0과 1 사이의 난수 p_1을 생성한다. 만약 $(0 < p_1 \le f_1)$이면 반응 (1)이 일어나 A와 B 분자수가 줄어들고 C와 D 분자수가 증가한다. p_1이 그 범위 내에 존재하지 않으면 반응 (2)가 일어난다. 그 결과 확률 f_1과 f_2는 다음 시간 단계와 다음 난수 발생에 의해 변화한다. 예를 들어 다음과 같이 반응 (1)이 첫 세 시간 단계에서 일어나고, 반응 (2)가 네 번째와 다섯 번째 단계에서 일어난 뒤 반응 (1)이 여섯 번째 시간 단계에서 일어나는 경우를 고려해 보자. C 또는 D 분자수는 그림 3-8에서 볼 수 있듯 1 → 2 → 3 → 2 → 1 → 2로 변한다.

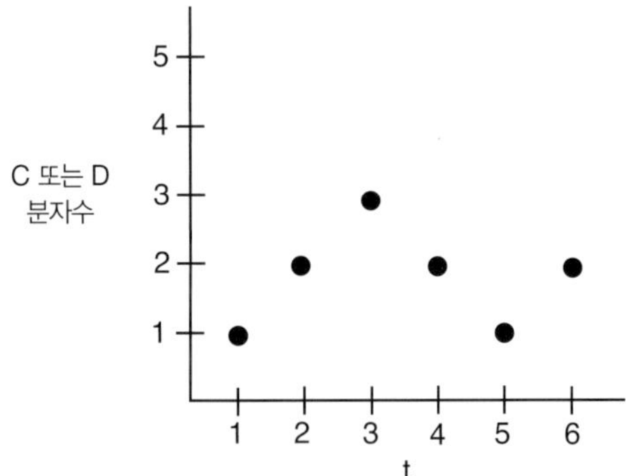

그림 3-8 시간에 따른 분자의 수

그림 3-9(b)에서 볼 수 있듯, 이러한 방식으로 시간 단계가 증가할 때 C와 D 분자의 총괄 분자수는 확률론적으로 증가하게 된다. 마찬가지로 A와 B 분자의 수는 지속적으로 감소한다. 확률론적 모델링 방법을 통해 우리는 반응이 어떤 식으로 진행되는지를 분자 수준에서 이해할 수 있다. 여기서 배울 수 있는 점은 결정론적인 모델의 경우 C와 D의 분자수가 부드럽게 증가하는 것처럼 서술하지만 분자 수준에서는 C와 D가 형성된 뒤 역반응을

통해 A와 B가 다시 형성되었다가 다시 C와 D가 형성되는 과정들이 존재한다는 것이다.

분자 A와 분자 B 간의 충돌 간 시간 또한 무작위적이다. 이 시간을 알아내기 위해 0과 1 사이의 또 다른 난수 p_2 $(0 < p_2 < 1)$를 발생시키고 시간 간격을 다음과 같이 설정한다.

$$\Delta t_i = \frac{\ln\left(\frac{1}{p_2}\right)}{r_t} \tag{3-31}$$

여기서 Δt_i의 단위는 초다. 이 시간 간격을 이용하여 각 단계마다의 시간을 다음과 같이 설정한다.

$$t_{i+1} = t_i + \Delta t_i \tag{3-32}$$

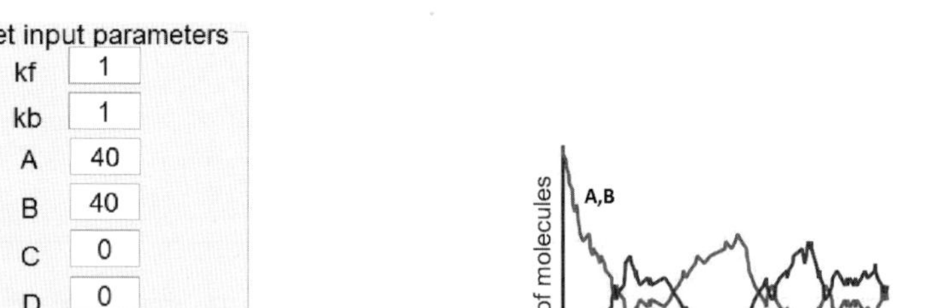

그림 3-9(a) LEP의 그래픽 사용자 인터페이스 **그림 3-9(b)** 분자 경로

그림 3-9(b)에서 반응이 진행됨에 따라 분자 A와 C의 수가 어떠한 방식으로 요동치는지를 확인할 수 있다.

이제 분자 시뮬레이션에 대한 LEP를 실행하여 반응속도상수 k_f와 k_r(LEP P3-1$_A$ (b) 참조)에 따라 분자수를 조절해 보고 그림 3-9(b)에서 볼 수 있는 반응 궤적과 비슷한 궤적이 그려지는지를 살펴보아라. 시뮬레이션을 수행하는 방법에 대한 사용지침서는 직렬반응에 관한 내용과 함께 웹사이트에서 확인할 수 있다($A + B \rightleftarrows C + D \rightleftarrows E + F$).

3.5 반응기 크기 결정 및 반응기 설계에 대한 현재의 상태

어디까지 왔는가?

제2장에서, 서로 다른 반응기의 몰수지를 전화율의 정의와 결합하여 표 3-2에 보인 네 종류의 반응기의 설계방정식을 유도하였다. 다음으로 소멸속도가 다음과 같이 전화율 X에 관한 함수로 주어져 있다면

$$-r_A = g(X)$$

$-r_A = g(X)$를 구한 조건과 같은 조건에서 운전되는 CSTR, PFR, PBR의 크기를 결정할 수 있음을 보였다.

일반적으로 $-r_A = g(X)$ 형태의 정보는 주어져 있지 않다. 그러나 A의 소멸속도 $-r_A$는 일반적으로 반응화합물들의 농도의 함수로 표현된다는 것을 3.2절에서 배웠다. 즉

표 3-2 설계방정식

		미분형	대수형	적분형
설계방정식	회분식	$N_{A0}\frac{dX}{dt} = -r_A V$ (2-6)		$t = N_{A0}\int_0^X \frac{dX}{-r_A V}$ (2-9)
	역혼합 (CSTR)		$V = \frac{F_{A0}X}{-r_A}$ (2-13)	
	유동화 CSTR		$W = \frac{F_{A0}X}{-r'_A}$	
	PFR	$F_{A0}\frac{dX}{dV} = -r_A$ (2-15)		$V = F_{A0}\int_0^X \frac{dX}{-r_A}$ (2-16)
	PBR	$F_{A0}\frac{dX}{dW} = -r'_A$ (2-17)		$W = F_{A0}\int_0^X \frac{dX}{-r'_A}$ (2-18)

$$-r_A = [k_A(T)][fn(C_A, C_B, \ldots)] \tag{3-2}$$

$-r_A = f(C_j)$
$+$
$C_j = h_j(X)$
$\downarrow$
$-r_A = g(X)$
위와 같이 진행하면 등온반응기를 설계할 수 있다.

이 함수관계를 **속도법칙**(rate law)이라 부른다. 제4장에서 반응화합물들의 농도를 전화율 X의 항으로 나타내는 방법에 대해서 배우게 될 것이다. 즉

$$C_j = h_j(X) \tag{3-26}$$

이 추가적인 관계식을 이용함으로써, 속도식이 주어지고 농도를 전화율의 함수로 나타낼 수 있다면, **사실상 X의 함수로서의 $-r_A$를 알고 있는 것이고, 이것이 설계방정식을 계산하는 데 필요한 것의 전부이다** 제2장에서 설명된 수치적 방법을 사용하거나, 또는 제5장에서 보게 되는 바와 같이, 적분공식 및 소프트웨어 프로그램(예, Polymath)을 사용하여 설계방정식을 계산할 수 있다.

CRE 알고리즘
- 몰수지, 제1장
- 속도법칙, 제3장
- 화학양론, 제4장
- 결합, 제5장
- 계산, 제5장
- 에너지수지, 제11장

마무리. 이 장을 마친 후에, 여러분은 속도식을 농도와 아레니우스 온도의존성의 항으로 나타낼 수 있다. 우리는 등온 화학반응과 등온반응기를 연구하기 위한 알고리즘에서 첫 2개째의 기본적인 블록 쌓기를 막 마쳤다.

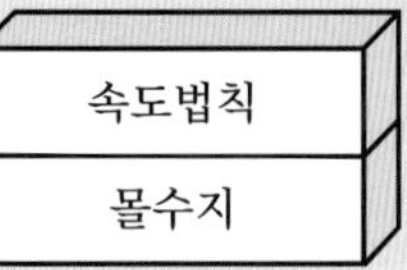

제4장에서는 세 번째 블록인 **화학양론**에 초점을 맞출 것이며, 화학양론표를 사용해 농도를 전화율의 항으로 나타내고 마지막으로는 반응속도와 전화율의 관계를 도출할 것이다.

요 약

1. 일반적인 반응식에 대한 상대반응속도:

$$A + \frac{b}{a}B \rightarrow \frac{c}{a}C + \frac{d}{a}D \tag{S3-1}$$

상대반응속도들 사이의 관계는 다음과 같다.

$$\boxed{\frac{-r_A}{a} = \frac{-r_B}{b} = \frac{r_C}{c} = \frac{r_D}{d}} \text{ 또는 } \boxed{\frac{r_A}{-a} = \frac{r_B}{-b} = \frac{r_C}{c} = \frac{r_D}{d}} \tag{S3-2}$$

2. 반응차수(reaction order)는 실험적 관찰에 의해 구해진다.

$$A + B \longrightarrow C \tag{S3-3}$$

$$-r_A = kC_A^{\alpha}C_B^{\beta}$$

식 (S3-3)의 반응은 화합물 A에 관해 α차, 화합물 B에 관해 β차이며, 총괄차수(overall order) n은 $(\alpha + \beta)$차이다. 만약 $\alpha = 1$이고 $\beta = 2$라면, 반응은 A에 관해 1차이고 B에 관해 2차이며 총괄 3차라고 말할 수 있다. 적혀 있는 대로의 반응에 대해서, 만일 반응차수들이 양론계수들과 일치하면 그 반응은 기초 속도법칙(elementary rate law)을 따른다고 말한다.

기초 속도법칙을 따르는 반응의 예:

비가역반응

1차

$$C_2H_6 \longrightarrow C_2H_4 + H_2 \qquad \boxed{-r_{C_2H_6} = kC_{C_2H_6}}$$

2차

$$CNBr + CH_3NH_2 \longrightarrow CH_3Br + NCNH_2 \qquad \boxed{-r_{CNBr} = kC_{CNBr}C_{CH_3NH_2}}$$

가역반응

2차

$$2C_6H_6 \rightleftarrows C_{12}H_{10} + H_2 \qquad \boxed{-r_{C_2H_6} = k_{C_2H_6}\left(C^2{}_{C_6H_6} - \frac{C_{C_{12}H_{10}}C_{H_2}}{K_C}\right)}$$

비기초 속도법칙을 따르는 반응의 예:

균일반응

$$CH_3CHO \longrightarrow CH_4 + CH_2 \qquad \boxed{-r_{CH_3CHO} = kC_{CH_3CHO}^{3/2}}$$

불균일반응

$$C_2H_4 + H_2 \xrightarrow[cat]{} C_2H_6 \qquad \boxed{-r_{C_2H_4} = k\frac{P_{C_2H_4}P_{H_2}}{1 + K_{C_2H_4}P_{C_2H_4}}}$$

3. 반응속도상수의 온도의존성은 아레니우스 식에 의해 주어진다.

$$k = Ae^{-E/RT} \tag{S3-4}$$

여기서 A는 빈도인자이고 E는 활성화 에너지이다.

만약 어떤 온도 T_0에서의 비반응속도 k를 알고 있고 활성화 에너지 E를 알고 있다면, 임의의 온도 T에서의 k를 구할 수 있다.

$$k(T) = k(T_0)\exp\left[\frac{E}{R}\left(\frac{1}{T_0} - \frac{1}{T}\right)\right] \tag{S3-5}$$

개념 1 반응물의 농도가 증가하면 속도가 증가한다.

개념 2 속도는 포텐셜 에너지 장벽의 높이와 병진운동 에너지가 포텐셜 에너지로 전환되는 것과 관련이 있다.

개념 3 속도는 장벽을 넘을 수 있는 충분한 에너지를 갖는 충돌 분율이 증가하고 생성물이 증가하면 증가한다.

이와 유사하게, 부록 C의 식 (C-9)에서 만약 어떤 온도 T_1에서의 부분압 평형상수(partial pressure equilibrium constant) K_P를 알고 있고 반응열을 알고 있다면, 임의의 다른 온도에서의 평형상수를 구할 수 있다.

$$K_P(T) = K_P(T_1)\exp\left[\frac{\Delta H^\circ_{Rx}}{R}\left(\frac{1}{T_1} - \frac{1}{T}\right)\right] \tag{C-9}$$

CRE 웹사이트 자료

- **확장자료**(*http://umich.edu/~elements/5e/03chap/expanded.html*)
  1. 충돌이론(Collision Theory)
     (*http://umich.edu/~elements/5e/03chap/pdf/CollisionTheory.pdf*)
  2. 전이상태(Transition State)
     (*http://umich.edu/~elements/5e/03chap/pdf/TransitionState.pdf*)
  3. 분자운동역학(Molecular Dynamics)
     (*http://umich.edu/~elements/5e/03chap/pdf/MolecularDynamic.pdf*)
  4. 폴라니 식(Polanyi Equation)으로부터 활성화 에너지 예측하기
  5. Web P3-1_A 퍼즐 문제 "이 풀이는 무엇이 잘못되었는가?"
     (*http://umich.edu/~elements/5e/03chap/ expanded_ch03_puzzle.pdf*)
  6. 추가 숙제 문제(*http://umich.edu/~elements/5e/03chap/add-cdp3b.html*)
- **학습자료**(*http://umich.edu/~elements/5e/03chap/learn.html*)
  1. 요약노트
     (*http://umich.edu/~elements/5e/03chap/summary.html*)
  2. 자체테스트
     A. 연습문제
     (*http://umich.edu/~elements/5e/03chap/all-selftest.html*)
     B. i>clicker 질문
     (*http://www.umich.edu/~elements/5e/03chap/iclicker_ch3_q1.html*)
  3. 웹모듈
     A. 감자요리(Cooking a Potato)
     (*http://www.umich.edu/~elements/5e/web_mod/potato/index.htm*)
     화학반응공학을 감자요리에 적용한다.

$$\text{결정성 전분} \xrightarrow{k} \text{무정형 전분}$$

여기서

$$k = Ae^{-E/RT}$$

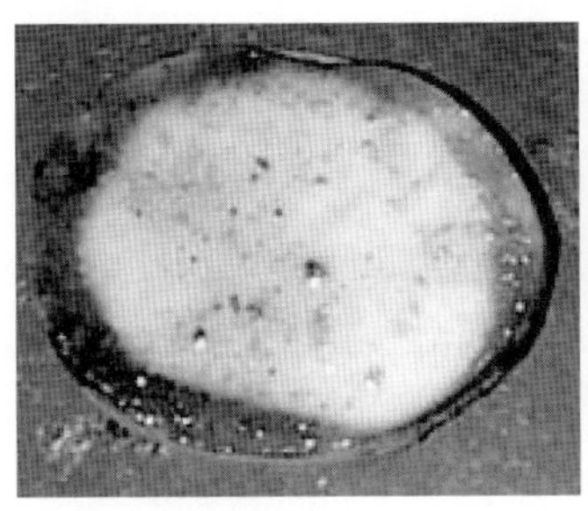
400°F에서 8분 후

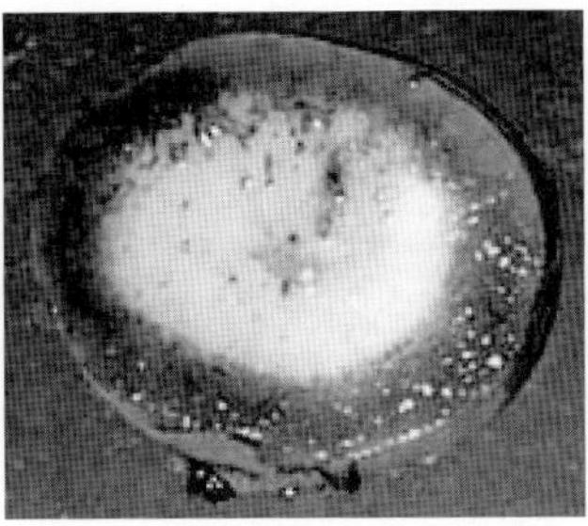
400°F에서 12분 후

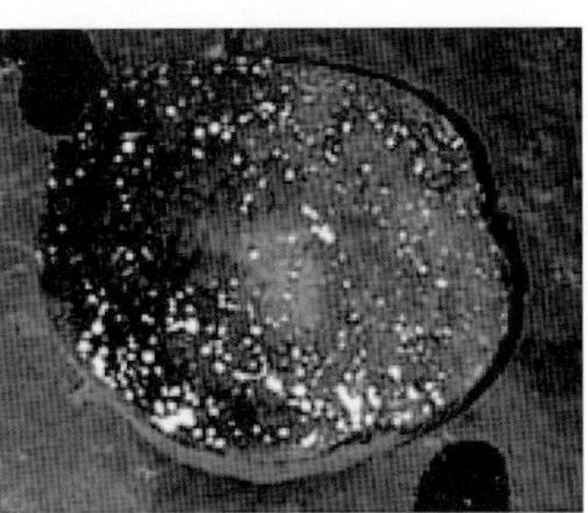
400°F에서 16분 후

B. 분자반응공학

분자 시뮬레이터(예, Gaussian)를 사용하여 활성화 에너지를 예측할 수 있다. (*http://www.umich.edu/~elements/5e/web_mod/quantum/index.htm*)

- **FAQ[자주 묻는 질문]**(*http://umich.edu/~elements/5e/03chap/faq.html*)
- **전문 참고자료 서고**(*http://umich.edu/~elements/5e/03chap/prof.html*)

R3.1 충돌이론(Collision Theory)(*http://umich.edu/~elements/5e/03chap/prof-collision.html*)

이 절에서는 다음의 반응에 대하여,

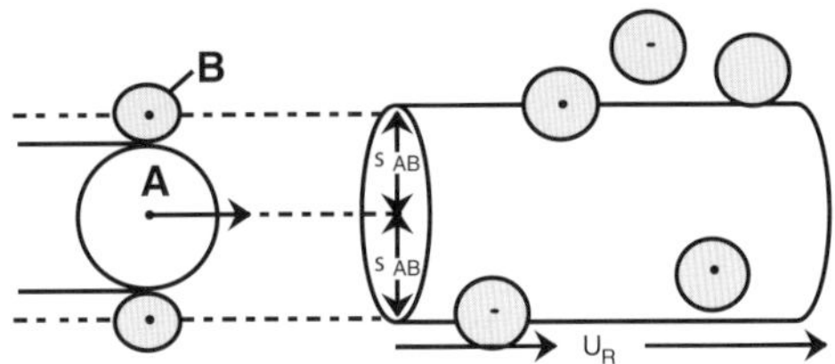

그림 R3-1 A가 B와 충돌할 때 충돌 단면의 개략도

$$A + B \rightarrow C + D$$

충돌이론의 기본원리를 적용하여 다음의 속도법칙을 얻는다.

$$-r_A = \underbrace{\pi\sigma_{AB}^2\left(\frac{8\pi k_B T}{\mu\pi}\right)^{1/2} N_{Avo}\, e}_{A}{}^{-E_A/RT} C_A C_B = Ae^{-E_A/RT} C_A C_B$$

활성화 에너지 E_A는 폴라니 식(Polanyi equation)으로부터 추산될 수 있다. 즉

$$E_A = E_A^o + \gamma_P \Delta H_{Rx}$$

R3.2 전이상태이론(Transition-State Theory)(*http://umich.edu/~elements/5e/03chap/prof-transition.html*)

이 절에서는 다음의 반응에 대하여,

$$A + BC \rightleftarrows ABC^\# \rightarrow AB + C$$

전이상태이론을 적용하여 속도식과 속도식 파라미터를 유도한다. 그림 PW3B-1은 반응의 진행을 보여주는 반응좌표를 따라서 분자의 에너지를 보여준다.

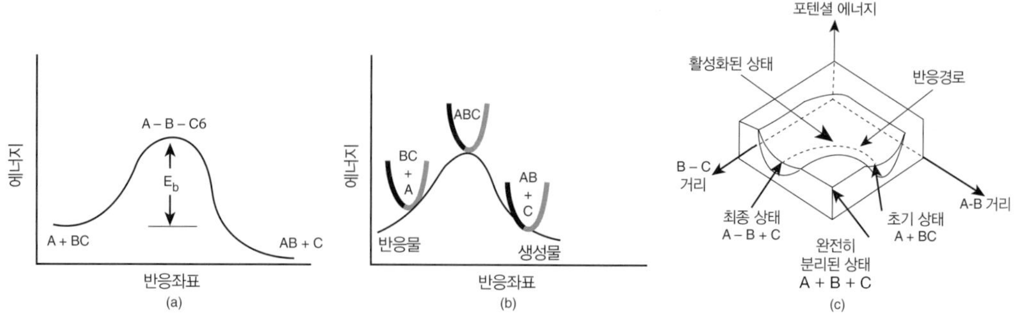

그림 PW3B-1 반응좌표 (a) S_{N2} 반응, (b) 일반화된 반응, (c) 일반화된 반응에 대한 3-D 에너지 표면

R3.3 분자역학 시뮬레이션(Molecular Dynamics Simulations)(*http://umich.edu/~elements/5e/03chap/prof-moldyn.html*) 반응 궤적을 계산하여 반응하는 분자들의 반응 단면(reaction cross section)을 결정한다. 그림 3-7에 나타나 있듯이 이러한 궤적이 (1) 반응하지 않거나, (2) 반응하거나를 결정하게 된다. 반응 확률(reaction probability)은 카플러스[8] 방식에 따라서 반응 궤적의 수를 세어서 구한다. 카플러스 교수는 분자역학 모사로 2013년 노벨상을 받았다.

질문과 문제

각 문제의 아래첨자는 난이도를 나타낸다. A는 가장 쉬운 문제, B는 비교적 어려운 문제, C는 꽤 어려운 문제, D는 가장 어려운 문제.

숙제 문제

A = ● B = ■ C = ◆ D = ◆◆

■ 질문

Q3-1$_A$ **i>clicker**. 웹사이트(*http://www.umich.edu/~elements/5e/03chap/iclicker_ch3_q1.html*)를 방문하여 적어도 5개의 i>clicker 질문을 둘러보아라. 다음 시험에 포함되도록 그대로 사용할 수 있거나 변형할 수 있는 질문 하나를 골라라. 반대의 경우를 고려할 수도 있다. 즉, 왜 다음 시험에 그 질문이 있어서는 안 되는지를 설명하는 것이다. 어떤 경우든지, 당신의 이유를 설명하여라.

Q3-2$_C$ **(a)** 앞의 내용을 보지 않고서 이 장에서 배운 것 중에서 가장 중요한 개념들을 작성해 보아라. 어떤 개념들을 명확히 이해하지 못하였는가?

(b) 반응기 설계방정식을 계산하기 위한 전략을 설명하고, 이 장에서 제2장의 내용을 더 상세히 설명하였는가 설명해 보아라.

(c) CRE 웹사이트에서 오디오 를 들어라. 하나의 주제를 선택하여 설명하여라.

(d) CRE 웹사이트의 제1-3장의 요약노트에서 어떤 예가 가장 도움이 되었는가?

■ 컴퓨터 시뮬레이션과 실험

P3-1$_B$ **(a)** **LEP: 온도에 따른 에너지 분포의 변화**

Wolfram

(i) 에너지 분포 곡선의 영향을 보기 위하여 온도(T)와 활성화 에너지(E)를 변화시켜라. 특히, 파라미터를 최

8. M. Karplus, R. N. Porter, and R. D. Sharma, *J. Chem. Phys.*, 43 (9), 3259 (1965).

대값과 최소값 사이에서 변화시키고(높은 T, 낮은 E; 낮은 T, 낮은 E; 높은 T, 높은 E; 등), 당신이 발견한 것을 몇 문장으로 기술하여라.

(ii) 최소한 50%의 분자가 당신이 선택한 활성화 에너지보다 큰 에너지를 갖는 최소 온도는 무엇인가?(즉, 6 kcal/mol)

(iii) 웹사이트(*http://www.umich.edu/~elements/5e/toc/SCPS,3rdEdBook(Ch07).pdf*)의 아이디어 및 해법 생성(*Generating Ideas and Solutions*)을 검토한 후, 이 문제에 포함되어야 하는 두 가지 질문을 제안하기 위해서 브레인스토밍 기법(예, 수평적 사고) 중 하나를 선택하여라. (**역자 주** | 브레인스토밍(brainstorming, 창조적 집단 사고): 무엇에 대해 여러 사람들이 동시에 자유롭게 자기 생각을 제시하는 방법)

(b) LEP 분자 시뮬레이션

(i) $k_f = k_r = 1.0$에 대해서, A와 B의 숫자가 다음과 같을 때 시뮬레이션을 수행하여라.

(a) A = 20 B = 20 C = D = 0

(b) A = 200 B = 200 C = D = 0

(c) A = 2,000 B = 2,000 C = D = 0

(d) A = 200 B = 2,000 C = D = 0

평형농도에 대한 (a)에서 (d)까지 실험의 효과가 있는가? 평형에 도달하는 데 시간은? 당신의 실험에서 어떤 결론을 도출하였는가?

(ii) 100개의 A 분자와 100개의 B 분자에 대해서, 반응속도상수 k_f와 k_r를 변화시켜서 당신이 관찰한 궤적의 차이점을 기술하여라.

(iii) k_f와 k_r 중 하나를 영으로 했을 때 어떤 일이 일어나는가?

(iv) 왜 농도 궤적에 요동(fluctuation)이 존재하는가? 왜 매끄럽지 않은가? 어떤 원인이 요동을 증가(또는 감소)시키는가?

(v) 분자의 초기 개수를 증가시키면 무엇이 보이는가? 관찰한 것을 설명할 수 있는가?

(vi) 일단 평형에 도달하면 반응은 멈추는가?

(vii) (i)부터 (vi)까지의 실험에서 당신이 발견한 것에 대한 결론을 기술하여라.

■ 문제

(c) 예제 3-1. 활성화 에너지. Excel 스프레드시트에서 372.5 K에서의 k 값을 $k = 0.0009^{-1}$ s 값으로 바꾸고 새로운 E와 k 값을 계산하여라.

(d) 예제 3-1. E = 240 kJ/mol와 E = 60 kJ/mol에 대해서 k 대 T와 ln k 대 (1/T)를 플롯하여라. (1) 당신이 발견한 것을 한두 문장으로 기술하여라. (2) 다음은, 활성화 에너지와 어떻게 그것이 화학반응속도에 영향을 주는지와 활성화 에너지의 기원이 무엇인지를 한 문단으로 기술하여라.

(e) 충돌이론—전문 참고자료 서고. 다음 식을 유도하기 위하여 사용된 단계에 대한 개요를 작성하여라.

$$-r_A = Ae^{-E/RT}C_AC_B$$

(f) 반응 (2A + B → C)의 속도법칙은 $-r_A = k_AC_A^2C_B$이고 $k_A = 25(\text{dm}^3/\text{mol})^2/\text{s}$이다. k_B와 k_C는 얼마인가?

P3-2$_B$ 분자 충돌 에너지–그림 3-3과 LEP 3-1. cdf *Variation of Energy Distribution with Temperature*를 참조하라.

(a) 300 K에서 2.5 kcal와 같거나 작은 에너지를 갖는 분자 충돌의 분율은 얼마인가? 500 K에서는?

(b) 300 K에서 3에서 4 kcal 사이의 에너지를 갖는 분자 충돌의 분율은 얼마인가? 500 K에서는?

(c) 300 K에서 활성화 에너지 E_A = 25 kcal보다 큰 에너지를 갖는 분자 충돌의 분율은 얼마인가? 500 K에서는?

P3-3$_B$ **(a)** 그림 3-1(b)를 사용하여 최소 이격 거리(minimum separation distance)가 0.20 Å이고 최대 이격 거리가 0.4 Å으로 BC와 AB 분자가 진동할 때 안장점(saddle point) 상에서의 궤적을 스케치하여라.

(b) 점 Y에서 R_{AB} = 2.8 Å일 때, 골짜기 바닥(valley floor)에서 최저임을 주목하면서 거리 R_{BC}의 함수로서 포텐셜 에너지를 스케치하여라.

(c) 점 X에서 R_{BC} = 2.8 Å일 때, 골짜기 바닥(valley floor)에서 최저임을 주목하면서 거리 R_{AB}의 함수로서 포텐셜 에너지를 스케치하여라.

P3-4$_B$ **(a)** 식 (3-20)을 사용하여 T = 300, 500, 800, 그리고 1200 K에서 E의 함수로서 f(E,T)를 플롯하여라.

(b) 1200 K에서 같은 에너지 범위(15−25 kcal)에 대한 300 K에서 15와 25 kcal 사이의 에너지 분율의 비는 얼마인가?

(c) $(E_A/RT) > 3$에서 (E_A/RT)의 함수로서 $F(E > E_A, T)$를 플롯하여라. 700 K에서 25 kcal/mol보다 큰 에너지를 갖는 충돌 분율은 얼마인가?

(d) 500 K에서 15 kcal/mol보다 큰 에너지를 갖는 분자 분율은?

(e) E_A = 3, 10, 25 그리고 40 kcal/mol에 대하여, 온도 T에 대한 $F(E > E_A, T)$를 플롯하여라. 당신이 발견한 것을 기술하여라. 힌트: 식 (3-23)에서 온도 T의 유효한 범위를 상기하여라.

P3-5$_A$ 다음 그림들은 300 K에서 반응 A + B → C에 대한 에너지 분포 함수를 나타낸 것이다.

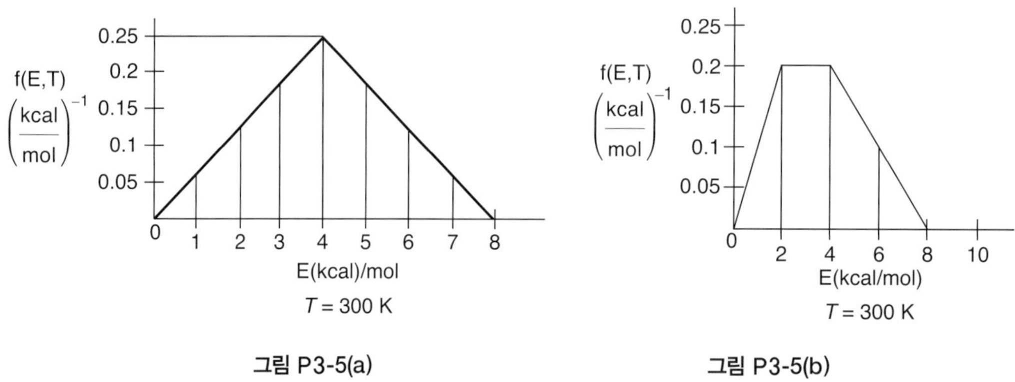

그림 P3-5(a) 그림 P3-5(b)

각각의 그림에 대하여 다음을 정하여라.

(a) 3과 5 kcal/mol 사이의 에너지를 갖는 충돌 분율은 얼마인가?

(b) 5 kcal/mol보다 큰 에너지를 갖는 충돌 분율은 얼마인가? (**답: 그림 P3-5(b)** 분율 = 0.28)

(c) 0 kcal/mol보다 큰 에너지를 갖는 분율은 얼마인가?

(d) 8 kcal/mol과 같거나 큰 에너지를 갖는 분율은 얼마인가?

(e) 그림 P3-5(b)에서의 활성화 에너지가 8 kcal/mol이라면, E_A보다 큰 에너지를 갖는 분자의 분율은 얼마인가?

(f) 만약 온도가 400 K로 증가한다면, 그림 P3-5(b)에서 보여준 E에 대한 $f(E,T)$에 대한 곡선의 모양이 어떻게 될지 추측(스케치)하여라. (기억하라: $\int_0^\infty f(E,T)dE = 1$.)

P3-6$_A$ 반딧불 발광 점멸의 빈도와 귀뚜라미 울음의 빈도를 온도의 함수로서 다음에 나타내었다. [출처: Keith J. Laidler, "Unconventional applications of the Arrhenius law." *J. Chem. Educ.*, 5, 343 (1972). Copyright (c) 1972, American Chemical Society. 허가에 의한 복사.]

반딧불:			
T (°C)	21.0	25.00	30.0
섬광점멸/*min*	9.0	12.16	16.2

귀뚜라미:			
T (°C)	14.2	20.3	27.0
울음/*min*	80	126	200

개미의 달리는 속도와 꿀벌의 비행 속도를 온도의 함수로서 아래에 나타내었다. [출처: B. Heinrich, *The Hot-Blooded Insects* (Cambridge, MA: Harvard University Press, 1993)]

개미:					꿀벌:				
T (℃)	10	20	30	38	T (℃)	25	30	35	40
V (cm/s)	0.5	2	3.4	6.5	V (cm/s)	0.7	1.8	3	?

(a) 반딧불과 귀뚜라미의 공통점은 무엇인가? 그들의 차이점은 무엇인가?

(b) 40℃에서 꿀벌의 속도는 얼마인가? −5℃에서는?

(c) 니콜라스는 벌, 개미, 귀뚜라미, 그리고 반딧불의 공통점이 있는지를 알고 싶어 한다. 만약에 있다면 무엇인가? 짝을 지어 비교해도 좋다.

(d) 더 많은 데이터가 있다면 빈도, 속도, 온도 사이의 관계를 명확히 하는 데 도움이 되겠는가? 그렇다면, 어떤 온도에서 데이터를 얻어야 하는가? 하나의 곤충을 선택하여, 더 많은 데이터를 얻기 위한 실험을 어떻게 수행할 것인지를 설명하여라. [이 문제에 대한 대안으로 CDP3-A_B를 참조하여라.]

(e) 몸무게가 3.3 g인 딱정벌레는 35-g 공을 27℃에서 6.5 cm/s, 37℃에서 13 cm/s, 그리고 40℃에서 18 cm/s으로 굴릴 수 있다.

(1) 41.5℃에서는 얼마나 빨리 공을 굴릴 수 있는가? [출처: B. Heinrich. *The Hot-Blooded Insects* (Cambridge, MA: Harvard University Press, 1993)](**답**: 19.2 cm/s @ 41.5℃)

(2) 서문의 표 P-4에 있는 여섯 아이디어 중에서 하나 이상을 골라 이 문제에 응용하여라.

P3-7_B **문제해결.** 듀폰사에서 HCN과 물을 분리하기 위해 사용하는 증류탑 내에서 니켈 고함량 스테인리스 강판에 부식이 발생하는 것이 발견되었다. HCN의 중합을 막기 위하여 탑의 상부로 항상 황산을 유입시킨다. 물은 탑 하부에서 회수되며, HCN은 탑 상부에서 회수된다. 각 단에서의 부식 정도는 탑 내에서의 단 번호의 함수로 그림 P3-5_B에서 보여준다.

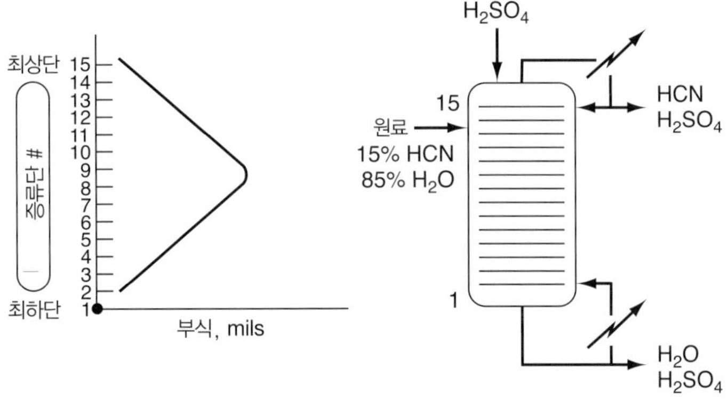

그림 P3-5_B 증류탑에서의 부식

탑의 최하부의 온도는 약 125℃이며, 탑의 최상부의 온도는 100℃이다. 부식 속도는 온도와 HCN−H_2SO_4 복합체 농도의 함수이다. 관찰된 탑 내의 부식단의 분포에 대하여 설명을 시도하여 보아라. 탑의 운전조건이 이 부식분포(corrosion-plate profile)에 어떠한 영향을 미치는가?

$P3\text{-}8_B$ **스코틀랜드 야드(역자 주 | 런던시 경찰서)의 앰버크롬비(Ambercromby) 경사.** 비록 증명되지는 않았지만, 보니(Bonnie)는 첫 번째 결혼기념일에 함께 마신 미지근한 브랜디에 독을 타서 첫 번째 남편 레프티(Lefty)를 죽였다고 여겨진다. 그녀가 두 개의 잔에 독이 든 브랜디를 채우기 전에, 그녀의 잔에 해독제를 발랐다는 것을 레프티는 몰랐다. 보니는 두 번째 남편 클라이드(Clyde)와 결혼했고, 몇 년 후에 그에 대해 싫증이 났다. 어느 날, 그녀는 그에게 전화를 걸어서 직장에서의 그녀의 승진에 대해서 말하고, 그날 저녁 브랜디 한 잔을 마시면서 자축하자고 제안했다. 그녀는 클라이드를 죽이겠다고 결심했다. 그러나 클라이드는 브랜디 대신에, 차가운 러시아 보드카를 코사크식으로 한 번에 쭉 들이키면서 축하하자고 제안했다. 그녀는 동의하였다. 그리고 이전의 성공적인 계획을 따라서 보드카에 독을 넣고 자신의 잔에는 해독제를 넣겠다고 결심했다. 다음 날 둘 모두는 죽어서 발견되었다. 앰버크롬비 경사가 도착한다. 그가 물어본 첫 세 가지 질문은 무엇인가? 가능한 두 가지 설명은 무엇인가? 이 장에서 배운 내용에 기초해서, 앰버크롬비 경사가 가장 논리적인 설명으로서 무엇을 제안했다고 생각하는가?

누가 그랬지?

출처: Flavio Marin Flores 교수, ITESM, Monterrey, Mexico.

[**힌트:** 앨라배마대학 화학공학과 학생들이 만든 YouTube 동영상(*www.youtube.com*) *The Black Widow*를 보아라. CRE 웹사이트(*www.umich.edu/~elements/5e*)에서 YouTube 동영상 링크를 이용하여 접근할 수도 있다.]

$P3\text{-}9_B$ **활성화 에너지.**

(a) 온도가 10°C 증가할 때마다 반응속도가 2배로 된다는 경험법칙(rule of thumb)은 주어진 활성화 에너지에 대해 특정 온도에서만 성립한다. 이 법칙이 성립하기 위한 활성화 에너지와 온도 사이의 관계를 유도하라. 온도에 따른 농도의 변화는 무시한다. E_A = 50 kcal/mol에 대해서, 이 경험법칙이 유효한 온도 범위($T_2 = T_1 + 10$°C)는 무엇인가?

(b) 활성화 에너지 E와 활성화 에너지가 반응속도에 어떻게 영향을 미치는지에 대해서 설명하는 단락을 작성하여라. 필요하다면 3.3절, 특히 **전문 참고자료 서고** R3.1과 R3.2, 그리고 R3.3을 참조하여라.

$P3\text{-}10_C$ A의 농도가 2 M이고 B의 농도가 1.5 M일 때 다음과 같은 기초반응(elementary reaction)

$$2A + B \rightarrow 4C$$

의 초기 반응속도를 온도의 함수로 측정하였다.

$-r_A(\text{mol/dm}^3 \cdot s)$:	0.002	0.046	0.72	8.33
T(K):	300	320	340	360

(a) 활성화 에너지는 얼마인가?

(b) 빈도인자는 얼마인가?

(c) T_0 = 27°C일 때를 기준으로 하고, 식 (S3-5)를 사용하여 온도의 함수로서의 속도상수는 어떻게 되는가?

$P3\text{-}11_B$ 아래 각각의 경우 A, B, C가 포함된 반응에 대하여 속도식을 구하여라. 속도식은 A → B 또는 A + B → C로서 적힌 대로 기초반응이어야 한다.

(a) 비반응속도 k의 단위 $k = \left[\dfrac{dm^3}{mol \cdot h}\right]$: 속도식 _____

(b) 비반응속도 k의 단위 $k = \left[\dfrac{mol}{kg\text{-}cat \cdot h(atm)^2}\right]$: 속도식 _____

(c) 비반응속도 k의 단위 $k = \left[\frac{1}{h}\right]$: 속도식 _____

(d) 비반응속도 k의 단위 $k = \left[\frac{mol}{dm^3 \cdot h}\right]$: 속도식 _____

P3-12$_A$ 다음 반응들이 각각 기초 속도법칙을 따른다고 가정하고 속도법칙을 쓰시오. 일부는 균일반응이고 일부는 불균일 반응이라는 것을 명심하고 각각 k_A의 단위를 쓰시오.

(a) $$C_2H_6 \longrightarrow C_2H_4 + H_2$$

(b) $$C_2H_4 + \frac{1}{2}O_2 \rightarrow CH_2 \overset{O}{-} CH_2 \quad \text{(O bridging both } CH_2\text{)}$$

(c) $$(CH_3)_3COOC(CH_3)_3 \rightleftarrows C_2H_6 + 2CH_3COCH_3$$

(d) $$nC_4H_{10} \rightleftarrows iC_4H_{10}$$

(e) $$CH_3COOC_2H_5 + C_4H_9OH \rightleftarrows CH_3COOC_4H_9 + C_2H_5OH$$

(f) $$2CH_3NH_2 \underset{cat}{\rightleftarrows} (CH_3)_2NH + NH_3$$

(g) $$(CH_3\mathbf{CO})_2O + H_2O \rightleftarrows 2CH_3COOH$$

P3-13$_A$ **(a)** 다음 반응

$$2A + B \rightarrow C$$

의 속도법칙을 아래와 같은 경우에 각각 구하여라.

(1) B에 대해 2차이고 총괄차수가 3차일 때, $-r_A =$ _____

(2) A에 대해 0차이고 B에 대해 1차일 때, $-r_A =$ _____

(3) A와 B 모두에 대해 0차일 때, $-r_A =$ _____

(4) A에 대해 1차이고 총괄차수가 0차일 때, $-r_A =$ _____

(b) 다음 반응의 속도법칙을 찾아 써라.

(1) $H_2 + Br_2 \rightarrow 2HBr$

(2) $H_2 + I_2 \rightarrow 2HI$

P3-14$_B$ 아래 나열된 각 반응의 속도법칙을 낮은 온도에서 구하였다. 이 반응들은 고도의 발열 반응이어서 고온에서는 가역적이다. 고온에서 각 반응[**(a)**, **(b)**, **(c)**]의 속도법칙을 제안하라. 어떤 것은 기초반응이고 어떤 것은 아니다.

(a) 다음 반응 A → B는 저온에서 비가역적이고 속도식은 $-r_A = kC_A$이다.

(b) 다음 반응 A + 2B → 2D는 저온에서 비가역적이며 속도식은 $-r_A = kC_A^{1/2}C_B$이다.

(c) 기체-고체촉매 반응 $A + B \underset{cat}{\rightarrow} C + D$는 저온에서 비가역적이며 속도식은 $-r_A = \dfrac{kP_AP_B}{1 + K_AP_A + K_BP_B}$이다.

각각의 경우에 고온에서의 속도법칙이 평형에서 열역학적으로 모순이 없음을 보여라(부록 C 참조).

P3-15$_B$ 광화학 에너지 저장. 태양에너지를 이용하고, 수집하고, 저장하는 주된 방법은 태양열(P8-16$_B$ 참조), 태양전지, 바이오매스 전환, 태양열 물 분해(P10-13$_B$), 태양열 화학반응 등이 있다. **태양열 화학반응**(solar chemical)이란 가역반응으로 빛을 흡수하여 태양에너지를 이용하고 저장하는 공정을 일컫는다. *http://en.wikipedia.org/wiki/Solar_chemical* 참조. 예를 들면, 안트라센(anthracene)이 광이량체화(photodimerization)할 때 태양에너지를 흡수하여 저장하고 역반응이 일어날 때 에너지가 방출될 수 있다.

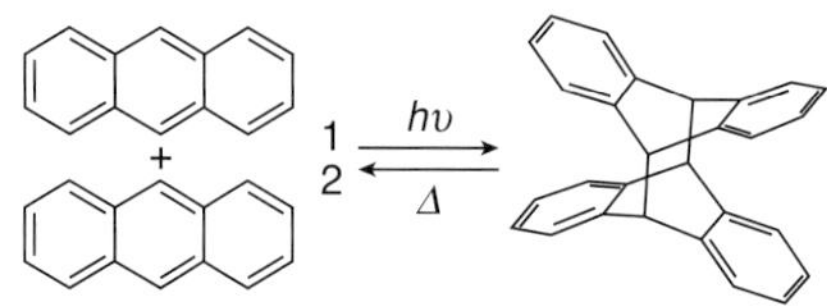

그림 P3-15.1 안트라센의 이량체화

또 다른 흥미로운 반응은 노보나디엔-쿼드리사이클란(Norbornadiene-Quadricyclane, NQ) 쌍으로, 한쪽 방향으로는 태양에너지가 흡착되어 저장되고 반대 방향으로는 방출된다.

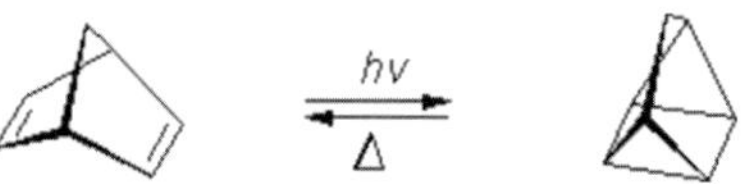

그림 P3-15.2 노보나디엔-쿼드리사이클란(NQ) 쌍은 잠재적인 태양광 에너지 저장수단으로 주목받고 있다.

(a) 안트라센의 가역 광이량체화 반응의 속도법칙을 제안하라.

(b) NQ 쌍의 가역적 에너지 저장 반응의 속도법칙을 제안하라.

보충교재

1. 활성화 에너지에 관계되는 두 가지 참고문헌이 이 장에서 이미 인용되었다. 활성화 에너지는 일반적으로 충돌이론(collision theory) 또는 전이상태이론(transition-state theory) 중 어느 하나로 논의된다. 이 두 이론에 대한 간결하면서 읽을 만한 해설은 다음 문헌에서 찾아볼 수 있다.

BURGESS, THORNTON W., *The Adventures of Reddy Fox*, New York: Dover Publications, Inc., 1913.

LAIDLER, K. J., *Chemical Kinetics*, New York: Harper & Row, 1987, Chap. 3.

MASEL, R., *Chemical Kinetics and Catalysis*, New York: Wiley, 2001, p. 594.

2. Jofostan대학의 스벤 코틀로프 교수는 위에 열거한 책들 이외에도 여러 가지 반응에 대한 속도법칙 및 활성화 에너지들도 수록되어 있으며, 이 밖에도 표 3-1에서 이미 언급한 바와 같이, NBS 회람에서 속도법칙 및 활성화 에너지에 대한 방대한 자료를 발견할 수 있다고 지적했다. 화학 참고문헌인 *Journal of Physical Chemistry*도 체크하여라. 분자 모델링에 관해서는 *http://cache.org/teaching-resources-center/molecular-modeling*을 보아라.

화학양론 4

Stoichiometry

만약에 이 책을 읽고 있는 동안 누구를 생각하고 있다면,
당신은 틀림없이 사랑에 빠진 것이다.

—Tim Newberger
화학공학 학부생 W2013

개요

제2장에서 반응속도 $-r_A$가 전화율 X의 함수로 주어졌을 때 우리는 반응기 크기를 결정하고, 흐름반응기의 배열을 수행하였다. $-r_A = f(X)$의 관계를 알기 위해서 2단계 공정이 필요하다. 제3장에서는 반응속도 $-r_A$가 농도와 온도에 어떻게 관련되는지를 기술하였다(1단계). 이 장에서는 농도가 어떻게 전화율과 관련되는지를 보이고(2단계), 이렇게 되면 $-r_A = f(X)$의 식을 얻게 되어 다수의 반응시스템을 설계할 수 있을 것이다. 농도를 전화율의 함수로 표현하기 위하여 농도의 정의와 함께 화학양론표(stoichiometric table)를 이용할 것이다.

회분식

$$C_A = \frac{N_A}{V} = \frac{N_{A0}(1-X)}{V}$$

$$\downarrow$$

$$V = V_0$$

$$C_A = C_{A0}(1-X)$$

흐름식

$$C_A = \frac{F_A}{v} = \frac{F_{A0}(1-X)}{v}$$

액체, $v = v_0$

$$\downarrow$$

$$C_A = C_{A0}(1-X)$$

기체, $v = v_0(1+\varepsilon X)\frac{P_0}{P}\frac{T}{T_0}$

$$\downarrow$$

$$C_A = C_{A0}\frac{(1-X)}{(1+\varepsilon X)}\frac{P}{P_0}\frac{T_0}{T}$$

- 회분식계에서 반응기는 단단하므로 $V = V_0$이고, 농도를 전화율의 함수로 나타내기 위해 화학양론표를 사용한다: $C_A = N_A/V_0 = C_{A0}(1 - X)$.

- 액상 흐름계에서는 부피유량이 일정하므로 $\upsilon = \upsilon_0$이고, $C_A = (F_{A0}/\upsilon_0)(1 - X) = C_{A0}(1 - X)$이다.
- 기상 흐름계에서는 기체의 부피 유속이 전화율, 온도, 압력에 따라 변화할 수 있어 과정이 더욱 복잡해지므로, υ와 X로 표현된 관계식 $\upsilon = \upsilon_0(1 + \varepsilon X)(P_0/P)(T/T_0)$을 구할 필요가 있다. 따라서,

$$C_A = \frac{C_{A0}(1-X)}{(1+\varepsilon X)}\frac{P}{P_0}\frac{T_0}{T} = C_{A0}\frac{(1-X)}{(1+\varepsilon X)}p\frac{T_0}{T}$$

- 대부분의 기상-고체촉매반응에서는 속도식이 부분압력의 항으로 쓰이고 전화율의 함수로는 다음과 같이 표현된다.

$$P_A = C_A RT = P_{A0}\frac{(1-X)}{(1+\varepsilon X)}\frac{P}{P_0} = P_{A0}\frac{(1-X)}{(1+\varepsilon X)}p$$

이 장을 마친 뒤에는 반응속도를 전화율의 함수로서 표현할 수 있게 되며, 회분식 및 흐름식 반응기에 대해 평형전화율을 계산할 수 있을 것이다.

이제 속도식이 농도의 함수로 어떻게 표현되는지를 보여주었기 때문에, 반응기의 크기를 구하기 위하여 제2장에서 제시된 것과 유사한 계산을 수행하기 위해서는 농도를 전화율의 함수로 나타내는 것만 필요하게 된다. 만약 속도식이 둘 이상의 화합물에 의존한다면, 서로 다른 화합물들의 농도를 서로 연관시켜 주어야 한다. 이 연관 관계는 화학양론표(stoichiometric table)의 도움을 받아서 가장 쉽게 수립할 수 있다. 이 화학양론표는 단일 반응에서 반응하는 분자들 사이의 화학양론적 관계를 나타낸다. 즉, 이 표는 화학반응 중에 한 화합물의 일정한 개수의 분자가 소멸될 때 다른 한 화합물의 분자가 몇 개 생성되는지를 보여준다. 다음의 일반적인 반응에 대하여, 이 관계들을 개발하여 보자.

$$aA + bB \rightleftarrows cC + dD \tag{2-1}$$

식 (2-1)에 대한 **상대반응속도**들을 서로 연관시키기 위하여 이미 다음과 같은 화학양론관계를 사용했다는 것을 상기하자.

상대반응속도들을 서로 연관시키는 이 화학양론 관계는 제6장과 제8장에서 사용된다.

$$\boxed{\frac{r_A}{-a} = \frac{r_B}{-b} = \frac{r_C}{c} = \frac{r_D}{d}} \tag{3-1}$$

화학양론표를 작성하는 데에 화합물 A를 계산의 기준(즉, 한계반응물, limiting reactant)으로 취하고, 모든 것을 "A의 몰당(per mole of A)"이라고 하는 기준으로 하기 위하여 식 전체를 A의 화학양론계수로 나누면 다음과 같이 된다.

$$\mathrm{A} + \frac{b}{a}\mathrm{B} \longrightarrow \frac{c}{a}\mathrm{C} + \frac{d}{a}\mathrm{D} \tag{2-2}$$

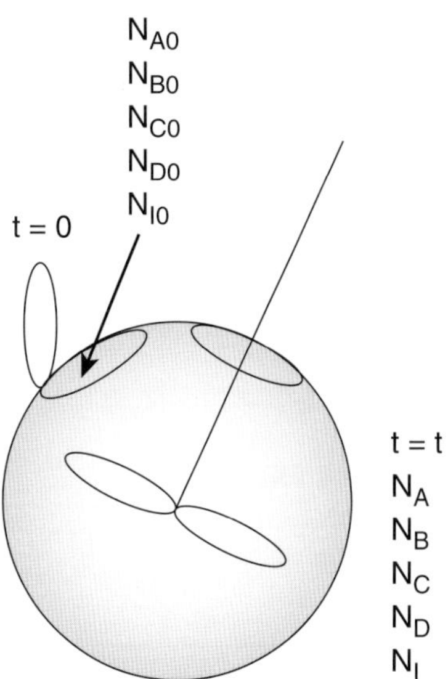

그림 4-1 회분식반응기(개략도는 렌와르(Renwahr)의 특별 승인을 받음)
(*http://encyclopedia.che.engin.umich.edu/Pages/Reactors/Batch/Batch.html*)

다음에 이어지는 여러 절에서는 각 화합물(즉 A, B, C, D)의 몰수의 변화를 나타내는 반응화합물들의 화학양론관계(stoichiometric relationships)를 구할 것이다.

4.1 회분식반응기 설계방정식

회분식반응기는 주로 정밀화학제품들의 생산에 사용되거나, 속도식과 비반응속도 k와 같은 속도식 파라미터들을 결정할 수 있는 반응속도자료를 얻는 데 사용된다.

그림 4-1은 식 (2-2)에 주어진 반응을 수행시킬 회분식계에 대한 어떤 가난뱅이 예술가의 그림을 나타낸 것이다. 시간 $t = 0$에서 반응기를 열고, 화합물 A, B, C, D 및 비활성 화합물 I에 대한 얼마간의 몰수(각각, N_{A0}, N_{B0}, N_{C0}, N_{D0} 및 N_{I0})를 반응기에 넣는다.

화합물 A가 계산의 기준(basis of calculation)이고, N_{A0}는 반응기 속에 처음에 존재하는 A의 몰수이다. 시간 t가 지난 후, 화학반응의 결과로 $N_{A0}X$ 몰의 A는 소멸하고, 계 내에는 $(N_{A0} - N_{A0}X)$ 몰의 A가 남는다. 즉, 전화율 X에 도달된 후에, 반응기 내에 남아 있는 A의 몰수는 다음과 같다.

$$N_A = N_{A0} - N_{A0}X = N_{A0}(1 - X)$$

이제 이 같은 방식으로 표현된 전화율을 사용하여, B, C 및 D의 몰수를 전화율의 항으로 나타낼 것이다.

$N_{A0}X$ 몰의 A가 반응한 후에 남아 있는 각 화합물의 몰수를 구하기 위하여 화학양론표(표 4-1)를 만든다. 이 화학양론표(stoichiometric table)는 다음과 같은 정보를 제공한다.

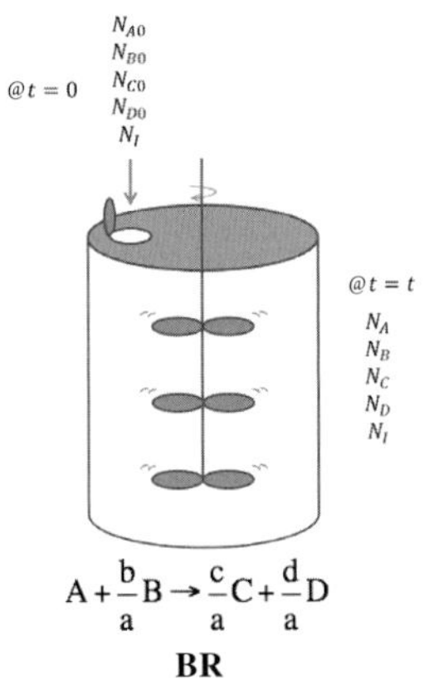

표 4-1 회분식계의 화학양론표

화합물	초기 (mol)	변화 (mol)	잔존 (mol)
A	N_{A0}	$-(N_{A0}X)$	$N_A = N_{A0} - N_{A0}X$
B	N_{B0}	$-\frac{b}{a}(N_{A0}X)$	$N_B = N_{B0} - \frac{b}{a}N_{A0}X$
C	N_{C0}	$\frac{c}{a}(N_{A0}X)$	$N_C = N_{C0} + \frac{c}{a}N_{A0}X$
D	N_{D0}	$\frac{d}{a}(N_{A0}X)$	$N_D = N_{D0} + \frac{d}{a}N_{A0}X$
I (비활성물)	N_{I0}	–	$N_I = N_{I0}$
합계	N_{T0}		$N_T = N_{T0} + \underbrace{\left(\frac{d}{a}+\frac{c}{a}-\frac{b}{a}-1\right)}_{\delta} N_{A0}X$

화학양론표의
구성요소

1열: 반응에 참여하는 화합물
2열: 초기에 존재하는 각 화합물의 몰수
3열: 반응 때문에 야기되는 몰수의 변화
4열: 시간 t에서 계 내에 남아 있는 몰수

시간 t에서 남아 있는 화합물 B의 몰수를 계산하기 위하여 시간 t 동안 반응한 A의 몰수는 $N_{A0}X$라는 것을 상기한다. 반응하는 A의 몰마다 (b/a)몰의 B가 반드시 반응해야 한다. 그러므로 시간 t 동안 반응한 B의 전체 몰수는

$$\text{반응한 B의 몰수} = \frac{\text{반응한 B의 몰수}}{\text{반응한 A의 몰수}} \cdot \text{반응한 A의 몰수}$$

$$= \frac{b}{a}(N_{A0}X)$$

B는 계에서 소멸하고 있으므로 "변화"의 부호는 (−)이다. N_{B0}는 계 내의 초기몰수이다. 그러므로 시간 t에서 계 내에 남아 있는 B의 몰수 N_B는 표 4-1의 마지막 열에 다음과 같이 주어진다.

$$N_B = N_{B0} - \frac{b}{a}N_{A0}X$$

표 4-1에 자세하게 기술된 완전한 화학양론표는 다음 일반적인 반응의 모든 화합물에 대한 것이다.

$$\boxed{A + \frac{b}{a}B \longrightarrow \frac{c}{a}C + \frac{d}{a}D} \tag{2-2}$$

표 4-1의 마지막 열의 합계를 살펴보자. 괄호 안의 화학양론계수들$(d/a + c/a - b/a - 1)$은 반응한 A의 몰당 전체 몰수의 변화를 나타낸다. 이 항은 앞으로 우리가 계산할 때 자

주 나타나기 때문에, 기호 δ로 나타낸다.

$$\delta = \frac{d}{a} + \frac{c}{a} - \frac{b}{a} - 1 \tag{4-1}$$

δ의 정의

파라미터 δ

$$\delta = \frac{\text{전체 몰수의 변화}}{\text{반응한 A의 몰수}}$$

이제 다음 식으로부터 전체 몰수를 계산할 수 있다.

$$N_T = N_{T0} + \delta(N_{A0}X)$$

제1장과 제3장에서 논의된 바와 같이, 속도법칙(예, $-r_A = kC_A^2$)은 단지 반응계의 세기성질(intensive properties)[예, 온도, 압력, 농도, 촉매(존재하는 경우)]만의 함수라는 것을 상기하자. 일반적으로 반응속도 $-r_A$는 반응화합물의 농도의 몇 승에 의존한다. 결과적으로 반응속도를 전화율 X의 함수로 나타내기 위해서는 전화율(X)의 함수로서 반응화합물의 농도를 알 필요가 있다.

원하는 것은 $C_j = h_j(X)$이다.

4.1.1 일반적인 반응식, 식 (2-2)에 대한 회분식계의 농도

A의 농도는 단위부피당 A의 몰수이다. 즉

회분식계의 농도

$$C_A = \frac{N_A}{V}$$

B, C, D에 대해서도 비슷한 식을 쓰고, 화학양론표를 사용하여 각 화합물의 농도를 전화율 X의 항으로 나타내면 다음과 같이 된다. 즉

$$C_A = \frac{N_A}{V} = \frac{N_{A0}(1-X)}{V} \tag{4-2}$$

$$C_B = \frac{N_B}{V} = \frac{N_{B0} - (b/a)N_{A0}X}{V} \tag{4-3}$$

$$C_C = \frac{N_C}{V} = \frac{N_{C0} + (c/a)N_{A0}X}{V} \tag{4-4}$$

$$C_D = \frac{N_D}{V} = \frac{N_{D0} + (d/a)N_{A0}X}{V} \tag{4-5}$$

대부분의 회분식반응기는 단단한 용기이므로 반응기의 부피는 일정하다. 따라서 $V = V_0$이므로

$$C_A = \frac{N_A}{V_0} = \frac{N_{A0}(1-X)}{V_0}$$

$$C_A = C_{A0}(1-X) \tag{4-6}$$

식 (4-6)은 **액상** 계에도 적용할 수 있다는 것을 곧 확인할 것이다.

파라미터 Θ_i를 정의하고, 각 농도 식에서 공통인수 N_{A0}를 묶어 냄으로써, 위의 식들을 더 간략화하면 다음과 같이 된다.

$$\boxed{\Theta_i = \frac{N_{i0}}{N_{A0}} = \frac{C_{i0}}{C_{A0}} = \frac{y_{i0}}{y_{A0}}},$$

$$\boxed{\Theta_i = \frac{\text{초기 "i"성분의 몰수}}{\text{초기 A성분의 몰수}}}$$

$$C_B = \frac{N_{A0}[N_{B0}/N_{A0} - (b/a)X]}{V_0} = \frac{N_{A0}[\Theta_B - (b/a)X]}{V_0}$$

$$C_B = C_{A0}\left(\Theta_B - \frac{b}{a}X\right) \tag{4-7}$$

$$\text{여기서 } \Theta_B = \frac{N_{B0}}{N_{A0}}$$

공급
동일 몰수:
$\Theta_B = 1$
다른 몰수:
$\Theta_B = \frac{b}{a}$

동일 몰수의 공급에 대해서는 $\Theta_B = 1$이고, 화학양론으로 공급될 경우는 $\Theta_B = b/a$이다.

C와 D에 대해서 정리해 보면

$$C_C = \frac{N_{A0}[\Theta_C + (c/a)X]}{V_0}$$

$$C_C = C_{A0}\left(\Theta_C + \frac{c}{a}X\right) \tag{4-8}$$

$$\text{여기서 } \Theta_C = \frac{N_{C0}}{N_{A0}}$$

정용 회분식반응기와
액상 연속흐름반응기
에서의 농도

$$C_D = \frac{N_{A0}[\Theta_D + (d/a)X]}{V_0}$$

$$C_D = C_{A0}\left(\Theta_D + \frac{d}{a}X\right) \tag{4-9}$$

$$\text{여기서 } \Theta_D = \frac{N_{D0}}{N_{A0}}$$

철제용기와 같이 부피가 $V = V_0$로 일정한 회분식반응기에 대해, 이제 비로소 전화율의 함수로서 농도를 갖게 되었다. 만약 속도식을 안다면, 반응시간 t를 풀기 위하여 전화율로 표현된 미분형 몰수지식에 대입할 수 있는 $-r_A = f(X)$를 구할 수 있다.

액체에 대해
$V = V_0$
$\upsilon = \upsilon_0$

용액 내에서 일어나는 액상반응에서는 대개 용매가 상황을 지배한다. 대부분의 액상 유기반응은 반응이 진행되는 동안 밀도가 변하지 않으므로, 정용계로 간략화할 수 있는 또 다른 하나의 예가 된다. 결과적으로 용질의 밀도 변화가 용액의 전체 밀도에는 크게 영향을 **미치지 않으므로** 이는 본질적으로 $V=V_0$이고 $\upsilon=\upsilon_0$인 정용반응 공정이 된다. 따라서 (4-6)에서부터 (4-9)에 이르는 식들은 액상반응에서도 적용될 수 있다. 중합반응공정은 이 일반적인 규칙의 중요한 예외가 된다.

정용 회분식계와 액상반응에 대해서 요약하면, 반응 (2-2)에 대한 $-r_A = k_A C_A C_B$와 같은 속도식을 사용하여 다음과 같이 $-r_A = f(X)$의 함수관계를 구할 수 있다.

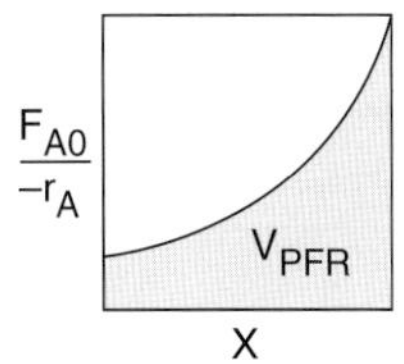

$$-r_A = kC_A C_B = kC_{A0}^2(1-X)\left(\Theta_B - \frac{b}{a}X\right) = f(X)$$

파라미터 k, C_{A0} 및 Θ_B에 대한 주어진 수치를 대입하면, 이제 제2장에 있는 기술을 사용하여 액상반응에 대한 CSTR 및 PFR의 크기를 결정할 수 있다.

예제 4-1 액상반응에 대한 $C_j = h_j(X)$의 유도

비누는 올레산(oleic acid), 스테아르산(stearic acid), 팔미트산(palmitic acid), 라우르산(lauric acid) 및 마이리스트산(myristic acid)과 같은 여러 가지 지방산의 나트륨염 및 칼륨염으로 되어 있다. 가성소다 수용액과 글리세릴 스테아레이트(glyceryl stearate)로부터 비누를 형성하는 비누화반응(saponification reaction)은 다음과 같다.

$$3NaOH(aq) + (C_{17}H_{35}COO)_3C_3H_5 \longrightarrow 3C_{17}H_{35}COONa + C_3H_5(OH)_3$$

수산화나트륨의 전화율(초기에 존재하는 수산화나트륨의 몰당 반응한 수산화나트륨의 몰수)을 X라 두고, 각 화합물의 농도를 초기 농도와 전화율 X의 항으로 나타내는 화학양론표를 작성하여라.

풀이

수산화나트륨을 계산의 기준으로 선택하였기 때문에, 수산화나트륨의 화학양론계수로 양변을 나누어 반응식을 다음 형태로 만든다.

계산의 기준을 선택한다.

$$NaOH + \tfrac{1}{3}(C_{17}H_{35}COO)_3C_3H_5 \longrightarrow C_{17}H_{35}COONa + \tfrac{1}{3}C_3H_5(OH)_3$$
$$A + \tfrac{1}{3}B \longrightarrow C + \tfrac{1}{3}D$$

그런 다음 표 E4-1.1에 나타낸 계산을 수행한다. 반응이 액상반응이므로 밀도 ρ는 일정하다고 간주할 수 있으므로 $V=V_0$이다.

$$C_A = \frac{N_A}{V} = \frac{N_A}{V_0} = \frac{N_{A0}(1-X)}{V_0} = C_{A0}(1-X)$$

$$\Theta_B = \frac{C_{B0}}{C_{A0}} \quad \Theta_C = \frac{C_{C0}}{C_{A0}} \quad \Theta_D = \frac{C_{D0}}{C_{A0}}$$

표 E4-1.1 액상 비누화반응의 화학양론표

화학양론표 (회분식)

화합물	기호	초기	변화	잔존	농도
NaOH	A	N_{A0}	$-N_{A0}X$	$N_{A0}(1-X)$	$C_{A0}(1-X)$
$(C_{17}H_{35}COO)_3C_3H_5$	B	N_{B0}	$-\frac{1}{3}N_{A0}X$	$N_{A0}\left(\Theta_B-\frac{X}{3}\right)$	$C_{A0}\left(\Theta_B-\frac{X}{3}\right)$
$C_{17}H_{35}COONa$	C	N_{C0}	$N_{A0}X$	$N_{A0}(\Theta_C+X)$	$C_{A0}(\Theta_C+X)$
$C_3H_5(OH)_3$	D	N_{D0}	$\frac{1}{3}N_{A0}X$	$N_{A0}\left(\Theta_D+\frac{X}{3}\right)$	$C_{A0}\left(\Theta_D+\frac{X}{3}\right)$
물(비활성물)	I	N_{I0}	–	N_{I0}	C_{I0}
합계		N_{T0}	0	$N_T = N_{T0}$	

분석: 이 예제의 목적은 표 4-1에 나타난 일반적인 반응이 어떻게 실제 반응에 적용되는지를 보여주기 위한 것이다.

예제 4-2 무엇이 한정반응물(limiting reactant)인가?

예제 4-1에서 화학양론표를 작성하였으므로, 이제 이를 이용하여 주어진 전화율에서의 농도들을 쉽게 계산할 수 있다. 만약 초기혼합물이 단지 농도 10 mol/dm^3(즉 10 mol/L 또는 10 kmol/m^3)의 수산화나트륨과 농도 2 mol/dm^{3}의 글리세릴 스테아레이트로만 구성되어 있다면, 수산화나트륨의 전화율이 **(a)** 20%, **(b)** 90%일 때 글리세릴 스테아레이트 B와 글리세린 D의 농도는 얼마인가?

풀이

초기에는 단지 반응물 NaOH와 $(C_{17}H_{35}COO)_3C_3H_5$만 존재하므로, $\Theta_C = \Theta_D = 0$이다.

(a) NaOH의 전화율이 20%일 때:

$$C_D = C_{A0}\left(\frac{X}{3}\right) = (10)\left(\frac{0.2}{3}\right) = 0.67 \text{ mol/L} = 0.67 \text{ mol/dm}^3$$

$$C_B = C_{A0}\left(\Theta_B - \frac{X}{3}\right) = 10\left(\frac{2}{10} - \frac{0.2}{3}\right) = 10(0.133) = 1.33 \text{ mol/dm}^3$$

(b) NaOH의 전화율이 90%일 때:

$$C_D = C_{A0}\left(\frac{X}{3}\right) = 10\left(\frac{0.9}{3}\right) = 3 \text{ mol/dm}^3$$

C_B를 구하면:

$$C_B = 10\left(\frac{2}{10} - \frac{0.9}{3}\right) = 10(0.2 - 0.3) = -1 \text{ mol/dm}^3$$

저런!! 농도가 음수라니—불가능하다! 무엇이 잘못되었지?

한정반응물을 계산의 기준으로 하여야 한다.

분석: 계산의 기준을 잘못 선택하였다! 우리는 계산의 기준으로서 한정반응물을 **선정해야만** 한다. 글리세릴 스테아레이트가 한정반응물이고 90%의 NaOH가 반응하기 전에 다 소비되므로, NaOH의 전화율이 90%가 되는 것은 불가능하다. 글리세릴 스테아레이트가 계산의 기준이 되었어야만 하며 따라서 주어진 반응을 화학양론계수 3으로 나누지 말았어야 했다. 잘못된 계산의 기준을 선택하는 것과 같은 실수로부터 무엇을 배운다는 것을 명심하는 것은 매우 중요하다. **실패로부터 배우는 것을 실패하지 않는다면, 세상에는 실패 같은 것은 없다.**

4.2 흐름계

연속흐름계(그림 4-2)에 대한 화학양론표의 형태(표 4-2)는 N_{j0}를 F_{j0}로, N_j를 F_j로 치환하는 것을 제외하고는 회분식계에 대한 화학양론표(표 4-1)와 사실상 동일하다. A를 계산의 기준으로 선택하고, A의 화학양론계수로 식 (2-1)을 나누면 다음과 같이 된다.

$$A + \frac{b}{a} B \longrightarrow \frac{c}{a} C + \frac{d}{a} D \tag{2-2}$$

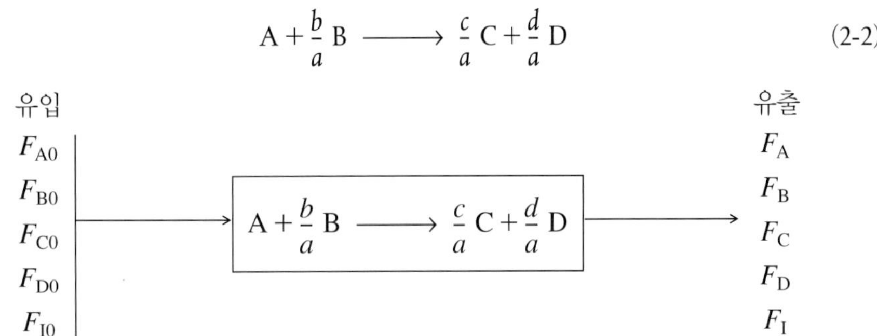

그림 4-2 흐름반응기

표 4-2 흐름계의 화학양론표

흐름계에 대한 화학양론표

화합물	반응기로의 공급속도 (mol/time)	반응기 내의 변화 (mol/time)	반응기로부터의 유출속도 (mol/time)
A	F_{A0}	$-F_{A0}X$	$F_A = F_{A0}(1-X)$
B	$F_{B0} = \Theta_B F_{A0}$	$-\frac{b}{a} F_{A0}X$	$F_B = F_{A0}\left(\Theta_B - \frac{b}{a} X\right)$
C	$F_{C0} = \Theta_C F_{A0}$	$\frac{c}{a} F_{A0}X$	$F_C = F_{A0}\left(\Theta_C + \frac{c}{a} X\right)$
D	$F_{D0} = \Theta_D F_{A0}$	$\frac{d}{a} F_{A0}X$	$F_D = F_{A0}\left(\Theta_D + \frac{d}{a} X\right)$
I	$F_{I0} = \Theta_I F_{A0}$	–	$F_I = F_{A0}\Theta_I$
합계	F_{T0}		$F_T = F_{T0} + \left(\frac{d}{a} + \frac{c}{a} - \frac{b}{a} - 1\right) F_{A0}X$ $F_T = F_{T0} + \delta F_{A0}X$

이때

$$\Theta_B = \frac{F_{B0}}{F_{A0}} = \frac{C_{B0}\,\upsilon_0}{C_{A0}\,\upsilon_0} = \frac{C_{B0}}{C_{A0}} = \frac{y_{B0}}{y_{A0}}$$

이고, Θ_C, Θ_D 및 Θ_I도 동일한 방법으로 정의할 수 있다.

여기서

$$\delta = \frac{d}{a} + \frac{c}{a} - \frac{b}{a} - 1 \tag{4-1}$$

4.2.1 흐름계에서 농도에 대한 식

흐름계에 대하여, 어떤 주어진 지점에서의 농도 C_A는 그 지점에서의 몰유량 F_A와 부피유량 υ로부터 구할 수 있다.

흐름계에 대한 농도의 정의

$$C_A = \frac{F_A}{\upsilon} = \frac{\text{몰/시간}}{\text{리터/시간}} = \frac{\text{몰}}{\text{리터}} \tag{4-10}$$

υ의 단위는 일반적으로 L/sec, dm^3/sec 또는 ft^3/min로 주어진다. 이제 식 (2-2)로 주어지는 일반적 반응에 대하여 화합물 A, B, C 및 D의 농도를 그들 각각의 유입 몰유량(F_{A0}, F_{B0}, F_{C0}, F_{D0})과 전화율 X 및 부피유량 υ의 항으로 나타낼 수 있다.

$$C_A = \frac{F_A}{\upsilon} = \frac{F_{A0}}{\upsilon}(1-X) \qquad C_B = \frac{F_B}{\upsilon} = \frac{F_{B0}-(b/a)F_{A0}X}{\upsilon}$$
$$C_C = \frac{F_C}{\upsilon} = \frac{F_{C0}+(c/a)F_{A0}X}{\upsilon} \qquad C_D = \frac{F_D}{\upsilon} = \frac{F_{D0}+(d/a)F_{A0}X}{\upsilon} \tag{4-11}$$

이제 부피유량 υ의 결정에 초점을 맞추자.

4.2.2 액상 농도에 대한 식

액체에 대해서, 상변화(phase change)가 일어나지 않으면, 반응에 따른 부피 변화를 무시할 수 있다. 결과적으로

$$\upsilon = \upsilon_0$$

액체에 대해서
$C_A = C_{A0}(1-X)$
$C_B = C_{A0}\left(\Theta_B - \frac{b}{a}X\right)$
그러므로 주어진 속도 법칙에 대하여 $-r_A = g(X)$를 얻게 된다.

따라서

$$C_A = \frac{F_{A0}}{\upsilon_0}(1-X) = C_{A0}(1-X) \tag{4-12}$$

$$C_B = C_{A0}\left(\Theta_B - \frac{b}{a}X\right) \tag{4-13}$$

이고 C_C와 C_D에 대해서도 마찬가지다.

따라서, 제3장에 있는 어떠한 속도법칙을 사용하더라도, 이제 액상반응에 대한 $-r_A = f(X)$의 함수관계를 구할 수 있다. **그러나** 기상반응의 경우에는 온도나 압력 또는 전체 몰수의 변화 때문에 반응이 일어나는 동안 부피유량이 변하는 경우가 아주 많다. 따라서 기상반응의 경우에는 농도를 전화율의 함수로 나타내기 위해서 식 (4-13)을 항상 사용할 수 있는 것은 아니다.

4.2.3 기상 농도

앞의 논의에서는 반응이 진행함에 따라 반응부피 또는 부피유량이 변하지 않는 계를 주로 고려하였다. 대부분의 회분식계 및 액상계 그리고 약간의 기상계가 이 범주에 속한다. 그러나 V 또는 v가 **변하는** 계들도 있으며, 이제 이러한 계들을 다루고자 한다.

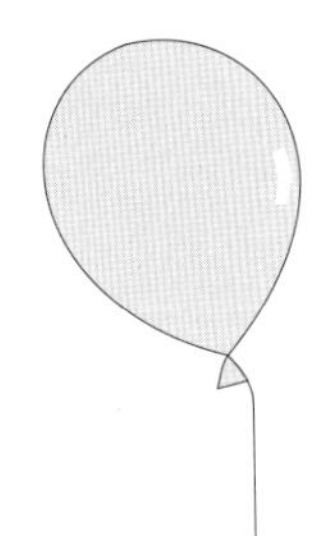

생성물과 반응물의 몰수가 같지 않은 기상반응에서는 대개는 유량이 변하게 된다. 예를 들어 암모니아의 합성 반응에서는

$$N_2 + 3H_2 \rightleftharpoons 2NH_3$$

4몰의 반응물로부터 2몰의 생성물이 얻어진다. 이러한 형태의 반응이 일어나는 흐름계에서 반응이 진행함에 따라 몰유량은 변하게 된다. 동일한 온도와 동일한 압력에서 몰수가 같아야만 기상에서 차지하는 부피가 같기 때문에, 몰수가 변하면 부피유량도 변하게 된다.

앞에서 제시된 화학양론표들에서, 표의 처음 4열[즉 화합물, 초기 몰수(또는 공급몰속도), 반응기 내의 변화, 잔존 몰수(또는 유출몰속도)]에서는 부피 변화에 관한 가정을 할 필요가 없었다. 그 화학양론표의 이들 열의 모든 항은 부피 또는 밀도에 무관하며, 이들은 정용(일정-밀도)의 경우와 변용(가변-밀도)의 경우에 서로 **동일하다**. 농도를 전화율의 함수로서 나타내고자 할 경우에만 가변 밀도(variable density)가 관련된다.

부피유량이 변하는 흐름반응기. 기상 흐름계에서 각 화합물의 농도를 전화율의 항으로 나타내기 위하여 전체 농도에 대한 관계식을 이용하는 것으로 시작하자. 반응기 내의 임의의 점에서 전체 농도 C_T는 전체 몰유량 F_T를 부피유량 v로 나눈 것이다[식 (4-10) 참조]. 기상에 대해서, 전체 농도는 기체법칙 $C_T = P/ZRT$로부터 구할 수 있다. 이 두 관계식을 같게 두면,

$$C_T = \frac{F_T}{v} = \frac{P}{ZRT} \tag{4-14}$$

반응기 입구에서는

$$C_{T0} = \frac{F_{T0}}{v_0} = \frac{P_0}{Z_0 RT_0} \tag{4-15}$$

식 (4-15)와 식 (4-14)의 비를 취하고 반응이 진행되는 동안 압축인자 Z의 변화는 무시할 수 있다고 가정하면, 다음 식과 같이 정리된다.

기상반응

$$\boxed{v = v_0\left(\frac{F_T}{F_{T0}}\right)\frac{P_0}{P}\left(\frac{T}{T_0}\right)} \tag{4-16}$$

이제 흐름계에 대한 화합물 j의 농도를 화합물 j의 몰유량 F_j, 온도 T 및 전압(total pressure) P에 관하여 나타낼 수 있다.

$$C_j = \frac{F_j}{v} = \frac{F_j}{v_0\left(\dfrac{F_T}{F_{T0}}\dfrac{P_0}{P}\dfrac{T}{T_0}\right)} = \left(\frac{F_{T0}}{v_0}\right)\left(\frac{F_j}{F_T}\right)\left(\frac{P}{P_0}\right)\left(\frac{T_0}{T}\right)$$

멤브레인반응기 (제6장)와 복합반응 (제8장)에 대해 이 농도식을 사용하여라.

$$\boxed{C_j = C_{T0}\left(\frac{F_j}{F_T}\right)\left(\frac{P}{P_0}\right)\left(\frac{T_0}{T}\right)} \tag{4-17}$$

전체 몰유량은 단지 계 내의 각 화합물의 몰유량의 합으로 주어진다.

$$F_T = F_A + F_B + F_C + F_D + F_I + \cdots = \sum_{j=1}^{n} F_j \tag{4-18}$$

식 (4-17)을 화합물 j에 대한 몰분율, y_j 항과 초기 또는 입구 조건, 즉 sub "0"에 대한 압력비 p로 표현할 수 있다.

$$y_j = \frac{F_j}{F_T}$$

$$p = \frac{P}{P_0}$$

$$C_j = C_{T0}\, y_j\, p\, \frac{T_0}{T} \tag{4-19}$$

몰유량 F_j는 몰수지식을 풀어서 구할 수 있다. 식 (4-17)에 주어진 농도는 멤브레인 반응기(제6장)와 기상 복수반응(제8장)을 논의할 때, 전화율이 아닌 척도에 대해서 사용될 것이다.

이제 기체 흐름계에 대하여 농도를 전화율의 항으로 나타내 보자. 표 4-2에서 전체 몰유량은 다음과 같이 전화율의 항으로 나타낼 수 있다.

$$F_T = F_{T0} + F_{A0}\,\delta X$$

이 전체 몰유량 식을 F_{T0}로 나누면

$$\frac{F_T}{F_{T0}} = 1 + \frac{F_{A0}}{F_{T0}}\delta X = 1 + \overbrace{y_{A0}\,\delta}^{\varepsilon} X$$

이므로

$$\frac{F_T}{F_{T0}} = 1 + \varepsilon X \tag{4-20}$$

여기서 y_{A0}는 유입부에서 A의 몰분율이고(즉, (F_{A0}/F_{T0})), δ가 식 (4-1)로부터 주어지면 ε은 다음과 같이 주어진다.

$$\varepsilon = \left(\frac{d}{a} + \frac{c}{a} - \frac{b}{a} - 1\right)\frac{F_{A0}}{F_{T0}} = y_{A0}\,\delta$$

δ와 ε의 관계

$$\boxed{\varepsilon = y_{A0}\,\delta} \tag{4-21}$$

식 (4-21)은 회분계와 흐름계 모두에 해당한다. ε을 설명하기 위해 반응이 완전히 완료되었을 때(즉, X = 1이고 $F_T = F_{Tf}$) 식 (4-20)을 다시 정리하면 다음과 같다.

$$\varepsilon = \frac{F_{Tf} - F_{T0}}{F_{T0}}$$

ε의 해설

$$\boxed{\varepsilon = \frac{\text{완전전화율에 대한 전체 몰수의 변화}}{\text{공급된 전체 몰수}}} \tag{4-22}$$

부피유량 υ에 대한 식 (4-16)에서 (F_T/F_{T0})을 치환하면 다음과 같은 식을 얻는다.

기상 부피유량

$$\boxed{\upsilon = \upsilon_0(1 + \varepsilon X)\,\frac{P_0}{P}\left(\frac{T}{T_0}\right)} \tag{4-23}$$

흐름계에서 화합물 j의 농도는 다음과 같다.

$$C_j = \frac{F_j}{\upsilon} \tag{4-24}$$

또 화합물 j의 몰유량은 다음과 같다.

$$F_j = F_{j0} + \nu_j(F_{A0}X) = F_{A0}(\Theta_j + \nu_j X)$$

여기서 ν_j는 양론계수(stoichiometric coefficient)로서, 반응물에 대해서는 음수이고 생성물에 대해서는 양수이다. 예를 들어 다음의 반응에서

$$A + \frac{b}{a}B \longrightarrow \frac{c}{a}C + \frac{d}{a}D \tag{2-2}$$

$$\boxed{\nu_A = -1,\ \nu_B = -b/a,\ \nu_C = c/a,\ \nu_D = d/a,\ \text{그리고}\ \Theta_j = F_{j0}/F_{A0}}$$

식 (4-23)의 기체 부피유량, υ와 F_j를 식 (4-23)에 대입하면 다음 식이 얻어진다.

$$C_j = \frac{F_{A0}(\Theta_j + \nu_j X)}{\upsilon_0\left((1+\varepsilon X)\frac{P_0}{P}\frac{T}{T_0}\right)}$$

이를 다시 정리하면 다음과 같은 식을 얻는다.

전화율의 함수로 나타낸 기상 농도

$$\boxed{C_j = \frac{C_{A0}(\Theta_j + \nu_j X)}{1+\varepsilon X}\left(\frac{P}{P_0}\right)\frac{T_0}{T}} \qquad (4\text{-}25)$$

여기서 $y_{A0} = F_{A0}/F_{T0}$, $C_{A0} = y_{A0}C_{T0}$, 그리고 ε은 식 (4-21)에서 주어진다는 것을 상기하여라(즉, $\varepsilon = y_{A0}\delta$).

기상반응 (2-2)에 대한 화학양론표를 표 4-3에 나타내었다.

표 4-3 변용 기체흐름계에서의 농도

$C_A = \frac{F_A}{\upsilon} = \frac{F_{A0}(1-X)}{\upsilon}$	$= \frac{F_{A0}(1-X)}{\upsilon_0(1+\varepsilon X)}\left(\frac{T_0}{T}\right)\frac{P}{P_0}$	$= C_{A0}\left(\frac{1-X}{1+\varepsilon X}\right)\frac{T_0}{T}\left(\frac{P}{P_0}\right)$
$C_B = \frac{F_B}{\upsilon} = \frac{F_{A0}[\Theta_B - (b/a)X]}{\upsilon}$	$= \frac{F_{A0}[\Theta_B - (b/a)X]}{\upsilon_0(1+\varepsilon X)}\left(\frac{T_0}{T}\right)\frac{P}{P_0}$	$= C_{A0}\left(\frac{\Theta_B - (b/a)X}{1+\varepsilon X}\right)\frac{T_0}{T}\left(\frac{P}{P_0}\right)$
$C_C = \frac{F_C}{\upsilon} = \frac{F_{A0}[\Theta_C + (c/a)X]}{\upsilon}$	$= \frac{F_{A0}[\Theta_C + (c/a)X]}{\upsilon_0(1+\varepsilon X)}\left(\frac{T_0}{T}\right)\frac{P}{P_0}$	$= C_{A0}\left(\frac{\Theta_C + (c/a)X}{1+\varepsilon X}\right)\frac{T_0}{T}\left(\frac{P}{P_0}\right)$
$C_D = \frac{F_D}{\upsilon} = \frac{F_{A0}[\Theta_D + (d/a)X]}{\upsilon}$	$= \frac{F_{A0}[\Theta_D + (d/a)X]}{\upsilon_0(1+\varepsilon X)}\left(\frac{T_0}{T}\right)\frac{P}{P_0}$	$= C_{A0}\left(\frac{\Theta_D + (d/a)X}{1+\varepsilon X}\right)\frac{T_0}{T}\left(\frac{P}{P_0}\right)$
$C_I = \frac{F_I}{\upsilon} = \frac{F_{A0}\Theta_I}{\upsilon}$	$= \frac{F_{A0}\Theta_I}{\upsilon_0(1+\varepsilon X)}\left(\frac{T_0}{T}\right)\frac{P}{P_0}$	$= \frac{C_{A0}\Theta_I}{1+\varepsilon X}\left(\frac{T_0}{T}\right)\frac{P}{P_0}$

드디어!
변용 기상반응에 대한 $C_j = h_j(X)$와 $-r_A = g(X)$를 얻었다.

이 장의 주요 목표 중 하나는 임의의 $-r_A$를 어떻게 전화율의 함수로 나타낼 수 있는가를 배우는 것이다. 그림 4-3의 개략도에 이 점에 관한 논의들을 요약하였다. 여러 조건의 온도, 압력, 부피에 대해 일반적인 반응에서 화합물 B의 농도를 회분식계뿐만 아니라 흐름계에 대해서도 전화율의 함수로 나타내었다.

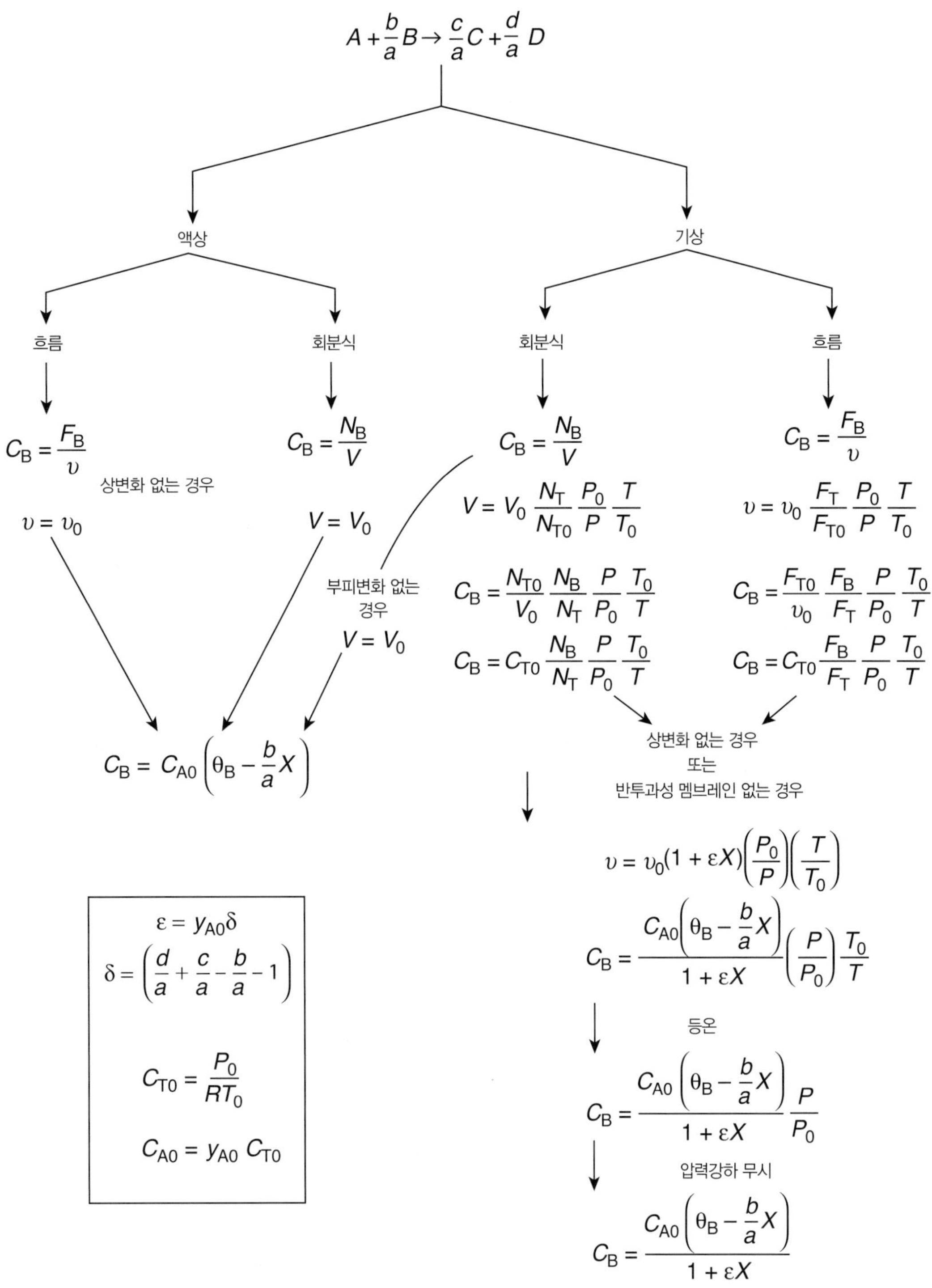

그림 4-3 농도를 전화율의 함수로 표현하기

예제 4-3 기상반응에 대한 $C_j = h_j(X)$ 구하기

28% SO_2와 72% 공기의 혼합물이 흐름반응기에 주입되어 SO_2가 산화된다.

$$2SO_2 + O_2 \longrightarrow 2SO_3$$

(a) 먼저, 기호들(즉 Θ_i, F_i)만을 사용하여 화학양론표를 작성하라.

(b) 다음으로 전압이 1485 kPa(14.7 atm)이고 온도가 227°C로 일정할 때, 전화율의 함수로 각각의 화합물 농도를 계산하는 두 번째 표를 작성하라.

(c) 파라미터들의 값을 구하고, SO_2, SO_3, N_2 각각의 농도를 전화율의 함수로서 플롯하여라.

풀이

(a) 화학양론표. SO_2를 계산의 기준(basis of calculation)으로 선택하고, 우리가 정한 계산의 기준 화합물의 화학양론계수로 반응식 전체를 나눈다.

$$SO_2 + \tfrac{1}{2}O_2 \longrightarrow SO_3$$

화학양론표는 표 E4-3.1에 나타내었다.

표 E4-3.1 $SO_2 + \frac{1}{2}O_2 \longrightarrow SO_3$에 대한 화학양론표

화합물	기호	초기	변화	잔존
SO_2	A	F_{A0}	$-F_{A0}X$	$F_A = F_{A0}(1-X)$
O_2	B	$F_{B0} = \Theta_B F_{A0}$	$-\frac{F_{A0}X}{2}$	$F_B = F_{A0}\left(\Theta_B - \frac{1}{2}X\right)$
SO_3	C	0	$+F_{A0}X$	$F_C = F_{A0}X$
N_2	I	$F_{I0} = \Theta_I F_{A0}$	–	$F_I = F_{I0} = \Theta_I F_{A0}$
합계		F_{T0}		$F_T = F_{T0} - \frac{F_{A0}X}{2}$

(b) 전화율의 함수로서 농도 표현하기.

전화율의 정의를 이용하여 SO_2(A)의 몰유량을 전화율의 항으로 치환해야 할 뿐만 아니라, 부피유량도 전화율의 함수로 치환해야 한다.

$$C_A = \frac{F_A}{\upsilon} = \frac{F_{A0}(1-X)}{\upsilon} \tag{E4-3.1}$$

다음으로 식 (4-23)을 상기하면

$$\upsilon = \upsilon_0(1+\varepsilon X)\frac{P_0}{P}\left(\frac{T}{T_0}\right) \tag{4-23}$$

이 반응에서 압력강하를 무시하면, $P = P_0$이므로

압력강하를 무시하면, $P = P_0$이다. 즉, $p = \frac{P}{P_0} \approx 1$

$$v = v_0(1+\varepsilon X)\frac{T}{T_0} \tag{E4-3.2}$$

또한, 반응이 일정 온도에서 일어난다면, $T=T_0$이므로

등온운전, $T = T_0$

$$v = v_0(1+\varepsilon X)$$

$$C_A = \frac{F_{A0}(1-X)}{v_0(1+\varepsilon X)} = C_{A0}\left(\frac{1-X}{1+\varepsilon X}\right)$$

유사하게 $T=T_0$와 $P=P_0$ (즉, $p = 1$)에 대해서 B의 농도는

$$C_B = C_{A0}\frac{\left(\Theta_B - \frac{b}{a}X\right)}{1+\varepsilon X}p\frac{T_0}{T} = \frac{C_{A0}\left(\Theta_B - \frac{1}{2}X\right)}{1+\varepsilon X}$$

(c) 파라미터값 구하기와 전화율의 함수로서 농도 플롯.

A의 초기 농도는 초기 몰분율에 전체 농도를 곱한 것과 같다. 전체 농도는 이상기체 법칙(ideal gas law)과 같은 상태방정식(equation of state)으로 계산할 수 있다. $y_{A0} = 0.28$이고, $T_0 = 500$ K, 그리고 $P_0 = 1485$ kPa임을 상기하면,

$$C_{A0} = y_{A0}C_{T0} = y_{A0}\left(\frac{P_0}{RT_0}\right)$$

$$= 0.28\left[\frac{1485\ \text{kPa}}{8.314\ \text{kPa}\cdot\text{dm}^3/(\text{mol}\cdot\text{K})\times 500\ \text{K}}\right]$$

$$= 0.1\ \text{mol/dm}^3$$

일정 온도와 압력에서의 전체 농도는

$$C_T = \frac{F_T}{v} = \frac{F_{T0} + \overbrace{y_{A0}\delta}^{\varepsilon} X F_{T0}}{v_0(1+\varepsilon X)} = \frac{F_{T0}(1+\varepsilon X)}{v_0(1+\varepsilon X)} = \frac{F_{T0}}{v_0} = C_{T0} \tag{E4-3.3}$$

$$C_{T0} = \frac{P_0}{RT_0} = \frac{1485\ kPa}{[8.314\ \text{kPa}\cdot\text{dm}^3/(\text{mol}\cdot\text{K})](500\ \text{K})} = 0.357\frac{\text{mol}}{\text{dm}^3} \tag{E4-3.4}$$

이제 ε을 계산한다.

$$\varepsilon = y_{A0}\,\delta = (0.28)(1-1-\tfrac{1}{2}) = -0.14 \tag{E4-3.5}$$

초기에 전체 몰수의 72%인 공기는 21%의 O_2와 79%의 N_2를 포함하고 있고, 28%는 SO_2이다.

$$F_{A0} = (0.28)(F_{T0})$$

$$F_{B0} = (0.72)(0.21)(F_{T0})$$

$$\Theta_B = \frac{F_{B0}}{F_{A0}} = \frac{(0.72)(0.21)}{0.28} = 0.54$$

$$\Theta_I = \frac{F_{I0}}{F_{A0}} = \frac{(0.72)(0.79)}{0.28} = 2.03$$

각 화합물 농도에 대해 C_{A0}와 ε을 대입하면:

SO_2 $$C_A = C_{A0}\left(\frac{1-X}{1+\varepsilon X}\right) = 0.1\left(\frac{1-X}{1-0.14X}\right) \text{mol/dm}^3 \quad \text{(E4-3.6)}$$

O_2: $$C_B = C_{A0}\left(\frac{\Theta_B - \frac{1}{2}X}{1+\varepsilon X}\right) = \frac{0.1\,(0.54-0.5X)}{1-0.14X} \text{mol/dm}^3 \quad \text{(E4-3.7)}$$

SO_3: $$C_C = \frac{C_{A0}X}{1+\varepsilon X} = \frac{0.1X}{1-0.14X} \text{mol/dm}^3 \quad \text{(E4-3.8)}$$

N_2: $$C_I = \frac{C_{A0}\Theta_I}{1+\varepsilon X} = \frac{(0.1)(2.03)}{1-0.14X} \text{mol/dm}^3 \quad \text{(E4-3.9)}$$

여러 전화율에서 다른 화합물 농도들을 계산하여 표 E4-3.2에 정리하고, 그림 E4-3.1에 도시하였다. 이 반응에서 N_2는 비활성 화합물이지만 그 농도가 변하고 있는 것에 **유의하여라!!**

표 E4-3.2 전화율의 함수로서의 농도

		C_i (mol/dm³)				
화합물		$X = 0.0$	$X = 0.25$	$X = 0.5$	$X = 0.75$	$X = 1.0$
SO_2	$C_A =$	0.100	0.078	0.054	0.028	0.000
O_2	$C_B =$	0.054	0.043	0.031	0.018	0.005
SO_3	$C_C =$	0.000	0.026	0.054	0.084	0.116
N_2	$C_I =$	0.203	0.210	0.218	0.227	0.236
합계	$C_T =$	0.357	0.357	0.357	0.357	0.357

참고: 전화율에 따라 부피유량이 변하기 때문에($\upsilon = \upsilon_0(1-0.14X)$), 비활성물($N_2$)의 농도가 일정하지 않다.

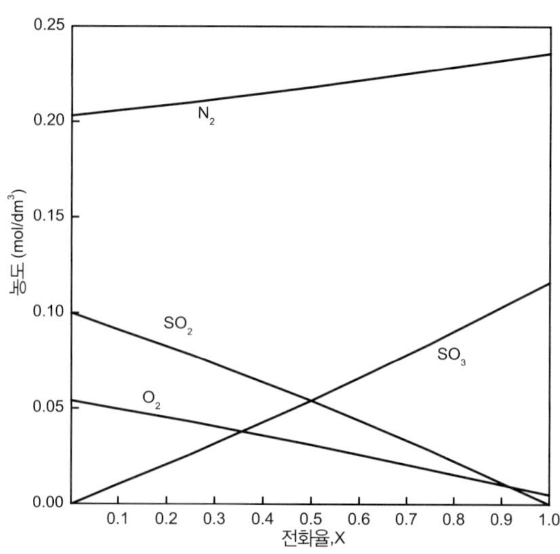

그림 E4-3.1 전화율의 함수로서의 농도

이제 반응기 크기에 대해 제2장에서 제시한 기법을 사용한다.

우리는 이제 X의 함수로서 $-r_A$를 표현하고 제2장에서 소개한 기술들을 사용할 수 있는 위치에 도달하였다. 그러나 다음 장에서 논의되는 적분표(부록 A), 또는 Polymath 또는 MATLAB이라고 불리는 소프트웨어를 이용하여 CRE 문제를 푸는 더 나은 방법을 이용할 것이다.

분석: 이 예제에서는 우선 몰유량 항으로 화학양론표(stoichiometric table)를 만들었다. 그러고 나서 전체 몰수가 변하는 기상반응에서 각 화합물의 농도를 어떻게 표현하는지를 보였다. 다음으로 각 화합물 농도를 전화율의 함수로 도시하였고, 전체 몰유량 F_T가 전화율에 따라 감소하기 때문에 전화율이 증가함에 따라 비활성 화합물인 N_2의 농도가 일정하지 않고 증가함을 확인하였다.

대다수는 아닐지라도 이전에 여러 번 언급한 것처럼, 촉매반응에 대한 속도식은 부분압력의 항으로 주어진다. 다행히도, 부분압은 이상기체법칙과 식 (4-17)의 도움으로 쉽게 전화율과 연관 지을 수 있다.

$$P_i = C_i RT = C_{T0}\frac{F_i}{F_{T0}}\overbrace{\left(\frac{P}{P_0}\right)}^{p}\frac{T_0}{T}RT = \overbrace{C_{T0}RT_0}^{P_{T0}}\overbrace{\frac{F_i}{F_{T0}}}^{y_i}p$$

다음 식은 몰수지식이 몰유량의 항으로 쓰여 있을 때 사용한다.

$$\boxed{P_i = P_{T0}\left(\frac{F_i}{F_{T0}}\right)p} \tag{4-26}$$

그러나 몰수지식이 전화율의 함수로 쓰여 있는 경우에는 식 (4-25)를 사용한다.

$$P_i = C_i RT = C_{A0}\frac{(\Theta_i + \nu_i X)}{(1+\varepsilon X)}\frac{P}{P_0}\frac{T_0}{T}RT$$

$$= \overbrace{C_{A0}RT_0}^{P_{A0}}\frac{(\Theta_i + \nu_i X)}{(1+\varepsilon X)}p$$

$$\boxed{P_i = P_{A0}\frac{(\Theta_i + \nu_i X)}{1+\varepsilon X}p} \tag{4-27}$$

예를 들어, 식 (10-80)에 주어진 톨루엔(T)의 hydrodemethylation으로 메탄(M)과 벤젠(B)을 생성하는 반응의 속도식을 이제는 전화율 항으로 쓸 수 있게 되었다.

$T + H_2 \rightarrow M + B$

$$-r_T' = \frac{kP_{A0}^2(1-X)(\Theta_{H_2} - X)}{1 + K_B P_{A0} X + K_B P_{A0}(1-X)}(p)^2$$

만약에 당신이 컴퓨터를 사거나 빌리는 결정을 하지 못하거나, 또는 적분표를 가지고 있지 않다면, 톨루엔의 특정 전화율에 도달하는 것을 풀기 위해서 제2장의 그래프 기술에 의존하여 레벤스필 플롯, $(F_{A0}/-r_A')$ 대 X, 을 사용할 것으로 생각한다.

예제 4-4 SO_2 산화반응의 속도식을 분압과 전화율에 대하여 표현하기

예제 4-3에서 논의된 SO_2 산화반응은 고체 백금 촉매 상에서 진행된다. 대부분의 기체-고체 촉매 반응들과 마찬가지로, 속도법칙은 농도 대신 분압에 대하여 표현된다. 이 SO_2 산화반응의 속도법칙은 다음과 같이 실험적으로 구할 수 있다[1].

$$-r'_{SO_2} = \frac{k\left[P_{SO_2}\sqrt{P_{O_2}} - \frac{P_{SO_3}}{K_p}\right]}{\left(1+\sqrt{P_{O_2}K_{O_2}}+P_{SO_3},K_{SO_3}\right)^2} \text{ mol 산화된 } SO_2/(h)/(g\text{-cat}) \quad (E4\text{-}4.1)$$

여기서 P_i(atm)은 화합물 i의 분압이다.

반응은 400°C의 등온에서 진행된다. 이 온도에서 단위 촉매 그램당(g-cat) 속도상수 k, $O_2(K_{O_2})$와 $SO_2(K_{SO_2})$의 흡착상수, 그리고 압력 평형 상수 K_P는 다음과 같이 실험적으로 얻어진다.

$k = 9.7$ mol $SO_2/atm^{3/2}/h/g\text{-cat}$
$K_{O_2} = 38.5\ atm^{-1}$, $K_{SO_2} = 42.5\ atm^{-1}$, 그리고 $K_P = 930\ atm^{-1/2}$

전체 압력과 공급 조성(즉 28% SO_2)은 예제 4-3과 같다. 결과적으로 들어가는 SO_2의 분압은 4.1 atm이다. 압력강하는 없다.

(a) 모든 파라미터를 계산하고 속도식을 전화율의 함수로 써라.
(b) 평형전화율, X_e까지 전화율 X의 함수로 속도의 역수$[1/(-r_A)]$를 스케치함으로써 레벤스필 플롯을 하여라. 평형전화율에서는 반응속도가 영으로 접근하고 $[1/(-r_A)]$는 무한대로 접근하는 점을 주목하여라.

풀이

Part (a)

압력강하가 없고 등온 운전조건임

SO_2에 대해

우선 농도와 전화율 사이의 관계에 따르는 분압과 농도 사이의 관계에 대해 상기할 필요가 있다. 이미 어떻게 전화율의 함수로서 농도를 나타내는지 알고 있어서 전화율의 함수로서 분압을 어떻게 표현하는지도 안다.

$$P_i = P_{A0}\frac{(\Theta_i+\nu_i X)}{(1+\varepsilon X)}\frac{P}{P_0} = P_{A0}\frac{(\Theta_i+\nu_i X)}{(1+\varepsilon X)}p$$

$$P_{SO_2} = C_{SO_2}RT = \frac{F_{SO_2}}{\upsilon}RT = \frac{F_{SO_2,0}(1-X)RT}{\upsilon_0(1+\varepsilon X)\frac{T}{T_0}\frac{P_0}{P}} = \frac{F_{SO_2,0}}{\upsilon_0}\frac{RT_0(1-X)\frac{P}{P_0}}{(1+\varepsilon X)}$$

$$P_{SO_2} = \frac{P_{SO_2,0}(1-X)\frac{P}{P_0}}{(1+\varepsilon X)} = \frac{P_{SO_2,0}(1-X)p}{(1+\varepsilon X)} \quad (E4\text{-}4.2)$$

1. Uychara, O. A., and K. M. Watson, *Ind. Energ. Chem.* 35 p.541.

압력강하가 없으므로 $P = P_0, p = 1$

$$\boxed{P_{SO_2} = \frac{P_{SO_2,0}(1-X)}{(1+\varepsilon X)}}$$

$$P_{SO_2,0} = y_{SO_2,0} P_0 = 4.1 \text{ atm} \tag{E4-4.3}$$

SO_3에 대해

$$\boxed{P_{SO_3} = C_{SO_3} RT = \frac{C_{SO_2,0} RT_0 X}{(1+\varepsilon X)} = \frac{P_{SO_2,0} X}{1+\varepsilon X}} \tag{E4-4.4}$$

O_2에 대해

$$P_{O_2} = C_{O_2} RT = C_{SO_2,0} \frac{\left(\Theta_B - \frac{1}{2} X\right) RT_0}{(1+\varepsilon X)} = P_{SO_2,0} \frac{\left(\Theta_B - \frac{1}{2} X\right)}{(1+\varepsilon X)} \tag{E4-4.5}$$

예제 4-3으로부터

$$\Theta_B = 0.54$$

$\frac{1}{2}$을 빼내면 식 (E4-4.5)는 다음과 같이 된다.

$$\boxed{P_{O_2} = P_{SO_2,0} \frac{\left(\Theta_B - \frac{1}{2} X\right)}{(1+\varepsilon X)} = \frac{P_{SO_2,0}(1.08-X)}{2(1+\varepsilon X)}} \tag{E4-4.6}$$

식 (E4-3.5)로부터

$$\varepsilon = -0.14 \tag{E4-3.5}$$

속도법칙 식 (E4-4.1)에 분압을 대입하면

$$-r'_{SO_2} = k \left[\frac{P_{SO_2,0}^{3/2} \left(\frac{1-X}{1-0.14X}\right) \sqrt{\frac{(1.08-X)}{2(1-0.14X)}} - \frac{P_{SO_2,0} X}{(1-0.14X)} \left(\frac{1}{930 \text{ atm}^{-1/2}}\right)}{\left(1 + \sqrt{\frac{38.5\, P_{SO_2,0}(1.08-X)}{2(1-0.14X)}} + \frac{42.5\, P_{SO_2,0} X}{(1-0.14X)}\right)^2} \right] \tag{E4-4.7}$$

이때, $k = 9.7$ mol $SO_2/\text{atm}^{3/2}/\text{h/g-cat}$, $P_{SO_2,0} = 4.1$ atm, $P_{SO_2,0}^{3/2} = 8.3 \text{ atm}^{3/2}$이므로

$$\boxed{-r'_{SO_2} = 9.7 \frac{\text{mol}}{\text{h g-cat atm}^{3/2}} \left[\frac{\frac{8.3 \text{ atm}^{3/2}(1-X)}{(1-0.14X)} \sqrt{\frac{1.08-X}{2(1-0.14X)}} - \frac{0.0044 \text{ atm}^{3/2} X}{(1-0.14X)}}{\left(1 + \sqrt{\frac{79(1.08-X)}{(1-0.14X)}} + \frac{174X}{1-0.14X}\right)^2} \right]} \tag{E4-4.8}$$

Part (b)

이제 그림 E4-4에서 보여진 X의 함수로서 반응속도의 역수를 플롯하기 위해서 식 (E4-4.8)을 사용할 수 있게 되었다. 평형전화율, X_e에서 반응속도의 역수는 무한대로 간다는 것을 유의하여라. 이제 충전층반응기(PBR)에서 특정 전화율에 도달하기 위한 촉매의 무게 W를 구하기 위해 레벤스필 플롯(Levenspiel plot)을 사용할 수 있다.

$$F_{A0}\frac{dX}{dW} = -r'_A \tag{2-17}$$

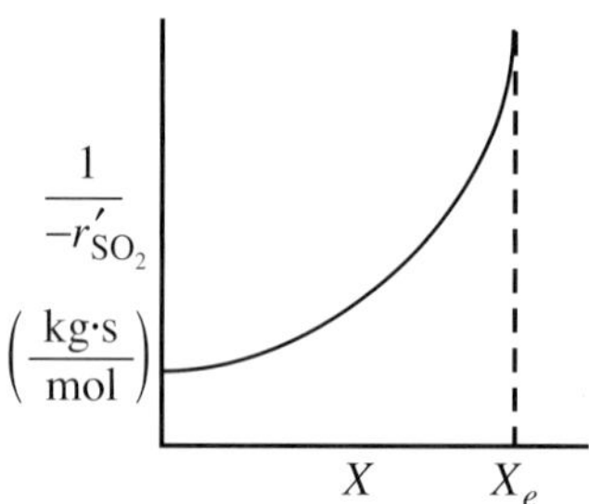

그림 E4-4.1 전화율의 함수로서 SO_2 산화반응 속도의 역수

하지만 계산능력을 갖춘 소프트웨어 패키지를 이용하여 촉매의 무게 W를 구하는 훨씬 더 좋은 방법이 있음을 다음 장에서 보게 될 것이다. 예를 들어 식 (E4-4.8)과 식 (2-17)을 결합한 다음 촉매 무게 W의 함수로서 전화율 X를 찾기 위하여 Polymath와 같은 상미분방정식(ODE) 문제풀이 프로그램(solver)을 사용할 수 있다. 따라서 제5장 또는 그 이후에 나오는 문제를 푸는 것을 시도하기 전에 랩톱컴퓨터를 빌리거나 사도록 하여라.

분석: 대부분의 불균일 촉매 반응에서 속도법칙은 농도 대신 분압으로 표현된다. 그러나 우리는 이상기체법칙(ideal gas law)을 통하여 쉽게 분압을 농도의 함수로 표현할 수 있고, 전화율의 함수로서 속도법칙을 표현할 수 있다. 게다가, 대부분의 불균일 반응에서는, 제10장에서 설명할 것이지만, 속도법칙의 분모에서 $(1 + K_AP_A + K_BP_B + \ldots)$와 같은 항을 발견하게 될 것이다.

4.3 가역반응과 평형농도(Reversible Reactions and Equilibrium Conversion)

먼저 X_e를 계산해야 한다.

이 장에서 지금까지는 주로 비가역반응에 초점을 맞추었다. 가역반응에 대한 등온반응기 설계에 사용되는 과정은 한 가지 주목할 만한 차이를 제외하고는 비가역반응의 경우와 같다: 즉 어느 반응온도에서 달성될 수 있는 최대전화율이 평형전화율 X_e이라는 것이다. 다음 예제에서 지금까지 논의된 반응기 설계 알고리즘이 가역반응에 쉽게 확장되어 적용될 수 있다는 것을 알게 될 것이다.

예제 4-5 평형전환율의 계산

사산화이질소(N_2O_4)의 가역 기상 분해반응이 일정 온도에서 수행되어 이산화질소(NO_2)로 된다.

$$N_2O_4 \rightleftarrows 2NO_2$$

원료는 340 K, 202.6 kPa(2 atm) 조건에서 순수한 N_2O_4로 공급된다. 340 K에서 농도 평형상수 K_C는 0.1 mol/dm^{3}이고, 반응속도상수 $k_{N_2O_4}$는 0.5 min^{-1}이다.

(a) 정용(constant-volume) 회분식반응기에서 화학양론표를 세우고, N_2O_4의 평형전화율을 구하여라.

(b) 흐름반응기에서 화학양론표를 세우고, N_2O_4의 평형전화율을 구하여라.

(c) 반응이 기초반응(elementary)이라고 가정하고 흐름계와 회분식계의 속도식을 각각 전화율만의 함수로 나타내어라.

(d) 평형전화율의 80%를 달성하는 데 필요한 CSTR의 부피를 구하여라.

풀이

$$N_2O_4 \rightleftarrows 2NO_2$$
$$A \rightleftarrows 2B$$

평형에서 반응화합물들의 농도들은 열역학에 의하여 주어지는 관계식에 따라 서로 관련된다[식 (3-10)과 부록 C 참조].

$$K_C = \frac{C_{Be}^2}{C_{Ae}} \tag{E4-5.1}$$

(a) 회분식계–일정부피, $\mathbf{V = V_0}$.

표 E4-5.1 회분식반응기의 화학양론표

화합물	기호	초기	변화	잔존
N_2O_4	A	N_{A0}	$-N_{A0}X$	$N_A = N_{A0}(1-X)$
NO_2	B	0	$+2N_{A0}X$	$N_B = 2N_{A0}X$
		$N_{T0} = N_{A0}$		$N_T = N_{T0} + N_{A0}X$

실전 예제 문제

회분식계에서 $C_i = N_i/V$이므로,

$$C_A = \frac{N_A}{V} = \frac{N_A}{V_0} = \frac{N_{A0}(1-X)}{V_0} = C_{A0}(1-X) \tag{E4-5.2}$$

$$C_B = \frac{N_B}{V} = \frac{N_B}{V_0} = \frac{2N_{A0}X}{V_0} = 2C_{A0}X \tag{E4-5.3}$$

$$C_{A0} = \frac{y_{A0}P_0}{RT_0} = \frac{(1)(2\text{ atm})}{(0.082\text{ atm}\cdot\text{dm}^3/\text{mol}\cdot\text{K})(340\text{ K})}$$
$$= 0.07174\text{ mol/dm}^3$$

회분식반응기에서의 평형에서는 $X = X_{eb}$이고, 식 (E4-5.2)와 식 (E4-5.3)을 식 (E4-5.1)에 대입하면 다음을 얻는다.

$$K_C = \frac{C_{Be}^2}{C_{Ae}} = \frac{4C_{A0}^2 X_{eb}^2}{C_{A0}(1-X_{eb})} = \frac{4C_{A0}X_{eb}^2}{1-X_{eb}}$$

$$X_{eb} = \sqrt{\frac{K_C(1-X_{eb})}{4C_{A0}}} \tag{E4-5.4}$$

정용회분식반응기에서의 평형전화율을 Xeb로 두고 Polymath 소프트웨어를 사용하여 평형전화율을 구해보자. 식 (E4-5.4)를 Polymath 형식으로 나타내면,

f(X**eb**) = **Xeb**−[**Kc***(**1**−**Xeb**)/(4*Cao)] **^0.5**

Polymath 프로그램과 풀이는 표 E4-5.2에 주어져 있다.

식 (E4-5.4)를 살펴본 후에, 아마도 "왜 회분식계뿐만 아니라 아래에서 다루게 되는 흐름계에 대해서도 2차방정식의 근의 공식을 이용하여 평형전화율을 구하지 않는가?"라는 질문을 할 것이다. 식 (E4-5.4)로부터 다음 식을 얻는다.

Polymath 사용법은 CRE 웹사이트 제1장의 요약노트에 있다.

$$\text{회분식계:}\quad X_{eb} = \frac{1}{8}[(-1 + \sqrt{1 + 16C_{A0}/K_C})/(C_{A0}/K_C)]$$

그리고 식 (E4-5.8)로부터 다음 식을 얻는다.

$$\text{흐름계:}\quad X_{ef} = \frac{\left[(\varepsilon-1)+\sqrt{(\varepsilon-1)^2+4(\varepsilon+4C_{A0}/K_C)}\right]}{2(\varepsilon+4C_{A0}/K_C)}$$

표 E4-5.2 회분식계와 흐름계에 대한 Polymath 프로그램과 풀이

Nonlinear equations

1 f(Xef) = Xef-(Kc*(1-Xef)*(1+epsilon*Xef)/(4*Cao))^0.5 = 0

2 f(Xeb) = Xeb-(Kc*(1-Xeb)/(4*Cao))^0.5 = 0

Explicit equations

1 Cao = 0.07174

2 epsilon = 1.0

3 Kc = 0.1

Calculated values of NLE variables

	Variable	Value	f(x)	Initial Guess
1	Xeb	0.4412597	7.266E-09	0.4
2	Xef	0.5083548	2.622E-10	0.5

	Variable	Value
1	Cao	0.07174
2	epsilon	1.
3	Kc	0.1

위의 질문에 대한 답은 근의 공식을 이용하지 않은 것은 추후의 문제들은 비선형적이어서 Polymath 풀이를 필요로 할 것이고, 독자들이 편안하게 Polymath를 사용할 수 있도록 돕고 싶었기 때문이다.

정용회분식반응기에서의 평형전화율은 다음과 같다.

$$\boxed{X_{eb} = 0.44}$$

Polymath 사용법
제1장

참고: Polymath의 사용법은 CRE 웹사이트 제1장의 요약노트에서 찾아볼 수 있다 (*www.umich.edu/~elements/5e/index.html*).

(b) 흐름계. 화학양론표는 각 화합물의 몰수 N_i가 그 화합물의 몰유량 F_i로 치환된 것 이외에는 회분식계의 화학양론표와 동일하다.

일정 온도와 일정 압력에서 부피유량은 $\upsilon = \upsilon_0(1 + \varepsilon X)$이고, 이에 따른 화합물 A와 B의 농도는 다음과 같다.

표 E4-5.2 연속흐름식반응기에서 화학양론표

화합물	기호	초기	변화	잔존
N_2O_2	A	F_{A0}	$-F_{A0}X$	$F_A = F_{A0}(1-X)$
NO_2	B	0	$+2F_{A0}X$	$F_B = 2F_{A0}X$
		$F_T = F_{A0}$		$F_T = F_{T0} + F_{A0}X$

$$C_A = \frac{F_A}{\upsilon} = \frac{F_{A0}(1-X)}{\upsilon} = \frac{F_{A0}(1-X)}{\upsilon_0(1+\varepsilon X)} = \frac{C_{A0}(1-X)}{1+\varepsilon X} \tag{E4-5.5}$$

$$C_B = \frac{F_B}{\upsilon} = \frac{2F_{A0}X}{\upsilon_0(1+\varepsilon X)} = \frac{2C_{A0}X}{1+\varepsilon X} \tag{E4-5.6}$$

평형에서 $X = X_{ef}$이고, 식 (E4-5.5)와 식 (E4-5.6)을 식 (E4-5.1)에 대입하면 다음 식이 얻어진다.

$$K_C = \frac{C_{Be}^2}{C_{Ae}} = \frac{[2C_{A0}X_{ef}/(1+\varepsilon X_{ef})]^2}{C_{A0}(1-X_{ef})/(1+\varepsilon X_{ef})}$$

이를 간략화하면

$$K_C = \frac{4C_{A0}X_{ef}^2}{(1-X_{ef})(1+\varepsilon X_{ef})} \tag{E4-5.7}$$

Polymath를 사용하기 위해 재정리하면 다음 식이 된다.

$$X_{ef} = \sqrt{\frac{K_C(1-X_{ef})(1+\varepsilon X_{ef})}{4C_{A0}}} \tag{E4-5.8}$$

순수한 N_2O_4 원료를 공급하는 흐름계에 대하여, $\varepsilon = y_{A0}\,\delta = 1(2-1) = 1$이다.

흐름계에서는 평형전화율을 Xef로 표시하자. 식 (E4-5.8)을 Polymath 형식으로 쓰면 다음과 같이 된다.

f(Xef) = Xef − [kc*(1−Xef)*(1 + eps*Xef)/4/cao] ^0.5

이 식의 풀이도 표 E4-5.2에서 보여준다 $\boxed{X_{ef}=0.51}$.

압력강하가 없는 경우, 흐름반응기에서의 평형전화율(즉 $X_{ef} = 0.51$)은 정용회분식반응기에서의 평형전화율($X_{eb} = 0.44$)보다 크다. 르샤틀리에의 원리(Le Châtelier's principle)를 상기하여 이와 같은 X_e의 차이에 대하여 설명할 수 있는가? 이 예제는 P4-1$_A$(a)에서 계속된다.

(c) 속도식. 이 반응이 기초 속도법칙(elementary rate law)을 따른다고 가정하면,

$$-r_A = k_A\left[C_A - \frac{C_B^2}{K_C}\right] \tag{E4-5.9}$$

1. 정용($V = V_0$) 회분식계에 대해서.

여기서는 $C_A = N_A/V_0$이고 $C_B = N_B/V_0$이다. 따라서 식 (E4-5.2)와 식 (E4-5.3)을 속도법칙에 대입하면 A의 소멸속도를 전화율의 함수로 구할 수 있다.

$V = V_0$인 회분식반응기에 대한 $-r_A = f(X)$

$$\boxed{-r_A = k_A\left[C_A - \frac{C_B^2}{K_C}\right] = k_A\left[C_{A0}(1-X) - \frac{4C_{A0}^2X^2}{K_C}\right]} \tag{E4-5.10}$$

2. 흐름계에 대해서.

여기서는 $\upsilon = \upsilon_0(1 + \varepsilon X)$일 때 $C_A = F_A/\upsilon$이고 $C_B = F_B/\upsilon$이다. 따라서 식 (E4-5.5)와 식 (E4-5.6)을 식 (E4-5.9)에 대입하여 다음 식을 얻는다.

흐름반응기에 대한 $-r_A = f(X)$

$$\boxed{-r_A = k_A\left[\frac{C_{A0}(1-X)}{1+\varepsilon X} - \frac{4C_{A0}^2X^2}{K_C(1+\varepsilon X)^2}\right]} \tag{E4-5.11}$$

예상대로, 기상반응에 대하여 정용회분식계에서의 전화율에 대한 반응속도의 의존성[즉 식 (E4-5.10)], 즉, $-r_A = f(X)$, 은 흐름계에서의 전화율에 대한 반응속도의 의존성[즉 식 (E4-5.11)]과 다르다.

만약 C_{A0}, K_C, ε에 대한 수치값과 $k_A = 0.5\ \text{min}^{-1}$을 식 (E4-5.11)에 대입하면, 흐름계에 대하여 X의 함수만으로서 표현된 $-r_A$를 얻게 된다.

$$-r_A = \frac{0.5}{\text{min}}\left[0.072\frac{\text{mol}(1-X)}{\text{dm}^3(1+X)} - \frac{4(0.072\ \text{mol/dm}^3)^2X^2}{0.1\ \text{mol/dm}^3(1+X)^2}\right]$$

$$-r_A = 0.036\left[\frac{(1-X)}{(1+X)} - \frac{2.88\ X^2}{(1+X)^2}\right]\left(\frac{\text{mol}}{\text{dm}^3\cdot\text{min}}\right) \tag{E4-5.12}$$

이제 우리는 CSTR 또는 PFR의 부피를 구하기 위하여 레벤스필 플롯(Levenspiel plot)을 준비할 수 있게 되었다.

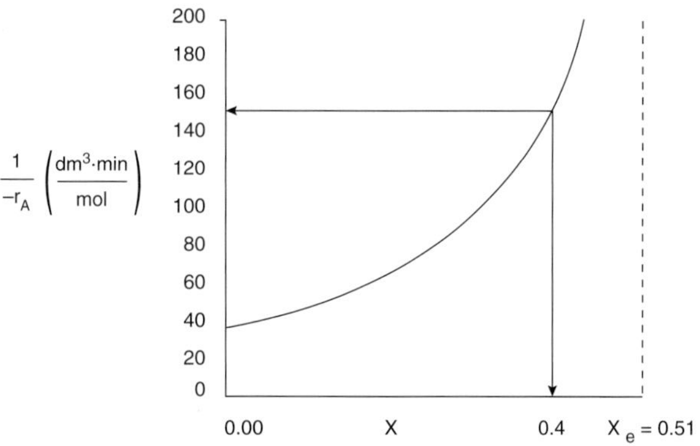

그림 E4-5.1 흐름계에 대한 레벤스필 도표

평형에 접근하면서(X_e= 0.51), $-r_A$는 영으로 가고, $(1/-r_A)$는 무한대에 접근함을 볼 수 있다.

(d) CSTR 부피. 재미삼아 풀어보자(그런데 이건 정말 재밌다). 공급 몰유량이 3 mol/min인 경우에, 평형전환율 51%의 80%(즉 $X = 0.8X_e = (0.8)(0.51) = 0.4$)를 달성하는데 필요한 CSTR 부피를 구해보자.

제2장에서 했던 것처럼 레벤스필 플롯을 얻기 위하여 식 (E4-5.12)의 역수를 플롯하면, 그림 E4-5.1에서 볼 수 있듯이, $X = 0.4$일 때

$$\left(\frac{1}{-r_A}\right)_{X=0.4} = 143\frac{\text{dm}^3\text{min}}{\text{mol}}$$

$F_{A0} = 3$ mol/min일 때는

$$V = F_{A0}X\left(\frac{1}{-r_A}\right)_{X=0.4}$$

$$= \left(\frac{3\text{mol}}{\text{min}}\right)(0.4)(143)\frac{\text{dm}^3\text{min}}{\text{mol}}$$

$$V = 171 \text{ dm}^3$$

레벤스필 플롯을 그리는 대신 CSTR 부피를 구하는 좀 더 빠른 방법은 $X = 0.4$에서 식 (E4-5.12)를 그냥 계산하는 것이다.

$$-r_A = 0.036\left[\frac{(1-0.4)}{(1+0.4)} - \frac{2.88(0.4)^2}{(1+(0.4))^2}\right] = 0.0070 \text{ mol/dm}^3\text{/min}$$

식 (2-13)을 이용하여 반응기 부피를 아래처럼 구할 수 있다.

$$V = \frac{F_{A0}X}{-r_A|_X} = \frac{F_{A0}(0.4)}{-r_A|_{0.4}} = \frac{(3 \text{ mol/min})(0.4)}{0.0070 \dfrac{\text{mol}}{\text{dm}^3\cdot\text{min}}}$$

$$V = 171 \text{ dm}^3 = 0.171 \text{ m}^3$$

40%의 전화율을 달성하기 위해 필요한 CSTR의 부피는 0.171 m^{3}이다. PFR 부피를 계산하기 위해서는 문제 P4-1$_A$(b)를 보아라.

분석: 이 예제의 목적은 우선 **(a)**에서 정용 회분식계에 대해 평형전화율을 계산하고, 다음으로 **(b)**에서 정압흐름반응에 대해 평형전화율을 구하는 것이다. 이 반응에서는 전체 몰수의 변화가 있으므로, 결과적으로 두 평형전화율이 같지 않음을 명심해야 한다!! 다음으로 **(c)**에서 가역기상반응에 대해 어떻게 $-r_A=f(X)$로 나타내는지를 보였다. 여기서는 회분식반응기와 흐름식반응기에 대해서 반응속도법칙의 전화율에 대한 식, $-r_A = f(X)$, 이 다르다는 것을 주의하여라. 마지막으로 **(d)**에서는 $-r_A=f(X)$를 가지고 A의 특정한 몰유량(예를 들어 3.0 mol A/min)에 대해 40%의 전화율을 달성하기 위해 필요한 CSTR의 부피를 계산하였다. 여기서는 제5장과 제6장의 이것과 비슷하지만 더 복잡한 계산을 위해 화공 엔지니어로서 수행할 여러 분석 유형에 대한 통찰력을 제공하고자 이 계산을 다루었다.

마무리. 이 장을 마친 후에, 당신은 액상 및 기상반응에 대하여 반응속도 파라미터(예를 들어 k, K_C)와 전화율만의 항으로 속도법칙을 나타낼 수 있다. 일단 $-r_A=f(X)$ 식이 완성되면 제2장에서 배운 것들을 이용하여 CSTR, PFR, PBR, 또는 이것들의 직렬연결에 대해 반응기 크기와 전화율을 계산할 수 있다. 하지만 다음 장에서는 레벤스필 도표에 의존하지 않고 적분표 또는 Polymath, MATLAB, 또는 Wolfram 등과 같은 소프트웨어 들을 이용하여 어떻게 더 쉽게 이러한 계산을 할 수 있는지를 보일 것이다. 또한, 이 장을 공부한 후에 당신은 정용회분식반응기나 정압흐름반응기에 대해 평형전화율을 계산할 수 있을 것이다. 이제 우리는 CRE 타워의 세 번째 블록을 완성하였다. 제5장에서는 네 번째 그리고 다섯 번째 블록에 초점을 맞출 것이다: 결합과 계산. 제5장에서는 **결합**(combine)과 **계산**(evaluation) 블록에 초점을 맞출 것이며, 이것으로써 등온화학반응기 설계를 위한 알고리즘(algorithm for isothermal chemical reactor design)을 완성하게 될 것이다.

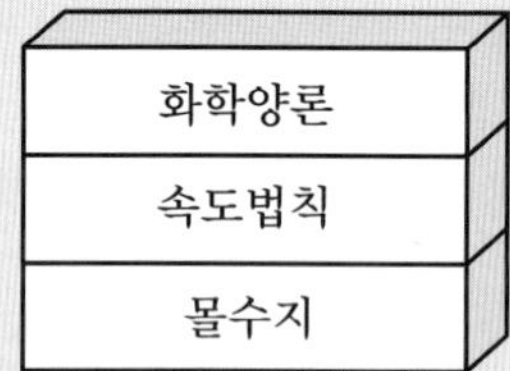

CRE 알고리즘

- 몰수지(Mole Balance), 1장
- 속도법칙(Rate Law), 3장
- 화학양론(Stoichiometry), 4장
- 결합(Combine), 5장
- 계산(Evaluate), 5장
- 에너지수지(Energy Balance), 11장

요 약

1. 흐름계에서 일어나고 있는 식 (S4-1)로 주어진 반응에 대한 **화학양론표**(stoichiometric table)는 다음과 같다.

$$A + \frac{b}{a}B \rightarrow \frac{c}{a}C + \frac{d}{a}D \tag{S4-1}$$

2. 이상기체의 경우에, 식 (S4-3)을 사용하여 부피유량을 전화율과 관계시킨다.

정용회분식: $V = V_0$ (S4-2)

흐름계: 기체: $\upsilon = \upsilon_0 \left(\frac{P_0}{P}\right)(1 + \varepsilon X)\frac{T}{T_0}$ (S4-3)

액체: $\upsilon = \upsilon_0$ (S4-4)

화합물	유입	변화	유출
A	F_{A0}	$-F_{A0}X$	$F_{A0}(1-X)$
B	F_{B0}	$-\left(\frac{b}{a}\right)F_{A0}X$	$F_{A0}\left(\Theta_B - \frac{b}{a}X\right)$
C	F_{C0}	$\left(\frac{c}{a}\right)F_{A0}X$	$F_{A0}\left(\Theta_C + \frac{c}{a}X\right)$
D	F_{D0}	$\left(\frac{d}{a}\right)F_{A0}X$	$F_{A0}\left(\Theta_D + \frac{d}{a}X\right)$
I	F_{I0}	- - -	F_{I0}
합계	F_{T0}	$\delta F_{A0}X$	$F_T = F_{T0} + \delta F_{A0}X$

δ와 ε의 정의 식 (S4-1)로 주어진 일반적인 반응에 대하여,

$$\boxed{\delta = \frac{d}{a} + \frac{c}{a} - \frac{b}{a} - 1} \tag{S4-5}$$

$$\delta = \frac{\text{전체 몰수의 변화}}{\text{반응한 A의 몰수}}$$

또한

$$\boxed{\varepsilon = y_{A0}\,\delta} \tag{S4-6}$$

$$\varepsilon = \frac{\text{완전 전화율에 대한 전체 몰수의 변화}}{\text{반응기에 공급된 전체 몰수}}$$

3. 비압축성 액체 또는 기상 회분식반응이 정용($V = V_0$) 반응기에서 일어날 때, 식 (S4-1)로 주어진 반응에 대한 화합물 A와 C의 농도는 다음과 같이 나타낼 수 있다.

$$C_A = \frac{F_A}{\upsilon} = \frac{F_{A0}}{\upsilon_0}(1-X) = C_{A0}(1-X) \tag{S4-7}$$

$$C_C = C_{A0}\left(\Theta_C + \frac{c}{a}X\right) \quad \text{(S4-8)}$$

식 (S4-7)과 식 (S4-8)은 정용회분식반응기에서 수행되는 기상반응에서도 적용될 수 있다.

4. 연속흐름반응기에서의 기상반응에 대해서 화학양론표와 식 (S4-3)과 함께 농도의 정의식($C_A = F_A/\upsilon$)을 사용하여 A와 C의 농도를 전화율의 항으로 다음과 같이 나타낼 수 있다.

$$C_A = \frac{F_A}{\upsilon} = \frac{F_{A0}(1-X)}{\upsilon} = C_{A0}\left[\frac{1-X}{1+\varepsilon X}\right]p\left(\frac{T_0}{T}\right) \quad \text{(S4-9)}$$

$$C_C = \frac{F_C}{\upsilon} = C_{A0}\left[\frac{\Theta_C + (c/a)X}{1+\varepsilon X}\right]p\left(\frac{T_0}{T}\right) \quad \text{(S4-10)}$$

여기서 $\Theta_C = \frac{F_{C0}}{F_{A0}} = \frac{C_{C0}}{C_{A0}} = \frac{y_{C0}}{y_{A0}}$ 그리고 $p = \frac{P}{P_0}$이다.

5. 기상 몰유량의 항으로, 화합물 i의 농도는 다음과 같이 나타낼 수 있다.

$$C_i = C_{T0}\frac{F_i}{F_T}\frac{P}{P_0}\frac{T_0}{T} \quad \text{(S4-11)}$$

멤브레인 반응기(제6장)와 복합반응(제8장)에서는 식 (S4-11)을 사용해야만 한다.

6. 많은 촉매반응속도식은 부분압의 항으로 주어진다. 즉,

$$-r_A' = \frac{k_A P_A}{1+K_A P_A} \quad \text{(S4-12)}$$

부분압은 화학양론표를 통하여 전화율과 관련시킬 수 있다. 반응에서 어느 화합물 "i"에 대해서

$$P_i = P_{A0}\frac{\left(\Theta_i + \nu_i X\right)}{\left(1+\varepsilon X\right)}p \quad \text{(S4-13)}$$

화합물 A에 대해서는

$$P_A = P_{A0}\frac{(1-X)}{(1+\varepsilon X)}p$$

속도식에 대입하면 다음과 같이 된다.

$$-r_A' = \frac{k_A P_{A0}\frac{(1-X)}{(1+\varepsilon X)}p}{1+K_A P_{A0}\frac{(1-X)}{(1+\varepsilon X)}p} = \frac{kP_{A0}(1-X)p}{(1+\varepsilon X)+K_A P_{A0}(1-X)p} \quad \text{(S4-14)}$$

CRE 웹사이트 자료

- **확장자료**(*http://umich.edu/~elements/5e/04chap/expanded.html*)

1. Web P4-1$_B$ 퍼즐 문제 "이 풀이에 4가지 잘못된 것은 무엇인가?"
(*http://umich.edu/~elements/5e/04chap/expanded_ch04_puzzle.pdf*)

- **학습자료**(Learning Resources)(*http://umich.edu/~elements/5e/04chap/learn.html*)
  1. 요약노트(*http://umich.edu/~elements/5e/04chap/summary.html*)
  2. 자체테스트
     A. 연습(*http://www.umich.edu/~elements/5e/04chap/add.html*)
     B. i>clicker 질문(*http://www.umich.edu/~elements/5e/04chap/iclicker_ch4_q1.html*)
  3. 대화형 컴퓨터 게임(*http://umich.edu/~elements/5e/icm/index.html*)
     퀴즈쇼 II(*http://umich.edu/~elements/5e/icm/kinchal2.html*)

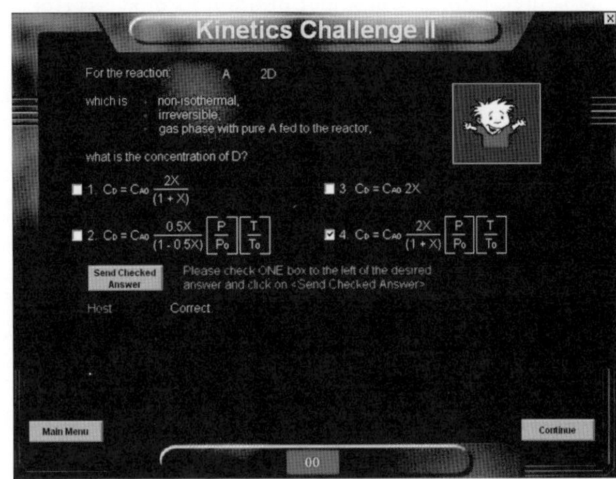

  4. 풀이된 문제
     CDP4-B_B 마이크로전자산업과 화학양론표
     (*http://umich.edu/~elements/5e/04chap/add-ahp03-b.html*)
- **실전 예제 문제**
  1. 예제 4-4 SO_2 산화에 대한 속도식
  2. 예제 4-5 평형전화율 계산(*http://umich.edu/~elements/5e/04chap/live.html*)
- **FAQ[자주 묻는 질문]-오자(typos)와 업데이트**(*http://umich.edu/~elements/5e/04chap/faq.html*)
- **전문 참고자료 서고**(*http://umich.edu/~elements/5e/04chap/prof.html*)

질문과 문제

각 문제의 아래첨자는 난이도를 나타낸다. A는 가장 쉬운 문제, B는 비교적 어려운 문제, C는 꽤 어려운 문제, D는 가장 어려운 문제.

A = ● B = ■ C = ◆ D = ◆◆

■ 질문

Q4-1$_A$ **i>clicker.** 웹사이트(*http://www.umich.edu/~elements/5e/04chap/iclicker_ch4_q1.html*)를 방문하여 적어도 5개의 i>clicker 질문을 둘러보아라. 다음 시험에 포함되도록 그대로 사용할 수 있거나 변형할 수 있는 질문 하나를 골라라. 반대의 경우를 고려할 수도 있다. 즉, 왜 다음 시험에 그 질문이 있어서는 안 되는지를 설명하는 것이다. 어떤 경우든지, 당신의 이유를 설명하여라.

Q4-2$_A$ **(a)** 이 장에서 배운 것 중에서 가장 중요한 개념들을 작성해 보아라. 어떤 개념들을 명확히 이해하지 못하였는지 목록을 만들고 교수 또는 동료에게 그것들에 대해서 질문하여라.

(b) 반응기 설계방정식을 계산하기 위한 전략을 설명하고, 이 장에서 제2장과 제3장의 내용을 더 상세히 설명하였는가 설명해 보아라.

Q4-3$_A$ **예제 4-1.** 물을 비활성물로 간주한다면 예제가 적절한가? 설명하여라.

Q4-4$_A$ **예제 4-2.** 글리세릴 스테아레이트의 초기 농도가 3 mol/dm^{3}이라면 답은 어떻게 바뀌겠는가? 문제에서 주어진 정보를 사용하여 정확하게 예제 4-2를 다시 하여라.

Q4-5$_A$ **예제 4-3.** 어떤 조건 하에서 비활성물인 질소의 농도가 일정한가? X의 함수로서의 $(1/-r_A)$의 도표로, $X = 0.99$까지 식 (E4-5.2)를 플롯하여라. 무엇을 발견하였는가?

■ 컴퓨터 시뮬레이션과 실험

P4-1$_A$ **(a)** **예제 4-4: SO_2의 산화반응**

Wolfram

(i) 주어진 전화율에서 반응속도가 처음에는 증가했다가 이후 감소하는 SO_2의 입구 압력의 임계값은 무엇인가? 이 거동을 설명하여라.

(ii) 파라미터들을 변화시키고 반응속도에 가장 큰 영향을 주고 가장 작은 영향을 주는 파라미터들의 목록을 작성하여라.

(iii) Θ_B를 변화시키고 반응속도의 변화를 관찰하여라. 50%의 전화율에 도달했을 때 어떤 Θ_B 값에서 반응속도가 영이 되는가?

(iv) (i)부터 (iii)까지에서 슬라이더를 변화시키면서 당신이 수행한 실험에 대한 결론을 작성하여라.

Polymath

(v) SO_2(A)의 몰유량 3 mol/h과 그림 E4-4.1을 사용하여, 40% 전화율에 필요한 유동층(즉, CSTR 촉매 무게)을 계산하여라.

(vi) 다음, SO_2의 공급유량이 1,000 mol/h일 때를 고려하여라. 30%의 전화율과 평형전화율의 99%($X = 0.99\ X_e$)에 도달하는 데 필요한 유동층 촉매 무게를 구하기 위하여 X의 함수로서 $(F_{A0}/-r_A)$을 플롯하여라.

(b) **예제 4-5: 평형전화율**

(i) 그림 E4-5.1과 제2장의 방법들을 이용하여 40% 전화율에 대한 PFR 부피를 구하여라.

Wolfram

(ii) PFR과 정용회분식반응기에 대해서 비활성 성분의 몰분율의 함수로서 평형전화율을 플롯하여라. 당신이 발견한 것을 기술하여라.

(iii) X_{ef}가 X_{eb}로부터 가장 멀리 떨어져 있도록 하는 K_C와 C_{A0}의 값은 무엇인가?

(iv) X_{ef}가 X_{eb}로부터 가장 가깝도록 하는 K_C와 C_{A0}의 값은 무엇인가?

(v) K_C와 C_{T0}의 다른 값에 대해서 y_{A0}의 함수로서 $\left(\dfrac{X_{eb}}{X_{er}}\right)$의 비를 플롯하여라. 어떤 결론을 끌어낼 수 있는가?

■ 대화형 컴퓨터 게임

P4-2$_A$ CRE 웹사이트에서 대화형 컴퓨터게임(ICG) Kinetic Challenge를 내려받아라. 이 게임을 실행하고 수행번호(performance number)를 기록하여라. 수행번호는 그 내용을 얼마나 이해하는가에 대한 숙달정도(mastery)를 나타낸다. 수행번호를 해독할 수 있는 열쇠는 여러분의 교수님이 가지고 있다.

Kinetics Challenge II

Rate	Law	Stoich
100	100	100
200	200	200
300	300	300

ICG Kinetic Challenge 수행번호 # ______________

■ 문제

P4-3$_A$ 가역 기초반응

$$2A \rightleftarrows B$$

가 순수한 A가 4.0 mol/dm^{3}의 농도로 공급되는 흐름식반응기에서 수행되고 있다. 만약 평형전환율이 60%라면

(a) 만약에 반응이 기상반응이라면 평형상수 K_C는 무엇인가? (**답:** 기체: K_C = 0.328 dm^3/mol)

(b) 만약에 반응이 액상반응이라면 평형상수 K_C는 무엇인가? (**답:** 액체: K_C = 0.469 dm^3/mol)

(c) 반응이 기초, 가역, 기상, 등온 반응이고 압력강하가 없으며, k_A = 2 dm^6/mol·s와 K_C = 0.5일 때(모든 적절한 단위로), 전환율의 함수로서만(즉, 모든 기호를 계산) $-r_A$를 작성하여라.

(d) 정용회분식반응기에 대하여 (c)를 반복하여라.

P4-4$_B$ **화학양론.** 기초 기상반응

$$2A + B \rightarrow C$$

가 압력강하가 없는 PFR에서 등온으로 수행되고 있다. A와 B는 같은 몰수로 공급되고 A의 공급 농도는 0.1 mol/dm^3. 화학양론표를 작성하고 다음을 알아내어라.

(a) B의 유입 농도(mol/dm^3)는 얼마인가?

(b) A의 전환율이 25%일 때 A와 C의 농도(mol/dm^3)는 얼마인가?

(c) A의 전환율이 25%일 때 B의 농도(mol/dm^3)는 얼마인가? (**답:** C_B = 0.1 mol/dm^3)

(d) A의 전환율이 100%일 때 B의 농도(mol/dm^3)는 얼마인가?

(e) 어떤 전환율에서 C의 생성속도가 2 mol/min/dm^{3}라면, 같은 전환율에서 A의 생성속도는 얼마인가?

(f) 반응이 기초, 가역, 기상, 등온 반응이고 압력강하가 없으며, k_A = 2 dm^6/mol·s와 C_{A0} = 2.0 mol/dm^{3}일 때, 전화율의 함수로서만(즉, 모든 기호를 계산) $-r_A$를 작성하여라.

(g) X = 0.5에서 반응속도는 무엇인가?

P4-5$_A$ 다음의 각 반응에 대해 화학양론표를 작성하고 모든 상수들(예, ε, Θ)의 값을 구하여, 각 화합물의 농도를 전화율의 함수로 표시하여라. 그리고는 반응이 기초 속도법칙을 따른다고 가정하고, 반응속도를 전화율만의 함수로, 즉 $-r_A = f(X)$로 나타내어라.

(a) 다음의 액상반응에 대해서,

$$\underset{\text{(O 고리)}}{CH_2\text{—}CH_2} + H_2O \xrightarrow{H_2SO_4} \begin{matrix} CH_2\text{—}OH \\ | \\ CH_2\text{—}OH \end{matrix}$$

유입부에서 혼합 이후 산화에틸렌과 물의 도입 농도(entering concentrations)는 각각 16.13 mol/dm^3, 55.5 mol/dm^{3}이다. 300 K에서 비반응속도(specific reaction rate)는 k = 0.1 dm^3/mol·s이고, 이때 E = 12,500 cal/mol이다.

(1) $-r_A = f(X)$를 찾은 후, 300 K와 350 K에서 각각 90% 전화율에 대한 CSTR 공간시간(space-time) τ를 계산하여라.

(2) 부피유량이 200 L/sec라면, 그에 대응하는 반응기 부피는 얼마인가? (**답:** @300 K: V = 439 dm^{3}와 @350 K: V = 22 dm^3)

(b) 다음의 등온 기상 열분해반응에 대해서,

$$C_2H_6 \longrightarrow C_2H_4 + H_2$$

순수한 에탄이 6 atm, 1100 K에서 압력강하가 없는(ΔP = 0) 흐름식반응기로 들어갈 때, 화학양론표를 세우고 $-r_A = f(X)$를 작성하여라. 만약 반응이 부피가 일정한 회분식반응기에서 수행된다고 한다면, 농도식과 반응속

도식, $-r_A = f(X)$는 어떻게 되겠는가?

(c) 다음의 등온, 등압, 기상 촉매 산화반응에 대해서,

$$C_2H_4 + \tfrac{1}{2}O_2 \longrightarrow \overset{\displaystyle O}{\overbrace{CH_2\text{—}CH_2}}$$

원료는 6 atm, 260°C에서 산소와 에틸렌 혼합물이 화학양론 비율로 PBR로 유입된다. 화학양론표를 세우고 $-r_A'$를 부분압의 함수로 작성하여라. (1) 유동화 회분식반응기(fluidized batch reactor)와 (2) PBR에 대해서, 부분압과 $-r_A'$를 전화율의 함수로 표현하여라. 마지막으로, $-r_A'$를 반응속도상수와 전화율의 함수만으로 표현하여라.

(d) 유동화 CSTR(fluidized CSTR)에서 수행되는 다음의 등온 기상 촉매반응의 화학양론표를 세워라.

$$+\ 2H_2 \longrightarrow$$

유동화 CSTR

원료는 6 atm, 170°C에서 화학양론 비율로 유동화 CSTR에 도입된다. 170°C와 270°C에서, 유동화 CSTR에서의 전화율이 80%에 도달하는 데 필요한 촉매 무게는 각각 얼마인가? 속도상수는 벤젠에 관하여 아래와 같이 정의되고, $\upsilon_0 = 50\ \text{dm}^3/\text{min}$이다.

$$k_B = \frac{53\ \text{mol}}{\text{kgcat} \cdot \text{min} \cdot \text{atm}^3} \text{ at 300 K With } E = 80\ \text{kJ/mol}$$

우선 속도식을 부분압의 항으로 쓴 다음 속도식을 전화율의 함수로 표현한다. $\Delta P \equiv 0$으로 가정하여라.

$P4\text{-}6_A$ 오쏘니트로아날린(orthonitroanaline, 중요한 염료 중간체: *fast Orange*라 불림)은 오쏘니트로클로로벤젠(orthonitrochlorobenzene, ONCB)과 암모니아 수용액의 반응으로 생성된다(그림 E13-2.1의 폭발과 예제 13-2 참조).

$$NO_2,\ Cl \quad + 2NH_3 \longrightarrow \quad NO_2,\ NH_2 \quad + NH_4Cl$$

이 액상반응은 ONCB와 암모니아에 관하여 각각 1차이고, 188°C에서 비반응속도는 $k = 0.0017\ \text{m}^3/\text{kmol}\cdot\text{min}$이며 활성화 에너지는 $E = 11{,}273\ \text{cal/mol}$이다. ONCB와 암모니아의 초기 유입농도는 각각 1.8 kmol/m^{3}과 6.6 kmol/m^{3}이다(제13장에서 이 반응에 대한 추가적인 정보를 찾아볼 수 있다).

(a) 이 반응에 대하여, 흐름계에 대한 화학양론표를 세워라.

(b) ONCB의 소멸속도에 대한 속도법칙을 농도의 항으로 나타내어라.

(c) 회분식계에 대해서 (a)와 (b)는 어떻게 다른지 설명하여라.

(d) $-r_A$를 전화율만의 함수로 나타내어라. $-r_A =$ ____

(e) 초기($X = 0$) 반응속도는 얼마인가?
- 188°C에서 $-r_A =$ ____
- 25°C에서 $-r_A =$ ____
- 288°C에서 $-r_A =$ ____

(f) $X = 0.90$에서 반응속도는 얼마인가?
- 188°C에서 $-r_A =$ ____
- 25°C에서 $-r_A =$ ____
- 288°C에서 $-r_A =$ ____

(g) 2 dm^3/min의 유입유량에 대해, 25°C와 288°C에서 90%의 전화율을 달성하는 데 필요한 CSTR 반응기 부피는 각각 얼마인가?

25°C에서 $V =$ ____

288°C에서 $V =$ ____

P4-7$_B$ 다음의 기초 기상 가역반응이 압력강하가 없는 일정온도에서 진행되며 같은 몰수의 A와 B가 $C_{A0} = 2.0$ mol/dm^3로 공급된다.

$$2A + B \rightleftarrows C$$

(a) 초기 B의 농도는 무엇인가? $C_{B0} =$ ____ (mol/dm^3)

(b) 한계반응물(limiting reactant)은 무엇인가? ______

(c) A의 전화율이 25%일 때 B의 출구 농도는 무엇인가? $C_B =$ ____ (mol/dm^3)

(d) 반응이 기초, 가역, 기상, 등온 반응이면서 압력강하가 없고, 반응물들이 같은 몰수로 공급되며, $C_{A0} = 2.0$ mol/dm^3, $k_A = 2$ $dm^6/mol^2 \cdot s$, $K_C = 0.5$일 때, 전화율의 함수로서만(즉, 모든 기호를 계산) $-r_A$를 작성하여라.

(e) 평형전화율은 얼마인가?

(f) 전화율이 다음과 같을 때 반응속도는?

(1) 0%?

(2) 50%?

(3) 0.99 X_e?

P4-8$_B$ 다음의 기상반응이 흐름식반응기에서 처음에는 일정한 온도에서 수행되고 있다. 원료의 몰공급은 16.4 atm과 227°C에서 50% H_2와 50% N_2이다.

$$\tfrac{1}{2}N_2 + \tfrac{3}{2}H_2 \longrightarrow NH_3$$

(a) 완전한 화학양론표를 작성하여라.

(b) 각각의 반응물 화합물의 농도(mol/dm^3)를 전화율의 함수로 표현하여라. C_{A0}, δ, ε은 얼마인가? H_2의 전화율이 60%일 때 암모니아와 수소의 농도를 계산하여라. (**답:** $C_{H_2} = 0.1$ mol/dm^3)

(c) 이 반응을 $k_{N_2} = 40$ dm^3/mol/s인 기초반응이라고 가정하자. (1) 흐름계에 대해서, (2) 정용회분식계에 대해서, 반응속도를 전화율만의 함수로 각각 나타내어라.

P4-9$_B$ 다음 기초 가역반응이 압력강하가 없는 흐름식반응기에서 등온으로 수행되고 있다.

$$2A \rightleftarrows B$$

순수한 A가 4.0 mol/dm^3의 농도로 공급되고 있다.

(a) 반응이 기상에서 진행된다면 평형상수, K_C의 값은 무엇인가?

(b) 반응이 액상에서 진행된다면 평형상수, K_C의 값은 무엇인가?

P4-10$_B$ 다음 기초 기상 가역반응이

$$A \rightleftarrows 3C$$

압력강하 없이 등온에서 수행된다. 순수한 A가 400 K, 10 atm에서 유입된다. 이 온도에서 $K_C = 0.25(mol/dm^3)^2$이다. 다음 상황에 대해서 각각의 속도식을 쓰고 평형전화율을 계산하여라.

(a) 기상반응이 부피가 일정한 회분식반응기에서 수행될 때

(b) 기상반응이 압력이 일정한 회분식반응기에서 수행될 때

(c) 평형전화율의 두 값이 왜 차이가 나는지 이유를 설명할 수 있는가?

P4-11$_B$ 다음 반응에 대하여 **P4-10$_B$** 문제 (a)부터 (c)까지 반복하여 풀어라.

$$3A \rightleftarrows C$$

순수한 A가 400 K, 10 atm으로 유입되고 평형상수는 $K_C = 2.5(\text{dm}^3/\text{mol})^2$이다.

(d) P4-10$_B$와 P4-11$_B$에서의 평형전화율을 비교하여라. 정용 반응에 대한 X_e보다 정압 반응에 대한 X_e가 항상 큰 경향에 관해 설명하여라. 두 반응의 평형전화율에 대한 유사점과 차이점의 이유를 설명하여라.

P4-12$_C$ 한쪽 끝이 스프링에 연결된 마찰 없는 피스톤이 달린 원통형 회분식반응기(그림 P4-11$_C$)를 생각하자. 이러한 형태의 반응기에서 다음 반응이 일어나고 있다.

회원

명예의 전당

$$A + B \longrightarrow 8C$$

속도식은 다음과 같다.

$$-r_A = k_1 C_A^2 C_B$$

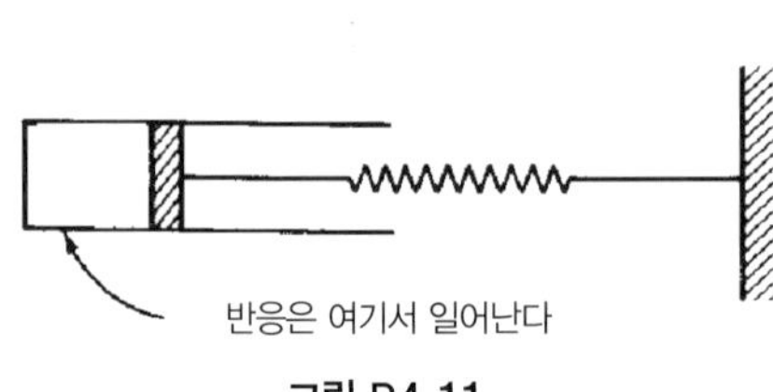

그림 P4-11$_C$

(a) 모든 기호를 수치적으로 계산하여 속도법칙을 전화율만의 함수로 나타내어라. (**답**: $-r_A = 5.03 \times 10^{-9}[(1 - X)^3/(1 + 3X)^{3/2}]$ lb mol/ft^3·s)

(b) $V = 0.2$ ft^{3}일 때 전화율과 반응속도는 얼마인가? (**답**: $X = 0.259$, $-r_A = 8.63 \times 10^{-10}$ lb mol/ft^3·s)

추가 정보:

$t = 0$에서 같은 몰의 A와 B가 존재한다.

초기 부피: 0.15 ft^3

$k_1 = 1.0\ (\text{ft}^3/\text{lb mol})^2\cdot\text{s}^{-1}$

스프링상수는 반응기 부피와 반응기 내의 압력과의 관계로 다음과 같다.

$$V = (0.1)(P) \qquad (V\text{의 단위는 ft}^3,\ P\text{의 단위는 atm})$$

계의 온도(일정하다고 간주): 140°F

기체상수: 0.73 ft^3·atm/lb mol·°R

보충교재

일반수지식을 세우는 것에 대한 추가적인 자세한 기술에 대해서는 웹사이트 *www.umich.edu/~elements/5e/index.html*과 함께 다음의 자료도 참고하여라.

KEILLOR, GARRISON and TIM RUSSELL, *Dusty and Lefty: The Lives of the Cowboys* (Audio CD), St. Paul, MN: Highbridge Audio, 2006.

FELDER, R. M., and R. W. ROUSSEAU, *Elementary Principles of Chemical Processes*, 4th ed. New York: Wiley, 2015, Chapter 4.

등온반응기의 설계: 전화율 5

Isothermal Reactor Design: Conversion

이런! 4살짜리 어린애라도 이것을 이해할 수 있어.
누군가 4살짜리 꼬마를 내게 데려오게.

—그루소 막스(Groucho Marx)
(역자 주 | 미국에서 활약한 코미디 배우)

모든 것을
함께 묶는다.

개요

제1장과 제2장에서는 반응기에 대한 몰수지식과 회분식반응기의 시간과 흐름식반응기의 크기를 예측하기 위하여 이 몰수지식을 취급하는 것에 대해 논의하였다. 제3장에서는 반응과 반응속도법칙에 대해서, 제4장에서는 반응의 화학양론에 대해서 알아보았다. 제5장과 6장에서는 앞에서 배운 네 장의 모든 내용을 가져다가 반응과 반응기를 서로 결합시켜, 여러 가지 형태의 반응기들을 설계할 수 있는 논리적 체계(logical structure)를 세우고자 한다. 이러한 논리적 체계를 이용함으로써, 수많은 수식과 더불어 수반되는 여러 가지 제약 및 조건(즉 전체 몰수의 변화가 있는지 없는지 등과 같은)들을 암기에 의하기보다는, 논리적 추론으로 반응공학문제를 풀 수 있게 된다.

이 장에서는 등온반응기의 설계를 공부하기 위해 제2장의 표 S2-1에 나타난 전화율로 표현된 몰수지식을 이용하기로 한다. 전화율은 회분식반응기(BR), CSTR, PFR 및 PBR에서 수행하는 단일반응(single reaction)의 진행 정도를 측정하기 위해 선호되는 파라미터이다. 어떤 전화율에 도달하기 위한 회분식반응기의 반응시간과 흐름반응기의 부피를 모두 계산할 수 있다.

전화율을 변수로 하는 등온반응기 설계(isothermal reactor design)의 핵심 원리를 설명하기 위해 4가지의 다른 반응과 4가지 다른 반응기를 선택하였다. 다시 말해서,

- 에틸렌글리콜을 생산하는 액상반응에서 비반응속도상수 k를 구하기 위해 실험실 규모의 회분식반응기를 이용한다.
- 회분반응기의 실험으로부터 구한 k를 이용하여 에틸렌글리콜을 생산하기 위한 공업용 CSTR을 설계한다.
- 에탄의 기상 열분해반응에 의해 에틸렌을 생산하는 PFR을 설계한다.
- 에틸렌의 부분산화반응에 의해 에틸렌옥사이드를 생산하는 압력강하를 수반하는 충전층반응기를 설계한다.

이 반응과 반응기를 모두 합치면 연간 20억 파운드의 에틸렌글리콜을 생산하는 화학공장을 설계하게 된다는 것을 알게 될 것이다.

5.1 등온반응기의 설계 체계

논리 대 암기

이 장의 주요한 목표 중의 하나는 화학반응공학(CRE) 문제를 풀 경우에 문제에 적용되는 식들을 암기에 의하기보다는 논리에 의해서 푸는 것이다. 저자의 경험에 의하면, 그림 5-1에 나타낸 것과 같은 체계를 따르게 되면 등온반응기 설계에 대한 이해도를 훨씬 향상할 수 있다. 먼저, 일반 몰수지식을 특정 반응기에 적용하여(①단계), 그 반응기에 대한 설계방정식을 얻는다(②단계). 만약 공급물의 조건(예, N_{A0} 또는 F_{A0} 등)이 규정되어 있다면, 설계방정식을 계산하는 데 필요한 모든 것은 그 반응기가 운전되는 조건(예, 온도와 압력)과 같은 조건에서의 전화율의 함수로 표현된 반응속도가 전부이다. $-r_A = f(X)$의 함수관계를 알거나 주어진 경우에는 ③단계에서 ⑨단계로 바로 나아가서 특정 전화율을 얻는 데 필요한 회분식 반응시간 또는 반응기 부피를 구할 수 있다.

식을 암기하기보다는 알고리즘을 사용하여라. (역자 주 | 알고리즘: 문제를 해결하기 위해 정해진 일련의 절차)

반응속도가 전화율의 함수로서 분명히 주어지지 않으면 ④단계로 나아가서 속도법칙을 책이나 학술지에서 찾거나 혹은 실험실에서 실험적으로 구해야만 한다. 반응차수와 속도상수를 구하기 위하여 속도자료를 수집하고 해석하는 기법들은 제7장에서 다룬다. 속도법칙을 구한 다음에는 계의 조건들(예, 일정부피, 일정온도)과 더불어 화학양론관계(⑤단계)를 사용하여 농도를 전화율의 함수로 나타내기만 하면 된다.

액상반응이나 압력강하가 없는 기상반응($P = P_0$)의 경우에는 ④단계와 ⑤단계의 정보를 결합하여 반응속도를 전화율의 함수로 나타내면 ⑥단계에 이르게 된다. 이제 전화율과 반응속도를 이어주는 관계식을 적절한 설계방정식에 대입하면 원하는 전화율을 얻는 데 필요한 시간이나 반응기 부피를 구하는 것이 가능해진다(⑨단계).

압력강하가 있는 충전층반응기에서의 기상반응의 경우에는 ⑦단계로 진행하여 에르군(Ergun) 식(5.5절)을 사용하여 농도 항의 압력비 p(즉, $p = P/P_0$)를 계산해야 한다. 단계 ⑧에서 ⑦단계의 압력강하에 대한 식과 ④단계와 ⑤단계의 정보를 결합하고, ⑨단계로 진행하여 식들을 적절한 방법으로(즉 적분표를 사용하여 해석적으로 풀거나 또는 ODE 문제풀이 프로그램을 사용하여 수치적으로 푼다) 계산한다. 비록 이 체계는 전화율이 주어진 경우에 반응시간 또는 부피를 구하는 것에 대해 중점을 두었지만, 이 체계는

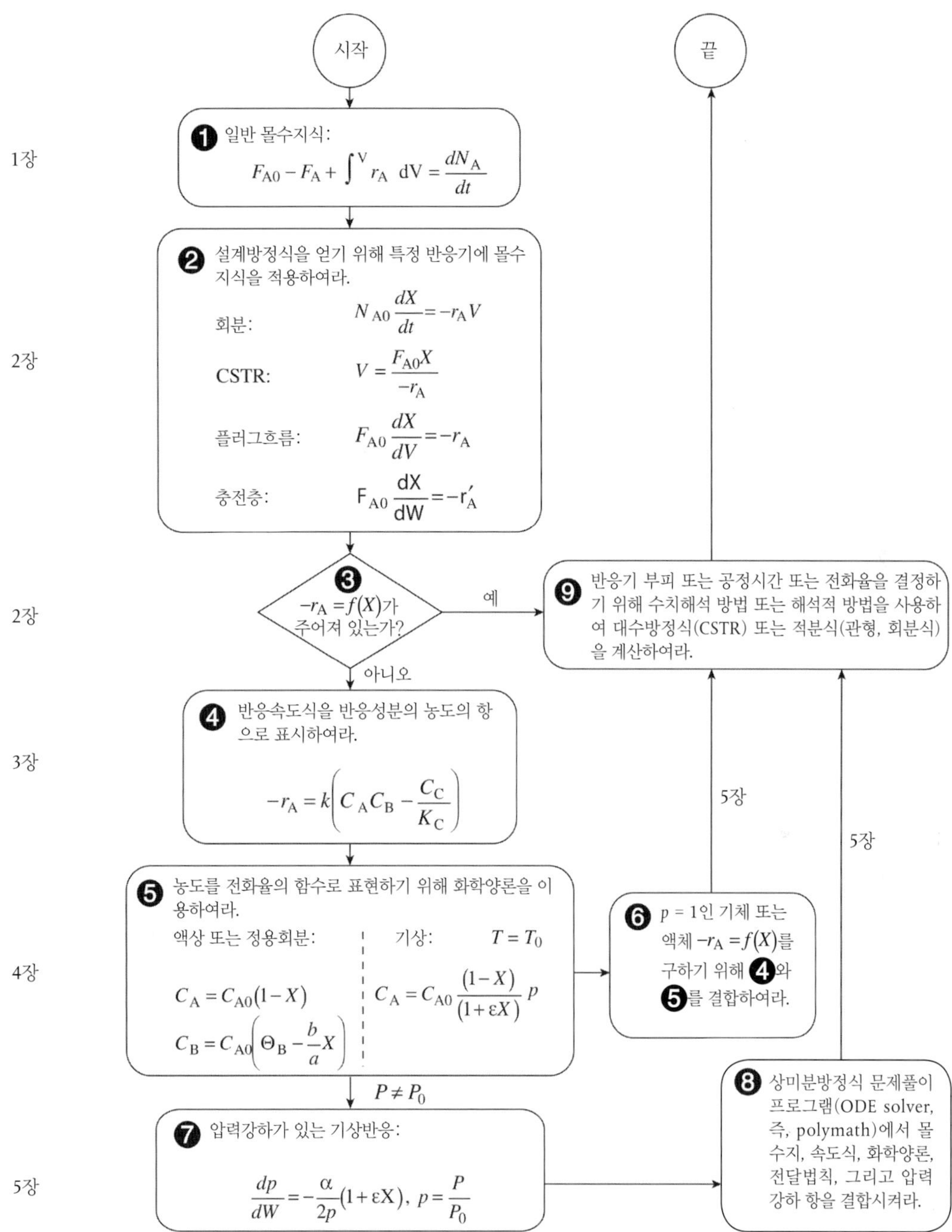

그림 5-1 전화율 기반 등온반응기 설계 알고리즘

또한 부피가 주어졌을 때 전화율을 구하는 것과 같은 다른 유형의 반응기 계산에서도 쉽게 사용될 수 있다. 여기서 언급된 서로 다른 유형의 문제들에 대한 해답을 구하기 위하여 ⑨단계에서 각각 서로 다른 조작을 행할 수 있다.

그림 5-1에 나타낸 체계는 몇 가지 기본개념들을 개발하도록 해주고, 각 개념과 관련된 파라미터들(방정식들)을 다양한 방법으로 정리할 수 있게 해준다. 이러한 체계가 없다고 하면, 다양하고 서로 다른 조합의 반응, 반응기 및 반응조건들마다 생길 수 있는 **수많은 방정식들** 중에서 올바른 방정식을 선택하거나 암기해야 하는 상황에 직면하게 된다. 과제는 주어진 상황에 맞는 올바른 방정식에 도달하도록 모든 것들을 체계적이고 논리적인 방식으로 결합하는 것이다.

알고리즘
1. 몰수지
2. 속도법칙
3. 화학양론
4. 결합
5. 계산

다행스럽게도, 그림 5-2에 나타낸 CRE 문제들을 공식화하기 위한 알고리즘을 사용하여 사실상 암기를 하지 않아도 되게 된다. 이 알고리즘은 멋진 프랑스 식당에서 가격이 정해진 메뉴를 보고 저녁을 주문하는 경우의 알고리즘과 유사하다. 이 두 알고리즘은 모두 다 각 범주에서 **선택**을 하여야 한다. 예를 들어 프랑스 메뉴를 보고 주문하는 경우에는 먼저 **전채**(appetizer) 목록에서 한 가지 요리를 선택하는 것에서부터 시작한다. 그림 5-2에 보인 것처럼 CRE에서도 이와 유사하게 1단계에서는 주어진 세 가지 유형의 반응기 중 한 개에 대해 적절한 몰수지를 선택하는 것에서부터 시작한다. 2단계에서는 속도법칙을 선택하고(**주 요리**, *entrée*), 3단계에서는 반응이 기상인지 혹은 액상인지(**치즈** 또는 **디저트**)를 규정한다. 마지막으로, 4단계에서는 1, 2 및 3단계를 결합하여 해석적으로 풀거나, 혹은 ODE 문제풀이 프로그램을 이용하여 방정식을 푼다. 모든 것이 갖추어진 프랑스 메뉴는 CRE 웹사이트(*http://www.umich.edu/~elements/5e/index.html*) 제5장 **요약노트**에 나와 있다.

이제 이 알고리즘을 특정 상황에 적용해 보자. 그림 5-2에 나타낸 바와 같이, 3개의 반응기에 대한 몰수지식, 속도법칙 3개 그리고 액상 및 기상의 농도에 대한 식들이 있다고 가정하자. 그림 5-2에서는 **1차 기상반응에 대한 PFR 반응기 부피**를 구하는 수식을 얻는 데 알고리즘이 어떻게 사용되는지를 볼 수 있다. 이 식을 얻는 경로는 알고리즘 상에서 타원형을 짙은 실선으로 연결하여 보여주었다. 점선과 사각형은 다른 상황에 대한 해를 구하는 다른 경로를 나타낸다. 그림 5-2에 표시된 경로에 대한 알고리즘은 다음과 같다.

1. **몰수지**, PFR에서 반응화합물 A를 선택하여라.
2. **속도법칙**, 비가역 1차반응을 선택하여라.
3. **화학양론**, 기상 농도를 선택하여라.
4. **결합**, 식 A를 얻기 위해 1, 2 및 3단계를 결합하여라.
5. **계산**, 결합단계는 다음의 방법에 의해 계산할 수 있다.
   a. 해석적(부록 A.1)
   b. 도식적(제2장)
   c. 수치적(부록 A.4)
   d. 소프트웨어 사용(Polymath, Wolfram, MATLAB)

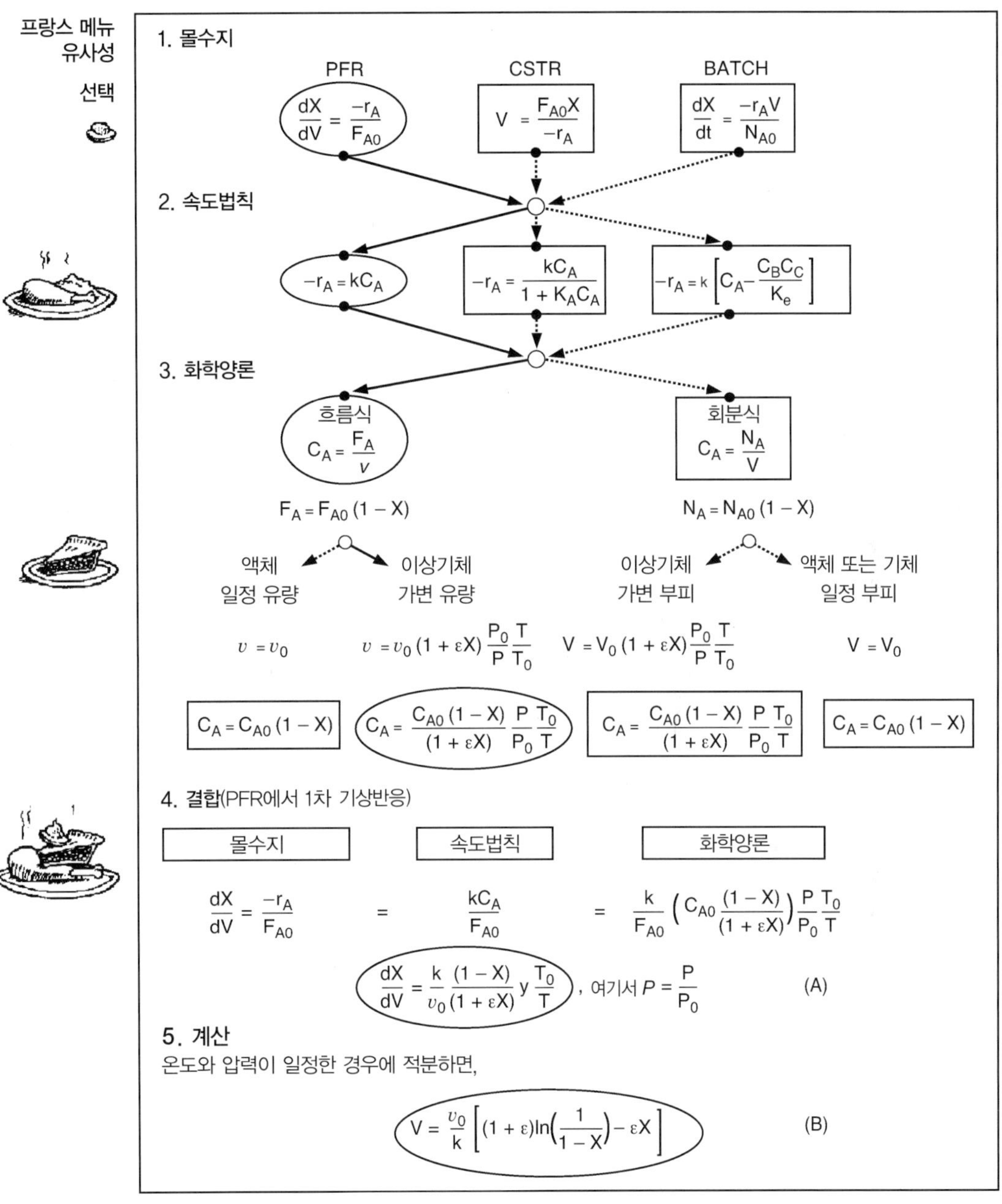

그림 5-2 등온반응기에 대한 알고리즘

파라미터값들이 0인 경우에만 그 값들을 1~4단계에 대입하여라.

그림 5-2에서 온도와 압력이 일정한 경우에 특정 전화율을 얻는 데 필요한 부피를 구하기 위하여(또는 특정 반응기 부피에서 얻을 수 있는 전화율을 계산하기 위하여) 식 A를 적분하는 것을 선택했다. 일반적으로 파라미터값이 0이 아니라면, 파라미터의 값을 결합 단계에서 마지막까지 대입하지 않는다.

결합단계에서 방정식들은 다음에 의해 계산할 수 있다.
1. 해석적(부록 A.1)
2. 도식적(제2장)
3. 수치적(부록 A.4)
4. 소프트웨어 사용 (예, Polymath)

압력강하가 없는 등온운전의 경우에서는 식 (B)에 의해 주어진 해석적 해(analytical solution)를 구할 수 있으며, 이는 일정 온도에서 수행되는 1차 기상반응에 대한 전화율 X를 얻는 데 필요한 PFR 반응기 부피이다. 그러나 대부분은 결합단계에서 얻어지는 상미분방정식들(ordinary differential equations)에 대한 해석적 해를 구하는 것이 불가능하다. 따라서 미분방정식의 해를 얻는 데 훨씬 구미에 맞도록 Polymath나 MATLAB과 같은 ODE 문제풀이 프로그램을 메뉴에 포함시켰다.

5.2 회분식반응기(BR)

화공엔지니어가 하는 일 중의 하나는 실험실 실험을 파일럿 플랜트(pilot plant) 운전으로 또는 실제 공장 규모(full-scale)의 생산으로 규모를 키우는 것(scale-up)이다. 예전에는 실험실 자료를 바탕으로 하여 파일럿 플랜트를 설계하였다. 이 절에서는 차수를 알고 있는 액상반응이 수행되는 실험실 규모의 회분식반응기를 어떻게 해석하는가를 보여줄 것이다.

회분식반응기를 모델링할 때에는, 물질의 유입과 유출은 없고(no inflow or outflow) 반응기는 잘 혼합된다고 가정한다. 대부분의 액상반응의 경우에, 반응에 따른 밀도 변화는 일반적으로 작기 때문에 무시될 수 있다(즉 $V = V_0$). 또한 반응기 부피가 일정한 회분식반응기에서의 기상반응의 경우에도 $V = V_0$이다.

5.2.1 회분식 반응시간(Batch Reaction Times)

특정 전화율에 도달하기까지 필요한 시간은 얼마나 빨리 반응이 일어나는지에 달려 있으므로, 결국 반응속도상수와 반응물의 농도에 의존하게 된다. 회분 반응이 얼마나 빨리 일어나는지 감각을 익히기 위해서 1차, 2차반응에서 각기 다른 반응속도상수 k 값에 대한

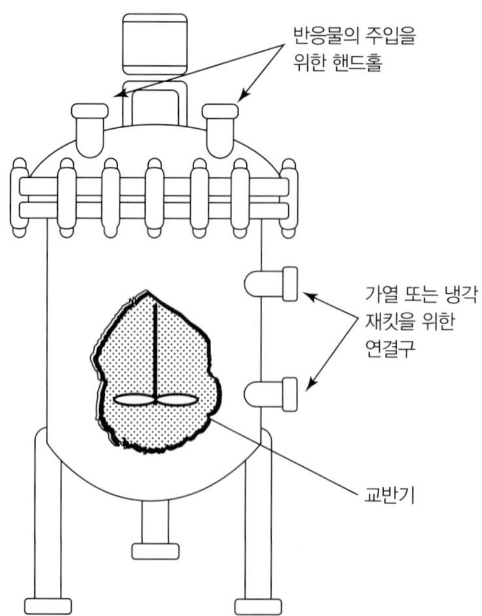

그림 5-3 회분식반응기(*http://encyclopedia.che.engin.umich.edu/Pages/Reactors/Batch/Batch.html*)

회분식 반응시간(batch reaction times)을 계산하자. 먼저, 2차반응에서 주어진 전화율 X를 얻는 데 필요한 시간을 구해보자.

알고리즘을 따른다.

$$2A \rightarrow B + C$$

알고리즘

1. 부피가 $V = V_0$로 일정한 회분반응기의 **몰수지식**은

몰수지

$$N_{A0}\frac{dX}{dt} = -r_A V \tag{2-6}$$

양변을 N_{A0}으로 나누고, $C_{A0} = N_{A0}/V_0$이므로

$$\frac{dX}{dt} = -\frac{r_A}{C_{A0}} \tag{5-1}$$

2. 속도법칙은 다음과 같다.

속도법칙

$$-r_A = k_2 C_A^2 \tag{5-2}$$

3. 부피가 일정한 회분식반응기에 대한 **화학양론**으로부터 다음이 얻어진다.

화학양론

$$C_A = C_{A0}(1-X) \tag{4-12}$$

4. 몰수지, **속도법칙** 및 **화학양론**을 결합하면 다음이 얻어진다.

$$-r_A = k_2 C_{A0}^2 (1-X)^2$$

다음으로 $-r_A$를 식 (5-1)에 대입하면

결합

$$\frac{dX}{dt} = k_2 C_{A0}(1-X)^2 \tag{5-3}$$

5. 계산하기 위하여 변수들을 분리하고 정리하면

$$\frac{dX}{(1-X)^2} = k_2 C_{A0} dt$$

초기에 $t = 0$에서 $X = 0$이다. 반응이 일정한 온도에서 수행되는 경우에는 k가 일정하므로 이 식을 적분할 수 있다[CRE 응용에서 사용되는 적분표(table of integral)는 부록 A.1 참조].

계산

$$\int_0^t dt = \frac{1}{k_2 C_{A0}} \int_0^X \frac{dX}{(1-X)^2}$$

2차 등온 정용 회분식반응기

$$\boxed{t_R = \frac{1}{k_2 C_{A0}}\left(\frac{X}{1-X}\right)} \tag{5-4}$$

이 시간은 회분식반응기에서 수행되는 2차반응에 대하여 전화율 X를 얻는 데 필요한 반

응시간 t(즉 t_R)이다. 비슷한 방법으로, 전화율 X에 도달하기까지 걸리는 반응시간 t_R을 얻기 위해 1차반응에 대한 CRE 알고리즘을 적용할 수 있다.

1차 등온 정용 회분식반응기

$$\boxed{t_R = \frac{1}{k_1} ln \frac{1}{1-X}} \tag{5-5}$$

비반응속도(specific reaction rate) k와 초기 농도 C_{A0}의 곱(product)의 여러 다른 값에 대하여, 주어진 전화율(예를 들어 90%)을 얻는 데 필요한 회분반응시간 t_R의 크기 자릿수(역자 주 | order of magnitude: 십진수의 경우 승수, 즉 10의 몇 승인지를 나타냄. 즉, order of magnitude가 3이면 10의 3제곱)를 알고 있는 것이 중요하다. 표 5-1은 1차반응 및 2차반응이 일정한 온도에서 수행되는 경우에 회분반응시간(batch reaction time) t_R을 구하는 알고리즘을 보여준다. 다음 형태의 비가역 1차반응 및 2차반응을 고려하여 t_R의 추정치를 얻을 수 있다.

$$2A \rightarrow B + C$$

표 5-1 반응시간을 추정하기 위한 알고리즘

	1차반응		2차반응
몰수지		$\frac{dX}{dt_R} = \frac{-r_A}{N_{A0}} V$	
속도법칙	1차반응		2차반응
	$-r_A = k_1 C_A$		$-r_A = k_2 C_A^2$
화양양론($V = V_0$)		$C_A = \frac{N_A}{V_0} = C_{A0}(1-X)$	
결합	$\frac{dX}{dt_R} = k_1(1-X)$		$\frac{dX}{dt_R} = k_2 C_{A0}(1-X)^2$
계산 (적분)	$t_R = \frac{1}{k_1} \ln \frac{1}{1-X}$		$t_R = \frac{X}{k_2 C_{A0}(1-X)}$

1차반응일 때 부피가 일정한 회분식반응기에서 90%의 전화율($X = 0.9$)을 얻는 데 필요한 반응시간은 다음과 같다.

$$t_R = \frac{1}{k_1} \ln \frac{1}{1-X} = \frac{1}{k_1} \ln \frac{1}{1-0.9} = \frac{2.3}{k_1}$$

만약 $k_1 = 10^{-4}\,s^{-1}$이라면,

$$t_R = \frac{2.3}{10^{-4}\,s^{-1}} = 23,000\ s = 6.4\ h$$

비반응속도가 $10^{-4}\,s^{-1}$인 비가역 1차반응일 때 회분식반응기에서 90%의 전화율을 얻는 데 필요한 시간은 6.4시간이다.

2차반응일 때는 다음과 같다.

$$t_R = \frac{1}{k_2 C_{A0}} \frac{X}{1-X} = \frac{0.9}{k_2 C_{A0}(1-0.9)} = \frac{9}{k_2 C_{A0}}$$

만약 $k_2C_{A0} = 10^{-3}\,s^{-1}$이라면,

$$t_R = \frac{9}{10^{-3}\,s^{-1}} = 9000\ s = 2.5\ h$$

만약 kC_{A0}이 상기 값이고 99%의 전화율이 요구되었다면, 반응시간 t_R은 27.5시간으로 급격하게 증가하게 된다.

표 5-2는 1차 및 2차 비가역 회분식반응에 대하여 90% 전화율을 얻는 데 필요한 시간의 **자릿수**(order of magnitude)이다. **특성반응시간**(characteristic reaction time), t_R이 수 분 정도이거나 또는 그 이하인 반응의 경우에는 흐름반응기가 사용될 수 있다.

반응시간의 추정

표 5-2 회분 반응시간(batch reaction time)

1차반응 $k_1\ (s^{-1})$	2차반응 $k_2C_{A0}\ (s^{-1})$	반응시간 t_R
10^{-4}	10^{-3}	시간
10^{-2}	10^{-1}	분
1	10	초
1000	10,000	1000분의 1초

표 5-2에서 시간은 90%의 전화율을 얻는 데 필요한 반응시간(즉 농도를 C_{A0}에서 0.1 C_{A0}로 감소시키는 데 필요한 시간)이다. 임의의 회분운전(batch operation)에서 전체 생산주기(total cycle time)는 반응시간 t_R보다 상당히 긴데, 이는 회분운전과 회분운전 사이에 반응기를 청소하는 데 필요한 시간 t_c와 더불어 반응기를 채우고(t_f) 비우는(t_e) 데 필요한 시간도 고려해야 하기 때문이다. 어떤 경우에는 식 (5-4)와 (5-5)에서 계산한 반응시간이 전체 생산주기 t_t의 작은 부분에 지나지 않을 수도 있다.

$$t_t = t_f + t_e + t_c + t_R$$

역자 주 | 생산주기(cycle time): 어떤 상황이 발생한 후 똑같은 상황이 다음에 발생할 때까지의 시간 간격. 예를 들어, 어떤 제품을 한 번 생산하고 동일 제품을 다시 생산할 때까지의 주기를 생산주기라고 한다.

회분식 중합공정(batch polymerization process)의 대표적인 순환시간을 표 5-3에 나타내었다. 회분식 중합 반응시간은 5에서 60시간 사이에서 변할 수 있다. 60시간 반응의 경우에 반응시간을 감소시키는 것은 분명히 중대한 문제이다. 반응시간이 감소된 경우(예, $k_2C_{A0} = 10^{-3}\,s^{-1}$인 2차반응일 때 2.5시간)에는, 반응혼합물의 빠른 이송을 위해 큰 배관과 큰 펌프를 사용하고 작업 순서를 효율적으로 수행함으로써 생산주기(cycle time)를 최소화하는 것이 중요하다.

회분 운전시간

표 5-3 회분식 중합공정의 대표적인 생산주기

생산활동	시간 (h)
1. 반응기의 원료공급 및 교반시간, t_f	0.5–2.0
2. 반응온도까지 가열시간, t_e	0.5–2.0
3. 반응시간, t_R	(가변적)
4. 반응기를 비우고 청소하는 시간, t_c	1.5–3.0
반응을 제외한 총시간	2.5–7.0

하루에 운전하는 회분의 수(즉 생성물의 파운드 또는 킬로그램)를 최대로 하기 위해서는 표 5-3에 열거된 공정시간들을 사용하여, 일반적으로 반응시간을 최적화해야 한다.

다음 4개의 예제에서는 원료인 에탄에서 연간 2억 파운드의 에틸렌글리콜을 생산하는 데 필요한 여러 가지 반응기에 대해 다룬다. 우선 에틸렌글리콜에서 에틸렌옥사이드로 열분해하는 반응의 속도상수 *k*를 구하면서 시작해 보자.

예제 5-1 회분 자료(batch data)로부터 *k* 값 구하기

에틸렌옥사이드를 가수분해시켜 연간 2억 파운드의 에틸렌글리콜을 생산할 수 있는 CSTR을 설계하고자 한다. 그러나 설계를 하기 전에 먼저 회분식반응기에서 실험을 수행하고 이를 해석하여 비반응속도상수(specific reaction-rate constant) *k*를 구하는 것이 필요하다. 반응이 일정온도에서 행해지기 때문에 비반응속도는 CSTR의 반응온도에서 구해야 한다. 80°C의 고온에서는 상당히 많은 양의 부산물(by-product)이 생성되지만, 40°C 이하의 온도에서는 반응이 충분한 속도로 진행하지 않으므로 반응온도를 55°C로 선택한다. 물은 과잉으로 존재하므로 물의 농도(55.5 mol/dm^3)는 반응과정 중에 일정하다고 볼 수 있다. 반응은 에틸렌옥사이드에 관하여 1차이다.

이러한 알고리즘을 이용하는 풀이가 딸린 많은 예제를 CRE 웹사이트의 10가지 형태의 숙제 문제에서 찾을 수 있다. (*http://www.umich.edu/~elements/5e/probsolv/tentypes/ index.htm*)

$$\underset{\text{A}}{\overset{\text{O}}{CH_2\text{—}CH_2}} + \underset{\text{B}}{H_2O} \xrightarrow[\text{촉매}]{H_2SO_4} \underset{\text{C}}{\begin{matrix} CH_2\text{—}OH \\ | \\ CH_2\text{—}OH \end{matrix}}$$

실험실 실험에서는 2 M(2 kmol/m^3)의 에틸렌옥사이드 수용액 500 mL와 촉매로 사용된 0.9 wt%의 황산을 함유하고 있는 물 500 mL를 혼합하였다. 온도는 55°C로 유지하였다. 에틸렌글리콜의 농도를 시간의 함수로 기록하였다(표 E5-1.1).

(a) 시간에 따른 에틸렌글리콜의 농도에 관한 식을 유도하여라.

(b) 시간에 따른 농도의 직선 플롯(linear plot)을 구하기 위하여 **(a)**에서 유도한 식을 재배열하여라.

(c) 표 E5-1.1의 자료를 이용하여 55°C에서의 비반응속도(specific reaction rate)를 구하여라.

표 E5-1.1 농도-시간 자료

시간 (min)	에틸렌글리콜의 농도 (C)(kmol/m^3)*
0.0	0.000
0.5	0.145
1.0	0.270
1.5	0.376
2.0	0.467
3.0	0.610
4.0	0.715
6.0	0.848
10.0	0.957

*1 kmol/m^3 = 1 mol/dm^3 = 1 mol/L.

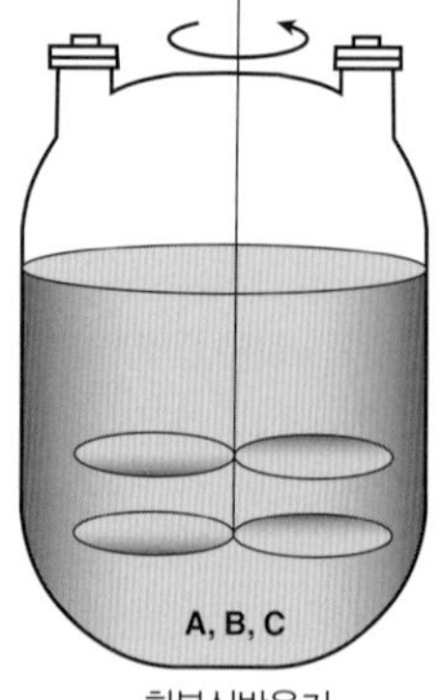

회분식반응기

알고리즘을 따른다.

풀이

Part (a)

1. 부피가 V_0로 일정하고 잘 혼합되는 회분식반응기에 대해 주어진 식 (1-5)에 따라 **몰수지식**은 다음과 같이 쓸 수 있다.

$$\frac{1}{V_0}\frac{dN_A}{dt} = r_A \tag{E5-1.1}$$

V_0를 이용하여 적분하고 농도 항을 상기하면

$$C_A = \frac{N_A}{V_0}$$

몰수지

미분형 몰수지식은 다음과 같다.

$$\frac{d(N_A/V_0)}{dt} = \frac{dC_A}{dt} = r_A \tag{E5-1.2}$$

2. 에틸렌옥사이드 가수분해반응의 **속도법칙**은

$$-r_A = kC_A \tag{E5-1.3}$$

물은 과잉으로 존재하기 때문에 임의의 시간 t에서 물의 농도는 사실상 초기 농도와 같으며, 속도법칙은 H_2O의 농도에 무관하다($C_B \cong C_{B0}$ = 55.5 mole/dm^3).

3. 화학양론. 액상이므로 부피 변화가 없다. 따라서 $V = V_0$이다(표 E5-1.2).

정용계 경우의 화학양론표

표 E5-1.2 화학양론표

화합물	기호	초기	변화	잔존	농도
CH_2CH_2O	A	N_{A0}	$-N_{A0}X$	$N_A = N_{A0}(1-X)$	$C_A = C_{A0}(1-X)$
H_2O	B	$\Theta_B N_{A0}$	$-N_{A0}X$	$N_B = N_{A0}(\Theta_B - X)$	$C_B = C_{A0}(\Theta_B - X)$
					$C_B \approx C_{A0}\Theta_B = C_{B0}$
$(CH_2OH)_2$	C	0	$N_{A0}X$	$N_C = N_{A0}X$	$C_C = C_{A0}X = C_{A0} - C_A$
		N_{T0}		$N_T = N_{T0} - N_{A0}X$	

Θ_B는 A에 대한 B의 초기 몰수의 비(즉, $\Theta_B = \frac{N_{B0}}{N_{A0}} = \frac{C_{B0}}{C_{A0}}$)임을 상기하라.

B(물)에 대해서는 다음과 같다.

$$C_B = C_{A0}(\Theta_B - X)$$

물은 리터당 55몰의 농도로 과잉으로 존재하는 것을 이미 알고 있다. 두 용액을 서로 혼합한 후 A의 초기 농도는 1 mol/L이므로

$$\Theta_B = \frac{C_{B0}}{C_{A0}} = \frac{55\ \text{mol/dm}^3}{1\ \text{mol/dm}^3} = 55$$

X의 최대값은 1이고, $\Theta_B >> 1$이므로, 사실상 C_B는 일정하다.

$$C_B \cong C_{A0}\,\Theta = C_{B0}$$

C(에틸렌옥사이드)의 농도는 다음과 같다.

$$C_C = \frac{N_C}{V_0} = \frac{N_{A0}X}{V_0} = \frac{N_{A0} - N_A}{V_0} = C_{A0} - C_A \tag{E5-1.4}$$

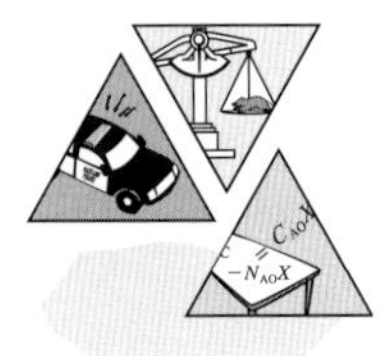

몰수지, 속도법칙 및 화학양론을 결합한다.

4. 속도법칙과 몰수지를 **결합**하면 다음과 같다.

$$-\frac{dC_A}{dt} = kC_A \tag{E5-1.5}$$

5. **계산.** 등온운전의 경우에 k는 일정하므로, 식 (E5-1.5)는 $t = 0$일 때, $C_A = C_{A0} = 1$ mol/dm^3 = 1 kmol/m^{3}의 초기조건을 사용하여 적분할 수 있다.

$$-\int_{C_{A0}}^{C_A} \frac{dC_A}{C_A} = \int_0^t k\,dt = k\int_0^t dt$$

적분하면

$$\ln\frac{C_{A0}}{C_A} = kt \tag{E5-1.6}$$

임의의 시간 t에서 에틸렌옥사이드의 농도는 다음과 같다.

$$C_A = C_{A0}e^{-kt} \tag{E5-1.7}$$

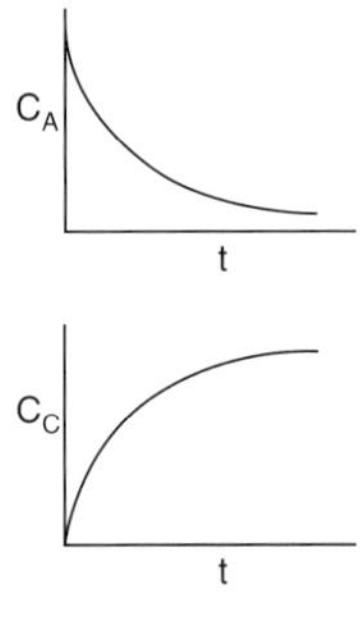

임의의 시간 t에서 에틸렌글리콜의 농도(C)는 반응의 화학양론에서 구할 수 있다. 즉, 식 (E5-1.4)로부터

$$C_C = C_{A0} - C_A = C_{A0}(1 - e^{-kt}) \tag{E5-1.8}$$

Part (b)

이제 표 E5-1.1의 데이터를 쉽게 사용하여 속도상수 k를 결정할 수 있도록 에틸렌글리콜 농도에 대한 식 (E5-1.8)을 재배치한다.

$$\ln\frac{C_{A0} - C_C}{C_{A0}} = -kt \tag{E5-1.9}$$

Part (c)

$\ln[(C_{A0} - C_C)/C_{A0}]$를 t의 함수로 그리면 기울기가 $-k$인 직선이 된다. 표 E5-1.1을 사용하면 표 E5-1.3을 만들 수 있으며, Excel을 이용하여 $\ln[(C_{A0} - C_C)/C_{A0}]$를 t의 함수로 그릴 수 있다.

표 E5-1.3 처리된 자료

t (min)	C_C (kmol/m^3)	$\frac{C_{A0} - C_C}{C_{A0}}$	$\ln\left(\frac{C_{A0} - C_C}{C_{A0}}\right)$
0.0	0.000	1.000	0.0000
0.5	0.145	0.855	−0.1570
1.0	0.270	0.730	−0.3150
1.5	0.376	0.624	−0.4720
2.0	0.467	0.533	−0.6290
3.0	0.610	0.390	−0.9420
4.0	0.715	0.285	−1.2550
6.0	0.848	0.152	−1.8840
10.0	0.957	0.043	−3.1470

회분식반응기의 농도-시간 자료에서 비반응속도 계산

그림 E5-1.1의 Excel 플롯에서 보는 바와 같이, $\ln[(C_{A0} - C_C)/C_{A0}]$ 대 t의 그래프의 기울기로부터 k를 구할 수 있다.

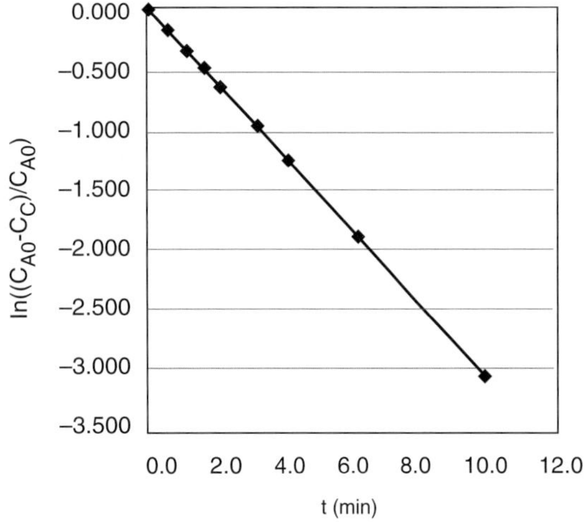

그림 E5-1.1 자료의 Excel 플롯

$$\text{기울기} = -k = -0.311\ \text{min}^{-1}$$
$$k = 0.311\ \text{min}^{-1}$$

속도법칙은 다음과 같이 된다.

$$\boxed{-r_A = 0.311\ min^{-1} C_A} \tag{ES-1.10}$$

이제 이 속도법칙을 공업용 CSTR의 설계에 이용할 수 있다. 반로그(semilog) 그래프용지를 사용하여 k를 구하고자 하는 학생들을 위하여 이에 대한 해석 방법이 *www.physics.uoguelph.ca/tutorials/GLP*에 주어져 있다. 또한, 반로그 그래프에서 기울기를 계산하는 Excel 사용지침서가 제3장 요약노트와 제7장(Excel)에 나와 있다.

분석: 본 예제에서는 시간 t에 대한 함수로 화합물 C의 농도, C_C를 계산하기위해 CRE 알고리즘을 사용하였다.

(몰수지식 → 속도법칙 → 화학양론 → 결합)

그리고 1차반응의 반응식에 대한 규명과 비반응속도상수 k를 결정하기 위해 t에 대한 C_C의 회분식 실험 자료를 이용하였다.

5.3 연속교반탱크반응기(CSTR)

여기에 개략적으로 나타낸 연속교반탱크반응기(CSTR)는 액상반응에 주로 사용된다.

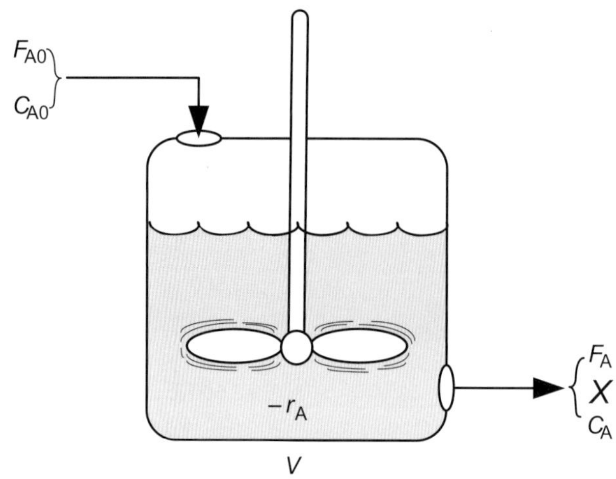

그림 5-4 CSTR
(*http://encyclopedia.che.engin.umich.edu/Pages/Reactors/CSTR/CSTR.html*)

제2장에서 다음과 같은 CSTR 설계방정식을 유도하였다.

몰수지

$$V = \frac{F_{A0}X}{(-r_A)_{exit}} \tag{2-13}$$

이 식을 이용하여 전화율 X를 얻는 데 필요한 부피 V를 구할 수 있다. 제2장에서 본 바와 같이 공간시간(space time) τ는 반응기의 특성시간(characteristic time)이다. 공간시간 τ를 전화율의 함수로 얻기 위하여 우선 $F_{A0} = v_0 C_{A0}$를 식 (2-13)에 대입한다.

$$V = \frac{v_0 C_{A0} X}{(-r_A)_{exit}} \tag{5-6}$$

그 다음에 v_0로 나누면 CSTR에서 전화율 X를 얻는 데 필요한 공간시간 τ를 얻는다.

$$\tau = \frac{V}{v_0} = \frac{C_{A0}X}{(-r_A)_{exit}} \tag{5-7}$$

이 식은 단일 CSTR이나 또는 직렬연결된 CSTR의 첫 번째 반응기에 적용할 수 있다.

5.3.1 단일 CSTR

5.3.1.1 CSTR에서의 1차반응

속도법칙이 다음과 같은 1차 비가역반응을 고려해 보자.

속도법칙

$$-r_A = kC_A$$

액상반응에서는, 반응 도중에 부피 변화가 없으므로 식 (4-12)를 사용하여 농도와 전화율을 관계 지을 수 있다.

화학양론

$$C_A = C_{A0}(1 - X) \tag{4-12}$$

몰수지식 (5-7), 속도법칙 및 농도식 (4-12)를 결합하면 다음과 같이 된다.

결합

$$\tau = \frac{1}{k}\left(\frac{X}{1-X}\right)$$

1차 액상반응의 경우 공간시간과 전화율과의 CSTR 관계식

다시 정리하면

$$\boxed{X = \frac{\tau k}{1 + \tau k}} \tag{5-8}$$

식 (5-8)을 이용하여 τk에 따른 전화율의 플롯이 그림 5-5에 나타나 있다.

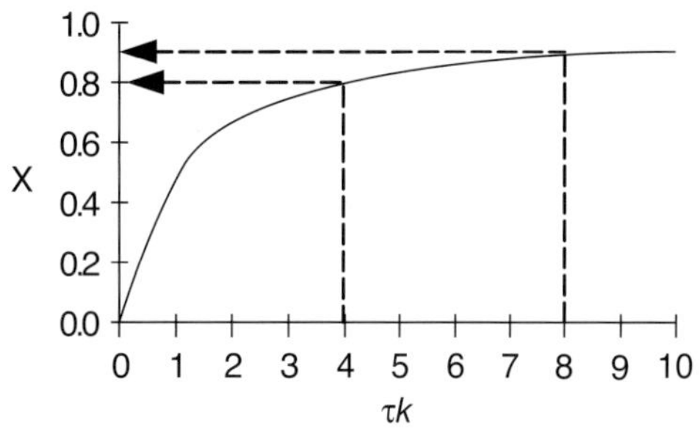

그림 5-5 CSTR에서의 1차반응

τk를 증가시키기 위해서는 k를 증가시키기 위하여 온도를 올리거나 공간시간 τ를 증가시키기 위해서 부피 V를 증가시키거나 부피유량 υ_0를 감소시키면 된다. $\tau k = 4$에서 $\tau k = 8$로 반응기의 부피를 두 배로 증가시켰을 때(또는 부피유량 υ_0를 두 배로 감소시키거나), 전화율은 0.8에서 0.89로밖에 증가하지 않는다는 것을 알 수 있다.

또한 식 (4-12)와 (5-8)을 결합하여 A의 반응기 출구농도 C_A를 구할 수 있다.

$$C_A = \frac{C_{A0}}{1 + \tau k} \tag{5-9}$$

5.3.1.2 CSTR에서의 2차반응

가역 2차 액상반응, 즉

$$-r_A = kC_A^2$$

가 CSTR에서 수행되는 경우, 2차 **속도법칙**과 **설계방정식**을 결합하면(즉, 식 (2-13)과 속도식을 결합), 다음과 같이 된다.

$$V = \frac{F_{A0}X}{-r_A} = \frac{F_{A0}X}{kC_A^2}$$

밀도가 일정한 경우의 화학양론표에서 $\upsilon = \upsilon_0$, $C_A = C_{A0}(1 - X)$ 및 $F_{A0}X = \upsilon_0 C_{A0}X$를 이용하면 다음과 같다.

$$V = \frac{\upsilon_0 C_{A0} X}{kC_{A0}^2(1-X)^2}$$

2차반응에 대한 설계방정식과 속도식이 결합된 식의 양변을 υ_0로 나누면 다음과 같다.

$$\tau = \frac{V}{\upsilon_0} = \frac{X}{kC_{A0}(1-X)^2} \tag{5-10}$$

식 (5-11)을 전화율 X에 대해 풀면 다음을 얻는다.

CSTR에서 2차 액상반응의 전화율

$$X = \frac{(1+2\tau kC_{A0}) - \sqrt{(1+2\tau kC_{A0})^2 - (2\tau kC_{A0})^2}}{2\tau kC_{A0}}$$

$$= \frac{(1+2\tau kC_{A0}) - \sqrt{1+4\tau kC_{A0}}}{2\tau kC_{A0}}$$

$$\boxed{X = \frac{(1+2Da_2) - \sqrt{1+4Da_2}}{2Da_2}} \tag{5-11}$$

X는 1을 넘지 않기 때문에 이차방정식의 해에서 음의 부호를 선택해야 한다. 그림 5-6에서 전화율을 2차반응에 대한 담쾰러(Damköhler) 파라미터, $Da_2 = \tau kC_{A0}$에 대한 함수로 나타내었다. 이 그림에서, 높은 전화율(67%)을 가지는 지점으로부터 반응기 부피를 10배 증가시키면(또는 온도를 올려 비반응속도를 증가시키면) 전화율은 단지 88%까지밖에 증가하지 않는다는 것을 관찰할 수 있다. 이것은 CSTR은 반응물의 농도가 가장 낮게 운전되고(즉, 출구농도), 결과적으로 반응속도도 가장 작은 값을 갖게 된다.

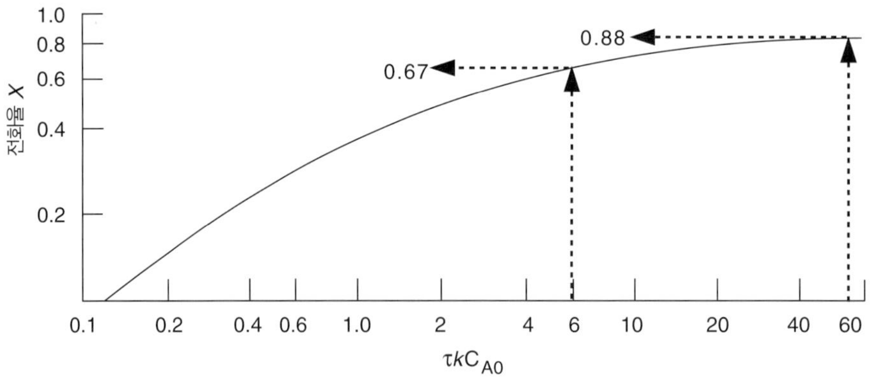

그림 5-6 CSTR에서 2차반응에 대한 담쾰러수($Da_2 = \tau kC_{A0}$)의 함수로 나타낸 전화율

5.3.1.3 담쾰러수(*Damköhler Number*)

$Da = \frac{-r_{A0}V}{F_{A0}}$

1차반응 경우에 곱의 항 τk를 **담쾰러수**(Damköhler number), Da_1라고 하며, 이 무차원수(dimensionless number)를 이용하면 연속흐름반응기에서 달성할 수 있는 전화율의

정도를 쉽게 추산할 수 있다. 담쾰러수는 반응기 입구에서의 A의 반응속도와 A의 대류 전달속도의 비를 말한다.

$$\mathbf{Da} = \frac{-r_{A0}V}{F_{A0}} = \frac{\text{입구에서의 반응속도}}{\text{A의 유입유량}} = \frac{\text{반응속도}}{\text{대류속도}}$$

1차 비가역반응에 대한 담쾰러수는

$$\mathrm{Da}_1 = \frac{-r_{A0}V}{F_{A0}} = \frac{k_1 C_{A0} V}{v_0 C_{A0}} = \tau k_1$$

2차 비가역반응에 대한 담쾰러수는

$$\mathrm{Da}_2 = \frac{-r_{A0}V}{F_{A0}} = \frac{k_2 C_{A0}^2 V}{v_0 C_{A0}} = \tau k_2 C_{A0}$$

연속흐름반응기에서 높은 전환율과 낮은 전환율을 각각 달성하는 데 필요한 담쾰러수, Da가 어떤 값을 갖는지를 아는 것은 중요하다. 비가역반응에서 Da = 0.1 이하의 값을 가질 경우는 대개 전환율이 10% 이하이며, Da = 10.0 이상의 값을 가질 경우는 대개 전화율이 90% 이상이다.

$0.1 \le \mathrm{Da} \le 10$

$$\mathrm{Da} < 0.1\text{이면, } X < 0.1$$
$$\mathrm{Da} > 10\text{이면, } X > 0.9$$

CSTR에서의 1차 액상반응에 대한 식 (5-8)은 다음과 같이 담쾰러의 항으로 나타낼 수 있다.

$$X = \frac{\mathrm{Da}_1}{1 + \mathrm{Da}_1} \tag{5-12}$$

5.3.2 직렬연결 CSTR

부피유량의 변화가 없는($v = v_0$) 1차반응이 직렬연결된 두 개의 CSTR에서 수행된다(그림 5-7).

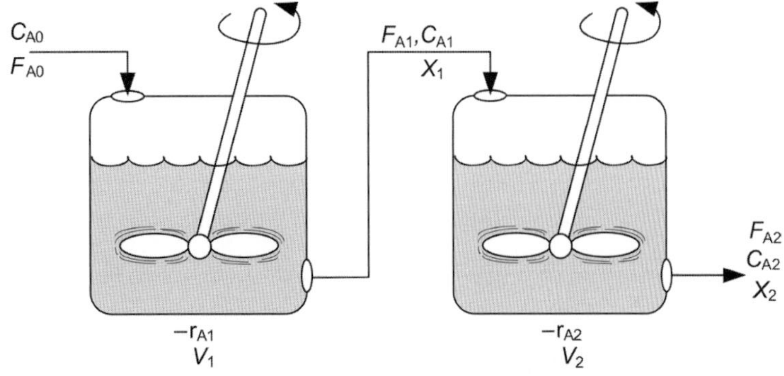

그림 5-7 직렬연결된 두 개의 CSTR

첫 번째 CSTR에서 반응물 A의 유출농도는 식 (5-9)를 사용하여 구할 수 있다.

$$C_{A1} = \frac{C_{A0}}{1 + \tau_1 k_1}$$

여기서 $\tau_1 = V_1/\upsilon_0$이다. 반응기 2에 대한 몰수지에서

$$V_2 = \frac{F_{A1} - F_{A2}}{-r_{A2}} = \frac{\upsilon_0(C_{A1} - C_{A2})}{k_2 C_{A2}}$$

두 번째 반응기에서 유출되는 농도 C_{A2}에 대해 풀면 다음이 얻어진다.

1차반응

$$C_{A2} = \frac{C_{A1}}{1 + \tau_2 k_2} = \frac{C_{A0}}{(1 + \tau_2 k_2)(1 + \tau_1 k_1)} \tag{5-13}$$

만약 두 반응기의 부피가 같고($\tau_1 = \tau_2 = \tau$), 같은 온도($k_1 = k_2 = k$)에서 운전되는 경우에는

$$C_{A2} = \frac{C_{A0}}{(1 + \tau k)^2}$$

직렬연결된 두 CSTR 대신에 n개의 같은 크기의 CSTR이 직렬로 연결되어($\tau_1 = \tau_2 = \cdots = \tau_n = \tau_i = V_i/\upsilon_0$) 같은 온도($k_1 = k_2 = \cdots = k_n = k$)에서 운전되는 경우에 마지막 반응기에서 나가는 농도는

$$C_{An} = \frac{C_{A0}}{(1 + \tau k)^n} = \frac{C_{A0}}{(1 + \mathrm{Da}_1)^n} \tag{5-14}$$

C_{An}을 전화율의 항으로 치환하면

직렬연결된 CSTR

$$C_{A0}(1 - X) = \frac{C_{A0}}{(1 + \mathrm{Da}_1)^n}$$

다시 정렬하면, 이렇게 직렬연결된 n개의 탱크반응기에서의 전화율은 다음과 같이 된다.

직렬연결 탱크 개수의 함수로서의 전화율

$$\boxed{X = 1 - \frac{1}{(1 + \mathrm{Da}_1)^n} \equiv 1 - \frac{1}{(1 + \tau k)^n}} \tag{5-15}$$

제2장 그림 2-6에서 n이 커지면, 전화율이 PFR에 접근한다는 점을 상기하라.

1차반응일 때, 여러 값의 담쾰러수 τk에 대해서 직렬연결된 반응기 숫자의 함수로서 전화율을 플롯한 것을 그림 5-8에 나타내었다. 그림 5-8에서 공간시간과 반응속도상수의 곱이 비교적 클 때, 즉 $\mathrm{Da}_1 \geq 1$일 경우에는 반응기를 두 개 또는 세 개만 연결하여도 약 90%의 전화율을 얻을 수 있다; 따라서 이 경우에는 반응기들을 추가로 더 연결하는 것은 경제적이지 않을 수 있다. τk의 값이 작을 때, 즉 $\mathrm{Da}_1 \sim 0.1$일 경우에는 반응기가 하나씩 추가됨에 따라서 전화율이 계속해서 현저하게 증가한다.

경제성

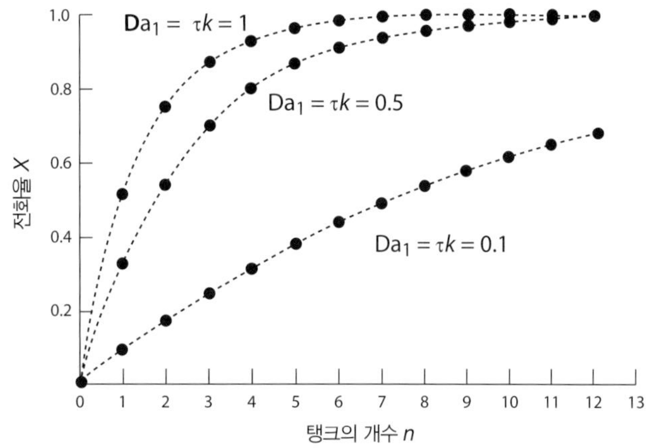

그림 5-8 1차반응에 대해서 담쾰러수에 따른 직렬연결 CSTR(탱크)의 개수의 함수로서 전화율

n번째 반응기에서 A의 소멸속도는 다음과 같다.

$$\boxed{-r_{An} = kC_{An} = k\,\frac{C_{A0}}{(1+\tau k)^n}} \tag{5-16}$$

예제 5-2 CSTR에서 연간 2억 파운드 생산하기

용도 및 경제성

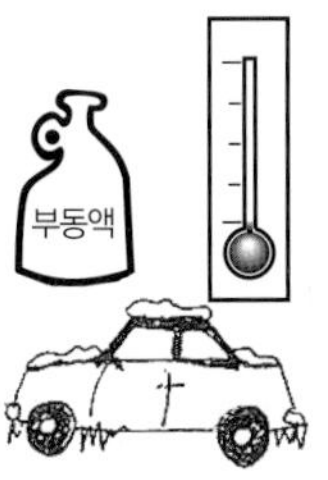

회분식반응기 자료의 스케일업

2013년에 거의 160억 파운드의 에틸렌글리콜(EG)이 생산되었는데, 이는 무게를 기준으로 할 경우에 미국에서 생산된 화학물질 중에서 26번째로 많은 것이다. 에틸렌글리콜의 절반은 **부동액**(antifreeze)으로 사용되며, 나머지 절반은 폴리에스테르의 제조에 사용된다. 폴리에스테르류에서 88%는 섬유에 사용되며, 12%는 병이나 필름의 제조에 사용된다. 2014년 에틸렌글리콜의 판매가격은 파운드당 0.55달러였다.

연간 2억 파운드의 EG를 생산하고자 한다. 반응기는 일정온도에서 운전된다. 16.1 mol/dm^{3}의 에틸렌옥사이드(EO) 수용액이 촉매인 0.9 wt% H_2SO_4를 함유한 수용액과 함께 같은 부피로 반응기(그림 E5-2.1에 나타낸)에 공급된다. 비반응속도상수(specific reaction-rate constant)는 예제 5-1에서 구해진 바와 같이 0.311 min^{-1}이다. 반응기 스케일업(**역자 주** | scale-up: 화학장치 혹은 공정의 규모를 크게 하는 것, 또는 그에 따른 기술 · 수법을 말한다)에 대한 실제적인 지침이 무케시(Mukesh)[1]에 의해 주어졌다.

(a) 80%의 전화율에 도달하는 데 필요한 CSTR의 부피를 구하여라.

(b) 두 개의 800−gal 반응기를 병렬로 연결하고 원료 유량을 동일하게 나누어서 공급하는 경우에 전화율은 얼마인가?

(c) 두 개의 800−gal 반응기를 직렬로 연결하는 경우에 전화율은 얼마인가?

풀이

가정: 얻어지는 생성물은 단지 에틸렌글리콜(EG)뿐이다.

1. D. Mukesh, *Chemical Engineering*, 46 (January 2002), *www.CHE.com*

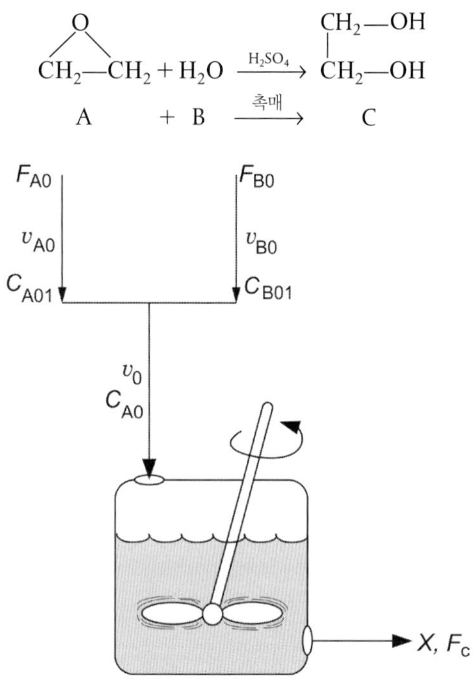

그림 E5-2.1 단일 CSTR

명시된 에틸렌글리콜(EG)의 생산속도는 mol/s 단위로 다음과 같다.

$$F_C = 2 \times 10^8 \, \frac{\text{lb}_\text{m}}{\text{yr}} \times \frac{1 \text{ yr}}{365 \text{ days}} \times \frac{1 \text{ day}}{24 \text{ h}} \times \frac{1 \text{ h}}{3600 \text{ s}} \times \frac{454 \text{ g}}{\text{lb}_\text{m}} \times \frac{1 \text{ mol}}{62 \text{ g}} = 46.4 \, \frac{\text{mol}}{\text{sec}}$$

반응의 화학양론으로부터

$$F_C = F_{A0} X$$

따라서 80%의 전화율에 필요한 에틸렌옥사이드의 몰유량은 다음과 같다.

$$F_{A0} = \frac{F_C}{X} = \frac{46.4 \text{ mol/s}}{0.8} = 58.0 \text{ mol/s}$$

(a) 이제 **CRE 알고리즘**을 이용하여 전화율 80%를 얻는 데 필요한 단일 CSTR의 부피를 구한다.

1. CSTR 몰수지:

$$V = \frac{F_{A0} X}{-r_A} \tag{E5-2.1}$$

알고리즘을 따른다.

2. 속도법칙:

$$-r_A = kC_A \tag{E5-2.2}$$

3. 화학양론: 액상($v = v_0$):

$$C_A = \frac{F_A}{\upsilon_0} = \frac{F_{A0}(1-X)}{\upsilon_0} = C_{A0}(1-X) \quad \text{(E5-2.3)}$$

4. 결합:

$$V = \frac{F_{A0}X}{kC_{A0}(1-X)} = \frac{\upsilon_0 X}{k(1-X)} \quad \text{(E5-2.4)}$$

5. 계산:

혼합하기 전 $C_{A01} = 16.1\ \text{mol/dm}^3$으로 유입되는 흐름 A의 부피유량은

$$\upsilon_{A0} = \frac{F_{A0}}{C_{A01}} = \frac{58\ \text{mol/s}}{16.1\ \text{mol/dm}^3} = 3.6\ \frac{\text{dm}^3}{\text{s}}$$

문제 설명에서 $\upsilon_{B0} = \upsilon_{A0}$이므로

$$F_{B0} = \upsilon_{B0}C_{B01} = 3.62\frac{\text{dm}^3}{\text{s}} \times \left[\frac{1{,}000\text{g}}{\text{dm}^3} \times \frac{1\text{mol}}{18\text{g}}\right] = 201\frac{\text{mol}}{\text{s}}$$

액체의 전체 유입 부피유량은 다음과 같다.

$$\upsilon_0 = \upsilon_{A0} + \upsilon_{B0} = 3.62\frac{\text{dm}^3}{\text{s}} + 3.62\frac{\text{dm}^3}{\text{s}} = 7.2\frac{\text{dm}^3}{\text{s}}$$

식 (E5-2.4)에 $k = 0.311\ \text{min}^{-1}$을 대입하면

$$k_1 = \frac{0.311}{min} \times \frac{1\text{min}}{60\text{s}} = \frac{0.0052}{\text{s}}$$

$$V = \frac{\upsilon_0 X}{k(1-X)} = \frac{7.2\text{dm}^3/\text{s}}{0.0052/\text{s}}\frac{0.8}{1-0.8} = 5538\,\text{dm}^3$$

$$\boxed{V = 5.538\,\text{m}^3 = 197\,\text{ft}^3 = 1463\,\text{gal}}$$

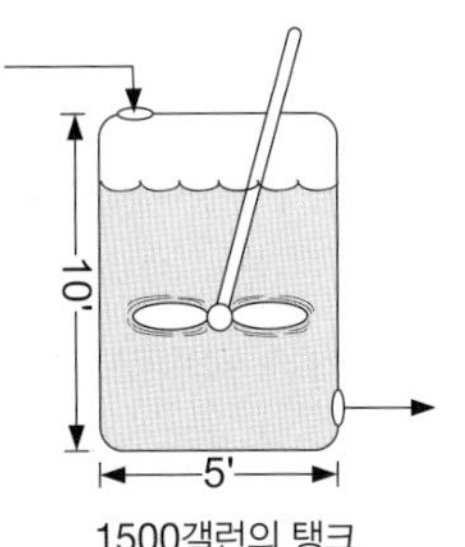

1500갤런의 탱크

80%의 전화율을 얻기 위해서는 직경 5 ft이고 높이가 약 10 ft인 탱크가 필요하다.

(b) 병렬연결 CSTR. 그림 E5-2.2처럼 부피가 800-gal인 두 개의 CSTR을 병렬로 배열하고, 각각의 반응기에 $\upsilon_0 = 3.62\ \text{dm}^3/\text{s}$로 원료를 공급하는 경우에 무슨 일이 벌어지는가를 추측하여라. 전화율이 증가할 것인가, 감소할 것인가, 또는 변하지 않을 것인가? 이 답을 구하기 위해서, 식 (E5-2.4)를 정리하면서 시작하자.

$$\frac{V}{\upsilon_0}k = \tau k = \frac{X}{1-X}$$

전화율은 다음과 같이 된다.

$$X = \frac{\tau k}{1+\tau k} \quad \text{(E5-2.5)}$$

여기서

$$\tau = \frac{V}{\upsilon_0/2} = 800\text{gal} \times \frac{3.785\text{dm}^3}{\text{gal}}\frac{1}{3.62\text{dm}^3/\text{s}} = 836.5\text{s}$$

1차반응에 대한 **담쾰러수**(Damköhler number)는

$$Da_1 = \tau k = 836.5\text{s} \times 0.0052\text{s}^{-1} = 4.35$$

식 (E5-2.5)에 대입하면 다음이 얻어진다.

$$X = \frac{Da_1}{1+Da_1} = \frac{4.35}{1+4.35} = 0.81$$

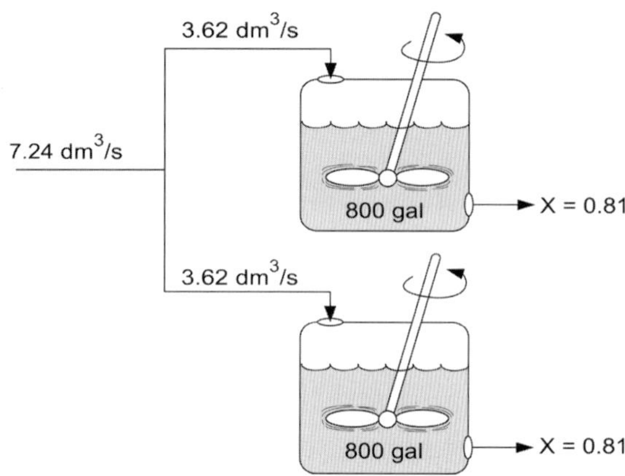

그림 E5-2.2 병렬연결 CSTR

병렬연결 CSTR에서 각각 반응기의 출구 전화율은 81%이다.

문제 P5-2(b)에서는 유입속도를 n등분하고(F_{A0}/n), 동일한 부피 V_i인 n개의 반응기가 병렬로 연결되었을 경우를 일반화하고, 만약 모든 유입이 부피 $V = nV_i$를 갖는 하나의 큰 반응기로 들어간다면 전화율이 같을 것인지를 물어본다.

(c) 직렬연결 CSTR. 제2장에서 배운 것을 상기하면서, 만약에 반응기를 직렬로 연결하였다면 (a)에서 구한 전화율이 어떻게 될지를 예측하여 보아라. 증가할 것인가 또는 감소할 것인가? 부피가 800-gal인 반응기들을 직렬로 배열하는 경우에 첫 번째 반응기에서의 전화율[식 (E5-2.5) 참조]은

$$X_1 = \frac{\tau_1 k}{1+\tau_1 k} \tag{E5-2.6}$$

여기서

$$\tau = \frac{V_1}{\upsilon_0} = \left(800\ \text{gal} \times \frac{3.785\ \text{dm}^3}{\text{gal}}\right) \times \frac{1}{7.24\ \text{dm}^3/\text{s}} = 418.2\ \text{s}$$

첫 번째 CSTR

담쾰러수는

$$Da_1 = \tau_1 k = 418.2\ \text{s} \times \frac{0.0052}{\text{s}} = 2.167$$

$$X_1 = \frac{2.167}{1+2.167} = \frac{2.167}{3.167} = 0.684$$

CSTR일 때 직렬배열에서의 전화율이 병렬연결 경우보다 더 크다. 제2장에서 논의한 반응기 다단화에서 직렬배열이 더 높은 전화율을 준다는 것을 예상할 수 있다.

두 번째 반응기에서 나가는 전화율을 구하기 위하여 $V_1 = V_2 = V$ 및 $\upsilon_{01} = \upsilon_{02} = \upsilon_0$ 임을 상기하면

$$\tau_1 = \tau_2 = \tau$$

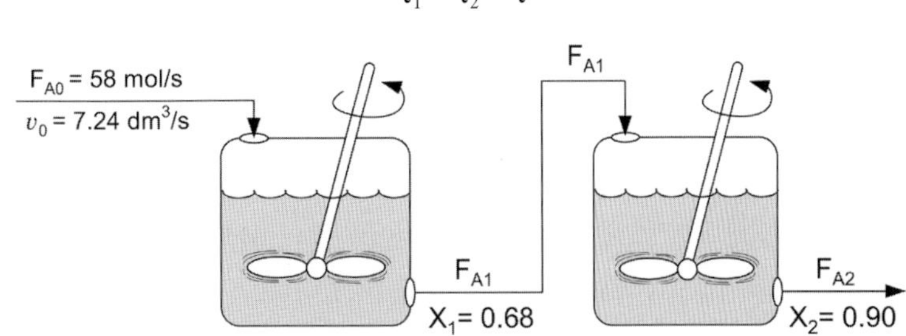

그림 E5-2.3 직렬연결 CSTR

두 번째 반응기에 대한 몰수지는

$$\begin{array}{ccccccc} \text{유입} & - & \text{유출} & + & \text{생성} & = & 0 \\ \overbrace{F_{A1}} & - & \overbrace{F_{A2}} & + & \overbrace{r_{A2}V} & = & 0 \end{array}$$

첫 번째 반응기에 공급된 A의 몰당 하류의 한 점까지 반응한 전체 몰수로 정의된 전화율을 사용하면

두 번째 CSTR

$$F_{A1} = F_{A0}(1 - X_1) \text{ 그리고 } F_{A2} = F_{A0}(1 - X_2)$$

다시 정리하면

$$V = \frac{F_{A1} - F_{A2}}{-r_{A2}} = F_{A0}\frac{X_2 - X_1}{-r_{A2}}$$

$$-r_{A2} = kC_{A2} = k\frac{F_{A2}}{\upsilon_0} = \frac{kF_{A0}(1 - X_2)}{\upsilon_0} = kC_{A0}(1 - X_2)$$

두 번째 반응기에 대한 몰수지[식 (2-24) 참조]를 속도법칙과 결합하면

$$V = \frac{F_{A0}(X_2 - X_1)}{-r_{A2}} = \frac{C_{A0}\upsilon_0(X_2 - X_1)}{kC_{A0}(1 - X_2)} = \frac{\upsilon_0}{k}\left(\frac{X_2 - X_1}{1 - X_2}\right) \tag{E5-2.7}$$

두 번째 반응기에서 나가는 전화율에 대해 풀면 다음이 얻어진다.

$$X_2 = \frac{X_1 + Da_1}{1 + Da_1} = \frac{X_1 + \tau k}{1 + \tau k} = \frac{0.684 + 2.167}{1 + 2.167} = 0.90$$

같은 결과를 식 (5-15)로부터도 얻을 수 있다.

$$X_2 = 1 - \frac{1}{(1 + \tau k)^n} = 1 - \frac{1}{(1 + 2.167)^2} = 0.90$$

800-gal(3.0-m³)의 반응기 두 개를 직렬연결하면 연간 2억 파운드의 에틸렌글리콜을 생산할 수 있다.

분석: 단일 CSTR, 2개의 직렬연결 CSTR, 2개의 병렬연결 CSTR에서 수행된 등온 1차–비가역–액상반응에 대해서 CRE 알고리즘을 적용하였다. 그리고 각각 경우에 대한 방정식을 대수적으로 풀었다. 병렬로 연결된 2개의 CSTR로 몰유량이 동등하게 배분되어 주입되는 경우, 전체 전화율은 단일 CSTR과 같았다. 직렬로 연결된 2개의 CSTR의 경우에는 전체 전화율이 단일 CSTR보다 컸다. 0보다 큰 반응차수의 속도법칙을 따르는 등온반응의 경우 항상 이러한 결과를 갖는다.

안전성 고찰

에틸렌글리콜이나 그 밖의 화학물질들의 안전성에 관한 정보를 월드와이드웹(WWW)으로부터 얻을 수 있다(표 5-4). 하나의 출처가 Vermont 안전성 정보 자원 회사 웹사이트(Vermont SIRI, *www.siri.org*)이다. 예컨대 물질을 다룰 때는 네오프렌 장갑을 사용해야 한다는 것이나 증기의 흡입을 피해야 한다는 것을 **통제대책**(*Control Measures*)에서 알 수 있다. "Dow Chemical USA"에 클릭하여 *Reactivity Data*를 스크롤하면 에틸렌글리콜이 413°C의 공기 중에서 발화된다는 사실을 알 수 있다.

표 5-4 안전성 정보에 대한 접근

안정성 정보 MSDS

1. *www.avantorsciences.com*을 타이핑한다.
2. 첫 번째 화면이 뜨면, 스크린의 상부 오른쪽에 있는 Certificate/SDS를 클릭한다.
3. 다음 페이지가 뜨면 SDS에서 찾고자 하는 화학물질명을 타이핑한다.
   예: *ethylene glycol*을 찾는다.
4. 다음 페이지에 에틸렌글리콜에 관한 자료를 제공하는 회사들의 목록이 나타난다.

5001-19 Macron Fine Chemicals	Ethylene Glycol	107-21-1	VIEW SDS
5387-03 J.T.Baker	Ethylene Glycol	107-21-1	VIEW SDS

   오른쪽에 있는 **Macron Fine Chemicals**에 대한 **VIEW SDS**를 클릭하면, 제공된 "Material Safety Data Sheet"가 나타난다.
5. 원하는 정보를 얻기 위하여 "에틸렌글리콜"을 스크롤한다.
   1. 제품명(Product Identification)
   2. 구성성분에 관한 조성/정보(Composition/Information on Ingredients)
   3. 위해요소 식별(Hazards Identification)
   4. 응급조치법(First Aid Measures)
   5. 화재진압법(Fire Fighting Measures)
   6. 사고누출조치방법(Accidental Release Measures)
   7. 취급과 보관법(Handling and Storage)
   8. 노출 시 처리방법/개인보호장구(Exposure Controls/Personal Protection)
   9. 물리적 화학적 특성(Physical and Chemical Properties)
   10~16. 기타 정보(Other Information)

5.4 관형반응기

기상반응은 흐름이 일반적으로 난류(turbulent)인 관형반응기(tubular reactor)에서 주로 수행된다. 분산이 없고, 반경방향으로의 온도구배, 속도구배, 농도구배 또는 반응속도구배가 없다고 가정함으로써, 이 반응기 내의 흐름을 플러그흐름(plug flow)으로 모형화할 수 있다[2].

미분형 PFR 설계방정식은 다음과 같다.

ΔP 또는 열효과가 존재하면 PFR/PBR의 미분형 **몰수지**를 사용한다.

$$F_{A0}\frac{dX}{dV} = -r_A \quad (2\text{-}15)$$

반응기 내에서 압력강하가 있거나 또는 PFR과 주변 사이에 열교환이 있는 경우에는 **반드시** 플러그흐름 설계방정식의 미분형을 사용해야 한다.

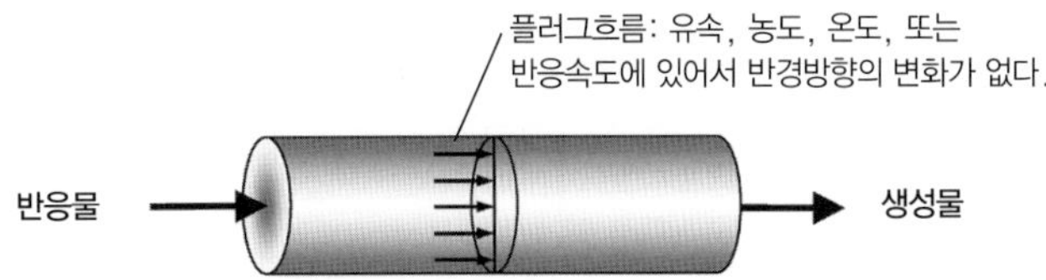

그림 1-9 관형반응기
(*http://encyclopedia.che.engin.umich.edu/Pages/Reactors/PBR/PBR.html*)

압력강하나 열교환이 없는 경우에는 **플러그흐름 설계** 방정식의 적분형이 사용된다.

$$V = F_{A0}\int_0^X \frac{dX}{-r_A} \quad (2\text{-}16)$$

예를 들어 다음 반응을 생각해 보자.

$$2A \longrightarrow \text{생성물}$$

속도법칙은 다음과 같다고 가정한다.

속도법칙

$$-r_A = kC_A^2$$

먼저 반응이 액상반응으로 일어나는 경우를 고려하고, 그 다음에 기상반응으로 일어나는 경우를 고려해 보자.

5.4.1 PFR에서의 액상반응 $\upsilon = \upsilon_0$

PFR의 몰수지와 속도법칙을 결합하면 다음과 같다.

$$\frac{dX}{dV} = \frac{kC_A^2}{F_{A0}}$$

만약 반응이 액상에서 일어난다면 A의 농도는 다음과 같이 되며

화학양론(액상)

$$C_A = C_{A0}(1 - X)$$

등온운전에 대하여 k를 적분기호 밖으로 낼 수 있으므로

2. 층류반응기(laminar flow reactor, LFR)와 분산효과(dispersion effect)는 웹 PDF 제17장에서 다룬다. 일반적으로, PFR에서 계산한 전화율은 LFR에서의 그것과 크게 다르지 않다. 예를 들면, 웹 PDF 제17장의 표 E17-1.1(*http://www.umich.edu/~elements/5e/17chap/Fogler_Web_Ch17.pdf*)로부터 17-9쪽에서 $\tau k = 0.1$이면 $X_{PFR} = 0.095$ 그리고 $X_{LFR} = 0.09$이고, $\tau k = 2.0$일 때 $X_{PFR} = 0.865$ 그리고 $X_{LFR} = 0.78$이며, $\tau k = 4$일 때 $X_{PFR} = 0.98$ 그리고 $X_{LFR} = 0.94$이다.

결합

$$V = \frac{F_{A0}}{kC_{A0}^{2}}\int_{0}^{X}\frac{dX}{(1-X)^2} = \frac{\upsilon_0}{kC_{A0}}\left(\frac{X}{1-X}\right)$$

이 식에서 전화율 X를 얻는 데 필요한 반응기의 부피를 구할 수 있다. $\upsilon_0(\tau = V/\upsilon_0)$로 나누고, 전화율에 대해 풀면 다음이 얻어진다.

계산

$$\boxed{X = \frac{\tau k C_{A0}}{1+\tau k C_{A0}} = \frac{\mathrm{Da}_2}{1+\mathrm{Da}_2}}$$

여기서 Da_2는 2차반응에 대한 담쾰러수 τkC_{A0}이다.

5.4.2 PFR에서의 기상반응 $\upsilon = \upsilon_0 (1 + \varepsilon X) (T/T_0)(P_0/P)$

일정온도($T = T_0$)와 일정압력($P = P_0$)의 기상반응에 대하여, 농도를 다음과 같이 전화율의 함수로 나타낼 수 있다.

화학양론(기상)

$$C_A = \frac{F_A}{\upsilon} = \frac{F_A}{\upsilon_0(1+\varepsilon X)} = \frac{F_{A0}(1-X)}{\upsilon_0(1+\varepsilon X)} = C_{A0}\frac{(1-X)}{(1+\varepsilon X)}$$

PFR의 몰수지, 속도법칙 그리고 화학양론을 결합하면

결합

$$V = F_{A0}\int_{0}^{X}\frac{(1+\varepsilon X)^2}{kC_{A0}^2(1-X)^2}\,dX$$

유입농도 C_{A0}는 전화율의 함수가 아니므로 적분기호 밖으로 낼 수 있다. 반응이 일정온도에서 수행되므로 반응속도상수 k도 역시 적분기호 밖으로 낼 수 있다.

등온반응의 경우 k는 상수

$$V = \frac{F_{A0}}{kC_{A0}^2}\int_{0}^{X}\frac{(1+\varepsilon X)^2}{(1-X)^2}\,dX$$

부록 A.1의 적분공식을 이용하여 풀면 부피는 다음과 같다.

계산
2차 기상반응 경우의 반응기 부피

$$\boxed{V = \frac{\upsilon_0}{kC_{A0}}\left[2\varepsilon(1+\varepsilon)\ln(1-X) + \varepsilon^2 X + \frac{(1+\varepsilon)^2 X}{1-X}\right]} \qquad (5\text{-}17)$$

5.4.3 전화율에 미치는 ε의 효과

이제 **기상**에서의 전체 몰수의 변화가 전화율과 부피 사이의 관계에 미치는 영향을 검토하자. 일정 온도와 압력의 경우에 식 (4-23)은 다음과 같다.

$T = T_0$
$P = P_0\ (\therefore p = 1)$

$$\upsilon = \upsilon_0(1 + \varepsilon X)$$

세 가지 형태의 반응들을 생각해 보자. 그 중 하나는 $\varepsilon = 0$ $(\delta = 0)$이고, 다른 하나는 $\varepsilon < 0$ $(\delta < 0)$, 그리고 나머지 하나는 $\varepsilon > 0$ $(\delta > 0)$인 경우이다. 반응이 진행되어도 몰수의 변

화가 없는 경우에는(즉, A → B), $\delta = 0$이고 $\varepsilon = 0$이므로, 전화율이 증가함에 따라 유체는 일정부피유량($\upsilon = \upsilon_0$)으로 반응기를 통하여 흐른다.

기상에서 몰수가 감소($\delta < 0$, $\varepsilon < 0$)하는 경우에는, 기체의 부피유량은 감소하고 전화율은 증가한다. 예를 들어, 2A → B의 반응에 대하여 순수한 A가 유입될 때, A를 계산의 기준으로 취하면, A → B/2가 되고, $\varepsilon = y_{A0}\delta = 1\left(\frac{1}{2}-1\right) = -0.5$이므로 다음과 같이 된다.

$$\upsilon = \upsilon_0(1 - 0.5X)$$

따라서 기체분자들은 유량이 $\upsilon = \upsilon_0$로 일정한 경우와 비교하여 반응기에 더 오래 머무를 것이다. 결과적으로, 이와 같이 체류시간(residence time)이 길어짐에 따라 유량이 υ_0로 일정한 경우보다 전화율이 더 높아지게 된다.

한편, 기상에서 총몰수가 증가($\varepsilon > 0$, $\delta > 0$)하는 경우에는 전화율이 증가할수록 부피유량이 증가할 것이다. A → 2B의 반응의 경우를 예를 들면, $\varepsilon = y_{A0}\delta = 1(2-1) = 1$이 된다.

$$\upsilon = \upsilon_0(1 + X)$$

그리고 부피유량이 일정한 경우보다 분자들은 반응기에서 짧게 머물 것이다. 반응기 내에서 이와 같은 체류시간의 감소로 인해, 전화율은 부피유량이 υ_0로 일정한 경우보다 더 낮아지게 된다.

반응에 따른 부피유량 변화(즉 $\varepsilon \neq 0$)의 중요성

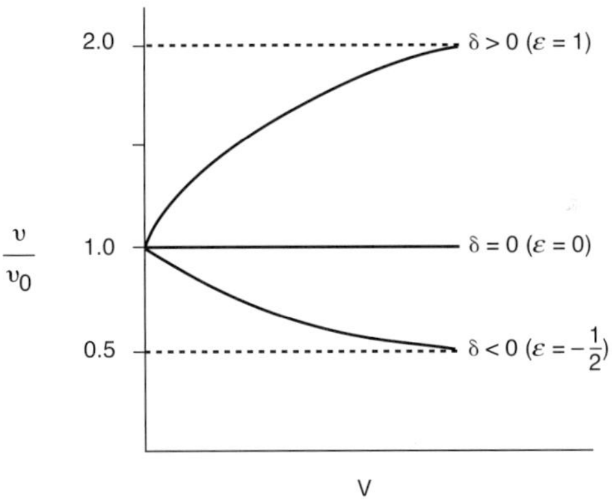

그림 5-9 반응기 길이를 따라 하류로 가면서 기상 부피유량의 변화

그림 5-9는 방금 논의한 세 가지 경우들에 대한 부피유량 분포를 보여주고 있다. 이 반응기의 끝부분에서는 실질적으로 완전한 전화율이 얻어졌다는 것을 유의하도록 한다.

예제 5-3 플러그흐름반응기에서 연간 3억 파운드의 에틸렌 생산: 실물 크기의 관형반응기의 설계

경제성

용도

에틸렌은 미국에서 연간 생산되는 화학제품 중에서 가장 많이 생산되며, 매년 생산되는 유기화학제품 중에서는 1위이다. 2016년에는 600억 파운드 이상이 생산되었으며, 파운드당 0.28달러에 팔렸다. 생산된 에틸렌의 65%는 플라스틱 가공품의 제조에 사용되며, 20%는 에틸렌옥사이드, 16%는 에틸렌 디클로라이드와 에틸렌글리콜, 5%는 섬유, 그리고 5%는 용매로 사용된다.

순수한 에탄을 분해해 연간 3억 파운드의 에틸렌을 생산하는 데 필요한 플러그흐름반응기의 부피를 구하여라. 반응은 비가역적이며, 기초 속도법칙(elementary rate law)을 따른다. 반응기를 압력 6 atm, 온도 1100 K에서 등온운전하여 에탄의 전화율을 80%로 얻고자 한다. 1000 K에서 비반응속도는 0.072 s^{-1}이며 활성화 에너지는 82,000 cal/mol이다.

풀이

$$C_2H_6 \longrightarrow C_2H_4 + H_2$$

$A = C_2H_6$, $B = C_2H_4$, $C = H_2$라 두고, 기호로 나타내면

$$A \longrightarrow B + C$$

미터단위계와 영국단위계에 **모두** 익숙해졌으면 하는 바람으로 영국단위계를 사용한 몇 가지 예제들을 다루기로 한다. 여전히 많은 회사가 농도를 lb-mol/ft^{3}와 같은 단위로 사용하고 있다는 내 말을 믿어도 좋다. 영국단위계와 미터단위계를 관계 짓는 데 도움이 되도록 영국단위계 옆에 그에 해당하는 미터단위계를 괄호 안에 써 놓았다. 알고리즘 과정 중에서 유일하게 다른 하나의 단계는 계산 단계이다.

반응기를 떠나는 에틸렌의 몰유량은 다음과 같다.

$$F_B = 300 \times 10^6 \frac{\text{lb}_m}{\text{year}} \times \frac{1\text{ year}}{365\text{ days}} \times \frac{1\text{ day}}{24\text{ h}} \times \frac{1\text{ h}}{3600\text{ s}} \times \frac{\text{lb-mol}}{28\text{ lb}_m}$$

$$= 0.340 \frac{\text{lb-mol}}{\text{s}} \left(F_B = 154.4 \frac{\text{mol}}{\text{s}}\right)$$

다음에는 80%의 전화율이 얻어질 때 0.34 lb-mol/s의 에틸렌을 생산하는 데 필요한 에탄의 공급 몰유량 F_{A0}를 구해보자.

$$F_B = F_{A0}X$$

$$F_{A0} = \frac{0.34\text{ lb mol/s}}{0.8} = 0.425 \frac{\text{lb-mol}}{\text{s}} \quad (F_{A0} = 193\text{ mol/s})$$

알고리즘을 따른다.

1. 플러그흐름 몰수지:

몰수지

$$F_{A0}\frac{dX}{dV} = -r_A \tag{2-15}$$

압력강하가 없고, 등온운전의 경우에 대해 다시 정리하여 적분하면 다음과 같이 된다.

$$\boxed{V = F_{A0}\int_0^X \frac{dX}{-r_A}} \tag{E5-3.1}$$

2. 속도법칙:[3]

속도법칙

$$\boxed{-r_A = kC_A} \quad 1000\text{ K에서 } k = 0.072\text{ s}^{-1} \tag{E5-3.2}$$

3. *Ind. Eng. Chem. Process Des. Dev.*, 14, 218 (1975); *Ind. Eng. Chem.*, 59(5), 70 (1967)

활성화 에너지는 82 kcal/mol이다.

3. 화학양론: 등온운전이고 압력강하를 무시할 경우에 에탄의 농도는 다음과 같이 계산된다.

기상이고 T와 P가 일정할 때:

화학양론

$$v = v_0 \frac{F_T}{F_{T0}} = v_0(1+\varepsilon X)$$

$$\boxed{C_A = \frac{F_A}{v} = \frac{F_{A0}(1-X)}{v_0(1+\varepsilon X)} = C_{A0}\left(\frac{1-X}{1+\varepsilon X}\right)} \quad \text{(E5-3.3)}$$

$$C_C = \frac{C_{A0}X}{(1+\varepsilon X)} \quad \text{(E5-3.4)}$$

4. 식 (E5-3.1)에서 식 (E5-3.3)까지를 **결합**하면

설계방정식, 속도법칙 및 화학양론을 **결합**

$$V = F_{A0}\int_0^X \frac{dX}{kC_{A0}(1-X)/(1+\varepsilon X)} = F_{A0}\int_0^X \frac{(1+\varepsilon X)\,dX}{kC_{A0}(1-X)}$$
$$= \frac{F_{A0}}{C_{A0}}\int_0^X \frac{(1+\varepsilon X)\,dX}{k(1-X)} \quad \text{(E5-3.5)}$$

5. 계산:

반응은 등온적으로 수행되기 때문에 k를 적분기호 밖으로 낼 수 있으며, 부록 A.1을 이용하여 적분한다.

해석적 해

$$\boxed{V = \frac{F_{A0}}{kC_{A0}}\int_0^X \frac{(1+\varepsilon X)\,dX}{1-X} = \frac{F_{A0}}{kC_{A0}}\left[(1+\varepsilon)\ \ln\frac{1}{1-X} - \varepsilon X\right]} \quad \text{(E5-3.6)}$$

6. 파라미터 계산:

계산

$$C_{A0} = y_{A0}C_{T0} = \frac{y_{A0}P_0}{RT_0} = (1.0)\left(\frac{6\ \text{atm}}{(0.73\ \text{ft}^3\cdot\text{atm/lb-mol}\cdot{}^\circ\text{R})\times(1980^\circ\text{R})}\right)$$
$$= 0.00415\ \frac{\text{lb-mol}}{\text{ft}^3}\quad (0.066\ \text{mol/dm}^3)$$

앗! 속도상수 k는 1000 K에서 0.072 s^{-1}로 주어졌으므로 1100 K인 반응조건 (1100 K)에서의 k를 계산하는 것이 필요하다.

알고리즘을 따른다.

$$k(T_2) = k(T_1)\ exp\left[\frac{E}{R}\left(\frac{1}{T_1} - \frac{1}{T_2}\right)\right]$$
$$= k(T_1)\ exp\left[\frac{E}{R}\left(\frac{T_2 - T_1}{T_1T_2}\right)\right] \quad \text{(E5-3.7)}$$
$$= \frac{0.072}{s}\ exp\left[\frac{82{,}000\ \text{cal/mol}(1100-1000)\ \text{K}}{1.987\ \text{cal/(mol}\cdot\text{K)}(1000\ \text{K})(1100\ \text{K})}\right]$$
$$= 3.07\ s^{-1}$$

F_{A0}, k, C_{A0} 그리고 ε를 식 (E5-3.6)에 치환하면 다음을 얻는다.

$$V = \frac{0.425 \text{ lb mol/s}}{(3.07/\text{s})(0.00415 \text{ lb-mol/ft}^3)}\left[(1+1)\ \ln\frac{1}{1-X} - (1)X\right] \tag{E5-3.8}$$

$$= 33.36 \text{ ft}^3\left[2\ \ln\left(\frac{1}{1-X}\right) - X\right]$$

$X = 0.8$인 경우,

$$V = 33.36 \text{ ft}^3\left[2\ \ln\left(\frac{1}{1-0.8}\right) - 0.8\right]$$

$$= 80.7 \text{ ft}^3 = (2280 \text{ dm}^3 = 2.28 \text{ m}^3)$$

길이가 40 ft인 2인치 스케줄(schedule) 80인 파이프들을 병렬로 묶어서(bank) 사용하기로 한다. 스케줄 80관의 경우에 단면적 A_C는 0.0205 ft^{2}이다. 필요한 관의 수, n은 다음과 같다.

병렬연결
PFR의 개수

$$n = \frac{\text{반응기 부피}}{\text{파이프 1개 부피}} = \frac{80.7 \text{ ft}^3}{(0.0205 \text{ ft}^2)(40 \text{ ft})} = 98.4 \tag{E5-3.9}$$

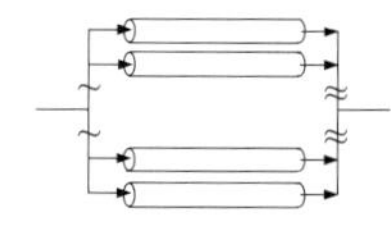
병렬연결된 100개의 관

반응기 길이 z에 따른 농도 및 전화율 분포를 구하기 위하여 식 (E5-3.8)의 부피를 단면적 A_C로 나눈다.

$$z = \frac{V}{A_C} \tag{E5-3.10}$$

그림 E5-3.1은 식 (E5-3.10)을 $A_C = 0.0205$ ft^{2}와 함께 사용하고, 식 (E5-3.8)과 식 (E5-3.3)을 사용하여 작도하였다. 100개의 관다발을 사용한다면 에탄에서 연간 3억 파운드의 에틸렌을 생산하는 데 필요한 반응기 부피를 얻을 수 있다. 관다발들 중에서 임의의 한 관의 길이에 따른 농도 분포 및 전화율 분포를 그림 E5-3.1에 나타내었다.

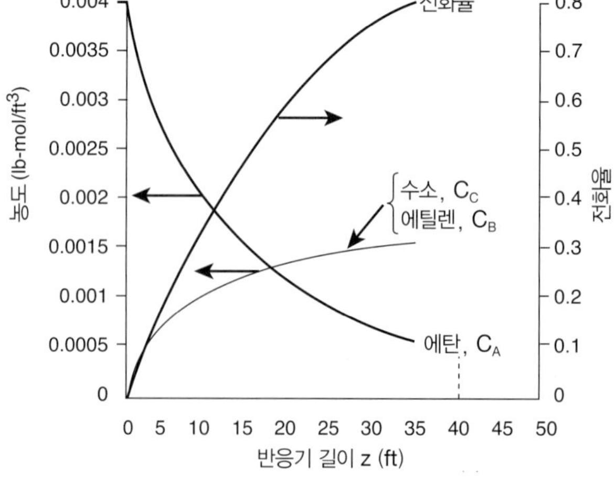

그림 E5-3.1 전화율 및 농도 분포

분석: CRE 알고리즘을 반응 중 전체 몰수의 변화를 동반하는 기상반응에 적용하였다. 하나의 PFR 각각의 부피가 0.81 ft^3인 100개의 병렬로 연결시킨 관다발은 부피가 81 ft^3인 1개의 PFR과 전화율이 같다. 전화율과 농도 분포는 그림 E5-3.1에 나타나 있다. 반응물의 농도가 높은 반응기의 입구 근처에서는 변화가 빠르게 일어나는 반면, 대부분의 반응물이 소모되어 반응속도가 느려지게 되는 출구 근처에서는 느리게 변화하는 것을 관찰할 수 있을 것이다.

이 문제를 실전 예제 문제(Living Example Problem, LEP)로 전환하기 위하여 Polymath와 Wolfram을 사용하여 풀 수도 있다. cdf 파일을 보기 위하여 필요한 것은 *http://www.wolfram.com/cdf-player/*에서 무료로 내려받을 수 있는 **Wolfram CDF Player**이다. LEP에서는 m, kg, s 단위들과 괄호에 들어 있는 값(즉, C_{A0} = 0.066 mol/dm^3)을 사용할 것이다. CRE 웹사이트(*http://www.umich.edu/~elements/5e/05chap/live.html*)의 LEP에서는 Wolfram의 "슬라이더"를 사용하여 파라미터를 변경시켜 그 효과를 볼 수 있다.

5.5 반응기에서의 압력강하(Pressure Drop)

액상반응의 속도법칙 계산에서는 압력강하가 무시된다.

액상반응일 때 반응물의 농도는 전압이 상대적으로 크게 변하더라도 거의 영향을 받지 않는다. 따라서 액상 화학반응기의 크기를 결정할 때 반응속도에 미치는 압력강하의 영향을 전적으로 무시할 수 있다. 그러나 기상반응에서는 반응화합물의 농도가 전압에 비례한다; 따라서 대부분의 경우에서 압력강하가 반응계에 미치는 영향을 정확하게 계산하는 것이 반응기 운전의 성공 또는 실패의 주요 인자가 될 수 있다. 이러한 사실은 특히 고체 촉매를 충전한 초소형반응기(microreactor)의 경우에 그러하다. 이 경우에는 유체의 통로들이 매우 작아서(문제 5-21_B 참조), 압력강하는 기상반응의 처리량과 전화율을 제한할 수 있다.

5.5.1 압력강하와 속도법칙

기상반응에서는 압력강하가 매우 중요할 수 있다.

이제 속도법칙에서 압력강하를 계산하는 데 주목해 보자. 이상기체의 경우에 식 (4-25)를 이용하면 반응화합물 i의 농도는

$$C_i = C_{A0}\left(\frac{\Theta_i + \nu_i X}{1+\varepsilon X}\right)\frac{P}{P_0}\frac{T_0}{T} \tag{5-18}$$

여기서 $\Theta_i = \dfrac{F_{i0}}{F_{A0}}$, $\varepsilon = y_{A0}\delta$이고, ν_i는 화학양론계수(예, $\nu_A = -1$, $\nu_B = -b/a$)이다. 압력강하를 고려하기 위해서는 압력비 ($p = P/P_0$)를 PFR의 부피 V 또는 PBR의 촉매 무게 W의 함수로 나타내야만 한다. 그렇게 하면 농도, 속도법칙 및 설계방정식을 결합할 수 있다. 그러나 압력강하의 영향을 계산할 때는 **반드시 미분형 몰수지(설계방정식)를 사용해야만 한다.**

예를 들어, 다음의 2차반응이 충전층반응기에서 일어날 때

$$2A \longrightarrow B + C$$

$P \neq P_0$일 때 PFR/PBR의 미분형 설계방정식을 사용해야만 한다.

미분형 몰수지를 촉매 무게의 항으로 나타내면,

$$F_{A0}\frac{dX}{dW} = -r'_A \qquad \left(\frac{\text{Gram moles}}{\text{Gram catalyst}\cdot\text{min}}\right) \tag{2-17}$$

속도법칙은

$$-r'_A = kC_A^2 \tag{5-19}$$

기상반응 경우의 **화학양론**(표 3-5)에서

$$C_A = \frac{C_{A0}(1-X)}{1+\varepsilon X}\, p\, \frac{T_0}{T}$$

따라서 속도법칙은 다음과 같이 된다.

$$-r'_A = k\left[\frac{C_{A0}(1-X)}{1+\varepsilon X}\, p\, \frac{T_0}{T}\right]^2 \tag{5-20}$$

식 (5-20)으로부터 마찰손실에 의해 압력강하가 커질수록(즉 P가 작아질수록) 반응속도는 더 작아진다는 것을 알 수 있다!

식 (5-20)을 몰수지식 (2-17)과 **결합**하고 등온운전($T = T_0$)이라고 가정하면

$$F_{A0}\frac{dX}{dW} = k\left[\frac{C_{A0}(1-X)}{1+\varepsilon X}\right]^2 p^2$$

F_{A0}(즉, $\upsilon_0 C_{A0}$)로 나누면 다음과 같이 된다.

$$\frac{dX}{dW} = \frac{kC_{A0}}{\upsilon_0}\left(\frac{1-X}{1+\varepsilon X}\right)^2 p^2$$

등온운전($T = T_0$)이면, 우변은 단지 전화율과 압력만의 함수이다. 즉

또 다른 식이 필요하다 (예, $p = f(W)$).

$$\frac{dX}{dW} = F_1(X, p) \tag{5-21}$$

이제 전화율을 촉매 무게의 함수로 구하기 위해서는 압력강하를 촉매 무게와 관계 짓는 것이 필요하다.

5.5.2 충전층(Packed Bed)을 통한 흐름

대부분 기상반응일 때는 반응물이 촉매입자가 충전된 층을 통과함으로써 촉매반응이 일어나게 된다.

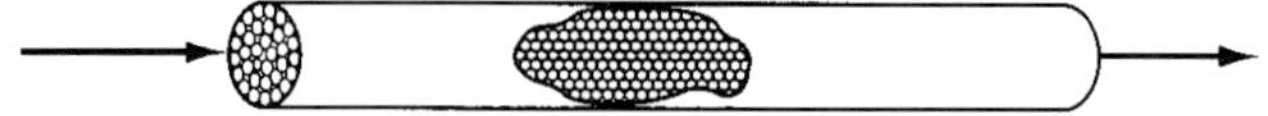

다공성 입자가 충전된 층에서의 압력강하를 계산하는 데 가장 많이 사용되는 식은

에르군 식(Ergun equation)[4,5]이다(역자 주 | Sabri Ergun: 터키 출신 화학공학자).

에르군 식 (Ergun equation)

$$\frac{dP}{dz} = -\frac{G}{\rho g_c D_P}\left(\frac{1-\phi}{\phi^3}\right)\left[\overbrace{\frac{150(1-\phi)\mu}{D_P}}^{\text{항 1}} + \overbrace{1.75G}^{\text{항 2}}\right] \tag{5-22}$$

층류(laminar flow)의 경우에는 항 1이 지배적이고, 난류(turbulent flow)의 경우에는 항 2가 지배적이다. 여기서,

P = 압력, lb_f/ft^2 (kPa)

ϕ = 세공률 = $\dfrac{\text{공극부피}}{\text{전체 층부피}}$ = 공극률

$1 - \phi = \dfrac{\text{고체부피}}{\text{전체 층부피}}$

$g_c = 32.174\ lb_m \cdot ft/s^2 \cdot lb_f$ (환산인자)

$= 4.17 \times 10^8\ lb_m \cdot ft/h^2 \cdot lb_f$

(미터단위계에서는 $g_c = 1.0$)

D_P = 층 내의 입자 직경, ft (m)

μ = 층을 통과하는 기체의 점도, $lb_m/ft \cdot h$ ($kg/m \cdot s$)

z = 관의 충전층 길이, ft (m)

u = 공탑속도 = 부피흐름 ÷ 관의 단면적, ft/h (m/s)

ρ = 기체밀도, lb_m/ft^3 (kg/m^3)

$G = \rho u$ = 공탑질량속도, $lb_m/ft^2 \cdot h$ ($kg/m^2 \cdot s$)

에르군 식을 사용하여 압력강하를 계산하는 경우에, 식 (5-22)의 우변에서 압력에 따라 변하는 유일한 파라미터는 기체밀도는 ρ이다. 이제 충전층반응기를 통한 압력강하를 구해보자.

PBR은 정상상태에서 운전되기 때문에, 반응기 하류 임의의 지점에서 질량유량 $\dot{m}$ (kg/s)는 유입 질량유량 $\dot{m}_0$와 같다(즉, 연속방정식, equation of continuity).

$$\dot{m}_0 = \dot{m}$$

$$\rho_0 v_0 = \rho v$$

식 (4-16)을 상기하면

$$v = v_0 \frac{P_0}{P}\left(\frac{T}{T_0}\right)\frac{F_T}{F_{T0}} \tag{4-16}$$

4. R. B. Bird, W. E. Stewart, and E. N. Lightfoot, *Transport Phenomena*, 2nd ed. (New York: Wiley, 2002), p. 191.

5. 에르군 식에서 상수가 조금 다르게 된 조합(예, 1.75G 대신에 1.8G)을 *Ind. Eng. Chem. Fundamentals*, 18 (1979), p. 199에서 찾을 수 있다.

$$\rho = \rho_0 \frac{v_0}{v} = \rho_0 \frac{P}{P_0}\left(\frac{T_0}{T}\right)\frac{F_{T0}}{F_T} \tag{5-23}$$

식 (5-22)와 식 (5-23)을 결합하면

$$\frac{dP}{dz} = -\underbrace{\frac{G(1-\phi)}{\rho_0 g_c D_P \phi^3}\left[\frac{150(1-\phi)\mu}{D_P} + 1.75G\right]}_{\beta_0} \frac{P_0}{P}\left(\frac{T}{T_0}\right)\frac{F_T}{F_{T0}}$$

간략화하면 다음과 같이 된다.

$$\boxed{\frac{dP}{dz} = -\beta_0 \frac{P_0}{P}\left(\frac{T}{T_0}\right)\frac{F_T}{F_{T0}}} \tag{5-24}$$

여기서 β_0는 상수로서 충전층의 특성(ϕ, D_P)과 입구 조건에서의 유체의 특성(즉, μ, G, ρ_0, T_0, P_0)에만 의존한다. β_0의 전형적인 단위는 (atm/ft) 또는 (Pa/m)이다.

$$\boxed{\beta_0 = \frac{G(1-\phi)}{\rho_0 g_c D_P \phi^3}\left[\frac{150(1-\phi)\mu}{D_P} + 1.75G\right] \quad \left(\text{예}, \frac{\text{kPa}}{\text{m}}, \frac{\text{atm}}{\text{ft}}\right)} \tag{5-25}$$

관형충전층반응기(tubular packed-bed reactors)의 경우에는 반응기 길이 방향의 z보다 얼마나 촉매를 채울 것인가 하는 촉매 무게가 더 관심이 있다. 반응기 길이 z까지 채워진 촉매 무게 W는 다음 식으로 주어진다.

$$\underbrace{W}_{[\text{촉매 무게}]} = \underbrace{(1-\phi)A_c z}_{[\text{고체 부피}]} \times \underbrace{\rho_c}_{[\text{고체 촉매의 밀도}]} \tag{5-26}$$

여기서 A_c는 단면적이다. 촉매의 **벌크밀도**(bulk density) ρ_b(반응층의 부피당 촉매질량)는 고체 촉매입자의 밀도 ρ_c와 고체 분율 $(1-\phi)$의 곱이다.

벌크밀도

$$\rho_b = \rho_c(1-\phi)$$

z와 W 사이의 관계식[식 (5-26)]을 사용하여, 에르군 식을 촉매 무게의 항으로 나타낼 수 있다.

복합반응 및 멤브레인 반응기 경우에 이를 사용한다.

$$\frac{dP}{dW} = -\frac{\beta_0}{A_c(1-\phi)\rho_c}\frac{P_0}{P}\left(\frac{T}{T_0}\right)\frac{F_T}{F_{T0}}$$

더 간단히 하면 다음과 같다.

$$\frac{dP}{dW} = -\frac{\alpha}{2}\frac{T}{T_0}\frac{P_0}{P/P_0}\left(\frac{F_T}{F_{T0}}\right) \tag{5-27}$$

$p=(P/P_0)$라 두면 다음과 같이 된다.

복합반응에 사용

$$\boxed{\frac{dp}{dW} = -\frac{\alpha}{2p}\frac{T}{T_0}\frac{F_T}{F_{T0}}} \tag{5-28}$$

여기서

$$\boxed{\alpha = \frac{2\beta_0}{A_c\rho_c(1-\phi)P_0}} \tag{5-29}$$

여기서 전형적인 단위는 (kg^{-1}) 또는 (lb_m^{-1})이다.

충전층에서 압력강하에 대한 에르군 식의 미분형

복수반응이 일어나거나 멤브레인반응기에서 압력강하가 있을 때에는 식 (5-28)을 사용한다. 그러나 충전층반응기에서의 단일반응에 대해서는, 에르군 식을 전화율 X의 항으로 표현하는 것이 더 편리하다. F_T에 대한 식 (4-20)을 상기하여

$$\frac{F_T}{F_{T0}} = 1 + \varepsilon X \tag{4-20}$$

이전과 마찬가지로,

$$\varepsilon = y_{A0}\delta = \frac{F_{A0}}{F_{T0}}\delta \tag{4-22}$$

(F_T/F_{T0})를 대입하면 식 (5-28)은 다음과 같이 쓸 수 있다.

단일반응에 사용

$$\boxed{\frac{dp}{dW} = -\frac{\alpha}{2p}(1+\varepsilon X)\frac{T}{T_0}} \tag{5-30}$$

ε이 음수이면, 압력강하 ΔP는 $\varepsilon = 0$일 때에 비해 더 작다(즉, 더 높은 압력)는 것을 알 수 있다. ε이 양수이면, 압력강하 ΔP는 $\varepsilon = 0$일 때에 비해 더 크다.

등온운전의 경우에 식 (5-30)은 단지 전화율과 압력만의 함수이다.

$$\frac{dp}{dW} = F_2(X, p) \tag{5-31}$$

수치적으로 풀어야 하는 두 개의 연립방정식

몰수지, 속도법칙 및 화학양론을 결합한 식 (5-21)을 이용하면[†]

$$\frac{dX}{dW} = F_1(X, p) \tag{5-21}$$

연립하여 풀어야 하는 두 개의 1차 미분방정식(coupled first-order differential equations), 즉 식 (5-31)과 (5-21)이 얻어졌다는 것을 알 수 있다. 이를 푸는 데는 다양한 소프트웨어 패키지(예, Polymath)나 수치 적분법이 유용하게 활용될 수 있다.

[†] 휴식하면서, CRE 웹사이트 홈페이지에 접속하여 압력강하에 대한 유튜브 비디오 "Chemical Engineering Gone Wrong"을 보아라.

해석적 해(analytical solution). 만약 $\varepsilon = 0$이거나 또는 (εX)가 1.0보다 매우 작아 무시할 수 있다면(즉 $1 \gg \varepsilon X$), 등온운전일 때(즉, $T = T_0$)의 식 (5-30)에 대한 해석적 해를 구할 수 있다. $\varepsilon = 0$이고 등온운전인 경우에 식 (5-30)은 다음과 같이 된다.

등온이면서 $\varepsilon = 0$일 때

$$\frac{dp}{dW} = -\frac{\alpha}{2p} \tag{5-32}$$

다시 정리하면

$$\frac{2p\,dp}{dW} = -\alpha$$

p를 미분 안에 넣으면

$$\frac{dp^2}{dW} = -\alpha$$

$W = 0$에서 $p = 1(P = P_0)$인 조건에서 적분하면

$$P^2 = (1 - \alpha W)$$

양변에 제곱근을 취하면 다음과 같이 된다.

단지 $\varepsilon = 0$인 경우의 압력비

$$\boxed{p = \frac{P}{P_0} = (1 - \alpha W)^{1/2}} \tag{5-33}$$

주의

만약 $\varepsilon \neq 0$이거나 반응이 등온적으로 일어나지 않는 경우에는 **이 식을 사용할 수 없다**는 것을 알기 바란다. 압력강하 파라미터(pressure drop parameter) α는 다음과 같다.

$$\boxed{\alpha = \frac{2\beta_0}{A_c(1-\phi)\rho_c P_0}} \quad (\text{kg}^{-1} \text{ 또는 } \text{lb}_\text{m}^{-1}) \tag{5-29}$$

식 (5-33)을 사용하여 속도법칙의 압력 항을 치환할 수 있으며, 이렇게 함으로써 몰수지 식은 단지 전화율과 촉매 무게만의 함수로 표현될 수 있다. 이 결과로 얻어지는 식은 해석적(analytically)으로 또는 수치적(numerically)으로 쉽게 풀릴 수 있다.

압력을 반응기 길이 z의 항으로 나타내고자 하는 경우에는 식 (5-26)을 이용하여 식 (5-33)의 W를 치환할 수 있다. 그러면 다음 식으로부터 반응기 길이를 따라서 압력강하를 플롯할 수 있다.

$$p = \frac{P}{P_0} = \left(1 - \frac{2\beta_0 z}{P_0}\right)^{1/2} \tag{5-34}$$

5.5.3 파이프 내에서의 압력강하

일반적으로, 충전물(packing)이 없는 파이프를 통하여 흐르는 기체의 경우는 압력강하(pressure drop)를 무시할 수 있다. 파이프 내에서의 흐름 경우에 파이프 길이에 따른 압

력강하는 다음과 같다.

$$p = (1 - \alpha_p V)^{1/2} \tag{5-35}$$

여기서

$$\alpha_p = \frac{4f_F G^2}{A_c \rho_0 P_0 D} \tag{5-36}$$

여기서 f_F는 패닝 마찰인자(Fanning friction factor), D는 파이프의 직경, 그리고 다른 파라미터들은 앞서 정의했던 것과 같다.

예제 5-4에서는 1000 ft 길이의 1½인치 스케줄 40 파이프(α_p = 0.05 m^{-3})가 주어진 흐름 조건에서는 압력강하는 5% 이하이다. 하지만, 높은 부피유량으로 초소형 반응기를 통과하는 흐름의 경우, 압력강하가 상당히 클 수 있다. *http://www.umich.edu/~elements/5e/05chap/pdf/alpha-P-calculation-Example-5-4.pdf*의 웹사이트상의 예제 계산을 참고하여라.

예제 5-4 충전층에서 압력강하 계산

직경 ¼인치의 촉매 펠릿들이 충전된, 길이 60 ft인 1½인치 스케줄 40 파이프에서 압력강하를 플롯하여라. 층을 통하여 기체가 104.4 lb_m/h로 흐르고 있다. 온도는 260°C로 파이프의 길이에 따라 일정하다. 공극률은 45%이며, 기체의 특성은 이 온도에서의 공기의 특성과 같다. 유입압력은 10 atm이다.

풀이

(a) 먼저, 전체 압력강하를 계산해 보자.

반응기의 끝, $z=L$에서 식 (5-34)는 다음과 같이 된다.

$$\frac{P}{P_0} = \left(1 - \frac{2\beta_0 L}{P_0}\right)^{1/2} \tag{E5-4.1}$$

$$\beta_0 = \frac{G(1-\phi)}{g_c \rho_0 D_p \phi^3}\left[\frac{150(1-\phi)\mu}{D_p} + 1.75G\right] \tag{5-25}$$

압력강하 파라미터들의 계산

$$G = \frac{\dot{m}}{A_c} \tag{E5-4.2}$$

1½인치 스케줄 40 파이프의 단면적은 A_c = 0.01414 ft^{2}이므로

$$G = \frac{104.4\ \text{lb}_m/\text{h}}{0.01414\ \text{ft}^2} = 7383.3\ \frac{\text{lb}_m}{\text{h}\cdot\text{ft}^2}$$

260°C, 10 atm인 공기에 대해서

$$\mu = 0.0673\ \text{lb}_m/\text{ft}\cdot\text{h}$$
$$\rho_0 = 0.413\ \text{lb}_m/\text{ft}^3$$

에르군 식의 파라미터들 계산

$$v_0 = \frac{\dot{m}}{\rho_0} = \frac{104.4\ \text{lb}_\text{m}/\text{h}}{0.413\ \text{lb}_\text{m}/\text{ft}^3} = 252.8\ \text{ft}^3/\text{h}\ \ (7.16\ \text{m}^3/\text{h})$$

문제 설명에서

$$D_p = 1/4\ \text{in.} = 0.0208\ \text{ft},\quad \phi = 0.45,$$

$$g_c = 4.17 \times 10^8\ \frac{\text{lb}_\text{m}\cdot\text{ft}}{\text{lb}_\text{f}\cdot\text{h}^2}$$

이 값들을 식 (5-25)에 대입하면 다음과 같이 된다.

읽고 계산하는 것이 지루하지만, 우리는 핵심을 어떻게 해야 하는지 알아야 한다.

$$\beta_0 = \left[\frac{7383.3\ \text{lb}_\text{m}/\text{ft}^2\cdot\text{h}(1-0.45)}{(4.17\times 10^8\ \text{lb}_\text{m}\cdot\text{ft}/\text{lb}_\text{f}\cdot\text{h}^2)(0.413\ \text{lb}_\text{m}/\text{ft}^3)(0.0208\ \text{ft})(0.45)^3}\right] \tag{E5-4.3}$$

$$\times\left[\frac{150(1-0.45)(0.0673\ \text{lb}_\text{m}/\text{ft}\cdot\text{h})}{0.0208\ \text{ft}} + 1.75(7383.3)\ \frac{\text{lb}_\text{m}}{\text{ft}^2\cdot\text{h}}\right]$$

$$\beta_0 = 0.01244\ \frac{\text{lb}_\text{f}\cdot\text{h}}{\text{ft}\cdot\text{lb}_\text{m}}\left[\overbrace{266.9}^{\text{항 1}} + \overbrace{12,920.8}^{\text{항 2}}\right]\frac{\text{lb}_\text{m}}{\text{ft}^2\cdot\text{h}} = 164.1\ \frac{\text{lb}_\text{f}}{\text{ft}^3} \tag{E5-4.4}$$

두 번째 항인 난류 항이 지배적임을 알 수 있다.

$$\beta_0 = 164.1\ \frac{\text{lb}_\text{f}}{\text{ft}^3} \times \frac{1\ \text{ft}^2}{144\ \text{in.}^2} \times \frac{1\ \text{atm}}{14.7\ \text{lb}_\text{f}/\text{in.}^2}$$

β_0의 단위변환: $\frac{1\ \text{atm}}{\text{ft}} = 333\frac{\text{kPa}}{\text{m}}$

$$\boxed{\beta_0 = 0.0775\ \frac{\text{atm}}{\text{ft}} = 25.8\ \frac{\text{kPa}}{\text{m}}} \tag{E5-4.5}$$

이제 전체 압력강하를 계산할 차례이다.

$$p = \frac{P}{P_0} = \left(1 - \frac{2\beta_0 L}{P_0}\right)^{1/2} = \left(1 - \frac{\overbrace{2\times 0.0775}^{0.155}\ \text{atm/ft}\times 60\ \text{ft}}{10\ \text{atm}}\right)^{1/2} \tag{E5-4.6}$$

$$p = 0.265$$

$$P = 0.265P_0 = 2.65\ \text{atm}\ \ (268\ \ \text{kPa})$$
$$\Delta P = P_0 - P = 10 - 2.65 = 7.35\ \text{atm}\ \ (744\ \ \text{kPa}) \tag{E5-4.7}$$

(b) 이제 이 자료를 사용하여 압력과 부피유량 분포를 플롯하자. $\varepsilon = 0$이고 $T = T_0$일 때 식 (5-23)을 다시 생각하면

$$\boxed{v = v_0\frac{P_0}{P} = \frac{v_0}{p}} \tag{E5-4.8}$$

식 (5-34)와 식 (E5-4.8)을 사용하여 표 E5-4.1을 작성할 수 있다.

표 E5-4.1 P 및 υ의 분포

z (ft)	0	10	20	30	40	50	60
P (atm)	10	9.2	8.3	7.3	6.2	4.7	2.65
υ (ft^3/h)	253	275	305	347	408	538	955

$\rho_c = 120\ \text{lb}_\text{m}/\text{ft}^3$인 경우에

$$\alpha = \frac{2\beta_0}{\rho_c(1-\phi)A_cP_0} = \frac{2(0.0775)\text{atm/ft}}{120\ \text{lb}_\text{m}/\text{ft}^3(1-0.45)(0.01414ft^2)10\,\text{atm}}$$

α의 대표적인 값

$$\boxed{\alpha = 0.0165\ \text{lb}_\text{m}^{-1} = 0.037\ \text{kg}^{-1}} \tag{E5-4.9}$$

표 E5-4.1의 값에 따른 식 (E5-34.1)과 식 (E5-4.8)을 사용하여 그림 E5-4.1을 얻었다.

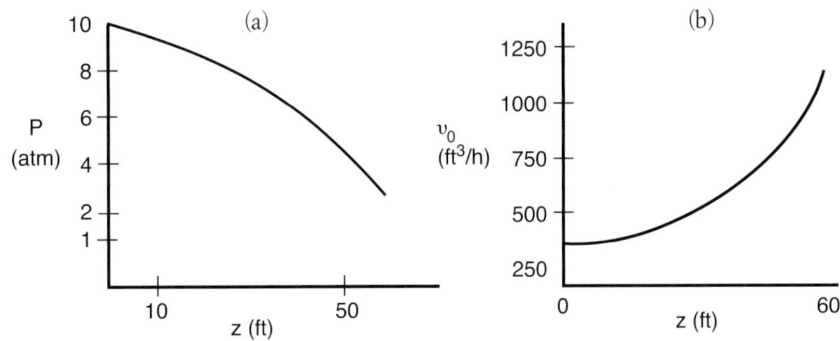

그림 E5-4.1 압력과 부피유량의 분포($z = W/(A_c\rho_c(1-\phi))$)

반응기 하류로 지나가면서 부피유량이 얼마나 극적으로 증가하는지를 주목하여라. CRE 웹사이트상의 LEP P5-4를 방문하여 에르군 식에서 압력강하 파라미터가 변하면서 p와 f가 어떻게 변하는지를 관찰하여라.

분석: 이번 예제는 충전층 반응기를 통과하는 기상 흐름에서 압력강하와 압력강하 파라미터들(α와 β_0)을 어떻게 계산하는지 보여주었다. 압력과 부피유량 도표는 그림 E5-4.1에 나타나 있듯이 z(즉, 촉매 무게)의 함수로 계산되었다. 이 그림으로부터 PBR의 길이에 따라 하류로 이동하면서 압력이 감소할수록 얼마나 부피유량이 빨리 증가하는지는 예상하지 못했을 것이라고 장담한다.

5.5.4 압력강하가 있는 반응에 대한 해석적 해

압력강하, ΔP가 어떻게 우리 계산에 영향을 줄까?

먼저 압력강하가 CRE의 알고리즘에 어떤 영향을 미치는지를 설명해 보고자 한다. 그림 5-10은 반응기 설계에 미치는 압력강하의 영향을 정성적으로 보여준다. 그림 5-10(**a**)를 보면 충전층반응기를 통과하면서 일어나는 압력강하가 에르군 식을 통해 어떻게 예상되

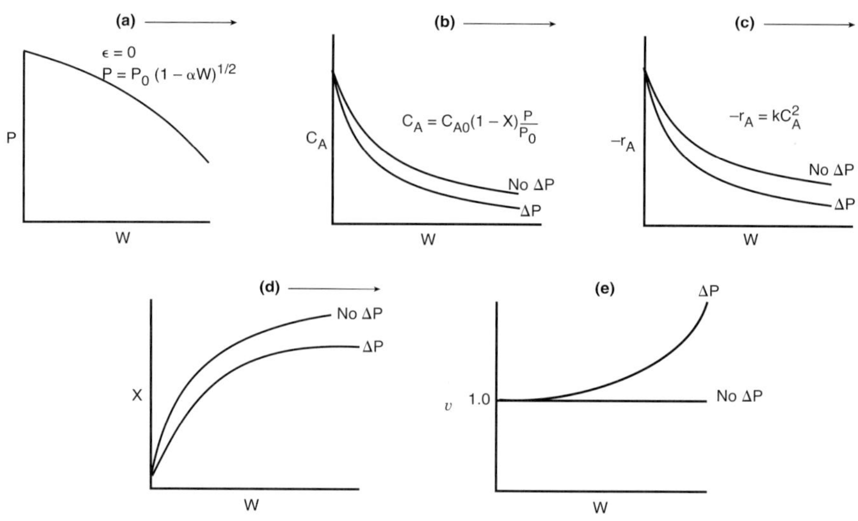

그림 5-10 (**a**) P, (**b**) C_A, (**c**) $-r_A$, (**d**) X , 그리고 (**e**) υ에 대한 압력강하의 영향

는지를 알 수 있다. 이어지는 (**b**)에서 (**e**)의 그림은 압력강하가 각각 농도, 반응속도, 전화율, 그리고 부피유량에 미치는 영향을 보여준다. 각 그림은 압력강하가 있을 때와 없을 때에 대한 농도 분포, 반응속도 분포, 그리고 전화율 분포를 비교한 것이다. 반응기 내에서 압력강하가 있을 때 반응물의 농도는 압력강하가 없을 때보다 항상 작아지게 되고, 이에 따라서 반응속도(반응차수가 0차 이상인 경우)도 그렇게 된다. 이처럼 반응속도가 더 작아지는 결과로 전화율은 압력강하가 없을 때보다 압력강하가 있을 때 더 작아지게 된다.

압력강하가 있을 경우 PBR에서의 2차 기상반응

이제 압력을 촉매 무게의 함수로 나타내었으므로[$\varepsilon = 0$인 경우의 식 (5-33)], 이제 다음 2차 등온반응에서 전화율과 촉매 무게를 관계 지을 수 있다.

$$A \longrightarrow B$$

몰수지, 속도법칙 그리고 화학양론을 상기해 보자.

1. 몰수지:
$$F_{A0}\frac{dX}{dW} = -r'_A \tag{2-17}$$

2. 속도법칙:
$$-r'_A = kC_A^2 \tag{5-19}$$

3. 화학양론: $\varepsilon = 0$인 기상 등온반응($T = T_0$)이므로 식 (5-23)에서 $\upsilon = \upsilon_0/p$이다.

단지 $\varepsilon = 0$일 때

$$C_A = \frac{F_A}{\upsilon} = \frac{F_{A0}(1-X)}{\upsilon} = C_{A0}(1-X)\,p \tag{5-37}$$

$$p = \frac{P}{P_0} = (1-\alpha W)^{1/2} \tag{5-33}$$

알고리즘을 따른다.

식 (5-33)을 식 (5-37)에 대입하면 다음과 같이 된다.

$$C_A = C_{A0}\,(1 - X)(1 - \alpha W)^{1/2}$$

4. 결합: $$\frac{dX}{dW} = \frac{kC_{A0}^2}{F_{A0}}(1 - X)^2\,[(1 - \alpha W)^{1/2}]^2$$

5. 변수분리(separating variables): $$\frac{F_{A0}}{kC_{A0}^2}\frac{dX}{(1 - X)^2} = (1 - \alpha W)\,dW$$

$W = 0$일 때 $X = 0$인 한계로 적분하고 $F_{A0} = C_{A0}\,\upsilon_0$를 대입하면 다음과 같게 된다.

$$\frac{\upsilon_0}{kC_{A0}}\left(\frac{X}{1-X}\right) = W\left(1 - \frac{\alpha W}{2}\right)$$

우리는 주어진 W에 대해서 X를 찾거나 주어진 X를 달성하는 데 필요한 W를 찾기 위하여 위의 방정식을 풀 수 있다.

6. A 전화율에 대하여 풀면 다음과 같다.

$$X = \frac{\dfrac{kC_{A0}W}{\upsilon_0}\left(1 - \dfrac{\alpha W}{2}\right)}{1 + \dfrac{kC_{A0}W}{\upsilon_0}\left(1 - \dfrac{\alpha W}{2}\right)} \tag{5-38}$$

6. B 촉매 무게에 대해 풀면 다음과 같다.

ΔP를 동반하는 PFR에서 2차반응 경우의 촉매 무게

$$W = \frac{1 - \{1 - [(2\upsilon_0\alpha)/kC_{A0}][X/(1 - X)]\}^{1/2}}{\alpha} \tag{5-39}$$

예제 5-5 전화율에 대한 압력강하의 영향

촉매가 충전된 길이가 20 m인 1½인치 스케줄 40인 파이프에서 다음 2차반응이 일어나는 경우의 예제 5-4의 충전층반응기를 다시 검토해 보자.

$$2A \rightarrow B + C$$

흐름조건 및 충전층의 조건은 SI단위계를 사용한다는 것을 제외하고는 앞 예제와 동일하다; 즉 P_0 = 10 atm = 1013 kPa이며

미터단위계, SI단위계 또는 영국단위계 어느 것이든 다룰 수 있어야 한다.

유입 부피유량: $\upsilon_0 = 7.15\ m^3/h$ (252 ft^3/h)
촉매 펠릿 크기: $D_p = 0.006$ m (약 ¼ 인치)
고체 촉매 밀도: $\rho_c = 1923\ kg/m^3$ (120 lb_m/ft^3)
1½인치 스케줄 40인 파이프의 단면적: $A_c = 0.0013\ m^2$

압력강하 파라미터: $\beta_0 = 25.8$ kPa/m

반응기 길이: $L = 20$ m

입자크기를 변화시킴으로써 입자크기가 전화율 분포에 미치는 영향을 알아보고자 한다. 그러나 비반응속도 k는 입자크기에 영향을 받지 않으며, 제14장과 제15장에서 이러한 가정(assumption)은 작은 입자들의 경우에만 적용된다고 알고 있다.

(a) 먼저, 압력강하가 없을 때의 전화율을 구하여라.

(b) 다음에는, 압력강하가 있을 때의 전화율을 구하여라.

(c) 끝으로, 촉매입자 직경이 두 배가 될 때 항 (b)의 답이 어떻게 변하는지 알아보아라.

A의 유입농도(entering concentration)는 0.1 kmol/m^{3}이며, 비반응속도(specific reaction rate)는 다음과 같다.

$$k = \frac{12\text{m}^6}{\text{kmol}\cdot\text{kg-cat}\cdot\text{h}}$$

풀이

촉매 무게의 함수로서 전화율을 계산하기 위하여 식 (5-38)을 사용한다.

$$X = \frac{\dfrac{kC_{A0}W}{v_0}\left(1-\dfrac{\alpha W}{2}\right)}{1+\dfrac{kC_{A0}W}{v_0}\left(1-\dfrac{\alpha W}{2}\right)} \tag{5-38}$$

먼저, 파라미터들을 계산하자. 벌크 촉매밀도는

$$\rho_b = \rho_c(1-\phi) = (1923)(1-0.45) = 1058 \text{ kg/m}^3$$

1½인치 스케줄 40 파이프의 길이가 20 m인 경우에 촉매 무게는

$$W = A_c\rho_b L = (0.0013 \text{ m}^2)\left(1058 \ \frac{\text{kg}}{\text{m}^3}\right)(20 \ \text{m})$$

$$W = 27.5 \text{ kg}$$

$$\frac{kC_{A0}W}{v_0} = \frac{12\text{m}^6}{\text{kmol}\cdot\text{kg-cat}\cdot\text{h}}\cdot 0.1\frac{\text{kmol}}{\text{m}^3}\cdot\frac{27.5 \ \text{kg}}{7.15 \ \text{m}^3/\text{h}} = 4.6$$

(a) 먼저 압력강하가 없는 $\Delta P = 0$(즉 $\alpha = 0$)인 경우에 전화율을 계산하자.

$$X = \frac{\dfrac{kC_{A0}W}{v_0}}{1+\dfrac{kC_{A0}W}{v_0}} = \frac{4.6}{1+4.6} = 0.82 \tag{E5-5.1}$$

$$\boxed{X = 0.82}$$

(b) 다음에는 압력강하가 있을 때의 전화율을 계산한다. 식 (5-29)를 사용하고 벌크 밀도 $\rho_b = (1-\phi)\rho_c = 1058\ \text{kg/m}^3$을 대입하자.

예제 5-4의 식 (E5-4.9)에서 α를 계산하면 다음과 같다.

$$\alpha = \frac{2\beta_0}{P_0 A_c \rho_b} = 0.037\,\text{kg}^{-1} \tag{E5-5.2}$$

따라서

$$\left(1-\frac{\alpha W}{2}\right) = 1 - \frac{(0.037)(27.5)}{2} = 0.49 \tag{E5-5.3}$$

$$X = \frac{\dfrac{kC_{A0}W}{v_0}\left(1-\dfrac{\alpha W}{2}\right)}{1+\dfrac{kC_{A0}W}{v_0}\left(1-\dfrac{\alpha W}{2}\right)} = \frac{(4.6)(0.49)}{1+(4.6)(0.49)} = \frac{2.26}{3.26} \tag{E5-5.4}$$

$$\boxed{X = 0.693}$$

설계할 때 꼭 주의!

분석: 압력강하 때문에 예측된 전화율이 82.2%에서 69.3%로 떨어지는 것을 알 수 있다. 만약 압력강하를 무시하고 계산하여 나중에 실제 전화율이 아주 작아지게 되면 난처할 뿐만 아니라 경제적으로 엄청난 손실이 생기게 될 수 있다. 이러한 점은 CRE 웹사이트상에서 5성급(★★★★★) YouTube 동영상 *Chemical Engineering Gone Wrong*(*https://www.youtube.com/watch?v=S9mUAXmNqxs*)에서 강조하였다.

전화율과 압력비에 대한 실전 예제 문제(LEP)를 탐구하기 위한 Wolfram 슬라이더를 그림 E5-5.1과 E5-5.2에 나타내었다.

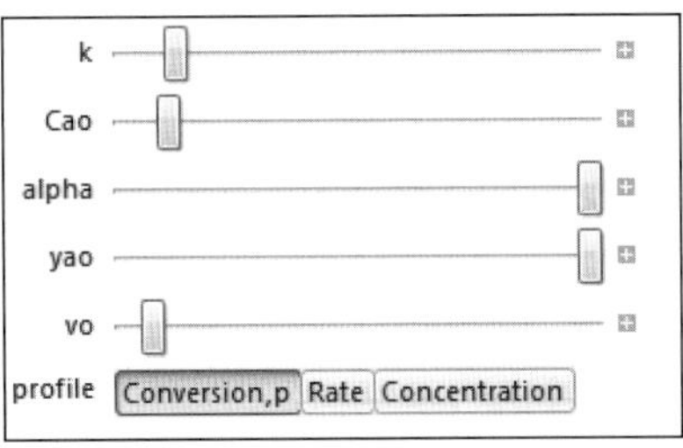

그림 E5-5.1 Wolfram 슬라이더

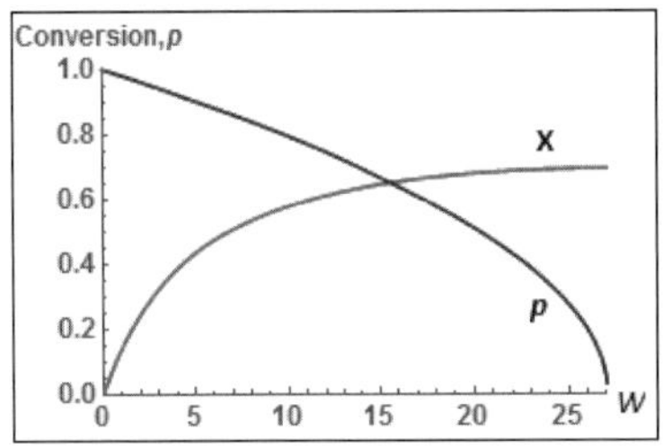

그림 E5-5.2 Wolfram 그래프

LEP에 가서 슬라이더를 움직이고 왜 그래프가 그렇게 변하는지를 설명하여라.

5.5.5 걱정이 많은 로버트의 궁금증: 만약에 …라면 어떻게 될까

로버트

로버트는 어느 엔지니어링 팀의 가장 중요한 일원 중의 하나이다. 그는 항상 변화를 기대하고 공정에서의 그러한 변화가 정성적으로 또는 정량적으로 어떠한 효과가 있는지를 보고자 한다 – 이것은 **모든** 엔지니어가 연마해야 할 기술이다. 그는 변경되거나 뜻밖의 변화가 일어날 때 새로운 조건을 예측하기 위한 기초적인 공학 분석(basic engineering analysis)을 사용한다.

예제 5-6에서 만약에 …라면 어떻게 될까 하는 질문(a couple of What if … questions)을 하면서 예제 5-5를 계속 풀어 보자. 공학적 분석을 실제로 보여주기 위하여 촉매크기가 4배로 감소하고 입구 압력이 3배로 되면 어떻게 되는가?라는 로버트의 걱정(Robert's worry)을 다루려고 한다.

로버트를 도와줄 수 있는지 보자.

먼저, 시스템 파라미터 변화에 따른 압력강하 파라미터, α가 어떻게 변하는지를 볼 필요가 있다. 식 (5-29)와 식 (5-25)를 결합하면 다음 식을 얻는다.

$$\alpha=\frac{2}{A_C(1-\phi)\rho_C P_0}\beta_0=\frac{2}{A_C(1-\phi)\rho_C P_0}\left[\frac{G(1-\phi)}{\rho_0 g_C D_P \phi^3}\left[\overbrace{\frac{150(1-\phi)\mu}{D_P}}^{\text{층류}}+\overbrace{1.75G}^{\text{난류}}\right]\right] \tag{5-39}$$

기체의 평균분자량과 이상기체법칙을 사용하여 입구에서의 밀도(entering density)를 얻는다.

$$\rho_0=\frac{(MW)P_0}{RT_0} \tag{5-40}$$

식 (5-39)에 ρ_0를 대입하면 다음 식을 얻는다.

$$\alpha=\frac{RT_0}{(MW)A_C\rho_C g_C P_0^2 D_P\phi^3}G\left[\overbrace{\frac{150(1-\phi)\mu}{D_P}}^{\text{항 1}}+\overbrace{1.75G}^{\text{항 2}}\right] \tag{5-41}$$

이제 각각 층류와 난류에 대해서 만약 …라면 분석(What if … analysis)을 따로따로 해보자. 촉매가 충전된 관의 공탑질량유량(superficial mass flow rate), 입구 압력(entering pressure), 촉매입자 직경, 관의 단면적이 변할 때를 고찰하자. 촉매 펠릿 밀도 ρ_c와 공극률 ϕ는 변화시키지 않고 고정한다. 게다가 온도를 변화시켜 결과를 분석하는 것도 연습문제로 남겨 놓을 것이다.

A. 층류가 지배적인 경우(항 1 >> 항 2)

압력강하 파라미터 α는 다음처럼 변하게 될 것이다.

$$\alpha\sim\frac{GT_0}{A_C D_P^2 P_0^2} \tag{5-42}$$

원래의 조건인 경우 1과 변화가 생긴 후의 조건인 경우 2를 고려하자. 경우 1과 경우 2의 비를 취하면,

경우 1/ 경우 2

$$\alpha_2=\alpha_1\left(\frac{G_2}{G_1}\right)\left(\frac{A_{C1}}{A_{C2}}\right)\left(\frac{D_{P1}}{D_{P2}}\right)^2\left(\frac{P_{01}}{P_{02}}\right)^2\left(\frac{T_{02}}{T_{01}}\right) \tag{5-43}$$

경우 1과 경우 2에 대한 일정한 질량유량(constant mass flow rate)에 대하여, G를 대입하면

$$G = \frac{\dot{m}}{A_C}$$

변화가 생긴 이후의 압력강하 파라미터 α_2를 얻을 수 있다.

층류의 α_2

$$\boxed{\alpha_2 = \alpha_1 \left(\frac{A_{C1}}{A_{C2}}\right)^2 \left(\frac{D_{P1}}{D_{P2}}\right)^2 \left(\frac{P_{01}}{P_{02}}\right)^2 \left(\frac{T_{02}}{T_{01}}\right)} \quad (5\text{-}44)$$

이제 난류에서 시스템 파라미터를 변화시켰을 때 α가 어떻게 변하는지를 알아보자.

B. 난류가 지배적인 경우(항 2 >> 항 1)
압력강하 파라미터가 다음과 같이 변화한다.

$$\alpha \sim \frac{G^2 T_0}{A_C D_P P_0^2}$$

경우 1과 경우 2의 비를 취하면

$$\boxed{\alpha_2 = \alpha_1 \left(\frac{G_2}{G_1}\right)^2 \left(\frac{A_{C1}}{A_{C2}}\right) \left(\frac{P_{01}}{P_{02}}\right)^2 \left(\frac{D_{P1}}{D_{P2}}\right) \left(\frac{T_{02}}{T_{01}}\right)} \quad (5\text{-}45)$$

만약 질량유량, $\dot{m}$이 두 경우에 대해서 동일하다면, $G = \dot{m}/A_C$를 대입하여 다음 식을 얻는다.

난류의 α_2

$$\alpha_2 = \left(\frac{A_{C1}}{A_{C2}}\right)^3 \left(\frac{P_{01}}{P_{02}}\right)^2 \left(\frac{D_{P1}}{D_{P2}}\right) \left(\frac{T_{02}}{T_{01}}\right) \quad (5\text{-}46)$$

난류의 경우 층류보다 압력강하 파라미터(α)가 입자의 직경(D_p)의 변화에는 덜 민감하고, 단면적(A_C)의 변화에는 더 민감하다는 것을 알 수 있다.

친구들은 가끔 그를 "만약 로버트"라고 부른다.

예제 5-6 로버트는 만약에 …라면 어쩌지 하면서 걱정한다

다른 모든 것을 동일하게 유지하면서, 입자의 직경을 4배로 작게 하고 입구 압력을 3배로 늘린다면 압력강하 파라미터(즉, α)가 어떻게 될 것인가? 이 질문에 대해 답을 하기 위해서는 각각의 유체 영역(층류와 난류)으로 나누어 생각해야 한다.

$\delta = 0$이고 등온일 경우, 전화율 X와 압력강하 파라미터 사이의 관계식은 다음과 같다.

$$\boxed{X = \frac{\dfrac{kC_{A0}W}{\upsilon_0}\left(1 - \dfrac{\alpha W}{2}\right)}{1 + \dfrac{kC_{A0}W}{\upsilon_0}\left(1 - \dfrac{\alpha W}{2}\right)}} \quad (5\text{-}38)$$

$$\boxed{p = (1 - \alpha W)^{1/2}} \tag{5-33}$$

(a) 층류. 먼저, 유체가 층류일 때 전화율이 어떻게 변하는지 고려하여 보자.

$$\alpha_2 = \alpha_1 \left(\frac{A_{C1}}{A_{C2}}\right)^2 \left(\frac{D_{P1}}{D_{P2}}\right)^2 \left(\frac{P_{01}}{P_{02}}\right)^2 \left(\frac{T_{02}}{T_{01}}\right) \tag{5-43}$$

여기서 $G_1 = G_2$, $A_{C1} = A_{C2}$ 그리고 $T_{02} = T_{01}$로 같지만, $D_{P2} = \frac{1}{4}D_{P1}$이고 $P_{02} = 3P_{01}$이다. 이상을 식 (5-44)에 대입하면 다음 식이 된다.

$$\alpha_2 = \alpha_1 \left(\frac{D_{P1}}{\frac{1}{4}D_{P1}}\right)^2 \left(\frac{P_{01}}{3P_{01}}\right)^2 = \frac{16}{9}\alpha_1 \tag{E5-6.1}$$

α_2를 식 (5-38)에 대입하면

$$\alpha = 0.037\frac{16}{9}kg^{-1} = 0.066\ kg^{-1}$$

$$\left(1 - \frac{\alpha_2 W}{2}\right) = \left(1 - \frac{\left(0.066\ kg^{-1}\right)}{2}27.5\ kg\right) = 0.093$$

$$X = \frac{\frac{kC_{A0}W}{\upsilon_0}\left(1 - \frac{\alpha_2 W}{2}\right)}{1 + \frac{kC_{A0}W}{\upsilon_0}\left(1 - \frac{\alpha_2 W}{2}\right)} = \frac{(4.6)(0.096)}{1 + (4.6)(0.096)} = 0.31 \tag{E5-6.2}$$

변화가 있기 전의 전화율보다도 낮은 전화율을 얻게 되어 변화는 그렇게 좋은 아이디어가 아니다. 이런! 로버트가 걱정한 것이 전적으로 맞군.

(b) 난류.

$$\alpha_2 = \left(\frac{A_{C1}}{A_{C2}}\right)^3 \left(\frac{P_{01}}{P_{02}}\right)^2 \left(\frac{D_{P1}}{D_{P2}}\right) \left(\frac{T_{02}}{T_{01}}\right) \tag{5-46}$$

위와 같이, $A_{C1} = A_{C2}$ 그리고 $T_{02} = T_{01}$로 같지만, $D_{P2} = \frac{1}{4}D_{P1}$이고 $P_{02} = 3P_{01}$이다.

$$\alpha_2 = \alpha_1 \left(\frac{D_{P1}}{\frac{1}{4}D_{P1}}\right) \left(\frac{P_{01}}{3P_{01}}\right)^2 = \frac{4}{9}\alpha_1 \tag{E5-6.3}$$

새로운 α를 풀고 식 (5-38)에 대입하면

$$\alpha_2 = 0.037\frac{4}{9} = 0.0164\ kg^{-1}$$

$$\left(1-\frac{\alpha W}{2}\right)=\left(1-\frac{\left(0.0164\ kg^{-1}\right)}{2}\right)\left(27.5\ kg\right)=0.77 \tag{E5-6.4}$$

$$X=\frac{\dfrac{kC_{A0}W}{\upsilon_0}\left(1-\dfrac{\alpha W}{2}\right)}{1+\dfrac{kC_{A0}W}{\upsilon_0}\left(1-\dfrac{\alpha W}{2}\right)}=\frac{(4.6)(0.77)}{1+(4.6)(0.77)}=\frac{3.56}{4.56}=0.78 \tag{E5-6.5}$$

분석: 다음 표에는 예제 5-5의 압력강하가 없는 경우와 예제 5-6의 층류와 난류의 4가지 경우에 대한 전화율을 요약하여 놓았다.

1. 압력강하가 없는 경우	$X = 0.82$
2. 압력강하(기본 경우)	$X = 0.69$
3. 압력강하 층류	$X = 0.31$
4. 압력강하 난류	$X = 0.78$

층류와 난류 모두에서 압력, P_0의 증가는 압력강하 파라미터 α를 감소시킨다. 입자 직경 D_p의 감소는 층류와 난류 모두에서 압력강하 파라미터 α를 감소시키지만, $\alpha \sim 1/D_P^2$이므로 층류에서 더욱더 그렇다. 압력강하 파라미터 α가 작으면 작을수록 압력강하가 작아지고 따라서 전화율은 커진다. 층류에서, 입자의 크기가 4배로 감소하는 부정적 효과는 압력이 3배 증가하는 효과보다 더 크다.

이 책의 저자와 마찬가지로 걱정쟁이 로버트는 변화된 파라미터가 반응기 운전과 전화율에 미치는 영향을 예측하기 위하여 경우 1과 경우 2를 사용하고 비(ratio)를 취하는 **공학적 분석**(engineering analysis)을 수행할 수 있는 것을 중요하게 생각하고 있다.

추가 참고: PBR에서 이 등온 기상반응이 일어나는 동안 전체 몰수에 변화가 없으므로 Polymath를 사용하는 대신 CRE 알고리즘을 사용하여 해석적 해를 얻을 수 있다. 이제 촉매 펠릿의 입자 직경을 변화시키면 무엇을 예상할 수 있는지 살펴보자.

입자 직경이 증가함에 따라 압력강하 파라미터는 감소하게 되므로 반응속도와 전화율은 증가한다. 그러나 촉매 입자가 커지고 촉매 펠릿에서 입자내 확산(interparticle diffusion) 효과가 중요해질 때, 입자크기의 증가에 따른 전화율의 이러한 증가는 항상 그렇지는 않을 것이다[그림 10-7, 10-8 참조, 그리고 웹사이트 식 (15-54) 그리고 (15-57) 그리고 **웹 PDF 15장**의 그림 15-4 참조(*http://www.umich.edu/~elements/5e/15chap/Fogler_Web_Ch15.pdf*)]. 입자가 커질수록 주어진 개수의 반응물 분자와 생성물 분자가 각각 반응이 일어나는 촉매입자 속으로 확산해 들어가고 촉매입자 밖으로 확산해 나오는 데 더 긴 시간이 걸리게 된다(그림 10-5 참조). 따라서 입자크기가 증가함에 따라 비반응속도(specific reaction rate)는 감소하게 되고 $k \sim 1/D_p$[CRE 웹사이트의 웹 제15장 PDF파일 식 (15-33) 참조], 이는 다시 전화율을 감소시키게 된다. 입자 직경이 작은 경우에는 속도상수 k가 커지고 최대값에 도달하게 되지만, 압력강하도 역시 커지게 되어, 결과적으로 반응속도가 작아지게 된다. 입자 직경이 큰 경

$k \sim \frac{1}{D_p}$의 변화는 CRE 웹사이트 15장에서 자세하게 다룬다. 또한 제5장 요약노트를 참조하라.

우에는 압력강하는 작아지지만, 또한 속도상수 k와 반응속도도 작아져서 결과적으로 전화율이 낮아지게 된다. 따라서 입자 직경이 크거나 작은 경우에는 전화율이 낮아지고 중간 크기에서 최적의 전화율이 존재한다는 것을 알 수 있다. 이러한 최적 전화율을 그림 E5-6.1에 나타내었다.

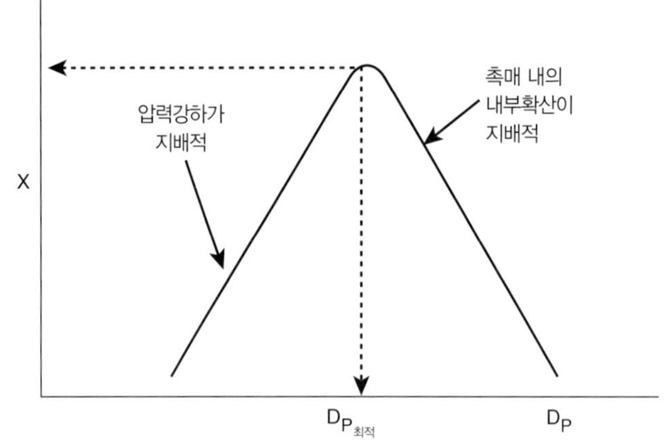

그림 E5-6.1 최적 입자 직경 찾기

이제 예제 E5-6의 LEP 버전으로 이동하여 Wolfram의 "슬라이더"를 사용하여 PBR 단면적 A_C, 온도 T, 입구 압력 P_0 및 촉매 입자 직경 d_p의 효과를 탐구할 수 있다.

직경이 큰 관의 경우의 문제점
(1) 기체가 촉매를 우회하여 흐름
(2) 작은 열전달 면적

만약 압력강하를 최소화해야 한다면, 공탑속도(superficial velocity) G를 감소시키고 그에 따라 ΔP를 감소시키기 위하여 **촉매를 보다 큰 직경의 관에 충전하지 않는 이유는 무엇인가?** 관의 직경을 증가시키지 않는 이유는 두 가지가 있다: (1) 기체가 대부분의 촉매의 한편으로 치우쳐 흐르거나(channeling) 우회하여 흐르는(bypassing) 기회가 증가하게 되어 전화율이 낮아지는 결과를 야기한다; (2) 반응기 부피(촉매 무게)에 대한 열전달 면적의 비가 감소하게 되어 높은 발열반응이나 높은 흡열반응에서는 열전달을 더욱더 어렵게 만들기 때문이다.

이제, 반응에 따른 부피변화가 있어 해석적 해(analytical solution)를 얻을 수 없는 충전층반응기에서의 반응을 압력강하와 결합시키는 예제 5-7을 풀어 보도록 하자[6].

예제 5-7 압력강하가 있는 반응기에서 X의 계산

경제성

약 85억 파운드의 에틸렌옥사이드가 미국에서 생산되었다. 2014년의 판매가는 파운드당 0.86달러로, 총액은 40억 달러에 달하였다. 생산된 에틸렌옥사이드의 60% 이상이 에틸렌글리콜의 생산에 사용되었다. 에틸렌옥사이드의 주요 용도는 부동액(30%), 폴리에스테르(30%), 계면활성제(10%) 및 용매(5%) 등이다. 에틸렌을 기상에서 공기로 촉매산화시켜 에틸렌옥사이드를 생산할 때 60%의 전화율을 얻는 데 필요한 촉매 무게를 구하고자 한다.

용도

6. *Ind. Eng. Chem.*, *45*, 234.

$$C_2H_4 + \frac{1}{2}O_2 \longrightarrow \underset{\text{(O bridge)}}{CH_2\!-\!CH_2}$$

$$A + \frac{1}{2}B \longrightarrow C$$

에틸렌과 산소는 260°C에서 일정한 온도로 운전되는 충전층반응기에 화학양론 비율로 공급된다. 에틸렌은 10 atm(1013 kPa)의 압력에서 136.21 mol/s의 속도로 공급된다. 각각 관다발에는 100개의 1½인치 스케줄 40관으로 구성되고, 관다발 10개에 촉매를 충전하여 충전층반응기로 사용하도록 제안되었다. 따라서 각 관에서의 몰유량은 0.1362 mol/s이다. 반응유체의 특성은 이 온도와 압력에서 공기의 특성과 같은 것으로 생각한다. ¼인치 촉매입자의 밀도는 1925 kg/m³이며, 반응층의 공극률은 0.45, 기체의 밀도는 16 kg/m³이다. 속도법칙은 다음과 같다.

$$-r'_A = kP_A^{1/3}P_B^{2/3} \qquad \text{mol/kg-cat}\cdot\text{s}$$

또한

$$k = 0.00392 \frac{\text{mol}}{\text{atm}\cdot\text{kg-cat}\cdot\text{s}} \text{ at } 260°\text{C}$$

촉매밀도, 입자크기, 기체밀도, 공극률, 관의 단면적, 주입 압력 및 공탑속도는 예제 5-4와 같다. 결과적으로, 우리는 운이 좋다. 왜 운이 좋을까? 그 이유는 압력강하 파라미터인 β_0와 α를 계산하지 않아도 되기 때문이다. 이미 이 값들은 예제 5-4에서 계산된 값과 같기 때문에 $\beta_0 = 25.8$ atm/m, $\alpha = 0.0367\ \text{kg}^{-1}$인 값들은 이번 예제에서도 그대로 사용될 것이다.

풀이

1. **미분형 몰수지:**

알고리즘을 따른다.

$$\boxed{F_{A0}\frac{dX}{dW} = -r'_A} \tag{E5-7.1}$$

2. **속도법칙:**

$$-r'_A = kP_A^{1/3}P_B^{2/3} = k(C_ART)^{1/3}(C_BRT)^{2/3} \tag{E5-7.2}$$

$$= kRTC_A^{1/3}C_B^{2/3} \tag{E5-7.3}$$

알고리즘

3. **화학양론:** 기상이고 등온이므로 $v = v_0(1+\varepsilon X)(P_0/P)$:

$$C_A = \frac{F_A}{v} = \frac{C_{A0}(1-X)}{1+\varepsilon X}\left(\frac{P}{P_0}\right) = \frac{C_{A0}(1-X)p}{1+\varepsilon X} \quad \text{여기서 } p = \frac{P}{P_0} \tag{E5-7.4}$$

$$C_B = \frac{F_B}{v} = \frac{C_{A0}(\Theta_B - X/2)}{1+\varepsilon X}\,p \tag{E5-7.5}$$

화학양론비로 공급될 때 $\Theta_B = \dfrac{F_{B0}}{F_{A0}} = \dfrac{1}{2}$

$$C_B = \frac{C_{A0}}{2}\frac{(1-X)}{(1+\varepsilon X)}p$$

등온운전에 대해서, 식 (5-30)은 다음과 같이 된다.

$$\frac{dp}{dW} = -\frac{\alpha}{2p}(1+\varepsilon X) \tag{E5-7.6}$$

> **결합**단계에서는 다음과 같은 방법 중 어느 하나를 사용하여 계산할 수 있다.
> 1. 해석적
> 2. 도식적
> 3. 수치적
> 4. 소프트웨어 사용

4. 속도법칙과 농도를 **결합**하면:

$$-r'_A = kRT_0\left[\frac{C_{A0}(1-X)}{1+\varepsilon X}(p)\right]^{1/3}\left[\frac{C_{A0}(1-X)}{2(1+\varepsilon X)}(p)\right]^{2/3} \tag{E5-7.7}$$

인수 $\left(\frac{1}{2}\right)^{2/3}$를 묶어 정리하고 $P_{A0} = C_{A0}RT_0$임을 고려하여 식 (E5-7.7)을 간단히 하면 다음과 같다.

$$\boxed{-r'_A = k'\left(\frac{1-X}{1+\varepsilon X}\right)p} \tag{E5-7.8}$$

여기서 $k' = kP_{A0}\left(\frac{1}{2}\right)^{2/3}$이다.

5. 관 하나당의 파라미터 계산(즉, 공급속도를 1000으로 나눈다):
k'을 계산하면 다음을 얻는다.

$$k' = kP_{A0}\left(\frac{1}{2}\right)^{2/3} = 0.00392\frac{\text{mol}}{\text{atm kg- cat}\cdot\text{s}} \times 3\text{atm} \times 0.63 = 0.0074\frac{\text{mol}}{\text{kg-cat}\cdot\text{s}}$$

에틸렌: $F_{A0} = 0.1362\ \text{mol/s}$

산소: $F_{B0} = 0.068\ \text{mol/s}$

비활성 물질(N_2): $F_I = 0.068\ \text{mol/s} \times \dfrac{79\ \text{mol}\ N_2}{21\ \text{mol}\ O_2} = 0.256\ \dfrac{\text{mol}}{\text{s}}$

개요: $F_{T0} = F_{A0} + F_{B0} + F_I = 0.460\ \dfrac{\text{mol}}{\text{s}}$

$$y_{A0} = \frac{F_{A0}}{F_{T0}} = \frac{0.1362}{0.460} = 0.30$$

$$\varepsilon = y_{A0}\delta = (0.3)\left(1 - \frac{1}{2} - 1\right) = -0.15$$

$$P_{A0} = y_{A0}P_0 = 3.0\ \text{atm}$$

문제 서술에 지적한 것과 같이, $\beta_0 = 25.8\ \text{kPa/m}$, $\alpha = 0.0367\ \text{kg}^{-1}$이다.

6. 요약: 식 (E5-6.1)과 (E5-6.8)을 결합하고, 요약하여 나타내면 다음과 같다.

$$\frac{dX}{dW} = \frac{-r'_A}{F_{A0}} \tag{E5-7.9}$$

$$\frac{dy}{dW} = -\alpha\frac{(1+\varepsilon X)}{2p} \tag{E5-7.10}$$

$$r'_A = -\frac{k'(1-X)}{1+\varepsilon X}p$$

$$k' = 0.0074\left(\frac{\text{mol}}{\text{kg}\cdot\text{s}}\right) \tag{E5-7.11}$$

$$F_{A0} = 0.1362\left(\frac{\text{mol}}{\text{s}}\right) \tag{E5-7.12}$$

$$\alpha = 0.0367\left(\text{kg}^{-1}\right) \tag{E5-7.13}$$

$$\varepsilon = -0.15 \tag{E5-7.14}$$

60% 전화율에 도달하기 위한 촉매의 무게는 27 kg라고 추정하고, 이 값을 Polymath 프로그램의 적분 최종점으로 사용하자.

$$W_f = 27 \text{ kg}$$

경계조건은 $W = 0$에서 $X = 0$이고, $p = 1.0$이다. 그리고 $W_f = 27$ kg이다. 여기서 이 촉매 무게로써 60%의 전화율이 얻어질 것으로 기대하기 때문에, 적분 상한을 27 kg으로 가정하였다. 만약 60%의 전화율이 얻어지지 않는 경우에는 촉매의 무게를 더 높게 가정하여 계산을 다시 해야 한다.

Polymath와 MATLAB 프로그램 예제들은 CRE 웹사이트로부터 컴퓨터에 설치할 수 있다 (서문 참조).

실전 예제 문제(LEP). 사용자에게 매우 친숙한 여러 가지 상미분방정식 문제풀이 프로그램 소프트웨어 패키지(즉 ODE 문제풀이 프로그램)들을 이용할 수 있다. Polymath는 ODE를 포함하는 대부분의 반응공학문제를 가장 잘 풀 수 있으므로 이 책에서 예제들을 푸는 데는 Polymath[7]를 사용할 것이다. Polymath를 사용하는 경우 식 (E5-7.9)와 식 (E5-7.10) 그리고 파라미터값[식 (5-7.11)에서 (5-7.14)]들을 경계조건과 함께 컴퓨터에 입력하기만 하면 계산이 되어 그림 E5-7.1 및 E5-7.2와 같이 화면에 표시된다. 미분방정식으로는 식 (E5-7.9) 및 (E5-7.10)을 입력하고, 파라미터값들은 명시적 방정식(explicit equations)으로 설정한다. Polymath의 그래프 기능을 이용하여 하류를 따라 반응기 길이에 따른 반응속도의 플롯을 생성하기 위해서는 속도법칙을 명시적 방정식 형태로 입력할 수 있다. CRE 웹사이트에는 예제들을 푸는 데 사용된 MATLAB 및 Polymath 풀이 프로그램들이 모두 들어 있을 뿐만 아니라 AspenTech가 사용된 예제들도 들어 있다. 따라서 CRE 웹사이트(*http://www.umich.edu/~elements/5e/05chap/live.html*)에서 프로그램된 식 (E5-7.9)부터 식 (E5-7.14)가 포함된 Polymath 프로그램을 내려받아 컴퓨터에 직접 설치할 수 있으며, 파라미터값들을 다르게 변화시키면서 실행해 볼 수 있다.

7. 코네티컷대학의 M. Cutlip 교수와 벤구리온대학의 M. Shacham 교수에 의해 개발되었다. CACHE Corporation, P.O. Box 7939, Austin, TX 78713에서 구할 수 있다. 상세한 것은 부록 D 참조.

반응기 길이에 따라서 부피유량이 어떻게 변하는지를 알아보는 것 또한 흥미롭다. 식 (4-23)을 고려해 보면,

$$v = v_0(1+\varepsilon X)\frac{P_0}{P}\frac{T}{T_0} = \frac{v_0(1+\varepsilon X)(T/T_0)}{p} \tag{4-23}$$

f는 유입되는 부피유량 v_0와 반응기 하류의 어느 지점에서 부피유량 v의 비이다. 등온운전의 경우 식 (4-23)은 다음과 같이 된다.

압력강하 증가에 따라서 부피유량이 증가한다.

$$f = \frac{v}{v_0} = \frac{1+\varepsilon X}{p} \tag{E5-7.15}$$

Polymath 프로그램과 결과들이 표 E5-7.1에 나타나 있다.

(Polymath 프로그램을 얻고 설치하는 정보는 부록 D에서 찾아볼 수 있다. 사용지침은 CRE 웹사이트의 Living Examples, Polymath에서 찾을 수 있다.)

표 E5-7.1 Polymath 프로그램과 수치 출력

실전 예제 문제

모든 실전 예제 문제에 대해서, Polymath와 MATLAB을 CRE 웹사이트에서 내려받을 수 있다 (서문 참조).

Differential equations

1 d(X)/d(W) = -raprime/Fao

2 d(p)/d(W) = -alpha*(1+eps*X)/2/p

Explicit equations

1 eps = -0.15

2 kprime = 0.0074

3 Fao = 0.1362

4 alpha = 0.0367

5 raprime = -kprime*(1-X)/(1+eps*X)*p

6 f = (1+eps*X)/p

7 rate = -raprime

POLYMATH Report

Ordinary Differential Equations

Calculated values of DEQ variables

	Variable	Initial value	Final value
1	alpha	0.0367	0.0367
2	eps	-0.15	-0.15
3	f	1.	3.31403
4	Fao	0.1362	0.1362
5	kprime	0.0074	0.0074
6	p	1.	0.2716958
7	raprime	-0.0074	-0.0007504
8	rate	0.0074	0.0007504
9	W	0	27.
10	X	0	0.6639461

Polymath 비디오 사용지침서(*https://www.youtube.com/watch?v=nyJmt6cTiL4*)

그림 E5-7.3(a)는 하류로 반응기 길이에 따른 X, p(즉, $p = P/P_0$) 및 f에 대해 보여준다. 반응기 길이에 따라서 부피유량과 전화율 모두 증가하고, 반면에 압력은 감소한다는 것을 알 수 있다. 그림 E5-7.3(b)는 반응기 하류로 가면서 반응속도, $-r'_A$가 어떻게 감소하는지를 보여준다. 0차보다 더 큰 차수를 갖는 기상반응의 경우, 압력의 감소는 압력강하가 없을 때에 비하여 반응속도를 더 작아지게 만드는 원인이 된다.

전화율 분포(그림 E5-7.3에 나타낸)나 Polymath 결과표(교재에는 나타내지 않았지만 CRE 웹사이트에는 있다)를 보면 각각의 튜브에서 20 kg의 촉매로 60%의 전화율을 얻을 수 있다는 것을 알 수 있다.

촉매 첨가가 전화율에 미치는 영향

그림 E5-7.3에서 전화율을 65%에서 66%로 최종 1%를 올리는 데 필요한 촉매의 무게(0.9 kg)는 반응기 입구에서 전화율을 1% 올리는 데 필요한 무게보다 8.5배 더 많다는 것을 알 수 있다. 또한 최종 5%의 전화율이 증가하는 동안에 압력은 3.8 atm에서 2.3 atm으로 감소한다.

촉매 무게 20 kg/tube는 약 5 atm의 압력강하에 해당한다. 만약 잘못하여 압력강하를 무시한 경우에는 식 (E5-7.9)에서 $p = 1$을 대입하여 적분한 촉매 무게를 구하게 된다.

압력강하를 무시하면 잘못 설계가 된다. (여기서 전화율은 53% 대 60%)

$$W = \frac{F_{A0}}{k'}\left[(1+\varepsilon)\, ln\left(\frac{1}{1-X}\right) - \varepsilon X\right] \quad \text{(E5-7.16)}$$

$$= \frac{0.1362}{0.0074} \times \left[(1-0.15)\ \ln\frac{1}{1-0.6} - (-0.15)(0.6)\right] \quad \text{(E5-7.17)}$$

= 16 kg/tube (압력강하가 무시될 때)

Jofostan의 모든 화학공학 학생들은 이것을 알고 있었다!

당황스럽군!

분석: 만약 이 반응기에 관당 16 kg의 촉매를 사용했다면, 원하는 전화율에 도달하는 데에 촉매량이 부족했을 것이다. 그림 E5-7(a)에서 보는 바와 같이 압력강하의 경우에는 16 kg의 촉매를 사용한 경우에는 단지 53%의 전화율에 지나지 않아 **당황스럽다!** 이러한 직장에서 잘리지 않는 결론(job-saving conclusion)에 도달하기 위해서, PBR에서의 전체 몰수의 변화를 수반하는 기상반응에 CRE 알고리즘을 응용하였다. 앞서 풀어본 예제와 작은 차이가 있다면, PBR 길이에 따른 촉매 무게의 함수로 반응속도($-r_A$), 전화율(X), 압력비(P/P_0) 및 부피유량비(f)의 분포를 얻기 위한 모든 계산 과정을 결합하고 풀기 위해 ODE 문제풀이 프로그램인 Polymath를 이용해야만 했다는 것이다.

$f = \dfrac{v}{v_0}$

$p = \dfrac{P}{P_0}$

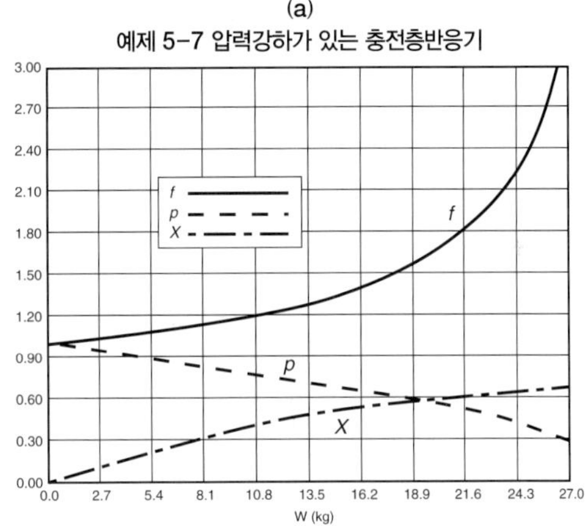

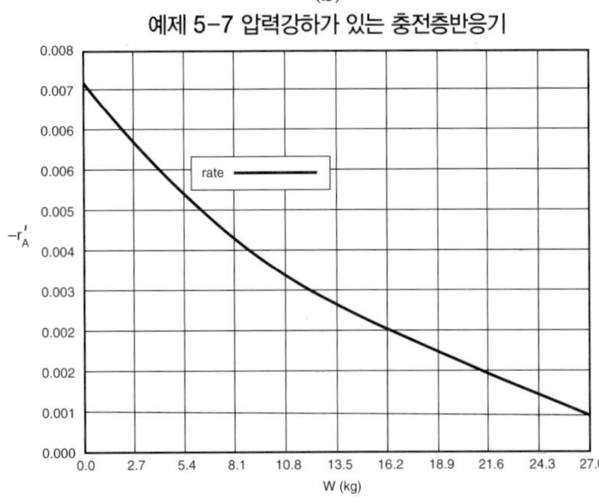

그림 E5-7 Polymath로부터 얻은 그래프 형태의 출력(output)

화학공장의 통합

5.6 화학공장의 통합 설계(Synthesizing the Design of a Chemical Plant)

항상 문제에 대한 가정, 제약 조건 및 경계조건들을 찾는다.

이 장의 예제 문제에서 다룬 여러 가지 반응들, 반응기들 및 반응물과 생성물의 몰흐름에 대해서 세심하게 연구하면 연간 4억 2백만 파운드의 에탄을 원료로 하여 2억 파운드의 에틸렌글리콜을 생산하는 화학공장을 구성할 수 있게 반응기들을 배치할 수 있다. 반응기 배열에 대한 공정도를 몰유량과 함께 그림 5-11에 나타내었다. 여기서 0.425 lb-mol/s의 에탄이 병렬로 연결된 100개의 관형 플러그흐름반응기에 공급되며, 0.34 lb-mol/s의 에틸렌을 생산하는 데 필요한 전체 부피는 81 ft^3이다(예제 5-3 참조). 그 다음에 반응 혼합물은 분리장치에 공급되고, 에탄과 수소 흐름으로 분리되는 과정에서 0.04 lb-mol/s의 에틸렌이 손실되어 분리장치를 떠난다. 0.3 lb-mol/s의 몰유량으로 분리장치에서 나온 에틸렌은 0.15 lb-mol/s의 O_2와 0.564 lb-mol/s의 N_2와 함께 충전층반응기에 들어간다. 은이 코팅된 촉매 펠릿으로 충전된 1,000개의 병렬연결 파이프에서 0.18 lb-mol/s의 에틸렌옥사이드가 생성된다(예제 5-6 참조). 각 파이프에서 얻어지는 전화율은 60%이며,

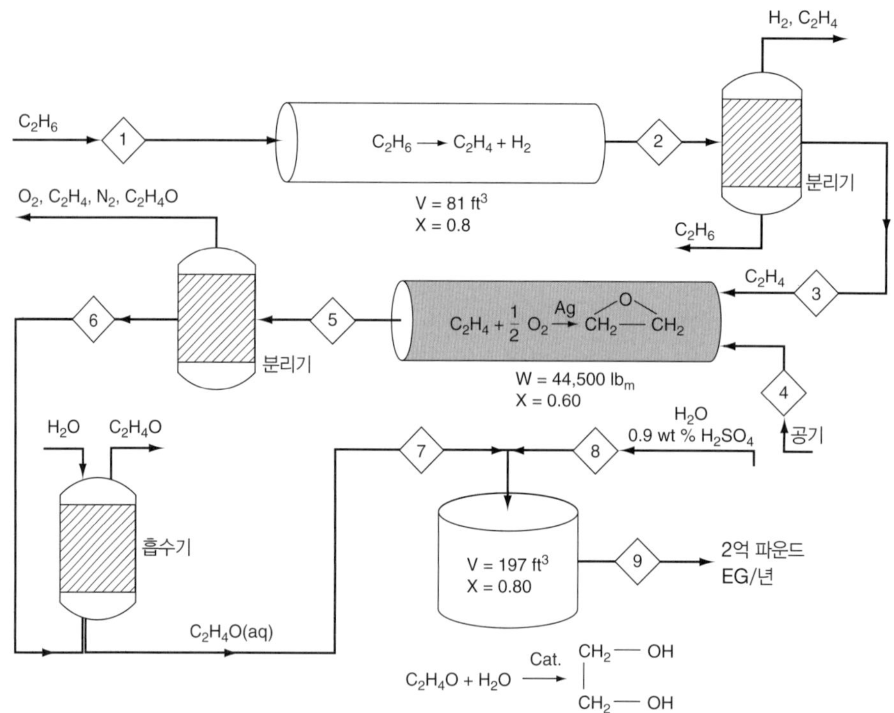

흐름	성분[a]	유량 (lb mol/s)	흐름	성분[a]	유량 (lb mol/s)
1	C_2H_6	0.425	6	EO	0.150
2	C_2H_4	0.340	7	EO	0.128
3	C_2H_4	0.300	8	H_2O	0.443
4	Air	0.714	9	EG	0.102
5	EO	0.180			

[a]에틸렌글리콜(ethylene glycol, EG), 에틸렌옥사이드(ethylene oxide, EO)

그림 5-11 에틸렌글리콜의 생산

파이프 전체에서의 촉매 무게는 44,500 파운드이다. 유출흐름은 분리장치를 통과하면서 0.03 lb-mol/s의 에틸렌옥사이드가 손실된다. 에틸렌옥사이드 흐름은 기체흡수장치에서 물과 접촉하여 1 lb-mol/ft^3의 에틸렌옥사이드 수용액을 생성한다. 흡수공정에서는 0.022 lb-mol/s의 에틸렌옥사이드가 손실된다. 에틸렌옥사이드 용액은 0.9 wt% H_2SO_4 용액과 함께 197 ft^3의 CSTR에 공급되어 에틸렌글리콜이 0.102 lb-mol/s의 속도로 생성된다(예제 5-2 참조). 이는 연간 약 2억 파운드의 에틸렌글리콜에 해당한다.

화학공장에서 얻어지는 이익은 판매에 의해 생기는 수입과 화학제품 생산 비용 사이의 차이다. 근사적인 공식은 다음과 같다.

$$$$

이익 = 제품 가격 − 반응물의 비용 − 운전 비용 − 분리 비용

운전비에는 에너지 비용, 노동비, 간접경비 그리고 장비의 감가상각 등이 포함된다. 고급설계과목에서 이들 비용에 대하여 더 자세히 공부하게 된다. 분리장치에서 나오는 흐름은 전부는 아니더라도 대부분 순환되지만, 이 흐름을 회수하지 않을 때 이익은 얼마나 될지 생각해 보자. 또한, 운전비와 기타 비용들을 보수적으로 연간 1천 2백만 달러로 추정하여 이익을 계산해 보자. 아마도 여러분의 설계담당 교수에게서 더 정확한 추정값을 얻을 수 있을 것이다. 2006년의 에탄, 황산 및 에틸렌글리콜의 가격은 파운드당 각각 $0.17, $0.15 그리고 $0.69이다. 최근 시세에 대해서는 *www.chemweek.com*을 참조하여라.

연간 4억 파운드의 에탄을 원료로 공급하여 연간 2억 파운드의 에틸렌글리콜을 생산하는 경우의 이익을 표 5-4에 나타내었다.

표 5-4 이익

$$\text{이익} = \Bigg[\overbrace{\left(\frac{\$0.69}{\text{lb}_\text{m}} \times 2 \times 10^8 \frac{\text{lb}_\text{m}}{\text{year}}\right)}^{\text{에틸렌글리콜 가격}} - \overbrace{\left(\frac{\$0.17}{\text{lb}_\text{m}} \times 4 \times 10^8 \frac{\text{lb}_\text{m}}{\text{year}}\right)}^{\text{에탄 가격}}$$

$$- \overbrace{\left(\frac{\$0.15}{\text{lb}_\text{m}} \times 2.26 \times 10^6 \frac{\text{lb}_\text{m}}{\text{year}}\right)}^{\text{황산 가격}} - \overbrace{\$12{,}000{,}000}^{\text{운전 비용}}\Bigg]$$

$$= \$138{,}000{,}000 - \$68{,}000{,}000 - 340{,}000 - \$12{,}000{,}000$$

$$\cong 57{,}770{,}000 \text{ 달러}$$

고급설계과목에서 화학공정의 경제성에 대해 더 자세히 공부하게 된다.

대략 추산하여 이익이 연간 5,800만 달러라 가정하고 전화율, 분리, 순환흐름 그리고 운전비 등에 대해 다른 추정값을 사용해 보면 이들이 이익에 어떤 영향을 주는지 알 수 있다.

마무리. 이 장은 등온반응기에 대한 화학반응공학의 핵심적인 내용을 제공하고 있다. 이 장을 완전히 배운 뒤 독자들은 이 장에서 논의한 모든 반응기들, 즉 회분식반응기, CSTR, PFR, PBR에 대하여 다음과 같은 알고리즘 블록 쌓기(algorithm building block)를 적용할 수 있다.

CRE 알고리즘

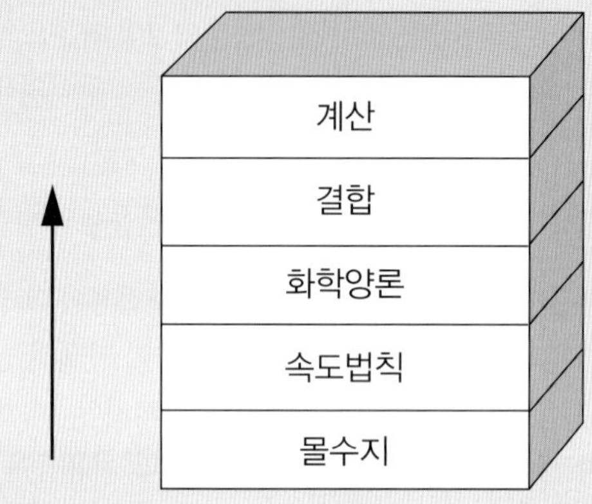

독자들은 압력강하를 설명할 수 있으며, 촉매입자크기와 같은 시스템 변수들이 PBR의 전화율에 미치는 영향을 기술할 수 있고, 촉매입자크기가 변할 때 최적의 전화율이 존재하는 이유를 설명할 수 있게 된다. 독자들은 화학반응공학 문제들을 풀기 위하여 전화율을 사용할 수 있게 된다. 끝으로, 이 장을 완성한 후 독자들은 캘리포니아 기술사 시험문제(California Professional Engineers' Exam Problems)를 약 30분 안에 풀 수 있으며(P5-15_B에서 P5-20_B까지 참조) 오작동을 하는 반응기를 진단하고 문제점을 해결할 수 있게 된다(P5-8_B 참조).

요 약

1. 문제해결 알고리즘

a. 몰수지(BR, CSTR, PFR, PBR):

$$N_{A0}\frac{dX}{dt} = -r_A V, \quad V = \frac{F_{A0}X}{-r_A}, \quad F_{A0}\frac{dX}{dV} = -r_A, \quad F_{A0}\frac{dX}{dW} = -r'_A \tag{S5-1}$$

b. 속도법칙: 예를 들면,

$$-r'_A = kC_A^2 \tag{S5-2}$$

c. 화학양론: $A + \frac{b}{a}B \rightarrow \frac{c}{a}C + \frac{d}{a}D$

(1) 액상: $\upsilon = \upsilon_0$ (S5-3)

$$C_A = C_{A0}(1 - X)$$

(2) 기상: $v = v_0(1+\varepsilon X)\left(\frac{P_0}{P}\right)\left(\frac{T}{T_0}\right)$, 여기서 $\varepsilon = y_{A0}\delta = y_{A0}\left(\frac{d}{a}+\frac{c}{a}-\frac{b}{a}-1\right)$

$$p = \frac{P}{P_0}$$

$$f = v/v_0 \tag{S5-4}$$

$$C_A = \frac{F_A}{v} = \frac{F_{A0}(1-X)}{v} = \frac{F_{A0}(1-X)}{v_0(1+\varepsilon X)}\left(\frac{P}{P_0}\right)\frac{T_0}{T} = C_{A0}\left(\frac{1-X}{1+\varepsilon X}\right)p\,\frac{T_0}{T} \tag{S5-5}$$

PBR의 경우

$$\frac{dp}{dW} = -\frac{\alpha(1+\varepsilon X)}{2p}\left(\frac{T}{T_0}\right) \tag{S5-6}$$

$$\alpha = \frac{2\beta_0}{A_c(1-\phi)\rho_c P_0} \text{ 그리고 } \beta_0 = \frac{G(1-\phi)}{\rho_0 g_c D_p \phi^3}\left[\frac{150(1-\phi)\mu}{D_p} + 1.75G\right]$$

$\varepsilon = 0$ 또는 $\varepsilon X \ll 1$인 가변밀도(variable density) 및 등온운전:

IFF ε = 0

$$p = \frac{P}{P_0} = (1-\alpha W)^{1/2} \tag{S5-7}$$

d. PBR 등온운전에 대해서 속도법칙과 화학양론을 **결합**

액체: $$-r'_A = kC_{A0}^2(1-X)^2 \tag{S5-8}$$

기체: $$-r'_A = kC_{A0}^2\frac{(1-X)^2}{(1+\varepsilon X)^2}p^2 \tag{S5-9}$$

e. 풀이방법:

(1) 수치적분 – 심프슨 공식

(2) 적분표

(3) 소프트웨어 패키지

(a) Polymath

(b) MATLAB

ODE 문제풀이 프로그램(예, Polymath)은 당신을 위해 모든 방정식들을 결합시켜 준다.

■ ODE 문제풀이 프로그램 알고리즘

Polymath, MATLAB, 또는 Wolfram과 같은 상미분방정식(ordinary differential equation, ODE) 문제풀이 프로그램을 사용할 경우, 해석적 해를 얻기 위해서 했던 것처럼 몰수지, 속도법칙 및 농도 들을 한 개의 식으로 결합하기보다는 오히려 각각 별도의 식으로 두고서 사용하는 것이 더 편리하다. 방정식들을 각각 별도로 적고는 이들 식을 결합하고 해를 찾는 것은 컴퓨터에 맡긴다. 등온에서 수행되는 가역 기초반응에 대하여 압력강하가 있는 충전층반응기에 대한 수식들은 아래와 같이 주어진다.

실전 예제 문제 5-8: 압력강하가 있는 충전층반응기에서 가역 기상반응에 대한 알고리즘

$$A + B \rightleftarrows 3C$$

표 LEP 5-8.1 Wolfram과 Polymath 모사

몰수지

$$\frac{dX}{dW} = \frac{-r'_A}{F_{A0}}$$

속도법칙

$$-r'_A = -k\left[C_A C_B - \frac{C_C^3}{K_C}\right]$$

화학양론

$$C_A = C_{A0}\frac{1-X}{1+\varepsilon X}p$$

$$C_B = C_{A0}\frac{\theta_B - X}{1+\varepsilon X}p$$

$$C_C = \frac{3C_{A0}X}{(1+\varepsilon X)}p$$

$$\frac{dp}{dW} = -\frac{\alpha(1+\varepsilon X)}{2p}$$

(여기서 $p = P/P_0$)

POLYMATH Report
Ordinary Differential Equations
Calculated values of DEQ variables

	Variable	Initial value	Final value
1	alpha	0.01	0.01
2	Ca	0.01	0.0008947
3	Cao	0.01	0.01
4	Cb	0.020303	0.0031452
5	Cc	0	0.0038689
6	epsilon	0.33	0.33
7	Fao	15.	15.
8	k	5000.	5000.
9	Kc	0.05	0.05
10	p	1.	0.2609906
11	ra	-1.015152	-0.0082782
12	thetaB	2.030303	2.030303
13	vo	1500.	1500.
14	W	0	80.
15	X	0	0.590412
16	yao	0.33	0.33

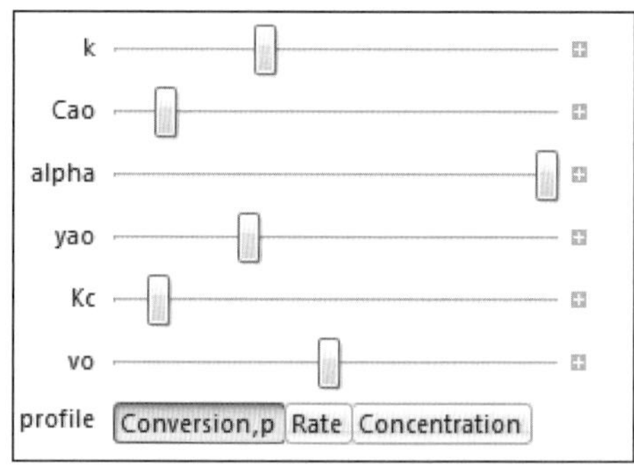

그림 E5-8.1 Wolfram 슬라이더

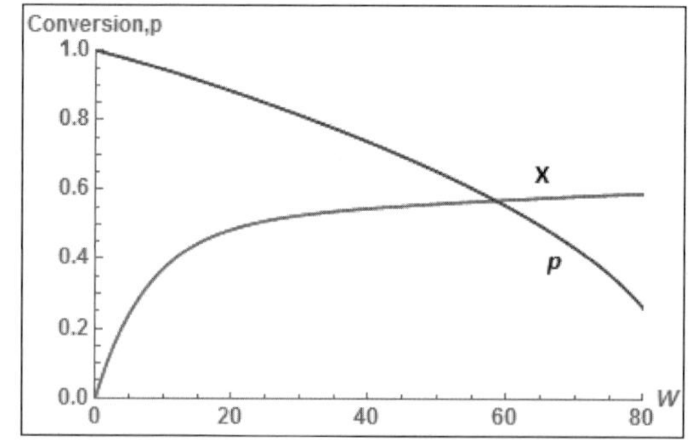

그림 E5-8.2 Wolfram X와 p 도표

웹사이트에 있는 LEP로 가서 이 문제를 탐색하기 위하여 Wolfram의 슬라이더를 사용하여라. Wolfram은 *http://www.wolfram.com/cdf-player/*에서 무료로 내려받을 수 있다. 파라미터, k, alpha 등을 변화시켜 전화율이 어떻게 변화하는지를 살펴보아라. 전화율과 반응속도 도표에서 당신이 관찰한 변화를 기술하여라. 그러나 **가장 중요한 것**은 왜 변화가 일어나고 어떤 원인이 그것을 그렇게 변화시켰는지를 설명할 수 있는 것이다.

CRE 웹사이트 자료

• **확장자료**(*http://umich.edu/~elements/5e/05chap/expanded.html*)

1. Web P5-1B 퍼즐 문제 "이 풀이에서 5가지 잘못된 것은 무엇인가?"
   (*http://umich.edu/~elements/5e/05chap/expanded_ch05_puzzle.pdf*)
2. Web P5-2B 기상반응 A → 3B
   (*http://umich.edu/~elements/5e/05chap/expanded_ch05_homeproblem.pdf*)
3. Web P5-3B 촉매반응 속도식

(*http://umich.edu/~elements/5e/05chap/expanded_ch05_homeproblem.pdf*)

4. Web P5-4B 유동층 촉매반응기

(*http://umich.edu/~elements/5e/05chap/expanded_ch05_homeproblem.pdf*)

- **학습자료**(*http://umich.edu/~elements/5e/05chap/learn.html*)

1. 요약노트(*http://umich.edu/~elements/5e/05chap/summary.html*)
2. 자체테스트

   A. 연습문제(*http://www.umich.edu/~elements/5e/05chap/add.html*)

   B. i>clicker 질문

   (*http://www.umich.edu/~elements/5e/05chap/iclicker_ch5_q1.html*)
3. 대화형 컴퓨터 게임(*http://umich.edu/~elements/5e/icm/index.html*)

   A. 불가사의한 살인사건(Murder Mystery)

   (*http://umich.edu/~elements/5e/icm/murder.html*)

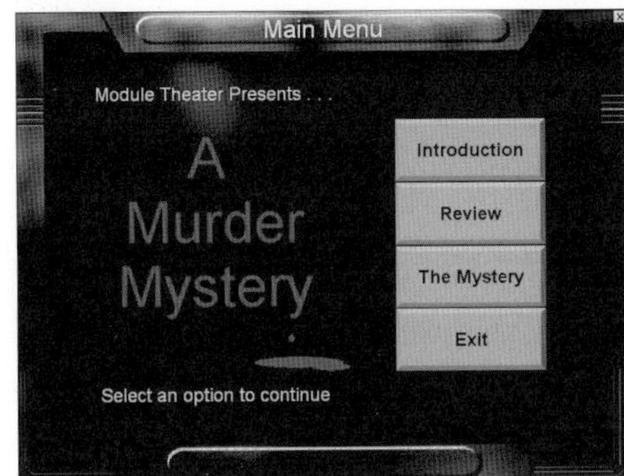

   B. 문제 5-3에 대한 AspenTech의 풀이

   (*http://umich.edu/~elements/5e/software/aspen-creating.html*)

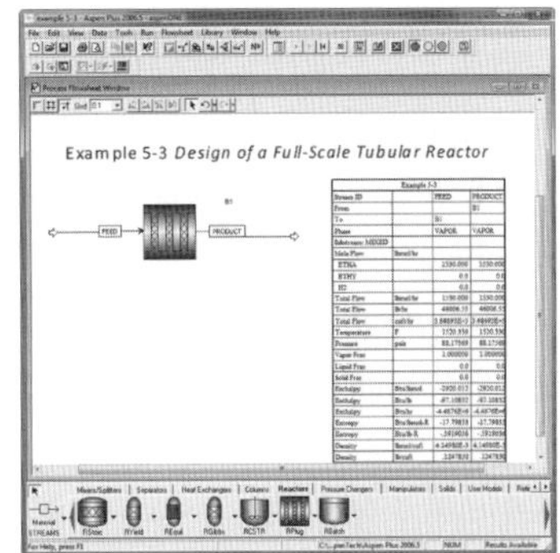

   C. 반응기 랩 모듈(*http://umich.edu/~elements/5e/software/reactorlab.html*)

   CRE 웹사이트(*http://reactorlab.net/quiz*)에 있는 다음의 상호작용 반응기 랩 모듈은 캘리포니아대학교 샌디에이고 캠퍼스(UCSD) 화학공학과의 리차드 헤르츠(Richard Hertz) 교수가 개발하였다. UCSD와 리차드 헤르츠 교수가 저작권을 가지고 있으며, 여기서는 허락받고 사용한다.

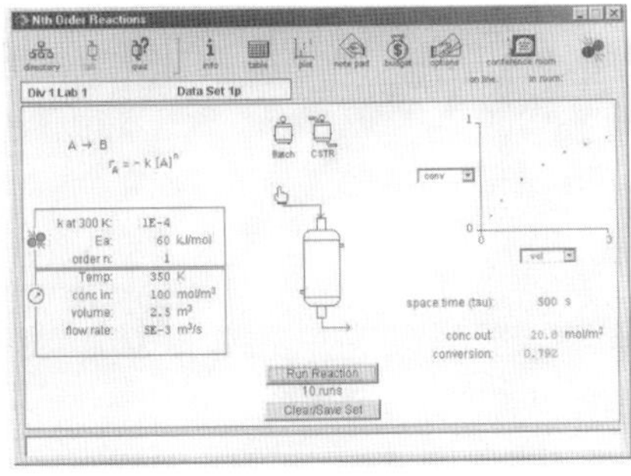

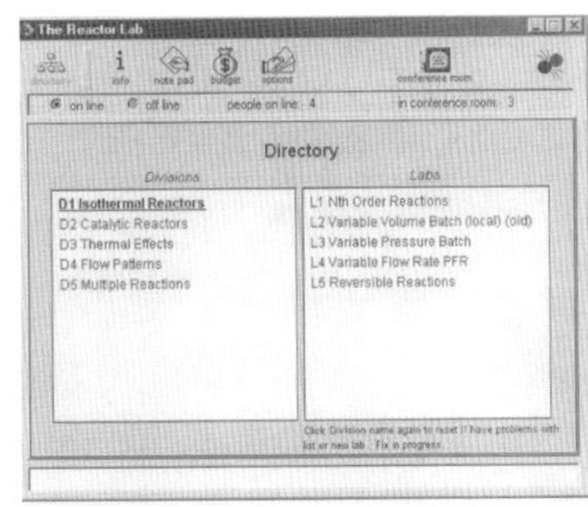

4. 풀이된 문제

   A. 사악해 보이는 한 신사는 회분식반응기에서 메틸 과염소산염(methyl perchlorate)을 생산하는 데 관심이 있다. 반응기는 이상하고 속도법칙은 불안정하다. [ECRE, 2nd Ed. P4-28]

   (*http://umich.edu/~elements/5e/05chap/learn-ahp04-a.html*)

   B. 캘리포니아 기술사 문제에 대한 해법

   (*http://umich.edu/~elements/5e/probsolv/closed/alg/cre-exam/srp/index.htm*)

C. 10가지 유형의 숙제 문제: 풀이가 주어진 20개의 문제
(*http://umich.edu/~elements/5e/probsolv/tentypes/index.htm*)

5. 좋은 프랑스 식당 메뉴와 CRE 알고리즘의 유사성
(*http://umich.edu/~elements/5e/05chap/summary-french.html*)
6. 기상반응의 알고리즘
(*http://umich.edu/~elements/5e/05chap/summary-gasphase.html*)

- **실전 예제 문제**

Polymath, MATLAB 그리고 Wolfram에서의 프로그램
(*http://www.umich.edu/~elements/5e/05chap/live.html*)

1. 예제 5-3 PFR에서 에틸렌의 생산
2. 예제 5-4 충전층에서 압력강하 계산
3. 예제 5-5 전화율 효과
4. 예제 5-6 로버트는 "만약에 ...라면 어쩌지?" 하면서 걱정한다
5. 예제 5-7 압력강하가 있는 반응기에서의 전화율 계산
6. 예제 5-8 PBR에서 가역 기상반응에 대한 알고리즘
7. 예제 5-3의 AspenTech 풀이(*http://umich.edu/~elements/5e/software/aspen-creating.html*)

- **FAQ[자주 묻는 질문]**(*http://umich.edu/~elements/5e/05chap/faq.html*)
- **전문 참고자료 서고**(*http://umich.edu/~elements/5e/05chap/prof.html*)

R5.1 구형 충전층반응기(*http://umich.edu/~elements/5e/05chap/pdf/sphericalbed.pdf*)

작은 촉매 펠릿들을 사용해야 하는 경우에는 압력강하가 중요해질 수 있다. 압력강하를 최소화할 수 있으면서 또한 제작비가 비싸지 않은 반응기 형태 중의 하나가 여기에 주어진 **구형반응기**(spherical reactor)이다. **울트라포머**(ultraformer)라 부르는 이 반응기에서 다음과 같은 탈수소화반응이 행해진다.

$$\text{파라핀} \longrightarrow \text{방향족화합물} + 3H_2$$

R5.2 순환반응기(*http://umich.edu/~elements/5e/05chap/prof-sphere.html*)

순환반응기(recycle reactor)는 (1) 원하지 않는(유독한) 생성물을 전환하는 것이 필요하여 그들을 재순환시켜 소멸하는 경우, (2) 자동촉매반응(autocatalytic reaction)인 경우, 또는 (3) 등온운전을 유지하는 것이 필요한 경우에 사용된다. 순환반응기를 설계하기 위해서는 이 장에서 설명된 절차를 따른 후 약간의 추가적인 정리를 더한다.

R5.3 반응증류(reactive distillation)
(*http://umich.edu/~elements/5e/05chap/pdf/reactiveDistillation.pdf*)

질문과 문제

숙제 문제

각 문제의 아래첨자는 난이도를 나타낸다. A는 가장 쉬운 문제, B는 비교적 어려운 문제, C는 꽤 어려운 문제, D는 가장 어려운 문제.

A = ● B = ■ C = ◆ D = ◆◆

아래의 각 질문이나 문제에 대해서 여러분이 얻은 해답에 박스 표시를 하기보다는 문제를 푸는 방법, 사용한 가정들, 풀이의 합리성, 배운 내용, 그 밖에 포함시키고 싶은 사실들을 하나 또는 두 개의 문장으로 적어 보아라. W. Strunk와 E. B. White의 "*The Elements of Style*, 4th ed. (New York: Macmillan, 2000)"과 Joseph M. Williams의 "*Style: Ten Lessons in Clarity & Grace*, 6th ed. (Glenview, IL: Scott, Foresman, 1999)"를 참조하여 여러분의 문장을 다듬어라.

문제를 풀기 전에 예측되는 결과나 경향들을 정성적으로 설명하거나 스케치하여라.

■ 질문

Q5-1$_A$ **i>clicker.** 웹사이트(*http://www.umich.edu/~elements/5e/05chap/iclicker_ch5_q1.html*)를 방문하여 적어도 5개의 i>clicker 질문을 둘러보아라. 다음 시험에 포함되도록 그대로 사용할 수 있거나 변형할 수 있는 질문 하나를 골라라. 반대의 경우를 고려할 수도 있다. 즉, 왜 다음 시험에 그 질문이 있어서는 안 되는지를 설명하는 것이다. 어떤 경우든지, 당신의 이유를 설명하여라.

Q5-2$_A$ 이 장의 끝에 있는 모든 문제들을 읽고, 이 장의 자료에 기초하여 **새로운 독창적인** 문제를 만들고 풀어라. **(a)** 문헌에 있는 실제 자료와 반응들을 사용하여라. **(b)** 반응과 자료를 만들어 보아라. **(c)** 일상생활에서의 예를 사용하여라(예, 토스트를 굽거나 스파게티를 만드는 것). 독창적인 문제를 만들 때 전달하고 싶은 원리들을 먼저 나열하고 그 문제가 왜 중요한지를 적어라. 새로 만든 문제가 교과서나 강의 자료와 어떻게 다른가에 대해 자신에게 스스로 물어보아라. 어떤 문제를 선택할 때 고려해야 할 또 다른 사항은 관련성, 흥미, 풀이의 영향력, 풀이를 얻는 데 소요되는 시간 그리고 난이도이다. 일부 논문을 참조하여 자료를 얻거나, 공업적으로 중요한 반응 또는 반응공학의 원리를 새롭게 응용하는 아이디어(환경, 식품가공 등)를 찾아라. 문제와 풀이의 마지막 부분에 그 문제에 대한 아이디어를 이끌어 내는 데 사용된 창의적 과정을 적어라. **(d)** 이 장의 자료에 기초하여 비판적 사고(critical thinking)를 요구하는 질문 한 개를 쓴 후 왜 이 질문이 비판적인 사고가 필요한지에 대한 이유를 설명하여라. (**힌트:** 서문 B.2절 참조) **(e)** CRE 웹사이트(*www.umich.edu/~elements/5e/index.html*)의 강의노트에 있는 오디오를 듣고, 그 중 하나를 선택하여 그것을 다르게 설명하는 방법을 서술하여라.

Q5-3$_A$ 만약 스파게티를 요리하는 데 미시간주의 앤아버(Ann Arbor)에서는 11분, 콜로라도주의 볼더(Boulder)에서는 14분 걸린다면, 페루의 쿠스코(Cuzco)에서는 시간이 얼마나 걸리는가? 스파게티를 더욱 맛있게 요리하는 방법들에 대하여 논해 보아라. 만약 여러분이 이 질문에 대하여 답하기보다는 여러분의 가족과 친구들을 위하여 독창적인 스파게티 요리를 만들고 싶다면 그것 역시 좋은 생각이다. 이에 대해 그 금액을 전액 지불해 주겠다–그러나 영수증을 제출하거나 여러분의 강의교수에게 시식을 하게 하는 **경우에 한해서**이다.

Q5-4$_A$ **예제 5-1.** (1) 만약 회분식반응기가 예제에서와 같이 완전히 채우는 대신 동일한 반응물 조성으로 단지 80%만을 채우는 경우에 k의 오류는 얼마나 될까? (2) 이 예제에서 어떤 일반화를 끌어낼 수 있겠는가?

Q5-5$_B$ **예제 5-2.** (1) 만약 800 gallon의 CSTR 세 개가 직렬로 연결되어 있다면 전화율은 얼마나 되는가? (2) 유량이 동등하게 배분되어 병렬로 들어간다면? (3) 이 세 번째 반응기를 추가하는 것에 대한 장점과 단점이 무엇이겠는가? (4) $F_{Ai0} = F_{A0}/n$으로 동일한 유량이 주입되는 병렬연결된 동일 크기의 n개의 CSTR 중 어느 하나의 전화율은 부피가 $V = nV_i$인 하나의 큰 반응기에 하나의 흐름 $F_{A0} = nF_{Ai0}$이 공급될 때의 전화율과 같다.

Q5-6$_A$ **예제 5-2.** 연간 2억 파운드를 제조하는 데 단지 50%의 전화율이 요구된다면 반응기 부피와 개수는 어떻게 달라지는가?

Q5-7$_A$ **예제 5-6.** 입자의 직경이 25% 감소한다면 압력강하와 압력강하 파라미터 α와 β_0는 어떻게 변하겠는가?

Q5-8$_A$ **대형 재정(High Finance).** (1) 다음 2010년 가격을 따른다면 표 5-4에서 이익이 어떻게 변하는가? (2) 에틸렌글리콜 \$0.54/kg, 에틸렌 \$0.76/kg, 에틸렌옥사이드 \$1.17/kg, 에탄 \$0.31/kg, 황산 \$0.10/kg(98 wt%) 그리고 프로

필렌글리콜 \$1.70/kg. (3) 무슨 일이 일어났는가?

Q5-9$_A$ **새로운 춤을 배울 수 있는가?** 앨라배마대학의 화학공학과 학생들이 만든 "YMCA에 머무는 것은 재미있다(It's fun to stay at the YMCA)"에 맞추어서 부르는 YouTube 제목 "CSTR"(*https://www.youtube.com/watch?v=AkM67QsTq3E*) 동영상을 보아라. 또한 이것은 CRE 웹사이트(*http://www.umich.edu/~elements/5e/index.html*)에서도 볼 수 있다. "Fun YouTube Videos"를 찾을 때까지 스크롤을 내리면 된다.

■ 문제

P5-1$_B$ **만약** 다양한 파라미터 변화에 따른 효과를 배우기 위해 이 장에 있는 예제 문제들을 탐구하라는 요청을 받았다면 **어떻게 하겠는가?** 이러한 민감도 분석(sensitivity analysis)은 CRE 웹사이트(*www.umich.edu/~elements/5e/index.html*, 실전 예제 문제, **LEP**)에서 내려받아 수행할 수 있다. **Wolfram** 프로그램은 *http://www.wolfram.com/cdf-player/* 에서 무료로 내려받을 수 있다. 검토 중인 각 예제 문제에 대해 발견한 것을 설명하는 단락을 작성하여라.

■ 컴퓨터 시뮬레이션과 실험

(a) 예제 5-3: 플러그흐름반응기

Wolfram

(i) 각각의 슬라이더의 변화에 대한 결론을 적고 왜 슬라이더를 변화했을 때 결과가 그렇게 되었는지 설명하여라.

(ii) 이 예로부터 어떤 일반화(generalizations)를 도출할 수 있는가?

(b) 예제 5-4: 충전층에서의 압력강하

Wolfram

(i) 에르군 방정식(Ergun Equation)에서 각각의 파라미터를 변화하고 p 대 z 그래프에서의 기울기를 바꾸는 변수에 대해서 두세 문장으로 기술하여라.

(ii) 이 예로부터 어떤 일반화(generalizations)를 도출할 수 있는가?

(c) 예제 5-5: 전화율에 대한 압력강하 효과

Wolfram

(i) 각각의 슬라이더를 변경한 후, 압력 도표와 전화율에 대한 결론을 기술하고, 슬라이더 움직임이 그러한 결과를 주었는지를 설명하여라.

(ii) k, C_{A0}, 그리고 υ_0를 변화시킬 때 W의 함수로서 $-r_A$을 분석하여라.

(iii) 이 예로부터 어떤 일반화(generalizations)를 도출할 수 있는가?

(d) 예제 5-6: 로버트는 만약에 . . . 이면 어쩌나 하면서 걱정한다

Wolfram

(i) 각각의 슬라이더를 변경한 후, 압력 도표와 전화율에 대한 결론을 기술하고, 슬라이더 움직임이 그러한 결과를 주었는지를 설명하여라.

(ii) 만약에 압력이 5배 증가하고 촉매 입자가 5배 감소하면 촉매의 무게가 얼마나 변하는가? (α가 P_0의 함수임을 상기할 것)

(iii) 당신이 발견한 것을 플롯과 그림으로 표현하여라.

(e) 예제 5-7: 반응기에서 압력강하에 따른 전화율의 계산

Wolfram

(i) k'이 $k' = 0.0074\ s^{-1}$의 값에서 위아래로 변할 때 X, p, 그리고 f에 무슨 일이 일어나는지 설명하고, 왜 이러한 일이 일어나는지를 설명하여라.

(ii) α와 F_{A0}가 최대값과 최소값 사이에서 움직일 때 *X*, *p*, 그리고 *f*에 무슨 일이 일어나는가?

(iii) 웹사이트(*http://www.umich.edu/~elements/5e/toc/SCPS,3rdEdBook(Ch07).pdf*)의 아이디어 및 해법 생성(*Generating Ideas and Solutions*)을 검토한 후, 이 문제에 포함되어야 하는 두 가지 질문을 제안하기 위해서 브레인스토밍 기법(예, 수평적 사고) 중 하나를 선택하여라. (역자 주 | 브레인스토밍(brainstorming, 창조적 집단 사고): 무엇에 대해 여러 사람들이 동시에 자유롭게 자기 생각을 제시하는 방법)

(f) **예제 5-8: LEP**. A + B = 3C에 대한 알고리즘

Wolfram

(i) 각 슬라이더의 변화에 대한 결론을 기술하고, 왜 슬라이더 동작이 그러한 결과를 제공하는지를 설명하여라.

(g) **AspenTech 예제 5-3**. (1) F_{A0} = 0.425 lb_m mol/s를 사용하여 AspenTech 시뮬레이션을 1000 K 및 1200 K에서 실행하고, 특정 온도 1100 K와 비교하여라. (2) *E*를 82 kcal/mol에서 74 kcal/mol로 변경한 후 90 kcal/mol로 변경하여 활성화 에너지의 작은 변화가 어떤 영향을 미칠 수 있는지 살펴보고, 결과를 기준인 82 kcal/mol과 비교하여라. (3) A의 유량과 압력을 두 배로 늘리고, 무엇을 발견했는지 기술하여라.

(h) **Reactor Lab**(*www.reactorlab.net*)**을 컴퓨터에 내려받고** *D1 Isothermal Reactors*를 불러와라. 스크린샷을 포함한 자세한 지침은 4장 **요약노트**에 나와 있다. (1) **L1** n차반응의 경우, 회분식반응기, CSTR, PFR에 대해 파라미터 *n*, *E*, *T*를 변경하여라. 추세를 설명하는 단락을 작성하고(예, 1차반응 대 2차반응) 무엇을 발견했는지 설명하여라. (2) 그 다음, 화면 상단의 "Quiz"를 선택하고, 반응 차수를 찾은 후, (3) 수행번호(performance number)를 제출하여라.

수행번호: ________________

(i) **Reactor Lab**(*www.reactorlab.net*)**을 컴퓨터에 내려받고 웹의 요약노트에 있는 5장 자체테스트(Self Tests)를 수행하여라.** 비판적 사고(critical thinking)를 요구하는 질문 한 개를 쓴 후 왜 이 질문이 비판적인 사고가 필요한지에 대한 이유를 설명하여라.

■ 대화형 컴퓨터 게임

P5-2$_B$ ICG-Mystery Theater-A real "who done it?"(ICG-미스테리극장-정말 "누가 그랬지?"), *Pulp and Paper*, 25 (January 1993)와 *Pulp and Paper*, 9 (July 1993)을 보아라. 살인사건 재판의 결과는 *Papermaker* 1995년 12월호 12쪽에 요약되어 있다. 당신은 희생자와 살인자를 구별하는 데 5.1절부터 5.3절까지의 기본적인 화학공학을 사용할 수 있다. 게임을 하고 수행번호를 기록하여라.

수행번호 # ________________

누가 그랬지?

P5-3$_A$ **선다형 문제**. 다음의 각 경우에서 여러분이 선택한 답에 대해 왜 그 답을 선택하였는지 이유를 설명하여라.

(a) 비가역 액상 2차반응 A → Product(s)는 등온, 등압 그리고 정상상태의 PFR에서 50%의 전화율을 갖는다. 만약 (다른 조건은 변하지 않고) 압력만 기존의 절반이 되는 조건에서 PFR을 운전한다면 전화율은 어떻게 되겠는가?

(1) >50% (2) <50% (3) 50% (4) 정확하게 답하기에는 정보가 부족하다

(b) 비가역 기상 2차반응 A → Product(s)는 등온, 등압 그리고 정상상태의 PFR에서 50%의 전화율을 갖는다. 만약 (다른 조건은 변하지 않고) 압력만 기존의 절반이 되는 조건에서 PFR을 운전한다면 전화율은 어떻게 되겠는가?

(1) >50% (2) <50% (3) 50% (4) 정확하게 답하기에는 정보가 부족하다

(c) 비균일 촉매를 쓰는 비가역 기상 2차반응 A → Product(s)의 속도상수가 충전층반응기의 실험 자료로부터 0.234로 결정되었다. 이 실험 자료를 분석한 사람은 반응기 내의 큰 압력강하를 미처 분석에 포함하지 못했다. 만약 압력강하가 제대로 계산에 포함되었다면 속도상수는 다음 중 무엇이었겠는가?

(1) >0.234 (2) <0.234 (3) 0.234 (4) 정확하게 답하기에는 정보가 부족하다

P5-4$_B$ **선다형 문제.** 다음 **(a)**~**(e)**의 경우에서 여러분이 선택한 답에 대해 왜 그 답을 선택하였는지 이유를 설명하여라.

아래의 기초 이성화 발열 반응

$$A \underset{cat}{\rightleftarrows} B$$

이 압력강하($\alpha = 0.001\ kg^{-1}$)가 있는 PBR에서 400 K의 등온조건에서 수행되었다. 현재 50%의 전화율에 도달하였다. 이 온도에서의 평형상수는 3.0이다.

(a) 일정한 질량유량속도 $\dot{m}$에 대해서, 반응기의 직경이 4배로 증가한다면 전화율은 얼마가 되겠는가?

(1) $X > 0.5$ (2) $X < 0.5$ (3) $X = 0.5$ (4) 정보 부족

(b) 일정한 질량유량속도 $\dot{m}$에 대해서, 평형전화율은?

(1) $X_e = 0.5$ (2) $X_e = 0.667$ (3) $X_e = 0.75$ (4) 정보 부족

(c) 일정한 질량유량속도 $\dot{m}$에 대해서, 반응기의 직경이 2배로 증가한다면 평형전화율 X_e는 어떻게 되겠는가?

(1) 증가 (2) 감소 (3) 동일 (4) 정보 부족

(d) 질량유량속도가 $\dot{m}$으로 고정된 경우, 입자크기가 증가한다면 평형전화율은 어떻게 되겠는가?

(1) 증가 (2) 감소 (3) 동일 (4) 정보 부족

(e) 질량유량속도가 $\dot{m}$으로 고정된 경우, 입자크기가 증가한다면 전화율은 어떻게 되겠는가?

(1) 증가 (2) 감소 (3) 동일 (4) 정보 부족

P5-3$_A$ 및 P5-4$_B$와 **유사한 질문 세트**는 5장 웹사이트(*http://www.umich.edu/~elements/5e/05chap/obj.html*)의 **i>clickers**에서 찾을 수 있다.

P5-5$_A$ 기상 기초반응

$$2A \rightarrow B$$

가 정용 회분식반응기에서 수행되어 1시간에 50%의 전화율을 얻었다. 순수한 A가 0.2 mol/dm^{3}의 초기 농도로 반응기에 도입된다. CSTR에서 동일한 반응을 수행할 경우, 500 mol/h의 공급유량과 0.2 mol/dm^{3}의 주입농도에 대해 50% 변환을 달성하는 데 필요한 부피는 얼마인가? (**답:** V = 5,000 dm^3)

P5-6$_C$ 가역 액상 이성질화반응 A ⇄ B가 1000-gal의 CSTR에서 등온으로 수행된다. 반응은 정반응과 역반응 모두 2차이다. 액체는 반응기의 상부로 들어가서 하부로 나간다. 회분식반응기에서 얻어진 실험 자료에 의하면 CSTR의 전화율은 40%인 것으로 나타났다. 반응은 가역반응이고, 300 K에서 K_C = 3.0이고, ΔH°_{Rx} = −25,000 cal/mol이다. 300 K에서 얻어진 회분자료는 정확한 것이며, E = 15,000 cal/mol이라고 가정한다면 최대전화율을 얻기 위해서는 CSTR의 온도를 얼마로 추천하겠는가? [**힌트:** 부록 C의 식 (C-9)에서 ΔC_p = 0으로 가정한다.]

$$K_C(T) = K_C(T_0)exp\left[\frac{\Delta H^\circ_{Rx}}{R}\left(\frac{1}{T_0} - \frac{1}{T}\right)\right]$$

Polymath를 이용하여 X 대 T의 그래프를 그려 보아라. 이는 최대점을 통과하는가? 그렇다면 이유를 설명하여라.

P5-7$_B$ 다음 기상반응은 기초 속도법칙을 따른다.

$$A \rightarrow B + C$$

PFR에서 먼저 반응을 수행하고, 다음에는 다른 실험에서 CSTR에서 진행된다. 300 K에서 순수한 A가 5 dm^3/s의

속도로 10 dm^3의 PFR로 공급될 때 전화율은 80%이다. 320 K에서 50%의 A와 50%의 비활성(I) 물질이 혼합되어 10 dm^3의 CSTR에 5 dm^3/s로 공급될 때도 전화율은 80%이다. 활성화 에너지는 cal/mol의 단위로 얼마가 되겠는가?

P5-8$_B$ 다음 기초 기상반응

$$A \rightarrow B$$

가 등압 등온으로 PFR에서 수행되어 전화율이 63.2%에 도달하였다. 원료는 순수한 A이다. PFR의 상류에 같은 부피의 CSTR을 하나 놓으려고 한다. 첫 번째 반응기에 도입되는 A의 몰유량에 기초하여, CSTR의 중간 전화율 X_1과 PFR의 출구 전화율 X_2는 얼마가 될 것인가? 유입 유량과 다른 모든 변수는 단일 PFR과 동일하다. [출처: 수정된 캘리포니아 등록 시험 문제] (**답**: $X_2 = 0.82$)

P5-9$_A$ 다음 액상반응

$$A + B \longrightarrow C$$

는 기초 속도법칙을 따르며, 흐름계에서 등온적으로 실행된다. 혼합하기 전의 공급흐름 A와 B의 농도는 2 M이다. 각 흐름의 부피유량은 5 dm^3/min이고, 유입온도는 300 K이다. 각 흐름은 유입되기 직전에 혼합된다. 두 개의 반응기를 사용할 수 있다. 하나는 200.0 dm^3의 회색 CSTR로 77°C까지 가열하거나 0°C까지 냉각하는 것이 가능하며, 다른 하나는 300 K에서 운전되는 800 dm^3의 흰색 PFR로, 가열 또는 냉각을 할 수는 없으나 붉은색 또는 검은색으로 칠을 할 수는 있다. 300 K에서 $k = 0.07\ dm^3/mol\cdot min$이며, $E = 20$ kcal/mol이다.

(a) 당신은 어느 반응기와 어떤 조건을 추천하는가? 선택한 것에 대한 이유를 설명하여라(예, 색깔, 가격, 설치 가능한 공간적 여유, 날씨 조건 등). 적절한 계산을 통해 이유에 대한 정당성을 입증해 보아라.

(b) 온도 77°C에서 혼합한 다음에 $C_{A0} = C_{B0} = 1$ M인 초기조건으로 200 dm^3 회분식반응기에서 90%의 전화율을 얻는 데는 시간이 얼마나 걸리는가?

(c) 만약 반응기가 0°C로 냉각되었다면 문제 **(b)**의 답은 얼마가 되는가? (**답**: 2.5일)

(d) 만약 300 K에서 CSTR과 PFR을 직렬연결하여 운전하는 경우에 얻어지는 전화율은 얼마인가? 이들 반응기를 병렬연결하고, 각 반응기에 5 mol/min으로 운전하는 경우에는 전화율이 얼마인가?

(e) 표 4-3을 염두에 두고 전화율 90%의 흐름반응기로 하루에 처리하는 화합물 A의 양과 동일한 양을 회분식반응기로 처리하는 데 필요한 반응기 부피는 얼마인가? 표 1-1을 참조하여 회분식반응기의 가격을 산출하여라.

(f) 이 문제에서 배운 것과 이 문제의 요점이라고 생각하는 것을 몇 개의 문장으로 적어 보아라.

(g) 서문의 표 P-4에 있는 여섯 아이디어 중에서 하나 이상을 골라 이 문제에 응용하여라.

P5-10$_B$ **문제해결**

(a) 반응기의 중간위치에 임펠러(impeller) 한 개가 달린 1000 gal의 CSTR에서 액상 이성질화반응 A ⟶ B 가 수행된다. 액체는 반응기의 상부로 들어가서 하부로 나간다. 반응은 2차반응이다. 회분식반응기에서 얻은 실험 자료에서 예측한 CSTR의 전화율은 50%이다. 그러나 실제 CSTR에서 측정된 전화율은 57%였다. 이러한 불일치의 이유들을 제시하고, 예측된 전화율 값과 측정된 전화율 값이 근접되게 하는 방법을 제시해 보아라. 계산을 통해서 당신의 제안을 뒷받침하여라. 추신: 그날은 비가 **아주** 많이 왔다.

(b) 액상반응

$$A \longrightarrow B$$

가 CSTR에서 수행된다. 유입농도가 2 mol/dm^3일 경우에 전화율은 40%였다. 반응기 부피와 유입농도가 CSTR과 같은 경우에 PFR에서 예상되는 전화율은 48.6%이다. 그러나 PFR의 전화율은 놀랍게도 정확히 52.6%였다. 전화율이 일치하지 않는 이유를 브레인스토밍하여라. 어떻게 해서 이러한 전화율이 나타나는지를 정량적으로 보여라(즉, 예상 전화율과 실제 전화율). **(b)**의 난이도는 C급이다.

(c) 기상반응

$$A + B \longrightarrow C + D$$

가 충전층반응기에서 수행된다. 입자크기가 15%까지 감소하는 경우에는 전화율이 변하지 않는다. 그러나 입자크기가 20%까지 감소하는 경우에는 전화율이 감소한다. 원래의 입자크기가 15%까지 증가해도 전화율은 역시 감소한다. 모든 경우에 온도, 촉매의 총 무게, 그리고 다른 모든 조건은 같다. 여기서 대체 무슨 일이 일어나고 있는가?

P5-11$_B$ 비가역 기초 기상반응

$$A + B \longrightarrow C + D$$

가 100 kg의 촉매가 있는 충전층반응기에서 305 K의 등온으로 수행된다.

P = 20 atm → P = 2 atm

입구 압력은 20 atm이고 출구 압력은 2 atm이다. 원료흐름은 A와 B가 C_{A0} = 0.4 mol/dm^{3}의 등몰로 혼합되어 F_{A0} = 10 mol/min 속도로 난류 영역으로 공급된다. 현재 전화율은 80%이다. 다른 조건은 모두 같고 입자크기가 두 배로 증가한다면 전화율은 얼마가 되겠는가? (**답:** X = 0.83)

P5-12$_B$ 아래 가역 기상 기초반응

CH$_3$ ↔ CH$_2$ + H_2

(*ethylbenzene* ↔ *styrene* + H_2)

이 압력강하가 없는 등온 CSTR에서 수행된다. 원료는 $\upsilon_0 = 5000\dfrac{\text{dm}^3}{\text{hour}}$의 부피유량으로 공급된다. 원료는 몰 기준으로 절반이 에틸벤젠(A)이고 절반은 비활성(I)이고 반응기에 도입되기 전에 잘 혼합된다. 반응기의 압력은 6 atm(P_{A0} = 3 atm, P_{I0} = 3 atm이고, 에틸벤젠의 주입 농도는 $C_{A0} = 0.04\ \dfrac{\text{mol}}{\text{dm}^3}$이다). A의 몰유량은 $F_{A0} = 200\ \dfrac{\text{mol}}{\text{hr}}$이다. 반응온도 640°C에서 반응속도상수 k_A는 $5.92\ \dfrac{\text{mol}}{\text{dm}^3 \cdot \text{hr} \cdot \text{atm}}$이다. 평형상수 K_P는 9 atm이고 이에 상응하는 평형전화율은 X_e = 0.84이다.

참고문헌: Won Jae Lee and Gilbert F. Froment. *Ind. Eng. Chem. Res.* 2008, 47, pp. 9183-9194.

(a) 알고리즘의 각 단계를 작성하여라.

(b) P_{A0}, X, K_P 그리고 k만의 함수로서 반응속도식, $-r_A$를 써라.

(c) 평형전화율, X_e의 90%를 달성하기 위한 반응기 부피를 계산하여라.

(d) 만약 반응기 부피는 일정하지만 직경이 커지고 높이가 낮아질 경우 (a)로부터 전화율은 어떻게 되겠는가? 설명하여라.

P5-13$_B$ 4월 1일 아침 6시, 영국의 사업가 Ian Shoemaker의 시신이 그의 집 밖에서 발견되었을 때 세계적으로 유명한 경관 Nigel Ambercromby가 Scotland Yard(런던 경찰국)에서 소환되어 왔다. Shoemaker씨는 3월 31일 화학공학자들의 연금기금에서 돈이 없어진 이유를 조사하는 중이었다. 그는 3월 31일 이 펀드에 접근할 수 있었던 4명의 직원들과 각각 커피를 마시며 개별적으로 만나 고발하기 전에 혐의를 입증했다. 그러나 죄책감을 받은 사람은 사전에 Shoemaker의 혐의를 발견하고 그를 살해함으로써 그들의 신원을 비밀로 유지하기를 원했을 것이다.

누가 그랬지?

검시관은 검시 도중 Shoemaker씨가 Iocane 분말이라고 알려진 화학약품에 독살되었다는 것을 알아냈다. Iocane은 심장이 뛰는 것을 막고, 사실상 감지할 수 없지만, 혈액 속에서 분해되어 Optoid를 형성한다.

$$\text{Iocane} + \text{RBC} \rightarrow \text{Optoid}$$

적혈구의 농도(C_{RBC})는 매우 높으므로, Iocane과 적혈구 사이의 속도법칙은 Iocane의 농도(C_A)의 유사 1차반응(pseudo first-order reaction)으로 모델링할 수 있다.

$$-r_A = k'_A C_{RBC} C_A \cong k_A C_A$$

검시관은 Ambercromby 경관에게 4월 1일 오전 11시에 부검하는 동안 Optoid의 농도가 0.01 mol/dm^{3}이라고 말했다. 그의 일정표에 따르면, Shoemaker는 전날인 3월 31일 아래 시간에 회의했다.

오후 1:30 (21.5시간 전) Mr. Gafhari
오후 3:00 (20시간 전) Mr. Ross
오후 5:00 (18시간 전) Mr. Patel
오후 8:00 (15시간 전) Mr. Jenkins

이 네 명의 사람들이 현재 유력한 용의자들이다. Iocane은 18 g(56.25 g/mol)이 함유된 파우더 캡슐의 취약으로, 카운터 위에 놓여 있으며, Shoemaker의 커피에 캡슐을 쉽게 넣을 수 있었다.

추가 정보:

혈액의 부피: 5 dm^3
k_A = 0.00944 hr^{-1} @ 310 K(인체 온도)
E = 20.5 kcal/mol
독이 사실상 즉시 혈액으로 들어간다고 가정한다.

(a) 캡슐 하나를 섭취한 후 혈액 내 Iocane의 초기 농도 C_{A0}를 gmol/dm^{3}의 단위로 계산하여라.

(b) 오전 11시에 C_{A0}와 Optoid의 농도를 안다면 Shoemaker가 중독된 시간을 계산하여라. Ambercromby는 누구를 체포해야 하는가?

(c) 커피에 독극물이 들어간 시간을 계산하고 살인 혐의를 받고 있는 사람을 체포한 후, Shoemaker의 아내는 Shoemaker가 그날 아침 311.7 K(101.4°F)의 열이 났다고 말했다. Shoemaker가 열이 났다는 것을 안다면, 당신은 Nigel이 올바른 용의자를 체포했다고 생각하는가? 그렇지 않다면, 그는 누구를 체포해야 하는가?

(Eric O'Neill, U of M, class of 2018)

P5-14$_B$ 실리카 알루미나 촉매 위에서 부탄올의 탈수화(dehydration butanol) 반응이 680 K의 온도에서 수행된다.

$$CH_3CH_2CH_2CH_2OH \xrightarrow[\text{cat}]{} CH_3CH{=}CHCH_3 + H_2O$$

속도법칙은 다음과 같고,

$$-r'_{Bu} = \frac{kP_{Bu}}{(1+K_{Bu}P_{Bu})^2}$$

여기서 k = 0.054 mol/gcat·h·atm이고, K_{Bu} = 0.32 atm^{-1}이다. 순수한 부탄올이 압력이 10 atm(1013·kPa)인 관형 충전층반응기로 50 kmol/hr의 몰유량속도로 들어간다.

(a) 압력강하가 없을 때 80%의 전화율에 도달하기 위해 필요한 PBR의 촉매 무게는 얼마인가? 촉매 무게에 관한 함수로 X, p, f(즉 (v/v_0)) 및 반응속도 $-r'_A$를 플롯하고 분석하여라.

(b) 80%의 전화율을 얻기 위해 필요한 "유동화 CSTR"에서의 촉매 무게는 얼마인가?

(c) 압력강하가 있는 경우 (a)를 다시 풀어 보아라. 이때 압력강하 파라미터 $\alpha = 0.0006\ \text{kg}^{-1}$이다. 반응속도의 최대값을 관찰할 수 있는가? 그렇다면, 70%의 전화율을 얻기 위한 촉매 무게는 얼마인가? 이 무게와, 압력강하가 없을 경우 동일 전화율을 얻기 위한 무게를 비교하여라.

(d) 이 문제로부터 어떤 일반화(generalizations)를 끌어낼 수 있는가?

(e) 이 문제에 대해 비판적 사고(critical thinking)를 요구하는 질문 한 개를 쓴 후 왜 이 질문이 비판적인 사고가 필요한지에 대한 이유를 설명하여라. (힌트: 서문 G.2절 참조)

P5-15$_B$ 기상반응 A → B는 80°F에서 단분자반응 속도상수가 0.0015 min^{-1}이다. 이 반응은 온도 260°F, 압력 132 psig 하에서 길이 10 ft, 내경 1 in.인 관이 병렬연결된 반응기에서 수행된다. B의 생산속도는 1000 lb/h이 되어야 한다. 활성화 에너지는 25,000 cal/mol이라 가정할 때, A의 전화율이 90%가 되기 위해서는 관이 몇 개 필요한가? 이상기체로 가정하여라. A와 B의 분자량은 각각 58이다. [출처: 캘리포니아 기술사 시험 문제]

P5-16$_B$ **(a)** 비가역 기초반응 2A → B가 **등온 관형(플러그흐름) 반응기**에서 기상에서 일어난다. 반응물 A와 희석제 C가 등몰비(equimolar ratio)로 공급되며, A의 전화율은 80%이다. 만약 A의 몰유량이 반으로 줄어들고 C의 공급속도는 변하지 않는다면 A의 전화율은 얼마인가? 반응기는 이상적으로 거동하며 온도는 변하지 않는다고 가정한다. 이 문제의 요점은 무엇인가? [출처: 캘리포니아 기술사 시험 문제]

(b) 비판적 사고를 요구하는 질문 한 개를 쓴 후 왜 이 질문이 비판적인 사고가 필요한지에 대한 이유를 설명하여라(서문 G.2절 참조).

P5-17$_B$ 화합물 A가 금속 담지 촉매 상에서 가역 이성화반응 A $\rightleftarrows$ B이 일어난다. 적절한 조건에서, A와 B는 액체이고, 서로 혼합되며, 거의 동일한 밀도를 갖는다; 반응 평형상수(농도 단위)는 5.8이다. 역혼합(backmixing)이 무시되는(즉, 플러그흐름) **고정층 등온 흐름반응기**에서 원료인 순수한 A가 B로 전환되는 순전화율(net conversion)은 55%이다. 반응은 기초반응이다. 만약 같은 온도조건에서 동일한 반응기를 첫 번째 반응기 뒤에 설치한다면, 다음의 각 경우에 A의 총괄전화율(overall conversion)은 얼마가 될 것으로 예상하는가?

(a) 반응기를 직렬로 직접 연결하는 경우? (**답:** $X = 0.74$)

(b) 첫 번째 반응기에서 나오는 생성물을 적절한 공정에 의하여 분리함으로써 두 번째 반응기에는 단지 미반응한 A만을 유입시키는 경우?

(c) 서문의 표 P-4에 있는 여섯 아이디어 중에서 하나 이상을 골라 이 문제에 응용하여라.

P5-18$_B$ 총 2500 gal/h의 m-xylene이 1000 ft^3의 촉매가 들어 있는 반응기에서 이성질화반응이 진행되어 o-xylene, m-xylene, 그리고 p-xylene의 혼합물로 만들어진다. 반응은 750°F, 300 psig에서 수행된다. 이 조건에서 반응기에 공급된 m-xylene의 37%가 이성질화된다. 유량이 1667 gal/h일 경우에는 동일한 온도 및 압력 하에서 m-xylene의 50%가 이성질화된다. 에너지 변화는 무시한다.

위에서 언급된 것과 같은 온도 및 압력에서 5500 gal/h의 m-xylene을 처리하기 위하여 두 번째 공장을 건설하는 것이 제안되었다. 새 공장에서의 전화율을 37%가 아니라 46%가 되게 하려면 반응기의 크기(즉 촉매의 부피)를 얼마로 해야 하는가? 스케일업 계산을 하는 데 사용된 가정들이 정당함을 증명해 보아라. (**답:** 2931 ft^3의 촉매) [출처: 캘리포니아 기술사 시험 문제] 이 문제에서 배운 것들에 대한 목록을 작성해 보아라.

P5-19$_B$ 길이가 40 ft, 내경이 0.75 in.인 튜브 50개가 병렬연결된 기존의(existing) **관형반응기**를 사용하여 기상반응 A → B를 수행하려고 한다. 벤치 규모의 실험을 통해 반응은 1차이고, 반응속도상수는 200°F에서 0.00152 s^{-1}, 300°F에서는 0.0740 s^{-1}가 얻어졌다. 순수한 A의 공급속도가 500 lb_m/h이고, 운전 압력이 100 psig인 경우에 80%의 전화율을 얻기 위해서는 반응기를 몇 도에서 운전해야 하는가? A의 분자량은 73 Dalton이다. 이상기체로 가정하며, 이들 조건에서 역반응은 무시할 수 있다. (**답:** T = 278°F) [출처: 캘리포니아 기술사 시험 문제]

P5-20$_B$ 비가역 1차(A의 분압에 대하여) 기상반응이

$$A \rightarrow B$$

50 kg의 촉매가 들어 있는 "유동화" 촉매 CSTR에서 등온적으로 수행된다.

압력 20 atm에서 순수한 A가 공급될 때 전화율은 50%가 얻어진다. CSTR에서는 본질적으로 압력강하가 없다. 같은 무게의 촉매가 들어 있는 PBR을 CSTR과 직렬연결하는 것이 제안되었다. 식 (5-29)에 주어진 PBR 경우의 압력강하 파라미터 α는 0.018 kg^{-1}이다. 입자크기는 0.2 mm이고, 층 공극률(bed porosity)은 40%이며, 점도는 200°C의 공기의 점도와 같다.

(a) 가장 높은 전화율을 얻기 위해서는 PBR을 CSTR의 상류에 놓아야 하는가? 아니면 하류에 놓아야 하는가? 제 2장에서 배운 개념을 사용하여 정성적으로 설명해 보아라.

(b) 첫 번째 반응기의 출구에서 전화율은 얼마인가?

(c) 마지막 반응기의 출구에서 전화율은 얼마인가? (**답:** $X = 0.76$)

(d) 충전층 출구에서의 압력은 얼마인가? (**답:** $P = 6.32$ atm)

(e) 난류로 가정할 경우, 촉매 직경이 1/2로 감소하고 PBR의 직경이 50% 증가하면 답은 어떻게 달라지는가?

P5-21$_B$ 그림 P5-21$_B$에 보이는 것과 유사한 MIT그룹의 마이크로반응기가 기상에서 포스겐을 생산하기 위하여 사용된다.

$$CO + Cl_2 \rightarrow COCl_2$$
$$A + B \rightarrow C$$

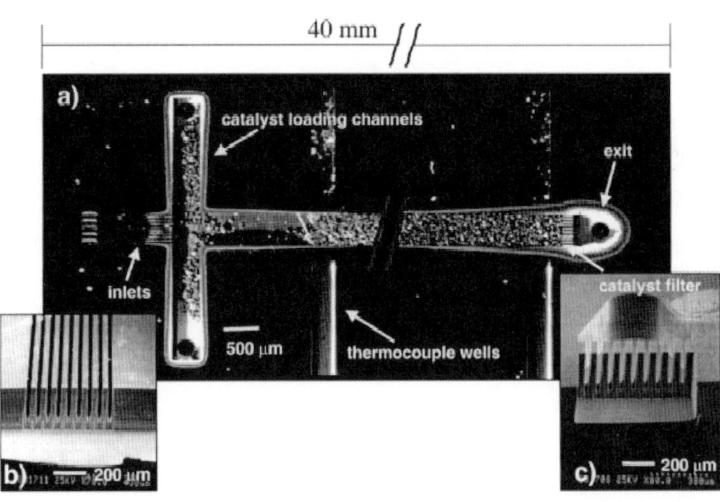

그림 P5-21$_B$ 마이크로반응기. 출처: S. K. Ajmera, M. W. Losey, K. F. Jensen, and M. A. Schmidt, *AIChE J.* 47, 1639 (2001). (제목은 "Microfabricated cross-flow chemical reactor for catalyst testing")

마이크로반응기는 길이가 20 mm이고, 직경이 500 μm이며, 직경이 35 m인 촉매입자들로 채워져 있다. A의 유입 압력은 231 kPa(2.29 atm)이며, 반응물은 마이크로반응기에 같은 몰수로 유입된다. CO의 몰유량은 2×10^{-5} mol/s이고, 부피유량은 2.83×10^{-7} m^3/s이다. 마이크로반응기 한 개에 들어 있는 촉매의 무게 $W = 3.5 \times 10^{-6}$ kg이다. 반응기는 120°C에서 등온으로 유지된다. 촉매는 그림 P5-21$_B$에 있는 촉매와 다소 달라서 속도법칙은 다음과 같이 달라진다.

$$-r'_A = k_A C_A C_B$$

추가 정보:

$\alpha = 3.55 \times 10^5$/kg-catalyst($\phi = 0.4$이며 공기 물성 기준)
$k = 0.004\ m^6/(mol \cdot s \cdot kg\text{-}catalyst)$ @120°C
$\upsilon_0 = 2.83 \cdot 10^{-7}\ m^3/s$, $\rho = 7\ kg/m^3$, $\mu = 1.94 \cdot 10^{-5}\ kg/m \cdot s$
$A_c = 1.96 \cdot 10^{-7}\ m^2$, $G = 10.1\ kg/m^2 \cdot s$

(a) 몰유량 F_A, F_B, F_C, 전화율 X, 그리고 압력비 p를 반응기의 길이(촉매 무게 W)에 따라 플롯하여라.

(b) 10,000 kg/yr의 포스겐을 생산하는 데 필요한 병렬연결 마이크로반응기의 개수를 구하여라.

(c) 촉매 무게는 같으나 입자 직경이 절반으로 줄어들 경우 문제 **(a)**를 다시 해보아라. 만약 가능하다면 얻어진 답과 문제 **(a)**에서의 답을 비교하고, 예사롭지 않은 점에 주목하면서 여러분이 발견한 것을 서술하여라.

(d) 만약 반응이 $K_C = 0.4\ dm^3/mol$를 갖는 가역반응이라면 문제 **(a)**에서 구한 답은 어떻게 달라지는가? 발견한 것을 서술하여라.

(e) 수율과 전화율이 동일한 기존의 충전층반응기를 사용하는 것과 비교하여 마이크로반응기 배열을 사용하는 경우의 장점과 단점은 무엇인가?

(f) 비판적 사고(critical thinking)를 요구하는 질문 한 개를 쓴 후 왜 이 질문이 비판적인 사고가 필요한지에 대한 이유를 설명하여라(서문의 표 P-3과 P-4를 참조).

(g) 서문의 표 P-4에 있는 여섯 아이디어 중에서 하나 이상을 골라 이 문제에 응용하여라.

P5-22$_A$ A → B + S로 표기되는 특허기술인 산업폐기물 반응이 10 dm^{3}의 CSTR과 뒷부분에 연결된 10 dm^3 크기의 PFR에서 수행된다. 반응은 기초반응이고, A는 농도 0.001 mol/dm^3, 몰유량 20 mol/min으로 유입되며, 분해를 시키는 데 어려움을 겪고 있다. 42°C(즉, 모하비사막에서는 실온)에서 비반응속도는 0.0001 s^{-1}이다. 그러나 활성화 에너지를 모르고 있다. 따라서 이 반응을 미시간에서는 겨울에 행할 수 없다. 결과적으로 이 반응이 중요하기는 하지만 연구를 하기 위해 시간을 들일 가치는 없다. 그러므로 잠시 여유를 갖고 *Dances with Wolves*(저자가 좋아하는), *La La Land, The Fate of the Furious, Blade Runner 2049,* 또는 *Despicable Me 3* 등과 같은 영화를 보러 가도록 하여라. 한편, 조포스탄 영화제는 Jofostan의 Riça에서 1월의 마지막 주에 열린다. 하지만 이 영화제의 최고 스타들이 Denzel Washington, Meryl Streep, 그리고 Sven Köttlov이므로 조포스탄 영화제에는 참가하지 마라.

P5-23$_B$ Walter White, Jesse Pinkman, 그리고 Mike Ehrmantraut는 TV시리즈 *Breaking Bad*에서 1000갤런의 methylamine을 훔쳤다. 그 직후 Jesse와 Mike는 요리 사업을 그만두고 methylamine 지분을 팔기로 했다. Walter는 미래의 methylamine 요리를 위해 모든 methylamine을 유지하고 싶었고 Jesse와 Mike가 그들의 몫을 가지도록 허락하지 않았다. Jesse와 Mike가 다음의 기상반응을 이용하여 methylamine을 파괴함으로써 월터의 요리 작업을 방해하기로 했다고 하자.

$$2\,CH_3NH_2 \leftrightarrow (CH_3)_2NH + NH_3$$

또는, 축약해서

$$2A \rightleftarrows B + C$$

이 반응은 실리카–알루미나 촉매를 이용하여 methylamine을 dimethylamine으로 전환한다. 충전층반응기로의 몰유량은 23.6 mol/s이고 입구 압력은 18 atm이다. 반응기 내에서의 압력강하 또는 온도변화가 없다고 가정한다. 속도식은 부분압력의 항으로 기초반응을 따른다.

$$k_1 = 4.25 \times 10^{-6}\ \frac{mol}{atm^2 \cdot gcatalyst \cdot s}, \quad K_e = 2.5$$

(a) 몰수지식을 써라.

(b) 부분압의 항으로 속도식을 써라.

(c) 이 반응에 대한 화학양론표를 세워라.

(d) 전화율의 함수로 부분압을 써라.

(e) 전화율의 함수로 속도식을 써라.

(f) 평형전화율 X_e은 얼마인가?

(g) 전화율의 항으로 알고리즘을 작성하여라.

(h) 0.9^*X_e의 전화율을 얻기 위해 Jesse는 PBR에 몇 kg의 촉매가 필요할까? $X = 0.75\ X_e$일 때?

(i) 유동층반응기에서 평형전화율의 90%를 얻기 위해 필요한 촉매는 몇 kg인가? 만약 이 질량이 매우 크다면, 질량을 줄이기 위해 무엇을 제안하겠는가? (**답:** $W = 207.2$ kg-catalyst)

(j) 압력강하 및 $\alpha = 0.0098\ \text{kg}^{-1}$의 100 kg PBR에서 달성할 수 있는 전화율은 얼마인가? 어느 촉매 질량에서 출구 압력이 1.0 atm 아래로 떨어지는가?

(k) 압력강하가 $\alpha = 6 \times 10^{-4}\ \text{kg}^{-1}$일 때 (j)를 반복하여 수행하여라.

박사과정 학생인 Julia Faeth가 다음 문헌으로부터 자료를 수정하여 이 문제를 만들었다. J. W. Mitchell, et al., *Ind. Eng. Chem. Res.* 33, 1994, pp. 181−184

P5-24$_B$ 에틸아세테이트는 광범위하게 쓰이는 용매이며 초산과 에탄올의 증기상 에스테르화반응으로부터 생성될 수 있다.

$$CH_3-\overset{\overset{\displaystyle O}{\|}}{C}-OOH + CH_3CH_2OH \longrightarrow CH_3-\overset{\overset{\displaystyle O}{\|}}{C}-OCH_2CH_3 + H_2O$$

이 반응은 미소다공성 수지(microporous resin)를 촉매로 이용한 한 **충전층 마이크로반응기**(packed-bed microreactor)[*Ind. Eng. Chem. Res.*, 26(2), 198 (1987)]에서 연구되었다. 반응은 에탄올에 대해 1차이고 초산에 대해서는 유사 0차(pseudo-zero-order)이다. 총 부피유량은 25 dm^3/min이고, 초기 압력은 10 atm이며, 온도는 223°C, 압력강하 파라미터 α는 0.01 kg^{-1}이다. 초산과 에탄올이 등몰로 공급되는 경우에 비반응속도는 약 1.3 dm^3/kg·cat·min이다.

(a) 출구 압력을 1 atm 이상으로 유지할 수 있도록 사용할 수 있는 최대의 촉매 무게를 계산하여라. (**답:** $W = 99$ kg)

(b) CRE 알고리즘을 기술하고, 90%의 전화율에 도달하는 데 필요한 촉매 무게를 구하기 위한 식들을 해석적으로 풀어라.

(c) Polymath 프로그램을 이용하여 충전층반응기의 길이에 따른 촉매 무게의 함수로 X, p 및 $f = \upsilon/\upsilon_0$를 분석하고 그래프로 그려라.

(d) 반응기에서 마지막 5%(85%에서 90%)의 전화율을 얻는 데 필요한 촉매 대 처음 5%(0%에서 5%)의 전화율을 얻기 위한 촉매의 무게 비율은 얼마인가? [참고: **(c)**의 결과를 이용할 수 있다.]

P5-25$_B$ 기상반응

$$A + B \rightarrow C + D$$

은 $C_{A0} = 0.1$ mol/dm^3의 A와 B가 같은 몰수로 충전층반응기에 공급되어 300 K의 등온에서 진행된다. 반응은 A에 대해서 2차이고, B에 대해서는 0차이다. 현재, 부피유량이 100 dm^3/min에 대하여, 100 kg의 촉매가 들어 있는 반응기에서 50%의 전화율이 얻어진다. 압력강하 파라미터 α는 0.0099 kg^{-1}이다. 만약 활성화 에너지가 10,000 cal/mol이면, 400 K에서의 비반응속도상수(specific reaction rate constant)는 얼마인가?

P5-26$_B$ 웹사이트 *www.reactorlab.net* 헤르츠 교수의 반응기 랩(Reactor Lab)을 방문하여라. 페이지 상단 메뉴에서 다운로드를 클릭한 다음 영어 버전을 선택하고 요청한 정보들을 제공한 후 Reactor Lab을 내려받아 설치하여라. 공기의 물

성을 가진 기체가 구형 촉매 입자 위로 흐르는 충전층반응기(PFR이라고 명명된)를 다루는 Lab 2, Division 2를 선택하여라. 여기서 반응기 직경, 입자 직경, 기체 유량, 온도와 같은 유입 파라미터들이 변하게 되면 압력강하가 어떻게 달라지는지를 알아보기 위한 실험을 진행해 보아라. 압력강하를 크게 하기 위해서는 입력값들 중의 일부를 Lab에 들어갔을 때 나타나 있던 초기값들과는 충분히 다르게 변화시킬 필요가 있다. 만약 원하는 흐름을 얻을 수 없는 경우에는 입구 압력을 증가시킬 필요가 있다. 이러한 반응기에서 전화율 결과를 어떻게 해석하는지에 대해서는 제10장에서 배우게 된다.

보충교재

KEILLOR, GARRISON, *Pretty Good Joke Book, A Prairie Home Companion*. St. Paul, MN : Highbridge Co., 2000.

BUTT, JOHN B. *Reaction Kinetics and Reactor Design*, 2nd ed. Revised and Expanded. New York : Marcel Dekker, Inc., 1999.

FOGLER, H. S., *Current Fashions: What the Well-Dressed Chemical Reaction Engineer Will Be Wearing in Spring 2018*. Available Fall 2019.

LEVENSPIEL, O., *Chemical Reaction Engineering*, 3rd ed. New York : Wiley, 1998, Chaps. 4 and 5.

반응기 설계에 대한 최근 정보는 다음의 논문들에서 찾아볼 수 있다: *Chemical Engineering Science, Chemical Engineering Communications, Industrial and Engineering Chemistry Research, Canadian Journal of Chemical Engineering, AIChE Journal, Chemical Engineering Progress.*

6 등온반응기의 설계: 몰과 몰유량

Isothermal Reactor Design: Moles and Molar Flow Rates

공포가 너의 꿈을 방해하지 못하게 해라.

—익명

개요

지난 마지막 장에서 우리는 여러 단일반응들을 위해 다양한 등온반응기 설계를 하기 위한 전화율을 사용했다. 많은 경우 전화율의 항으로 몰수지를 사용하는 것은 극도로 효과적인 전략이지만, 제1장의 표 S-1에 나타낸 것처럼 몰농도(N_A, N_B) 또는 몰유량(F_A, F_B)의 항으로 표현된 몰수지를 사용하는 것이 더욱 편리하거나, 어떤 경우에는 절대적으로 필요로 하게 된다. 이 장에서는, 이러한 상황들을 분석하기 위하여 어떻게 알고리즘에 작은 변화를 줄 수 있는지 보여준다. 알고리즘을 사용하여, 첫 번째로 각각 그리고 모든 화합물(each and every species)의 몰수지를 작성하고, 두 번째로 제3장의 식 (3-1)에서 설명된 것과 같이 상대속도(relative rates)를 사용하여 각각의 반응들을 서로 다른 반응들에 관련시켜야 할 필요가 있다.

다음 반응기들을 분석하기 위해서 몰수지에서 몰유량을 사용할 것이다.

- 아래 반응을 수행하는 마이크로반응기

$$2NOCl \rightarrow 2NO + Cl_2$$

- 에틸벤젠의 탈수소화를 위해 사용된 멤브레인반응기

$$C_6H_5\,CH_2CH_3 \rightarrow C_6H_5CH = CH_2 + H_2$$

- 아래 반응을 수행하는 반회분식반응기

$$CNBr + CH_3NH_2 \rightarrow CH_3Br + NCNH_2$$

제8장에서 복합반응과 제11장부터 13장에 있는 열효과를 고려하기 위해 이러한 변수들(N_i, F_i)의 항으로 표현된 몰수지를 사용할 것이다.

6.1 몰유량 수지 알고리즘

용도:
- 복합반응
- 멤브레인
- 비정상상태

전화율보다 몰수(N_A, N_B) 또는 몰유량(F_A, F_B 등)의 항으로 문제를 푸는 것이 더 편리한 경우가 많이 있다. 전화율보다 몰유량이 더 편리한 두 가지 경우로서 멤브레인반응기와 기상에서 일어나는 복합반응을 들 수 있다. 이제 우리는 액체의 경우에는 농도를, 기체의 경우에는 몰유량을 종속변수로 사용하여 알고리즘을 수정한다. 전화율 알고리즘과 몰유량/농도 알고리즘 사이의 주요 차이점은, 전화율 알고리즘의 경우에는 **단지 하나의 화합물**에 대해서만 몰수지를 세워야 할 필요가 있었지만, 몰유량 및 농도 알고리즘에서는 **각각 그리고 모든 화합물**(each and every species)에 대해서 몰수지를 반드시 세워야 한다는 것이다. 후자의 알고리즘을 그림 6-1에서 보여준다. 먼저 ①단계에 나타낸 것처럼 주어진 모든 화합물들에 대한 몰수지를 적는다. 그 다음으로는 ②단계의 속도법칙을 적고 나서 ③단계에 나타낸 것처럼 **상대반응속도**(relative rate of reaction)들을 이용하여 몰수지들을 서로 관련시킨다. ④단계와 ⑤단계는 속도법칙에 포함된 농도를 몰유량과 관계시키기 위해 사용된다. ⑥단계에서는 ODE 문제풀이 프로그램(예, Polymath)을 이용하여 모든 단계들을 결합한다.

6.2 CSTR, PFR, PBR 그리고 회분식반응기에 대한 몰수지

6.2.1 액상(Liquid Phase)

액상반응의 경우에는 밀도가 일정하게 유지되며 따라서 부피(V) 또는 부피유량 $\upsilon = \upsilon_0$이 반응 과정에서 아무런 변화도 생기지 않는다. 그러므로 **농도**가 더 선호되는 설계변수이다. 제1장에서 얻어진 몰수지들은(표 S-1) 이제 일반적인 반응식에서 각각의 화합물에 적용된다.

$$aA + bB \longrightarrow cC + dD \tag{2-1}$$

몰수지들은 아래의 상대적인 반응속도를 사용하여 서로 연결되어

몰수지들을 연결하기 위해 사용된다.

$$\frac{r_A}{-a} = \frac{r_B}{-b} = \frac{r_C}{c} = \frac{r_D}{d} \tag{3-1}$$

표 6-1에 이르게 되고, 여기서는 지금까지 논의해 온 4가지 형태의 반응기에 대해서 농도 기반 몰수지식이 주어져 있다. 표 6-1에서 알 수 있는 바와 같이, PFR, PBR 또는 회분식 반응기에 대한 연립 상미분방정식과 CSTR에 대한 연립 대수방정식을 풀기 위해 계에 대한 파라미터값들(예, C_{A0}, υ_0 등)과 속도법칙 파라미터값들(예, k_A, α, β)을 정하기만 하면 된다.

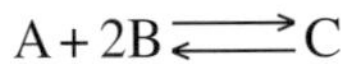

$$A + 2B \rightleftarrows C$$

몰수지

① 각 화합물에 대한 몰수지를 적는다.[†]

예, $\frac{dF_A}{dV} = r_A$, $\frac{dF_B}{dV} = r_B$, $\frac{dF_C}{dV} = r_C$

속도법칙

② 농도의 항으로 속도법칙을 적는다.

예, $-r_A = k_A\left(C_A C_B^2 - \frac{C_C}{K_C}\right)$

상대속도

③ 각 화합물의 반응속도들을 서로 관계시킨다.

$$\frac{-r_A}{1} = \frac{-r_B}{2} = \frac{r_C}{1}$$

예, $r_B = 2r_A$, $r_C = -r_A$

화학양론

④ **(a)** 기상반응의 경우에는 농도를 몰유량의 항으로 적는다.

예, $C_A = C_{T0}\frac{F_A}{F_T}\frac{T_0}{T}\frac{P}{P_0}$, $C_B = C_{T0}\frac{F_B}{F_T}\frac{T_0}{T}\frac{P}{P_0}$

여기서 $F_T = F_A + F_B + F_C + F_I$

(b) 회분식 또는 액상반응의 경우에는 농도를 사용한다. 예, C_A, C_B

압력강하

⑤ 기상 압력강하 항을 몰유량의 항으로 적는다.

$$\frac{dp}{dW} = -\frac{\alpha}{2p}\left(\frac{T}{T_0}\right)\frac{F_T}{F_{T_0}}, \text{ 여기서 } p = \frac{P}{P_0}$$

결합

⑥ 등온운전 $T = T_0$에 대하여, ODE 문제풀이 프로그램이나 비선형 방정식 문제풀이 프로그램(예, Polymath)을 사용하여 ①단계부터 ⑤단계까지를 결합하여 몰유량분포, 농도분포 및 압력분포를 구한다.

그림 6-1 몰수지에 대한 등온-반응 설계 알고리즘

[†] PBR 경우는 $\frac{dF_A}{dW} = r'_A$, $\frac{dF_B}{dW} = r'_B$, 그리고 $\frac{dF_C}{dW} = r'_C$를 사용한다.

액체

표 6-1 액상반응에서의 몰수지

회분식	$\dfrac{dC_A}{dt} = r_A$	그리고	$\dfrac{dC_B}{dt} = \dfrac{b}{a} r_A$
CSTR	$V = \dfrac{\upsilon_0 (C_{A0} - C_A)}{-r_A}$	그리고	$V = \dfrac{\upsilon_0 (C_{B0} - C_B)}{-(b/a) r_A}$
PFR	$\upsilon_0 \dfrac{dC_A}{dV} = r_A$	그리고	$\upsilon_0 \dfrac{dC_B}{dV} = \dfrac{b}{a} r_A$
PBR	$\upsilon_0 \dfrac{dC_A}{dW} = r'_A$	그리고	$\upsilon_0 \dfrac{dC_B}{dW} = \dfrac{b}{a} r'_A$

6.2.2 기상(Gas Phase)

일반적인 반응식, 식 (2-1)에 대한 일반 속도법칙(generic rate law)에 대하여, 몰수(회분식) 또는 몰유량(연속식)의 항으로 기상반응의 몰수지가 표 6-2에 주어져 있다. 표 6-2에 주어진 바와 같이, 각각의 화합물들에 대한 몰유량 F_j는 각각 화합물(즉, A, B, C, 그리고 D)의 몰수지에서 구한다. 예컨대 플러그흐름반응기의 경우

각각의 화합물의 몰수지를 반드시 적어야 한다.

$$\frac{dF_j}{dV} = r_j \tag{1-11}$$

화합물 A의 일반적인 거듭제곱형(power-law)의 속도법칙은 다음과 같다.

속도법칙

$$-r_A = k_A C_A^{\alpha} C_B^{\beta} \tag{3-3}$$

A에 대한 속도법칙을 상대속도식과 관련시키면 다음과 같다

$$\frac{r_A}{-a} = \frac{r_B}{-b} = \frac{r_C}{c} = \frac{r_D}{d} \tag{3-1}$$

화합물 A의 속도식 (3-3)을 고려하여, PFR 몰수지식 (1-11)에 있는 r_j를 대체하기 위하여 식 (3-1)을 사용한다.

농도를 몰유량속도와 관련시키기 위하여, 식 (4-17)을 다시 불러들이고, $p = P/P_0$라 두면

화학양론

$$\boxed{C_j = C_{T0} \frac{F_j}{F_T} \frac{T_0}{T} p} \tag{4-17}$$

등온운전($T = T_0$)의 경우에 압력강하식인 식 (5-28)은 다음과 같다.

$$\frac{dp}{dW} = \frac{-\alpha}{2p} \frac{F_T}{F_{T0}} \tag{5-28}$$

표 6-2 기상반응의 알고리즘

$$aA + bB \longrightarrow cC + dD$$

1. 몰수지:

BR	PFR	PBR	CSTR
$\frac{dN_A}{dt} = r_A V$	$\frac{dF_A}{dV} = r_A$	$\frac{dF_A}{dW} = r_A'$	$V = \frac{F_{A0} - F_A}{-r_A}$
$\frac{dN_B}{dt} = r_B V$	$\frac{dF_B}{dV} = r_B$	$\frac{dF_B}{dW} = r_B'$	$V = \frac{F_{B0} - F_B}{-r_B}$
$\frac{dN_C}{dt} = r_C V$	$\frac{dF_C}{dV} = r_C$	$\frac{dF_C}{dW} = r_C'$	$V = \frac{F_{C0} - F_C}{-r_C}$
$\frac{dN_D}{dt} = r_D V$	$\frac{dF_D}{dV} = r_D$	$\frac{dF_D}{dW} = r_D'$	$V = \frac{F_{D0} - F_D}{-r_D}$
비활성이 있다면, $\frac{dN_I}{dt} = 0$	$\frac{dF_I}{dV} = 0$	$\frac{dF_I}{dW} = 0$	$F_I = F_{I0}$

PBR을 예로서 사용하여 알고리즘을 계속 수행할 것이다.

2. 속도:

속도법칙

$$-r_A' = k_A C_A^{\alpha} C_B^{\beta}$$

상대적인 속도

$$\frac{r_A'}{-a} = \frac{r_B'}{-b} = \frac{r_C'}{c} = \frac{r_D'}{d}$$

그리고

$$r_B' = \frac{b}{a} r_A' \qquad r_C' = -\frac{c}{a} r_A' \qquad r_D' = -\frac{d}{a} r_A'$$

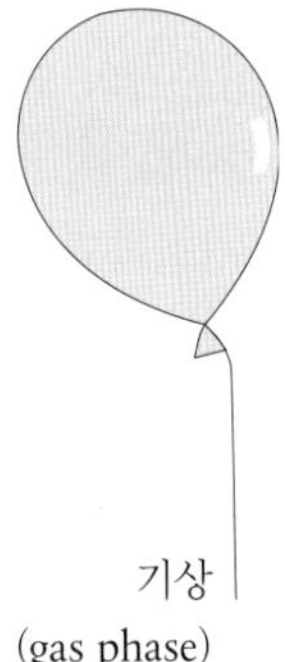

기상
(gas phase)

3. 화학양론:

농도

$$C_A = C_{T0}\frac{F_A}{F_T}\frac{T_0}{T} p \quad C_B = C_{T0}\frac{F_B}{F_T}\frac{T_0}{T} p$$

$$C_C = C_{T0}\frac{F_C}{F_T}\frac{T_0}{T} p \quad C_D = C_{T0}\frac{F_D}{F_T}\frac{T_0}{T} p$$

$$\frac{dp}{dW} = \frac{-\alpha}{2p}\frac{F_T}{F_{T0}}\frac{T}{T_0}, \quad p = \frac{P}{P_0}$$

전체 몰유량속도: $F_T = F_A + F_B + F_C + F_D + F_I$

4. 결합:

각각의 화합물에 대한 적절한 반응기의 몰수지
속도법칙
각각의 화합물에 대한 농도
압력강하 식

5. 평가:

1. 파라미터값 결정: k_A, C_{T0}, α, β, T_0, a, b, c, d
2. 유입되는 몰유량 결정: F_{A0}, F_{B0}, F_{C0}, F_{D0} 그리고 최종값 V_{final} 결정

6. ODE 문제풀이 프로그램을 사용

많은 경우 ODE 문제풀이 프로그램이 **4. 결합** 단계를 대신한다.

전체 몰유량속도는 각 화합물의 유량 속도의 합이다.

$$F_T = \sum_{j=1}^{n} F_j$$

각각의 화합물 A, B, C, D와 비활성 I가 유일한 존재일 때

$$F_T = F_A + F_B + F_C + F_D + F_I$$

표 6-2에 나타낸 것처럼, 이제 모든 상기 정보들을 결합한다[1].

6.3 PFR 몰유량 알고리즘의 마이크로반응기에 적용

마이크로반응기 사진은 219쪽 그림 P5-21$_B$에 나타내었다.

마이크로반응기(microreactor)는 CRE에서 유용한 기술로 부상하였다. 마이크로반응기의 특징은 튜브들과 통로(channel)들을 포함하는 미세구조영역에서 부피에 대한 표면적의 비가 높다는 것이다. 전형적인 통로의 폭은 100 μm, 통로의 길이는 20,000 μm(2 cm)이다. 이에 따라 부피에 대한 표면적의 비(약 10,000 m^2/m^3)가 높기 때문에, 보다 큰 반응기들에서 종종 나타나는 열 및 물질 전달 저항을 감소시켜 주거나 심지어는 제거해 주기까지 한다. 결과적으로 표면 촉매반응을 크게 촉진할 수 있고, 높은 발열반응에서 국소고온점(hot spots)을 최소화할 수 있으며, 많은 경우에 높은 발열반응도 사실상 일정 온도에서 수행할 수 있게 한다. 이러한 특성 때문에 마이크로반응기를 사용하여 고유반응속도론(intrinsic kinetics of reaction)을 연구하기도 한다. 마이크로반응기의 또 다른 장점은 독성이 있거나 폭발 위험이 있는 중간물질의 생산에 사용하는 것이다. 이 경우 하나의 장치에서의 누출이나 미소폭발(microexplosion)에 의한 피해는 최소화되는데, 이는 들어 있는 물질의 양이 적기 때문이다. 다른 장점으로는, 체류시간이 짧고 체류시간 분포가 좁다는 점이 있다.

마이크로반응기의 장점

그림 6-2는 (a) 열교환기를 갖춘 마이크로반응기, (b) 반응기, 밸브 및 혼합기를 갖춘 마이크로공장(microplant)을 보여주고 있다. 그림 6-2(a)에서 보이는 바와 같이, 반응통로에 수직으로 흐르는 유체에 의해 열 $\dot{Q}$가 더해지거나 제거된다. 마이크로반응기계에서 생산량을 증가시키려면 더 많은 장치를 병렬로 추가해 주기만 하면 된다(**역자 주 |** numbering up). 예컨대 다음의 촉매반응에 의하여 연간 2000톤의 아세테이트를 생산하기 위해서 단지 32개의 마이크로반응계를 병렬로 연결하면 된다!

$$R-CH_2OH + {}^1/_2O_2 \xrightarrow[Ag]{} R-CHO + H_2O$$

(**역자 주 |** lab-on-a-chip: 동전만한 크기의 칩 하나로 실험실에서 할 수 있는 연구를 수행할 수 있도록 만든 장치)

또한 마이크로반응기는 정밀화학제품의 생산, 조합 화학분석, lab-on-a-chip, 그리고 화학센서에 사용되기도 한다. 마이크로반응기를 모델링하는 경우에는 몰수지가 다음과 같은 플러그흐름이나

$$\frac{dF_A}{dV} = r_A \tag{1-12}$$

---

1. 앨라배마대학교(University of Alabama)의 화학반응공학과 학생들이 제작한 YouTube 동영상(YouTube video), *Find Your Rhyme* 참고. 유튜브 동영상은 CRE 웹사이트의 *www.umich.edu/~elements/5e/index.html*에서 직접 볼 수도 있다.

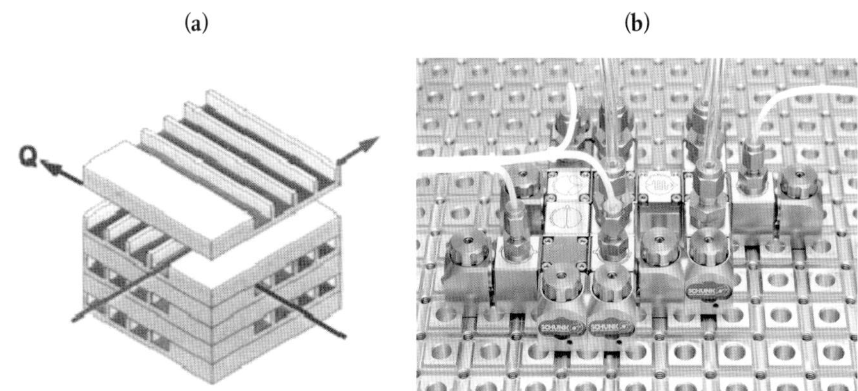

그림 6-2 마이크로반응기(a)와 마이크로공장(b). (사진 제공: Ehrfeld, Hessel, and Löwe, *Microreactors: New Technology for Modern Chemistry*, Weinheim, Germany: Wiley-VCH)

또는 층류흐름 중의 어느 하나로 가정하는데, 후자의 경우 웹 PDF 제17장에서 논의될 분리 모델(segregation model)을 사용한다. 플러그흐름의 경우의 알고리즘은 그림 6-1에 나타나 있다.

역자 주 | NO는 독성과 자극성이 강한 기체로서 사용에 상당한 주의를 요한다. 원서에는 NO라고 쓰여져 있지만 실제로 N_2O가 치과에서 마취제로 사용되는 화합물이다.

예제 6-1 마이크로반응기에서의 기상반응-몰유량속도

질소산화물(NO) 가스는 많은 치과의사들이 치아에 구멍을 내거나 이를 뽑는 과정에서 통증을 없애기 위해 환자(저자가 1명)에게 사용된다. NO는 기상 2차반응에 의해서 생성된다.

$$2NOC1 \longrightarrow 2NO + C1_2$$

상기 반응은 425°C, 1641 kPa(16.2 atm)에서 일어난다. 순수한 NOCl이 공급되며, 반응은 기초 속도법칙을 따른다[2]. 10개의 마이크로반응기가 병렬연결된 다발을 사용하는 마이크로반응기계에서 연간 20톤의 NO를 생산하고자 한다. 각 마이크로반응기는 100개의 통로를 가지고 있으며, 각 통로는 한 변이 0.2 mm인 정사각형이고 길이는 250 mm이며, 단일 통로의 부피는 10^{-5} dm^3이다.

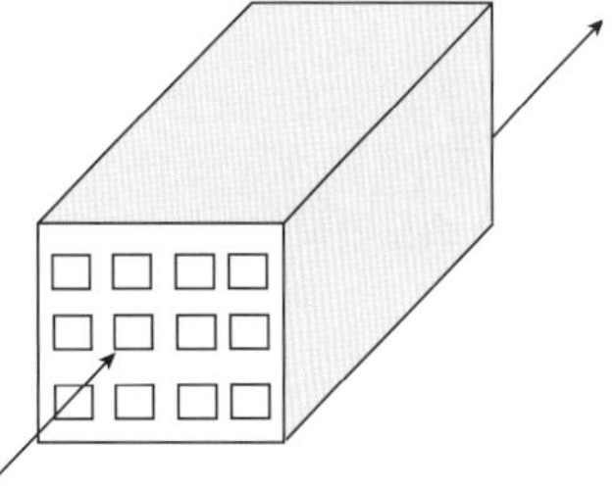

(a) 몰유량을 반응기의 길이에 따른 부피의 함수로서 도시하여라.
(b) 85%의 전화율을 달성하려면 반응기의 부피는 어떻게 되어야 하는가?

2. J. B. Butt, *Reaction Kinetics and Reactor Design*, 2nd ed. (New York: Marcel Dekker, 2001), p. 153.

추가 정보

NO를 85%의 전화율로 연간 20톤 생산하기 위해서는 NOCl의 공급속도를 0.0226 mol/s 또는 통로 하나당 2.26×10^{-5} mol/s로 해야 한다. 속도상수는 다음과 같다.

$$k = 0.29 \frac{\text{dm}^3}{\text{mol} \cdot \text{s}} \left(500\text{ K},\ E = 24\ \frac{\text{kcal}}{\text{mol}}\right)$$

풀이

하나의 통로에 대해서,

V를 찾아라.

$$F_{A0} = \frac{22.6\ \mu\text{mol}}{\text{s}}$$ 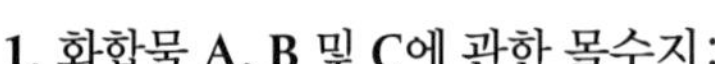 $$F_B = \frac{19.2\ \mu\text{mol}}{\text{s}},\quad X = 0.85,\quad V = ?$$

이 특별한 문제는 전화율을 이용하여 풀 수도 있지만, 몰수지의 변수로서 몰유량을 사용하여 푸는 방법을 설명하고자 한다. 왜 이렇게 하는가? 전화율을 변수로 사용할 수 없는 보다 복잡한 문제를 풀 수 있도록 도움을 주기 위해서 변수로서 몰유량을 사용하는 연습을 시키는 것이다.

먼저 반응을 기호로 나타내고, 다음에 한정반응물인 NOCl의 화학양론계수로 나눈다.

화학식: $2NOC1 \rightarrow 2NO + Cl_2$

기호 형태: $2A \rightarrow 2B + C$

한정반응물: $A \rightarrow B + \frac{1}{2}C$

알고리즘을 따른다.

1. 화합물 A, B 및 C에 관한 몰수지:

$$\frac{dF_A}{dV} = r_A \tag{E6-1.1}$$

$$\frac{dF_B}{dV} = r_B \tag{E6-1.2}$$

$$\frac{dF_C}{dV} = r_C \tag{E6-1.3}$$

2. 속도:

(a) 속도법칙

$$-r_A = kC_A^2 \left(k = 0.29\ \frac{\text{dm}^3}{\text{mol} \cdot \text{s}},\ 500\text{ K}\right) \tag{E6-1.4}$$

(b) 상대속도

$$\frac{r_A}{-1} = \frac{r_B}{1} = \frac{r_C}{\frac{1}{2}}$$

$$r_B = -r_A$$

$$r_C = -\frac{1}{2}r_A$$

3. 화학양론: $T = T_0$이고 $P = P_0$인 기상이므로, $\upsilon = \upsilon_0 \dfrac{F_T}{F_{T0}}$

기상에서의 농도

$$C_{Aj} = C_{T0}\frac{F_j}{F}\,p\,\frac{T_0}{T} \tag{4-17}$$

$$p = (1 - \alpha_p V)^{1/2} \tag{5-35}$$

주석. 식 (5-36)을 사용하여 웹사이트(*http://www.umich.edu/~elements/5e/06chap/alpha-P-calculation-Example-6-1.pdf*)의 PRS6.3에서의 계산에 따르면, 각 통로에서의 압력강하 파라미터, α_p는 $\alpha_p = \dfrac{4f_F G^2}{A_C \rho_0 P_0 D} = 3.47\ \text{cm}^{-3}$이다. 통로 부피 $V = 0.01$ cm^3에 대해서 압력비는

$$p = (1-(3.47)(0.01))^{1/2} \cong 1$$

그러므로, 압력강하는 무시한다. 즉 $P = P_0$, $p = 1$.

등온($T = T_0$)이고 압력강하가 없는($P = P_0$) 경우 식 (4-17)을 화합물 A, B, C에 적용하면, 농도는 다음과 같다.

$$C_A = C_{T0}\frac{F_A}{F_T},\quad C_B = C_{T0}\frac{F_B}{F_T},\quad C_C = C_{T0}\frac{F_C}{F_T} \tag{E6-1.5}$$

$$\text{여기서 } F_T = F_A + F_B + F_C$$

4. 결합: 속도법칙을 몰유량의 항으로 나타내면

$$-r_A = kC_{T0}^2\left(\frac{F_A}{F_T}\right)^2$$

모두 결합하면

$$\frac{dF_A}{dV} = -kC_{T0}^2\left(\frac{F_A}{F_T}\right)^2 \tag{E6-1.6}$$

$$\frac{dF_B}{dV} = kC_{T0}^2\left(\frac{F_A}{F_T}\right)^2 \tag{E6-1.7}$$

$$\frac{dF_C}{dV} = \frac{k}{2}C_{T0}^2\left(\frac{F_A}{F_T}\right)^2 \tag{E6-1.8}$$

전화율 X도 계산하자.

$$X = \left(1 - \frac{F_A}{F_{A0}}\right)$$

5. 계산:

$$C_{T0} = \frac{P_0}{RT_0} = \frac{(1641\ \text{kPa})}{\left(8.314\,\dfrac{\text{kPa}\cdot\text{dm}^3}{\text{mol}\cdot\text{K}}\right)698\ \text{K}} = 0.286\frac{\text{mol}}{\text{dm}^3} = \frac{0.286\ \text{mmol}}{\text{cm}^3}$$

Polymath나 다른 ODE 문제풀이 프로그램을 사용하는 경우에는 몰수지, 속도법칙 그리고 화학양론을, 5장의 결합 단계에서 했던 것처럼, 실제로 결합해야 할 필요는 없다. ODE 문제풀이 프로그램이 당신을 위해 그 일을 해줄 것이다. ODE 문제풀이 프로그램아, 고맙다! Polymath 프로그램과 출력을 표 E6-1.1 및 그림 E6-1.1에 나타내었다. Polymath 프로그램의 explicit Equation #6에서 425°C(698 K)의 지정된 온도에서 반응속도상수 k를 계산한 것을 참고하기 바란다.

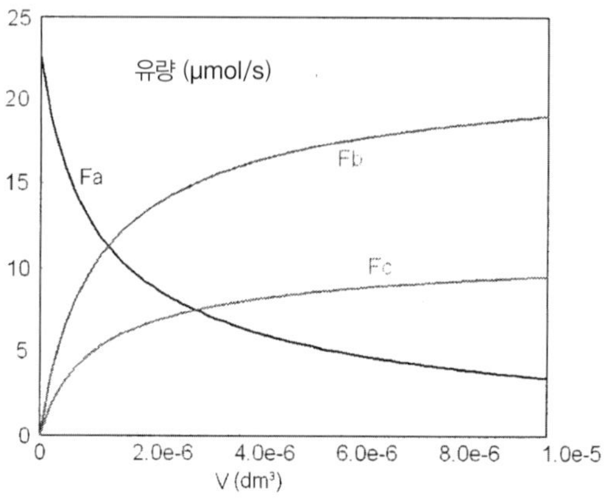

그림 E6-1.1 마이크로반응기의 몰유량 도표

반응기의 마지막 부분(즉, $V = 4 \times 10^{-6}\ \text{dm}^3$ 이후)에서는 생성물이 많이 생성되지 않는다는 것을 주목하여라.

표 E6-1.1 Polymath 프로그램

부록 D를 참고하면 Polymath 소프트웨어를 다운로드할 수 있는 정보를 얻을 수 있다.

Differential equations

```
1 d(Fa)/d(V) = ra
2 d(Fb)/d(V) = rb
3 d(Fc)/d(V) = rc
```

Explicit equations

```
1  T = 698
2  Cto = 1641/8.314/T
3  E = 24000
4  Ft = Fa+Fb+Fc
5  Ca = Cto*Fa/Ft
6  k = 0.29*exp(E/1.987*(1/500-1/T))
7  Fao = 0.0000226
8  vo = Fao/Cto
9  Tau = V/vo
10 ra = -k*Ca^2
11 X = 1-Fa/Fao
12 rb = -ra
13 rc = -ra/2
```

Calculated values of DEQ variables

	Variable	Initial value	Final value
1	Ca	0.2827764	0.0307406
2	Cto	0.2827764	0.2827764
3	E	2.4E+04	2.4E+04
4	Fa	2.26E-05	3.495E-06
5	Fao	2.26E-05	2.26E-05
6	Fb	0	1.91E-05
7	Fc	0	9.552E-06
8	Ft	2.26E-05	3.215E-05
9	k	274.4284	274.4284
10	ra	-21.94397	-0.2593304
11	rateA	21.94397	0.2593304
12	rb	21.94397	0.2593304
13	rc	10.97199	0.1296652
14	T	698.	698.
15	Tau	0	0.1251223
16	V	0	1.0E-05
17	vo	7.992E-05	7.992E-05
18	X	0	0.8453416

분석: PFR 예제에서의 이 기상반응은 전화율을 사용하여 쉽게 풀 수 있다. 하지만, 멤브레인반응기나 복합반응들은 전화율을 이용하여 풀 수 **없다**. 표 6-2의 반응 알고리즘의 1단계에서 5단계에서 사용된 식들을 쓰고, ODE 문제풀이 프로그램인 Polymath에 그 식들을 타이핑해서 입력하면, 그림 E6-1.1에 보이는 몰유량 도표를 얻을 수 있다는 것을 언급하고자 한다. 도표는 반응기의 유입부에서 급격히 변화하고 부피가 6×10^{-6} dm^3 이상인 하류에서는 매우 적게 변화한다는 것을 주목하여라. 실전 예제 문제(**LEP**) 파일로부터 이 프로그램을 사용하여 플롯하고 싶은 관심 있는 다른 변수들은 다음과 같다: 전체 몰유량 F_T, 반응물들의 농도 C_A, C_B, C_C(C_B와 C_C에 대해서는 2개의 추가적인 방정식들을 타이핑해야 한다), 그리고 반응속도 $-r_A$, r_B, r_C. 이러한 작업은 Riça에 있는 Jofostan대학의 화학공학과 학생들에게 약소한 수당을 주면서 쉽게 위탁할 수 있다.

6.4 멤브레인반응기(Membrane Reactor)

멤브레인반응기는 반응이 **열역학적으로 제한되는** 경우에 전화율을 증가시키기 위해서 사용될 수 있으며, 복합반응이 일어날 때도 선택도를 증가시키기 위해서 사용될 수 있다. 열역학적으로 제한된 반응(thermodynamically limited reaction)이란 평형이 왼쪽(즉, 반응물 쪽)으로 치우쳐 있어 전화율이 매우 낮은 반응을 말한다. 만약 반응이 발열(exothermic)일 경우에는 온도를 증가시킴에 따라 반응은 더욱더 왼쪽으로 이동하게 되고, 온도를 낮추면 반응속도가 너무 느리게 되어 거의 반응이 일어나지 않게 된다. 만약 반응이 흡열(endothermic)인 경우에는 온도를 증가시킴에 따라 반응은 오른쪽으로 이동하게 되어 더 높은 전화율을 얻게 된다. 그러나 대부분의 반응의 경우에 높은 온도는 촉매를 비활성화시키는 요인이 된다.

생성물 중의 한 화합물을 멤브레인에 통과시킴으로써 반응을 완결하도록 한다.

멤브레인반응기란 멤브레인이 들어 있는 여러 가지 서로 다른 형태의 반응기 배열을 말한다. 멤브레인은 어떤 화합물들은 투과시키지만 어떤 화합물에 대해서는 장벽으로 작용하여 투과시키지 않고, 입자상 물질과 같은 어떤 화합물들이 촉매와 접촉하는 것을 막고, 혹은 반응 활성점(reactive site)을 가지고 있어 스스로 촉매로 작용할 수도 있다. 반응증류(reactive distillation)와 마찬가지로 멤브레인반응기는 아주 높은 전화율을 얻기 위하여 가역반응을 오른쪽 방향으로 유도하여 완결되도록 하는 또 하나의 기술이다. 반응생성물 중의 한 화합물이 반응혼합물을 둘러싸고 있는 반투막(semipermeable membrane) 밖으로 방출됨으로써 이러한 높은 전화율이 얻어진다. 결과적으로, 역반응은 일어날 수 없으며, 반응은 완결될 때까지 오른쪽 방향으로 계속 진행된다.

촉매 멤브레인반응기의 두 가지 주요한 형태를 그림 6-3에 나타내었다. 그림 6-3(b)의 반응기는 공급물 측에 촉매입자가 들어 있는 **비활성 멤브레인반응기**(inert membrane reactor with catalyst pellets on the feed side, IMRCF)라 부른다. 여기서 멤브레인은 비활성이며, 반응물과 일부 생성물들에 대하여 장벽으로 작용한다. 그림 6-3(c)의 반응기는 **촉매 멤브레인반응기**(catalytic membrane reactor, CMR)이다. 촉매가 멤브레인 위에 바

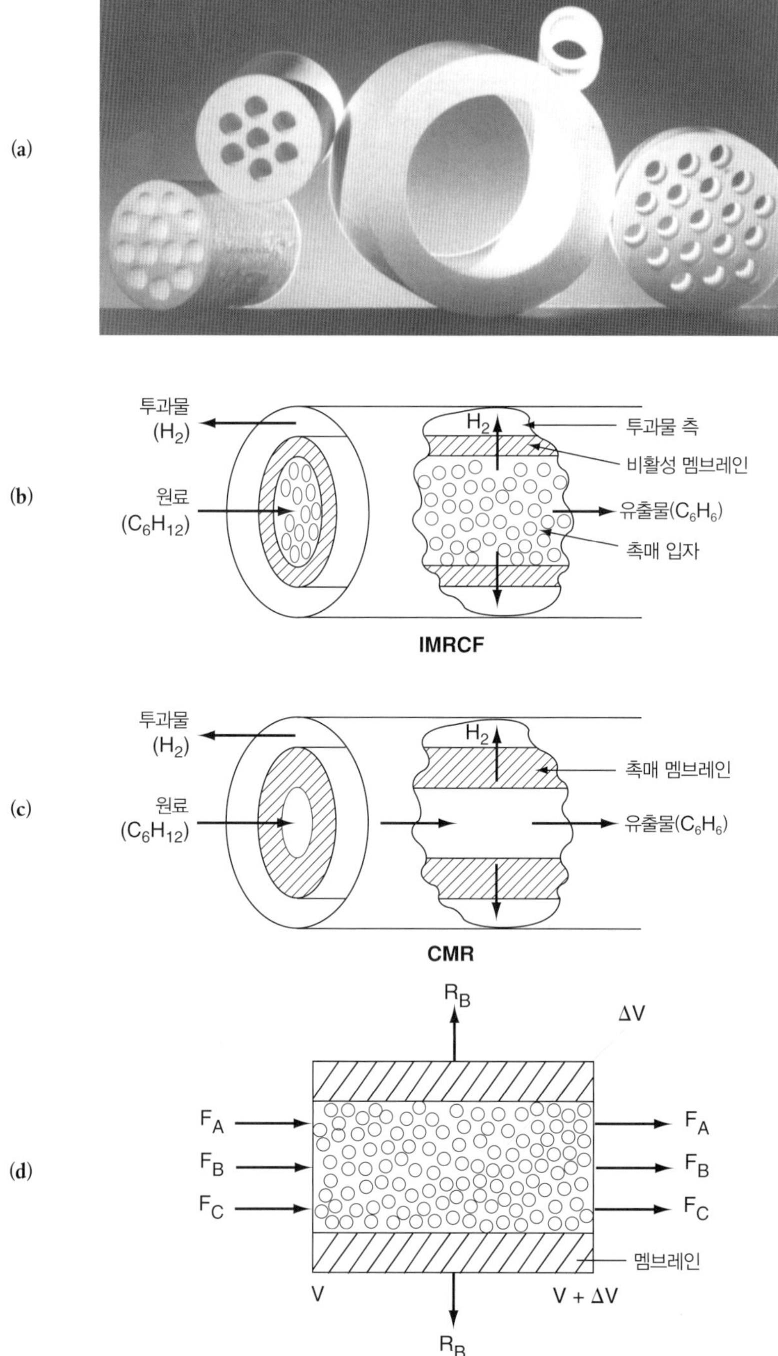

그림 6-3 멤브레인반응기. (a) 세라믹반응기 사진, (b) IMRCF의 단면, (c) CMR의 단면, (d) 몰수지를 위한 IMRCF의 개략도. (사진 제공: Golden Technologies Company, Inc.)

로 부착되어 있으며, 특정 반응생성물들만이 투과물 측(permeate side)으로 빠져나갈 수 있다. 예를 들어 다음의 가역반응에서

$$C_6H_{12} \rightleftarrows 3H_2 + C_6H_6$$

$$A \rightleftarrows 3B + C$$

H_2는 멤브레인을 통해 확산하지만, C_6H_6는 멤브레인을 통과하지 못한다.

수소분자는 매우 작아서 멤브레인의 작은 기공을 통하여 확산하지만, C_6H_{12}와 C_6H_6는 확산하지 않는다. 따라서 평형상수 값이 매우 작은 경우에도 반응은 계속 오른쪽으로 진행된다.

(역자 주 | 스위프 가스(sweep gas): 오염된 것을 불어서 제거하는 가스)

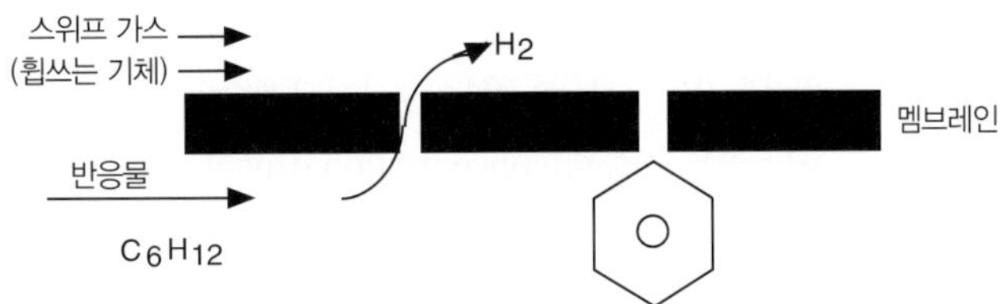

수소, 즉 화합물 B는 다른 생성물과 함께 반응기를 따라 하류로 흘러가면서 반응기의 측면을 통해서 밖으로 흘러나오며, 다른 생성물은 반응기 출구에 도달할 때까지 밖으로 유출될 수 없다.

멤브레인반응기의 해석에서, 그림 6-1에 나타낸 알고리즘을 약간 바꿀 필요가 있다. 이 예제에서는 촉매 무게 대신에 반응기 부피를 독립변수로 선택한다. 촉매 무게 W와 반응기 부피 V는 벌크 촉매밀도 ρ_b(즉 $W = \rho_b V$)를 이용하여 쉽게 관계 지을 수 있다. 그림 6-3(d)에 나타난 측면으로 확산되지 않고 반응기 내에 남아 있는 화합물들, 즉 A와 C에 대해 먼저 고려하자. 예제 6-2에서 유도할 A와 C에 대한 몰수지는 제1장 표 S1-1에 미분형으로 주어져 있다.

$$V = \frac{W}{\rho_b}$$

$$\frac{dF_A}{dV} = r_A \tag{1-11}$$

C에 관한 몰수지는 A와 같은 방법으로 세울 수 있으며, 얻어지는 식은 다음과 같다.

$$\frac{dF_C}{dV} = r_C \tag{6-1}$$

그러나 수소는 반응기의 측면과 반응기 출구 양쪽을 통해 배출되기 때문에, B(H_2)에 관한 몰수지는 수정되어야만 한다.

먼저 그림 6-3(d)에 나타낸 것과 같이 부피 요소 ΔV를 이용해서 몰수지를 세워야 한다. 그림 6-3(d)에 나타낸 ΔV에서 수소(B)의 몰수지는 다음과 같다.

촉매층에서 B에 대한 수지:

여기에서는 화합물 B에 대한 2개의 "유출" 항이 있다.

$$\begin{bmatrix}\text{흐름에 의한}\\ \text{유입}\end{bmatrix} - \begin{bmatrix}\text{흐름에 의한}\\ \text{유출}\end{bmatrix} - \begin{bmatrix}\textbf{확산에 의한}\\ \textbf{유출}\end{bmatrix} + [\ \text{생성}\ ] = [\ \text{축적}\ ]$$

$$\overbrace{F_B|_V} - \overbrace{F_B|_{V+\Delta V}} - \overbrace{R_B \Delta V} + \overbrace{r_B \Delta V} = 0 \tag{6-2}$$

여기서 R_B는 반응기의 단위부피당 반응기 측면을 통해 유출되는 B의 몰속도(mol/m³·s)이다. ΔV로 나누고, ΔV → 0으로 극한을 취하면 다음과 같이 된다.

$$\boxed{\frac{dF_B}{dV} = r_B - R_B} \tag{6-3}$$

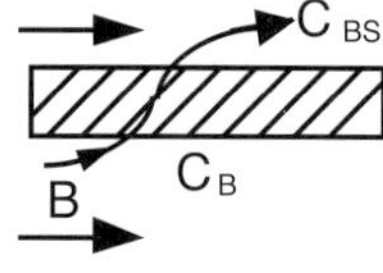

멤브레인을 통해 나가는 B의 이동속도 R_B는 B의 몰플럭스(molar flux), W_B(mol/m²/s)와 반응기의 단위부피당 표면적 a(m²/m³)값으로 나타내어진다. 반응기를 나가는 B의 몰플럭스 W_B(mol/m²/s)는 물질전달계수(mass transfer coefficient) k'_C(m/s)와 멤브레인을 통한 농도 구동력(concentration driving force)의 곱이다.

$$W_B = k'_C(C_B - C_{BS}) \tag{6-4}$$

여기서 k'_C는 총괄물질전달계수(overall mass transfer coefficient, m/s)이고 C_{BS}는 스위프 가스 통로(sweep gas channel)에서의 B의 농도(mol/m³)이다. 총괄물질전달계수는 이동에 대한 모든 저항, 즉 멤브레인의 튜브(관 내부)측 저항, 멤브레인 자체 저항, 그리고 스위프 가스가 있는 쉘(관 외부)측 저항을 고려한 것이다. 물질전달계수에 대한 더 자세한 설명이나 상관관계식에 대해서는 문헌이나 제14장(*http://www.umich.edu/~elements/5e/14chap/Fogler_Web_Ch14.pdf*)에서 찾아볼 수 있다. 일반적으로, 이 물질전달계수는 멤브레인 특성과 유체 특성, 유체 속도 및 튜브 직경의 함수이다.

반응기의 단위부피당 B의 제거속도 R_B(mol/m³/s)를 구하기 위해서는 멤브레인을 통과하는 플럭스 W_B(mol/m²·s)와 반응기에서의 단위부피당 멤브레인의 표면적 a(m²/m³)을 곱해야 한다. 즉

$$R_B = W_B a = k'_C a(C_B - C_{BS}) \tag{6-5}$$

반응기 단위부피당 멤브레인의 표면적은

$$a = \frac{\text{면적}}{\text{부피}} = \frac{\pi DL}{\frac{\pi D^2}{4}L} = \frac{4}{D}$$

$k_C = k'_C a$라 하고, 스위프 가스 내의 B의 농도는 0(즉 $C_{BS} \approx 0$)이라고 가정하면, 다음 식을 얻게 된다.

측면을 통해 나가는 B의 몰유량

$$\boxed{R_B = k_C C_B} \tag{6-6}$$

여기서 k_C의 단위는 s^{-1}이다.

멤브레인반응기에서 이동 및 반응 단계들에 대한 더 자세한 모델링은 이 책의 범위를 벗어나며, 이에 대해서는 *Membrane Reactor Technology*[3]에서 찾아볼 수 있다. 그러나 가장 중요한 특징들은 다음 예제에서 설명된다. 멤브레인반응기를 분석하는 경우에는 몰유

3. R. Govind and N. Itoh, des., *Membrane Reactor Technology*, AIChE Symposium Series 85, no. 268; T. Sun and S. Khang, *Ind, Eng. Chem. Res.*, 27, 1136.

량을 사용해야만 한다. 왜냐하면, 전화율의 항으로 B의 몰유량을 표현하는 것은 멤브레인을 통해서 반응기 측면을 빠져나가는 B의 양을 설명할 수 없기 때문이다.

DOE에 따르면, 멤브레인 반응기를 사용하면 10^{13} BTU/yr를 절약할 수 있다.

예제 6-2 멤브레인반응기

미국 에너지성(Department of Energy, DOE)에 따르면 탈수소화반응의 경우에 종래의 반응기를 촉매 멤브레인반응기로 대체함으로써 연간 약 10조 BTU의 에너지를 절약할 수 있다고 한다. 예로는 다음과 같다. 에틸벤젠의 탈수소화반응에 의하여 스타이렌(styrene)을 얻는 반응:

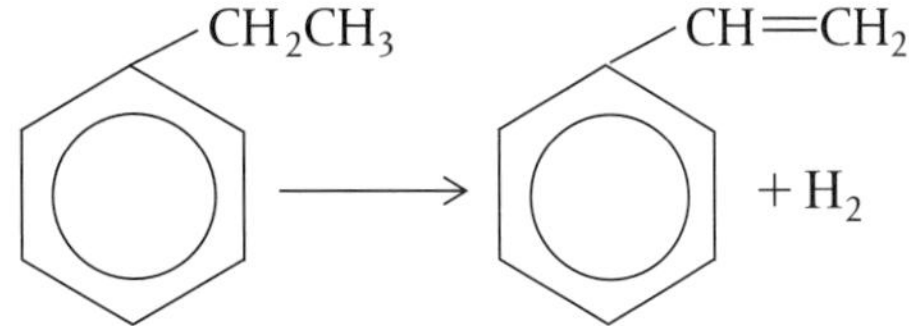

뷰테인(butane)으로부터 뷰틴(butene)을 얻는 반응:

$$C_4H_{10} \longrightarrow C_4H_8 + H_2$$

프로판(propane)의 탈수소화반응은 멤브레인반응기의 효용성을 입증한 또 다른 반응의 예이다[4].

$$C_3H_8 \longrightarrow C_3H_6 + H_2$$

위의 모든 탈수소화반응을 기호로는 다음과 같이 나타낼 수 있다.

$$A \rightleftarrows B + C$$

이 반응은 IMRCF의 촉매측(catalyst side)에서 일어난다. 227°C에서 이 반응의 평형상수는 매우 작다(즉, $K_C = 0.05$ mol/dm^3). 멤브레인은 B(즉, H_2)는 투과시키지만 A와 C는 투과시키지 않는다. 순수 기체 A가 8.2 atm, 227°C($C_{T0} = 0.2$ mol/dm^3)에서 10 mol/min의 속도로 반응기에 도입된다.

반응기 단위부피당 반응기를 떠나는 B의 확산속도 R_B는 B의 농도에 비례한다(즉 $R_B = k_C C_B$).

(a) 문제풀이를 위한 일련의 미분방정식을 구하기 위하여 A, B, C에 대한 미분 몰수지(differential mole balances)를 세워라.

(b) 각 화합물의 몰유량을 반응기 부피의 함수로 플롯하고 분석하여라.

(c) $V = 500$ dm^{3}일 때, A의 전화율을 계산하여라.

추가 정보: 이 반응은 비록 기체-고체 촉매반응이지만, 물질수지를 촉매 무게보다는 반응기 부피의 항으로 나타내기 위하여 촉매의 벌크밀도를 사용한다($-r_A = -r'_A \rho_b$임을 상기하여라). 벌크 촉매밀도는 $\rho_b = 1.5$ g/cm^{3}이고, 촉매 펠릿이 들어 있는 내경 2 cm 관에 대해서, 비반응속도(specific reaction rate)는 $k = 0.7$ min^{-1}이고 전달계수(transport coefficient)는 $k_C = 0.2$ min^{-1}이다. 첫 번째 근사치로, 우리는 압력강하를 무시할 것이다. 즉, $\alpha \equiv 0$.

4. *J. Membrane Sci.*, 77, 221 (1993).

풀이

이 예제에서는 촉매 무게보다는 반응기 부피를 독립변수로 선택한다. 촉매 무게 W와 반응기 부피 V는 촉매의 벌크밀도 ρ_b를 통해 쉽게 관련된다(즉, $W = \rho_b V$). 먼저 그림 6-3(d)에 나타낸 부피 ΔV에서 물질수지를 수행하자.

1. 몰수지:

촉매층에서 A에 관한 수지:

각각 그리고 모든 화합물에 관한 몰수지를 세운다.

$$\begin{bmatrix}\text{흐름에 의한}\\ \text{유입}\end{bmatrix} - \begin{bmatrix}\text{흐름에 의한}\\ \text{유출}\end{bmatrix} + \begin{bmatrix}\text{생성}\end{bmatrix} = \begin{bmatrix}\text{축적}\end{bmatrix}$$

$$\overbrace{F_A|_V} - \overbrace{F_A|_{V+\Delta V}} + \overbrace{r_A \Delta V} = 0$$

ΔV로 나누고, $\Delta V \to 0$으로 극한을 취하면

$$\boxed{\frac{dF_A}{dV} = r_A} \qquad \text{(E6-2.1)}$$

촉매층에서 B에 관한 수지:

B에 관한 수지는 식 (6-3)에 의해 주어진다.

$$\boxed{\frac{dF_B}{dV} = r_B - R_B} \qquad \text{(E6-2.2)}$$

여기서 R_B는 반응기 단위부피당 멤브레인을 통해 나가는 B의 몰흐름(molar flow)이다.

C에 관한 몰수지는 A에서와 같은 방법으로 수행하며, 결과 식은 다음과 같다.

$$\boxed{\frac{dF_C}{dV} = r_C} \qquad \text{(E6-2.3)}$$

2. 속도:

알고리즘을 따른다.

속도법칙

$$\boxed{-r_A = k\left(C_A - \frac{C_B C_C}{K_C}\right)} \qquad \text{(E6-2.4)}$$

상대속도

$$\frac{r_A}{-1} = \frac{r_B}{1} = \frac{r_C}{1} \qquad \text{(E6-2.5)}$$

$$r_B = -r_A \qquad \text{(E6-2.6)}$$

$$r_C = -r_A \qquad \text{(E6-2.7)}$$

3. 반응기 밖으로 이동: 스위프 가스 측(sweep gas side)에서 B의 농도가 0, 즉 $C_{BS} = 0$인 경우에 대해 식 (6-5)를 적용하면 다음이 얻어진다.

$$\boxed{R_B = k_C C_B} \tag{E6-2.8}$$

여기서 k_C는 전달계수(transport coefficient)이다. 이 예제에서 멤브레인을 통하여 밖으로 나가는 화합물 B에 대한 저항은 일정하고, 이에 따라서 k_C는 상수라고 가정한다.

4. 화학양론: 일정 온도 및 일정 압력에 대한 식 (4-17)을 상기하면, 등온운전($T = T_0$)과 압력강하가 없는 조건($P = P_0$, $p = 1$)에 대하여 다음이 얻어진다.

농도

$$C_A = C_{T0}\frac{F_A}{F_T} \tag{E6-2.9}$$

$$C_B = C_{T0}\frac{F_B}{F_T} \tag{E6-2.10}$$

$$C_C = C_{T0}\frac{F_C}{F_T} \tag{E6-2.11}$$

$$F_T = F_A + F_B + F_C \tag{E6-2.12}$$

$$X = \frac{F_{A0} - F_A}{F_{A0}} \tag{E6-2.13}$$

5. 결합 및 요약:

멤브레인반응기에서 흐름과 반응을 기술하는 방정식들의 요약

$$\boxed{\begin{aligned} &\frac{dF_A}{dV} = r_A \\ &\frac{dF_B}{dV} = -r_A - k_C C_{T0}\left(\frac{F_B}{F_T}\right) \\ &\frac{dF_C}{dV} = -r_A \\ &-r_A = kC_{T0}\left[\left(\frac{F_A}{F_T}\right) - \frac{C_{T0}}{K_C}\left(\frac{F_B}{F_T}\right)\left(\frac{F_C}{F_T}\right)\right] \\ &F_T = F_A + F_B + F_C \end{aligned}}$$

6. 파라미터 계산:

$$C_{T0} = \frac{P_0}{RT_0} = \frac{830.6\ \text{kPa}}{[8.314\ \text{kPa}\cdot\text{dm}^3/(\text{mol}\cdot\text{K})](500\ \text{K})} = 0.2\ \frac{\text{mol}}{\text{dm}^3}$$

$$k = 0.7\ \text{min}^{-1},\ K_C = 0.05\ \text{mol/dm}^3,\ k_C = 0.2\ \text{min}^{-1}$$

$$F_{A0} = 10\ \text{mol/min}$$

$$F_{B0} = F_{C0} = 0$$

7. **수치적 해:** 식 (E6-2.1)부터 식 (E6-2.11)까지를 Polymath와 MATLAB 그리고 Wolfram을 사용하여 풀었다. 몰유량 분포를 여기에 나타내었다. 표 E6-2.1은 Polymath 프로그램을 나타낸 것이고, 그림 E6-2.1은 다음 유입 조건에 대한 수치적 해의 결과를 나타낸 것이다.

$$V = 0: \quad F_A = F_{A0}, \quad F_B = 0, \quad F_C = 0$$

부록 D에서 Polymath와 Wolfram 소프트웨어를 어떻게 얻고 내려받는지에 대한 정보를 찾을 수 있다.

표 E6-2.1 Polymath 프로그램

Differential equations
```
1 d(Fa)/d(V) = ra
2 d(Fb)/d(V) = -ra-kc*Cto*(Fb/Ft)
3 d(Fc)/d(V) = -ra
```

Explicit equations
```
1 Kc = 0.05
2 Ft = Fa+Fb+Fc
3 k = 0.7
4 Cto = 0.2
5 ra = -k*Cto*((Fa/Ft)-Cto/Kc*(Fb/Ft)*(Fc/Ft))
6 kc = 0.2
7 Rate = -ra
8 Rb = kc*Cto*(Fb/Ft)
9 Fao = 10
10 X = (Fao-Fa)/Fao
```

Calculated values of DEQ variables

	Variable	Initial value	Final value
1	Cto	0.2	0.2
2	Fa	10.	3.995179
3	Fao	10.	10.
4	Fb	0	1.832577
5	Fc	0	6.004821
6	Ft	10.	11.83258
7	k	0.7	0.7
8	kc	0.2	0.2
9	Kc	0.05	0.05
10	ra	-0.14	-0.0032558
11	Rate	0.14	0.0032558
12	Rb	0	0.006195
13	V	0	500.
14	X	0	0.6004821

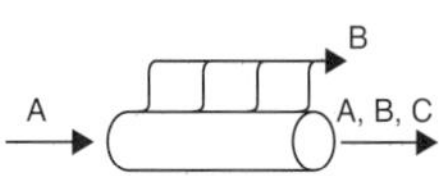

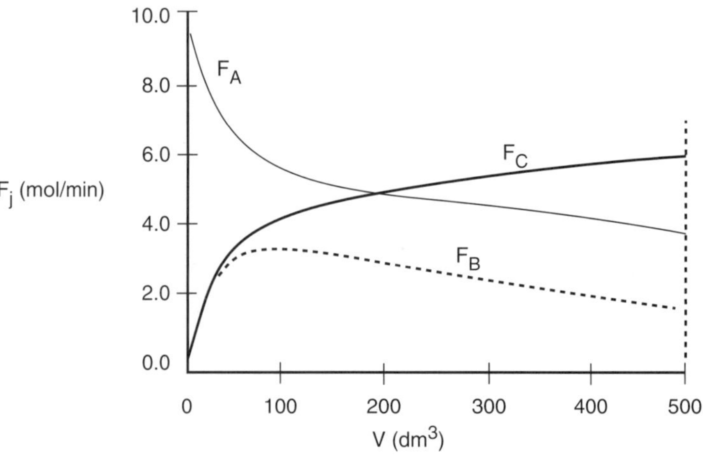

그림 E6-2.1 Polymath 풀이

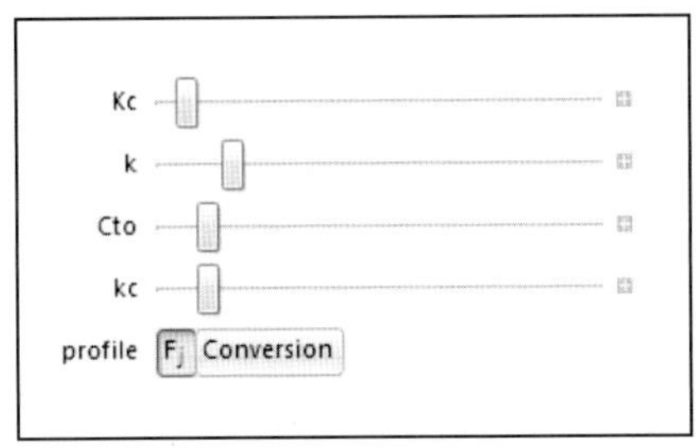

그림 E6-2.2 Wolfram 슬라이더

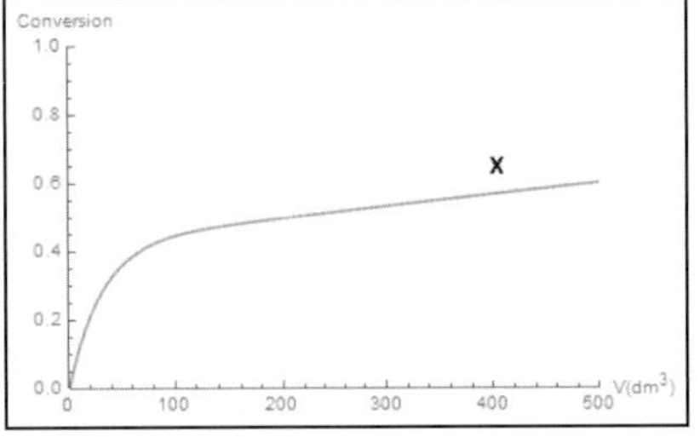

그림 E6-2.3 Wolfram 도표

A로부터 생성된 B의 생성속도와 반응기 밖으로 제거되는 B의 제거속도 사이에서의 경쟁의 결과로 F_B는 최고점을 지나는 것을 주목하라.

(c) 그림 E6-2.1로부터 A의 출구 몰유량은 500 dm^3에서 4 mol/min이라는 것을 알 수 있으며, 그에 상응하는 전화율은 다음과 같다.

$$X = \frac{F_{A0} - F_A}{F_{A0}} = \frac{10-4}{10} = 0.60$$

분석: A의 몰유량은 반응이 평형에 가까워지는 지점인 약 100 dm^3까지 급격히 떨어진다. 이 지점에서 반응은 그래프에서 나타난 것처럼 F_A와 F_B의 기울기가 비슷한 것을 주목하면, B가 멤브레인을 통해서 제거되는 속도로 오른쪽으로만 진행할 것이다. 문제 6-1_A(b)에서 다루게 되겠지만, 만약 B가 빠르게 제거된다면, F_B는 0에 가까워질 것이고 반응은 마치 비가역인 것처럼 진행될 것이다. 만약 B가 서서히 제거되면, F_B와 C_B는 반응 전 영역에서 커질 것이고, 평형에 접근하여 반응속도 $-r_A$는 작아질 것이다.

선택도 향상을 위한 멤브레인반응기 사용. 멤브레인반응기의 측면을 통하여 화합물들을 반응기 밖으로 내보내는 것 이외에도, 멤브레인을 통하여 화합물들을 반응기에 공급할 수도 있다. 예컨대 다음 반응의 경우에

$$A + B \rightarrow C + D$$

그림에서 보는 바와 같이, A는 입구에서만 공급되고, B는 멤브레인을 통해서만 공급된다.

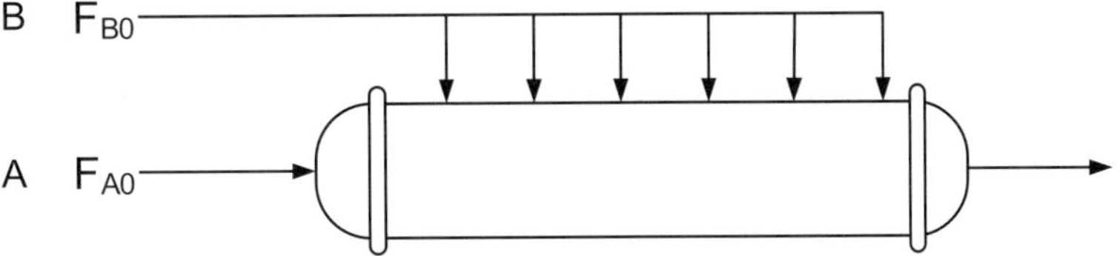

제8장에서 보게 될 것처럼, 이 배열은 복합반응이 일어날 때, 선택도를 개선하기 위하여 종종 사용된다. 여기서 B는 반응기의 길이에 따라서 멤브레인을 통하여 균일하게 공급된다. B에 관한 수지는

$$\frac{dF_B}{dV} = r_B + R_B \tag{6-7}$$

여기서 $R_B = F_{B0}/V_t$이며, F_{B0}는 측면을 통하여 공급되는 B의 몰유량, V_t는 전체 반응기의 부피이다. B의 공급속도는 멤브레인을 통한 압력강하를 조절함에 의해 조절할 수 있다[5]. 이 배열은 8.6절의 예제 8-8에서 식 (E8-2.2)에 의해 주어진 선택도를 최대화하기 위해 A의 농도를 높게 B의 농도는 낮게 유지시킬 것이다.

6.5 교반반응기의 비정상상태 운전

제5장에서 반응기의 한 형태인 회분식반응기의 비정상상태 운전(unsteady-state operation)에 관해서 토의하였다. 이 절에서는 비정상상태 운전의 두 가지 다른 면을 다룬다: CSTR과 반회분식반응기의 운전개시(startup). 먼저 정상상태 운전에 도달하는 데 필요한 시간을 구하기 위하여 CSTR 운전개시(그림 6-4(a) 참조)에 대해 검토한 후에, 반회분식반응기에 대해 설명하기로 한다. 이 두 경우에서 농도와 전화율을 시간의 함수로서 예측하는 것에 관심이 있다. 이러한 반응 형태의 몰수지에서 얻어지는 미분방정식들은 단지 0차 및 1차반응의 경우에만 닫힌 형의 해석적 해(closed-form analytical solutions)를 얻을 수 있다. 다른 반응차수들의 경우에는 ODE 문제풀이 프로그램을 사용해야만 한다.

역자 주 | 운전개시(startup): 화학공장에서 희망하는 제품생산수준으로 운전하게 될 때까지 취하는 초기절차. 반대말은 운전정지(shutdown)

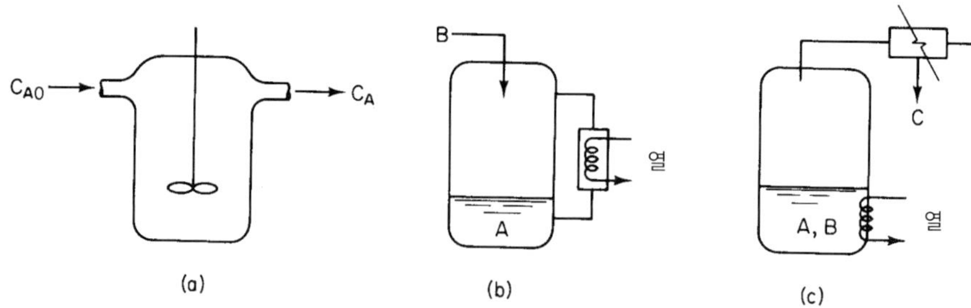

그림 6-4 반회분식반응기. **(a)** CSTR 운전개시, **(b)** 냉각기가 부착된 반회분식, **(c)** 반응증류. [출처: *Chem. Eng.*, 63 (10) 211 (Oct. 1956). Copyright ©1956 by McGraw–Hill, Inc., New York, NY 10020.]

비정상상태 해석은 CSTR(그림 6-4(a))의 운전개시 시간(startup time)을 구하는 데 사용될 수 있고, 이 분석은 CRE 웹사이트 제6장의 **확장자료**(Expanded Material)에 주어져 있다. 1차반응에 대해서 정상상태에 도달하는 데 필요한 시간은 대략 아래와 같다.

$$t_s = \frac{4.6\tau}{1+\tau k} \tag{6-8}$$

대부분의 1차반응 시스템에 대해서, 정상상태에 도달하는 데 걸리는 시간은 공간시간

5. 멤브레인을 통과하는 B의 속도 U_B는 다르시의 법칙(Darcy's law)에 의해 주어진다.

$$U_B = K(P_s - P_r)$$

여기서 K는 멤브레인 투과도(membrane permeability), P_s는 쉘 측 압력, P_r은 반응기 측 압력이다.

$$F_{B0} = \overbrace{C_{B0}aU_B}^{R_B}V_t = R_BV_t$$

여기서 a는 단위부피당 멤브레인의 표면적, C_{B0}는 B의 유입 농도, 그리고 V_t는 전체 반응기 부피이다.

(space time)의 3~4배이다.

반회분 운전에는 두 가지 기본적인 형태가 있다. 그 중 한 형태는

$$A + B \rightarrow C + D \tag{6-9}$$

그림 6-4(b)에서 보는 바와 같이, 반응에서 반응물 중의 하나(예, B)를 이미 다른 반응물(예, A)이 들어 있는 반응기에 천천히 공급하는 것이다. 이 형태의 반응기는 B의 농도가 높은 경우에 원하지 않는 부반응이 일어나거나(8.1절), 또는 반응이 고도의 발열반응인 경우(제11장)에 일반적으로 사용된다. 어떤 반응들에서는, 반응물 B는 기체이고 액상 반응물 A에 연속적으로 거품 형태로 공급된다. 이러한 형태의 반회분식반응기 운전에 사용되는 반응의 예로는 **가암모니아 분해반응**(ammonolysis), **염소화 반응**(chlorination) 및 **가수분해 반응**(hydrolysis) 등이 있다. 또 다른 형태의 반회분식반응기는 반응증류(reactive distillation)이며, 이를 그림 6-4(c)에 개략적으로 나타내었다. 여기서는 반응물 A와 B가 동시에 채워지고, 생성물 중의 하나는 증발되어 연속적으로 제거된다. 이러한 방법으로 생성물 중의 하나(예, C)를 제거하면 평형은 오른쪽으로 이동하게 되므로 얻어지는 최종 전화율은 C를 제거하지 않았을 때보다 꽤 증가하게 된다. 더욱이 생성물 중의 하나를 제거하면 반응물은 더 농축되므로 반응속도를 증가시키게 되어 공정시간은 단축된다. 이러한 형태의 반응운전을 **반응증류**(reactive distillation)라 한다. 이러한 형태의 반응기에서 행해지는 반응의 예로는 **아세틸화반응**(acetylation) 및 **에스테르화반응**(esterification) 등이 있으며, 이 경우에 물이 제거된다.

6.6 반회분식반응기

6.6.1 반회분식반응기의 사용 동기

반회분식반응기를 사용하는 가장 큰 이유 중의 하나는 액상반응에서 선택도를 향상시키는 것이다. 예를 들어 다음 두 개의 동시반응(simultaneous reaction)을 고려해 보자. 한 반응은 원하는 생성물 D를 생산하며

$$A + B \xrightarrow{k_D} D \tag{6-10}$$

속도법칙은

$$r_D = k_D C_A^2 C_B \tag{6-11}$$

그리고 다른 반응은 원하지 않는 생성물 U를 생산하며

$$A + B \xrightarrow{k_U} U \tag{6-12}$$

속도법칙은

$$r_U = k_U C_A C_B^2 \tag{6-13}$$

순간 선택도(instantaneous selectivity) $S_{D/U}$는 위의 두 가지 속도의 비율이다.

$S_{D/U}$가 가능하면 큰 것을 원한다.

$$S_{D/U} = \frac{r_D}{r_U} = \frac{k_D C_A^2 C_B}{k_U C_A C_B^2} = \frac{k_D}{k_U}\frac{C_A}{C_B} \tag{6-14}$$

이 순간 선택도는 원하는 생성물은 최대로 하되 원하지 않는 생성물은 최소로 생산하는 방법에 대한 길잡이 역할을 해준다(8.1절 참조). 위의 순간 선택도에서 보는 바와 같이, A의 농도는 높게 하고 B의 농도는 낮게 유지함으로써 D의 생성은 증가시키고 U의 생성은 감소시킬 수 있다. 이러한 결과는 순수한 A가 채워진 통(vat)에 B를 천천히 공급하는 반회분식반응기를 사용하면 달성될 수 있다.

6.6.2 반회분식반응기의 몰수지

공급 몰유량이 일정한 반회분식반응기에 주로 관심을 집중하자. 이러한 반회분식반응기에 대한 개략도를 그림 6-5에 나타내었다. 다음의 기초 액상반응을 고려해 보자.

$$A + B \rightarrow C \tag{6-15}$$

여기서 반응물 B는 반응물 A가 들어 있는 잘 교반되는 용기(well-mixed vat)에 천천히 가해진다.

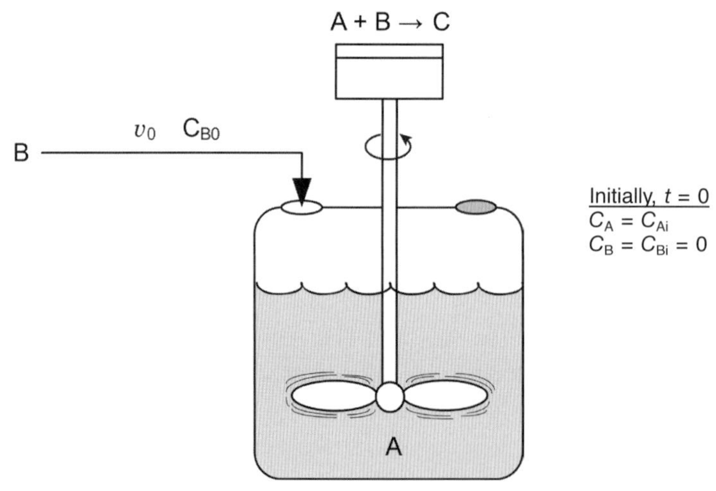

그림 6-5 반회분식반응기

화합물 A에 관한 몰수지

화합물 A에 관한 몰수지

$$\begin{bmatrix}\text{유입}\\\text{속도}\end{bmatrix} - \begin{bmatrix}\text{유출}\\\text{속도}\end{bmatrix} + \begin{bmatrix}\text{생성 속도}\end{bmatrix} = \begin{bmatrix}\text{축적 속도}\end{bmatrix} \tag{6-16}$$

$$\overbrace{0} \quad - \quad \overbrace{0} \quad + \quad \overbrace{r_A V(t)} \quad = \quad \overbrace{\frac{dN_A}{dt}}$$

반응기 문제를 수식화하고 풀기 위하여 세 가지 변수를 사용할 수 있다: 농도 C_j, 몰수 N_j 그리고 전화율 X. C_{B0}의 아래첨자 "0"은 유입농도를 나타내고, C_{Ai}의 아래첨자 "i"는 초기조건을 나타낸다.

몰수 N_j와 전화율 X를 사용하여 반회분식반응기를 분석하는 것은 CRE 웹사이트 요약노트(Summary Notes)와 전문 참고자료 서고(Professional Reference Shelf)에 남겨 놓고, 여기서는 발탁된 변수로서 농도를 사용할 것이다.

A의 몰수 N_A는 A의 농도 C_A와 부피 V의 곱과 같다는 것[즉, $(N_A = C_A V)$]을 상기하면서 식 (6-16)을 다시 쓰면

$$r_A V = \frac{dN_A}{dt} = \frac{d(C_A V)}{dt} = \frac{VdC_A}{dt} + C_A\frac{dV}{dt} \tag{6-17}$$

반응기는 채워지고 있는 중이므로, 부피 V는 시간에 따라 변한다는 것에 주의하여라. 임의의 시간 t에서 반응기 부피는 모든 화합물에 대한 **총괄물질수지식**(overall mass balance)으로부터 구할 수 있다. 반응기로 유입되는 질량유량(mass flow rate) $\dot{m}_0$는 액체 밀도 ρ_0과 부피유량(volumetric flow rate) υ_0를 곱한 값이다. 반응기 안의 액체의 질량 m은 액체 밀도 ρ와 반응기 안의 액체 부피 V를 곱한 값이다($m = \rho V$). 어떤 물질의 배출도 생성도 없다.

총괄물질수지

$$\begin{bmatrix}\text{질량}\\ \text{유입속도}\end{bmatrix} - \begin{bmatrix}\text{질량}\\ \text{유출속도}\end{bmatrix} + \begin{bmatrix}\text{질량생성속도}\end{bmatrix} = \begin{bmatrix}\text{질량축적속도}\end{bmatrix}$$

$$\dot{m}_0 \quad - \quad 0 \quad + \quad 0 \quad = \quad \frac{dm}{dt}$$

$$\overbrace{\rho_0 \upsilon_0} \quad - \quad \overbrace{0} \quad + \quad \overbrace{0} \quad = \quad \overbrace{\frac{d(\rho V)}{dt}} \tag{6-18}$$

일정 밀도계의 경우 $\rho_0 = \rho$이므로,

$$\frac{dV}{dt} = \upsilon_0 \tag{6-19}$$

부피유량 υ_0가 일정한 경우에 $t = 0$에서 $V = V_0$인 초기조건을 사용하여 적분하면

시간의 함수로 나타낸 반회분식반응기 부피

$$\boxed{V = V_0 + \upsilon_0 t} \tag{6-20}$$

식 (6-19)를 식 (6-17)의 우변에 대입하고 다시 정리하면 다음과 같이 된다.

$$-\upsilon_0 C_A + Vr_A = \frac{VdC_A}{dt}$$

따라서 **A에 관한 수지**[즉, 식 (6-17)]는 다음과 같이 바꿔 쓸 수 있다.

A에 관한 몰수지

$$\boxed{\frac{dC_A}{dt} = r_A - \frac{\upsilon_0}{V}C_A} \tag{6-21}$$

F_{B0}의 속도로 반응기에 공급되는 **B에 관한 몰수지**는

$$\begin{array}{ccccccccc} \text{유입} & - & \text{유출} & + & \text{생성} & = & \text{축적} \\ \overbrace{F_{B0}} & - & \overbrace{0} & + & \overbrace{r_B V} & = & \overbrace{\dfrac{dN_B}{dt}} \end{array}$$

다시 정리하면

$$\frac{dN_B}{dt} = r_B V + F_{B0} \tag{6-22}$$

농도와 반응기 부피의 항으로 $N_B(N_B = C_B V)$를 치환하고, 미분하며, 식 (6-19)를 이용하여 (dV/dt)를 치환하고, $F_{B0} = C_{B0}\,\upsilon_0$를 상기하면, 식 (6-23)에 주어진 B에 관한 몰수지는 다음과 같다.

$$\frac{dN_B}{dt} = \frac{d(VC_B)}{dt} = \frac{dV}{dt}C_B + \frac{VdC_B}{dt} = r_B V + F_{B0} = r_B V + \upsilon_0 C_{B0}$$

다시 정리하면

B에 관한 몰수지

$$\boxed{\frac{dC_B}{dt} = r_B + \frac{\upsilon_0(C_{B0} - C_B)}{V}} \tag{6-23}$$

마찬가지로, 화합물 C에 대한 몰수지는

$$\frac{dN_C}{dt} = r_C V = -r_A V \tag{6-24}$$

$$\frac{dN_C}{dt} = \frac{d(C_C V)}{dt} = V\frac{dC_C}{dt} + C_C\frac{dV}{dt} = V\frac{dC_C}{dt} + \upsilon_0 C_C \tag{6-25}$$

식 (6-24)와 식 (6-25)를 결합하고 재정렬하면 다음 식을 얻는다.

C에 관한 몰수지

$$\boxed{\frac{dC_C}{dt} = r_C - \frac{\upsilon_0 C_C}{V}} \tag{6-26}$$

같은 방법으로 시도하면 화합물 D의 몰수지를 얻는다.

D에 관한 몰수지

$$\boxed{\frac{dC_D}{dt} = r_D - \frac{\upsilon_0 C_D}{V}} \tag{6-27}$$

시간 $t = 0$에서 반응기 안의 B, C 그리고 D의 초기 농도는 0이고 $C_{Bi} = C_{Ci} = C_{Di} = 0$이다. 주입 원료에서의 B의 농도는 C_{B0}이다. 만약 반응차수가 0차 또는 1차가 아닌 경우나 반응이 비등온적(nonisothermal)이면, 전화율을 시간의 함수로 구하기 위해서는 수치적 방법을 이용해야만 한다. 식 (6-21), (6-23), (6-26) 그리고 (6-27)은 ODE 문제풀이 프로그램을 이용하여 쉽게 풀 수 있다.

예제 6-3 등온 반회분식반응기에서 2차반응

브롬화메틸(methyl bromide)의 제조는 비가역 액상반응으로 기초 속도법칙을 따른다.

$$CNBr + CH_3NH_2 \rightarrow CH_3Br + NCNH_2$$

이 반응이 반회분식반응기 내에서 등온상태로 수행된다. 시안화브롬 용액(A)이 채워져 있는 유리 라이닝(glass-lined) 반응기로 농도가 0.025 mol/dm^{3}인 메틸아민 수용액(B)을 0.05 dm^3/s의 속도로 공급한다. 통 안에 들어 있는 유체의 초기 부피는 5 dm^{3}이며, 시안화브롬의 초기 농도는 0.05 mol/dm^{3}이다. 비반응속도상수는

$$k = 2.2 \text{ dm}^3/\text{s}\cdot\text{mol}$$

시안화브롬(A), 메틸아민(B), 브롬화메틸(C), 그리고 시안아마이드(D)의 농도와 반응속도를 시간의 함수로 구하고, 결과를 분석하여라.

풀이

이 반응을 기호로 나타내면

$$A + B \rightarrow C + D$$

1. 몰수지:

모든 화합물의 몰수지

$$\frac{dC_A}{dt} = r_A - \frac{\upsilon_0 C_A}{V} \qquad [\text{At } t = 0,\ C_A = C_{Ai}] \qquad (6\text{-}21)$$

$$\frac{dC_B}{dt} = \frac{\upsilon_0 (C_{B0} - C_B)}{V} + r_B \qquad [\text{At } t = 0,\ C_B = C_{Bi} = 0] \qquad (6\text{-}23)$$

$$\frac{dC_C}{dt} = r_C - \frac{\upsilon_0 C_C}{V} \qquad [\text{At } t = 0,\ C_C = 0] \qquad (6\text{-}25)$$

$$\frac{dC_D}{dt} = r_D - \frac{\upsilon_0 C_D}{V} \qquad [\text{At } t = 0,\ C_D = 0] \qquad (6\text{-}26)$$

2. 속도:

속도식:
법칙
상대

(a) 속도법칙(기초반응)

$$-r_A = kC_A C_B \qquad (E6\text{-}3.1)$$

(b) 상대속도

$$-r_A = -r_B = r_C = r_D \qquad (E6\text{-}3.2)$$

3. 결합:

원래는 세 번째 단계인 화학양론 단계로 가기 전에, 몰수지[식 (6-21), (6-23), (6-26), (6-27)], 속도법칙 식 (E6-3.1), 그리고 상대속도 식 (E6-3.2)를 결합하자. 그러면 다음에 보이는 A, B, C, D의 농도만의 항으로 표현된 다음의 몰수지식을 얻을 수 있다.

A, B, C, D에 관한 몰수지와 속도법칙의 결합된 형태

$$\frac{dC_A}{dt}=-kC_AC_B-\frac{\upsilon_0 C_A}{V} \tag{E6-3.3}$$

$$\frac{dC_B}{dt}=-kC_AC_B+\frac{\upsilon_0\left(C_{B0}-C_B\right)}{V} \tag{E6-3.4}$$

$$\frac{dC_C}{dt}=kC_AC_B-\frac{\upsilon_0 C_C}{V} \tag{E6-3.5}$$

$$\frac{dC_D}{dt}=kC_AC_D-\frac{\upsilon_0 C_D}{V} \tag{E6-3.6}$$

4. 화학양론:

임의의 시간 t에서 반응기 안의 액체 부피는

$$V=V_0+\upsilon_0 t \tag{E6-3.7}$$

결합된 식들은 Polymath와 같은 ODE 문제풀이 프로그램을 이용해서 쉽게 풀이될 수 있다.

A의 전화율을 계산하면:

$$X=\frac{N_{A0}-N_A}{N_{A0}} \tag{E6-3.8}$$

N_{A0}과 N_A를 치환하면

$$\boxed{X=\frac{C_{A0}V_0-C_AV}{C_{A0}V_0}} \tag{E6-3.9}$$

5. 계산:

초기조건은 $t = 0$에서 $C_{Ai} = 0.05$ mol/dm^{3}이고 $C_B = C_C = C_D = 0$이다. 그리고 $V_0 = 5$ dm^{3}이다.

식 (E6-3.2)부터 (E6-3.9)까지는 Polymath와 같은 ODE 문제풀이 프로그램을 이용하여 쉽게 풀 수 있다(표 E6-3.1).

시안화브롬(A), 메틸아민(B), 그리고 브롬화메틸(C)[시안아마이드(D)의 농도와 동일]의 농도를 시간의 함수로 작도하여 그림 E6-3.1에 나타냈으며, 반응속도는 그림 E6-3.2에 나타내었다.

브롬화메틸(C)의 농도가 최고점을 통과한다는 것을 주목할 필요가 있다. 최고점이 생기는 것은 A가 모두 소비되고 C가 더는 생성되지 않으며 C의 몰농도를 희석할 B가 연속적으로 반응기 안으로 유입되기 때문이다.

표 E6-3.1 Polymath 프로그램

ODE REPORT (RKF45)

실전 예제 문제

Differential equations

1 d(Ca)/d(t) = ra- vo*Ca/V
2 d(Cb)/d(t) = ra+ (Cbo-Cb)*vo/V
3 d(Cc)/d(t) = -ra-vo*Cc/V
4 d(Cd)/d(t) = -ra-vo*Cd/V

Explicit equations

1 vo = 0.05
2 Vo = 5
3 V = Vo+vo*t
4 k = 2.2
5 Cbo = 0.025
6 ra = -k*Ca*Cb
7 Cao = 0.05
8 rate = -ra
9 X = (Cao*Vo-Ca*V)/(Cao*Vo)

Calculated values of DEQ variables

	Variable	Initial value	Final value
1	Ca	0.05	7.731E-06
2	Cao	0.05	0.05
3	Cb	0	0.0125077
4	Cbo	0.025	0.025
5	Cc	0	0.0083256
6	Cd	0	0.0083256
7	k	2.2	2.2
8	ra	0	-2.127E-07
9	rate	0	2.127E-07
10	t	0	500.
11	V	5.	30.
12	vo	0.05	0.05
13	Vo	5.	5.
14	X	0	0.9990722

시간이 지남에 따라 CH_3Br(C)의 농도가 최고점을 통과하는 이유는 무엇인가?

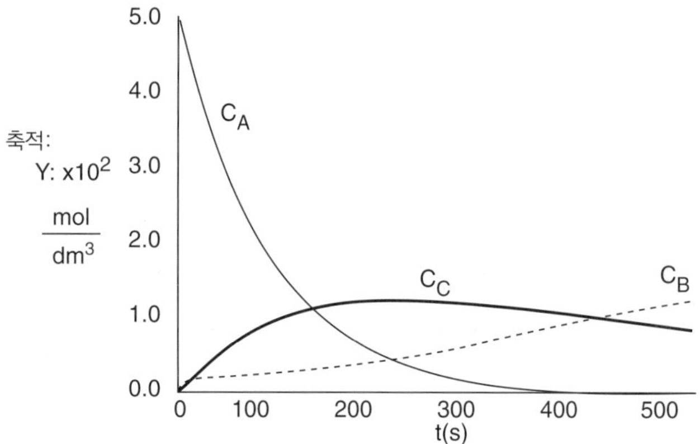

그림 E6-3.1 Polymath 출력: 농도–시간 궤적

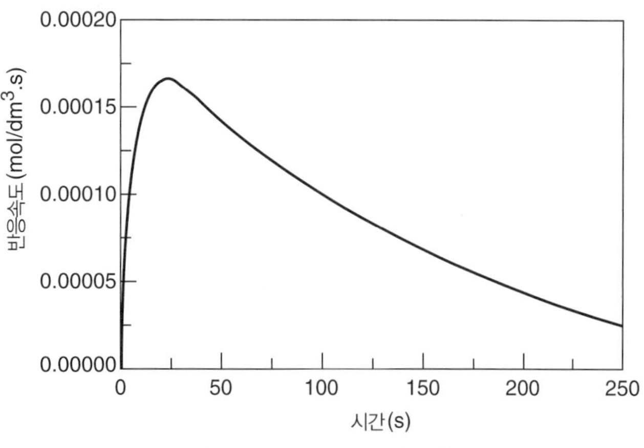

그림 E6-3.2 반응속도–시간 궤적

분석: 경향을 살펴보자. 반응속도가 떨어지는 것처럼, A의 농도는 약 250초 만에 0에 가깝게 떨어진다. 결과적으로 이 시간 후에 매우 적은 C와 D가 생성되고, 생성된 것은 반응기로 유입되는 B에 의해 희석되기 시작하고 반응기가 넘치기 전에 멈추게 된다. 이 반응을 수행한 시간이 어떻다고 생각하는가? 약 5분 걸렸는데, 이 시간은 심지어 밸브를 닫고 여는 데도 충분한 시간이 아니다. 핵심 교훈: 이 예제는 반회분식반응기를 분석하는 방법은 보여주고 있지만, 반응시간이 매우 짧으므로 이 온도에서는 반회분식반응기를 이용하여 반응을 수행할 수 없다. 대신에 측면을 통해 B가 유입되는 관형반응기 또는 A가 첫 번째 반응기로만 유입되고 후속 반응기에 적은 양의 B를 유입할 수 있도록 한 연속 연결된 CSTR을 사용할 수 있다. 이것에 대하여는 제8장에서 더 토의하자.

핵심 교훈: 반응기 형태의 잘못된 선정

6.6.3 평형전화율(Equilibrium Conversion)

가역반응이 반회분식반응기에서 수행되는 경우에 도달할 수 있는 최고 전화율(즉, **평형전화율**)은 반응이 진행됨에 따라 변하게 되는데, 이것은 많은 반응물이 연속적으로 반응기에 유입되기 때문이다. 이처럼 반응물이 더해지면 평형은 계속해서 오른쪽으로 이동하게 되고 더 많은 생성물이 얻어진다.

CRE 웹사이트의 **요약노트**에 주어진 내용의 개요는 다음과 같다.

평형에서

$$K = \frac{N_{Ce}N_{De}}{N_{Ae}N_{Be}} \tag{6-28}$$

전화율 항으로 된 몰수를 사용하면

$$\begin{aligned} N_{Ae} &= N_{A0}(1-X_e) \qquad & N_{Ce} &= N_{A0}X_e \\ N_{De} &= N_{A0}X_e \qquad & N_{Be} &= F_{B0}t - N_{A0}X_e \end{aligned} \tag{6-29}$$

대입하면

$$K_C = \frac{N_{A0}X_e^2}{(1-X_e)(F_{B0}t - N_{A0}X_e)} \tag{6-30}$$

X_e에 대해서 풀면

$$\boxed{X_e = \frac{K_C\left(1+\dfrac{F_{B0}t}{N_{A0}}\right) - \sqrt{\left[K_C\left(1+\dfrac{F_{B0}t}{N_{A0}}\right)\right]^2 - 4(K_C-1)K_C\dfrac{tF_{B0}}{N_{A0}}}}{2(K_C-1)}} \tag{6-31}$$

평형전화율은 시간에 따라서 변한다는 것에 주의하라. 이 점과 평형전화율의 계산에 대한 추가 토의는 CRE 웹사이트에 있는 예제 문제 중 **전문 참고자료 서고** R6.1에서 찾아볼 수 있다.

마무리. 제5장과 제6장은 등온반응기에 대한 화학반응공학의 핵심을 제공하고 있다. 이 장을 마친 후에는 여기서 논의된 모든 반응기들, 즉 회분식반응기, CSTR, PFR, PBR, 멤브레인반응기 및 반회분식반응기에 대하여 다음과 같은 알고리즘 블록 쌓기를 적용할 수 있게 된다.

CRE 알고리즘

여러분은 압력강하를 처리할 수 있게 되며, 시스템 변수들이 미치는 영향을 기술할 수 있게 된다. 또한 전화율(제5장)을 사용하거나 또는 농도와 몰유량(제6장)을 사용하여 화학반응공학 문제들을 풀 수 있게 된다.

요 약

풀이 알고리즘—전화율 외의 수단

1. **기상 PFR**: 반응기 설계를 위해서 전화율 외의 수단을 이용할 때, 반응혼합물 각각에 대해서 몰수지를 써야 한다.

각각 그리고 모든 화합물에 대한 몰수지

$$\frac{dF_A}{dV} = r_A,\ \frac{dF_B}{dV} = r_B,\ \frac{dF_C}{dV} = r_C,\ \frac{dF_D}{dV} = r_D \tag{S6-1}$$

몰수지들은 차후 그들 반응의 상대반응속도를 통해서 결합된다. 만약 속도법칙이 $aA + bB \rightarrow cC + dD$에 대해서

속도법칙

$$-r_A = kC_A^\alpha C_B^\beta \tag{S6-2}$$

라고 한다면

상대속도

$$r_B = \frac{b}{a}r_A,\ r_C = -\frac{c}{a}r_A,\ r_D = -\frac{d}{a}r_A \tag{S6-3}$$

농도는 몰수(회분식)나 몰유량(흐름식)의 항으로 나타낼 수도 있다.

기체: $$C_A = C_{T0}\frac{F_A}{F_T}\frac{P}{P_0}\frac{T_0}{T} = C_{T0}\frac{F_A}{F_T}\frac{T_0}{T}p \quad \text{(S6-4)}$$

$$C_B = C_{T0}\frac{F_B}{F_T}\frac{T_0}{T}p \quad \text{(S6-5)}$$

$$p = \frac{P}{P_0}$$

화학양론

$$F_T = F_A + F_B + F_C + F_D + F_I \quad \text{(S6-6)}$$

$$\frac{dp}{dW} = \frac{-\alpha}{2p}\left(\frac{F_T}{F_{T0}}\right)\left(\frac{T}{T_0}\right) \quad \text{(S6-7)}$$

액체: $$C_A = \frac{F_A}{v_0} \quad \text{(S6-8)}$$

2. **멤브레인반응기**: 다음 반응에 대한 몰수지는

$$A \rightleftarrows B + C$$

반응물 A와 생성물 C가 멤브레인 밖으로 확산되지 않을 때 다음과 같이 된다.

몰수지

$$\frac{dF_A}{dV} = r_A,\ \frac{dF_B}{dV} = r_B - R_B,\ \text{그리고}\ \frac{dF_C}{dV} = r_C \quad \text{(S6-9)}$$

여기서

전달법칙

$$R_B = k_c C_B \quad \text{(S6-10)}$$

k_c는 총괄물질전달계수(overall mass transfer coefficient)이다.

3. **반회분식반응기**: 초기에 단지 A만이 들어 있는 반응기에 반응물 B를 연속적으로 공급하는 경우

$$A + B \rightleftarrows C + D$$

몰수지

$$\boxed{\frac{dC_A}{dt} = r_A - \frac{v_0}{V}C_A} \quad \text{(S6-11)}$$

$$\boxed{\frac{dC_B}{dt} = r_B + \frac{v_0(C_{B0} - C_B)}{V}} \quad \text{(S6-12)}$$

$$\boxed{\frac{dC_C}{dt} = r_C - \frac{v_0 C_C}{V}} \quad \text{(S6-13)}$$

$$\boxed{\frac{dC_D}{dt} = r_D - \frac{v_0 C_D}{V}} \quad \text{(S6-14)}$$

부피: $$V = V_0 + v_0 t \quad \text{(S6-15)}$$

속도법칙

$$-r_A = k\left[C_A C_B - \frac{C_C C_D}{K_e}\right] \quad \text{(S6-16)}$$

■ ODE 문제풀이 프로그램 알고리즘

Polymath나 MATLAB과 같은 상미분방정식(ordinary differential equation, ODE) 문제풀이 프로그램을 사용할 때는, 해석적 해를 얻기 위해서 했던 것처럼 몰수지, 속도법칙 및 농도 식들을 한 개의 식으로 결합하기보다는 오히려 각각 별도의 식으로 두고서 사용하는 것이 더 편리하다. 식들을 각각 별도로 써놓고 이들 식을 결합하고 해를 찾는 것은 컴퓨터에 맡긴다. 압력강하가 있는 기상 PBR과 액상 반회분식반응기에 대한 수식들은 등온적으로 수행되는 두 개의 기초반응에 대하여 아래와 같이 주어진다.

LEP 6-4 기상반응 알고리즘

기상

$A + B \rightarrow 3C$

충전층반응기

$$\frac{dF_A}{dW} = r'_A$$

$$\frac{dF_B}{dW} = r'_B$$

$$\frac{dF_C}{dW} = r'_C$$

$$r'_A = -kC_AC_B$$

$$r'_B = r'_A$$

$$r'_C = 3(-r'_A)$$

$$C_A = C_{T0}\frac{F_A}{F_T}p$$

$$C_B = C_{T0}\frac{F_B}{F_T}p$$

$$C_C = C_{T0}\frac{F_C}{F_T}p$$

$$\frac{dp}{dW} = -\frac{\alpha}{2p}\frac{F_T}{F_{T0}}$$

$F_{T0} = 30,\ F_{A0} = 15,\ C_{T0} = 0.02,\ C_{A0} = 0.01,$
$C_{B0} = 0.01,\ k = 5000,\ \alpha = 0.009$
$W_{final} = 80$

LEP 6-5 액상반응 알고리즘

액상

$A + B \rightleftarrows 2C$

반회분식반응기

$$\frac{dC_A}{dt} = r_A - \frac{\upsilon_0 C_A}{V}$$

$$\frac{dC_B}{dt} = r_A + \frac{\upsilon_0(C_{B0} - C_B)}{V}$$

$$\frac{dC_C}{dt} = -2r_A - \frac{\upsilon_0 C_C}{V}$$

$$r_A = -k\left[C_AC_B - \frac{C_C^2}{K_C}\right]$$

$$V = V_0 + \upsilon_0 t$$

$$X = \frac{V_0C_{Ai} - VC_A}{V_0C_{Ai}}$$

$k = 0.15, K_C = 16.0, V_0 = 10.0$
$v_0 = 0.1, C_{B0} = 0.1, C_{Ai} = 0.04$
$t_{final} = 200$

위의 식들에 대한 Polymath, MATLAB, Wolfram 풀이는 CRE 웹사이트의 **제6장**(*http://www.umich.edu/~elements/5e/06chap/live.html*)에 주어져 있다.

CRE 웹사이트 자료

- **확장자료**(*http://umich.edu/~elements/5e/06chap/expanded.html*)
  1. CSTR의 운전개시(*http://umich.edu/~elements/5e/06chap/expanded_ch06_cstr.pdf*)
  2. 퍼즐 문제 "이 풀이는 무엇이 잘못되었는가?"
     (*http://umich.edu/~elements/5e/06chap/expanded_ch06_puzzle.pdf*)
     (*http://umich.edu/~elements/5e/05chap/expanded_ch05_homeproblem.pdf*)
  3. 추가 숙제 문제(*http://umich.edu/~elements/5e/06chap/add.html*)
- **학습자료**(*http://umich.edu/~elements/5e/06chap/learn.html*)
  1. 요약노트(*http://umich.edu/~elements/5e/06chap/summary.html*)
  2. 자체테스트(*http://umich.edu/~elements/5e/06chap/add.html*)
     A. 연습문제(*http://umich.edu/~elements/5e/06chap/add.html*)
     B. i>clicker 질문(*http://umich.edu/~elements/5e/06chap/iclicker_ch6_q1.html*)
  3. 대화형 컴퓨터 게임(*http://umich.edu/~elements/5e/icm/index.html*)
     A. Tic-Tac Interactive Game
     (*http://umich.edu/~elements/5e/icm/tictac.html*)
     B. 습지(Wetlands)
     (*http://umich.edu/~elements/5e/web_mod/ wetlands/index.htm*)

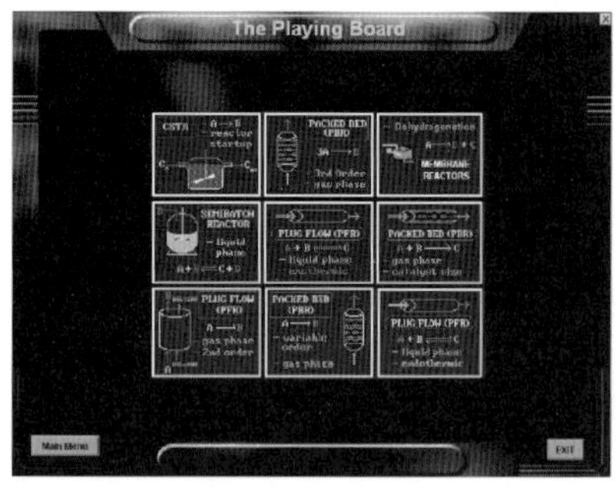

- **실전 예제 문제**(*http://umich.edu/~elements/5e/06chap/live.html*)
  1. 예제 6-1 마이크로 반응기에서의 기상반응–몰유량
  2. 예제 6-2 멤브레인반응기
  3. 예제 6-3 등온 반회분식반응기
  4. 예제 6-4 기상반응 A + B → 3C의 알고리즘
  5. 예제 6-5 액상반응 A + B ⇄ 2C의 알고리즘
  6. 예제 에어로졸 반응기 모듈
- **FAQ[자주 묻는 질문]**(*http://umich.edu/~elements/5e/06chap/faq.html*)
- **전문 참고자료 서고**(*http://umich.edu/~elements/5e/06chap/prof-prs_cstr.html*)
  R6.1 비정상상태 CSTR과 반회분반응기(*http://umich.edu/~elements/5e/06chap/prof-prs_cstr.html*)
    R6.1A CSTR의 운전개시
    R6.1B 몰수 항으로의 반회분반응기 수지
    R6.1C 전화율 항으로의 반회분반응기 수지
    R6.1D 평형전화율
  R6.2 실용적인 측면(*http://umich.edu/~elements/5e/06chap/prof-practical.html*)

화학 반응기들을 운전하기 위한 많은 실용적인 가이드라인들이 주어진다.

R6.3 에어로졸 반응기(*http://www.umich.edu/~elements/5e/web_mod/aerosol/index.htm*)

에어로졸 반응기는 나노 크기의 입자를 합성하는 데 사용된다. 나노입자들은 그들의 크기, 형상 그리고 높은 비표면적으로 인하여 화장품의 색소, 멤브레인, 광촉매반응기, 촉매나 세라믹, 그리고 촉매반응기와 같은 많은 응용분야에서 사용된다.

에어로졸 플러그흐름반응기(aerosol plug flow reactor, APFR) 운전의 한 예로 알루미늄 입자의 생산을 생각해 보자. Al 증기로 포화된 아르곤 기체의 흐름은 냉각된다.

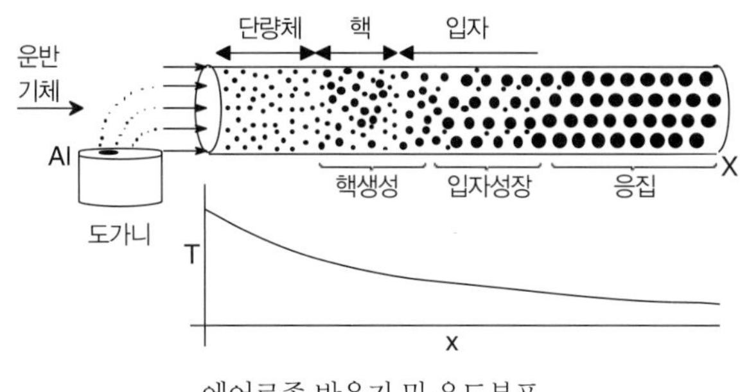

에어로졸 반응기 및 온도분포

기체가 냉각될 때, 과포화가 일어나 결국 입자의 핵생성이 일어난다. 이러한 핵생성은 임계 핵 크기(critical nucleus size)에 도달하여 입자가 형성될 때까지 분자들이 충돌하고 응집하면서 생기는 결과이다. 이들 입자가 반응기 하류로 이동할 때 과포화 기체분자들은 입자 위에 응축되어 성장하게 되고 응집된 입자를 형성한다. AFPR에서 알루미늄 나노입자들의 형성과 성장에 대한 모델을 CRE 웹사이트 웹모듈 범주에서 다룬다.

질문과 문제

각 문제의 아래첨자는 난이도를 나타낸다. A는 가장 쉬운 문제, B는 비교적 어려운 문제, C는 꽤 어려운 문제, D는 가장 어려운 문제.

A = ● B = ■ C = ◆ D = ◆◆

아래의 각 질문이나 문제에 대해서 여러분이 얻은 해답에 박스 표시를 하기보다는 문제를 푸는 방법, 사용한 가정들, 풀이의 합리성, 배운 내용, 그 밖에 포함시키고 싶은 사실들을 하나 또는 두 개의 문장으로 적어 보아라. W. Strunk와 E. B. White의 "*The Elements of Style*, 4th ed. (New York: Macmillan, 2000)"과 Joseph M. Williams의 "*Style: Ten Lessons in Clarity & Grace*, 6th ed. (Glenview, IL: Scott, Foresman, 1999)"를 참조하여 여러분의 문장을 다듬어라. 숙제 문제에 추가된 항 (x), (y), (z)에 대해서는 서문을 참조하여라.

문제를 풀기 전에 예측되는 결과나 경향들을 정성적으로 설명하거나 스케치하여라.

■ 질문

Q6-1$_A$ **i>clicker.** 웹사이트(*http://www.umich.edu/~elements/5e/06chap/iclicker_ch6_q1.html*)를 방문하여 적어도 5개의 i>clicker 질문을 둘러보아라. 다음 시험에 포함되도록 그대로 사용할 수 있거나 변형할 수 있는 질문 하나를 골라라. 반대의 경우를 고려할 수도 있다. 즉, 왜 다음 시험에 그 질문이 있어서는 안 되는지를 설명하는 것이다. 어떤

경우든지, 당신의 이유를 설명하여라.

Q6-2$_A$ 이 장의 끝에 있는 모든 문제들을 읽고, 이 장의 자료에 기초하여 독창적인 문제를 만들고 풀어라. **(a)** 추가 지침을 위해 실제 자료와 반응들을 사용하여라. **(b)** 반응과 자료를 만들어 보아라. **(c)** 일상생활에서의 예를 사용하여라 (예, 스파게티를 만드는 것; P5-1$_A$ 참조).

■ 문제

P6-1$_B$ **로버트 걱정쟁이: 만약** 다양한 파라미터 변화에 따른 효과를 배우기 위해 이 장에 있는 예제 문제들을 탐구하라는 요청을 받았다면 **어떻게 하겠는가?** 이러한 민감도 분석(sensitivity analysis)은 CRE 웹사이트에서 예제를 내려받아 수행할 수 있다. 검토 중인 각 예제 문제에 대해 발견한 것을 설명하는 단락을 작성하여라.

■ 컴퓨터 시뮬레이션과 실험

(a) 예제 6-1: 마이크로반응기에서의 기상반응

Wolfram

(i) T와 E_A가 각각 최대값과 최소값(예, E_{amax} T_{min}, E_{amin} T_{min}, E_{amax} T_{max})으로 설정되면 어떤 일이 일어나는지 비교하고 결론을 작성하여라.

Polymath

(ii) 압력이 두 배로 증가하고 온도가 20°C까지 감소하면 전화율은 어떻게 되는가?

(iii) 그림 E6-1.1의 도표를 $K_C = 0.02\ \text{mol/dm}^3$의 가역반응과 비교하고 도표에서 그 차이를 설명하여라.

(iv) 각 튜브에 대해 $\alpha_p = 99 \times 10^3\ \text{dm}^{-3}$일 때 압력강하가 있는 비가역반응에 대해 도표는 어떻게 변경되겠는가?

(b) 예제 6-2: 멤브레인반응기

Wolfram

(i) K_C, k, C_{T0}, 그리고 k_C 모든 값을 중간 범위($K_C = 0.25$, $k = 2.1$, $C_{T0} = 0.52$, $k_C = 1.06$, 모두 내정된 기본단위)에서 시작하여 각 파라미터를 개별적으로 변경하고 무엇을 발견하는지 설명하여라. 반응기의 길이(즉, 부피 = 500 dm^3) 하류를 따라서 플롯의 최대값 또는 최소값을 언급하고 설명하여라. **힌트:** 범위의 극한으로 가라.

(ii) (i)을 반복하되, K_C를 최대값으로 설정한 다음 k 및 k_C를 변경하고, 발견된 것을 기술하여라.

(iii) 웹사이트(*http://www.umich.edu/~elements/5e/toc/SCPS,3rdEdBook(Ch07).pdf*)의 아이디어 및 해법 생성(*Generating Ideas and Solutions*)을 검토한 후, 이 문제에 포함되어야 하는 두 가지 질문을 제안하기 위해서 브레인스토밍 기법(예, 수평적 사고) 중 하나를 선택하여라. (**역자 주 |** 브레인스토밍(brainstorming, 창조적 집단 사고): 무엇에 대해 여러 사람들이 동시에 자유롭게 자기 생각을 제시하는 방법)

(iv) (i)부터 (iii)까지 실험의 결론을 기술하여라.

Polymath

(v) (k/k_C) 및 $(k\tau C_{A0}/K_C)$과 같은 파라미터의 비율[**참고:** τ = 400분]을 변경하고 발견한 내용을 설명하는 단락을 작성하여라. 어떤 파라미터의 비율이 전화율 $X = (F_{A0} - F_A)/F_{A0}$에 가장 큰 영향을 미치는가? (시행착오 해법, Trial and Error Solution)

(vi) $\alpha = 0.002\ \text{dm}^{-3}$인 압력강하를 포함시키고 두 경우의 전화율 도표를 비교하여라.

(vii) 모든 추세와 결과에 대한 요약 단락을 작성하여라.

(viii) 해답을 얻기 위해서는 Wolfram을 사용해야만 하는 멤브레인반응기에 대한 질문/문제를 만들어라. **힌트:** 서문의 표 P-4 참조. 또한, Wolfram을 사용할 때 어떤 유형의 질문을 할 것인지에 대해서도 언급하여라.

(c) 예제 6-2: 멤브레인반응기 한번 더

Polymath

반응이

$$C_6H_{12} \rightleftarrows 3H_2 + C_6H_6$$

인 경우 **(b)**를 다시 풀어라. 웹사이트에서 LEP Polymath 코드를 약간 수정해야 한다. 평형상수인 $K_C = 0.001\left(\frac{\text{mol}}{\text{dm}^3}\right)^3$을 제외한 모든 파라미터는 동일하다.

(d) 예제 6-3: 등온 반회분식반응기에서 2차반응

Wolfram

(i) C_{B0}, υ_0, k 그리고 V_0를 최대값과 최소값 사이에서 한 번에 한 번씩 변화할 때 무슨 일이 일어나는지를 기술하여라. 기본 사례(base case)로부터 변화들이 왜 그렇게 보이는지를 설명하여라.

(ii) 반응시간이 끝날 때 전화율을 99%에서 40%로 감소시키도록 파라미터를 결정하여라.

Polymath

(iii) 이 문제를 $K_C = 0.1$인 가역적 반응으로 가정하여 다시 풀어라. Polymath 코드를 수정하고 비가역 경우와 비교하여라(Polymath 프로그램에서는 몇 가지 변경만 필요함).

(e) 예제 6-4: 기상반응기 알고리즘

Wolfram

(i) 어떤 슬라이더가 전화율에 가장 큰 영향을 미치는지를 결정하여라.

(ii) 반응기 유입압력이 10 atm인 경우, 출구압력이 대기압으로 떨어뜨리는 매개변수는 어느 것인가? 그 파라미터의 값을 제시하여라.

(f) 예제 6-5: 액상반응기 알고리즘

Wolfram

(i) 어떤 슬라이더가 전화율에 가장 큰 영향을 미치는지를 결정하여라. 속도상수 k를 변화시키고 전화율 도표에서 "knee"(예, 심한 굴곡부)를 관찰할 수 있다면 확인하여라. 전화율 도표에서 전화율이 급격하게 증가하는 이유를 설명하여라. 모든 변수가 최소값으로 설정되었을 때 전화율이 20분 미만에서 거의 무시할 정도로 작은 이유는?

■ 웹모듈

(g) CRE 웹사이트의 **습지 웹모듈**. Polymath 프로그램을 내려받고 강우량, 증발속도, atrazine 농도 및 액체 유량과 같은 여러 가지 파라미터를 변화시키고 당신이 발견한 것을 서술하는 문단을 작성하여라. 이 주제는 화학공학의 새로운 연구 분야이다.

(h) CRE 웹사이트의 **에어로졸반응기 웹모듈**. Polymath 프로그램을 내려받고 (1) 냉각속도, 유량과 같은 파라미터를 변화시키고, 그것들이 핵생성(nucleation), 성장(growth) 그리고 입자응집(flocculation)과 같은 각각의 상황에 끼친 영향을 서술하여라. 그리고 당신이 발견한 것을 서술하는 문단을 작성하여라. (2) 운반기체(carrier gas)를 헬륨으로 대체하는 것이 제안되었다.

(i) 시간의 함수로 나타낸 Al 입자 개수의 그래프들(He 대 Ar)을 비교하여라. 플롯의 모양을 설명하여라.

(ii) d_p의 최종값은 운반기체가 Ar인 경우와 비교하면 어떻게 되는가? 설명하여라.

(iii) 두 가지 경우(운반기체 = Ar과 He)에서 핵생성 속도가 정점에 도달하는 시간을 비교하여라. 비교 결과를 논의해 보아라.

He분자에 대한 자료: 25°C, 1 atm에서 질량 = 6.64×10^{-27} kg, 부피 = 1.33×10^{-29} m^3, 표면적 = 2.72×10^{-19} m^2, 벌크밀도 = 0.164 kg/m^3.

■ 대화형 컴퓨터 게임

P6-2$_B$ CRE 웹사이트(*http://www.umich.edu/~elements/5e/icm/tictac.html*)에서 대화형 컴퓨터 게임(ICG)을 내려받아라. 이 게임을 실행하고 수행번호(performance number)를 기록하여라. 수행번호는 그 내용을 얼마나 이해하는가에 대한 숙달정도(mastery)를 나타낸다. 수행번호를 해독할 수 있는 열쇠는 여러분의 교수님이 가지고 있다. Tic-Tac-Toe 게임에서 컴퓨터 적수를 상대로 당신의 재치를 겨루기 위해 모든 절에 있는 지식들이 필요하다.

수행번호 # ________________

■ 문제

P6-3$_C$ 다음의 2차 액상반응

$$C_6H_5COCH_2Br + C_6H_5N \rightarrow C_6H_5COCH_2NC_5H_5Br$$

은 35°C의 회분식반응기에서 진행된다. 비반응속도상수는 0.0445 dm^3/mol/min이다. 1,000 dm^3의 반응기 1은 혼합 후 각각 2M 농도의 반응물이 채워져 있다.

(a) 10, 50, 100분 후의 전환율은 어떻게 되는가?

이제 반응기 1이 채워진 후 반응기 1의 아래에 있는 배수구를 열어서 밑에 장착된 반응기 2로 10 dm^3/min의 부피유량으로 흘려보낸다.

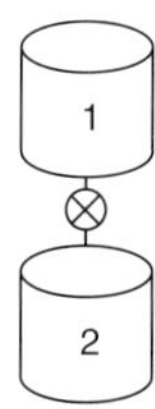

(b) 배출이 되는 반응기 1에서 10, 50, 80분 후 각각 화합물의 전환율과 농도는 어떻게 될 것인가? (**답:** t = 10 min에서 X = 0.47)

(c) 반응기 1로부터 배출된 액체가 채워지고 있는 반응기 2에서 각각 화합물의 전환율과 농도는 1, 10, 50분 후 어떻게 되는가? (**답:** t = 50 min에서 X = 0.82)

(d) 50분 후 두 반응기의 내용물들이 하나로 합쳐진다. 혼합된 후 총괄 전환율(overall conversion)은 어떻게 되는가?

(e) 서문의 표 P-4에 있는 여섯 아이디어 중에서 하나 이상을 골라 이 문제에 응용하여라.

P6-4$_B$ 기초 기상반응

$$(CH_3)_3COOC(CH_3)_3 \rightarrow C_2H_6 + 2CH_3COCH_3$$
$$A \rightarrow B + 2C$$

가 압력강하가 없는 흐름반응기에서 400 K의 등온에서 수행되고 있다. 50°C에서 비반응속도는 10^{-4} min^{-1}(pericosity 자료로부터)과 활성화 에너지는 85 kJ/mol이다. 순수한 di-*tert*-butyl peroxide가 10 atm, 127°C 그리고 몰유량이 2.5 mol/min(F_A = 2.5 mol/min)로 들어가고 있다.

(a) 몰유량에 대한 알고리즘을 사용하여 문제를 공식화(formulate)하고 풀어라. 플러그흐름반응기 부피와 공간시간의 함수로서 F_A, F_B, F_C, 그리고 X를 플롯하여라.

(b) 90% 전환율을 위한 플러그흐름반응기 부피 및 CSTR의 공간시간을 계산하여라.

P6-5$_B$ 문제 P6-4$_B$에 있는 반응과 자료에 대해서, 이제 K_C = 0.025 dm^6/mol^2인 가역반응을 고려하자. 반응은 C_2H_6가 확산되어 나가는 멤브레인반응기에서 300 K에서 수행된다. 멤브레인 물질전달계수(membrane transport coefficient), k_C = 0.08 s^{-1}이다.

(a) 종래의 PFR에서 평형전환율과 출구전환율은 얼마인가? (**답:** $X_{eq} = 0.52$, $X = 0.47$)

(b) 멤브레인반응기에서 di-*tert*-butyl peroxide의 전환율이 80%가 되는 지점까지 반응기 부피의 함수로서 전환율과 몰유량을 분석하고 플롯하여라. 유량의 최대값을 주목하여라.

(c) 서문의 표 P-4에 있는 여섯 아이디어 중에서 하나 이상을 골라 이 문제에 응용하여라.

P6-6$_C$ (멤브레인반응기) 1차, 기상, 가역 반응

$$A \rightleftarrows B + 2C$$

이 멤브레인반응기에서 수행된다. 순수한 A가 반응기에 들어가고 B는 멤브레인을 통하여 확산되어 나가고 있다. 유감스럽게도 작은 양의 반응물 A도 멤브레인을 통하여 확산되고 있다.

(a) 멤브레인을 통하여 A와 B의 유량과 더불어 반응기 하류를 따라서 A, B, C의 유량 그리고 전환율 X를 분석하고 플롯하여라.

(b) 다음, 종래의 PFR에서의 도표와 **(a)**의 멤브레인반응기의 도표를 비교하여라. 어떤 일반화를 만들 수 있는가?

(c) C가 B 대신에 확산된다면 A의 전환율은 더 클 것인가 아니면 더 작을 것인가?

(d) 발열반응의 경우, 온도가 크게 증가하거나 감소하면 곡선이 어떻게 변하는지 정성적으로 논의하여라. 흡열반응에 대해서 이 논의를 반복하여라.

추가 정보:

$k = 10\ \text{min}^{-1}$ $F_{A0} = 100$ mol/min

$K_C = 0.01\ \text{mol}^2/\text{dm}^6$ $\upsilon_0 = 100\ \text{dm}^3/\text{min}$

$k_{CA} = 1\ \text{min}^{-1}$ $V_{reactor} = 20\ \text{dm}^3$

$k_{CB} = 40\ \text{min}^{-1}$

P6-7$_B$ **연료 전지 원리.** 대체청정에너지 공급원에 초점을 맞추어 우리는 컴퓨터부터 자동차까지 다양한 장비를 운용하기 위해 연료전지의 사용 증가를 향해 나아가고 있다. 예를 들어, 수소/산소 연료전지는 물과 전기와 같은 깨끗한 에너지를 생산하는데, 이것은 석유 기반 경제에서 수소 기반 경제로 전환하게 한다.

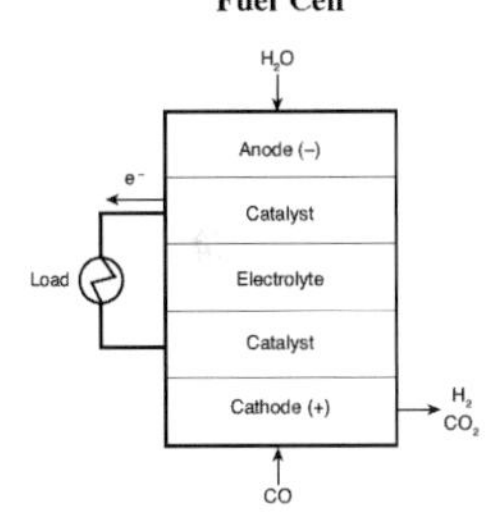

연료전지공정 흐름 중 중요한 구성요소는 수성가스 전화반응(water-gas shift) 멤브레인반응기이다(M. Gummala, N. Gupla, B. Olsomer, and Z. Dardas, *Paper 103c*, 2003, AIChE National Meeting, New Orleans, LA).

$$CO + H_2O \rightleftarrows CO_2 + H_2$$

여기서 CO와 물은 촉매가 포함된 멤브레인반응기로 공급된다. 수소는 멤브레인 옆면으로 확산되지만, CO, H_2O, CO_2는 확산되지 않는다. 다음 정보에 기초하여, 각 반응 화합물의 농도와 몰유량을 멤브레인반응기의 길이에 따라서 플롯하여라. 다음을 가정하자: 공급 부피유량은 10 atm에서 10 dm^3/min이고, CO와 수증기는 같은 몰수로 공급되며 $C_{T0} = 0.4\ \text{mol/dm}^3$이다. 평형상수는 $K_e = 1.44$이고, $k = 1.37\ \text{dm}^6/\text{mol kg-cat}\cdot\text{min}$, 벌크밀도 $\rho = 1{,}000\ \text{kg/m}^3$이며, 물질전달계수 $k_{H_2} = 0.1\ \text{dm}^3/\text{kg-cat}\cdot\text{min}$이다(**힌트:** 먼저 CO의 주입 몰유량을 계산한 후 F_A와 X를 관련시켜라).

(a) CO 85% 변환을 달성하는 데 필요한 멤브레인반응기의 촉매 중량은?

(b) 소피아는 당신이 MR을 종래 PFR과 비교해 주기를 원한다. 당신은 그녀에게 뭐라고 말할 것인가?

(c) 니콜라스는 동일한 멤브레인반응기 촉매 무게에 대해, 공급속도가 두 배가 되면 CO의 전환율이 어떻게 될지를 알고 싶어 한다.

P6-8$_C$ 에틸렌 클로로히드린(ethylene chlorohydrin)과 탄산수소나트륨(sodium bicarbonate)으로부터 에틸렌글리콜(ethylene glycol)을 생산하는 아래 반응

$$CH_2OHCH_2Cl + NaHCO_3 \rightarrow (CH_2OH)_2 + NaCl + CO_2\uparrow$$

이 반회분식반응기에서 수행된다. 1.5 mol/L의 에틸렌 클로로히드린 용액이 0.1 mole/min의 속도로 1500 dm^3의 탄산수소나트륨 0.75 mol/L 용액에 공급된다. 반응은 기초반응이고, 30°C에서 일정 온도에서 수행되며, 이때 비반응속도는 5.1 dm^3/mol/h이다. 온도가 높아지면 원하지 않는 부반응이 생긴다. 반응기는 최대 2500 dm^3의 액체를 담을 수 있다. 밀도는 일정하다고 가정하여라.

(a) 전화율, 반응속도, 반응물과 생성물의 농도 및 생성된 글리콜의 몰수를 시간의 함수로 그래프를 그려 보고 분석하여라.

(b) 유량을 0.01 mol/min과 200 mol/min 사이로 변화시킬 수 있다고 하자. 이 경우에 표 5-3에서 나타낸 세척, 충전 등을 위한 작업중단시간(downtimes)을 염두에 두고 에틸렌글리콜을 24시간 이내에 최대 몰수로 생산하기 위해서는 유량과 체류시간을 얼마로 선택하여야 하는가? (**역자 주** | 다운타임(downtime): 시스템, 기계, 장치 등이 고장이 발생했기 때문에 정지를 계속하고 있는 시간을 말한다. 여기서는 반응시간을 제외한 시간을 말한다.)

(c) 0.15 mol/min의 속도로 에틸렌 클로로히드린을 반응기가 가득 찰 때까지 공급한 후 가둔다고 가정하자. 전화율을 시간의 함수로 그려 보아라.

(d) 이 문제에서 무엇을 배웠는지와 이 문제의 요점이라고 생각되는 것에 관해 토론하여라.

P6-9$_C$ 다음의 기초반응은 액상에서 이루어진다.

$$NaOH + CH_3COOC_2H_5 \longrightarrow CH_3COO^-Na^+ + C_2H_5OH$$

NaOH와 $CH_3COOC_2H_5$의 초기 농도는 각각 0.2 *M*과 0.25 *M*이며, 20°C에서 $k = 5.2 \times 10^{-5}$ dm^3/mol·s이고, E = 42,810 J/mol이다. 반회분식반응기에서 에탄올을 200 mol/day로 생산하며, 37°C 이상의 온도와 0.02몰 이하의 NaOH 농도에서는 운전하지 않기 위한 운전 조건들(예, v_0, T, ...)을 설계하여라[6]. 보유하고 있는 반회분식반응기는 직경이 1.5 m이고, 높이가 2.5 m이다. 반응기 작업중단시간(downtimes)은 $(t_C + t_e + t_f)$ = 3h이다.

P6-10$_B$ 웹사이트 *www.reactorlab.net* 헤르츠 교수의 반응기 랩(Reactor Lab)을 방문하여라. 페이지 상단 메뉴에서 다운로드를 클릭한 다음 영어 버전을 선택하고 요청한 정보들을 제공한 후 Reactor Lab을 내려받아 설치하여라. 공기의 물성을 가진 기체가 구형 촉매 입자 위로 흐르는 충전층반응기(PFR이라고 명명된)를 다루는 Lab 2, Division 2를 선택하여라. 여기서 반응기 직경 , 입자 직경, 기체 유량, 온도와 같은 유입 파라미터들이 변하게 되면 압력강하가 어떻게 달라지는지를 알아보기 위한 실험을 진행해 보아라. 압력강하를 크게 하기 위해서는 입력값들 중의 일부를 Lab에 들어갔을 때 나타나 있던 초기값들과는 충분히 다르게 변화시킬 필요가 있다. 만약 원하는 흐름을 얻을 수 없는 경우에는 입구 압력을 증가시킬 필요가 있다.

P6-11$_B$ 부틸아세테이트와 에탄올을 생산하기 위해서 순수한 부탄올이 순수한 에틸아세테이트가 포함된 반회분식반응기에 공급된다. 다음의 반응은

$$CH_3COOC_2H_5 + C_4H_9OH \rightleftarrows CH_3COOC_4H_9 + C_2H_5OH$$

기초 가역반응이다. 반응은 300 K에서 등온상태로 진행된다. 이 온도조건에서 평형상수는 1.08이고 비반응상수는 9×10^{-5} dm^3/mol·s이다. 초기에 반응기에는 200 dm^3의 에틸아세테이트가 있고 부탄올은 0.05 dm^3/s의 부피유량으로 공급된다. 부탄올과 에틸아세테이트의 공급과 초기 농도는 각각 10.93 mol/dm^3와 7.72 mol/dm^3이다.

(a) 에틸아세테이트의 평형상수를 시간의 함수에 대하여 플롯하고 분석하여라.

(b) 에틸아세테이트의 전화율과 부탄올의 반응속도 및 농도를 시간의 함수에 대하여 플롯하고 분석하여라.

---

6. Manual of Chemical Engineering Laboratory, University of Nancy, Nancy, France, 1994 (*eric@ist.uni-stuttgart.de*).

(**c**) 에탄올은 생성되자마자 바로 증발된다고 가정하고(반응증류, reactive distillation) (**b**)를 다시 풀어라. (이것은 대학원 과정 수준의 문제이다.)

(**d**) 다양한 파라미터의 조합으로 인한 전화율의 민감도를 학습하기 위해 Polymath와 몇몇 ODE 문제풀이 프로그램을 이용하여라(예, F_{B0}, N_{A0}, υ_0을 변화시켜라).

(**e**) 서문의 표 P-4에 있는 여섯 아이디어 중에서 하나 이상을 골라 이 문제에 응용하여라.

(**f**) 이 문제에 대해 비판적 사고(critical thinking)를 요구하는 질문 한 개를 쓴 후 왜 이 질문이 비판적인 사고가 필요한지에 대한 이유를 설명하여라. (**힌트**: 서문 G절 참조)

P6-12$_C$ P6-11$_B$의 반응 자료와 몰유량 알고리즘을 사용하여 다음 문제를 수행하여라.

(**a**) 동일한 몰유량과 0.05 dm^3/s의 부피유량에 대해 평형전화율의 80%를 달성하기 위한 CSTR 부피를 계산하여라.

(**b**) 안전. 이제 물을 0.05 dm^3/s의 부피유량으로 공급하여 반응기를 정지하고자 하는 경우를 생각해 보자. (**a**)의 조건에서 CSTR에서 반응속도의 1%로 줄이는 데 얼마나 걸리는가?

P6-13$_C$ 등온 가역반응 A $\rightleftarrows$ B가 수용액 상태에서 수행된다. 정반응과 역반응은 모두 1차반응이다. 정반응 속도상수는 0.4 h^{-1}이고 평형상수는 4.0이다. 유입물 A는 100 kg/m^{3}이고 12 m^3/h의 속도로 들어간다. 반응기 유출물은 분리장치를 거치며 여기서 B는 완전히 회수된다. 반응기는 부피가 60 m^{3}이고 **교반반응기**이다. 미반응 유출물의 일부 분율 f_1은 A의 100 kg/m^{3}을 포함하는 용액으로 재순환되며 나머지는 폐기된다. 제품 B는 $2/kg의 가치를 가지고 있으며 운전비는 분리장치로 들어가는 용액에 대해서 $50/m^{3}이다. 공장에서 운전 이익(operational profit)을 최대화하는 f의 값은 무엇인가? 최적의 조건에서 공장으로 유입되는 A 중 얼마만큼이 제품으로 전환되는가? [**출처**: H. S. Shankar, IIT Mumbai]

보충교재

ANTHONY, MAXWELL, presidential inauguration address, *"The economic future of Jofostan and the chemical reaction industry and one's ability to deal with multiple reactions."* Riça, Jofostan, January 1, 2019.

KELLOR, GARRISON and TIM RUSSELL, *Dusty and Lefty: The Lives of the Cowboys* (Audio CD). St. Paul, MN: Highbridge Audio, 2006.

FROMENT, G. F., and K. B. BISCHOFF, *Chemical Reaction Analysis and Design*, 2nd ed. New York: Wiley, 1990.

반응기 설계에 대한 최근 정보는 다음의 논문들에서 찾아볼 수 있다: *Chemical Engineering Science, Chemical Engineering Communications, Industrial and Engineering Chemistry Research, Canadian Journal of Chemical Engineering, Jofostan Journal of Chemical Engineering, AIChE Journal, and Chemical Engineering Progress.*

속도 자료의 수집과 분석 7

Collection and Analysis of Rate Data

단지 보는 것만으로도 많은 것을 찾아낼 수 있다.

—요기 베라(Yogi Berra), 뉴욕 양키스

(역자 주 | 뉴욕 양키스의 전설적인 포수 출신 감독)

개요

제5장과 제6장에서 우리는 일단 속도식을 알면, 이를 적절한 몰수지에 대입하고, 적절한 화학양론관계를 사용함으로써, 어떤 등온 반응 시스템을 분석하기 위해서 화학반응공학 알고리즘(CRE algorithm)을 활용할 수 있다는 것을 보여주었다. 이 장에서는 특정 반응에 대한 속도식을 얻기 위하여 반응속도 자료를 수집하고 해석하는 방법에 대해 중점을 두고자 한다.

특히 속도 자료를 얻기 위한 두 가지의 일반적인 형태의 반응기를 다룬다: 균일반응에 주로 사용되는 회분식반응기(batch reactor)와 고체-유체의 불균일반응에 사용되는 미분형반응기(differential reactor). 회분식반응기 실험에서는 농도, 압력 그리고/또는 부피 등을 반응이 진행되는 시간에 따라 측정하여 기록하는 것이 보통이다. 회분식반응기에서는 비정상상태 중에 자료를 측정하여 얻는 반면에, 미분형반응기에서는 정상상태 운전 중에 자료를 측정한다. 미분형반응기에 의한 실험에서는, 일반적으로 반응물 공급조건을 변화시켜 가면서 생성물의 농도를 측정하여 데이터를 얻는다.

수집된 자료를 분석하기 위해서 다음의 3가지 다른 방법이 사용된다.

- 적분법(integral method)
- 미분법(differential method)
- 비선형 회귀분석법(nonlinear regression)

미분법과 적분법은 일반적으로 회분식반응기의 자료를 해석하는 데 널리 사용된다. 근래에는 자료를 분석하기 위해 여러 가지의 유용한 소프트웨어(Polymath, MATLAB 등)를 사용할 수 있기 때문에 비선형 회귀분석법에 의한 광범위한 자료처리 내용까지 포함시켰다.

7.1 자료해석 알고리즘

회분식 시스템에 대한 일상적 절차는 속도식을 결정하는 데 사용할 농도-시간 자료(concentration-time data)를 수집하는 것이다. 표 7-1에 반응공학 자료를 해석하는 데 있어서 강조하고자 하는 7단계 절차(seven-step procedure)를 나타내었다.

균일반응에 대한 속도 자료는 회분식반응기에서 가장 많이 얻게 된다. 1단계에서 먼저 속도식을 가정하고 2단계에서 그 속도식을 몰수지식과 결합한 후, 자료를 처리하여 반응차수와 반응속도상수를 구하기 위하여 5단계에 있는 일부 또는 모든 방법들을 사용한다.

불균일반응의 속도자료 해석은 6단계에 나타내었다. 기체-고체 불균일반응들에 대하여 6B단계의 속도식을 가정하기 위하여 반응과 가능한 메커니즘에 대한 이해가 필요하다. 불균일반응을 다룬 제10장의 학습 후에야, 우리는 다양한 반응속도식을 가정할 수 있고 "최고(best)"의 속도식과 반응속도식의 파라미터를 결정하기 위한 Polymath 비선형 회귀분석법(nonlinear regression)을 사용하게 될 것이다(예제 10-3 참조).

속도식과 속도식 파라미터의 윤곽을 그려내는 절차는 표 7-1에서 보여준다.

표 7-1 속도자료 해석을 위한 단계들

1. 속도식을 가정하여라.

A. 균일반응에 대한 지수법칙 모델

$$-r_A = kC_A^{\alpha}, \quad -r_A = kC_A^{\alpha}\, C_B^{\beta}$$

B. 불균일반응에 대한 랭뮤어-힌셜우드 모델(Langmuir-Hinshelwood model)

$$-r_A' = \frac{kP_A}{1+K_AP_A}, \quad -r_A' = \frac{kP_AP_B}{(1+K_AP_A+P_B)^2}$$

2. 반응기 형태와 그에 해당하는 몰수지식을 선택하여라.

A. 회분식반응기인 경우(7.2절), 반응물 A에 대한 몰수지식을 사용

$$-r_A = -\frac{dC_A}{dt} \tag{TE7-1.1}$$

B. 미분형 PBR인 경우(7.6절), 생성물 P(A → P)에 대한 몰수지식 사용

$$-r_A' = \frac{F_P}{\Delta W} = C_P\upsilon_0/\Delta W \tag{TE7-1.2}$$

3. 측정된 변수들(예, N_A, C_A, 혹은 P_A)의 항으로 자료를 정리하여라. 필요하다면 측정된 변수(예, P_A)로 몰수지식을 다시 써라.

4. 단순화할 수 있는 방법을 찾아라. 즉 한 개의 과잉반응물이 있다면 그 농도를 일정하다고 가정하고, 기체상 반응물의 몰분율이 아주 작다면 $\varepsilon \approx 0$이라 놓는다.

5. 회분식반응기에 대하여, 반응차수를 결정하기 위하여 농도 C_A의 함수로 된 $-r_A$를 계산하여라.

A. 미분해석법(7.4절)

몰수지식(TE7-1.1)과 지수법칙 모델(TE7-1.3)을 결합하여라.

표 7-1 속도자료 해석을 위한 단계들(계속)

$$-r_A = kC_A^{\alpha} \tag{TE7-1.3}$$

$$-\frac{dC_A}{dt} = kC_A^{\alpha} \tag{TE7-1.4}$$

그리고 자연로그를 취하여라.

$$\ln\left(-\frac{dC_A}{dt}\right) = \ln(-r_A) = \ln k + \alpha \ln C_A \tag{TE7-1.5}$$

(1) 다음 중 어느 하나의 방법으로 C_A 대 t의 자료로부터 $-\frac{dC_A}{dt}$를 구하여라.
  (a) 도식 미분법(graphical differential method)
  (b) 유한 미분법(finite differential method) 또는
  (c) 다항식 맞춤법(polynomial fit)

(2) $\ln C_A$ 대 $\left[\ln\left(-\frac{dC_A}{dt}\right)\right]$를 작도하고 자료와 일치하는 그래프 직선의 기울기로부터 반응차수 α를 구하거나,

(3) 회귀법을 사용하여 α와 k를 동시에 구한다.

B. 적분법(7.3절)

$-r_A = kC_A^{\alpha}$에 대하여, 몰수지식과 속도식을 결합하면 다음과 같은 식을 얻을 수 있다.

$$-\frac{dC_A}{dt} = kC_A^{\alpha} \tag{TE7-1.4}$$

α를 가정하여 식 (TE7-1.4)를 적분하여라. 그렇게 얻은 방정식을 시간에 대해서 그래프를 그렸을 때 직선이 되도록 적절한 C_A의 함수로 정리하여라. 만일 직선을 얻게 되면, 가정한 α 값은 맞는 것이며, 기울기는 비반응속도상수 k가 된다. 직선이 아니라면 α를 다시 가정하여라. 만일 $\alpha = 0$, 1 그리고 2로 가정하고, 이러한 반응차수 중 어느 것도 자료와 일치하지 않으면, 비선형 회귀분석법으로 구해야 한다.

C. 비선형 회귀분석(Polymath)(7.5절)

식 (TE7-1.4)를 적분하여 식 (TE7-1.6)을 얻는다.

$$t = \frac{1}{k}\left[\frac{C_{A0}^{(1-\alpha)} - C_A^{(1-\alpha)}}{(1-\alpha)}\right] \text{ for } \alpha \neq 1 \tag{TE7-1.6}$$

Polymath 회귀분석법을 이용하여 α와 k를 구하여라. 회귀분석 Polymath 사용지침은 CRE 웹사이트상에서 스크린샷으로 볼 수 있다. *http://umich.edu/~elements/5e/07chap/Example_7-3_Polymath_nonlinear_regression_tutorial.pdf* 그리고 *http://www.umich.edu/~elements/5e/software/nonlinear_regression_tutorial.pdf*.

6. 미분형 PBR에 대해서는, $-r'_A$을 C_A 또는 P_A의 함수로 계산하여라(7.6절).

A. 반응물농도 C_A 또는 부분압 P_A의 함수로서 $-r'_A = \frac{v_0 C_P}{\Delta W}$를 계산하여라.

B. 속도식 모델을 선택하여라(제10장 참조). 즉,

$$-r'_A = \frac{kP_A}{1 + K_A P_A}$$

C. 최적 모델식과 모델 파라미터를 구하기 위하여 비선형 회귀분석법을 활용한다. 제10장 불균일 촉매반응에서 얻은 자료를 활용한 CRE 웹사이트 **요약노트**에 있는 예제를 참조하여라.

7. 적합도 판정을 위한 제안된 속도식 모델을 해석하여라. 상관계수를 계산하여라.

역자 주 | 적합도 판정(goodness of fit): 실험 결과와 이론 기대치 간의 적합 정도를 나타냄.

7.2 과량법을 이용한 두 반응물의 각각에 대한 반응차수 결정

회분식반응기는 기본적으로 균일반응에 대한 속도식 파라미터를 결정하는 데 사용된다. 파라미터 결정은 주로 농도를 시간에 따라 측정하고, 자료해석의 미분법, 적분법 또는 최소자승법 중 하나를 적용하여 반응차수 α와 반응속도상수 k를 구하는 것이다. 농도 이외에 압력과 같은 다른 반응변수를 측정한 경우에는 몰수지식을 측정한 변수의 항으로(예, 압력, CRE 웹사이트 *http://www.umich.edu/~elements/5e/07chap/pdf/excd5-1.pdf*의 *Solved Problems* 참조) 다시 써야 한다.

측정된 변수의 항으로 데이터를 처리하여라.

반응이 비가역일 때 많은 경우 반응차수 α와 속도상수는 비선형 회귀분석법이나 농도 대 시간 데이터를 수치적 미분법으로 구하는 것이 가능하다. 후자의 방법은 반응조건이 반응속도가 오직 하나의 반응물의 농도의 함수와 같을 때 가장 적절하다. 예컨대 분해반응인

속도식을 $-r_A = k_A C_A^\alpha$ 형식으로 가정하여라.

$$\mathrm{A} \rightarrow 생성물$$

$$-r_A = k_A C_A^\alpha \tag{7-1}$$

의 경우는 미분법을 사용할 수 있다.

그러나 과량법(method of excess)을 이용하면 $-r_A$와 다른 반응물 농도 사이의 관계도 역시 구할 수 있다. 즉, 다음과 같은 비가역반응에 대하여,

$$\mathrm{A} + \mathrm{B} \rightarrow 생성물$$

속도식은

$$-r_A = k_A C_A^\alpha C_B^\beta \tag{7-2}$$

와 같으며, 여기서 α와 β는 모두 모르는 값이다. 먼저, 이 반응을 과량의 B 존재 하에서 진행시킨다면, 반응이 진행하는 도중에 C_B는 사실상 일정($C_B \approx C_{B0}$)하다고 볼 수 있으므로 다음과 같이 된다.

$$-r_A = k' C_A^\alpha \tag{7-3}$$

여기서

과량법

$$k' = k_A C_B^\beta \approx k_A C_{B0}^\beta$$

α를 구한 다음, 이번에는 과량의 A 존재 하에서 반응을 진행시키면 속도식은 다음과 같이 유사하게 쓸 수 있다.

$$-r_A = k'' C_B^\beta \tag{7-4}$$

여기서 $k'' = k_A C_A^\alpha \approx k_A C_{A0}^\alpha$이다.

일단 α와 β가 결정되면, 알고 있는 A와 B의 농도에서 $-r_A$를 측정하여 k_A를 계산할 수 있다.

$$k_A = \frac{-r_A}{C_A^\alpha C_B^\beta} = \frac{(\text{dm}^3/\text{mol})^{\alpha+\beta-1}}{s} \tag{7-5}$$

결론적으로, α와 β 둘 다는 회분시스템에서 과량법과 자료의 미분해석법을 상호 연관시켜 사용함으로써 구할 수 있다.

7.3 적분법(Integral Method)

적분법은 만약에 반응차수가 0차, 1차 및 2차라면, 반응식을 계산하는 가장 빠른 방법이다. 적분법에서는, 회분식반응기 몰수지식과 속도식을 결합한 식에 반응차수 α를 가정한 후

적분법은 반응차수를 구하기 위하여 시행오차법을 사용한다.

$$\frac{dC_A}{dt} = -kC_A^\alpha \tag{7-6}$$

시간에 대한 함수로서 농도를 얻기 위하여 미분방정식을 적분한다. 만약 가정한 차수가 옳다면, 농도-시간 자료의 적절한 그래프(이 적분으로부터 구한)은 직선이 되어야 한다. 적분법은 보통 반응차수를 알고 있을 때 가장 많이 사용하며, 활성화 에너지를 구하기 위하여 서로 다른 온도에서의 반응속도를 계산할 때 바람직하다.

0차, 1차, 2차반응에 대해 C_A대 t 함수의 **선형** 플롯을 어떻게 만드느냐가 매우 중요하다.

속도 자료의 적분해석법에서는 시간에 따라 직선이 되는 특정한 반응속도식에 해당하는 적절한 농도의 함수를 찾는다. **0차, 1차 및 2차반응**에 대하여, 이러한 선형 플롯을 얻는 방법에 충분히 익숙해야 한다.

정용회분식반응기에서 다음 반응이 진행될 경우에

$$A \rightarrow \text{생성물}$$

몰수지는 다음과 같으며,

$$\frac{dC_A}{dt} = r_A$$

0차 반응에 대해서는, $r_A = -k$이고, 속도식과 몰수지를 결합하면 다음 식과 같이 된다.

$$\frac{dC_A}{dt} = -k \tag{7-7}$$

이를 $t = 0$에서 $C_A = C_{A0}$로 적분하면 다음과 같이 된다.

0차 반응

$$\boxed{C_A = C_{A0} - kt} \tag{7-8}$$

정용회분식반응기에서 진행된 0차 반응에 대해서는 시간에 따른 농도 A의 그림은 기울기가 $(-k)$인 직선이 된다(그림 7-1).

반응이 1차(그림 7-2)인 경우에 **몰수지식과 속도식**을 결합하면 다음 식이 얻어진다.

$$-\frac{dC_A}{dt} = kC_A$$

$t = 0$에서 $C_A = C_{A0}$인 조건에서 적분하면 다음 식으로 된다.

1차반응

$$\boxed{\ln\frac{C_{A0}}{C_A} = kt} \tag{7-9}$$

따라서 [ln (C_{A0}/C_A)]를 시간에 따라 플롯하면 기울기가 k인 직선이 된다.

만약 반응이 2차반응(그림 7-3)이라면 다음 식이 얻어진다.

$$-\frac{dC_A}{dt} = kC_A^2$$

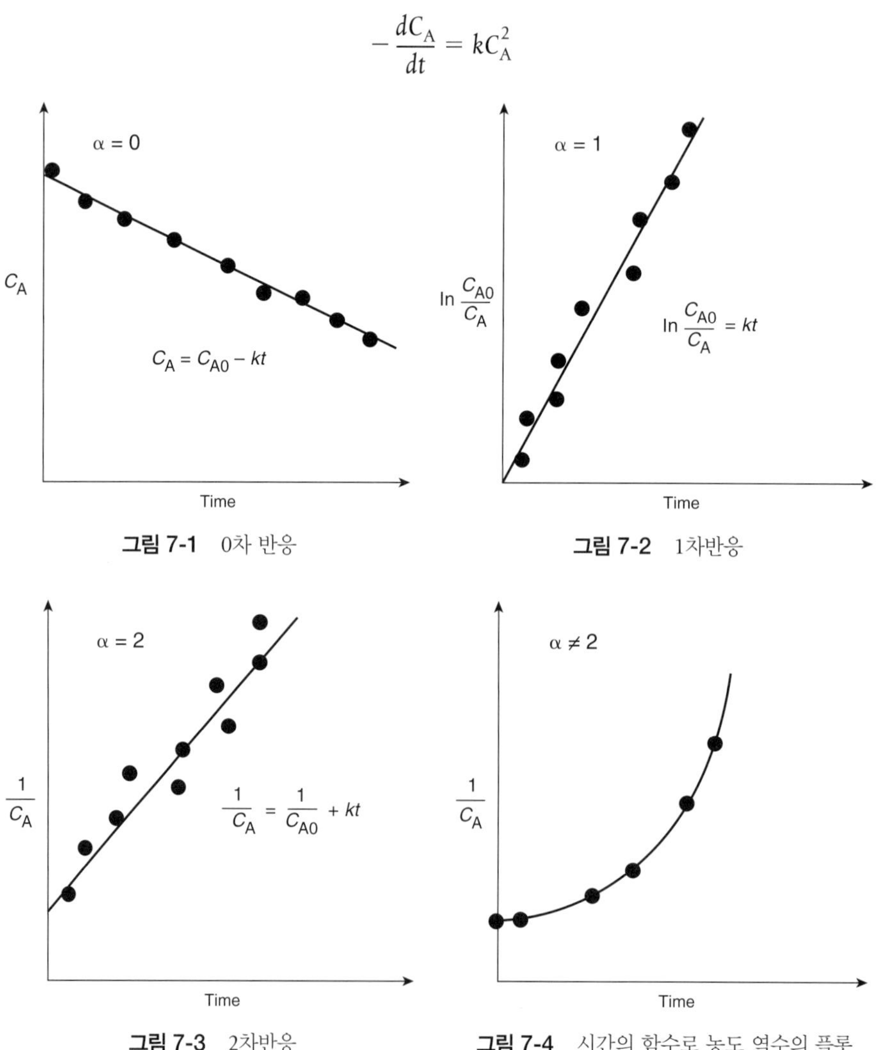

그림 7-1 0차 반응

그림 7-2 1차반응

그림 7-3 2차반응

그림 7-4 시간의 함수로 농도 역수의 플롯

초기조건에서 $C_A = C_{A0}$로 적분하면 다음 식으로 된다.

2차반응

$$\boxed{\frac{1}{C_A} - \frac{1}{C_{A0}} = kt} \tag{7-10}$$

2차반응에 대해서, $(1/C_A)$를 시간에 따라 플롯하면 기울기가 k인 직선이 되어야 한다.

그림 7-1, 7-2, 7-3에서, 농도의 적절한 함수(즉 C_A, $\ln C_A$, 또는 $1/C_A$)를 시간에 대해 플롯하면 직선이 되고 반응차수는 0차, 1차 그리고 2차가 된다는 것을 알았다. 그러나 계산된 농도-시간의 자료가 그림 7-4처럼 **직선이 아니면** 우리가 제안한 반응차수가 자료와 맞지 않는 것이다. 그러므로 그림 7-4는 2차반응이 아니라고 결론지을 수 있다. 1차, 2차, 3차 반응차수의 적분법으로도 실험 자료를 잘 못 맞춘다는 것을 알았다면, 표 7-1에서 논한 다른 방법 중 하나를 사용해야 한다.

직선 관계를 얻도록 실험 자료를 처리하기

반응속도식이 주어지면 이를 시간 또는 공간시간(space time)에 대해 플롯할 때 직선이 되는 농도 또는 전화율의 적절한 함수를 신속히 찾을 수 있어야 한다는 것을 다시 언급한다. 이러한 직선의 적합도 판정(goodness-of-fit of such a line)은 통계적으로 상관계수 r^2에 의해 계산할 수 있으며, 가능하면 1에 근접해야 한다. r^2 값은 Polymath의 비선형 회귀의 출력 결과에 주어진다.

예제 7-1 CRE 자료의 적분법

트리페닐메틸클로라이드(trityl)(A)와 메탄올(B)의 반응

$$\text{Trityl(A)} + \text{Methanol(B)} \rightarrow \text{Products}$$

은 벤젠과 피리딘이 함유된 과량의 메탄올($C_{B0} = 0.5\dfrac{\text{mol}}{\text{dm}^3}$)에서 25℃에서 수행되었다. (이 회분식반응기는 Jofostan의 Riça에서 일요일 시장에서 구입한 것을 지적할 필요가 있다.) 피리딘은 염산과 반응하여 피리딘 하이드로 클로라이드(pyridine hydro-chloride)로서 침전하며, 따라서 반응을 비가역적으로 만든다. 반응은 메탄올에 대해서 1차이다. 트리페닐메틸클로라이드(A)의 농도를 시간의 함수로 측정하여 아래에 나타내었다.

표 E7-1.1 실험 자료(raw data)

t (min)	0	50	100	150	200	250	300
C_A (mol/dm³)	0.05	0.038	0.0306	0.0256	0.0222	0.0195	0.0174

(a) 트리페닐메틸클로라이드(triphenyl methyl chloride)에 관하여 2차반응임을 적분법을 사용하여 확인하여라.
(b) 유사반응속도상수 $k' = kC_{B0}$를 구하여라.
(c) 반응이 메탄올에 1차로 가정하고 총괄 3차 반응에 대한 실제비반응속도상수, k를 구하여라.

풀이

문제에서 주어진 정보인 메탄올에서의 반응차수가 1인 점과 지수법칙 모델인 식 (7-2)를 사용하여 다음 식이 얻어진다.

$$-r_A = kC_A^{\alpha}C_B \tag{E7-1.1}$$

(a) 과잉 메탄올(excess methanol): 메탄올(B)의 초기 농도는 trityl(A)의 농도보다 10배가 높으므로, 모든 A가 반응되었다고 하더라도 90%의 B가 남는다. 결과적으로, B의 농도는 상수라고 할 수 있고, B의 농도를 k와 결합하여,

$$-r_A = kC_A^{\alpha}C_{B0} = k'C_A^{\alpha} \tag{E7-1.2}$$

의 식을 만들 수 있다. 여기에서 k'은 유사반응속도상수(pseudo rate constant) $k' = kC_{B0}$이며, k가 실제속도상수(true rate constant)이다. $\alpha = 2$로 놓고 회분식반응기에서의 몰수지식과 결합하면 다음과 같은 식을 얻을 수 있다.

$$-\frac{dC_A}{dt} = k'C_A^2 \tag{E7-1.3}$$

$t = 0$에서 $C_A = C_{A0}$를 가지고 적분을 하면,

$$t = \frac{1}{k'}\left[\frac{1}{C_A} - \frac{1}{C_{A0}}\right] \tag{E7-1.4}$$

이 되며 재배열하면 다음 식이 된다.

$$\frac{1}{C_A} = \frac{1}{C_{A0}} + k't \tag{E7-1.5}$$

만약 반응이 정말 2차반응이라면 $(1/C_A)$와 t에 대해서 플롯하면 반드시 직선이 나와야 한다. 표 E7-1.1을 통해 표 E7-1.2를 만들 수 있다.

표 E7-1.2 처리된 자료

t (min)	0	50	100	150	200	250	300
C_A (mol/dm^3)	0.05	0.038	0.0306	0.0256	0.0222	0.0195	0.0174
$1/C_A$ (dm^3/mol)	20	26.3	32.7	39.1	45	51.3	57.5

(b) 그래프를 이용한 해법에서, 표 E7-1.2의 자료는 t의 함수로 $1/C_A$를 그래프를 그리는 데 사용되며, 여기서 유사반응속도상수(pseudo-specific reaction rate) k'을 구한다. 이 플롯을 그림 E7-1.1에 나타내었다. 다시 말하지만 Excel 또는 Polymath를 사용해서 표 E7-1.2 자료로부터 k'을 구할 수 있다.

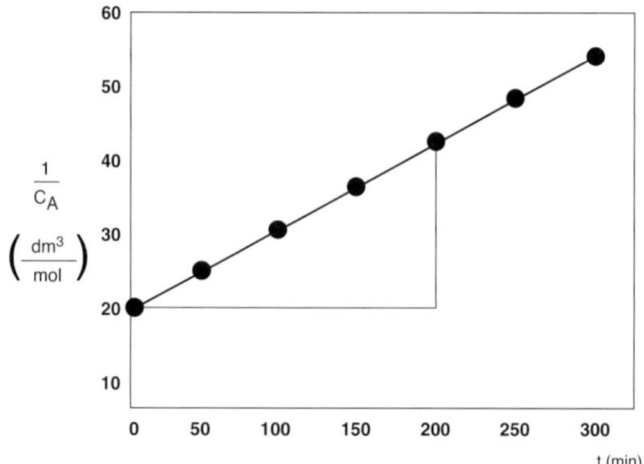

그림 E7-1.1 2차반응에 대한 t 대 C_A 역수의 플롯

직선의 기울기가 비반응속도 k'이다. $t = 0$과 $t = 200$에서의 점들을 이용하면 k'을 다음과 같이 계산할 수 있다.

$$k' = \frac{\Delta\left(\frac{1}{C_A}\right)}{\Delta t} = \frac{(44-20)\left(\frac{dm^3}{mol}\right)}{(200-0)min} = 0.12\frac{dm^3}{mol \cdot min} \tag{E7-1.6}$$

Excel 해석과 플롯으로부터 직선의 기울기가 0.12 dm^3/mol/min임을 알 수 있다.

(c) 식 (E7-1.6)과 메탄올의 초기 농도 값을 적용하여 실제속도상수 k를 구하면

$$k = \frac{k'}{C_{B0}} = \frac{0.12}{0.5}\frac{dm^3/mol/min}{mol/dm^3} = 0.24\left(\frac{dm^3}{mol}\right)^2/min$$

속도식은 다음과 같이 된다.

$$\boxed{-r_A = \left[0.24\left(\frac{dm^3}{mol}\right)^2/min\right]C_A^2 C_B} \tag{E7-1.7}$$

적분법은 자료를 완곡하게 하는 경향이 있다는 것에 유의하여라.

분석: 이 예제에서 반응차수를 알고 있고 따라서 적분법을 사용하여 (1) 반응차수가 trityl에 대하여 2차인 것을 확인하고, (2) 메탄올(B)이 과량으로 사용한 경우에 대해서, 비유사반응 속도상수(specific pseudo reaction rate constant) $k' = kC_{B0}$를 찾을 수 있었다. k'과 C_{B0}를 알게 되면, 실제속도상수 k를 구할 수 있게 된다.

7.4 미분해석법

자료해석의 미분법에서 사용하는 절차를 개략적으로 서술하기 위하여, 등온의 정용회분식반응기에서 진행되는 반응을 생각하자. 농도는 시간의 함수로 기록된다. 몰수지식과 식 (7-1)로 주어지는 속도식을 결합하면 다음 식이 된다.

정용회분식반응기

$$-\frac{dC_A}{dt} = k_A C_A^\alpha$$

식 (5-6)의 양변을 자연로그로 취하면

$$\boxed{\ln\left(-\frac{dC_A}{dt}\right) = \ln k_A + \alpha \ln C_A} \tag{7-11}$$

$[\ln(-dC_A/dt)]$를 $(\ln C_A)$의 함수로 그린 플롯에서 기울기가 반응차수(α)임을 알 수 있다(그림 7-5 참조).

그림 7-5(a)는 $[-(dC_A/dt)]$ 대 $[C_A]$의 관계를 로그-로그 방안지에 플롯한 것(혹은 Excel을 이용하여 플롯한 것)으로, 여기서 기울기는 반응차수 α와 같게 된다. 비반응속도 k_A는 플롯에서 농도 C_{Ap}를 선택하여 구할 수 있고, 이에 대응하는 값인 $[-(dC_A/dt)_p]$ 값을

그림 7-5(b)에서 보인 것처럼 직선 위의 값으로부터 구할 수 있다. C_{Ap}에서 미분값을 얻기 위하여 선택한 C_{Ap}는 반드시 실험값일 필요는 없다. 그냥 직선 위에 있으면 된다. C_{Ap}의 값에 α승을 한 다음에 $[-(dC_A/dt)_p]$을 나누어 주면 k_A가 구해진다.

$$k_A = \frac{-(dC_A/dt)_p}{(C_{Ap})^{\alpha}} \tag{7-12}$$

t이 플롯에서 사용된 도함수 $(-dC_A/dt)$를 구하기 위해서는 농도-시간 자료를 수치적(numerically) 또는 도식적(graphically)인 방법 중의 어느 하나로 미분하여야 한다. 시간의 함수로 농도를 표시해 주는 도함수를 결정하기 위한 3가지 방법을 설명하고자 한다.

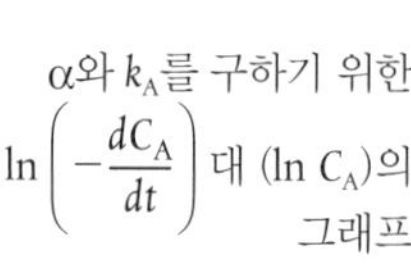
α와 k_A를 구하기 위한 $\ln\left(-\frac{dC_A}{dt}\right)$ 대 $(\ln C_A)$의 그래프

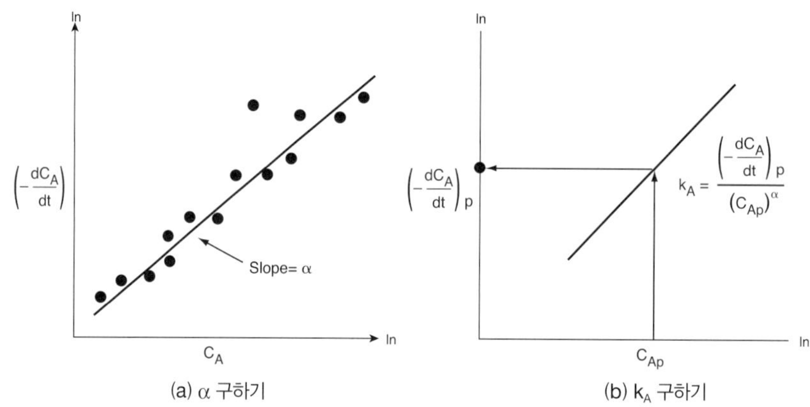

(a) α 구하기 (b) k_A 구하기

그림 7-5 반응차수 결정을 위한 미분법

자료를 잘 맞추기 위한 이 방법은 다음과 같다.

농도-시간 자료에서 $-\frac{dC_A}{dt}$를 구하는 방법

- 도식 미분법(graphical differentiation)
- 수치 미분법(numerical differentiation formulas)
- 다항식 미분(differentiation of a polynomial)

여기에서는 도식 미분법과 수치 미분법만을 논의할 것이다.

7.4.1 도식적 방법

계산자 = slide rule

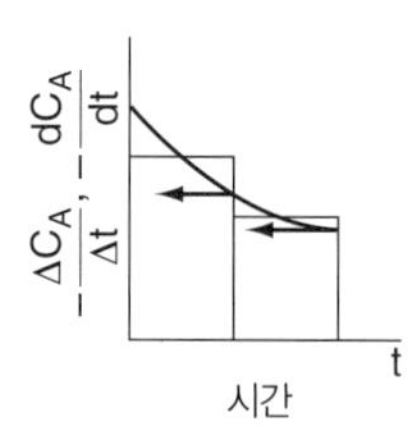

이 방법은 수많은 소프트웨어 패키지에 비하면 매우 오래됐다(계산자 시대부터–"할아버지, 계산자가 뭐예요?"). 왜 우리가 이 방법을 사용하는가? 이 방법을 사용하면 실험 자료에서의 불일치를 쉽게 볼 수 있다. 결론적으로 다음 실험 계획 전에 자료해석을 위해 이 기법을 이용하면 이점이 있다. 부록 A.2에서 설명된 바와 같이 도식적 방법은 $(-\Delta C_A/\Delta t)$를 t의 함수로 플롯하고, 이후 등면적 미분법(equal-area differentiation)을 사용하여 $(-dC_A/dt)$를 구하는 것이다. 실례가 되는 보기가 부록 A.2에도 주어져 있다.

자료를 미분하는 방법은 도식적 방법 외에도 다른 두 가지 방법이 널리 사용된다: 미분공식(differentiation formulas)과 다항식 맞춤법(polynomial fitting).

부록 참조

7.4.2 수치법

$t_1 - t_0 = t_2 - t_1 = \Delta t$처럼 독립변수의 데이터 점이 등간격(equally spaced)으로 되어 있을

때, 수치 미분공식이 사용될 수 있다(표 7-2 참조).

표 7-2 실험 자료(raw data)

시간(min)	t_0	t_1	t_2	t_3	t_4	t_5
농도(mol/dm^3)	C_{A0}	C_{A1}	C_{A2}	C_{A3}	C_{A4}	C_{A5}

표 7-3에 나타낸 3-점 미분공식(three-point differentiation formulas)[1]을 사용하여 dC_A/dt를 계산한다.

표 7-3 미분공식

초기점:	$\left(\frac{dC_A}{dt}\right)_{t_0} = \frac{-3C_{A0}+4C_{A1}-C_{A2}}{2\Delta t}$	(7-13)
중간점들:	$\left(\frac{dC_A}{dt}\right)_{t_i} = \frac{1}{2\Delta t}[(C_{A(i+1)}-C_{A(i-1)})]$ [예, $\left(\frac{dC_A}{dt}\right)_{t_3} = \frac{1}{2\Delta t}[C_{A4}-C_{A2}]$]	(7-14)
최종점:	$\left(\frac{dC_A}{dt}\right)_{t_5} = \frac{1}{2\Delta t}[C_{A3}-4C_{A4}+3C_{A5}]$	(7-15)

식 (7-13)과 식 (7-15)는 첫 번째와 마지막 자료 포인트에 각각 사용하고, 식 (7-14)는 모든 중간 자료 포인트에 사용한다(예제 7-2의 5B단계 참조).

7.4.3 속도법칙 파라미터 구하기

이제는 도식법(graphical method), 미분공식(differentiation formulas) 또는 다항식 도함수(polynomial derivative) 중 하나를 이용하여 표 7-4를 작성할 수 있다.

표 7-4 처리된 자료

시간	t_0	t_1	t_2	t_3
농도	C_{A0}	C_{A1}	C_{A2}	C_{A3}
도함수	$\left(-\frac{dC_A}{dt}\right)_0$	$\left(-\frac{dC_A}{dt}\right)_1$	$\left(-\frac{dC_A}{dt}\right)_2$	$\left(-\frac{dC_A}{dt}\right)_3$

반응차수는 그림 7-5(a)에서 보여주는 것처럼 ln C_A의 함수로 ln $(-dC_A/dt)$의 플롯으로부터 구할 수 있는데 그 이유는 다음 식에서 알 수 있다.

$$\ln\left(-\frac{dC_A}{dt}\right) = \ln k_A + \alpha \ln C_A \tag{7-16}$$

1. B. Carnahan, H. A. Luther, and J. O. Wilkes, *Applied Numerical Methods* (New York: Wiley, 1969), p. 129.

예제 문제를 풀기 전에 주어진 자료에서 반응속도식을 결정하기 위한 단계들을 다시 한 번 검토해 보자(표 7-1).

예제 7-2 속도법칙의 결정

이제 예제 7-1에서 다루었던 트리페닐메틸클로라이드(trityl)(A)와 메탄올(B)의 반응을 미분법으로 분석해 보자.

$$(C_6H_5)_3CCl + CH_3OH \rightarrow (C_6H_5)_3\overset{\overset{O}{\|}}{C}CH_3 + HCl$$

$$A \quad + \quad B \quad \rightarrow \quad C \quad + \quad D$$

표 E7-2.1의 농도-시간 자료는 회분식반응기에서 얻었다.

표 E7-2.1 실험 자료(raw data)

시간(min)	0	50	100	150	200	250	300
A의 농도(mol/dm³) × 10³ (@ t = 0, C_A = 0.05 M)	50	38	30.6	25.6	22.2	19.5	17.4

메탄올의 초기 농도는 0.5 mol/dm³이었다.

Part (1) 트리페닐메틸클로라이드 농도에 관한 반응차수를 결정하여라.

Part (2) 별도의 분리된 실험에서, 메탄올 농도에 관한 반응차수는 1차로 밝혀졌다. 반응속도상수를 구하여라.

풀이

Part (1) trityl에 관한 반응차수를 구하여라.

1단계 속도식을 가정하여라.

$$-r_A = kC_A^{\alpha}C_B^{\beta} \tag{E7-2.1}$$

2단계 측정 변수의 항으로 자료를 처리하여라. 여기서는 C_A.

3단계 단순화를 물색하여라. 메탄올 농도는 트리페닐메틸클로라이드의 초기 농도의 10배이기 때문에 메탄올 농도는 근본적으로 상수이다.

$$C_B \cong C_{B0} \tag{E7-2.2}$$

식 (E7-2.1)에서 C_B를 치환하면

$$-r_A = \underbrace{kC_{B0}^{\beta}}_{k'}C_A^{\alpha}$$

$$-r_A = k'C_A^{\alpha} \tag{E7-2.3}$$

4단계 화학반응공학 알고리즘을 적용하여라.

몰수지식:

$$\frac{dN_A}{dt} = r_AV \tag{E7-2.4}$$

속도식:

$$-r_A = k' C_A^{\alpha} \quad \text{(E7-2.3)}$$

화학양론: 액체 $V = V_0$

$$C_A = \frac{N_A}{V_0}$$

결합: 몰수지식, 속도식, 양론식

$$-\frac{dC_A}{dt} = k' C_A^{\alpha} \quad \text{(E7-2.5)}$$

계산: 식 (E7-2.5)의 양변에 자연대수를 취하면

$$\ln\left[-\frac{dC_A}{dt}\right] = \ln k' + \alpha \ln C_A \quad \text{(E7-2.6)}$$

$\left[-\frac{dC_A}{dt}\right]$ 대 $\ln C_A$의 플롯의 기울기에서 트리페닐메틸클로라이드(A)에 관한 반응차수 α를 구하게 된다.

5단계 농도−시간 자료에서 C_A의 함수로 $\left[-\frac{dC_A}{dt}\right]$를 구하여라.

5A단계 **도식법**(graphical method). 이제 표 E7-2.2를 어떻게 만드는지 보자.

도함수 $(-dC_A/dt)$는 시간 t의 함수로서 $(-\Delta C_A/\Delta t)$의 계산과 플롯에 의하여 결정하고 등면적 미분법(부록 A.2)을 이용하여 C_A의 함수로 $(-dC_A/dt)$를 구한다. 첫째로 표 E7-2.2의 첫 번째 2열에서 $(-\Delta C_A/\Delta t)$의 비를 계산하고 그 결과를 3열에 적는다.

자료의 불일치를 판별하기 위하여 수치 미분을 사용한다.

표 E7-2.2 처리된 자료

t (min)	$C_A \times 10^3$ (mol/dm^3)	$-\frac{\Delta C_A}{\Delta t} \times 10^4$ (mol/dm$^3 \cdot$ min)	$-\frac{dC_A}{dt} \times 10^4$ (mol/dm$^3 \cdot$ min)
0	50		3.0
		2.40†	
50	38		1.86
		1.48	
100	30.6		1.2
		1.00	
150	25.6		0.8
		0.68	
200	22.2		0.5
		0.54	
250	19.5		0.47
		0.42	
300	17.4		

† $-\frac{\Delta C_A}{\Delta t} = -\frac{C_{A2} - C_{A1}}{t_2 - t_1} = -\left(\frac{38-50}{50-0}\right) \times 10^{-3} = 0.24 \times 10^{-3} = 2.4 \times 10^{-4} (mol/dm^3 \cdot min)$

다음에 표 E7-2.2의 1열의 함수로서 3열을 플롯한다[즉, $(-\Delta C_A/\Delta t)$ 대 t]. 등면적 미분법을 이용하여 $(-dC_A/dt)$값을 그림(화살표로 표시된)에서 읽는다; 그리고 그 값을 사용하여 표 E7-2.2의 4열을 완성한다.

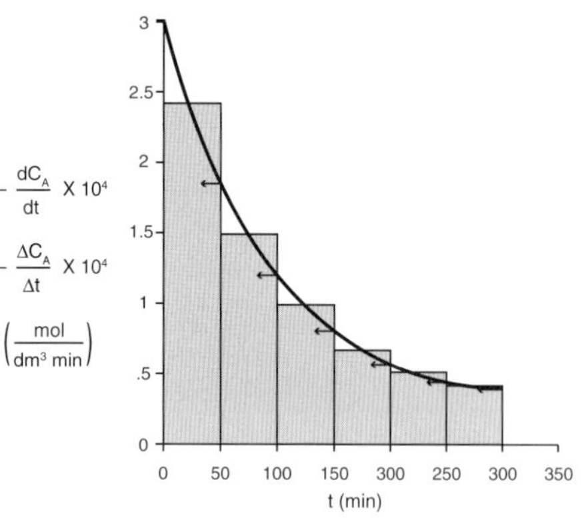

그림 E7-2.1 도식 미분법

각각의 시간 t에서와 농도 C_A에서의 $(-dC_A/dt)$값을 구하기 위한 결과들은 표 E7-2.3에 정리하였다.

5B단계 유한 차분법(finite difference method). 이제 유한 차분법으로 (dC_A/dt)를 어떻게 계산하는지를 보자[즉, 식 (7-13)부터 (7-15)까지].

전원이 꺼지거나 Excel 회귀분석 스프레드시트가 작동하지 않을 때 당신이 계산해야 하는 방식이다.

$$t=0 \quad \left(\frac{dC_A}{dt}\right)_{t=0} = \frac{-3C_{A0}+4C_{A1}-C_{A2}}{2\Delta t}$$

$$= \frac{[-3(50)+4(38)-30.6]\times 10^{-3}}{100}$$

$$= -2.86\times 10^{-4}\ \text{mol/dm}^3\cdot\text{min}$$

$$-\frac{dC_A}{dt}\times 10^4 = 2.86\ \text{mol/dm}^3\cdot\text{min}$$

$$t=50 \quad \left(\frac{dC_A}{dt}\right)_1 = \frac{C_{A2}-C_{A0}}{2\Delta t} = \frac{(30.6-50)\times 10^{-3}}{100}$$

$$= -1.94\times 10^{-4}\ \text{mol/dm}^3\cdot\text{min}$$

$$t=100 \quad \left(\frac{dC_A}{dt}\right)_2 = \frac{C_{A3}-C_{A1}}{2\Delta t} = \frac{(25.6-38)\times 10^{-3}}{100}$$

$$= -1.24\times 10^{-4}\ \text{mol/dm}^3\cdot\text{min}$$

$$t=150 \quad \left(\frac{dC_A}{dt}\right)_3 = \frac{C_{A4}-C_{A2}}{2\Delta t} = \frac{(22.2-30.6)\times 10^{-3}}{100}$$

$$= -0.84\times 10^{-4}\ \text{mol/dm}^3\cdot\text{min}$$

$$t=200 \quad \left(\frac{dC_A}{dt}\right)_4 = \frac{C_{A5}-C_{A3}}{2\Delta t} = \frac{(19.5-25.6)\times 10^{-3}}{100}$$

$$= -0.61\times 10^{-4}\ \text{mol/dm}^3\cdot\text{min}$$

$$t = 250 \quad \left(\frac{dC_A}{dt}\right)_5 = \left(\frac{C_{A6} - C_{A4}}{2\Delta t} = \frac{(17.4 - 22.2) \times 10^{-3}}{100}\right)$$
$$= -0.48 \times 10^{-4}\ \text{mol/dm}^3 \cdot \text{min}$$

$$t = 300 \quad \left(\frac{dC_A}{dt}\right)_6 = \frac{C_{A4} - 4C_{A5} + 3C_{A6}}{2\Delta t} = \frac{[22.2 - 4(19.5) + 3(17.4)] \times 10^{-3}}{100}$$
$$= -0.36 \times 10^{-4}\ \text{mol/dm}^3 \cdot \text{min}$$

표 E7-2.3에 $(-dC_A/dt)$의 값을 적었으며, 표 E7-2.2의 4열($C_A \times 1{,}000$)의 함수로 2열과 3열$\left(-\frac{dC_A}{dt} \times 10{,}000\right)$의 값을 로그-로그 용지에 그렸으며 그림 E7-2.2에 나타내었다. 반응차수 α와 속도상수 k'을 구하기 위하여 Excel 프로그램에 표 E7-2.3에 파라미터 값을 대입할 수 있다. 여기서 두 방법에 의한 대부분 점들이 궁극적으로 서로 겹쳐서 일치하는 것에 주목하여라. 도식법(graphical)과 유한 차분법(finite difference)의 두 방법에 의해 항상 $(-dC_A/dt)$를 찾을 필요가 없기 때문에 이 표는, 어떤 면에서는, 과다하다.

표 E7-2.3 처리된 자료 요약

t (min)	Graphical $-\frac{dC_A}{dt} \times 10{,}000$ (mol/dm³ · min)	Finite Difference $-\frac{dC_A}{dt} \times 10{,}000$ (mol/dm³ · min)	$C_A \times 1{,}000$ (mol/dm³)
0	3.0	2.86	50
50	1.86	1.94	38
100	1.20	1.24	30.6
150	0.80	0.84	25.6
200	0.68	0.61	22.2
250	0.54	0.48	19.5
300	0.42	0.36	17.4

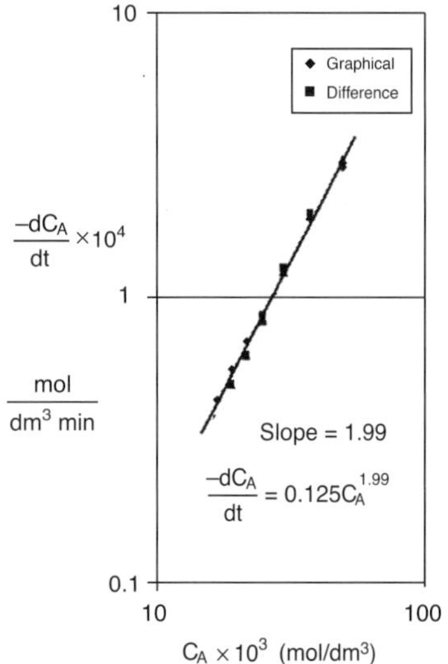

그림 E7-2.2 α와 k'을 구하기 위한 Excel 그래프

그림 E7-2.2로부터, 기울기가 1.99임을 알았고, 따라서 반응이 트리페닐메틸클로라이드 농도에 관하여 2차라고 말할 수 있다. 로그-로그 용지에서 x축과 y축의 사이클 길이가 동일할 때, 눈금자를 사용하여 간단히 기울기를 측정한다. 그러나 당신이 Excel 또는 Polymath 또는 다른 스프레드시트 소프트웨어에 데이터를 입력하고 결과를 인쇄한다면, 교수나 고용주가 더 인상을 받을 것이다.

k'을 구하기 위하여 그림 E7-2.2에서 $C_{Ap} = 20 \times 10^{-3}$ mol/dm^{3}일 때 미분값을 구한다. 이 값은

$$\left(-\frac{dC_A}{dt}\right)_p = 0.5 \times 10^{-4}\ \text{mol/dm}^3 \cdot \text{min} \tag{E7-2.7}$$

그리고

$$k' = \frac{\left(-\frac{dC_A}{dt}\right)_p}{C_{Ap}^2} \tag{E7-2.8}$$

$$= \frac{0.5 \times 10^{-4}\ \text{mol/dm}^3 \cdot \text{min}}{(20 \times 10^{-3}\ \text{mol/dm}^3)^2} = 0.125\ \text{dm}^3/\text{mol} \cdot \text{min}$$

7.5절에서 보게 되겠지만, 방정식 (E7-1.5)에서 비선형 회귀분석법으로도 k'을 구할 수 있다.

$$k' = 0.122\ \text{dm}^3/\text{mol} \cdot \text{min} \tag{E7-2.9}$$

그림 E7-2.2에 보인 Excel 그래프에서는 $\alpha = 1.99$ 그리고 $k' = 0.13$ dm^3/mol·min으로 나타났다. $\alpha = 2$로 놓고 다시 회귀분석하면 $k' = 0.122$ dm^3/mol·min이 된다.

상미분방정식(ODE)의 회귀분석법. 농도-시간 자료로부터 α와 k_A를 구하기 위하여, 아래 미분방정식을 풀 수 있도록 회귀분석법과 결합된 ODE 문제풀이 프로그램과 같은 이용 가능한 소프트웨어와 기법이 존재한다.

$$-\frac{dC_A}{dt} = k' C_A^{\alpha} \tag{E7-2.5}$$

Part (2) 본 반응이 메탄올에 관하여 1차라면, $\beta = 1$.

$$k' = C_{B0}^{\beta} k = C_{B0} k \tag{E7-2.10}$$

C_{B0}는 0.5 mol/dm^{3}으로 일정하다고 가정하고 k에 대하여 풀면[2]

$$k = \frac{k'}{C_{B0}} = \frac{0.122 \frac{\text{dm}^3}{\text{mol} \cdot \text{min}}}{0.5 \frac{\text{mol}}{\text{dm}^3}}$$

$$k = 0.244\ (\text{dm}^3/\text{mol})^2/\text{min}$$

2. M. Hoepfner and D. K. Roper, "Describing Temperature Increases in Plasmon-Resonant Nanoparticle Systems," *Journal of Thermal Analysis and Calorimetry*, 98(1), (2009), pp. 197-202.

속도식은 다음과 같이 된다.

$$\boxed{-r_A = [0.244(dm^3/\text{mol})^2/\text{min}]C_A^2 C_B} \quad \text{(E7-2.11)}$$

분석: 이 예제에서 trityl 농도에 대한 반응차수(α = 1.99)와 유사반응속도상수(k' = 0.125 (dm^3/mol)/min)을 구하기 위하여 미분법을 이용한 자료 분석을 수행하였다. 그러나 우리가 앞서 언급했듯이, 당신이 당신의 컴퓨터에 데이터를 입력하고 소프트웨어 패키지를 사용하여 k를 찾는 것이 당신의 고용주나 교수에게 더 인상적일 것이다. 우리는 7.5절에서 이러한 소프트웨어 패키지를 논의한다. 반응차수는 α = 2로 반올림되었고 데이터는 다시 회귀하여 k' = 0.122 (dm^3/mol)/min을 얻었으며, k' 및 C_{B0}을 다시 알 수 있으며, 실제속도상수는 k = 0.244 (dm^3/mol)^2/min이다. 우리는 농도–시간 데이터를 미분하여 $\left(\frac{dC_A}{dt}\right)$를 찾기 위한 두 가지 기법을 사용한다: 도식법(graphical technique) 및 유한 차분법(finite difference technique).

적분법은 반응차수를 알고 있을 때 k를 찾는 데 사용한다.

예제 7-1과 7-2에 나타낸 속도 자료의 해석방법들을 비교해 보면, 미분법은 자료에 불확실성이 증폭되는 반면에, 적분법은 자료를 부드럽게 하는 경향이 있어서 불확실성을 어느 정도 감쇠시키는 경향이 있음을 언급하고자 한다. 대부분의 분석에 있어서, 엔지니어는 자료 속에 존재하는 한계와 불확실성을 아는 것이 꼭 필요하게 된다. 이러한 사전지식은 실험실의 실험으로부터 파일럿 공장이나 대규모 공업용 공장을 설계하기 위한 공정의 스케일업을 할 때 안전지수(safety factor)를 결정하는 데 꼭 필요하다.

7.5 비선형 회귀분석법

비선형 회귀분석에서 속도식 파라미터들을 구하는 또 다른 일반적 방법으로는 모든 자료에 대한측정된 변수값과 계산된 변수값의 차를 제곱한 것의 합을 최소가 되게 하는 파라미터값들을 찾는 방법이다. 비선형 회귀분석법으로 최적의 파라미터값을 계산하여 구할 수 있을 뿐 아니라 제10장에서 다루게 될 랭뮤어–힌셜우드 모델(Langmuir-Hinshelwood models)과 같은 다양한 속도 모델식들을 식별하는 데도 사용할 수 있다. 이러한 파라미터를 찾는 많은 소프트웨어 프로그램들이 있으며, 당신이 해야 할 일은 자료를 입력하는 것이다. 이 기법을 설명하는 데 Polymath 소프트웨어가 사용될 것이다. 어떤 경우에는 파라미터의 탐색을 효과적으로 수행하기 위하여 파라미터값의 초기값이 실제값에 근접되게 입력해야만 될 때가 있다. 이런 초기값은 CRE 웹사이트(*http://www.umich.edu/~elements/5e/07chap/pdf/leastsquares.pdf*)의 전문 참고자료 서고 R7.3에 설명한 선형 최소자승법(linear least squares)을 사용하여 구할 수 있다.

계산된 파라미터값을 측정된 값과 비교하여라.

이제 속도법칙의 파라미터값을 구하기 위해서 비선형 최소자승법을 반응속도 자료에 적용하자. 여기서, 각각 실험값에 상응하는 농도(C_{ic})를 계산하기 위해서, 몰수지와 반응속도식을 결합한 방정식을 적분하여 얻은 파라미터값(반응차수, 비반응속도)의 초기 추정값을 정한다. 그 후, 각각의 실험에서 측정된 농도 C_{im}값과 선택한 파라미터값에 의해 계산된 농도 C_{ic}값을 비교한다. 각각의 농도에서의 농도의 차의 제곱의 합인 $\Sigma(C_{im}-C_{ic})^2$를 계산함으로써 측정된 농도와 계산된 농도를 비교할 수 있다. 물론 측정된 농도 C_{im}과 계산된 반응속도 C_{ic}의 차 제곱의 합을 최소화하는 새로운 파라미터값들을 찾는다. 즉, 모든 실험 자료들의 값에 대하여 $\Sigma(C_{im}-C_{ic})^2$의 합이 최소가 되게 하는 반응속도 파라미터값을 찾고 싶어 한다. 만약에 실험이 N회 행해졌다면, 다음 식의 정량적 수치를 최소가 되게 하는 파라미터값들(예, E, 활성화 에너지, 반응차수 등)을 찾기를 원한다.

$$\sigma^2 = \frac{s^2}{N-K} = \sum_{i=1}^{N} \frac{(C_{im}-C_{ic})^2}{N-K} \tag{7-17}$$

여기서

$$s^2 = \sum_{i=1}^{i=N} (C_{im}-C_{ic})^2$$

N = 실험 횟수

K = 결정할 파라미터의 수

C_{im} = 실험 i에서 측정한 농도

C_{ic} = 실험 i에 대한 계산된 농도

여기서 알아 두어야 할 점은 s^2을 최소화하면 σ^2값을 최소화한다는 것이다.

이 기술을 설명하기 위하여 다음의 반응을 생각해 보자.

$$\text{A} \rightarrow \text{생성물}$$

여기서, 반응차수 α, 비반응속도 k인 반응속도식은 다음과 같다.

$$-r_A = kC_A^{\alpha}$$

반응속도는 여러 가지 다른 농도에서 측정할 것이다. 이제는 k와 α의 값을 선택하여 실험이 행해진 각각의 농도에서 반응속도(C_{ic})를 계산한다. 선택한 k와 α 값에 대하여 각각의 실험에서 측정값(C_{im})에서 계산값(C_{ic})을 뺀 다음, 그 결과를 제곱하고, 모든 실험에 대한 값들을 더한다.

이런 작업을 k와 α의 값을 계속 변화시키면서 제곱의 합이 최소화되는 k와 α의 값을 구할 때까지 계속한다. 최저값, $\sigma^2_{\min}$을 얻기 위한 많은 잘 알려진 탐색기법(searching techniques)이 있다[3]. 그림 7-6은 α와 k 변수의 함수로서 σ^2를 그린 가상적 플롯(hypothetical plot)이다.

$$\sigma^2 = f(k, \alpha) \tag{7-18}$$

3. (a) B. Carnahan and J. O. Wilkes, *Digital Computing and Numerical Methods* (New York: Wiley, 1973), p. 405. (b) D. J. Wilde and C. S. Beightler, *Foundations of Optimization*, 2nd ed. (Upper Saddle River, NJ: Prentice Hall, 1979). (c) D. Miller and M. Frenklach, *Int. J. Chem. Kinet.*, 15, (1983), p. 677.

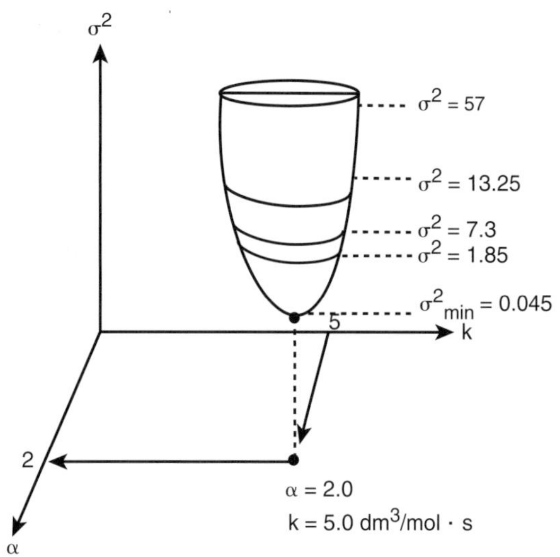

그림 7-6 제곱합의 최소값

꼭대기에 있는 원을 보아라. σ^2 = 57이 되는 수많은 α와 *k* 값들의 조합(예, α = 2.2, *k* = 4.8, 혹은 α = 1.8, *k* = 5.3)이 존재함을 알 수 있다. σ^2 = 1.85가 되는 조합들에 대해서도 마찬가지다. 가장 낮은 σ^2 값이 되는 α와 *k* 값의 조합을 찾아야 한다.

제곱합 σ^2이 최소값을 갖는 파라미터를 탐색하는 데는 많은 최적화 기법을 사용하거나 소프트웨어 패키지 프로그램을 사용할 수 있다. 컴퓨터화된 탐색절차는 추측한 파라미터값으로 시작하여, $(C_{im} - C_{ic})$를 계산하고 이 값들에 대한 σ^2을 계산한다. 다음에는 초기 추측값 부근에서 파라미터군들을 선택하고, 이에 대해서도 σ^2을 계산한다. 이 탐색법은 초기 추정치의 부근에서 σ^2의 최소값을 찾는 것인데, 다양한 다른 파라미터값을 선정하기 위하여 σ^2이 감소하는 방향으로 궤적을 따라 수행하여, 그림 7-7의 등고선 플롯에서 나타낸 것처럼 해당 σ^2 값을 구한다. α = 1 및 *k* = 1에서 시작하여, 화살표로 표시된 궤도는 α 및 *k*를 선택하면서 계속 조정된다. 예를 들어, 그림 7-7에서의 궤적은 최소값인 σ^2 = 0.045 $(mol/dm^3)^2$에 도달하는데 이때 α = 2이고 *k* = 5 dm^3/mol·min이다.

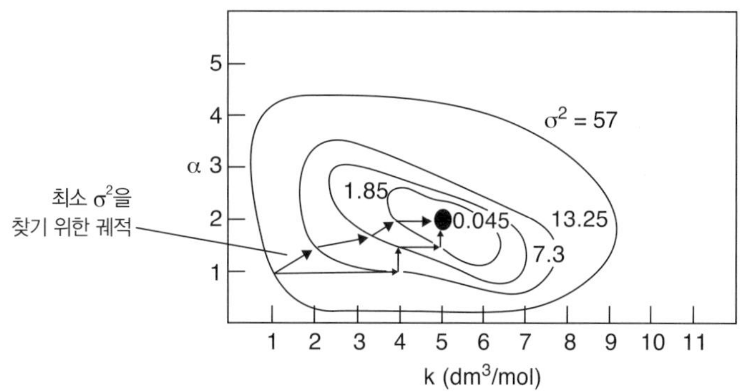

그림 7-7 최적의 *k*와 α값을 찾기 위한 궤적

참고자료 서고

식들이 높은 비선형화를 띤다면 α와 k값에 대한 초기 추측값은 매우 중요하다. 최적의 파라미터값의 추정과 이에 해당하는 신뢰한계(confidence limits)를 구하는 절차를 수행하는 많은 소프트웨어 패키지가 존재한다. 당신은 단지 컴퓨터에 실험치를 입력하고, 모델을 정하고, 파라미터의 초기 추측값을 적어 넣고는, "계산" 버튼을 누르기만 하면 된다. 그러면 최적의 파라미터값과 95% 신뢰한계가 함께 나타날 것이다. 만약에 주어진 파라미터의 신뢰한계가 파라미터값 자체보다 크다면, 그 파라미터는 별 의미가 없는 것이며, 그 모델은 버려야 할 것이다. 적절한 모델 파라미터를 제거한 후에, 소프트웨어를 다시 돌려 새로운 모델식에 가장 잘 맞는 것을 결정해야 한다.

7.5.1 농도-시간 자료

회분식 실험으로 얻어진 농도-시간 실험 자료로부터 반응속도식 파라미터를 결정하기 위하여 비선형 회귀분석법(nonlinear regression)을 이용할 수 있다. 정용회분식반응기에 대해 반응속도식-화학양론-몰수지를 결합하면 다음과 같다.

$$\frac{dC_A}{dt} = -kC_A^{\alpha} \tag{7-19}$$

$\alpha \neq 1$에 대해서 식 (7-6)을 적분하면

$$C_{A0}^{1-\alpha} - C_A^{1-\alpha} = (1-\alpha)kt$$

시간의 함수로 농도를 구하기 위하여 다시 정리하면

$$C_A = [C_{A0}^{1-\alpha} - (1-\alpha)kt]^{1/(1-\alpha)} \tag{7-20}$$

이제 실험에서 얻어진 농도, C_{Aim}, 와 계산으로부터 구한 농도, C_{Aic}, 차이의 제곱합을 최소화하는 α와 k값을 구하기 위하여 Polymath 또는 MATLAB을 사용한다. 즉, N개의 실험 자료로부터,

$$s^2 = \sum_{i=1}^{N}(C_{Aim} - C_{Aic})^2 = \sum_{i=1}^{N}\left[C_{Aim} - [C_{A0}^{1-\alpha} - (1-\alpha)kt_i]^{1/(1-\alpha)}\right]^2 \tag{7-21}$$

s^2을 최소화하는 α와 k값을 얻기를 원한다.

만약에 Polymath를 사용한다면, 식 (7-16)의 괄호 안에 있는 항에 대해 절대값(absolute value, *abs*)을 사용해야만 한다. 즉

$$s^2 = \sum_{i=1}^{n}\left[C_{Aim} - \{abs[C_{A0}^{1-\alpha} - (1-\alpha)kt_i]\}^{1/(1-\alpha)}\right]^2 \tag{7-22}$$

파라미터값을 풀기 위한 다른 쉬운 방법은 농도보다는 시간을 사용하는 것이다. 식 (7-20)을 재정리하면 다음 식이 얻어진다.

$$\boxed{t_c = \frac{C_{A0}^{1-\alpha} - C_A^{1-\alpha}}{k(1-\alpha)}} \tag{7-23}$$

즉 다음 식을 최소화하는 k와 α 값을 얻게 된다.

$$s^2 = \sum_{i=1}^{N}(t_{im} - t_{ic})^2 = \sum_{i=1}^{N}\left[t_{im} - \frac{C_{A0}^{1-\alpha} - C_{Ai}^{1-\alpha}}{k(1-\alpha)}\right]^2 \tag{7-24}$$

참고자료 서고

끝으로, 1차반응에 적용할 **가중최소자승법**(weighted least squares)의 토의는 CRE 웹사이트의 전문 참고자료 서고 R7.5에 수록되었다.

예제 7-3 속도식 파라미터를 구하기 위한 회귀분석법의 이용[†]

회귀분석법을 이용하여 α와 k'을 구하는 방법을 설명하기 위해 예제 E7-1과 E7-2의 반응과 자료를 활용하자.

$$(C_6H_5)_3CCl + CH_3OH \rightarrow (C_6H_5)_3COCH_3 + HCl$$
$$A \quad + \quad B \quad \rightarrow C \quad\quad + \quad\quad D$$

Polymath의 회귀분석 프로그램은 CRE 웹사이트에 포함되어 있다. 식 (E5-1.5)를 다시 쓰면 다음과 같다.

$$-\frac{dC_A}{dt} = k'C_A^{\alpha} \tag{E7-2.5}$$

$\alpha \neq 1.0$에 대해서, 초기조건인 $t = 0$일 때, $C_A = C_{A0}$의 값으로 적분하면 다음과 같다.

$$t = \frac{1}{k'}\frac{C_{A0}^{(1-\alpha)} - C_A^{(1-\alpha)}}{(1-\alpha)} \tag{E7-3.1}$$

k'과 α가 주어지거나 추측되었을 때, 식 (7-2.5)는 농도 C_A에 도달하는 데 필요한 시간 t를 계산하기 위해서 풀 수 있거나, 시간 t에서 농도 C_A를 계산할 수 있다. 이 시점에서 두 가지 선택을 할 수 있는데 두 방법 모두 같은 결과를 가져다줄 것이다. $[\sigma^2 = \Sigma(t_{im} - t_{ic})^2]$ 값을 최소화하는 α와 k 값의 조합을 찾거나, 또는 $[\sigma^2 = \Sigma(C_{Aim} - C_{Aic})^2]$ 값을 최소화하는 α와 k 값의 조합을 계산하기 위하여 C_A에 대한 식 (E7-4.3)을 풀 수 있다.

여기서는 전자를 선택하자. 초기 농도 $C_{A0} = 0.05\ \text{mol/dm}^3$을 식 (E7-3.1)에 대입하면

$$t = \frac{1}{k'}\frac{(0.05)^{(1-\alpha)} - C_A^{(1-\alpha)}}{(1-\alpha)} \tag{E7-3.2}$$

CRE 웹사이트(*http://www.umich.edu/~elements/5e/07chap/Example_7-3_Polymath_nonlinear_regression_tutorial.pdf*)에 있는 Polymath의 사용지침서에 표 E7-2.1에 있는 실험 자료를 어떻게 입력하는지에 대한 방법과 어떻게 식 (E7-3.2)의 비선형 회귀분석을 수행하는지에 대한 방법을 스크린샷으로 나타내었다.

$C_{A0} = 0.05\ \text{mol/dm}^3$에서 식 (E7-3.1)은 다음과 같이 된다.

$$t_c = \frac{1}{k'}\frac{(0.05)^{(1-\alpha)} - C_A^{(1-\alpha)}}{(1-\alpha)} \tag{E7-3.3}$$

α와 k'을 얻기 위한 s^2을 최소화하는 것을 원한다.

$$s^2 = \sum_{i=1}^{N}(t_{im} - t_{ic})^2 = \sum_{i=1}^{N}\left[t_{im} - \frac{0.05^{(1-\alpha)} - C_{Aic}^{(1-\alpha)}}{k'(1-\alpha)}\right]^2 \tag{7-25}$$

α와 k'의 대략의 값을 찾기 위한 첫 번째 회귀를 수행하자. 그 다음은 일반적인 절차인 α를 정수로 반올림하고, α를 정수로 설정한 이후에는 k'의 최적값을 구하기 위한 두 번째의 회귀를 수행한다.

표 E7-3.1 1차 회귀분석 결과

POLYMATH Results
Example 7-3.1 Use of Regression to Find Rate Law Parameters 08-05-2004

Nonlinear regression (L-M)

Model: t = (.05^(1-a)-Ca^(1-a))/(k*(1-a))

Variable	Ini guess	Value	95% confidence
a	3	2.04472	0.0317031
k	0.1	0.1467193	0.0164118

Nonlinear regression settings
Max # iterations = 64

Precision

R^2	= 0.9999717
R^2adj	= 0.999966
Rmsd	= 0.2011604
Variance	= 0.3965618

표 E7-3.2 2차 회귀분석 결과

POLYMATH Results
Example 7-3.2 Use of Regression to Find Rate Law Parameters 08-05-2004

Nonlinear regression (L-M)

Model: t = (.05^(1-2)-Ca^(1-2))/(k*(1-2))

Variable	Ini guess	Value	95% confidence
k	0.1	0.1253404	7.022E-04

Nonlinear regression settings
Max # iterations = 64

Precision

R^2	= 0.9998978
R^2adj	= 0.9998978
Rmsd	= 0.3821581
Variance	= 1.1926993

그 결과는 다음과 같이 나타났다.

1차 회귀	2차 회귀
$\alpha = 2.04$	$\alpha = 2.0$
$k' = 0.147\ \text{dm}^3/\text{mol}\cdot\text{min}$	$k' = 0.125\ \text{dm}^3/\text{mol}\cdot\text{min}$

표 E7-3.1에서 보인 것처럼 1차 회귀는 $\alpha = 2.04$임을 알 수 있다. α 값을 반올림하여 반응을 2차로 만들자(예, $\alpha = 2.00$). 표 E7-3.1의 k' 값은 $\alpha = 2.04$에서 구해진 값이기 때문에 α를 2.0에 고정시켜 다시 한 번 회귀분석(표 E7-3.2)을 실시하였다. 다음 식을 회귀분석하면

$$t = \frac{1}{k'}\left[\frac{1}{C_A} - \frac{1}{C_{A0}}\right]$$

2차 회귀분석을 통한 값은 $k' = 0.125\ \text{dm}^3/\text{mol}\cdot\text{min}$이므로 k 값을 계산하면 다음과 같이 된다.

$$k = \frac{k'}{C_{A0}} = 0.25\left(\frac{\text{dm}^3}{\text{mol}}\right)^2/\text{min}$$

분석: 이 예제를 통해 우리는 k'과 α 값을 구하기 위하여 비선형 회귀분석을 이용하는 방법을 보여주었다. 첫 번째 회귀분석을 통해 $\alpha = 2.04$임을 알 수 있었고, α 값을 2.00로 반올림하여 회귀분석을 한 번 더 실시하여 $\alpha = 2.0$에서의 최적의 k' 값은 $k' = 0.125$ $(dm^3/mol)/min$이 되므로, 실제비반응속도상수는 $k = 0.25\ (mol/dm^3)^2/min$이 됨을 알 수 있었다. 예제 7-1과 7-2에서 반응차수는 같은 값을 갖지만, k값은 약 8%가 큰 것에 주목하여라. r^2과 다른 통계는 Polymath의 결과이다.

7.5.2 모델 식별법(Model Discrimination)

각각의 모델에 대해서 제곱합을 비교하고, 작은 값의 제곱합을 갖는 속도식을 선택하거나, F-테스트를 수행함으로써, 어떤 모델 또는 속도식이 실험 자료를 가장 잘 맞추는가를 결정할 수 있다. 그렇지 않으면, 각 모델에 대한 residual plot을 비교할 수도 있다. 이 residual plot들은 오차가 각각의 자료 지점에 관련된 오차를 보여주며, 오차가 불규칙적으로 분포되었는지 또는 경향이 있는지를 살필 수 있다. 오차가 불규칙적으로 분포되었다면 정확한 속도식이 선택되었음을 알 수 있는 또 다른 증거이다. 비선형 회귀분석법을 사용하는 모델 식별법의 예는 CRE 웹사이트의 10장 예제 10-3에 주어졌다.

7.6 미분형반응기로부터의 반응속도 자료

초기 속도법(method of initial rates)과 미분형반응기(differential reactor)를 사용하는 자료 수집은 반응속도가 미리 설정된 초기 반응물의 농도(또는 반응물의 유입농도)에 의하여 반응속도가 결정된다는 점에서 유사한 방법이다. 미분형반응기(PBR)는 일반적으로 농도 또는 분압(partial pressure)의 함수로서 반응속도를 구하는 데 사용된다. 이러한 미분형반응기는 관형반응기에 매우 소량의 촉매를 얇은 웨이퍼(wafer) 또는 원판(disk) 형태로 배치하여 사용한다. 전형적인 배치의 개요를 그림 7-8에 나타내었다. 미분형반응기가 되기 위한 기준은 촉매층에서의 반응물의 전화율이 아주 낮고, 촉매층 전반에 걸쳐서 온도의 변화나 반응물 농도의 변화가 극히 작은 경우이다. 그 결과 반응기 전반에 걸친 반응물의 농도는 거의 일정하며 근사적으로 유입농도와 같은 값을 갖는다. 즉 반응기의 농도구배는 없다고 가정할 수 있으며[4], 반응속도는 촉매층 내에서 공간적으로 일정하다고 볼 수 있다.

실험 자료를 얻는 데 가장 보편적으로 사용되는 촉매반응기

미분형반응기는 상대적으로 저렴한 가격으로 제작할 수 있다. 반응기에서의 낮은 전화율 때문에 단위부피당 열 발생률이 극히 낮아(혹은 비활성 고체로 촉매를 희석하여 열 발생률을 작게 유도) 반응기가 기본적으로 등온 상태로 운전된다. 미분형반응기를 사용하는 경우에는 반응물 기체 또는 액체가 우회(by-pass)나 편류(channeling) 현상이 일어나지 않고 촉매층을 균일하게 통과할 수 있도록 세심한 주의를 필요로 한다. 연구 중에 있는 촉매의 활성이 급격하게 떨어지는 경우에는 미분형반응기가 적절치 않다. 왜냐하면 반응 초기와 반응 후기에서의 반응속도 파라미터가 변하기 때문이다. 다성분계에서 전화

미분형반응기의 한계

4. B. Anderson, ed., *Experimental Methods in Catalytic Research* (San Diego, CA: Academic Press).

율의 변화가 미세할 경우에는 미분형반응기상에서는 생성물의 시료 채취와 분석이 쉽지 않다.

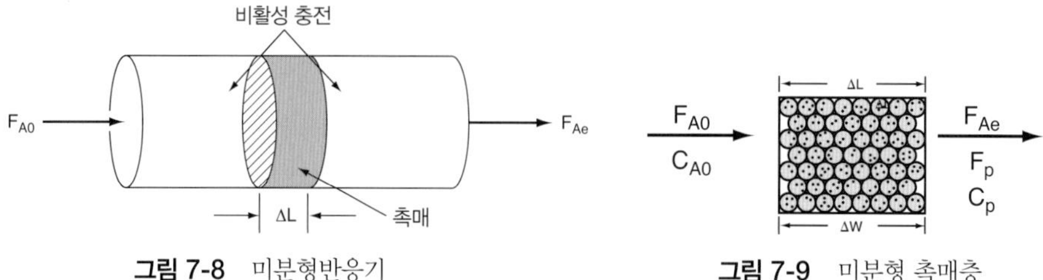

그림 7-8 미분형반응기

그림 7-9 미분형 촉매층

화합물 A가 생성물(P)로 가는 다음과 같은 반응

$$A \rightarrow P$$

에서 촉매층을 통과하는 부피 유속을 입구와 출구의 농도 변화와 함께 측정한다(그림 7-9). 촉매의 무게 ΔW를 알고 있다면 단위촉매무게당 반응속도 $-r'_A$를 계산할 수 있다. 미분형반응기에서는 **농도구배가 없다**(gradientless)고 가정하기 때문에, 설계방정식은 CSTR 설계방정식과 유사해진다. 반응물 A에 대한 정상상태 수지식은 다음과 같다.

$$\begin{array}{ccccccccc} \begin{bmatrix} \text{유입} \\ \text{속도} \end{bmatrix} & - & \begin{bmatrix} \text{유출} \\ \text{속도} \end{bmatrix} & + & \begin{bmatrix} \text{생성속도} \end{bmatrix} & = & \begin{bmatrix} \text{축적속도} \end{bmatrix} \\ [F_{A0}] & - & [F_{Ae}] & + & \left[\left(\dfrac{\text{반응속도}}{\text{촉매질량}}\right)(\text{촉매질량})\right] & = & 0 \\ F_{A0} & - & F_{Ae} & + & (r'_A)(\Delta W) & = & 0 \end{array}$$

아래첨자 e는 반응기 출구를 나타낸다. $-r'_A$에 대해 풀면

$$-r'_A = \frac{F_{A0} - F_{Ae}}{\Delta W} \tag{7-26}$$

또한 몰수지식은 농도 항으로도 나타낼 수 있다.

미분형반응기 설계방정식

$$\boxed{-r'_A = \frac{\upsilon_0 C_{A0} - \upsilon C_{Ae}}{\Delta W}} \tag{7-27}$$

전화율 또는 생성물의 몰유량 F_P의 항으로도 나타낼 수 있다.

$$\boxed{-r'_A = \frac{F_{A0}X}{\Delta W} = \frac{F_P}{\Delta W}} \tag{7-28}$$

A와 P의 양론계수가 일치할 때, $F_{A0}X$ 항은 생성물의 생성속도 F_P와 같아진다. 이 경우가 아닐 경우, 식 (7-28)을 조정해야 한다.

부피유량이 일정할 경우에 식 (7-29)은 다음과 같이 된다.

$$-r'_A = \frac{\upsilon_0 (C_{A0} - C_{Ae})}{\Delta W} = \frac{\upsilon_0 C_P}{\Delta W} \tag{7-29}$$

따라서, 반응속도 $-r'_A$는 생성물농도 C_P를 측정하여 구할 수 있다는 것을 알 수 있다.

극소량의 촉매 상에서 반응물의 부피유량을 증가시키면 농도 차$(C_{A0} - C_{Ae})$를 매우 작게 할 수 있다. 식 (7-29)로부터 얻어지는 반응속도식은 입구농도를 변화시킴으로써 촉매층에서의 반응물농도 C_{Ab}의 함수로 얻을 수 있다.

$$-r'_A = -r'_A(C_{Ab}) \tag{7-30}$$

촉매층 안에서의 A의 농도 C_{Ab}는 입구와 출구 농도를 산술평균하여 근사적으로 계산할 수도 있다.

$$C_{Ab} = \frac{C_{A0} + C_{Ae}}{2} \tag{7-31}$$

그러나 촉매층에서의 반응 정도는 극히 미미하므로 촉매층의 농도는 원칙적으로 초기입구에서의 농도와 거의 같다. 즉

$$C_{Ab} \approx C_{A0}$$

따라서 $-r'_A$는 C_{A0}의 함수이다.

$$-r'_A = -r'_A(C_{A0}) \tag{7-32}$$

초기 속도법(method of initial rates)의 경우(CRE 웹사이트 *http://www.umich.edu/~elements/5e/software/nonlinear_regression_tutorial.pdf* 참조)와 같은 여러 가지 수치적, 도식적 방법을 사용하여 속도식에 대한 적절한 대수식을 결정할 수 있다. 유체-고체 반응계에 대한 속도 수집은 미분형반응기에서 물질전달한계(mass transfer limitation)를 피하기 위한 높은 유속과 작은 입자크기의 촉매를 사용하여야만 한다. 만일 자료가 낮은 활성화 에너지, 말하자면 8 kcal/mol 정도 갖는 1차반응으로 나타나면 자료는 물질전달한계 영역에서 수집되었다고 의심해 봐야 한다. 앞으로 한계와 이들을 피해 가는 방법에 관하여 제10장과 CRE 웹사이트의 PDF 14장, 15장에서 다룰 것이다.

예제 7-4 촉매반응 자료를 얻기 위한 미분형반응기의 사용

니켈 촉매를 이용한 일산화탄소와 수소로부터 메탄을 합성하는 연구가 푸슬리(Pursley)[5]에 의하여 수행되었다.

$$3H_2 + CO \rightarrow CH_4 + H_2O$$

이 반응은 메탄의 출구 농도가 측정이 가능한 미분형반응기에서 500°F로 수행되었다. 실험 자료는 표 E7-4.1에 나와 있다.

5. J. A. Pursley, "An Investigation of the Reaction between Carbon Monoxide and Hydrogen on a Nickel Catalyst above One Atmosphere," Ph.D. thesis, University of Michigan.

P_{H_2}는 실험 1, 2, 3 에서 일정.
P_{CO}는 실험 4, 5, 6 에서 일정.

표 E7-4.1 실험 자료(raw data)

실험	P_{CO} (atm)	P_{H_2} (atm)	C_{CH_4}(mol/dm³)
1	1	1.0	1.73×10^{-4}
2	1.8	1.0	4.40×10^{-4}
3	4.08	1.0	10.0×10^{-4}
4	1.0	0.1	1.65×10^{-4}
5	1.0	0.5	2.47×10^{-4}
6	1.0	4.0	1.75×10^{-4}

촉매 10 g이 충전되어 있는 미분형 충전층의 출구에서의 부피유량은 각 실험에 대해서 300 dm³/min으로 유지된다. H_2와 CO의 분압은 반응기의 입구에서 결정되고 메탄의 농도는 반응기의 출구에서 측정된다. 속도법칙과 속도식 파라미터를 결정하여라. 속도법칙과 파라미터를 어떻게 결정하는지를 더 잘 이해할 수 있도록 아래에 나타낸 것처럼 풀이를 세 부분으로 나눌 것이다.

(a) 반응속도를 출구의 메탄 농도와 연관시켜 보아라. 반응속도식은 CO 분압의 함수 $f(CO)$와 H_2 분압의 함수 $g(H_2)$의 곱으로 가정한다.

$$r'_{CH_4} = f(CO) \cdot g(H_2) \tag{E7-4.1}$$

(b) (a)를 통해 생성된 자료를 이용하여 속도식이 일산화탄소의 함수임을 밝혀라. 다음과 같이 r'_{CH_4}가 P_{CO}에 의존하는 함수 형태로 가정하여라.

$$r'_{CH_4} \sim P_{CO}^{\alpha} \tag{E7-4.2}$$

(c) 일산화탄소와 수소 분압의 함수로서 반응속도식의 표를 만들고 속도식을 H_2의 함수로서 정하여라.

풀이

(a) 반응속도의 계산. 이 예제에서는 반응물의 농도보다는 생성물의 조성을 측정하고 있다. $(-r'_{CO})$는 반응으로부터 얻어진 메탄의 유량 항으로 나타낼 수 있다.

$$-r'_{CO} = r'_{CH_4} = \frac{F_{CH_4}}{\Delta W}$$

메탄의 부피유량과 농도 항으로 F_{CH_4}를 대치하면

$$r'_{CH_4} = \frac{\upsilon_0 C_{CH_4}}{\Delta W} \tag{E7-4.3}$$

υ_0, C_{CH_4} 그리고 ΔW는 각 실험에서 알고 있는 항이기 때문에, 반응속도를 계산할 수 있다.

실험 1에 대해:

$$r'_{CH_4} = \left(\frac{300\ \text{dm}^3}{\text{min}}\right)\frac{1.73 \times 10^{-4}}{10\ \text{g-cat}}\ \text{mol/dm}^3 = 5.2 \times 10^{-3}\ \frac{\text{mol CH}_4}{\text{g-cat} \times \text{min}}$$

실험 2부터 6까지의 반응속도는 유사한 방법으로 계산할 수 있다(표 E7-4.2).

표 E7-4.2 실험 자료(raw data)와 계산된 자료

실험	P_{CO} (atm)	P_{H_2} (atm)	C_{CH_4}(mol/dm³)	$r'_{CH_4}\left(\frac{\text{mol CH}_4}{\text{g-cat}\cdot\text{min}}\right)$
1	1.0	1.0	1.73×10^{-4}	5.2×10^{-3}
2	1.8	1.0	4.40×10^{-4}	13.2×10^{-3}
3	4.08	1.0	10.0×10^{-4}	30.0×10^{-3}
4	1.0	0.1	1.65×10^{-4}	4.95×10^{-3}
5	1.0	0.5	2.47×10^{-4}	7.42×10^{-3}
6	1.0	4.0	1.75×10^{-4}	5.25×10^{-3}

(b) 속도식의 CO 의존성 결정. 수소의 농도가 일정한 상태(실험 1, 2, 3)에서 반응속도

$$r'_{CH_4} = kP_{CO}^{\alpha}\cdot g(P_{H_2})$$

는 다음 식으로 쓸 수 있다.

$$r'_{CH_4} = k'P_{CO}^{\alpha} \tag{E7-4.4}$$

식 (E7-4.4)에 로그를 취하면

$$\ln(r'_{CH_4}) = \ln k' + \alpha \ln P_{CO}$$

H_2의 농도가 일정한 실험 1, 2, 3을 사용하여 ln P_{CO}에 따른 ln (r'_{CH_4})를 그림 E7-4.1에 플롯한다. Excel 플롯으로부터 $\alpha = 1.22$이다.

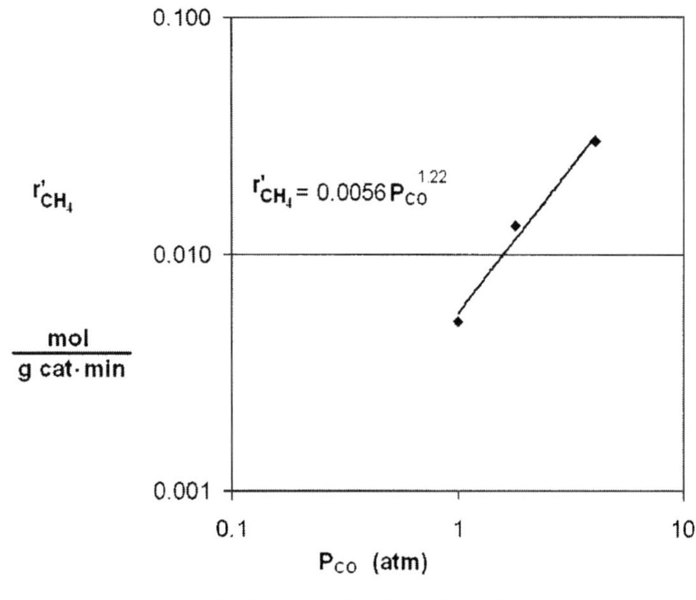

그림 E7-4.1 농도함수로서 반응속도

더 많은 자료(여기에서 주어지지 않은)를 사용한다면, $\alpha = 1$ 값을 얻을 수 있을 것이다.

보다 많은 자료를 포함시키면, 이 반응이 기본적으로 $\alpha = 1$인 1차반응임을 알게 되었다. 즉

$$-r'_{CO} = k'P_{CO} \tag{E7-4.5}$$

H_2 분압이 일정한 처음 세 개의 자료로부터, 반응속도가 CO 분압에 선형적임을 알 수 있었다.

$$r'_{CH_4} = k'P_{CO} \cdot g(H_2)$$

여기서 수소의존성을 알아보자.

(c) H_2의 의존성에 대한 반응속도식 결정. 표 E7-4.2는 P_{H_2}의 변화에 따른 r'_{CH_4}의 관계가 지수법칙(power law)을 따르지 않는다는 것을 보여주고 있다. 실험 4와 5, 실험 5와 6을 비교하면 반응속도는 수소의 분압이 증가함에 따라 처음에는 증가하다가, P_{H_2}가 계속 증가하면 감소되는 경향이 있다는 것을 알 수 있다. 이것은 반응속도가 수소의 농도에 따라 최고점이 있다는 것을 보여주는 것이다. 이러한 관찰에 일치하는 반응속도식을 다음과 같이 정리할 수 있다.

P_{H_2}의 함수로서 r'_{CH_4}의 스케치

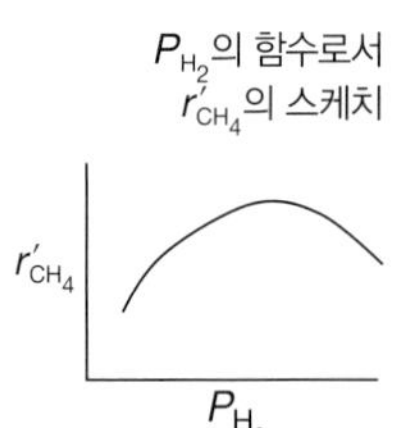

1. P_{H_2}가 증가함에 따라 r'_{CH_4}가 증가하는 영역인 H_2의 농도가 낮은 영역에서의 속도식은 다음과 같다.

$$r'_{CH_4} \sim P_{H_2}^{\beta_1} \tag{E7-4.6}$$

2. P_{H_2}가 증가함에 따라 r'_{CH_4}가 감소하는 H_2의 농도가 높은 영역에서의 속도식은 다음과 같다.

$$r'_{CH_4} \sim \frac{1}{P_{H_2}^{\beta_2}} \tag{E7-4.7}$$

반응속도 자료가 수소 농도가 높은 영역이나 낮은 영역 모두를 일치시키는 하나의 반응속도식을 구하고자 한다. 제10장의 불균일반응을 학습한 이후, 식 (E7-4.6)과 (E7-4.7)의 두 식을 조합하여 다음과 같이 쓸 수 있음을 알 수 있다.

$$r'_{CH_4} \sim \frac{P_{H_2}^{\beta_1}}{1 + bP_{H}^{\beta_2}} \tag{E7-4.8}$$

반응물의 농도 또는 분압의 항으로 구성되어 있는 분수 형태의 위 식은 **불균일 촉매반응**에서 일반적으로 사용되는 것으로 제10장에서 배우게 될 것이다.

최종적으로 얻어지는 반응속도식 (E7-4.8)이 관찰된 반응속도와 정성적으로 일치하는지 아닌지를 보자.

1. 조건 1 : 낮은 P_{H_2}에서 $[b(P_{H_2})^{\beta_2} \ll 1]$, 식 (E7-4.8)은 다음과 같이 환원된다.

$$r'_{CH_4} \sim P_{H_2}^{\beta_1} \tag{E7-4.9}$$

식 (E7-4.9)는 실험 4와 5를 비교하면 경향이 일치한다.

2. 조건 2 : 높은 P_{H_2}에서 $[b(P_{H_2})^{\beta_2} \gg 1]$, 식 (E5-5.8)은 다음과 같이 환원된다.

$$r'_{CH_4} \sim \frac{(P_{H_2})^{\beta_1}}{(P_{H_2})^{\beta_2}} \sim \frac{1}{(P_{H_2})^{\beta_2 - \beta_1}} \qquad \text{(E7-4.10)}$$

여기서 $\beta_2 > \beta_1$이다, 식 (E7-4.10)은 실험 5와 6을 비교하면 경향이 일치한다.

식 (E7-4.8)과 (E7-4.5)를 결합하면

비균일 촉매반응의 속도식에 대한 전형적인 형태

$$r'_{CH_4} = \frac{aP_{CO}P_{H_2}^{\beta_1}}{1 + bP_{H_2}^{\beta_2}} \qquad \text{(E7-4.11)}$$

이제 a, b, β_1, β_2의 파라미터값을 구하기 위하여 Polymath 회귀분석 프로그램을 사용한다. 그 결과를 표 E7-4.3에 나타내었다.

Polymath와 Excel 회귀분석 지침은 CRE 웹사이트 제7장 요약노트에 주어져 있다.

표 E7-4.3 1차 회귀분석

POLYMATH Results
No Title 01-31-2004

Nonlinear regression (L-M)

Model: Rate = a*Pco*Ph2^beta1/(1+b*Ph2^beta2)

Variable	Ini guess	Value	95% confidence
a	1	0.0252715	0.4917749
beta1	1	0.6166542	6.9023286
b	1	2.4872569	68.002944
beta2	1	1.0262047	3.2344414

Nonlinear regression settings
Max # iterations = 64

이에 상응하는 속도식은 다음과 같다.

$$r'_{CH_4} = \frac{0.025P_{CO}P_{H_2}^{0.61}}{1 + 2.49P_{H_2}} \qquad \text{(E7-4.12)}$$

식 (E7-4.12)로 주어진 속도식을 있는 그대로 사용할 수 있다. 그러나 오직 6개의 자료 측정점밖에 없어서 더 광범위한 부분압(partial pressures) 영역까지 외삽시킨 속도식에 대해서는 걱정해야 한다. 우리는 여기서 보다 많은 자료를 취하거나 또는 불균일반응에 대한 제10장에서 다른 형태의 이론적 해석 방법을 수행할 수 있게 된다. 만일 촉매 표면에서 수소가 해리 흡착한다면 반응속도의 수소의존성은 ½의 제곱 항으로 될 것이다. 0.61이 0.5에 가까우므로 $\beta_1 = ½$, $\beta_2 = 1.0$으로 다시 놓고 자료를 다시 회귀분석한다. 표 E7-4.4는 그 결과이다.

표 E7-4.4 2차 회귀분석

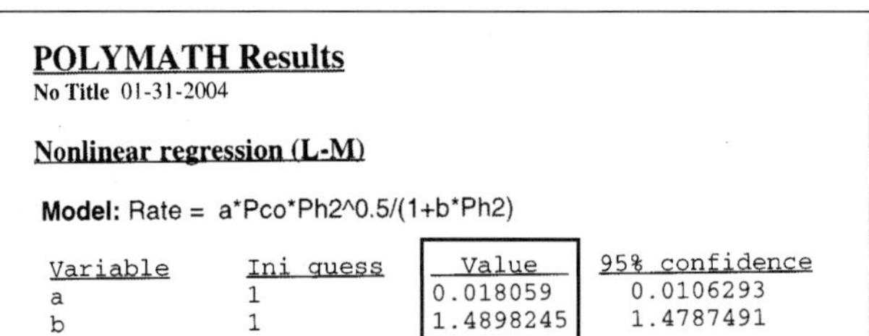

POLYMATH Results

No Title 01-31-2004

Nonlinear regression (L-M)

Model: Rate = a*Pco*Ph2^0.5/(1+b*Ph2)

Variable	Ini guess	Value	95% confidence
a	1	0.018059	0.0106293
b	1	1.4898245	1.4787491

참고: Polymath에 이 예제를 입력하는 방법에 대한 지침은 아래 웹사이트 *http://www.umich.edu/~elements/5e/software/nonlinear_regression_tutorial.pdf*에서 찾을 수 있다.

그 결과 속도식은 다음과 같다.

$$r'_{CH_4} = \frac{0.018 P_{CO} P_{H_2}^{1/2}}{1 + 1.49 P_{H_2}}$$

여기서 r'_{CH_4}의 단위는 (mol/g-cat·s)이고 부분압의 단위는 (atm)이다.

$\beta_1 = ½$과 $\beta_2 = 1.0$으로 놓고 식 (E7-4.11)을 다시 정리하면

속도식 파라미터 결정을 위한 속도식의 선형화

$$\frac{P_{CO} P_{H_2}^{1/2}}{r'_{CH_4}} = \frac{1}{a} + \frac{b}{a} P_{H_2} \tag{E7-4.13}$$

P_{H_2}의 함수로서 $P_{CO} P_{H_2}^{1/2} / r'_{CH_4}$의 플롯은 기울기가 b/a, 절편이 $1/a$인 직선이어야만 한다. 그림 E7-4.2의 플롯에서 속도식이 실험 자료와 잘 일치하는 것을 알 수 있다.

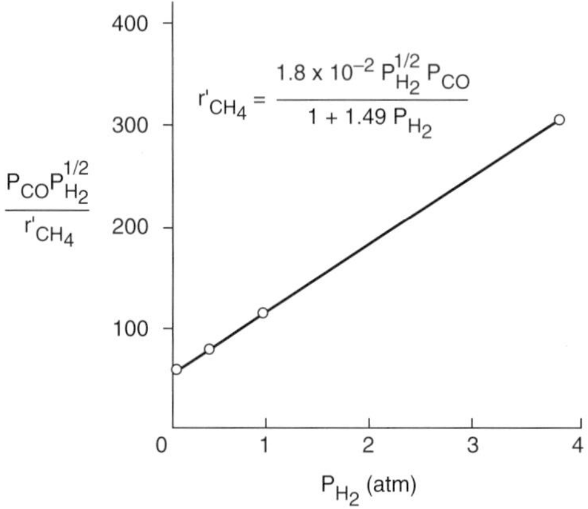

그림 E7-4.2 실험 자료의 선형화 플롯

분석: 이 예제에서의 반응속도 자료는 정상상태에서 얻어진 것들이며, 분석으로 적분법이나 미분법이 사용될 수 없는 상황에서의 결과이다. 이 예제의 목적은 속도식을 도출해 내는 것이며, 또한 회귀분석을 통해 속도식의 파라미터를 계산하는 것이다. 파라미터값을 구한 후에는, 그림 (E7-4.2)와 같이 자료를 하나의 선으로 그리기 위하여 속도식을 어떻게 직선화[예, 식 (E7-4.13)]하는지를 보여주었다.

7.7 실험 계획

실험실에서 4주에서 6주는 도서관에서 한 시간을 절약할 수 있다.
—G. C. Quarderer, 다우케미컬주식회사

지금까지 이 장에서는 반응속도 자료를 해석하는 여러 가지 방법을 제시하였다. 각각의 방법들의 특성을 이해하는 것만큼 각 방법을 사용해야 하는 상황을 아는 것도 중요하다. 확장자료와 CRE 웹사이트(*http://www.umich.edu/~elements/5e/07chap/prof-7-5.html*)의 **전문 참고자료 서고**에서, 반응기 설계에 필요한 반응속도 자료를 도출하기 위한 체계적인 실험 계획을 세우는 방법에 대해 개략 전략(thumbnail sketch)만을 제시한다. 보다 자세한 내용에 대해서는 박스(Box)와 헌터(Hunter)의 저서와 논문을 참조하여라[6].

마무리. 이 장을 공부한 후 독자들은 도식법이나 수치해석법은 물론 패키지 프로그램을 이용하여 속도식과 속도 파라미터를 결정하기 위하여 자료를 해석할 수 있어야 한다. 비선형 회귀분석법은 파라미터를 결정하기 위하여 속도–농도 자료를 해석하는 가장 편리한 방법이다. 그러나 도식 미분(graphical differentiation)과 같은 다른 방법들은 자료의 불일치에 대한 "감(feel)"을 갖는 데 도움을 준다. 당신은 σ^2이 가짜 최소값(false minimum)에 다다르지 않았다는 것을 확인하기 위하여 비선형 회귀분석법을 사용하는 데 세심한 주의가 필요하다. 결론적으로 자료 분석을 위하여 한 가지 방법보다는 그 이상의 방법을 사용하는 것을 권한다.

---

6. G. E. P. Box, W. G. Hunter, and J. S. Hunter, *Statistics for Experimenters: An Introduction to Design, Data Analysis, and Model Building* (New York: Wiley, 1978).

요 약

1. 적분법:
   a. 반응차수를 추측하고 몰수지식을 적분하여라.
   b. 자료에 대한 농도의 결과 함수를 계산하고, 이를 시간의 함수로 플롯하여라. 결과 플롯이 직선이면 추측한 반응차수는 맞는 것이다.
   c. 만약 플롯이 직선이 아니라면, 또 다른 차수를 추측하고 과정을 반복하여라.
2. 정용계의 미분법:

$$-\frac{dC_A}{dt} = kC_A^\alpha \tag{S7-1}$$

   a. t의 함수로 $-\Delta C_A/\Delta t$를 플롯하여라.
   b. 이 플롯에서 $-dC_A/dt$를 구하여라.
   c. 아래 방정식을 얻기 위하여 식 (S7-1)의 양변에 ln을 취하여라.

$$\ln\left(-\frac{dC_A}{dt}\right) = \ln k + \alpha \ln C_A \tag{S7-2}$$

   ln $(-dC_A/dt)$ 대 ln C_A에 대한 플롯을 하여라. 기울기가 반응차수 α일 것이다. 시간과 농도의 함수로 $(-dC_A/dt)$를 구하기 위해서 유한미분공식(finite-difference formulas)이나 소프트웨어 패키지를 사용할 수 있다.
3. 비선형 회귀분석법: 측정된 반응속도와 선택된 파라미터값으로 계산된 반응속도와의 차이의 제곱합을 최소화시키는 속도식의 파라미터를 찾아라. N번의 실험 수행과 K개의 파라미터를 결정하기 위하여 Polymath를 사용하여라.

$$\sigma^2 = \sum_{i=1}^{N} \frac{[P_i(\text{measured}) - P_i(\text{calculated})]^2}{N-K} \tag{S7-3}$$

$$s^2 = \sum_{i=1}^{N} (t_{im} - t_{ic})^2 = \sum_{i=1}^{N} \left[t_{im} - \frac{C_{A0}^{1-\alpha} - C_{Ai}^{1-\alpha}}{k(1-\alpha)} \right]^2 \tag{S7-4}$$

   주의: 초기값을 변화시켜 σ^2의 가짜 최소값(false minimum)을 피하도록 하여라.
4. 미분형반응기의 모델화:
   반응속도는 다음 식에 의해 계산된다.

$$-r'_A = \frac{F_{A0}X}{\Delta W} = \frac{F_P}{\Delta W} = \frac{\upsilon_0(C_{A0} - C_{Ae})}{\Delta W} = \frac{C_P\upsilon_0}{\Delta W} \tag{S7-5}$$

   반응차수 α를 계산하는 데에

$$-r'_A = kC_A^\alpha$$

   A의 농도는 입구 조건에서 또는 C_{A0}와 C_{Ae}의 평균값 중의 어느 하나에서 계산한다. 그러나 다음 식과 같은 지수법칙 모델은

$$-r'_A = kC_A^\alpha C_B^\beta \tag{S7-6}$$

   불균일반응 속도식을 구하는 데 최적의 방법은 아니다. 전형적으로 아래와 같거나 유사한 형태의 식을 취한다.

$$-r'_A = \frac{kP_A P_B}{1 + K_A P_A + K_B P_B}$$

여기서 속도식의 분자와 분모에 반응물의 분압이 포함된다.

CRE 웹사이트 자료

- **확장자료**(*http://umich.edu/~elements/5e/07chap/expanded.html*)
  1. 실험실 반응기의 평가
     (*http://umich.edu/~elements/5e/07chap/expanded_ch07_labReactor.pdf*)
  2. 반응기 순위의 요약, 기-액, 분쇄 촉매 비활성화 촉매 시스템
     (*http://umich.edu/~elements/5e/07chap/expanded_ch07_labReactor.pdf*)
  3. 실험 계획(*http://umich.edu/~elements/5e/07chap/prof-7-5.html*)
  4. 추가 숙제 문제(웹에서: *http://umich.edu/~elements/5e/07chap/expanded_ch07_homeproblem.pdf*)
     (추가 문제: *http://umich.edu/~elements/5e/07chap/add.html*)
- **학습자료**(*http://umich.edu/~elements/5e/07chap/learn.html*)
  1. 요약노트(*http://umich.edu/~elements/5e/07chap/summary.html*)
  2. 자체테스트(*http://umich.edu/~elements/5e/07chap/add.html*)
     A. 연습문제(*http://umich.edu/~elements/5e/07chap/add.html*)
     B. i>clicker 질문(*http://umich.edu/~elements/5e/07chap/iclicker_ch7_q1.html*)
  3. 대화형 컴퓨터 게임(*http://umich.edu/~elements/5e/icm/index.html*)
     A. 생태학(*http://umich.edu/~elements/5e/icm/ecology.html*)

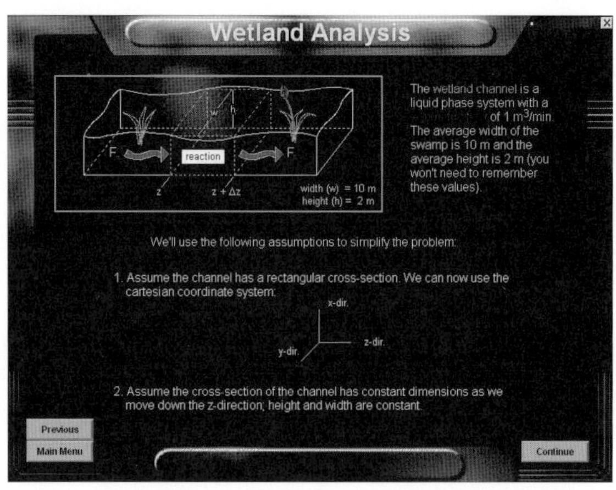

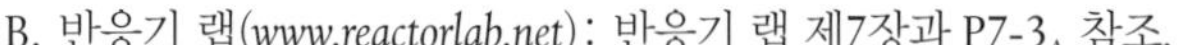

     B. 반응기 랩(*www.reactorlab.net*): 반응기 랩 제7장과 P7-3_A 참조.
  4. 풀이된 문제
     A. 예제: 압력-시간 자료의 미분해석법
     (*http://umich.edu/~elements/5e/07chap/pdf/excd5-1.pdf*)
     B. 예제: 압력-시간 자료의 적분해석법
     (*http://umich.edu/~elements/5e/07chap/pdf/excd5-2.pdf*)

C. 예제: 산소공급 혈액
(*http://umich.edu/~elements/5e/07chap/learn-cdp7-bb.html*)

- **실전 예제 문제**

1. 예제 7-3 속도식의 파리미터 값을 구하기 위한 회귀분석법의 이용
(*http://umich.edu/~elements/5e/07chap/live.html*)
2. 7-3 비선형 회귀의 지침
3. 7-4 비선형 회귀의 지침
4. LEP 지침: Polymath에 회귀분석을 로딩하기
5. 다항식 곡선에 실험 자료의 회귀 맞춤

- **FAQ[자주 묻는 질문]**–업데이트/FAQ 아이콘
(*http://umich.edu/~elements/5e/07chap/faq.html*)
- **전문 참고자료 서고**(*http://umich.edu/~elements/5e/07chap/prof.html*)

참고자료 서고

R7.1 초기속도법(*http://umich.edu/~elements/5e/07chap/prof-7-1.html*)

R7.2 반감기법(*http://umich.edu/~elements/5e/07chap/prof-7-2.html*)

R7.3 선형화된 속도식의 가중최소자승법의 분석
(*http://umich.edu/~elements/5e/07chap/pdf/leastsquares.pdf*)
CRE 웹사이트에는 아래 속도식을

$$-r_A = kC_A^{\alpha}\ C_B^{\beta}$$

선형화시키는 방법을 설명하고 있다.

$$\ln(-r_A) = \ln k + \alpha \ln C_A + \beta \ln C_B$$

다음 형태로 식을 놓으면

$$Y = a_0 + \alpha X_1 + \beta X_2$$

α, β, k 값을 구하기 위하여 이용된다. 반도체 MnO_2의 에칭공정에 이 기법을 설명하는 예로 활용된다.

R7.4 가중최소자승법(weighted least squares)의 설명
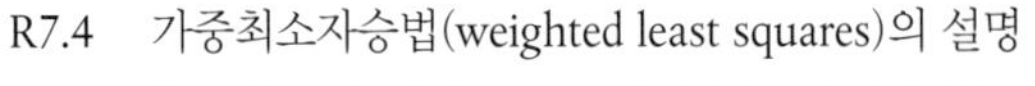
(*http://umich.edu/~elements/5e/07chap/prof-7-4.html*)
측정값의 오차가 일정하지 않은 경우 가중최소자승법을 활용한다.

R7.5 실험 계획(*http://umich.edu/~elements/5e/07chap/prof-7-5.html*)
A. 왜 실험을 수행하는가?
B. 파라미터는 정확하게 선택하였는가?
C. 실험 변수들의 범위는 얼마인가?
D. 측정을 반복할 수 있는가? (정확성)
E. 자료를 최대한 활용하여라.
F. 이론으로 증명될 때까지 실험을 믿지 마라.
G. 결과에 대하여 누구에게나 발표하여 검증하여라.

R7.6 실험실 반응기 평가(*http://umich.edu/~elements/5e/07chap/prof-7-6.html*)

질문과 문제

각 문제의 아래첨자는 난이도를 나타낸다. A는 가장 쉬운 문제, B는 비교적 어려운 문제, C는 꽤 어려운 문제, D는 가장 어려운 문제.

A = ● B = ■ C = ◆ D = ◆◆

숙제 문제

■ 질문

Q7-1$_A$ **i>clicker.** 웹사이트(*http://www.umich.edu/~elements/5e/07chap/iclicker_ch7_q1.html*)를 방문하여 적어도 5개의 i>clicker 질문을 둘러보아라. 다음 시험에 포함되도록 그대로 사용할 수 있거나 변형할 수 있는 질문 하나를 골라라. 반대의 경우를 고려할 수도 있다. 즉, 왜 다음 시험에 그 질문이 있어서는 안 되는지를 설명하는 것이다. 어떤 경우든지, 당신의 이유를 설명하여라.

Q7-2$_A$ **(a)** CRE 웹 사이트의 오디오 🎧를 듣고 하나를 꺼내어 왜 그것을 삭제할 수 있는지 설명하여라.

(b) 제7장 학습자료를 기초로 한 독창적인 문제를 만들어 보아라.

(c) 재료 구매비 500달러 이하의 비용으로 꾸밀 수 있는 화학반응공학의 원리를 시연할 수 있는 학부생 실험실의 실험을 설계하여라. (1998년 AIChE 국가 학생 지부 경시대회) 규칙은 CRE 웹사이트에 주어져 있다(**역자 주 |** AIChE : American Institute of Chemical Engineers, 미국화학공학회).

(d) **K-12 실험.** 서로 다른 화분에 씨를 심어라(옥수수가 잘 자람). 각 화분의 식물과 토양은 서로 다른 조건에 있을 것이다. 시간과 비료 농도 조건에 따라 식물의 키를 측정하여라. 다른 변수로 빛, pH, 실내온도 등이 작용할 수 있다(상급학교나 고등학교 과학실험계획).

창의적 사고

Q7-3$_B$ **예제 7-1.** C_B를 상수화하는 것에 대하여 생기는 오류는 무엇이며, k 값을 계산하는 데 있어서 허용치는 무엇인가? (예, $k = 0.24 \pm ?$)

Q7-4$_A$ **예제 7-3.** k'과 k를 구하기 위해 왜 회귀분석을 두 번 수행해야만 하는지 설명하여라.

■ 컴퓨터 시뮬레이션과 실험

P7-1$_A$ **(a)** **예제 7-4 : 회귀분석**

자료를 회귀분석하여 속도식을 완성하여라.

$$r_{CH_4} = kP_{CO}^{\alpha} P_{H_2}^{\beta}$$

예제 7-4에 주어진 값들과 비교하여 상관관계와 제곱합의 차이는 얼마인가? 왜 표 E7-4.3을 일단 구하고, 표 E7-4.4를 다시 한 번 구한 것처럼 두 번의 회귀분석이 필요한가?

■ 대화형 컴퓨터 게임

P7-2$_A$ CRE 웹사이트 *http://www.umich.edu/~elements/5e/icm/ecology.html*에서 대화형 컴퓨터 게임(ICG)을 내려받아라. 이 게임을 실행하고 수행번호(performance number)를 기록하여라. 수행번호는 그 내용을 얼마나 이해하는가에 대한 숙달정도(mastery)를 나타낸다. 수행번호를 해독할 수 있는 열쇠는 여러분의 교수님이 가지고 있다.

ICG 생태학 수행번호 # ______________

P7-3$_A$ 웹사이트 *www.reactorlab.net*의 헤르츠 교수의 **반응기 랩**(Reactor Lab)을 방문하여라. Division 1의 (a) 하나의 퀴즈 또는 (b) 두 개의 퀴즈를 풀어라. 처음 실험실(lab)을 접했을 때 모든 입력값과 그들이 변할 수 있음을 알 수 있다. 실험실에서 navigation bar에서 Quiz 버튼을 클릭하여 그 실험실의 퀴즈 항으로 들어가라. 어떤 퀴즈에서는 몇 개의 입력값은 볼 수 없다. 숨겨진 값 "???"를 찾아야 한다. 그 퀴즈에서 실험을 수행하고 미지의 값을 구하기 위하여

자료를 해석하여라. E와 k와 관련된 방정식들에 대해서는 *www.reactorlab.net*의 Example Quiz 페이지의 아래쪽을 참조하여라. 다음 "???"를 클릭하여 값을 넣어라. 당신의 답은 정답의 20% 범위 내에서는 인정받을 것이다. 무작위의 실험보다는 오히려 실험 학습을 설계하는 것을 강조하기 위하여 점수계산(scoring)은 가상의 달러(imaginary dollar)로 한다. 매번 퀴즈에 들어갈 때마다 새로운 미지의 값이 주어진다. 같은 단계에서 빠져나온 마치지 못한 퀴즈에 다시 들어가려면 사용설명서 항목의 정보버튼 [i]를 클릭한다. 작업자료, 분석작업, 예산보고서를 제출하여라.

■ 문제

P7-4$_A$ 동맥혈이 조직 모세혈관으로 들어갈 때, 이 그림과 같이 산소와 이산화탄소를 환경과 교환한다.

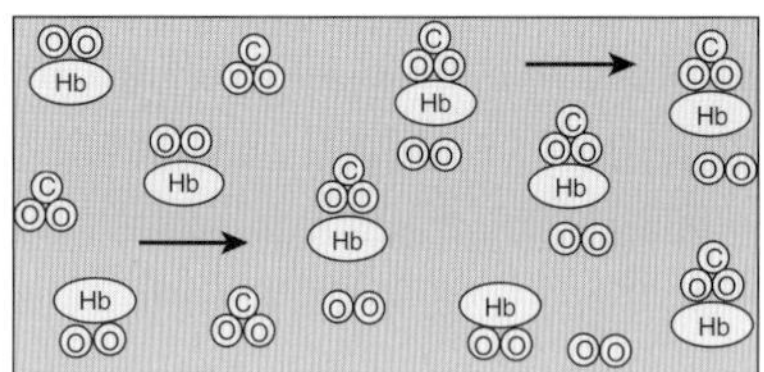

혈액 속의 헤모글로빈의 이러한 탈산소반응(deoxygenation)의 속도론은 Nakamura와 Staub의 **관형반응기** 도움으로 연구되었다(*J. Physiol.*, 173, 161).

$$HbO_2 \underset{k_{-1}}{\overset{k_1}{\rightleftarrows}} Hb + O_2$$

이는 가역반응이지만, 분해의 초기단계에서 측정하여 역반응은 무시할 수 있다. Nakamura와 Staub가 사용하는 시스템과 유사한 시스템을 고려하여라: 산소 전극을 튜브 하류로 5 cm 간격으로 배치한 관형반응기(직경 0.158 cm)로 용액이 도입된다. 반응기로 도입되는 용액의 유량은 19.6 cm^3/s이고 $C_{A0} = 2.33 \times 10^{-6}$ mol/cm^{3}이다.

전극의 위치	1	2	3	4	5	6	7
HbO_2의 분해(%)	0.00	1.93	3.82	5.68	7.48	9.25	11.00

(a) 속도 데이터의 미분해석법을 사용하여 헤모글로빈의 탈산소반응에 대한 반응차수 및 정반응의 비반응속도상수 k_1을 결정하여라.

(b) 회귀분석을 사용하여 반복하여라.

P7-5$_A$ 비가역 이성질체화 반응

$$A \longrightarrow B$$

이 **회분식반응기**에서 진행되어, 다음과 같이 농도–시간 자료를 얻었다.

t (min)	0	5	8	10	12	15	17.5	20
C_A (mol/dm^3)	4.0	2.25	1.45	1.0	0.65	0.25	0.06	0.008

반응차수 α와 적절한 단위를 갖는 비반응속도 *k*를 구하여라.

P7-6$_B$ 액상 비가역반응

$$A \rightarrow B + C$$

이 CSTR에서 수행된다. 반응속도식을 구하기 위하여 실험 변수로 부피유량 υ_0(여기서 $\tau = V/\upsilon_0$)를 변화시키고 A의 유출농도를 공간시간 τ의 함수로 측정 기록한다. 농도가 2 mol/dm^{3}인 순수한 A가 반응기로 들어간다. 정상상태에서 측정한 값은 다음과 같다.

실험	1	2	3	4	5
τ (min)	15	38	100	300	1200
C_A (mol/dm³)	1.5	1.25	1.0	0.75	0.5

(a) 반응차수와 비반응속도상수를 구하여라.

(b) 속도식을 결정하기 위하여 이 실험을 반복한다면 어떤 다른 실험을 해야 하는가? 더 높은 온도, 더 낮은 온도 또는 같은 온도에서 실험을 해야 하는가? 다른 실험 자료를 얻을 필요성이 있다면 어디에서 측정해야 하는가? (예, τ)

(c) 기능원이 농도측정 실험 중 하나를 실수하여 10배 희석하여 실험 자료에 오차가 발생했다. 어떻게 생각하는가? 도식법(graphical methods)에서 얻어진 결과와 회귀분석(Polymath 또는 다른 소프트웨어)에서 얻어진 결과를 어떻게 비교하겠는가?

참고: 모든 측정 자료는 정상상태 조건에서 얻은 것이다. 주의하여라; 이 문제는 교활하다.

P7-7$_A$ 아래 반응

$$A \rightarrow B + C$$

이 정용 회분식반응기에서 수행되어 시간에 따른 농도 측정이 이루어졌다.

t (min)	0	5	9	15	22	30	40	60
C_A (mol/dm³)	2	1.6	1.35	1.1	0.87	0.70	0.53	0.35

(a) 비선형 최소자승법(즉, 회귀법)과 또 다른 방법을 사용하여, 반응차수 α와 비반응속도상수 k를 구하여라.

(b) Nicolas Bellini는 더 많은 자료를 얻는다면 어느 점들을 더 취해야 하는지를 알고 싶어 한다.

(c) Jofostan대학의 스벤 코틀로프 박사는 항상 학생들에게 질문한다. 속도식을 결정하기 위해 이 실험을 반복한다면 무엇을 다르게 할 것인가? 더 높은 온도에서 실험할 것인가, 아니면 더 낮은 온도에서? 또는 동일한 온도에서? 다른 데이터 점을 취하겠는가? 그가 그녀에게 무슨 말을 하고 싶은지 그리고 왜 그런지 설명하여라.

(d) 기능원이 60분에 측정한 농도에서 희석 오류를 범한 것으로 판단된다. 어떻게 생각하는가? 도식법(graphical methods)에서 얻어진 결과와 회귀분석(Polymath 또는 다른 소프트웨어)에서 얻어진 결과를 어떻게 비교하겠는가?

P7-8$_A$ **회분식반응기**에서 504°C에서 dimethyl ether의 기상 정용 분해반응으로부터 아래 자료가 보고되었다. [출처: C. N. Hinshelwood and P. J. Ackey, *Proc. R. Soc. (Lond).*, *A115*, 215] 초기에는 $(CH_3)_2O$만 존재하였다.

시간(s)	390	777	1195	3155	∞
총 압력(mmHg)	408	488	562	799	931

(a) 왜 $t = 0$에서 총 압력 측정값이 빠졌다고 생각하는가? 어림짐작해 볼 수 있는가?

(b) 반응

$$(CH_3)_2O \rightarrow CH_4 + H_2 + CO$$

이 비가역이고 사실상 완전하게 진행된다고 가정할 경우, 반응차수 및 비반응속도 k를 구하여라. (**답**: k = 0.00048 min^{-1})

(c) 더 많은 자료를 얻으려면 어떤 실험 조건을 제안하겠는가?

(d) 반응이 더 높은 온도에서 수행될 경우 자료와 답은 어떻게 변할 것인가? 더 낮은 온도에서는?

P7-9$_A$ 밝은 햇빛 아래에서 브롬 수용액의 광화학 분해반응을 연구하기 위하여 소량의 액체 브롬을 유리병에 담긴 물에 녹여 햇볕에 방치하였다. 25°C에서 얻어진 실험 자료는 다음과 같다.

시간(min)	10	20	30	40	50	60
ppm Br_2	2.45	1.74	1.23	0.88	0.62	0.44

(a) 반응속도는 브롬에 대해 0차, 1차, 2차 중 어느 것인지를 결정하고, 반응속도상수를 여러분이 원하는 단위계로 계산해 보아라.

(b) 노출 조건은 같다고 가정할 때, 브롬의 살균력을 1.0 ppm으로 유지하기 위해서는 햇볕에 쬔 25,000 gal 부피의 물에 시간당 얼마의 속도(lb/h)로 브롬을 주입하여야 하는지를 계산하여라. (**답**: 0.43 lb/h)

(c) 서문의 표 P-4에 있는 여섯 아이디어 중에서 하나 이상을 골라 이 문제에 응용하여라.

(**참고**: ppm = 물 100만 분의 브롬화된 물의 무게 분율, 희석 용액 중 1 ppm = 1 mg/L) [출처: 캘리포니아 기술사 시험 문제]

P7-10$_C$ 알켄의 존재 하에 오존의 반응이 연구되었다. [출처: R. Atkinson et al., *Int. J. Chem. Kinet., 15(8)*, 721] 표 P7-10$_C$는 연구된 알켄 중 하나인 *cis*–2–butene에 대한 자료이다. 이 반응은 297 K 등온에서 수행되었다. 반응속도법칙과 속도식 파라미터의 값을 구하여라.

표 P7-10$_C$ 오존과 부틴 농도의 함수로서 반응속도

실험	오존 반응속도 (mol/s·dm^3 × 10^7)	오존 농도 (mol/dm^3)	부틴 농도 (mol/dm^3)
1	1.5	0.01	10^{-12}
2	3.2	0.02	10^{-11}
3	3.5	0.015	10^{-10}
4	5.0	0.005	10^{-9}
5	8.8	0.001	10^{-8}
6	4.7*	0.018	10^{-9}

*힌트: 오존은 벽과 충돌하여 분해되기도 한다.

P7-11$_A$ 자동차 배기가스 흐름에 포함된 질소산화물을 분해하는 실험을 조그만 실험실용 반응기에서 수행하였다. 일련의 테스트에서 다양한 농도의 NO_2를 함유한 질소 흐름이 반응기에 도입되며, 얻어진 반응속도 자료는 그림 P7-11$_A$와 같다. 그림에서의 각각의 점은 완결된 1회의 실험을 나타낸다. 반응기는 실질적으로 등온 역혼합 반응기(isothermal backmix reactor)(CSTR)처럼 운전된다. 실험 온도 범위에서 겉보기 반응차수(apparent order)에 관해 추론할 수 있는 것은 무엇인가?

플롯은 공급된 NO_2의 분해 분율을 반응기 부피 V(cm^3)와 NO_2의 농도(ppmw)를 달리하여 공급된 NO_2의 주입 속도 $F_{NO_{2,0}}$(gmol/h)에 대한 비로써 그린 것이다. 반응속도 파라미터를 정할 수 있는 만큼 정하여라.

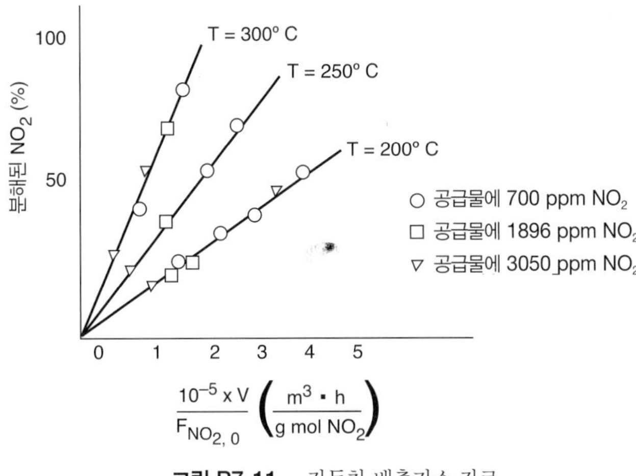

그림 P7-11$_A$ 자동차 배출가스 자료

P7-12$_A$ 이소프로필 이소시아네이트(isopropyl isocyanate)의 열분해를 **미분형 충전층 반응기**(differential packed-bed reactor)에서 실험하였다. 표 P7-12$_A$ 실험 자료에서 반응속도식 파라미터를 구하여라.

표 7-12$_A$ 실험 자료(raw data)[†]

실험	속도 (mol/s·dm³)	농도 (mol/dm³)	온도 (K)
1	4.9×10^{-4}	0.2	700
2	1.1×10^{-4}	0.02	750
3	2.4×10^{-3}	0.05	800
4	2.2×10^{-2}	0.08	850
5	1.18×10^{-1}	0.1	900
6	1.82×10^{-2}	0.06	950

† *Jofostan Journal of Chemical Engineering*, Vol. 15, page 743 (1995).

• **추가적인 숙제 문제가 CRE 웹사이트에 수록되어 있다.**
(*http://www.umich.edu/~elements/5e/07chap/add.html*)

CDP7-New 제7장 자료들을 매일의 관심사 또는 새로운 기술들과 관계있는 새로운 문제들이 시시각각 웹상에 올라온다. 이들 문제에 대한 해답은 저자에게 이메일을 보내면 얻을 수 있다. 또한 웹사이트 *nebula.rowan.edu:82/home.asp*에 가면 이 장과 관련된 숙제 문제를 다룰 수 있다.

녹색공학

보충교재

1. 반응물의 농도를 측정하는 여러 가지 방법은 다음 문헌들을 참조하여라.

BURGESS, THORNTON W., *Mr. Toad and Danny the Meadow Mouse Take a Walk*. New York: Dover Publications, Inc., 1915.

FOGLER, H. SCOTT AND STEVEN E. LEBLANC, with BENJAMIN RIZZO, *Strategies for Creative Problem Solving*. 3rd ed.

Upper Saddle River, NJ: Prentice Hall, 2014.

KARRASS, CHESTER L., *In Business As in Life, You Don't Get What You Deserve, You Get What You Negotiate*. Hill, CA: Stanford Street Press, 1996.

ROBINSON, J. W., *Undergraduate Instrumental Analysis*, 5th ed. New York: Marcel Dekker, 1995.

SKOOG, DOUGLAS A., F. JAMES HOLLER, and TIMOTHY A. NIEMAN, *Principles of Instrumental Analysis*, 5th ed. Philadelphia: Saunders College Publishers, Harcourt Brace College Publishers, 1998.

2. 속도 자료를 얻기 위한 연구실의 촉매반응기의 설계는 다음을 참조하여라.

RASE, H. F., *Chemical Reactor Design for Process Plants*, Vol. 1. New York: Wiley, 1983, Chap. 5.

3. 순차적 실험 설계(sequential design of experiments)와 파라미터의 예측은 다음을 참조하여라.

BOX, G. E. P.; W. G. HUNTER, and J. S. HUNTER, *Statistics for Experimenters: Design, Innovation, and Discovery*, 2nd ed. (Hoboken, New Jersey: Wiley, 2005).

복수반응 8

Multiple Reactions

때때로 당신은 내려가는 길에 뛰어내려서 날개를 펴야 한다.

—Carol Craig, 사업가

개요

화학반응기에서 **오직 한 가지** 원하는 반응만이 일어나는 것은 좀처럼 없는 일이다. 주로 복수반응(multiple reactions)이 일어나며, 반응 중의 일부는 원하지만, 일부는 원하지 않는다. 화학공장의 경제적 성공을 위한 중요한 요소 중의 하나는 원하는 반응과 함께 일어나는 원하지 않는 부반응(undesired side reaction)을 최소화시키는 것이다.

이 장에서는 복수반응에서 반응기의 선정과 일반 몰수지, 순반응속도(net rate), 상대반응속도(relative rate)에 대하여 논의한다.

우선, 네 가지 기본 형태의 복수반응을 설명한다:

- 직렬반응(series)
- 병렬반응(parallel)
- 독립반응(independent)
- 복합반응(complex)

다음으로 선택도 파라미터를 정의하고, 반응조건과 반응기들을 적절히 선택함으로써 원치 않는 부반응을 최소화하는 방법들에 대해 논의한다.

그리고 복수반응이 일어날 때 반응공학 문제를 풀기 위해서 어떻게 CRE 알고리즘을 수정하는지를 보여준다. 제6장에 있는 알고리즘의 수정은 모든 반응들에 번호를 부여하고 **속도 블록**을 3부분으로 확장하는 것을 기반으로 한다.

- 속도법칙(rate laws)
- 상대속도(relative rates)
- 순속도(net rates)

마지막으로 이 알고리즘들이 실제 반응들에 어떻게 적용되는지 이해하기 위해 많은 예제들이 주어진다.

8.1 정의

8.1.1 반응의 유형

복수반응(multiple reactions)에는 네 가지 기본 유형이 있다: 병렬(parallel)반응, 직렬(series)반응, 독립(independent)반응, 그리고 복합(complex)반응이 그것이다. 이 복수반응들은 독자적으로, 쌍을 이루어서 혹은 모두 한꺼번에 일어날 수 있다. 병렬반응과 직렬반응이 동시에 일어날 때 보통 **복합반응**(complex reaction)이라고 한다.

병렬반응(parallel reaction)[**경쟁반응**(competing reaction)]에서는 반응물이 두 개의 다른 반응경로를 거쳐 소비되어 각기 다른 생성물을 만든다.

병렬반응

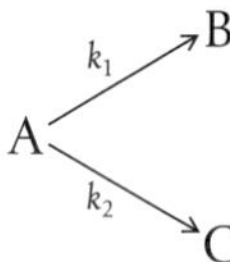

공업적으로 중요한 병렬반응의 예는 에틸렌이 산화하여 산화에틸렌(ethylene oxide)이 되는 반응으로 이때 완전히 연소하여 이산화탄소와 물이 되는 것을 피해야 한다.

중요한 화학반응

$$CH_2{=}CH_2 + O_2 \begin{cases} \rightarrow 2CO_2 + 2H_2O \\ \rightarrow CH_2{-}CH_2 \text{ (O bridge; ethylene oxide)} \end{cases}$$

직렬반응(series reaction)[연이은 반응(consecutive reaction)]에서는 반응물이 중간 생성물(intermediate product)을 형성한 다음, 반응이 더 진행되어 또 다른 생성물을 만든다.

직렬반응

$$A \xrightarrow{k_1} B \xrightarrow{k_2} C$$

직렬반응의 예로는 산화 에틸렌(ethylene oxide, EO)이 암모니아와 반응하여, 모노-, 디- 및 트리- 에탄올아민을 만드는 반응이다.

$$\underset{\text{(O bridge)}}{CH_2{-}CH_2} + NH_3 \longrightarrow HOCH_2CH_2NH_2$$

$$\xrightarrow{\text{EO}} (HOCH_2CH_2)_2NH \xrightarrow{\text{EO}} (HOCH_2CH_2)_3N$$

최근에는 트리에탄올아민보다는 디에탄올아민(diethanolamine)을 **원하는** 생성물(desired product)로 생산하려는 경향으로 바뀌고 있다.

독립반응(independent reaction)은 동시에 일어나는 반응이지만, 각 반응의 반응물이나 생성물이 자신들과 또는 다른 것들과 반응하지 않는다.

독립반응

$$A \longrightarrow B + C$$
$$D \longrightarrow E + F$$

원유를 열분해하여 가솔린을 만드는 것으로, 많은 반응 중 다음의 두 반응이 그 예이다.

$$C_{15}H_{32} \longrightarrow C_{12}C_{26} + C_3H_6$$
$$C_8H_{18} \longrightarrow C_6H_{14} + C_2H_4$$

복합반응(complex reaction)은 다음과 같이 직렬반응과 병렬반응이 결합되어 관련된 복수반응이다.

$$A + B \longrightarrow C + D$$
$$A + C \longrightarrow E$$
$$E \longrightarrow G$$

직렬반응과 병렬반응을 동시에 포함하는 예는 에탄올에서 부타디엔을 만드는 반응이다.

$$C_2H_5OH \longrightarrow C_2H_4 + H_2O$$
$$C_2H_5OH \longrightarrow CH_3CHO + H_2$$
$$C_2H_4 + CH_3CHO \longrightarrow C_4H_6 + H_2O$$

8.1.2 선택도(Selectivity)

원하는 반응과 원하지 않는 반응. 특히 관심이 있는 것은 반응물이 경쟁(competing)반응이나 부(side)반응을 통해서 **원하지 않는 생성물 U**와 **원하는 생성물 D**가 생성됨에 따라 소비되는 반응이다. 병렬반응 배열은 다음과 같으며,

$$A \xrightarrow{k_D} D$$
$$A \xrightarrow{k_U} U$$

직렬반응 배열은 다음과 같다.

$$A \xrightarrow{k_D} D \xrightarrow{k_U} U$$

경제적 동기

원하지 않는 생성물이 많이 생성될수록, 원하는 생성물 D에서 원하지 않는 생성물 U를 분리하는 비용이 많아지기 때문에, U의 생성을 최소화하고 D의 생성을 최대화하길 원한다(그림 8-1).

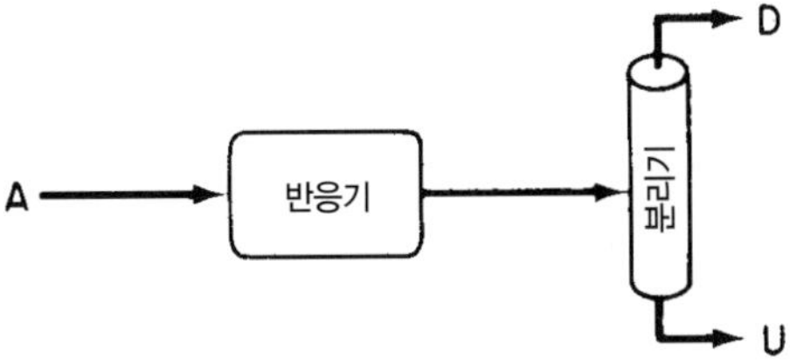

그림 8-1 원하는 생성물과 원하지 않는 생성물 모두를 생산하는 반응–분리 시스템

선택도(selectivity)는 복수반응에서 한 생성물이 다른 생성물에 비해 어느 정도 호의적인지 나타낸다. 반응계의 **선택도**(selectivity)와 **수율**(yield)을 정의함으로써 U에 대한 D의 생성을 정량화할 수 있다. U에 대한 D의 **순간 선택도**(instantaneous selectivity)는 D의 생성속도와 U의 생성속도의 비율이다.

순간 선택도

$$\boxed{S_{D/U} = \frac{r_D}{r_U} = \frac{\text{D의 생성속도}}{\text{U의 생성속도}}} \tag{8-1}$$

8.3절에서는 선택도를 최대화하는 반응시스템을 선정하고 설계하는 데 있어서 우리를 인도해 줄 $S_{D/U}$를 어떻게 구할 것인가에 대해서 알아볼 것이다.

최근의 문헌에서 사용되는 또 하나의 선택도에 대한 정의는 $\tilde{S}_{D/U}$로서, 반응기를 떠나는 유량의 항으로 주어진다. $\tilde{S}_{D/U}$는 **총괄 선택도**(overall selectivity)이다.

총괄 선택도

$$\boxed{\tilde{S}_{D/U} = \frac{F_D}{F_U} = \frac{\text{원하는 생성물의 출구 몰유량}}{\text{원하지 않는 생성물의 출구 몰유량}}} \tag{8-2a}$$

화합물 D와 화합물 U의 CSTR 몰수지를 사용하면, CSTR에 대해서는 순간 선택도와 총괄 선택도는 동일하다는 것을 쉽게 보여줄 수 있다. 즉, $S_{D/U} = \tilde{S}_{D/U}$. CRE 웹사이트의 확장자료 제8장을 참조하여라(*http://www.umich.edu/~elements/5e/08chap/expanded.html*).

회분식반응기에서 총괄 선택도는 반응 종료시점에서 D와 U의 몰수로 주어진다.

$$\boxed{\tilde{S}_{D/U} = \frac{N_D}{N_U}} \tag{8-2b}$$

8.1.3 수율(Yield)

문헌에 나타나는 선택도와 수율에 대한 2가지 정의

반응 수율(reaction yield)은, 선택도와 마찬가지로, 두 가지의 정의가 있다: 하나는 반응속도의 비를 기반으로 한 것이고, 다른 하나는 몰유량 비를 기반으로 한 것이다. 첫 번째 것은, 한 시점에서의 수율은 **핵심**(key) 반응물 A의 반응속도에 대한 주어진 생성물의 반응속도의 비율로서 정의될 수 있다. 이는 때때로 **순간 수율**(instantaneous yield) Y_D이라고도 한다.

반응속도를 기준으로 한 순간 수율

$$\boxed{Y_D = \frac{r_D}{-r_A}} \tag{8-3}$$

총괄 수율(overall yield) $\tilde{Y}_D$은 몰유량을 기반으로 하며, 소비되는 핵심 반응물 A의 몰수에 대한 반응 종료 시 생성된 생성물의 몰수의 비율로 정의된다.

회분식반응계:

몰수를 기준으로 한 총괄 수율

$$\boxed{\tilde{Y}_D = \frac{N_D}{N_{A0} - N_A}} \tag{8-4a}$$

흐름반응계:

몰유량을 기준으로 한 총괄 수율

$$\boxed{\tilde{Y}_D = \frac{F_D}{F_{A0} - F_A}} \tag{8-4b}$$

선택도와 마찬가지로 CSTR에서의 순간 수율과 총괄 수율은 동일하다(즉, $Y_D = \tilde{Y}_D$). 경제적인 관점에서, **총괄 선택도** $\tilde{S}$와 **총괄 수율** $\tilde{Y}$ 등이 이윤을 결정하는 중요한 요인이며, 순간 선택도는 이윤을 최대화하는 데 도움이 되는 반응기를 선택하거나 반응 전략과 운전 조건을 결정하는 데에 통찰력을 줄 것이다. 그러나 선택도와 전화율 사이에 대립이 흔히 있는데 그 이유는 원하는 생성물(D)을 많이 만드는 동시에 원하지 않는 생성물(U)을 줄이고자 하기 때문이다. 그러나 대부분의 경우에는 전화율이 높아질수록 D뿐만 아니라 U도 많이 생성된다.

8.1.4 전화율(Conversion)

우리는 전화율을 이용하여 복수반응 문제를 풀거나 코딩하지 않을 것이지만, 때때로 전화율은 통찰력을 주기 때문에 몰유량이나 몰수로부터 계산된다. 하지만 이를 수행하기 위해서는 공급되는 반응물 중 하나를 하첨자로 하는 전화율 X를 필요로 한다.

화합물 A에 대해

Flow / Batch

$$X_A = \frac{F_{A0} - F_A}{F_{A0}} \quad \text{or} \quad X_A = \frac{N_{A0} - N_A}{N_{A0}} \tag{8-5a}$$

화합물 B에 대해

Flow / Batch

$$X_B = \frac{F_{B0} - F_B}{F_{B0}} \quad \text{or} \quad X_B = \frac{N_{B0} - N_B}{N_{B0}}$$

B를 A에 도입하는 반회분식 반응기에 대해

$$X_A = \frac{C_{A0}V_0 - C_AV}{C_{A0}V_0} \tag{8-5b}$$

$$X_B = \frac{F_{B0}t - C_BV}{F_{B0}t}, \text{ for e.g., } t > 0.001\ s \tag{8-5c}$$

공급된 다른 화합물에 대한 전화율은 수치해석 소프트웨어 해에 쉽게 넣을 수 있다.

8.2 복수반응의 알고리즘

복수반응의 알고리즘은 병렬반응, 직렬반응, 독립반응, 그리고 복합반응에 적용될 수 있다. 소프트웨어 패키지들(ODE 문제풀이 프로그램)을 사용할 때 전화율을 사용하는 것보다 몰 N_j 또는 몰유량 F_j를 사용하는 것이 문제를 풀기가 더 쉽다. 액상계의 몰수지식에서는 농도가 선호되는 변수이다.

관련된 모든 반응의 번호를 매긴 후, 각각 그리고 모든 화합물에 대한 몰수지식을 세운다. 지금까지 공부해 온 여러 형태의 반응기에 대한 몰수지식을 표 8-1에 나타내었다. 표 8-1에 나타난 속도(예, r_A)는 **순생성속도**(net rates of formation)이며 표 8-2에서 자세

모든 화합물의 몰수지

표 8-1 복수반응에서 몰수지

	몰량 (기체 혹은 액체)	농도 (액체)
일반 몰수지	$\frac{dN_j}{dt} = F_{j0} - F_j + \int^V r_j dV$	
회분식반응기	$\frac{dN_A}{dt} = r_A V$ $\frac{dN_B}{dt} = r_B V$ ⋮	$\frac{dC_A}{dt} = r_A$ $\frac{dC_B}{dt} = r_B$ ⋮
관형반응기/충전층반응기 (PFR/PBR)	$\frac{dF_A}{dV} = r_A$ $\frac{dF_B}{dV} = r_B$ ⋮	$\frac{dC_A}{dV} = \frac{r_A}{\upsilon_0}$ $\frac{dC_B}{dV} = \frac{r_B}{\upsilon_0}$ ⋮
연속교반탱크형반응기 (CSTR)	$V = \frac{F_{A0} - F_A}{(-r_A)_{exit}}$ $V = \frac{F_{B0} - F_B}{(-r_B)_{exit}}$ ⋮	$V = \frac{\upsilon_0[C_{A0} - C_A]}{(-r_A)_{exit}}$ $V = \frac{\upsilon_0[C_{B0} - C_B]}{(-r_B)_{exit}}$ ⋮
멤브레인: C가 확산되어 나감	$\frac{dF_A}{dV} = r_A$ $\frac{dF_B}{dV} = r_B$ $\frac{dF_C}{dV} = r_C - R_C$ ⋮	$\frac{dF_A}{dV} = r_A$ $\frac{dF_B}{dV} = r_B$ $\frac{dF_C}{dV} = r_C - R_C$ ⋮
반회분식: B가 A에 첨가됨	$\frac{dN_A}{dt} = r_A V$ $\frac{dN_B}{dt} = F_{B0} + r_B V$ ⋮	$\frac{dC_A}{dt} = r_A - \frac{\upsilon_0 C_A}{V}$ $\frac{dC_B}{dt} = r_B + \frac{\upsilon_0[C_{B0} - C_B]}{V}$ ⋮

히 설명된다. 도출된 연속 미분 몰수지 방정식들은 ODE 문제풀이 프로그램으로 쉽게 풀 수 있다. 사실 이 절은 개인용 컴퓨터에서 사용 가능한 수많은 계산 기법(예, Polymath)의 장점을 활용하기 위하여 개발되었다.

8.2.1 복수반응을 위한 제6장의 CRE 알고리즘의 수정

표 6-2의 CRE 알고리즘에 약간의 변화가 있어서 8.5절에서 복합반응(complex reaction)

복수반응을 위한 CRE 알고리즘의 약간의 수정

에 대해 논의할 때 이 부분을 설명할 것이다. 하지만 병렬반응과 직렬반응에 대해 논의하기에 앞서, 지금까지 사용해 온 CRE 알고리즘에 약간의 수정을 언급할 필요가 있다. 이런 변화들은 표 8-2에 괄호로 강조하여 나타냈다. 다른 형태의 반응기에 따른 몰수지식의 항으로 반응을 분석하기 위해서 제6장에서 했던 것처럼 복수반응들을 분석할 때 각각 그리고 모든 화합물의 몰수지식을 세워야 한다. 표 6-2의 몰수지에 등장하는 생성속도들은 **순생성속도**(net rates of formation)이다(예, r_A, r_B, r_j). 표 6-2에서 CRE 알고리즘의 주된 변화는 알고리즘에서의 **속도법칙** 단계가 지금은 아래의 3개의 하위단계들을 포함하는 단계 **속도들**로 바뀐 것이다.

- 속도법칙(rate laws)
- 순속도(net rates)
- 상대속도(relative rates)

표 8-2의 하부에 있는 농도는 제6장에서 논의한 것과 같은 농도이다.

r_{ij} └ 화합물 └ 반응 번호

표 8-2 CRE 알고리즘의 수정

몰수지식의 확인

1. 모든 하나하나의 반응에 개별적으로 번호를 부여

2. 모든 하나하나의 화합물에 대한 몰수지식

3. 속도들

a. 모든 하나하나의 반응의 **속도법칙**

예, $-r_{ij} = k_{ij} f\left(C_A, C_B, \ldots C_j\right)$

아래첨자 "i"는 반응 번호, 아래첨자 "j"는 화합물을 나타낸다.

r_{ij} └ 화합물 └ 반응 번호

b. 각 화합물의 **순반응속도**, 예, j

$$r_j = \sum_{i=1}^{N} r_{ij}$$

N개의 반응에 대하여, A 항의 순생성속도는 다음과 같다:

$$r_A = \sum_{i=1}^{N} r_{iA} = r_{1A} + r_{2A} +$$

c. 모든 하나하나의 반응에 대한 **상대속도들**

주어진 반응에서의 i: $a_i A + b_i B \rightarrow c_i C + d_i D$

$$\boxed{\frac{r_{iA}}{-a_i} = \frac{r_{iB}}{-b_i} = \frac{r_{iC}}{c_i} = \frac{r_{iD}}{d_i}}$$

표 6-2의 알고리즘의 남은 단계는 변하지 않는다. 즉,

화학양론

기상

$$C_j = C_{T0} \frac{F_j}{F_T} \frac{P}{P_0} \frac{T_0}{T}$$

$$F_T = \sum_{j=1}^{n} F_j$$

액상

$$C_j = \frac{F_j}{\upsilon_0}$$

8.3 병렬반응

8.3.1 선택도(Selectivity)

이 절에서는 운전 조건과 반응기 형태의 선택을 통해 원하지 않는 생성물 U를 최소화하는 다양한 방법에 대해 토의한다. 또한 효율적인 반응기 운영계획에 대해서도 알아본다.

다음의 경쟁반응(competing reactions)에 대해서,

$$(1)\quad A \xrightarrow{k_D} D \text{ (원하는)}$$

$$(2)\quad A \xrightarrow{k_U} U \text{ (원하지 않는)}$$

속도법칙은 다음과 같다.

원하는 생성물과 원하지 않는 생성물의 생성속도식

$$r_D = k_D C_A^{\alpha_1} \tag{8-6}$$

$$r_U = k_U C_A^{\alpha_2} \tag{8-7}$$

이 일련의 반응에 대한 A의 순소멸속도(net rate of disappearance)는 U와 D가 생성되는 속도의 합이다.

$$-r_A = r_D + r_U \tag{8-8}$$

$$-r_A = k_D C_A^{\alpha_1} + k_U C_A^{\alpha_2} \tag{8-9}$$

여기서 α_1과 α_2는 양의 반응차수(reaction order)이다. D의 생성속도 r_D를 U의 생성속도 r_U에 비해서 높은 것을 원한다. 이들 속도들[즉, 식 (8-7)에 대해서 식 (8-6)]의 비를 취하면 **순간 선택도**(instantaneous selectivity) $S_{D/U}$를 얻을 수 있으며, 이것을 최대화하여야 한다.

순간 선택도

$$S_{D/U} = \frac{r_D}{r_U} = \frac{k_D}{k_U} C_A^{\alpha_1 - \alpha_2} \tag{8-10}$$

8.3.2 하나의 반응물에서 원하는 생성물의 최대화

이 절에서는 원하는 생성물의 반응차수와 원하지 않는 생성물의 반응차수가 서로 다를 때에 순간 선택도 $S_{D/U}$를 최대화하는 방법을 검토한다.

경우 1: $\alpha_1 > \alpha_2$. 원하는 반응물의 반응차수(α_1)가 원하지 않는 반응물의 반응차수(α_2)보다 크다. 반응차수들의 차이를 양수 a로 하자($a > 0$).

$$\alpha_1 - \alpha_2 = a$$

$\alpha_1 > \alpha_2$일 때, PFR이나 회분식반응기를 이용하여 C_A를 최대한 크게 만든다.

그리고 식 (8-10)을 치환하면 다음 식을 얻을 수 있다.

$$S_{D/U} = \frac{r_D}{r_U} = \frac{k_D}{k_U} C_A^{a} \tag{8-11}$$

이 비율을 가능한 한 크게 하도록, 반응물 A의 농도는 반응이 진행되는 동안 가능하면 높게 유지하는 방법으로 반응을 진행하려 한다. 반응이 기상에서 진행되면 C_A를 크게 유지하기 위해서 비활성 물질이 없거나 고압에서 반응시켜야 한다. 반응이 액상에서 수행되면, 희석제의 사용을 최소한으로 유지해야 한다[1].

이 경우에는 회분식반응기나 플러그흐름반응기를 사용해야 하는데, 왜냐하면 이들 두 반응기에서는 반응이 진행됨에 따라 A의 농도가 높은 값에서 시작하여 계속해서 감소하기 때문이다. **완전혼합** CSTR의 경우에는 반응기 내의 반응물 농도가 항상 최소값으로 유지되므로(즉, 출구 농도), 이러한 상황에서는 CSTR을 택해서는 안 된다.

경우 2: $\alpha_2 > \alpha_1$. 원하지 않는 생성물의 반응차수가 원하는 생성물의 반응차수보다 크다. $b = \alpha_2 - \alpha_1$로 하면(이때 b는 양수이다) 다음 식이 얻어진다.

$$S_{D/U} = \frac{r_D}{r_U} = \frac{k_D C_A^{\alpha_1}}{k_U C_A^{\alpha_2}} = \frac{k_D}{k_U C_A^{\alpha_2 - \alpha_1}} = \frac{k_D}{k_U C_A^b} \tag{8-12}$$

r_D/r_U의 비가 크려면, A의 농도는 가능한 한 낮아야만 한다.

$\alpha_2 > \alpha_1$일 때 희석된 공급원료 또는 CSTR을 사용하여라.

이 낮은 농도는 원료를 비활성 물질로 희석하거나 반응기를 A의 농도가 작게 하여 운전하여 성취할 수 있다. 반응물 농도가 작게 유지되기 때문에 CSTR을 사용해야만 한다. A의 유입농도를 작게 하기 위해서는 생성물 흐름이 희석제로 사용되는 순환반응기를 이용할 수도 있다.

경우 1과 경우 2에서 두 반응에 대한 활성화 에너지를 모르기 때문에, 반응을 고온에서 진행할 것인지 저온에서 진행할 것인지를 결정할 수 없다. 온도에 따른 속도 선택도 파라미터의 민감도는 비반응속도들의 비율로부터 구할 수 있다.

선택도에 대한 온도의 효과

$$S_{D/U} \sim \frac{k_D}{k_U} = \frac{A_D}{A_U} e^{-[(E_D - E_U)/RT]} \tag{8-13}$$

여기서 A는 빈도인자(frequency factor), E는 활성화 에너지, 그리고 아래첨자 D와 U는 각각 원하는 또는 원하지 않는 생성물을 나타낸다.

경우 3: $E_D > E_U$. 이 경우 원하는 반응의 비반응속도 k_D(따라서 총괄속도 r_D)는 온도가 증가함에 따라 원하지 않는 반응의 비반응속도 k_U보다 훨씬 빨리 증가한다. 따라서 이러한 반응계는 $S_{D/U}$를 최대화하기 위해서 가능한 한 높은 온도로 운전하여야 한다.

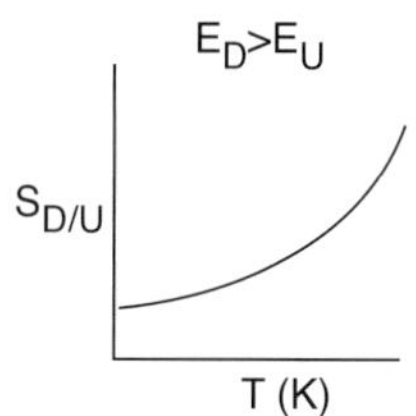

1. 많은 액상반응에 대해서, 용매의 적절한 선택은 선택도를 높일 수 있다. 예를 들면, *Ind. Eng. Chem.*, 62(9), 16을 참조하여라. 기상고체촉매반응에서는, 선택도는 특정 촉매의 중요한 파라미터이다.

경우 4: $E_U > E_D$. 이 경우에는, $S_{D/U}$를 최대화하기 위해서는 반응을 저온에서 진행해야만 한다. 그러나 원하는 반응이 충분히 진행되지 않게 낮아서는 안 된다.

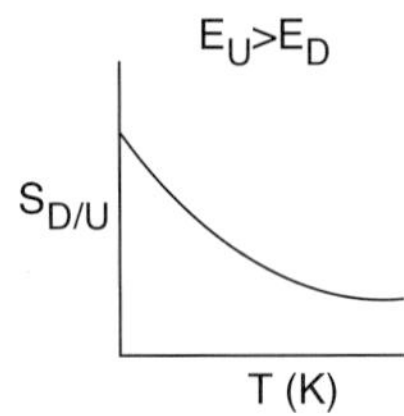

예제 8-1 트람보제 반응에서 선택도의 최대화

반응물 A가 세 가지의 동시 반응으로 분해되어 세 가지의 생성물, 즉 하나의 원하는 생성물 B와 2개의 원하지 않는 생성물 X와 Y가 된다. 이러한 기상반응은 다음과 같은 속도법칙을 가지며, **트람보제 반응**(Trambouze reaction)이라고 한다(*AIChE J. 5*, 384).

1) $$A \xrightarrow{k_1} X \qquad -r_{1A} = r_X = k_1 = 0.0001 \frac{\text{mol}}{\text{dm}^3 \cdot \text{s}}$$ (0차)

2) $$A \xrightarrow{k_2} B \qquad -r_{2A} = r_B = k_2 C_A = (0.0015\ s^{-1}) C_A$$ (1차)

3) $$A \xrightarrow{k_3} Y \qquad -r_{3A} = r_Y = k_3 C_A^2 = \left(0.008 \frac{\text{dm}^3}{\text{mol} \cdot \text{s}}\right) C_A^2$$ (2차)

비반응속도는 300 K에서 주어졌고, 반응 (1), (2), (3)의 활성화 에너지는 각각 $E_1 =$ 10,000 cal/mol, $E_2 =$ 15,000 cal/mol 그리고 $E_3 =$ 20,000 cal/mol이다.

(a) A의 유입농도가 0.4 M이고 부피유량 속도가 2.0 dm^3/s일 때 B의 선택도를 최대화하기 위해서는 위의 반응을 어떤 조건(반응기 종류, 온도, 농도)으로 어떻게 진행시켜야 하는가?

(b) 선택도를 비교적 높게 유지하면서도 B의 전화율을 어떻게 증가시킬 수 있는가?

풀이

Part (a)

화합물 X와 Y에 대한 화합물 B의 순간 선택도는 다음과 같다.

$$\boxed{S_{B/XY} = \frac{r_B}{r_X + r_Y} = \frac{k_2 C_A}{k_1 + k_3 C_A^2}} \qquad \text{(E8-1.1)}$$

$S_{B/XY}$ 대 C_A을 플롯하면 그림 E8-1.1에서 보여주는 바와 같이 최대값이 존재함을 알 수 있다.

$$S_{B/XY} = \frac{r_B}{r_X + r_Y} = \frac{k_2 C_A}{k_1 + k_3 C_A^2}$$

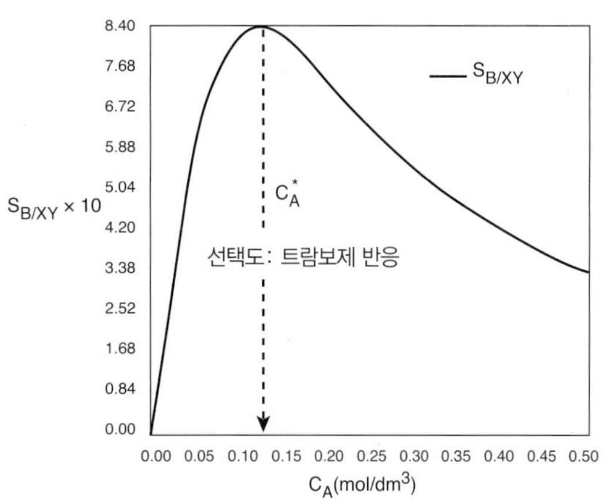

그림 E8-1.1 C_A의 함수로서 선택도

다음에서 보여주는 것처럼 선택도는 농도 C_A^*에서 최대값에 도달한다. PFR은 하류방향의 길이에 따라서 농도가 변하기 때문에, 이 최대값에서만 운전할 수가 없다. 따라서 최대값에서 반응기를 운전하기 위해서는 CSTR을 사용하고 설계해야 한다. 최대값 C_A^*을 찾기 위해 $S_{B/XY}$를 C_A에 대해 미분하고, 이를 0로 하여 풀면 다음과 같다.

$$\frac{dS_{B/XY}}{dC_A} = 0 = \frac{k_2[k_1 + k_3 C_A^{*2}] - k_2 C_A^*[2k_3 C_A^*]}{[k_1 + k_3 C_A^{*2}]^2} \qquad \text{(E8-1.2)}$$

C_A^*에 관해 풀면 다음과 같다.

$$C_A^* = \sqrt{\frac{k_1}{k_3}} = \sqrt{\frac{0.0001(\text{ mol/dm}^3 \cdot s)}{0.008\ (\text{dm}^3/\text{mol} \cdot s)}} = 0.112\ \text{mol/dm}^3 \qquad \text{(E8-1.3)}$$

CSTR에서 반응물 농도가 $C_A^* = 0.112\ \text{mol/dm}^3$에서 운전하여라.

그림 E8-1.1에서 $C_A^* = 0.112\ \text{mol/dm}^3$일 때 선택도가 최대값을 갖는 것을 알 수 있다.

$$\boxed{C_A^* = \sqrt{\frac{k_1}{k_3}} = 0.112\ \text{mol/dm}^3}$$

그러므로 선택도 $S_{B/XY}$를 최대화하기 위하여 항상 CSTR에서 A의 농도가 C_A^*가 되도록 하는 방식으로 반응을 진행하려 한다. C_A^*에서 이에 상응하는 순간 선택도는 다음과 같다.

$$S_{B/XY} = \frac{k_2 C_A^*}{k_1 + k_3 C_A^{*2}} = \frac{k_2\sqrt{\frac{k_1}{k_3}}}{k_1 + k_1} = \frac{k_2}{2\sqrt{k_1 k_3}} = \frac{0.0015}{2[(0.0001)(0.008)]^{1/2}} \qquad \text{(E8-1.4)}$$

$$\boxed{S_{B/XY} = 0.84}$$

이제 출구 농도가 C_A^*일 때 CSTR의 부피를 계산해 보자. 반응 (1), (2), (3)으로부터 A의 **순생성속도**는 다음과 같다.

$$r_A = r_{1A} + r_{2A} + r_{3A} = -k_{1A} - k_{2A}C_A - k_{3A}C_A^2 \quad \text{(E8-1.5)}$$

$$-r_A = k_1 + k_2C_A + k_3C_A^2$$

순속도(net rate)를 **결합**하기 위하여 이 액상반응($\upsilon = \upsilon_0$)에 대하여 CSTR의 **몰수지식**에서 식 (E8-1.5)를 이용하면

$$V = \frac{\upsilon_0[C_{A0} - C_A^*]}{-r_A^*} = \frac{\upsilon_0[C_{A0} - C_A^*]}{[k_1 + k_2C_A^* + k_3C_A^{*2}]} \quad \text{(E8-1.6)}$$

$$\tau = \frac{V}{\upsilon_0} = \frac{C_{A0} - C_A^*}{-r_A^*} = \frac{(C_{A0} - C_A^*)}{k_1 + k_2C_A^* + k_3C_A^{*2}} \quad \text{(E8-1.7)}$$

$$\tau = \frac{(0.4 - 0.112)}{(0.0001) + (0.0015)(0.112) + 0.008(0.112)^2} = 782\,s$$

선택도를 최대화하기 위한 CSTR의 부피: $\tilde{S}_{B/XY} = S_{B/XY}$

$$V = \upsilon_0\tau = (2\ \text{dm}^3/\text{s})(782\,s)$$

$$\boxed{V = 1564\ \text{dm}^3 = 1.564\ \text{m}^3}$$

주입 부피유량이 2 dm^3/s에 대해서, 선택도 $S_{B/XY}$를 최대화하기 위해서는 1564 dm^3 부피의 CSTR이 있어야 한다.

온도에 대해서 선택도를 최대화하여라.

이제 식 (E8-1.1)에 C_A^*를 대입하고, C_A^*에 k_1과 k_2의 항, 즉 식 (E8-1.3)으로 대입하면 $S_{B/XY}$를 k_1, k_2, k_3의 항으로 얻을 수 있다.

어떤 온도에서 CSTR을 운전해야 하는가?

$$S_{B/XY} = \frac{k_2C_A^*}{k_1 + k_3C_A^{*2}} = \frac{k_2\sqrt{\frac{k_1}{k_3}}}{k_1 + k_1} = \frac{k_2}{2\sqrt{k_1k_3}} \quad \text{(E8-1.4)}$$

$$S_{B/XY} = \frac{A_2}{2\sqrt{A_1A_3}}\exp\left[\frac{\frac{E_1 + E_3}{2} - E_2}{RT}\right] \quad \text{(E8-1.8)}$$

경우 1: 만약 $\frac{E_1 + E_3}{2} < E_2$이면 { 현재 있는 반응기를 가능한 한 높은 온도로 운전하여야 하며 높은 온도에서 일어날 수 있는 다른 부반응들을 조심해야 한다.

경우 2: 만약 $\frac{E_1 + E_3}{2} > E_2$이면 { 낮은 온도에서 운전해야 하지만 너무 낮으면 원하는 전화율을 얻지 못할 수 있다.

이 예제에서 주어진 활성화 에너지에서는 다음과 같이 된다.

$$\frac{E_1 + E_3}{2} - E_2 = \frac{10{,}000 + 20{,}000}{2} - 15{,}000 = 0$$

따라서 이 활성화 에너지의 이러한 조합에서의 선택도는 온도와 무관하다!

CSTR에서 A의 전화율은 얼마인가?

$$X^* = \frac{C_{A0} - C_A^*}{C_{A0}} = \frac{0.4 - 0.112}{0.4} = 0.72$$

Part (b)

A의 전화율을 72% 이상으로(예를 들면 90%) 올릴 필요가 있다면, 0.112 mol/dm^{3}의 농도로 운전되는 CSTR 뒤를 이어서 PFR이 필요하다. 왜냐하면 PFR 하류 쪽으로 갈수록 전화율이 증가할 것이기 때문이다(그림 E8-1.2(b) 참조). 그러나 그림 E8-1.2에서 볼 수 있듯이, PFR의 하류 쪽으로 갈수록 선택도 $S_{B/XY}$와 마찬가지로 농도가 C_A^*로부터 출구 농도 C_{Af}로 감소할 것이다. 그러므로 다음 두 반응기를 연결한 시스템

높은 선택도를 유지한 채 전화율을 높이는 방법은?

$$\left[CSTR|_{C_A^*} + PFR|_{C_A^*}^{C_{Af}} \right]$$

이 단일 CSTR보다는 높은 전화율을 줄 것이다. 그러나 단일 CSTR보다는 낮겠지만 선택도는 아직 높다. 이러한 CSTR과 PFR 배열은 가장 높은 선택도를 주고 가장 작은 총 반응기 부피를 가지면서, 단일 CSTR의 농도 C_A^*에서 생산한 것을 넘어서, 더 많은 B를 생산하게 될 것이다.

그림 E8-1.2는 PFR 반응기 부피가 추가되면서 어떻게 전화율이 X^*보다 큰 쪽으로 증가하면서 선택도가 감소하는지를 보여준다.

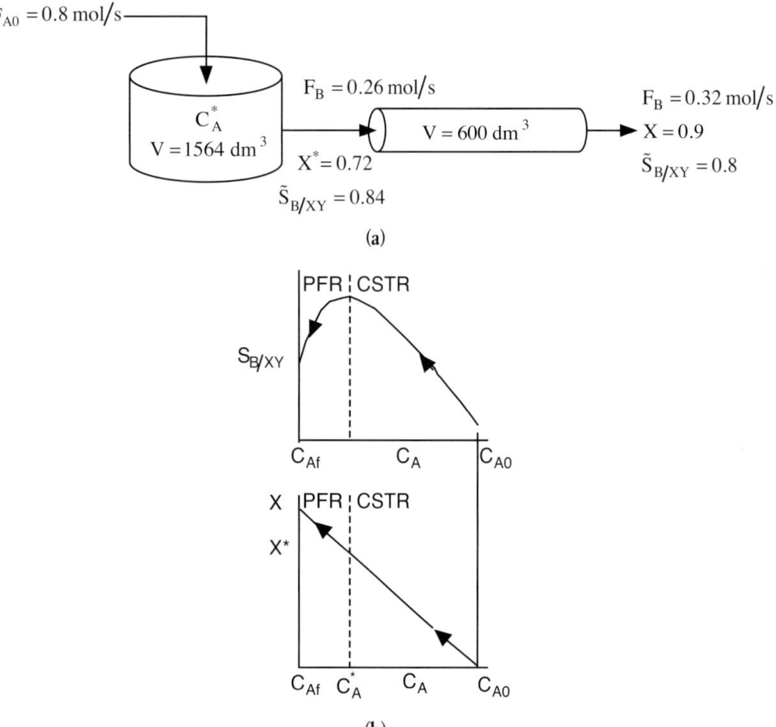

그림 E8-1.2 전화율 증가를 위한 PFR 추가의 영향. **(a)** 반응기 배치; **(b)** 선택도와 전화율 궤적.

이 PFR의 계산은 CRE 웹사이트(*http://www.umich.edu/~elements/5e/08chap/expanded.html*)의 제8장 **확장자료**에 수행되어 있다. 이 계산의 결과는 X의 전화율이 0.9일 때, PFR의 출구에서 몰유량이 $F_X = 0.22$ mol/s, $F_B = 0.32$ mol/s, 그리고 $F_Y = 0.18$ mol/s이라는 것을 보여준다. 전화율이 90%일 때, 이에 상응하는 선택도는 다음과 같다.

정말로 PFR을 덧붙이기를 원하는가?

$$\boxed{\tilde{S}_{B/XY} = \frac{F_B}{F_X + F_Y} = 0.8}$$

분석: 당신은 이제 PFR을 덧붙여 A의 전화율을 0.72에서 0.9로 증가시키고 B의 몰유량을 0.26에서 0.32 mol/s로 증가시키는 것이 PFR의 추가 설치비용뿐만 아니라 선택도가 0.84에서 0.8로 감소하는 만큼의 가치가 있는지 결정해야 한다. 이 예제에서 트람보제 반응을 통해 CSTR에서 화합물 B에 대한 선택도를 최적화하는 방법을 보여주었다. 여기서 최적 출구조건($C_A = 0.112$ mol/dm^3), 전화율($X = 0.72$), 선택도($S_{B/XY} = 0.84$)를 찾았다. 이때의 반응기 부피는 $V = 1564$ dm^{3}이었다. 만약 전화율을 90%로 증가시키고 싶다면, CSTR 뒤에 PFR을 설치할 수 있고 이때 선택도는 감소하는 것을 알 수 있다.

8.3.3 반응기 선택과 운전 조건

다음은 두 반응물 A와 B가 소비되어 원하는 생성물 D와 부반응으로 생성된 원하지 않는 생성물 U로 되는 두 개의 동시반응(simultaneous reaction)을 고려하자. 반응들의 속도 법칙은 다음과 같다.

$$A + B \xrightarrow{k_1} D$$
$$A + B \xrightarrow{k_2} U$$

$$r_D = k_1 C_A^{\alpha_1} C_B^{\beta_1} \tag{8-14}$$

$$r_U = k_2 C_A^{\alpha_2} C_B^{\beta_2} \tag{8-15}$$

순간 선택도(instantaneous selectivity)를 최대화하고자 한다.

순간 선택도

$$S_{D/U} = \frac{r_D}{r_U} = \frac{k_1}{k_2} C_A^{\alpha_1 - \alpha_2} C_B^{\beta_1 - \beta_2} \tag{8-16}$$

그림 8-2에서 보여주는 것은 $S_{D/U}$를 최대화하기 위하여 사용될 수 있는 여러 가지 반응기 운영 계획들과 조건들이다.

(i)와 (j)에 나타난 재순환 흐름을 갖는 두 반응기는 높은 발열반응에 사용할 수 있다. 여기서 재순환 흐름은 냉각되고 반응기로 되돌아가서 유입 흐름을 희석시키고 냉각시켜, 국소 고온점(hot spots)과 **폭주반응**(runaway reactions)을 피할 수 있다. 재순환 흐름 PFR은 기상반응에 사용되며, 재순환 흐름 CSTR은 액상반응에 사용된다.

역자 주 | 폭주(runaway) : 반응 시스템에서 제어가 불가능하게 된 상태

그림 8-2의 마지막 두 반응기 (k)와 (l)은 열역학적으로 제한된 반응, 즉 평형이 왼쪽

(반응물 쪽)으로 치우진 반응에 사용된다.

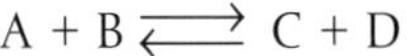

$$A + B \rightleftarrows C + D$$

선택도를 높이는 반응기 운영계획

(a) 연속교반탱크형반응기

(b) 관형반응기

(c) 회분식반응기

(d) 반회분식반응기

(e) 반회분식반응기

순수한 A가 초기 주입

순수한 B가 초기 주입

(f) 멤브레인반응기 또는 측면유입 관형반응기

(g) 멤브레인반응기 또는 측면유입 관형반응기

(h) 작은 CSTR의 직렬연결

(i) 재순환 흐름을 가지는 관형반응기

(j) 재순환 흐름을 가지는 CSTR

(k) 멤브레인반응기

(l) 반응증류

반응기 선정

기준:

- 안전
- 선택도
- 수율
- 온도조절
- 가격

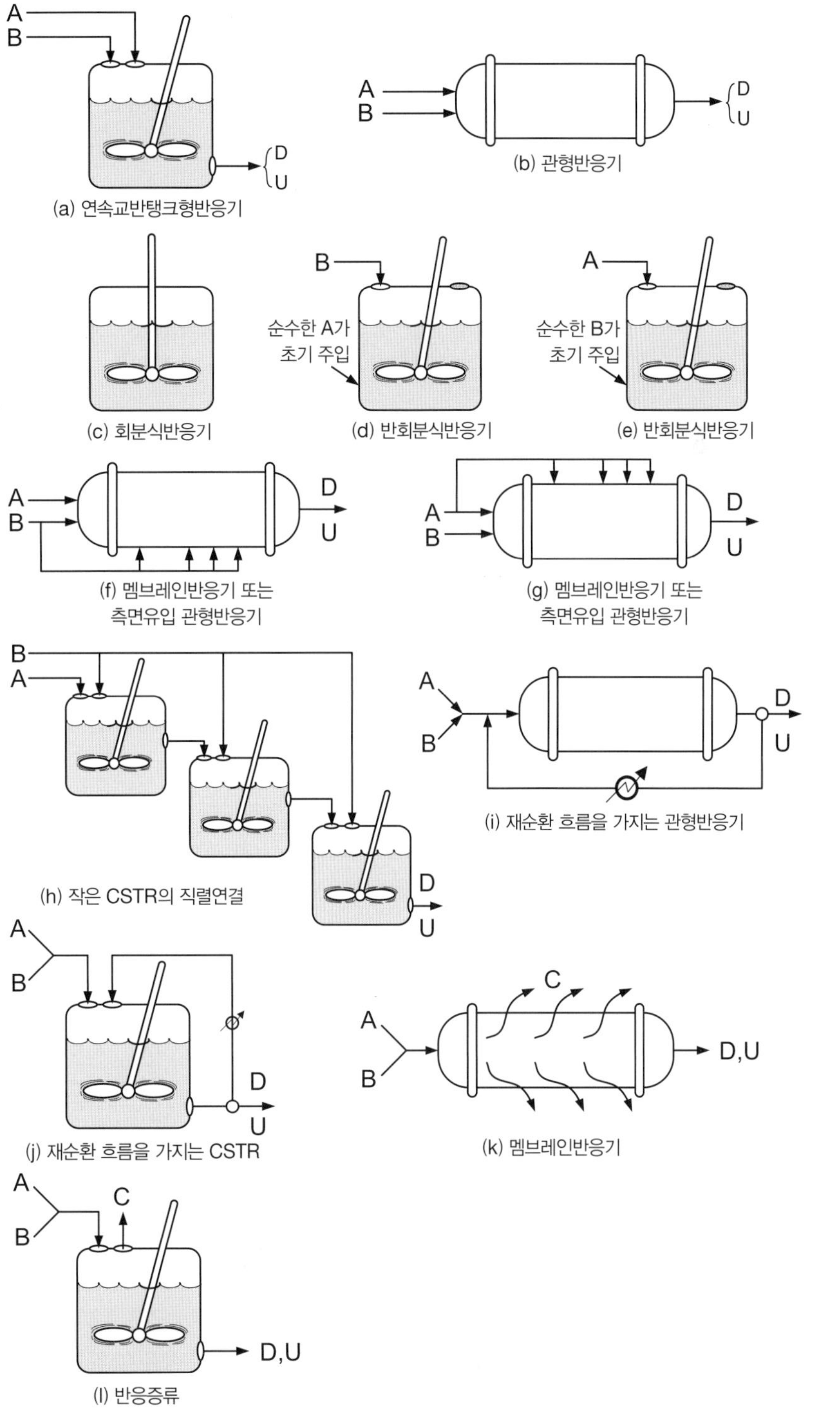

그림 8-2 식 (8–16)의 $S_{D/U}$를 최대화하는 다른 반응기와 운영계획. 미반응 A와 B가 D와 U와 함께 반응기로 빠져나간다.

반응이 완료되기 위해서는 생성물 중 하나는 제거되어야 한다(예, C). 멤브레인반응기 (k)는 열역학적으로 제한된 기상반응에 사용되는 데 반해 반응증류 (l)은 생성물 중 하나가 반응기 내 다른 화합물보다 높은 휘발성을 가지는 액상반응에 사용된다.

반응기를 선택할 때 선정 기준은 **안전, 선택도, 수율, 온도조절과 가격** 등이다.

예제 8-2 원하지 않는 생성물을 최소화하는 반응기와 조건의 선택

다음 병렬반응일 때

$$A + B \longrightarrow D: \qquad r_D = k_1 C_A^{\alpha_1} C_B^{\beta_1}$$

$$A + B \longrightarrow U: \qquad r_U = k_2 C_A^{\alpha_2} C_B^{\beta_2}$$

반응차수의 모든 가능한 조합을 고려하여, $S_{D/U}$를 최대화할 수 있는 반응기 운영계획을 선택하여라.

풀이

경우 1: $\alpha_1 > \alpha_2$, $\beta_1 > \beta_2$. $a = \alpha_1 - \alpha_2$, $b = \beta_1 - \beta_2$라 두자. 이때 a와 b는 양의 상수이다. 이 정의를 이용하여 식 (8-16)을 다음과 같은 형태로 나타낼 수 있다.

$$\boxed{S_{D/U} = \frac{r_D}{r_U} = \frac{k_1}{k_2} C_A^a C_B^b} \tag{E8-2.1}$$

r_D/r_U의 비를 최대화하기 위해서, A와 B의 농도를 가능한 한 높게 유지시킨다. 이를 위해서 다음을 사용하여라.

- 관형반응기(그림 8-2(b))
- 회분식반응기(그림 8-2(c))
- 고압(기상인 경우)과 비활성 물질 감소

경우 2: $\alpha_1 > \alpha_2$, $\beta_1 < \beta_2$. $a = \alpha_1 - \alpha_2$, $b = \beta_2 - \beta_1$이라 두자. 이때 a와 b는 양의 상수이다. 이 정의를 이용하여 식 (8-16)을 다음과 같은 형태로 나타낼 수 있다.

$$S_{D/U} = \frac{r_D}{r_U} = \frac{k_1 C_A^a}{k_2 C_B^b} \tag{E8-2.2}$$

$S_{D/U}$를 가능한 한 크게 하기 위해서 A의 농도를 높게, B의 농도를 낮게 하고자 한다. 이러한 결과를 성취하기 위해서 다음을 사용하여라.

- 많은 양의 A에 B를 천천히 유입시키는 회분반응기(그림 8-2(d))
- 멤브레인반응기 혹은 B를 반응기의 측면으로 연속적으로 유입시키는 관형반응기(그림 8-2(f))
- A는 첫 반응기에만 유입시키고 작은 양의 B를 각각의 반응기에 유입시키는 직렬연결 작은 CSTR들. 이렇게 하면 B는 CSTR 유출흐름이 다음 반응기로 들어가기 전에 대부분이 소비된다(그림 8-2(h)).

경우 3: $\alpha_1 < \alpha_2$, $\beta_1 < \beta_2$. $a = \alpha_2 - \alpha_1$, $b = \beta_2 - \beta_1$이라 두자. 이때 a와 b는 양의 상수이다. 이 정의를 이용하면 식 (8-16)을 다음과 같은 형태로 나타낼 수 있다.

$$S_{D/U} = \frac{r_D}{r_U} = \frac{k_1}{k_2 C_A^a C_B^b} \tag{E8-2.3}$$

$S_{D/U}$를 가능한 한 크게 하도록, A와 B의 농도가 모두 낮은 상태에서 반응을 수행시켜야 한다. 이를 위해 다음을 사용하여라.

- CSTR(그림 8-2(a))
- 순환비가 큰 관형반응기(그림 8-2(i))
- 비활성 물질로 희석된 원료
- 저압(기상인 경우)

경우 4: $\alpha_1 < \alpha_2$, $\beta_1 > \beta_2$. $a = \alpha_2 - \alpha_1$, $b = \beta_1 - \beta_2$라 두자. 이때 a와 b는 양의 상수이다. 이 정의들을 이용하여 식 (8-16)을 다음과 같은 형태로 나타낼 수 있다.

$$S_{D/U} = \frac{r_D}{r_U} = \frac{k_1 C_B^b}{k_2 C_A^a} \tag{E8-2.4}$$

$S_{D/U}$를 최대화하기 위해서, B의 농도는 높게, A의 농도는 낮게 하여 반응을 수행시킨다. 이를 위해 다음을 사용하여라.

- 많은 양의 B에 A를 천천히 유입시키는 반회분반응기(그림 8-2(e))
- 멤브레인반응기 또는 A를 측면으로 유입시키는 관형반응기(그림 8-2(g))
- 순수한 A를 각 반응기에 유입시키는 직렬연결 작은 CSTR

분석: 이 매우 중요한 예제에서는 반응기의 종류와 원하는 화합물 D에 대한 선택도를 최대화하는 반응기 시스템을 고르는 것을 도와주기 위해서, 순간 선택도 $S_{D/U}$가 어떻게 쓰이는지를 보여주었다. 최종 선택은 반응기들과 선택한 운전 조건들의 총괄 선택도 $\tilde{S}_{D/U}$를 모두 계산한 후 이루어져야 한다.

8.4 직렬반응(Reactions in Series)

8.1절에서 반응조건(예, 농도, 온도)을 조절하거나 적절한 반응기를 선택함으로써 원하지 않는 생성물을 최소화할 수 있다는 것을 알았다. 직렬반응[연속반응(consecutive reaction)]에서 가장 중요한 변수는 시간이다: 흐름반응기 경우는 공간시간, 회분식반응기 경우는 실제 시간. 시간 요소의 중요성을 설명하기 위해서 다음의 연속적 반응을 생각해 보자.

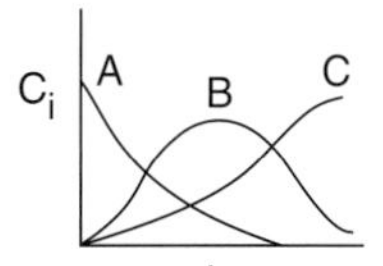

$$A \xrightarrow{k_1} B \xrightarrow{k_2} C$$

여기서 화합물 B는 원하는 생성물이다.

만약 첫 번째 반응은 느리고 두 번째 반응이 빠르다면, 성분 B를 생산하기가 매우 어려울 것이다. 첫 번째 반응(B의 생성)이 빠르고 C를 생성하는 반응이 느릴 경우 B의 수율은 클 것이다. 그러나 회분식반응기에서 장시간 반응을 진행시키거나, 관형흐름반응기가 너무 긴 경우에는 원하는 생성물 B가 원하지 않는 생성물 C로 바뀔 것이다. 직렬반응에서는 다른 어떤 형태의 반응의 경우보다 반응시간을 정확히 계산하는 것이 중요하다.

예제 8-3 회분식반응기에서의 직렬반응들

다음 기초 액상 직렬반응이 회분식반응기에서 수행된다.

$$A \xrightarrow{k_1} B \xrightarrow{k_2} C$$

반응은 반응온도까지 빠르게 가열되고 유지되다가 급랭시킨다.

(a) A, B, C의 농도를 시간의 함수로 플롯하고 분석하여라.

(b) B의 농도가 최대가 될 때 반응을 급랭시키기 위한 시간을 계산하여라.

(c) 급랭하는 시간에 총괄 선택도와 수율은 어떻게 되는가?

추가 정보

$$C_{A0} = 2\text{M},\ k_1 = 0.5\text{h}^{-1},\ k_2 = 0.2\text{h}^{-1}$$

풀이

Part (a)

0. 반응에 번호 부여하기:

앞에 기술한 직렬반응은 다음 두 개의 반응들로 나타낼 수 있다.

(1) 반응 1 $A \xrightarrow{k_1} B \quad -r_{1A} = k_1 C_A$

(2) 반응 2 $B \xrightarrow{k_2} C \quad -r_{2B} = k_2 C_B$

1. 몰수지

1A. **A에 대한 몰수지:**

$$\frac{dN_A}{dt} = r_A V$$

a. $V = V_0$일 때의 농도 항으로 된 **몰수지**

$$\frac{dC_A}{dt} = r_A \tag{E8-3.1}$$

b. **반응 1에 대한 속도법칙:** 반응은 기초반응이다.

$$r_A = r_{1A} = -k_1 C_A \tag{E8-3.2}$$

알고리즘을 따른다.

c. 몰수지와 속도법칙을 **결합**하고

$$\frac{dC_A}{dt} = -k_1 C_A \tag{E8-3.3}$$

초기조건 $t = 0$에서 $C_A = C_{A0}$를 가지고 적분하면

$$\ln\frac{C_A}{C_{A0}} = -k_1 t \tag{E8-3.4}$$

C_A에 대해 풀면

$$\boxed{C_A = C_{A0}e^{-k_1 t}} \tag{E8-3.5}$$

1B. **B에 대한 몰수지:**

a. 일정한 부피의 회분식반응기에 대한 **몰수지**

$$\frac{dC_B}{dt} = r_B \tag{E8-3.6}$$

b. **속도:**

속도법칙들(rate laws)

기초반응

$$r_{2B} = -k_2 C_B \tag{E8-3.7}$$

상대속도(relative rates)

반응 1에서 B의 생성속도는 반응 1에서 A의 소멸속도와 같다.

$$r_{1B} = -r_{1A} = k_1 C_A \tag{E8-3.8}$$

순속도(net rates)

B의 반응에 대한 순속도는 반응 1에서의 B의 생성속도와 반응 2에서의 B의 생성속도의 합과 같다.

$$r_B = r_{1B} + r_{2B} \tag{E8-3.9}$$

$$r_B = k_1 C_A - k_2 C_B \tag{E8-3.10}$$

c. 몰수지와 속도법칙을 **결합**하면

$$\frac{dC_B}{dt} = k_1 C_A - k_2 C_B \tag{E8-3.11}$$

C_A를 대입하고 정리하고

$$\frac{dC_B}{dt} + k_2 C_B = k_1 C_{A0} e^{-k_1 t} \tag{E8-3.12}$$

적분인자(integrating factor)를 사용하여 적분하면

$$\frac{d\left(C_B e^{k_2 t}\right)}{dt} = k_1 C_{A0} e^{(k_2 - k_1)t} \tag{E8-3.13}$$

부록 A와 CRE 웹사이트에 적분인자의 사용 설명이 있다.

초기조건 $t = 0$에서 $C_B = 0$을 가지고 식 (E8-3.13)을 풀면 다음 식이 얻어진다.

$$\boxed{C_B = k_1 C_{A0}\left[\frac{e^{-k_1 t} - e^{-k_2 t}}{k_2 - k_1}\right]} \tag{E8-3.14}$$

1C. **C의 몰수지:**

C에 대한 몰수지는 식 (E8-3.1)과 유사하다.

$$\frac{dC_C}{dt} = r_C \tag{E8-3.15}$$

C의 생성속도는 단지 반응 2에서의 B의 소멸속도와 같다. 즉, $r_C = -r_{2B} = k_2 C_{B.}$

$$\frac{dC_C}{dt} = k_2 C_B \tag{E8-3.16}$$

C_B로 치환하면

$$\frac{dC_C}{dt} = \frac{k_1 k_2 C_{A0}}{k_2 - k_1}\left(e^{-k_1 t} - e^{-k_2 t}\right)$$

초기조건 $t = 0$일 때 $C_C = 0$을 가지고 적분하면

$$\boxed{C_C = \frac{C_{A0}}{k_2 - k_1}\left[k_2\left[1 - e^{-k_1 t}\right] - k_1\left[1 - e^{-k_2 t}\right]\right]} \tag{E8-3.17}$$

예측한 대로 $t \to \infty$가 됨에 따라 $C_A = C_{A0}$가 되는 것을 주목하여라. C_C는 총괄 수지에서 더 쉽게 구할 수 있다는 것을 언급한다.

간단히 C의 농도를 계산한다.

$$\boxed{C_C = C_{A0} - C_A - C_B} \tag{E8-3.18}$$

시간의 함수로서 A, B, C의 농도를 그림 E8-3.1에 나타내었다.

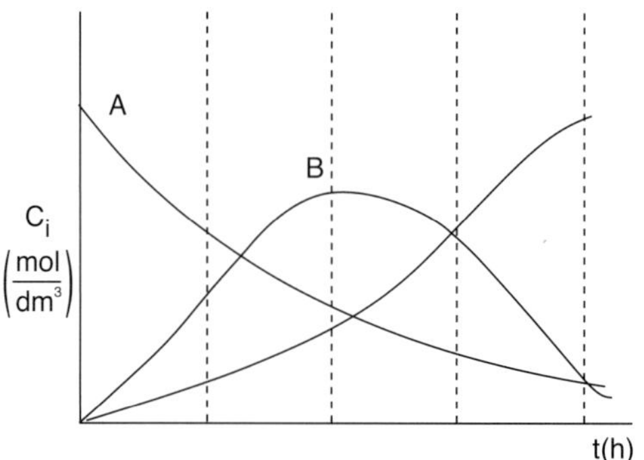

그림 E8-3.1 회분식반응기에서의 농도 궤적

Part (b)

1. **최대에서의 농도와 시간**

그림 E8-3.1로부터 B의 농도가 최대값을 가지고 있다는 것을 주목하여라. 따라서 최대값을 구하기 위해서는 식 E8-3.14를 미분하고 0으로 놓아야 한다.

$$\frac{dC_B}{dt}=0=\frac{k_1C_{A0}}{k_2-k_1}\left[-k_1e^{-k_1t}+k_2e^{-k_2t}\right] \tag{E8-3.19}$$

t_{max}를 풀면 다음 식이 주어진다.

$$\boxed{t_{max}=\frac{1}{k_2-k_1}\ln\frac{k_2}{k_1}} \tag{E8-3.20}$$

직렬반응

식 (E8-3.20)을 식 (E8-3.5)에 대입하면 C_B가 최대값을 가질 때의 A의 농도를 찾을 수 있다.

$$C_A=C_{A0}e^{-k_1\left(\frac{1}{k_2-k_1}\ln\frac{k_2}{k_1}\right)} \tag{E8-3.21}$$

$$\boxed{C_A=C_{A0}\left[\frac{k_1}{k_2}\right]^{\frac{k_1}{k_2-k_1}}} \tag{E8-3.22}$$

비슷하게, C_B가 최대일 때는 다음과 같다.

$$\boxed{C_B=\frac{k_1C_{A0}}{k_2-k_1}\left[\left(\frac{k_1}{k_2}\right)^{\frac{k_1}{k_2-k_1}}-\left(\frac{k_1}{k_2}\right)^{\frac{k_2}{k_2-k_1}}\right]} \tag{E8-3.23}$$

2. **계산:** C_{A0} = 2 mol/dm^{3}에 대해서 k_1 = 0.5 h^{-1} 그리고 k_2 = 0.2 h^{-1}일 때의 시간에 따른 농도는 다음과 같다.

$$C_A=2\text{mol/dm}^3\left(e^{-0.5t}\right)$$

$$C_B=\frac{2\left(\text{mol/dm}^3\right)}{\left(0.2-0.5\right)}(0.5)\left[e^{-0.5t}-e^{-0.2t}\right]$$

$$C_B=3.33\left(\text{mol/dm}^3\right)\left[e^{-0.2t}-e^{-0.5t}\right]$$

$$C_C=2\text{mol/dm}^3-2\left(\text{mol/dm}^3\right)e^{-0.5t}-3.33\text{mol/dm}^3\left[e^{-0.2t}-e^{-0.5t}\right]$$

식 (E8-3.20)에 대입하면

$$t_{max}=\frac{1}{0.2-0.5}\ln\frac{0.2}{0.5}=\frac{1}{0.3}\ln\frac{0.5}{0.2}$$

$$\boxed{t_{max}=3.05\text{ h}}$$

반응을 급랭시키는 시간은 3.05 h이다.

t_{max}가 3.05시간일 때, A, B, C의 농도는 아래와 같다.

$$C_A = 2\frac{\text{mol}}{\text{dm}^3}\left[\left(\frac{0.5}{0.2}\right)^{\left(\frac{(0.5)}{0.2-0.5}\right)}\right] = 0.43\frac{\text{mol}}{\text{dm}^3}$$

$$C_B = 2\frac{\text{mol}}{\text{dm}^3}\frac{(0.5)}{(0.2-0.5)}\left[\left(\frac{0.5}{0.2}\right)^{\left(\frac{0.5}{0.2-0.5}\right)} - \left(\frac{0.5}{0.2}\right)^{\left(\frac{0.2}{0.2-0.5}\right)}\right]$$

$$C_B = 1.09\frac{\text{mol}}{\text{dm}^3}$$

반응을 급랭시키는 시간에서의 농도가 C는 다음과 같다.

$$C_C = C_{A0} - C_A - C_B = 2 - 0.44 - 1.07 = 0.49 \text{ mol/dm}^3$$

Part (c) 반응급랭시간에 총괄 선택도와 수율을 계산하여라.
선택도는 다음과 같다.

$$S_{B/C} = \frac{C_B}{C_C} = \frac{1.09}{0.48} = 2.3$$

수율은 다음과 같다.

$$Y_B = \frac{C_B}{C_{A0} - C_A} = \frac{1.09}{2-0.48} = 0.69$$

분석: 이 예제에서 복수반응에 대한 CRE 알고리즘을 직렬반응 A → B → C에 적용하였다. 여기서, 원하는 생성물 B가 최대농도가 되는, 결과적으로 반응을 급랭시키는 시간을 찾기 위한 해석적 해(analytical solution)를 얻었다. 또한, 이 시간에서의 A, B, C의 농도와 선택도 그리고 수율을 계산하였다.

이제 CSTR에서의 이 동일한 직렬반응을 수행해 보자.

예제 8-4 CSTR에서의 직렬반응

예제 8-3에서 논의했던 반응을 이제 CSTR에서 수행해 보도록 하자.

$$A \xrightarrow{k_1} B$$
$$B \xrightarrow{k_2} C$$

(a) CSTR에서 출구농도를 결정하여라.
(b) B의 농도가 최대가 되는 공간시간 τ 값을 구하여라.

풀이

Part (a)

1. a. **A에 대한 몰수지:**

유입	−	유출	+	생성	=	0
F_{A0}	−	F_A	+	$r_A V$	=	0
$\upsilon_0 C_{A0}$	−	$\upsilon_0 C_A$	+	$r_A V$	=	0

υ_0로 나누고 재배열하고 $\tau = V/\upsilon_0$임을 상기하면, 다음 식이 얻어진다.

$$C_{A0} - C_A + r_A \tau = 0 \tag{E8-4.1}$$

b. **속도식**

속도식과 순속도는 예제 8-3과 같다.

반응 1: $$r_A = -k_1 C_A \tag{E8-4.2}$$

c. **결합**

A의 소멸속도와 함께 A의 몰수지는 다음과 같다.

$$C_{A0} - C_A - k_1 C_A \tau = 0 \tag{E8-4.3}$$

C_A에 대해서 풀면

$$\boxed{C_A = \frac{C_{A0}}{1 + \tau k_1}} \tag{E8-4.4}$$

B의 농도를 구하기 위하여 화합물 B에 대해서도 화합물 A에서 했던 것처럼 같은 알고리즘을 사용하자.

2. a. **B에 대한 몰수지:**

유입	−	유출	+	생성	=	0
0	−	F_B	+	$r_B V$	=	0
	−	$\upsilon_0 C_B$	+	$r_B V$	=	0

υ_0로 나누고 정리하고 $\tau = V/\upsilon_0$임을 상기하면, 다음 식이 얻어진다.

$$-C_B + r_B \tau = 0 \tag{E8-4.5}$$

b. **속도식**

속도식과 순속도는 예제 8-3과 같다.

순속도

$$r_B = k_1 C_A - k_2 C_B \tag{E8-4.6}$$

c. **결합**

$$-C_B + \left(k_1 C_A - k_2 C_B\right)\tau = 0$$

$$C_B = \frac{k_1 C_A \tau}{1 + k_2 \tau} \tag{E8-4.7}$$

C_A를 대입하면 다음 식이 얻어진다.

$$\boxed{C_B = \frac{\tau k_1 C_{A0}}{(1+k_1\tau)(1+k_2\tau)}} \tag{E8-4.8}$$

3. **C에서의 몰수지:**

$$0 - \upsilon_0 C_C + r_C V = 0$$

$$-C_C + r_C \tau = 0 \tag{E8-4.9}$$

속도

$$r_C = -r_{2B} = k_2 C_B$$

$$C_C = r_C \tau = k_2 C_B \tau$$

$$\boxed{C_C = \frac{\tau^2 k_1 k_2 C_{A0}}{(1+k_1\tau)(1+k_2\tau)}} \tag{E8-4.10}$$

Part (b) B의 최적 농도

B의 최대 농도를 구하기 위하여, 식 (E8-4.8)을 τ에 대해서 미분하고 0으로 놓는다.

$$\frac{dC_B}{d\tau} = \frac{k_1 C_{A0}(1+\tau k_1)(1+\tau k_2) - \tau k_1 C_{A0}(k_1 + k_2 + 2\tau k_1 k_2)}{[(1+k_1\tau)(1+k_2\tau)]^2} = 0$$

B의 농도가 최대가 되는 시간 τ에 대해 풀면 다음과 같다.

$$\boxed{\tau_{max} = \frac{1}{\sqrt{k_1 k_2}}} \tag{E8-4.11}$$

τ의 최적값에서의 B의 출구 농도는

$$C_B = \frac{\tau_{max} k_1 C_{A0}}{(1+\tau_{max} k_1)(1+\tau_{max} k_2)} = \frac{\tau_{max} k_1 C_{A0}}{1+\tau_{max} k_1 + \tau_{max} k_2 + \tau_{max}^2 k_1 k_2} \tag{E8-4.12}$$

τ_{max}에 대한 식 (E8-4.11)을 식 (E8-4.12)에 대입하면

$$C_B = \frac{C_{A0}\dfrac{k_1}{\sqrt{k_1 k_2}}}{1 + \dfrac{k_1}{\sqrt{k_1 k_2}} + \dfrac{k_2}{\sqrt{k_1 k_2}} + 1} \tag{E8-4.13}$$

최적의 공간시간에서의 B의 농도를 정리하면

$$\boxed{C_B = \frac{C_{A0} k_1}{2\sqrt{k_1 k_2} + k_1 + k_2}} \tag{E8-4.14}$$

평가

$$\tau_{max} = \frac{1}{\sqrt{(0.5)(0.2)}} = 3.16\text{h}$$

τ_{max}에서 A, B, C의 농도는

$$C_A = \frac{C_{A0}}{1+\tau_{max}k_1} = \frac{2\dfrac{\text{mol}}{\text{dm}^3}}{1+(3.16\text{h})\left(\dfrac{0.5}{h}\right)} = 0.78\frac{\text{mol}}{\text{dm}^3}$$

$$C_B = 2\frac{\text{mol}}{\text{dm}^3}\frac{0.5}{2\sqrt{(0.2)(0.5)}+0.2+0.5} = 0.75\frac{\text{mol}}{\text{dm}^3}$$

$$C_C = C_{A0} - C_A - C_B = \left(2 - 0.78 - 0.75\frac{\text{mol}}{\text{dm}^3}\right) = 0.47\frac{\text{mol}}{\text{dm}^3}$$

전화율은

$$X = \frac{C_{A0}-C_A}{C_{A0}} = \frac{2-0.78}{2} = 0.61$$

선택도는

$$S_{B/C} = \frac{C_B}{C_C} = \frac{0.75}{0.47} = 1.60$$

수율은

$$Y_B = \frac{C_B}{C_{A0}-C_A} = \frac{0.75}{2-0.78} = 0.61$$

실제 자료와 실제 이론 비교

요약 표

	시간	$\tilde{S}_{B/C}$	$\tilde{Y}_B$
회분식	t_{max} = 3.05 h	2.3	0.69
CSTR	τ_{max} = 3.16 h	1.6	0.61

분석: B의 농도를 최대화하는 데 필요한 CSTR의 공간시간(τ_{max} = 3.16 h)을 찾기 위하여 복수반응에 대한 CRE 알고리즘을 직렬반응 A → B → C에 적용하였다. 이 공간시간에서 전화율은 61%이고, 선택도 $S_{B/C}$는 1.60이며, 수율 Y_B는 0.63이다. CSTR에서의 전화율과 선택도는 급랭하였을 때의 회분식반응기와 비교해서 더 작다.

PFR

만약 직렬반응이 PFR에서 수행된다면, 결과는 근본적으로 시간변수 "t"를 공간시간 "τ"로 대체한 회분식반응기의 것과 같을 것이다. 다음 직렬반응에 대하여

$$\text{에탄올} \xrightarrow{k_1} \text{알데하이드} \xrightarrow{k_2} \text{생성물}$$

비반응속도 k_1, k_2가 다른 값에 대하여 비교하여 그림 8-3에 나타내었다. PFR에서의 이 반응에 대한 완전한 분석은 CRE 웹사이트에 있다.

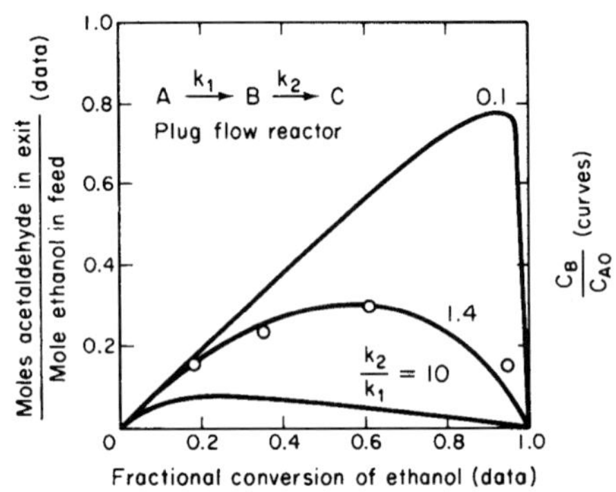

그림 8-3 에탄올 전화율에 대한 아세트알데히드 수율. 자료는 518 K에서 얻은 것이다. 실험 자료들은 (에탄올 전화율의 증가 순으로) 공간속도가 26,000, 52,000, 104,000, 208,000 h^{-1}일 때의 값이다. 곡선은 플러그흐름반응기에서 진행되는 1차 직렬반응으로 계산하였으며, 다양한 속도상수 k_2와 k_1의 비에 따른 반응물의 전화율의 함수로 중간체 B의 수율을 나타내었다. [출처: McCabe, Robert, W., and Patricia J. Mitchell. Oxidation of ethanol and acetaldehyde over alumina-supported catalysts. Industrial & Engineering Chemistry Product Research and Development 1983 22(2), 212-217. Copyright © 1963, American Chemical Society. Reprinted by permission.]

실전 예제 문제

주석: 혈액응고(Blood Clotting)

대부분의 신진대사반응은 혈액의 응고에서 일어나는 것처럼, 많은 연속반응으로 이루어져 있다.

$$\text{베임} \rightarrow \text{출혈} \rightarrow \text{응고}$$

그림 A의 혈액응고(blood coagulation)는 중요한 자기 보호 메커니즘의 하나로서 **지혈**(hemostasis)이라고도 하며 이는 상처 입은 혈관으로부터 혈액 손실을 정지시킨다. 응고 과정은 **섬유인자**(tissue factor)라 불리는 비효소 지단백질이 세포의 손상으로 나온 혈장과 접촉할 때 시작된다. 평상시 섬유인자(TF)는 온전한 세포 내부 조직으로 인해 혈장과 접촉하지 않는다(그림 B 참조). 이 내부조직이 파열되면(예, 상처) 섬유인자와 혈장이 접촉하게 되고 직렬반응이 단계적으로 일어나게 된다(그림 C). 이 직렬반응으로 결국 피브리노겐(섬유소원, 수용성)이 피브린(섬유소, 비수용성)으로 바뀌게 되고 이것이 응혈을 생성한다. 상처가 치료된 후에 혈액의 유동성을 유지하기 위해서 피브린 응고를 억제하는 메커니즘이 작동하기 시작한다.

아이쿠!

그림 A 일반적인 응혈(사진 제공: Dietrich Mebs, *Venomous and Poisonous Animals*, Stuttgart: Medpharm, (2002), p. 305)

그림 B 상처 전의 섬유인자(A)와 혈장(B)의 분리

그림 C 상처로 인해 혈장과의 접촉으로 응고가 시작됨(A + B → 단계반응)

*혈소판은 혈액응고 복합-의존 반응이 일어나는 프로코어귤런트 인지질-당량표면을 제공한다.

풀이된 문제

응고과정을 정확하게 담아낼 수 있는 개시반응과 뒤이은 단계 신진대사반응의 축약된 형(1)을 다음에 나타내었다.

$$\text{TF} + \text{VIIa} \underset{k_{-1}}{\overset{k_1}{\rightleftarrows}} \text{TF}-\text{VIIa}(\text{복합체}) \xrightarrow[k_2]{+x} \text{Xa} \xrightarrow[k_3]{+II} \text{IIa} \xrightarrow[k_4]{+\text{피브리노겐}} \text{피브린} \xrightarrow[k_5(fast)]{+\text{XIIIa}} \text{응고} \quad (1)$$

혈액의 유동성을 유지하기 위해, 응고가 연속으로 일어나는 것은 반드시 누그러뜨려야 한다. 응고 공정을 약화시키는 반응들은 다음과 같다.

$$\begin{aligned} \text{ATIII} + \text{Xa} &\xrightarrow{k_6} \text{Xa}_{\text{inactive}} \\ \text{ATIII} + \text{IIa} &\xrightarrow{k_7} \text{IIa}_{\text{inactive}} \\ \text{ATIII} + \text{TF}-\text{VIIa} &\xrightarrow{k_8} \text{TF}-\text{VIIa}_{\text{inactive}} \end{aligned} \quad (2)$$

여기서 TF = 섬유인자, VIIa = 인자 혈액응고제, X = 스튜어트 프라워 인자, Xa = 활성 스튜어트 프라워 인자, II = 프로트롬빈, IIa = 트롬빈, ATIII = 항트롬빈, XIIIa = 인자 XIIIa이다.

응고반응을 기호로 나타내면 다음과 같다.

$$\boxed{\text{상처} \rightarrow \text{A} + \text{B} \rightarrow \text{C} \rightarrow \text{D} \rightarrow \text{E} \rightarrow \text{F} \rightarrow \text{응고}}$$

응고공정에 대한 모델화를 직렬반응에서 했던 방식대로 각각 화합물에 대한 몰수지와 속도법칙을 작성함으로써 할 수 있다.

다음에 당신이 심각한 절단으로 응급실에 가야 할 때, 상처를 꿰매는 동안 응고 메커니즘에 대해 토론하는 것은 의사를 감동시킬 것이다.

$$\frac{dC_{TF}}{dt} = -k_1 \cdot C_{TF} \cdot C_{VIIa} + k_{-1} \cdot C_{TF-VIIa}$$

$$\frac{dC_{VIIa}}{dt} = -k_1 \cdot C_{TF} \cdot C_{VIIa} + k_{-1} \cdot C_{TF-VIIa}$$

등등.

그런 다음 Polymath 프로그램을 이용하여 응고시간을 결정할 수 있을 뿐 아니라 시간의 함수로서의 트롬빈(그림 D 참조)과 다른 성분의 농도를 예측하기 위한 연립방정식을 풀 수 있다. 5 pM 농도의 TF에 관한 실험 자료 또한 아래에 제시되어 있다. 전체의 방정식 세트를 사용할 때, Polymath 프로그램의 출력은 그림 E와 동일하다. Polymath 실전 예제 문제 **LEP** 코드(*http://www.umich.edu/~elements/5e/08chap/live.html*)와 완전한 세트의 식은 CRE 웹사이트의 *Solved Problems*에 주어져 있다(*http://www.umich.edu/~elements/5e/08chap/pdf/BloodCoagulation.pdf*). 프로그램을 직접 로드하여 일부 파라미터를 변경할 수 있다.

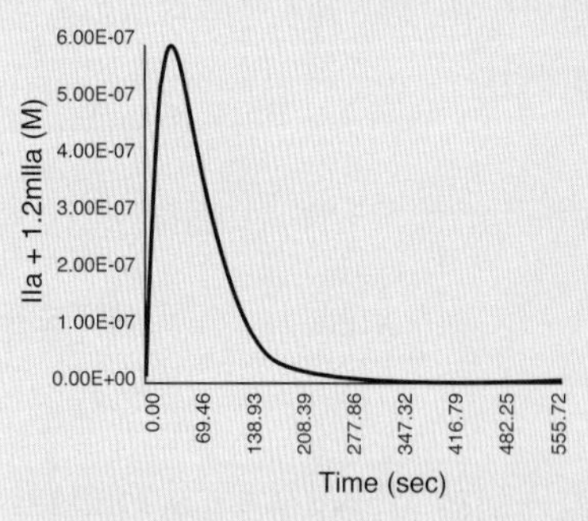

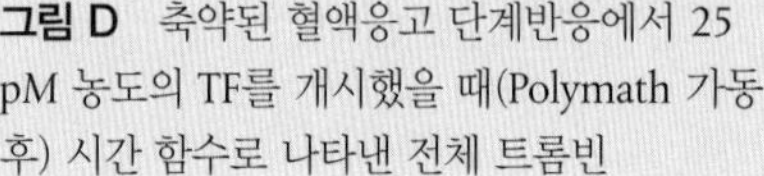
그림 D 축약된 혈액응고 단계반응에서 25 pM 농도의 TF를 개시했을 때(Polymath 가동 후) 시간 함수로 나타낸 전체 트롬빈

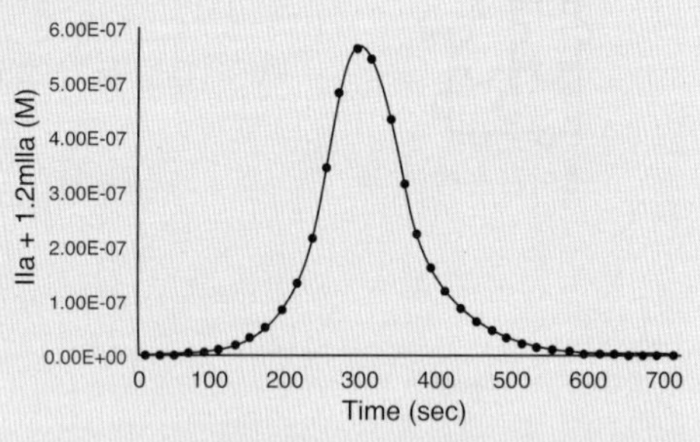

그림 E 25 pM 농도의 TF를 개시했을 때 시간 함수로 나타낸 전체 트롬빈(그림 제공: Enzyme Catalysis and Regulation: Mathew F. Hockin, Kenneth C. Jones, Stephen J. Everse, and Kenneth G. Maan. A Model for the Stoichiometric Regulation of Blood Coagulation. J. Biol. Chem. 2002 277: 18322 – 8333. First published on March 13, 2002. Copyright © 2002, by the American Society for Biochemistry and Molecular Biology.)

8.5 복합반응(Complex Reactions)

복합반응 시스템은 상호작용하는 직렬반응과 병렬반응의 결합으로 구성된다. 이 복합반응에 대한 알고리즘의 개요는 몰유량과 농도로 몰수지식을 쓰는 제6장에 주어진 것과 매우 비슷하다(그림 6-1). 각각의 반응에 번호를 부여한 후에 그림 6-1과 같이 각각의 성분에 대해 몰수지를 작성한다. 이 두 가지 알고리즘의 가장 큰 차이는 반응속도법칙 단계이다. 표 8-2와 같이 반응물의 농도 항으로 각각 화합물에 대한 순반응속도(net rate of reaction)를 찾는 3단계(3, 4, 5)를 가지고 있다. 예로서, 다음의 복합반응을 공부하자.

비즈니스에서, 당신의 반응을 독점적으로 유지하는 것은 중요하다.

$$A + 2B \longrightarrow C$$
$$2A + 3C \longrightarrow D$$

이는 독점성과 보안상의 이유로 A, B, C, D로 코드화된 산업적으로 중요한 **복합반응**(complex reaction)이다. 이 반응은 일반적인 공업용 반응기에서 수행되는 복수반응(multiple reaction)을 철저히 이해하는 데 필요한 사실상 모든 미묘한 차이를 담고 있다. 다음의 세 가지 예는 각각 PBR, CSTR 및 반회분식반응기에서의 이 반응을 모델링한 것이다.

8.5.1 PBR에서의 복합 기상반응(Complex Gas-Phase Reaction)

이제 표 8-1과 8-2의 알고리즘을 PBR에서 수행되는 매우 중요한 복합반응에 적용하자. 이러한 반응의 기밀성을 보호하기 위해 화학물질에는 A, B, C, D라는 이름이 붙었다.

예제 8-5 PBR에서의 복합 기상반응

복합 기상반응은 기초 속도법칙을 따르며, PBR에서 등온선상에서 일어난다.

$$(1) \quad A+2B \rightarrow C \qquad -r'_{1A} = k_{1A} C_A C_B^2$$
$$(2) \quad 2A+3C \rightarrow D \qquad -r'_{2C} = k_{2C} C_A^2 C_C^3$$

원료는 A와 B가 같은 몰수이고 $F_{A0} = 10$ mol/min이며 부피유량은 100 dm^3/min이다. 촉매질량은 1,000 kg, 압력강하 $\alpha = 0.0019$ kg^{-1}, 그리고 총 유입농도 $C_{T0} = 0.2$ mol/dm^{3}이다.

$$k_{1A} = 100\left(\frac{\text{dm}^9}{\text{mol}^2 \cdot \text{kg-cat} \cdot \text{min}}\right), \qquad k_{2C} = 1{,}500\left(\frac{\text{dm}^{15}}{\text{mol}^4 \cdot \text{kg-cat} \cdot \text{min}}\right)$$

F_A, F_B, F_C, F_D, y, $S_{C/D}$를 촉매질량 W에 대한 함수로 **플롯하고 분석하여라.**

풀이

표 8-2의 알고리즘에 따라 반응 번호를 부여한 후, 반응기 내의 모든 화합물에 대한 몰수지를 세운다.

PBR 기상

1. 몰수지

$$(1) \quad \frac{dF_A}{dW} = r'_A \qquad \left(F_{A0} = 10\frac{\text{mol}}{\text{min}}\right) \qquad W_f = 1{,}000\,\text{kg} \qquad \text{(E8-5.1)}$$

$$(2) \quad \frac{dF_B}{dW} = r'_B \qquad \left(F_{B0} = 10\frac{\text{mol}}{\text{min}}\right) \qquad \text{(E8-5.2)}$$

$$(3) \quad \frac{dF_C}{dW} = r'_C \qquad \text{(E8-5.3)}$$

$$(4) \quad \frac{dF_D}{dW} = r'_D \qquad \text{(E8-5.4)}$$

2. 속도

순속도

(5) $r'_A = r'_{1A} + r'_{2A}$ (E8-5.5)

(6) $r'_B = r'_{1B}$ (E8-5.6)

(7) $r'_C = r'_{1C} + r'_{2C}$ (E8-5.7)

(8) $r'_D = r'_{2D}$ (E8-5.8)

속도법칙

(9) $r'_{1A} = -k_{1A} C_A C_B^2$ (E8-5.9)

(10) $r'_{2C} = -k_{2C} C_A^2 C_C^3$ (E8-5.10)

상대속도

알고리즘을 따른다.

반응 1: A+2B→C $\quad \frac{r'_{1A}}{-1} = \frac{r'_{1B}}{-2} = \frac{r'_{1C}}{1}$

(11) $r'_{1B} = 2r'_{1A}$ (E8-5.11)

(12) $r'_{1C} = -r'_{1A}$ (E8-5.12)

반응 2: 2A+3C→D $\quad \frac{r'_{2A}}{-2} = \frac{r'_{2C}}{-3} = \frac{r'_{2D}}{1}$

(13) $r'_{2A} = \frac{2}{3} r'_{2C}$ (E8-5.13)

(14) $r'_{2D} = -\frac{1}{3} r'_{2C}$ (E8-5.14)

화합물 A, B, C, D에 대한 **순반응속도**(net rate of reaction)는 다음과 같다.

$$r'_A = r'_{1A} + r'_{2A} = -k_{1A} C_A C_B^2 - \frac{2}{3} k_{2C} C_A^2 C_C^3$$
$$r'_B = r'_{1B} = -2k_{1A} C_A C_B^2$$
$$r'_C = r'_{1C} + r'_{2C} = k_{1A} C_A C_B^2 - k_{2C} C_A^2 C_C^3$$
$$r'_D = r'_{2D} = \frac{1}{3} k_{2C} C_A^2 C_C^3$$

선택도

$$S_{C/D} = \frac{F_C}{F_D}$$

비법(Tricks of the Trade). $W = 0$, $F_D = 0$일 때 $S_{C/D}$는 무한대로 간다. 그러므로 Polymath, MATLAB, Excel과 같은 ODE 문제풀이 프로그램에서 충돌이 일어나는 것을 방지하기 위해 $W = 0$으로부터 매우 작은 수, $W = 0.0001$ kg 사이에서 $S_{C/D} = 0$으로 설정한다. Polymath에서는 이러한 상태를 이렇게 쓴다.

(15) $S_{C/D} = \text{if}\ (W > 0.0001)\ \text{then} \left(\frac{F_C}{F_D}\right) \text{else}\ (0)$ (E8-5.15)

3. 화학양론 등온 $\mathbf{T = T_0}$

(16) $C_A = C_{T0}\left(\dfrac{F_A}{F_T}\right)p$ (E8-5.16)

(17) $C_B = C_{T0}\left(\dfrac{F_B}{F_T}\right)p$ (E8-5.17)

(18) $C_C = C_{T0}\left(\dfrac{F_C}{F_T}\right)p$ (E8-5.18)

(19) $C_D = C_{T0}\left(\dfrac{F_D}{F_T}\right)p$ (E8-5.19)

(20) $\dfrac{dp}{dW} = -\dfrac{\alpha}{2p}\left(\dfrac{F_T}{F_{T0}}\right)$ (E8-5.20)

(21) $F_T = F_A + F_B + F_C + F_D$ (E8-5.21)

(22) $X_A = \dfrac{F_{A0} - F_A}{F_{A0}}$ (E8-5.22A)

(23) $X_B = \dfrac{F_{B0} - F_B}{F_{B0}}$ (E8-5.22B)

4. 파라미터

(24) $C_{T0} = 0.2\,\text{mol/dm}^3$

(25) $\alpha = 0.0019\ \text{kg}^{-1}$

(26) $\upsilon_0 = 100\,dm^3/\text{min}$

(27) $k_{1A} = 100\left(\text{dm}^3/\text{mol}\right)^2/\text{min}/\text{kg-cat}$

(28) $k_{2C} = 1{,}500\left(\text{dm}^{15}/\text{mol}^4\right)/\text{min}/\text{kg-cat}$

(29) $F_{T0} = 20\,\text{mol/min}$

(30) $F_{A0} = 10$

(31) $F_{B0} = 10$

이 식들을 Polymath의 ODE 문제풀이 프로그램에 입력하면, 표 E8-5.1과 그림 E8-5.1, 그림 E8-5.2의 결과를 얻을 수 있다.

분석: 이 예는 등온 복합반응을 다루는 방법을 단계별로 보여주는 매우 중요한 예다. 그림 8-2에 표시된 반응기에서 발생하는 복합반응의 경우, 수치적 해(numerical solution)가 사실상 항상 요구된다. Polymath 프로그램과 본보기 결과는 다음과 같다. 이 문제는 실전 예제 문제(**LEP**)이므로 그림 E8-5.1과 E8-5.2가 어떻게 변하는지 배우기 위해, Polymath 코드를 내려받고 반응 파라미터(예, k_{1A}, α, k_{2C}, υ_0)를 변경할 수 있다 (*http://www.umich.edu/~elements/5e/08chap/live.html*).

그림 E8-5.2로부터 선택도가 바로 입구 근처(W ≈ 60 kg) 최대값을 갖고 그 이후로 급격히 감소하는 것을 볼 수 있다. 그러나 원하는 생성물인 C가 최대 유량을 갖는 촉매질량이 200 kg까지도 A의 90%는 소모되지 않는다. 반응 (1)의 활성화 에너지가 반응 (2)의 활성화 에너지보다 크다면, 온도를 높여 C의 몰유량과 선택도를 높일 수 있다. 그러나 그것도 소용이 없다면, 원하는 생성물의 선택도와 몰유량 중 어떤 것이 더 중요한지 선택해야 한다. 전자의 경우 PBR 촉매 무게는 60 kg이 된다. 후자의 경우 PBR 촉매 무게는 200 kg이다.

표 **E8-5.1** Polymath 프로그램과 출력

Differential equations
1 d(Fa)/d(W) = ra
2 d(Fb)/d(W) = rb
3 d(Fc)/d(W) = rc
4 d(Fd)/d(W) = rd
5 d(p)/d(W) = -alpha/2/p*(Ft/Fto)

Explicit equations
1 Fto = 20
2 alpha = 0.0019
3 Ft = Fa+Fb+Fc+Fd
4 k1a = 100
5 k2c = 1500
6 Cto = 0.2
7 Ca = Cto*(Fa/Ft)*p
8 Cb = Cto*(Fb/Ft)*p
9 Cc = Cto*(Fc/Ft)*p
10 r1a = -k1a*Ca*Cb^2
11 r1b = 2*r1a
12 rb = r1b
13 r2c = -k2c*Ca^2*Cc^3
14 r2a = 2/3*r2c
15 r2d = -1/3*r2c
16 r1c = -r1a
17 rd = r2d
18 ra = r1a + r2a
19 rc = r1c + r2c
20 v = 100
21 Fbo = 10
22 Fao = 10
23 Xb = (Fbo-Fb)/Fbo
24 Xa = (Fao-Fa)/Fao
25 Cd = Cto*(Fd/Ft)*p
26 Scd = if(W>0.0001)then(Fc/Fd)else(0)

Calculated values of DEQ variables

	Variable	Initial value	Final value
1	alpha	0.0019	0.0019
2	Ca	0.1	0.0257858
3	Cb	0.1	0.0020471
4	Cc	0	0.0211051
5	Cd	0	0.0026336
6	Cto	0.2	0.2
7	Fa	10.	4.293413
8	Fao	10.	10.
9	Fb	10.	0.3408417
10	Fbo	10.	10.
11	Fc	0	3.514068
12	Fd	0	0.4385037
13	Ft	20.	8.586827
14	Fto	20.	20.
15	k1a	100.	100.
16	k2c	1500.	1500.
17	p	1.	0.2578577
18	r1a	-0.1	-1.081E-05
19	r1b	-0.2	-2.161E-05
20	r1c	0.1	1.081E-05
21	r2a	0	-6.251E-06
22	r2c	0	-9.376E-06
23	r2d	0	3.125E-06
24	ra	-0.1	-1.706E-05
25	rb	-0.2	-2.161E-05
26	rc	0.1	1.429E-06
27	rd	0	3.125E-06
28	Scd	0	8.01377
29	v	100.	100.
30	W	0	1000.
31	Xa	0	0.5706587
32	Xb	0	0.9659158

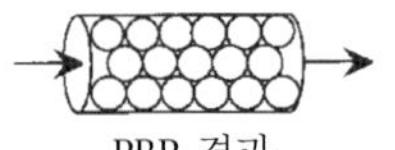
PBR 결과

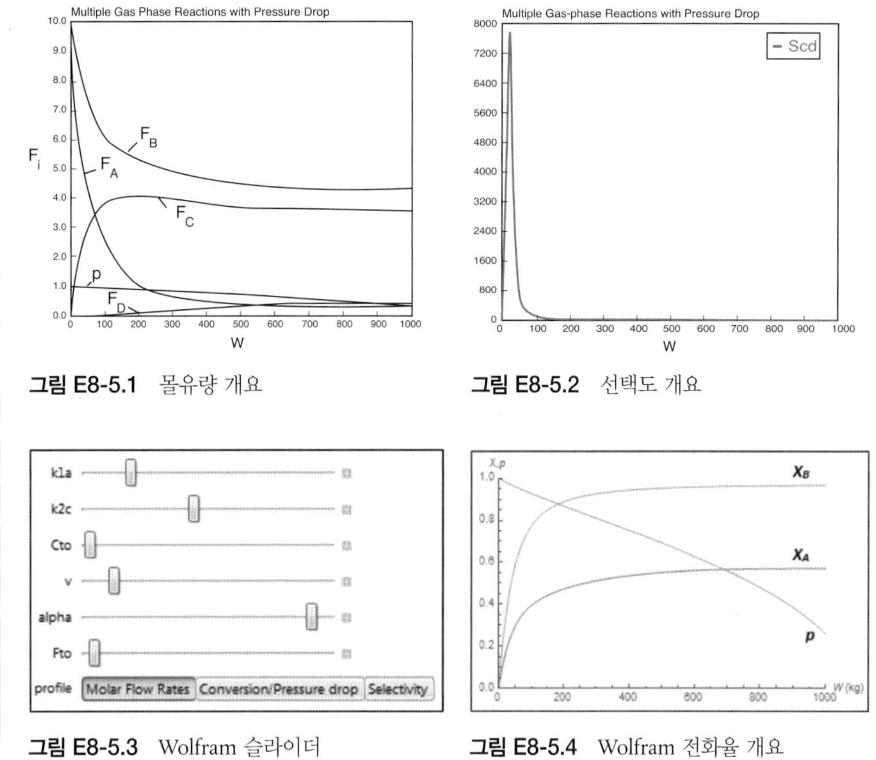

그림 E8-5.1 몰유량 개요

그림 E8-5.2 선택도 개요

그림 E8-5.3 Wolfram 슬라이더

그림 E8-5.4 Wolfram 전화율 개요

몰유량 변화 추이는 그림 E8-5.1과 같으며 선택도와 전화율 변화 추이는 그림 E8-5.2와 E8-5.4에 각각 표시되어 있다.

8.5.2 CSTR에서의 액상 복합반응(Complex Liquid-Phase Reactions)

CSTR의 경우에도 PFR의 미분방정식들과 유사하게 연립대수방정식들을 풀어야 한다. 이 식들은 CSTR에서의 모든 화합물들에 대한 몰수지식을 속도 단계와 화학양론식과 결합하여 얻어진다. N개의 다른 성분이 존재하는 q개의 액상반응이 일어날 때, 다음의 대수방정식들의 세트를 얻을 수 있다.

$$F_{10} - F_1 = -r_1 V = V \sum_{i=1}^{q} -r_{i1} = V \cdot f_1(C_1, \cdots, C_N) \tag{8-17}$$

$$\vdots$$

$$F_{j0} - F_j = -r_j V = V \cdot f_j(C_1, \cdots, C_N) \tag{8-18}$$

$$\vdots$$

$$F_{N0} - F_N = -r_N V = V \cdot f_N(C_1, \cdots, C_N) \tag{8-19}$$

식 (8-17)부터 (8-19)까지 풀기 위해 Polymath나 비슷한 프로그램에 있는 비선형 대수방정식 문제풀이 프로그램(nonlinear algebraic equation solver, NLE)을 사용할 수 있다.

예제 8-6 CSTR에서의 액상 복합반응

예제 8-5에서 논의했던 복합반응을 이제 2,500 dm^{3}의 액상에서 수행하자. 원료는 A와 B가 같은 몰수이며, F_{A0} = 200 mol/min이고, 부피유량은 100 dm^3/min이다. 속도상수는 다음과 같다.

$A + 2B \rightarrow C$
$2A + 3C \rightarrow D$

$$k_{1A} = 10\left(\frac{dm^3}{mol}\right)^2 \Big/ min, \qquad k_{2C} = 15\left(\frac{dm^3}{mol}\right)^4 \Big/ min$$

반응기 출구에서의 A, B, C, D의 농도와 함께 출구 선택도 $\tilde{S}_{C/D}$를 구하여라.

$$\tilde{S}_{C/D} = \frac{C_C}{C_D}$$

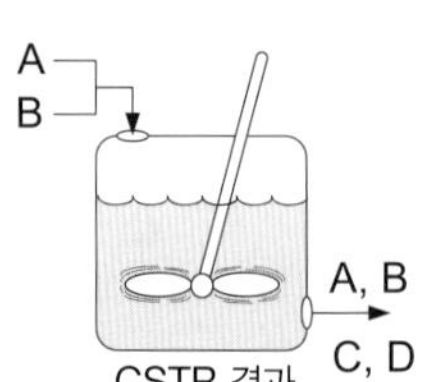

풀이

액상 CSTR: $\upsilon = \upsilon_0$ (Polymath식 표현)

몰수지

(1) $f(C_A) = \upsilon_0 C_{A0} - \upsilon_0 C_A + r_A V$ (E8-6.1)

(2) $f(C_B) = \upsilon_0 C_{B0} - \upsilon_0 C_B + r_B V$ (E8-6.2)

(3) $f(C_C) = \quad -\upsilon_0 C_C + r_C V$ (E8-6.3)

(4) $f(C_D) = \quad -\upsilon_0 C_D + r_D V$ (E8-6.4)

속도식들(rates), **상대속도들**(relative rates)과 **순속도들**(net rates)은 예제 8-5에 주어진 것과 같다. 게다가 (5)단계부터 (14)단계까지[즉, 예제 8-5의 식 (E8-5.5)부터 (E8-5.14)]는 이 예제에서도 변하는 것이 없다. 이러한 사실은 이 예제를 풀기 위한 시간을 대폭 줄여 준다.

선택도

참고: $F_D = 0$일 때 $S_{C/D}$가 무한대로 가는 것을 방지하기 위해 분모에 아주 작은 수(0.001 mol/min)를 추가하기로 한다.

(15) $S_{C/D} = \dfrac{F_C}{(F_D + 0.001)}$ (E8-6.5)

파라미터

(16) $\upsilon_0 = 100\,dm^3/min$ (19) $V = 2{,}500\,dm^3$

(17) $k_{1A} = 10(dm^3/mol)^2/min$ (20) $C_{A0} = 2.0\,mol/dm^3$

(18) $k_{2C} = 15(dm^3/mol)^4/min$ (21) $C_{B0} = 2.0\,mol/dm^3$

이 방정식들은 Polymath의 비선형방정식 문제풀이 프로그램을 이용하여 출구농도를 구할 때 사용된다.

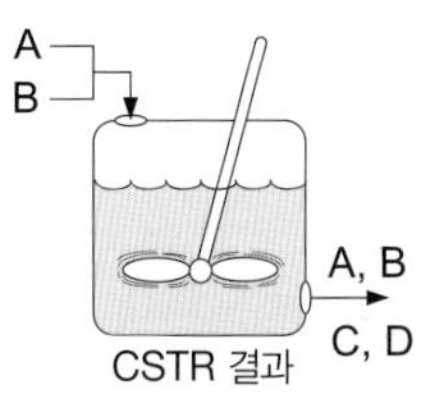

액상 CSTR

표 E8-6.1 Polymath 프로그램과 출력

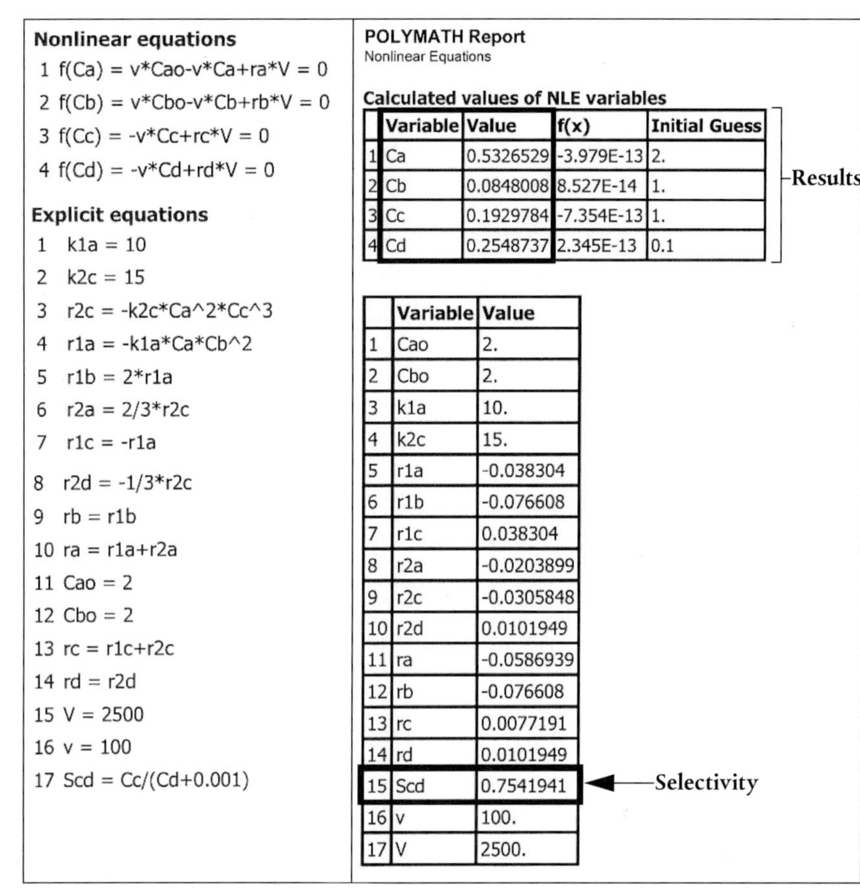

Nonlinear equations

1 f(Ca) = v*Cao-v*Ca+ra*V = 0
2 f(Cb) = v*Cbo-v*Cb+rb*V = 0
3 f(Cc) = -v*Cc+rc*V = 0
4 f(Cd) = -v*Cd+rd*V = 0

Explicit equations

1 k1a = 10
2 k2c = 15
3 r2c = -k2c*Ca^2*Cc^3
4 r1a = -k1a*Ca*Cb^2
5 r1b = 2*r1a
6 r2a = 2/3*r2c
7 r1c = -r1a
8 r2d = -1/3*r2c
9 rb = r1b
10 ra = r1a+r2a
11 Cao = 2
12 Cbo = 2
13 rc = r1c+r2c
14 rd = r2d
15 V = 2500
16 v = 100
17 Scd = Cc/(Cd+0.001)

POLYMATH Report
Nonlinear Equations

Calculated values of NLE variables (Results)

	Variable	Value	f(x)	Initial Guess
1	Ca	0.5326529	-3.979E-13	2.
2	Cb	0.0848008	8.527E-14	1.
3	Cc	0.1929784	-7.354E-13	1.
4	Cd	0.2548737	2.345E-13	0.1

	Variable	Value
1	Cao	2.
2	Cbo	2.
3	k1a	10.
4	k2c	15.
5	r1a	-0.038304
6	r1b	-0.076608
7	r1c	0.038304
8	r2a	-0.0203899
9	r2c	-0.0305848
10	r2d	0.0101949
11	ra	-0.0586939
12	rb	-0.076608
13	rc	0.0077191
14	rd	0.0101949
15	Scd	0.7541941 ← Selectivity
16	v	100.
17	V	2500.

출구농도는 $C_A = 0.53$ M, $C_B = 0.085$ M, $C_C = 0.19$ M 그리고 $C_D = 0.25$ M이고, $S_{C/D} = 0.75$이다. 이에 상당하는 A의 전화율은 다음과 같다.

$$X = \frac{C_{A0} - C_A}{C_{A0}} = \frac{2 - 0.533}{2} = 0.73$$

분석: CSTR에서 수행된 복합반응에 대한 CRE 알고리즘을 비선형방정식 문제풀이 프로그램을 이용하여 풀었다. CSTR 출구 농도는 Polymath 보고서에 나타냈으며, 그에 상당하는 선택도는 Polymath 결과 보고서에 나타난 것처럼 $\tilde{S}_{C/D} = 0.75$이다. CSTR의 전화율은 적정하지만 선택도는 조금 낮다. 이러한 복합반응들이 최대 선택도를 갖도록 하는 데에는 PFR이 좀 더 나은 선택이다.

8.5.3 반회분식반응기에서의 액상 복합반응

다음은 반회분식 반응기에서 수행되는 복합반응에 표 8-1과 8-2를 적용하는 것이다.

A + 2B → C
2A + 3C → D

예제 8-7 반회분식반응기에서의 복합반응

예제 8-6에서 토의하였던 복합 액상반응이 이제 반회분식반응기에서 수행된다. A가 F_{A0} = 3 mol/min의 속도로 B가 들어 있는 반응기로 공급된다. 부피유량속도는 10 dm^3/min이고 초기 반응기 부피는 1,000 dm^3이다. 속도상수는 다음과 같다.

$$k_{1A}=10\left(\frac{dm^3}{mol}\right)^2\Big/min, \qquad k_{2C}=15\left(\frac{dm^3}{mol}\right)^4\Big/min$$

최대 부피는 2,000 dm^3이다. A의 유입 농도 C_{A0} = 0.3 mol/dm^3이고 B의 초기 농도 C_{Bi} = 0.2 mol/dm^3이다.

(a) N_A, N_B, N_C, N_D, 그리고 $S_{C/D}$를 시간의 함수로 플롯하고 분석하여라.

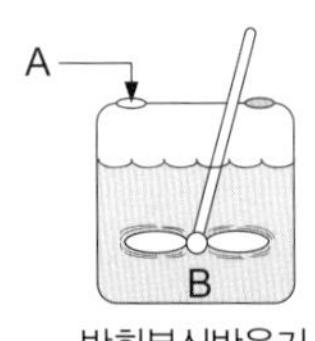

반회분식반응기

풀이

몰수지

(1) $$\frac{dN_A}{dt}=r_AV+F_{A0} \qquad (N_{Ai}=0) \qquad \text{(E8-7.1)}$$

(2) $$\frac{dN_B}{dt}=r_BV \qquad (N_{Bi}=C_{Bi}V_0=200\text{ mol}) \qquad \text{(E8-7.2)}$$

(3) $$\frac{dN_C}{dt}=r_CV \qquad (N_{Ci}=0) \qquad \text{(E8-7.3)}$$

(4) $$\frac{dN_D}{dt}=r_DV \qquad (N_{Di}=0) \qquad \text{(E8-7.4)}$$

순속도(net rates), **속도법칙**(rate laws), **상대속도**(relative rates)**는 액상 CSTR과 같다.**

즉, 예제 8-5의 단계 2의 (5)단계부터 (14)단계까지[식 (E8-5.5)부터 식 (E8-5.14)] 동일하다.

화학양론

(15) $C_A=N_A/V$ (E8-7.5) (18) $C_D=N_D/V$ (E8-7.8)

(16) $C_B=N_B/V$ (E8-7.6) (19) $V=V_0+\upsilon_0t$ (E8-7.9)

(17) $C_C=N_C/V$ (E8-7.7) (20) $X_B=\dfrac{N_{B0}-N_B}{N_{B0}}$ (E8-7.10)

선택도

비법(Tricks of the Trade). N_D는 시간 t = 0에서 0이므로 선택도는 무한대로 가기 때문에, "if"문을 사용한다.

(21) $$S_{C/D}=\text{if }(t>0.0001\text{ min})\text{ then}\left(\frac{N_C}{N_D}\right)\text{else }(0) \qquad \text{(E8-7.11)}$$

파라미터

새로운 변수

(22) $\upsilon_0 = 10\ \text{dm}^3/\text{min}$

(23) $V_0 = 1{,}000\ \text{dm}^3$

(24) $F_{A0} = 3\ \text{mol/min}$

Polymath의 ODE 문제풀이 프로그램에 이 정보를 입력하면, 다음 결과를 얻는다.

A

B

반회분식반응기

반회분식반응기에서의 액상 복합반응

Differential equations

```
d(Nb)/d(t) = rb*V
d(Na)/d(t) = ra*V +Fao
d(Nd)/d(t) = rd*V
d(Nc)/d(t) = rc*V
```

Explicit equations

```
k1a = 10
k2c = 15
Vo = 1000
vo = 10
V = Vo+vo*t
Ca = Na/V
Cb = Nb/V
r1a = -k1a*Ca*Cb^2
Cc = Nc/V
r1b = 2*r1a
rb = r1b
r2c = -k2c*Ca^2*Cc^3
Fao = 3
r2a = 2/3*r2c
r2d = -1/3*r2c
rlc = -r1a
rd = r2d
ra = r1a+r2a
Cd = Nd/V
rc = rlc+r2c
Scd = if(t>0.0001)then(Nc/Nd)else(0)
Nbo = 200
X = 1-Nb/Nbo
```

Calculated values of DEQ variables

	Variable	Initial value	Final value
1	Ca	0	0.1034461
2	Cb	0.2	0.0075985
3	Cc	0	0.0456711
4	Cd	0	0.0001766
5	Fao	3.	3.
6	k1a	10.	10.
7	k2c	15.	15.
8	Na	0	206.8923
9	Nb	200.	15.197
10	Nbo	200.	200.
11	Nc	0	91.34215
12	Nd	0	0.3531159
13	r1a	0	-5.973E-05
14	r1b	0	-0.0001195
15	rlc	0	5.973E-05
16	r2a	0	-1.019E-05
17	r2c	0	-1.529E-05
18	r2d	0	5.097E-06
19	ra	0	-6.992E-05
20	rb	0	-0.0001195
21	rc	0	4.444E-05
22	rd	0	5.097E-06
23	Scd	0	258.6747
24	t	0	100.
25	V	1000.	2000.
26	Vo	1000.	1000.
27	vo	10.	10.
28	X	0	0.924015

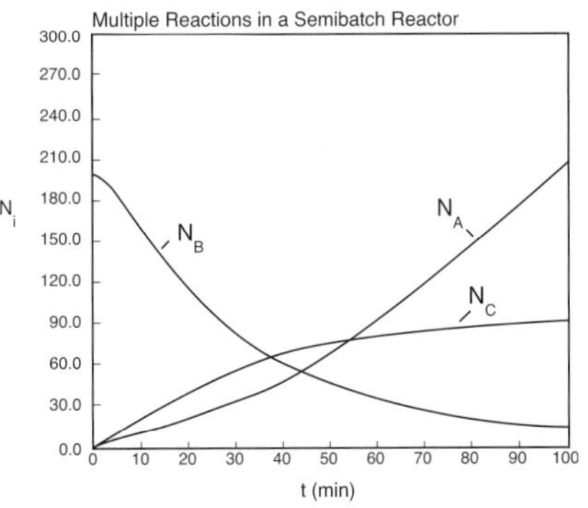

그림 E8-7.1 시간에 따른 몰수

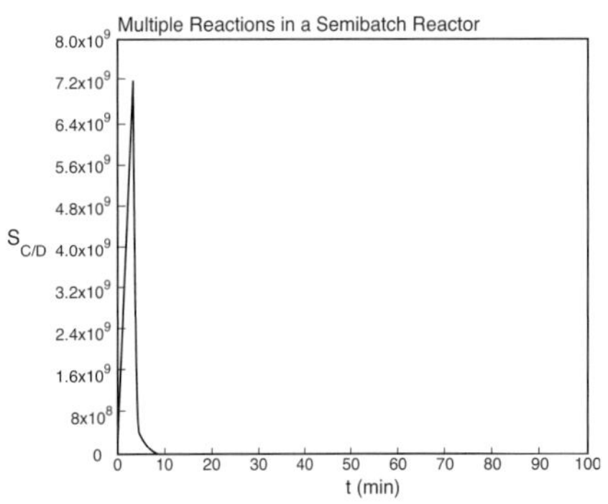

그림 E8-7.2 시간에 따른 선택도

분석: 복합반응의 CRE 알고리즘을 반회분식반응기에 적용시켜 Polymath ODE 문제풀이 프로그램을 이용하여 풀었다. 선택도는 6.5분 만에 최대값이 되었다(그림 E8-7.2); 그러나 이 시간에서는 매우 적은 양의 원하는 생성물 C가 생성되었다. 만약 $E_D > E_U$이면, 먼저 온도를 변화시켜 선택도나 만들어지는 생성물의 양을 향상할 수 있는지 보자. 만약 소용이 없다면, 경제성 평가가 필요하다. 선택도와 C와 D의 분리 비용이 판매할 C를 더 많이 만드는 것보다 중요한가?

그림 E8-7.1을 보면 70분 이후에는 화합물 A, C, D의 몰수는 매우 조금 변하는 것을 알 수 있다; 그러나 B의 농도는 B가 계속 주입되고 B와 반응할 A가 충분하지 않기 때문에 계속해서 증가한다. D의 몰수는 너무 적어서 그림 E8-7.1의 x축과 구별할 수 없다. 마지막으로 6.5분과 10분이라는 시간은 **반회분식반응기를 사용하기에는 너무 짧으므로** 그림 8-2(g)에서 반응기 하류를 따라 A가 계속 주입되는 방법이나, A가 각각의 CSTR에 주입되는 것과 비슷한 그림 8-2(h)에 보인 것과 같이 다른 반응기 운영 계획을 고려해야만 한다.

가져갈 교훈: 반응시간이 회분식 또는 반회분식 반응기에서 수행하기에는 너무 짧음.

8.6 복수반응에서 선택도 향상을 위한 멤브레인반응기

반응평형을 완결 쪽으로 이동시키기 위하여 반응생성물을 제거하는 멤브레인반응기 활용에 더하여, 복수반응에서 선택도를 향상시키기 위하여 멤브레인반응기를 사용할 수 있다. 이러한 향상은 하류 방향의 반응기 길이를 따라서 반응물 중 하나를 주입함으로써 성취될 수 있다. 특히 탄화수소의 부분산화반응(partial oxidation)뿐 아니라, 술폰화(sulfunation), 수소화(hydrogenation), 니트로화(nitration), 에톡실화(ethoxylation)에 효과적이다[2].

$$C_2H_4 + \frac{1}{2}O_2 \longrightarrow C_2H_4O \xrightarrow{+\frac{5}{2}O_2} 2CO_2 + 2H_2O$$

$$\text{Naphthalene} + \tfrac{9}{2}O_2 \longrightarrow \text{Phthalic anhydride} + 2\,CO_2 + 2\,H_2O$$

$$\text{Phthalic anhydride} \xrightarrow{+\frac{17}{2}O_2} 8\,CO_2 + 2\,H_2O$$

$$\text{m-Xylene} \xrightarrow{+H_2} \text{Toluene} + CH_4 \xrightarrow{+H_2} \text{Benzene} + CH_4$$

위의 두 개 반응들에서는, 원하는 생성물은 중간생성물(예, C_2H_4O)이다. 그러나 산소가 존재하기 때문에, 반응물과 중간생성물은 원하지 않는 생성물인 CO_2와 물로 완전히 산화

2. W. J. Asher, D. C. Bomberger, and D. L. Huestis, *Evaluation of SRI's Novel Reactor Process Permix™* (New York: AIChE, 2000).

된다. 아래의 반응에서 원하는 생성물은 자일렌이다. 반응물을 멤브레인반응기의 옆으로 공급함으로써 반응물 하나를 낮은 농도로 유지시키는 것으로 선택도를 증가시킬 수 있다.

CRE 웹사이트의 **제8장 확장자료**에 있는 풀이된 예제 문제에서, mesitylene의 수첨탈알킬화 반응(hydrodealkylation)을 위해 멤브레인반응기를 사용하였다. 어떤 면에서, CRE 웹사이트의 예제는 부분산화반응에 멤브레인반응기(MR)를 사용하는 것과 유사하다. 이제 어느 반응 형태에 대해서 멤브레인반응기의 장점을 보여주기 위해서 다른 반응에 대한 예제를 풀 것이다.

예제 8-8 복수반응에서 선택도 향상을 위한 멤브레인반응기

반응은 기상에서 일어난다.

$$(1)\ A + B \longrightarrow D \qquad -r_{1A} = k_{1A}C_A^2C_B,\ k_{1A} = 2\ dm^6/mol^2 \cdot s$$

$$(2)\ A + B \longrightarrow U \qquad -r_{2A} = k_{2A}C_AC_B^2,\ k_{2A} = 3\ dm^6/mol^2 \cdot s$$

여기서는 멤브레인반응기(MR)와 일반적인 PFR에 대한 총괄 선택도($\tilde{S}_{D/U}$)를 비교할 것이다.† 먼저 어떤 성분이 멤브레인을 통하여 공급되어야 하는지를 결정하기 위해 순간 선택도(instantaneous selectivity)를 사용한다.

$$S_{D/U} = \frac{k_1C_A^2C_B}{k_2C_B^2C_A} = \frac{k_1C_A}{k_2C_B}$$

$S_{D/U}$를 최대화하기 위해 A의 농도를 높게 B의 농도는 낮게 유지하는 것이 필요하다. 따라서 멤브레인 막을 통하여 B를 공급한다. 그림 E8-8.1에서처럼 반응기로 들어가는 몰유량은 4 mol/s이고 멤브레인을 통하여 들어가는 B의 몰유량은 그림 E8-8.1에 보여지듯이 4 mol/s이다. PFR에서 B는 A와 함께 들어간다.

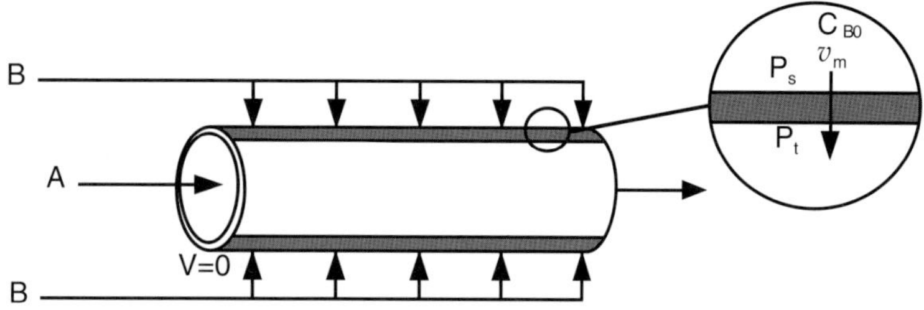

그림 E8-8.1 측면을 통하여 하나의 반응물이 공급되는 멤브레인반응기

반응기의 부피는 50 dm³이고 전체 유입농도는 0.8 mol/dm³이다. MR과 PFR의 반응기 부피에 대한 함수로서 몰유량과 총괄 선택도(overall selectivity) $\tilde{S}_{D/U}$를 **플롯하고 분석하여라.**

풀이

1. PFR과 MR의 몰수지들

† Jofostan Riça 소재 Jofostan대학 화학공학과의 스벤 코틀로프 박사는 이 분야에서 세계 최고의 멤브레인 분석가 중 한 사람이다.

	PFR		MR	
화합물 A:	$\frac{dF_A}{dV} = r_A$	(E8-8.1[a])	$\frac{dF_A}{dV} = r_A$	(E8-8.1[b])
화합물 B:	$\frac{dF_B}{dV} = r_B$	(E8-8.2[a])	$\frac{dF_B}{dV} = r_B + R_B$	(E8-8.2[b])
화합물 C:	$\frac{dF_D}{dV} = r_D$	(E8-8.3[a])	$\frac{dF_D}{dV} = r_D$	(E8-8.3[b])
화합물 D:	$\frac{dF_U}{dV} = r_U$	(E8-8.4[a])	$\frac{dF_U}{dV} = r_U$	(E8-8.4[b])

2. 순속도와 속도법칙들(PFR과 MR에 대해서 동일하다)

$$r_A = r_{1A} + r_{2A} = -k_{1A}C_A^2C_B - k_{2A}C_AC_B^2 \quad \text{(E8-8.5)}$$

$$r_B = r_{1B} + r_{2B} = -k_{1A}C_A^2\ C_B - k_{2A}C_AC_B^2 \quad \text{(E8-8.6)}$$

$$r_D = r_{1D} = k_{1A}C_A^2\ C_B \quad \text{(E8-8.7)}$$

$$r_U = r_{2U} = k_{2A}C_AC_B^2 \quad \text{(E8-8.8)}$$

3. 물질전달식(MR)

이제 반응기로의 B의 물질전달속도(R_B)에 대해 토론하자. 유체역학을 통해 멤브레인을 통한 부피유량은 Darcy의 법칙에 의해 주어진다는 것을 알고 있다.[3]

$$\upsilon_m = K[P_s - P_t]A_t \quad \text{(E8-8.9)}$$

여기서 K는 멤브레인 투과도(membrane permeability)(m/s·kPa)이고, P_s(kPa)와 P_t(kPa)는 각각 쉘 측과 튜브 측의 압력, A_t는 멤브레인 표면적(m^2)이다. 멤브레인을 통한 압력강하($P_s - P_t$)를 조절함으로써 멤브레인을 통과하는 유량을 제어할 수 있다. 식 (6-5)으로부터 "a"는 반응기 단위부피당 멤브레인 표면적(surface area per unit volume of reactor)임을 상기하여라.

$$A_t = aV_t \quad \text{(E8-8.10)}$$

반응기의 측면을 통한 B의 전체 몰유량은

$$F_{B0} = C_{B0}\upsilon_m = \underbrace{C_{B0}K[P_s - P_t]a}_{R_B} \cdot V_t = R_BV_t \quad \text{(E8-8.11)}$$

반응기의 단위부피당 B의 몰유량은

$$R_B = \frac{F_{B0}}{V_t} \quad \text{(E8-8.12)}$$

4. 화학양론식(PFR과 MR에 대해서 동일하다)

등온($T = T_0$)이고, 반응기 하류 방향의 길이에 따른 압력강하를 무시한다($P = P_0$, $p = 1.0$).

3. J. O. Wilkes, *Fluid Mechanics for Chemical Engineers with Microfluidics and CFD*, 2nd Ed. (Upper Saddle River, NJ: Prentice Hall, 2006).

여기서 $T = T_0$이고 $\Delta P = 0$

반응기 하류 방향의 길이에 따라서 압력강하가 없고 등온 운전에 대해서, PFR과 MR 두 반응기 모두에 대해서 농도는 다음과 같다.

$$C_A = C_{T0}\frac{F_A}{F_T} \quad \text{(E8-8.13)} \qquad C_D = C_{T0}\frac{F_D}{F_T} \quad \text{(E8-8.15)}$$

$$C_B = C_{T0}\frac{F_B}{F_T} \quad \text{(E8-8.14)} \qquad C_U = C_{T0}\frac{F_U}{F_T} \quad \text{(E8-8.16)}$$

$$X = \frac{F_{A0} - F_A}{F_{A0}} \quad \text{(E8-8.17)}$$

5. 결합

MR과 PFR 두 반응기 모두에 대한 몰유량과 선택도 개요를 풀기 위해서 Polymath 프로그램은 몰수지, 순속도, 화학양론을 결합하여 줄 것이다.

총괄 선택도(overall selectivity)를 계산하는 데 있어서 경고:

$$\tilde{S}_{D/U} = \frac{F_D}{F_U} \quad \text{(E8-8.18)}$$

Polymath를 속여라!

반응기 입구에서 $F_U = 0$이기 때문에 다시 Polymath를 속여야만 한다. Polymath는 식 (E8-8.18)에 나와 있고, 0으로 나누어야 하므로 실행할 수 없다. 그러므로 분모에 매우 작은 수(즉, 0.0001 mol/s)를 더할 필요가 있다. 따라서,

$$\tilde{S}_{D/U} = \frac{F_D}{F_U + 0.0001} \quad \text{(E8-8.19)}$$

문제의 세부 정보를 파악하기 **전에** 예상되는 추세 또는 결과를 스케치하여라.

표 E8-8.1에 Polymath 프로그램과 결과표를 나타내었다.

실전 예제 문제

표 E8-8.1 Polymath 프로그램

Differential equations

```
1 d(Fa)/d(V) = ra
2 d(Fb)/d(V) = rb+Rb
3 d(Fd)/d(V) = rd
4 d(Fu)/d(V) = ru
```

Explicit equations

```
1 Ft = Fa+Fb+Fd+Fu
2 Ct0 = 0.8
3 k1a = 2
4 k2a = 3
5 Cb = Ct0*Fb/Ft
6 Ca = Ct0*Fa/Ft
7 ra =
-k1a*Ca^2*Cb-k2a*Ca*Cb^2
8 rb = ra
9 Cd = Ct0*Fd/Ft
10 Cu = Ct0*Fu/Ft
11 rd = kla*Ca^2*Cb
12 ru = k2a*Ca*Cb^2
13 Vt = 50
14 Fbo = 4
15 Rb = Fbo/Vt
16 Sdu =
Fd/(Fu+.0000000000001)
```

Calculated values of DEQ variables

	Variable	Initial value	Final value
1	Ca	0.8	0.2020242
2	Cb	0	0.2020242
3	Cd	0	0.2855303
4	Ct0	0.8	0.8
5	Cu	0	0.1104213
6	Fa	4.	1.351387
7	Fao	4.	4.
8	Fb	0	1.351387
9	Fbo	4.	4.
10	Fd	0	1.909979
11	Ft	4.	5.351387
12	Fu	0	0.7386336
13	k1a	2.	2.
14	k2a	3.	3.
15	ra	0	-0.0412269
16	Rb	0.08	0.08
17	rb	0	-0.0412269
18	rd	0	0.0164908
19	ru	0	0.0247361
20	Sdu	0	2.585827
21	V	0	50.
22	Vt	50.	50.
23	X	0	0.6621531

← Selectivity

같은 방식으로 PFR 문제를 풀기 위해서는, B의 초기조건을 4.0, R_B를 0($R_B = 0$)로 설정하는 것으로 간단하게 PFR에 대한 표 E8-8.1의 프로그램을 수정할 수 있다.

그림 E8-8.2(a)와 E8-8.2(b)는 각각 PFR과 MR에 대한 몰유량의 개요들이다.

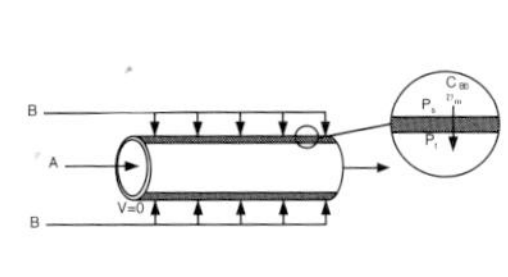

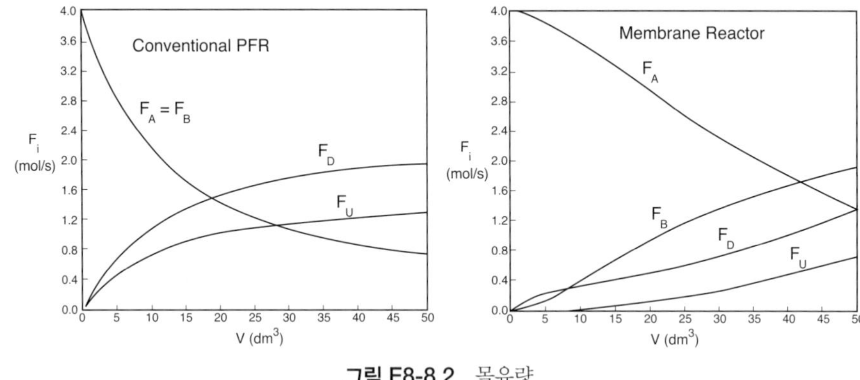

그림 E8-8.2 몰유량

그림 E8-8.3(a)와 E8-8.3(b)는 PFR과 MR에 대한 선택도를 보여준다. 한 가지 지적할 것은 MR에서의 선택도가 PFR보다 매우 크게 증가했다는 것이다.

V = 5 dm^3일 때의 선택도
MR: $S_{D/U} = 14$
PFR: $S_{D/U} = 0.65$

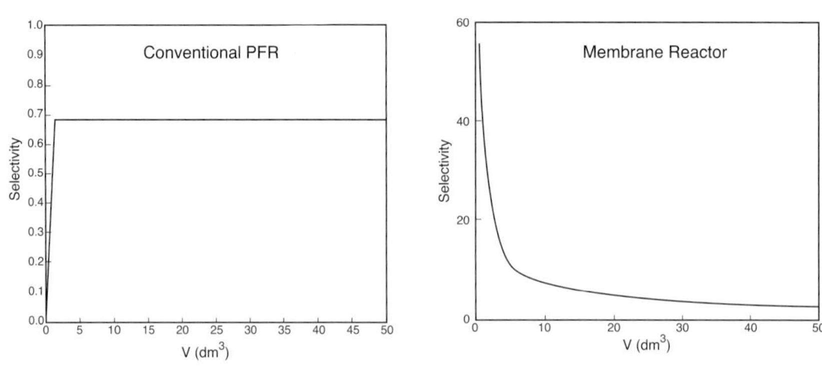

그림 E8-8.3 선택도

LEP: *http://www.umich.edu/~elements/5e/08chap/live.html*

CRE 웹사이트로부터 실전 예제 문제(**LEP**)를 내려받고 반응과 반응기에 대한 "놀이"를 하여라. 약간의 수정을 통하여, 부분산화반응과 유사한 반응들을 탐구할 수 있다.

$$A + B \longrightarrow D \quad r_D = k_1 C_A C_B \tag{E8-8.20}$$

$$B + D \longrightarrow U \quad r_U = k_2 C_B C_D \tag{E8-8.21}$$

여기서 산소(B)는 멤브레인의 측면을 통하여 공급된다(문제 P8-15$_c$ 참조).

분석: A는 측면공급(side-fed) MR에서보다 PFR에서 더 빨리 소모되며, PFR에서 원하는 생성물이 더 많이 생성되는 것을 유념하여라. 그러나 선택도는 PFR에서보다 MR에서 훨씬 높다. 몰유량을 비교해 보면 side-fed MR에서의 몰유량은 반응기의 30 dm^3 지점을 지나면 눈에 띄게 계속해서 변하지만, PFR에서는 30 dm^3 지점을 지나도 변하지 않는 것을 또한 지적할 수 있다.

8.7 정리

예제 8-5에서는 속도식을 주고 생성물 분포를 계산하라고 요구하였다. 예제 8-5에서 기술된 문제를 역으로 풀어야 할 때도 자주 있다. 특히, 속도식은 종종 공급 농도의 변경에 의해 생성되는 생성물분포의 변화로부터 결정되어야 한다. 몇몇 예에서 연속적으로 일어나는 일부 반응에 대해서 속도식의 결정은 독립적인 실험을 수행하지 않고는 불가능할 수 있다. 속도식 파라미터들을 **정리**하기 위하여 사용하는 가장 좋은 전략은 반응마다 달라질 것이다. 따라서 하나의 계에 대하여 전개된 전략이 다른 복수반응계의 경우에는 최상의 접근법이 아닐 수도 있다. 한 가지 일반적인 규칙은, 한 반응에서만 생성되는 성분을 찾는 것으로부터 해석을 시작하고; 다음에는, 두 반응에서만 연루되는 성분에 관하여 연구하며, 그 다음에는 세 반응에서만 연루된 성분을 연구하는 식으로 확장하는 것이다.

비선형 최소자승법

중간생성물들 일부가 자유라디칼일 때 속도법칙 파라미터들을 구하기 위한 독립적인 실험을 하는 것이 불가능할 수도 있다. 따라서 주입 조건들에 따른 생성물 분포의 변화로부터 속도법칙 파라미터들을 추론해야만 한다. 이러한 상황에서는, 계산된 변수들과 측정된 변수들의 차의 제곱의 합을 최소화하는 가장 좋은 파라미터값을 추산하는 최적화 문제로 바뀐다. 이 과정은 기본적으로 7.5절에서 기술된 것과 같으며, 구해야 할 파라미터들의 수가 많아짐에 따라서 훨씬 복합해진다. 우선 방금 논의된 몇 가지 방법을 사용하여 파라미터값을 추산함으로써 시작한다. 다음으로, 모든 실험 자료로부터 파라미터값들의 최적 추산값을 구하기 위하여 비선형 회귀법을 이용한다.[4] 이와 같은 해석을 하는 데 소프트웨어 패키지들을 활용할 수 있다.

8.8 재미있는 부분

놀이공원에서 생길 수 있는 재미가 아니라, 화학반응공학(CRE)에서의 재미에 대해서 말하려고 한다. CSTR에서 복수반응의 유출농도를 구하는 방법과 PFR 또는 PBR의 하류를 따라 반응기 길이에 따른 화합물들의 농도를 어떻게 그리는지에 대한 방법을 알고 있으므로, 화학반응공학에서 가장 중요하고 재미있는 분야 중의 하나를 다룰 수 있다. 8.3절에서 논의된 이 분야는 원하는 생성물을 어떻게 최대화하는지 그리고 원하지 않는 생성물을 어떻게 최소화하는지를 배우는 것이다. 경제적 측면에서 화학공정을 성공시킬 수 있거나 실패하게 할 수 있는 것이 바로 이 분야이다. 또한, 이윤을 최대화하는 반응기의 운영계획과 유입물의 조건을 설계하는 데에 창의성이 필요한 것도 이 분야이다. 여기서는 특정 성분의 선택도를 최대화시키거나 최소화시키기 위해서 원료농도의 비율뿐만 아니라 반응기, 원료 흐름 및 측면 흐름들을 이리저리 맞출 수 있다. 이런 종류의 문제들을 **디지털세대 문제**(digital-age problems)[5,6]라고 부른다. 그 이유는 최상의 해답을 얻기 위해

4. 예를 들어, Y. Bard, *Nonlinear Parameter Estimation* (San Diego, CA: Academic Press, 1974)을 참조하여라.

5. H. Scott Fogler, *Teaching Critical Thinking, Creative Thinking, and Problem Solving in the Digital Age*, Phillips Lecture (Stillwater, OK: OSU Press, 1997).

6. H. S. Fogler and S. E. LeBlanc, with B. Rizzo, *Strategies for Creative Problem Solving*, 3rd Ed. (Upper Saddle River, N.J.: Prentice Hall, 2014).

서 거의 ODE 문제풀이 프로그램을 사용함과 동시에 비판적이고 창조적인 사고를 해야 하기 때문이다. 이 절의 마지막 부분에서 이러한 비판적이고 창조적인 사고를 해야 하는 문제를 제공한다. 이러한 문제들은 선택도를 높이기 위해서 많은 다른 해결방안들을 탐구할 기회를 제공한다. 그것을 하면서 즐겨라. Jofostan, Riça에 있는 Jofostan대학의 화학공학 학생들은 종종 그들이 문제를 탐구하면서 선택도를 최대화하면서 LEP를 얼마나 즐기는지에 대해 언급해 왔다.

그러나 CRE를 한 단계 높은 수준으로 가거나 더 재미있는 복수반응 문제를 갖기 위해서는, 조금 더 인내심을 가져야 할 것이다. 그 이유는 이 장에서는 등온 복수반응만을 고려하는 것이고, 정말로 흥미를 느낄 수 있는 곳이 비등온 복수반응(nonisothermal multiple reactions)이다. 결과적으로, 제11장, 12장 그리고 13장에서 열효과(heat effect)에 대해서 배우기까지 우리는 비등온 복합반응에서 원하는 생성물을 최대화하기 위한 계획을 실행하는 것을 조금 더 기다려야 한다. 선택도와 수율에 영향을 줄 수 있기도 하고 없기도 한 온도라는 또 하나의 변수가 생겼지만, 이 장들을 배운 후에야 복수반응에서 새로운 차원을 도입할 수 있다. 한 가지 특별하고 흥미로운 문제(**P12-26$_c$**)로, 에틸벤젠으로부터 스타이렌을 생산하는 것을 공부할 것인데, 여기에서는 하나는 흡열반응이고 하나는 발열반응인 두 개의 부반응(side reaction)을 고려해야만 한다. 여기서 스타이렌의 생성에서 유입온도, 희석제의 유입속도 등과 같은 많은 변수를 변화시키고 최적 조건을 관찰할 수 있다. 그러나 우리는 제11장과 제12장을 완전히 이해할 때까지는 스타이렌 공부에 대한 만족을 미루어야만 한다.

열효과를 갖는 복수반응은 이 책에만 있다.

마무리. 이 장을 공부한 후에 독자는 복수반응의 다양한 유형(직렬, 병렬, 독립, 복합)들을 서술할 수 있게 되고 선택도를 최대화하는 반응시스템을 선택할 수 있게 된다. 복수반응이 있는 CRE 문제를 해결하기 위한 알고리즘을 써 내려갈 수 있고 사용할 수 있게 된다. 또한, 단일반응부터 복수반응에 대한 CRE 알고리즘의 주된 차이점을 지적할 수 있어야 하고, 반응법칙과 화학양론을 기술할 때 반응의 순속도, 상대속도, 각 반응에 대한 속도법칙에 왜 주의해야만 하는지 표현할 수 있어야 한다.

마지막으로, 독자들은 복잡한 속도론과 관련된 현실적 CRE 문제를 해결할 수 있는 수준에 도달했다는 것을 알고 성취감을 느끼게 될 것이다.

요 약

1. 경쟁반응(competing reactions)에 대해서

반응 1: $$A + B \xrightarrow{k_D} D \quad r_D = A_D e^{-E_D/RT} C_A^{\alpha_1} C_B^{\beta_1} \tag{S8-1}$$

반응 2: $$A + B \xrightarrow{k_U} U \quad r_U = A_U e^{-E_U/RT} C_A^{\alpha_2} C_B^{\beta_2} \tag{S8-2}$$

순간 선택도 파라미터는 다음과 같이 정의된다.

$$S_{D/U} = \frac{r_D}{r_U} = \frac{A_D}{A_U} \exp\left(-\frac{(E_D - E_U)}{RT}\right) C_A^{\alpha_1 - \alpha_2} C_B^{\beta_1 - \beta_2} \tag{S8-3}$$

a. 만약 $E_D > E_U$이면, 선택도 파라미터 $S_{D/U}$는 온도에 따라 증가한다.

b. 만약 $\alpha_1 > \alpha_2$이고 $\beta_2 > \beta_1$이면, 선택도 파라미터 $S_{D/U}$를 크게 유지시키기 위하여 A의 농도는 높게 B의 농도는 낮게 하여 반응을 진행시킨다. 초기에 순수한 A로 반회분반응기를 사용하거나, 또는 B가 반응기 하류 방향의 여러 위치로 공급되는 관형반응기를 사용한다. 다른 경우로서 교재에서는 ($\alpha_2 > \alpha_1$, $\beta_1 > \beta_2$), ($\alpha_2 > \alpha_1$, $\beta_2 > \beta_1$) 그리고 ($\alpha_1 > \alpha_2$, $\beta_1 > \beta_2$)인 경우를 더 취급하였다.

식 (S8-1)과 식 (S8-2)로 주어진 반응에 대해서 반응기를 떠나는 몰유량을 기반한 **총괄 선택도**(overall selectivity)는 다음과 같다.

$$\tilde{S}_{D/U} = \frac{F_D}{F_U} \tag{S8-4}$$

2. **총괄 수율**(overall yield)은 소모된 주요(key) 반응물의 몰수에 대한 반응 종료 시의 생성물의 몰수의 비율이다.

$$\tilde{Y}_D = \frac{F_D}{F_{A0} - F_A} \tag{S8-5}$$

3. 복수반응의 알고리즘을 표 8S-1에 나타내었다. 이번 장의 초반에 언급했듯이, **속도단계**(Rates Step)에 대한 방정식이 CRE 알고리즘의 주된 변화이다.

표 8S-1 복수반응의 알고리즘

모든 반응에 대한 번호 부여

몰수지:

각각 그리고 모든 화합물에 대한 몰수지

PFR	$\frac{dF_j}{dV} = r_j$	(S8-6)
CSTR	$F_{j0} - F_j = -r_j V$	(S8-7)
회분식	$\frac{dN_j}{dt} = r_j V$	(S8-8)
멤브레인("i"가 확산)	$\frac{dF_i}{dV} = r_i + R_i$	(S8-9)
액체-반회분	$\frac{dC_j}{dt} = r_j + \frac{\upsilon_0 (C_{j0} - C_j)}{V}$	(S8-10)
	$V = V_0 + \upsilon_0 t$	

표 8S-1 복수반응의 알고리즘(계속)

속도:

속도법칙 $$r_{ij} = k_{ij} f_i(C_j, C_n) \quad \text{(S8-11)}$$

상대속도 $$\frac{r_{iA}}{-a_i} = \frac{r_{iB}}{-b_i} = \frac{r_{iC}}{c_i} = \frac{r_{iD}}{d_i} \quad \text{(S8-12)}$$

순속도 $$r_j = \sum_{i=1}^{q} r_{ij} \quad \text{(S8-13)}$$

화학양론:

기상 $$C_j = C_{T0}\frac{F_j}{F_T}\frac{P}{P_0}\frac{T_0}{T} = C_{T0}\frac{F_j}{F_T}\frac{T_0}{T}p \quad \text{(S8-14)}$$

$$p = \frac{P}{P_0}$$

$$F_T = \sum_{j=1}^{n} F_j \quad \text{(S8-15)}$$

$$\frac{dp}{dW} = -\frac{\alpha}{2p}\left(\frac{F_T}{F_{T0}}\right)\frac{T}{T_0} \quad \text{(S8-16)}$$

액상 $$\upsilon = \upsilon_0$$

$$C_A, C_B, \ldots$$

결합:
Polymath 프로그램이 위 모든 식들을 결합해 줄 것이다. Polymath, 고마워요!!

CRE 웹사이트 자료

- **확장자료**(*http://umich.edu/~elements/5e/08chap/expanded.html*)

1. PFR에서의 Hydrodealkylation of Mesitylene
   (*http://umich.edu/~elements/5e/08chap/expanded_08chap_1.pdf*)
2. CSTR에서의 Hydrodealkylation of Mesitylene
   (*http://umich.edu/~elements/5e/08chap/expanded_08chap_1.pdf*)
3. PFR에서 NH_3 산화반응에 대해서 위치의 함수로서 농도 계산
   (*http://umich.edu/~elements/5e/08chap/prof-ammonia.html*)
4. 퍼즐 문제 “이 풀이는 무엇이 잘못되었는가?”
   (*http://umich.edu/~elements/5e/08chap/expanded_ch08_puzzle.pdf*)

- **학습자료**(*http://umich.edu/~elements/5e/08chap/learn.html*)
1. 요약노트(*http://umich.edu/~elements/5e/08chap/summary.html*)
2. 자체테스트(*http://umich.edu/~elements/5e/08chap/add.html*)
   A. 연습문제(*http://umich.edu/~elements/5e/08chap/add.html*)
   B. i>clicker 질문(*http://umich.edu/~elements/5e/08chap/iclicker_ch8_q1.html*)
3. 웹모듈
   A. 코브라 독(Cobra Bites)(*http://www.umich.edu/~elements/5e/web_mod/cobra/index.html*)
   B. AspenTech(*http://umich.edu/~elements/5e/08chap/learn-aspen.html*)

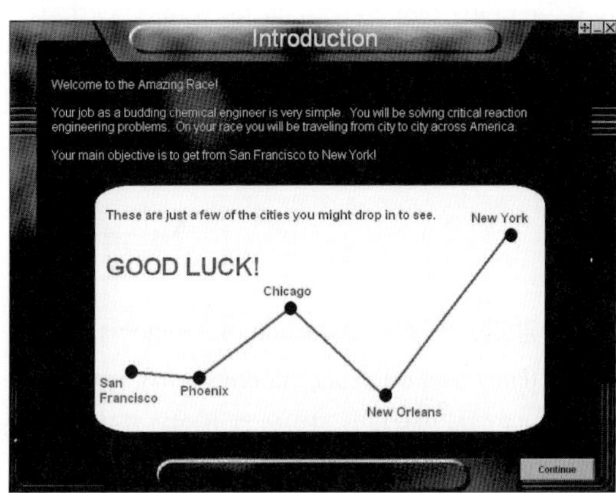

   C. 진동반응(Oscillating Reactions)(*http://umich.edu/~elements/5e/web_mod/oscil/module.htm*)
4. 대화형 컴퓨터 게임(*http://umich.edu/~elements/5e/icm/index.html*)
   대경주(The Great Race)(*http://umich.edu/~elements/5e/icm/grace.html*)
5. 반응기 랩(이러한 대화식 컴퓨터 실습에 대한 설명은 제5장 끝의 학습자료를 참조)
   (*http://umich.edu/~elements/5e/software/reactorlab.html*)

6. 풀이된 문제(*http://umich.edu/~elements/5e/08chap/live.html*)
   A. 혈액응고; 또한 **실전 예제 문제**(LEP)
   B. PFR, CSTR, 멤브레인반응기에서의 Mesitylene의 Hydrodealkylation; 또한 **실전 예제 문제**(LEP)
   C. Malic Anhydride와 그 밖의 것들의 생산에 대해 알고 싶은 모든 것; 또한 **실전 예제 문제**(LEP)
   D. PFR에서의 암모니아 산화반응; 또한 **실전 예제 문제**(LEP)

7. 해명: 반응기 길이에 따른 공급 흐름이 있는 PFR
   (*http://www.umich.edu/~elements/5e/08chap/learn-06lr.html*)

- **실전 예제 문제**(*http://umich.edu/~elements/5e/08chap/live.html*)

LEP는 Polymath, MATLAB 및 Wolfram을 사용하도록 제공된다.

1. 예제 8-1 트람보제 반응: CSTR의 배출액을 PFR에 공급하여 전화율을 증가시킴(선택도 감소)
2. 예제 8-3 BR에서의 직렬반응
3. 예제 8-4 CSTR에서의 직렬반응
4. 예제 8-5 PBR에서의 복합 기상반응
5. 예제 8-6 CSTR에서의 복합 액상반응
6. 예제 8-7 반회분식반응기에서의 복합 액상반응
7. 예제 8-8 복수반응에서 선택도 향상을 위한 멤브레인반응기

8. 예제 웹/웹모듈: PFR에서 NH_3 산화반응에 대한 위치의 함수로 농도 계산(문제 설명은 CRE 웹사이트의 제8장 풀이된 문제 참조)
9. 예제 웹/웹모듈: 코브라 독(Cobra Bite) 문제
10. 예제 웹/웹모듈: 풀이된 문제: 혈액응고(Blood Coagulation)
11. 예제 웹/웹모듈: 진동반응(Oscillating Reactions)
12. AspenTech 예제: 벤젠의 열분해

- **FAQ[자주 묻는 질문]** – 업데이트/FAQ 아이콘(*http://umich.edu/~elements/5e/08chap/faq.html*)
- **전문 참고자료 서고**(*http://umich.edu/~elements/5e/08chap/prof.html*)

R8.1 도달가능 영역 분산(Attainable Region Analysis, ARA)
(*http://umich.edu/~elements/5e/08chap/pdf/CD-Ch06AttainableRegion.pdf*)
ARA는 특정 형태의 속도식에 대한 최적 반응 시스템을 찾게 해 준다. PFR과 CSTR을 결합하여 최적의 B를 찾기 위해 수정된 **반데부세 속도론**(van de Vusse kinetics)을 사용했다.

$$A \rightleftarrows B \rightarrow C$$
$$2A \rightarrow D$$

R8.2 암모니아의 산화(Oxidation of Ammonia)
(*http://www.umich.edu/~elements/5e/08chap/prof-ammonia.html*)
PFR에서 암모니아 산화에 대한 연관된 반응(coupled reaction)을 모델링하였다.

R8.3 관형반응기(파이프)에서 압력강하 계산

질문과 문제

각 문제의 아래첨자는 난이도를 나타낸다. A는 가장 쉬운 문제, B는 비교적 어려운 문제, C는 꽤 어려운 문제, D는 가장 어려운 문제.

A = ● B = ■ C = ◆ D = ◆◆

다음 각 질문 및 문제들에 대해서, 여러분이 얻은 해답에 박스 표시를 하기보다는, 문제를 푸는 방법, 사용한 가정들, 풀이의 합리성, 배운 내용 그리고 추가적으로 포함시키고 싶은 어떤 사실들을 하나 또는 두 개의 문장으로 적어 보아라.

■ 질문

Q8-1$_A$ **i > clicker.** 웹사이트(*http://www.umich.edu/~elements/5e/04chap/iclicker_ch8_q1.html*)를 방문하여 적어도 5개의 i > clicker 질문을 둘러보아라. 다음 시험에 포함되도록 그대로 사용할 수 있거나 변형할 수 있는 질문 하나를 골라라. 반대의 경우를 고려할 수도 있다. 즉, 왜 다음 시험에 그 질문이 있어서는 안 되는지를 설명하는 것이다. 어떤 경우든지, 당신의 이유를 설명하여라.

Q8-2$_A$ **(a)** 반응물 A가 반응 완료로 인해 반응물 B를 구애/연락하는 데 성공하지 못한 경우. 그 중매인은 A가 성공할 수 있는 유일한 방법은 온도를 높이는 것이라고 충고한다. 이것이 **확실한** 생각인가? 그게 될까?

(b) 이 장의 원칙을 설명하기 위한 독창적인 문제를 만들고 풀어라. 지침은 문제 P5-1$_A$를 참조.

(c) 이 장의 내용을 바탕으로 비판적 사고(critical thinking)를 요구하는 질문 한 개를 쓴 후 왜 이 질문이 비판적인 사고가 필요한지에 대한 이유를 설명하여라. (**힌트:** 서문 G절 참조)

(d) CSTR에 대해서 총괄 선택도와 순간 선택도가 동일하다는 것을 보여라. 즉, $S_{D/U} \equiv \tilde{S}_{D/U}$. 또한 순간 수율과 총괄 수율이 CSTR에서 동일하다는 것도 보여라. 즉, $Y_D \equiv \tilde{Y}_D$.

Q8-3$_C$ 코브라 독 **웹모듈**을 읽어라(*http://www.umich.edu/~elements/5e/web_mod/cobra/index.html*).

(a) 얼마나 많이 코브라에 물려야 해독제를 많이 투여하여도 피해자를 구할 수 없게 되는지 결정하여라.

(b) 독이 없는 뱀에게 물린 사람과 코브라에게 물리지 않은 사람들에게 해독제를 주사했다고 가정하자. 해독제의 치사량은 얼마인가?

Pharmacokinetics of Cobra Bites

(c) 뱀에 물린 사람이 죽지 않기 위해 주사를 놓을 때 필요한 해독제 양은 얼마이고, 살릴 가능성이 있는 가장 늦은 시간은 언제인가?

(d) 서문의 표 P-4에 있는 여섯 아이디어 중에서 하나 이상을 골라 이 문제에 응용하여라. (**힌트: 실전 예제** Polymath 프로그램은 CRE 웹사이트에 있다.)

■ 컴퓨터 시뮬레이션과 실험

P8-1$_A$ **(a)** **예제 8-1: 트람보제 반응**

Wolfram

(i) CSTR과 PFR에서 전화율과 선택도에 미치는 영향을 파악하기 위하여 파라미터 k_1, k_2, k_3 및 υ_0를 변화시켜라.

(ii) 실험의 결론을 서술하여라.

Polymath

(iii) CSTR과 같은 부피의 단일 PFR에서 반응이 수행될 경우 선택도 $S_{B/XY}$와 전화율 X를 구하여라.

(iv) $C_{A0} = P_0RT$를 상기하고, 압력을 100배 증가시켰다면 답은 어떻게 달라지는가?

(b) **예제 8-2: 반응기 선택**. 그림 8-2에 표시된 각 반응기에 대한 표/목록을 작성하고, 이 반응기에서 가장 잘 수행될 모든 유형의 반응을 찾아라. 예를 들어, 그림 8-2(d) 반회분식반응기: (1) 높은 발열반응 및 (2) 선택도 증가에 사용.

(c) **예제 8-3: 회분식반응기에서 LEP 직렬반응**

Wolfram

(i) E_1과 E_2를 0으로 설정하고 k_1과 k_2를 최대값에서 최소값으로 변경할 때 궤적 C_A, C_B, C_C, $S_{B/C}$ 및 $Y_{B/C}$의 변화를 기술하여라.

(ii) 예제의 초기상태로 재설정(즉, reload)하고 273 K와 400 K 사이의 온도를 변화시키고 무엇을 발견하는지 기술하여라.

(iii) 다음으로, E_1과 E_2를 변화시키고 무엇을 발견했는지 서술하여라.

(iv) 300 K에서 $k_1 = k_2 = 0.25/\text{h}$일 때, t_{opt}는 어떻게 변하는가?

(d) **예제 8-4: CSTR에서 LEP 직렬반응**

Wolfram

(i) E_1과 E_2를 0으로 설정하고 k_1과 k_2를 최대값에서 최소값으로 변경할 때 궤적 C_A, C_B, C_C, $S_{B/C}$ 및 $Y_{B/C}$의 변화를 기술하여라.

(ii) 예제의 초기상태로 재설정(즉, reload)하고 273 K와 400 K 사이의 온도를 변화시키고 무엇을 발견하는지 기술하여라.

Polymath

(iii) $C_{A0} = 5\ \text{mol/dm}^3$, $k_1 = 0.4\ \text{s}^{-1}$ 및 $k_2 = 0.01\ \text{s}^{-1}$의 경우 $E_1 = 10\ \text{kcal/mol}$, $E_2 = 20\ \text{kcal/mol}$에 대해서, B

를 최대화하기 위해 권장할 수 있는 CSTR의 운전 온도는? (**힌트**: C_B 대 T를 플롯하여라. Wolfram 또는 Polymath를 사용하여라.)

(e) 예제 8-5: PBR에서의 LEP 복수 기상반응

Wolfram

(i) C_{T0}에서 최소값에서 최대값으로 이동하면 무슨 일이 일어나는지를 서술하여라. k 및 C_{T0}의 변화가 선택도 $S_{C/D}$ 및 수율 Y_C 및 Y_D에 어떻게 영향을 미치는지 기술하여라.

(ii) 웹사이트(*http://www.umich.edu/~elements/5e/toc/SCPS,3rdEdBook(Ch07).pdf*)의 아이디어 및 해법 생성(*Generating Ideas and Solutions*)을 검토한 후, 이 문제에 포함되어야 하는 두 가지 질문을 제안하기 위해서 브레인스토밍 기법(예, 수평적 사고) 중 하나를 선택하여라. (**역자 주** | 브레인스토밍(brainstorming, 창조적 집단 사고): 무엇에 대해 여러 사람들이 동시에 자유롭게 자기 생각을 제시하는 방법)

Polymath

(iii) 첫 번째 반응이 $K_C = 0.002(\text{dm}^3/\text{mol})^2$로 가역인 경우

$$A + 2B \rightleftarrows C$$

Polymath 프로그램을 약간 수정하여라. 원래 문제와 비교하고 관찰한 차이점을 기술하여라. 선택도에 미치는 영향을 배우기 위해 A 대 B의 주입 유량 비율을 변화시킨 후, 부피유량에 대해서도 동일하게 변경하여 동일한 작업을 수행하여라.

(f) 예제 8-6: CSTR에서의 LEP 복합 액상반응

Wolfram

(i) 문제를 탐구해 보고 당신이 찾은 것을 서술하여라—즉, 어떤 파라미터가 선택도에 가장 큰 영향을 미치는가? (힌트 하나: **(e)**를 반복하여라—즉, C_B를 변화시켜라.)

(g) 예제 8-7: 반회분식반응기에서의 LEP 복합반응

Wolfram

(i) F_{A0}와 υ_0를 최소값에서 최대값으로 변화시키고 원래 경우와 비교하여 도표에 어떤 변화가 일어났는지를 기술하여라. 어떤 파라미터가 선택도에 가장 큰 영향을 미치는가?

(h) 예제 8-8: 선택도 증가를 위한 LEP 멤브레인반응기

Wolfram

(i) C_{T0}, k_{1A}, k_{2A}를 최소값에서 최대값으로 변화시키고 몰유량과 선택도에 무슨 일이 일어났는지를 기술하여라.

Polymath

(ii) 만약 $F_{A0} = 2F_{A0}$이라면 기준 경우와 비교해서 해답이 어떻게 변했는지를 기술하여라. 만약에 반응이 A + 2B → D이고 속도식이 동일하다면 어떻게 될까? 무엇을 발견하는지 기술하여라.

(i) AspenTech 벤젠 열분해 예제. (1) 활성화 에너지를 $E_1 = 28$ kcal/mol과 $E_2 = 32$ kcal/mol로 바꾸어 AspenTech 프로그램을 실행시키고 새로 발견한 것을 서술하여라. 원래의 자료와 비교해 보아라. (2) $E_1 = 32$ kcal/mol 그리고 $E_2 = 28$ kcal/mol로 바꿔서 (1)을 반복해 보고 새로 발견한 것을 서술하여라. (3) 반응기의 부피를 두 배로 만들고 몰유량 도표를 비교하여라. 새로 발견한 것을 서술하여라.

(j) 웹 예제. PFR Mesitylene 반응. CRE 웹사이트로부터 실전 예제 문제(LEP)를 내려받아라. (1) 수소와 메시틸렌이 동일한 몰로 공급된다면 해답이 어떻게 변하는가? (2) τ_{opt}에 미치는 Θ_H의 영향은 무엇인가? $\tilde{S}_{X/T}$에 미치는 영향은?

(k) 웹 예제. CSTR Mesitylene 반응. P8-1(j)와 동일한 질문.

(l) 웹 예제. 암모니아 산화반응. 다음 반응 세트를 고려하자.

Totusimetry 자료로부터 결정된 속도식들(2019년 11월 2일)

반응 1:	$4NH_3 + 6NO \longrightarrow 5N_2 + 6H_2O$	$-r_{1NO} = k_{1NO}C_{NH_3}C_{NO}^{1.5}$
반응 2:	$2NO \longrightarrow N_2 + O_2$	$r_{2N_2} = k_{2N_2}C_{NO}^2$
반응 3:	$N_2 + 2O_2 \longrightarrow 2NO_2$	$-r_{3O_2} = k_{3O_2}C_{N_2}C_{O_2}^2$

Wolfram을 사용하여 PFR에서 반응 세트를 연구하여라. 새로 발견한 것을 서술하여라.

(m) **풀이된 혈액응고 문제 읽기.** 실전 예제 문제(LEP)를 내려받아라. (1) 만약 혈액이 0.05 dm^3/min의 속도로 작은 상처에서 흘러나오고 있다면, 피를 흘려 죽게 할 k_1 값은 얼마인가? (2) TF-VIIa와 TF-VIIaX와 같은 다른 농도들에 대해서도 플롯하여라. (3) 곡선들이 왜 그런 모양을 하는가? 다단계로 일어나는 반응에서 죽음을 부르는 출혈의 원인을 억제할 것 같은 반응은 무엇인가? (4) 어떤 반응이 제거되면 혈전으로 죽게 될 수 있는가? (힌트: ATIIII 그리고/또는 TFPI를 보아라.)

(n) **웹모듈 실전 예제: 진동반응.** 웹사이트의 진동반응(oscillating reactions)에 대한 실전 예제 Polymath 프로그램(Living Example Polymath Program)을 사용하여라. (IO^-)와 (I) 반응에 대해서, $k_1 = 0.0001/\text{min}^{-1}$이고 반응 (1)에 대해서 $C_{P0} = 0.01$ mol/dm^3이다. (1) 무엇을 발견하였는가? CRE 웹사이트의 선형 안정성 분석(linearized stability analysis)을 검토하여라. (2) 진동수와 진동개시(onset)에 영향을 주는 인자는 무엇인가? (3) 탐구하고 발견한 것에 대해서 단락으로 서술하여라. (4) BZ 반응에 대한 실전 예제 Polymath 프로그램(Living Example Polymath Program)을 내려받아라. 파라미터를 변경하고 무엇을 발견했는지 단락으로 서술하여라.

■ 대화형 컴퓨터 게임

P8-2$_A$ CRE 웹사이트 *http://www.umich.edu/~elements/5e/icm/index.html*에서 대화형 컴퓨터 게임(ICG) *The Great Race*를 내려받아라. 이 게임을 실행한 후, 여러분의 숙달정도를 나타내는 모듈의 수행번호(performance number)를 기록하여라. 수행번호를 해독할 수 있는 열쇠는 여러분의 교수님이 가지고 있다.

수행번호 # ________________

■ 문제

P8-3$_B$ 다음 반응이 회분식반응기에서 수행된다.

$$A \underset{}{\overset{k_1}{\rightleftarrows}} D \qquad -r_{1A} = k_1[C_A - C_D/K_{1A}]$$

$$A \underset{}{\overset{k_2}{\rightleftarrows}} U \qquad -r_{2A} = k_2[C_A - C_U/K_{2A}]$$

추가 정보:

$k_1 = 1.0\ \text{min}^{-1}$, $K_{1A} = 10$
$k_2 = 100\ \text{min}^{-1}$, $K_{2A} = 1.5$
$C_{A0} = 1\ \text{mol/dm}^3$

[출처: John Falconer 교수, University of Colorado]

(a) 시간 함수로서 전화율과 A, D, U 농도를 플롯하고 분석하여라. D의 농도를 최대로 하기 위해서는 반응을 언제 멈출 것인가? 무엇을 발견했는지 서술하여라.

(b) U의 최대 농도(maximum concentration)는 언제 발생하는가? (**답:** $t = 0.31$분)

(c) A, D, U의 평형 농도(equilibrium concentration)는 얼마인가?

(d) 공간시간(space time)이 1.0분인 CSTR의 출구 농도는 얼마인가? 10.0분일 때는? 100분일 때는?

P8-4$_A$ 다음과 같은 기상반응을 고려하자.

$$A \longrightarrow X \quad r_X = k_1 C_A^{1/2} \quad k_1 = 0.004(\text{mol/dm}^3)^{1/2} \cdot \text{min}^{-1}$$
$$A \longrightarrow B \quad r_B = k_2 C_A \quad k_2 = 0.3\ \text{min}^{-1}$$
$$A \longrightarrow Y \quad r_Y = k_3 C_A^2 \quad k_3 = 0.25\ \text{dm}^3/\text{mol} \cdot \text{min}$$

B는 원하는 생성물, X와 Y는 제거하는 데 비용이 많이 드는 오염된 공해물질이다. 명시된 비반응속도는 27°C의 값이다. 반응시스템은 27°C, 4 atm에서 운전된다. 순수한 A는 10 dm^3/min의 부피유량으로 시스템에 유입된다.

(a) 농도 C_A의 함수로 순간 선택도($S_{B/X}$, $S_{B/Y}$, $S_{B/XY} = r_B/(r_X + r_Y)$)를 스케치하여라.

(b) 직렬반응기를 고려하여라. 첫 번째 반응기의 부피는 어떻게 하여야 하는가?

(c) 첫 번째 반응기로부터 A, B, X와 Y의 유출농도는?

(d) 첫 번째 반응기에서 A의 전화율은 얼마인가?

(e) A의 전화율 99%를 원한다면, $S_{B/XY}$를 최대로 하기 위한 반응 운용 계획과 반응기 크기는 얼마인가?

(f) E_1 = 20,000 cal/mol, E_2 = 10,000 cal/mol, E_3 = 30,000 cal/mol이라고 가정하자. 공간시간이 10분이고 A의 유입농도가 0.1 mol/dm^{3}인 단일 CSTR에 대하여 어떤 온도를 추천하는가?

(g) 만약 1 atm과 100 atm 사이에서 압력을 변화시킬 수 있다면, 어떤 압력을 선택할 것인가?

P8-5$_B$ **약물속도론**(pharmacokinetics)은 인체 내에서 약의 섭취, 분배, 반응 및 제거 반응에 관한 것이다. 이 약물속도론을 미국의 주요 문제 중의 하나인 음주운전(drinking and driving)에 적용시켜 생각해 보자. 여기서 마티니를 큰 잔(tall martini)으로 한 잔 마신 후 운전을 할 수 있을 때까지 얼마나 기다려야 하는지의 모델을 만든다. 대부분의 주에서 법적 중독 한계(legal intoxication limit)는 혈액 리터당 알코올 0.8 g이다(스웨덴에서는 0.5 g/L, 동유럽과 러시아에서는 0.0 g/L이다).

명예의 전당

혈액으로 에탄올의 섭취와 뒤따르는 배출은 직렬반응으로 모델링된다. 위장 계통(gastrointestinal tract)에서 혈액이나 몸으로의 흡수 속도는 반응속도상수가 10 h^{-1}인 1차반응이다. 에탄올이 혈액 안에서 분해되는 속도는 조효소의 재생(regeneration of a coenzyme)에 의해서 제한된다. 따라서 이 과정은 속도상수가 0.192 g/h·L(체액)인 0차 반응으로 모델링된다.

파티에 도착하자마자 마티니를 큰 잔(tall)으로 두 잔을 마셨다면, 이 사람이 기다려야 할 시간을 **(a)** 미국의 경우, **(b)** 스웨덴의 경우, **(c)** 러시아의 경우에 대하여 각각 구하여라. **(d)** 1/2시간 간격으로 마셨을 경우, **(e)** 두 잔을 처음 1시간 동안 균일한 속도로 소비했을 경우, 답은 어떻게 달라지겠는가? (**답**: **(b)** t = 7.8 h) **(f)** 파티에 참석했던 한 사람이 마티니 한 잔 반을 마신 후 긴급한 전화를 받고 집으로 급히 가야 한다고 가정하자. 이 사람이 술을 더는 마시지 않았다고 할 경우, 법적으로 술이 깬 상태가 되어 집에 도착하는 데 걸리는 시간을 구하여라. **(g)** **(e)**에서 분당 1온스(1 oz.)로 Bud Light를 2시간 동안 계속 마시면 혈중알코올농도-시간 곡선은 어떻게 변할까? **(h)** 마른 사람과 건장한 사람은 차이가 어떻게 되겠는가? (**힌트**: 에탄올의 농도는 체액(body fluid)의 부피에 기초한다. 시간의 함수로 혈액 내의 에탄올 농도를 플롯하여라.) 어떤 일반적 이론을 만들 수 있는가? **(i)** 이 문제의 주요한 언급하지 않은 점은 무엇인가?

추가 정보:

마티니 큰 잔 한 잔에 있는 에탄올: 40 g

체액 부피: 40 L **(SADD-MADD 문제)**

(알코올 대사의 세부사항은 웹사이트 제9장 PRS R9-7을 참조하여라; *http://www.umich.edu/~elements/5e/09chap/prof-pharmacokinetics.html.*)

P8-6$_B$ **약물속도론.** 타즐론(Tarzlon)은 액상의 항생제로서 신체의 비장(spleen)의 감염을 치료하기 위해 입을 통해서 복용할 수 있도록 만들어졌다. 이것은 체액의 0.4 mg/dm^3 이상의 농도로 혈액 속에서 유지될 때만 효과적이다. 이론적으로는 혈액 내에서의 농도를 1.0 mg/dm^{3}로 하고자 한다. 그러나 만약 혈액에서의 농도가 1.5 mg/dm^{3}을 초과하면 심한 부작용이 일어날 수 있다. 일단 타즐론이 위에 도달하면 그것은 1차반응인 두 가지 경로를 통하여 작용한다. (1) 위벽을 통하여 혈류 속으로 흡수된다. 혹은 (2) 혈류 내로 흡수되지 않고 위장을 통과한다. 이들 과정은 모두 위장에서의 타즐론 농도에 관해 1차이다. 일단 혈액으로 흡수되면 타즐론은 박테리아 세포를 공격하고 그 다음에는 0차 반응 과정을 통해서 분해된다. 타즐론은 혈액에서 제거될 수 있고 신장 내에서 1차반응 과정을 통해 소변으로 배출된다.

위 속에서:

혈액 속으로 흡수	$k_1 = 0.15\ \text{h}^{-1}$
위장을 통하여 제거	$k_2 = 0.6\ \text{h}^{-1}$

혈류에서:

타즐론의 분해	$k_3 = 0.1\ \text{mg/dm}^3\cdot\text{h}$
소변으로 배출	$k_4 = 0.2\ \text{h}^{-1}$

타즐론 1회 복용량은 액체 상태로 250 mg이다: 체액의 부피 = 40 dm^3.

(a) 타즐론을 1회 복용(즉 1개의 액상 캡슐)할 경우 혈액에서의 타즐론의 농도를 시간의 함수로 플롯하고 분석하여라.

(b) 48시간 이상 가장 큰 효과를 발휘하기 위해서는 타즐론을 어떻게 복용(복용량 및 빈도)해야 하는가?

(c) 복용 농도와 예상되는 위험(potential hazards)에 대하여 코멘트하여라.

(d) 만약 약을 만복상태나 빈속에 먹으면 답이 어떻게 변하는가?

P8-7$_C$ **반응기 선택과 운전 조건.** 다음의 각 반응에서 원하는 생성물 D를 최대화할 수 있는 반응기 시스템과 조건을 서술하여라. 선택을 뒷받침하는 데 필요한 곳에 스케치를 하여라. 속도 단위는 mol/dm^3·s이고, 농도 단위는 mol/dm^{3}이다.

(a) (1) $A + B \rightarrow D \qquad -r_{1A} = 10\exp(-8{,}000\ K/T)C_A C_B$

(2) $A + B \rightarrow U \qquad -r_{2A} = 100\exp(-1{,}000\ K/T)C_A^{1/2} C_B^{3/2}$

(b) (1) $A + B \rightarrow D \qquad -r_{1A} = 100\exp(-1{,}000\ K/T)C_A C_B$

(2) $A + B \rightarrow U \qquad -r_{2A} = 10^6\exp(-8{,}000\ K/T)C_A C_B$

(c) (1) $A + B \rightarrow D \qquad -r_{1A} = 10\exp(-1{,}000\ K/T)C_A C_B$

(2) $B + D \rightarrow U \qquad -r_{2B} = 10^9\exp(-10{,}000\ K/T)C_B C_D$

(d) (1) $A \longrightarrow D \qquad -r_{1A} = 4280\exp(-12{,}000\ K/T)C_A$

(2) $D \longrightarrow U_1 \qquad -r_{2D} = 10{,}100\exp(-15{,}000\ K/T)C_D$

(3) $A \longrightarrow U_2 \qquad -r_{3A} = 26\exp(-18{,}800\ K/T)C_A$

(e) (1) $A + B \rightarrow D \qquad -r_{1A} = 10^9\exp(-10{,}000\ K/T)C_A C_B$

(2) $D \rightarrow A + B \qquad -r_{2D} = 20\exp(-2{,}000\ K/T)C_D$

(3) $A + B \rightarrow U \qquad -r_{3A} = 10^3\exp(-3{,}000\ K/T)C_A C_B$

(f) (1) $A + B \rightarrow D \qquad -r_{1A} = 800\exp\left(\dfrac{-8{,}000K}{T}\right)C_A^{0.5}C_B$

(2) $A + B \rightarrow U_1 \qquad -r_{2B} = 10\exp\left(\dfrac{-300K}{T}\right)C_A C_B$

(3) $\quad D + B \rightarrow U_2 \qquad -r_{3D} = 10^6 \exp\left(\frac{-8{,}000K}{T}\right) C_D C_B$

P8-8$_B$ 다음 반응을 고려하여라.

$$A \xrightarrow{k_1} D \xrightarrow{k_2} U$$

순수한 A는 1.0−dm^3 CSTR에 공급되며 원하는 제품(D)을 형성하기 위해 반응하며, 원하지 않는 제품(U)을 생산하기 위해 계속 반응한다; 두 반응은 모두 기초반응이며 비가역적이고, 모든 것은 액체 상태이다. A의 입구 농도는 1 mol/dm^{3}이고 입구 몰유량은 1 mol/min이다.

(a) 공간시간의 함수로 A 농도, 전화율 X, D의 U에 대한 순간 선택도 $S_{D/U}$ 및 D의 순간 수율 Y_D를 스케치하여라(플롯에 반드시 라벨 표시 확인). 당신은 부분적인 점수를 얻기 위하여 한두 개의 추론을 쓸 수도 있다.

(b) τ = 1.0 min일 때 순간 선택도 $S_{D/U}$가 (1/2)이고 A의 전화율이 (0.5)인 경우, 비반응속도 k_1과 k_2는 얼마인가?

P8-9$_B$ **예제 문제**. 기초 액상 직렬반응이 500-dm^{3}의 회분식반응기에서 수행된다.

$$A \xrightarrow{k_1} B \xrightarrow{k_2} C$$

A의 초기 농도는 1.6 mol/dm^{3}이다. 원하는 생성물은 B이며 원하지 않는 생성물인 C의 분리는 매우 어렵고 비용이 많이 든다. 반응이 상대적으로 높은 온도에서 수행되므로 반응은 쉽게 멈출 수 있다.

(a) 각 반응은 비가역반응이라고 가정하고, k_1 = 0.4 h^{-1}, k_2 = 0.01 h^{-1}일 때, A, B, C의 농도를 시간의 함수로 플롯하고 분석하여라.

(b) 첫 반응이 가역반응이라고 가정하고, k_{-1} = 0.3 h^{-1}일 때, A, B, C의 농도를 시간의 함수로 플롯하고 분석하여라.

(c) 두 반응 모두 가역반응이라고 가정하고, k_{-2} = 0.005 h^{-1}일 때, A, B, C의 농도를 시간의 함수로 플롯하고 분석하여라.

(d) **(a)**, **(b)**, **(c)**를 비교하고 무엇을 발견했는지 설명하여라.

(e) k_1, k_2, k_{-1}, k_{-2}를 변화시켜 보아라. $k_1 > 100$이고, $k_2 < 0.1$일 때, $k_{-1} = k_{-2} = 0$ 및 $k_{-2} = 1$, $k_{-1} = 0$일 때, 그리고 k_{-2} = 0.25일 때의 결과를 설명하여라.

(f) 서문의 표 P-4에 있는 여섯 아이디어 중에서 하나 이상을 골라 이 문제에 응용하여라.

P8-10$_B$ 테레프탈산(TPA)은 합성섬유(예, Dacron)의 제조와 폴리에스테르 필름(예, Mylar)의 중간화합물로서 광범위하게 사용된다. 칼륨 벤조산(potassium benzoate)에서 칼륨 테레프탈산(potassium terephthalate) 형성이 관형반응기를 사용하여 연구되었다[*Ind. Eng. Chem. Res.*, 26, 1691].

중간생성물(일차적으로 K-phthalates)은 $CdCl_2$ 촉매 상에서 K−벤조산이 해리되어 생성되고, 자동촉매반응단계(autocatalytic reaction step)에서 K−테레프탈산과 반응되는 것을 알았다.

$$A \xrightarrow{k_1} R \xrightarrow{k_2} S \quad \text{직렬}$$

$$R + S \xrightarrow{k_3} 2S \quad \text{자동촉매}$$

여기서 A = K-benzoate, R = 총괄중간물[lumped intermediates(K-phthalates, K-isophthalates와 K-benzenecarboxylates]과 S = K-terephthalate이다. 순수한 A가 110 kPa의 압력에서 반응기로 채워진다. 410°C에서 반응속도는 E_1 = 42.6 kcal/mol, k_1 = 1.08 × 10^{-3} s^{-1}이고, E_2 = 48.6 kcal/mol, k_2 = 1.19 × 10^{-3} s^{-1}이며, E_3 = 32 kcal/mol일 때 k_3 = 1.59 × 10^{-3} dm^3/mol·s이다.

(a) R이 최대로 생성될 때를 유념하여, 410℃에서 회분식반응기 내에서 시간의 함수로 A, R, S의 농도를 플롯하고 분석하여라.

(b) 430℃와 390℃ 때 **(a)**를 반복하여라.

(c) 공간시간 1200 s와 410℃에서 운전되는 CSTR에서의 출구농도는 얼마인가?

P8-11$_A$ 다음의 액상반응이 325 K의 등온 CSTR에서 수행되었다.

$$3A \longrightarrow B + C \qquad -r_{1A} = k_{1A}C_A \qquad k_{1A} = 7.0\ \text{min}^{-1}$$

$$2C + A \longrightarrow 3D \qquad r_{2D} = k_{2D}C_C^2 C_A \qquad k_{2D} = 3.0\ \frac{\text{dm}^6}{\text{mol}^2 \cdot \text{min}}$$

$$4D + 3C \longrightarrow 3E \qquad r_{3E} = k_{3E}C_D C_C \qquad k_{3E} = 2.0\ \frac{\text{dm}^3}{\text{mol} \cdot \text{min}}$$

문제의 세부 정보를 파악하기 **전에** 예상되는 추세 또는 결과를 스케치하여라.

반응기 내부에서 측정된 농도는 모두 mol/dm^{3}의 단위로 $C_A = 0.10$, $C_B = 0.93$, $C_C = 0.51$ 그리고 $C_D = 0.049$이다.

(a) r_{1A}, r_{2A} 그리고 r_{3A}의 값은 얼마인가? ($r_{1A} = -0.7$ mol/dm^3·min)

(b) r_{1B}, r_{2B} 그리고 r_{3B}의 값은 얼마인가?

(c) r_{1C}, r_{2C} 그리고 r_{3C}의 값은 얼마인가? ($r_{1C} = 0.23$ mol/dm^3·min)

(d) r_{1D}, r_{2D} 그리고 r_{3D}의 값은 얼마인가?

(e) r_{1E}, r_{2E} 그리고 r_{3E}의 값은 얼마인가?

(f) A, B, C, D, E의 순생성속도(net rates of formation)는 얼마인가?

(g) 유입 부피유량은 100 dm^3/min이고 유입되는 A의 농도는 3 M이다. CSTR의 반응기 부피는 얼마인가? (**답:** 400 dm^3)

(h) 부피가 400 dm^{3}인 CSTR로부터 배출되는 몰유량은?

참고: 아랫부분은 ODE 문제풀이 프로그램이 필요하며 난이도는 "B급"이다.

(i) **PFR.** 이제 반응이 기상에서 일어난다고 가정하자. 앞의 데이터를 사용하여 400 dm^{3}까지 PFR 부피의 함수로 몰유량의 선택도를 플롯하여라. 압력강하 파라미터는 0.001 dm^{-3}, 반응기로 유입되는 전체 농도는 0.2 mol/dm^{3}이고 $\upsilon_0 = 100$ dm^3/min이다. $\tilde{S}_{D/E}$, $\tilde{S}_{C/D}$는 얼마인가?

(j) **멤브레인반응기.** 물질전달계수 k_C는 10 min^{-1}이고 화합물 C가 멤브레인을 통하여 확산되었을 때 (i)를 반복하여라. 그 결과를 (i)와 비교하여라.

P8-12$_B$ 이 문제에서는, 복합반응(complex reactions)이 우선 액상에서 이루어지고(**(a)**~**(d)**), 다음에 기상에서 이루어진다(**(e)**~**(g)**). 기상 문제를 풀기 위해 액상 문제를 풀어야 하는 것은 아니다.

다음 반응은 등온에서 이루어진다.

$$A + 2B \longrightarrow C + D \qquad r_{1D} = k_{1D}C_A C_B$$

$$2D + 3A \longrightarrow C + E \qquad r_{2E} = k_{2E}C_A C_D$$

$$B + 2C \longrightarrow D + F \qquad r_{3F} = k_{3F}C_B^2 C_C$$

추가 정보:

$$k_{1D} = 0.25\ \text{dm}^6/\text{mol}^2 \cdot \text{min} \qquad \upsilon_0 = 10\ \text{dm}^3/\text{min}$$

$$k_{2E} = 0.1\ \text{dm}^3/\text{mol} \cdot \text{min} \qquad C_{A0} = 1.5\ \text{mol/dm}^3$$

$$k_{3F} = 5.0\ \text{dm}^9/\text{mol}^2 \cdot \text{min} \qquad C_{B0} = 2.0\ \text{mol/dm}^3$$

(a) 반응이 액상에서 진행되는 것을 고려하여 50 dm^{3}인 PFR 하류 방향으로 거리(즉 부피)의 함수로 각 성분의 농

도와 A의 전화율을 플롯하여라. 최대값이 있다면 언급하여라.

(b) 반응이 액상에서 진행되는 것을 고려하여 50-dm^3 CSTR에 대한 출구농도와 전화율을 구하여라. (**답:** $C_A = 0.61$, $C_B = 0.79$, $C_F = 0.25$, $C_D = 0.45\ mol/dm^3$)

(c) 초기에 40 dm^3의 액체를 포함하고 있는 반회분반응기에서 반응이 수행될 때 각 성분의 농도와 A의 전화율을 시간의 함수로 플롯하여라. 다음의 두 경우를 고려하여라: (1) A가 B에 주입될 경우 전화율, 그리고 (2) B가 A에 주입될 경우. 이 두 가지 경우들에 대해서 어떤 차이를 관찰할 수 있었는가?

(d) PFR로 들어가는 원료에서 A에 대한 B의 비율($1 < \Theta_B < 10$)을 변화시키고 발견된 것을 기술하여라. 이 문제로 무엇을 일반화할 수 있는가?

(e) 반응이 기상일 경우로 가정하여 문제 **(a)**를 다시 풀어 보아라. Polymath 프로그램에서 많은 수정을 하지 않게 하기 위해 상수들은 같게 두며, $\upsilon_0 = 100\ dm^3/min$, $C_{T0} = 0.4\ mol/dm^3$, $V = 500\ dm^3$으로 하고, A와 B의 공급 몰유량은 같다. PFR 하류 방향의 거리에 대한 $S_{C/D}$, $S_{E/F}$와 몰유량을 플롯하여라. 발견한 것을 기술하여라.

(f) D가 멤브레인반응기 옆면을 통하여 확산되어 나갈 때 **(e)**를 반복하여라. 여기서 물질전달계수 k_{CD}는 0.1 min^{-1}과 10 min^{-1} 사이에서 변할 수 있다. 어떤 경향을 찾았는가?

(g) 멤브레인반응기 측면으로 B가 공급될 때 **(e)**를 반복하여라.

P8-13$_B$ 촉매가 채워진 멤브레인반응기에서 기상반응이 등온에서 일어난다. 순수한 A는 24.6 atm, 500 K로 반응기로 유입되고, A의 유량은 10 mol/min이다.

$$A \rightleftarrows B + C \qquad r'_{1C} = k_{1C}\left[C_A - \frac{C_B C_C}{K_{1C}}\right]$$

$$A \longrightarrow D \qquad r'_{2D} = k_{2D}C_A$$

$$2C + D \longrightarrow 2E \qquad r'_{3E} = k_{3E}C_C^2 C_D$$

화합물 B만이 멤브레인을 통하여 반응기 밖으로 확산된다.

추가 정보:

총괄물질전달계수(overall mass-transfer coefficient) $k_C = 1.0\ dm^3/kg\text{-}cat{\cdot}min$

$k_{1C} = 2\ dm^3 / kg\text{-}cat \cdot min$ $\qquad k_{3E} = 5.0\ dm^3 / mol^2 \cdot kg\text{-}cat \cdot min$
$K_{1C} = 0.2\ mol / dm^3$ $\qquad W_f = 100\ kg$
$k_{2D} = 0.4\ dm^3 / kg\text{-}cat \cdot min$ $\qquad \alpha = 0.008\ kg^{-1}$

(a) 반응기 하류 방향의 길이에 따른 농도들을 플롯하고 분석하여라.

(b) 곡선이 왜 그렇게 그려지는지 설명하여라.

(c) 같은 물질전달계수를 가지고 B 대신에 C가 확산되어 나갈 때 발견한 주요 차이점을 서술하여라.

(d) 일부 파라미터(예, k_B, k_{1C}, K_{1C})를 변화시키고 발견한 것을 단락으로 서술하여라.

P8-14$_B$ 바나듐 티타늄 산화물(vanadium titanium oxide) 촉매 상에서 포름알데히드가 개미산으로의 산화반응[*Ind. Eng. Chem. Res., 28,* 387]은 아래와 같은 복합반응으로 일어난다. 각각 반응은 기초 속도법칙을 따른다.

$$HCHO + \frac{1}{2}O_2 \xrightarrow{k_1} HCOOH \xrightarrow{k_3} CO + H_2O$$

$$2HCHO \xrightarrow{k_2} HCOOCH_3$$

$$H_2O + HCOOCH_3 \xrightarrow{k_4} CH_3OH + HCOOH$$

여기서 A = HCHO, B = O_2, C = HCOOH, D = $HCOOCH_3$, E = CO, W = H_2O, G = CH_3OH로 하자.

유입 유량은 $F_{A0} = 10$ mol/s, $F_{B0} = 5$ mol/s 그리고 $\upsilon_0 = 100\ dm^3/s$이다. 총유입농도 $C_{T0} = 0.147\ mol/dm^3$이다. 추천하는 반응기 부피는 1,000 dm^3이다.

추가 정보:

300 K에서

$$k_1 = 0.014\left(\frac{\text{dm}^3}{\text{mol}}\right)^{1/2}\Big/\text{s}, \qquad k_2 = 0.007\frac{\text{dm}^3}{\text{mol}\cdot\text{s}}$$

$$k_3 = 0.014/\text{s}, \qquad k_4 = 0.45\frac{\text{dm}^3}{\text{mol}\cdot\text{s}}$$

(a) 반응기의 부피(길이)에 따른 각각 화합물의 몰유량을 같은 그림에 플롯하고, 왜 그러한 곡선이 얻어졌는지 분석하여라.

(b) 반응기의 길이에 따른 $\tilde{Y}_C$, $\tilde{S}_{A/E}$, $\tilde{S}_{C/D}$, $\tilde{S}_{D/G}$을 플롯하고 분석하여라. 최대값을 기술하고 그 때의 부피를 기술하여라.

(c) HCOOH의 총괄 수율과 CO에 대한 HCOH, CH_3OH에 대한 $HCOOCH_3$, $HCOOCH_3$에 대한 HCOOH의 총괄 선택도들을 Θ_{O_2}의 함수로서 플롯하고 분석하여라. 개미산을 가장 많이 생산하기 위한 조건을 제안해 보아라. 발견한 것을 단락으로 기술하여라.

(d) $\alpha = 0.002\ \text{dm}^{-3}$인 압력강하를 고려할 경우의 플롯을 **(a)**의 플롯과 비교해 보아라. **(a)**와 **(d)** 사이의 특이한 차이점을 기술하여라.

(e) E_1 = 10,000 cal/mol, E_2 = 30,000 cal/mol, E_3 = 20,000 cal/mol, E_4 = 10,000 cal/mol이라고 가정하고, 1,000 dm^3인 PFR에 대해서 어떤 온도를 추천하는가?

P8-15$_C$ 세슘이 도핑된 은 촉매를 사용한 충전층반응기에서 에틸렌 에폭시화 반응(ethylene epoxydation)이 수행된다.

$$(1)\quad C_2H_4 + \frac{1}{2}O_2 \rightarrow C_2H_4O \qquad -r_{1E} = \frac{k_{1E}P_E P_O^{0.58}}{(1+K_{1E}P_E)^2}$$

원하는 반응과 함께, 에틸렌의 완전한 산화도 일어난다.

$$(2)\quad C_2H_4 + 3O_2 \rightarrow 2CO_2 + 2H_2O \qquad -r_{2E} = \frac{k_{2E}P_E P_O^{0.3}}{(1+K_{2E}P_E)^2}$$

[M. Al-Juaied, D. Lafarga, and A. Varma, *Chem. Eng. Sci. 56, 395* (2001)].

선택도 향상을 위하여 통상의 PBR을 멤브레인반응기로 교체하는 것이 제안되었다. 어림짐작으로 에틸렌옥사이드에 대한 선택도 1% 증가는 약 $2 million/yr의 수익이 증가한다. 공급물은 250°C, 2 atm 하에 12 mol% 산소, 6 mol% 에틸렌과 나머지는 질소로 구성된다. 2 kg의 촉매를 포함한 반응기에서 총몰유량은 0.0093 mol/s이다.

추가 정보:

$$k_{1E} = 0.15\frac{\text{mol}}{\text{kg}\cdot\text{s atm}^{1.58}} \text{ at 523 K with } E_1 = 60.7\ \text{kJ/mol}$$

$$k_{2E} = 0.0888\frac{\text{mol}}{\text{kg}\cdot\text{s atm}^{1.3}} \text{ at 523 K with } E_2 = 73.2\ \text{kJ/mol}$$

$$K_{1E} = 6.50\ \text{atm}^{-1}, K_{2E} = 4.33\ \text{atm}^{-1}$$

(a) 통상의 PBR에서 예측된 CO_2에 대한 ethylene epoxide의 선택도와 전화율은 얼마인가?

(b) 총몰유량이 나누어져 12% 산소 흐름(에틸렌 없음)이 멤브레인반응기의 측면을 통하여 균일하게 공급되고, 6% 에틸렌(산소 없음)이 반응기 입구로 공급된다면 전화율과 선택도는 어떻게 되겠는가?

(c) 에틸렌이 측면을 통하여 균일하게 공급되고 산소가 입구로 공급될 때 **(b)**를 반복하여라. **(a)**와 **(b)**를 비교하여라. 발견한 것을 기술하여라.

P8-16$_B$ **태양 에너지** 포획은 증가하는 세계의 에너지 수요를 충족시켜 줄 큰 잠재력을 가지고 있고, 이는 2010년에 12 terawatt였고 2050년엔 36 terawatt 수준으로 증가할 것으로 기대되고 있다(**P3-15$_B$** 참조). University of Colorado의 Al Weiner 교수와 그의 제자들은 태양열 에너지(solar-thermal energy)를 활용하는 방법을 발전시키는 데에 참여했다. 태양열반응기에서 거울은 태양의 에너지를 모으고 집약시켜서 아래의 그림과 같이 1200°C까지의 고온이 가능한 흐름형 공동반응기(flow-type cavity reactor)로 전달한다.

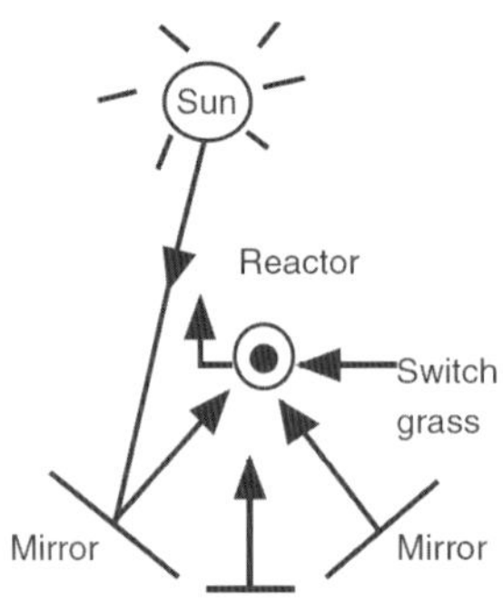

그림 P8-16.1 태양광 필드 디자인. 캘리포니아의 Daggett에 275에이커에 3개의 일광반사장치(heliostat)를 가진 5개의 265 m 크기의 탑들이 있다. 3,868개의 태양들과 295 MW가 각각의 태양열반응기로 전달된다. (Melinda M. Channel, Jonathan Scheffe, Allan Lewandowski, and Alan W. Weimer, November 11, 2009. 또한 *Chemical Engineering*, 116, p. 18, March 2009 참조. (*http://www.sciencedirect.com/science/article/pii/S0009250907005878* 그리고 *http://www.sciencedirect.com/science/article/pii/S0038092X03004663*)

switch grass는 1200°C 태양열반응기에 공급된다. 이 온도에서 바이오매스는 CO와 H_2, 즉 합성가스로 전환할 수 있다. 대략적으로 2/3의 셀룰로오스(cellulose)($C_6H_{10}O_5$)와 1/3의 리그닌(lignin)($C_{10}H_{12}O_3$)인 switch grass는 수증기와 함께 공급되어 CO, H_2 그리고 무시할 만한 소량의 재를 생산한다. 이 공정을 다루기 쉬운 문제로 간소화하기 위해, switch grass는 관형반응기에 도입되자마자 기화된다고 가정하며, 반응과 예상되는 반응속도법칙은 이러하다.

(1) 셀룰로오스: $C_6H_{10}O_5(C) + H_2O(W) \rightarrow 6H_2 + 6CO$

(2) 리그닌: $C_{10}H_{12}O_3(L) + 7H_2O(W) \rightarrow 13H_2 + 10CO$

[*AIChE J.* 55, p. 286 (2009)]. *Science* p. 326, 1472 (2009)도 참조하여라.

속도법칙과 상수들은 이렇게 가설이 세워진다.

$$-r_{1C} = k_{1C}C_C C_W$$

$$-r_{2L} = k_{2L}C_L C_W^2$$

$$\text{여기서 } k_{1C} = 3\times10^4\left(\frac{\text{dm}^3}{\text{mol}}\right)\Big/\text{s} \text{ 그리고 } k_{2L} = 1.4\times10^7\left(\frac{\text{dm}^3}{\text{mol}}\right)\Big/\text{s}$$

공급원료와 반응기에서의 전체 기체농도는 $C_{T0} = \frac{P_0}{RT_0} = \frac{1\text{ atm}}{(0.082)(1473)} = 0.00828\text{ mol/dm}^3$이고 셀룰로오스, 리그닌, 물의 주입 몰유량은 각각 $F_{C0} = 0.00411$ mol/s, $F_{L0} = 0.00185$ mol/s 그리고 $F_{W0} = 0.02$ mol/s이다.

(a) PFR의 부피가 $V = 0.417\text{ dm}^3$가 될 때까지의 부피의 함수로서 몰유량을 플롯하고 분석하여라.

(b) 반응기 하류를 따라서 Y_C, Y_W, Y_L, $\tilde{S}_{CO/H_2}$의 값을 플롯하고 분석하여라. 발견한 것을 기술하여라.

(c) 물의 다른 몰유량에 대하여 (a)문제를 반복하여라.

P8-17$_B$ **태양열 바이오 숯 가스화(biochar gasification)**는 역시 University of Colorado에서 연구된 바 있다(**P8-16$_B$** 참조). [*Chemical Engineering and Processing: Process Intensification* 48, p. 1279 (2009) and *AIChE J.* 55 p. 286 (2009).] 이 공정은 수축 핵 모델(shrinking core model)(CRE 웹사이트의 제14장 확장자료 참조)에 따라 진행이 되는데, 이 예제의 목적을 위해서, 다음과 같은 반응을 사용하자.

(1) 리그닌: $C_{10}H_{12}O_3(L) + 3H_2O(W) \rightarrow 3H_2 + 3CO + \text{Char}$ (예, cresol)

(2) 숯: $\text{Char}(Ch) + 4H_2O \rightarrow 10H_2 + 7CO$

1200°C에서의 속도법칙은 다음과 같이 가정할 수 있다.

$$-r_{1L} = k_{1L} C_L C_W^2 \text{ with } k_{1L} = 3721\left(\frac{\text{dm}^3}{\text{mol}}\right)^2 \Big/ \text{s}$$

$$-r_{2Ch} = k_{2Ch} C_{Ch} C_W^2 \text{ with } k_{2Ch} = 1,000\left(\frac{\text{dm}^3}{\text{mol}}\right)^2 \Big/ \text{s}$$

유입 몰유량은 $F_{L0} = 0.0123$ mol/s, $F_{W0} = 0.111$ mol/s이고, 총유입농도 $C_{T0} = 0.2$ mol/dm^{3}이며, 반응기 부피는 0.417 dm^{3}이다.

(a) 플러그흐름반응기 하류를 따라 F_{Ch}, F_L, F_W, F_{CO}, 그리고F_{H_2}를 플롯하고 분석하여라.

(b) 농도가 C_C, C_{Ch} 등에 대해 **(a)**문제를 반복하여라.

(c) PFR 하류를 따라 선택도 $\tilde{S}_{CO/H_2}$, 수율 $\tilde{Y}_W$와 Y_L을 플롯하고 분석하여라.

(d) char 몰유량이 최대가 될 때는 언제인가? 몰유량비(F_{W0}/F_{L0})나 C_{T0} 등의 공급 조건의 변화에 따라서는 어떻게 변하는가? **(a)**에서 **(d)**까지 발견한 것을 기술하여라.

P8-18$_A$ 웹사이트 *www.reactorlab.net*의 헤르츠 교수의 **반응기 랩**(Reactor Lab)을 방문하여라.

(a) 에틸렌으로부터 ethylene oxide로의 선택적 산화반응에 관해 CRE 웹으로부터 Reactor Lab의 Division 5, Lab 2를 내려받아라. 시스템에 관한 정보를 얻기 위해 [i] info 버튼을 클릭하여라. 실험을 수행하고, 반응의 속도법칙을 개발하여라. 속도 모델이 실험 데이터와 얼마나 잘 일치하는지 통계분석 및 플롯을 포함한 결과값을 보고하는 기술메모(technical memo)를 작성하여라.

(b) 직렬반응과 병렬반응을 각각 수행할 수 있는 회분식반응기에 관한 Reactor Lab의 Division 5, Lab 3와 Lab 4를 내려받아라. 용매로 희석시키는 것이 다른 반응차수에 대하여 선택도에 어떤 영향을 미치는지 조사하고, 발견한 것을 서술하여라.

• 추가 숙제 문제

시험이나 보충 문제 또는 예제로 이용할 수 있는 많은 문제들을 CRE 웹사이트 *http://www.umich.edu/~elements/5e/index.html*에서 찾아볼 수 있다.

보충교재

1. 선택도, 반응기 운영 계획, 복수반응의 단계화(staging) 및 해당하는 설계방정식의 계산 등은 다음 자료에 실려 있다.

BURGESS, THORNTON W., *The Adventures of Chatterer the Red Squirrel*, New York: Dover Publications, Inc., 1915.

BUTT, JOHN B, *Reaction Kinetics and Reactor Design, Second Edition, Revised and Expanded*, New York: Marcel Dekker, Inc., 1999.

DENBIGH, K. G., and J. C. R. TURNER, *Chemical Reactor Theory*, 2nd ed. Cambridge: Cambridge University Press, 1971, Chap. 6.

2. 병렬, 직렬 및 결합 반응에 대한 많은 해석적 해는 다음 자료에 있다.

WALAS, S. M., *Chemical Reaction Engineering Handbook of Solved Problems*. Newark, NJ: Gordon and Breach, 1995.

반응 메커니즘, 반응경로, 생물반응과 생물반응기 9

Reaction Mechanisms, Pathways, Bioreactions, and Bioreactors

아는 것 다음으로 중요한 것은 그것을 어디서 찾는지 아는 것이다.

—새뮤얼 존슨(Samuel Johnson, 1709~1784)

(**역자 주** | 영국의 시인 · 평론가. 영국에서 처음으로 영어사전 편찬.)

개요

이 장의 주제는 유사정상상태 가설(pseudo-steady-state hypothesis, PSSH), 효소 메커니즘 및 반응속도론, 미생물의 성장을 포함한다.

9.1절부터 시작해서 PSSH와 생기자마자 사라지는 활성 중간체(active intermediate)의 형성에 대해 논의한다. 다음으로, PSSH를 활성 중간체에 적용해서 기초 속도법칙(elementary rate law)을 따르지 않는 화학반응에 대한 속도법칙을 개발하는 방법을 보여줄 것이다.

비기초반응(non-elementary reaction)에 대한 속도식을 얻기 위해

- 활성 중간체와 반응 메커니즘을 선택하고,
- 메커니즘 내에 있는 각각의 반응에 대한 기초속도식을 쓰고,
- 각각의 화합물에 대해 순반응속도를 쓰며,
- 실험관찰과 일치하는 속도식을 얻기 위해 활성 중간체에 대해 PSSH를 적용한다.

9.2절에서, 효소반응 메커니즘과 속도론에 초점을 맞추어 생화학반응에 PSSH를 적용한다. 여기서는

- 마이켈리스–멘텐 속도론(Michaelis-Menten kinetics)
- 자료 분석을 위한 라인위버–버크 플롯(Lineweaver-Burk plot) 및 다른 플롯과, 효소저해 유형과 그에 해당하는 속도식을 공부한다.

9.3절에서는 미생물의 성장을 공부한다. Michaelis-Menten 속도식과 Monod 성장속도식의 유사성 때문에 미생물의 성장은 논리적으로 효소속도론의 논의를 따른다. 여기서는 다음을 공부한다.

- 세포 질량과 기질에 대한 수지,
- 세포 성장 속도론,
- 기질 소비에 대한 세포성장 관련 수율계수 그리고
- 생물반응기.

회분식반응기와 chemostat라고 불리는 CSTR 모두를 모델링하기 위하여 이러한 원리를 이용할 것이다. 생물연료(biofuel)로서 조류(algae)의 이용 때문에 미생물의 성장에 관심이 커지고 있다는 것을 주목해야 한다.

9.1 활성 중간체와 비기초속도론

제3장에서는 아래처럼 다수의 간단한 지수법칙 모델을 제시하였다.

$$-r_A = kC_A^n$$

여기서 n은 0, 1, 2의 정수로서 0차, 1차, 2차반응에 상응한다. 그러나 대다수의 반응에서 반응차수는 500°C에서의 아세트알데히드의 분해와 같이 비정수(non-integer)이다.

$$CH_3CHO \rightarrow CH_4 + CO$$

여기서 P9-5$_B$(**b**)에서 얻은 속도식은 다음과 같다.

$$-r_{CH_3CHO} = kC_{CH_3CHO}^{3/2}$$

속도식은 수소와 브롬으로부터 HBr을 생성하는 반응에서처럼, 분자와 분모 양쪽에 농도항이 들어간 형태가 될 수도 있다.

$$H_2 + Br_2 \rightarrow 2HBr$$

여기서 P9-5$_B$(**c**)에서 얻은 속도식은 다음과 같다.

$$r_{HBr} = \frac{k_1 C_{H_2} C_{Br_2}^{3/2}}{C_{HBr} + k_2 C_{Br_2}}$$

이러한 형태의 속도식들은 일반적으로 다수의 기초반응들이 관련되고 적어도 하나의 활성 중간체를 수반한다. **활성 중간체**(active intermediate)는 실질적으로 그것이 형성되는 속도만큼 빠르게 반응하여 소멸하는 높은 에너지를 가진 분자이다. 결과적으로, 매우 작은 농도로 존재하게 된다. 활성 중간체(예, A*)는 다른 분자들과 충돌 또는 상호작용에 의해 형성될 수 있다.

$$A + M \rightarrow A^* + M$$

활성 중간체 A*의 성질

이러한 활성화는 병진운동 에너지가 내부 에너지, 특히 진동과 회전 에너지로 전달될 때 일어나게 된다[1]. 불안정한 분자(즉, 활성 중간체)는 분자가 빠른 속도(높은 전이운동 에너지)로 운동하는 큰 병진운동 에너지를 가져서 생성되는 것은 아니다. 이 에너지가 화학결합에 흡수되어야만 큰 진폭의 진동이 결합을 파괴하여 분자의 재배열이 일어나며, 분해되는 것이다. 광화학적 효과 또는 그와 비슷한 현상이 없는 경우에는 병진운동 에너지가 진동 에너지로 전달되어 활성 중간체가 생산되는 것은 단지 분자의 충돌이나 상호작용의 결과로서만 가능하다. 충돌이론(collision theory)은 제3장의 **전문 참고자료 서고**에 기술되어 있다(*http://www.umich.edu/~elements/5e/03chap/prof.html*). 활성 중간체의 또 다른 형태로는 **자유라디칼**[free radical(하나 또는 그 이상의 홑전자, 예컨대 $CH_3\bullet$)], 이온성 중간체[ionic intermediate(예, 카르보늄 이온)] 및 효소-기질 복합체(enzyme-substrate complex) 등이 있다(*http://www.umich.edu/~elements/ 5e/09chap/prof.html*).

활성 중간체 아이디어는 1922년 린더만(F. A. Lindermann)[2]에 의해 최초로 주장되었다. 그는 이것을 반응물 농도의 변화와 상응하는 반응차수의 변화를 설명하기 위해 사용하였다. 활성 중간체는 매우 짧은 생존기간을 가지고, 매우 작은 농도에서 나타나기 때문에 femtosecond 분광학 분야에서 1999년 노벨상 수상을 한 애흐메드 제웨일(Ahmed Zewail)의 업적이 있기 전까지 그 존재가 명확히 보이지 않았다[3]. 그의 사이클로부테인(cyclobutane)에 관한 연구에 의하면 그림 9-1(a)에서 보여주는 것처럼 두 개의 에틸렌 분자들이 형성되는 반응은 바로 일어나지 않고 그림 9-1(b)에서처럼 반응좌표 도표(reaction-coordinate diagram)에서 에너지 장벽의 꼭대기 부근에 작은 골짜기 모양을 나타내며 반응한다. 제3장에서 다루었듯이, 장벽의 높이(barrier height) *E*의 추정은 CRE 웹사이트 제3장의 **분자 모델링 웹모듈**(Molecular Modeling Web Module)에 기술한 스파르탄(Spartan), 세리우스2(Cerius2), 가우시안(Gaussian)과 같은 소프트웨어 패키지로 구할 수 있다(*www.umich.edu/~elements/5e/index.html*).

역자 주 | 애흐메드 제웨일: 이집트계 미국 화학자

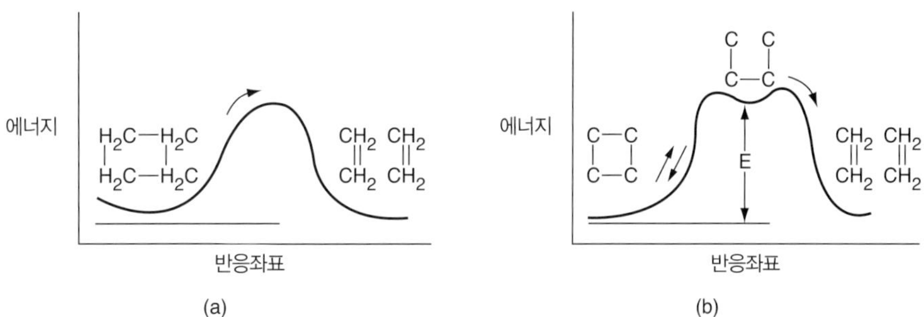

그림 9-1 반응좌표. Ivars Peterson, "Chemistry Nobel spotlights fast reactions," *Science News*, 156, 247 (1999).

9.1.1 유사정상상태 가설

활성 중간체 이론에서, 중간체의 분해반응은 분자 내부가 활성화된 후에도 순간적으로

1. W. J. Moore, *Physical Chemistry*, (Reading, MA: Longman Publishing Group, 1998).
2. F. A. Lindermann, *Trans. Faraday. Soc.*, 17, 598 (1922).
3. J. Peterson, *Science News*, 156, 247 (1999).

일어나지 않는다; 오히려 이 화학종들이 활성적으로 남아 있는 극히 짧은 시간지연(time lag)이 있다. 제웨일의 연구업적은 극소로 짧은 시간 동안 존재하는 기상 활성 중간체의 존재를 처음 결정적으로 입증한 것이다. 반응 중간체가 형성되는 만큼 사실상 빠르게 반응하기 때문에, 활성 중간체(A*) 형성의 순생성속도는 0이다.

$$r_{A^*} \equiv 0 \tag{9-1}$$

이 조건을 **유사정상상태 가설**(pseudo-steady-state hypothesis, PSSH)이라고 한다. 만약 활성 중간체가 *n*개의 반응에서 나타난다면 다음 식이 성립한다.

PSSH

$$\boxed{r_{A^*} = \sum_{i=1}^{n} r_{iA^*} = 0} \tag{9-2}$$

이러한 형태의 속도식이 어떻게 만들어졌는지를 보기 위하여 ethane과 질소로 분해되는 azomethane(AZO)의 기상 분해반응을 고려한다.

$$(CH_3)_2N_2 \longrightarrow C_2H_6 + N_2$$

실험관찰[4]에 의하면 에탄의 생성속도는 1 atm 이상의 압력(비교적 높은 농도)에서는 AZO에 관해 1차이며,

$$r_{C_2H_6} \propto C_{AZO}$$

50 mmHg 이하의 압력(낮은 농도)에서는 2차이다.

왜 반응차수가 변하는가?

$$r_{C_2H_6} \propto C_{AZO}^2$$

두 관찰을 결합하여 다음과 같은 속도식을 가정할 수 있다.

$$-r_{AZO} = \frac{k_1 C_{AZO}^2}{1 + k_2 C_{AZO}}$$

실험관찰과 일치하는 메커니즘을 찾기 위해, 표 9-1과 같은 단계들을 이용한다.

표 9-1 속도식 추론 단계

1. 활성 중간체(active intermediate)를 제안하여라.
2. 가능하면 실험 자료로부터 얻은 속도식을 이용하면서 메커니즘을 제안하여라.
3. 메커니즘 순열(mechanism sequence) 내에 있는 각각의 반응을 기초반응(elementary reaction)으로 모델링하여라.
4. 원하는 생산물의 생성속도에 대한 속도식을 작성한 후에, 각각 활성 중간체(들)에 대한 속도식을 작성하여라.
5. 활성 중간체의 순생성속도(net rate of formation)를 쓰고 PSSH를 사용하여라.
6. 4~5단계에서 전개된 연립방정식의 해를 구하여 속도식에 있는 활성 중간체의 농도를 제거하여라.
7. 만약 유도된 속도식이 실험결과와 일치하지 않는다면, 새로운 메커니즘과 또는 중간체를 가정하고 3단계로 이동하여라. 고려 중인 반응에 대한 활성 중간체를 예측하는 데에는 유기 및 무기화학에 관한 튼튼한 배경적 지식이 도움이 된다.

---

4. H. C. Ramsperger, *J. Am. Chem. Soc.*, 49, 912.

이제 표 9-1에 있는 단계를 따라서 azomethane(AZO) 분해에 대한 속도식, $-r_{AZO}$을 개발하자.

단계 1. **활성 중간체를 제안하여라.** 아조메탄 분자충돌로 활성화된 AZO*(즉, $[(CH_3)_2N_2]^*$)를 활성 중간체로 선택한다.

단계 2. **메커니즘을 제안하여라.**

메커니즘
$$\begin{cases} \text{반응 1:} & (CH_3)_2N_2 + (CH_3)_2N_2 \xrightarrow{k_{1AZO^*}} (CH_3)_2N_2 + [(CH_3)_2N_2]^* \\ \text{반응 2:} & [(CH_3)_2N_2]^* + (CH_3)_2N_2 \xrightarrow{k_{2AZO^*}} (CH_3)_2N_2 + (CH_3)_2N_2 \\ \text{반응 3:} & [(CH_3)_2N_2]^* \xrightarrow{k_{3AZO^*}} C_2H_6 + N_2 \end{cases}$$

반응 1에서는 두 개의 AZO 분자들은 충돌하고 한 AZO 분자의 운동 에너지는 다른 AZO 분자의 내부 회전 에너지 그리고 진동 에너지로 전달된다. 이 분자는 활성화되어 매우 반응성이 크다(즉, AZO*). 반응 2에서는 활성화된 분자(AZO*)는 또 다른 AZO와 충돌하여 가지고 있던 내부 에너지를 AZO*와 충돌한 AZO 분자의 운동 에너지를 증가시키고 자신은 비활성화된다. 반응 3에서는 거칠게 진동하는 매우 활성화된 AZO* 분자는 자연스럽게 에탄과 질소로 분해된다.

단계 3. **속도식을 작성하여라.**

반응단계의 각각은 기초반응이기 때문에, 반응 (1), (2), (3)에서 활성 중간체 AZO*에 대해 상응하는 속도식은 다음과 같다.

참고: 비반응속도 k는 모두 활성 중간체인 AZO*에 관하여 정의된다.

(1)
$$r_{1AZO^*} = k_{1AZO^*}C_{AZO}^2 \tag{9-3}$$

(2)
$$r_{2AZO^*} = -k_{2AZO^*}C_{AZO^*}C_{AZO} \tag{9-4}$$

(3)
$$r_{3AZO^*} = -k_{3AZO^*}C_{AZO^*} \tag{9-5}$$

($k_1 = k_{1AZO^*}$, $k_2 = k_{2AZO^*}$, $k_3 = k_{3AZO^*}$라고 하자.)

식 (9-3)에서 (9-5)까지의 속도식들은 활성 중간체 AZO* 농도를 쉽게 측정할 수 없기 때문에 어떠한 반응 시스템의 설계에서도 거의 소용이 없다. 따라서 측정할 수 있는 농도로 표현되는 속도식을 구하기 위하여 유사정상상태 가설(pseudo-steady-state-hypothesis, PSSH)을 사용할 것이다.

단계 4. **생산물의 생성속도를 작성하여라.**

우선 생산물 생성속도는 다음처럼 쓸 수 있다.

$$\boxed{r_{C_2H_6} = k_3C_{AZO^*}} \tag{9-6}$$

단계 5. **활성 중간체의 순생성속도를 쓰고 PSSH를 사용하여라.**

활성 중간체 AZO*의 농도를 알기 위해, AZO*의 순생성속도(net rate of formation)를 0으로 하면($r_{AZO^*} \equiv 0$)[5], 다음과 같이 쓸 수 있다.

---

5. 상세한 내용은 R. Aris, *Am. Sci.*, 58, 419 (1970) 참조.

$$r_{AZO^*} = r_{1AZO^*} + r_{2AZO^*} + r_{3AZO^*} = 0$$

$$= k_1 C_{AZO}^2 - k_2 C_{AZO^*} C_{AZO} - k_3 C_{AZO^*} = 0 \tag{9-7}$$

C_{AZO^*}에 대해 풀면 다음과 같다.

$$C_{AZO^*} = \frac{k_1 C_{AZO}^2}{k_2 C_{AZO} + k_3} \tag{9-8}$$

단계 6. **4단계와 5단계에서 전개된 연립방정식의 해를 구함으로써 속도식에 있는 활성 중간체의 농도를 제거하여라.**

식 (9-8)을 식 (9-6)으로 대입하면 다음 식이 얻어진다.

$$\boxed{r_{C_2H_6} = \frac{k_1 k_3 C_{AZO}^2}{k_2 C_{AZO} + k_3}} \tag{9-9}$$

단계 7. **실험 자료와 비교하여라.**

낮은 AZO 농도에서는, $k_2 C_{AZO} \ll k_3$이므로, 이 경우에는 2차 속도식이 얻어진다.

$$r_{C_2H_6} = k_1 C_{AZO}^2$$

높은 AZO 농도에서는, $k_2 C_{AZO} \gg k_3$이므로, 이 경우에는 속도식이 1차 속도론을 따른다.

$$r_{C_2H_6} = \frac{k_1 k_3}{k_2} C_{AZO} = k C_{AZO}$$

겉보기 반응차수

이 식에 대한 반응차수를 표현하면, 반응은 아조메탄의 농도가 높을 때는 **겉보기 1차**(apparent first order)이며, 아조메탄의 농도가 낮을 때는 **겉보기 2차**(apparent second order)라고 말한다.

9.1.2 두 분자가 반드시 충돌한다면, 어떻게 속도식이 1차가 되는가?

PSSH는 왜 우리가 1차반응을 그렇게 많이 관찰하는지 설명할 수도 있다.

$$(CH_3)_2O \rightarrow CH_4 + H_2 + CO$$

기호로, 위 반응은 A가 생산물 P로 가는 것으로 표현할 수 있다.

$$A \rightarrow P$$

그리고 반응식은 다음과 같다.

$$-r_A = kC_A$$

이 반응은 1차이지만 기초반응은 아니다. 이 반응은 반응물 분자와 비활성 분자(M)의 충돌에서 활성 중간체(A*)를 첫 번째 생성함으로써 일어난다. 심하게 진동하는 활성 중간체(A*)는 비활성 M과 충돌하여 비활성화되거나, 분해되어 생산물을 생성한다. 그림 9-2를 보아라.

메커니즘은 세 개의 기초반응으로 구성된다:

1. 활성화 $A + M \xrightarrow{k_1} A^* + M$
2. 비활성화 $A^* + M \xrightarrow{k_2} A + M$
3. 분해 $A^* \xrightarrow{k_3} P$

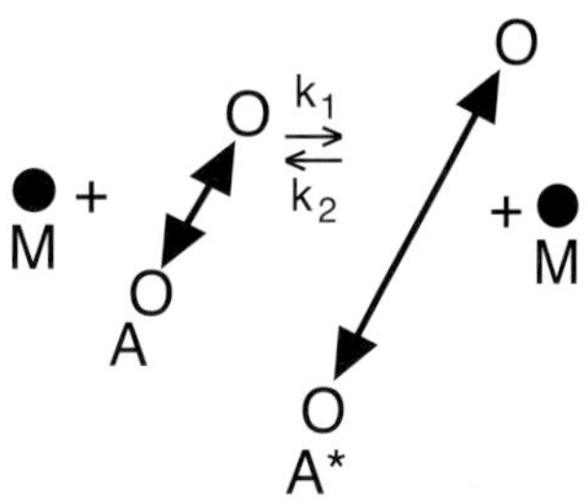

그림 9-2 진동하는 A분자의 충돌과 활성화[6]

생산물 생성속도를 쓰고

$$r_P = k_3 C_{A^*}$$

그리고 앞에 기술했던 아조메탄 분해반응과 비슷한 방법으로 A*의 농도를 구하기 위해서 PSSH를 이용하면, 다음과 같은 속도식을 얻는다.

$$r_P = -r_A = \frac{k_3 k_1 C_A C_M}{k_2 C_M + k_3} \tag{9-10}$$

비활성 성분 M의 농도는 일정하므로, 다음과 같이 정하면,

$$k = \frac{k_1 k_3 C_M}{k_2 C_M + k_3} \tag{9-11}$$

반응경로[6]

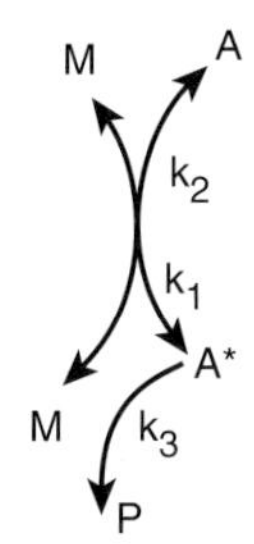

다음과 같은 1차 속도식이 얻어진다.

$$-r_A = kC_A$$

결국 상기 반응

6. 그림 9-2의 반응에 대한 반응경로는 왼쪽 여백에 표시하였다. 반응경로의 상단에 있는 A와 M으로부터 시작한다. A와 M이 k_1(충돌)을 접촉하는 경로가 동시에 아래로 모였다가 분리하여 A*와 M을 형성한다. A*와 M으로 시작하여 k_2를 접촉한 후 위로 이동하는 역반응도 표시되었으며, 여기서 A와 M이 분리되어 형성된다. 아래쪽에서는 A*에서 k_3를 통해 P를 형성하는 화살표를 볼 수 있다.

비기초반응에 대한 1차속도법칙

$$A \rightarrow P$$

은 기초속도식(elementary rate law)을 따르지만 기초반응은 아니다. 만약에 식 (9-9)의 분모에 있는 k_2C_{AZO} 항이 다른 항인 k_3보다 크다면($(k_2C_{AZO}) \gg k_3$), AZO 분해 메커니즘과 유사한 반응도 1차로 보여진다. 이 반응에 대한 반응경로는 왼쪽 여백에 나와 있다. 다른 반응에 대한 반응경로는 웹사이트(*http://www.umich.edu/~elements/5e/09chap/prof-rxnpath.html*)에서 볼 수 있다.

9.1.3 메커니즘 탐색

많은 경우 메커니즘을 찾기 전에 속도식이 주어져 있다. 분모 중의 부가적인 상수항(additive constant)을 1로 만드는 것이 보통의 절차이다. 따라서 식 (9-9)의 분자와 분모를 k_3으로 나누면 다음을 얻게 된다.

$$\boxed{r_{C_2H_6} = \frac{k_1 C_{AZO}^2}{1 + k' C_{AZO}}} \tag{9-12}$$

일반적 고찰. 메커니즘을 개발하는 것은 어렵고 시간이 오래 걸린다. 표 9-2에 열거된 경험법칙(rules of thumb)은 결코 포괄적이지는 않지만 실험속도법칙과 일치하는 메커니즘을 개발하는 데 도움이 될 수 있다.

표 9-2 반응 메커니즘의 전개를 위한 경험법칙

1. 속도식의 **분모**에 어떤 성분의 농도 항이 나타난다면, 아마 그 성분들은 그것들의 활성 중간체와 충돌할 것이다. 즉,

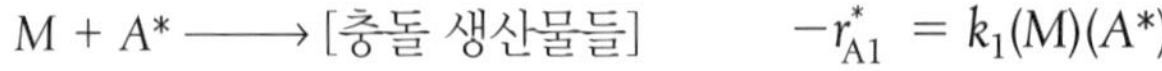

$$M + A^* \longrightarrow [\text{충돌 생산물들}] \qquad -r_{A1}^* = k_1(M)(A^*)$$

2. **분모**에 상수 항이 있으면, 반응단계 중의 하나는 아마 활성 중간체의 자발적 분해일 것이다. 즉,

$$A^* \longrightarrow [\text{분해 생산물들}] \qquad -r_{A2}^* = k_2(A^*)$$

3. 속도식의 **분자**에 어떤 성분의 농도 항이 나타난다면, 반응단계들 중의 하나는 아마 활성 중간체의 생성일 것이다. 즉,

$$[\text{반응물}] \longrightarrow A^* + [\text{다른 생산물들}] \qquad = k_3(\text{반응물})$$

방금 논의된 표 9-2를 azomethane에 적용할 경우, 식 (9-12)에서 다음을 알 수 있다:

1. 활성 중간체 AZO*가 azomethane AZO와 충돌하므로[반응 2], 분모에 AZO의 농도가 나타난다.
2. AZO*가 자발적으로 분해하므로[반응 3], 속도식의 분모에 상수 항이 나타난다.
3. 분자에 AZO가 나타나는 것은 활성 중간체 AZO*가 AZO로부터 생성됨을 시사한다. [반응 1]을 보면, 정말 그렇다는 것을 알 수 있다.

7. P. K. Chendke and H. S. Fogler, *J. Phys. Chem.*, 87, 1362 (1983).

예제 9-1 슈테른-볼머 식(Stern-Volmer Equation)

매우 강한 초음파를 물에 집중시키면 빛이 방출된다.[7] 불을 끄고 집중된 초음파 팁을 사용하여 물을 조사하면 빛을 볼 수 있다. 이는 초음파에 의해 생성되어 압축되는 마이크로 크기의 기체 버블(0.1 mm)들에 의해 기인된 결과이다. 파의 압축단계에서 버블의 내용물(예, 물 또는 물에 용해된 모든 것, CS_2, O_2, N_2)이 단열적으로 압축된다.

이 압축으로 인해 온도가 상승하게 되고 분자의 운동 에너지가 상승하게 되면 이를 통해 분자 충돌이 활성 중간체를 생성하고 버블 내에서 화학반응이 일어나게 된다.

$$M + H_2O \longrightarrow H_2O^* + M$$

마이크로 버블의 공동이 깨짐

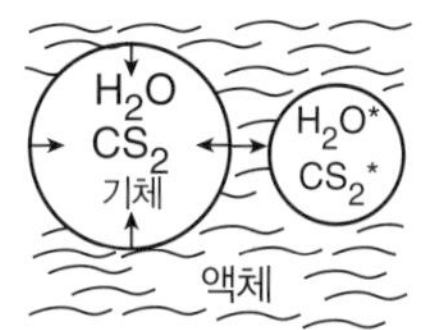

방출되는 빛의 세기(I)는 마이크로 버블 내에서 생성되는 활성화된 물 분자의 비활성화반응속도에 비례한다.

$$H_2O^* \xrightarrow{k} H_2O + h\nu$$

$$\text{빛의 세기(I)} \propto (-r_{H_2O^*}) = k\,C_{H_2O^*}$$

물에 이황화탄소(carbon disulfide)나 사염화탄소(carbon tetrachloride)가 첨가될 때는 음발광(sonoluminescence)의 세기가 수십 배 증가함이 관찰된다. 다음 반응의 경우

$$CS_2^* \xrightarrow{k_4} CS_2 + h\nu$$

음발광의 세기는

$$I \propto (-r_{CS_2^*}) = k_4 C_{CS_2^*}$$

CCl_4의 경우도 비슷한 결과가 얻어진다.

그러나 용액에 지방족 알코올(X)이 더해질 경우에는 알코올의 농도가 증가함에 따라 음발광의 세기는 감소한다. 실험 자료는 보통 슈테른-볼머(Stern-Volmer) 플롯으로 보고되고 있다. 슈테른-볼머 그래프는 알코올 농도 C_X에 따라 상대적 세기를 나타낸다. (그림 E9-1.1 참조. 여기서 I_0는 알코올이 없을 경우의 음발광 세기이며, I는 알코올 존재 시의 음발광 세기이다.)

(a) 실험관찰과 일치하는 메커니즘을 제시하여라.

(b) 그림 E9-1.1과 일치하는 속도식을 유도하여라.

슈테른-볼머 플롯

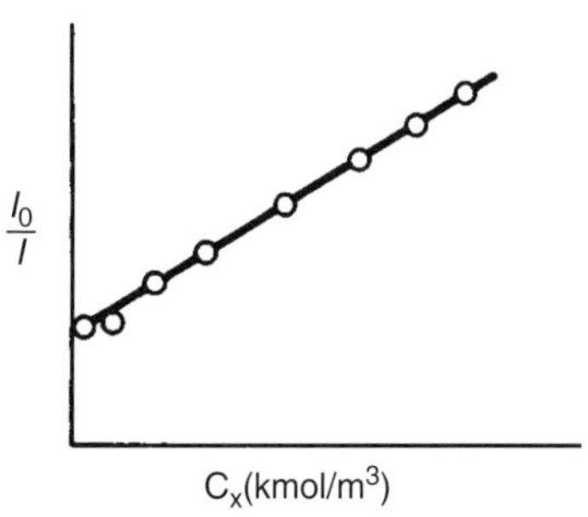

그림 E9-1.1 포집체(scavenger) 농도에 따른 발광 세기 비율

풀이

(a) 메커니즘

선형 플롯에서 다음을 알 수 있다.

$$\frac{I_0}{I} = A + BC_X \equiv A + B(X) \tag{E9-1.1}$$

여기서 $C_X \equiv (X)$이고 A와 B는 상수이다. 식 (E9-1.1)을 역수 취하면

$$\frac{I}{I_0} = \frac{1}{A + B(X)} \tag{E9-1.2}$$

표 9-2의 **규칙 1**에서 분모는 알코올(X)이 활성 중간체와 충돌한다는 것을 시사해 준다.

$$X + \text{활성 중간체} \longrightarrow \text{비활성 생산물} \tag{E9-1.3}$$

역자 주 | 포집체(scavenger): 활성 중간체를 포획해서 안정화시키는 성질을 갖는 화합물의 총칭

알코올은 활성 중간체를 비활성화시키는 이른바 **포집체**(scavenger)로서 작용한다. CCl_4 또는 CS_2를 넣어 주면 음발광의 세기가 증가된다는 사실에서

$$I \propto (CS_2) \tag{E9-1.4}$$

반응경로

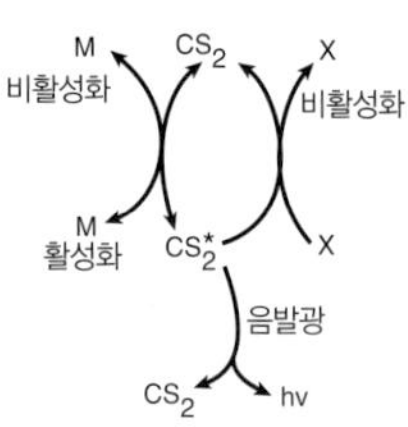

활성 중간체는 대개 CS_2^*로부터 생성된다는 것을 가정할 수 있다(표 9-2의 **규칙 3**).

$$M + CS_2 \longrightarrow CS_2^* + M \tag{E9-1.5}$$

여기서 M은 제3의 물질(CS_2, H_2O, N_2 등)이다.

또한 비활성화는 반응 (E9-1.5)의 역반응에 의해 생긴다는 것을 안다. 이를 정리하면, 반응 메커니즘은

메커니즘

활성화:	$M + CS_2 \xrightarrow{k_1} CS_2^* + M$	(E9-1.5)
비활성화:	$M + CS_2^* \xrightarrow{k_2} CS_2 + M$	(E9-1.6)
비활성화:	$X + CS_2^* \xrightarrow{k_3} CS_2 + X$	(E9-1.3)
음발광:	$CS_2^* \xrightarrow{k_4} CS_2 + h\nu$	(E9-1.7)
	$\boxed{I = k_4(CS_2^*)}$	(E9-1.8)

(b) 속도식

위에 있는 각각의 기초반응의 CS_2^*에 PSSH를 사용하면

$$r_{CS_2^*} = 0 = k_1(CS_2)(M) - k_2(CS_2^*)(M) - k_3(X)(CS_2^*) - k_4(CS_2^*)$$

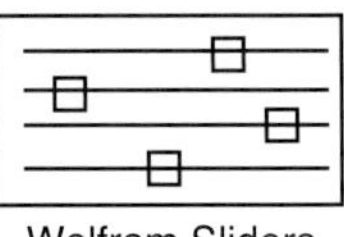
Wolfram Sliders

(CS_2^*)에 대해 풀어서 식 (E9-1.8)에 대입하면 다음 식으로 된다.

$$I = \frac{k_4 k_1 (CS_2)(M)}{k_2(M) + k_3(X) + k_4} \tag{E9-1.9}$$

알코올이 없을 때는

$$I_0 = \frac{k_4 k_1 (CS_2)(M)}{k_2(M) + k_4} \tag{E9-1.10}$$

CS_2와 제3의 물질, M의 농도가 일정할 때, 식 (E9-1.9)에 대한 (E9-1.10)의 비는 다음과 같다.

$$\boxed{\frac{I_0}{I} = 1 + \frac{k_3}{k_2(M) + k_4}(X) = 1 + k'(X)} \tag{E9-1.11}$$

그림 E9-1.1에 제시된 것과 같은 형태이다. 포집체를 포함하고 있는 식 (E9-1.11)과 이와 유사한 식들을 **슈테른−볼머 식**(Stern-Volmer equation)이라 한다.

분석: 이 예제는 메커니즘을 전개하기 위해 경험법칙(rule of thumb)(표 9-2)을 어떻게 사용하는지를 보여주었다. 메커니즘의 각각의 단계는 기초속도식을 따른다고 가정한다. **활성 중간체**(active intermediate)의 농도를 구하기 위해 PSSH를 **활성 중간체**의 순반응속도(net rate of reaction)에 적용하였다. 생산물의 속도식을 얻기 위해 생산물의 생성속도식에 활성 중간체의 농도를 대입하였다. 메커니즘으로부터 얻은 속도식은 실험 자료와 잘 일치하였다.

발광(luminescence)에 대한 논의는 CRE 웹사이트(*www.umich.edu/~elements/5e/09chap/web.html*)의 **웹모듈, 발광막대**(Glow Sticks)에서 계속된다. 여기서는 PSSH를 발광막대에 적용하고 있다. 먼저 반응과 발광에 대한 메커니즘을 전개하고, 그 다음 각 화합물에 대한 몰수지 방정식을 쓰고, PSSH를 이용해서 얻은 속도식과 결합한다; 그렇게 해서 만들어진 식을 풀고 실험결과와 비교한다.

발광막대 웹모듈

9.1.4 연쇄반응

연쇄반응은 다음의 단계들로 이루어져 있다.

연쇄반응에서의 단계들

1. **개시**(initiation): 활성 중간체의 생성
2. **전파 또는 연쇄 이동**(propagation or chain transfer): 활성 중간체가 반응물 또는 생산물과의 상호작용에 의해 다른 활성 중간체를 생성
3. **종료**(termination): 생산물 생성하여 반응 중간체 비활성화

실전 예제 문제

Polymath 풀이(Polymath solution)를 가지고 모든 세트의 방정식에 PSSH를 적용하여 비교한 예제를 전문 참고자료 서고 R9.1, **연쇄반응**(Chain Reactions)(*http://www.umich.edu/~elements/5e/09chap/prof-chain.html*)에 나타내었다. 또한, 전문 참고자료 서고 R9.2에는 **반응경로**(Reaction Pathways)와 스모그 형성의 화학(chemistry of smog formation)에 대한 논의가 포함되어 있다(*http://www.umich.edu/~elements/5e/09chap/prof-rxnpath.html*).

9.2 효소반응 개론

효소[†]는 매우 가속화된 속도에서 화학적으로 변형되는 기질(substrate, 반응물 분자)에 작용하는 고분자 단백질(high-molecular-weight protein) 또는 단백질 같은 기질(protein-like substance)이다. 가속화된 속도는 보통 촉매작용이 없을 때의 속도보다 $10^3 \sim 10^{17}$배 빠르다. 효소가 없을 경우, 필수 생화학적 반응은 생명을 유지하는 데 필요한 속도보다 매우 늦게 진행된다. 효소는 보통 적은 양으로 존재하고, 반응이 진행되는 동안 소모되지 않을 뿐 아니라, 화학평형반응에 영향을 끼치지도 않는다. 효소는 활성화 에너지가 낮은 다른 반응경로를 제공한다. 그림 9-3에 보인 반응좌표에는 **기질**(substrate, S)로 불리는 반응분자가 생산물(product, P)이 되는 촉매작용이 없는 반응(uncatalyzed reaction)을 보여준다.

$$S \rightarrow P$$

또한 **효소-기질 복합체**(enzyme-substrate complex)로 불리는 **활성 중간체**(active intermediate)(E · S)를 통해 진행되는 촉매반응경로(catalyzed reaction pathway)를 보여준다. 이 반응식은 다음과 같다.

$$\boxed{S + E \rightleftarrows E \cdot S \rightarrow E + P}$$

효소반응경로(enzymatic pathways)는 낮은 활성화 에너지를 가지고 있기 때문에, 반응속도의 증가가 매우 크다. 효소인 우레아제(urease)에 의해서 요소(urea)가 분해할 때 분해속도가 우레아제가 없을 때보다 약 10^{14}배 빠르다.

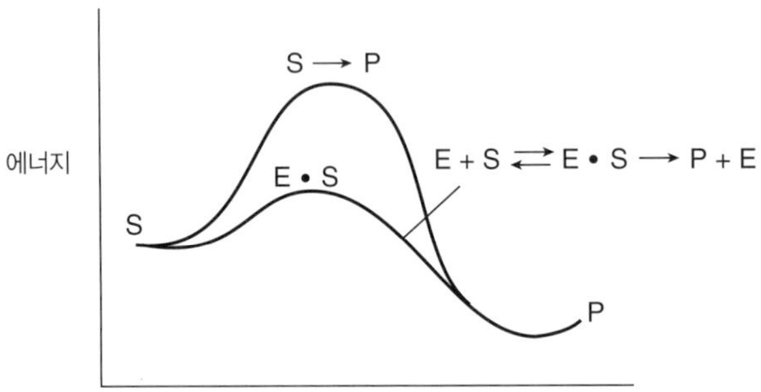

그림 9-3 효소촉매반응에 대한 반응좌표

효소의 중요한 성질은 매우 특정하다(specific)는 것이다; 즉, 하나의 효소는 단지 하나의 반응형태에만 촉매작용을 한다. 예를 들어 프로테아제(protease)는 단백질 중 오직 특정 아미노산 결합만을 가수분해시키고, 아밀라아제(amylase)는 전분의 글루코오스 분자 사이의 결합에만 작용하며, 리파아제(lipase)는 지방을 공격하여 그들을 지방산과 글리세롤로 분해한다. 따라서 원하지 않는 생산물들은 효소-촉매반응에 있어서 쉽게 제어된다. 효소는 살아 있는 생물에 의해서만 생성되며, 상업적 효소들은 일반적으로 박테리아에 의해서 생산된다. 효소는 온화한 조건에서 작용한다: pH 4와 9 사이 그리고 온도

† *http://www.rsc.org/Education/Teachers/Resources/cfb/enzymes.htm* 그리고 *https://en.wikipedia.org/wiki/Enzyme* 참조.

75~160°F 사이. 대부분 효소는 보통 그들이 촉매작용을 하는 반응에 따라 명명된다. 효소가 작용하는 기질의 이름 뒤에 접미사 *-ase*를 붙이는 것이 관례이다. 예를 들어 요소분해에 촉매 역할을 하는 효소는 우레아제(urease), 티로신(tyrosine)에 작용하는 효소는 티로시나아제(tyrosinase)라고 한다. 그러나 α-아밀라아제(α-amylase)와 같은 예외도 있다. 효소 α-아밀라아제는 상업적으로 연간 40억 불에 달하는 논란이 되는 청량음료(예, Red Pop)의 감미료인 고과당 옥수수 시럽(high-fructose corn syrup, HFCS)을 옥수수 녹말(corn starch)로부터 생산하는 첫 단계에서 녹말(starch)을 전환시키는 데 촉매작용을 한다.

$$\text{옥수수 녹말} \xrightarrow{\alpha\text{-아밀라아제}} \text{얇은 녹말} \xrightarrow[\text{아밀라아제}]{\text{글루코-}} \text{포도당} \xrightarrow[\text{이성화효소}]{\text{글루코오스}} \text{고과당 옥수수 시럽}$$

9.2.1 효소-기질 복합체(Enzyme-Substrate Complex)

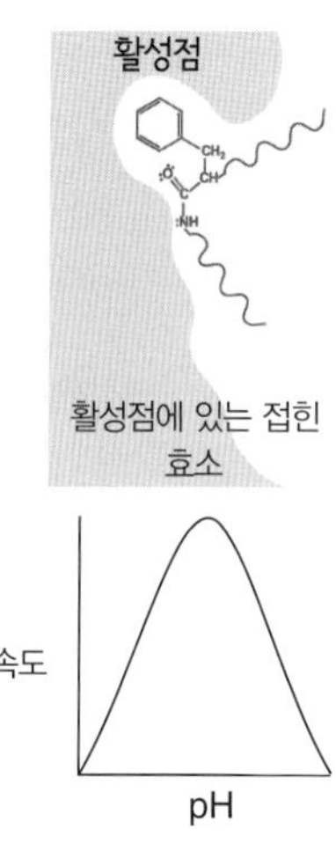

효소반응(enzymatic reaction)이 다른 촉매반응과 구별되는 주요 요소는 효소-기질 복합체(enzyme-substrate complex, E · S)의 형성이다. 여기서 기질은 특정 활성점(specific active site)과 결합하여 복합체를 형성한다[8]. 그림 9-4는 폴리펩티드 결합의 가수분해를 촉진시키는 효소 키모트립신(enzyme chymotrypsin, MW = 25,000 Dalton)의 개략도이다. 대부분 효소의 활성 촉매점(active catalytic sites)은 접힌 부분(fold) 또는 고리부분(loops)이 상호작용하는 곳에서 발견된다. 키모트립신에 대한 촉매 사이트는 그림 9-4에 있는 아미노산 번호 57, 102, 그리고 195으로 표시되어 있다. 대부분의 촉매 능력은 효소와 기질의 결합 에너지(binding energy)로부터 나오는데, 결합은 효소의 특정 기능성 그룹(아미노산 사슬, 금속이온)과의 다중결합(multiple bond)을 통해서 이루어진다. 효소-기질 복합체를 안정시키는 상호작용의 유형에는 수소 결합과 소수성, 이온성, London van der Waals 힘이 포함된다. 만약 효소가 극한의 온도나 pH환경(즉 높거나 낮

고리(loop) 및 접힌 부분(fold)을 보여주는 개략도

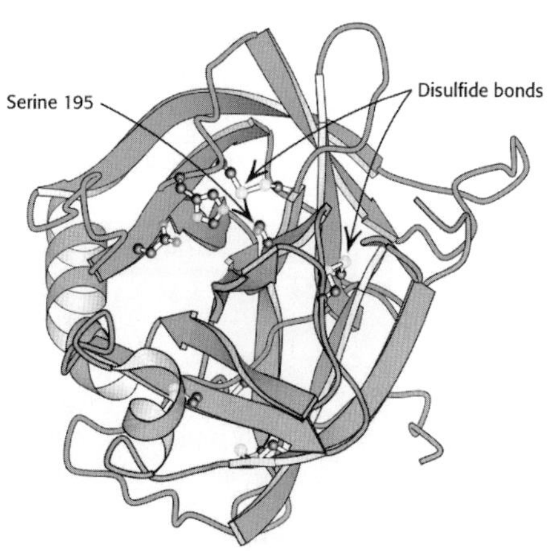

그림 9-4 효소 키모트립신. *Biochemistry*, 7th ed., 2010 by Lubert Stryer, p. 258. Used with permission of W. H. Freeman and Company.

8. M. L. Shuler and F. Kargi, *Bioprocess Engineering Basic Concepts*, 2nd ed. (Upper Saddle River, NJ: Prentice Hall, 2002).

은 pH 값)에 노출된다면, 효소가 펼쳐지면서 활성점은 상실될 수 있다. 이 경우 효소가 **변성**(denatured)되었다고 한다(그림 9-8과 문제 P9-13$_B$ 참조).

효소-기질 상호작용에 관한 두 가지 모델이 있다. 즉 **자물쇠와 열쇠 모델**(lock-and-key model)과 **유도적합 모델**(induced fit model)이며 그림 9-5에 두 모델을 나타내었다. 오랫동안 자물쇠와 열쇠 모델은 한 기질에서 한 효소 행동의 입체 특이성 효과(the stereospecific effects) 때문에 선호되었다. 하지만 유도적합 모델은 더욱 유용한 모델이다. 유도적합 모델에서는 효소 분자와 기질 분자 모두 형태가 일그러진다. 이러한 입체형태의 변화는 하나 또는 그 이상의 기질 결합(substrate bonds)을 변형시키고, 결국에는 그 결합에게 스트레스를 주고 약하게 만들어 분자를 재배열 또는 부착되기 쉽게 만든다.

6가지 종류의 효소가 있고 6가지 반응만 존재한다.

1. 산화환원효소(oxidoreductases) $AH_2 + B + \mathbf{E} \rightarrow A + BH_2 + \mathbf{E}$
2. 전달효소(transferases) $AB + C + \mathbf{E} \rightarrow AC + B + \mathbf{E}$
3. 가수분해효소(hydrolases) $AB + H_2O + \mathbf{E} \rightarrow AH + BOH + \mathbf{E}$
4. 이성질화효소(isomerases) $A + \mathbf{E} \rightarrow isoA + \mathbf{E}$
5. 리아제(lyases) $AB + \mathbf{E} \rightarrow A + B + \mathbf{E}$
6. 합성효소(ligases) $A + B + \mathbf{E} \rightarrow AB + \mathbf{E}$

다음 두 웹사이트에서 효소에 대한 더 많은 정보를 찾을 수 있다: *http://us.expasy.org/enzyme/* 그리고 *www.chem.qmw.ac.uk/iubmb/enzyme*. 위 사이트에서는 또한 일반적인 효소

효소-기질 복합체에 대한 두 가지 모델

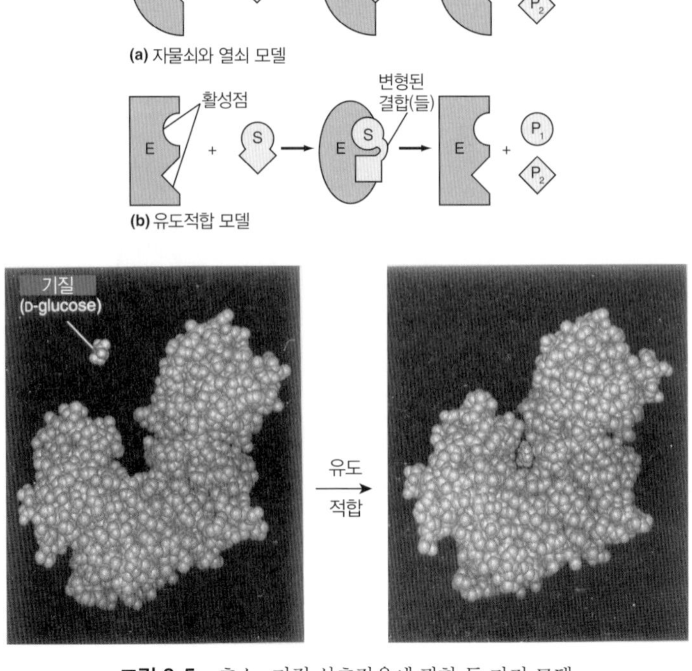

그림 9-5 효소-기질 상호작용에 관한 두 가지 모델

반응에 대한 정보를 제공한다.

9.2.2 메커니즘

효소반응속도론의 기본 원리의 일부를 개발하는 데 있어서, 인공신장의 크기를 줄이기 위한 연구의 일환으로 레바인(Levine)과 라쿠르스(LaCourse)가 제안한 효소반응을 논의하고자 한다[9]. 환자가 착용할 수 있고, 요산(uric acid)과 크레아티닌(creatinine)과 같은 신체의 질소폐기물을 제거할 수 있는 교체 가능한 인공신장 시작품(a prototype of an artificial kidney)을 만드는 것이 목적이다. CRE 웹사이트에서 이 장치의 개요를 볼 수 있다(*http://www.umich.edu/~elements/5e/09chap/summary.html#sec2*). 레바인과 라쿠르스가 제안한 마이크로캡슐화 장치에서는 효소 우레아제는 혈액흐름으로부터 요소를 제거하는 데 이용될 수 있다. 여기서 우레아제(urease)의 촉매작용으로 요소(urea)가 암모니아와 이산화탄소로 분해된다. 이 반응의 반응 메커니즘은 다음과 같은 일련의 기초반응들로 진행되는 것으로 여겨진다.

1. 효소 우레아제(E)는 기질 요소(S)와 반응하여 효소-기질 복합체(E · S)를 생성한다:

반응 메커니즘

$$\mathrm{NH_2CONH_2 + Urease \xrightarrow{k_1} [NH_2CONH_2 \cdot Urease]^*} \quad (9\text{-}13)$$

2. 이 복합체(E · S)는 요소(S)와 우레아제(E)로 다시 분해할 수 있다:

$$\mathrm{S + E \rightleftarrows E \cdot S \xrightarrow{+H_2O} P + E}$$

$$\mathrm{[NH_2CONH_2 \cdot Urease]^* \xrightarrow{k_2} Urease + NH_2CONH_2} \quad (9\text{-}14)$$

3. 또는 복합체가 물(W)과 반응하여 생산물(P)인 암모니아와 이산화탄소, 그리고 효소 우레아제(E)를 회수한다:

$$\mathrm{[NH_2CONH_2 \cdot Urease]^* + H_2O \xrightarrow{k_3} 2NH_3 + CO_2 + Urease} \quad (9\text{-}15)$$

전체 반응식은 기호를 사용하여 다음과 같이 쓸 수 있다.

$$\mathrm{S + E \rightleftarrows E \cdot S \xrightarrow{+H_2O} P + E}$$

용액에 들어간 효소 중의 일부는 요소와 결합하며, 일부는 결합하지 않는다는 것을 안다. 비록 효소의 전체 농도(E_t)는 쉽게 측정할 수 있지만, 유리 효소(free enzyme)의 농도(E)나 결합 효소(bound enzyme)의 농도(E · S)를 측정하기란 쉽지 않다.

E, S, W, E · S 및 P는 각각 효소, 기질, 물, 효소-기질 복합체, 반응생산물을 나타낸다고 하면, 식 (9-13), (9-14) 그리고 (9-15)는 다음과 같이 기호로써 나타낼 수 있다.

$$\mathrm{S + E \xrightarrow{k_1} E \cdot S} \quad (9\text{-}16)$$

$$\mathrm{E \cdot S \xrightarrow{k_2} E + S} \quad (9\text{-}17)$$

$$\mathrm{E \cdot S + W \xrightarrow{k_3} P + E} \quad (9\text{-}18)$$

9. N. Levine and W. C. LaCourse, J. *Biomed. Mater. Res.*, 1, 275.

여기서 $P = 2NH_3 + CO_2$이다.

반응 (9-16), (9-17), (9-18)에 상응하는 속도식은 다음과 같다.

$$r_{1E \cdot S} = k_1(E)(S) \tag{9-16A}$$

$$r_{2E \cdot S} = -k_2(E \cdot S) \tag{9-17A}$$

$$r_{3E \cdot S} = -k_3(E \cdot S)(W) \tag{9-18A}$$

여기서 모든 비반응속도는 (E · S)에 대해서 정의된다. 생산물의 순생성속도 r_P는 다음과 같다.

$$\boxed{r_P = k_3(W)(E \cdot S)} \tag{9-19}$$

전체 반응은 다음과 같다.

$$E + S \longrightarrow P + E$$

우리는 요소 기질의 소멸속도가 생성물 CO_2의 생성속도와 같다는 것을 안다. 즉, $-r_S = r_P$.

효소-기질 복합체(E · S)의 농도를 측정할 수 없으므로 이 속도식 (9-19)는 반응공학 계산에 많이 쓰이지 않는다. 측정할 수 있는 변수의 항으로 (E · S)를 표현하기 위해 PSSH를 이용한다.

효소-기질 복합체 생성의 순생성속도(net rate of formation of the enzyme–substrate complex)는 다음과 같다.

$$r_{E \cdot S} = r_{1E \cdot S} + r_{2E \cdot S} + r_{3E \cdot S}$$

속도식을 대입하여, 다음과 같은 식을 얻을 수 있다.

$$r_{E \cdot S} = k_1(E)(S) - k_2(E \cdot S) - k_3(W)(E \cdot S) \tag{9-20}$$

PSSH($r_{E \cdot S} = 0$)를 이용하여 (E · S)에 대하여 식 (9-20)을 푼다.

$$\boxed{(E \cdot S) = \frac{k_1(E)(S)}{k_2 + k_3(W)}} \tag{9-21}$$

그리고 (E · S)를 식 (9-19)에 대입한다.

$$-r_S = r_P = \frac{k_1 k_3(E)(S)(W)}{k_2 + k_3(W)} \tag{9-22}$$

속도식에서 유리 효소(E)를 대체시켜야 한다.

여전히 유리 효소의 농도(E)를 측정할 수 없기 때문에, 이 속도식을 사용할 수 없다. 그러나 전체 효소 농도(E_t)는 측정할 수 있다.

변성된 효소가 없다면, 계 내의 전체 효소 농도(E_t)는 일정하며, 유리 효소 E의 농도와 효소-기질 복합체 E · S의 농도를 합한 것과 같다.

전체 효소 농도 = 결합(bound) 효소 농도 + 유리(free) 효소 농도

$$(E_t) = (E) + (E \cdot S) \tag{9-23}$$

(E · S)에 대입시키고,

$$(E_t) = (E) + \frac{k_1(E)(S)}{k_2 + k_3(W)}$$

(E)에 대해 풀면 다음 식이 얻어진다.

$$(E) = \frac{(E_t)(k_2 + k_3(W))}{k_2 + k_3(W) + k_1(S)}$$

식 (9-22)에 (E)를 대입하면, 기질 소모량에 관한 속도식(rate law for substrate consumption)은 다음과 같다.

$$\boxed{-r_S = \frac{k_1 k_3(W)(E_t)(S)}{k_1(S) + k_2 + k_3(W)}} \tag{9-24}$$

참고: 이후의 본문에서, $E_t \equiv (E_t)$ = 효소의 전체 농도로서 ($kmol/m^3$) 또는 (g/dm^3)의 단위를 갖는다.

9.2.3 마이켈리스-멘텐 식(Michaelis-Menten Equation)

요소와 우레아제의 반응은 수용액 내에서 진행되기 때문에, 당연히 물은 과량으로 존재하므로 물의 농도는 일정하다고 간주할 수 있다. 다음과 같이 정의하자.

$$k_{cat} = k_3(W) \quad 그리고 \quad K_M = \frac{k_{cat} + k_2}{k_1}$$

식 (9-24)의 분자와 분모를 모두 k_1으로 나누면 다음과 같은 마이켈리스-멘텐 식의 유형이 얻어진다.

속도식 결과

$$-r_S = \frac{k_{cat}(E_t)(S)}{(S) + K_M} \tag{9-25}$$

회전수 k_{cat}

변수 $\boldsymbol{k_{cat}}$는 **회전수**(the turnover number)를 나타낸다. 이는 효소가 기질에 의해 포화되었을 때 하나의 효소 분자(single-enzyme molecule) 상에서 주어진 시간에 생산물로 변하는 기질 분자의 수이다(즉, 단일 효소의 모든 활성점은 점령된다, $(S) \gg K_M$). 예를 들면 효소 카탈라제(catalase)에 의해 과산화수소(H_2O_2)가 분해되는 회전수는 40×10^6 s^{-1}이다. 이는 H_2O_2의 4천만 분자들이 매초 H_2O_2로 포화된 하나의 효소에 의해서 분해되는 것이다. 상수 K_M(mol/dm^3)은 **마이켈리스 상수**(Michaelis constant)라 하고, 단순한 시스템에서는 기질에 대한 효소의 끌어당기는 힘의 척도이다. 또한 이것은 친밀성 상수(the affinity constant)라고 불리기도 한다. 앞에서 논의됐던 H_2O_2 분해에 대한 마이켈리스 상수(K_M)는 키모트립신이 0.1 M인 것에 반해 1.1 M이다[10].

마이켈리스 상수 K_M

10. D. L. Nelson and M. M. Cox, *Lehninger Principles of Biochemistry*, 3rd ed. (New York: Worth Publishers, 2000).

전체 효소 농도에 대해 V_{max}를 최고 반응속도로 한다면,

$$V_{max} = k_{cat}(E_t)$$

마이켈리스-멘텐 식은 다음과 같은 익숙한 유형이 된다.

마이켈리스-멘텐 식

$$\boxed{-r_S = \frac{V_{max}(S)}{K_M + (S)}} \tag{9-26}$$

하나의 주어진 효소 농도에 대해서, 기질의 소멸속도를 기질 농도의 함수로 나타낸 개략도를 그림 9-6에 나타내었다.

마이켈리스-멘텐 그래프

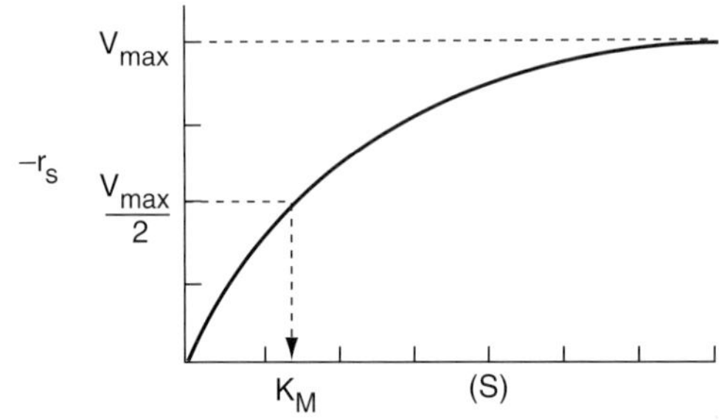

그림 9-6 파라미터 V_{max}와 K_M를 구하기 위한 마이켈리스-멘텐 플롯

이 형태의 플롯을 마이켈리스-멘텐 플롯이라고 한다. 기질의 농도가 낮을 때는($K_M \gg (S)$)

$$-r_S \cong \frac{V_{max}(S)}{K_M}$$

이 반응은 기질 농도에 관하여 겉보기 1차이다. 기질의 농도가 높을 때는

$$(S) \gg K_M$$

이 반응은 겉보기 0차이다.

마이켈리스 상수의 해석

$$-r_S \cong V_{max}$$

K_M은 무엇을 의미하는가? 반응속도가 최대 반응속도의 반이 되는 그러한 기질 농도의 경우를 고려하면,

$$-r_S = \frac{V_{max}}{2}$$

따라서

$$\frac{V_{max}}{2} = \frac{V_{max}(S_{1/2})}{K_M + (S_{1/2})} \tag{9-27}$$

식 (9-27)을 마이켈리스 상수에 관해서 풀면 다음과 같다.

$$\boxed{K_M = (S_{1/2})} \tag{9-28}$$

$K_M = (S_{1/2})$

마이켈리스 상수는 반응속도가 최대속도의 반(즉, $-r_A = V_{max}/2$)이 되는 때의 기질 농도와 같다. K_M의 값이 크면 클수록 반응속도가 최대속도의 반이 되는 데 필요한 기질의 농도가 높아진다.

파라미터 V_{max}와 K_M은 마이켈리스-멘텐 속도론적으로 해석되는 효소반응을 특징짓는다. V_{max}는 전체 효소 농도의 영향을 받지만, K_M은 영향을 받지 않는다.

두 효소는 같은 k_{cat} 값을 가질 수 있지만 K_M 값이 다르기 때문에 다른 반응속도를 가진다. 서로 다른 효소의 촉매 효과(catalytic efficiency)를 비교하는 한 가지 방법은 k_{cat}/K_M 비를 비교하는 것이다. 이 비가 10^8~10^9(dm^3/mol/s)에 가까울수록 반응속도는 확산율속(diffusion-limited)에 가깝다. 이런 경우에는, 효소와 기질이 유체 내에서 확산하면서 서로를 찾는 데 시간이 오래 걸리지만, 일단 찾으면 이들은 즉시 반응한다. 제14장과 제15장에서 확산율속반응(diffusion-limited reactions)에 대해 논의할 것이다.

예제 9-2 마이켈리스-멘텐 파라미터 V_{max}와 K_M의 계산

다음 반응에 대해서 마이켈리스-멘텐 파라미터 V_{max}와 K_M을 구하여라.

$$\text{요소} + \text{우레아제} \underset{k_2}{\overset{k_1}{\rightleftarrows}} [\text{요소} \cdot \text{우레아제}]^* \xrightarrow[+H_2O]{k_3} 2NH_3 + CO_2 + \text{우레아제}$$

$$S + E \rightleftarrows E \cdot S \xrightarrow{+H_2O} P + E$$

반응속도는 표 E9-2.1에 요소 농도의 함수로 주어졌으며, 여기서 $(S) \equiv C_{urea}$이다.

표 E9-2.1 속도 자료

C_{urea} (kmol/m^3)	0.2	0.02	0.01	0.005	0.002
$-r_{urea}$ (kmol/m$^3 \cdot$s)	1.08	0.55	0.38	0.2	0.09

(a) 반응에 대한 Michaelis-Menten 파라미터 V_{max}와 K_M를 구하여라.
(b) Lineweaver-Burk 플롯 이외에 Hanes-Woolf와 Eadie-Hofstee 플롯을 그리고 각각의 플롯 유형의 특징을 논의하여라.
(c) 비선형회귀를 이용하여 V_{max}와 K_M를 구하여라.

풀이

Part (a)

식 (9-26)을 역으로 표현하면 라인위버-버크 식(Lineweaver-Burk equation)을 얻을 수 있다.

$$\frac{1}{-r_s} = \frac{(S) + K_M}{V_{max}(S)} = \frac{1}{V_{max}} + \frac{K_M}{V_{max}} \frac{1}{(S)} \tag{E9-2.1}$$

라인위버-버크 식

또는

$$\frac{1}{-r_{\text{urea}}} = \frac{1}{V_{\max}} + \frac{K_M}{V_{\max}}\left(\frac{1}{C_{\text{urea}}}\right) \tag{E9-2.2}$$

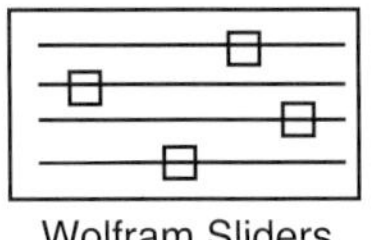

반응속도의 역수를 요소 농도의 역수에 대하여 플롯하면 절편이 $(1/V_{\max})$이고, 기울기가 $(K_M/V_{\max})$인 직선이 된다. 이 형태의 플롯을 **라인위버-버크 플롯**이라 한다. 표 E9-2.2를 이용해서 두 개의 그래프를 그려 보자. 식 (9-26)을 이용하여 $-r_{\text{urea}}$를 C_{urea}의 함수로 그린 그래프를 **마이켈리스-멘텐 플롯**이라 하고 그림 E9-2.1(a)에 나타내었다. $(1/-r_{\text{urea}})$를 $(1/C_{\text{urea}})$의 함수로 그린 그래프를 **라인위버-버크 플롯**이라 하고 그림 E9-2.1(b)에 나타내었다.

표 E9-2.2 실험 자료와 처리된 자료

C_{urea} (kmol/m^3)	$-r_{\text{urea}}$ $(\text{kmol/m}^3\cdot\text{s})$	$1/C_{\text{urea}}$ (m^3/kmol)	$1/-r_{\text{urea}}$ $(\text{m}^3\cdot\text{s/kmol})$
0.20	1.08	5.0	0.93
0.02	0.55	50.0	1.82
0.01	0.38	100.0	2.63
0.005	0.20	200.0	5.00
0.002	0.09	500.0	11.11

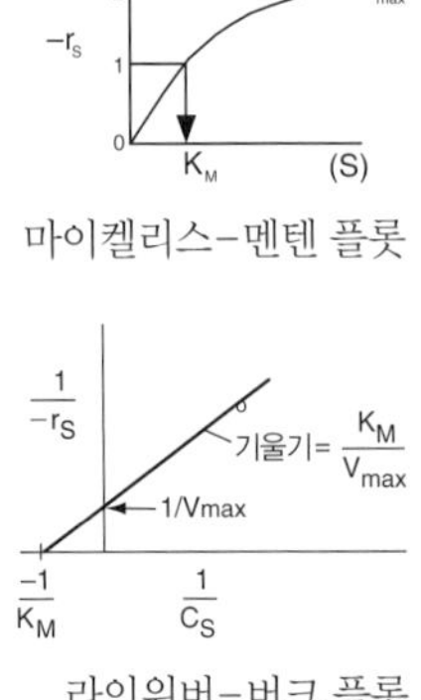

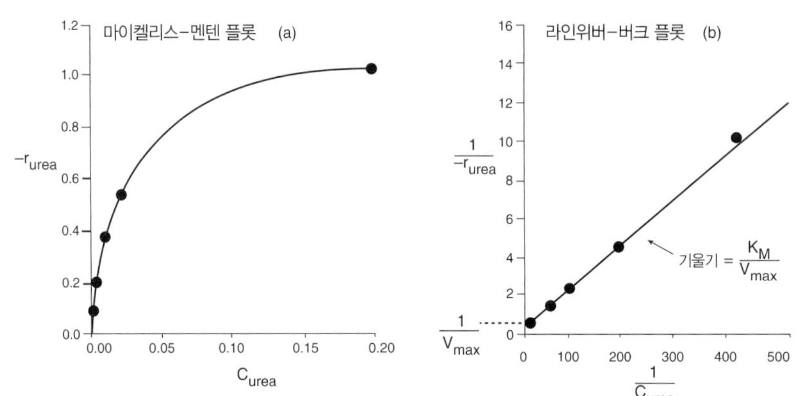

그림 E9-2.1 (a) 마이켈리스-멘텐 플롯; (b) 라인위버-버크 플롯

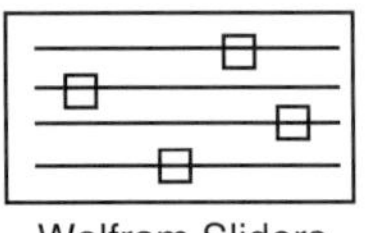

그림 E9-2.1(b)의 절편이 0.75이므로

$$\frac{1}{V_{\max}} = 0.75\ \text{m}^3\cdot\text{s/kmol}$$

따라서 반응 최대속도는 다음과 같다.

$$V_{\max} = 1.33\ \text{kmol/m}^3\cdot\text{s} = 1.33\ \text{mol/dm}^3\cdot\text{s}$$

기울기가 0.02 s이므로, 이로부터 마이켈리스 상수 K_M를 계산할 수 있다.

효소반응에서 두 가지 중요한 속도식 파라미터는 V_{max}와 K_M이다.

$$\frac{K_M}{V_{max}} = \text{slope} = 0.02 \text{ s}$$

K_M에 대해서 풀면: $K_M = 0.0266 \text{ kmol/m}^3$

K_M과 V_{max}를 식 (9-26)에 대입하면 다음과 같다.

$$-r_{urea} = \frac{1.33C_{urea}}{0.0266 + C_{urea}} \tag{E9-2.3}$$

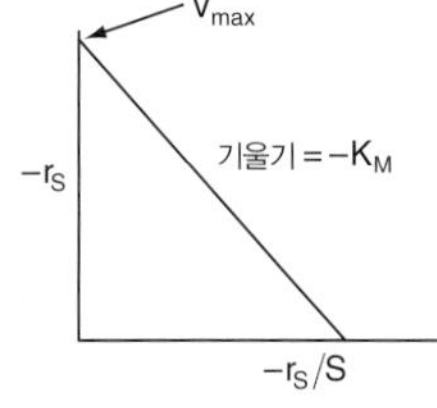

이디-호프스티 플롯

여기서 C_{urea}는 (kmol/m³)의 단위, $-r_{urea}$는 (kmol/m³·s)의 단위를 가진다. 레바인(Levine)과 라쿠르스(LaCourse)는 위의 V_{max} 값에 상응하는 우레아제의 전체 농도(E_t)는 약 5 g/dm³이라고 제시하였다.

Part (b)

라인위버–버크 플롯뿐만 아니라, 헤인즈–울프 플롯(Hanes-Woolf plot) 또는 이디–호프스티 플롯(Eadie-Hofstee plot)을 사용할 수도 있다. 여기서 $S \equiv C_{urea}$, 그리고 $-r_S \equiv -r_{urea}$.

$$-r_S = \frac{V_{max}(S)}{K_M + (S)} \tag{9-26}$$

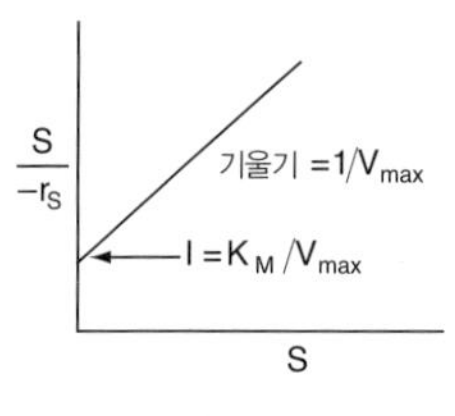

헤인즈–울프 플롯

식 (9-26)은 다음과 같은 형식으로 재배열할 수 있다. 이디–호프스티 형식으로

$$-r_S = V_{max} - K_M\left(\frac{-r_S}{(S)}\right) \tag{E9-2.4}$$

헤인즈–울프 형식에 대하여, 식 (9-26)을 다음과 같이 재배열할 수 있다.

$$\frac{(S)}{-r_S} = \frac{K_M}{V_{max}} + \frac{1}{V_{max}}(S) \tag{E9-2.5}$$

이디–호프스티 모델에 대해서 $-r_S$를 $[-r_S/(S)]$의 함수로 그래프를 그리고, 헤인즈–울프 모델에 대해서는 $[(S)/-r_S]$를 (S)의 함수로 그래프를 그린다.

언제 어떤 모델을 사용하는가? 헤인즈–울프 플롯에서는 보다 정확한 V_{max} 값을 구할 수 있는 반면, 이디–호프스티 플롯은 낮은 기질 농도에서의 점들을 한쪽으로 편향되게 하지 않는다. 이들 플롯($C_{urea} \equiv S$)을 만들기 위해 표 E9-2.1에 두 칼럼들을 추가시켜 표 E9-2.3에 나타내었다.

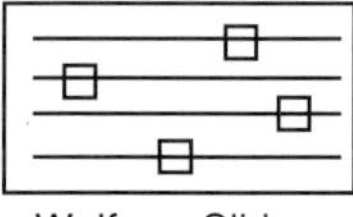
Wolfram Sliders

표 E9-2.3 실험 자료와 처리된 자료

S (kmol/m³)	$-r_S$ (kmol/m³ · s)	$1/S$ (m³/kmol)	$1/-r_S$ (m³ · s/kmol)	$S/-r_S$ (s)	$-r_S/S$ (1/s)
0.20	1.08	5.0	0.93	0.185	5.4
0.02	0.55	50.0	1.82	0.0364	27.5
0.01	0.38	100.0	2.63	0.0263	38
0.005	0.20	200.0	5.00	0.0250	40
0.002	0.09	500.0	11.11	0.0222	45

그림 E9-2.2의 헤인즈–울프 플롯의 기울기(즉, $(1/V_{max}) = 0.826\ s{\cdot}m^3/kmol$)로부터 $V_{max} = 1.2\ kmol/m^3{\cdot}s$이고 절편 $K_M/V_{max} = 0.02\ s$로부터 $K_M = 0.024\ kmol/m^3$을 얻는다.

$$\frac{(S)}{-r_S} = \frac{K_M}{V_{max}} + \frac{1}{V_{max}}(S)$$

헤인즈–울프 플롯

그림 E9-2.2 헤인즈–울프 플롯

다음으로 표 E9-2.3의 자료로부터 이디–호프스티 플롯을 만든다. 그림 E9-2.3의 이디–호프스티 플롯의 기울기(−0.0244 $kmol/m^3$)로부터 $K_M = 0.024\ kmol/m^3$을 얻는다. 다음은 $-r_S = 0$의 절편, 즉 $V_{max}/K_M = 50\ s^{-1}$으로부터 $V_{max} = 1.22\ kmol/m^3{\cdot}s$를 계산할 수 있다.

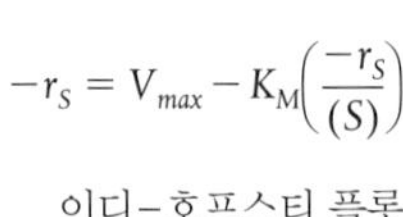

$$-r_S = V_{max} - K_M\left(\frac{-r_S}{(S)}\right)$$

이디–호프스티 플롯

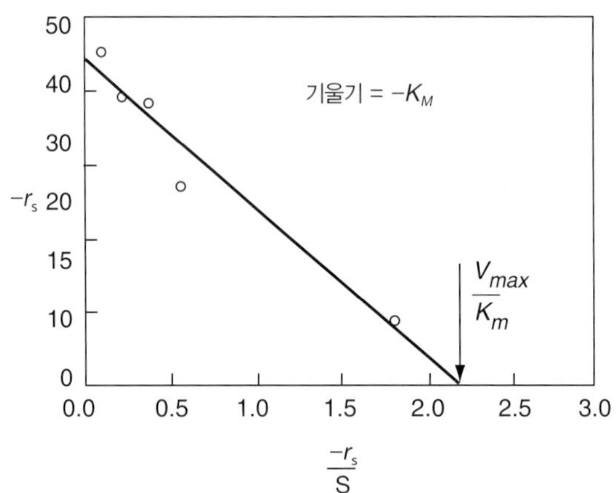

그림 E9-2.3 이디–호프스티 플롯

Part (c) 회귀(Regression)

V_{max}와 K_M를 구하기 위하여 Polymath 회귀 프로그램에서 식 (9-26)과 표 E9-2.2를 사용하였으며 결과를 표 E9-2.4에 나타내었다.

표 E9-2.4 회귀 결과

Nonlinear regression (L-M)

Model: rate = Vmax*Curea/(Km+Curea)

Variable	Ini guess	Value	95% confidence
Vmax	1	1.2057502	0.0598303
Km	0.02	0.0233322	0.003295

Nonlinear regression settings
Max # iterations = 64

V_{max} = 1.2 mol/dm^3 · s
K_M = 0.0233 mol/dm^3

Precision

R^2	= 0.9990611
R^2adj	= 0.9987481
Rmsd	= 0.0047604
Variance	= 1.888E-04

이 값들은 그래프를 이용해 얻은 V_{max}와 K_M 값들과 실험오차 내에 있다.

분석: 이 예제는 효소반응 자료로부터 마이켈리스-멘텐 속도식의 V_{max}와 K_M을 어떻게 구하는지를 보여주었다. 라인위버-버크 플롯과 비선형 회귀라는 두 가지 기법이 사용된다. 또한 헤인즈-울프 플롯과 이디-호프스티 플롯을 이용하여 어떻게 분석하는지를 보여주었다.

생산물-효소 복합체(Product-Enzyme Complex)

많은 반응에서 효소와 생산물 복합체(E · P)들은 다음 연속진행을 따르는 효소-기질 복합체로부터 직접적으로 형성된다.

$$E + S \rightleftarrows E \cdot S \rightleftarrows P \cdot E \rightleftarrows P + E$$

PSSH를 적용하면, 다음 식을 얻을 수 있다.

브리그스-홀데인 속도식

$$-r_S = \frac{V_{max}(C_S - C_P/K_C)}{C_S + K_{max} + K_P C_P} \tag{9-29}$$

이는 종종 브리그스-홀데인 식(문제 P9-8$_B$(**a**) 참고)이라 하고, 효소반응속도식에 PSSH 적용은 종종 브리그스-홀데인 근사법(Briggs-Haldane approximation)이라 불린다.

9.2.4 효소반응에 대한 회분식반응기 계산

회분식반응기에서 요소(urea)에 관한 몰수지는 다음과 같다.

몰수지

$$-\frac{dN_{urea}}{dt} = -r_{urea}V$$

반응은 액상반응이므로($V = V_0$), 몰수지는 다음 형태로 둘 수 있다.

$$-\frac{dC_{urea}}{dt} = -r_{urea} \tag{9-30}$$

요소분해에 대한 속도식은 다음과 같다.

속도식

$$-r_{\text{urea}} = \frac{V_{\max} C_{\text{urea}}}{K_M + C_{\text{urea}}} \tag{9-31}$$

식 (9-31)을 식 (9-30)에 대입하여 정리한 다음 적분하면, 다음을 얻을 수 있다.

결합

$$t = \int_{C_{\text{urea}}}^{C_{\text{urea0}}} \frac{dC_{\text{urea}}}{-r_{\text{urea}}} = \int_{C_{\text{urea}}}^{C_{\text{urea0}}} \frac{K_M + C_{\text{urea}}}{V_{\max} C_{\text{urea}}} dC_{\text{urea}}$$

적분

$$\boxed{t = \frac{K_M}{V_{\max}} \ln \frac{C_{\text{urea0}}}{C_{\text{urea}}} + \frac{C_{\text{urea0}} - C_{\text{urea}}}{V_{\max}}} \tag{9-32}$$

식 (9-32)를 전화율의 항으로 나타낼 수 있다.

$$C_{\text{urea}} = C_{\text{urea0}}(1 - X)$$

회분식 효소반응에서 전화율 X를 얻는 데 소요되는 시간

$$\boxed{t = \frac{K_M}{V_{\max}} \ln \frac{1}{1-X} + \frac{C_{\text{urea0}} X}{V_{\max}}} \tag{9-32a}$$

파라미터 K_M과 V_{max}는 적분해석법을 사용하여 회분식반응기 자료에서 쉽게 구할 수 있다. 여기서는, 그림 7-1, 7-2 및 7-3에서와 같이, 자료의 선형 플롯을 얻을 수 있도록 방정식을 배열하고자 한다. $S = C_{urea}$와 $S_0 = C_{urea0}$로 놓으면 식 (9-32)를 다음 형태로 바꿀 수 있다.

$$\boxed{\frac{1}{t} \ln \frac{S_0}{S} = \frac{V_{\max}}{K_M} - \frac{S_0 - S}{K_M t}} \tag{9-33}$$

기질 농도의 항으로 표현한 해당 플롯을 그림 9-7에 나타내었다.

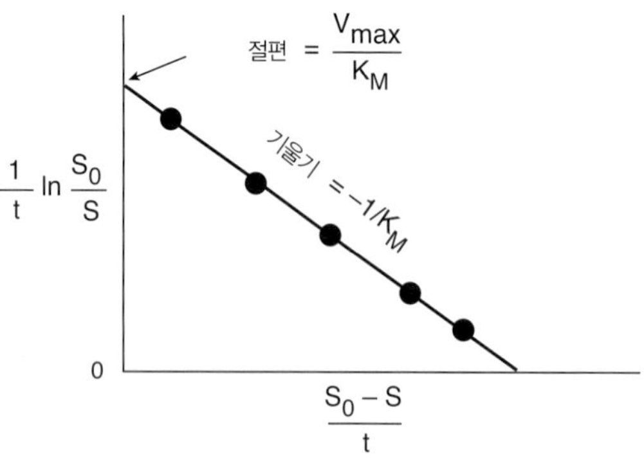

그림 9-7 회분식반응기 자료로부터 V_{max}와 K_M을 구하는 법

식 (9-33)으로부터 $\left[\frac{S_0 - S}{t}\right]$의 함수로서 $\left[\frac{1}{t}\ln\frac{S_0}{S}\right]$의 플롯의 기울기가 $\left(-\frac{1}{K_m}\right)$이고 y절편이 $\left(\frac{V_{\max}}{K_m}\right)$이 되는 것을 볼 수 있다. 혼동의 가능성이 없는 식 (9-33)과 유사한 경우, 농도를 나타내기 위해서 기질이나 다른 화합물을 괄호 안에 넣는 것을 꺼려서는 안 된다[즉, $C_S \equiv (S) \equiv S$].

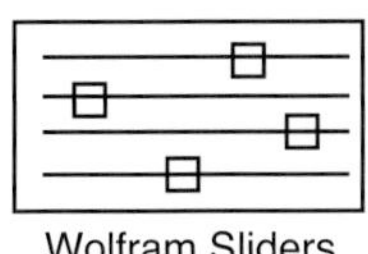

예제 9-3 회분식 효소반응기

0.5 dm^3의 회분식반응기에서 요소 99%를 암모니아와 이산화탄소로 전환시키는 데 필요한 시간을 계산하여라. 요소의 초기 농도는 0.1 mol/dm^3이며, 우레아제의 농도는 0.001 g/dm^3이다. 반응은 표 E9-2.2의 자료가 얻어진 동일한 온도에서 등온으로 진행된다.

풀이

식 (9-32)를 사용할 수 있다.

$$t = \frac{K_M}{V_{max}} \ln\frac{1}{1-X} + \frac{C_{urea0}X}{V_{max}} \tag{9-32}$$

표 E9-2.3으로부터 $K_M = 0.0233$ mol/dm^3 그리고 V_{max}는 1.2 mol/$dm^3 \cdot$s이다. $X = 0.99$, $C_{urea0} = 0.1$ mol/dm^3(0.1 kmol/m^3). 그러나 예제 9-2에서의 효소 농도 5 g/dm^3와 비교해서, 회분식반응기에서의 조건으로는 효소 농도가 겨우 0.001 g/dm^3이다. $V_{max} = E_t \cdot k_3$이므로, 두 번째 효소 농도에 대한 V_{max}는 다음과 같다.

$$V_{max2} = \frac{E_{t2}}{E_{t1}} V_{max1} = \frac{0.001}{5} \times 1.2 = 2.4 \times 10^{-4}\ \text{mol/s} \cdot \text{dm}^3$$

$$K_M = 0.0233\ \text{mol/dm}^3 \text{ 그리고 } X = 0.99$$

식 (9-32)에 대입하면 전화율 99%를 얻는 데 필요한 시간은 다음과 같다.

$$t = \frac{2.33 \times 10^{-2}\ \text{mol/dm}^3}{2.4 \times 10^{-4}\ \text{mol/dm}^3/\text{s}} \ln\left(\frac{1}{0.01}\right) + \frac{(0.1\ \text{mol/dm}^3)(0.99)}{2.4 \times 10^{-4}\ \text{mol/dm}^3/\text{s}}$$

$$= 447\ \text{s} + 412\ \text{s}$$

$$= 859\ \text{s} \quad (14.325\ \text{min})$$

분석: 이 예제는 회분식반응기에서 마이켈리스–멘텐 속도식을 따르는 효소반응에 대해 특정한 전화율 X에 도달하는 시간을 제5장에서처럼 간단하게 계산하는 것을 보여준다. 이 회분식 반응에서의 반응시간은 매우 짧다; 결과적으로, 연속흐름반응기가 이 반응에 더 적합할 것이다.

온도의 영향

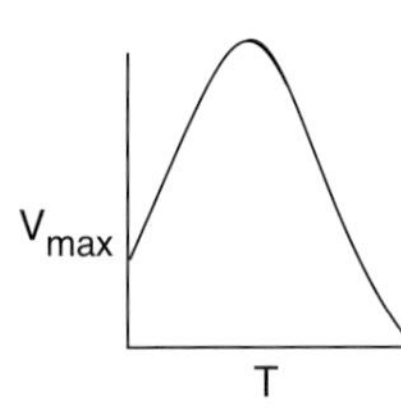

효소반응에서의 온도의 영향은 매우 복잡하다. 만약 효소 구조(enzyme structure)가 온도가 상승할 때 바뀌지 않고 남아 있다면, 아마도 그 속도는 아레니우스 온도의존성을 따를 것이다. 그러나 온도가 상승할 때, 효소는 펼쳐지거나(unfold) 또는 변성(denatured)되거나 촉매 활성을 상실하게 될 수 있다. 결과적으로 온도가 상승할 때, 반응속도($-r_S$)는 최대값까지 증가하고 그때 온도가 더욱더 증가함에 따라 감소하게 된다. 이 곡선이 하강하는 구간을 **온도 비활성화**(temperature inactivation) 또는 **온도 변성**(thermal denaturizing)이라 한다[11]. 그림 9-8은 효소 활성에 있어서 최적을 보여준다[12].

---

11. M. L. Shuler and F. Kargi, *Bioprocess Engineering Basic Concepts*, 2nd ed. (Upper Saddle River, NJ: Prentice Hall, 2002), p. 77.
12. S. Aiba, A. E. Humphrey, and N. F. Millis, *Biochemical Engineering* (New York: Academic Press, 1973), p. 47.

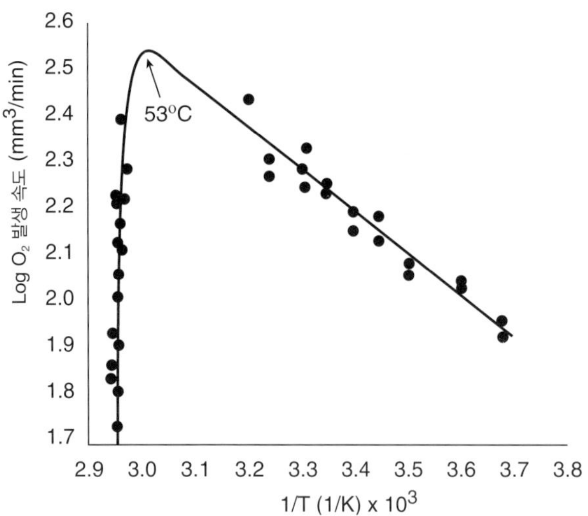

그림 9-8 온도에 따른 H_2O_2의 활성파괴 속도. Courtesy of S. Aiba, A. E. Humphrey, and N. F. Millis, *Biochemical Engineering*, Academic Press (1973).

9.3 효소반응의 저해(Inhibition of Enzyme Reactions)

온도와 용액의 pH 외에 효소 촉매화 반응속도에 큰 영향을 주는 또 다른 인자는 저해제(inhibitor)의 존재이다. 저해제는 효소와 서로 반응하여 효소가 그것의 특정 반응을 촉진시키는 데 효과가 없게 하는 화합물이다. 효소의 저해에 대한 가장 극적인 것은 생물체에서 발견된다는 것이다. 여기에서 기초적인 신진대사와 관련된 어떤 특정한 효소의 저해는 전체 신진대사를 작동하지 않도록 만들고, 결과적으로 유기체에 심각한 피해를 주거나 죽음에 이르게 한다. 예를 들어 시안화물에 의한 단일효소인 시토크롬 옥시다제(cytochrome oxidase)의 저해작용은 호기성 산화 과정을 멈추게 하고 수분 내에 죽음에 이르게 할 것이다. 또한 백혈병(leukemia)과 다른 종양성(neoplastic) 질병을 치료하는 데 쓰이는 것들과 같이 유익한 저해제들도 있다. 아스피린은 진통-생성 과정(the pain-producing process)에 있어서 프로스타글란딘(prostaglandin) 합성을 촉진하는 효소를 저해한다. DDP-4 효소 저해제인 자누비아(Januvia)는 최근에 전 세계적으로 2.4억 명이 앓고 있는 제2형 당뇨병의 치료제로 승인을 받았다. 문제 $P9\text{-}20_C$를 풀어 보아라. 그리고 TV 광고처럼 "자누비아(Januvia)가 당신에게 맞는지 의사에게 물어봐라".

효소반응에서 일어나는 가역적 저해현상 중 가장 일반적인 세 가지 형태에는 **경쟁**(competitive), **무경쟁**(uncompetitive), **비경쟁**(noncompetitive) 저해가 있다. 효소 분자(enzyme molecule)는 그것들이 활성점(active site)들을 가지고 있다는 점에서 비균일 촉매 표면과 유사하다. **경쟁저해**(competitive inhibition)가 일어날 때, 기질과 저해제는 보통 유사한 분자들인데, 효소 표면의 같은 활성점에 대해 서로 경쟁한다. **무경쟁저해**(uncompetitive inhibition)는 저해제가 효소-기질 복합체를 비활성화시키는데, 때때로 복합체의 기질과 효소 분자 둘 다에 부착함으로써 비활성화시킨다. **비경쟁저해**(noncompetitive inhibition)는 효소가 최소 두 개의 다른 활성점을 가질 때 일어난다. 기질은 오직 한 활성점에 부착되고, 저해제는 다른 곳에 부착되어 효소를 비활성화시킨다.

9.3.1 경쟁저해(Competitive Inhibition)

경쟁저해는 약물속도론(약물치료)에 있어서 특히 중요하다. 만약 환자가 공통 효소, 공동인자(cofactor), 또는 활성 화합물(active species)들과 몸 안에서 동시에 반응하는 두 개 또는 그 이상의 약을 먹었다면, 이 상호작용이 각각의 대사산물(metabolite)을 형성하는 데 있어서 경쟁적인 억제로 이어져서, 심각한 결과를 초래할 수 있다.

경쟁저해에서는, 그림 9-9에서 보여주듯이, 다른 물질(I)은 효소 분자가 저해제-효소 복합체(inhibitor-enzyme complex)를 형성하는 데 기질(substrate)과 경쟁한다. 마이켈리스-멘텐 반응 3단계 외에, 효소가 저해제(I)와 가역적으로 결합하는 반응 4단계와 5단계의 두 가지 첨가된 단계가 있다.

반응 3단계의 생산물 형성에 대한 속도식은 저해제가 없기 전과 같다[식 (9-18A), (9-19) 참조].

$$r_P = k_3\,(\mathrm{E\cdot S}) \tag{9-34}$$

반응단계

$$
\begin{aligned}
&(1)\quad E+S \xrightarrow{k_1} \mathrm{E\cdot S}\\
&(2)\quad \mathrm{E\cdot S} \xrightarrow{k_2} E+S\\
&(3)\quad \mathrm{E\cdot S} \xrightarrow{k_3} P+E\\
&(4)\quad I+E \xrightarrow{k_4} \mathrm{E\cdot I}\ (\text{비활성})\\
&(5)\quad \mathrm{E\cdot I} \xrightarrow{k_5} E+I
\end{aligned}
$$

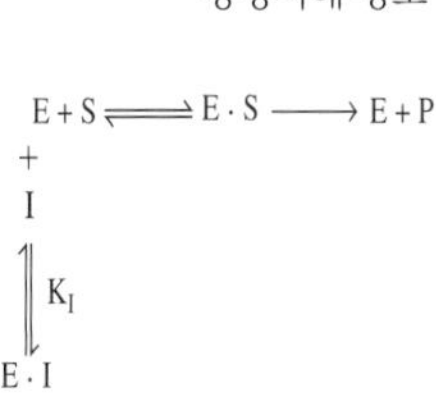

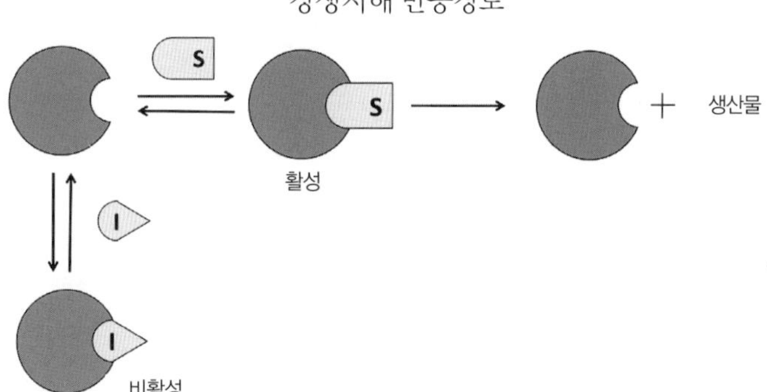

그림 9-9 경쟁저해. 개략도는 2019년 설립된 Jofostan, Lunčo 소재 Jofostan 국립도서관의 허가를 받음. 새 건물은 2022년 가을에 완공 예정.

PSSH를 적용하면 효소-기질 복합체 반응의 순생성속도는 0이다.

$$r_{\mathrm{E\cdot S}} = 0 = k_1\,(\mathrm{E})(\mathrm{S}) - k_2(\mathrm{E\cdot S}) - k_3\,(\mathrm{E\cdot S}) \tag{9-35}$$

저해제-기질 복합체 반응의 순생성속도도 역시 0이다.

$$r_{E \cdot I} = 0 = k_4 (E)(I) - k_5(E \cdot I) \tag{9-36}$$

전체 효소 농도는 결합과 비결합 효소 농도의 합이다.

$$E_t = (E) + (E \cdot S) + (E \cdot I) \tag{9-37}$$

식 (9-35), (9-36), (9-37)을 합하고, (E · S)에 대해 풀어서 식 (9-34)에 대입하고 정리하면 다음과 같다.

경쟁저해 속도식

$$\boxed{r_P = -r_S = \frac{V_{max}(S)}{(S) + K_M\left(1 + \frac{(I)}{K_I}\right)}} \tag{9-38}$$

V_{max}와 K_M은 저해제가 존재하지 않을 때와 동일하다. 즉

$$V_{max} = k_3 E_t \text{ 그리고 } K_M = \frac{k_2 + k_3}{k_1}$$

그리고 저해 상수 K_I(mol/dm^3)는 아래처럼 정의한다.

$$K_I = \frac{k_5}{k_4}$$

$K'_M = K_M(1 + (I)/K_I)$라 놓음으로써, 경쟁저해제 첨가의 효과는 "겉보기(apparent)" 마이켈리스 상수(K'_M)를 증가시키는 것으로 나타난다. "겉보기(apparent)" 마이켈리스 상수(K'_M)가 크면 클수록 기질 분해 속도($-r_S$)가 최대속도의 절반에 도달하기 위해서 큰 기질 농도가 필요하다.

라인위버-버크 플롯을 만들기 위해 식 (9-38)을 재배열하면,

$$\boxed{\frac{1}{-r_s} = \frac{1}{V_{max}} + \frac{1}{(S)}\left[\frac{K_M}{V_{max}}\left(1 + \frac{(I)}{K_I}\right)\right]} \tag{9-39}$$

라인위버-버크 플롯(그림 9-10)으로부터, 절편은 고정되어 있으며, 저해제(I) 농도가 증가함에 따라서 기울기가 증가(즉, 속도 감소)하는 것을 알 수 있다.

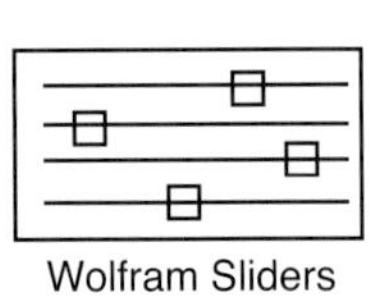

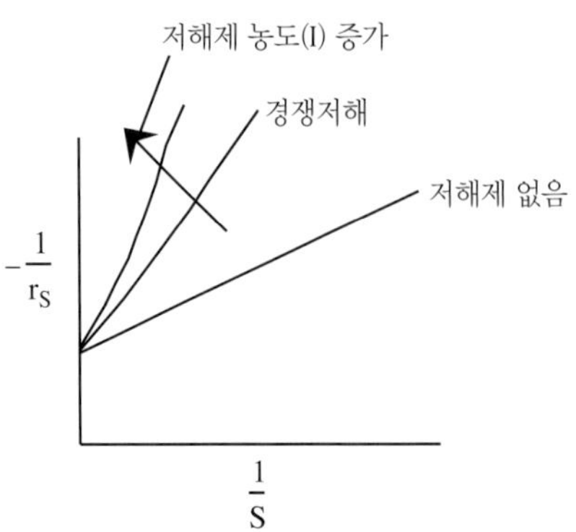

그림 9-10 경쟁저해에 대한 라인위버-버크 플롯(*http://www.umich.edu/~elements/5e/09chap/live.html*)

주석: 메탄올 중독(Methanol Poisoning). 경쟁 기질 저해(competitive substrate inhibition)에 관한 흥미롭고 중요한 예는 에탄올과 메탄올의 존재 하에 효소 알코올 디하이드로게나제(alcohol dehydrogenase, ADH)이다. 만일 사람이 메탄올을 섭취한다면, ADH는 메탄올을 포름알데히드로 변하게 하고 곧 포름산염이 되어 실명을 유발한다. 결과적으로, 치료는 메탄올-포름알데히드-포름산염의 대사작용을 느리게 하기 위해 ADH를 묶을 수 있는 에탄올(이는 메탄올보다 느린 속도로 대사작용을 한다)을 정해진 속도로 정맥주사로 주입해서 신장이 메탄올을 소변으로 배설할 수 있는 시간을 가지게 하는 것이다. 이 치료법으로 실명을 피할 수 있다.

9.3.2 무경쟁저해(Uncompetitive Inhibition)

여기서 저해제는 효소 자체에 대한 친화력이 없어서(no affinity) 효소에 대해서 기질과 경쟁하지 않는다. 대신에 활성이 없는 저해제-효소-기질 복합체(inhibitor - enzyme - substrate complex, I · E · S)를 형성함으로써 효소-기질 복합체를 묶어 둔다. 무경쟁저해에서, 저해제는 복합체가 형성된 **이후**에 효소-기질 복합체를 가역적으로 묶는다.

경쟁저해처럼 그림 9-11의 반응단계 4와 5에 나타난 것처럼 두 가지 추가 반응단계가 마이켈리스-멘텐 속도식에 첨가된다.

반응단계

$$(1)\quad E+S \xrightarrow{k_1} \mathrm{E\cdot S}$$

$$(2)\quad \mathrm{E\cdot S} \xrightarrow{k_2} E+S$$

$$(3)\quad \mathrm{E\cdot S} \xrightarrow{k_3} P+E$$

$$(4)\quad I+\mathrm{E\cdot S} \xrightarrow{k_4} \mathrm{I\cdot E\cdot S}\ (\text{비활성})$$

$$(5)\quad \mathrm{I\cdot E\cdot S} \xrightarrow{k_5} \mathrm{I+E\cdot S}$$

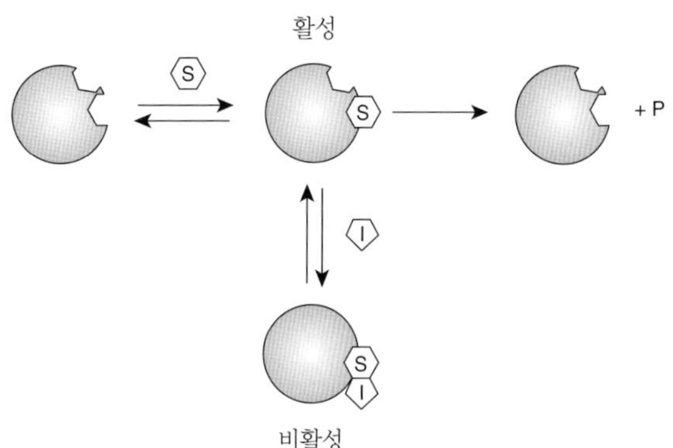

그림 9-11 무경쟁 효소 저해의 단계

생산물의 생성속도에 관한 반응[식 (9-34)]으로 시작하고, 중간생산물(I · E · S)에 PSSH를 적용하면 무경쟁저해에 관한 속도식(rate law for uncompetitive inhibition)을 얻을 수 있다.

무경쟁저해 속도식

$$-r_s = r_p = \frac{V_{max}(S)}{K_M + (S)\left(1 + \frac{(I)}{K_I}\right)} \quad \text{여기서 } K_I = \frac{k_5}{k_4} \tag{9-40}$$

중간 단계는 CRE 웹사이트의 제9장 **요약노트**에서 볼 수 있다(*http://www.umich.edu/~elements/5e/09chap/summary-example4.html*).

식 (9-40)을 재배열하면,

$$\frac{1}{-r_s} = \frac{1}{(S)}\frac{K_M}{V_{max}} + \frac{1}{V_{max}}\left(1 + \frac{(I)}{K_I}\right) \tag{9-41}$$

그림 9-12에는 저해제의 여러 농도에 대한 라인위버-버크 플롯(Lineweaver-Burk plot)을 나타내었다. 기울기(K_M/V_{max})는 저해제(I) 농도가 증가해도 같지만, 절편[$(1/V_{max})(1 + (I)/K_I)$]은 증가한다.

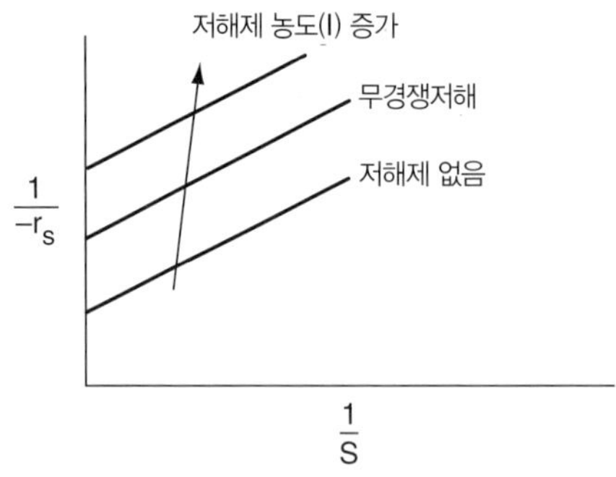

그림 9-12 무경쟁저해에 대한 라인위버-버크 플롯

9.3.3 비경쟁저해(혼합저해)[13]

비경쟁저해(noncompetitive inhibition)[혼합저해(mixed inhibition)라고도 한다]에서 기질과 저해제 분자는 효소 분자 위 다른 형태의 활성점과 반응한다. 효소에 저해제가 부착되면 언제나 효소는 비활성화되어 생산물을 형성하지 못한다. 결과적으로, 비활성 복합체(deactivating complex, I · E · S)는 두 가지 가역반응경로에 의해 형성될 수 있다.

1. 기질 분자가 효소 분자의 기질 활성점에 붙은 후, 저해제 분자는 효소의 저해제 활성점에 붙는다. (E • S + I $\rightleftarrows$ I • E • S)
2. 저해제 분자가 효소 분자의 저해제 활성점에 붙은 후, 기질 분자는 효소의 기질 활성점에 붙는다. (E • I + S $\rightleftarrows$ I • E • S)

생산물(P)의 형성과 함께 이 경로들을 그림 9-13에 나타내었다. 무경쟁저해에서, 효소는 2, 3, 4단계에서 보여주듯이 효소-기질 복합체를 형성 **전 또는 후**에 비활성 형태(inactive

13. 몇몇 자료에서는 혼합저해(mixed inhibition)를 경쟁저해와 무경쟁저해의 혼합이라고 한다.

form)로 묶일 수 있다.

다시 생산물 생성속도를 위한 속도식으로부터 시작하여, 복합체 (I · E)와 (I · E · S)에 PSSH를 적용하면, 비경쟁저해의 속도식(rate law for the noncompetitive inhibition)을 구할 수 있다.

비경쟁저해 속도식

$$-r_s = \frac{V_{max}(S)}{((S)+K_M)\left(1+\frac{(I)}{K_I}\right)} \tag{9-42}$$

속도법칙의 유도는 CRE 웹사이트의 **요약노트**에 나와 있다(*http://www.umich.edu/~elements/5e/09chap/summary-derive3.html*). 식 (9-42)는 비경쟁저해를 보이는 효소반응에 대한 속도식이다. Pb^{2+}, Ag^{+}, 그리고 Hg^{2+}와 같은 중금속 이온뿐 아니라, 화학 유도체를 형성하는 효소와 반응하는 저해제 등이 비경쟁적 저해의 전형적 예이다.

반응단계

(1) $E + S \rightleftarrows E \cdot S$

(2) $E + I \rightleftarrows I \cdot E$ (비활성)

(3) $I + E \cdot S \rightleftarrows I \cdot E \cdot S$ (비활성)

(4) $S + I \cdot E \rightleftarrows I \cdot E \cdot S$ (비활성)

(5) $E \cdot S \longrightarrow P + E$

혼합저해

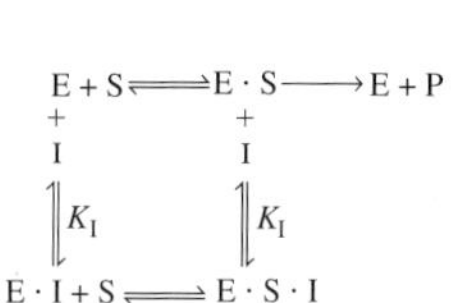

비경쟁 경로

활성

S

S

+ P

I

I

I

S

I

S

비활성

그림 9-13 비경쟁 효소 저해의 단계

재배열하면

$$\frac{1}{-r_s} = \frac{1}{V_{max}}\left(1+\frac{(I)}{K_I}\right) + \frac{1}{(S)}\frac{K_M}{V_{max}}\left(1+\frac{(I)}{K_I}\right) \tag{9-43}$$

비경쟁저해에서는 저해제의 농도가 증가함에 따라 기울기 $\left(\frac{K_M}{V_{max}}\left[1+\frac{(I)}{K_I}\right]\right)$와 절편 $\left(\frac{1}{V_{max}}\left[1+\frac{(I)}{K_I}\right]\right)$이 둘 다 증가함을 그림 9-14를 통해 알 수 있다. 실제적으로, **비경쟁저해**

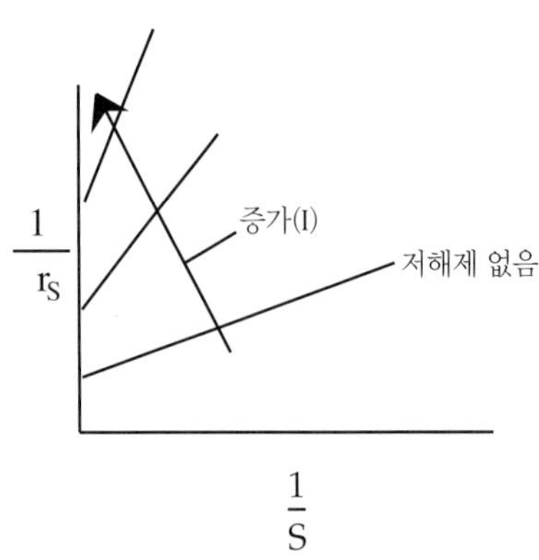

그림 9-14 비경쟁 효소 저해에 대한 라인위버-버크 플롯

저해제 형태의 간략도

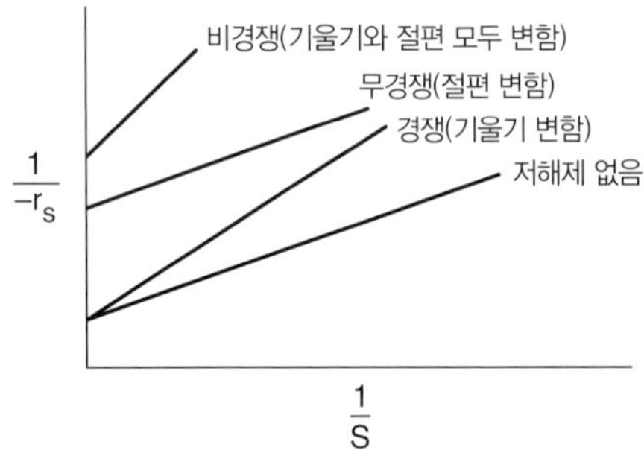

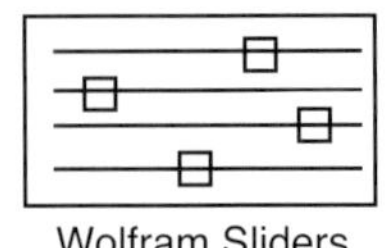

Wolfram Sliders

그림 9-15 요약: 효소의 세 가지 저해에 대한 라인위버-버크 플롯(*http://www.umich.edu/~elements/5e/09chap/live.html*)

와 혼합저해는 두 개 이상의 기질, S_1과 S_2를 가진 효소에서만 일반적으로 관찰된다.

저해의 세 가지 방식을 그림 9-15의 라인위버-버크 플롯에서 저해제가 존재하지 않는 반응과 비교하였으며 이를 요약하여 그림 9-15에 나타내었다.

요약하면, 다음과 같은 경향과 관계가 관찰된다.

1. **경쟁저해**에서는 저해제 농도가 증가되면 절편을 고정한 상태로 기울기가 증가한다.
2. **무경쟁저해**에서는 저해제 농도가 증가되면 기울기를 고정한 상태로 y-절편이 증가한다.
3. **비경쟁저해**(**혼합저해**)에서는 저해제 농도가 증가되면 y-절편과 기울기 둘 다 증가할 것이다.

문제 P9-12$_B$는 녹말의 효소촉매반응이 어떤 저해 방식을 찾는 문제이다.

9.3.4 기질저해(Substrate Inhibition)

많은 경우 기질은 스스로 저해제로서 행동한다. 무경쟁저해에서 비활성 분자(S · E · S)는 그 반응에 의해 형성된다.

$$S + E \cdot S \longrightarrow S \cdot E \cdot S \qquad \text{(비활성)}$$

결과적으로 식 (9-40)의 (I)를 (S)로 치환하면, 속도식 $-r_S$는

$$-r_S = \frac{V_{max}(S)}{K_M + (S) + \frac{(S)^2}{K_I}} \tag{9-44}$$

낮은 기질 농도에서는 다음을 볼 수 있다.

$$K_M >> \left((S) + \frac{(S)^2}{K_I}\right) \tag{9-45}$$

동시에

$$-r_S \sim \frac{V_{max}(S)}{K_M} \tag{9-46}$$

그리고 속도는 기질 농도가 증가함에 따라 선형으로 증가한다.

높은 기질 농도($(S)^2/K_I$) >> (K_M + (S))일 때,

기질저해

$$-r_S = \frac{V_{max}K_I}{S} \tag{9-47}$$

이고 기질 농도가 높아짐에 따라 속도가 감소한다는 것을 알 수 있다. 결과적으로, 그림 9-16에서 보여주는 바와 같이 특정 기질 농도에서 반응속도가 최대가 된다. 또한, 이 최대값은 식 (9-44)의 $-r_S$를 S에 관하여 미분하여 0과 같다고 하면 얻을 수 있으며, 다음과 같이 된다.

$$\boxed{S_{max} = \sqrt{K_M K_I}} \tag{9-48}$$

기질저해가 있는 경우에는 반응속도와 전화율을 최대화하기 위하여 *fed batch*라고 불리는 반회분반응기로 기질을 공급한다.

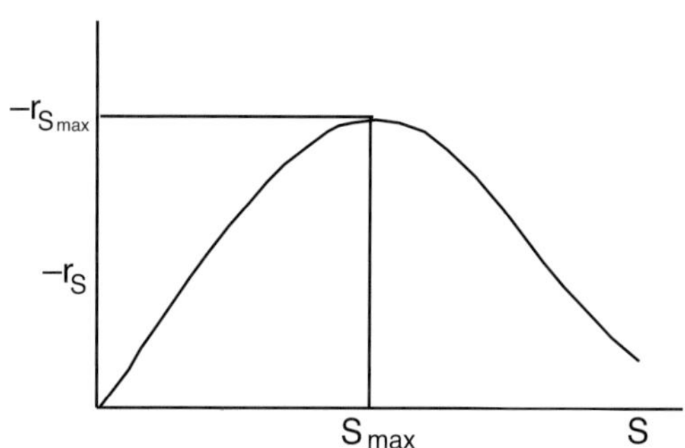

그림 9-16 기질저해가 일어나는 경우에 기질 농도의 함수로서 기질반응속도

효소에 관한 논의는 CRE 웹사이트의 **전문 참고자료 서고**에서 계속된다. 여기서는 다중 효소와 기질 시스템(multiple enzyme and substrate systems), 효소 재생(enzyme

regeneration), 효소 보조인자(enzyme co-factors)에 관한 내용을 볼 수 있다(R9.6 참조; *http://www.umich.edu/~elements/5e/09chap/prof-07prof2.html*).

9.4 생물반응기와 생합성

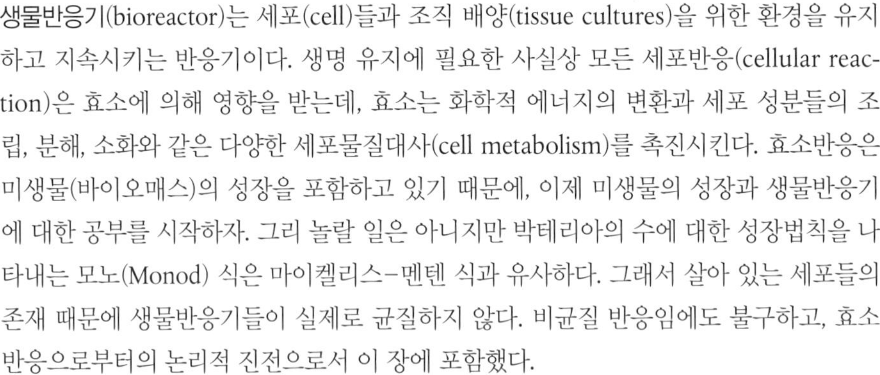

생물반응기(bioreactor)는 세포(cell)들과 조직 배양(tissue cultures)을 위한 환경을 유지하고 지속시키는 반응기이다. 생명 유지에 필요한 사실상 모든 세포반응(cellular reaction)은 효소에 의해 영향을 받는데, 효소는 화학적 에너지의 변환과 세포 성분들의 조립, 분해, 소화와 같은 다양한 세포물질대사(cell metabolism)를 촉진시킨다. 효소반응은 미생물(바이오매스)의 성장을 포함하고 있기 때문에, 이제 미생물의 성장과 생물반응기에 대한 공부를 시작하자. 그리 놀랄 일은 아니지만 박테리아의 수에 대한 성장법칙을 나타내는 모노(Monod) 식은 마이켈리스-멘텐 식과 유사하다. 그래서 살아 있는 세포들의 존재 때문에 생물반응기들이 실제로 균질하지 않다. 비균질 반응임에도 불구하고, 효소반응으로부터의 논리적 진전으로서 이 장에 포함했다.

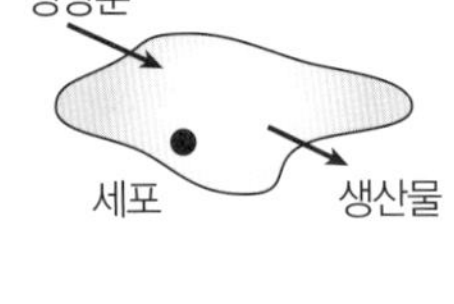

생물산업의 성장

2,000억 달러

시장성 있는 화학 생산물을 생산하기 위해 살아 있는 세포를 사용하는 것이 점점 더 중요해지고 있다. 생합성에 의해 생산된 화학물질, 농산물, 식품의 수가 급격히 증가해오고 있다. 2016년에 이 부분에서의 기업들은 2,000억 달러 이상의 신규 자금을 조달하였다[14]. 미생물들과 포유류 세포 모두가 인슐린, 많은 항생제들 그리고 고분자와 같은 다양한 생산물들을 생산하기 위해 사용되고 있다. 미래에는 현재 석유에서 유도된 많은 유기화학물질들이 살아 있는 세포들에 의해 생산될 것으로 예상된다. 생물반응의 장점은 순한 반응조건, 높은 수율(예, *Aspergillus niger*에 의한 글루코오스에서 글루콘산으로의 100% 변환)을 보이고; 그리고 유기체는 반응의 연속 단계를 촉매작용할 수 있는 다수의 효소를 가지고 있고, 가장 중요하게는 입체특이 촉매(stereospecific catalysts)와 같이 행동한다는 것이다. *cis*-프로페닐포닉산에서 항생제인 (−) *cis*-1,2-데폭시프로필 포스포닉산으로 전환하는 경우에 화학적으로 생산할 때는 이성질체의 **혼합물**을 얻지만 생물반응에서는 원하는 **단일** 이성질체를 생산할 수 있다. 한편 박테리아도 변형시켜서 살아 있는 화학공장으로 바꿀 수 있다. 예를 들어 Biotechnic International은 재조합 DNA를 이용하여 질소를 질산염으로 바꾸어 주는 비료를 생산하기 위한 박테리아를 고안했다[15].

최근 바이오매스(즉, 세포/유기체)의 합성은 중요한 대체 에너지원이 되어 오고 있다. 세계 최초로 통합된 조류-오일(algae-oil) 생산시설을 갖춘 Sapphire energy는 뉴멕시코에 growth pond를 시범 운영 하고 있다. 이 공정에서 그들은 조류(algae)를 재배하고, 그것을 응집, 농축하고, 추출한 다음, 정제하여 액상흐름식반응기에서 연료유로 변환한다(문제 P9-20_B와 P9-21_B 참조). 2009년 ExxonMobil은 폐기물 정화조에서 조류를 성장시키고 수확하는 것을 개발하기 위해 6억 달러 이상을 투자하였다. 1에이커의 조류는 1년에 2,000갤런의 가솔린을 제공할 수 있을 것으로 추정된다.

생합성에서 **바이오매스**라고 불리는 세포들은 영양소를 소비하고 성장하여 더 많은

---

14. *http://www.statista.com/topics/1634/biotechnology-industry/*
15. *Chem. Eng. Progr.*, August 1988, p. 18.

세포와 중요한 생산물들을 생산한다. 내부적으로는, 세포들이 에너지와 더 많은 세포를 생산하기 위하여 영양분을 소비한다. 대사산물(metabolic product)을 생산해 내기 위한 일련의 반응에서 영양분의 에너지와 바이오생산물로의 전환은 다수의 다른 효소를 사용함으로써 성취된다. 이 생산물들은 세포 내에 남아 있거나(내세포성, intracellular) 세포에서 빠져나올 수도(외세포성, extracellular) 있다. 전자의 경우, 세포들을 반드시 용해(파괴)해야 하고, 전체 배양액(반응혼합물)으로부터 생산물을 여과하고 정제해야 한다. 세포의 개략식과 세포분열 사진을 그림 9-17에 보였으며 그림 9-19에 분열 단계를 나타내었다.

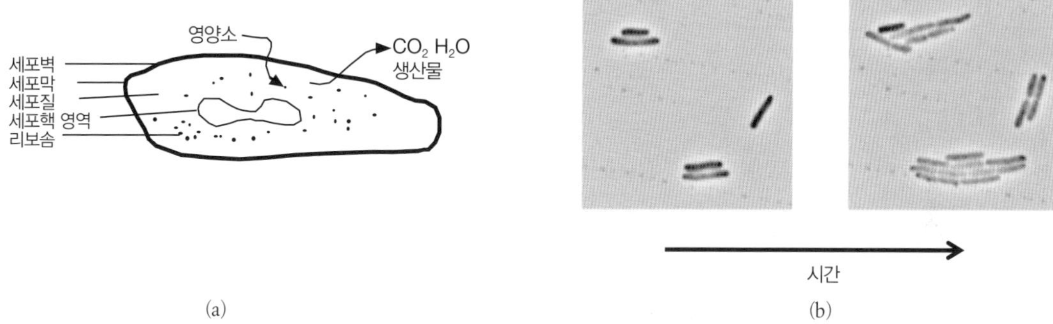

그림 9-17 (a) 세포의 개략; (b) 대장균(*E. Coli*)의 세포분열. "Indole prevents *Escherichia coli* cell division by modulating membrane potential." Catalin Chimirel, Christopher M. Field, Silvia Piñera-Fernandez, Ulrich F. Keyser, David K. Summers. *Biochimica et Biophysica Acta–iomembranes,* vol. 1818, issue 7, July 2012.

세포는 세포벽(cell wall)과 외부막(outer membrane)으로 구성되어 있는데, 내부는 핵과 리보솜을 함유하고 있는 세포질(cytoplasm)로 구성되어 있다. 세포벽은 세포를 외부 영향으로부터 보호한다. 세포막은 물질을 세포 안과 밖으로 선별적으로 이동시킨다. 다른 물질들은 중요한 세포 기능을 수행하기 위해 세포막에 부착될 수 있다. 세포질에는 리보핵산(RNA)을 함유한 리보솜이 들어 있는데, 리보핵산(RNA)은 단백질 합성에 중요하다. 핵 영역은 단백질, 다른 세포질 그리고 세포구조의 합성에 중요한 유전적 정보(genetic information)를 제공하는 디옥시리보핵산(deoxyribonucleic acid, DNA)을 함유하고 있다[16].

세포 내의 반응은 모두 동시에 발생하며 분류 (I)인 영양분 분해(연료반응), 분류 (II) 작은 분자의 합성(아미노산) 또는 분류 (III)인 큰 분자의 합성(중합, 예컨대 DNA, RNA)으로 분류된다. 그림 9-18에는 반응과 신진대사 경로 중 극히 일부에 불과한 대략적인 내용이 나와 있다. 보다 자세한 것은 슐러와 카르기(Shuler and Kargi)의 그림 5.1과 그림 6.14에 나와 있다[17]. 분류 I 반응에서 아데노신 3인산(ATP)은 작은 분자(예, 아미노산)의

16. M. L. Shuler and F. Kargi, *Bioprocess Engineering Basic Concepts,* 2nd ed. (Upper Saddle River, NJ: Prentice Hall, 2002).
17. M. L. Shuler and F. Kargi, *Bioprocess Engineering Basic Concepts,* 2nd ed. (Upper Saddle River, NJ: Prentice Hall, 2002), pp. 135, 185.

생합성(분류 II) 반응에 사용되는 생산물을 형성하기 위한 영양분 분해에 관여한다. 이때에 작은 분자들은 RNA와 DNA(분류 III)를 형성하기 위해 중합된다. ATP는 인산염 그룹을 상실할 때 방출하는 에너지를 전달하여 아데노신 다이인산염(ADP)을 형성한다.

$$ATP + H_2O \rightarrow ADP + P + H_2O + \text{에너지}$$

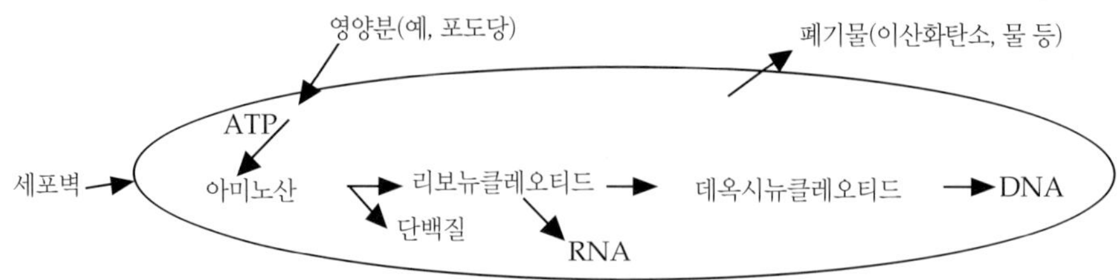

그림 9-18 세포 내에서 일어나는 반응의 예

세포 성장과 분열(Cell Growth and Division)

그림 9-19에서는 세포성장과 전형적인 포유류 세포들의 분열을 도식적으로 보여주고 있다. 세포분열의 4가지 단계를 G1, S, G2, M이라 부르고 이것들을 그림 9-19에 나타내었다.

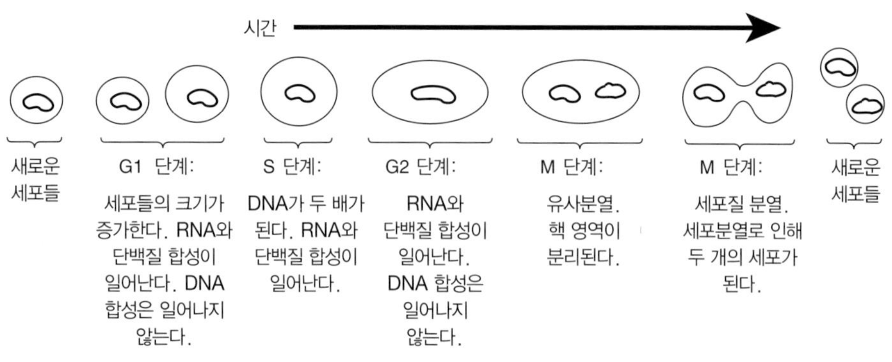

그림 9-19 세포분열의 단계들

일반적으로 호기성 유기체의 성장(growth of an aerobic organism)은 다음의 식을 따른다.

세포 증식

$$[\text{세포들}] + \begin{bmatrix}\text{탄소}\\\text{근원}\end{bmatrix} + \begin{bmatrix}\text{질소}\\\text{근원}\end{bmatrix} + \begin{bmatrix}\text{산소}\\\text{근원}\end{bmatrix} + \begin{bmatrix}\text{인산염}\\\text{근원}\end{bmatrix} + \cdots \xrightarrow[\text{(pH, 온도 등)}]{\text{배지 상태 조건들}} \begin{bmatrix}\text{이산화}\\\text{탄소}\end{bmatrix} + [\text{ 물 }] + [\text{생산물}] + \begin{bmatrix}\text{더 많은}\\\text{세포}\end{bmatrix} \tag{9-49}$$

일반적으로 사용되는 식 (9-49)의 보다 간략한 형태는 기질이 세포의 존재 하에서 더 많은 세포와 생산물을 생성하는 것이다. 즉

$$\text{기질} \xrightarrow{\text{세포들}} \text{더 많은 세포} + \text{생산물} \tag{9-50}$$

식 (9-50)의 생산물들은 CO_2, 물, 단백질, 그리고 특정한 반응에 대한 특정 성분들을 포함한다. 식 (9-49)의 화학양론(원자 및 몰수지)에 대한 우수한 토의 내용은 슐러와 카르기[18], 베일리와 올리즈[19], 블랜치와 클락[20] 등이 저술한 책에서 찾을 수 있다. 기질 배양액(substrate culture medium)은 성장에 필요한 다른 화학물질과 함께 모든 영양소들(탄소, 질소 등)을 포함하고 있다. 곧 보게 되겠지만 이 반응의 속도는 세포의 농도에 비례하기 때문에 이 반응은 자동촉매반응(autocatalytic)이다. 회분식 생화학 반응기와 두 종류의 미생물, 구균(즉 구형) 박테리아와 효모의 성장에 대한 개략을 그림 9-20에 나타내었다.

9.4.1 세포성장

회분식반응기에서의 세포성장 단계들을 그림 9-21과 9-22에 개략적으로 나타내었다. 초기에는 적은 양의 세포를 영양분이 들어 있는 회분식반응기에 넣고 그림 9-21에서처럼 성장과정을 시작한다. 그림 9-22에는 시간의 함수로서 살아 있는 세포들의 수를 나타내었다. 저자의 연구소에서 채취한 실제 세포 농도 시간 데이터를 CRE 웹사이트(http://www.umich.edu/~elements/5e/09chap/summary.html#sec3)에서 찾아볼 수 있다.

지연 단계

그림 9-22의 단계 I은 **지연 단계**(lag phase)라고 한다. 이 단계에서는 세포의 농도는 거의 증가하지 않는다. 이 지연 단계 동안에 세포들은 그들의 새로운 환경에 적응하고, 기질을 세포 내에 이동시키기 위하여 운반단백질(transport protein)을 합성하고, 새로운

역자 주 | 기포장치(sparger): 교반형반응기나 기포탑형반응기 등에 기체를 불어넣기 위한 미세구멍이 있는 관

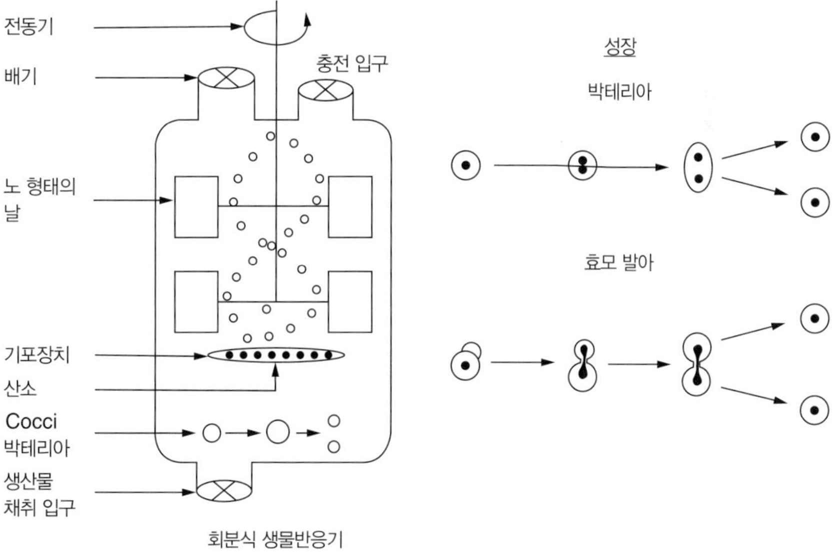

그림 9-20 회분식 생물반응기

18. M .L. Shuler and F. Kargi, *Bioprocess Engineering Basic Concepts*, 2nd ed. (Upper Saddle River, NJ: Prentice Hall, 2002).
19. J. E. Bailey and D. F. Ollis, *Biochemical Engineering*, 2nd ed. (New York: McGraw-Hill, 1987).
20. H. W. Blanch and D. S. Clark, *Biochemical Engineering* (New York: Marcel Dekker, Inc. 1996).

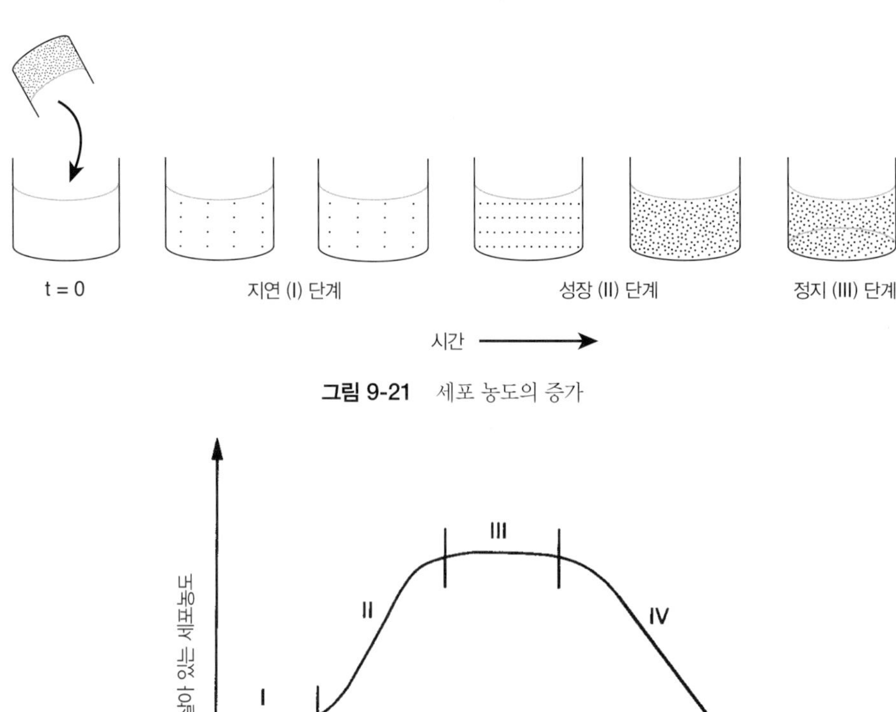

그림 9-21 세포 농도의 증가

그림 9-22 박테리아 세포의 성장 단계

기질을 이용하기 위한 효소를 합성하며, 유전 물질을 복제하기 위한 일을 시작한다. 지연 단계의 지속시간은 많은 것들에 의존하며, 그 중 하나가 성장배지(growth medium)이다. 이 성장배지가 있는 반응배지에 접종(inoculum)을 한다. 접종미생물이 회분식반응기의 배지와 유사하다면, 이 지연 단계는 거의 존재하지 않을 수 있다. 그러나 접종미생물이 다른 영양소 또는 다른 내용물을 가진 배지에 포함되어 있다면, 또는 접종미생물의 배지가 정지 단계 또는 사멸 단계에 있다면, 세포들이 그들의 새로운 환경에서 영양소들을 소모하기 위해서는 그들의 대사경로를 재조정해야만 한다[21].

지수 성장 단계

단계 II는 세포의 증식속도가 세포의 농도에 비례한다는 사실 때문에 **지수 성장 단계**(exponential growth phase)라고도 한다. 이 기간에, 배지를 대사하기 위한 효소의 모든 대사경로가 준비되어 있고(지연 단계의 결과) 세포들은 가장 효율적으로 영양소들을 사용할 수 있으므로, 세포들은 최고 속도로 분열한다.

정지 단계

단계 III은 **정지 단계**(stationary phase)로서, 세포들이 최소 생물학적 공간에 도달하고 거기에서는 1개 또는 그 이상의 영양소 결핍으로 인하여 세포성장이 제한된다. 정지

21. B. Wolf and H. S. Fogler, "Alteration of the Growth Rate and Lag Time of *Leuconostoc mesenteroides* NRRL-B523," *Biotechnology and Bioengineering*, 72 (6), 603 (2001). B. Wolf and H. S. Fogler, "Growth of *Leuconostoc mesenteroides* NRRL-B523, in Alkaline Medium," *Biotechnology and Bioengineering*, 89 (1), 96 (2005).

단계에서는, 영양소들과 필수 대사물질들의 고갈로 인하여 순성장속도는 0이다. 대부분의 항생물질을 포함한 많은 중요한 발효제품들이 정지 단계에서 생산된다. 예컨대 곰팡이균 페니킬리움 크리소게눔(*Penicillium chrysogenum*)을 이용하여 상업적으로 생산되는 페니실린은 세포성장이 멈춘 후에만 형성된다. 또한, 성장 단계에 생성된 유기산들과 독성물질들의 축적으로 세포성장이 저해된다.

항생제는 정지 단계 동안에 생산된다.

사멸 단계

마지막 상태인 단계 IV는 살아 있는 세포의 농도가 감소하는 **사멸 단계**(death phase)이다. 이 감소는 독성 부산물, 혹독한 환경 및/또는 영양소 공급의 고갈에 기인한다.

9.4.2 속도식

새로운 세포의 세포성장속도(cell growth rate)에 대한 많은 속도식들이 존재하지만,

$$\text{세포들} + \text{기질} \longrightarrow \text{더 많은 세포} + \text{생산물}$$

가장 보편적으로 쓰이는 식은 지수 성장에 대한 모노 식(Monod equation)이다.

$$r_g = \mu C_c \tag{9-51}$$

여기서 r_g = 세포성장속도, $g/dm^3 \cdot s$
C_c = 세포 농도, g/dm^3
μ = 비성장속도, s^{-1}

세포의 농도는 종종 단위 액체 부피당 건조 세포의 질량(g)의 항으로 주어지고, "dm^3당 건조 질량 그램(grams dry weight)"으로 명시된다. 즉, (gdw/dm^3).

비세포성장속도(specific cell growth rate)는 다음과 같이 표현되고

$$\mu = \mu_{max} \frac{C_s}{K_s + C_s} \quad s^{-1} \tag{9-52}$$

여기서 μ_{max} = 최대 비성장속도(maximum specific growth reaction rate), s^{-1}
K_s = 모노 상수(Monod constant), g/dm^3
C_s = 기질(즉, 영양분) 농도, g/dm^3

그림 9-23은 이것을 나타낸 것이다. 글루코오스 내 대장균(*E. coli*) 성장에 대한 μ_{max}와 K_s의 값은 각각 1.3 h^{-1}과 2.2×10^{-5} g/dm^3으로 나타낸다. 식 (9-51)과 (9-52)를 결합하면 박테리아 세포의 성장속도를 위한 모노 식이 얻어진다.

모노 방정식

$$\boxed{r_g = \frac{\mu_{max} C_s C_c}{K_s + C_s}} \tag{9-53}$$

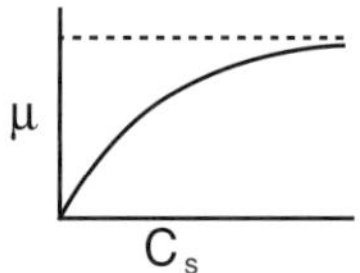

그림 9-23 기질 농도(C_s)에 대한 함수로서 비세포성장속도(μ)

많은 여러 종의 박테리아들의 경우에 전형적인 기질 농도에 비해 상수 K_s 값은 매우 작으며 이 경우 속도식은 다음과 같이 간단하게 된다.

$$r_g = \mu_{\max} C_c \tag{9-54}$$

성장속도 r_g는 보통 1개 이상의 영양소의 농도에 의존한다; 그러나 보통 식 (9-53)에서 사용되는 하나의 영양소는 성장속도를 제한(limiting)하는 영양소이다.

많은 계에서 생산물은 성장속도를 저해한다. 이러한 저해작용에 대한 고전적인 예로 포도주 제조를 들 수 있는데, 에탄올을 생산하기 위한 글루코오스의 발효반응(fermentation)이 생산물인 에탄올에 의해 저해된다. 저해작용을 설명하는 다른 많은 식이 있다; 그 중 하나의 실험적 형태는 다음과 같다.

$$r_g = k_{\text{obs}} \frac{\mu_{\max} C_s C_c}{K_s + C_s} \tag{9-55}$$

여기서

생산물 저해에 대한 모노 식의 실험적 형태

$$k_{\text{obs}} = \left(1 - \frac{C_p}{C_p^*}\right)^n \tag{9-56}$$

C_p = 생산물 농도, (g/dm^3)
C_p^* = 모든 대사작용이 정지하였을 때의 생산물 농도, g/dm^3
n = 실험 상수

글루코오스가 에탄올로 발효되는 경우의 전형적인 저해 파라미터(inhibition parameter)들은

$$n = 0.5 \quad \text{그리고} \quad C_p^* = 93 \text{ g/dm}^3$$

모노 식(Monod equation)에 더하여, 세포성장속도를 기술하는 2개의 다른 식들이 보편적으로 사용된다; 그 중 하나는 **테시어 식**(Tessier equation)이고

$$r_g = \mu_{\max} \left[1 - \exp\left(-\frac{C_s}{k}\right)\right] C_c \tag{9-57}$$

다른 하나는 **모저 식**(Moser equation)이다.

$$r_g = \frac{\mu_{\max} C_c}{(1 + k C_s^{-\lambda})} \tag{9-58}$$

여기서 λ와 k는 실험 자료를 가장 잘 만족시키는 실험 상수이다. 모저와 테시어의 성장속도식은 발효의 초기나 말기의 실험 자료들을 더 잘 맞추기 때문에 자주 사용된다. 다른 성장식(growth equation)들은 딘(Dean)[22]의 책에서 찾아볼 수 있다.

---

22. A. R. C. Dean, *Growth, Function, and Regulation in Bacterial Cells* (London: Oxford University Press, 1964).

세포의 사멸속도(cell death rate)는 가혹한 환경, 교반에 의한 전단응력, 영양소의 국부적 고갈, 그리고 독성 기질 존재의 결과이다. 속도식은 다음과 같다.

$$r_d = (k_d + k_t C_t) C_c \tag{9-59}$$

여기서 C_t는 세포에 유독한 물질의 농도이다. 비소멸속도상수(specific death rate constant) k_d와 k_t는 각각 자연적인 사멸(natural death)과 유해물질에 의한 사멸(death due to a toxic substance)을 나타낸다. k_d 값의 대표치는 0.1 h^{-1}에서 0.0005 h^{-1} 미만까지의 범위를 가진다. k_t 값은 유독물질(toxin)의 성질에 의존한다.

배가시간

미생물 성장속도는 **배가시간**(doubling times)으로서 측정된다. 배가시간이란 유기체의 질량이 2배로 증가되는 데 요구되는 시간이다. 박테리아의 전형적인 배가시간은 45분에서 1시간 사이의 값을 갖지만 15분 정도로 빠를 수도 있다. 효모(yeast)와 같은 단순한 진핵세포(eukaryotes)의 배가시간은 1.5에서 2시간 범위에 있지만 45분 정도로 빠를 수도 있다.

온도의 영향. 효소와 마찬가지로(그림 9-8), 온도에 따른 성장속도의 최적점이 존재하는데, 이는 온도의 증가에 따른 속도의 증가와 높은 온도에서의 효소 변성이 서로 경쟁하는 데서 기인한다. 이 기능을 묘사하는 실험식은 아이바(Aiba) 등이 제안하였다[23].

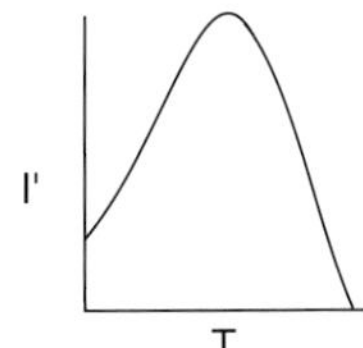

$$\mu(T) = \mu(T_m) I'$$

$$I' = \frac{aTe^{-E_1/RT}}{1 + be^{-E_2/RT}} \tag{9-60}$$

여기서 I′는 최대 성장속도의 분율이고, T_m은 최대 성장이 일어날 때의 온도이며, $\mu(T_m)$은 이 온도에서의 성장속도이다. 리조븀 트리폴릭(*Rhizobium trifollic*)의 산소 흡수속도(rate of oxygen uptake)는 다음 식으로 표현된다.

$$I' = \frac{0.0038Te^{[21.6 - 6700/T]}}{1 + e^{[153 - 48,000/T]}} \tag{9-61}$$

리조븀 트리폴릭의 최대 성장은 310 K에서 일어난다. 그러나 Jofostan Riça 소재 Jofostan University의 스벤 코틀로프 박사와 그의 학생들의 실험은 이 온도가 310 K가 아니라 312 K이어야 한다는 것을 보여준다. 리조븀 트리폴릭 과학계에서 큰 전환점이 된 사건!!

9.4.3 화학양론

세포성장에 대한 화학양론은 매우 복잡하고 미생물/영양소 계 그리고 pH, 온도, 산화환원전위(redox potential) 등과 같은 환경적인 조건들에 따라 변화한다. 이러한 복잡성은 보통 그렇듯이, 둘 이상의 영양소가 세포성장에 기여할 때 특히 더 그렇다. 세포성장에 대한 단순화된 버전에 초점을 맞출 것이다. 즉, 배지 중의 단 하나의 영양소에 의해 성장이 제한되는 경우를 논의하도록 하겠다. 일반적으로 다음과 같은 식을 가진다.

23. S. Aiba, A. E. Humphrey, and N. F. Millis, *Biochemical Engineering* (New York: Academic Press, 1973), p. 407.

세포들 + 기질 ⟶ 더 많은 세포들 + 생산물

소비된 기질, 형성된 새로운 세포 그리고 생성된 생산물을 관련시키기 위해서 **수율계수**(yield coefficient)를 도입한다. 세포와 기질에 대한 수율계수는 다음과 같다.

$$\boxed{Y_{c/s} = \frac{\text{생성된 새로운 세포의 질량}}{\text{소비된 기질의 질량}} = -\frac{\Delta C_c}{\Delta C_s}} \quad (9\text{-}62)$$

수율계수 $Y_{c/s}$는 기질질량농도($-\Delta C_s$), ($-\Delta C_s = C_{s0} - C_s$)의 감소에 대한 세포질량농도의 증가 ΔC_c와의 비율이다. $Y_{c/s}$의 대표값은 대략 0.4 (g/g)이다.

$Y_{c/s}$의 역수, 즉 $Y_{s/c}$는 다음과 같다.

$$Y_{s/c} = \frac{1}{Y_{c/s}}$$

$Y_{s/c}$는 세포질량농도 증가(ΔC_c)를 위해서 소비되어야 하는 기질질량농도($-\Delta C_s$)이며, 대표적인 값이 2.5 (g/g)이다.

생산물 형성은 세포성장 주기의 여러 다른 단계에서 일어날 수 있다. 생산물 형성이 지수성장 단계에서만 일어난다면 생산물 생성속도는 다음과 같다.

생산물 형성과 관련된 성장

$$r_p = Y_{p/c} r_g = Y_{p/c} \mu C_C = Y_{p/c} \frac{\mu_{\max} C_c C_s}{K_s + C_s} \quad (9\text{-}63)$$

여기서

$$\boxed{Y_{p/c} = \frac{\text{생성된 생산물의 질량}}{\text{생성된 새로운 세포 질량}} = \frac{\Delta C_p}{\Delta C_c}} \quad (9\text{-}64)$$

$Y_{p/c}$와 μ의 곱, 즉 ($q_P = Y_{p/c}\,\mu$)은 **생산물 비생산속도**(specific rate of product formation) q_P라고 불린다(생산물 질량/부피/시간). 생산물이 세포성장이 일어나지 않는 정지 단계(stationary phase)에서 형성되었을 때, 기질 소비속도와 생산물 생성속도를 다음과 같이 관련지을 수 있다.

생산물 형성과 관련된 비성장

$$r_p = Y_{p/s}(-r_s) \quad (9\text{-}65)$$

이 경우에 기질은 때때로 2차적 영양소(secondary nutrient)를 나타내며 이는 나중에 정지 단계에 대해 논의할 때 다룰 것이다.

소비된 기질의 단위질량당 생성된 생산물의 양을 나타내는 양론적 수율계수는 다음과 같다.

$$\boxed{Y_{p/s} = \frac{\text{생성된 생산물의 질량}}{\text{소비된 기질의 질량}} = -\frac{\Delta C_p}{\Delta C_s}} \quad (9\text{-}66)$$

새로운 세포를 생성하기 위해 기질을 소비했을 것 이외에 기질 일부분은 반드시 세포의 일상활동을 유지하는 데 사용되어야 한다. 이에 상응하는 유지 활용 항은 다음과 같다.

세포 유지

$$m = \frac{\text{유지를 위해 소비된 기질의 질량}}{\text{세포의 질량 · 시간}}$$

전형적인 값은 다음과 같다.

$$m = 0.05 \ \frac{\text{g 기질}}{\text{g 건조 무게}} \ \frac{1}{\text{h}} = 0.05 \text{ h}^{-1}$$

세포가 성장하고 있든지 아니든지 간에 유지를 위한 기질 소비속도(rate of substrate consumption, r_{sm})는

$$r_{sm} = mC_c \tag{9-67}$$

유지가 **무시될 수 있을 때** 다음 식으로 형성된 새로운 세포의 농도를 소비된 기질의 양과 관련지을 수 있다.

세포 유지의 무시

$$C_c = Y_{c/s}[C_{s0} - C_s] \tag{9-68}$$

이 식은 회분식반응기와 연속흐름반응기에 모두 적용시킬 수 있다.

만약 생산물(P)을 형성하는 데 소비된 기질로부터 세포의 존재 하에서 새로운 세포(C)를 형성시키기 위한 소비된 기질(S)을 분류하는 것이 가능하다면, 즉

$$S \xrightarrow{\text{세포들}} Y'_{c/s}\,C + Y'_{p/s}\,P$$

수율계수는 다음으로 나타낼 수 있다.

$$Y'_{s/c} = \frac{\text{새로운 세포를 생성하기 위해 소비된 기질의 질량}}{\text{생성된 새로운 세포들의 질량}} \tag{9-69A}$$

$$Y'_{s/p} = \frac{\text{새로운 세포를 생성하기 위해 소비된 기질의 질량}}{\text{생성된 생산물의 질량}} \tag{9-69B}$$

이런 수율계수들은 기질 활용 부분에서 더 논의할 것이다.

기질 활용(Substrate Utilization). 이제 영양분(즉, 기질) 소비속도 $-r_s$를 세포 성장속도, 생산물 생산속도, 그리고 세포 유지속도에 연관시키는 어려운 일을 수행한다. 일반적으로 다음과 같이 쓸 수 있다.

기질 계산

$$\begin{bmatrix}\text{기질의}\\\text{순소비속도}\end{bmatrix} = \begin{bmatrix}\text{세포들에}\\\text{의한 기질의}\\\text{소비속도}\end{bmatrix} + \begin{bmatrix}\text{생산물 생성을}\\\text{위한 기질의}\\\text{소비속도}\end{bmatrix} + \begin{bmatrix}\text{유지를 위한}\\\text{기질의}\\\text{소비속도}\end{bmatrix}$$

$$-r_s = Y'_{s/c}r_g + Y'_{s/p}r_p + mC_c$$

많은 경우에 기질수지(substrate balance)를 세울 때는 추가로 주의해야 할 사항이 있다.

만약 생산물이 성장단계 동안 생산된다면 세포성장(즉 더 많은 세포의 생성)을 위해 소비되는 기질의 양을 그 생산물을 생산하기 위해 소비한 기질의 양과 따로 분리해 낼 수 없을 것이다. 이러한 상황에서는 성장과 생산물의 생성을 위해 소비되는 모든 기질들을 한 개의 화학양론계수 $Y_{s/c}$으로 일괄적으로 다루며, 기질 소멸속도(rate of substrate disappearance)는 다음과 같다.

$$\boxed{-r_s = Y_{s/c} r_g + mC_c} \tag{9-70}$$

식 (9-70)은 기질 소비속도로서 세포성장을 분석할 때 사용할 것이다. 이에 따른 생산물 생성속도는 아래와 같다.

성장 단계에서의 생산물 형성과 관련된 성장

$$\boxed{r_p = r_g Y_{p/c}} \tag{9-63}$$

정지 단계(Stationary Phase). 정지 단계 동안에는 아무런 성장이 일어나지 않기 때문에 식 (9-70)은 기질의 소모를 설명하는 데 사용될 수 없고, 생산물의 생성속도를 성장속도[즉, 식 (9-63)]와 연관지을 수도 없다는 것은 분명하다. 페니실린과 같은 많은 항생물질은 정지 단계에서 생산된다. 이 단계에서 성장에 필요한 영양소는 거의 고갈상태에 이르고, **2차적 영양소**(secondary nutrient)라 불리는 다른 영양소가 세포 유지와 원하는 생산물의 생산을 위해 사용된다. 보통 정지 단계 동안의 생산물 생성 속도식은 그 형태가 모노 식과 유사하다. 즉

정지 단계에서의 생산물 형성과 관련된 무성장

$$\boxed{r_{pn} = \frac{k_p C_{sn} C_c}{K_{sn} + C_{sn}}} \tag{9-71}$$

여기서 k_p = 생산물에 관한 비반응속도상수, $(dm^3/g{\cdot}s)$
C_{sn} = 2차적인 영양소의 농도, (g/dm^3)
C_c = 세포 농도, (g/dm^3) ($g \equiv gdw$ = 건조 질량 그램)
K_{sn} = 2차적인 영양소에 대한 모노 상수, (g/dm^3)
$r_{pn} = Y_{p/sn}(-r_{sn})$, $(g/dm^3{\cdot}s)$

정지 단계에서 살아 있는 세포의 농도는 일정하다.

정지 단계에서 2차적인 영양소의 순소비속도(r_{sn})는 다음과 같다.

$$-r_{sn} = mC_c + Y_{sn/p} r_p$$

$$-r_{sn} = mC_c + \frac{Y_{sn/p} k_p C_{sn} C_c}{K_{sn} + C_{sn}} \tag{9-72}$$

세포성장이 일어나지 않을 때 원하는 생산물이 생산될 수 있어서 2차적인 영양소의 농도 변화를 생산물의 농도 변화와 관련짓는 것이 가장 좋다. 회분계의 경우, 정지 단계에서 시간 t 이후에 형성된 생산물의 농도 C_p는 그 시간의 2차적인 영양소의 농도 C_{sn}와 연관지을 수 있다.

세포 유지의 무시

$$C_p = Y_{p/sn}(C_{sn0} - C_{sn}) \tag{9-73}$$

지금까지 기질의 소비를 세포의 성장과 생산물 형성에 연관짓는 두 가지의 제한적인 상황을 살펴보았다: (1) 성장 단계 동안에만 생산물 형성, (2) 정지 단계 동안에만 생산물 형성. 이들 두 상황을 적용할 수 없는 한 예는 유산균(*lactobacillus*)을 이용한 발효의 경우인데 이 경우에는 젖산이 두 단계, 즉 지수성장(logarithmic growth)과 정지 단계(stationary phase) 동안에 생산된다.

생산물 형성의 비속도(specific rate of product formation)는 때때로 두 가지 변수, α(성장)와 β(비성장)를 사용하는 루에데킹-피렛 식(Luedeking-Piret equation)으로 구할 수 있다.

$$q_p = \alpha\mu_g + \beta \tag{9-74}$$

생산물 형성속도에 관한 루에데킹-피렛 식

그리고

$$r_p = q_p C_c$$

β-파라미터를 사용하기 위해서는 2차적인 영양소가 과량이어야 한다.

예제 9-4 수율계수 예측

다음 데이터는 회분식반응기에서 효모 사카로미세스 세레비시아(*Saccharomyces cerevisiae*)에 관해 얻어진 것이다.

표 E9-4.1 실험 자료(raw data)

포도당 $\xrightarrow{\text{세포들}}$ 더 많은 세포 + 에탄올

시간, t (hr)	세포들, C_c (g/dm³)	포도당, C_s (g/dm³)	에탄올, C_p (g/dm³)
0	1	250	0
1	1.5	244	2.14
2	2.2	231	5.03
3	3.29	218	8.96

(a) 양론계수 $Y_{s/c}$, $Y_{c/s}$, $Y_{s/p}$, $Y_{p/s}$, $Y_{p/c}$를 구하여라. 적은 수의 세포만이 존재하는 성장 단계의 초기에는 지연이 없고 유지는 무시할 수 있다고 가정하여라.

(b) 속도식 파라미터 μ_{max}와 K_s를 구하여라.

풀이

(a) 수율계수

기질과 세포 **수율계수**(yield coefficient) $Y_{s/c}$와 $Y_{c/s}$를 계산하여라.

$t = 0$과 $t = 1$ h 사이

$$Y_{s/c} = \frac{-\Delta C_s}{\Delta C_c} = -\frac{244-250}{1.5-1} = 12 \text{ g/g} \tag{E9-4.1}$$

$t = 2$와 $t = 3$ h 사이

$$Y_{s/c} = -\frac{218 - 231}{3.29 - 2.2} = \frac{13}{1.09} = 11.93 \text{ g/g} \tag{E9-4.2}$$

평균을 취하면 다음과 같다.

$$\boxed{Y_{s/c} = 11.96 \text{ g/g}} \tag{E9-4.3}$$

식 (E9-4.3)은 1.0 g의 세포를 만들기 위해 11.96 g의 기질이 소비된다는 것을 보여준다. 또한, Polymath 회귀분석을 사용하면 다음을 얻을 수 있다.

$$\boxed{Y_{c/s} = \frac{1}{Y_{s/c}} = \frac{1}{11.96 \text{ g/g}} = 0.084 \text{ g/g}} \tag{E9-4.4}$$

유사하게, 1시간과 2시간의 자료를 이용하여 기질/생산물의 **수율계수**를 구하면

$$Y_{s/p} = -\frac{\Delta C_s}{\Delta C_p} = -\frac{231 - 244}{5.03 - 2.14} = \frac{13}{2.89} = 4.5 \text{ g/g} \tag{E9-4.5}$$

$$\boxed{Y_{p/s} = \frac{1}{Y_{s/p}} = \frac{1}{4.5 \text{ g/g}} = 0.22 \text{ g/g}} \tag{E9-4.6}$$

여기서, 1.0 g의 기질을 소비하면 약 0.22 g의 생산물이 생성된다. 그리고 생산물/세포 **수율계수**는 다음과 같다.

$$Y_{p/c} = \frac{\Delta C_p}{\Delta C_c} = \frac{-5.03 - 2.14}{2.2 - 1.5} = 4.13 \text{ g/g} \tag{E9-4.7}$$

세포 1 g마다 4.13 g의 생산물이 생성된다.

$$\boxed{Y_{c/p} = \frac{1}{Y_{p/c}} = \frac{1}{4.13 \text{ g/g}} = 0.242 \text{ g/g}} \tag{E9-4.8}$$

(b) 속도식 파라미터

이제 모노 식(Monod equation)의 속도식 파라미터 μ_{max}와 K_s를 결정해야 한다.

$$r_g = \frac{\mu_{max} C_c C_s}{K_s + C_s} \tag{9-53}$$

회분식반응기의 경우

$$r_g = \frac{dC_c}{dt} \tag{E9-4.9}$$

속도식 파라미터 μ_{max}와 K_S를 알아내기 위해 제7장의 미분공식을 표 E9-4.1의 1열과 2열에 적용하여 r_g를 구한다. 그리고 결과를 이용하여 표 E9-4.1에 다른 열을 추가한다. 표 7-3의 미분방정식을 표 E9-4.1의 자료에 적용하여 식 E9-4.9의 r_g를 찾을 것이다.

$$r_{g0} = \frac{-3C_{C0} + 4C_{C1} - C_{C2}}{2\Delta t} = \frac{-3(1) + 4(1.5) - 2.2}{2(1)} = 0.4 \qquad \text{(E9-4.10)}$$

$$r_{g1} = \frac{C_{C2} - C_{C0}}{2\Delta t} = \frac{2.2 - 1}{2(1)} = 0.6 \qquad \text{(E9-4.11)}$$

$$r_{g2} = \frac{C_{C3} - C_{C1}}{2\Delta t} = \frac{3.29 - 1.5}{2(1)} = 0.9 \qquad \text{(E9-4.12)}$$

$$r_{g3} = \frac{C_{C1} - 4C_{C2} + 3C_{C3}}{2\Delta t} = \frac{1.5 - 4(2.2) + 3(3.29)}{2(1)} = 1.29 \qquad \text{(E9-4.13)}$$

이제 처리된 데이터 표 E9-4.2를 형성한다.

표 E9-4.2 속도 자료

t	C_C	r_g	C_S
0	1	0.4	250
1	1.5	0.6	244
2	2.2	0.9	231
3	3.29	1.29	218

초기에는 $C_s >> K_s$이므로 모노 식의 헤인즈-울프 형태를 사용하는 자료를 회귀하는 것이 가장 좋은 방법이다.

어떻게 μ_{max}와 K_S에 대한 모노 식으로 회귀할 수 있을까.

$$\frac{C_c C_s}{r_g} = \frac{K_s}{\mu_{max}} + \frac{C_s}{\mu_{max}} \qquad \text{(E9-4.14)}$$

이제 표 E9-4.2의 자료에서 μ_{max}와 K_s를 찾기 위해 비선형 최소자승법을 사용할 것이다. 이제 새로 계산된 r_g를 표 E9-4.1의 C_c 및 C_s와 함께 사용하여 Polymath 회귀에 사용할 (C_s)의 함수로 $\left[\frac{C_c C_s}{r_g}\right]$가 주어진 표 E9-4.3을 준비한다.

표 E9-4.3 처리된 자료

t	0	1	2	3
C_cC_s/r_g	625	610	567.8	558.1
C_s	250	244	231	218

POLYMATH Report
Nonlinear Regression (L-M)

Model: C01 = Ks/umax+C02/umax

Variable	Initial guess	value	95% confidence
Ks	20.	33.50084	217.559
umax	0.3	0.4561703	0.3681699

Precision

R^2	0.9342517
R^2adj	0.9013775
Rmsd	3.587096
Variance	102.938

식 (E9-4.14)의 Polymath의 비선형 회귀 결과로부터, $\mu_{max} = 0.46\ h^{-1}$과 $K_s = 33.5\ g/dm^3$을 얻는다.

$$r_C = \frac{0.46(h^{-1})C_c C_s}{33.5(g/dm^3) + C_s}$$

분석: 이 예에서는 표 E9-4.1에 주어진 세포, 기질 및 생산물의 농도를 사용하여 수율계수 $Y_{s/c}$, $Y_{c/s}$, $Y_{s/p}$, $Y_{p/s}$, $Y_{c/p}$, $Y_{p/c}$를 계산하는 방법을 보여주었다. 다음으로, 세포 농도 시간 자료를 미분하고 비선형 회귀분석을 사용하여 모노 속도식 파라미터수 μ_{max}와 K_s를 찾았다.

9.4.4 물질수지

미생물의 성장(growth of microorganisms)을 설명할 수 있는 두 가지 방법이 있다. 하나는 살아 있는 세포의 수(number of living cells)로 설명하는 것이고 다른 하나는 살아 있는 세포의 질량(mass of the living cells)로 설명하는 것이다. 여기서는 후자 쪽을 선택하기로 하자. 일정한 부피의 키모스탯(CSTR)(여백 그림과 그림 9-24 참조)에서의 미생물의 물질수지(mass balance)는 다음과 같다.

세포 물질수지

$$\begin{bmatrix} \text{세포의} \\ \text{축적속도,} \\ g/s \end{bmatrix} = \begin{bmatrix} \text{세포의} \\ \text{유입속도,} \\ g/s \end{bmatrix} - \begin{bmatrix} \text{세포의} \\ \text{유출속도,} \\ g/s \end{bmatrix} + \begin{bmatrix} \text{살아 있는 세포} \\ \text{의 순생성속도} \\ g/s \end{bmatrix} \tag{9-75}$$

$$V\frac{dC_c}{dt} = v_0 C_{c0} - v_0 C_c + (r_g - r_d)V$$

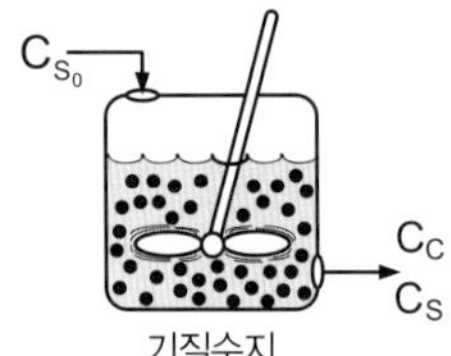

이에 상응하는 기질수지(substrate balance)는

$$\begin{bmatrix} \text{기질의} \\ \text{축적속도,} \\ g/s \end{bmatrix} = \begin{bmatrix} \text{기질의} \\ \text{유입속도,} \\ g/s \end{bmatrix} - \begin{bmatrix} \text{기질의} \\ \text{유출속도,} \\ g/s \end{bmatrix} + \begin{bmatrix} \text{기질의} \\ \text{생성속도,} \\ g/s \end{bmatrix} \tag{9-76}$$

$$V\frac{dC_s}{dt} = v_0 C_{s0} - v_0 C_s + r_s V$$

대부분의 계에서 흐름반응기에 대해 유입되는 미생물의 농도(C_{c0})는 0이다.

회분식 운전

회분계의 경우 $v = v_0 = 0$이며 물질수지는 다음과 같다.

세포 물질수지

물질수지

$$V\frac{dC_c}{dt} = r_g V - r_d V$$

반응기 부피 V로 나누면

$$\frac{dC_c}{dt} = r_g - r_d \tag{9-77}$$

기질 물질수지

기질의 소멸속도 $-r_s$는 세포성장에 쓰이는 기질과 세포의 유지를 위해 쓰이는 기질로부터 도출된다.

$$V\frac{dC_s}{dt} = r_s V = Y_{s/c}(-r_g)V - mC_c V \tag{9-78}$$

V로 나누면 성장 단계에서의 기질수지(substrate balance)를 산출할 수 있다.

성장 단계

$$\frac{dC_s}{dt} = Y_{s/c}(-r_g) - mC_c \tag{9-79}$$

세포 농도의 성장이 일어나지 않는 **정지 단계**에 있는 세포들의 경우에는 세포유지와 생산물 생산이 2차적인 기질을 소비하는 유일한 반응들이다. 이러한 조건 하에서 기질수지, 식 (9-76)은 다음과 같이 간단하게 된다.

정지 단계

$$V\frac{dC_{sn}}{dt} = -mC_c V + Y_{sn/p}(-r_{pn})V \tag{9-80}$$

일반적으로 2차 영양소를 이용하는 성장속도(r_{pn})는 r_g와 동일한 모노 형태의 속도식[즉, 식 (9-71)]을 가질 것이다. 물론 식 (9-79)는 기질 농도가 0보다 클 때 적용된다.

생산물 물질수지

$m = 0$일 때, 생산물 생성속도 r_p는 다음 수지식을 통해 기질 소비속도($-r_s$)와 관계지을 수 있다.

회분식 정지 성장 단계

$$V\frac{dC_p}{dt} = r_p V = Y_{p/s}(-r_s)V \tag{9-81}$$

성장 단계 동안, 생산물의 생산속도 r_p를 세포 성장속도 r_g와 연관시킬 수 있다[식 (9-63), 즉 $r_p = Y_{p/c}r_g$]. 위의 연립 1차 상미분방정식은 여러 가지 수치해석기법을 이용하여 풀 수 있다.

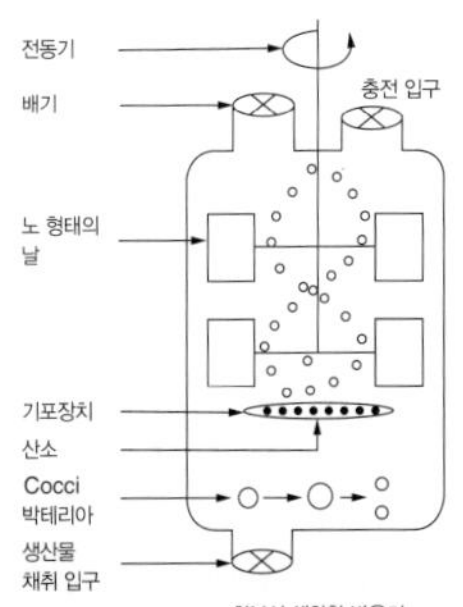

회분식 생화학 반응기

예제 9-5 회분식반응기에서의 박테리아의 성장

사카로미세스 세레비시아(*Saccharomyces cerevisiae*)와 같은 미생물을 사용하여 포도당의 에탄올로의 발효가 회분식반응기에서 수행된다. 세포, 기질, 생산물의 농도 그리고 속도 r_g, r_d, r_{sm}을 시간의 함수로 플롯하여라. 초기의 세포 농도는 1.0 g/dm^{3}이고 기질(포도당) 농도는 250 g/dm^{3}이다.

추가 자료(출처: R. Miller와 M. Melick, *Chem. Eng.*, Feb. 16, 1987, p. 113):

$$C_p^* = 93\ \text{g/dm}^3 \qquad Y_{c/s} = 0.08\ \text{g/g}$$

$$n = 0.52 \qquad Y_{p/s} = 0.45\ \text{g/g}$$

$$\mu_{\max} = 0.46\ \text{h}^{-1} \qquad Y_{p/c} = 5.6\ \text{g/g}$$

$$K_s = 33.5\ \text{g/dm}^3 \qquad k_d = 0.01\ \text{h}^{-1}$$

$$m = 0.03\ (\text{g 기질})/(\text{g 세포}\cdot\text{h})$$

풀이

1. 물질수지:

알고리즘

세포: $$V\frac{dC_c}{dt} = (r_g - r_d)V \tag{E9-5.1}$$

기질: $$V\frac{dC_s}{dt} = Y_{s/c}(-r_g)V - r_{sm}V \tag{E9-5.2}$$

생산물: $$V\frac{dC_p}{dt} = r_pV = Y_{p/c}(r_gV) \tag{E9-5.3}$$

2. 속도식:

성장: $$r_g = \mu_{\max}\left(1 - \frac{C_p}{C_p^*}\right)^{0.52}\frac{C_cC_s}{K_s + C_s} \tag{E9-5.4}$$

사멸: $$r_d = k_dC_c \tag{E9-5.5}$$

유지: $$r_{sm} = mC_c \tag{9-67}$$

3. 화학양론:

$$r_p = Y_{p/c}r_g \tag{E9-5.6}$$

알고리즘을 따른다.

4. 결합:

$$\frac{dC_c}{dt} = \mu_{\max}\left(1 - \frac{C_p}{C_p^*}\right)^{0.52}\frac{C_cC_s}{K_s + C_s} - k_dC_c \tag{E9-5.7}$$

세포 기질 생산물

$$\frac{dC_s}{dt} = -Y_{s/c}\mu_{\max}\left(1 - \frac{C_p}{C_p^*}\right)^{0.52}\frac{C_cC_s}{K_s + C_s} - mC_c \tag{E9-5.8}$$

$$\frac{dC_p}{dt} = Y_{p/c}r_g$$

이들 식은 ODE 문제풀이 프로그램(표 E9-5.1 참조)을 사용하여 풀었다. 문제에서 주어진 변수값들에 관한 결과는 그림 E9-5.1에서 보여준다.

표 E9-5.1 Polymath 프로그램

Differential equations

1 d(Cc)/d(t) = rg-rd

2 d(Cs)/d(t) = Ysc* (-rg)-rsm

3 d(Cp)/d(t) = rg*Ypc

Explicit equations

1 rd = Cc*.01

2 Ysc = 1/.08

3 Ypc = 5.6

4 Ks = 33.5

5 m = .03

6 umax = .46

7 rsm = m*Cc

8 kobs = umax*(1-Cp/93)^.52

9 rg = kobs*Cc*Cs/(Ks+Cs)

실전 예제 문제

Calculated values of DEQ variables

	Variable	Initial value	Final value
1	Cc	1.	16.55544
2	Cp	0	92.96161
3	Cs	250.	39.36185
4	kobs	0.46	0.007997
5	Ks	33.5	33.5
6	m	0.03	0.03
7	rd	0.01	0.1655544
8	rg	0.4056437	0.071523
9	rsm	0.03	0.4966631
10	t	0	12.
11	umax	0.46	0.46
12	Ypc	5.6	5.6
13	Ysc	12.5	12.5

(http://www.umich.edu/~elements/5e/09chap/live.html)

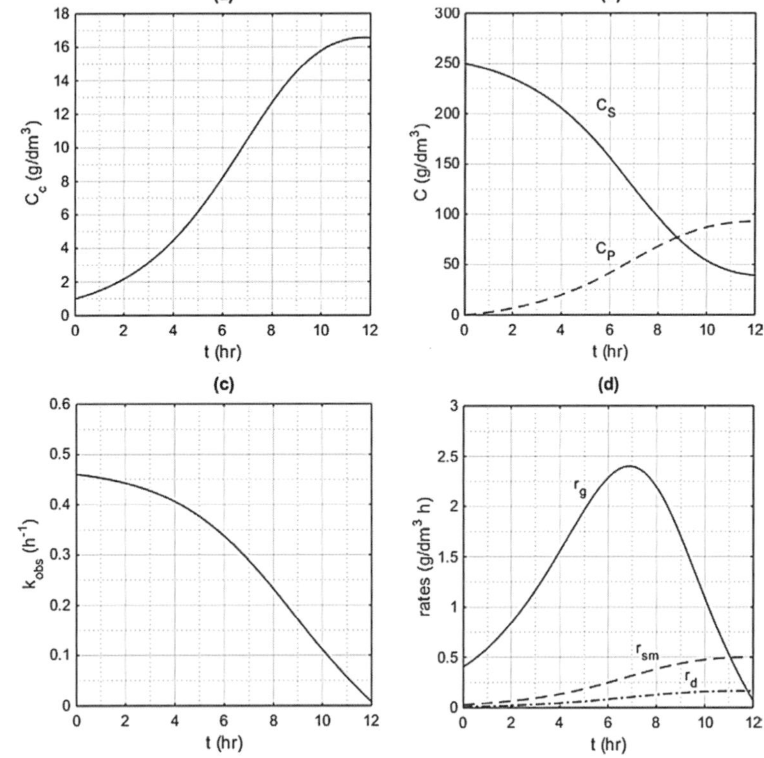

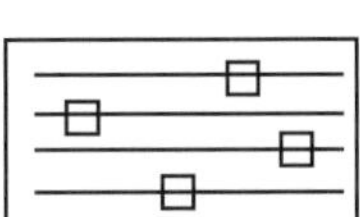

그림 E9-5.1 시간의 함수로서 농도 및 속도

CAUTION

기질 농도 C_s는 절대로 0보다 작을 수 없다. 그러나 기질이 완전히 소비되었을 때, 식 (E9-5.8)(그리고 Polymath 프로그램의 셋째 줄)의 오른편에 있는 첫째 항은 0이 될 것이다. 그러나 유지에 관한 두 번째 항 mC_c는 0이 되지 않을 것이다. 결과적으로, **만약** 시간으로 적분을 계속 수행한다면, 적분 프로그램은 **음**의 C_s 값을 예상할 것이다!!

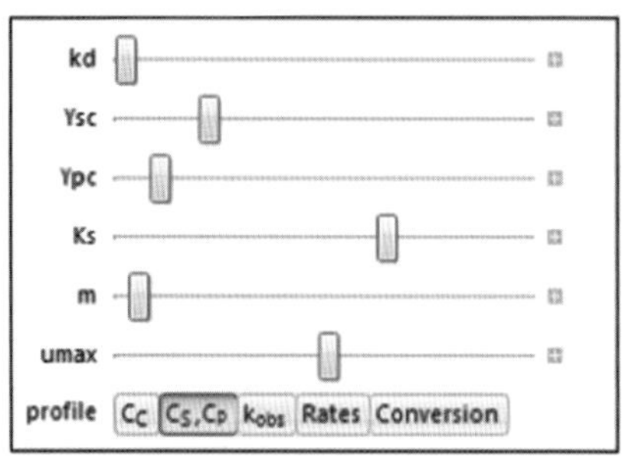

그림 E9-5.2 Wolfram 슬라이더

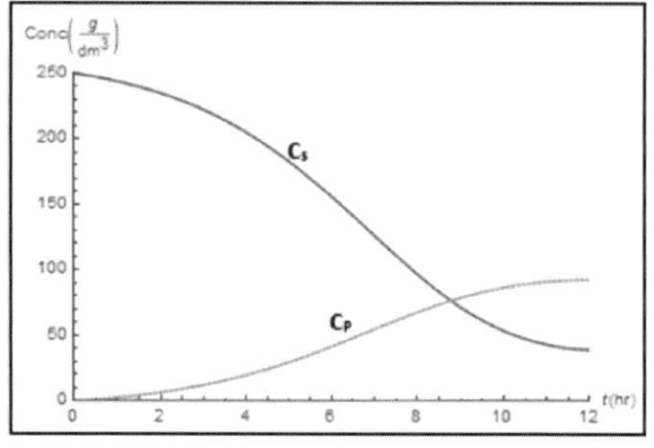

그림 E9-5.3 Wolfram 농도 궤적

이 불일치는 Polymath 프로그램이 **if** 명령문을 포함하는 것처럼 다양한 방식으로 해결될 수 있을 것이다(예, if C_s is less than or equal to zero, then $m = 0$; C_s가 0과 같거나 작으면 m은 0이다).

분석: 이 예제에서는 수정된 CRE 알고리즘을 바이오매스 생성(biomass formation)에 적용하였고, ODE 문제풀이 프로그램인 Polymath를 이용하여 도출된 방정식을 풀었다. 그림 E9-5.1**(d)**를 주목하여라. 성장속도(r_g)는 반응 초기에 세포의 농도(C_c)가 증가함에 따라 최대값을 향해 증가한다. 그 후에 기질의 농도가 감소함에 따라 감소하여 결국에는 C_p가 C_p^*에 접근한다. 그림 E9-5.1**(c)**에서 K_{obs}가 0으로 떨어지듯이 성장속도는 0으로 접근한다. 그림 E9-5.1의 **(a)**와 **(b)**로부터 세포의 농도는 시간에 따라 급격하게 증가하지만, 생산물의 농도는 그렇지 않다는 것을 볼 수 있다. 이렇게 차이가 나는 것은 기질 일부분이 유지(maintenance)하는 데 소비되고 일부분은 세포성장(cell growth)에 소비되어 남아 있는 나머지 기질만 생산물로 전환되기 때문이다.

9.4.5 키모스탯

키모스탯(chemostat)은 본질적으로 미생물이 들어 있는 CSTR이다. 관련 측정장비와 pH 조절기가 장착된 전형적인 키모스탯을 그림 9-24에 나타내었다. 키모스탯의 가장 중요한 특징 중의 하나는 운전자가 세포 성장속도를 제어할 수 있다는 것이다. 이러한 세포 성장속도의 제어는 부피 공급속도(희석속도, dilution rate)를 조정함으로써 달성할 수 있다.

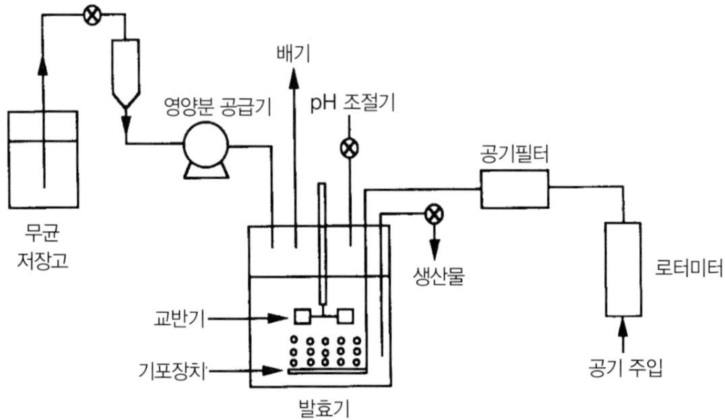

그림 9-24 키모스탯(CSTR) 시스템

9.4.6 CSTR 생물반응기 운전

이 절에서는 세포(cell)에 대한 물질수지[식 (9-75)]와 기질(substrate)에 대한 물질수지[식 (9-76)]로 다시 돌아가 부피유량의 유입과 유출이 같고($\upsilon = \upsilon_0$) 어떤 살아 있는(즉, 독자 생존 가능한) 세포도 키모스탯 내로 들어가지 않는 경우를 생각하자. 다음으로는 생물학적 반응기에 보편적으로 사용되는 파라미터인 희석속도 D를 정의한다. 희석속도는

$$D = \frac{\upsilon_0}{V}$$

이는 간단히 공간시간 τ의 역수, 즉 $D = \frac{1}{\tau}$이다. 식 (9-75)와 (9-76)을 V로 나누고 희석속도의 정의를 이용하면, 다음을 얻을 수 있다.

축적 = 유입 − 유출 + 생성

CSTR 물질수지

$$\text{세포:}\quad \frac{dC_c}{dt} = 0 - DC_c + (r_g - r_d) \tag{9-82}$$

$$\text{기질:}\quad \frac{dC_s}{dt} = DC_{s0} - DC_s + r_s \tag{9-83}$$

모노 식(Monod equation)을 사용하면 성장속도는 다음과 같이 된다.

속도식

$$r_g = \mu C_c = \frac{\mu_{\max} C_s C_c}{K_s + C_s} \tag{9-53}$$

정상상태 운전에서 다음을 얻는다.

$$DC_c = r_g - r_d \tag{9-84}$$

정상상태

그리고

$$D(C_{s0} - C_s) = -r_s \tag{9-85}$$

이제 사멸속도(r_d)를 무시하고, 정상상태 운전에 대한 식 (9-51)과 식 (9-84)를 결합하면 키모스탯으로부터 유출되는 세포의 질량유량 $\dot{m}_c = C_c \upsilon_0$와 세포 생성속도 $r_g V$를 얻을 수 있다. $r_g = \mu C_c$를 대입하면,

$$\dot{m}_c = C_c \upsilon_0 = r_g V = \mu C_c V \tag{9-86}$$

$C_c V$로 나누면 세포 농도가 지워지고 희석속도 D가 얻어진다.

희석속도

$$\boxed{D = \frac{\upsilon_0}{V} = \mu} \tag{9-87}$$

어떻게 세포성장을 제어할까.

식 (9-87)을 잘 검토해 보면 세포의 비성장속도(specific growth rate of the cell)는 운전자가 희석속도 D, 즉 $D = \frac{\upsilon_0}{V}$를 조절함으로써 **제어될 수 있음**을 알 수 있다. 즉, 단순히 부피유량을 증가시키면 비성장속도(μ)를 증가시킬 수 있다. 식 (9-52)를 사용하고

$$\mu = \mu_{max}\frac{C_s}{K_s + C_s} \quad s^{-1} \tag{9-52}$$

μ를 기질 농도의 항으로 대체하기 위해 정상상태의 기질 농도에 대해 풀면 다음과 같이 된다.

$$C_s = \frac{DK_s}{\mu_{max} - D} \tag{9-88}$$

하나의 영양소가 한정적이고(limiting), 세포성장이 기질 활용에 기여하는 유일한 공정이며, 세포의 유지는 무시될 수 있다고 가정하면, 화학양론은 다음과 같다.

$$-r_s = r_g Y_{s/c} \tag{9-89}$$

$$C_c = Y_{c/s}(C_{s0} - C_s) \tag{9-68}$$

식 (9-68)을 이용하여 C_s를 치환하고 재배열하면 다음 식을 얻는다.

$$\boxed{C_c = Y_{c/s}\left[C_{s0} - \frac{DK_s}{\mu_{max} - D}\right]} \tag{9-90}$$

9.4.7 세포유실(Wash-Out)

희석속도의 증가에 의한 영향을 알아보기 위해 식 (9-82)와 (9-54)를 결합하고 $r_d = 0$으로 두면 다음 식을 얻을 수 있다.

$$\frac{dC_c}{dt} = (\mu - D)C_c \tag{9-91}$$

만약 $D > \mu$라면 (dC_c/dt)는 음의 값을 가지게 될 것이고 세포 농도는 모든 세포들이 씻겨 나갈 때까지 계속해서 감소할 것이다.

$$C_C = 0$$

즉, υ_0가 지속적으로 증가하면서 반응기를 빠져나가는 살아 있는 세포의 농도가 0이 되고 **세포유실**(wash-out)이라고 불리는 지점에 도달하게 된다. 세포유실이 발생하는 희석률은 식 (9-90)에서 $C_c = 0$을 설정하여 구한다.

세포유실이 일어나는 유량

$$\boxed{D_{max} = \frac{\mu_{max}C_{s0}}{K_s + C_{s0}}} \tag{9-92}$$

다음으로 최대 세포 생산속도(rate of maximum cell production)인 희석속도에 대한 다른 극한치를 알아보자. 반응기 단위 부피당 세포 생산 은 반응기 밖으로 유출되는 세포들의 질량유량(즉, $\dot{m}_c = C_c\upsilon_0$)을 부피 V로 나눈 것이다. 또는

최대 세포 생산속도(DC_C)

$$\frac{\dot{m}_c}{V} = \frac{\upsilon_0 C_c}{V} = DC_c \tag{9-93}$$

식 (9-90)을 사용하여 식 (9-93)의 C_c를 치환하면

$$DC_c = DY_{c/s}\left(C_{s0} - \frac{DK_s}{\mu_{\max} - D}\right) \tag{9-94}$$

그림 9-25는 생산속도, 세포 농도, 기질 농도를 희석속도의 함수로서 그래프를 그린 것이다.

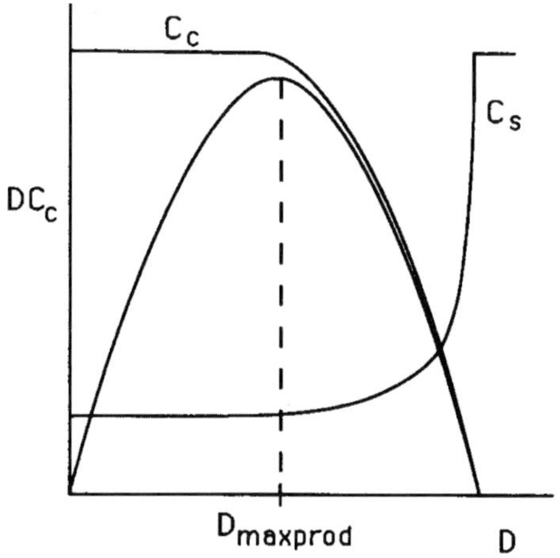

그림 9-25 희석속도의 함수로 나타낸 세포 농도와 생산속도

생산속도의 최대값이 존재함을 관찰할 수 있는데 이 값은 식 (9-94)의 생산속도를 희석속도 D에 대해 미분하면 구할 수 있다.

$$\frac{d(DC_c)}{dD} = 0 \tag{9-95}$$

그러면

최대 세포 생산속도

$$D_{\text{maxprod}} = \mu_{\max}\left(1 - \sqrt{\frac{K_s}{K_s + C_{s0}}}\right) \tag{9-96}$$

미생물 스트렙토미세스 아우레오파시엔(*Streptomyces aureofaciens*)은 기질로 자당(sucrose)을 사용하여 10 dm^3 키모스탯에서 연구되었다. 세포 농도 C_c (mg/ml), 기질 농도 C_s (mg/ml), 그리고 생산속도 DC_c (mg/ml/h)를 희석 농도를 변경하면서 정상상태에서 측정하였다. 자료는 그림 9-26에 나타내었다[24]. 이 자료는 그림 9-25에서 논의된 것과 동일한 경향을 따르는 것에 유의하여라.

24. B. Sikyta, J. Slezak, and M. Herold, *Appl. Microbiol.*, 9, 233.

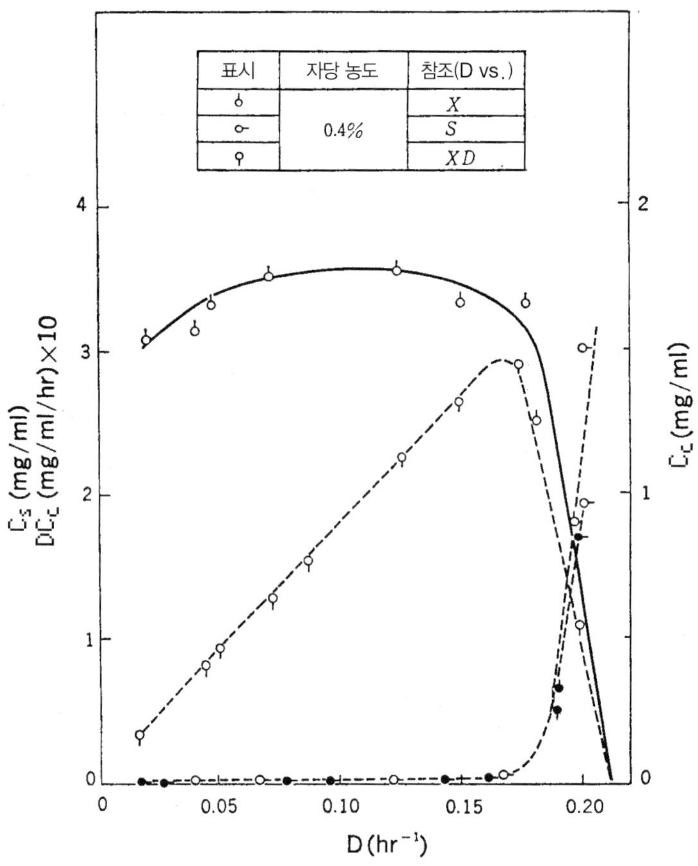

그림 9-26 키모스탯에서 스트렙토미세스 아우레오파시엔(*Streptomyces aureofaciens*)의 연속 배양(참고: $X \equiv C_c$) Courtesy of S. Aiba, A. E. Humphrey, and N. F. Millis, *Biochemical Engineering*, 2nd Ed. (New York: Academic Press, 1973)

마무리. 이 장의 대부분을 통해서 논의된 주제는 화학반응에서부터 효소반응에까지 적용하는 유사정상상태 가설(pseudo-steady-state hypothesis, PSSH)이다. 여러분은 속도식을 전개하기 위해서는 PSSH를 문제 P9-4_B와 P9-8_B 같은 반응에 적용할 수 있어야 한다. 이 장을 마친 후에는 효소반응과 라인위버-버크 플롯(Lineweaver-Burk plot)에 나타난 것처럼 서로 다른 형태의 저해작용을 기술하고 해석할 수 있어야 한다. 또한, 세포성장 단계와 함께 화학생산물들을 생산하는 데서 미생물의 이용에 관해 설명할 수 있어야 한다. 그리고 회분식반응기에서 농도-시간 궤적(concentration-time trajectories)을 얻기 위해 기질, 세포 및 생산물에 관한 물질수지를 어떻게 세포성장에 대한 모노 식(Monod equation)과 연관시키는지에 대해 설명할 줄 알아야 한다. 또한 성장속도식과 키모스탯(CSTR)에 대한 물질수지식들을 적용하여 최대생산속도(maximum product flow rate)와 세포유실속도(wash-out rate)를 예측할 수 있어야 한다.

요 약

1. PSSH에서 활성 중간체의 순생성속도(rate of formation of the active intermediates)를 0으로 둔다. 만약 활성 중간체 A*가 m개의 서로 다른 반응 내에 포함되어 있다면 다음 식으로 표현된다.

$$r_{A^*,\text{net}} \equiv \sum_{i=1}^{m} r_{A^*i} = 0 \tag{S9-1}$$

이 근사법은 활성 중간체가 반응성이 매우 높고, 낮은 농도로 존재할 때 타당하다고 할 수 있다.

2. 아조메탄(AZO)의 분해 메커니즘은 다음과 같다.

$$\begin{aligned} 2\text{AZO} &\underset{k_2}{\overset{k_1}{\rightleftarrows}} \text{AZO} + \text{AZO}^* \\ \text{AZO}^* &\xrightarrow{k_3} N_2 + \text{에탄} \end{aligned} \tag{S9-2}$$

$$r_{N_2} = \frac{k(\text{AZO})^2}{1 + k'(\text{AZO})} \tag{S9-3}$$

PSSH를 AZO*에 적용함으로써 고농도에서 AZO에 대해서 1차반응과 저농도에서 AZO에 대해서 2차반응을 나타내는 속도식을 구할 수 있다.

3. 효소반응속도론(enzyme kinetics): 효소반응은 다음과 같은 순서를 따른다.

$$\text{E} + \text{S} \underset{k_2}{\overset{k_1}{\rightleftarrows}} \text{E}\cdot\text{S} \xrightarrow{k_3} \text{E} + \text{P}$$

(E · S)에 대하여 PSSH를 적용하고, 전체 효소의 수지(balance on the total enzyme) E_t가 결합한 (E · S)와 결합하지 않은 효소(E) 농도의 합이라는 다음 식을 이용하면,

$$E_t = (\text{E}) + (\text{E}\cdot\text{S})$$

마이켈리스–멘텐 식(Michaelis – Menten equation)을 얻을 수 있다.

$$-r_s = \frac{V_{\max}(\text{S})}{K_M + (\text{S})} \tag{S9-4}$$

여기서 $V_{\max}$는 높은 기질 농도($S \gg K_M$)에서의 최대 반응속도이고, K_M은 마이켈리스 상수이다. K_M은 최대 속도의 반이 되는 속도에서의 기질 농도($S_{1/2} = K_M$)이다.

4. 저해의 세 가지 다른 형태들—경쟁저해, 비경쟁저해, 무경쟁저해(혼합저해)—을 라인위버–버크 플롯 상에 나타내었다.

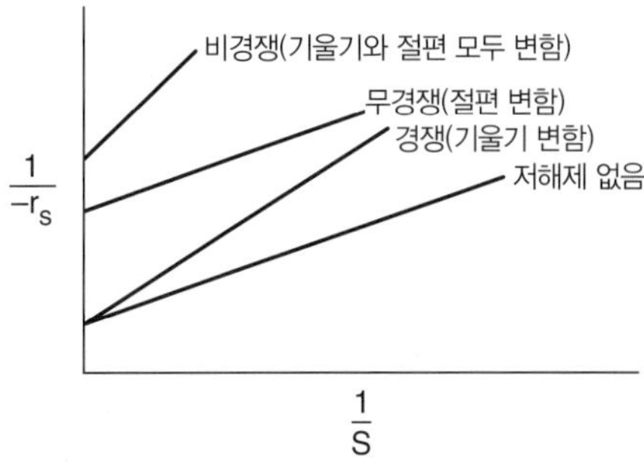

5. 생물반응기

$$\text{세포} + \text{기질} \longrightarrow \text{더 많은 세포} + \text{생산물}$$

(a) 박테리아 성장 단계:

I. 지연 단계 II. 지수성장 단계 III. 정지 단계 IV. 사멸 단계

(b) 키모스탯에서 비정상상태 **물질수지**:

$$\frac{dC_c}{dt} = D(C_{c0} - C_c) + r_g - r_d \tag{S9-5}$$

$$\frac{dC_s}{dt} = D(C_{s0} - C_s) + r_s \tag{S9-6}$$

(c) 모노 성장 **속도식**:

$$r_g = \mu_{\max} \frac{C_c C_s}{K_s + C_s} \tag{S9-7}$$

(d) **화학양론**:

$$Y_{c/s} = \frac{\text{생성된 새로운 세포의 질량}}{\text{소모된 기질의 질량}} \tag{S9-8}$$

$$Y_{s/c} = \frac{1}{Y_{c/s}} \tag{S9-9}$$

기질 소모:

$$-r_s = Y_{s/c} r_g + mC_c \tag{S9-10}$$

(e) 최대 세포 농도와 세포유실

세포유실(wash-out)이 일어날 때의 희석속도(dilution rate)

$$D_{\max} = \frac{\mu_{\max} C_{s0}}{K_s + C_{s0}}$$

반응기를 빠져나가는 세포의 최대 생산속도에 해당하는 희석속도

$$D_{\text{maxprod}} = \mu_{\max}\left(1 - \sqrt{\frac{K_s}{K_s + C_{s0}}}\right)$$

CRE 웹사이트 자료

• **확장자료**(*http://umich.edu/~elements/5e/09chap/expanded.html*)

1. 퍼즐 문제 "이 풀이는 무엇이 잘못되었는가?"
(*http://umich.edu/~elements/5e/09chap/expanded_ch09_puzzle.pdf*)

2. 알코올 대사에 대한 생리학 기반 약물동력학 모델
   (*http://umich.edu/~elements/5e/09chap/live.html*)

- **학습자료**(*http://umich.edu/~elements/5e/09chap/learn.html*)

1. 요약노트(*http://umich.edu/~elements/5e/09chap/summary.html*)
2. 자체테스트(*http://umich.edu/~elements/5e/09chap/add.html*)
   A. 연습문제(*http://umich.edu/~elements/5e/09chap/add.html*)
   B. i>clicker 질문(*http://umich.edu/~elements/5e/09chap/iclicker_ch9_q1.html*)
3. 웹모듈
   A. 오존층(Ozon Layer)(*http://umich.edu/~elements/5e/web_mod/ozone/index.htm*)
   B. 발광막대(Glow Sticks)(*http://www.umich.edu/~elements/5e/web_mod/new/glowsticks/index.htm*)

지구탐사선 TOMS 총 오존
2000년 9월 8일

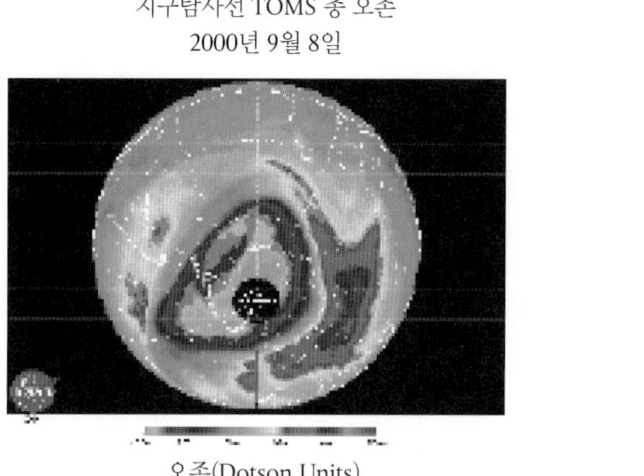

오존(Dotson Units)

사진 제공: Goddard Space Flight Center (NASA). CRE 웹사이트의 웹모듈 오존층의 컬러사진과 발광막대 참조.

4. 대화형 컴퓨터 게임(*http://umich.edu/~elements/5e/icm/index.html*)
   효소맨(Enzyme Man)(*http://umich.edu/~elements/5e/icm/enzyme.html*)

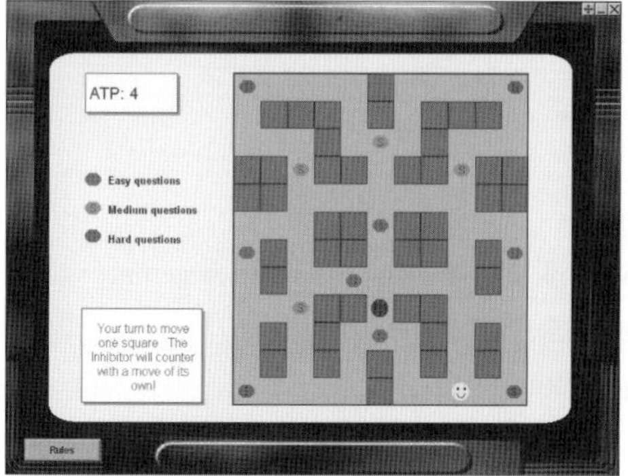

- **실전 예제 문제**(*http://umich.edu/~elements/5e/09chap/live.html*)

1. 예제 9-1 슈테른-볼머 식
2. 예제 9-2 마이켈리스-멘텐 파라미터 V_{max}와 K_M 구하기
3. 예제 9-3 회분식 효소 반응기
4. 효소 저해

5. 예제 9-4 수율계수 구하기
6. 예제 9-5 회분식반응기 내에서의 박테리아 성장
7. 예제 PSSH를 에탄의 열분해에 적용: PRS 9.1 참조
8. 예제 알코올 대사: PRS 9.7 참조
9. 예제 웹모듈: 오존
10. 예제 웹모듈: 발광막대
11. 예제 수용체 엔도시토시스(Receptor Endocytosis): PRS 9.5 참조
12. 예제 다수 기질에서의 미생물 성장: PRS 9.6 참조
13. 예제 약물동력학(Pharmacokinetics): PRS 9.8 참조

• **전문 참고자료 서고**(*http://umich.edu/~elements/5e/09chap/prof.html*)

R9-1 연쇄반응 예제 문제(*http://umich.edu/~elements/5e/09chap/prof-chain.html*)

R9-2 반응경로(*http://umich.edu/~elements/5e/09chap/prof-rxnpath.html*)

R9-3 고분자중합(*http://umich.edu/~elements/5e/09chap/pdf/polymerization.pdf*)

A. 단계 중합반응(Step Polymerization)

예제 R9-3.1 단계 중합반응을 위한 고분자의 농도 결정

B. 연쇄 중합반응(Chain Polymerization)

예제 R9-3.2 분자량 분포의 파라미터

C. 음이온 중합반응(Anionic Polymerization)

예제 R9-3.3 음이온 중합반응의 분석식으로부터 분포 파라미터 계산

예제 R9-3.4 단량체로의 전달이 주요 종결단계일 때 소멸 고분자 분포의 측정

R9-4 산소결핍 발효(Oxygen-Limited Fermentation)의 스케일업(scale-up)
(*http://www.umich.edu/~elements/5e/09chap/prof-07prof3.html*)

R9-5 수용체 동력학(Receptor Kinetics)(*http://www.umich.edu/~elements/5e/09chap/pdf/CD_Ch07Receptors.pdf*)

A. 코브라에게 물렸을 때 신호의 동력학과 죽음
(*http://www.umich.edu/~elements/5e/web_mod/cobra/index.html*)

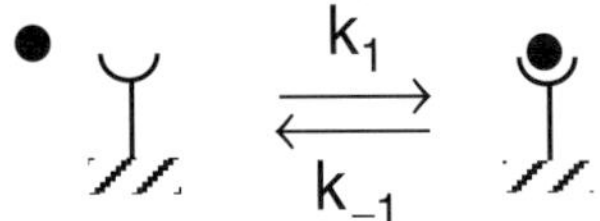

B. 세포내섭취(Endocytosis)

R9-6 다수 효소와 기질 시스템(Multiple Enzyme and Substrate Systems)
(*http://www.umich.edu/~elements/5e/09chap/prof-07prof2.html*)

A. 효소 재생(Enzyme Regeneration)

예제 PRS 9-6.1 다른 산소농도에 따른 라인위버-버크 플롯을 그려라.

B. 효소 보조인자(Enzyme Cofactors)

(1) 예제 PRS 9-6.2 알코올 탈수소효소(Alcohol Dehydrogenase)에 대한 속도식 유도

(2) 예제 PRS 9-6.3 다수 기질 시스템에 대한 속도식 유도

(3) 예제 PRS 9-6.4 Propanediol 존재 하에서 에탄올 생성의 초기속도 계산

R9-7 생리학 기반 약물속도론(PBPK) 모델. 사례연구: 인체 내 알코올 대사
(*http://www.umich.edu/~elements/5e/09chap/prof-pharmacokinetics.html*)

$$C_2H_5OH \underset{ADH}{\rightleftharpoons} CH_3CHO \xrightarrow[AlDH]{} CH_3COOH$$

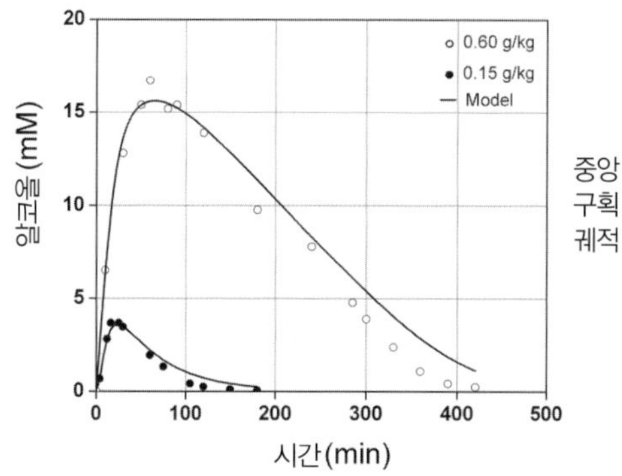

그림 R9-7.1 Wilkinson 등의 자료에 의한 혈액 내 알콜–시간 궤적[25]

R9-8 약물전달에서 약물속도론(Pharmacokinetics in Drug Delivery)
(*http://www.umich.edu/~elements/5e/09chap/prof-07prof5.html*)
경구투여 또는 정맥투여에 대한 약물전달 속도론 모델을 전개하고 해석한다.

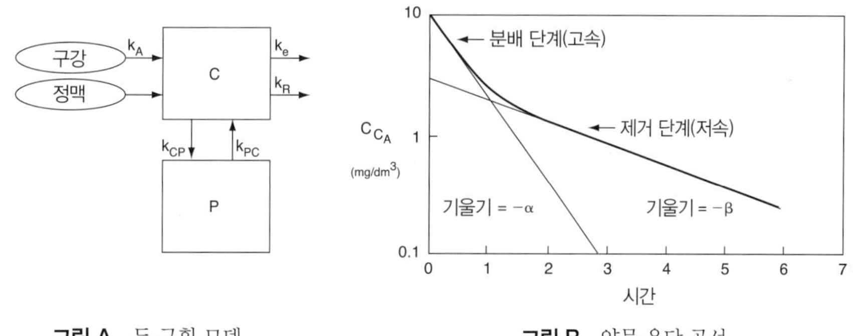

그림 A 두 구획 모델 **그림 B** 약물 응답 곡선

질문과 문제

각 문제의 아래첨자는 난이도를 나타낸다. A는 가장 쉬운 문제, B는 비교적 어려운 문제, C는 꽤 어려운 문제, D는 가장 어려운 문제.

A = ● B = ■ C = ◆ D = ◆◆

다음 각 질문 및 문제들에 대해서, 여러분이 얻은 해답에 박스 표시를 하기보다는, 문제를 푸는 방법, 사용한 가정들, 풀이의 합리성, 배운 내용 그리고 추가적으로 포함시키고 싶은 어떤 사실들을 하나 또는 두 개의 문장으로 적어 보아라.

W. Strunk와 E. B. White의 "*The Elements of Style, 4th ed.* (New York: Macmillan, 2000)"과 Joseph M. Williams의 "*Style: Ten Lessons in Clarity & Grace, 6th ed.* (Glenview, IL: Scott, Foresman, 1999)"를 참조하여 여러분의 문장력을 다듬어라.

25. P. K. Wilkinson, et al., "Pharmacokinetics of Ethanol After Oral Administration in the Fasting State," *J. Pharmacoket. Biopharm.*, 5(3): 207-224 (1977).

■ 질문

Q9-1$_A$ **i > clicker.** 웹사이트(*http://www.umich.edu/~elements/5e/09chap/iclicker_ch9_q1.html*)를 방문하여 적어도 5개의 i > clicker 질문을 둘러보아라. 다음 시험에 포함되도록 그대로 사용할 수 있거나 변형할 수 있는 질문 하나를 골라라. 반대의 경우를 고려할 수도 있다. 즉, 왜 다음 시험에 그 질문이 있어서는 안 되는지를 설명하는 것이다. 어떤 경우든지, 당신의 이유를 설명하여라.

■ 컴퓨터 시뮬레이션과 실험

P9-1$_A$ (a) **예제 9-1: 슈테른–볼머 식(Stern-Volmer Equation)**

Wolfram

(i) 농도 C_S와 M이 증가할 때 어떻게 I, I_0 그리고 (I_0/I)가 변하는지를 설명하여라.

(ii) 농도 M이 증가할 때 빛의 세기가 어떻게 변하는지 설명하여라.

(iii) 빛의 세기가 거의 없을 경우, 즉 X(alcohol) = 6 mol/dm^{3}일 때, k_3의 값은 얼마인가?

(b) **예제 9-2: 마이켈리스–멘텐 파라미터 V_{max}와 K_M의 계산**

Wolfram

(i) Michaelis – Menten 플롯에서 K_M의 값이 매우 작을 경우, 기질 농도 C_S의 변화에 따른 기질 소비속도 $-r_S$는 어떻게 되는가?

(ii) Eadie – Hofstee 플롯에서 K_M의 값이 매우 작을 경우, 기질 소비속도 $-r_S$가 영이 될 때의 K_M과 V_{max} 값은 얼마인가?

Polymath

(iii) 저해제를 첨가하여 다음 추가 실험을 수행하였다:

C_{urea}(kmol/m^3)	$C_{inhibitor}$(kmol/m^3)	$-r_{urea}$(kmol/m^3 · s)
0.01	0.1	0.125
0.005	0.1	0.065

어떤 형태의 저해작용이 일어나는가?

(iv) Woolf – Hanes 플롯과 Eadie – Hofstee 플롯 상에 저해 없음, 경쟁저해, 비경쟁저해, 무경쟁저해(혼합저해), 그리고 기질저해에 대해서 곡선을 스케치하여라.

(c) **예제 9-3: 회분식 효소반응기**

Wolfram

(i) 전화율이 1에 접근할 때, 반응시간은 어디로 접근하는가?

Polymath

(ii) 만약 우레아의 초기 농도가 10배 증가한다면 15분 후에 전화율은 어떻게 변화하겠는가?

(iii) 30분 후 전화율이 0.5 미만이라면 K_M의 최소값은 무엇인가?

(d) **예제 9-4: 수율계수 예측.** 세포 질량당 그램 단위로 소비되는 기질 총량과 생산물을 만들기 위해 소비되는 것은? 여기에 차이가 있는가?

(e) **예제 9-5: 회분식반응기에서의 박테리아의 성장**

Wolfram

(i) t = 9 hr에서 C_C가 최대값을 통과할 수 있도록 어떤 파라미터를 변경할 것인가? 결과를 설명하여라.

(ii) C_S가 항상 C_P보다 높은 경우 K_S의 최소값은 얼마인가?

(iii) r_g가 t = 12 hr까지 계속 증가하려면 μ_{max}의 최대값은 얼마인가?

(iv) 반응 종료 때 사실상 100% 전화율을 달성할 수 있는 $Y_{S/C}$의 값은?

Polymath

(v) 세포의 초기 농도가 C_{ci} = 0.2 mg/dm^{3}이고 기질의 초기 농도가 0.5 mg/dm^{3}인 1.0 dm^{3}의 초기 액체 부피에 5 g/dm^3 농도의 기질이 0.5 dm^3/h로 공급되는(예, 반회분식) fed-batch 반응기에서 발효를 수행하기 위해 코드를 수정하여라. 최대 24시간의 생산물 질량과 함께 세포, 기질, 생산물의 농도를 시간 함수로 플롯하여 분석하여라.

(vi) K_I = 0.7 g/dm^{3}으로 기질(substrate)에 의해 성장이 비경쟁적으로 억제되었을 때(uncompetitively inhibited) (i)을 반복하여라.

(vii) C_P^* = 10,000 g/dm^{3}을 설정하고 결과를 기본 사례와 비교하여라.

(f) **연쇄반응(Chain Reaction) 예제**는 CRE 웹사이트의 **전문 참고자료 서고** R9.1에서 논의되었다. 어떤 시간 범위 이상에서 PSSH가 타당하지 않은가? **실전 예제 문제**를 내려받아라. 온도를 변화시켜라(800 < T < 1600). 어떤 온도에서 PSSH 결과와 가장 큰 격차를 나타내는가? PSSH의 해답과 수치적 해를 비교하여라.

(g) **CRE 웹사이트의 알코올 대사(Alcohol Metabolism)에 대한 예제.** 이 문제는 알코올이 인체에 미치는 영향에 대해 알 수 있는 **금광** 같은 것이다. CRE 웹사이트에서 PolyMath **실전 예제 프로그램**을 내려받아라. (1) 알코올의 초기 투여량을 변화시키면서 시작하여라. (2) 다음으로 ALDH 효소가 부족한 40~50%의 아시아인과 미국 원주민들을 고려하여라. 아세트알데히드에 대한 V_{max}의 정상값에 10%와 50% 사이로 맞추고 기존의 경우와 농도-시간 궤적을 비교하여라. **힌트**: *http://www.umich.edu/~elements/5e/09chap/prof-pharmacokinetics.html* 에서 제공하는 **요약노트**[*Alcohol* 35, p.1 (2005)]를 읽어라.

■ 대화형 컴퓨터 게임

P9-2$_A$ **(a)** **ICG Enzyme Man.** 컴퓨터에 대화형 컴퓨터 게임(ICG)을 내려받고 연습을 수행하여라.
수행번호 # ______________
(*http://www.umich.edu/~elements/5e/icm/enzyme.html*)

(b) 서문의 표 P-4에 있는 여섯 아이디어 중에서 하나 이상을 골라 이 문제에 응용하여라.

(c) 비활성 가스 M(예, N_2)이 다음과 같은 단계로 반응에 참여한다고 가정했을 때 식 (9-9)를 다시 유도하여라.

$$\text{AZO} + \text{M} \xrightarrow{k_4} \text{AZO}^{\bullet} + \text{M}$$

$$\text{AZO}^{\bullet} + \text{M} \xrightarrow{k_5} \text{AZO} + \text{M}$$

■ 문제

P9-3$_C$ (난연제[†]) 수소 라디칼들은 연소반응을 지속시키는 데에 있어서 중요하다. 따라서, 만약 수소 라디칼을 포획하여 없애는 화합물을 첨가하면 불꽃은 꺼질 수 있다. 연소공정이 진행되는 동안 많은 반응이 일어나는데 이 공정을 설명하기 위한 하나의 모델계로서 CO 불꽃을 선택한다(S. Senkan et al., *Combustion and Flame*, 69, p.113). 저해제가 없을 때 반응은 다음과 같다.

$$O_2 \longrightarrow O\cdot + O\cdot \qquad \text{(P9-3.1)}$$

$$H_2O + O\cdot \longrightarrow 2OH\cdot \qquad \text{(P9-3.2)}$$

$$CO + OH\cdot \longrightarrow CO_2 + H\cdot \qquad \text{(P9-3.3)}$$

$$H\cdot + O_2 \longrightarrow OH\cdot + O\cdot \qquad \text{(P9-3.4)}$$

† 역자 주 | 난연제(flame retardants): 플라스틱, 고무, 섬유, 종이, 목재 등의 가연성 소재에 첨가해서 그것들을 불타기 어렵게 하거나 불꽃이 퍼지지 않도록 하는 약제. 주로 할로겐 화합물을 이용한다.

마지막 두 반응은 처음 두 반응과 비교하여 빠르다. HCl이 불꽃에 들어가게 되면 다음과 같은 부가적인 반응들이 일어난다.

$$\mathrm{H\cdot + HCl \longrightarrow H_2 + Cl\cdot}$$
$$\mathrm{H\cdot + Cl\cdot \longrightarrow HCl}$$

모든 반응은 기초반응이며 O·, OH· 및 Cl· 라디칼들에 대해 PSSH를 적용할 수 있다고 가정한다.

(a) 난연제가 존재하지 않을 경우 CO의 소멸에 대한 속도식을 유도하여라.

(b) 비저해(uninhibited) 연소와 HCl이 존재할 경우의 연소 둘 모두에 대해 O_2, CO, H_2O의 농도가 일정하다고 가정할 때, H·의 농도에 대한 식을 시간의 함수로 유도하여라. 두 경우에 대해 H·를 시간에 따라 스케치하여라.

P9-4$_A$ 아세트알데히드의 열분해는 다음과 같은 일련의 반응으로 일어난다고 믿고 있다.

$$\mathrm{CH_3CHO \xrightarrow{k_1} CH_3\cdot + CHO\cdot}$$
$$\mathrm{CH_3\cdot + CH_3CHO \xrightarrow{k_2} CH_3\cdot + CO + CH_4}$$
$$\mathrm{CHO\cdot + CH_3CHO \xrightarrow{k_3} CH_3\cdot + 2CO + H_2}$$
$$\mathrm{2CH_3\cdot \xrightarrow{k_4} C_2H_6}$$

(a) 아세트알데히드의 소멸속도 $-r_{Ac}$를 유도하여라.

(b) 364쪽 9.1절의 시작 부분에 있는 방정식은 어떤 조건에서 풀 수 있는가?

(c) 이 반응에 대한 반응경로 다이어그램(reaction pathway diagram)을 스케치하여라. **힌트**: 369쪽 여백의 주석을 참조하여라.

P9-5$_B$ **(a)**, **(b)**, **(c)**에 있는 각각의 반응에 대해 메커니즘을 제안하고, PSSH를 적용하여 메커니즘이 속도식과 일치하는지 알아보아라.

(a) 일산화질소(NO)가 이산화질소(NO_2)로 변하는 기상 균일 산화반응은 다음과 같다.

$$\mathrm{2NO + O_2 \xrightarrow{k} 2NO_2}$$

회원 명예의 전당

질소산화물의 분압이 낮을 때는 산화반응은 3차 반응이며, 이는 반응식이 쓰인 대로의 기초반응으로 알려져 있다. 그러나 속도상수 k는 절대온도가 증가함에 따라 실제적으로 **감소하므로** 분명히 **음**의 활성화 에너지를 갖는다는 것을 가리킨다. 그러나 기초반응의 활성화 에너지는 양이어야 하므로 이에 대한 적절한 설명이 요구된다.

활성 중간체 NO_3가 질소를 산화하는 반응에 참여한다는 사실로부터 이를 설명해 보아라. 반응경로를 그려라. **힌트**: 9.1.2절 여백의 주석을 참조하여라.

(b) 염소(Cl_2)와 일산화탄소(CO)에서 포스겐($COCl_2$)을 생성하는 속도식은 다음과 같다.

$$r_{\mathrm{COCl_2}} = kC_{\mathrm{CO}}C_{\mathrm{Cl_2}}^{3/2}$$

이 속도식과 일치하는 반응의 메커니즘을 제시하여라. 그리고 반응경로를 그려라. **힌트**: Cl_2의 분해되어 형성된 Cl은 두 가지 활성 중간체 중 하나이다.

(c) 반응 $H_2 + Br_2 \rightarrow 2HBr$에 대한 활성 중간체와 메커니즘을 제안하여라. 제안한 메커니즘이 속도식과 일치하는지 보이기 위해 PSSH를 적용하여라.

$$r_{\mathrm{HBr}} = \frac{k_1 C_{\mathrm{H_2}} C_{\mathrm{Br}}^{3/2}}{C_{\mathrm{HBr}} + k_2 C_{\mathrm{Br_2}}}$$

P9-6$_C$ (트라이볼로지(Tribology)) **왜 자동차 오일을 교환하는가?** 엔진오일 분해의 주요 이유 중의 하나는 모터오일의 산화이다. 분해공정을 지연시키기 위해서 대부분의 오일들에는 산화방지제가 들어 있다[*Ind. Eng. Chem. 26*, 902 (1987) 참조]. 산화에 대한 저해제가 없을 경우, 저온에서 제안된 메커니즘은 다음과 같다.

$$I_2 \xrightarrow{k_0} 2I\cdot$$

$$I\cdot + RH \xrightarrow{k_i} R\cdot + HI$$

$$R\cdot + O_2 \xrightarrow{k_{p1}} RO_2^{\cdot}$$

$$RO_2^{\cdot} + RH \xrightarrow{k_{p2}} ROOH + R\cdot$$

$$2RO_2^{\cdot} \xrightarrow{k_t} \text{비활성}$$

Go Blue
Motor Oil

여기서 I_2는 개시제(initiator)이고, RH는 오일 속의 탄화수소이다.
저온에서의 분해 지연(retard degradation)을 위하여 산화방지제(antioxidant)가 첨가될 때, 다음의 부가적인 정지단계(termination steps)가 일어난다.

$$RO_2\cdot + AH \xrightarrow{k_{A1}} ROOH + A\cdot$$

$$A\cdot + RO_2^{\cdot} \xrightarrow{k_{A2}} \text{비활성}$$

(예, AH = [OH와 CH_3가 치환된 벤젠 고리], 비활성 = [OH와 CH_2OOR가 치환된 벤젠 고리])

(a) 저온에서 산화방지제가 없을 때 모터오일의 분해에 대한 속도식을 유도하여라.
(b) 저온에서 산화방지제가 있을 때 모터오일의 분해에 대한 속도식을 유도하여라.
(c) 만약 라디칼 $I\cdot$가 엔진에서 일정속도로 생성되고 오일 속으로 들어간다면 **(a)** 항에서의 변화에 대해 어떻게 답하겠는가?
(d) 산화방지제가 있을 때와 없을 때, 온도가 높고 낮을 때, 두 경우 모두의 반응경로 도표를 스케치하여라.
(e) 이 문제에서 더 많은 것을 알기 위해 CRE 웹사이트와 부록 G의 개방형 문제(open-ended problem) G.2를 보아라. (**역자 주** | 개방형문제(open-ended problem): 열린 형태의 문제, 보다 넓게 또는 보다 복잡하게 확장할 수 있도록 만든 문제)

P9-7$_A$ **전염병학**(Epidemiology). 전염병학에서 PSSH의 적용을 고려하자. 다음 각 단계를 기초반응으로 취급할 것이며, 그 속도는 특정 건강 상태에 있는 사람들의 수에 비례할 것이다. 건강한 사람 H는 천연두 포자(smallpox spores)와 접촉하여 자연스럽게 아플 수 있다:

$$H \xrightarrow{k_1} I \qquad \text{(P9-7.1)}$$

또는 다른 아픈 사람과의 접촉을 통해 병에 걸릴 수도 있다:

$$I + H \xrightarrow{k_2} 2I \qquad \text{(P9-7.2)}$$

환자가 건강해질 수도 있다:

$$I \xrightarrow{k_3} H \qquad \text{(P9-7.3)}$$

또는 환자가 죽을 수도 있다:

$$I \xrightarrow{k_4} D \tag{P9-7.4}$$

식 (P9-7.4)에 제시된 반응은 역반응이 발생했다고 보고되었음에도 일반적으로 완전히 비가역적이다.

(a) 사망률에 대한 방정식을 유도하여라.

(b) 건강한 사람의 어떤 농도가 사망률을 중요하게 만드는가? (**답:** $[H] = (k_3 + k_4)/k_2$일 때)

(c) **(b)**의 조건에 따른 PSSH의 타당성에 대하여 논평하여라.

(d) 만약 $k_1 = 10^{-8}\ h^{-1}$, $k_2 = 10^{-16}$(사람 • h)$^{-1}$, $k_3 = 5 \times 10^{-10}\ h^{-1}$, $k_4 = 10^{-11}\ h^{-1}$ 그리고 $H_0 = 10^9$사람인 경우, Polymath를 사용하여 H, I, 그리고 D를 시간의 함수로 플롯하여라. k_i를 변화시키고 발견한 것을 묘사하여라. 현지 질병관리센터에 문의하거나 온라인으로 검색하여 모델을 수정하거나 k_i를 적절한 값으로 대체하여라. 다른 정보(예, 인터넷)에서 배운 내용을 고려하여 모델을 확장하여라.

(e) 서문의 표 P-4에 있는 여섯 아이디어 중에서 하나 이상을 골라 이 문제에 응용하여라.

P9-8$_B$ 다음의 효소반응의 속도식을 유도하고 기술한 후, 가능하다면 그림 E9-2.1에 나타난 플롯과 비교하여라.

(a) $E + S \rightleftarrows E \cdot S \rightleftarrows P + E$

(b) $E + S \rightleftarrows E \cdot S \rightleftarrows E \cdot P \rightarrow P + E$

(c) $E + S_1 \rightleftarrows E \cdot S_1$
$E \cdot S_1 + S_2 \rightleftarrows E \cdot S_1S_2$
$E \cdot S_1S_2 \rightarrow P + E$

(d) $E + S \rightleftarrows E \cdot S \rightarrow P$
$P + E \rightleftarrows E \cdot P$

(e) **(a)**에서 **(d)**의 반응 중, 있다면 어느 반응이 라인위버–버크 플롯으로 분석하는 데 적합한가?

P9-9$_B$ beef catalase는 과산화수소를 분해하여 물과 산소를 얻는 반응을 촉진하는 데 사용되어왔다[*Chem. Eng. Educ., 5,* 141 (1971)]. pH 6.76, 30°C에서 반응혼합물에 대한 과산화수소 농도는 시간의 함수로 주어진다.

t (min)	0	10	20	50	100
$C_{H_2O_2}$ (mol/L)	0.02	0.01775	0.0158	0.0106	0.005

(a) 마이켈리스–멘텐 파라미터 V_{max}와 K_M을 구하여라.

(b) 전체 효소농도를 3배로 한다면 20분 후의 기질 농도는 얼마가 되겠는가?

(c) 서문의 표 P-4에 있는 여섯 아이디어 중에서 하나 이상을 골라 이 문제에 응용하여라.

(d) 이 문제를 부정확하게 푸는 방법을 열거하여라.

P9-10$_B$ 다음의 효소반응에서 기질저해가 일어남이 관찰되어 왔다:

$$E + S \longrightarrow P + E$$

(a) 기질저해에 관한 속도식이 $-r_s$ (mmol/L·min)를 기질 농도 *S* (mmol/L)에 대해 플롯한 그림 P9-10$_B$와 일치함을 보여라.

(b) 만약 이 반응이 부피가 1000 dm^{3}인 CSTR에서 3.2 dm^3/min의 부피유량으로 진행된다고 할 때, 세 가지의 가능한 정상상태를 구하고, 가능하다면 어느 것이 안정(stable)한지를 말해 보아라. 기질의 유입농도는 50 mmol/dm^{3}이다. 최대전화율은 얼마인가?

(c) 만약 전체 효소 농도를 33%까지 줄인다면 유출되는 기질 농도는 얼마인가?

(d) 이 문제를 부정확하게 푸는 방법을 열거하여라.

(e) 어떻게 하면 이 문제를 더 어렵게 만들 수 있는가?

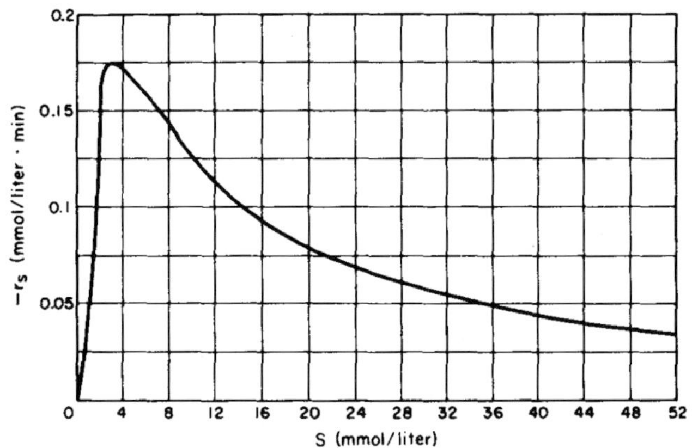

그림 P9-10$_B$ 기질저해에 대한 마이켈리스-멘텐 플롯

P9-11$_B$ 23.4℃의 특정 배지 속에서 저해제인 설파닐아미드(sulfanilamide)가 존재할 때와 존재하지 않을 때 빵 효모(baker's yeast)에 관해 다음 자료가 얻어졌다. 반응속도($-r_s$)는 산소 분압(oxygen partial pressure)에 대한 함수로 얻어진 산소 섭취속도(oxygen uptake rate)(Q_{O_2})의 항으로 측정되었다.

(a) Q_{O_2}가 산소에 대해서 마이켈리스-멘텐 속도식을 따른다고 가정하여라. 최대 Q_{O_2}(V_{max})와 마이켈리스-멘텐 상수 K_M을 구하여라. (**답:** V_{max} = 52.63 μL O_2/h·mg cells).

(b) 라인위버-버크 플롯을 이용하여 O_2 섭취에 영향을 주는 설파닐아미드가 어떤 유형의 저해제인지를 판단하여라.

P_{O_2}*	Q_{O_2} (설파닐아미드가 없을 때)	Q_{O_2} (20 mg 설파닐아미드/mL가 배지에 첨가)
0.0	0.0	0.0
0.5	23.5	17.4
1.0	33.0	25.6
1.5	37.5	30.8
2.5	42.0	36.4
3.5	43.0	39.6
5.0	43.0	40.0

*P_{O_2} = 산소 분압(mmHg); Q_{O_2} = 산소 섭취속도(O_2/h·mg cells)

(c) 이 문제를 부정확하게 푸는 방법을 열거하여라.

(d) 서문의 표 P-4에 있는 여섯 아이디어 중에서 하나 이상을 골라 이 문제에 응용하여라.

P9-12$_B$ 녹말의 효소 가수분해가 maltose와 α-dextrin을 첨가했을 때와 안 했을 때에 대해 실행되었다[S. Aiba, A. E. Humphrey, and N. F. Millis, *Biochemical Engineering* (New York: Academic Press, 1973)].

녹말 → α-dextrin → limit dextrin → maltose

(역자 주 | 한계 덱스트린(limit dextrin): 전분을 아밀라아제로 분해하면, 분해 후에 남는 고분자의 덱스트린)

비저해				
C_S (g/dm^3)	12.5	9.0	4.25	1.0
$-r_S$ (relative)	100	92	70	29
maltose 첨가 (I = 12.7 mg/dm^3)				
C_S (g/dm^3)	10	5.25	2.0	1.67
$-r_S$ (relative)	77	62	38	34

α-dextrin 첨가(I = 3.34 mg/dm³)				
C_S (g/dm³)	33	10	3.6	1.6
$-r_S$ (relative)	116	85	55	32

maltose와 α-dextrin의 저해 형태를 결정하여라.

P9-13$_B$ 수소이온 H^+는 효소(E^-)와 결합하여 EH의 형태로 활성화한다. 또한 H^+는 EH와 결합하여 EH_2^+를 형성함으로써 EH를 비활성화시킨다.

$$H^+ + E^- \rightleftarrows EH \qquad K_1 = \frac{(EH)}{(H^+)(E^-)}$$

$$H^+ + EH \rightleftarrows EH_2^+ \qquad K_2 = \frac{(EH_2^+)}{(H^+)(EH)}$$

$$EH + S \overset{K_M}{\rightleftarrows} \text{EHS} \longrightarrow \text{EH} + P, \ K_M = \frac{(\text{EHS})}{(\text{EH})(\text{S})}$$

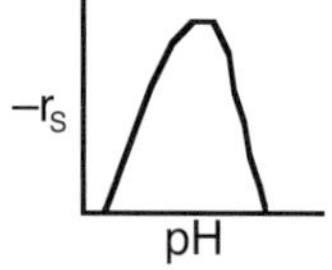

그림 P9-13$_B$ 효소의 pH 의존성

E^-와 EH_2^+는 비활성이다.

(a) 그림 P9-13$_B$의 pH에 대한 효소 활성의 최적 조건을 주어진 연속적인 반응 단계를 통해 설명할 수 있는지 판단하여라.

(b) 이 문제를 부정확하게 푸는 방법을 열거하여라.

(c) 서문의 표 P-4에 있는 여섯 아이디어 중에서 하나 이상을 골라 이 문제에 응용하여라.

P9-14$_B$ 다른 형태의 효소저해(enzyme inhibition)에 대한 Eadie-Hofstee 플롯이 아래에 주어졌다. 저해작용과 선을 맞춰 보아라.

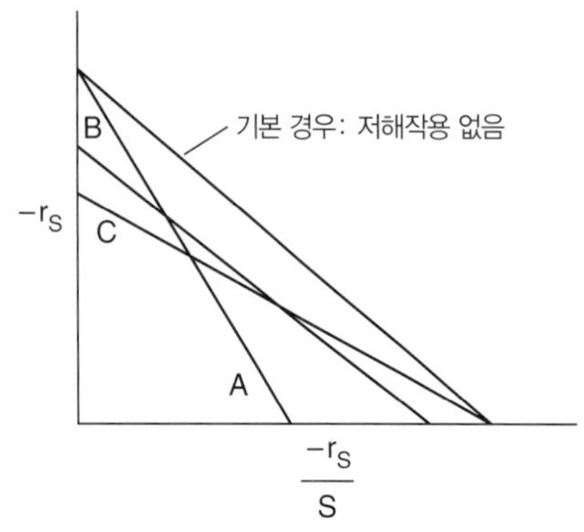

(a) 선 A 저해 메커니즘. 답:________

(b) 선 B 저해 메커니즘. 답:________

(c) 선 C 저해 메커니즘. 답:________

P9-15$_B$ 바이오매스 반응이

$$\text{기질 S + 세포} \longrightarrow \text{더 많은 세포 + 생산물}$$

12 dm³의 CSTR에서 수행되고, 기질의 유입농도는 200 g/dm³이다. 반응속도는 모노 식(Monod equation)을 따르며 $\mu_{max} = 0.5\ s^{-1}$이고 $K_S = 50$ g/dm³이다. 최대 세포 생산속도(maximum production rate of cells)(g/h)가 이루어지는 부피유속 υ_o(dm³/h)은 무엇인가?

P9-16$_B$ 특정한 그람음성균(gram-negative bacteria)으로부터 생성된 생산물 P는 모노 성장식(Monod equation)을 따른다.

$$r_g = \frac{\mu_{max} C_s C_c}{K_S + C_s}$$

여기서 $\mu_{max} = 1\ h^{-1}$, $K_S = 0.25$ g/dm³, $Y_{c/s} = 0.5$ g/g이다.

(a) 이 반응은 회분식반응기에서 초기 세포 농도 $C_{c0} = 0.1\ g/dm^3$, 기질 농도 $C_{s0} = 20\ g/dm^3$로 하여 수행된다.

$$C_c = C_{c0} + Y_{c/s}(C_{s0} - C_s)$$

r_g, $-r_s$, $-r_c$, C_s, C_c를 시간의 함수로 플롯하여라.

(b) 이제는 반응을 $C_{s0} = 20\ g/dm^3$, $C_{c0} = 0$의 조건에서 CSTR에서 수행한다. 세포유실(wash-out)이 일어나는 곳에서의 희석속도는 얼마인가?

(c) **(b)**의 조건에서 만약 $Y_{p/c} = 0.15\ g/g$이라면 최대 생산속도(g/h)를 얻는 희석속도는 얼마인가? 이 D 값에서 농도 C_c, C_s, C_p, $-r_s$의 값은 얼마인가?

(d) 만약 $k_d = 0.02\ h^{-1}$로 세포사멸이 무시될 수 없다면 **(b)**와 **(c)**의 답은 어떻게 바뀌겠는가?

(e) 만약 유지가 $m = 0.2\ g/h/dm^3$으로 무시될 수 없다면 **(b)**와 **(c)**의 답은 어떻게 바뀌겠는가?

(f) **logistic grow** 법칙을 이용하여 **(a)**를 다시 해보아라.

$$r_g = \mu_{max}\left(1 - \frac{C_c}{C_\infty}\right)C_c$$

C_c와 r_c를 시간의 함수로 플롯하여라. 항 C_∞는 최대 세포 질량 농도로 **세포 수용능력**(carrying capacity)이라고 하며 $C_\infty = 1.0\ g/dm^3$이다. 회분식반응기에 대한 해석적 해(analytical solution)를 구할 수 있겠는가? $C_\infty = Y_{c/s}\,C_{s0} + C_{c0}$ 경우에 **(a)**와 비교해 보아라.

(g) 이 문제를 부정확하게 푸는 방법을 열거하여라.

(h) 서문의 표 P-4에 있는 여섯 아이디어 중에서 하나 이상을 골라 이 문제에 응용하여라.

P9-17$_B$ 다음 Tessier 식을 사용하여 문제 P9-16$_B$의 **(a)**, **(c)**, **(d)**를 다시 풀어 보아라.

$$r_g = \mu_{max}[1 - e^{-C_s/k}]C_c$$

여기서 $\mu_{max} = 1.0\ h^{-1}$, $k = 8\ g/dm^3$.

(e) 이 문제를 부정확하게 푸는 방법을 열거하여라.

(f) 어떻게 하면 이 문제를 더 어렵게 만들 수 있는가?

P9-18$_B$ 박테리아 X-II는 간단한 Monod 식을 따른다. 여기서 $\mu_{max} = 0.8\ h^{-1}$, $K_S = 4\ g/dm^3$, $Y_{p/c} = 0.2\ g/g$, 그리고 $Y_{s/c} = 2\ g/g$이다. 반응은 CSTR에서 수행되며, 농도가 10 g/dm^3인 기질은 1000 dm^3/h으로 공급된다.

(a) 기질의 전화율 90%에 도달하는 데 필요한 발효조의 크기는 얼마인가? 유출 세포 농도는 얼마인가?

(b) 모든 세포를 여과해서 공급흐름에 재순환한다면 **(a)**의 답에 어떤 변화가 있을 것인가?

(c) 이제 두 대의 5000-dm^3 CSTR이 직렬연결되었다. 각각의 반응기의 유출 농도 C_s, C_c, C_p는 얼마인가?

(d) 세포유실이 일어나는 지점에서의 부피유량과 최대 세포생산속도($C_c\ \upsilon_0$)에서의 유량(g/day)을 구하여라.

(e) 비우고, 청소하고, 채우는 데 2시간이 걸리는 5000-dm^3의 회분식반응기 2대를 사용할 수 있다고 하자. 만약 초기 세포 농도가 0.5 g/dm^3이라면 생산속도는 얼마인가(g/day)? CSTR 생산속도와 같아지려면 몇 대의 500-dm^3의 회분식반응기가 필요한가?

(f) 이 문제를 부정확하게 푸는 방법을 열거하여라.

(g) 서문의 표 P-4에 있는 여섯 아이디어 중에서 하나 이상을 골라 이 문제에 응용하여라.

P9-19$_A$ CSTR이 정상상태에서 운전되고 있다. 세포성장은 저해 없이 Monod 성장속도식을 따른다. 출구 기질과 세포 농도를 부피유량(희석속도로 표시)의 함수로 측정하여 아래 표에 나타내었다. 유량을 각각 변화시킨 후 정상상태가 될 때까지는 측정하지 않았다. 유지를 위한 기질의 소비와 사멸속도는 무시하고, $Y_{p/c}$는 0으로 가정한다. 네 번째 측정에서, 유입되는 기질 농도는 50 g/dm^3이고 기질의 부피유량은 2 dm^3/h이다.

실험	C_s (g/dm³)	D (day²¹)	C_c (g/dm³)
1	1	1	0.9
2	3	1.5	0.7
3	4	1.6	0.6
4	10	1.8	4

(a) Monod 성장법칙의 파라미터 μ_{max}와 K_S를 구하여라.

(b) 수율계수 $Y_{c/s}$와 $Y_{s/c}$를 구하여라.

(c) 서문의 표 P-4에 있는 여섯 아이디어 중에서 하나 이상을 골라 이 문제에 응용하여라.

(d) 어떻게 하면 이 문제를 더 어렵게 만들 수 있는가?

P9-20$_C$ 당뇨병은 전 세계 2억4천만 명 이상의 사람들에게 영향을 미치는 널리 퍼져 있는 질병이다. 대부분은 제2형 당뇨이다. 최근 제2형 당뇨병을 치료하기 위해 Januvia라는 약이 개발되었다. 음식이 위에 들어가면 GLP−1(glucagon-like peptide 1)이 분비되어 포도당 의존 인슐린 분비와 glucagon 억제로 이어진다. GLP−1의 반감기는 펩타이드의 두 개의 말단 아미노산을 쪼개 그것을 비활성화하는 dipeptidyl peptidase-IV(DPP-IV)에 의해 급속히 분해되기 때문에 매우 짧다. DP-IV는 가수분해의 주요 효소로 간주되는데, 활성 형태의 GLP−1(GLP−1[7-36] amide)을 비활성 형태(GLP−1[9-36] amide)로 1분에 반으로($t_{1/2}$ = 1 min) 빠르게 분해한다[26].

$$\text{GLP}-1(9\text{-}36) \leftarrow \text{E.GLP}-17(7\text{-}36) \xrightarrow{\text{나쁨 E}} \text{GLP}-1(7\text{-}36) \xrightarrow{\text{좋음}} \text{췌장에서 인슐린 방출을 자극하고 글루카곤 억제}$$

따라서 DPP-IV효소(E)의 억제는 GLP−1[7-36]의 비활성화를 상당히 감소시킬 것으로 예상하며 활성화된 호르몬의 순환 수준을 증가시킨다. 이를 뒷받침하는 증거는 DPP-IV효소 결핍 생쥐가 GLP−1[7-36] amide 수위가 높아지는 것이다[27]. 아주 개략적인 가정으로, 반응을 다음과 같다고 하자: Januvia는 DPP-IV효소(E)의 억제제인 새로운 약으로 효소가 GLP−1이 비활성화하는 것을 막는다.

$$\text{E} + \text{GLP}-1 \rightleftarrows \text{E} \cdot \text{GLP}-1 \rightarrow \text{포도당 분비}$$

저해반응

$$\text{E} + \mathbf{J} \rightleftarrows \text{E} \cdot \mathbf{J} \ (\text{비활성화})$$

GLP−1의 열화를 지연시킴으로써, 저해제는 인슐린의 작용을 확장시킬 수 있고 glucagon의 방출을 억제할 수 있다.

(a) 경쟁저해(competitive inhibition)와 비경쟁저해(uncompetitive inhibition)에 대한 DDP−4 저해제 상수의 함수로서 $-r_{GLP}$(without inhibition)와 $-r_{GLP}$(with inhibition)의 반응속도 비를 플롯하여라.

(b) 신체가 잘 혼합되는 반응기라고 가정할 때, Januvia 투여 계획에 대한 문제 **P8-5** 및 **P8-6**과 유사한 모델을 개발하여라.

P9-21$_B$ **대체에너지원**[28]. 2009년 여름, ExxonMobil은 조류(algae)를 대체연료로 사용하는 것을 개발하기 위해 6억 달러를 투자하기로 하였다. 조류는 배양되고, 그들의 기름은 에너지원으로 제공되기 위해 추출된다. 1에이커의 바이오매스 연못은 1년에 6,000갤런의 가솔린을 제공할 수 있을 것으로 추정된다. 이를 위해 대기중보다 농도가 높은 CO_2(예, 정유공장의 연소 기체) 포집이 요구되고, 이는 또한 CO_2의 고정화에 기여한다. 낮 동안의 바이오매스 생합성은 다음과 같다.

26. (a) J. J. Holst and D. F. Deacon, *Diabetes, 47*, 1663 (1998); (b) B. Balkan, et al., *Diabetiologia, 42*, 1324 (1999); (c) K. Augustyns, et al., *A Current Medicinal Chemistry, 6*, 311 (1999).

27. D. Marguet, et al., *Proc. Natl. Acad. Sci., 97*, 6864 (2000).

28. 이 문제에 대한 John Benemann의 공헌은 높이 평가받았다.

$$태양광 + CO_2 + H_2O + 조류 \rightarrow 보다\ 많은\ 조류 + O_2$$

5,000갤런의 연못에서는 물이 CO_2에 의해 포화된 상태를 유지하기 위해 구멍이 뚫린 파이프를 통해 CO_2가 천천히 기포를 형성하여 용액으로 주입된다.

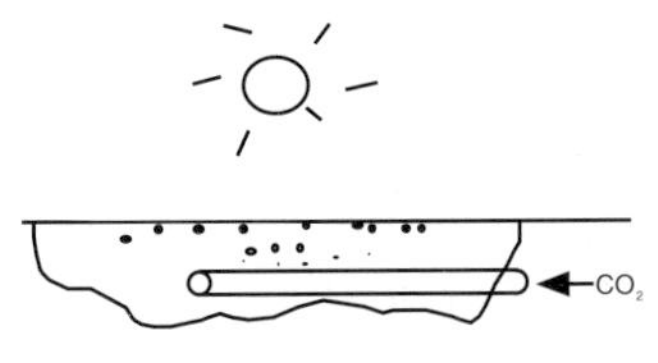

그림 P9-21$_B$ paddle-wheel로 혼합되는 연못의 열린 트랙에서 상업적 미세조류(microalgae) 생산. (Courtesy of Cyanotech Co., Hawaii)

낮 동안의 배가시간(doubling time)은 태양광이 가장 센 정오에 12시간이고, 밤에는 0이다. 첫 번째 근사치로, 햇빛이 있는 낮의 12시간 동안의 성장식은

$$r_g = f\mu C_C$$

여기서 오전 6시에서 오후 6시 사이에는 f = 태양광 = sin (π t/12)이고, 그 외에는 f = 0이다. C_C는 조류의 농도(g/dm^3)이고, μ = 0.9 day^{-1}이다(**가정**: 1기압에서 포화 CO_2 농도는 1.69 g/kg water). 연못의 깊이는 30 cm이고, 효과적인 태양광의 투과를 위해 조류의 농도는 200 mg/dm^{3}을 넘지 않도록 한다.

(a) 초기 세포 농도(C_{C0})에 대한 시간 *t*에서의 조류 세포 농도(C_C)의 비에 대한 식을 유도하여라(즉, C_C/C_{C0}). (C_C/C_{C0})를 48시간까지의 시간에 대해 플롯하고 분석하여라.

(b) 초기에 0.5 mg/dm^{3}의 조류를 배양지에 넣는다면, 조류의 세포밀도(즉, 농도)가 태양광이 더 이상 효과적으로 투과되지 못하는 200 mg/dm^{3}에 도달하는 데 얼마나 걸리겠는가? 시간에 대한 함수로서 r_g와 C_C를 플롯하고 분석하여라. 첫 번째 근사치로, 배양지는 잘 혼합된다고 가정하라.

(c) 조류는 농도가 200 mg/dm^{3}에 도달하기 전에도 태양광의 투과를 분명히 제한할 것으로 추정한다. 예를 들면 $\mu = \mu_0\ (1 - C_C/200)$. r_g와 C_C를 시간에 대한 함수로 플롯하고 분석하여라. 200 mg/dm^{3}에서 성장이 완전히 멈추는 데까지 얼마나 걸리겠는가?

(d) 이제, 연속운전을 고려하자. 일단 세포밀도가 200 mg/dm^{3}에 도달하면, 절반의 연못은 수확되고, 남은 부분(remaining broth)은 새로운 영양분과 혼합된다. 다시 연못은 잘 혼합된다고 가정하면, 정상상태의 조류 생산(g/year)은 어떻게 되겠는가?

(e) 이제 폐수를 일정하게 공급하여 하루에 상당하는 날에 희석속도에서 조류를 제거하는 것을 고려하자. 5,000갤런의 연못에서 나가는 조류의 질량 유속(g/d)은 얼마인가? 연못은 잘 혼합된다고 가정하여라.

(f) 이제 투명한 밀폐형 반응기 속에서 반응이 진행되는 것을 고려하자. 반응기는 CO_2로 가압되어 10기압까지 올라가며 K_S = 2 g/dm^{3}이 된다. 초기 가압 이후에는 더는 CO_2의 주입이 없다고 가정하여라. 조류의 농도를 시간의 함수로 플롯하고 분석하여라.

(g) 침입한 조류는 변종보다 두 배나 빨리 번식할 수 있다. 초기에는 0.1 mg/L 농도로 가정하여라. 이 침입한 조류가 지배적인 종(세포밀도의 50% 이상)이 되는 데 얼마나 걸리겠는가?

P9-22$_A$ 조류 연못(algae pond)에 대한 간단한 계산.

(a) 연못에 처음 0.5 mg/dm^{3}의 조류를 뿌린 경우, 조류가 200 mg/dm^{3}의 세포밀도(즉, 농도)에 도달하는 데 얼마나 걸릴 것인가? 시간에 따라 r_g와 C_C의 대략적인 플롯을 하여라.

(b) 조류가 $\mu = \mu_0 (1 - C_C/200)$을 이용하여 200 mg/dm^{3}에 도달하기 전부터 태양의 침투를 상당히 제한한다고 가정하여라. $\mu_0 = 0.9$ day^{-1}로 가정하자. 정성적으로 세포의 농도가 증가하면 성장속도는 어떻게 되는가? 농도가 200 mg/dm^{3}에 이르는 데 대략 얼마나 걸릴까? 왜 그런가?

(c) 침입한 조류는 변종보다 두 배나 빨리 번식할 수 있다. 초기에는 0.01 mg/dm^{3}의 농도로 가정하여라. 이 침입한 조류가 지배적인 종(세포밀도의 50% 이상)이 되는 데 얼마나 걸리겠는가?

• 추가 숙제 문제

시험이나 보충 문제 또는 예제로 이용할 수 있는 많은 문제들을 CRE 웹사이트 *http://www.umich.edu/~elements/5e/index.html*에서 찾아볼 수 있다.

보충교재

웹

다음 웹사이트를 보아라.

www.pharmacokinetics.com

문서

1. 활성 중간체를 포함한 복합반응에 대해서는 다음에 잘 나와 있다.

DATTA, A. K., *Heat and Mass Transfer: A Biological Context,* 2nd ed. Boca Raton, FL : CRC Press, 2017.

FROST, A. A., and R. G. PEARSON, *Kinetics and Mechanism,* 2nd ed. New York: Wiley, 1961, Chapter 10. Old but great examples.

LAIDLER, K. J., *Chemical Kinetics,* 3rd ed. New York: HarperCollins, 1987.

PILLING, M. J., *Reaction Kinetics,* New York: Oxford University Press, 1995.

2. 효소반응에 대한 추가 논의:

기본적인 효소반응속도식에 관한 모든 것을 다음에서 찾을 수 있다: SEGEL, I. H. *Enzyme Kinetics.* New York : Wiley-Interscience, 1975.

파라미터 추정의 완벽한 설명과 생물학적 피드백, 반응경로는 다음에서 찾을 수 있다: VOIT, E. O., *Computational Analysis of Biochemical Systems.* Cambridge, UK : Cambridge University Press, 2000.

CORNISH-BOWDEN, A., *Analysis of Enzyme Kinetic Data.* New York: Oxford University Press, 1995.

NELSON, D. L., and M. M. COX, *Lehninger Principles of Biochemistry,* 3rd ed. New York: Worth Publishers, 2000.

SHULER, M. L., and F. KARGI, *Bioprocess Engineering Principles,* 2nd ed. Upper Saddle River, NJ: Prentice Hall, 2002.

3. 생물반응기에 대한 자료는 다음 참고문헌에서 찾을 수 있다.

BAILEY, T. J., and D. OLLIS, *Biochemical Engineering,* 2nd ed. New York : McGraw-Hill, 1987.

BLANCH, H. W., and D. S. CLARK, *Biochemical Engineering.* New York : Marcel Dekker, 1996.

4. 다음 문헌도 보아라.

BURGESS, THORNTON W., *The Adventures of Old Mr. Toad.* New York : Dover Publications, Inc., 1916.

KEILLOR, GARRISON, *Pretty Good Joke Book: A Prairie Home Companion.* St. Paul, MN : HighBridge Co., 2000.

MASKILL, HOWARD, *The Investigation of Organic Reactions and Their Mechanisms.* Oxford UK : Blackwell Publishing Ltd, 2006.

촉매반응과 촉매반응기 10

Catalysis and Catalytic Reactors

해답을 구하지 못하는 것이 아니라
문제를 보지 못하는 것이다.

—체스터턴(G. K. Chesterton)
(역자 주 | 영국의 작가 · 비평가. "역설의 대가"라고 불림.)

개요

이 장의 목적은 촉매, 반응 메커니즘, 그리고 촉매반응기 설계의 이해를 증진시키는 데 있다. 특히 이 장을 공부한 후에는 다음과 같은 내용을 할 수 있어야만 한다.

- 촉매의 정의 및 촉매 특성의 설명
- 촉매반응 및 화학증기증착(CVD)에서의 단계에 대한 설명
- 메커니즘의 제안과 속도식을 유도하기 위한 속도제한단계(rate-limiting step)에 대한 개념의 적용
- 실험 자료에 가장 적합한 속도식과 속도식 파라미터의 결정을 위한 비선형 회귀분석의 이용
- 충전층반응기(PBR)와 유동화 연속교반탱크반응기(fluidized CSTR)를 설계하기 위한 속도식 파라미터의 이용
- 촉매반응 단계와 마이크로전자 제조 사이의 유사성 기술
- 촉매 비활성화와 비활성화 상쇄에 도움을 주는 데 사용될 수 있는 반응기의 해석

이 장의 여러 절은 이러한 목적에 대체로 일치한다.

10.1 촉매(Catalysts)

촉매는 인류에 의해 2000년 이상 사용되어 오고 있다[1]. 처음으로 관찰된 촉매의 사용은 포도주, 치즈 및 빵을 만드는 것이었다. 새로운 제품을 만들기 위해서는 항상 이전의 제품을 소량 넣어 주어야만 한다는 것이 확인되었다. 그러나 1835년이 되어서야 베르셀리우스(Berzelius)는 적은 양의 이물질이 화학반응의 과정에 큰 영향을 미칠 수 있다는 것을 제안함으로써 이전의 화학자들에 대한 관찰을 결합하기 시작했다. 즉 물질에 영향을 주는 이러한 신비스러운 효력을 **촉매작용**(catalytic, 고대 그리스어로 *katálusis*, "비활성을 제거하기 위해")이라 하였다. 1894년에 오스트발트(Ostwald)는 베르셀리우스의 설명을 확장시켜, 촉매란 자신은 소모되지 않고 화학반응의 속도를 증가시키는 물질이라고 하였다. 베르셀리우스의 연구 이후 180년 동안 촉매는 세계 시장에서 중요한 경제적 역할을 담당해 오고 있다. 2018년까지 미국에서만 공정촉매(process catalyst)의 판매가 200억 달러가 넘으며, 주로 정유와 화학제품 생산에 사용되고 있다.

10.1.1 정의

촉매(catalyst)란 반응의 속도에는 영향을 미치지만, 그 과정에서 변하지 않는 물질이다. 촉매는 보통 반응에 대해 다른 분자 경로("메커니즘")를 촉진함으로써 반응속도를 변화시킨다. 예를 들면 기체상태의 수소와 산소는 상온에서 사실상 비활성이지만 백금에 노출되면 빠르게 반응한다. 반응좌표(그림 3-2 참조)는 H_2와 O_2가 서로 접근하고 H_2O를 형성하기 위해 에너지 장벽을 통과하는 반응경로를 따른 진행도의 측정이다. **촉매반응**(catalysis)은 **촉매와 촉매공정의 발생, 연구, 사용에 관한 것이다.** 상업적 화학 촉매들은 대단히 중요하다. 미국에서 생산되는 물질 총생산의 약 1/3이 원료와 최종제품 사이의 어딘가에서 촉매공정이 수반되어 생산되고 있다[2]. 촉매의 개발과 사용은 화학반응의 제품 수율과 선택도를 증가시키는 새로운 방법을 찾는 지속적인 연구의 주요 부분이다. 촉매는 낮은 에너지 장벽을 가진 다른 경로로 최종제품을 얻을 수 있도록 해주기 때문에, 수율과 선택도에 모두 영향을 미칠 수 있다.

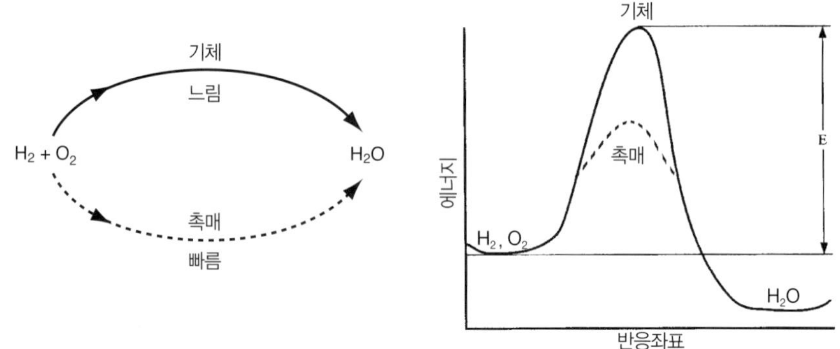

그림 10-1 다른 반응경로

1. S. T. Oyama and G. A. Somorjai, *J. Chem. Educ.*, 65, 765.
2. V. Haensel and R. L. Burwell, Jr., *Sci. Am.*, 225(10), 46.

촉매는 반응속도를 가속시키지만 평형은 변화시키지 않는다.

일반적으로 우리가 촉매에 관해 이야기할 때, 반응을 빠르게 하는 것을 의미하지만, 엄밀히 말하자면, 촉매는 특정 화합물의 생성속도를 빠르게 또는 느리게 할 수 있다. **촉매는 반응속도만을 변화시킨다; 촉매는 평형에는 영향을 미치지 않는다.**

역자 주 | 게르하르트 에르틀(Gerhard Ertl): 고체 표면에서의 화학공정에 관한 연구 업적으로 2007년 노벨화학상을 받은 독일의 물리학자

2007년 노벨화학상은 불균일 촉매반응에 대한 그의 선구적인 연구로 게르하르트 에르틀(Gerhard Ertl)에게 수여되었다. **불균일 촉매반응**(heterogeneous catalytic reaction)은 2개 이상의 상이 수반된다; 일반적으로 촉매는 고체이고 반응물은 액체 또는 기체 형태인 것이 보통이다. 그 한 예가 벤젠의 생산인데, 오늘날 생산되는 벤젠의 대부분은 촉매로서 알루미나 담체상의 백금을 사용하여 사이클로헥산(원유의 증류로부터 얻은)의 탈수소화반응(dehydrogenation)으로부터 제조된다.

$$\text{사이클로헥산} \xrightarrow[Al_2O_3 \cdot H_2O]{\text{Pt on}} \text{벤젠} + 3H_2 \ (\text{수소})$$

특히 대부분의 촉매들이 상당히 비싸고 재사용이 요구되기 때문에, 고체 촉매로부터 제품인 유체 혼합물을 간단하고도 완전하게 분리할 수 있다는 것이 불균일 촉매반응을 경제적으로 매력 있게 만든다.

불균일 촉매반응은 유체-고체 간의 계면 또는 매우 근접한 계면에서 일어난다. 불균일 촉매에 대한 원리들은 촉매 및 무촉매 유체-고체 반응 모두에 적용될 수 있다. 불균일반응에 대한 두 유형은 기-액(gas-liquid)계 및 기-액-고(gas-liquid-solid)계를 포함한다. 기-액 반응은 일반적으로 물질전달속도가 전체 생산속도를 제한한다(*http://www.umich.edu/~elements/5e/14chap/Fogler_Web_Ch14.pdf*).

10.1.2 촉매의 특성

촉매 10 g은 미식축구장의 면적보다 더 넓은 표면적을 갖는다.

촉매반응은 유체-고체 계면에서 일어나기 때문에, 넓은 계면은 반응속도를 상당한 수준에 이르게 하는 데 거의 언제나 필수적이다. 여러 가지 촉매들의 경우에 있어서 이 면적은 내부 다공 구조에 의해서 제공된다(즉, 고체에서는 많은 미세 세공들이 있어 이 세공들의 표면이 반응속도를 높이는 데 필요한 면적을 제공한다). 그림 10-4(b)와 10-9를 참조하여라. 촉매작용을 하는 일부 다공성 재료들은 놀라울 정도로 큰 면적을 지니고 있다. 전형적인 실리카-알루미나 크래킹(cracking) 촉매는 세공의 부피가 0.6 cm^3/g, 평균 세공 반경이 4 nm이다. 이러한 **다공성 촉매**(porous catalyst)는 300 m^2/g에 상응하는 표면적을 가진다. 이러한 예들로서 식물성 및 동물성 기름의 수소화반응에 사용되는 레이니 니켈(Raney nickel), 옥탄가를 높이기 위한 석유나프타의 개질반응에 사용되는 백금/알루미나 촉매, 그리고 암모니아 합성반응에 사용되는 조촉매가 첨가된 철 촉매 등이 있다. 때때로 세공이 매우 작은 경우에는 작은 분자만 통과시키고 큰 분자가 세공으로 들어가는 것을 막을 수도 있다. 이러한 형태의 세공을 가지는 물질은 **분자체**(molecular sieve)라 하며, 이들은 점토(clay) 및 지올라이트(zeolite) 등의 천연물질에서 얻어지거나 일부 결정성 알루미나규산염화합물(aluminosilicates)과 같이 전적으로 합성되기도 한다(그림 10-2 참조). 이 분자체는 매우 선택적인 촉매의 기반이 될 수 있다; 세공은 촉매 활성을

촉매 형태:
- 다공성
- 분자체
- 모놀리스
- 담지
- 비담지

전형적인 지올라이트 촉매

파라 자일렌으로의 높은 선택도

지니는 표면 근처에서 여러 분자들의 체류시간을 어느 정도 조절할 수 있기 때문에, 근본적으로 **오직** 바라는 분자들만이 반응할 수 있도록 할 수 있다. 지올라이트의 높은 선택도에 대한 한 가지 예는 그림 10-2(b)에서 볼 수 있는 메탄과 톨루엔으로부터 자일렌을 합성하는 반응이다[3]. 여기에서 벤젠과 톨루엔은 지올라이트의 세공을 통하여 내부로 들어간 다음, 오르토, 메타, 파라 자일렌의 혼합물을 합성하기 위해 내부 표면에서 반응을 한다. 그러나 세공입구의 크기가 단지 파라 자일렌만을 통과시키는 정도라면 옆에 메틸기를 가지고 있는 메타와 오르토 자일렌은 세공입구로 빠져나오지 못한다. 세공 내부의 활성점에서 오르토와 메타가 파라 자일렌으로 이성화한다. 따라서 파라 자일렌을 합성하는데 있어서 매운 높은 선택도를 갖는다.

어떤 경우에는 촉매가 활성이 작은 **담체**(support) 위에 분산된 활성물질의 미세한

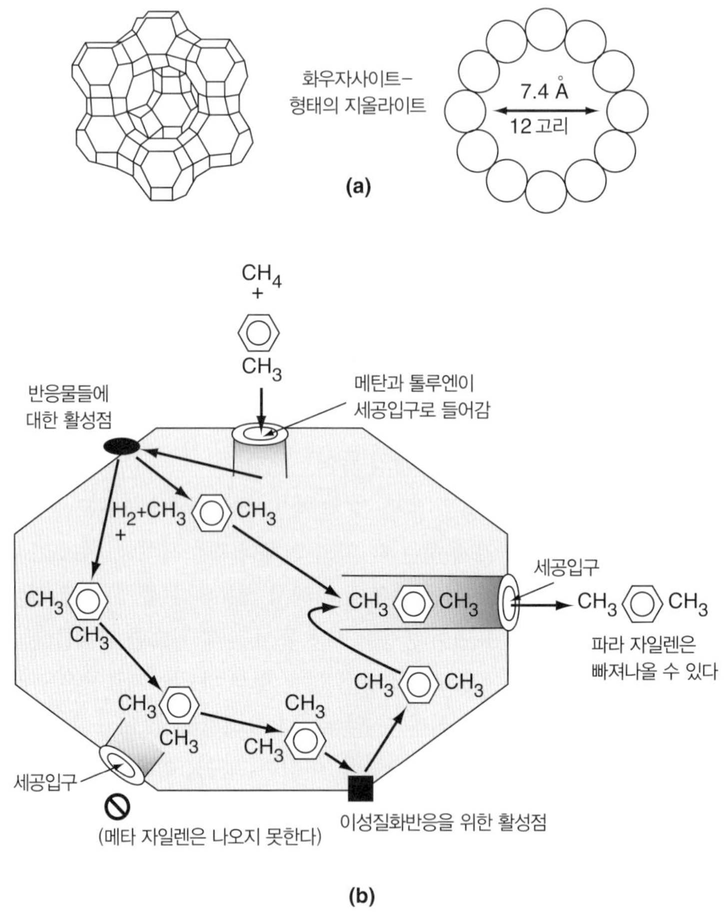

그림 10-2 (a) 뼈대구조 및 (b) 두 가지 형태를 지니는 지올라이트의 세공 단면. (a) 화우자사이트-형태의 지올라이트는 직경이 최소한 7.4 Å 정도인 세공을 가지는 3차원 통로구조를 지닌다. 세공은 고리모양의 12개의 산소원자에 의해 형성된다. (b) CH_4와 $C_6H_5CH_3$의 반응에 대한 개략도(세공입구와 지올라이트 내부의 크기는 일정한 비례로 그리지 않았다는 것을 주의하여라). [(a) 출처: N. Y. Chen and T. F. Degnan, *Chem. Eng. Prog.*, *84*(2), 33 (1988). 미국화학공학회의 승인으로 복제되었음. 저작권 © 1988 AIChE. All rights reserved.]

3. R. I. Masel, *Chemical Kinetics and Catalysis* (New York: Wiley Interscience, 2001), p. 741. 매우 좋은 교재.

입자로 이루어져 있다. 이때 활성물질들은 흔히 순수한 금속이거나 금속합금이다. **비담지 촉매**(unsupported catalysts)와 구분 짓기 위해 이러한 촉매들을 **담지 촉매**(supported catalyst)라 한다. 촉매의 활성을 증대시키기 위해 소량의 활성 성분이 더해지는데 이를 **조촉매**(promoters)라 일컫는다. 담지 촉매의 예로는 충전층 촉매의 자동차 컨버터, 석유 개질반응의 백금 담지 알루미나 촉매, 그리고 황산 제조 시에 이산화황을 산화시키는 데 사용되는 오산화바나듐 담지 실리카 촉매가 있다. 한편, 암모니아 산화반응에서의 백금 거즈(gauze), 암모니아 합성반응에서 조촉매로 이용된 철, 그리고 부타디엔 생산에서 사용되는 실리카-알루미나 탈수소화반응 촉매들은 비담지 촉매들을 대표한다.

10.1.3 기체-고체 촉매 상호작용

우선, 고체 표면에 의해 촉매작용이 일어나는 기상반응에 주의를 집중하자. 촉매반응이 일어나기 위해서는 반응물 중의 적어도 하나 또는 흔히 반응물 전부가 표면에 부착되어야 한다. 이렇게 표면에 부착되는 것을 **흡착**(adsorption)이라고 하며, 이는 두 가지 다른 과정, 즉 물리흡착 및 화학흡착에 의해 일어난다; **물리흡착**(physical adsorption)은 응축과 유사하다. 그 과정은 발열이며, 흡착열이 비교적 적어서 1~15 kcal/g mol 정도이다. 기체 분자와 고체 표면 사이의 인력은 약하다. 이 van-der-Waals 힘은 영구 쌍극자 사이의 인력, 영구 쌍극자와 유도 쌍극자 사이의 인력, 또는 중성 원자와 분자 사이의 인력으로 구성된다. 물리적으로 흡착되는 기체의 양은 온도가 증가함에 따라 급격하게 감소하

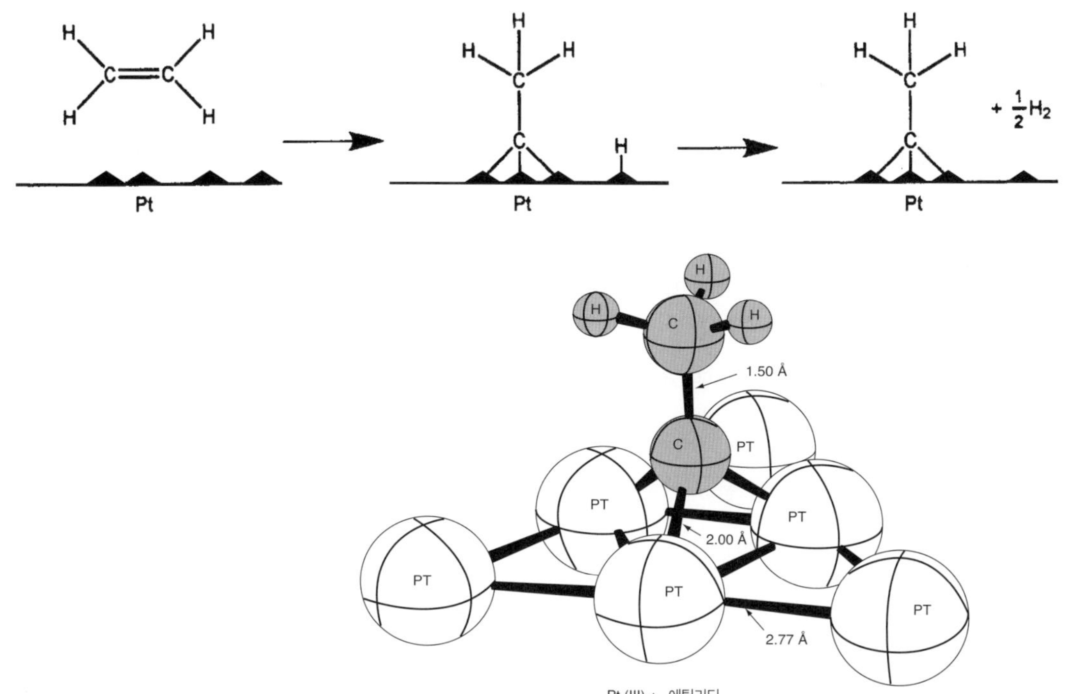

그림 10-3 백금 위에서 화학흡착된 에틸리딘(ethylidyne)(Adapted from G. A. Somorjai, *Introduction to Surface Chemistry and Catalysis*. © 1994 John Wiley & Sons, Inc. Reprinted by permission of John Wiley & Sons, Inc. All rights reserved.)

며, 임계 온도 이상에서는 단지 극소량의 물질만이 물리적으로 흡착된다.

화학반응속도에 영향을 미치는 흡착 유형은 **화학흡착**(chemisorption)이다. 여기서, 흡착된 원자 또는 분자는 분자 내에 결합된 원자들 간에서 생기는 힘과 같은 형태의 원자가 힘(valence force)들에 의해 표면에 붙어 있게 된다. 결과적으로, 화학흡착된 분자의 전자구조가 매우 동요되기 때문에 반응성이 매우 커지게 된다. 촉매와의 상호작용은 흡착된 분자의 결합들을 늘어나게 하여 쉽게 잘리도록 한다.

그림 10-3은 백금 표면상에서의 에틸렌의 흡착으로부터 화학흡착된 에틸리딘의 형성까지의 결합을 보여준다. 물리흡착과 마찬가지로 화학흡착 또한 발열(exothermic) 과정이다. 그러나 흡착열은 대개 화학발열반응과 같은 크기이다(즉, 40~400 kcal/g mol). 만약 촉매반응이 화학흡착을 수반한다면, 그 온도범위에서 반응물의 화학흡착이 상당히 일어날 것이다.

활성점 위의 화학흡착이 반응을 촉진시킨다.

촉매이론에 대하여 획기적으로 이바지한 인물로 알려진 Taylor는 반응이 고체 표면 전체에서의 촉매작용에 의해 이루어지는 것이 아니라 어떤 **활성점**(active sites) 또는 **활성중심**(active centers)에서 촉매작용이 이루어진다는 것을 제안하였다[4]. 그는 이러한 활성점들을 표면의 불규칙성, 결정 내의 선 결함(dislocation), 결정의 모서리, 그리고 결정 분계선(grain boundary)을 따라서 생긴 균열 등으로 인해 생기는 고체 내의 불포화된 원자들로 상상하였다. 다른 연구자들은 이 정의의 예외를 제기하면서, 고체 표면의 다른 특성들도 역시 중요하다고 지적하였다. 활성점들은 또한 반응성이 매우 큰 반응 중간체(화학흡착된 성분)가 반응할 수 있을 만큼 충분히 긴 시간 동안 안정화되는 장소로 여겨질 수 있다. 이러한 활성 중간체의 안정화는 모든 촉매 설계의 중요한 열쇠가 된다. 결과적으로, 여기서는 목적상 **활성점을 흡착된 원자 또는 분자와 강한 화학결합을 형성할 수 있는 촉매표면의 지점**으로 정의한다.

촉매의 활성을 정량화하는 데 사용되는 하나의 파라미터는 **전환빈도**(turnover frequency, TOF), f이다. 이는 실험조건 하에서 단위시간, 단위활성점당에 반응하는 분자수를 의미한다. 백금과 같은 금속 촉매가 담체에 침적된 경우에는 금속 원자를 활성점으로 간주한다. 촉매의 **분산도**(dispersion), D는 표면 위에 노출된 금속 원자의 분율이다. 몇몇 반응의 전환빈도(TOF)는 **전문 참고자료 서고 R10.1**에 주어져 있다(*http://www.umich.edu/~elements/5e/10chap/prof.html*).

10.1.4 촉매의 분류

촉매를 분류하는 한 가지 보편적인 방법은 촉매가 사용되는 반응의 종류로 분류하는 것이다.

참고자료 서고

표 10-1은 대표적인 반응들과 그에 상응하는 촉매들에 관한 목록이다. 각각의 반응 분류와 그들을 촉매반응시키는 재료에 대한 추가적인 논의는 CRE 웹사이트의 **전문 참고자료 서고 R10.1**에서 찾을 수 있다(*http://www.umich.edu/~elements/5e/10chap/prof.html*).

4. H. S. Taylor, *Proc. R. Soc. London*, A108, 105 (1928).

표 10-1 반응의 종류와 대표적인 촉매

반응	촉매들
1. 할로겐화 – 탈할로겐화	$CuCl_2$, AgCl, Pd
2. 수화 – 탈수화	Al_2O_3, MgO
3. 알킬화 – 탈알킬화	$AlCl_3$, Pd, 지올라이트
4. 수소화 – 탈수소화	Co, Pt, Cr_2O_3, Ni
5. 산화	Cu, Ag, Ni, V_2O_5
6. 이성질화	$AlCl_3$, Pt/Al_2O_3, 지올라이트

예컨대 에틸렌과 벤젠의 등몰 혼합물에서 스티렌을 얻으려고 한다면, 알킬화 반응으로 에틸벤젠을 생성시킨 뒤, 탈수소화시켜 스티렌을 제조한다. 우리는 알킬화 반응 촉매와 탈수소화 반응 촉매 모두가 필요하다:

$$C_2H_4 + C_6H_6 \xrightarrow[\text{미량의 HCl}]{AlCl_3} C_6H_5C_2H_5 \xrightarrow{Ni} C_6H_5CH{=}CH_2 + H_2$$

10.2 촉매반응에서의 단계

그림 10-4a에 촉매의 다양한 형태와 크기들에 대한 사진을 나타내었다. 촉매펠릿들로 충전된 관형반응기의 개략도는 그림 10-4b에 나타내었다. 이성질화반응에 대한 불균일 촉매반응이 진행되는 전체 과정을 개별 단계로 이루어진 일련의 연속적인 순서로 나누어 놓았으며, 표 10-2와 그림 10-5에 나타내었다. 표 10-2의 각각의 단계는 그림 10-5에 도식적으로 나와 있다.

그림 10-4a 촉매의 여러 형태(구형, 실린더형)와 크기(0.1 cm~1 cm) (Engelhard Corporation 제공)

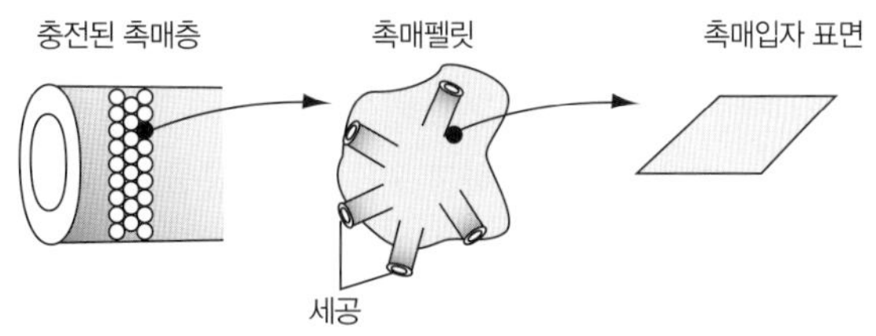

그림 10-4b 촉매 충전층반응기—도식

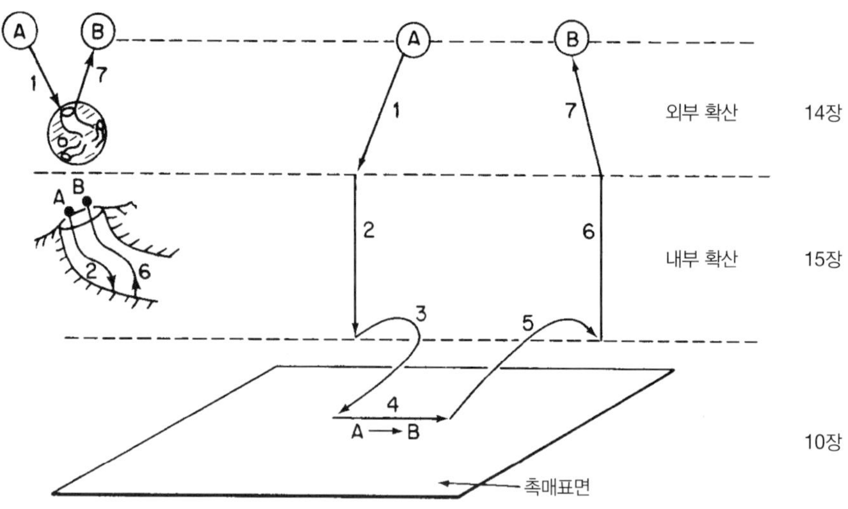

그림 10-5 불균일 촉매반응 단계

반응은 표면에서 진행되지만 반응에 관여하는 화학성분들은 표면에서 흡착과 탈착이 이루어져야 한다.

총괄반응속도(overall rate of reaction)는 반응 메커니즘에서 가장 느린 단계의 속도에 의해서 제한된다. 확산단계(표 10-2에서 1, 2, 6, 7)가 반응단계(3, 4, 5)에 비해 매우 빠를 때는 활성점 바로 부근에서의 농도는 전체 유체에서의 농도와 구별되지 않는다. 이러한 상황에서는 전달 또는 확산단계들은 총괄반응속도에 영향을 미치지 않는다. 그러나 반응단계가 확산단계보다 훨씬 빠르다면 물질전달이 총괄반응속도에 영향을 미치게 된다. 벌크기체 혹은 액체에서 촉매표면 또는 촉매세공 입구에 이르는 확산이 반응속도에 영향을 주는 계에서는 촉매를 통과하는 유체흐름 조건의 변화가 총괄반응속도를 변화시키게 된다. 한편 다공성 촉매의 경우에는 촉매세공 내의 확산이 총괄반응속도를 제한할 수도 있다. 이러한 여건에서는 비록 확산이 총괄반응속도에 영향을 미친다 하더라도 외부 흐름 조건에 의해 영향을 받지는 않을 것이다(웹사이트 PDF 15장 참조).

표 10-2 촉매반응의 단계

1. 벌크유체에서 촉매입자의 외부표면으로 반응물(A)의 물질전달(확산)
2. 촉매세공을 통한 세공입구에서 촉매 내부 표면 가까이로 반응물의 확산
3. 촉매표면 위의 반응물 A의 흡착
4. 촉매의 표면에서 반응(예, A ⟶ B)
5. 표면에서 생성물(B)의 탈착
6. 펠릿 내부에서 외부표면에 있는 세공입구까지 생성물의 확산
7. 펠릿 외부 표면에서 벌크유체로 생성물의 물질전달

이 장에서의 초점:
3. 흡착
4. 표면반응
5. 탈착

표 10-2에 기술된 상황의 많은 변형이 존재한다. 때때로 반응이 일어나려면 두 개의 반응물이 필요하고, 이들 두 반응물 모두가 위에서 나열된 단계들을 거치게 될 수도 있다. 또는 두 물질 사이의 다른 반응에서는 두 반응물질 가운데 단지 하나의 성분만이 흡착되기도 한다.

이러한 도입부 전개로 촉매반응에 관련된 각 단계들을 개별적으로 처리할 준비가 되었다. 이 장에서는 확산단계(1, 2, 6, 7단계)가 매우 빨라서 총괄반응속도가 어떠한 방식

으로도 영향을 받지 않는다고 가정하고 3, 4, 5단계(즉, 흡착, 표면반응 및 탈착 단계)만을 다룬다. 확산 제한(diffusion limitations)에 대한 영향에 대해서는 PDF 14장(*http://www.umich.edu/~elements/5e/14chap/Fogler_Web_Ch14.pdf*)의 그림 14-5와 PDF 15장(*http://www.umich.edu/~elements/5e/15chap/Fogler_Web_Ch15.pdf*)의 그림 15-5에 나와 있다.

어디로 가는 길인가?[†] 제7장에서 살펴본 바와 같이 화학반응공학자의 직무들 중의 하나는 반응기 설계에 사용할 수 있는 실험 자료를 분석하고 반응속도식을 개발하는 것이다. 불균일 촉매반응의 속도식은 지수법칙(power law) 모델을 따르는 경우가 거의 없으므로 속도 자료로부터 속도식을 끌어내기가 본질적으로 더 어렵다. 불균일 촉매반응에 관한 자료로부터 속도식을 유도해 내는 데 대한 깊은 지식과 통찰력을 발전시키기 위해, 속도식을 개발하라는 요청을 받았을 때 산업계에서 일반적으로 행하는 방법과는 반대의 방법으로 진행하려고 한다. 즉 촉매반응의 메커니즘을 가정하고, 다음에 여러 메커니즘에 대한 속도식을 유도할 것이다. 일반적으로 메커니즘은 흡착단계, 표면반응단계, 탈착단계로 이루어지며, 이 단계 중의 하나가 속도제한단계이다. 메커니즘과 속도제한단계를 제안하는 것은 일반적으로 자료가 제시되었을 때 맨 먼저 해야 하는 것은 아니다. 그러나 다른 메커니즘에 대한 속도식들을 유도함으로써 불균일 촉매반응에서 나타날 수 있는 다양한 식을 관찰할 수 있다. 불균일 촉매반응 속도식이 취할 수 있는 다양한 형태를 알게 된다면, 속도 자료의 경향을 관찰해 보고 적절한 속도식을 추론하기가 더 쉬워질 것이다. 산업체에서는 메커니즘을 제안하기 전에 보통 이러한 추론을 먼저 한다. 반응속도식의 형태를 알게 되면, 실험 자료와 일치하는 반응식 파라미터를 수치적으로 계산해 낼 수 있고 반응 메커니즘과 속도제한단계를 가정할 수 있다. 마지막으로 속도식을 사용하여 촉매반응기를 설계한다. 이 절차는 그림 10-6에 나타나 있다. 그림에서 점선은 속도식 파라미터들을 보다 정확하게 또는 메커니즘 간의 차이를 구별하기 위하여 특정 영역(예, 농도, 온도)에서의 새로운 자료를 얻기 위한 피드백(feedback)을 나타낸다.

알고리즘

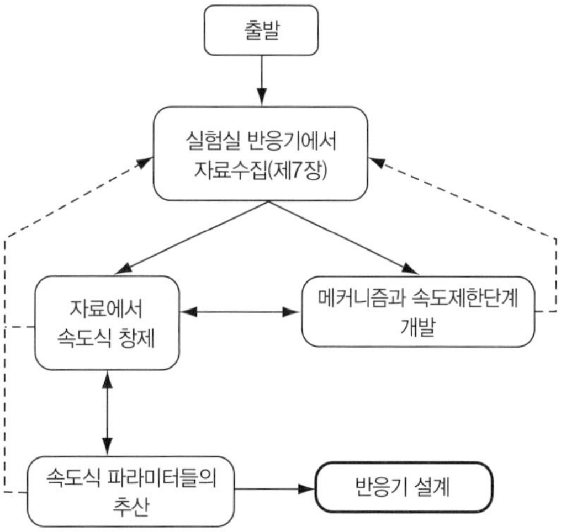

출발
실험실 반응기에서 자료수집(제7장)
자료에서 속도식 창제
메커니즘과 속도제한단계 개발
속도식 파라미터들의 추산
반응기 설계

그림 10-6 촉매반응기의 설계를 위한 정보수집

† "만일 당신이 어디로 가야할지를 모른다면, 당신은 다른 곳에 도착하게 될 것이다." – 요기 베라

찬스 카드: **건너뛰어** 10.2.3절로 가시오.

앞으로 그림 10-5와 표 10-2에 나타낸 각 단계에 대하여 토의할 것이다. 앞서 언급한 것처럼 이 장에서는 1, 2, 6, 7단계가 매우 빠르다고 가정을 하여 3, 4, 5단계(흡착단계, 표면반응단계, 탈착단계)에 초점을 맞춘다. 따라서 이 가정이 타당하다는 것을 이해하기 위해, 1, 2, 6, 7단계의 간략한 개요를 제공한다. 이러한 단계에는 펠릿 내부와 내부로 반응물질의 확산이 포함된다. 이러한 확산단계는 웹사이트의 PDF 14장과 15장에 자세히 설명되어 있지만, 여기서는 전체 단계 순차를 더 잘 이해할 수 있도록 이러한 두 물질전달 단계에 대해 간략한 설명을 제공할 가치가 있다. **물질전달**(Mass Transfer) 또는 **이동현상**(Transport Phenomena)의 핵심 과정을 이수했다면 10.2.1절과 10.2.2절을 건너뛰고 10.2.3절로 곧바로 갈 수 있다.

10.2.1 물질전달 1단계: 벌크로부터 촉매표면 외부까지 확산–개요

촉매반응에서의 외부와 내부의 물질전달에 관한 내용을 웹사이트 제14장과 제15장에서 다루고 있다.

벌크유체에서 촉매의 외부표면으로 A가 전달되는 과정을 연속단계에서 가장 느린 단계로 가정해 보자. 벌크유체로부터 표면으로의 모든 물질전달 저항이 펠릿 주변의 **물질전달 경계층**(mass transfer boundary layer)에만 있다고 하자. 제1단계에서는 벌크농도 C_{Ab}에 위치한 반응물 A가 그림 10-7에 나타냈듯이 농도가 C_{As}인 펠릿의 외부표면에 이르는 두께가 δ인 물질전달 경계층을 통해 이동(확산)해야 한다. 이렇게 가장 느린 단계에 대한 전달속도(그리고 반응속도 $-r'_A$)는 다음과 같다.

$$\text{속도} = k_C\,(C_{Ab} - C_{As})$$

여기에서 물질전달계수(mass transfer coefficient) k_C는 유체 속도 U, 입자 직경 D_p 등과 같은 유체역학적 조건의 함수이다.

외부에서의 물질전달

"두껍고 얇은 것"

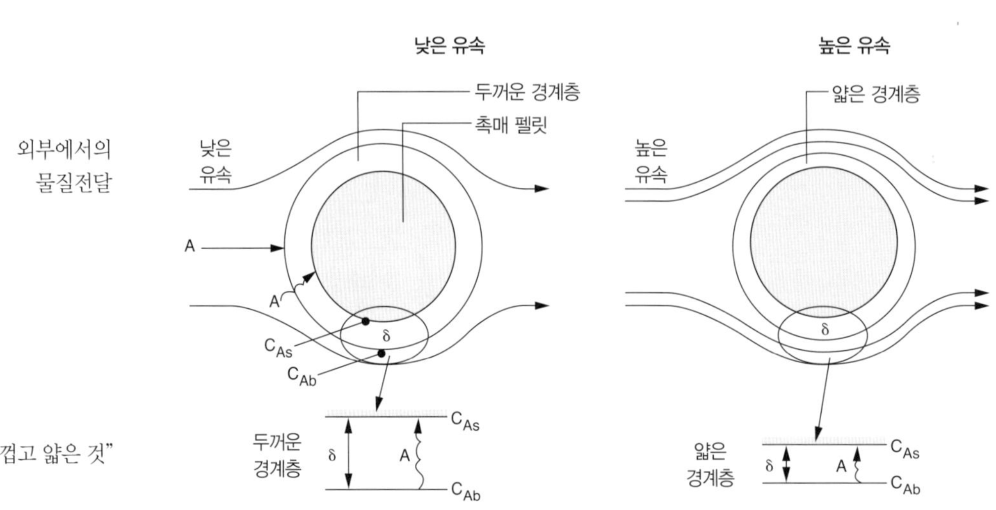

그림 10-7 외부 계면을 통한 확산(그림 14-3 참조)
(*http://www.umich.edu/~elements/5e/14chap/Fogler_Web_Ch14.pdf*)

알고 있는 바와 같이(제14장), 물질전달계수는 경계층의 두께 δ에 반비례하며, 확산계수(D_{AB})에 정비례한다.

$$k_C = \frac{D_{AB}}{\delta}$$

펠릿을 흐르는 유체의 속도가 느릴 때, A와 B가 확산되어야 하는 경계층이 두꺼워 반응물 A가 표면으로 이동하는 시간이 길어지므로 물질전달계수 k_C의 값이 작아진다. 그 결과로 경계층을 통과하는 물질전달이 매우 느려지게 되며 전체 반응속도를 제한하게 된다. 펠릿을 흐르는 유체의 속도가 빠를 때, 경계층은 얇아지며 물질전달속도는 증가한다. 높은 유속에서는 경계층이 매우 얇으므로, 경계층을 통과하는 확산에 대한 어떠한 저항도 더는 존재하지 않게 된다. 따라서 외부물질전달(external mass transfer)은 더 이상 반응속도를 제한하지 못한다. 이 외부저항은 입자의 크기가 작아질수록 또한 감소된다. 유체의 속도가 증가하면서 그리고/또는 입자의 직경이 작아질수록, 그림 10-8에서 볼 수 있듯이, 물질전달계수는 고원에 도달하여 평탄해질 때까지 증가한다. 이 최대값에서는 $C_{Ab} \approx C_{As}$가 되고, 연속단계들 중 다른 한 단계가 가장 느린 단계가 되며, 총괄반응속도를 제한한다. 외부물질전달에 대한 더 상세한 내용들은 웹사이트의 PDF 제14장에 설명되어 있다.

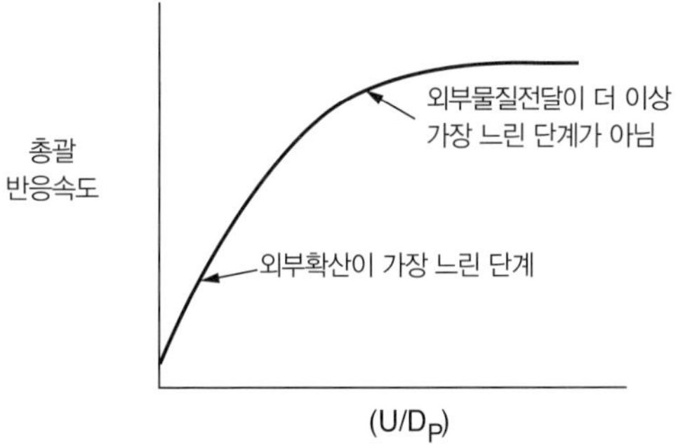

그림 10-8 입자 크기와 유체 속도가 전체 속도에 미치는 영향

10.2.2 물질전달 2단계: 내부 확산–개요

이제 더 이상 외부 확산이 속도제한단계가 아닌 충분한 유체 속도에서 운전되고, 내부 확산이 가장 느린 단계를 고려해 보자. 그림 10-5의 제2단계에서는 반응물 A가 농도가 C_{As}인 펠릿 외부표면으로부터 농도가 C_A인 펠릿 내부로 확산된다. 반응물 A는 입자 내부로 확산되면서 세공 벽면에 부착된 촉매와 반응을 한다.

큰 펠릿에 대해서는 반응물 A가 내부로 확산되는 시간은 세공표면에서 일어나는 반응시간에 비해 길다. 이러한 조건에서, 반응물은 단지 펠릿의 외부표면 근처에서 소모되어 펠릿 중심에 존재하는 촉매는 낭비된 촉매가 된다. 반면에, 매우 작은 펠릿의 경우에는, 펠릿 내부로 또는 외부로 확산되는 데 소요되는 시간이 매우 짧으며, 결과적으로 내부 확산은 반응속도를 더 이상 제한하지 못한다. 반응속도는 다음과 같이 표현할 수 있다.

$$속도 = k_r C_{As}$$

여기에서 C_{As}는 펠릿 외부표면에서의 농도이며, k_r은 총괄 속도상수(overall rate constant)이며 또한 입자 크기에 대한 함수이다. 전체 속도상수 k_r은 펠릿의 직경이 감소할수록 증가한다. 웹사이트의 PDF 제15장에서 그림 15-5는 식 (15-34)와 결합하여 그림 10-9(b)에서 볼 수 있는 D_p에 대한 함수로서 k_r의 그래프를 그릴 수 있다는 것을 보여주었다 (*http://www.umich.edu/~elements/5e/15chap/Fogler_Web_Ch15.pdf*).

내부에서의 물질전달

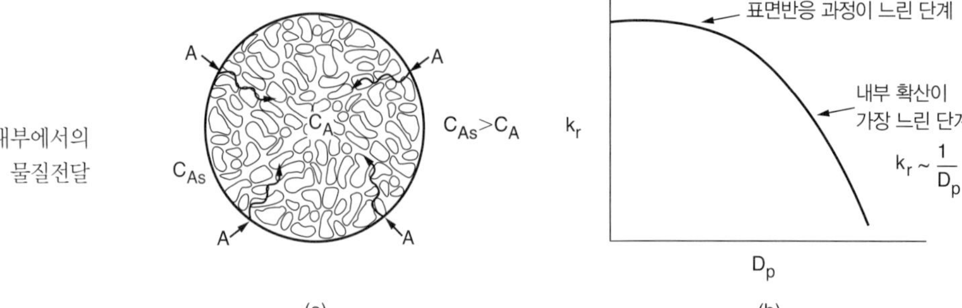

그림 10-9 총괄반응속도에 입자 크기가 미치는 영향. (a) 침적된 금속을 가지는 단일 세공의 가지(branching of a single pore); (b) 입자 크기가 증가함에 따른 속도상수의 감소. (CRE 웹사이트 PDF 제15장, *http://www.umich.edu/~elements/5e/15chap/obj.html* 참조)

그림 10-9에서 볼 수 있듯이, 입자 크기가 작을 때, 내부 확산(internal diffusion)은 더 이상 느린 단계가 아니며, 흡착, 표면반응, 탈착(그림 10-5의 3, 4, 5단계) 등의 표면반응 과정이 총괄반응속도를 제한한다. 이제 내부 확산과 표면반응에 대한 요점을 하나 더 생각해 보자. 이러한 단계(2~6단계)들은 펠릿 외부를 흐르는 유체의 흐름조건에 의해 **전혀** 영향을 받지 않는다.

앞으로 다룰 자료에는, 웹사이트 PDF 제14장과 제15장에서 논의된 것처럼 외부 확산이나 내부 확산 어느 것도 제한되지 않는 펠릿 크기와 외부 유체 속도를 선택할 것이다. 그 대신 제3단계(흡착) 또는 제4단계(표면반응) 또는 제5단계(탈착) 또는 이러한 단계들을 결합하는 단계가 총괄반응속도를 제한한다고 가정한다.

10.2.3 흡착등온선(Adsorption Isotherms)

화학흡착은 일반적으로 촉매공정에서 필요한 부분이므로, 촉매반응속도를 다루기 전에 이에 대한 것을 토의하도록 한다. 문자 S는 하나의 활성점(active site)을 나타내며, 단독으로 표기된 것은 활성점 위에 원자나 분자 또는 복합체가 흡착되지 않은 빈자리(vacant-site)를 나타낸다. S가 다른 문자와 결합되어 있는 것(예, A · S)은 A가 활성점 S에 흡착된 한 단위를 의미한다. 이때 성분 A는 주위의 여건에 따라 원자, 분자 또는 어떤 다른 원자들이 조합된 것일 수가 있다. 그러므로 활성점 S에서 A의 흡착은 다음처럼 나타난다.

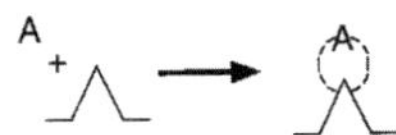

$$A + S \rightleftarrows A \cdot S$$

촉매 단위질량당 활성점의 전체 몰농도는 촉매 단위질량당의 활성점 수를 아보가드로수(Avogadro's number)로 나눈 것과 같으며, 이를 C_t(mol/g-cat.)로 표시한다. 활성점 빈자리의 몰농도 C_v(mol/g-cat.)는 촉매 단위질량당 빈자리의 수를 아보가드로수로 나눈 것이다. 촉매의 비활성화가 없는 경우에는, 활성점의 전체 농도 C_t가 일정하게 유지된다고 가정한다. 또한 몇 가지 정의를 다음과 같이 하도록 한다.

P_i = 기상에서 화합물 i의 분압, (atm 또는 kPa)
$C_{i \cdot S}$ = 화합물 i에 의해 점유된 활성점의 표면 농도, (mol/g-cat.)

성분 A와 B가 두 활성점에 흡착된 것을 나타낸 개념적 모델을 그림 10-10에 나타내었다.

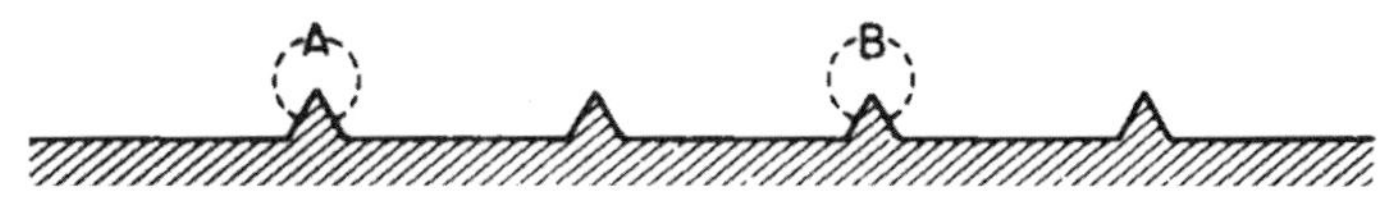

그림 10-10 빈자리와 점유된 활성점

그림 10-10에 보인 계에 대하여, 활성점의 전체 농도는 다음과 같다.

활성점 수지

$$C_t = C_v + C_{A \cdot S} + C_{B \cdot S} \tag{10-1}$$

이 식을 **활성점 수지**(site balance)라고 한다. 전형적인 활성점 총농도는 10^{22} sites/g-cat.의 크기를 가질 수 있다. (moles/g-cat.) 항으로 활성점의 농도를 표현하기 위해서 아보가드로수로 나누면 "mole of sites/g-cat."

이제 촉매표면에서 비반응기체(nonreacting gas)의 흡착을 고려하자. 흡착 자료는 흔히 **흡착등온선**(adsorption isotherm)의 형태로 주어진다. 흡착등온선은 온도를 일정하게 하고 압력을 변화시킬 때 고체 위에 흡착된 기체의 양을 묘사한다.

모델들을 가정한다; 그 다음 어느 것(들)이 실험 자료와 일치하는지를 본다.

먼저 흡착 메커니즘을 제안하고 그 메커니즘으로부터 얻어진 흡착등온선(그림 10-11 참조)을 실험 자료와 비교한다. 만약 모델로부터 예측된 등온선이 실험 자료와 일치한다면 그 모델은 실제 시스템에서 물리적으로 일어나고 있는 현상을 합리적으로 설명해 주고 있다. 만약 예측된 곡선이 실험적으로 얻어진 곡선과 일치하지 않는다면 그 모델은 중요한 특성 중 적어도 하나 또는 그 이상의 물리적 상황을 조화시키지 못하는 것이다.

두 가지 형태의 흡착을 고려하자: 분자 흡착(molecular adsorption)과 해리 흡착(dissociative adsorption). 분자 흡착과 해리 흡착의 차이를 보여주기 위해서 금속표면 위에 일산화탄소의 흡착에 대한 두 가지 모델을 상정하기로 한다. 분자 흡착 모델에서는 일산화탄소가 분자상태(CO)로 흡착되는 것이고

$$CO + S \rightleftarrows CO \cdot S$$

이는 니켈(nickel) 위에서 일어난다.

두 가지 모델들:
1. CO로 흡착
2. C와 O로 흡착

$$\begin{matrix} CO & & \begin{matrix} C \\ \diagdown O \\ \vdots \end{matrix} \\ + & & \\ -Ni-Ni-Ni- & \rightleftarrows & -Ni-Ni-Ni- \end{matrix}$$

해리 흡착 모델에서는 일산화탄소가 분자(CO)가 아닌 산소와 탄소 원자로 흡착되는 것이다.

$$CO + 2S \rightleftarrows C \cdot S + O \cdot S$$

이는 철(iron) 위에서 일어난다[5].

$$\begin{matrix} \text{CO} & & \text{C} \quad \text{O} \\ + & & \vdots \quad \vdots \\ -\text{Fe}-\text{Fe}-\text{Fe}- & \rightleftarrows & -\text{Fe}-\text{Fe}-\text{Fe}- \end{matrix}$$

전자는 **분자 흡착**(molecular adsorption) 또는 **비해리 흡착**(nondissociated adsorption)(예, CO)이라고 하고 후자는 **해리 흡착**(dissociative adsorption)(예, C와 O)이라고 한다. 즉 분자가 해리 흡착을 하느냐 비해리 흡착을 하느냐 하는 것은 표면 조건에 의해 좌우된다.

일산화탄소 분자의 흡착을 먼저 생각해 보기로 하자. 일산화탄소는 흡착된 다음에는 더는 반응을 하지 않기 때문에 단지 흡착과정의 고려만 필요하다.

분자 흡착

$$\text{CO} + \text{S} \rightleftarrows \text{CO}\cdot\text{S} \tag{10-2}$$

흡착속도에 대한 속도식을 구하는 데에 식 (10-2)의 반응은 **기초반응**(elementary reaction)으로 취급할 수 있다. 일산화탄소 분자가 표면에 흡착되는 속도는 CO 분자가 단위 시간당 표면 활성점과 이루어지는 충돌횟수에 비례한다. 즉, 표면을 때리는 분자의 특정 분율(specific fraction)이 흡착된다. 충돌속도는 다시 일산화탄소 분압 P_{CO}에 정비례한다. 일산화탄소 분자들은 단지 빈자리에만 흡착하고 다른 일산화탄소 분자들에 의해 이미 점유된 활성점에는 흡착될 수 없으므로 흡착속도는 역시 빈자리의 농도 C_υ에 비례한다. 이 두 가지 내용을 함께 검토해 보면 일산화탄소 분자의 표면 부착속도(rate of attachment)가 일산화탄소의 분압과 빈자리의 농도와의 곱에 정비례한다는 것을 알 수 있다.

$P_{CO} = C_{CO}RT$

$$\text{부착속도} = k_A P_{CO} C_\upsilon$$

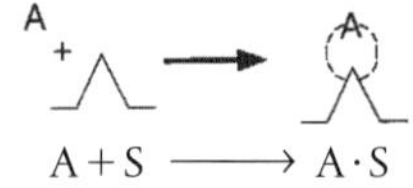

$A + S \longrightarrow A \cdot S$

표면으로부터 분자들이 탈착되는 속도는 1차 공정으로 볼 수 있다; 즉 표면에서 일산화탄소 분자들의 탈착은 대개 분자들에 의해 점유된 활성점의 농도(예, $C_{CO\cdot S}$)에 비례한다:

$$\text{탈착속도} = k_{-A} C_{CO\cdot S}$$

$A \cdot S \longrightarrow A + S$

순흡착속도(net rate of adsorption)는 표면에 분자가 흡착되는 속도에서 표면으로부터 탈착되는 속도를 뺀 것과 같다. 만약 k_A와 k_{-A}를 흡착 및 탈착 과정에 대한 비례상수라고 한다면 다음과 같이 표현할 수 있다.

$$r_{AD} = k_A P_{CO} C_\upsilon - k_{-A} C_{CO\cdot S} \tag{10-3}$$

$K_A = k_A / k_{-A}$는 **흡착평형상수**(adsorption equilibrium constant)이다. 이를 이용하여 식 (10-3)을 다시 정리하면 다음 식으로 된다.

흡착

$A + S \rightleftarrows A \cdot S$

$r_{AD} = k_A \left(P_A C_\upsilon - \dfrac{C_{A\cdot S}}{K_A} \right)$

$$\boxed{r_{AD} = k_A \left(P_{CO} C_\upsilon - \frac{C_{CO\cdot S}}{K_A} \right)} \tag{10-4}$$

5. R. I. Masel, *Principles of Adsorption and Reaction on Solid Surfaces* (New York: Wiley, 1996).

분자 흡착에 대한 흡착속도상수 k_A는 사실상 온도에 무관하지만, 탈착속도상수 k_{-A}는 온도가 증가함에 따라 지수적으로 증가한다. 결과적으로 **흡착평형상수** K_A는 온도가 증가함에 따라 지수적으로 감소한다.

일산화탄소가 촉매상에 흡착되는 유일한 물질이기 때문에 활성점 수지는 다음과 같다.

$$C_t = C_v + C_{CO\cdot S} \tag{10-5}$$

$$-r'_A = r_{AD} = \left(\frac{\text{mol}}{\text{g-cat}\cdot\text{s}}\right)$$

$$k_A = \left(\frac{1}{\text{atm}\cdot\text{s}}\right)$$

$$P_A = (\text{atm})$$

$$C_v = \left(\frac{\text{mol}}{\text{g-cat}}\right)$$

$$K_A = \left(\frac{1}{\text{atm}}\right)$$

$$C_{A\cdot S} = \left(\frac{\text{mol}}{\text{g-cat}}\right)$$

평형에서의 순흡착속도는 0이다($r_{AD} \equiv 0$). 식 (10-4)의 우변을 0으로 두고, 표면에 흡착된 일산화탄소의 농도에 관하여 풀면 다음을 얻는다.

$$C_{CO\cdot S} = K_A C_v P_{CO} \tag{10-6}$$

식 (10-5)를 이용하여 C_v를 $C_{CO\cdot S}$와 활성점의 총수 C_t의 항으로 나타내면 $C_{CO\cdot S}$를 상수항과 일산화탄소의 압력항으로 풀 수 있게 된다.

$$C_{CO\cdot S} = K_A C_v P_{CO} = K_A P_{CO}(C_t - C_{CO\cdot S})$$

다시 이를 정리하면 랭뮤어 등온식이 된다[6].

$$\boxed{C_{CO\cdot S} = \frac{K_A P_{CO} C_t}{1 + K_A P_{CO}}} \tag{10-7}$$

이 식은 흡착등온선에 대한 식으로 표면에 흡착된 일산화탄소의 평형농도 $C_{CO\cdot S}$를 일산화탄소 분압의 함수로 나타낸 것이다. 이 특수한 형태의 등온선 식을 **랭뮤어 등온식**(Langmuir isotherm)이라고 한다[6]. **그림 10-11(a)**는 CO의 부분압력, 즉 식 (10-7)의 함수로서 흡착농도(촉매 단위 질량당 흡착된 CO의 질량) 항으로 표현된 분자 흡착에 대한 단일활성점 랭뮤어 등온선(single-site Langmuir isotherm)을 나타낸다. 식 (10-11)의 해리 흡착(dissociative adsorption)의 경우, **그림 10-11(b)**는 CO의 부분압력 함수의 촉매 단위 질량당 흡착된 C와 O의 해리 원자의 농도를 나타낸다.

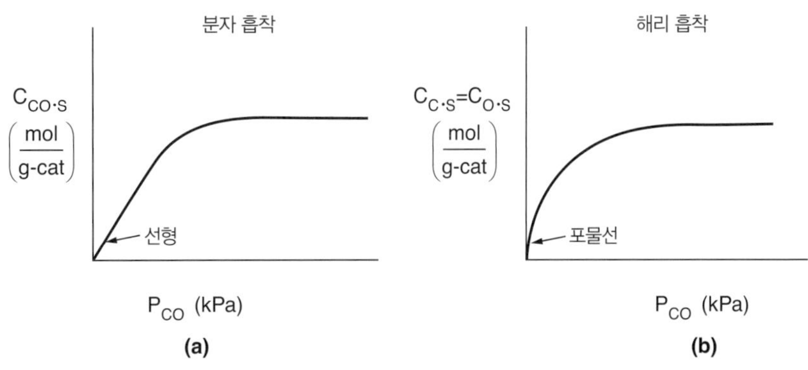

그림 10-11 랭뮤어 등온선. (a) CO의 분자 흡착; (b) CO의 해리 흡착.

6. 식을 처음 제안한 어빙 랭뮤어(Irving Langmuir, 1881~1957)의 이름을 따서 명명되었다. 그는 표면화학에서의 업적들로 1932년에 노벨상을 받았다.

어떤 모델(예, 분자 흡착 또는 해리 흡착)로 실험 자료의 거동을 예측할 수 있는지를 확인하는 한 가지 방법은 모델식을 선형화시킨 다음에 명시된 변수들을 또 다른 변수에 대해 플롯하는 것이다. 예컨대 분자 흡착에 대한 식 (10-7)은 다음과 같이 정리할 수 있고,

$$\frac{P_{\mathrm{CO}}}{C_{\mathrm{CO\cdot S}}} = \frac{1}{K_{\mathrm{A}}C_t} + \frac{P_{\mathrm{CO}}}{C_t} \tag{10-8}$$

$P_{\mathrm{CO}}/C_{\mathrm{CO\cdot S}}$를 P_{CO}에 따른 함수로 그린 플롯의 선형성(linearity)에 따라 그 자료가 랭뮤어 단일활성점 등온식(Langmuir single-site isotherm)과 일치하는가를 결정할 수 있을 것이다.

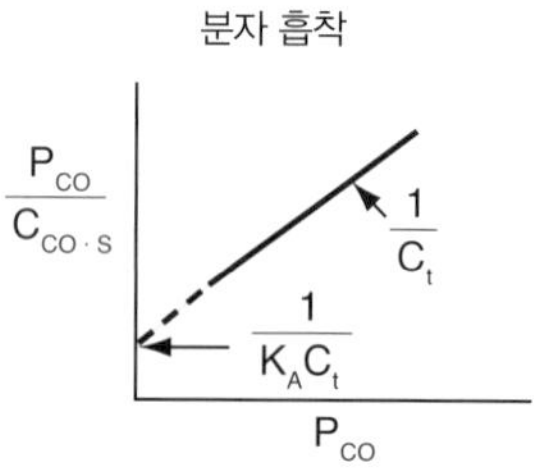

다음은 일산화탄소가 분리된 원자상태로 흡착되는 것에 대한 등온식을 유도해 보기로 한다. 식은 다음과 같다.

해리 흡착

$$\mathrm{CO + 2S \rightleftarrows C\cdot S + O\cdot S}$$

일산화탄소 분자가 흡착과정에서 해리될 때 이를 일산화탄소의 **해리 흡착**(dissociative adsorption)이라고 한다. 분자 흡착의 경우에서와 같이 이 흡착속도는 계에서 일산화탄소의 압력에 비례하는데, 이는 이 속도가 표면과 기체의 충돌횟수에 지배되기 때문이다. 그러나 흡착할 때 해리하는 분자의 경우에는, 어떤 물질이 분자 형태로 흡착될 때 필요로 하는 단일활성점보다는 2개의 인접하여 비어 있는 활성점이 요구된다. 다른 빈자리와 인접해 있는 2개의 빈자리가 존재할 가능성은 빈자리 농도의 제곱에 비례한다. 이들 두 결과로부터 흡착속도가 일산화탄소의 분압과 빈자리 농도에 대한 제곱과의 곱, 즉 $P_{\mathrm{CO}}C_{\upsilon}^2$에 비례함을 의미한다.

탈착이 일어날 경우에도 2개의 점유된 활성점이 서로 인접해 있어야만 하는데, 이는 탈착속도가 점유된 활성점 농도의 곱, 즉 (C·S) × (O·S)에 비례하는 것을 의미한다. 그러므로 순흡착속도(net rate of adsorption)는 다음과 같이 표현될 수 있다.

$$r_{\mathrm{AD}} = k_{\mathrm{A}}P_{\mathrm{CO}}C_{\upsilon}^2 - k_{-\mathrm{A}}C_{\mathrm{O\cdot S}}C_{\mathrm{C\cdot S}} \tag{10-9}$$

k_{A}를 인수로 묶어 내면 **해리 흡착**(dissociative adsorption)에 대한 식은 다음과 같이 된다.

해리 흡착의 속도

$$r_{\mathrm{AD}} = k_{\mathrm{A}}\left(P_{\mathrm{CO}}C_{\upsilon}^2 - \frac{C_{\mathrm{C\cdot S}}C_{\mathrm{O\cdot S}}}{K_{\mathrm{A}}}\right)$$

여기서

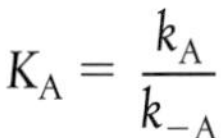

$$K_A = \frac{k_A}{k_{-A}}$$

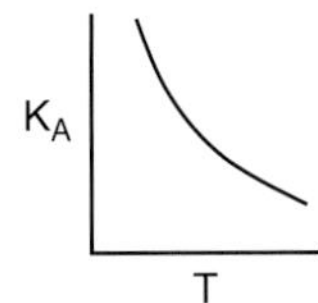

해리 흡착에서 온도가 증가하면 k_A와 k_{-A}는 지수적으로 증가하는 반면에, **흡착평형상수**(adsorption equilibrium constant) K_A는 감소한다.
평형에서 $r_{AD} \equiv 0$이다. 그러므로

$$k_A P_{CO} C_v^2 = k_{-A} C_{C \cdot S} C_{O \cdot S}$$

또 $C_{C \cdot S} = C_{O \cdot S}$에 대해서는 다음과 같이 표현된다.

$$(K_A P_{CO})^{1/2} C_v = C_{O \cdot S} \tag{10-10}$$

활성점 수지식인 식 (10-1)에서 $C_{C \cdot S}$와 $C_{O \cdot S}$에 대하여 대입하면

활성점 수지:

$$C_t = C_v + C_{O \cdot S} + C_{C \cdot S}$$
$$= C_v + (K_{CO} P_{CO})^{1/2} C_v + (K_{CO} P_{CO})^{1/2} C_v = C_v (1 + 2(K_{CO} P_{CO})^{1/2})$$

C_v에 대하여 풀면 다음과 같다.

$$C_v = C_t \ / (1 + 2(K_{CO} P_{CO})^{1/2})$$

이 값을 식 (10-10)에 대입하면 $C_{O \cdot S}$의 평형값에 대해서 풀 수 있게 된다. 그 결과로 얻어지는 그림 10-11(b)에서 나타낸 것처럼 등온식은 다음과 같다.

일산화탄소가 원자로 해리된 흡착에 대한 랭뮤어 등온선

$$\boxed{C_{O \cdot S} = \frac{(K_A P_{CO})^{1/2} C_t}{1 + 2(K_A P_{CO})^{1/2}}} \tag{10-11}$$

식의 양변을 역으로 취한 다음, 전체에 $(P_{CO})^{1/2}$을 곱하면 다음을 얻는다.

$$\frac{(P_{CO})^{1/2}}{C_{O \cdot S}} = \frac{1}{C_t (K_A)^{1/2}} + \frac{2(P_{CO})^{1/2}}{C_t} \tag{10-12}$$

만일 해리 흡착이 정확한 모델이라면 $(P_{CO}^{1/2}/C_{O \cdot S})$와 $P_{CO}^{1/2}$의 도시된 관계는 $(2/C_t)$의 기울기를 가지는 직선이 되어야 한다.

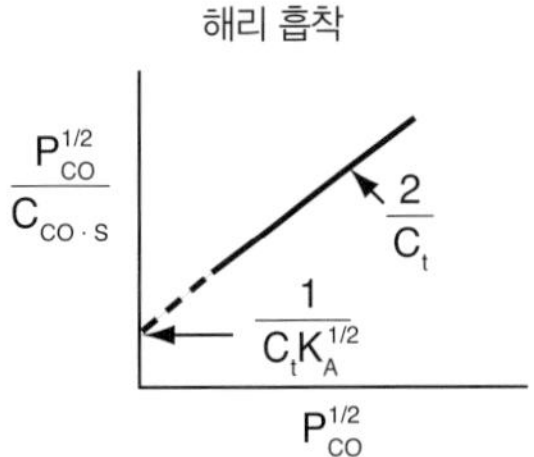

1개 이상의 물질이 존재할 때는 흡착 등온식이 다소 복잡하다. 그럼에도 불구하고 원리는 같으므로 등온식은 쉽게 유도된다. 흡착질 B가 존재할 때 A의 흡착 등온식이 다

음의 관계식으로 주어진다는 것을 설명하는 것은 연습문제로 남겨둔다.

$C_t = C_v + C_{A\cdot S} + C_{B\cdot S}$

$$C_{A\cdot S} = \frac{K_A P_A C_t}{1 + K_A P_A + K_B P_B} \tag{10-13}$$

A와 B의 흡착이 둘 다 1차 과정일 경우에는 탈착도 역시 1차이며, A와 B는 둘 다 분자상태로 흡착된다. 다른 형태의 랭뮤어 등온식 유도는 상대적으로 쉽다.

랭뮤어 등온식을 구하는 데 있어서 흡착계의 몇 가지 관점들이 유도 시에 가정된다. 이들 중에서 가장 중요하면서도 가장 의심의 여지가 있는 것은 **균일한 표면**(uniform surface)을 갖는다는 것이다. 다시 말해서 임의의 어떤 활성점이 충돌 분자에 대해 어떤 다른 활성점에서나 같은 인력을 가진다는 것이다. 프로인들리히 등온식(Freundlich isotherm)처럼, 랭뮤어와는 다른 형태의 등온식들은 서로 다른 형태의 불균일 표면(nonuniform surface)들을 포함하여 흡착계에 관한 여러 가지 가정들을 기초로 하여 유도되는 것이다.

모델에서 가정들에 주목하고 가정들의 타당성을 확인하여라.

10.2.4 표면반응

고체 표면 활성점에서 성분 A의 흡착속도는 다음 식으로 주어진다.

$$A + S \rightleftarrows A\cdot S$$

$$r_{AD} = k_A\left(P_A C_v - \frac{C_{A\cdot S}}{K_A}\right) \tag{10-14}$$

표면반응 모델

일단 반응물이 표면에 흡착되면(A·S), 반응생성물을 생성하기 위해서 여러 가지 방법의 반응이 가능하다. 이들 방법 중 세 가지는 다음과 같다:

1. **단일활성점**(single site). 표면반응은 반응물이 오직 흡착된 지점에서만 반응이 이루어지는 단일활성점 메커니즘(single-site mechanism)으로 일어날 수 있다. 예를 들어, 흡착된 분자 A는 아래와 같이 흡착된 그 지점에서 바로 이성질화(또는 분해)된다(예, pentene 이성질화).

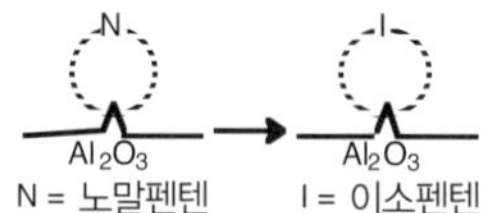

pentane의 이성질화 반응식은 일반적으로 다음과 같이 쓸 수 있다.

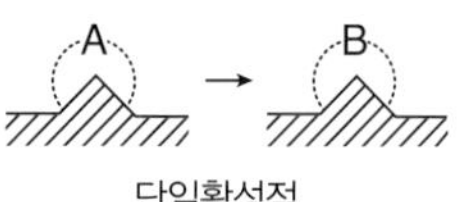

단일활성점

$$A\cdot S \rightleftarrows B\cdot S$$

반응 메커니즘의 각각의 단계는 기초반응이므로, 속도식은 다음과 같다.

단일활성점

$k_S = \left(\frac{1}{s}\right)$

K_S = (무차원)

$$r_S = k_S C_{A\cdot S} - k_{-S} C_{B\cdot S} = k_S\left(C_{A\cdot S} - \frac{C_{B\cdot S}}{K_S}\right) \tag{10-15}$$

여기서 K_S는 표면반응 평형상수 $K_S = k_S/k_{-S}$이다.

2. 이중활성점(dual site). 표면반응은 흡착된 반응물이 생성물을 형성하기 위해 (비점유되거나 점유된 상태의) 다른 활성점과 작용하는 이중활성점 메커니즘(dual-site mechanism)으로 일어날 수 있다.

첫 번째 형태의 이중활성점

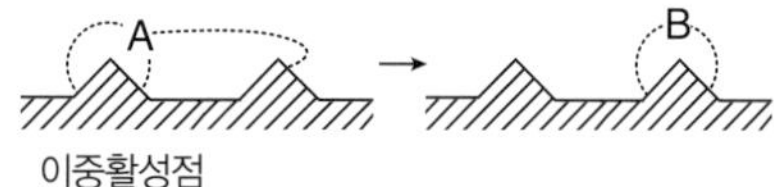

예컨대 흡착된 A는 부근의 빈 활성점(vacant site)과 반응하여 빈 활성점과 생성물이 흡착된 활성점을 만들거나, 부탄올의 탈수반응(dehydration of butanol)에서와 같이, 생성물이 두 개의 인접한 활성점에 흡착될 수도 있다.

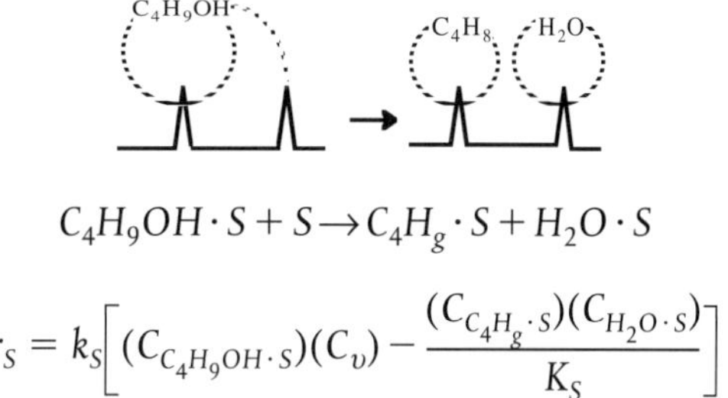

$$C_4H_9OH \cdot S + S \rightarrow C_4H_g \cdot S + H_2O \cdot S$$

$$r_S = k_S\left[(C_{C_4H_9OH \cdot S})(C_v) - \frac{(C_{C_4H_g \cdot S})(C_{H_2O \cdot S})}{K_S}\right]$$

일반적인 반응식은 다음과 같다.

$$A \cdot S + S \rightleftarrows B \cdot S + S$$

이에 대한 표면반응 속도식은 다음과 같다.

이중활성점

$r_S = \left(\frac{\text{mol}}{\text{g-cat} \cdot \text{s}}\right)$

$k_S = \left(\frac{\text{g-cat}}{\text{mol} \cdot \text{s}}\right)$

K_S = (무차원)

$$\boxed{r_S = k_S\left(C_{A \cdot S}C_v - \frac{C_{B \cdot S}C_v}{K_S}\right)} \tag{10-16}$$

두 번째 이중활성점 메커니즘은 CO와 O 사이의 반응과 같이 흡착된 두 성분 사이의 반응이다.

CO O → CO_2
Pt Pt Pt Pt

$$CO \cdot S + O \cdot S \rightleftarrows CO_2 \cdot S + S$$

$$r_S = k_S\left[(C_{CO \cdot S})(C_{O \cdot S}) - \frac{(C_{CO_2 \cdot S})(C_v)}{K_S}\right]$$

일반적인 반응식은 다음과 같다.

$$A \cdot S + B \cdot S \rightleftarrows C \cdot S + D \cdot S$$

이에 상응하는 표면반응 속도식은 다음과 같다.

$$\boxed{r_S = k_S\left(C_{A\cdot S}C_{B\cdot S} - \frac{C_{C\cdot S}C_{D\cdot S}}{K_S}\right)} \tag{10-17}$$

세 번째 이중활성점 메커니즘은 CO와 O 사이의 반응과 같이 서로 다른 유형의 활성점 S와 S′에 흡착된 두 성분 사이의 반응이다.

CO O → CO_2

Pt Fe Pt Fe   Pt Fe Pt Fe

$$CO\cdot S + O\cdot S' \rightarrow CO_2\cdot S + S'$$

일반적인 반응식은 다음과 같다.

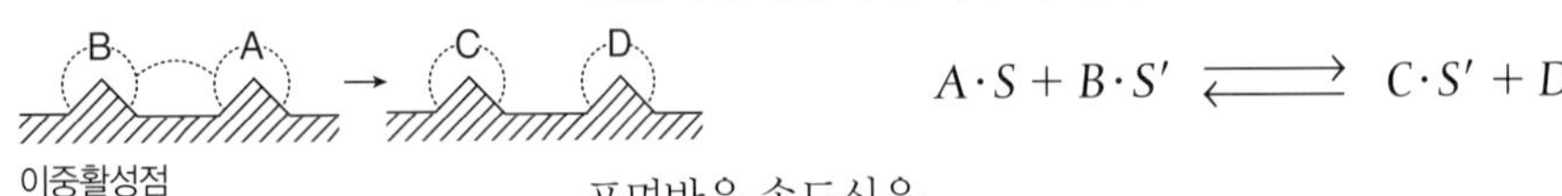

이중활성점

$$A\cdot S + B\cdot S' \rightleftarrows C\cdot S' + D\cdot S$$

표면반응 속도식은

$$\boxed{r_S = k_S\left(C_{A\cdot S}C_{B\cdot S'} - \frac{C_{C\cdot S'}C_{D\cdot S}}{K_S}\right)} \tag{10-18}$$

랭뮤어-힌셜우드 속도론

위에서 설명한 단일활성점 또는 이중활성점 메커니즘에 관련되는 반응을 **랭뮤어-힌셜우드 속도론**(Langmuir-Hinshelwood kinetics)을 따르는 반응이라고 한다.

3. 엘레이-리디얼(Eley-Rideal). 세 번째 메커니즘은 프로필렌과 벤젠의 반응(그림 10-13의 역반응 참조)에서와 같은 흡착된 분자와 기체상태 분자 간의 반응이다.

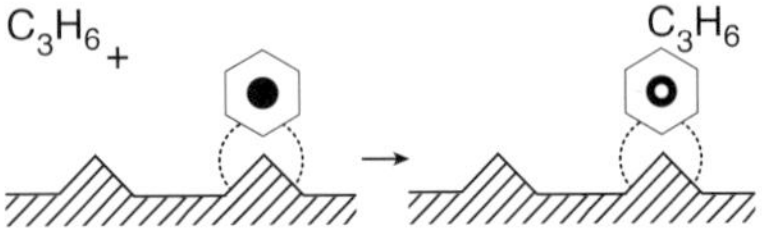

B A → C

엘레이—리디얼 메커니즘

일반적인 반응식은 다음과 같다.

$$A\cdot S + B(g) \rightleftarrows C\cdot S$$

이에 상응하는 속도식은

$$\boxed{r_S = k_S\left(C_{A\cdot S}P_B - \frac{C_{C\cdot S}}{K_S}\right)} \tag{10-19}$$

$$k_s = \left(\frac{1}{\text{atm}\cdot\text{s}}\right)$$

$$K_S = \left(\frac{1}{\text{atm}}\right)$$

이러한 형태의 메커니즘을 **엘레이-리디얼 메커니즘**(Eley-Rideal mechanism)이라고 한다.

10.2.5 탈착

위의 각 경우들에 있어서 표면에 흡착되어진 표면반응 생성물은 그 다음에는 기체상태로

$K_{DC} = (\text{atm})$

$k_D = \left(\frac{1}{s}\right)$

탈착된다. 예컨대 화합물 C의 탈착은 다음과 같다.

$$C \cdot S \rightleftarrows C + S$$

C의 탈착속도는 다음과 같다.

$$\boxed{r_{DC} = k_D \left(C_{C \cdot S} - \frac{P_C C_v}{K_{DC}} \right)} \quad (10\text{-}20)$$

여기서 K_{DC}는 atm의 압력 단위로 탈착평형상수(desorption equilibrium constant)이다. 위의 C•S 탈착단계를 **오른쪽에서 왼쪽으로** 살펴보자. C•S의 탈착단계는 흡착단계의 단지 역단계라는 것을 주목하자. 결과적으로 C의 탈착속도 r_{DC}는 C의 흡착속도 r_{ADC}와는 부호가 반대이다.

$$r_{DC} = -r_{ADC}$$

또한 C의 탈착평형상수 K_{DC}는 흡착평형상수 K_C와 역수관계이다.

$K_{DC} = (\text{atm})$

$K_C = \left(\frac{1}{\text{atm}}\right)$

$$K_{DC} = \frac{1}{K_C}$$

이 경우 C의 탈착속도는 다음과 같이 쓸 수 있다.

$$\boxed{r_{DC} = k_D (C_{C \cdot S} - K_C P_C C_v)} \quad (10\text{-}21)$$

앞으로 전개될 내용에서 속도법칙을 전개하기 위해 사용될 탈착단계에 대한 식의 형태는 식 (10-21)과 유사할 것이다.

10.2.6 속도제한단계(Rate-Limiting Step)

불균일반응이 정상상태에서 진행될 때, 연속적인 세 반응단계(흡착, 표면반응, 탈착)의 각 반응속도는 각각 서로 같다.

$$\boxed{-r'_A = r_{AD} = r_S = r_D}$$

그러나 연속된 반응단계 중에서 한 특정 단계가 일반적으로 **속도제한**(rate-limiting) 또는 **속도결정**(rate-controlling) 단계인 것을 알 수 있다. 즉 그 특정 단계를 더 빠르게 만들 수만 있다면, 전체 반응(entire reaction)은 좀 더 가속화된 속도로 진행하게 될 것이다. 그림 10-12의 전기회로에 대한 유사성을 검토하자. 반응물의 농도는 구동력(driving force) 또는 기전력(electromotive force, EMF)과 비슷하다. 전류 I(단위가 Coulombs/s)는 반응속도 $-r'_A$(mol/s·gcat)와 유사하며, 저항 R_i는 연속된 각 단계들과 연관된다. 저항이 직렬로 연결되어 있기 때문에, 전체저항(R_{tot})은 바로 흡착(R_{AD}), 표면반응(R_S), 탈착(R_D)에 해당하는 각 개별 저항을 합한 것과 같다. 따라서 주어진 전압 E에서의 전류 I는 다음과 같다.

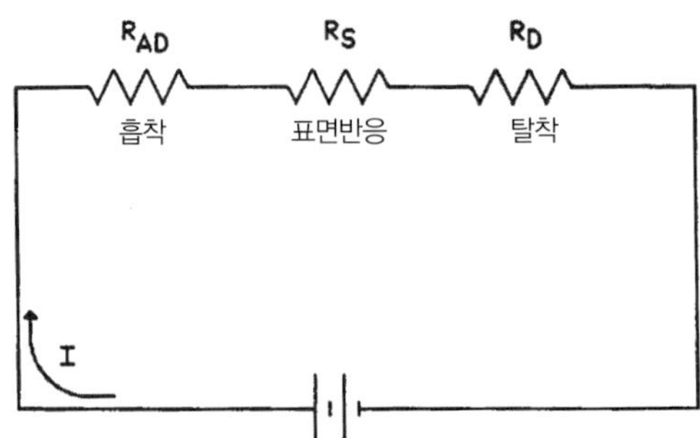

그림 10-12 불균일반응에 대한 전기와의 유사성

$$I = \frac{E}{R_{\text{tot}}} = \frac{E}{R_{\text{AD}} + R_{\text{S}} + R_{\text{D}}}$$

속도제한단계의 개념

누가 속도를 느리게 하는가?

여기서는 단지 전체저항 R_{tot}만을 관찰하기 때문에, 어느 다른 두 저항(가령 0.1 Ω)보다 훨씬 큰 저항(가령 100 Ω)을 찾는 것이 과제이다. 그러므로 만약 가장 큰 저항을 작게 할 수만 있다면 주어진 전압 E에 대한 전류 I(예를 들어, $-r'_A$)가 더 커지게 될 것이다. 마찬가지로 흡착–반응–탈착으로 연결되는 단계 중에서 어느 단계가 총괄반응속도(overall rate of reaction)를 제한하는가를 알고자 한다.

촉매반응 메커니즘 및 불균일반응 메커니즘을 구하는 접근법을 일반적으로 **랭뮤어–힌셜우드 접근법**(Langmuir-Hinshelwood approach)이라고 하는데, 이는 흡착에 대한 랭뮤어의 원리를 기초로 한 힌셜우드[7]가 제시한 개념으로부터 유도하기 때문이다. 랭뮤어–힌셜우드 접근법은 호우겐(Hougen)과 왓슨(Watson)[8]에 의해 널리 보급되었기 때문에 때로는 그들의 이름을 포함시키기도 한다. 이 접근법은 먼저 일련의 반응 단계들을 가정한다. 이 반응 단계들을 적을 때에는 분자형 또는 원자형 흡착과 같은 반응 메커니즘이나 단일활성점 또는 이중활성점 반응 가운데서 하나를 선택해야만 한다. 그 다음에는 앞 절에서 설명한 바와 같이, 모든 단계들이 가역적이라고 가정하고 각 개별 단계들에 대한 속도식을 적는다. 최종적으로는 속도제한단계(rate-limiting step)를 가정하고 속도제한 단계가 아닌 단계들은 모든 피복률(coverage) 의존 항들을 소거하는 데 이용된다. 이 방법을 사용하여 속도식을 구하는 데에 가장 의문시되는 가정은 여러 가지 반응단계에서 표면의 활성이 근본적으로 균일하다는 가정이다.

역자 주 | 피복률(coverage): 흡착질이 고체 표면을 덮고 있는 비율

흡착이 속도제한단계인 반응의 산업적 예

흡착이 속도제한단계인 반응의 예는 수소와 질소로부터 암모니아를 합성하는 반응이다.

$$3H_2 + N_2 \rightleftarrows 2\,NH_3$$

이 반응은 철 촉매 위에서 다음과 같은 메커니즘에 의해 진행된다[9].

7. C. N. Hinshelwood, *The Kinetics of Chemical Change* (Oxford: Clarendon Press, 1940).
8. O. A. Hougen and K. M. Watson, *Ind. Eng. Chem.*, 35, 529 (1943).
9. From the literature cited in G. A. Somorjai, *Introduction to Surface Chemistry and Catalysis* (New York: Wiley, 1994), p. 482.

N_2의 해리 흡착이 속도제한이다.

$$H_2 + 2S \rightleftarrows 2H \cdot S \} \qquad \text{빠름}$$

$$N_2 + 2S \rightleftarrows 2N \cdot S \} \qquad \text{속도제한}$$

$$\left.\begin{array}{l} N \cdot S + H \cdot S \rightleftarrows HN \cdot S + S \\ NH \cdot S + H \cdot S \rightleftarrows H_2N \cdot S + S \\ H_2N \cdot S + H \cdot S \rightleftarrows NH_3 \cdot S + S \\ NH_3 \cdot S \rightleftarrows NH_3 + S \end{array}\right\} \qquad \text{빠름}$$

속도제한단계는 질소분자(N_2)가 질소원자(N) 상태로 흡착되어지는 것으로 여겨진다.

표면반응이 속도제한단계인 산업적 예

표면반응이 속도제한단계인 예는 다음과 같은 두 가지의 유독성 자동차 배기가스인 CO와 NO의 반응이다.

$$CO + NO \longrightarrow CO_2 + \tfrac{1}{2} N_2$$

이 반응은 **구리 촉매 위에서** 진행되어 환경에 무해한 N_2와 CO_2로 전환되는 것이다.

$$\left.\begin{array}{l} CO + S \rightleftarrows CO \cdot S \\ NO + S \rightleftarrows NO \cdot S \end{array}\right\} \qquad \text{빠름}$$

표면반응이 속도를 제한한다.

$$NO \cdot S + CO \cdot S \rightleftarrows CO_2 + N \cdot S + S \} \qquad \text{속도제한}$$

$$\left.\begin{array}{l} N \cdot S + N \cdot S \rightleftarrows N_2 \cdot S \\ N_2 \cdot S \longrightarrow N_2 + S \end{array}\right\} \qquad \text{빠름}$$

속도식을 분석해 보면 CO_2와 N_2가 약하게 흡착된다는 것을, 즉 극히 작은 흡착상수를 가지고 있음을 알 수 있다(문제 P10-9_B 참조).

만약에 두 단계가 속도제한단계라면?

표면반응과 탈착과 같은 두 단계가 똑같이 느릴 경우, 제10장의 확장자료에서와 같이 흡착된 화합물에 유사정상상태 가설(pseudo-steady-state hypothesis)의 적용에 의존해야 한다(*http://www.umich.edu/~elements/5e/10chap/expanded_ch10_PSSH.pdf*).

10.3 속도식, 메커니즘, 속도제한단계의 조합

지금부터는 확산이 제한단계가 아닌 촉매반응에 대하여 속도식들을 전개해 보고자 한다. 실험결과와 일치하는 속도식, 메커니즘, 그리고 속도제한단계를 얻기 위한 절차를 개발하기 위하여 특정한 반응, 즉 큐멘(cumene)이 분해되어 벤젠과 프로필렌이 생성되는 반응을 고려하기로 한다. 전체반응은 다음과 같다.

$$C_6H_5CH(CH_3)_2 \longrightarrow C_6H_6 + C_3H_6$$

백금을 촉매로 하는 이 반응에서 각 단계들의 순서를 나타내는 개념적인 모델을 그림 10-13에 나타내었다. 그림 10-13은 단지 큐멘의 흡착에 대한 개략적인 표현일 뿐이다; 좀 더 실제적인 모델은 그림 10-14에서 보여주는 것과 같이 촉매표면과 벤젠의 π 궤도의 착화합물을 형성하는 것이다.

• 흡착
• 표면반응
• 탈착

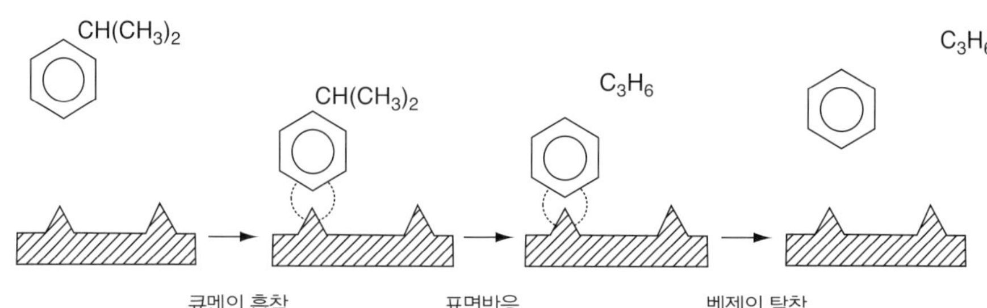

그림 10-13 반응이 속도제한단계인 촉매반응에서 각 단계들의 순서

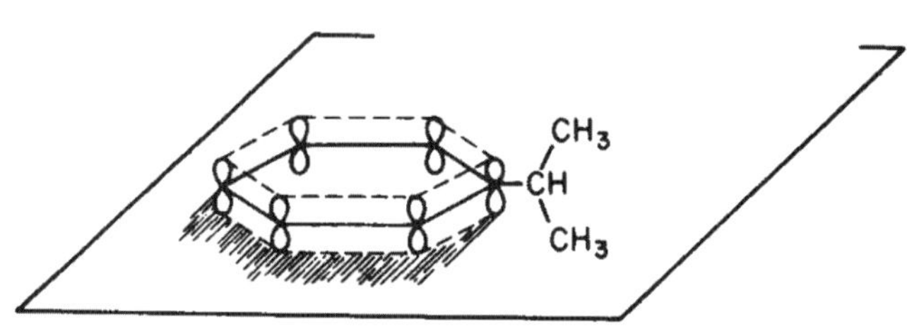

그림 10-14 표면에서 π 궤도 착화합물

표 10-3에서 보듯이 이 반응에서의 여러 성분들을 다음과 같은 기호로 표기하기로 한다: C = 큐멘, B = 벤젠, 그리고 P = 프로필렌. 이 분해반응에서의 반응순서는 표 10-3에 나와 있다.

표 10-3 랭뮤어-힌셜우드 반응속도 메커니즘에서의 반응단계

이러한 세 가지 단계들이 큐멘 분해반응의 메커니즘을 나타낸다.

반응	설명	식
$C + S \underset{k_{-A}}{\overset{k_A}{\rightleftarrows}} C \cdot S$	표면에서 큐멘의 흡착	(10-22)
$C \cdot S \underset{k_{-S}}{\overset{k_S}{\rightleftarrows}} B \cdot S + P$	흡착된 벤젠과 기상의 프로필렌을 생성하기 위한 표면반응	(10-23)
$B \cdot S \underset{k_{-D}}{\overset{k_D}{\rightleftarrows}} B + S$	표면에서 벤젠의 탈착	(10-24)

식 (10-22)부터 식 (10-24)는 이 반응에 대하여 제안된 메커니즘을 나타낸다.

이 단계들에 대한 속도식을 표기할 때는 각 단계를 기초반응으로 취급한다; 단지 차이점은 기상에서의 성분들의 농도를 그들 각각의 분압으로 대체하는 것이다.

이상기체법칙
$P_C = C_C RT$

$$C_C \longrightarrow P_C$$

농도 C_C를 분압 P_C로 대체하는 이론적인 이유는 없다; 1930년대에 관습적으로 쓰인 이래로 당연시되고 있다. P_C는 이상기체법칙을 사용하여 C_C에서 계산된다(예를 들면, $P_C = C_CRT$).

식 (10-22)로 주어진 큐멘의 흡착에 대한 속도식은 다음과 같이 표현된다.

$$C + S \underset{k_{-A}}{\overset{k_A}{\rightleftarrows}} C \cdot S$$

$$r_{AD} = k_A P_C C_v - k_{-A} C_{C \cdot S}$$

$$\text{흡착:} \qquad r_{AD} = k_A \left(P_C C_v - \frac{C_{C \cdot S}}{K_C} \right) \tag{10-25}$$

만약 r_{AD}의 단위가 (mol/g-cat·s)이고, $C_{C \cdot S}$의 단위가 (흡착된 큐멘의 몰수/g-cat)라면, k_A, k_{-A} 및 K_C의 단위는 다음과 같이 된다.

$$[k_A] \equiv (\text{kPa} \cdot \text{s})^{-1} \text{ or } (\text{atm} \cdot \text{h})^{-1}$$

$$[k_{-A}] \equiv \text{h}^{-1} \text{ 또는 } \text{s}^{-1}$$

$$[K_C] \equiv \left[\frac{k_A}{k_{-A}} \right] \equiv \text{kPa}^{-1}$$

흡착된 벤젠과 기체상태의 프로필렌을 생성시키는 표면반응단계의 속도식은

$$C \cdot S \underset{k_{-S}}{\overset{k_S}{\rightleftarrows}} B \cdot S + P(g) \tag{10-23}$$

다음과 같이 표현된다.

$$r_S = k_S C_{C \cdot S} - k_{-S} P_P C_{B \cdot S}$$

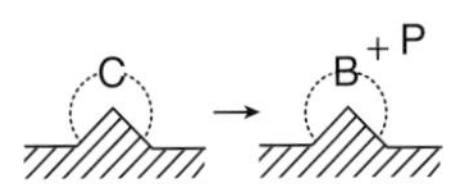

$$\text{표면반응:} \qquad r_S = k_S \left(C_{C \cdot S} - \frac{P_P C_{B \cdot S}}{K_S} \right) \tag{10-26}$$

여기서 K_S는 **표면반응평형상수**(surface reaction equilibrium constant)로서 다음과 같이 정의된다.

$$K_S = \frac{k_S}{k_{-S}}$$

k_S 및 K_S의 전형적인 단위는 각각 s^{-1} 및 kPa이다.

프로필렌은 표면에 흡착하지 않는다. 그러므로 표면에서 프로필렌의 농도는 0이다.

$$C_{P \cdot S} = 0$$

벤젠의 탈착속도[식 (10-24) 참조]는 다음과 같이 표현된다.

$$r_D = k_D C_{B\cdot S} - k_{-D} P_B C_v \tag{10-27}$$

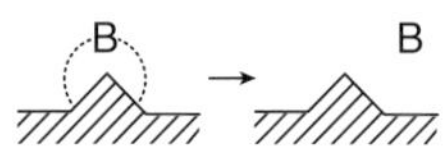

$$\text{탈착:} \qquad r_D = k_D \left(C_{B\cdot S} - \frac{P_B C_v}{K_{DB}} \right) \tag{10-28}$$

k_D와 K_{DB}의 전형적인 단위는 각각 s^{-1} 및 kPa이다. 벤젠의 탈착은

$$B\cdot S \rightleftarrows B + S$$

반응이 왼쪽에서 오른쪽으로 진행되기 때문에 벤젠의 흡착과는 반대이다. 그러므로 벤젠의 흡착평형상수 K_B와 탈착평형상수 K_{DB}는 역수로 간단하게 표시되고

$$K_B = \frac{1}{K_{DB}}$$

식 (10-28)은 다음과 같이 표시할 수 있다.

$$\text{탈착:} \qquad r_D = k_D (C_{B\cdot S} - K_B P_B C_v) \tag{10-29}$$

표면에서 반응성분들의 축적은 없기 때문에 각 단계들의 속도는 모두 같다.

$$-r'_C = r_{AD} = r_S = r_D \tag{10-30}$$

식 (10-22)에서부터 식 (10-24)에 이르기까지 순차적으로 가정된 반응 메커니즘에 대하여 어느 단계가 속도제한단계인가를 결정해 보기로 한다. 먼저 그 단계 중의 하나를 속도제한(속도결정)단계로 가정한 다음 반응속도식을 각 화합물의 부분압의 항으로 수식화한다. 이 표현식으로부터 초기 전압에 따른 초기 반응속도의 변화를 구할 수 있다. 만약 예측된 속도가 실험에서 관찰된 속도와 같은 방식으로 압력에 따라 변한다면, 이는 가정한 반응 메커니즘과 속도제한단계가 정확하다는 것을 시사한다.

먼저 흡착단계가 속도제한이라고 가정하고 속도식을 도출하자. 속도식이 유도된 후, 다른 두 단계의 표면반응과 탈착 단계 중 어느 하나가 전체 속도를 제한한다고 가정한 다음, 이 두 가지 제한 사례에 대한 속도식을 도출할 것이다.

10.3.1 큐멘의 흡착이 속도제한단계인가?

이 질문에 답하기 위하여 큐멘 흡착이 실제 속도제한단계라고 가정하고,

$$A + S \rightleftarrows A\bullet S$$

이에 해당하는 속도식을 유도한 다음, 이것이 실험결과와 일치하는지를 확인해 보도록 한다. 이 단계(또는 다른 단계)를 속도제한단계라고 가정한다면, 이 단계의 흡착속도상수(이 경우에는 k_A)는 다른 단계들의 속도상수(이 경우에는 k_S와 k_D)에 비하여 작을 것

이다[10]. 흡착속도식은 다음과 같다.

C_v와 $C_{C \cdot S}$를 P_C, P_B와 P_P로 표현해야 한다.

$$-r'_C = r_{AD} = k_A\left(P_C C_v - \frac{C_{C \cdot S}}{K_C}\right) \tag{10-25}$$

C_v나 $C_{C \cdot S}$는 측정할 수 없기 때문에 속도식에서의 이들 변수를 측정 가능한 양으로 바꾸어야 한다.

정상상태 운전에서는 다음과 같이 나타낼 수 있다.

$$-r'_C = r_{AD} = r_S = r_D \tag{10-30}$$

흡착 속도제한 반응일 경우에는 k_A는 작고 k_S와 k_D는 그에 비해 매우 크다. 그러므로 r_S/k_S와 r_D/k_D는 매우 작은(거의 0) 반면에, r_{AD}/k_A는 상대적으로 크다.

표면반응속도의 표현은 다음과 같다.

$$r_S = k_S\left(C_{C \cdot S} - \frac{C_{B \cdot S} P_P}{K_S}\right) \tag{10-31}$$

흡착 속도제한 반응의 경우에는 표면 비반응속도 상수(surface-specific reaction rate) k_S가 상대적으로 크므로 다음과 같이 둘 수 있다.

$$\frac{r_S}{k_S} \simeq 0 \tag{10-32}$$

식 (10-31)을 $C_{C \cdot S}$에 대해서 풀면 다음과 같다.

$$C_{C \cdot S} = \frac{C_{B \cdot S} P_P}{K_S} \tag{10-33}$$

보충 설명: 개별 단계에 대한 속도식을 유도할 때 흔히 발생하는 개념적 실수는 속도제한단계(rate-limiting step, RLS)가 아닌 단계의 속도를 0으로 설정하는 것이다(즉, $\frac{r_S}{k_S} \cong 0$로 설정하는 대신 $r_S = 0$로 설정). 만약 $r_S = 0$로 설정하는 경우 식 (10-30)에서 전체 반응속도가 0이 되는 것을 관찰한다.

식 (10-33)에서 $C_{C \cdot S}$를 존재하는 화합물의 부분압 항만으로 나타내기 위하여 $C_{B \cdot S}$를 구해야 한다. 벤젠의 탈착속도는 다음 식으로 표현된다.

$$r_D = k_D\,(C_{B \cdot S} - K_B P_B C_v) \tag{10-29}$$

10. 엄밀히 말하면 $k_A P_C$의 곱을 k_S나 k_D와 비교하여야 한다.

$$r_{AD} = k_A P_C\left[C_v - \frac{C_{C \cdot S}}{K_C P_C}\right]$$

$$\frac{\text{mol}}{\text{s} \cdot \text{kg-cat}} = \left(\frac{1}{\text{s atm}}\right) \cdot (\text{atm}) \cdot \left[\frac{\text{mol}}{\text{kg-cat}}\right] = \left[\frac{1}{\text{s}}\right]\frac{\text{mol}}{\text{kg-cat}}$$

r_{AD}를 $k_A P_C$로 나누면 $\frac{r_{AD}}{k_A P_C} = \frac{\text{mol}}{\text{kg-cat}}$으로 정리된다. 이유로써 값들을 비교하기 위해서는 $\left(-\frac{r_{AD}}{k_A P_C}\right)$, $\left(\frac{r_S}{k_S}\right)$, 그리고 $\left(\frac{r_D}{k_D}\right)$의 비들이 모두 같은 단위인 $\left[\frac{\text{mol}}{\text{kg-cat}}\right]$를 가져야 하기 때문이다. 여하튼 최종 결과는 같아진다.

$C_{B\cdot S}$와 $C_{C\cdot S}$를 분압의 함수로 나타내기 위해 $\frac{r_S}{k_S} \simeq 0 \simeq \frac{r_D}{k_D}$을 이용

그러나 흡착 속도제한 반응의 경우에는 k_D는 상대적으로 크므로

$$\frac{r_D}{k_D} \simeq 0 \tag{10-34}$$

라고 둔 다음, 식 (10-29)를 $C_{B\cdot S}$에 대해서 풀 수 있다.

$$C_{B\cdot S} = K_B P_B C_v \tag{10-35}$$

식 (10-33)과 식 (10-35)를 결합하면 다음과 같이 둘 수 있다.

$$C_{C\cdot S} = K_B \frac{P_B P_P}{K_S} C_v \tag{10-36}$$

식 (10-36)의 $C_{C\cdot S}$를 속도식에 대입한 다음 C_v를 인수로 묶어 내면 다음과 같은 식을 얻을 수 있다.

$$r_{AD} = k_A \left(P_C - \frac{K_B P_B P_P}{K_S K_C} \right) C_v = k_A \left(P_C - \frac{P_B P_P}{K_P} \right) C_v \tag{10-37}$$

열역학 정압 평형상수인 K_P가 식 (10-37)로 어떻게 들어갔는지, 그리고 어떤 반응에 대해서 그 값을 찾을 수 있는지를 살펴보자. 먼저 평형에서는 $r_{AD} = 0$이 되고 식 (10-37)은 다음과 같이 정리된다.

$$\frac{P_{Be} P_{Pe}}{P_{Ce}} = \frac{K_C K_S}{K_B}$$

또한 열역학(부록 C)으로부터 다음 반응식을 알 수 있다.

$$C \rightleftarrows B + P$$

또, 평형에서($-r'_C \equiv 0$), 분압 기반 평형상수 K_P의 관계를 얻을 수 있다.

$$K_P = \frac{P_{Be} P_{Pe}}{P_{Ce}}$$

결론적으로, 다음의 관계가 성립한다.

열역학적 평형상수, K_p

$$\boxed{\frac{K_S K_C}{K_B} = K_P} \tag{10-38}$$

평형상수는 **열역학 자료**(thermodynamic data)에서 구할 수 있으며, 이것은 깁스 자유에너지(Gibbs free energy) ΔG°의 변화와는 다음 관계가 있다(부록 C 식 (C−2) 참조).

$$\boxed{RT \ln K = -\Delta G^\circ} \tag{10-39}$$

여기서 R은 이상기체상수, T는 절대온도이다.

빈자리 농도 C_v는 전체 활성점 농도 C_t로 주어지는 **활성점 수지**(site balance)를 이용하여 식 (10-37)로 소거할 수 있다. 이때 전체 활성점 농도는 일정하다고 가정한다[11].

전체 활성점 = 빈자리 활성점 + 점유된 활성점

큐멘과 벤젠은 표면에 흡착되기 때문에 점유된 활성점의 농도는 $(C_{C \cdot S} + C_{B \cdot S})$이며, 활성점의 전체 농도는 다음과 같이 표현된다.

활성점 수지

$$C_t = C_v + C_{C \cdot S} + C_{B \cdot S} \tag{10-40}$$

식 (10-35)와 (10-36)을 식 (10-40)에 대입하면 다음과 같이 되고,

$$C_t = C_v + \frac{K_B}{K_S} P_B P_P C_v + K_B P_B C_v$$

C_v에 대해서 풀면 다음과 같은 식을 얻는다.

$$C_v = \frac{C_t}{1 + P_B P_P K_B / K_S + K_B P_B} \tag{10-41}$$

큐멘의 흡착반응이 속도제한단계라는 것을 가정하고 식 (10-41)과 (10-37)을 조합하면 큐멘의 촉매분해반응에 대한 다음과 같은 속도식을 얻을 수 있다.

흡착이 속도제한단계일 때의 큐멘 반응속도식

$$-r'_C = r_{AD} = \frac{C_t k_A (P_C - P_P P_B / K_P)}{1 + K_B P_P P_B / K_S + K_B P_B} \tag{10-42}$$

보통 그렇게 해 왔듯이 큐멘의 부분압력의 초기값 P_{C0}에 대한 함수로서 초기 반응속도에 대한 플롯을 스케치한다. 초기에는 생성물은 존재하지 않는다; 따라서 $P_P = P_B = 0$이다. 초기 속도는 다음과 같이 주어진다.

$$-r'_{C0} = C_t k_A P_{C0} = k P_{C0} \tag{10-43}$$

만약 큐멘의 분해반응이 흡착 속도제한단계라면, 식 (10-43)으로부터 초기속도는 그림 10-15에 보이는 바와 같이 큐멘의 초기 부분압에 대해서 직선일 것이다.

그림 10-15가 실험결과와 일치하는지를 확인해 보기에 앞서, 표면반응이 속도제한단계일 때와 벤젠의 탈착이 속도제한단계일 때의 속도식을 유도하고 초기속도를 플롯하기로 하자.

---

11. 일부 사람들은(이름은 말하지 않겠지만, 누구인지 알고 있다) 점유된 $C_{A \cdot S}$ 활성점의 수보다는 오히려 점유된 활성점의 표면 분율(즉 f_A)로 표면반응속도를 표기하는 것을 선호하며 그 차이는 전체 활성점 농도 C_t의 증배계수(multiplication factor)이다. 어떠한 상황이든 C_t, K_A, k_S 따위가 모두 반응속도상수 k에 묶여지기 때문에 속도식의 최종 형태는 같게 된다.

만약 흡착이 속도제한단계라면 자료들이 $-r'_{CO}$가 P_{CO}에 선형적으로 증가함을 보여야 한다.

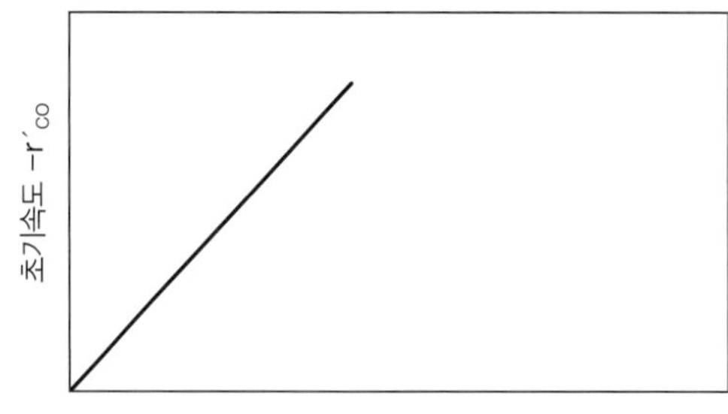

그림 10-15 흡착이 속도제한단계

10.3.2 표면반응이 속도제한단계인가?

다음에는 표면반응 단계가 속도제한단계(rate-limiting step, RLS)일 때를 가정하고 A와 B의 부분압의 함수로서 속도식을 유도하자.

$$A \bullet S \rightleftarrows B \bullet S + P$$

표면반응의 속도식은 다음과 같다.

단일활성점 메커니즘

$$\boxed{r_S = k_S\left(C_{C\cdot S} - \frac{P_P C_{B\cdot S}}{K_S}\right)} \tag{10-26}$$

흡착된 성분들의 농도를 쉽게 측정할 수 없기 때문에, 흡착 및 탈착 단계를 이용하여 이 식에서 $C_{C\cdot S}$와 $C_{B\cdot S}$를 소거해야 한다.

식 (10-25)의 흡착속도식과 표면반응이 속도제한단계일 경우의 k_A와 k_D가 k_S에 비해 매우 크다는 조건(즉, $r_{AD}/k_A \simeq 0$)[12]으로부터 흡착된 큐멘의 표면농도에 대한 관계를 얻을 수 있다.

$$C_{C\cdot S} = K_C P_C C_v$$

같은 방법으로, 흡착된 벤젠의 표면농도는 다음의 근사치를 이용하여 탈착속도식[식 (10-29)]으로부터 구할 수 있다.

$C_{B\cdot S}$와 $C_{C\cdot S}$를 분압의 함수로 나타내기 위해 $\frac{r_{AD}}{k_A} \cong 0 \cong \frac{r_D}{k_D}$을 이용

$$\frac{r_D}{k_D} \cong 0\text{일 때}$$

흡착제한일 때와 같이 $C_{B\cdot S}$에 대해서도 같은 결과를 얻는다.

$$C_{B\cdot S} = K_B P_B C_v$$

$C_{B\cdot S}$와 $C_{C\cdot S}$를 식 (10-26)에 대입하면 다음과 같다.

$$r_S = k_S\left(P_C K_C - \frac{K_B P_B P_P}{K_S}\right) C_v = k_S K_C \left(P_C - \frac{P_B P_P}{K_P}\right) C_v \tag{10-26a}$$

12. 461쪽의 각주 10을 참조.

여기서 열역학적 평형상수는 표면반응 평형상수와 흡착 평형상수의 비를 대체하기 위해 사용되었다.

$$K_P = \frac{K_C K_S}{K_B} \tag{10-26b}$$

이제 소거해야 할 변수는 단지 C_v뿐이고, 이를 위하여 활성점 수지를 사용한다.

활성점 수지

$$C_t = C_v + C_{B\cdot S} + C_{C\cdot S} \tag{10-40}$$

흡착된 성분들의 농도, 즉 $C_{B\cdot S}$와 $C_{C\cdot S}$를 대입하고 C_v를 풀면 다음 식이 얻어진다.

$$C_v = \frac{C_t}{1 + K_B P_B + K_C P_C}$$

C_v를 식 (10-26a)에 대입하면

표면반응 속도제한에 대한 큐멘 속도식

$$-r'_C = r_S = \frac{\overbrace{k_S C_t K_C}^{k}(P_C - P_P P_B / K_P)}{1 + P_B K_B + K_C P_C} \tag{10-44}$$

초기속도는 다음과 같이 구해진다.

$$-r'_{C0} = \frac{\overbrace{k_S C_t K_C}^{k}\ P_{C0}}{1 + K_C P_{C0}} = \frac{k P_{C0}}{1 + K_C P_{C0}} \tag{10-45}$$

그림 10-16은 표면반응이 속도제한단계일 경우에, 초기반응속도를 큐멘의 초기 분압의 함수로 스케치한 것이다.

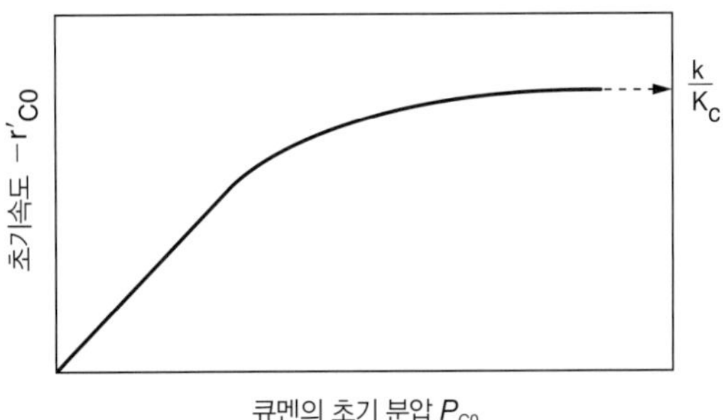

그림 10-16 표면반응이 속도제한단계

큐멘의 분압이 낮을 때는

$$1 \gg K_C P_{C0}$$

초기속도는 큐멘의 초기 분압에 따라 선형적으로 증가함을 알 수 있다.

$$-r'_{C0} \approx k P_{C0}$$

큐멘의 분압이 높을 때는

$$K_C P_{C0} \gg 1$$

그리고 식 (10-45)는 다음과 같이 되며,

표면반응이 속도제한이라면 자료들이 이러한 거동을 보여야 한다.

$$-r'_{C0} \cong \frac{kP_{C0}}{K_C P_{C0}} = \frac{k}{K_C}$$

초기속도는 큐멘의 초기 분압에 무관하다.

10.3.3 벤젠의 탈착이 속도제한단계인가?

이 질문에 답을 하기 위해서, 탈착단계에서 큐멘의 부분압(P_C)의 함수로서 초기반응속도 ($-r_{C_0}$)를 구하려고 한다.

$$B \bullet S \rightleftarrows B + S$$

벤젠의 탈착에 대한 속도 표현은 다음과 같다.

$$\boxed{r_D = k_D\,(C_{B\cdot S} - K_B P_B C_v)} \tag{10-29}$$

탈착이 속도제한을 하는 반응에서는 k_A와 k_S가 상대적으로 작은 값을 가지는 k_D에 비해 매우 크다.

표면 반응에 대한 속도식 (10-26)에서

$$\frac{r_S}{k_S} \simeq 0$$

이라고 하면, 다음을 얻을 수 있다.

$$C_{B\cdot S} = K_S \left(\frac{C_{C\cdot S}}{P_P} \right) \tag{10-46}$$

마찬가지로, 흡착단계에 대한 식 (10-25)에서

$$\frac{r_{AD}}{k_A} \simeq 0$$

이라고 하면, 다음을 얻을 수 있다.

$$C_{C\cdot S} = K_C P_C C_v$$

위 식 (10-46)에서 $C_{C\cdot S}$를 대입하면

$$C_{B\cdot S} = \frac{K_C K_S P_C C_v}{P_P} \tag{10-47}$$

식 (10-29)와 식 (10-47)을 조합하면 다음 식이 주어진다.

$$r_D = k_D K_C K_S \left(\frac{P_C}{P_P} - \frac{P_B}{K_P} \right) C_v \tag{10-48}$$

여기서 K_C는 큐멘 흡착상수, K_S는 표면반응 평형상수, K_P는 반응에 대한 열역학적 기상 평형상수이다[식 (10-38)]. C_v에 대한 식을 얻기 위하여 다시 활성점 수지를 세운다.

$$\text{활성점 수지:}\quad C_t = C_{C\cdot S} + C_{B\cdot S} + C_v \tag{10-40}$$

각각의 표면농도를 대입한 후에 활성점 수지를 C_v에 대해서 풀면 다음을 얻는다.

$$C_v = \frac{C_t}{1 + K_C K_S P_C / P_P + K_C P_C} \tag{10-49}$$

식 (10-48)의 C_v에 식 (10-49)를 대입하여 분자와 분모에 P_P를 곱하면, 탈착이 속도제한단계(desorption control)인 경우의 속도식을 얻는다.

탈착이 속도제한일 때의 큐멘 분해반응 속도식

$$-r'_C = r_D = \frac{\overbrace{k_D C_t K_S K_C}^{k}\,(P_C - P_B P_P / K_P)}{P_P + P_C K_C K_S + K_C P_P P_C} \tag{10-50}$$

큐멘의 초기 분압에 대한 반응의 초기속도의 의존성을 구하기 위하여 다시 $P_P = P_B = 0$라 두면 속도식은 다음과 같이 되며

탈착이 속도를 결정하면 초기속도가 큐멘의 분압에 무관하다.

$$-r'_{C0} = k_D C_t$$

그에 따른 $-r'_{C0}$의 플롯은 그림 10-17에 나타내었다. 만약 탈착이 속도제한단계이면 초기속도가 큐멘의 초기 분압과는 무관하게 됨을 알 수 있다.

그림 10-17 탈착이 속도제한단계인 반응

10.3.4 큐멘 분해반응에 대한 요약

이제 각각의 단계를 반응제한단계(RLS)로 가정했을 때 부분압 대 초기속도 플롯의 기능성(functionality)이 반응 실험 자료를 해석하는 데 있어서 기반이 된다는 것을 알았다. P_{C0}의 함수로 된 $-r'_{C0}$의 실험 관찰 결과가 그림 10-18에 나타나 있다. 그림 10-18의 플롯으로부터 흡착단계와 탈착단계 둘 모두 분명히 속도제한단계가 아님을 알 수 있다. 반응과 메커니즘이 다음과 같이 주어질 경우

$$C + S \rightleftarrows C\cdot S \tag{10-22}$$

RLS:

$$C\cdot S \rightleftarrows B\cdot S + P \tag{10-23}$$

$$B\cdot S \rightleftarrows B + S \tag{10-24}$$

표면반응을 속도제한단계(rate-limiting step, RLS)로 가정하여 유도한 속도식은 실험 자료와 잘 일치하였다.

큐멘 분해는 표면반응이 속도제한이다.

표면반응이 속도 제한을 하는 메커니즘이 실험 자료들과 일치한다.

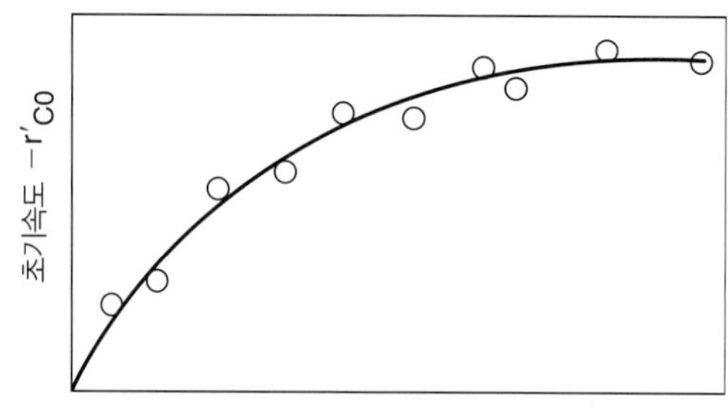

그림 10-18 큐멘의 분압에 따른 실제 초기속도

표면에 비활성 물질이 흡착되지 않는 경우의 속도식은 다음과 같다.

$$-r'_C = \frac{k(P_C - P_B P_P / K_P)}{1 + K_B P_B + K_C P_C} \tag{10-44}$$

정방향의 큐멘 분해반응은 단지 흡착된 큐멘만이 관여하는 단일활성점 메커니즘인 반면에, 흡착된 벤젠과 반응하는 기체상태 프로필렌의 역반응은 엘레이-리디얼 메커니즘(Eley-Rideal mechanism)이다.

만약 원료에 흡착성 비활성 물질이 들어 있다면 비활성 물질은 반응에는 참여하지 않지만 촉매 표면상의 활성점을 차지하게 될 것이다.

$$\text{I} + \text{S} \rightleftarrows \text{I}\cdot\text{S}$$

이때 활성점 수지는 다음과 같다.

$$C_t = C_v + C_{\text{C}\cdot\text{S}} + C_{\text{B}\cdot\text{S}} + C_{\text{I}\cdot\text{S}} \tag{10-51}$$

비활성 물질의 흡착은 평형상태에 있기 때문에 비활성 물질에 의해 점유된 활성점의 농도는 다음과 같다.

$$C_{\text{I}\cdot\text{S}} = K_I P_I C_v \tag{10-52}$$

활성점 수지에 비활성 물질이 점유된 활성점(inert sites)을 대입하면, 비활성 물질의 흡착이 존재할 때 표면반응이 속도제한단계일 경우의 속도식은 다음과 같다.

흡착성 비활성 물질

$$-r'_C = \frac{k(P_C - P_B P_P / K_P)}{1 + K_C P_C + K_B P_B + K_I P_I} \tag{10-53}$$

비활성 물질의 분압이 높아질수록 반응속도가 감소하는 것이 관찰된 바 있다.

10.3.5 개질반응 촉매

이 절에서는 이중활성점 메커니즘(dual-site mechanism)에 대해 다루기로 한다. 이러한 이중활성점은 가솔린의 옥탄가를 향상시키는 석유정제공정에서의 개질반응(reforming reaction)에 적용할 수 있다.

주석: 옥탄가. 옥탄가가 낮은 연료는 공기/연료 혼합물이 요구되는 수치만큼 압축되고 점화플러그에 의해 점화되기 이전에 실린더 내에서 자발적 연소를 일으킬 수 있다. 다음 그림은 점화플러그로부터 아래쪽으로 움직이는 바람직한 연소파 전선(combustion wave front)과 아래의 오른쪽 구석에서 원하지 않는 자발적인 연소파(spontaneous combustion wave)를 나타낸다. 이 자발적 연소는 엔진의 노킹(engine knock)을 일으키는 폭발파(detonation wave)를 일으킨다. 옥탄가가 낮으면 낮을수록 자발적 연소와 엔진의 노킹의 가능성은 점점 많아진다.

가솔린의 옥탄가는 이소옥탄과 헵탄의 혼합물에서 노킹강도(knock intensity)와 이소옥탄의 %농도를 관련짓는 보정곡선으로 결정된다. 옥탄가를 보정할 수 있는 방법 중 하나는 이소옥탄과 헵탄의 다양한 혼합물에 대하여 노킹강도(knock intensity, K.I.)(압력펄스, pressure pulse)를 측정할 수 있는 실린더의 면에 변환기를 설치하는 것이다. 옥탄가는 혼합물에서 이소옥탄의 백분율을 의미한다. 즉 순수한 이소옥탄은 옥탄가가 100이고, 80% 이소옥탄/20% 헵탄은 옥탄가가 80이 된다는 식이다. 80/20 혼합물에 대한 노킹강도는 측정되어 기록된다. 이소옥탄과 헵탄의 상대적인 백분율을 변화하면서(예, 90/10) 시험은 반복된다. 일련의 시험 후에 보정곡선이 얻어진다. 옥탄가를 알고 싶은 가솔린을 표준 노킹강도가 측정되는 시험용 엔진에서 사용한다. 노킹강도를 알게 되면 연료의 옥탄비는 보정곡선에 의해 알게 된다. 92값의 옥탄비를 가지는 가솔린은 92%의 이소옥탄과 8%의 헵탄으로 이루어진 혼합물에 대한 성능을 의미한다. 옥탄가를 보정하는 또 하나의 방법은 노킹강도를 정하면서 압축비를 증가시키는 것이다. 시험용 엔진에 이들 두 탄화수소를 일정한 백분율

역자 주 | 변환기(transducer): 에너지를 어떤 형태에서 다른 형태로 변환하는 전력 변환 장치

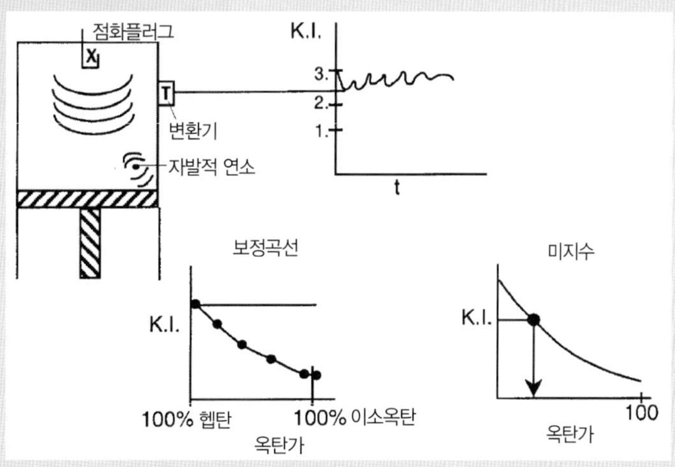

로 넣고서 압축비(compression ratio, CR)를 엔진 노킹을 일으키는 자발적 연소가 일어날 때까지 증가시킨다. 그때의 압축비와 이에 상응하는 혼합물의 조성을 기록한다. 이소옥탄과 헵탄의 상대적 백분율을 변화시켜 가면서 엔진 시험을 반복하는 일련의 실험을 행하면 보정곡선이 얻어진다. 보정된 가솔린을 시험용 엔진에 사용하면 압축비는 표준 노킹강도가 이루어질 때까지 계속적으로 증가된다. 압축비(CR)를 알면, 연료의 옥탄 등급을 보정곡선에서 읽을 수 있다.

분자가 조밀하면 조밀할수록, 옥탄가는 더 커진다.

탄화수소 분자가 보다 조밀할수록 엔진 노킹과 자발적 연소가 훨씬 적게 발생된다. 그러므로 선형사슬구조의 탄화수소를 개질(reforming)이라고 불리는 촉매공정을 통하여 좀 더 조밀한 분자로 이성질화시키는 것이 요구된다.

미국에서는 옥탄가가 높을수록 휘발유 1갤런당 가격이 비싸다. 그러나 정부 규정 때문에 조포스탄의 휘발유 1갤런당 가격은 모든 옥탄가에 대해서 같다.

이러한 개질반응 촉매 중의 하나는 알루미나(Al_2O_3)에 담지된 백금촉매이다. 백금이 담지된 알루미나(Al_2O_3)(아래의 SEM 사진 참조) 촉매는 이원기능 촉매(bifunctional catalyst)인데, 이는 알루미나 펠릿을 염화백금산(chloroplatinic acid) 용액에 담근 다음에 건조시켜, 775~875 K의 공기에서 여러 시간 동안 가열하여 제조한다. 그 다음에는 이를 알루미나 상에 매우 작은 백금 클러스터(cluster)로 만들기 위해 약 725~775 K의 온도에서 수소에 노출시킨다. 이 클러스터는 10 Å 정도의 크기를 가지는 반면, 백금이 담지되어 있는 알루미나의 세공 크기는 100~10,000 Å(즉, 10~1,000 nm)이다.

촉매 제조

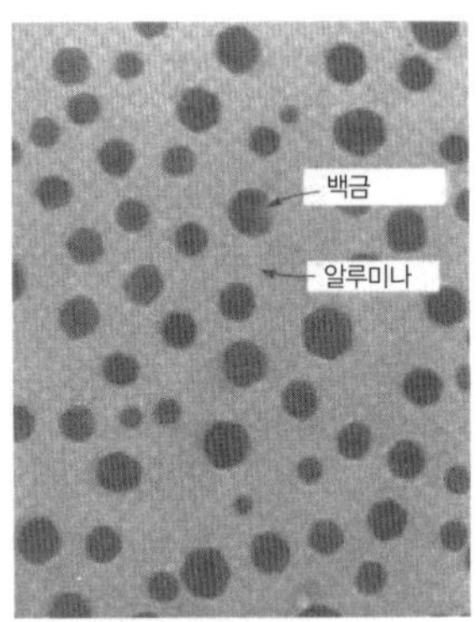

그림 10-19 알루미나 위에 담지된 백금촉매 [출처: Masel, Richard. *Chemical Kinetics and Catalysis*, p. 700. ©John Wiley & Sons, Inc. Reprinted by permission of John Wiley & Sons, Inc.]

가솔린	
C_5	10%
C_6	10%
C_7	20%
C_8	25%
C_9	20%
C_{10}	10%
C_{11-12}	5%

촉매 개질반응의 예로 노말-펜탄에서 이소-펜탄으로의 이성질화반응에 대해 살펴보자.

$$\text{노말-펜탄} \underset{Al_2O_3}{\overset{0.75\text{ wt\% Pt}}{\rightleftarrows}} \text{이소-펜탄}$$

노말-펜탄의 옥탄가가 62인 반면 이소-펜탄은 더욱 조밀하여 90의 옥탄가를 가진다! 노말-펜탄이 백금 위에 흡착하고 탈수소화 반응으로 노말-펜텐이 형성된다. 여기서 노말-펜텐은 백금으로부터 탈착하여 다시 알루미나에 흡착된 뒤 이소-펜텐으로 이성질화되며, 이소-펜텐은 탈착과 함께 다시 백금 위에 연속적으로 흡착되어 수소화반응으로 이소-펜탄이 형성된다.

$$\text{노말-펜탄} \underset{\text{Pt}}{\overset{-H_2}{\rightleftarrows}} \text{노말-펜텐} \overset{Al_2O_3}{\rightleftarrows} \text{이소-펜텐} \underset{\text{Pt}}{\overset{+H_2}{\rightleftarrows}} \text{이소-펜탄}$$

속도식과 메커니즘을 알아보기 위해 이성질화 단계에 초점을 맞추어 보기로 한다.

$$\text{노말-펜텐} \overset{Al_2O_3}{\rightleftarrows} \text{이소-펜텐}$$

$$N \rightleftarrows I$$

메커니즘, 속도제한단계, 이에 부합되는 속도식을 체계화하는 절차를 표 10-4에 나타내었다.

표 10-4 반응 메커니즘과 속도제한단계를 결정하는 알고리즘

알루미나 촉매 상에서 노말-펜텐(N)에서 이소-펜텐(I)으로의 이성질화반응

$$N \overset{Al_2O_3}{\rightleftarrows} I$$

가솔린의 옥탄가를 증가시키기 위한 개질반응

1단계. **반응 메커니즘을 선택하여라.** (이중활성점 메커니즘을 선택하자.)

흡착: $N + S \rightleftarrows N\cdot S$

표면반응: $N\cdot S + S \rightleftarrows I\cdot S + S$

탈착: $I\cdot S \rightleftarrows I + S$

속도식을 표기할 때는 각 반응단계를 기초반응으로 취급하여라.

2단계. **속도제한단계를 가정하여라. 모든 불균일반응의 75% 이상이 확산제한단계(diffusion-limited)가 아니라 표면반응단계(surface-reaction-limited)이므로,** 먼저 표면반응을 선택하자. 제한단계가 두 가지 이상일 때는 PSSH(유사정상상태 가설)가 필요하다(10.3.6절 참조).
표면반응단계에 대한 속도식은 다음과 같다.

$$-r'_N = r_S = k_S\left(C_v C_{N\cdot S} - \frac{C_{I\cdot S}C_v}{K_S}\right) \tag{10-54}$$

3단계. **흡착된 화합물의 농도 $C_{i\cdot S}$를 구하여라.** $C_{i\cdot S}$(예, $C_{N\cdot S}$ 및 $C_{I\cdot S}$)에 대해 풀기 위해 속도제한단계가 아닌 다른 단계들을 이용한다. 이 반응의 경우에서는

$$\frac{r_{AD}}{k_A} \simeq 0: \quad C_{N\cdot S} = P_N K_N C_v$$

$$\frac{r_D}{k_D} \simeq 0: \quad C_{I\cdot S} = \frac{P_I C_v}{K_D} = K_I P_I C_v \tag{10-55}$$

4단계. **활성점 수지를 세워라.**

$$C_t = C_v + C_{N\cdot S} + C_{I\cdot S} \tag{10-56}$$

표 10-4 반응 메커니즘과 속도제한단계를 결정하는 알고리즘(계속)

5단계. **속도식을 유도한다.** 속도식을 얻기 위해 2, 3, 4단계를 결합하여라.

$$-r'_N = r_S = \frac{\overbrace{k_S C_t^2 K_N}^{k}(P_N - P_I/K_P)}{(1 + K_N P_N + K_I P_I)^2} \tag{10-57}$$

6단계. **자료와 비교하여라.** 5단계에서 유도된 속도식을 실험 자료와 비교하여라. 그들이 서로 일치된다면, 정확한 메커니즘과 속도제한단계를 찾을 가능성이 있다. 만약 유도된 속도식(즉, 모델)이 자료와 일치하지 않는다면:

a. 다른 속도제한단계를 가정하고, 2단계부터 6단계까지 반복하여라.

b. 각 단계를 속도제한단계라고 가정한 후, 유도된 어떤 속도식도 실험 자료와 일치하지 않는다면, 다른 메커니즘(즉, 단일활성점 반응 메커니즘)을 선택한다.

$$N + S \rightleftarrows N\cdot S$$
$$N\cdot S \rightleftarrows I\cdot S$$
$$I\cdot S \rightleftarrows I + S$$

그런 다음 2단계에서부터 6단계로 진행한다.

단일활성점 메커니즘이 정확한 것으로 밝혀진다. 이 메커니즘의 속도식은 다음과 같다.

$$-r'_N = \frac{k(P_N - P_I/K_P)}{(1 + K_N P_N + K_I P_I)} \tag{10-58}$$

c. 2개 또는 그 이상의 모델이 일치한다면, 제7장에서 설명한 통계처리(예, residue 항의 비교)를 하여 그들 간의 차이를 판별하기 위해 사용되어야 한다(보충교재 참고).

이중활성점 메커니즘(dual-site mechanism)에 대한 표 10-4에서 속도식 ($-r'_A$)의 분모는 제곱(즉, 5단계에서 $[1/(\ )^2]$)이 되는 반면에 단일활성점 메커니즘(single-site mechanism)의 경우 제곱(즉, 6단계에서 $[1/(\ )]$)이 아니다. 이 사실은 촉매반응 자료를 분석할 때 유용하다.

표 10-5는 비가역적이면서 표면반응이 속도제한단계인 서로 다른 메커니즘에 대한 속도식의 형태이다.

표 10-5 비가역적 표면반응이 속도제한단계인 속도식

단일활성점(single site)

$$A\cdot S \longrightarrow B\cdot S \qquad -r'_A = \frac{kP_A}{1 + K_A P_A + K_B P_B} \tag{10-59}$$

이중활성점(dual site)

$$A\cdot S + S \longrightarrow B\cdot S + S \qquad -r'_A = \frac{kP_A}{(1 + K_A P_A + K_B P_B)^2} \tag{10-60}$$

$$A\cdot S + B\cdot S \longrightarrow C\cdot S + S \qquad -r'_A = \frac{kP_A P_B}{(1 + K_A P_A + K_B P_B + K_C P_C)^2} \tag{10-61}$$

엘레이-리디얼(Eley-Rideal)

$$A\cdot S + B(g) \longrightarrow C\cdot S \qquad -r'_A = \frac{kP_A P_B}{1 + K_A P_A + K_C P_C} \tag{10-62}$$

여기서 다음과 같은 관점에 주의할 필요가 있다. 즉, 메커니즘과 속도제한단계가 실험 자

료와 잘 일치된다고 해서 메커니즘이 정확하다는 것을 뜻하는 것은 아니다[13]. 일반적으로 메커니즘을 틀림없이 확정하기 위해서는 분광학적 실험이 요구된다. 그러나 다양한 메커니즘과 속도제한단계들을 전개하는 것이 실험 자료와 상관관계를 보여주고 속도식을 개발하는 최선의 방법에 대한 통찰력을 제공해 줄 수 있다.

10.3.6 유사정상상태 가설(PSSH)로부터 유도된 속도식들

9.1절에서 **반응 중간체**(reactive intermediates)의 순생성속도(net rate of formation)가 0으로 가정된 유사정상상태 가설(PSSH)에 대해 논의하였다. 아래 식과 같이 설정하는 것보다 촉매 속도식을 유도하는 다른 방법은

$$\frac{r_{AD}}{k_A} \cong 0$$

표면에 흡착된 각각의 성분을 하나의 **반응 중간체**라고 가정하는 것이다. 그 결과, 표면에 흡착된 흡착성분 i의 순생성속도는 0이 될 것이다.

$$r^*_{i \cdot S} = 0 \tag{10-63}$$

PSSH는 두 가지 이상의 속도제한단계가 있을 때 이용된다. 표 10-4의 이성질화반응의 예를 PSSH를 이용하여 재작업한 것이 CRE 웹사이트 제10장 **확장자료**에 소개되어 있다(*http://www.umich.edu/~elements/5e/10chap/expanded.html*).

10.3.7 속도식의 온도의존성

표면반응이 속도 제한인(surface-reaction-limited) 비가역적인 이성질화반응을 고려해 보자.

$$A \longrightarrow B$$

여기에서 A와 B 둘 모두 표면에 흡착된다. 속도식은 다음과 같다.

$$-r'_A = \frac{kP_A}{1 + K_A P_A + K_B P_B} \tag{10-64}$$

비반응속도 k는 일반적으로 아레니우스 온도의존성을 따르며, 온도가 증가됨에 따라 지수적으로 증가된다. 그러나 표면에서의 모든 흡착은 발열반응이다. 따라서 온도가 높을수록 흡착평형상수는 작아진다. 즉, 온도가 증가되면 K_A와 K_B가 감소하게 되고, 결과적으로 A와 B에 의한 표면 피복률(coverage)이 낮아진다. 그러므로 높은 온도에서는 촉매반응에서의 속도식에서 분모는 1에 가까워진다. 즉 고온에서는(낮은 피복률, low coverage)

$$1 \gg (P_A K_A + P_B K_B)$$

이므로, 속도식은 다음과 같이 단순하게 될 수 있다.

---

13. R. I. Masel, *Principles of Adsorption and Reaction on Solid Surfaces* (New York: Wiley, 1996), p. 506, *www.masel.com*. This is a terrific book.

높은 온도에서
흡착 성분을 무시

$$-r'_A \simeq kP_A \tag{10-65}$$

또한 가역 이성질화반응의 경우에는 다음과 같이 표현된다.

$$-r'_A \simeq k\left(P_A - \frac{P_B}{K_P}\right) \tag{10-66}$$

알고리즘
추론
속도식
탐색
메커니즘
평가
속도식 파라미터
설계
PBR
CSTR

반응 메커니즘과 속도제한단계를 상정하는 데 있어서 하나의 출발점으로 이용할 수 있는 알고리즘을 표 10-4에 나타내었다. 다시 강조하지만, 유도된 속도식과 실험 자료를 비교하는 것만으로는 메커니즘을 증명할 수 없다. 메커니즘을 확정하기 위해서는 개별적인 분광학적 실험(spectroscopic experiments)이 필요하다. 그러나 표 10-4의 알고리즘을 따라감으로써 제안된 메커니즘과 실험결과가 **일치되지 않는다**는 것을 입증할 수 있다. Box 등[14]은 모든 실험 자료를 취합하고 그 자료들로부터 모델을 세우는 것보다는, 순차적으로 자료를 모은 다음에 모델을 세우는 기법을 제시하였다.

10.4 반응기 설계를 위한 불균일계 자료 해석

이 절에서는 반응공학 엔지니어가 성취할 필요가 있는 네 가지 조작들에 초점을 맞춘다.

알고리즘을 따른다.

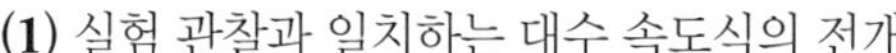

(1) 실험 관찰과 일치하는 대수 속도식의 전개

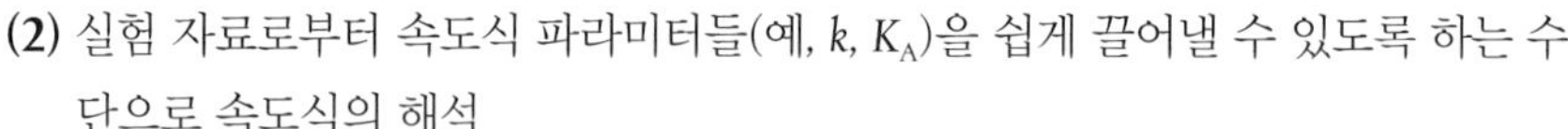

(2) 실험 자료로부터 속도식 파라미터들(예, k, K_A)을 쉽게 끌어낼 수 있도록 하는 수단으로 속도식의 해석

(3) 실험 자료와 일치하는 메커니즘 및 속도제한단계의 발견

(4) 특정한 전화율에 도달하기 위한 촉매반응기의 설계

이러한 네 가지 조작들을 설명하기 위하여 톨루엔의 수첨 탈메틸화 반응을 이용하기로 한다.

수소와 톨루엔을 clinoptilolite(결정성 실리카−알루미나)를 포함하고 있는 광물 고체 촉매 상에서 반응시키면 메탄과 벤젠이 생성된다[15].

$$C_6H_5CH_3 + H_2 \xrightarrow[\text{촉매}]{} C_6H_6 + CH_4$$

톨루엔 30%, 수소 45%, 비활성 성분 25%로 구성된 원료를 처리하기 위한 충전층반응기와 "**유동층**(fluidized bed)" CSTR을 설계하려고 한다. 톨루엔은 640°C, 40 atm(4052 kPa)의 압력에서 50 mol/min의 속도로 유입된다. PBR을 설계하기 위해서는 먼저 표 10-6에 제시된 미분반응기 자료에서 속도식을 결정해야 한다. 이 표에서는 수소(H_2), 톨루엔(T), 벤젠(B) 그리고 메탄(M)의 분압의 함수로 나타낸 톨루엔의 반응속도가 주어져 있다. 처음 두 실험에서는, 메탄이 수소 및 톨루엔과 함께 원료로 주입되었지만, 실험 3, 4 및 6에서는 다른 생성물 중 벤젠만이 반응물들과 함께 반응기에 도입되었다. 실험 5와 16

14. G. E. P. Box, J. S. Hunter, and W. G. Hunter, *Statistics for Experimenters: Design, Innovation, and Discovery*, 2nd ed. (Hoboken, New Jersey: Wiley, 2005).

15. J. Papp, D. Kallo, and G. Schay, *J. Catal.*, 23, 168.

에서는 메탄과 벤젠이 원료 중에 유입되었다. 나머지 실험에서는 생성물 중의 어느 것도 원료 흐름에 도입되지 않았다. 미분반응기에서 전화율은 1% 미만이기 때문에, 이들 실험에서 벤젠과 메탄의 분압은 실질적으로 0이며, 반응속도는 초기속도와 같다.

표 10-6 미분반응기에서 얻어진 자료

속도식을 탐색하기 위해 정리한 자료

실험	$-r'_T \times 10^{10}$ $\left(\frac{\text{g mol 톨루엔}}{\text{g-cat}\cdot\text{s}}\right)$	분압(atm) 톨루엔 (T), P_T	수소 (H_2), P_{H_2}	메탄 (M), P_M	벤젠 (B), P_B
Set A					
1	71.0	1	1	1	0
2	71.3	1	1	4	0
Set B					
3	41.6	1	1	0	1
4	19.7	1	1	0	4
5	42.0	1	1	1	1
6	17.1	1	1	0	5
Set C					
7	71.8	1	1	0	0
8	142.0	1	2	0	0
9	284.0	1	4	0	0
Set D					
10	47.0	0.5	1	0	0
11	71.3	1	1	0	0
12	117.0	5	1	0	0
13	127.0	10	1	0	0
14	131.0	15	1	0	0
15	133.0	20	1	0	0
16	41.8	1	1	1	1

10.4.1 실험 자료에서 속도식의 추론

알고리즘을 따른다.

데이터를 해독하려면 먼저 실험 3을 살펴보자. 실험 3에서는 메탄 농도가 0, 즉 $P_M = 0$이기 때문에 역반응이 일어날 가능성이 없는 반면, 실험 5에서는 모든 제품이 존재하기 때문에 역반응이 일어날 수 있다. 실험 3과 실험 5를 비교하면, 초기속도는 두 실험 모두에서 본질적으로 동일하다는 것을 알 수 있으며, 우리는 그 반응이 사실상 비가역이라고 가정할 수 있다.

$$T + H_2 \xrightarrow[\text{촉매}]{} M + B$$

톨루엔, 수소, 메탄, 그리고 벤젠의 분압 하에서 톨루엔의 소멸속도 $-r'_T$의 의존성에 관한 자료로부터 어떠한 정성적 결론을 끌어낼 수 있는지를 알아본다.

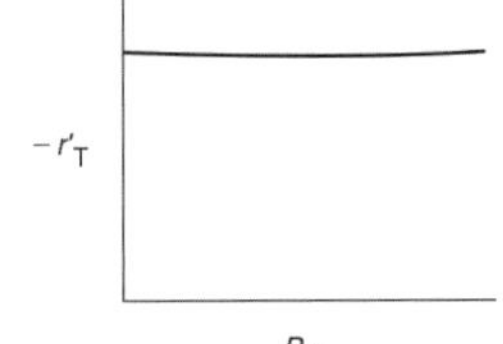

1. 생성물 메탄에 대한 의존성. 만약 메탄이 표면에 흡착된다면, 메탄의 분압은 속도식의 분모 항에 나타날 것이며, 속도는 메탄 농도에 반비례적으로 변화할 것이다.†

$$-r'_T \sim \frac{[\cdot]}{1 + K_M P_M + \cdots} \tag{10-67}$$

† 여러분은 아마도 식 (10-58)부터 (10-66)까지가 없어진 것을 알아차렸을 것이다. 그 이유는 여러 가지 선택이다: (a) 식들이 불필요한 것이다, (b) 오류가 있었고 오류를 수정하기 위해 인터넷 클라우드로 전송해야 한다, (c) 저자가 단순히 방정식의 번호를 잘못 매겨서 현재 이를 은폐하려 하고 있다.

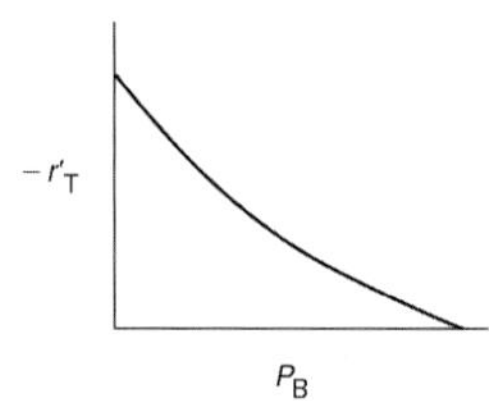

그것이 분모 항에 있다면, 아마 그것은 표면 위에 존재할 것이다.

그러나 실험 1과 2로부터 메탄의 압력이 4배로 증가해도 $-r'_T$에 관한 영향은 거의 없음을 알 수 있다. 따라서 메탄은 매우 약하게 흡착하거나(즉, $K_M P_M \ll 1$), 앞에서 언급한 큐멘의 분해반응에서 프로필렌의 경우와 같이 직접 기상으로 빠져나가게 된다고 가정할 수 있다.

2. **생성물 벤젠에 대한 의존성.** 실험 3과 4에서 수소와 톨루엔의 농도(분압)가 고정되면, 벤젠의 농도가 증가할수록 반응속도는 감소함을 알 수 있다. 즉 이러한 의존성은 벤젠의 분압이 분모 항에 나타나는 속도식으로 설명할 수 있다.

$$-r'_T \sim \frac{1}{1 + K_B P_B + \cdots} \tag{10-68}$$

식 (10-59)로 주어진 P_B에 대한 $-r'_T$의 의존성 형태는 벤젠이 클리노프틸로라이트(clinoptilolite)의 표면에 흡착됨을 시사한다.

3. **톨루엔에 대한 의존성.** 낮은 톨루엔의 농도에서는(실험 10과 11) 톨루엔의 분압이 증가할수록 속도가 증가하는 반면, 높은 톨루엔의 농도에서는(실험 14와 15) 실질적으로 속도는 톨루엔의 분압과는 무관하다. 이러한 거동을 나타내는 속도식의 형태는 다음과 같이 나타낼 수 있다.

$-r'_T$

P_T

$$-r'_T \sim \frac{P_T}{1 + K_T P_T + \cdots} \tag{10-69}$$

식 (10-68)과 (10-69)를 묶으면 속도식은 다음과 같은 형태가 된다.

$$-r'_T \sim \frac{P_T}{1 + K_T P_T + K_B P_B + \cdots} \tag{10-70}$$

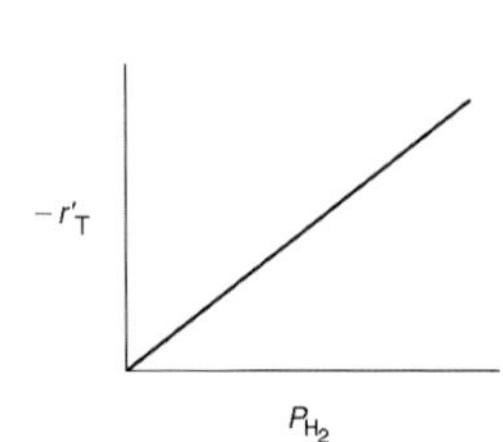

4. **수소에 대한 의존성.** 표 10-6에서 실험 7, 8 및 9를 조사해 보면, 수소 농도가 증가할수록 반응속도는 선형적으로 증가함을 알 수 있고, 반응은 H_2에 관해 1차라고 결론지을 수 있다. 이러한 사실에 의거하면, 수소가 표면에 흡착되지 않거나, 사용된 압력에 대하여 수소의 표면 피복률은 극히 낮다($1 \gg K_{H_2} P_{H_2}$). 만약 수소가 흡착한다면, $-r'_T$의 P_{H_2}에 대한 의존성과 톨루엔의 분압 P_T에 대한 $-r'_T$의 의존성[식 (10-69)를 참조]은 유사할 것이다. H_2에 관한 1차 의존성인 경우에는 다음과 같이 표현되고,

$$-r'_T \sim P_{H_2} \tag{10-71}$$

식 (10-67)에서 (10-71)까지를 결합하면 속도식은 다음과 같이 된다.

$$\boxed{-r'_T = \frac{k P_{H_2} P_T}{1 + K_B P_B + K_T P_T}}$$

이 속도식은 표 10-6에서 보여주는 자료와 정성적으로 일치된다는 것을 확인할 수 있다.

10.4.2 실험결과와 일치하는 메커니즘의 모색

이제 톨루엔의 수첨 탈메틸화반응(hydrodemethylation)에 대한 메커니즘을 제시해 보

모든 불균일반응 메커니즘의 75% 가량은 표면반응이 속도제한이다.

기로 한다. 톨루엔은 표면에 흡착되고 기상의 수소와 반응하여 표면에 흡착된 벤젠과 기체상태의 메탄이 생성된다고 가정한다. 그 다음에 벤젠은 표면에서 탈착된다. 모든 불균일반응 메커니즘의 약 75~80%가 흡착 속도제한 또는 탈착 속도제한이기보다는 표면반응 속도제한이기 때문에, 흡착된 톨루엔과 기상의 수소 사이의 반응을 반응속도제한이라고 가정한다. 이 반응 메커니즘 및 각 기초반응 단계들에 대한 속도식을 기호로 나타내면 다음과 같다.

제안된 메커니즘

엘레이-리디얼 메커니즘

흡착: $T(g) + S \rightleftarrows T\cdot S$

$$r_{AD} = k_A\left(C_v P_T - \frac{C_{T\cdot S}}{K_T}\right) \tag{10-72}$$

표면반응: $H_2(g) + T\cdot S \rightleftarrows B\cdot S + M(g)$

$$r_S = k_S\left(P_{H_2}C_{T\cdot S} - \frac{C_{B\cdot S}P_M}{K_S}\right) \tag{10-73}$$

탈착: $B\cdot S \rightleftarrows B(g) + S$

$$r_D = k_D\,(C_{B\cdot S} - K_B P_B C_v) \tag{10-74}$$

표면반응 속도제한 메커니즘의 경우 속도식은 다음과 같이 표현되고,

$$r_S = k_S\left(P_{H_2}C_{T\cdot S} - \frac{C_{B\cdot S}P_M}{K_S}\right) \tag{10-73}$$

식 (10-73)의 $C_{T\cdot S}$와 $C_{B\cdot S}$는 직접 측정될 수 있는 양(농도, 부분압)으로 바꾸는 것이 필요하다.

표면반응 속도제한 메커니즘의 경우, $C_{T\cdot S}$를 구하기 위해서 톨루엔의 흡착 속도식 (10-72)를 사용한다[16].

$$\frac{r_{AD}}{k_A} \approx 0$$

따라서

$$\boxed{C_{T\cdot S} = K_T P_T C_v} \tag{10-75}$$

그리고 $C_{B\cdot S}$를 얻기 위해서는 벤젠의 탈착 속도식 (10-74)를 사용한다.

$$\frac{r_D}{k_D} \approx 0$$

따라서

$$\boxed{C_{B\cdot S} = K_B P_B C_v} \tag{10-76}$$

16. 461쪽의 각주 10 참조.

활성점의 전체 농도는 다음과 같다.

C_v를 구하기 위해 활성점 수지를 수행하여라.

$$\boxed{C_t = C_v + C_{T\cdot S} + C_{B\cdot S}} \tag{10-77}$$

식 (10-75)와 (10-76)을 식 (10-77)에 대입하여 정리하면 다음 식을 얻는다.

$$C_v = \frac{C_t}{1 + K_T P_T + K_B P_B} \tag{10-78}$$

식 (10-73)에 $C_{T\cdot S}$와 $C_{B\cdot S}$를 대입한 다음 C_v를 대입하면 표면반응 속도제한의 경우에 대한 속도식이 얻어진다.

$$-r'_T = \frac{\overbrace{C_t k_S K_T}^{k}(P_{H_2}P_T - P_B P_M/K_P)}{1 + K_T P_T + K_B P_B} \tag{10-79}$$

우리는 실험 3과 5를 비교함으로써 역반응을 무시할 수 있다는 것을 보여주었다. 즉, 열역학 평형상수 K_P는 매우 크다. 결과적으로, 역반응을 무시하면, 다음 식을 얻는다.

엘레이-리디얼(Eley-Rideal) 표면반응 제한 메커니즘에 대한 속도법칙

$$\boxed{-r'_T = \frac{kP_{H_2}P_T}{1 + K_B P_B + K_T P_T}} \tag{10-80}$$

주어진 화합물의 흡착평형상수는 그 성분의 탈착평형상수의 정확히 역수라는 것을 유의하여라.

10.4.3 속도식 파라미터의 평가

이 반응에 대한 파프 등(Papp et al.)[17]의 연구에서는 실험 자료에 대해 25개 이상의 모델들을 검토하였으며, 위에서 논의된 반응 메커니즘과 속도제한단계(즉, 흡착된 톨루엔과 H_2 기체 간의 표면반응)가 옳다고 결론 내렸다. 이 반응이 실질적으로 비가역이라고 가정하면, clinoptilolite 상의 반응속도식은 다음과 같다.

$$-r'_T = k\frac{P_{H_2}P_T}{1 + K_B P_B + K_T P_T} \tag{10-80}$$

이제 k, K_T 및 K_B와 같은 속도식의 파라미터들을 추정하기 위해 자료들을 분석할 수 있는 가장 좋은 방법을 결정하고 싶다. 이러한 해석법은 **파라미터 추정**(parameter estimation)[18]으로 불린다. 측정된 변수 사이의 선형적 관계를 얻을 수 있는 속도식을 재정리한다. 식 (10-80)으로 주어진 속도식에 대하여 식 (10-80)의 양변을 $P_{H_2}P_T$로 나누고 역수로 전환하면 다음과 같다.

속도식 파라미터들을 구하기 위해 속도식을 선형화

$$\boxed{\frac{P_{H_2}P_T}{-r'_T} = \frac{1}{k} + \frac{K_B P_B}{k} + \frac{K_T P_T}{k}} \tag{10-81}$$

17. 동일한 문헌.

18. 속도식 파라미터들의 추정을 위한 다양한 기법들은 제10장(533쪽) 보충교재를 참조.

표 10−6에 표시된 자료들의 선형 최소자승법이 CRE 웹사이트에 나타나 있다.

제7장에서 기술된 바 있는 회귀분석법을 이용함으로써 속도식 파라미터들을 결정한다.

$$\boxed{Y_j = a_0 + a_1 X_{1j} + a_2 X_{2j}}$$

비선형 회귀분석법에서의 수렴값을 얻기 위해서, 속도식 파라미터 k, K_T, K_B의 초기 추정치를 얻기 위한 선형 최소자승법(PRS 7.3)을 사용할 수 있다. 그러나 많은 경우에서 7.5절, 7.6절 및 예제 10-1에 설명된 바와 같이 직접적으로 비선형 회귀분석을 사용하는 것이 가능하다.

예제 10-1 비선형 회귀분석법에 의한 모델 파라미터 k, K_B 및 K_T의 결정

(a) 7.5절에 논의된 비선형 회귀분석법과 표 10-6의 자료를 이용하여 식 (10-80)의 속도식 파라미터 k, K_B 및 K_T의 최선의 추정치를 구하여라.

(b) 속도식을 분압만의 함수로 써라.

(c) 톨루엔의 전화율이 40%일 때, 벤젠에 점유된 활성점 $C_{B\cdot S}$에 대한 톨루엔에 점유된 활성점 $C_{T\cdot S}$의 비율을 구하여라.

풀이

표 10-6의 자료를 다음과 같이 변형하여 Polymath 비선형 최소자승법 프로그램에 넣는다. 칼럼(column) 1에 있는 반응속도들은 10^{10}을 곱한 것이기 때문에, 칼럼 1에 있는 각각의 숫자들이 그대로 입력되었다(즉, 71.0, 71.3, ...). 모델식은 다음과 같다.

실전 예제 문제

$$\text{속도} = \frac{kP_T P_{H_2}}{1 + K_B P_B + K_T P_T} \tag{E10-1.1}$$

제7장과 CRE 웹사이트 **요약노트**에 있는 단계별 회귀분석과정을 차례로 따르면 다음 표 E10-1.1에 있는 파라미터값들을 구할 수 있다.

표 E10-1.1 파라미터값

Source data points and calculated data points

	PT	PH2	PB	RATE	RATE calc	Delta RATE
1	1	1	0	71	71.0197	-0.0196996
2	1	1	0	71.3	71.0197	0.2803004
3	1	1	1	41.6	42.21931	-0.6193089
4	1	1	4	19.7	19.04705	0.6529537
5	1	1	1	42	42.21931	-0.2193089
6	1	1	5	17.1	16.10129	0.9987095
7	1	1	0	71.8	71.0197	0.7803004
8	1	2	0	142	142.0394	-0.0393992
9	1	4	0	284	284.0788	-0.0787985
10	0.5	1	0	47	47.64574	-0.6457351
11	1	1	0	71.3	71.0197	0.2803004
12	5	1	0	117	116.8977	0.102331
13	10	1	0	127	127.1662	-0.1661677
14	15	1	0	131	131.002	-0.0019833
15	20	1	0	133	133.008	-0.007997
16	1	1	1	41.8	42.21931	-0.4193089

Model: RATE = k*PT*PH2/(1+KB*PB+KT*PT)

Variable	Initial guess	Value	95% confidence
k	144.	144.7673	1.240307
KB	1.4	1.390525	0.0457965
KT	1.03	1.038411	0.0131585

Nonlinear regression settings
Max # iterations = 64

Precision

R^2	0.9999509
R^2adj	0.9999434
Rmsd	0.1128555
Variance	0.2508084

(a) 최선의 추정치는 표 E10-1.1의 오른쪽 상단 상자에 나타내었다.

(b) 속도식을 kg-cat와 분의 단위로 나타내면

$$-r'_T = \frac{1.45 \times 10^{-8} P_T P_{H_2}}{1 + 1.39 P_B + 1.038 P_T} \frac{\text{mol T}}{\text{g-cat} \cdot \text{s}} \times \frac{1000 \text{ g}}{1 \text{ kg}} \times \frac{60 \text{ s}}{\text{min}} \tag{E10-1.2}$$

다음을 얻는다.

$$\boxed{-r'_T = \frac{8.7 \times 10^{-4} P_T P_{H_2}}{1 + 1.39 P_B + 1.038 P_T} \left(\frac{\text{g mol T}}{\text{kg-cat.} \cdot \text{min}} \right)} \tag{E10-1.3}$$

벤젠에 의해 점유된 활성점에 대해, 톨루엔에 의해 점유된 활성점의 비

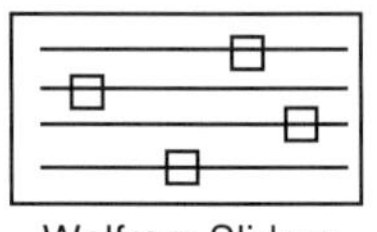

Wolfram Sliders
LEP 예제 10-1

(c) 흡착상수 K_T와 K_B를 알아낸 후, 흡착된 여러 성분들에 의해 점유된 활성점 비를 계산할 수 있다. 예를 들면, 식 (10-75)에 대한 식 (10-76)의 비로부터 전화율 40%에서 벤젠 활성점에 대한 톨루엔 활성점 비를 구하면 다음과 같다.

$$\frac{C_{T \cdot S}}{C_{B \cdot S}} = \frac{C_v K_T P_T}{C_v K_B P_B} = \frac{K_T P_T}{K_B P_B} = \frac{K_T P_{A0}(1 - X)}{K_B P_{A0} X}$$
$$= \frac{K_T (1 - X)}{K_B X} = \frac{1.038(1 - 0.4)}{1.39(0.4)} = 1.12 \tag{E10-1.4}$$

전화율 40%에서 톨루엔이 벤젠보다 약 12%의 활성점을 더 차지하고 있다는 것을 알 수 있다. 이 사실은 Jofostan의 Riça 소재 Jofostan대학의 화학공학 학생들은 모두 알고 있는 상식이다.

분석: 이 예제는 Polymath 회귀분석법을 이용하여 실험 자료로부터 어떻게 속도식 파라미터값들을 결정할 수 있는지를 다시 한 번 보여준다. 또한, 어떻게 빈 활성점과 점유된 활성점의 다른 분율을 전화율의 함수로써 계산하는지를 보여준다.

10.4.4 반응기 설계

다음 단계는 분압 P_T, P_B 및 를 전화율 X의 함수로 나타내고, 전화율의 함수로 나타낸 속도식 $-r'_A$와 결합한 다음에 충전층 설계방정식의 적분을 수행한 것이다.

$$\frac{dX}{dW} = \frac{-r'_A}{F_{A0}} \tag{2-17}$$

예제 10-2 촉매반응기 설계

톨루엔의 수첨 탈메틸화반응이 충전층 촉매반응기에서 수행된다.

실전 예제 문제

$$C_6H_5CH_3 + H_2 \xrightarrow[\text{촉매}]{} C_6H_6 + CH_4$$

반응기에 유입되는 톨루엔의 몰유량은 50 mol/min이며, 반응기의 초기조건은 640°C, 40 atm으로 운전된다. 원료의 구성 성분은 톨루엔 30%, 수소 45%, 비활성 물질 25%이다. 코크침적(coking)을 방지하기 위해 과량의 수소가 이용되었다. 압력강하 파라미터 α는 9.8×10^{-5} kg^{-1}이다.

(a) 전화율, 압력비 p와 톨루엔, 수소, 벤젠의 분압을 충전층반응기의 촉매 무게에 대한 함수로서 나타내고 플롯하여라.

(b) 유동화 CSTR에서 촉매의 벌크밀도가 400 kg/m^3(0.4 g/cm^3)일 때, 65%의 전화율을 달성하기 위한 촉매의 무게를 구하여라.

풀이

(a) 압력강하가 있는 충전층반응기

1. 몰수지:

한계반응물, 톨루엔(T)의 수지

$$\frac{dF_{\mathrm{T}}}{dW} = r'_{\mathrm{T}}$$

$$\frac{dX}{dW} = \frac{-r'_{\mathrm{T}}}{F_{\mathrm{T0}}} \tag{E10-2.1}$$

2. 속도식: 식 (E10-1.1)에서 다음을 구할 수 있다.

$$-r'_{\mathrm{T}} = \frac{kP_{\mathrm{H_2}}P_{\mathrm{T}}}{1 + K_{\mathrm{B}}P_{\mathrm{B}} + K_{\mathrm{T}}P_{\mathrm{T}}} \tag{E10-2.2}$$

여기서 $k = 0.00087$ mol/atm^2/kg-cat/min, $K_{\mathrm{B}} = 1.39$ atm^{-1}, $K_{\mathrm{T}} = 1.038$ atm^{-1}이다.

3. 화학양론:

$$P_{\mathrm{T}} = C_{\mathrm{T}}RT = C_{\mathrm{T0}}RT_0\left(\frac{1-X}{1+\varepsilon X}\right)p = P_{\mathrm{T0}}\left(\frac{1-X}{1+\varepsilon X}\right)p$$

$$\varepsilon = y_{\mathrm{T0}}\delta = 0.3(0) = 0$$

$$p = \frac{P}{P_0}$$

톨루엔(T), 벤젠(B), 수소(H_2)의 관계

$$P_{\mathrm{T}} = P_{\mathrm{T0}}(1 - X)p \tag{E10-2.3}$$

$$P_{\mathrm{H_2}} = P_{\mathrm{T0}}(\Theta_{\mathrm{H_2}} - X)p$$

$$\Theta_{\mathrm{H_2}} = \frac{0.45}{0.30} = 1.5$$

$$P_{\mathrm{H_2}} = P_{\mathrm{T0}}(1.5 - X)p \tag{E10-2.4}$$

$$P_{\mathrm{B}} = P_{\mathrm{T0}}Xp \tag{E10-2.5}$$

$\varepsilon = 0$이므로, 압력강하 항의 적분형태를 사용할 수 있다.

P_0 = 입구에서의 전체 압력

$$p = \frac{P}{P_0} = (1 - \alpha W)^{1/2} \tag{5-33}$$

$$\alpha = 9.8 \times 10^{-5}\ \mathrm{kg}^{-1}$$

P_{T0}는 톨루엔의 초기 압력을 표시한다는 것에 유의하여라. 이 예제에서는 혼란을 피하려고 초기 전체 압력을 P_0로 표시하기로 한다. 톨루엔의 초기 몰분율은 0.3($y_{\mathrm{T0}} = 0.3$)이므로, 톨루엔의 초기 분압은 다음과 같다.

충전층반응기에서의 압력강하는 5.5절에서 토의되었다.

$$P_{\mathrm{T0}} = (0.3)(40) = 12\ \mathrm{atm}$$

이제 정해진 유입속도에서 압력이 1기압 이하로 떨어지지 않고서 취할 수 있는 촉매의 무게를 계산할 수 있다. 이 무게는 40 atm의 입구 압력과 1 atm의 출구 압력을 식 (5-33)에 대입함으로써 계산된다.

$$p = \frac{P}{P_0} = (1 - \alpha w)^{1/2}$$

$$\frac{1}{40} = (1 - 9.8 \times 10^{-5} W)^{1/2}$$

$$W = 10{,}197 \text{ kg}$$

4. 평가: 결과적으로 최종 무게를 10,000 kg에 두고 촉매 무게의 함수로서 이 값까지 전화율을 나타낼 수 있다. 식 (E10-2.1)에서 (E10-2.5)에 이르기까지 표 E10-2.1에 Polymath 프로그램을 제시하였다. 그림 E10-2.1에 전화율을 촉매 무게의 함수로 나타내었고, 톨루엔, 수소, 벤젠 분압의 그래프를 그림 E10-2.2에서 보여준다. 압력강하는 반응기를 통과함에 따라 벤젠분압이 최대에 도달하게 하는 원인이 된다는 것에 유의해야 한다.

실전 예제 문제

표 E10-2.1 Polymath 프로그램과 그 결과

Differential equations

1 d(X)/d(W) = –rt/FTo

Explicit equations

1 FTo = 50
2 k = .00087
3 KT = 1.038
4 KB = 1.39
5 alpha = 0.000098
6 Po = 40
7 PTo = 0.3*Po
8 p = (1-alpha*W)^0.5
9 P = p*Po
10 PH2 = PTo*(1.5–X)*p
11 PB = PTo*X*p
12 PT = PTo*(1–X)*p
13 rt = –k*PT*PH2/(1+KB*PB+KT*PT)
14 RATE = –rt

Calculated values of DEQ variables

	Variable	Initial value	Final value
1	alpha	9.8E-05	9.8E-05
2	FTo	50.	50.
3	k	0.00087	0.00087
4	KB	1.39	1.39
5	KT	1.038	1.038
6	p	1.	0.1414214
7	P	40.	5.656854
8	PB	0	1.157913
9	PH2	18.	1.387671
10	Po	40.	40.
11	PT	12.	0.0002054
12	PTo	12.	12.
13	RATE	0.0139655	0.0002054
14	rt	-0.0139655	-0.0002054
15	W	0	10000.
16	X	0	0.6823067

충전층 길이에 따른 전화율 그래프

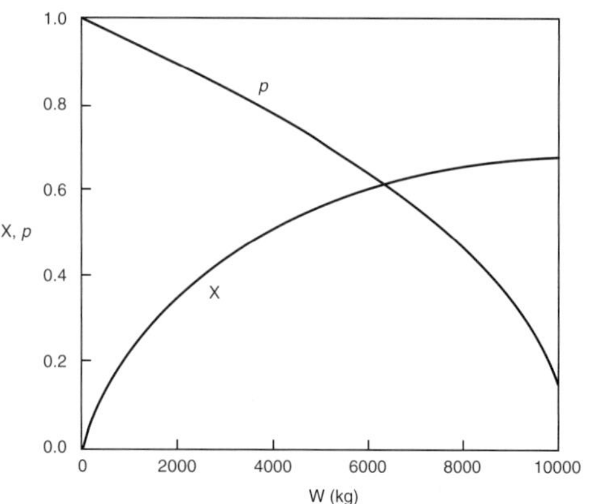

그림 E10-2.1 전화율과 압력비의 그래프

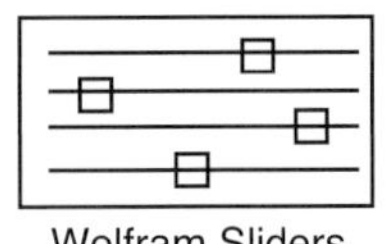

벤젠의 분압이 최대로 도달함에 주의하여라. 이유는?

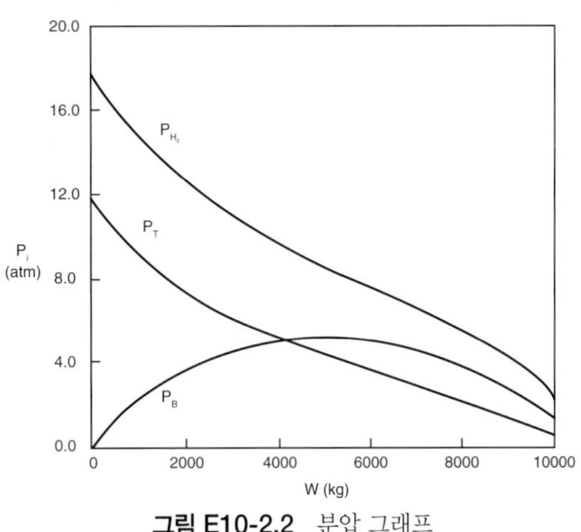

그림 E10-2.2 분압 그래프

압력강하를 무시하면, 매우 당황할 수가 있다.

CRE 웹사이트 홈페이지에서 액세스할 수 있는 유튜브 비디오 "Reaction Engineering Gone Wrong"을 참조하여라.

PBR 분석: 촉매 10,000 kg으로 압력강하가 있는 경우에는 68.2%의 전화율만을 달성할 수 있는 데 반해, 압력강하가 없는 경우 79%에 달하는 전화율을 가질 수 있다. 이 계산을 수행하기 위해, CRE 웹사이트의 Polymath 실전 예제 프로그램(**LEP**)을 사용하고 단지 그것에 압력강하 파라미터 0을 곱해 주자. 즉, 5번째 줄은 α = 0.00098*0이 된다. **정해진 유입속도에서 압력강하를 제거하거나 최소화하는 것은 벤젠의 생산량을 매년 6100만 파운드까지 증가시킬 것이다.** 마지막으로, 그림 E10-2.2에서 벤젠의 분압(P_B)이 최대값을 지나간다는 것을 유의하여라. 이 최대값은 P_B가 벤젠의 몰분율(y_B)과 전체 압력(P)를 곱한 값(즉, $P_B = y_B P_T$)이라는 것을 상기함으로써 설명될 수 있다. 충전층의 중간쯤부터 마지막까지는 y_B의 증가가 멈추기 때문에 더 이상 벤젠이 생성되지 않는다. 그러나 압력강하로 인해 전체 압력이 감소하므로, P_B 또한 감소한다.

(b) 유동화 CSTR

이제 동일한 운전조건에서의 충전층반응기로 같은 전화율을 얻는 데 필요한 유동화 CSTR용 촉매의 무게를 구할 것이다. 유동화반응기에서 벌크밀도는 0.4 g/cm^{3}이다. 설계방정식은 다음과 같다.

1. 몰수지:

유입	−	유출	+	생성	=	축적
F_{T0}	−	F_T	+	$r'_T W$	=	0

유동화 CSTR

이를 다시 정리하면 다음과 같다.

$$W = \frac{F_{T0} - F_T}{-r'_T} = \frac{F_{T0} X}{-r'_T} \tag{E10-2.6}$$

2. 속도식 그리고 **3. 화학양론**은 **(a)** PBR 계산 부분과 동일하다.

4. 결합 및 평가: 전화율에 대한 항에서 식 (E10-2.3)을 쓰고, $X = 0.65$와 $P_{T0} = 12$ atm을 식 (E10-2.2)에 대입하면 다음과 같은 식을 얻을 수 있다.

$$-r'_{\mathrm{T}} = \frac{8.7\times 10^{\ 4}P_{\mathrm{T}}P_{\mathrm{H_2}}}{1+1.39P_{\mathrm{B}}+1.038\mathrm{P}_{\mathrm{T}}} = \frac{8.7\times 10^{-4}P_{\mathrm{T0}}^{2}(1-X)(1.5-X)}{1+1.39P_{\mathrm{T0}}X+1.038P_{\mathrm{T0}}(1-X)} = 2.3\times 10^{-3}\frac{\mathrm{mol}}{\mathrm{kg\text{-}cat\cdot min}}$$

$$W = \frac{F_{\mathrm{T0}}X}{-r'_{\mathrm{T}}} = \frac{(50\ \mathrm{mol\ T/min})(0.65)}{2.3\times 10^{-3}\ \mathrm{mol\ T/kg\ cat\cdot min}}$$

$$\boxed{W = 1.41\times 10^{4}\ \mathrm{kg\ of\ catalyst}}$$

이에 상응하는 반응기 부피는 다음과 같다.

$$V = \frac{W}{\rho_b} = \frac{1.41\times 10^{4}\ \mathrm{kg}}{400\ \mathrm{kg/m^3}} = 35.25\ \mathrm{m^3}$$

이 부피는 직경이 2 m, 높이가 10 m인 원통형반응기에 해당한다.

어떻게 촉매의 무게를 줄일 것인가? Raise the temperature?

분석: 이 예제는 PBR과 CSTR을 설계하기 위해, 실제 자료와 CRE 알고리즘을 이용하였다. 중요한 점은 충전층반응기를 설계하는 데 있어서 압력강하를 고려하지 않았을 때 당황할 수 있다는 것이다. 또한 PBR과 유동화 CSTR 모두에 있어서 촉매의 무게와 반응기 부피는 꽤 크며, 특히 주어진 유입속도가 낮을 때 더욱 그러하다. **결과적으로, 부반응이나 촉매의 열화가 높은 온도조건에서 문제가 되지 않을 경우에는, 촉매의 무게를 줄이기 위해서 반응혼합물의 온도가 높아져야 한다.**

예제 10-2는 앞의 그림 10-6에서 보여준 촉매반응기 설계에 관련 있는 주요한 작업을 예시하였다. 이 예제에서 속도식은 실험 자료로부터 직접 구했으며, 그때 메커니즘은 실험 관찰과 일치되는 것을 확인하였다. 역으로 적절한 메커니즘을 유도하는 것은 속도식을 종합하는 데에 어떤 지침이 될 수도 있다.

10.5 마이크로 전자장치 제조에서의 반응공학

10.5.1 개요

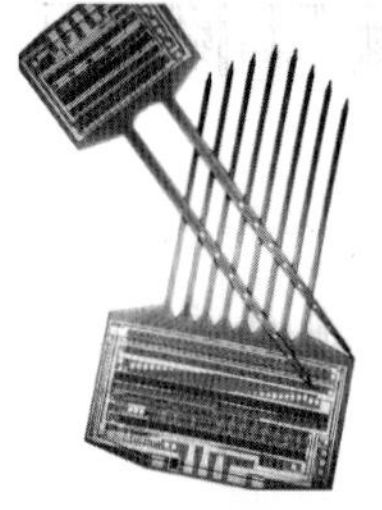

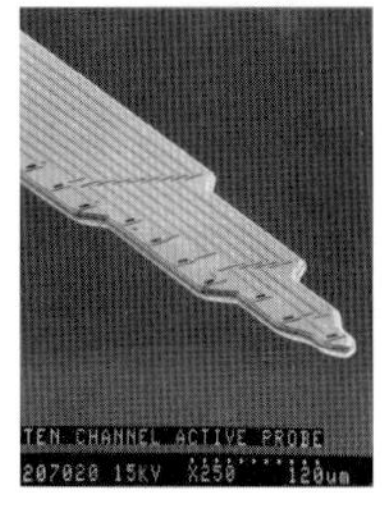

화학공학에서 새로 생겨나는 기술 중의 하나에 앞에서 언급된 원리를 확장하자. 현재 화학공학자들은 전자산업에서 매우 중요한 역할을 하고 있다. 특히, 그들은 전자 및 광전자 부품, 저장 재료, 그리고 특히 의학 랩온어칩 장치 제조에 점점 더 깊이 관여하고 있다.

표면반응은 마이크로 전자 부품 제조에서 중요한 역할을 한다. 20세기의 가장 중요한 개발 중 하나는 집적회로의 발명이다. 집적회로 개발의 진보는 아주 작은 반도체칩 위에 장착할 수 있는 회로기판의 생산으로 이어졌으며, 이 회로기판은 방대하게 서로 연결된 통로를 통해 전자 흐름을 제어함으로써 다양한 일을 수행할 수 있게 되었다. 실리콘, 비소화갈륨, 인듐 인산염, 게르마늄 등과 같은 반도체로 만들어졌으며, 새로운 마이크로 전자 장치를 개발하는 데 큰 역할을 해 왔다. 화학반응공학 원리를 이용하여 만든 마이크로 전자공학 감각 장치의 예를 왼쪽 여백에 나타내었다.

집적회로의 생산에는 전자의 이동경로에 대한 네트워크의 제조를 요구한다. 이러한 제조공정에 대한 주요한 반응공학 단계들은 **기판**(substrate)으로 알려진 재료 표면 위에 물질을 증착시키는 공정(예, 화학증기증착, CVD), 표면 영역에 전기전도도를 변화시키는 공정(예, 붕소 도핑 또는 이온 주입), 원하지 않는 물질을 제거하는 공정(예, 에칭)들을 포함한다. 이러한 공정을 체계적으로 적용함으로써, 소형의 전자회로를 아주 작은 크기의 반도체칩 위에 구축할 수 있다. 마이크로 전자공학 부품의 제조에서는 칩 한 개당 10^9개의 구성요소를 가지는 칩을 생산하기 위하여 적게는 약 30단계에서 많게는 200단계로 이루어진다.

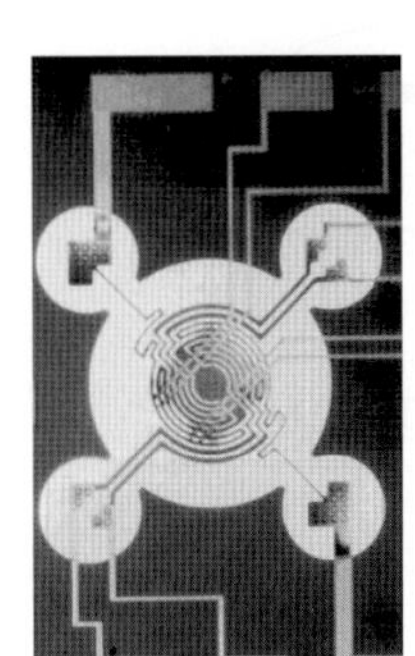

화학공학적 원리들은 사실상 모든 단계에서 관련되어 있다!

전형적인 금속 산화막 반도체 전계효과 트랜지스터(metal-oxide, semiconductor, field-effect transistor, MOSFET) 장치의 생산공정 단계에 관한 간략화된 개략도를 그림 10-20에 나타내었다. 왼쪽 위에서 시작되는 그 첫 번째 단계로 단결정의 실리콘 주괴(ingot)는 초크랄스키 결정화장치(Czochralski crystallizer)에서 성장하며, 웨이퍼를 자른 후에 화학적, 물리적으로 연마된다. 이렇게 연마된 웨이퍼는 다양한 마이크로 전자공학 부품의 출발물질로 이용된다. 전형적인 구축 순서는 실리콘의 윗부분에 있는 산화규소 층의 형성으로 시작되는 웨이퍼 처리공정으로 나타낼 수 있다. 산화규소 층은 화학증기증착(CVD)에 의해 산화규소 층을 아래로 깔거나 실리콘 층을 산화시킴으로써 형성된다. 다음으로 웨이퍼는 SiO_2 층 위에 에칭될 패턴을 갖는 고분자 포토레지스트 틀(template)로 덮여지고, 웨이퍼를 자외선에 노출시킨다. 만약 마스크가 양각의 감광성 수지막(positive photoresist)이라면 웨이퍼를 현상기(developer)에 넣었을 때 빛은 고분자의 노출면을 녹여낼 것이다. 그러나 만약 음각의 감광성 수지막(negative photoresist)이 자외선에 노출되면 고분자 체인이 가교되며, **노출되지 않은**(unexposed) 부분들이 현상기에서 녹아 나온다. 현상되지 않은 감광성 수지 부분은 에칭에서 보존된다.

SiO_2의 노출된 부분은 도랑(trench)을 형성시키기 위해 에칭한 다음(습식 에칭 공정이나 플라즈마 에칭 공정을 이용), 남은 감광성 수지막 부분을 제거한다. 웨이퍼를 원하는 주입불순물의 기체분자들이 들어 있는 가열로에 넣는다. 이때 노출된 실리콘으로 기체분자가 확산된다. 주입물질이 웨이퍼 내부로 원하는 깊이까지 확산된 다음, 웨이퍼는 제거되고 산화규소는 에칭을 통해 제거된다. 마스킹, 에칭, 화학증기증착 그리고 금속화 공정의 과정들은 원하는 장치가 형성될 때까지 계속된다. 공정을 통해 생산된 칩에 대한 개략도가 그림 10-20의 오른쪽 아래에 있다. 10.5.2절에서는 가장 핵심단계에 해당하는 CVD에 관하여 다룰 것이다.

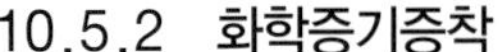

10.5.2 화학증기증착

화학증기증착(chemical vapor deposition)이 일어나는 메커니즘은 이 장의 앞부분에서 설명된 불균일 촉매작용의 메커니즘과 매우 유사하다. 반응물은 표면에 흡착된 다음 새로운 표면을 형성하기 위해 표면에서 반응한다. 이 공정은 특정 반응에 의존하는 탈착단계가 수반될 수도 있다.

Ge이 태양전지에 사용된다.

마이크로 전자산업에서는 비소화 갈륨 층(gallium arsenide layer)과 실리콘 층(silicon layer) 사이의 중간층으로서 게르마늄 적층성장 막(germanium epitaxial film)의 성

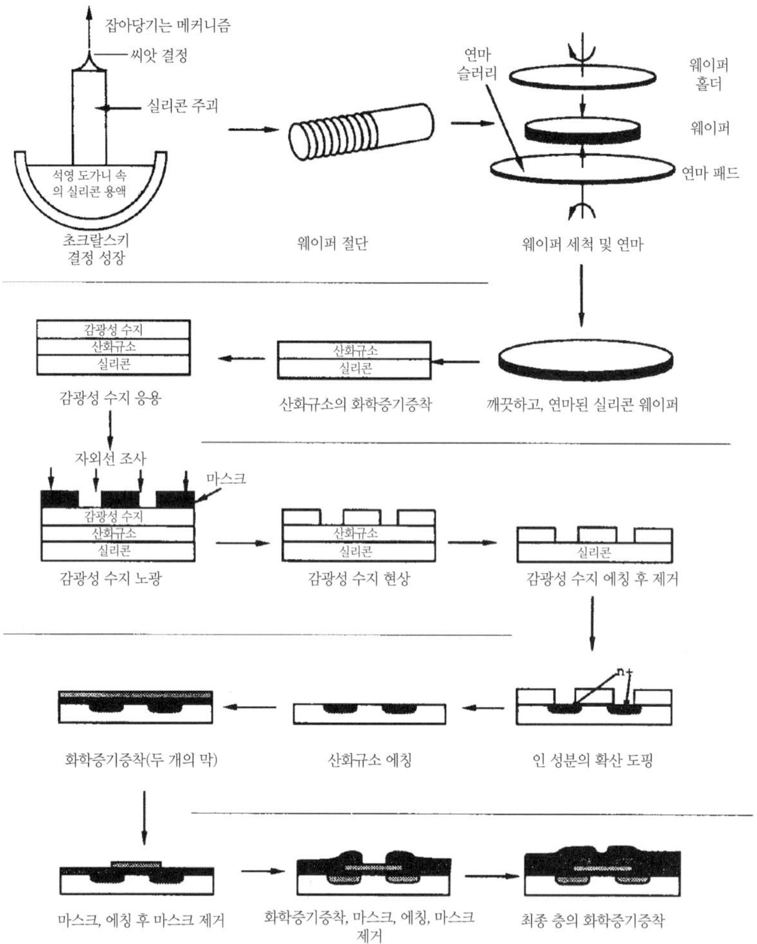

그림 10-20 마이크로 전자 제조 단계

장에 관한 관심이 증가하고 있다[19]. 또한 적층성장된 게르마늄은 직렬 태양전지(tandem solar cells) 제조의 중요한 재료로도 사용된다. 게르마늄 필름의 성장을 CVD에 의해서 해낼 수 있다. 제안된 하나의 메커니즘은 다음과 같다.

메커니즘

기상해리: $GeCl_4(g) \rightleftharpoons GeCl_2(g) + Cl_2(g)$

흡착: $GeCl_2(g) + S \overset{k_A}{\rightleftharpoons} GeCl_2 \cdot S$

흡착: $H_2 + 2S \overset{k_H}{\rightleftharpoons} 2H \cdot S$

표면반응: $GeCl_2 \cdot S + 2H \cdot S \xrightarrow{k_S} Ge(s) + 2HCl(g) + 2S$

우선 표면반응단계의 왼쪽과 오른쪽을 비교해 보면 하나의 활성점이 상실된 것처럼 나타난다. 그러나 오른쪽의 새로 형성된 게르마늄 원자는 나중에 $H_2(g)$ 또는 $GeCl_2(g)$가 흡착

19. H. Ishii and Y. Takahashi, *J. Electrochem. Soc.*, 135, p. 1539.

될 수 있는 활성점이므로 표면반응단계의 오른쪽과 왼쪽 모두에게 3개의 활성점들이 있다. 이 활성점들을 그림 10-21에서 도식적으로 보여주고 있다.

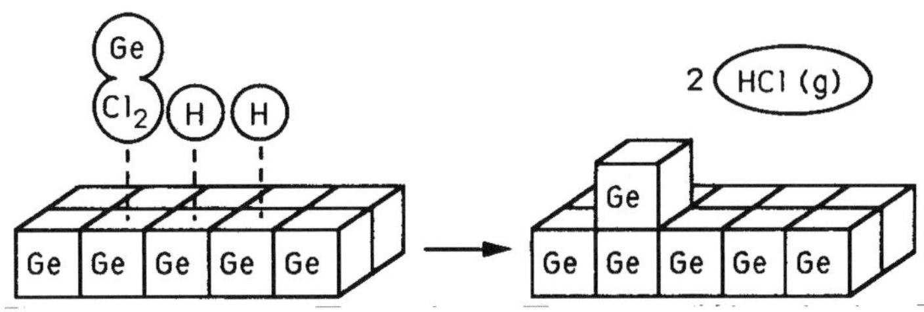

그림 10-21 게르마늄에 대한 화학증기증착(CVD) 표면반응단계

흡착된 수소분자와 이염화게르마늄(germanium dichloride) 사이의 표면반응이 속도제한단계인 것으로 생각된다. 이 반응은 기초 속도식을 따르므로 반응속도가 $GeCl_2$에 의해 덮인 표면의 분율과 수소분자에 의해 덮인 표면의 분율의 제곱과의 곱으로 표현된다.

속도제한단계에 대한 속도식

$$r''_{\text{Dep}} = k_{\text{S}} f_{\text{GeCl}_2} f_{\text{H}}^2 \tag{10-82}$$

여기서 r''_{Dep} = 단위표면적당 증착속도, nm/s

k_{S} = 표면 비반응속도, nm/s

f_{GeCl_2} = 이염화게르마늄에 의해 점유된 표면의 분율

f_{H} = 수소분자에 의해 점유된 표면의 분율

증착속도(필름 성장속도)는 일반적으로 1초당 나노미터(nanometer)로 표현되므로, 고체 게르마늄의 몰밀도(mol/m^3)를 곱해 주면 몰속도($mol/m^2 \cdot s$)로 쉽게 바뀌어진다.

CVD 속도식과 촉매반응에 대한 속도식을 전개할 때의 차이점은 활성점 농도(즉, C_υ)를 표면적의 피복률(즉, 비어 있는 표면의 분율 f_v)로 대체하는 것이다. 흡착에 이용할 수 있는 표면의 전체 분율은 물론 1.0까지이다.

면적수지

$$\text{면적 분율 수지:} \quad f_{\text{v}} + f_{\text{GeCl}_2} + f_{\text{H}} = 1 \tag{10-83}$$

우선 $GeCl_2$의 흡착에 관점을 맞추어 보자. 표면 위로의 도약속도(jumping rate)는 $GeCl_2$의 부분압 P_{GeCl_2}와 비어 있는 표면의 분율 f_v에 비례한다. $GeCl_2$의 순흡착속도는 다음과 같다.

$$r_{\text{AD}} = k_{\text{A}} \left(f_{\text{v}} P_{\text{GeCl}_2} - \frac{f_{\text{GeCl}_2}}{K_{\text{A}}} \right) \tag{10-84}$$

표면반응이 속도제한단계이기 때문에 촉매반응과 유사한 방법으로 $GeCl_2$의 흡착은 다음과 같이 된다.

$GeCl_2$의 흡착이 속도제한이 아님.

$$\frac{r_{\text{AD}}}{k_{\text{A}}} \approx 0$$

$GeCl_2$의 표면 피복률에 대하여 식 (10-84)를 풀면

$$f_{GeCl_2} = f_v K_A P_{GeCl_2} \tag{10-85}$$

Ge 표면에서 수소의 해리흡착에 대해서는 식 (10-84)와 비슷한 식이 얻어진다.

$$r_{ADH_2} = k_H \left(P_{H_2} f_v^2 - \frac{f_H^2}{K_H} \right) \tag{10-86}$$

표면반응이 속도제한단계이므로

H_2의 흡착이 속도제한이 아님.

$$\frac{r_{ADH_2}}{k_H} \approx 0$$

따라서 다음과 같이 된다.

$$f_H = f_v \sqrt{K_H P_{H_2}} \tag{10-87}$$

게르마늄의 증착속도를 상기하면서, 식 (10-82)에 f_{GeCl_2}와 f_H를 대입하면 다음 식이 얻어진다.

$$r''_{Dep} = f_v^3 k_S K_A P_{GeCl_2} K_H P_{H_2} \tag{10-88}$$

불균일 촉매반응에서 C_v에 대한 경우와 동일한 방법으로 f_v에 대하여 푼다. 식 (10-85)와 (10-87)을 식 (10-83)에 대입하고

$$f_v + f_v \sqrt{K_H P_{H_2}} + f_v K_A P_{GeCl_2} = 1$$

이를 정리하면

$$f_v = \frac{1}{1 + K_A P_{GeCl_2} + \sqrt{K_H P_{H_2}}} \tag{10-89}$$

최종적으로, 식 (10-88)에 f_v를 대입하면 다음 식을 얻는다.

$$r''_{Dep} = \frac{k_S K_H K_A P_{GeCl_2} P_{H_2}}{(1 + K_A P_{GeCl_2} + \sqrt{K_H P_{H_2}})^3}$$

K_A, K_H, k_S를 묶어서 비반응속도상수 k'로 놓으면 다음과 같이 된다.

Ge의 증착속도

$$r''_{Dep} = \frac{k' P_{GeCl_2} P_{H_2}}{(1 + K_A P_{GeCl_2} + \sqrt{K_H P_{H_2}})^3} \tag{10-90}$$

이제 $GeCl_4$의 전화율을 계산하기 위해서 $GeCl_2$의 분압과 $GeCl_4$의 분압을 관련시켜 주어야 한다. 다음의 기상반응이

기상에서 평형

$$GeCl_4(g) \rightleftarrows GeCl_2(g) + Cl_2(g)$$

평형이라고 가정한다면, 다음 식을 얻는다.

$$K_P = \frac{P_{GeCl_2} P_{Cl_2}}{P_{GeCl_4}}$$

$$P_{GeCl_2} = \frac{P_{GeCl_4}}{P_{Cl_2}} \cdot K_P$$

그리고 만약 수소가 약하게 흡착되어 있으면 ($\sqrt{K_H P_{H_2}} < 1$), 증착속도는 다음과 같이 주어진다.

H_2가 약하게 흡착되었을 때 Ge의 증착속도

$$r''_{Dep} = \frac{k P_{GeCl_4} P_{H_2} P_{Cl_2}^2}{(P_{Cl_2} + K_P P_{GeCl_4})^3} \tag{10-91}$$

이제 각각의 물질들 분압을 전화율과 $GeCl_4$의 초기분압 $P_{GeCl_{4,0}}$의 항으로 표현하기 위해서 화학양론관계를 쓸 수 있으며, 그 후에 전화율의 계산을 진행할 것이다.

$GeCl_2$는 또한 표면에서 $GeCl_4$와 Ge 원자의 반응에 의해서도 생성될 수 있다는 것에 유념해야 할 것이고 이 경우에는 다른 속도식이 얻어질 것이다.

10.6 모델 판별법

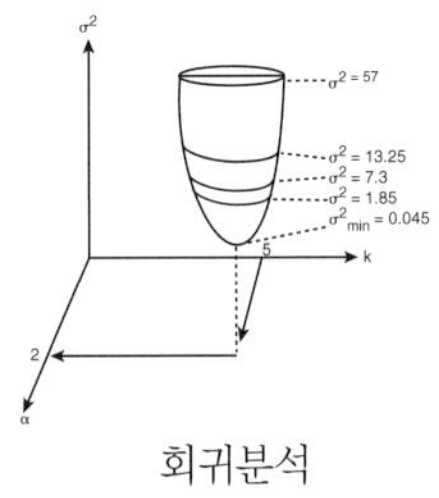

회귀분석

각각의 반응 메커니즘과 속도제한단계에 대하여 속도식을 얻을 수 있음을 알았다. 그러므로 만약 3개의 가능한 메커니즘과 각 메커니즘에 대한 3개의 속도제한단계를 알고 있다면 실험결과 자료에 비교할 수 있는 9개의 속도식을 얻을 수 있을 것이다. 제7장에서 언급한 회귀분석법에 의해 F-test를 수행하거나 최소자승법 중 하나를 선택함으로써 실험 데이터에 가장 적합한 모델식을 판별할 수 있다. 또한 각 모델에 대하여 residual plot을 비교할 수 있으며, 이는 각 데이터 점과 관련된 오차를 알 수 있을 뿐만 아니라 오차가 불규칙적으로 분포하는지 또는 오차에 대한 경향이 있는지를 알 수 있다. 만약 오차가 불규칙적으로 분포되어 있다면 그 결과는 올바른 속도식을 선택하였다는 추가적이 증거가 된다.

최소자승법에 따르는 모델을 선택하면서 주의가 필요하다. 그것은 최소합을 가지는 모델의 파라미터값들이 실제적인 의미를 가져야 한다는 것이다. 불균일 촉매반응에서는 **모든 흡착평형상수가 양수이어야 한다.** 게다가 만약 온도의존성이 주어진다면 흡착은 발열반응이기 때문에 흡착평형상수는 온도가 증가함에 따라 감소되어야 한다. 이러한 원리를 설명하기 위해 다음 예제를 살펴보자.

예제 10-3 에틸렌에서 에탄으로의 수소화반응

에탄(EA)을 생산하기 위한 에틸렌(E)의 수소화반응(H)이 아래에 주어져 있다.

$$H_2 + C_2H_4 \rightarrow C_2H_6$$

이 반응은 코발트 몰리브데늄 촉매상에서 수행되었다[*Collect. Czech. Chem. Commun.*, 51, 2760 (1988)]. 표 E10-3.1에 주어진 자료에 대한 비선형 회귀분석법을 수행하고, 다음 속도식들 중에서 자료를 가장 적절히 표현해 놓은 속도식을 결정하여라.

(a) $-r'_E = \dfrac{kP_EP_H}{1 + K_{EA}P_{EA} + K_EP_E}$ (c) $-r'_E = \dfrac{kP_EP_H}{(1 + K_EP_E)^2}$

(b) $-r'_E = \dfrac{kP_EP_H}{1 + K_EP_E}$ (d) $-r'_E = kP_E^aP_H^b$

절차
- 자료 입력
- 모델 기입
- 파라미터들의 초기 추정치를 작성
- 회귀분석 실행
- 파라미터들과 분산 조사
- 오차 분포의 관찰
- 모델 선정

표 E10-3.1 미분반응기 데이터

실험번호	반응속도 (mol/kg-cat. · s)	P_E (atm)	P_{EA} (atm)	P_H (atm)
1	1.04	1	1	1
2	3.13	1	1	3
3	5.21	1	1	5
4	3.82	3	1	3
5	4.19	5	1	3
6	2.391	0.5	1	3
7	3.867	0.5	0.5	5
8	2.199	0.5	3	3
9	0.75	0.5	5	1

풀이

이 문제를 해결할 수 있는 소프트웨어 패키지로 Polymath가 선택되었다. 표 E10-3.1의 데이터를 계에 삽입한다. 회귀분석을 어떻게 수행할지에 대한 지침들이 스크린 샷으로 CRE 웹사이트의 제7장 **요약노트**에 주어져 있다(*http://www.umich.edu/~elements/5e/07chap/summary.html*). 자료를 입력하고 단계별 절차를 따르면, 표 E10-3.2와 같은 결과가 얻어진다.

실전 예제 문제

표 E10-3.2 Polymath 비선형 회귀법 결과

모델 (a)

```
Model: RATE = k*Pe*PH2/(1+KEA*Pea+KE*Pe)

Variable      Value       95% confidence
k             3.3478805   0.2922517
KEA           0.0428419   0.0636262
KE            2.2110797   0.2392585

Nonlinear regression settings
Max # iterations = 64

Precision
R^2        = 0.998321
R^2adj     = 0.9977614
Rmsd       = 0.0191217
Variance   = 0.0049361
```

모델 (b)

```
Model: RATE = k*Pe*PH2/(1+KE*Pe)

Variable      Value       95% confidence
k             3.1867851   0.287998
KE            2.1013363   0.2638835

Nonlinear regression settings
Max # iterations = 64

Precision
R^2        = 0.9975978
R^2adj     = 0.9972547
Rmsd       = 0.022872
Variance   = 0.0060534
```

모델 (c)

```
Model: RATE = k*Pe*PH2/(1+KE*Pe)^2

Variable      Value       95% confidence
k             2.0087761   0.2661838
KE            0.3616652   0.0623045

Nonlinear regression settings
Max # iterations = 64

Precision
R^2        = 0.9752762
R^2adj     = 0.9717442
Rmsd       = 0.0733772
Variance   = 0.0623031
```

모델 (d)

```
Model: RATE = k*Pe^a*PH2^b

Variable      Value       95% confidence
k             0.8940237   0.2505474
a             0.2584412   0.0704628
b             1.0615542   0.2041339

Nonlinear regression settings
Max # iterations = 64

Precision
R^2        = 0.9831504
R^2adj     = 0.9775338
Rmsd       = 0.0605757
Variance   = 0.0495372
```

모델 (a) 수소가 약하게 흡착된 단일활성점, 표면반응 속도제한

표 E10-3.2의 자료에서 다음의 식을 얻을 수 있다.

$$-r'_E = \frac{3.348\ P_E P_H}{1 + 0.043 P_{EA} + 2.21\ P_E} \tag{E10-3.1}$$

이제 제곱합(균형)과 변수 범위를 조사한다. 제곱합은 합리적이고, 사실 모든 모델 중에서 가장 작은 0.0049이다. 그러나 K_{EA}를 살펴보면 95% 신뢰도 값인 ±0.0636이 K_{EA} = 0.043 atm^{-1} 자체의 값보다 크다(즉, K_{EA} = 0.043 ± 0.0636). 95% 신뢰한계(confidence limit)의 의미는 100번의 실험 중에서 95번이 $(-0.021) < K_{EA} < (0.1066)$의 범위 안에 있음을 시사한다. K_{EA}는 결코 음수가 될 수 없으므로 이 모델을 제외하자. 따라서 K_{EA}는 0으로 설정하고 모델 (b)에 대하여 진행한다.

모델 (b) 에탄과 수소가 약하게 흡착된 단일활성점, 표면반응 속도제한

표 E10-3.2에서 다음과 같은 식을 얻을 수 있다.

$$-r'_E = \frac{3.187\ P_E P_H}{1 + 2.1\ P_E} \tag{E10-3.2}$$

K_E = 2.1 atm^{-1}인 흡착상수의 값이 타당하며, 95% 신뢰도 한계 내에서 음수가 아니다. 또한 평방편차가 $\sigma_B^2 = 0.0061$로 작다.

모델 (c) 에탄과 수소가 약하게 흡착된 이중활성점, 표면반응 속도제한

표 E10-3.2에서 다음과 같은 식을 얻을 수 있다.

$$-r'_E = \frac{2.0\, P_E P_{H_2}}{(1 + 0.36\, P_E)^2} \tag{E10-3.3}$$

K_E는 작고 95% 신뢰도 구간에서 음수가 아니다. 이 모델의 평방편차는 $\sigma_C^2 = 0.0623$으로 다른 모델들보다는 훨씬 크다. 평방편차 관점에서 모델 **(c)**를 모델 **(b)**와 비교해 보면

$$\frac{\sigma_C^2}{\sigma_B^2} = \frac{0.0623}{0.0061} = 10.2$$

σ_C^2이 σ_B^2보다 10배 이상 크다는 것을 알 수 있으므로 모델 **(c)**를 제외시킬 수 있다[20].

모델 (d) 경험식

지수법칙 모델과 유사한 방식으로 표 E10-3.2에서 다음과 같은 식을 얻을 수 있다.

$$-r'_E = 0.894\, P_E^{0.26} P_{H_2}^{1.06} \tag{E10-3.4}$$

모델 **(c)**에서와 같이 평방편차를 모델 **(b)**와 비교하면 훨씬 크다.

$$\frac{\sigma_D^2}{\sigma_B^2} = \frac{0.049}{0.0061} = 8.03$$

따라서 모델 **(d)** 또한 제외할 수 있다. 불균일반응에 대해서는 랭뮤어-힌셜우드 속도법칙(Langmuir-Hinshelwood rate law)이 power-law 모델보다 더 선호된다.

분석: 최적 모델 선택. 이 예제는 네 가지 속도식을 제안하고, 그중 자료를 가장 잘 맞추는 속도식을 찾는 것이다. 모든 파라미터값들은 **모델(b)**에 대하여 실제적인 의미를 가지며 제곱합이 다른 모델들에 비해서 **모델(b)**가 상당히 작기 때문에 **모델(b)**를 선택한다. 회귀법 이용에 대하여 다시 한 번 주의를 해야 할 필요성이 있다! 회귀법을 적용하여 단순히 제곱합이 최소가 되는 모델을 선택하면 안 된다는 것을 알아야 한다. 제곱의 총합이 최소인 모델을 선택한다면 $\sigma^2 = 0.0049$인 **모델(a)**를 선택해야 할 것이다. 그러나 모델 중에서 파라미터들의 물리적 현실성을 반드시 고려해야 한다. **모델 (a)**에서 95%의 신뢰구간이 파라미터 자체 값보다 크므로 파라미터 K_{EA}의 음수값이 나타날 수 있는데 이는 물리적으로 의미가 없는 것이다.

10.7 촉매 비활성화

고정층 또는 유동층 촉매반응기를 설계할 때, 우리는 지금까지 촉매의 활성이 촉매의 생애 내내 일정하게 유지된다고 가정해 왔다. 즉, 해당 반응이 가능한 활성점의 총농도 C_t는

20. G. F. Froment and K. B. Bishoff, *Chemical Reaction Analysis and Design*, 2nd ed. (New York: Wiley, 1990), p. 96.

시간에 따라 변경되지 않는다. 불행하게도, 자연은 이런 거동을 대부분의 산업적으로 중요한 촉매반응의 예로 허용하지 않는다. 촉매에서 반응이 일어나면서 발생하는 촉매 활성의 손실은 촉매반응에서 모르는 사이에 일어난다. Butt와 Petersen은 촉매 비활성화(catalyst deactivation)의 설명과 모델링을 위해 광범위한 메커니즘을 제안했다[21,22,23].

촉매 비활성화로 인하여 반응속도식의 매개변수와 경로를 분류하는 데 또 다른 수준의 복잡성이 추가된다. 또한 촉매반응기 설계 시 촉매의 열화에 대해 조정할 필요가 있다. 그러나 이 조정은 일반적으로 촉매의 활성의 정량적 규격 $a(t)$에 의해 이루어지므로 **걱정하지 말라.** 열화하는 촉매를 사용하는 반응을 분석하면서, 우리는 반응을 **분리 가능 속도론**(separable kinetics)과 **분리 불가능 속도론**(nonseparable kinetics)이라는 두 가지 범주로 나눈다. 분리 가능한 속도론에서는 속도식과 활성을 분리한다.

$$\text{분리 가능 속도론: } -r'_A = a(\text{과거 이력}) \times -r'_A(\text{신선한 촉매})$$

속도론과 활성이 분리될 수 있는 경우, 촉매 열화와 반응속도론을 독립적으로 연구할 수 있다. 단, 분리 불가능형에서는

$$\text{분리 불가능 속도론: } -r'_A = -r'_A \ (\text{과거 이력, 신선한 촉매})$$

은 비이상적인 표면의 존재를 가정하거나, 여러 가지 기본반응 단계로 구성된 메커니즘으로 비활성화를 설명해야 한다.[22]

여기서는 **분리 가능한 속도론**만 고려하자. 시간 t에서 촉매의 활성 $a(t)$를 신선한 촉매의 반응속도($t = 0$)에 대한 시간 t에서의 반응속도의 비율로 정의하자.

$a(t)$: 촉매 활성

$$\boxed{a(t) = \frac{-r'_A(t)}{-r'_A(t=0)}} \tag{10-92}$$

촉매 열화로 인해 활성은 시간에 따라 감소하며, 시간의 함수로서 활성의 대표적인 곡선은 그림 10-22에 나타내었다.

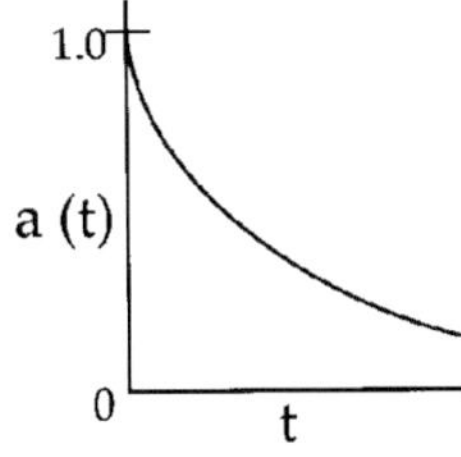

그림 10-22 시간의 함수로서 활성

식 (10-92)와 (3-2)를 결합하여, 시간 t를 이용한 촉매에 대한 반응물 A의 소멸속도는

촉매 활성을 고려한 반응속도법칙

$$\boxed{-r'_A = a(t)k(T)\,\text{fn}(C_A,\ C_B,\ \ldots,\ C_P)} \tag{10-93}$$

21. J. B. Butt and E. E. Petersen, *Activation, Deactivation and Poisoning of Catalysts* (New York: Academic Press, 1988).
22. D. T. Lynch and G. Emig, *Chem. Eng. Sci.*, 44(6), 1275–1280 (1989).
23. R. Hughes, *Deactivation of Catalysts* (San Diego: Academic Press, 1984).

여기에서 $a(t)$ = 촉매 활성, 시간-의존성
$k(T)$ = 비반응속도, 온도-의존성
C_i = 반응물, 생성물, 오염물의 기상 농도

촉매 열화속도 r_d는 식 (10-93)과 유사한 속도식으로 표현할 수 있다.

촉매 열화속도

$$r_d = -\frac{da}{dt} = p[a(t)]\,k_d(T)\,h(C_A, C_B, \ldots, C_P) \tag{10-94}$$

즉, $p[a(t)] = [a(t)]^2$

여기서 $p[a(t)]$는 촉매 활성의 함수, k_d는 비 열화 상수, $h(C_i)$는 반응혼합물의 화합물 농도에 대한 열화속도 r_d의 기능성이다. 이 장에 제시된 사례의 경우, 이 기능성은 농도(즉, $h = 1$)에 무관하거나 화합물 농도($h = C_i$)의 선형 함수일 수 있다.

열화속도식에서 활성 항목의 $p[a(t)]$의 기능성은 다양한 형태로 나타난다. 예를 들어, 1차 열화에서는

$$p(a) = a \tag{10-95}$$

2차 열화에서는

$$p(a) = a^2 \tag{10-96}$$

특정 함수 $p(a)$는 기상 촉매 시스템과 촉매 열화 원인 또는 메커니즘에 따라 달라진다.

10.7.1 촉매 비활성화 유형

- 소결(sintering)
- 파울링(fouling)
- 피독(poisoning)

전통적으로 촉매 활성의 상실을 구분할 수 있는 세 가지 범주가 있다: 소결(sintering) 또는 노화(aging), 파울링(fouling) 또는 코킹(coking), 그리고 피독(poisoning)이다.

소결(sintering)에 의한 비활성화[24]. 노화(aging)라고도 하는 소결은 기상의 높은 온도에 장기간 노출되어 발생하는 활성 표면적의 상실로 인한 촉매 활성의 상실이다. 활성 표면적은 지지체(support)에 침적된 금속의 결정 응집(agglomeration)과 성장(growth)에 의해 손실되거나, 촉매 펠릿 내부의 세공을 좁히거나 닫음으로써 손실될 수 있다. 표면 구조의 변화는 표면 재결정화(surface recrystallization) 또는 표면 결함(surface defect)(활성점)의 형성 또는 제거로 인해 발생할 수도 있다. 알루미나의 백금 상에서 heptane의 헵탄 개질반응은 소결로 인한 촉매 비활성화의 한 예다.

그림 10-23에서는 세공의 막힘을 초래하는 고온에서 고체 다공성 촉매 지지체의 흐름으로 인한 표면적 손실을 나타내었다. 그림 10-24는 원자 이동(atomic migration)과 표면에 침전된 작은 금속점의 응집(agglomeration)으로 인해 커다란 금속점이 되어 내부 원자는 반응에 접근할 수 없어서 생기는 표면적의 손실을 보여준다. 소결(sintering)은 보통 고체 용융점(melting temperature)의 40% 미만의 온도에서는 무시된다[25].

24. G. C. Kuczynski, ed., *Sintering and Catalysis*, vol. 10 of *Materials Science Research* (New York: Plenum Press, 1975) 참조.
25. R. Hughes, *Deactivation of Catalysts* (San Diego: Academic Press, 1984).

촉매 지지체는 유연해지고 흐르면서 세공을 막는다.

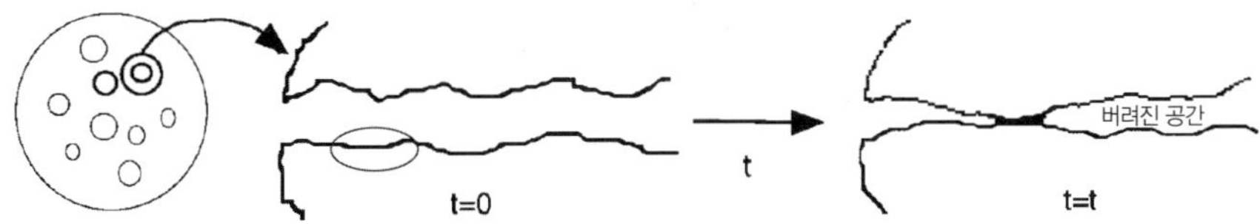

그림 10-23 소결에 의한 비활성화: 반응표면의 손실

원자가 표면이동하여 응집된다.

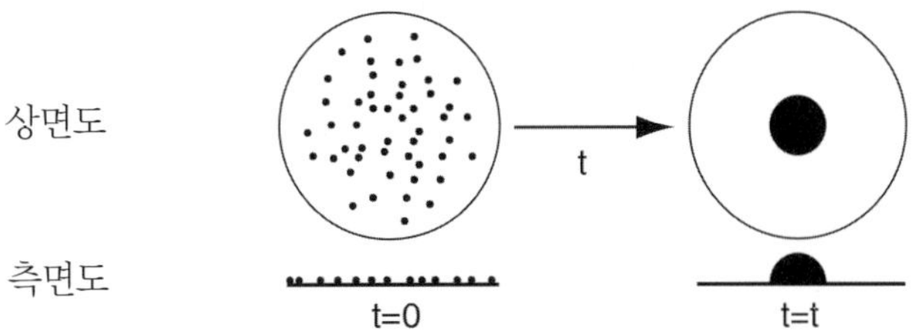

그림 10-24 소결에 의한 비활성화: 금속점의 응집; 반응 활성 면적의 손실

어떤 경우에는 소결로 인한 비활성화는 주요 기체 흐름의 가스농도의 함수일 수 있다. 비록 다른 형태의 소결 기반 열화속도식이 존재하지만, 가장 일반적으로 사용되는 열화속도식 중 하나는 현재 활성에 관한 2차식이다.

$$r_d = k_d a^2 = -\frac{da}{dt} \tag{10-97}$$

시간 $t = 0$에서 $a = 1$로써 적분하면 다음이 얻어진다.

소결(sintering): 이차 비활성화

$$\boxed{a(t) = \frac{1}{1 + k_d t}} \tag{10-98}$$

소결량(amount of sintering)은 일반적으로 촉매의 활성 표면적(S_a) 항으로 측정된다.

$$S_a = \frac{S_{a0}}{1 + k_d t} \tag{10-99}$$

소결 열화 상수(sintering decay constant) k_d는 Arrhenius 방정식을 따른다.

$$\boxed{k_d = k_d(T_0)\ \exp\left[\frac{E_d}{R}\left(\frac{1}{T_0} - \frac{1}{T}\right)\right]} \tag{10-100}$$

소결의 최소화

Pt/Al_2O_3에서 헵탄 개질반응에 대한 열화 활성화 에너지 E_d는 다소 높은 70 kcal/mol이다. 앞서 언급한 바와 같이, 금속의 용해점 온도(예, $T < 0.3\ T_{melting}$)의 0.3에서 0.4배 이하로 온도를 유지함으로써 소결(sintering)을 줄일 수 있다.

이제 논의를 중지하고 열화하는 촉매가 존재하는 유체–고체 시스템의 반응기 설계를 고려하자. 이 반응기를 분석하기 위해서, 알고리즘에 한 단계만 더하면 된다; 즉, 촉매 열화법칙의 결정(determine the catalyst decay law). 여기에 순서가 나와 있다.

알고리즘

몰수지 ⟶ 반응식 ⟶ 열화속도식 ⟶ 양론 ⟶ 결합과 풀이 ⟶ 수치해법

예제 10-4 회분식반응기에서 촉매열화를 동반할 경우 전화율의 계산

1차 이성질화반응이 회분식반응기에서 등온으로 수행된다.

$$A \longrightarrow B$$

여기서 촉매는 노화되어 활성을 잃고 있다. 시간의 함수로 전화율에 대한 식을 유도하여라.

풀이

1. 몰수지:

$$N_{A0}\frac{dX_d}{dt} = -r'_A W \tag{E10-4.1}$$

여기서 X_d는 촉매가 비활성화할 때 A의 전화율이다.

2. 반응속도식:

$$-r'_A = k'a(t)C_A \tag{E10-4.2}$$

알고리즘에 하나의 추가 단계(단계3)를 더한다.

3. 비활성화식(decay law): 소결에 의한 2차 비활성화

$$\boxed{a(t) = \frac{1}{1+k_d t}} \tag{10-98}$$

알고리즘을 따른다.

4. 양론:

$$C_A = C_{A0}(1-X_d) = \frac{N_{A0}}{V}(1-X_d) \tag{E10-4.3}$$

5. 결합:

$$\frac{dX_d}{dt} = k'(1-X_d)a\frac{W}{V} \tag{E10-4.4}$$

$k = k'W/V$로 하자. 촉매 활성 a를 대체하면

$$\boxed{\frac{dX_d}{dt} = k(1-X_d)a = k\frac{(1-X_d)}{(1+k_d t)}} \tag{E10-4.5}$$

여기서 X_d는 비활성화가 존재할 경우 전화율이다. 촉매 비활성화가 존재하지 않는 경우와 비교하자.

비활성화가 없는 경우, $k_d = 0$

$$\frac{dX}{dt} = k(1-X)$$

Polymath 프로그램과 비활성화가 있거나 없는 경우를 아래에 나타내었다.

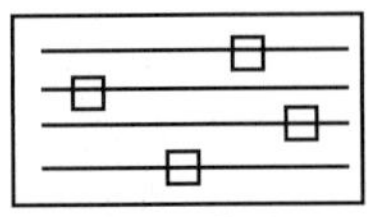

POLYMATH Report
Ordinary Differential Equations

Calculated values of DEQ variables

	Variable	Initial value	Final value
1	k	0.01	0.01
2	kd	0.1	0.1
3	t	0	500.
4	X	0	0.9932621
5	Xd	0	0.3250945

Differential equations
1 d(X)/d(t) = k*(1-X)
2 d(Xd)/d(t) = k*(1-Xd)/(1+kd*t)

Explicit equations
1 k = 0.01
2 kd = 0.1

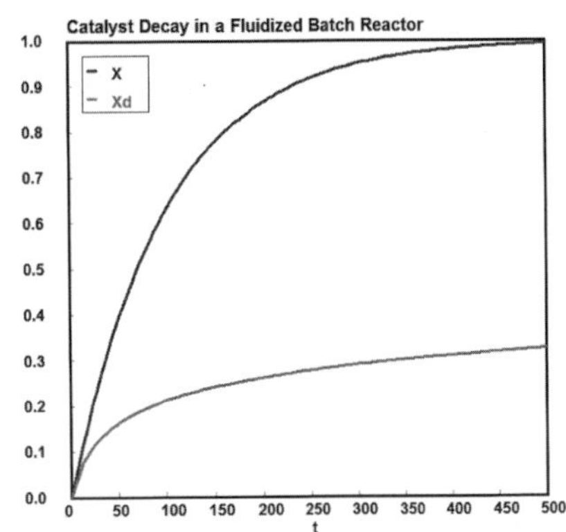

해석적 해

이 반응차수와 비활성화가 적게 일어나면 해석적 해(analytical solution)를 얻을 수 있다.

$$\int_0^X \frac{dX_d}{1-X_d} = k\int_0^t \frac{dt}{1+k_d t} \tag{E10-4.6}$$

$$\boxed{\ln\frac{1}{1-X_d} = \frac{k}{k_d}\ln(1+k_d t)} \tag{E10-4.7}$$

6. 시간 t에서 촉매 비활성화가 존재할 경우 전화율 X_d에 대한 **해**는 다음과 같다.

$$X_d = 1 - \frac{1}{(1+k_d t)^{k/k_d}} \tag{E10-4.8}$$

비활성화가 없는 경우의 해석적 해는

$$\boxed{\ln X = 1 - e^{-kt} = kt} \tag{E10-4.9}$$

파라미터

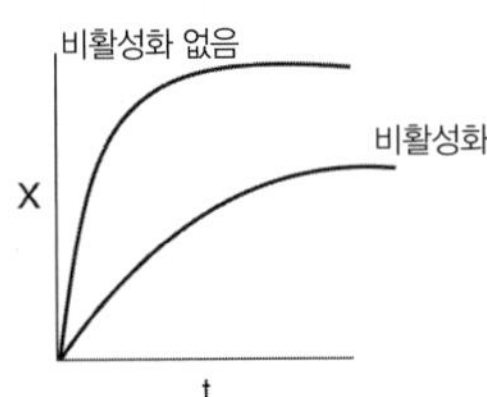

$$k = k_1 \exp\left[\frac{E}{R}\left(\frac{1}{T_1} - \frac{1}{T}\right)\right]$$

E = 20,000cal/mol
$k_1 = 0.01 s^{-1}$
T_1 = 300 K

$$k_d = k_{1d} \exp\left[\frac{E_d}{R}\left(\frac{1}{T_2} - \frac{1}{T}\right)\right]$$

k_{1d} = 0.1
T_2 = 300 K
E_d = 75,000cal/mol
R = 1.987

분석: 촉매 열화가 있는 반응기의 전화율은 다소 평평한 고지대에 접근하여 오랜 시간 동안 약 30%의 전화율에 도달한다. 이는 촉매 열화속도가 2차이고, 회분식반응기에서 1차반응이 수행될 때의 전화율이다. 그에 비해, 촉매 열화가 없는 경우에는 500분 안에 사실상 완전한 전환을 얻는다. 이 예제의 목적은 열화하는 촉매에 대한 등온 촉매 반응기 설계에 대한 알고리즘을 입증하는 것이었다. 문제 P10-1_B(d)에서 k 및 k_d의 다양한 값에 대한 온도-시간 궤적을 스케치하도록 요청을 받을 것이다.

코킹(coking) 또는 파울링(fouling)에 의한 비활성화. 이 열화 메커니즘(그림 10-25 및 10-26 참조)은 탄화수소와 관련된 반응에서 공통적으로 일어난다. 이것은 촉매 표면에 탄소성(코크, coke) 물질이 축적된 결과다. 시간 t 이후 표면의 코크의 양은 다음 경험적 관계식을 따른다.

$$\boxed{C_C = At^n} \tag{10-101}$$

여기서 C_C는 표면의 탄소농도(g/m^2)와 n 및 A는 경험적 파울링 파라미터로, 공급 유량의 함수가 될 수 있다. 이 표현은 원래 Voorhies에 의해 개발되었으며, 다양한 촉매와 공급 유체에 적용되는 것으로 밝혀졌다[26]. 동부 텍사스 경질 가스오일의 분해반응에 대한 A와 n의 대표값은 다음과 같다[27].

$$\% \text{ 코크} = 0.47\sqrt{t(\text{min})}$$

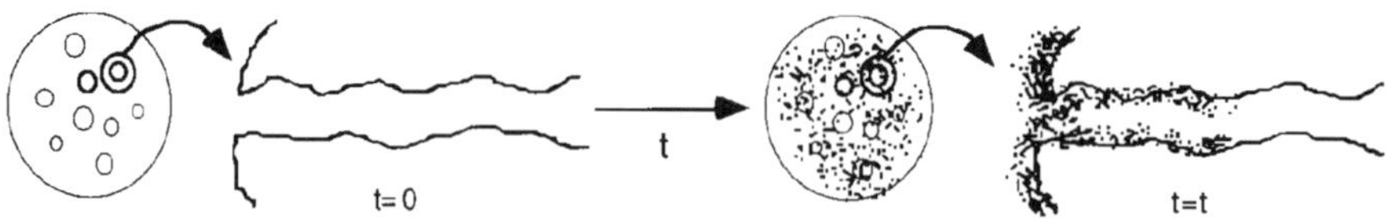

그림 10-25 코킹에 의한 촉매열화 개요; 반응표면적의 손실

(a) 신선한 촉매 (b) 사용후 촉매

그림 10-26 코킹에 의한 촉매열화 [출처: Engelhard catalyst, copyright by Michael Gaffney Photographer, Mendham, NJ]

26. A. Voorhies, *Ind. Eng. Chem.*, 37, 318 (1945).

27. C. O. Prater and R. M. Lago, *Adv. Catal.*, 8, 293 (1956).

표면의 코크 양과 활성 간의 다른 관계도 관찰되었다. 일반적으로 사용되는 한 가지 형태는 다음과 같다.

$$a = \frac{1}{k_{Ck}C_C^p + 1} \tag{10-102}$$

또는 시간의 항으로, 식 (10-101)과 (10-102)를 조합하면 다음이 된다.

$$a = \frac{1}{k_{Ck}A^p t^{np} + 1} = \frac{1}{1 + k' t^m} \tag{10-103}$$

경질 텍사스 가스오일은 750°F에서 짧은 시간에 합성 촉매 상에서 분해된다. 비활성화식은 다음과 같다.

$$\boxed{a = \frac{1}{1 + 7.6\, t^{1/2}}} \tag{10-104}$$

여기서 t는 초(second) 단위이다.

코킹에 의한 비활성화

다른 형태는

$$a = e^{-\alpha_1 C_C} \tag{10-105}$$

그리고

$$\boxed{a = \frac{1}{1 + \alpha_2 C_C}} \tag{10-106}$$

무차원 파울링 상관관계는 파체코(Pacheco)와 피터슨(Petersen)에 의해 개발되었다[28].

코킹의 최소화

가능하면, 상승된 압력(2000~3000 kPa)과 수소가 풍부한 유체에서 가동하면 코킹을 줄일 수 있다. 파울링을 최소화하기 위한 많은 다른 기술들이 바르톨로뮤(Bartholomew)에 의해 논의되었다[29]. 코킹에 의해 비활성화되는 촉매는 보통 탄소를 태워 재생시킬 수 있다.

피독(poisoning)에 의한 비활성화. 이 메커니즘에 의한 비활성화는 독성 분자가 활성점으로 비가역적 화학흡착이 되어 주반응에 사용할 수 있는 활성점의 수가 감소할 때 발생한다. 독성 분자 P는 주요 반응의 반응물 그리고/또는 생산물이거나 공급 흐름의 불순물일 수 있다.

주석. 촉매 피독 사례 중 가장 중요한 하나는 가솔린펌프에서 일어나는 것이다. 석유회사들은 휘발유에 납을 첨가하는 것이 옥탄가(octane number)를 증가시킨다는 것을 발견했다. 텔레비전 광고에는 "우리는 당신의 휘발유 효율을 증대시킬 것이지만, 추가

28. M. A. Pacheco and E. E. Petersen, *J. Catal.*, 86, 75 (1984).

29. R. J. Farrauto and C. H. Bartholomew, *Fundamentals of Industrial Catalytic Processes*, 2nd ed. (New York: Blackie Academic and Professional, 2006). This book is one of the most definitive resources on catalyst decay.

비용은 당신이 지불할 것이다.

된 tetra-ethyl lead에 대한 **비용은 당신이 지불할 것이다**"라고 쓰여 있었다. 그래서 수년 동안 그들은 tetra-ethyl lead를 노킹방지제(antiknock) 성분으로 사용했다. 엔진으로부터 NO, HC, CO 배출에 대한 인식이 높아짐에 따라 배기시스템에 촉매 애프터버너(catalytic afterburner)를 추가하여 배출량을 줄이기로 했다. 불행하게도, 가솔린의 납이 반응성 촉매 사이트를 피독시킨 것으로 밝혀졌다. 그래서 텔레비전 광고는 이제 "우리는 휘발유에서 납을 제거하고 무연휘발유로 같은 수준의 성능을 얻을 것이다. 하지만 옥탄가를 늘리기 위해 들어가는 정제 **비용은 당신이 지불할 것이다**"라고 했다. 당신은 소비자들이 애초에 휘발유에 납을 넣지 않았다면 경제적으로 더 좋았을 것으로 생각하는가?

원료에서의 피독(poisoning). 많은 석유 원료들은 황, 납, 그리고 제거하기에 너무 비용이 많이 드는 다른 성분들과 같은 미량 불순물을 포함하고 있으며, 시간이 지나면서 촉매를 서서히 피독시킨다. 원료 흐름에서 황과 같은 불순물 P는 반응 순차에 대해서

주반응:
$$\left\{\begin{array}{lcl} A+S & \rightleftarrows & (A\cdot S) \\ A\cdot S & \rightleftarrows & (B\cdot S + C(g)) \\ B\cdot S & \rightleftarrows & (B+S) \end{array}\right\} \quad -r'_A = a(t)\,\frac{kC_A}{1+K_AC_A+K_BC_B}$$

피독반응:
$$P+S \longrightarrow P\cdot S \qquad r_d = -\frac{da}{dt} = k'_d C_P^m a^q \tag{10-107}$$

표면 활성점은 그림 10-27과 같이 시간에 따라 변화한다.

피독된 활성점의 전파

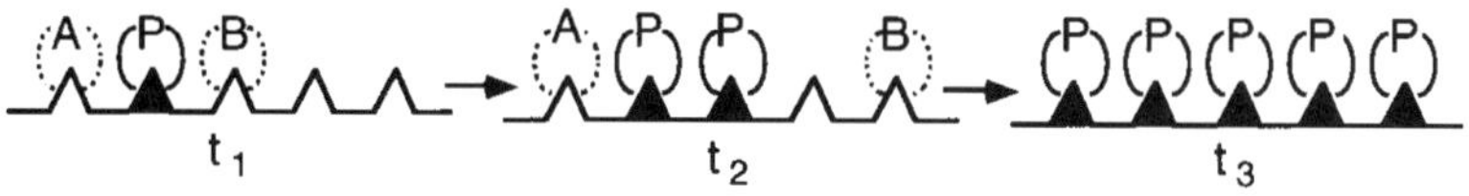

그림 10-27 피독에 의한 비활성화

만약 반응물 기체 흐름에서 촉매 활성점으로 독성물질의 제거속도가 오염되지 않은 활성점 수($C_{t0} - C_{P\cdot S}$)와 기상에서 독성물질 농도 C_P에 비례한다고 가정하면

$$r_{P\cdot S} = k_d(C_{t0} - C_{P\cdot S})\,C_P$$

여기서 $C_{P\cdot S}$가 피독된 활성점 농도이고 C_{t0}는 초기의 이용 가능한 활성점 총 개수이다. 기상으로부터 활성점으로 모든 분자가 흡착되어 활성점을 피독시켰다고 가정하기 때문에, 이 속도식은 표면으로부터 총 활성점(C_t)의 제거속도와 같다.

$$-\frac{dC_t}{dt} = \frac{dC_{P\cdot S}}{dt} = r_{P\cdot S} = k_d(C_{t0} - C_{P\cdot S})\,C_P$$

C_{t0}로 나누고 피독된 총 활성점의 분율을 f라고 하면

$$\boxed{\frac{df}{dt} = k_d(1-f)C_P} \tag{10-108}$$

흡착할 수 있는 활성점의 분율 (1 − *f*)가 본질적으로 활성 *a*(*t*)이다. 따라서 식 (10-108)은 다음과 같이 된다.

$$-\frac{da}{dt} = a(t)k_d C_P \tag{10-109}$$

촉매 피독에 해당하는 다수의 촉매의 예가 Farrauto와 Bartholomew에 의하여 주어져 있다[30].

충전층반응기. 특정 촉매 활성점에 흡착하는 것에 의하여 기상으로부터 독성물질이 제거되는 충전층반응기(packed-bed reactor)에서, 비활성화 공정은 충전층을 파동 전선(wave front)처럼 이동할 수 있다. 여기서, 운전 초기에는 반응기의 입구 근처에 있는 활성점만 비활성화될 것이다. 왜냐하면 독성물질(대개 미량으로 존재함)은 흡착에 의해 기상으로부터 제거되기 때문이다; 따라서 반응기의 하류 쪽에 있는 촉매 활성점은 영향을 받지 않을 것이다. 그러나 시간이 지나면서 반응기 입구 근처에 있는 활성점은 포화되고, 독성물질은 기상으로부터 흡착되고 활성점에 부착되어 비활성화시킬 때까지 하류로 더 멀리 이동한다. 그림 10-28은 이러한 유형의 피독 공정에 대한 해당 활성 프로파일을 보여준다. 그림 10-28에서 시간 t_4에서 전체 층이 비활성화된 것을 알 수 있다. 반응기 출구에서의 해당 총괄전화율은 그림 10-29와 같이 시간에 따라 달라질 수 있다. 그림 10-28에 표시된 반응 전선(reaction front)의 이동을 묘사하는 부분 미분 방정식은 CRE 웹사이트 제10장의 **요약노트** 맨 마지막 부분에서 유도되고 풀이되어 있다(*http://www.umich.edu/~elements/5e/10chap/summary.html*).

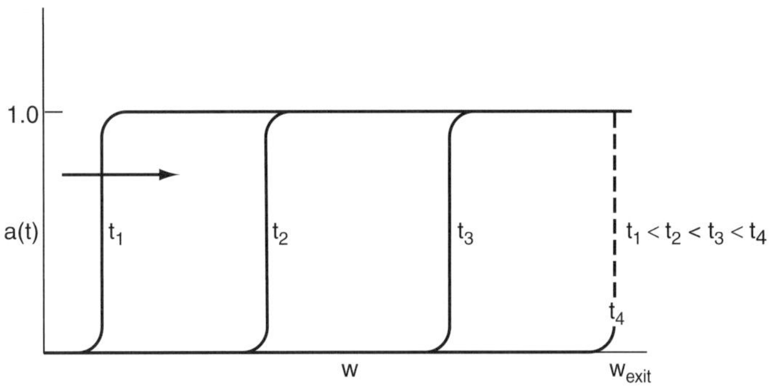

그림 10-28 충전층에서 활성전선의 이동

30. R. J. Farrauto and C. H. Bartholomew, *Fundamentals of Industrial Catalytic Processes*, 2nd ed. (New York: Blackie Academic and Professional, 2006). 이 책은 촉매 비활성화에 관한 최고의 책 중 하나이다.

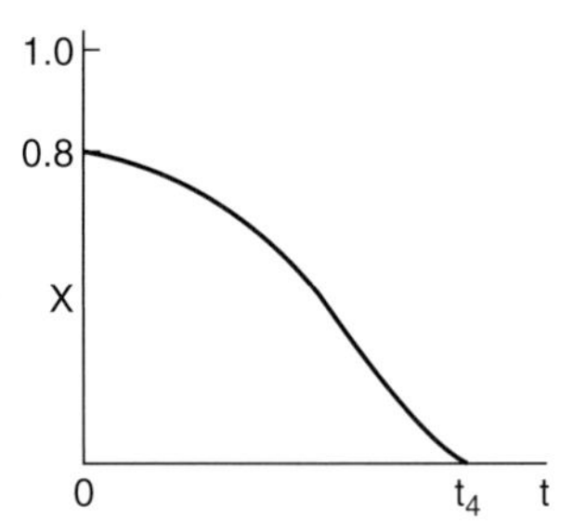

그림 10-29 시간에 따른 출구 전화율

반응물 또는 생성물에 의한 피독(poisoning). 주요 반응물이 독성으로 작용하는 경우,

주반응: $\quad A + S \longrightarrow B + S \qquad -r'_A = k_A C_A^n$

피독반응: $\quad A + S \longrightarrow \underline{A \cdot S} \qquad r_d = k'_d C_A^m a^q$

반응물 중 하나가 독성으로 작용하는 예가 루테늄 촉매 상에서 CO와 H_2가 반응해서 메탄을 생성하는 반응이다.

$$-r_{CO} = ka(t)C_{CO}$$

$$-\frac{da}{dt} = r_d = k'_d a(t) C_{CO}$$

유사한 속도식을 생성물 B가 독성으로 작용하는 경우에 쓸 수 있다.

일정농도 C_{P_0}에서 접촉으로부터 유래된 **분리 가능 비활성화 속도론**(separable deactivation kinetics)의 경우 그리고 위치에 따른 변화가 없다면,

분리 가능 비활성화 속도론

$$\boxed{-\frac{da}{dt} = r_d = k'_d C_{P_0}^n a^n(t) = k_d a^n} \tag{10-110}$$

여기서 $k_d = k'_d C_{P_0}$이다. 1차 비활성화 n = 1에 대한 아래 식의 해는

$$-\frac{da}{dt} = k_d a \tag{10-111}$$

$$a = e^{-k_d t} \tag{10-112}$$

이다.

실험적(empirical) 비활성화식. 표 10-7에는 여러 가지 경험적 비활성화식과 이것들이 적용되는 반응 시스템이 적혀 있다.

촉매 비활성화에 대한 핵심 문헌

표 10-7에 있는 것과 유사한 속도식을 포함하고 있고 촉매 비활성화에 대한 포괄적인 논의를 제공하는 Farrauto와 Bartholomew의 Fundamentals of Industrial Catalytic Processes를 참조하여라[31].

31. 바로 앞에 게재한 문헌.

표 10-7 비활성화 속도식

비활성화 촉매와 그 비활성화 속도식을 갖는 반응들의 예

Functional Form of Activity	*Decay Reaction Order*	*Differential Form*	*Integral Form*	*Examples*
Linear	0	$-\frac{da}{dt} = \beta_0$	$a = 1 - \beta_0 t$	Conversion of *para*-hydrogen on tungsten when poisoned with oxygen[a]
Exponential	1	$-\frac{da}{dt} = \beta_1 a$	$a = e^{-\beta_1 t}$	Ethylene hydrogenation on Cu poisoned with CO[b] Paraffin dehydrogenation on Cr?Al_2O_3[c] Cracking of gas oil[d] Vinyl chloride monomer formation[e]
Hyperbolic	2	$-\frac{da}{dt} = \beta_2 a^2$	$\frac{1}{a} = 1 + \beta_2 t$	Vinyl chloride monomer formation[f] Cyclohexane dehydrogenation on Pt/Al_2O_3[g] Isobutylene hydrogenation on Ni[h]
Reciprocal power	$\frac{\beta_3 + 1}{\beta_3} = \gamma$	$-\frac{da}{dt} = \beta_3 a^n A_0^{1/5}$	$a = A_0 t^{-\beta_3}$	Cracking of gas oil and gasoline on clay[i]
	$\frac{\beta_4 + 1}{\beta_4} = n$	$-\frac{da}{dt} = \beta_4 a^n A_0^{1/5}$	$a = A_0 t^{-\beta_4}$	Cyclohexane aromatization on NiAl[j]

[a] D. D. Eley and E. J. Rideal, *Proc. R. Soc. London*, A178, 429 (1941).
[b] R. N. Pease and L. Y. Steward, *J. Am. Chem. Soc.*, 47, 1235 (1925).
[c] E. F. K. Herington and E. J. Rideal, *Proc. R. Soc. London*, A184, 434 (1945).
[d] V. W. Weekman, *Ind. Eng. Chem. Process Des. Dev.*, 7, 90 (1968).
[e] A. F. Ogunye and W. H. Ray, *Ind. Eng. Chem. Process Des. Dev.*, 9, 619 (1970).
[f] A. F. Ogunye and W. H. Ray, *Ind. Eng. Chem. Process Des. Dev.*, 10, 410 (1971).
[g] H. V. Maat and L. Moscou, *Proc. 3rd Int. Congr. Catal.* (Amsterdam: North-Holland, 1965), p. 1277.
[h] A. L. Pozzi and H. F. Rase, *Ind. Eng. Chem.*, 50, 1075 (1958).
[i] A. Voorhies, Jr., *Ind. Eng. Chem.*, 37, 318 (1945); E. B. Maxted, *Adv. Catal.*, 3, 129 (1951).
[j] C. G. Ruderhausen and C. C. Watson, *Chem. Eng. Sci.*, 3, 110 (1954).
Source: J. B. Butt, Chemical Reactor Engineering–Washington, *Advances in Chemistry Series* 109 (Washington, D.C.: American Chemical Society, 1972), p. 259. Also see CES 23, 881(1968).

10.8 촉매 비활성화를 차단하는 데 사용할 수 있는 반응기

이제 촉매 비활성화가 있는 시스템을 다루는 데 사용할 수 있는 세 가지 반응시스템을 고려해 보자. 이러한 시스템을 느린, 중간 및 빠른 촉매 활성 손실을 가진 시스템으로 분류할 것이다. 연속흐름반응기에서 비활성화하는 촉매의 화학적 반응의 감소를 상쇄하기 위해, 일반적으로 다음 세 가지 방법을 사용한다.

촉매 비활성화 속도에 따라 어울리는 반응기

- 느린 비활성화 – 온도-시간 궤적(10.8.1)
- 중간 비활성화 – 이동층반응기(10.8.2)
- 빠른 비활성화 – 직류이송반응기(10.8.3)

10.8.1 온도-시간 궤적(Temperature-Time Trajectories)

수소처리반응(hydrotreating)에 사용되는 반응기와 독성물질에 의해 비활성화되는 반응 시스템과 같은 많은 대형 반응기에서 촉매의 비활성화는 상대적으로 느리다. 이러한 연속흐름시스템에서는 후속 공정 단계(예, 분리)가 잘못되지 않도록 일정한 전화율이 필요하다. 충전층이나 유동층에서 비활성화 촉매로 일정한 전화율을 유지하는 한 가지 방법은 반응기에 대한 공급물 온도를 지속적으로 증가시켜 반응속도를 증가시키는 것이다. 이러한 방식의 "유동(fluidized)"층의 조작은 그림 10-30에 나타나 있다.

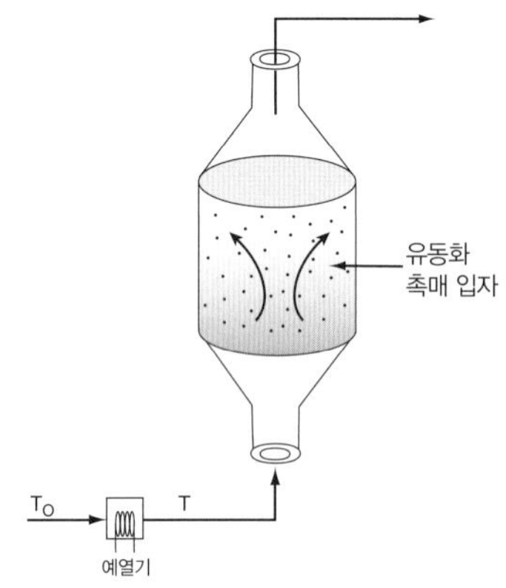

그림 10-30 공급 온도를 연속적으로 증가시키기 위한 예열기를 가진 반응기

시간에 따라서 반응속도를 일정하게 유지하기 위해서 공급 온도 T를 증가시키려고 한다.

$$-r'_A\ (t=0, T_0) = -r'_A\ (t, T) = a(t, T)[-r'_A\ (t=0, T)]$$

1차반응의 경우

$$k(T_0)C_A = a(t, T)k(T)C_A$$

느린 촉매 비활성화속도

활성(a)과 비반응속도(k)의 곱이 일정하고 시간 $t = 0$과 온도 T_0에서의 비반응속도 k_0와 동일하도록 농도 변화를 무시한다.

$$k(T)a(t, T) = k_0 \tag{10-113}$$

목표는 시간[즉, 온도-시간 궤적(temperature-time trajectory)]에 따라 온도를 어떻게 증가시켜 전화율을 일정하게 유지해야 하는지를 알아내는 것이다. Arrhenius 방정식을 사용해 활성화 에너지 측면에서 k를 대체한다. E_A는

$$k_0 e^{(E_A/R)(1/T_0 - 1/T)}\ a = k_0 \tag{10-114}$$

온도를 점진적으로 올리는 것은 촉매 비활성화 효과를 상쇄하는 데 도움이 된다.

$1/T$에 대해서 풀면

$$\boxed{\frac{1}{T} = \frac{R}{E_A}\ln a + \frac{1}{T_0}} \tag{10-115}$$

비활성화 속도도 역시 아레니우스형 온도의존성을 따른다.

$$-\frac{da}{dt} = k_{d0}e^{(E_d/R)(1/T_0-1/T)}\ a^n \tag{10-116}$$

여기서 k_{d0} = 온도 T_0에서 비활성화 상수, s^{-1}

E_A = 주반응의 활성화 에너지(즉, A → B), kJ/mol

E_d = 촉매 비활성화의 활성화 에너지, kJ/mol

식 (10-115)를 식 (10-116)에 대입하고 정렬하면

$$-\frac{da}{dt} = k_{d0}\ \exp\left(-\frac{E_d}{E_A}\ \ln a\right) a^n = k_{d0}a^{(n-E_d/E_A)} \tag{10-117}$$

$n \neq (1 + E_d/E_A)$의 경우에 $t = 0$에서 $a = 1$로 적분하면

$$t = \frac{1-a^{1-n+E_d/E_A}}{k_{d0}(1-n+E_d/E_A)} \tag{10-118}$$

a에 대해서 식 (10-114)를 풀고, (10-118)에 대입하면

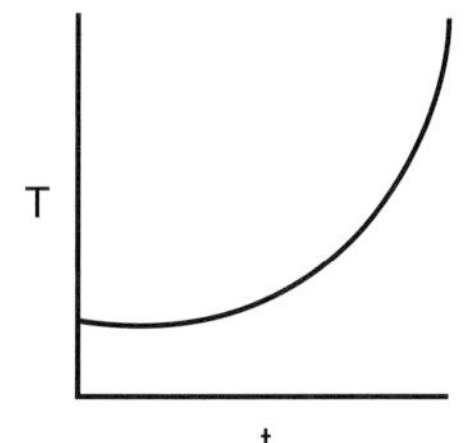

$$\boxed{t = \frac{1-\exp\left[\frac{E_A-nE_A+E_d}{R}\left(\frac{1}{T}-\frac{1}{T_0}\right)\right]}{k_{d0}(1-n+E_d/E_A)}} \tag{10-119}$$

식 (10-119)는 반응속도가 일정하게 유지되도록 시간이 경과함에 따라 촉매반응기의 온도를 어떻게 높여야 하는지를 보여준다. 그러나 그림 10-30에 표시된 예열을 정확하게 작동하기 위해서는 먼저 온도 T에 대한 이 식을 풀어야 한다.

많은 산업 반응에서, 비활성화 속도식(decay rate law)은 온도가 증가함에 따라 변한다. 수첨분해반응(hydrocracking)에서 온도–시간 궤도는 세 가지 방식으로 나뉜다. 처음에는 촉매의 산점 부위의 파울링(fouling of the acidic sites)이 있고, 그 뒤에 느린 코킹으로 인해 선형 상황이 뒤따르고, 마지막으로 온도가 기하급수적으로 상승하는 것이 특징이다. 수첨분해반응 촉매 비활성화에 대한 온도–시간 궤도는 그림 10-31과 같다.

1차 비활성화의 경우, Krishnaswamy와 Kittrell의 온도–시간 궤적에 대한 식 (10-119)는 다음과 같다.

$$t = \frac{E_A}{k_{d0}E_d}\ [1-e^{(E_d/R)(1/T-1/T_0)}] \tag{10-120}$$

이론과 실험의 비교

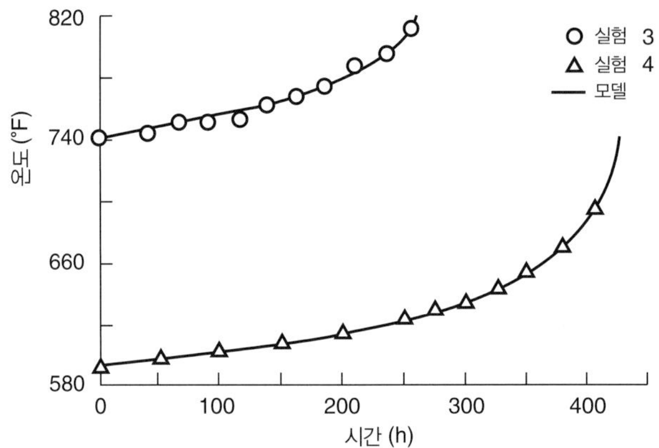

실험	E_A (cal/mol)	A (h^{-1})	E_d (cal/mol)	A_d (h^{-1})
3	30.0	0.52×10^{12}	42.145	1.54×10^{11}
4	30.0	0.52×10^{12}	37.581	2.08×10^{11}

그림 10-31 비활성화 수첨분해반응 촉매에 대한 온도-시간 궤적(Krishnaswamy, S., and J. R. Kittrell. Analysis of Temperature-Time Data for Deactivating Catalysts. *Industry and Engineering Chemistry Process Design and Development,* 1979, 18(3), 399-03. Copyright ⓒ 1979, American Chemical Society. Reprinted by permission.)

10.8.2 이동층반응기(Moving-Bed Reactors)

촉매 비활성화가 현저한 반응시스템은 촉매의 지속적인 재생 및/또는 교체가 필요하다. 비활성화 촉매가 있는 생산을 수용할 수 있는 두 가지 유형의 반응기는 이동층반응기(moving-bed reactor)와 직류이송반응기(straight-through transport reactor)이다. 그림 10-32에 (촉매 분해반응에 사용되는) 이동층반응기의 개략도가 표시되어 있다.

새로 재생된 촉매는 반응기 상부로 들어가 소형 충전층반응기를 통과한다. 촉매는 반응기를 통과해 킬른(kiln)을 빠져나올 때까지 계속 주입되며, 킬른에서는 공기가 탄소를 태우는 데 사용된다. 재생촉매는 기류에 의해 킬른에서 들어 올려 반응기로 돌아가기 전에 분리기로 공급된다. 촉매 펠릿의 직경은 일반적으로 1/4에서 1/8인치 사이이다.

반응물 공급 흐름은 반응기 상부에 들어가 반응기를 통과하는 촉매의 흐름에 비례하여 반응기를 통해 빠르게 흐른다(그림 10-33). 촉매와 반응물의 공급속도가 시간에 따라 달라지지 않는다면 반응기는 정상상태로 운전된다. 즉, 반응기 내의 어떤 지점에서의 조건도 시간에 따라 변하지 않는다. ΔW에서 반응물 A의 몰수지는 다음과 같다.

$$\begin{bmatrix}\text{A의 주입}\\ \text{몰유량}\end{bmatrix} - \begin{bmatrix}\text{A의 배출}\\ \text{몰유량}\end{bmatrix} + \begin{bmatrix}\text{A의 생성속도}\end{bmatrix} = \begin{bmatrix}\text{A의 축적속도}\end{bmatrix}$$

$$F_A(W) \quad - \quad F_A(W+\Delta W) \quad + \quad r'_A \Delta W \quad = \quad 0 \qquad (10\text{-}121)$$

ΔW로 나누고 ΔW를 0으로 보내면 전화율의 항으로 다음이 얻어진다.

몰수지

$$F_{A0}\frac{dX}{dW} = -r'_A \qquad (2\text{-}17)$$

보통의 촉매 비활성화 속도를 갖는 촉매가 있는 반응에 사용되는 이동층반응기

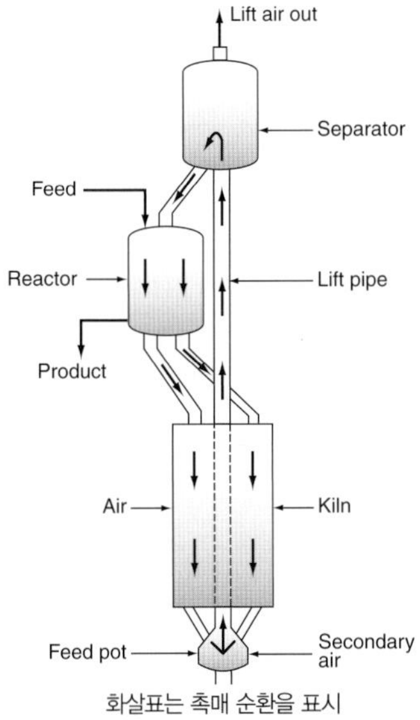

그림 10-32 Thermofer 촉매분해장치(TCC). (Weekman, V. AIChE Monogr. Ser., 75(11), 4 (1979). With permission of the American Institute of Chemical Engineers. Copyright © 1979 AIChE. All rights reserved.)

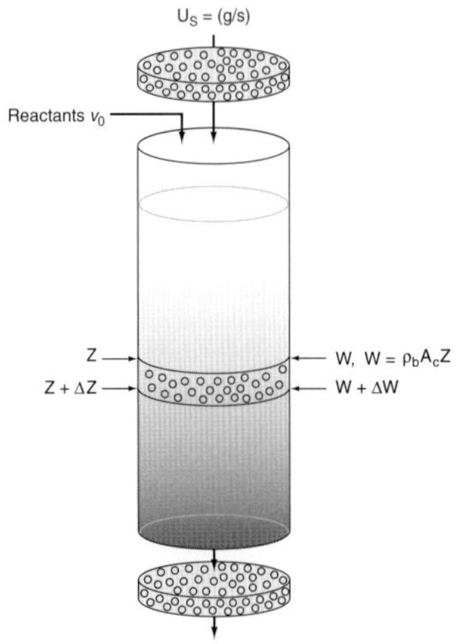

그림 10-33 이동층반응기 개략도. 이러한 형태의 반응기에 포함된 촉매의 가격은 약 100만 달러이다.

시간 t에서 반응속도는

$$-r'_A = a(t)[-r'_A(t=0)] = a(t)[k\,\text{fn}(C_A, C_B, \ldots, C_P)] \tag{10-93}$$

활성은 촉매가 반응기체흐름을 접촉한 시간의 함수이다. 비활성화 속도식은

비활성화 속도식

$$-\frac{da}{dt} = k_d a^n \tag{10-110}$$

우리는 이제 접촉시간을 촉매의 무게와 연관시킬 필요가 있다. 반응물 기체가 촉매 중량 W와 함께 병류(co-currently)로 통과하는 반응기의 지점 z를 고려하자. 촉매가 z 지점에 도달했을 때 고체 촉매가 속도 U_s(단위시간당 질량)로 이동하기 때문에, z 지점에 도달할 때 촉매가 기체와 접촉한 시간 t는 다음과 같다.

$$t = \frac{W}{U_s} \tag{10-122}$$

식 (10-122)를 미분하면

$$dt = \frac{dW}{U_s} \tag{10-123}$$

비활성화 속도식(decay rate law)과 결합하면 다음 식이 얻어진다.

$$-\frac{da}{dW}=\frac{k_d}{U_s}a^n \tag{10-124}$$

활성식은 몰수지식과 결합하여

이동층반응기의 설계방정식

$$\frac{dX}{dW}=\frac{a[-r'_A(t=0)]}{F_{A0}} \tag{10-125}$$

이 두 연립방정식[즉, 식 (10-124)와 (10-125)]을 ODE 문제풀이 프로그램인 Polymath로 수치적으로 동시에 푼다.

실전 예제 문제

예제 10-5 이동층반응기에서 촉매분해반응

900°F에서 스크류형 컨베이어 이동층반응기에서 가스오일(A)의 촉매분해반응으로 C_5 + (B)가 생성되고 코크와 건조가스(C)가 생성된다.

$$\text{가스오일} \begin{cases} \xrightarrow{k_B} C_{5^+} \\ \xrightarrow{k_C} \text{건조가스, 코크} \end{cases}$$

가스오일의 분해는 다음과 같이 쓸 수 있다.

$$A \xrightarrow{k_1} \text{제품}$$

순수한 탄화수소는 1차반응속도식에 따라 분해가 발생하는 것으로 알려져 있지만, 가스오일의 분해속도가 넓은 범위에 걸쳐 있다는 사실은 lumped 분해속도식이 다음의 2차반응속도식(웹 문제 CDP5-H_B 참조)에 의해 분해속도를 잘 표현된다[32].

$$-r'_A=600\,\frac{(\text{dm})^6}{(\text{kg cat})(\text{mol})(\text{min})}\,C_A^2$$

촉매 비활성화는 기상 농도와 무관하며, 비활성화 상수인 k_d가 0.72인 1차 비활성화 속도식을 따른다. 공급 흐름은 질소로 희석되므로 첫 번째 근사치로 반응에 따른 부피 변화를 무시할 수 있다. 반응기는 10 kg/min의 속도로 반응기를 통과하는 22 kg의 촉매를 포함하고 있다. 가스오일은 0.075 mol/dm^{3}의 농도로 30 mol/min의 속도로 공급된다. 이 반응기에서 달성할 수 있는 전화율을 구하여라.

풀이

1. 몰수지:

$$F_{A0}\frac{dX}{dW}=a(-r'_A) \tag{E10-5.1}$$

32. V. W. Weekman and D. M. Nace, *AIChE J.*, *16*, 397 (1970)에서 예측.

2. 속도식:

$$-r'_A = kC_A^2 \tag{E10-5.2}$$

3. 비활성화 속도식: 1차 비활성화식

$$-\frac{da}{dt} = k_d a$$

이동층반응기: 적당한 촉매 비활성화 속도

식 (10-124)를 이용하면, 다음을 얻는다.

$$-\frac{da}{dW} = \frac{k_d}{U_s}a \tag{E10-5.3}$$

적분하면,

$$a = e^{-(k_d/U_s)W} \tag{E10-5.4}$$

4. 화학양론: $v \approx v_0$이면

$$C_A = C_{A0}(1-X) \tag{E10-5.5}$$

5. 결합:

$$\frac{dX}{dW} = a\frac{kC_{A0}^2(1-X)^2}{F_{A0}} \tag{E10-5.6}$$

$$a = e^{-(k_d/U_s)W}$$

아래에 Polymath 프로그램이 전화율 도표와 함께 주어져 있다.

POLYMATH Report

Ordinary Differential Equations

Calculated values of DEQ variables

	Variable	Initial value	Final value
1	a	1.	0.2051528
2	Ca	0.075	0.033453
3	Cao	0.075	0.075
4	Fao	30.	30.
5	k	600.	600.
6	kd	0.72	0.72
7	raprime	-3.375	-0.6714636
8	Us	10.	10.
9	W	0	22.
10	X	0	0.5539595

Differential equations

1 d(a)/d(W) = -kd*a/Us

2 d(X)/d(W) = a*(-raprime)/Fao

Explicit equations

1 Us = 10

2 kd = 0.72

3 Fao = 30

4 Cao = 0.075

5 Ca = Cao*(1-X)

6 k = 600

7 raprime = -k*Ca^2

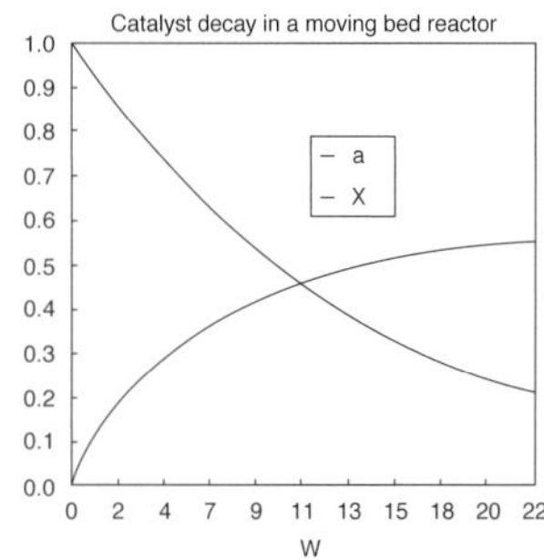

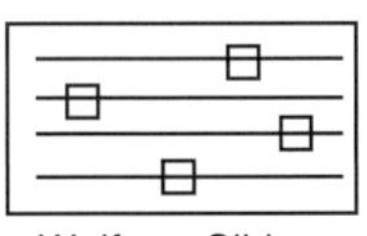
Wolfram Sliders

여기에 제시된 것 같은 간단한 속도법칙과 비활성화 속도식에 대한 이 문제를 해석적으로 풀 수 있다.

6. 분리와 적분:

$$F_{A0}\frac{dX}{dW} = e^{-(k_d/U_s)W}kC_{A0}^2(1-X)^2$$

$$\frac{F_{A0}}{kC_{A0}^2}\int_0^X \frac{dX}{(1-X)^2} = \int_0^W e^{-(k_d/U_s)W}\,dW \tag{E10-5.7}$$

$$\frac{X}{1-X} = \frac{kC_{A0}^2 U_s}{F_{A0}k_d}\left(1-e^{-k_d W/U_s}\right) \tag{E10-5.8}$$

7. 수치 계산:

$$\frac{X}{1-X} = \frac{0.6\ \text{dm}^6}{\text{mol}\cdot\text{g cat.}\cdot\text{min}} \times \frac{(0.075\ \text{mol/dm}^3)^2}{30\ \text{mol/min}}\ \frac{10{,}000\ \text{g cat/min}}{0.72\ \text{min}^{-1}}$$

$$\times\left(1-\exp\left[\frac{(-0.72\ \text{min}^{-1})(22\ \text{kg})}{10\ \text{kg/min}}\right]\right)$$

$$\frac{X}{1-X} = 1.24$$

$$X = 55\%$$

만약 촉매 열화가 없으면, 전화율은 다음과 같다.

$$\frac{X}{1-X} = \frac{kC_{A0}^2}{F_{A0}}W$$

$$= 600\left(\frac{\text{dm}^6}{(\text{kg cat})(\text{mol})(\text{min})} \times \frac{(0.075\ \text{mol/dm}^3)^2}{(30\ \text{mol/min})}\ (22\ \text{kg cat})\right)$$

$$= 7.48$$

$$X = 71\%$$

분석: 이 예제의 목적은 PBR에서 발생할 수 있는 촉매 비활성화의 영향을 줄이기 위해 사용된 이동층반응기에 알고리즘을 적용하는 방법을 단계별로 보여주는 것이다.

이제 문헌에서 흔히 볼 수 있는 형태로 방정식 (E10-5.8)을 재배열할 것이다. λ를 무차원 비활성화 시간(dimensionless decay time)으로 하자.

$$\lambda = k_d t = \frac{k_d W}{U_s} \tag{10-126}$$

그리고 Da_2는 충전층반응기에 대해서 2차반응의 담쾰러수(Damköhler number)이다(반응속도를 이동속도로 나눈 것).

$$Da_2 = \frac{(kC_{A0}^2)(W)}{F_{A0}} = \frac{kC_{A0}W}{\upsilon_0} \tag{10-127}$$

일련의 조작을 통해, 2차반응이 일어나는 **이동층**(moving bed)에서의 전화율 식에 도달한다[33].

33. 바로 앞에 게재한 문헌.

이동층반응기에서의 2차 반응

$$X = \frac{\mathrm{Da}_2(1-e^{-\lambda})}{\lambda + \mathrm{Da}_2(1-e^{-\lambda})} \tag{10-128}$$

유사한 식이 다른 차수의 반응이나 비활성화 속도식에서도 얻어진다.

10.8.3 직류이송반응기(Straight-Through Transport Reactors, STTR)

이 반응기는 촉매가 매우 빠르게 비활성화되는 반응시스템에 사용된다. 상업적으로 STTR은 촉매펠릿의 코킹이 매우 빠르게 발생하는 중질 유분의 분해로부터 가솔린 생산에 사용된다. STTR에서는 촉매펠릿과 반응물 공급이 함께 유입되어 반응기를 통해 매우 빠르게 이송된다. STTR에서 촉매입자의 벌크밀도는 이동층반응기보다 상당히 작으며, 종종 입자는 기체속도와 동일한 속도로 이송된다. 어떤 곳에서는 STTR을 순환유동층(circulating fluidized bed, CFB)이라고도 한다. 개략도를 그림 10-34에 나타내었다.

STTR: 촉매 활성이 매우 빨리 떨어질 때 (보통 코킹에 의한 비활성화) 사용된다.

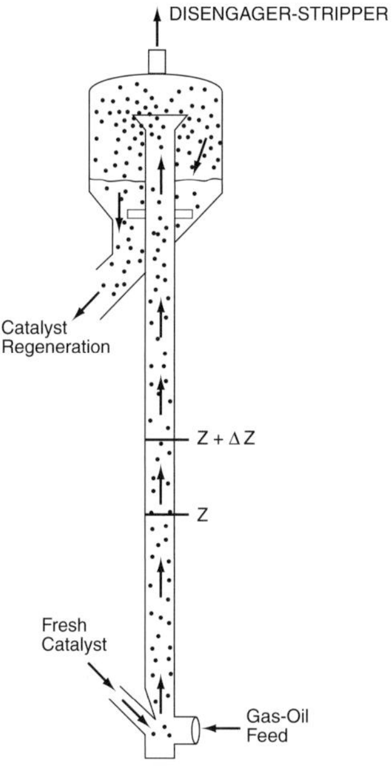

그림 10-34 직류이송반응기

미분반응기 부피와 그곳에서의 반응물 A의 몰수지식

$$\Delta V = A_C \, \Delta z$$

$$F_A\big|_z - F_A\big|_{z+\Delta z} + r_A A_C \, \Delta z = 0$$

Δz로 나누고 $\Delta z \to 0$으로 보내고, ρ_b를 떠 있는 촉매의 벌크밀도하고 하고, $r_A = \rho_B r'_A$를 상기하면, 다음을 얻게 된다.

$$\frac{dF_A}{dz} = r_A A_C = r'_A \rho_B A_C \tag{10-129}$$

전화율과 촉매 활성의 항으로 쓰면

$$\frac{dX}{dz} = \left(\frac{\rho_B A_C}{F_{A0}}\right)[-r'_A(t=0)]\,a(t) \tag{10-130}$$

입자의 속도 U_p로 반응기를 통과하여 이동하는 촉매입자에 대해서, 촉매펠릿이 반응기의 높이 z에 도달하는 시간은 아래와 같다.

$$t = \frac{z}{U_P} \tag{10-131}$$

시간 t를 거리 z로 대체하면, 몰수지식은 다음과 같이 된다. [즉, $a(t) = a(z/U_P)$]

$$\frac{dX}{dz} = \frac{\rho_B A_C[-r'_A(t=0)]\,a(z/U_P)}{F_{A0}}$$

주입 몰유량 F_{A0}는 기체속도 U_g, C_{A0}, 그리고 A_C로 표현한다.

$$F_{A0} = U_o A_C C_{A0}$$

F_{A0}를 대체하면

$$\boxed{\frac{dX}{dz} = \frac{\rho_B\, a\,(z/U_P)\,[-r'_A(t=0)]}{C_{A0}U_o}} \tag{10-132}$$

실전 예제 문제

반응시스템에서의 전형적인 촉매 비용은 백만 달러($1 million)이다.

예제 10-6 직류이송반응기에서의 비활성화

가스오일의 기상 분해반응이 높이 10 m, 직경이 1.5 m인 직류이송반응기(STTR)에서 수행된다. 가스오일은 normal 및 branched 파라핀($C_{12}-C_{40}$)과 나프텐, 방향족이 혼합된 것이지만, 반응물 A라고 모두 한 화합물로 취급하자. 1차 탄화수소 제품은 증류 온도에 따라 건조가스($C-C_4$) B와, 가솔린(C_5-C_{14}) C로 두 그룹으로 나눈다. 반응은

$$\text{가스오일(g)} \longrightarrow \text{제품(g)} + \text{코크}$$

이고 기호로는

$$A \longrightarrow B + C + \text{코크}$$

로 쓸 수 있다.

B와 C는 모두 표면에 흡착된다. 신선한 촉매에 대한 가스오일 분해반응에 대한 속도식은

$$-r'_A = \frac{k' P_A}{1 + K_A P_A + K_B P_B + K_C P_C}$$

여기서 $k' = 0.0014$ kmol/kg-cat·s·atm, $K_A = 0.05\ \text{atm}^{-1}$, $K_B = 0.15\ \text{atm}^{-1}$, $K_C = 0.1\ \text{atm}^{-1}$이다. 이 촉매는 대부분의 분해반응에 의해 생성되는 코크와 반응생성물의 퇴적에 의해 활성이 감소한다. 비활성화 속도식은 아래와 같다.

$$a = \frac{1}{1 + At^{1/2}} \qquad \text{with } A = 7.6\ \text{s}^{-1/2}$$

순수한 가스오일은 12 atm의 압력과 400°C의 온도로 공급된다. STTR 내 촉매의 벌크밀도는 80 kg-cat/m³이다. 주입되는 가스의 유속이 $U_0 = 2.5$ m/s일 때 반응기 위로 나가는 가스오일의 활성과 전화율을 플롯하여라.

풀이

몰수지:

$$F_{A0}\frac{dX}{dz} = -r_A A_C$$

$$\boxed{\frac{dX}{dz} = \frac{-r_A}{U_o C_{A0}}} \tag{E10-6.1}$$

STTR에 주입된 후 시간 "t"에서 촉매입자의 높이는

$$z = \int_0^t U dt$$

미분하면, 촉매입자가 STTR에 머무른 시간과 높이 z의 관계를 찾을 수 있으며, 이는 활성 a를 찾는 데 사용될 수 있다.

$$\frac{dt}{dz} = \frac{1}{U}$$

속도식:

$$-r_A = \rho_B(-r_A') \tag{E10-6.2}$$

$$-r_A' = a[-r_A'(t=0)] \tag{E10-6.3}$$

신선한 촉매에 대해서

$$-r_A'(t=0) = k'\frac{P_A}{1 + K_A P_A + K_B P_B + K_C P_C} \tag{E10-6.4}$$

식 (E10-6.2)부터 (E10-6.4)까지 결합하면

$$\boxed{-r_A = a\left(\rho_B k'\frac{P_A}{1 + K_A P_A + K_B P_B + K_C P_C}\right)} \tag{E10-6.5}$$

비활성화식: 촉매입자와 기체가 반응기 위로 $U_p = U_g = U$의 속도로 이동한다고 가정하면, 다음이 얻어진다.

$$t = \frac{z}{U} \tag{E10-6.6}$$

$$\boxed{a = \frac{1}{1 + A(z/U)^{1/2}}} \tag{E10-6.7}$$

여기서 $U = \upsilon/A_C = \upsilon_0(1+\varepsilon X)/A_C$ 그리고 $A_C = \pi D^2/4$.

화학양론(기상 등온 그리고 압력강하 없음):

$$P_A = P_{A0}\frac{1-X}{1+\varepsilon X} \tag{E10-6.8}$$

$$P_B = \frac{P_{A0}X}{1+\varepsilon X} \tag{E10-6.9}$$

$$P_C = P_B \tag{E10-6.10}$$

파라미터 계산:

$$\varepsilon = y_{A0}\delta = (1+1-1) = 1$$

$$U = U_0(1+\varepsilon X)$$

$$C_{A0} = \frac{P_{A0}}{RT_0} = \frac{12 \text{ atm}}{(0.082 \text{ m}^3\cdot\text{atm/kmol}\cdot\text{K})(673 \text{ K})} = 0.22\frac{\text{kmol}}{\text{m}^3}$$

이제 식 (E10-6.1), (E10-6.5), (E10-6.7), (E10-6.8)부터 (E10-6.10)까지를 결합하고 ODE 문제풀이 프로그램을 이용하여 풀자. Polymath 프로그램은 표 E10-6.1에 나타나 있으며, 컴퓨터 출력은 그림 E10-6.1에 나와 있다.

표 E10-6.1 STTR에 대한 식: 랭뮤어-힌셜우드 속도론

POLYMATH Report
Ordinary Differential Equations

Calculated values of DEQ variables

	Variable	Initial value	Final value
1	A	7.6	7.6
2	a	1.	0.078026
3	Cao	0.2174465	0.2174465
4	D	1.5	1.5
5	eps	1.	1.
6	Ka	0.05	0.05
7	Kb	0.15	0.15
8	Kc	0.1	0.1
9	Kca	2.7593	2.7593
10	kprime	0.0014	0.0014
11	Pa	12.	2.503813
12	Pao	12.	12.
13	Pb	0	4.748094
14	Pc	0	4.748094
15	R	0.082	0.082
16	ra	-0.84	-0.0094631
17	raprime	-0.0105	-0.0001183
18	rho	80.	80.
19	T	673.	673.
20	U	2.5	4.136843
21	Uo	2.5	2.5
22	vo	4.417875	4.417875
23	X	0	0.6547373
24	z	0	10.

Differential equations
1 d(X)/d(z) = -ra/U o/Cao

Explicit equations
1 Ka = 0.05
2 Kb = 0.15
3 Pao = 12
4 eps = 1
5 A = 7.6
6 R = 0.082
7 T = 400+273
8 rho = 80
9 kprime = 0.0014
10 D = 1.5
11 Uo = 2.5
12 Kc = 0.1
13 U = Uo*(1+eps*X)
14 Pa = Pao*(1-X)/(1+eps*X)
15 Pb = Pao*X/(1+eps*X)
16 vo = Uo*3.1416*D*D/4
17 Cao = Pao/R/T
18 Kca = Ka*R*T
19 Pc = Pb
20 a = 1/(1+A*(z/U)^0.5)
21 raprime = a*(-kprime*Pa/(1+Ka*Pa+Kb*Pb+Kc*Pc))
22 ra = rho*raprime

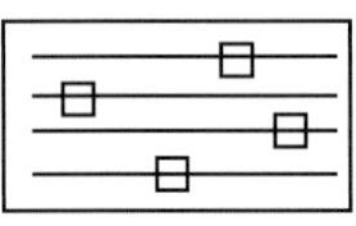
Wolfram Sliders

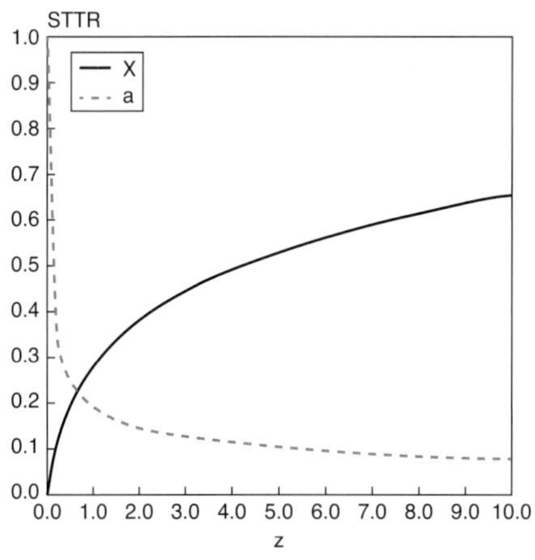

그림 E10-6.1 활성과 전화율 도표

위의 그림 E10-6.1에 표시된 전화율과 활성 프로필이 파라미터 변경에 따라 어떻게 변하는지 알아보려면 Wolfram을 사용하여라.

분석: 이 예제에서 반응기를 통해서 이동할 때 가스속도(입자속도)가 증가하는 경우 STTR에 알고리즘을 적용했다. 촉매 열화는 매우 빨라서 반응기 내에서 z = 3 m일 때 활성은 초기값의 15%에 불과하며, 전화율은 z = 6 m에서 전화율이 60%가 되면서 평편해진다. 촉매 비활성화(a = 0)가 없다면 변환은 97%가 되었을 것이다.

마무리. 이 장을 읽은 후, 독자는 불균일반응에서 단계들(흡착, 표면반응, 탈착)을 논의할 수 있어야 하며, 속도제한단계가 무엇을 의미하는지를 설명할 수 있게 될 것이다. 분자흡착과 해리흡착의 차이점, 그리고 표면반응의 다른 형태(단일점, 이중점, Eley – Rideal)를 설명할 수 있게 될 것 있다. 주어진 불균일반응 속도 자료를 가지고 자료 분석을 통하여 랭뮤어 – 힌셜우드 속도론에 대한 속도식을 유도할 수 있게 될 것이다. 속도식들 중 어느 속도식이 자료에 가장 부합하는지 구별할 수 있게 된다. 속도식 파라미터들을 계산한 뒤, 충전층반응기(PBR)와 유동화된 연속교반탱크반응기(CSTR)의 설계를 진행할 수 있어야 한다.

전자산업에서 CRE의 적용이 논의되었으며, 독자는 랭뮤어 – 힌셜우드 속도론과 화학증기증착(CVD) 사이의 유사점을 설명할 수 있어야 하고, CVD 메커니즘으로부터 속도식을 이끌어낼 수 있어야 한다.

고온과 열악한 환경 때문에 촉매는 원래 활성을 유지하지 못하고 반응과정에서 비활성화된다. 세 가지 기본 유형의 촉매 비활성화[소결(sintering), 코킹(coking) 또는 파울링(fouling), 피독(poisoning)]에 대해 논의할 수 있어야 한다. 또한, 촉매 비활성화를 상쇄하기 위해 사용할 반응기(예, 이동층)를 제안할 수 있어야 하며 전화율을 예측하기 위한 계산을 수행할 수 있어야 한다.

요 약

1. 흡착의 유형:
   a. 화학흡착
   b. 물리흡착
2. 표면에서 화합물 A의 농도와 기상에서 A의 부분압과의 관계를 나타내는 **랭뮤어 등온식**(Langmuir isotherm)은 다음과 같다.

$$C_{A\cdot S} = \frac{K_A C_t P_A}{1 + K_A P_A} \tag{S10-1}$$

3. 고체 촉매에 의한 이성질화반응의 순차적 순서는 다음과 같다.

$$\mathbf{A} \longrightarrow \mathbf{B} \tag{S10-2}$$

   a. 벌크유체에서 펠릿 외부 표면으로 **A의 물질전달**
   b. 펠릿 내부로의 **A의 확산**
   c. 촉매 표면에서 **A의 흡착**
   d. **A의 표면반응**으로 B의 생성
   e. 표면에서 **B의 탈착**
   f. 펠릿 내부로부터 외부 표면으로 **B의 확산**
   g. 고체 표면에서 벌크유체로 **B의 물질전달**
4. 물질전달이 속도제한단계가 아니라고 가정할 때 흡착속도는

$$r_{AD} = k_A \left(C_v P_A - \frac{C_{A\cdot S}}{K_A} \right) \tag{S10-3}$$

표면반응속도는

$$r_S = k_S \left(C_{A\cdot S} - \frac{C_{B\cdot S}}{K_S} \right) \tag{S10-4}$$

탈착속도는

$$r_D = k_D \left(C_{B\cdot S} - K_B P_B C_v \right) \tag{S10-5}$$

정상상태에서는

$$-r'_A = r_{AD} = r_S = r_D \tag{S10-6}$$

저해제(inhibitor)가 존재하지 않을 경우에 활성점(site)의 전체 농도는

$$C_t = C_v + C_{A\cdot S} + C_{B\cdot S} \tag{S10-7}$$

5. 표면반응이 속도제한단계라고 가정한다면, 다음과 같이 놓고,

$$\frac{r_{AD}}{k_A} \simeq 0 \quad \frac{r_D}{k_D} \simeq 0$$

$C_{A\cdot S}$와 $C_{B\cdot S}$를 P_A와 P_B의 항으로 푼다. 이들 값을 식 (S10-4)에 대입한 다음 식 (S10-7)을 이용하여 빈자리(vacant site) 농도를 소거한다.

$$-r'_A = r_S = \frac{\overbrace{C_t k_S K_A}^{k}(P_A - P_B/K_P)}{1 + K_A P_A + K_B P_B} \tag{S10-8}$$

성분 B의 탈착평형상수는 성분 B의 흡착평형상수의 역수임을 명심하여라.

$$K_B = \frac{1}{K_{DB}} \tag{S10-9}$$

그리고

$$K_P = K_A K_S / K_B \tag{S10-10}$$

6. 화학증기증착

$$SiH_4(g) \rightleftarrows SiH_2(g) + H_2(g) \tag{S10-11}$$

$$SiH_2(g) + S \longrightarrow SiH_2 \cdot S \tag{S10-12}$$

$$SiH_2 \cdot S \longrightarrow Si(s) + H_2(g) \tag{S10-13}$$

$$r_{Dep} = \frac{kP_{SiH_4}}{P_{H_2} + KP_{SiH_4}} \tag{S10-14}$$

7. **촉매 비활성화**(catalyst deactivation). 촉매 활성의 정의는 다음과 같다.

$$a(t) = \frac{-r'_A(t)}{-r'_A(t=0)} \tag{S10-15}$$

시간 t에서 반응속도

$$-r'_A = a(t)k(T)\,\text{fn}(C_A, C_B, \ldots, C_P) \tag{S10-16}$$

촉매 비활성화 속도

$$r_d = -\frac{da}{dt} = p[a(t)]\,k_d(T)g(C_A, C_B, \ldots, C_P) \tag{S10-17}$$

1차 비활성화 반응

$$p(a) = a \tag{S10-18}$$

2차 비활성화 반응

$$p(a) = a^2 \tag{S10-19}$$

8. 느린 촉매 비활성화 속도의 경우 **온도-시간 궤적**(temperature – time trajectory)이라는 개념은 반응속도가 일정하게 유지되도록 온도를 증가시키는 것이다.
9. **이동층반응기**(moving-bed reactor)에 대한 결합된 미분방정식은 다음과 같다.

$$F_{A0}\frac{dX}{dW} = a(-r'_A) \tag{S10-20}$$

고체가 U_s의 속도로 상승하면서, n차 비활성화와 m차 기상반응이 이동층반응기에서 수행될 때

$$-\frac{da}{dW} = \frac{k_d a^n C_i^m}{U_s} \tag{S10-21}$$

$$t = \frac{W}{U_s} \tag{S10-22}$$

10. **직류이송반응기**(straight-through transport reactor)의 결합 방정식은 다음과 같다.

$$\frac{dX}{dz} = \frac{a(t)[-r'_A(t=0)]}{U_0}\left(\frac{\rho_b A_c}{C_{A0}}\right) \tag{S10-23}$$

$$U = U_0(1+\varepsilon X)\frac{T}{T_0} \tag{S10-24}$$

$$t = \frac{z}{U_p} \tag{S10-25}$$

여기서 U_p는 STTR을 상승하는 입자의 속도이다. 코킹에 대해서는

$$a(t) = \frac{1}{1+At^{1/2}} \tag{S10-26}$$

기체속도와 촉매입자 사이에 미끄러짐이 없는(no slip) 경우에 대해서는

$$U_P = U \tag{S10-27}$$

ODE 문제풀이 프로그램 알고리즘

이성질화반응 A → B가 이동층반응기에서 활성이 저하되는 촉매상에서 수행된다. 순수한 A가 반응기로 주입되고 촉매는 2.0 kg/s의 속도로 들어간다.

$$\frac{dX}{dW} = \frac{-r'_A}{F_{A0}} \qquad k = 0.1\ \text{mol/(kg-cat}\cdot\text{s}\cdot\text{atm)}$$

$$r'_A = \frac{-akP_A}{1+K_AP_A} \qquad K_A = 1.5\ \text{atm}^{-1}$$

$$\frac{da}{dW} = \frac{-k_d a^2 P_B}{U_s} \qquad k_d = \frac{0.75}{\text{s}\cdot\text{atm}}$$

$$P_A = P_{A0}(1-X)p \qquad F_{A0} = 10\ \text{mol/s}$$

$$P_B = P_{A0}Xp \qquad P_{A0} = 20\ \text{atm}$$

$$\frac{dp}{dW} = -\frac{\alpha}{2p} \qquad U_s = 2.0\ \text{kg-cat/s}$$

$$\alpha = 0.0019\ \text{kg}^{-1} \qquad W_f = 500\ \text{kg-cat}$$

CRE 웹사이트 자료

- **확장자료**(*http://umich.edu/~elements/5e/10chap/expanded.html*)
  1. 퍼즐 문제 "이 풀이는 무엇이 잘못되었는가?"
     (*http://umich.edu/~elements/5e/10chap/expanded_ch10_puzzle.pdf*)
  2. 전환빈도(Turn Over Frequency, TOF)(*http://umich.edu/~elements/5e/10chap/expanded_ch10_TOF.pdf*)
  3. 촉매반응 메커니즘(흡착, 표면반응, 탈착)의 세 단계 중 하나 이상이 속도제한일 때 알고리즘
     (*http://umich.edu/~elements/5e/10chap/expanded_ch10_PSSH.pdf*)
  4. 추가 숙제 문제(*http://umich.edu/~elements/5e/10chap/add.html*)
- **학습자료**(*http://umich.edu/~elements/5e/10chap/learn.html*)
  1. 요약노트(*http://umich.edu/~elements/5e/10chap/summary.html*)
  2. 자체테스트(*http://umich.edu/~elements/5e/10chap/add.html*)
     A. 연습문제(*http://umich.edu/~elements/5e/10chap/add.html*)
     B. i>clicker 질문(*http://umich.edu/~elements/5e/10chap/iclicker_ch10_q1.html*)
  3. 웹모듈(*http://umich.edu/~elements/5e/10chap/summary.html*)
  4. 대화식 컴퓨터 모듈
     A. 불균일 촉매반응(*http://umich.edu/~elements/5e/icm/hetcat.html*)

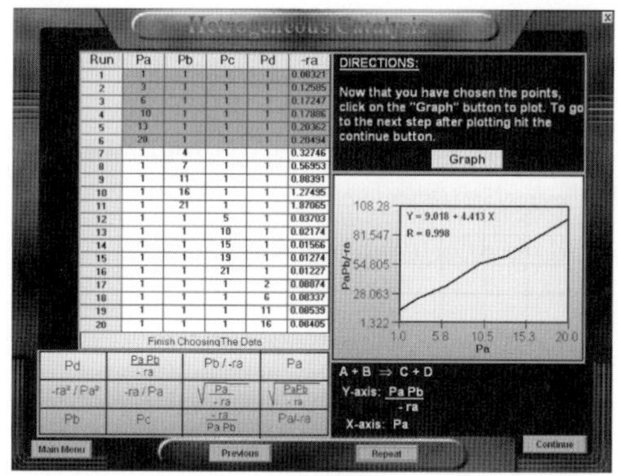

  B. 코브라 독과 흡착이 촉매 부위에 미치는 영향 분석
     (*http://www.umich.edu/~elements/5e/web_mod/cobra/index.html*)
  C. 코브라 독(*http://umich.edu/~elements/5e/web_mod/cobra/index.html*)

5. 풀이된 문제(*http://umich.edu/~elements/5e/10chap/learn.html*)
   예제 10장 CRE 웹사이트: 10-1 불균일반응 분석 [미시간대 학습문제]
   예제 10장 CRE 웹사이트: 10-2 최소제곱 분석을 통한 속도식 파라미터 k, k_T 및 k_B 결정
   예제 10장 CRE 웹사이트: 10-3 직류이송반응기(Straight-Through Reactor)
   예제 10장 CRE 웹사이트: 10-4 회분식반응기에서 촉매 피독

풀이된 문제

- **실전 예제 문제**(*http://umich.edu/~elements/5e/10chap/live.html*)

1. 예제 10-1 비선형 회귀분석 및 C_V 및 $C_{B\cdot S}$
2. 예제 10-2 촉매반응기 설계(고정층반응기 설계)
3. 예제 10-3 에틸렌 수소화로 에탄 생산(모델 식별)
4. 예제 10-4 회분식반응기의 촉매 비활성화를 고려한 전화율 계산
5. 예제 10-5 이동층반응기 내 촉매분해반응
6. 예제 10-6 직류이송반응기에서 촉매 비활성화

실전 예제 문제

- **FAQ[자주 묻는 질문]**
  (*http://umich.edu/~elements/5e/10chap/faq.html*)
- **전문 참고자료 서고**(*http://umich.edu/~elements/5e/10chap/prof.html*)

R10.1 촉매 분류(*http://umich.edu/~elements/5e/10chap/prof-classification.html*)
R10.2 수소흡착(*http://umich.edu/~elements/5e/10chap/prof-hydrogen.html*)
  A. 분자흡착
  B. 해리흡착
R10.3 촉매 비활성화 속도식의 분석
  A. 미분법(*http://umich.edu/~elements/5e/10chap/pdf/CD-Ch10DecayAnalysis.pdf*)
  B. 적분법(*http://umich.edu/~elements/5e/10chap/prof-differential.html*)
R10.4 반도체 식각(*http://umich.edu/~elements/5e/10chap/prof-etching.html*)
  A. 건식 식각
  B. 습식 식각
R10.5 용출성 촉매(*http://umich.edu/~elements/5e/10chap/prof-dissolution.html*)
R10.6 촉매 비활성화(*http://umich.edu/~elements/5e/10chap/prof-dissolution.html*)
  A. 촉매 비활성화 유형
  B. 온도-시간 궤적
  C. 이동층반응기
  D. 직류이송반응기

참고자료 서고

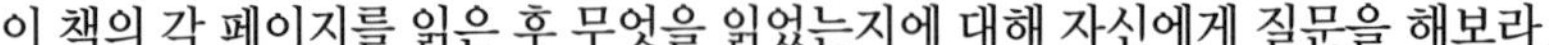
이 책의 각 페이지를 읽은 후 무엇을 읽었는지에 대해 자신에게 질문을 해보라.

질문과 문제

각 문제의 아래첨자는 난이도를 나타낸다. A는 가장 쉬운 문제, B는 비교적 어려운 문제, C는 꽤 어려운 문제, D는 가장 어려운 문제. **A** = ● **B** = ■ **C** = ◆ **D** = ◆◆

■ 질문

Q10-1$_A$ **i>clicker.** 웹사이트(*http://www.umich.edu/~elements/5e/10chap/iclicker_ch10_q1.html*)를 방문하여 적어도 5개의 i>clicker 질문을 둘러보아라. 다음 시험에 포함되도록 그대로 사용할 수 있거나 변형할 수 있는 질문 하나를 골라라. 반대의 경우를 고려할 수도 있다. 즉, 왜 다음 시험에 그 질문이 있어서는 안 되는지를 설명하는 것이다. 어떤 경우든지, 당신의 이유를 설명하여라.

Q10-2$_A$ 이 장의 뒤에 있는 문제들을 꼼꼼히 읽어라. 이 장에서 제시된 개념들을 사용하여 독창적인 문제를 만들어 내라. 이에 대한 지침으로 문제 P5-1$_A$를 참고하여라. 해답을 얻기 위해 다음을 행하여라:

(a) 자신의 자료와 반응을 창안하여라.

(b) 실제 반응과 실제 자료를 이용하여라.

1장의 끝에 열거된 보충교재들이 **(b)** 항에 대해 도움이 될 것이다.

(c) 제10장에서 FAQ를 선택하고 그것이 가장 도움이 되는 이유를 설명하여라.

(d) 요약노트에 있는 오디오 를 청취한 후에 하나를 선택하고 이것이 가장 도움이 되는 이유를 설명하여라.

Q10-3$_B$ 이 장에서 논의한 큐멘 분해의 경우, 흡착 비활성 화합물인 경우, 그림 10-18과 같이 탈착이 RLS일 때 총압력의 함수로서 초기속도를 비교하여라.

Q10-4$_A$ 제10장의 i>clicker 질문을 5개 선택하여라. 그리고 가장 도전적이었던 질문을 선택하여 그 이유를 설명하여라.

Q10-5$_A$ $E_A = 35$ kcal/mol, $E_d = 10$ kcal/mol, $k_{d0} = 0.01$ day^{-1}, $T_0 = 400$ K일 때 온도–시간 궤적을 스케치하고 1차 및 2차 비활성화에 대한 촉매 수명을 찾으라는 요청을 받았다면 어떻게 할 것인가? $E_A = 10$ kcal/mol 및 $E_d = 35$ kcal/mol일 경우 촉매 수명 궤적(trajectory of the catalyst lifetime)이 어떻게 변경되는가? 어떤 k_{d0}의 값과 E_d 대 E_A의 비율에서 온도–시간 궤적이 효과적이지 않을까? $n = 1 + E_d/E_A$일 경우 온도–시간 궤적은 어떻게 보일까?

Q10-6$_A$ 이 문제에 대해 비판적 사고(critical thinking)를 요구하는 질문 한 개를 쓴 후 왜 이 질문이 비판적인 사고가 필요한지에 대한 이유를 설명하여라.

■ 문제

■ 컴퓨터 시뮬레이션과 실험

P10-1$_B$ **(a) 예제 10-1: 모델 파라미터와 활성점 농도 비 = $C_{T\cdot S}/C_{B\cdot S}$를 결정하기 위한 비선형 회귀**

Wolfram

(i) 전화율이 증가하면서 빈 활성점의 분율이 증가하기 시작하는 K_T와 K_B의 임계값을 찾아라. 한 번에 하나의 파라미터만 변경하여라.

(ii) 40%의 톨루엔 전화율에서 벤젠에 의해서 점유된 활성점의 분율이 두 배가 되는 K_B의 값을 찾아라.

(iii) X 대 $\left(\frac{C_{B\cdot S}}{C_t}\right)$의 곡선이 볼록에서 오목으로 바뀌는 K_B 값을 찾고, 왜 이러한 모양의 변화가 발생하는지 설명하여라.

(b) 예제 10-2: 촉매반응기 설계

Wolfram

(i) 주입 압력이 (1) 80 atm으로 증가하거나 (2) 1 atm으로 감소한다면 전화율은 어떠한 변하는가?

(ii) 몰유량이 50% 감소한다면 어떻게 될 것인가? X와 p는 어떠한 변화가 있을 것인가?

(iii) 웹사이트(*http://www.umich.edu/~elements/5e/toc/SCPS,3rdEdBook(Ch07).pdf*)의 아이디어 및 해법 생성(*Generating Ideas and Solutions*)을 검토한 후, 이 문제에 포함되어야 하는 두 가지 질문을 제안하기 위해서 브레인스토밍 기법(예, 수평적 사고) 중 하나를 선택하여라. (역자 주 | 브레인스토밍(brainstorming, 창조적 집단 사고): 무엇에 대해 여러 사람들이 동시에 자유롭게 자기 생각을 제시하는 방법)

(iv) 이 예에서 슬라이더로 실험한 결론을 2개를 서술하여라.

Polymath

(v) 60%의 전화율에 필요한 촉매 무게는 얼마인가?

(vi) 반응기 중간(즉, W = 5000 kg)에서 $P_B = P_{H2}$가 되려면 어떤 파라미터를 변경할 것인가?

(c) 예제 10-3: 에틸렌의 수소화로 에탄의 생성

(1) 실험 10에 대한 다음 자료가 회귀분석 표에 포함되면 해답은 어떻게 달라질 것인지 알기 위해서 Polymath를 사용하여라.

$$-r'_E = 0.8 \text{ mol/kg-cat} \cdot \text{s},\ P_E = 0.5 \text{ atm},\ P_{EA} = 15 \text{ atm},\ P_H = 2 \text{ atm}$$

(2) 속도식 **(e)**와 **(f)**는 실험 자료를 모델하는 데 사용한 다른 속도식들과 비교하여 어떻게 비교가 되는가?

$$\textbf{(e)}\quad -r'_E = \frac{kP_EP_H}{(1+K_AP_{EA}+K_EP_E)^2} \qquad \textbf{(f)}\quad -r'_E = \frac{kP_HP_E}{1+K_AP_{EA}}$$

(d) 예제 10-4: 촉매 열화에 따른 전화율 계산

Wolfram

(i) 촉매 열화가 없을 경우 달성할 수 있는 최대전화율은 얼마인가?

(ii) k 및 k_d를 변화시키고 발견한 것을 기술하여라. k 값이 클 경우, 전화율에 촉매 열화의 영향이 없는 이유를 설명할 수 있는가?

(iii) E, E_d, k_1 및 k_{1d}를 변화시키고, 실험결과를 설명하는 몇 문장을 작성하여라.

(iv) E_d가 증가할수록 촉매 열화에 따라 전화율이 증가하고 E가 증가할수록 감소하는 이유를 설명하여라.

Polymath

(v) (k/k_d) 비율을 변화시키고, 발견한 내용을 기술하여라.

(vi) 이 예제를 (C_{A0} = 1 mol/dm^3) 및 1차 비활성화 반응이며, 2차반응에 대해서 반복하고(즉, X 대 t 플롯), 기준 사례와의 차이를 기술하여라.

(vii) 1차반응 및 1차 비활성화에 대해 이 예제를 반복하고 기준 사례와의 차이를 기술하여라.

(viii) 2차반응(C_{A0} = 1 mol/dm^3) 및 2차 비활성화에 대해 이 예제를 반복하고 기준 사례와의 차이를 설명하여라.

(e) 예제 10-5: 이동층에서 촉매분해반응

Polymath

(i) 촉매 열화가 없는 경우 전화율이 어떻게 될 것인지를 알아보기 위하여 Polymath를 사용하여라.

(ii) 고체 및 반응물이 반응기의 서로 반대쪽 끝에서 유입되면 어떻게 되는가? 답은 어떻게 변할 것인가?

(iii) 이동층에서 촉매의 열화가 2차라면 어떻게 되겠는가? 동일한 전화율을 얻기 위해서 촉매 주입량 U_s를 얼마나 증가시켜야만 하는가?

(iv) 만약 영이 아니라 $\varepsilon = 2$(즉, A → 3B)이면 어떻게 되는가? 결과는 어떻게 영향을 받는가?

(f) 예제 10-6: 직류이송반응기에서의 비활성화 반응

Polymath

(i) STTR에서 파라미터 P_{A0}, U_g, A, k'를 변경했다면 어떻게 되는가? 어떤 파라미터가 전화율을 증가시키거나 감소시키는 데 가장 큰 영향을 미치는가?

(ii) 다음과 같은 질문을 하여라: k 대 U_g 비율 또는 k 대 A 비율의 변화가 전화율에 미치는 영향은? U_g가 0.5~50 m/s 사이로 변화하므로 전화율 대 거리를 플롯하여라.

(iii) U_g = 0.025, 0.25, 2.5, 25 m/s에 대한 활성 및 전화율 도표를 스케치하여라.

(iv) 어떤 일반화를 할 수 있는가? 출구 전화율 및 활성을 0.02~50 m/s의 가스속도 함수로 플롯하여라.

(v) 어떤 가스속도에서 운전하는 것을 추천하는가?

(vi) 해당하는 주입 부피유량은 얼마인가?

(vii) 선택한 속도로 운전하는 데 어떤 걱정이 있는가? 다른 속도를 선택하겠는가? 만약 그렇다면, 무엇인가? 전화율은 증가시키고 활성은 감소하도록 하려면 어떤 파라미터를 변경해야 하는가? 가능하다면, 이 특이한 행동을 설명하여라.

■ 대화형 컴퓨터 게임

P10-2$_A$ CRE 웹사이트 *http://www.umich.edu/~elements/5e/icm/install.html*에서 대화형 컴퓨터 게임(**ICG**)을 내려받아라. 이 게임을 실행하고 수행번호(performance number)를 기록하여라. 수행번호는 그 내용을 얼마나 이해하는가에 대한 숙달정도(mastery)를 나타낸다. 수행번호를 해독할 수 있는 열쇠는 여러분의 교수님이 가지고 있다. (이 ICG는 다른 ICG보다 약간 더 길다.)

ICG 불균일 촉매반응 수행번호 # ____________

■ 문제

P10-3$_A$ t-부틸 알코올(TBA)은 가솔린에서 납 첨가물 대신에 사용되는 중요한 옥탄가 증진제이다[*Ind. Eng. Chem. Res.*, 27, 2224 (1988)]. t-부틸 알코올은 Amberlyst-15 촉매상에서 이소부텐(I)의 액상 수화반응(W)에 의해 생성된다. 이 반응계는 일반적으로는 탄화수소, 물 및 고체 촉매의 다상 혼합물(multiphase mixture)이다. 그러나 공용매(co-solvent) 또는 과잉 TBA를 사용하면 합리적으로 혼화성(miscibility)을 얻을 수 있다.

반응 메커니즘은 다음과 같이 될 것으로 생각된다.

$$I + S \rightleftarrows I \cdot S \quad \text{(P10-3.1)}$$

$$W + S \rightleftarrows W \cdot S \quad \text{(P10-3.2)}$$

$$W \cdot S + I \cdot S \rightleftarrows TBA \cdot S + S \quad \text{(P10-3.3)}$$

$$TBA \cdot S \rightleftarrows TBA + S \quad \text{(P10-3.4)}$$

아래 가정을 이용하여 속도식을 유도하여라:

(a) 표면반응이 속도제한단계이다.

(b) 이소부텐의 흡착이 속도제한단계이다.

(c) 반응이 엘레이-리디얼(Eley-Rideal) 속도론을 따르며 표면반응이 속도제한단계이다.

$$I \cdot S + W \longrightarrow TBA \cdot S \quad \text{(P10-3.5)}$$

(d) 이소부텐(I)과 물(W)은 서로 다른 활성점에 흡착된다.

$$I + S_1 \rightleftarrows I \cdot S_1 \quad \text{(P10-3.6)}$$

$$W + S_2 \rightleftarrows W \cdot S_2 \quad \text{(P10-3.7)}$$

TBA는 표면에 흡착되지 않으며, 표면반응이 속도제한단계이다.

$$\left[\textbf{답:} \quad r'_{TBA} = -r'_I = \frac{k[C_I C_W - C_{TBA}/K_c]}{(1 + K_W C_W)(1 + K_I C_I)} \right]$$

(e) **(a)**에서 **(d)**부분에 이르기까지 유도된 속도식을 비교할 때 어떤 일반화를 할 수 있는가?

P10-4$_B$ 초기 부분압력의 함수로 촉매반응을 고려하여라.

$$2A \rightleftarrows B + C$$

화합물 A의 소멸속도는 미분반응기에서 얻었으며 아래와 같다.

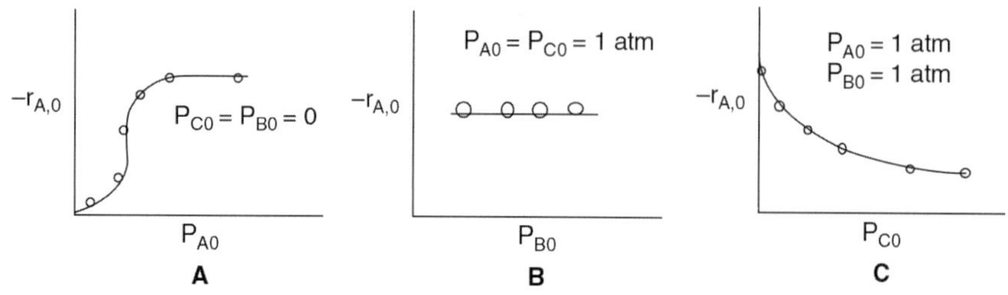

(a) 표면에 어떤 화합물들이 있는가?

(b) 그림 B는 가역성에 대해 무엇을 말해 주는가? 그리고 표면에 무엇을 흡착하고 있는가?

(c) 속도식을 도출하고 위의 그림과 일치하는 속도제한단계를 제안하여라.

(d) 그림 A의 초기 속도 데이터를 선형화하기 위해 데이터를 어떻게 플롯하겠는가?

(e) 순수 A를 공급하고 A와 C의 흡착상수가 각각 $K_A = 0.5\ \text{atm}^{-1}$이고 $K_C = 0.25\ \text{atm}^{-1}$이라고 가정할 때, A가 흡착된 활성점의 개수가 C가 흡착된 활성점의 개수와 같아질 때의 전화율은 얼마인가? (**답:** $X = 0.66$)

P10-5$_A$ 코발트 – 몰리브덴 촉매상에서 에틸렌(E)의 수소화 반응(H)으로 에탄(A)을 형성하는 것에 대한 속도식은 다음과 같다[*Collection Czech. Chem. Commun.*, 51, 2760 (1988)].

$$-r'_E = \frac{kP_E P_H}{1 + K_E P_E}$$

(a) 속도식과 일치하는 반응 메커니즘과 속도제한단계를 제시하여라.

(b) 반응 메커니즘을 규명하는 데 가장 어려운 점은 무엇이었는가?

P10-6$_B$ 촉매 표면에서 프로판올의 생성은 다음의 메커니즘에 의해 진행된다고 여겨진다.

$$O_2 + 2S \overset{\text{cat}}{\rightleftarrows} 2O \cdot S$$

$$C_3H_6 + O \cdot S \rightarrow C_3H_5OH \cdot S$$

$$C_3H_5OH \cdot S \rightleftarrows C_3H_5OH + S$$

속도제한단계를 제안하고 속도식을 유도하여라.

P10-7$_B$ 알루미나–실리카 촉매를 이용한 *n*-부틸알코올(부탄올)의 탈수반응이 J. F. Maurer(Ph.D. thesis, University of Michigan)에 의해 연구되었다. 그림 P10-7$_B$의 자료는 개량된 미분반응기에서 750°F일 때 구해진 것이며, 원료는 순수 부탄올이다.

(a) 실험 자료와 일치하는 반응 메커니즘 및 속도제한단계를 제시하여라.

(b) 속도식 파라미터들을 계산하여라.

(c) 초기 속도가 최대가 되는 지점에서 빈 활성점의 분율은 얼마인가? A와 B에 의해 점유된 활성점 분율은 얼마인가? 분율 = 0.41.

(d) 이 문제의 학습으로부터 어떤 일반화를 할 수 있는가?

(e) 비판적인 사고(critical thinking)를 요구하는 질문 한 개를 쓴 후 왜 이 질문이 비판적인 사고가 필요한지에 대한 이유를 설명하여라. (**힌트:** 서문 G절 참고)

(f) 서문의 표 P-4에 있는 여섯 아이디어 중에서 하나 이상을 골라 이 문제에 응용하여라.

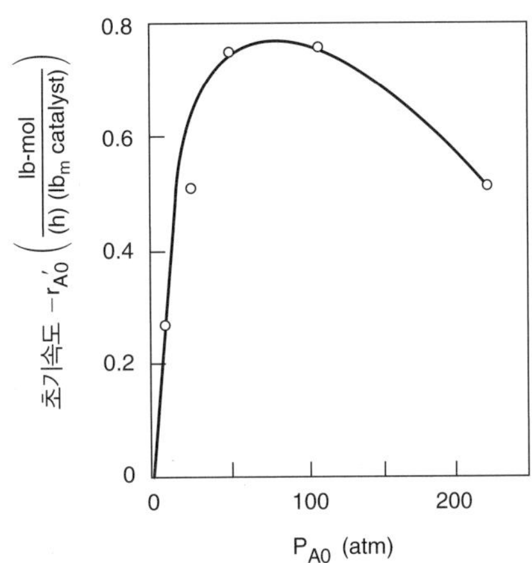

그림 P10-7$_B$ 초기분압의 함수로서 부탄올의 초기속도

P10-8$_B$ 메탄올(ME)이 디메틸에테르(DME)와 물을 형성하는 촉매 탈수화반응(dehydration)이 이온 교환 촉매(ion exchange catalyst) 상에서 수행되었다[K. Klusacek, *Collection Czech. Chem. Commun.*, 49, 170 (1984)]. 충전층은 초기에 질소로 채워지며, $t = 0$일 때 N_2 공급은 대체되어 순수한 메탄올 증기가 413 K, 100 kPa, 0.2 cm^3/s의 조건으로 반응기에 유입된다. 다음 부분압들은 부피가 4.5 cm^3인 반응기에 촉매 1.0 g이 채워진 미분반응기 출구에서 기록된 것이다.

$$2CH_3OH \longrightarrow CH_3OCH_3 + H_2O$$

$$2ME \longrightarrow DME + H_2O$$

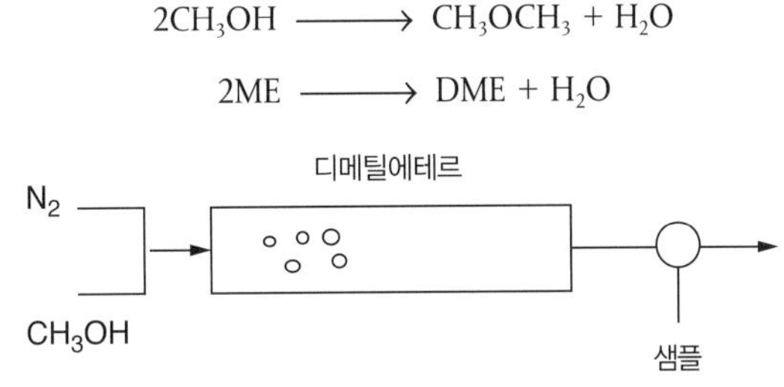

	t(s)						
	0	10	50	100	150	200	300
P_{N_2} (kPa)	100	50	10	2	0	0	0
P_{ME} (kPa)	0	2	15	23	25	26	26
P_{H_2O} (kPa)	0	10	15	30	35	37	37
P_{DME} (kPa)	0	38	60	45	40	37	37

이 자료와 일치하는 메커니즘, 속도제한단계와 속도식을 제시하기 위하여 **(a)**~**(f)**를 사용하여라.

(a) 위의 데이터를 이용하여 출구 농도를 시간의 함수로 스케치하여라.

(b) 기상에서 반응기를 빠져나오는데 다른 화합물보다 더 오래 걸린 화합물은 무엇인가? 무엇이 이 출구시간 차이를 만들었을까?

(c) 표면에 어떤 화합물들이 흡착되어 있는가?

(d) 표면에 흡착되지 않은 화합물이 있는가? 있다면, 어떤 화합물인가?

(e) 아래 (1)~(4)의 그림 중 부분압력(P_W, P_{DME}, P_{ME})과 화학반응속도의 함수관계를 올바르게 설명한 것은?

(f) 메탄올의 촉매 탈수반응에 대한 속도식을 도출하여라. 2ME → DME + W.

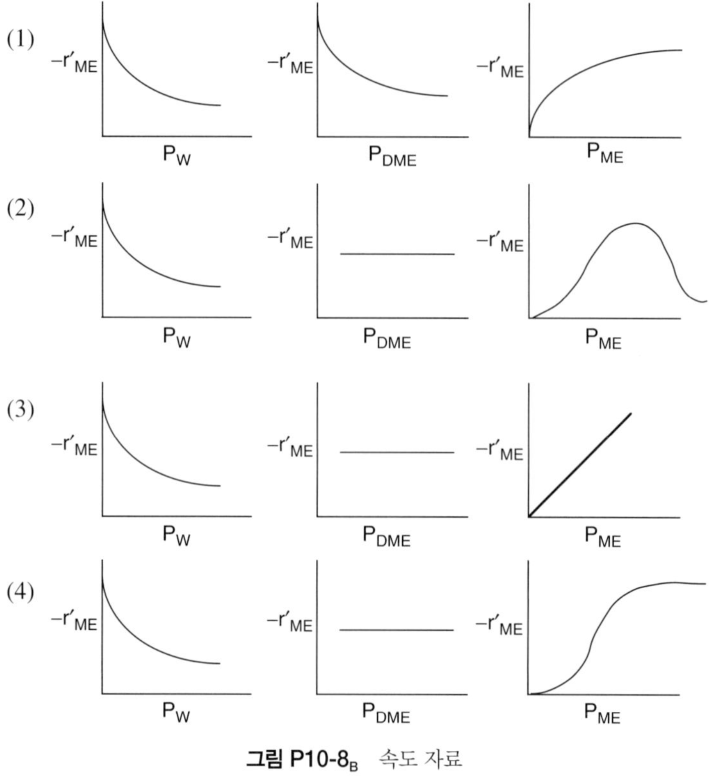

그림 P10-8$_B$ 속도 자료

P10-9$_B$ 1981년 미국 정부는 자동차 제조업체에 향후 몇 년 동안 자동차 배기가스를 줄이기 위해 다음과 같은 계획을 내놓았다.

	연도		
	1981	1993	2010
Hydrocarbons	0.41	0.25	0.125
CO	3.4	3.4	1.7
NO	1.0	0.4	0.2

모든 값의 단위는 g/mile이다. 자동차가 1000 mile의 주행에서 3.74 lb_m의 CO와 0.37 lb_m의 NO를 배출한다면 현재 정부의 요구조건을 충족한다.

자동차 배기가스에서 질소산화물(NO로 가정)을 제거하기 위해 고체촉매 상에서 배기가스 내 미연소 일산화탄소(CO)를 사용하여 NO를 줄이는 계획이 제안되었다.

$$CO + NO \xrightarrow[\text{촉매}]{} \text{Products } (N_2, CO_2)$$

아래 반응속도식은 넓은 온도영역에서 특정 고체촉매에 대한 실험 데이터를 잘 표현할 수 있다.

$$-r'_N = \frac{kP_NP_C}{(1 + K_1P_N + K_2P_C)^2} \tag{P10-9.1}$$

여기서 P_N = NO의 기상 부분압
P_C = CO의 기상 부분압
k, K_1, K_2 = 온도만의 함수인 계수

(a) 실험적으로 관측된 속도식과 일치하는 흡착-표면반응-탈착 메커니즘 및 속도제한단계를 제안하여라. 식 (P10-9.1)과 일치하는 약하게 흡착된 화합물들이 존재한다는 가정할 필요한가?

(b) 어떤 엔지니어는 촉매 반응기의 부피를 최소화하기 위해 매우 큰 양론적 과량의 CO로 운전하는 것이 바람직하다고 생각한다. 당신은 이에 동의하는가, 아니면 반대하는가? 설명하여라.

(c) 모든 사람이 2018년까지 하이브리드 자동차를 운전한다면 이 문제의 타당성은 무엇인가? 2020년까지 무인 자동차?

P10-10$_B$ 메틸에틸케톤(MEK)은 공업적으로 중요한 용제로 아연산화물 촉매 상에서 부탄-2-올(butan-2-ol, Bu)의 탈수소화반응(dehydrogenation)에 의해 생성된다[*Ind. Eng. Chem. Res.*, 27, 2050 (1988)].

$$\text{Bu} \xrightarrow[\text{촉매}]{} \text{MEK} + \text{H}_2$$

MEK에 대한 반응을 490℃의 미분반응기에서 수행하여 속도 자료로부터 반응속도를 얻었다.

P_{Bu} (atm)	2	0.1	0.5	1	2	1
P_{MEK} (atm)	5	0	2	1	0	0
P_{H_2} (atm)	0	0	1	1	0	10
r'_{MEK} (mol/h·g-cat.)	0.044	0.040	0.069	0.060	0.043	0.059

(a) 실험 자료와 일치하는 속도식을 제안하여라.

(b) 속도식과 일치하는 반응 메커니즘 및 속도제한단계를 제안하여라. (**힌트**: 일부 화합물은 약하게 흡착될 수도 있다.)

(c) 서문의 표 P-4에 있는 여섯 아이디어 중에서 하나 이상을 골라 이 문제에 응용하여라.

(d) 입구 압력은 P_0 = 10 atm이며, W_{max} = 23 kg에서, 순수 부탄-2-올(Bu)이 10 mol/min의 몰유량으로 들어갈 때 촉매 무게의 함수로서 반응속도와 전화율(90%까지)을 플롯하여라.

(e) 비판적인 사고(critical thinking)를 요구하는 질문 한 개를 쓴 후 왜 이 질문이 비판적인 사고가 필요한지에 대한 이유를 설명하여라. (**힌트**: 서문 G절 참고)

(f) 압력강하 및 $\alpha = 0.03\ \text{kg}^{-1}$을 고려하여 **(d)**를 다시 풀어라. p 및 X를 반응기 하류 방향으로 25 kg까지 촉매 무게의 함수로 플롯하여라.

P10-11$_B$ 사이클로헥사놀(cyclohexanol)을 촉매에 통과시켜 물과 사이클로헥산(cyclohexane)을 형성하였다.

$$\text{사이클로헥사놀} \xrightarrow[\text{촉매}]{} \text{물} + \text{사이클로헥산}$$

이 반응은 이중점 메커니즘(dual-site mechanism)을 수반할 수 있다고 의심되지만, 확실하지는 않다. 사이클로헥사놀에 대한 흡착평형상수는 약 1.0이며 다른 화합물에 대한 흡착평형상수보다 대략 한두 자릿수 더 큰 것으로 여겨진다. 아래 데이터를 사용하여라.

(a) 여기에 주어진 데이터와 일치하는 속도식 및 메커니즘을 제시하여라.

(b) 속도식 파라미터값을 결정하여라(*Ind. Eng. Chem. Res.*, 32, 2626–2632).

(c) 속도식 파라미터의 추정치가 그렇게 주어졌다고 생각하는가?

(d) 부분압력 15 atm에서 사이클로헥사놀 10 mol/s의 몰유량을 도입할 경우, 벌크밀도가 1500 gm/dm^{3}일 때 85% 전환을 달성하는 데 필요한 촉매 무게는 얼마인가?

표 P10-11$_B$ 사이클로헥산의 촉매생성반응 자료

실험	반응속도 (mol/dm^3·s) × 10^5	사이클로헥사놀의 부분압 (atm)	사이클로헥산의 부분압 (atm)	수증기 (H_2O)의 부분압 (atm)
1	3.3	1	1	1
2	1.05	5	1	1
3	0.565	10	1	1
4	1.826	2	5	1
5	1.49	2	10	1
6	1.36	3	0	5
7	1.08	3	0	10
8	0.862	1	10	10
9	0	0	5	8
10	1.37	3	3	3

P10-12$_B$ 기상 촉매반응

$$A + B \rightarrow C$$

에 대한 실험 데이터가 다음과 같다. 반응의 제한단계는 비가역적으로 알려져 총괄반응도 비가역적이다. 반응은 A, B, C가 모두 공급되는 미분반응기에서 수행되었다.

실험 번호	P_A (atm)	P_B (atm)	P_C (atm)	반응속도 (mol)/(g-cat • s)
1	1	1	2	0.114
2	1	10	2	1.140
3	10	1	2	0.180
4	1	20	2	2.273
5	1	20	10	0.926
6	20	1	2	0.186
7	0.1	1	2	0.0243

(a) 실험 자료와 일치하는 속도식을 제시하여라. (**힌트**: P_A의 함수로서 $(-r_A')$를 스케치하여라. P_B의 함수로서 $(-r_A')$를 스케치하여라. P_C의 함수로서 $(-r_A')$를 스케치하여라.)

(b) 속도식으로부터 어떤 화합물들이 표면에 흡착되어 있다고 결론내릴 수 있는가?

(c) 속도식을 제시하고 메커니즘이 **(a)**의 속도식과 일치함을 보여라.

(d) PBR에서 주입되는 A의 부분압력이 2 atm일 때, A의 80%를 전환할 때 흡착점 A 대 흡착점 C의 비율은 얼마인가?

(e) 어떤 전환율에서 A 사이트와 C 사이트의 개수가 같은가? (**답**: $X = 0.235$)

(f) 양론적 공급을 유지하며 A가 2 mol/s로 공급될 때 A의 90% 변환을 달성하는 데 필요한 반응기 부피는 무엇인가? (**답**: $W = 8.9$ g-cat)

필요한 경우, 아래 파라미터값 중 어떤 것의 일부 또는 전부를 자유롭게 사용할 수 있다.

$$k = 2.5 \frac{\text{mol}}{\text{atm}^2 \text{g-cat} \cdot \text{s}}, K_A = 4\ \text{atm}^{-1}, K_C = 13\ \text{atm}^{-1}, K_I = 10\ \text{atm}^{-1}$$

P10-13$_B$ 태양 에너지 포집: 물 분해. 수소와 O_2는 연료전지에서 결합되어 전기를 생산한다. 태양 에너지는 다시 원래 연료전지의 반응물인 H_2와 O_2를 생성하기 위해서 물을 분해하는 데 이용될 수 있다. 태양열 환원의 한 방법은 $NiFe_2O_4$

를 다음 반응단계 순서를 따라 이용하는 것이다.

단계 (1) 태양 에너지 + $\overbrace{NiFe_2O_4}^{\text{표면}(s)} \rightarrow \overbrace{1.2FeO+0.4Fe_2O_3+NiO}^{\text{고용체}(s')}+0.3O_2\uparrow$

단계 (2) $\overbrace{1.2FeO+0.4Fe_2O_3+NiO}^{\text{고용체}(s')}+0.6H_2O \rightarrow \overbrace{NiFe_2O_4}^{\text{표면}(s)}+0.6H_2\uparrow$

$$\begin{array}{c} h\upsilon \\ \downarrow\downarrow \\ \boxed{S} \rightarrow \boxed{S'} + 0.3\ O_2\uparrow \\ 0.6\ H_2O + \boxed{S'} \rightarrow \boxed{S} + 0.6\ H_2\uparrow \end{array}$$

이 공정에서 $NiFe_2O_4$는 다시 재생된다는 것을 유의하여라[34].

(a) 물이 고용체에 단일활성점 메커니즘을 통해서 흡착한다는 것과 반응이 비가역적인 것을 가정하고, 단계 (2)에서의 속도식을 구하여라.

(b) 반응이 가역적이고, 고용체의 물에 대한 흡착 활성점(S')이 $NiFe_2O_4$의 H_2에 대한 흡착 활성점(S)이 다를 때, **(a)**를 다시 풀어 보아라.

$$H_2O+S' \rightleftarrows S'\cdot H_2O$$

$$S'\cdot H_2O \rightleftarrows S\cdot H_2+\frac{1}{2}O_2$$

$$H_2\cdot S \rightleftarrows S+H_2$$

(c) 만약 단계 (1)을 포함한다면, 속도식은 어떻게 변하겠는가?

$$S+h\upsilon \rightleftarrows S'\cdot O_2$$

$$S'\cdot O_2 \rightleftarrows S'+O_2$$

P10-14$_A$ 바나듐 산화물(vanadium oxide)은 온도, 압력 또는 응력의 변화에 따라 뚜렷한 금속−절연체 전이(metal-insulator transitions)를 나타내기 때문에 다양한 센서에 응용하기 위해 관심이 크다. 바나듐 트리−이소프로폭사이드(vanadium triisopropoxide, VTIPO)는 화학증기증착으로 산화바나듐 필름을 성장시키는 데 사용된다[*J. Electrochem. Soc.*, 136, 897 (1989)]. 2개의 다른 온도에 대하여 증착속도를 VTIPO 압력의 함수로서 다음과 같이 주어져 있다.

T = 120°C:

성장속도 (μm/h)	0.004	0.015	0.025	0.04	0.068	0.08	0.095	0.1
VTIPO 압력 (torr)	0.1	0.2	0.3	0.5	0.8	1.0	1.5	2.0

T = 200°C:

성장속도 (μm/h)	0.028	0.45	1.8	2.8	7.2
VTIPO 압력 (torr)	0.05	0.2	0.4	0.5	0.8

이 장에서 제시된 내용을 고려하여 데이터를 분석하고 결과를 설명하여라. 추가적인 데이터가 취해져야 하는 곳을 지적하여라.

34. Scheffe, J. R., J. Li, and A. W. Weimer, "A Spinel Ferrite/Hercynite Water-Splitting Redox Cycle," *International Journal of Hydrogen Energy*, 35, 3333 – 340 (2010).

P10-15$_A$ 이산화티타늄은 VLSI 콘덴서에서 절연유도체(insulating dielectric)로서 그리고 태양전지에의 응용이 밝은 광대역 간극(wide-bandgap) 반도체이다. TiO_2의 얇은 필름은 기화된 티타늄 테트라이소프로폭사이드(titanium tetraiso-propoxide, TTIP)의 화학증기증착에 의하여 제조된다. 총괄반응은 다음과 같다.

$$Ti(OC_3H_7)_4 \longrightarrow TiO_2 + 4C_3H_6 + 2H_2O$$

CVD 반응기에서의 반응 메커니즘은 다음과 같은 것으로 생각된다[K. L. Siefering and G. L. Griffin, *J. Electrochem. Soc.*, 137, 814 (1990)].

$$TTIP(g) + TTIP(g) \rightleftarrows I + P_1$$
$$I + S \rightleftarrows I \cdot S$$
$$I \cdot S \longrightarrow TiO_2 + P_2$$

여기서 I는 활성 중간체이고 P_1은 한 세트의 반응생성물(예, H_2O, C_3H_6)이며, P_2는 또 다른 세트의 생성물이다. TTIP에 대한 균일계 기상반응이 평형에 있다고 가정하고, TiO_2의 증착에 대한 속도식을 유도하여라. 실험결과를 보면 200°C에서는 TTIP의 분압이 낮을 경우에 2차반응이고 분압이 높을 경우에 0차 반응이지만, 300°C에서는 전 압력범위에 걸쳐 TTIP에 대하여 2차반응이다. 유도한 속도식의 관점에서 이 결과를 논하여라.

P10-16$_B$ 톨루엔(T)을 생산할 수 있는 메틸사이클로헥산(methylcyclohexane)(M)의 탈수소화반응(dehydrogenation)이 미분 촉매반응기에서 0.3% Pt/Al_2O_3 촉매 상에서 수행되었다. 반응은 코킹을 피할 수 있도록 수소가 존재하는 조건에서 수행되었다[*J. Phys. Chem.*, 64, 1559 (1960)].

(a) 다음의 각 속도식에 대한 모델 파라미터들을 결정하여라.

$$(1)\ -r'_M = kP_M^{\alpha}P_{H_2}^{\beta} \qquad (3)\ -r'_M = \frac{kP_MP_{H_2}}{(1+K_MP_M)^2}$$

$$(2)\ -r'_M = \frac{kP_M}{1+K_MP_M} \qquad (4)\ -r'_M = \frac{kP_MP_{H_2}}{1+K_MP_M+K_{H_2}P_{H_2}}$$

표 P10-16$_B$에 있는 자료를 이용하여라.

(b) 자료를 가장 잘 서술할 수 있는 속도식은 어떤 것인가? (힌트: K_{H_2} 또는 K_M은 음수가 될 수 없다.)

(c) 추가적인 자료들은 어느 지점에 배치할 것인가?

(d) 선택한 속도식과 일치하는 메커니즘과 속도제한단계를 제시하여라.

표 P10-16$_B$ 메틸사이클로헥산의 탈수소화반응

P_{H_2} (atm)	P_M (atm)	$r'_T\left(\frac{\text{mol toluene}}{\text{s}\cdot\text{kg-cat}}\right)$
1	1	1.2
1.5	1	1.25
0.5	1	1.30
0.5	0.5	1.1
1	0.25	0.92
0.5	0.1	0.64
3	3	1.27
1	4	1.28
3	2	1.25
4	1	1.30
0.5	0.25	0.94
2	0.05	0.41

P10-17$_A$ 다음 각 경우에 대해 충전층반응기에 대해 다양한 시간에 걸친 길이의 함수로 반응물, 생성물 및 촉매 활성 프로파일을 정성적으로 스케치하여라. 또한, 시간의 함수로 A의 유출물 농도를 스케치하여라. 반응은 단순한 이성질화반응이다.

$$A \longrightarrow B$$

(a) 속도식: $-r'_A = kaC_A$

비활성화식: $r_d = k_d aC_A$

경우 I: $k_d \ll k$, 경우 II: $k_d = k$, 경우 III: $k_d \gg k$

(b) $-r'_A = kaC_A$ 그리고 $r_d = k_d a^2$

(c) $-r'_A = kaC_A$ 그리고 $r_d = k_d aC_B$

(d) 고체들이 반응물과 같은 방향으로 반응기에 진입하는 **이동층반응기**에서 (a) 및 (c)의 속도식에 대해 유사한 프로파일을 스케치하여라.

(e) 고체 및 반응물이 서로 다른 반대편 끝에 진입하는 경우 (d)를 반복하여라.

P10-18$_B$ 기초 가역 기상 촉매 반응이

$$A + B \xrightarrow{k} C + D$$

등온에서 이동층반응기에서 수행되고 있다. 반응기는 5 kg의 촉매가 있고 공급물 A와 B는 양론비로 존재한다. A의 주입 농도는 0.2 mol/dm^{3}이다. 촉매 비활성 반응은 0차이고 $k_D = 0.2\ s^{-1}$ 및 $k = 1.0\ dm^6/(mol{\cdot}kg\text{-}cat{\cdot}s)$이고 부피유량은 $\upsilon_0 = 1\ dm^3/s$이다.

(a) 0.5 kg/s의 촉매 공급속도에 대해 달성되는 전화율은 얼마인가? (**답**: $X = 0.2$)

(b) 0.5 kg/s의 촉매 공급속도에 대해 반응기 하류 길이를 따라 촉매질량(즉, 거리)의 함수로 촉매 활성을 스케치하여라.

(c) 달성 가능한 최대전화율은 얼마인가(즉, 무한 촉매 로딩속도에서)?

(d) 40% 전환을 달성하는 데 필요한 촉매 로딩속도는? (**답**: $U_S = 1.5$ kg/s)

(e) 반응기 출구에서 촉매 활성이 정확히 0인 촉매 로딩속도(kg/s)는?

(f) 활성이 0이라는 것은 무엇을 의미하는가? 촉매 활성이 0보다 작을 수 있는가?

(g) 촉매와 반응물을 서로 반대편 끝으로 공급하면 (a)의 답이 어떻게 변할 것인가? (a)와 비교하여라.

(h) 이제 $k = 0.2$ mol/kg-cat·min인 0차 반응을 고려하자.

경제성:

- 제품은 g당 160달러에 판매된다.
- 이동층반응기를 운전하는 비용은 층을 빠져나가는 촉매의 kg당 10달러이다.

최대 이익을 내는 고체의 공급속도(kg/min)는 얼마인가? (**답**: $U_S = 4$ kg/min)

(**참고**: 이 계산의 목적상, 반응물 비용, 직원에게 무료 급식을 제공하는 회사 비용 등 기타 모든 비용은 무시하여라.)

P10-19$_B$ 석유화학산업에서 자일렌(xylene)에 대한 수요가 증가함에 따라, 톨루엔 불균질화반응(toluene disproportionation)으로 자일렌을 생산하는 것이 최근 몇 년 동안 주목을 받았다[*Ind. Eng. Chem. Res.*, 26, 1854 (1987)].

이 반응은

$$2\ 톨루엔 \longrightarrow 벤젠 + 자일렌$$

$$2T \xrightarrow{촉매} B + X$$

시간에 따라 비활성화되는 수소형 모더나이트 촉매(hydrogen mordenite catalyst)를 통해서 연구되었다. 첫 번째 근사치로, 촉매가 2차 열화속도를 따른다고 가정하자.

$$r_d = k_d a^2$$

그리고 낮은 전화율에서의 속도식은

$$-r'_T = k_T P_T a$$

여기서 $k_T = 20$ g mol/h·kg-cat·atm 및 $k_d = 1.6\ h^{-1}$ @735 K.

(a) 서로 다른 초기 부분압력(1 atm, 10 atm 등)에서 5 kg-cat를 포함하는 회분식반응기의 전화율-시간 곡선을 비교하여라. 초기 순수 톨루엔을 함유한 반응부피는 1 dm^3이고 온도는 735 K이다.

(b) 촉매 공급속도가 2 kg/h인 50 kg-cat가 포함된 이동식 원자로에서 어떤 변환을 달성할 수 있는가? 톨루엔은 2 atm의 압력과 10 mol/min의 속도로 공급된다.

(c) 촉매 공급속도가 전화율에 미치는 영향을 살펴보아라.

(d) $E_T = 25$ kcal/mol 및 $E_d = 10$ kcal/mol로 가정하여라. CSTR의 온도-시간 궤적은 어떻게 될 것인가? 만약 $E_T = 10$ kcal/mol 및 $E_d = 25$ kcal/mol이라면 어떻게 되겠는가?

(e) 열화속도식이 아래 식을 더 가깝게 따른다.

$$r_d = k_d P_T^2 a^2$$

여기서 $k_d = 0.2\ atm^{-2} h^{-1}$. 이러한 조건에 대해 (b) 및 (c)를 다시 수행하여라.

P10-20$_A$ 예제 10-6의 가스오일의 기상 분해를 다른 촉매 상에서 수행하였으며 속도식은 다음과 같다.

$$-r'_A = k' P_A^2 \qquad \text{with } k' = 5 \times 10^{-5} \frac{\text{kmol}}{\text{kg-cat} \cdot \text{s} \cdot \text{atm}^2}$$

(a) 주입 압력 및 기체 속도를 변경할 수 있다면, 어떤 운전조건을 권장하겠는가?

(b) 당신이 선택한 조건에 어떤 문제가 발생할 수 있는가? 이제 비활성화 속도식은 다음과 같다고 하자.

$$-\frac{da}{dt} = k_D a C_{coke} \qquad \text{with } k_D = 100 \frac{\text{dm}^3}{\text{mol} \cdot \text{s}} \text{ at } 400°\text{C}$$

여기서 C_{coke} 농도의 단위는 mol/dm^3이고 화학양론표로부터 구할 수 있다.

(c) 400°C의 온도와 15 m의 반응기 높이에 대해, 어떤 기체속도를 권장하겠는가? 이유를 설명하여라. 이에 상응하는 전화율은 무엇인가?

(d) 이제 이 반응을 높이 15 m, 직경 1.5 m의 STTR에서 수행하자. 기체속도는 2.5 m/s이다. 100~500°C 사이의 온도 범위에서 운전할 수 있다. 몇 도에서 운전할 것이고, 이에 상응하는 전화율은 얼마인가?

(e) CSTR의 온도-시간 궤적(temperature-time trajectory)은 어떤 모습인가?

추가 정보:

$E_R = 3{,}000$ cal/mol

$E_D = 15{,}000$ cal/mol

P10-21$_C$ 불순물인 cumene hydroperoxide가 큐멘 공급흐름에 미량 함유되어 있을 때, 벤젠과 프로필렌을 형성하기 위해 큐멘이 분해될 때 실리카-알루미나 촉매가 비활성화할 수 있다. 다음 데이터는 미분반응기에서 1 atm, 420°C에서 얻었다. 공급물은 큐멘과 미량의 cumene hydroperoxide(CHP)(0.08 mol %)로 구성된다.

Benzene in Exit Stream (mol %)	2	1.62	1.31	1.06	0.85	0.56	0.37	0.24
t (s)	0	50	100	150	200	300	400	500

(a) 비활성화 차수 및 비활성화 속도상수를 구하여라. (**답:** $k_d = 4.27 \times 10^{-3}\ s^{-1}$)

(b) 첫 번째 근사치(사실 다소 양호한 값)로서, 촉매 속도식의 분모를 무시하고 큐멘의 1차로 가정한다. 비반응속도가 $k = 3.8 \times 10^3$ mol/kg fresh cat·s·atm이고, 큐멘의 몰유량(99.92% 큐멘, 0.08% CHP)은 200 mol/min이며, 주입 농도는 0.06 kmol/m^3, 촉매중량 100 kg, 고체의 속도는 1.0 kg/min이다. 이동층반응기에서 얻을 수 있는 큐멘의 전화율은 얼마인가?

P10-22$_C$ 스파타놀(spartanol)이 와프렌(wulfrene)과 CO_2로 분해되는 반응은 보통 높은 온도에서 수행한다[*J. Theor. Exp.*, 15, 15 (2014)]. 결과적으로, 촉매 속도식의 분모는 1로 쉽게 근사화되며, 반응은 150 kJ/mol의 활성화 에너지를 갖는 1차반응이다. 다행히도, 이 반응은 비가역적이다. 불행하게도, 반응이 일어나는 촉매는 시간이 흐르면서 비활성화된다. 미분반응기에서 다음과 같은 전화율–시간 데이터를 얻었다.

T = 500 K:

t (days)	0	20	40	60	80	120
X (%)	1	0.7	0.56	0.45	0.38	0.29

T = 550 K:

t (days)	0	5	10	15	20	30	40
X (%)	2	1.2	0.89	0.69	0.57	0.42	0.33

(a) 촉매의 초기 온도가 480 K일 때, 일정한 전화율을 유지하기 위한 온도–시간 궤적을 구하여라.

(b) 촉매 수명(catalyst lifetime)은 얼마인가?

P10-23$_B$ 니켈–모더나이트 촉매 상에서 에틸벤젠의 수소화반응은 두 반응물에 대해서 75%의 에틸벤젠 전화율까지 모두 0차 반응이다[*Ind. Eng. Chem. Res.*, 28 (3), 260 (1989)]. 553 K에서 k = 5.8 mol ethylbenzene/(dm^3 of catalyst·h)이다. 100–ppm의 thiophene이 시스템에 들어오자 에틸벤젠 전화율이 떨어지기 시작했다.

Time (h)	0	1	2	4	6	8	12
Conversion	0.92	0.82	0.75	0.50	0.30	0.21	0.10

반응은 3 MPa와 H_2/ETB = 10의 몰비에서 수행되었다. 가능한 한 정량적으로 촉매 열화에 대해 논의하여라.

보충교재

1. 불균일 촉매반응 메커니즘 및 속도제한단계에 관한 훌륭한 논의는 아래에서 찾을 수 있다.

BURGESS, THORNTON W., *The Adventures of Grandfather Frog*. New York: Dover Publications, Inc., 1915.

MASEL, R. I., *Principles of Adsorption and Reaction on Solid Surfaces*. New York: Wiley, 1996. A great reference.

SOMORJAI, G. A., *Introduction to Surface Chemistry and Catalysis*. New York: Wiley, 1994.

2. 촉매의 표면적을 측정하는 데 사용되는 기법들과 아울러 흡착의 형태 및 속도에 관한 진실로 훌륭한 논의는 아래에서 찾을 수 있다.

MASEL, R. I., *Principles of Adsorption and Reaction on Solid Surfaces.* New York : Wiley, 1996.

3. 메커니즘들과 모델들 사이의 차이를 판별하는 기법들에 관한 내용은 아래에서 찾을 수 있다.

BOX, G. E. P., J. S. HUNTER, and W. G. HUNTER, *Statistics for Experimenters: Design, Innovation, and Discovery,* 2nd ed. Hoboken, New Jersey : Wiley, 2005.

4. 촉매작용의 원리의 마이크로 전자부품 제조에의 응용 예들에 관한 내용은 아래에서 찾을 수 있다.

BUTT, JOHN B., *Reaction Kinetics and Reactor Design. Second Edition, Revised and Expanded.* New York: Marcel Dekker, Inc., 1999.

DOBKIN, D. M., AND M. K. ZURAW. *Principles of Chemical Vapor Deposition.* The Netherlands: Kluwer Academic Publishers, 2003.

11 비등온반응기 설계–정상상태 에너지수지와 단열 PFR의 응용

Nonisothermal Reactor Design–The Steady-State Energy Balance and Adiabatic PFR Applications

뜨거움을 견딜 수 없다면, 부엌을 벗어나라.

—해리 S. 트루먼(Harry S. Truman)
(역자 주 | 미국 제33대 대통령, 1884~1972)

개요

대부분의 반응은 등온으로 진행되지 않으므로 지금부터는 관점을 화학반응기의 열 효과에 대하여 초점을 맞춘다. 등온반응기 설계를 위해 1장에서 10장까지 사용되었던 **몰수지식**, **속도식**, **화학양론**, **결합**, 그리고 **계산**의 기본 CRE 알고리즘은 비등온반응기 설계에도 여전히 유효하며, 비등온 문제를 풀기 위해서는 **에너지수지**라는 한 단계를 더 추가하면 된다. 주된 차이점은 PFR의 길이에 따라 온도가 변화한다든가, CSTR에서 열이 제거될 때 결합된 몰수지, 속도식, 화학양론를 평가하는 방법에 있다. 이번 장은 다음과 같이 구성된다.

- 11.1절에서는 왜 에너지수지가 필요하고, 이것이 반응기 설계 문제를 풀기 위해 어떻게 사용될 것인가를 다룬다.
- 11.2절에서는 다른 형태의 반응기에 적용할 수 있는 에너지수지식을 유도한다. 지금 공부하고 있는 주요 반응기에 대하여 온도와 전화율 또는 반응속도에 연관된 최종 결과를 얻는다.
- 11.3절에서는 사용하기 편리한 반응기용 에너지수지를 개발한다.
- 11.4절에서는 반응기의 단열운전에 대하여 다룬다.
- 11.5절에서는 단열 평형 전화율과 단간 냉각(interstage cooling)을 수행하는 방법에 대하여 설명한다.
- 11.6절은 단열운전에서 최고의 전화율을 달성하기 위한 최적의 주입 온도에 대하여 공부하면서 이 장을 마무리한다.

11.1 이론적 설명

비등온반응기를 설계하는 데 필요한 추가 정보를 확인하기 위하여 플러그흐름반응기에서 단열적으로 수행되는 고도의 발열반응(highly exothermic reaction)에 대한 다음 예제를 고려하자.

예제 11-1 어떤 추가 정보가 필요한가?

1차 액상반응이 PFR에서 수행된다.

$$A \longrightarrow B$$

반응은 발열반응이고, 반응기는 단열적으로 운전된다. 결과적으로, 온도는 반응기의 하류방향의 길이에 따라 전화율이 증가하면서 상승한다. 반응기의 길이에 따라 T 값이 변하기 때문에 k 값도 변할 것이고 이것은 등온 PFR에서는 고려되지 않던 상황이다.

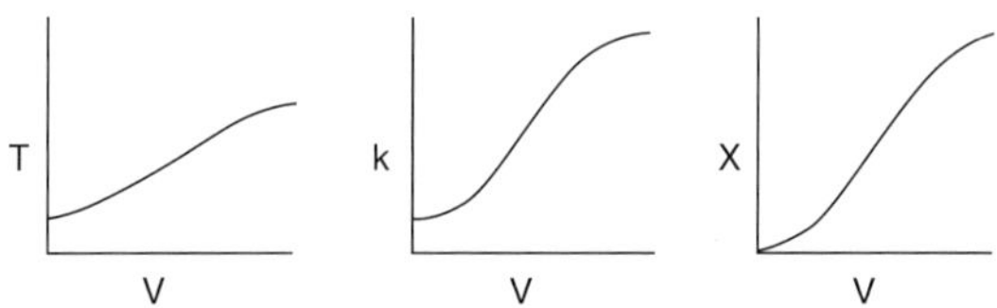

70%의 전화율을 얻는 데 필요한 반응기의 부피를 어떻게 계산하는지 설명하고 이에 상응하는 X와 T 도표를 플롯하여라.

풀이

에너지수지라는 한 단계를 추가함으로써 등온반응에서 했던 것처럼 비등온반응에도 동일한 CRE 알고리즘을 적용할 수 있다.

1. 몰수지(설계방정식):

$$\frac{dX}{dV} = \frac{-r_A}{F_{A0}} \tag{E11-1.1}$$

2. 속도법칙:

$$-r_A = kC_A \tag{E11-1.2}$$

아레니우스 식을 상기하면,

$$k = k_1 \exp\left[\frac{E}{R}\left(\frac{1}{T_1} - \frac{1}{T}\right)\right] \tag{E11-1.3}$$

알고리즘을 따른다.

k는 온도 T의 함수이다.

3. 화학양론식(액상): $\upsilon = \upsilon_0$

$$C_A = C_{A0}(1 - X) \tag{E11-1.4}$$

4. **결합:**

$$-r_A = k_1 \exp\left[\frac{E}{R}\left(\frac{1}{T_1} - \frac{1}{T}\right)\right] C_{A0}(1-X) \quad \text{(E11-1.5)}$$

식 (E11-1.1), (E11-1.2), 그리고 (E11-1.4)를 결합하여 입구농도 C_{A0}를 소거하면 다음 식을 얻는다.

$$\frac{dX}{dV} = \frac{k(1-X)}{\upsilon_0} \quad \text{(E11-1.6)}$$

식 (E11-1.3)과 (E11-1.6)을 결합하면 다음 식을 얻는다.

에너지수지식이 왜 필요한가?

$$\frac{dX}{dV} = k_1 \exp\left[\frac{E}{R}\left(\frac{1}{T_1} - \frac{1}{T}\right)\right] \frac{1-X}{\upsilon_0} \quad \text{(E11-1.7)}$$

이런! 이 방정식을 풀기 위해서는 X와 T 또는 T와 V를 연관시키는 또 다른 상관식이 필요하다는 것을 알 수 있다. **에너지수지식은 이와 같은 상관관계를 제공할 것이다.**

등온 알고리즘에 한 단계를 더 추가한다; 이 단계가 **에너지수지**이다.

5. **에너지수지:**
이 단계에서 온도와 전화율 또는 반응속도를 결합시키기 위한 적정한 에너지수지를 찾아야 한다. 예컨대 반응이 단열이면 열용량 C_{P_A}와 C_{P_B}가 서로 같고, 반응열 ΔH°_{RX}이 일정한 경우에 대해서, 온도-전화율 상관관계를 다음과 같이 쓸 수 있음을 알 수 있다.

T_0 = 유입온도
ΔH_{Rx} = 반응열
C_{P_A} = 열용량

$$T = T_0 + \frac{-\Delta H^\circ_{Rx}}{C_{P_A}} X \quad \text{(E11-1.8)}$$

이제 전화율과 온도분포를 풀기 위해 필요한 모든 식을 가지고 있다. 파라미터와 함께 방정식 (E11-1.7) 및 (E11-1.8)을 Polymath, Wolfram 또는 MATLAB에 입력하고; RUN 버튼을 클릭한 다음; 70%의 전화율을 얻는 부피에 대해 계산을 수행한다.

분석: 이 예제의 목적은 비등온 화학반응의 CRE 알고리즘에 **에너지수지**라는 새로운 단계가 필요하다는 것을 보여주는 데에 있다. 에너지수지는 비반응속도 $k(T)$를 산출하는 데 필요한 반응 온도를 풀 수 있게 한다.

11.2 에너지수지

11.2.1 열역학 제1법칙

열역학 제1법칙을 닫힌계에 먼저 적용하고, 다음에 열린계에 적용한다. "계(system)"란 다양한 열역학적 방정식의 적용을 위해 선택된 이동하고 있거나 정지하고 있는 경계가 있는 영역의 한 부분이다. 계의 경계를 통하여 물질이동이 없는 닫힌계에서는, 계의 총 에너지변화 $d\hat{E}$는 계로의 열 흐름 δQ와 계가 주위에 한 일 δW의 차와 같다. 닫힌계(closed system)에서 에너지수지는

$$d\hat{E} = \delta Q - \delta W \tag{11-1}$$

이고 δQ와 δW에서의 δ는 상태함수의 완전미분이 아니라는 것을 나타낸다.

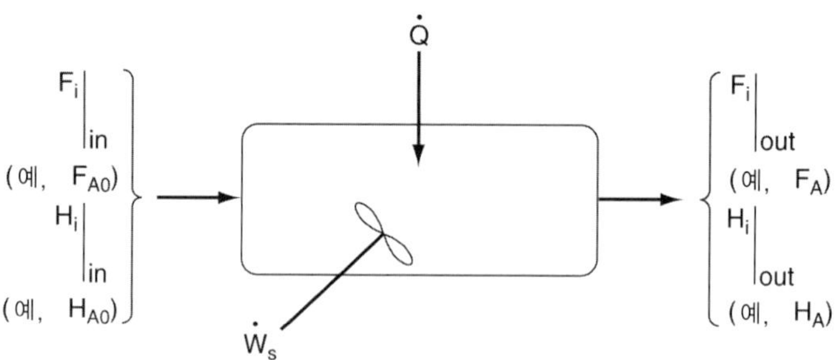

그림 11-1 잘 혼합되고 있는 열린계의 에너지수지: 개요도

지금까지 논의해 온 **연속흐름반응기**는 계의 경계(system boundary)를 통하여 물질의 이동이 있는 **열린계**(open system)이다. 그림 11-1에 나타낸 것처럼 열린계에 관한 에너지수지(energy balance)를 세울 것이다. 계의 경계를 통한 물질의 이동으로 인하여 에너지 교환이 일어나는 열린계에 대해서, 들어가고 나오는 특정한 한 **화합물만**(only one)의 에너지수지는 다음과 같다.

[계 내부의 에너지 축적 속도]	=	[주위에서 계로의 열흐름속도]	−	[계가 주위에 행한 일의 속도]	+	[물질이 계로의 유입에 따른 에너지 유입속도]	−	[물질이 외부로의 유출에 따른 에너지 유출속도]

$$\frac{d\hat{E}_{sys}}{dt} = \dot{Q} - \dot{W} + F_{in}E_{in} - F_{out}E_{out} \tag{11-2}$$

열린계의 에너지수지식 $(J/s) = (J/s) - (J/s) + (J/s) - (J/s)$

식 (11-2)의 각 항에 대한 일반적인 단위는 Joule/s이다. (Joule bio: *http://www.corrosion-doctors.org/Biographies/JouleBio.htm.*)

계 내부의 내용물이 잘 혼합이 되는 것으로 가정하자. 이 가정은 우리를 편하게 해주지만, 그것을 개발하는 데에는 많은 노력이 요구되는데, 최종 결과는 같아지게 된다! 각각의 에너지 E_i(i의 단위 몰당 Joule)와 그에 대응하는 각각의 몰유량 F_i(단위시간당 i의 몰수)으로서 계를 출입하는 n개의 화합물을 갖는 열린 완전혼합 계(open well-mixed system)의 비정상상태 에너지수지(unsteady-state energy balance)는 다음과 같다.

출발점

$$\frac{d\hat{E}_{sys}}{dt} = \dot{Q} - \dot{W} + \sum_{i=1}^{n} E_i F_i \bigg|_{입구} - \sum_{i=1}^{n} E_i F_i \bigg|_{출구} \quad (11\text{-}3)$$

이제부터 식 (11-3)의 각 항에 대하여 논의한다.

11.2.2 일의 항 계산

일의 항(work term)은 통상적으로 **흐름 일**(flow work) $\dot{W}$과 기타 일(other work) $\dot{W}_s$로 나눈다. 흔히 **축 일**(shaft work)로 나타내는 $\dot{W}_s$는 CSTR에서는 교반기 또는 PFR에서는 터빈으로부터 생성될 수 있다. **흐름 일**(flow work)은 물질이 계를 들어가고 나가는 데 필요한 일이다. 예컨대 전단응력이 없을 때, 일은 다음과 같이 표현되고,

흐름 일과 축 일

$$\dot{W} = \overbrace{-\sum_{i=1}^{n} F_i P\tilde{V}_i \bigg|_{입구} + \sum_{i=1}^{n} F_i P\tilde{V}_i \bigg|_{출구}}^{[\text{흐름 일의 속도}]} + \dot{W}_s \quad (11\text{-}4)$$

여기서 P는 압력(Pa)(1 Pa = 1 Newton/m^2 = 1 kg·m/s^2/m^2), $\tilde{V}_i$는 화합물 i의 비몰부피(specific molar volume, m^3/mol of i)이다.

아래 표기된 흐름 일(flow work) 항의 단위를 살펴보자.

$$F_i \cdot P \cdot \tilde{V}_i$$

여기서 F_i는 mol/s, P는 (1 Pa = 1 Newton/m^2), $\tilde{V}_i$는 m^3/mol이다. ($F_i P\tilde{V}_i$)에서 각 항의 단위를 곱하여 흐름 일의 단위를 구한다.

$$F_i \cdot P \cdot \tilde{V}_i \ [=] \ \frac{\text{mol}}{\text{s}} \cdot \frac{\text{Newton}}{\text{m}^2} \cdot \frac{\text{m}^3}{\text{mol}} = (\text{Newton} \cdot \text{m}) \cdot \frac{1}{\text{s}} = \text{Joules/s} = \text{Watts}$$

흐름 일의 단위는 식 (11-3)의 다른 항들과 일치되는 J/s이다(*http://www.corrosion-doctors.org/Biographies/WattBio.htm*).

대부분의 예에서 흐름 일 항은 시스템 경계를 통하여 물질의 흐름에 의해서 나타나는 에너지 교환으로 표현하는 에너지수지식의 항들과 결합된다. 식 (11-4)를 식 (11-3)에 대입하고 항들을 묶으면 다음 식을 얻는다.

관례
- **보탠** 열: $\dot{Q} = +10$J/s
- **뺀** 열: $\dot{Q} = -10$J/s
- **계가 한** 일: $\dot{W}_S = +10$J/s
- **계에 한** 일: $\dot{W}_S = -10$J/s

$$\frac{d\hat{E}_{sys}}{dt} = \dot{Q} - \dot{W}_s + \sum_{i=1}^{n} F_i(E_i + P\tilde{V}_i)\bigg|_{입구} - \sum_{i=1}^{n} F_i(E_i + P\tilde{V}_i)\bigg|_{출구} \quad (11\text{-}5)$$

에너지 E_i는 내부 에너지(internal energy, U_i), 운동 에너지(kinetic energy, $u_i^2/2$), 위치 에너지(potential energy, gz_i) 및 전기 또는 자기 에너지나 빛과 같은 기타 에너지(other energies)의 합이다.

$$E_i = U_i + \frac{u_i^2}{2} + gz_i + \text{기타} \tag{11-6}$$

거의 대부분의 화학반응기 상황에서는 엔탈피, 열전달 그리고 일 항에 비하여 무시될 수 있는 운동 에너지, 위치 에너지 및 기타의 에너지 항을 생략하면 다음과 같다.

$$E_i = U_i \tag{11-7}$$

엔탈피 H_i(J/mol)는 내부 에너지 U_i(J/mol)와 $P\tilde{V}_i$(1 Pa·m³/mol = 1 J/mol)의 항으로 정의되는 것을 상기하면,

엔탈피

$$H_i = U_i + P\tilde{V}_i \tag{11-8}$$

H_i의 대표적인 단위는 다음과 같다.

$$(H_i) = \frac{\text{J}}{\text{mol } i} \text{ 또는 } \frac{\text{Btu}}{\text{lb-mol } i} \text{ 또는 } \frac{\text{cal}}{\text{mol } i}$$

계로 들어오는(또는 나가는) 엔탈피는 물질의 흐름에 의해서 계로 들어오는(또는 나가는) 내부 에너지와 흐름 일의 합으로 표시할 수 있다:

$$F_i H_i = F_i (U_i + P\tilde{V}_i)$$

식 (11-5), (11-7), (11-8)을 결합시키면, 다음과 같은 형태의 에너지수지식을 얻을 수 있다.

$$\frac{d\hat{E}_{sys}}{dt} = \dot{Q} - \dot{W}_s + \sum_{i=1}^{n} F_i H_i \bigg|_{in} - \sum_{i=1}^{n} F_i H_i \bigg|_{out}$$

어떤 한 순간 계의 에너지 $\hat{E}_{sys}$는 계 내의 각 화합물의 몰수와 그 각각 화합물의 에너지와의 곱을 합한 것이다. 이 항은 비정상상태 반응기 운전을 다룬 제13장에서 상세히 논의할 것이다.

아래첨자 "0"은 입구조건을 표시하고 아래첨자가 없는 변수는 주어진 계의 출구조건을 나타낸다.

에너지수지

유입

$F_{i0}H_{i0}$, $\dot{Q}$ F_iH_i, $\dot{W}_s$

유출

$$\dot{Q} - \dot{W}_s + \sum_{i=1}^{n} F_{i0} H_{i0} - \sum_{i=1}^{n} F_i H_i = \frac{d\hat{E}_{sys}}{dt} \tag{11-9}$$

11.1절에서 우리는 열효과가 있는 반응공학문제를 해결하기 위해서는 온도, 농도 및 반응속도의 상관관계가 필요하다는 것을 논의하였다. 식 (11-9)의 에너지수지식은 이 상관관계를 전개하는 데에 가장 편리한 출발점이다.

11.2.3 에너지수지 총람

계획이 무엇인가? 다음 페이지에서는 지금까지 논의해 온 각각의 반응기 형태(BR, PFR, PBR, CSTR)에 적용하기 위하여 식 (11-9)를 조작한다. 각각의 반응기 형태에 에너지수

지를 적용한 최종 결과는 표 11-1에 나타내었다. 이 수식들은 예제 E11-1에서 논의하였던 알고리즘의 **5단계**에서 사용한다. 표 11-1의 수식은 온도를 전화율, 몰유량, 시스템 파라미터에 이르기까지 연관되어 있고, 총괄전열계수(U)와 열전달면적(a)의 곱 Ua와 연관시켜 주고, 상응하는 주위 온도 T_a 및 반응열 ΔH_{Rx}와 같은 계의 변수에도 연관시켜 준다.

표 11-1 일반적인 반응기의 에너지수지식

1. **단열**($\dot{Q} \equiv 0$) CSTR, PFR, 회분식, 또는 PBR. $\dot{W}_s = 0$, 일정한 C_{P_i} 및 $\Delta C_P = 0$에 대하여 에너지수지로부터 계산한 전화율 X_{EB}와 온도의 상관관계

온도 항으로 된 전화율

$$X_{EB} = \frac{\Sigma\Theta_i C_{P_i}(T - T_0)}{-\Delta H^\circ_{Rx}} \quad \text{(T11-1.A)}$$

에너지수지로부터 계산된 전화율 항으로 된 온도

$$T = T_0 + \frac{(-\Delta H^\circ_{Rx})X_{EB}}{\Sigma\Theta_i C_{P_i}} \quad \text{(T11-1.B)}$$

발열반응에 대하여 $(-\Delta H_{Rx}) > 0$

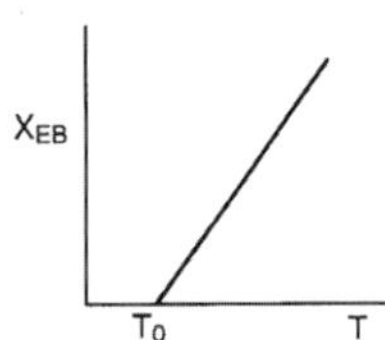

에너지수지를 풀이하는 최종 결과(11.2.4절, 12.1절, 12.3절)

2. **열교환기가 설치된 CSTR**, UA($T_a - T$), 큰 냉각매체 유량

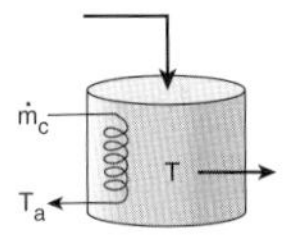

$$X_{EB} = \frac{\left(\frac{UA}{F_{A0}}(T - T_a)\right) + \Sigma\Theta_i C_{P_i}(T - T_0)}{-\Delta H^\circ_{Rx}} \quad \text{(T11-1.C)}$$

3. **열교환이 있는 PFR/PBR**

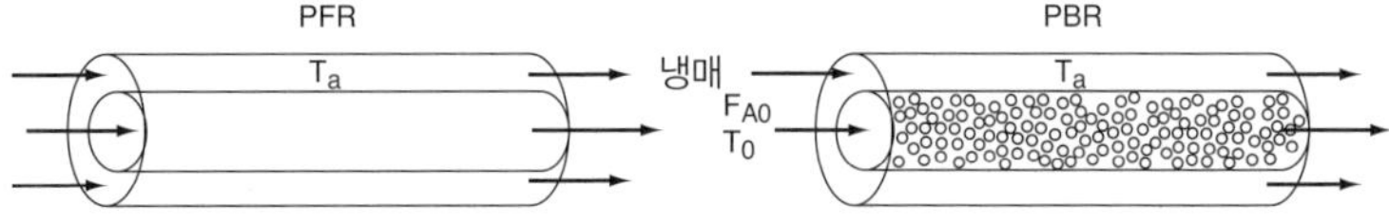

PFR과 PBR 에너지수지의 일반적인 식은 다음과 같이 쓸 수 있다.

$$\frac{dT}{dV} = \frac{(\text{"생성된" 열}) - (\text{"제거된" 열})}{\Sigma F_i C_{P_i}} = \frac{Q_g - Q_r}{\Sigma F_i C_{P_i}}$$

3A. **전화율 항으로의 PFR**

$$\frac{dT}{dV} = \frac{\overbrace{r_A \Delta H_{Rx}(T)}^{Q_g} - \overbrace{Ua(T - T_a)}^{Q_r}}{F_{A0}\left(\Sigma\Theta_i C_{P_i} + \Delta C_P X\right)} = \frac{Q_g - Q_r}{F_{A0}\left(\Sigma\Theta_i C_{P_i} + \Delta C_P X\right)} \quad \text{(T11-1.D)}$$

표 11-1 일반적인 반응기의 에너지수지식(계속)

3B. **전화율 항으로의 PBR**

$$\frac{dT}{dW}=\frac{r'_A\Delta H_{Rx}(T)-\frac{Ua}{\rho_b}(T-T_a)}{F_{A0}\left(\Sigma\Theta_i C_{P_i}+\Delta C_P X\right)} \quad \text{(T11-1.E)}$$

3C. **몰유량 항으로의 PBR**

$$\frac{dT}{dW}=\frac{r'_A\Delta H_{Rx}(T)-\frac{Ua}{\rho_b}(T-T_a)}{\Sigma F_i C_{P_i}} \quad \text{(T11-1.F)}$$

3D. **몰유량 항으로의 PFR**

에너지수지를 풀이하는 최종 결과(11.2.4절, 12.1절, 12.3절)

$$\frac{dT}{dV}=\frac{r_A\Delta H_{Rx}(T)-Ua(T-T_a)}{\Sigma F_i C_{P_i}}=\frac{Q_g-Q_r}{\Sigma F_i C_{P_i}} \quad \text{(T11-1.G)}$$

4. **회분식**

$$\frac{dT}{dt}=\frac{(r_A V)(\Delta H_{Rx})-UA(T-T_a)}{\Sigma N_i C_{P_i}} \quad \text{(T11-1.H)}$$

5. **반회분식 또는 비정상상태 CSTR**

$$\frac{dT}{dt}=\frac{\dot{Q}-\dot{W}_s-\sum_{i=1}^{n}F_{i0}C_{P_i}(T-T_{i0})+[-\Delta H_{Rx}(T)](-r_A V)}{\sum_{i=1}^{n}N_i C_{P_i}} \quad \text{(T11-1.I)}$$

6. **PFR에서 복수반응**(q개의 반응과 m개의 화합물)

$$\frac{dT}{dV}=\frac{\sum_{i=1}^{q}r_{ij}\Delta H_{Rxij}-Ua(T-T_a)}{\sum_{j=1}^{m}F_j C_{P_j}} \quad \text{(T11-1.J)}$$

i = 반응번호, j = 화합물

7. **열교환 유체 온도 T_a가 변하는 경우**

병류 교환

$$\frac{dT_a}{dV}=\frac{Ua(T-T_a)}{\dot{m}_c C_{P_c}} \quad \text{(T11-1.K)}$$

$V = 0 \quad T_a = T_{a0}$

향류 교환

$$\frac{dT_a}{dV}=\frac{Ua(T_a-T)}{\dot{m}_c C_{P_c}} \quad \text{(T11-1.L)}$$

$V = V_{final} \quad T_a = T_{a0}$

표 11-1 일반적인 반응기의 에너지수지식(계속)

표 11-1의 식들은 열효과가 포함된 반응공학문제를 풀기 위해서 사용될 것이다.

용어:

U = 총괄전열계수(J/m² · s · K);
A = CSTR 열교환 면적(m²);
a = PFR의 반응기 부피당 열교환 면적(m²/m³);
C_{P_i} = 화합물 i의 평균 열용량(J/mol/K);
C_{P_c} = 냉각매체의 열용량(J/kg/K);
$\dot{m}_c$ = 냉각매체의 유량(kg/s);
$\Delta H_{Rx}(T)$ = 온도 T에서의 반응열(J/mol A):

$\Delta H^\circ_{Rx} = \left(\frac{d}{a}H^\circ_D + \frac{c}{a}H^\circ_C - \frac{b}{a}H^\circ_B - H^\circ_A\right)$J/mol A = 온도 T_R에서의 반응열;

ΔH_{Rxij} = 반응 i에서 화합물 j에 대한 반응열(J/mol j):
$\dot{Q}$ = 반응기에 가해진 열(J/s); 그리고

$\Delta C_P = \left(\frac{d}{a}C_{P_D} + \frac{c}{a}C_{P_C} - \frac{b}{a}C_{P_B} - C_{P_A}\right)$(J/mol A·K)

기타 모든 기호는 1장부터 10장까지 정의된 것과 같다.

표 11-1을 사용하는 방법에 관한 예제. 이제 열효과가 있는 반응공학문제를 풀기 위하여 표 11-1의 에너지수지식을 적정한 반응기 몰수지, 속도법칙, 화학양론 알고리즘과 결합하자. 예를 들면, 예제 11-1에서 식 (E11-1.5)의 1차반응속도법칙을 상기하여라.

$$-r_A = k_1 \exp\left[\frac{E}{R}\left(\frac{1}{T_1} - \frac{1}{T}\right)\right] C_{A0}(1-X) \tag{E11-1.5}$$

이 값은 몰수지와 결합하여 농도, 전화율 및 온도 프로파일(즉, BR, PBR, PFR) 그리고 CSTR의 출구 농도, 전화율 및 온도를 찾는다. 이제 PFR과 PBR에서 네 가지 열교환 경우를 검토할 것이다. (1) 단열(adiabatic), (2) 병류(co-current), (3) 향류(countercurrent), (4) 일정 열교환 매체 온도. 이 장에서는 단열운전을 다루고, 제12장에서 다른 세 가지 경우에 초점을 맞춘다.

사례 1: 단열. 반응이 단열적으로 수행될 경우, 예제 11-1의 반응 A ⟶ B에 대해 식 (T11-1.B)를 사용하여 다음 식을 얻는다.

단열

$$T = T_0 + \frac{-\Delta H^\circ_{Rx} X}{C_{P_A}} \tag{T11-1.B}$$

결과적으로, 먼저 X를 선정함으로써 X만의 함수로 $-r_A$를 얻을 수 있고, 그 다음 식 (T11-1.B)로부터 T를 계산하며, 이어서 식 (E11-1.3)으로부터 k를 계산하고, 끝으로 식 (E11-1.5)로부터 $(-r_A)$를 계산한다.

알고리즘

$$X \text{ 선정} \rightarrow T \text{ 계산} \rightarrow k \text{ 계산} \rightarrow -r_A \text{ 계산} \rightarrow \frac{F_{A0}}{-r_A} \text{ 계산}$$

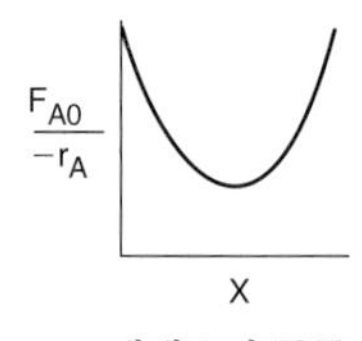

레벤스필 플롯

X의 함수로 $(F_{A0}/-r_A)$의 표를 작성하는 데는 위와 같은 순서를 사용할 수 있다. 그런 다음 PFR과 CSTR의 크기 정하기를 진행할 수 있다. 최악의 경우 제2장의 기법을 사용할 수 있다(예, 레벤스필 플롯 또는 부록 A의 적분법 공식). 그러나 레벤스필 플롯을 사용하는 대신에 Polymath를 사용하여 결합된 미분식 에너지식과 몰수지식을 풀게 될 것이다.

사례 2, 3, 4: 병류열교환기, 향류열교환기, 등온 냉각유체 온도 T_C에 해당한다(제12장). PFR이나 PBR의 길이에 따라서 냉각이 될 때, 이 반응에 대하여 식 (T11-1.D)를 적용하여 2개의 연립 미분방정식을 얻을 수 있다.

비–단열 PFR

$$\frac{dX}{dV} = k_1 \exp\left[\frac{E}{R}\left(\frac{1}{T_1} - \frac{1}{T}\right)\right] C_{A0}(1-X)/F_{A0}$$

$$\frac{dT}{dV} = \frac{r_A \Delta H_{Rx}(T) - Ua(T - T_a)}{F_{A0} C_{P_A}}$$

이 식들은 Polymath와 같은 ODE 문제풀이 프로그램을 이용하여 쉽게 풀 수 있다. 열교환매체(T_a)(예, 냉각수)의 온도가 일정하지 않을 경우, 위 식들에다가 표 11-1의 식 (T11-1.K) 또는 (T11-1.L)을 더하고 Polymath, Wolfram 또는 MATLAB으로 푼다.

CSTR에서 열교환. 유사하게, 반응 A → B가 CSTR에서 수행되는 경우에 X와 T의 2개의 비선형 대수방정식을 풀기 위해서는 Polymath 또는 MATLAB을 사용해야 한다. 이들 두 식은 다음 몰수지식과 결합되고,

비–단열 CSTR

$$V = \frac{F_{A0} X}{k_1 \exp\left[\frac{E}{R}\left(\frac{1}{T_1} - \frac{1}{T}\right)\right] C_{A0}(1-X)}$$

식 (T11-1.C)를 적용하여 다음 식으로 재정리할 수 있다.

$$T = \frac{F_{A0} X(-\Delta H_{Rx}) + UAT_a + F_{A0} C_{P_A} T_0}{UA + C_{P_A} F_{A0}}$$

(1) 단열 PFR과 CSTR, (2) 열효과가 있는 PFR과 PBR, (3) 열효과가 있는 CSTR의 이상 세 가지의 경우로부터, 우리는 어떻게 에너지수지와 몰수지를 결합시킬 수 있는지를 알 수 있다. 원칙적으로는, 다른 반응기들이나 다른 반응계에 적용하는 데 추가 논의 없이 표 11-1을 간편하게 사용할 수 있어야 한다. 그러나 이 식들을 유도하는 것에 대한 이해는 여러 반응기들과 반응계에 적절히 응용하고 평가하는 데에 매우 도움이 될 것이다. 결론적으로 이제 우리는 표 11-1에 주어진 방정식들을 유도하려고 한다.

뭐 하러?
여기 이유가 있다!!

뭐 하러 표 11-1의 식을 모두 유도하려고 하는가? 왜냐하면 표 11-1의 식에 도달하

도록 사용된 가정과 조작을 이해하기 위한 유도과정을 거치게 되면, 학생들은 열효과가 있는 반응공학문제를 풀 때 **훨씬** 더 정확히 이들 방정식들을 **활용**할 수 있는 것을 알았기 때문이다.

11.3 사용하기 편한 에너지수지 방정식들

반응기의 다양한 상황에 쉽게 적용할 수 있는 한 세트의 방정식을 세우기 위하여 식 (11-9)의 몰유량 항과 엔탈피 항들을 해부할 예정이다.

11.3.1 반응열을 얻기 위한 정상상태 몰유량의 분석

여행을 시작하기 위하여, 먼저 에너지수지식 (11-9)로 시작하고, 그 다음 두 항을 해부함으로써 표 11-1에 제시된 식에 최종적으로 도달하도록 진행하자.

1. 몰유량들, F_i와 F_{i0}
2. 몰엔탈피들, H_i, $H_{i0}[H_i \equiv H_i(T)$와 $H_{i0} \equiv H_i(T_0)]$

대화형

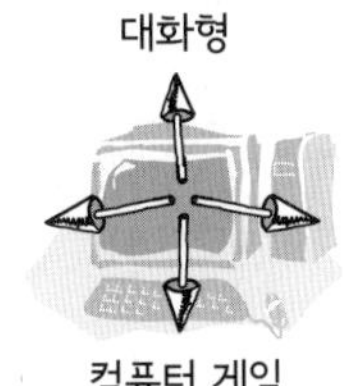

컴퓨터 게임

에너지수지를 유도하는 방법에 대한 애니메이션적이고 다소 재미있는 버전을 CRE 웹사이트(*http://www.umich.edu/~elements/5e/icm/index.html*)의 반응공학 게임 "열효과 1"과 "열효과 2"에서 찾을 수 있다. 여기서는 방정식들이 화면을 이리저리 움직이며, 표 11-1에서 보여준 식에 도달하기 위하여 치환하거나 근사법을 사용한다. 시각적 학습자들은 이들 두 개의 대화형 컴퓨터 게임(ICG)이 매우 유용하다는 것을 알게 될 것이다(*http://www.umich.edu/~elements/5e/icm/heatfx1.html*).

정상상태에서 운전되는 흐름계를 생각해 보자. 정상상태 에너지수지는 식 (11-9)에서 에너지 축적속도($d\hat{E}_{sys}/dt$)를 0으로 하여 얻으며 다음과 같다.

정상상태 에너지수지

$$\dot{Q} - \dot{W}_s + \sum_{i=1}^{n} F_{i0}H_{i0} - \sum_{i=1}^{n} F_iH_i = 0 \tag{11-10}$$

식 (11-10)을 반응열의 항을 나타내기 위한 조작을 수행하기 위해서 다음의 일반적인 반응식을 사용할 것이다.

$$\mathrm{A} + \frac{b}{a}\mathrm{B} \longrightarrow \frac{c}{a}\mathrm{C} + \frac{d}{a}\mathrm{D} \tag{2-2}$$

식 (11-10)에서 유입과 유출 합산 항은 각각 다음과 같이 확장할 수 있다.

$$\textbf{유입}: \Sigma H_{i0}F_{i0} = H_{A0}F_{A0} + H_{B0}F_{B0} + H_{C0}F_{C0} + H_{D0}F_{D0} + H_{I0}F_{I0} \tag{11-11}$$

및

$$\textbf{유출}: \Sigma H_iF_i = H_AF_A + H_BF_B + H_CF_C + H_DF_D + H_IF_I \tag{11-12}$$

여기서 아래첨자 I는 비활성 물질을 뜻한다.

다음에는 전화율의 항으로 몰유량을 나타내도록 하자. 일반적으로 축적이 없고 화학양론계수 ν_i인 화합물 i의 몰유량은 다음과 같다.

$$F_i = F_{A0}(\Theta_i + \nu_i X)$$

특히, 반응식 (2-2), $A + \frac{b}{a}B \longrightarrow \frac{c}{a}C + \frac{d}{a}D$에 대해서, 다음과 같이 나타낼 수 있다.

정상상태 운전

$$\left.\begin{aligned} F_A &= F_{A0}(1-X) \\ F_B &= F_{A0}\left(\Theta_B - \frac{b}{a}X\right) \\ F_C &= F_{A0}\left(\Theta_C + \frac{c}{a}X\right) \\ F_D &= F_{A0}\left(\Theta_D + \frac{d}{a}X\right) \\ F_I &= \Theta_I F_{A0} \end{aligned}\right\} \quad \text{여기서 } \Theta_i = \frac{F_{i0}}{F_{A0}}$$

이들 몰유량에 대한 기호를 식 (11-11)과 (11-12)에 대입하고, 식 (11-11)에서 (11-12)를 빼면 다음 식을 얻는다.

$$\begin{aligned} \sum_{i=1}^{n} F_{i0}H_{i0} - \sum_{i=1}^{n} F_iH_i = \; & F_{A0}[(H_{A0}-H_A) + (H_{B0}-H_B)\Theta_B \\ & + (H_{C0}-H_C)\Theta_C + (H_{D0}-H_D)\Theta_D + (H_{I0}-H_I)\Theta_I] \\ & \underbrace{-\left(\frac{d}{a}H_D + \frac{c}{a}H_C - \frac{b}{a}H_B - H_A\right)}_{\Delta H_{Rx}} F_{A0}X \end{aligned} \tag{11-13}$$

$F_{A0}X$가 곱해진 괄호 안의 항을 온도 T에서의 **반응열**(heat of reaction)이라 하고, $\Delta H_{Rx}(T)$로 표시한다.

온도 T에서의 반응열

$$\boxed{\Delta H_{Rx}(T) = \frac{d}{a}H_D(T) + \frac{c}{a}H_C(T) - \frac{b}{a}H_B(T) - H_A(T)} \tag{11-14}$$

모든 엔탈피(예, H_A와 H_B)는 계의 온도 T에서 계산된다. 따라서 $[\Delta H_{Rx}(T)]$는 바로 **그** 특정 온도 T에서의 반응열이다. 반응열은 항상 계산의 기준이 되는 화합물의 단위 몰당 값으로 주어진다. 즉 화합물 A(반응한 A의 몰당 joules).

식 (11-14)를 식 (11-13)에 대입하고 모든 화합물에 대해서 합산 표시로 되돌리면, 식 (11-13)은 다음과 같이 된다.

$$\sum_{i=1}^{n} F_{i0}H_{i0} - \sum_{i=1}^{n} F_iH_i = F_{A0}\sum_{i=1}^{n}\Theta_i(H_{i0}-H_i) - \Delta H_{Rx}(T)F_{A0}X \tag{11-15}$$

식 (11-10)과 (11-15)를 결합하면, 이제 더 유용한 형태의 **정상상태**(즉, $d\hat{E}_{sys}/dt = 0$) 에너지수지식으로 나타낼 수 있다.

엔탈피를 알고 있는 경우에는 이 형태의 정상상태 에너지수지를 사용할 수 있다.

$$\boxed{\dot{Q} - \dot{W}_s + F_{A0} \sum_{i=1}^{n} \Theta_i (H_{i0} - H_i) - \Delta H_{Rx}(T) F_{A0} X = 0} \tag{11-16}$$

반응이 진행되는 동안에 **상변화**가 일어난다면, 이 형태의 에너지수지식[식 (11-16)]을 반드시 사용해야 한다.

11.3.2 엔탈피의 분석

혼합으로부터 오는 엔탈피 변화는 무시하였기 때문에 부분 몰 엔탈피(partial molal enthalpy)가 순 물질의 몰 엔탈피와 같다. 특정 온도와 압력에서 화합물 i의 몰 엔탈피 H_i는 임의의 기준온도 T_R에서 화합물 i의 **생성 엔탈피**(enthalpy of formation) $\Delta H_i^\circ(T_R)$과 온도가 기준온도 T_R에서 어떤 온도 T까지 상승할 때 생긴 엔탈피 변화 ΔH_{Qi}의 합으로 표시한다.

$$H_i = H_i^\circ(T_R) + \Delta H_{Qi} \tag{11-17}$$

$H_i^\circ(T_R)$의 기준온도는 보통 25°C이다. **상변화 없이** T_1에서 T_2까지 가열되는 화합물 i에 대해서 ΔH_{Qi}는 다음과 같다.

상변화가 없는 경우

$$\Delta H_{Qi} = \int_{T_1}^{T_2} C_{P_i}\, dT \tag{11-18}$$

열용량 C_{P_i}의 대표적인 단위는 다음과 같다.

$$(C_{P_i}) = \frac{\text{J}}{(i\text{의 mol})(\text{K})} \text{ 또는 } \frac{\text{Btu}}{(i\text{의 } lb\,\text{mol})(^\circ\text{R})} \text{ 또는 } \frac{\text{cal}}{(i\text{의 mol})(\text{K})}$$

산업현장에서 수행되는 많은 화학반응은 상변화를 수반하지 않는다. 따라서 **단일-상**(single-phase) 화학반응에 적용하기 위해서 에너지수지를 다시 정돈할 필요가 있다. 이러한 조건들에서, 온도 T에서 화합물 i의 엔탈피는 기준온도 T_R에서 생성 엔탈피와 다음과 같은 상관관계를 가진다.

$$H_i(T) = H_i^\circ(T_R) + \int_{T_R}^{T} C_{P_i}\, dT \tag{11-19}$$

생성 엔탈피가 주어진 온도에서부터 반응온도 T까지 상변화가 일어난다면, 식 (11-19) 대신에 반드시 식 (11-17)을 사용하여야 한다.

온도 T에서 열용량은 흔히 온도의 2차 함수로 다음과 같이 나타낸다.

$$C_{P_i} = \alpha_i + \beta_i T + \gamma_i T^2 \tag{11-20}$$

단, 본문에는 **일정한 열용량**만 고려할 것이지만, CRE 웹사이트의 PRS R11.1에는 가변

참고자료 서고

열용량이 있는 예제를 제공하고 있다(*http://www.umich.edu/~elements/5e/11chap/prof.html*).

반응 유체가 입구온도 T_{i0}에서 반응온도 T까지 상변화 없이 가열될 때 엔탈피 변화 $(H_i - H_{i0})$를 계산하기 위해서는 **일정한** C_{P_i}에 대한 식 (11-19)를 적분하면 된다.

$$H_i - H_{i0} = \left[H_i^\circ(T_R) + \int_{T_R}^{T} C_{P_i}\, dT\right] - \left[H_i^\circ(T_R) + \int_{T_R}^{T_{i0}} C_{P_i}\, dT\right] \quad (11\text{-}21)$$
$$= \int_{T_{i0}}^{T} C_{P_i}\, dT = C_{P_i}\,[T - T_{i0}]$$

식 (11-16)에 $(H_i - H_{i0})$를 치환하면 다음 식을 얻는다.

엔탈피 분석의 결과

$$\dot{Q} - \dot{W}_s - F_{A0}\sum_{i=1}^{n} \Theta_i C_{P_i}\,[T - T_{i0}] - \Delta H_{Rx}(T)\,F_{A0}X = 0 \quad (11\text{-}22)$$

11.3.3 $\Delta H_{Rx}(T)$, $\Delta H_{Rx}^\circ(T_R)$과 ΔC_P의 관계

앞에서 온도 T에서의 반응열은 온도 T에서 각 반응 화합물의 엔탈피 항으로 주어지고 이는 식 (11-14)처럼 표현된다는 사실을 배웠다.

$$\Delta H_{Rx}(T) = \frac{d}{a}H_D(T) + \frac{c}{a}H_C(T) - \frac{b}{a}H_B(T) - H_A(T) \quad (11\text{-}14)$$

여기서 각 화합물의 엔탈피는 다음과 같다.

$$H_i(T) = H_i^\circ(T_R) + \int_{T_R}^{T} C_{P_i}\, dT = H_i^\circ(T_R) + C_{P_i}(T - T_R) \quad (11\text{-}19)$$

각 화합물의 엔탈피를 치환시키면 다음 식을 얻는다.

일반적인 반응에 대하여
$A + \frac{b}{a}B \rightarrow \frac{c}{a}C + \frac{d}{a}D$

$$\Delta H_{Rx}(T) = \left[\frac{d}{a}H_D^\circ(T_R) + \frac{c}{a}H_C^\circ(T_R) - \frac{b}{a}H_B^\circ(T_R) - H_A^\circ(T_R)\right] + \left[\frac{d}{a}C_{P_D} + \frac{c}{a}C_{P_C} - \frac{b}{a}C_{P_B} - C_{P_A}\right](T - T_R) \quad (11\text{-}23)$$

식 (11-23)의 우변의 첫 번째 괄호 항은 기준온도 T_R에서의 반응열이다.

$$\Delta H_{Rx}^\circ(T_R) = \frac{d}{a}H_D^\circ(T_R) + \frac{c}{a}H_C^\circ(T_R) - \frac{b}{a}H_B^\circ(T_R) - H_A^\circ(T_R) \quad (11\text{-}24)$$

많은 화합물의 생성 엔탈피 $H_i^\circ(T_R)$는 25°C에서 표에 나타나 있고, *Handbook of Chemistry and Physics*[1]나 이와 유사한 핸드북에서 쉽게 찾을 수 있다. 즉, T_R에서의 생성열을 찾고,

1. *CRC Handbook of Chemistry and Physics*, 95th ed. (Boca Raton, FL: CRC Press, 2014).

이 기준온도에서의 반응열을 계산할 수 있다. 연소열(역시 핸드북에서 찾을 수 있다) 역시 생성 엔탈피 $H_i^\circ(T_R)$를 구하는 데 사용할 수 있으며, 계산방법은 핸드북에 제시되어 있다. 표준 생성열 $H_i^\circ(T_R)$의 값에서 식 (11-24)를 이용하여 기준온도 T_R에서의 반응열을 계산할 수 있다.

식 (11-23)의 우변 두 번째 괄호 항은 **반응한 A의 몰당 열용량의 총 변화 ΔC_P이다.**

$$\Delta C_P = \frac{d}{a}C_{P_D} + \frac{c}{a}C_{P_C} - \frac{b}{a}C_{P_B} - C_{P_A} \tag{11-25}$$

식 (11-25), 식 (11-24)와 식 (11-23)을 결합하면 다음과 같이 나타낼 수 있다.

온도 T에서의 반응열

$$\Delta H_{Rx}(T) = \Delta H^\circ_{Rx}(T_R) + \Delta C_P(T - T_R) \tag{11-26}$$

식 (11-26)은 기준온도(통상 298 K)에서의 반응열과 ΔC_P 항으로 임의의 온도 T에서의 반응열을 구하는 식이다. 압력이 대기압 이상인 경우에 반응열을 계산하는 방법은 Chen[2]의 저서에서 찾을 수 있다. 400°C에서 수소와 산소가 반응하는 경우에 압력이 1기압에서 200기압으로 상승해도 반응열은 단지 6%만이 증가하는 것으로 나타났다.

예제 11-2 반응열

150°C에서 수소와 질소로부터 암모니아를 합성하는 반응의 반응열을 (kcal/mol N_2)와 (kJ/mol H_2)의 단위로 계산하여라.

풀이

$$N_2 + 3H_2 \longrightarrow 2NH_3$$

*Perry's Chemical Handbook*이나 *Handbook of Chemistry and Physics*[3]에서 찾은 반응 화합물의 생성열을 이용하여 기준온도(T_R)에서의 반응열을 계산한다.

25°C에서 생성 엔탈피는

$$H_{NH_3}(T_R) = -11{,}020 \frac{\text{cal}}{\text{mol NH}_3},\ H_{H_2} = 0,\ \text{그리고}\ H_{N_2} = 0$$

참고: 25°C에서 모든 원소(H_2, N_2)의 생성열은 정의에 의해 **0**이다.

$\Delta H^\circ_{Rx}(T_R)$를 계산하기 위해서 식 (11-24)를 이용하고, 생성물(예, NH_3)의 생성열에 화학양론계수(NH_3의 경우 2)를 곱해 주고 여기에 각각의 반응물(예, N_2, H_2)의 생성열에 각각의 화학양론계수(N_2의 경우 1, H_2의 경우 3)를 곱해 준 값을 뺀다.

$$\Delta H^\circ_{Rx}(T_R) = 2H^\circ_{NH_3}(T_R) - 3H^\circ_{H_2}(T_R) - H^\circ_{N_2}(T_R) \tag{E11-2.1}$$

---

2. N. H. Chen, *Process Reactor Design* (Needham Heights, MA: Allyn and Bacon, 1983), p. 26.
3. D. W. Green, and R. H. Perry, eds., *Perry's Chemical Engineers' Handbook*, 8th ed. (New York: McGraw-Hill, 2008).

$$\Delta H^\circ_{Rx}(T_R) = 2H^\circ_{NH_3}(T_R) - 3(0) - 0 = 2H^\circ_{NH_3}$$
$$= 2(-11{,}020)\ \frac{\text{cal}}{\text{mol N}_2}$$
$$= -22{,}040\ \text{cal/mol 반응한 N}_2$$

$$\Delta H^\circ_{Rx}(298\ \text{K}) = -22.04\ \text{kcal/mol 반응한 N}_2$$

또는 kJ/mol의 항으로(1 kcal = 4.184 kJ)

발열반응

$$\Delta H^\circ_{Rx}(298\ K) = -92.22\ \text{kJ/mol 반응한 N}_2$$

음의 부호는 반응이 **발열**(exothermic)이라는 것을 표시한다. 열용량이 일정하거나 또는 25°C에서 150°C 사이의 평균 열용량을 쉽게 이용할 수 있으면, 150°C에서의 ΔH_{Rx}을 구하는 것은 아주 간단하다.

$$C_{P_{H_2}} = 6.992\ \text{cal/mol H}_2\cdot\text{K}$$
$$C_{P_{N_2}} = 6.984\ \text{cal/mol N}_2\cdot\text{K}$$
$$C_{P_{NH_3}} = 8.92\ \text{cal/mol NH}_3\cdot\text{K}$$

$$\Delta C_P = 2C_{P_{NH_3}} - 3C_{P_{H_2}} - C_{P_{N_2}} \tag{E11-2.2}$$
$$= 2(8.92) - 3(6.992) - 6.984$$
$$= -10.12\ \text{cal/mol N}_2\ \text{reacted K}$$

$$\Delta H_{Rx}(T) = \Delta H^\circ_{Rx}(T_R) + \Delta C_P(T - T_R) \tag{11-26}$$
$$\Delta H_{Rx}(423\ K) = -22{,}040 + (-10.12)(423 - 298)$$
$$= -23{,}310\ \text{cal/mol N}_2 = -23.31\ \text{kcal/mol N}_2$$

kJ/mol의 항으로

$$\Delta H^\circ_{Rx}(298\ K) = -23.3\ \text{kcal/mol N}_2 \times 4.184\ \text{kJ/kcal}$$
$$\boxed{\Delta H_{Rx}(423\ K) = -97.5\ \text{kJ/mol N}_2}$$

반응한 수소의 몰수를 기준으로 한 반응열은 다음과 같다.

$$\Delta H_{Rx}(423\ K) = \frac{1\ \text{mol N}_2}{3\ \text{mol H}_2}\left(-97.53\ \frac{\text{kJ}}{\text{mol N}_2}\right)$$
$$\Delta H_{Rx}(423\ K) = -32.51\ \frac{\text{kJ}}{\text{mol H}_2}\ \text{at 423 K}$$

분석: 이 예제에서는 (1) 반응물과 생성물의 생성열이 주어졌을 때, 어떻게 주어진 화합물의 반응열을 계산하는가, (2) 반응 중인 다른 화합물의 반응열을 알 때 어떻게 다른 하나의 화합물의 반응열을 계산하는가를 보여주었으며, 마지막으로 (3) 온도를 변화시킬 때 반응열이 어떻게 변하는지도 관찰하였다.

이제 임의의 온도에서 반응열을 계산할 수 있는가를 알았으므로, 식 (11-22)를 $\Delta H_R(T_R)$과 ΔC_P로[즉, 식 (11-26)] 치환시키도록 하자. 정상상태 수지식은 다음과 같다.

평균 열용량 또는 일정한 열용량으로 나타낸 에너지수지식

$$\dot{Q} - \dot{W}_s - F_{A0}\sum_{i=1}^{n}\Theta_i C_{P_i}(T - T_{i0}) - [\Delta H^\circ_{Rx}(T_R) + \Delta C_P(T - T_R)]F_{A0}X = 0 \tag{11-27}$$

지금부터 특별한 명시가 없으면 다음과 같이 식을 간단하게 나타내기로 하자.

$$\Sigma = \sum_{i=1}^{n}$$

대부분의 계에서 일 $\dot{W}_s$는 무시할 수 있으므로 에너지수지식은 다음과 같이 정리된다. (예외로, 캘리포니아 기술사 시험문제인 제12장 끝의 P12-6_B를 보아라.)

$$\dot{Q} - F_{A0}\Sigma\Theta_i C_{P_i}(T - T_{i0}) - [\Delta H^\circ_{Rx}(T_R) + \Delta C_P(T - T_R)]F_{A0}X = 0 \tag{11-28}$$

우리가 연구하려고 하는 거의 모든 계에서, 반응물은 동일 온도로 계에 공급될 것이다. 따라서 $T_{i0} = T_0$.

온도와 전화율을 관계시키는 데 식 (11-28)을 사용할 수 있고, 이어서 예제 11-1에서 설명하였던 알고리즘을 평가하기 위하여 진행할 수 있다. 그러나 반응이 단열로 수행되지 않으면 비-단열 반응기에서 계로 가해지거나 제거되는 열이 반응기의 길이에 따라 변하기 때문에 식 (11-28)을 평가하기는 아직은 어렵다. 이와 같은 문제는 산업현장에서 흔히 찾을 수 있는 단열 반응기에서는 일어나지 않는다. 그러므로 단열 관형반응기를 먼저 해석하기로 한다.

11.4 단열운전

산업현장에서 반응은 흔히 단열적으로 수행하며, 가열 또는 냉각은 반응기의 상류에서나 하류에서 해준다. 따라서 단열 반응기를 해석하고 크기를 정하는 것은 중요한 일이다.

11.4.1 단열 에너지수지

앞 절에서 전화율을 반응기에 가해진 열 $\dot{Q}$와 온도에 결부시킨 식 (11-28)을 유도하였다. 잠시 쉬면서(며칠 동안), 일이 없고($\dot{W}_s = 0$), 단열운전($\dot{Q} = 0$)인 계를 고려해 보자. $T_{i0} = T_0$이라면 식 (11-28)은 온도의 함수로서 전화율에 대한 다음 식으로 재정리된다.

단열운전에 대해서, 이제 예제 11-1을 풀 수 있게 되었다!

$$X = \frac{\Sigma\,\Theta_i C_{P_i}(T - T_0)}{-[\Delta H^\circ_{Rx}(T_R) + \Delta C_P(T - T_R)]} \tag{11-29}$$

단열 발열반응에 대한 X와 T 사이의 상관관계

많은 경우를 보면 식 (11-29)의 분모 중 $\Delta C_P(T - T_R)$ 항은 ΔH°_{Rx} 항에 비해서 무시할 수 있기 때문에 그림 11-2에 나타낸 것과 같이 X 대 T 사이의 플롯은 일반적으로 선형이 될 것이다. 이 플롯의 전화율은 몰수지보다는 오히려 에너지수지에서 구해진다는 것을 상기

시키기 위하여 그림 11-2에는 아래첨자 EB(즉, X_{EB})를 사용하였다.

식 (11-29)는 CSTR, PFR 또는 PBR에 사용하며, 회분식반응기(제13장에서 소개될 것임)에도 적용된다. $\dot{Q} = 0$와 $\dot{W}_s = 0$에 대하여 식 (11-29)는 X와 T 사이에 직접적인 상관관계를 부여한다. 이 상관관계는 11.1절에서 검토하였듯이 반응공학문제를 풀기 위하여 몰수지와 결합되어 함께 사용된다.

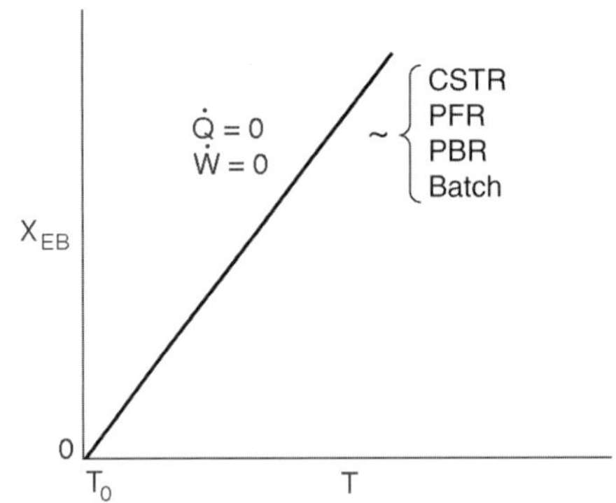

그림 11-2 단열상태의 온도–전화율 상관관계도

식 (11-29)를 재정리하여 온도에 대하여 풀면 다음과 같이 전화율의 함수로 주어진다.

PFR의 단열운전에 대한 에너지수지식

$$T = \frac{X[-\Delta H^{\circ}_{Rx}(T_R)] + \Sigma\Theta_i C_{P_i} T_0 + X\Delta C_P T_R}{\Sigma\Theta_i C_{P_i} + X\Delta C_P} \tag{11-30}$$

11.4.2 단열 관형반응기

식 (11-29) 또는 (11-30)을 아래의 미분형 몰수지와 결합하면 반응기의 길이에 따른 온도, 전화율 및 농도의 분포를 얻을 수 있다.

$$F_{A0}\frac{dX}{dV} = -r_A(X, T)$$

종속변수로서 전화율 X를 사용한 한 예로 1차 가역반응(A $\rightleftarrows$ B)이 수행되는 PFR과 PBR을 풀기 위한 알고리즘을 표 11-2에 나타내었다.

요즈음 반응공학문제에 대한 해답은 결합된 몰수지와 에너지수지 미분방정식을 풀기 위해 Polymath, MATLAB, 또는 Wolfram과 같은 일반적인 미분방정식(ODE) 문제풀이 프로그램 같은 소프트웨어 패키지를 사용하여 얻는다.

이제 표 11-2에 있는 알고리즘과 표 11-3에 있는 풀이과정을 실제 반응에 사용하자.

표 11-2 단열 PFR/PBR 알고리즘

아래의 기초 가역 기상반응이 PFR에서 수행되고 있다. 압력강하는 무시되고 화합물 A와 비활성물 I가 반응기로 들어간다.

$$A \rightleftarrows B$$

1. 몰수지:

$$\frac{dX}{dV} = \frac{-r_A}{F_{A0}} \tag{T11-2.1}$$

2. 속도식:

$$-r_A = k\left(C_A - \frac{C_B}{K_e}\right) \tag{T11-2.2}$$

$$k = k_1(T_1)\exp\left[\frac{E}{R}\left(\frac{1}{T_1} - \frac{1}{T}\right)\right] \tag{T11-2.3}$$

$\Delta C_P = 0$에 대해서,

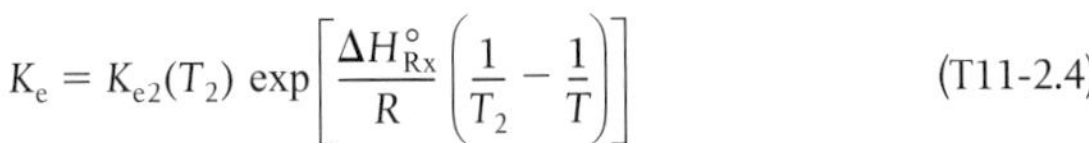

$$K_e = K_{e2}(T_2)\exp\left[\frac{\Delta H^\circ_{Rx}}{R}\left(\frac{1}{T_2} - \frac{1}{T}\right)\right] \tag{T11-2.4}$$

알고리즘을 따른다.

3. 화학양론: 기체, $\varepsilon = 0,\ P = P_0\ \therefore\ p \equiv 1$

$$C_A = C_{A0}(1 - X)\frac{T_0}{T} \tag{T11-2.5}$$

$$C_B = C_{A0}X\frac{T_0}{T} \tag{T11-2.6}$$

4. 결합:

$$-r_A = kC_{A0}\left[(1 - X) - \frac{X}{K_e}\right]\frac{T_0}{T} \tag{T11-2.7}$$

평형에서 $-r_A \equiv 0$, 평형전화율 X_e에 대하여 식 (T11-2.7)을 풀 수 있다.

$$X_e = \frac{K_e}{1 + K_e} \tag{T11-2.8}$$

5. 에너지수지:

온도와 전화율을 관계시키기 위하여, 단열 PFR에 에너지수지를 적용한다. 만약 모든 화합물들이 동일한 온도로 들어간다면, $T_{i0} = T_0$이다.

$\Delta C_P = 0$이고 순수한 A와 비활성물 I만 들어갈 경우 식 (11-30)을 풀면, 전화율의 함수로서 온도가 얻어진다.

$$T = T_0 + \frac{X[-\Delta H^\circ_{Rx}(T_R)]}{C_{P_A} + \Theta_I C_{P_I}} \tag{T11-2.9}$$

식 (11-29) 또는 식 (T11-2.9)를 사용하면 에너지수지로부터 전화율은 온도의 함수로 예측된다.

$$X_{EB} = \frac{(C_{P_A} + \Theta_I C_{P_I})(T - T_0)}{-\Delta H^\circ_{Rx}(T_R)} \tag{T11-2.10}$$

전화율에 첨자를 추가하여 몰수지가 아닌 에너지수지에서 계산되었음을 나타내었다. 심프슨 공식이나 ODE 문제풀이 프로그램을 사용하여 식 (T11-2.1)에서 (T11-2.10)까지 쉽게 풀 수 있다.

표 11-3 기초 단열 기상 PFR/PBR 반응기에 대한 풀이과정

종속변수로서 몰(Moles as the Dependent Variable)

1. 몰수지

$$\frac{dF_A}{dW} = r'_A$$

$$\frac{dF_B}{dW} = r'_B$$

2. 속도

$$\text{속도식: } -r'_A = k\left(C_A - \frac{C_B}{K_C}\right)$$

$$\text{상대속도: } r'_B = -r'_A$$

$$k = k_1(T_1)\exp\left[\frac{E}{R}\left(\frac{1}{T_1} - \frac{1}{T}\right)\right]$$

$$K_C = K_{C2}(T_2)\exp\left[\frac{\Delta H^\circ_{Rx}}{R}\left(\frac{1}{T_2} - \frac{1}{T}\right)\right]$$

$\delta \equiv 0$에 대해서, $K_C \equiv K_c$임을 상기하여라.

3. 양론

$$C_A = C_{T0}\frac{F_A}{F_T}\frac{T_0}{T}p$$

$$C_B = C_{T0}\frac{F_B}{F_T}\frac{T_0}{T}p$$

$$F_T = F_A + F_B + F_I$$

$$\frac{dp}{dW} = -\frac{\alpha}{2p}\frac{T}{T_0}\frac{F_T}{F_{T0}}$$

$$X = \frac{F_{A0} - F_A}{F_{A0}}$$

4. 에너지

$$T = T_0 + \frac{-\Delta H^\circ_{Rx} X}{C_{P_A} + \Theta_I C_{P_I}}$$

5. 파라미터 계산

$T_1 = 298$ K	$\Theta_I = 1$	$C_{T0} = 1.0\ mol/dm^3$
$T_2 = 298$ K	$K_{C2} = 75{,}000$	$\Delta H^\circ_{Rx} = -14{,}000\ cal/mol$
$C_{P_A} = 25\ cal/mol/K$	$k_1 = 3.5\times10^{-5}\ \text{min}^{-1}$	$E = 10{,}000\ cal/mol$
$C_{P_I} = 50\ cal/mol/K$	$F_{A0} = 5\ mol/\text{min}$	

6. 주입 조건

V = 0일 때, $F_{A0} = 5$, $F_B = 0$, $T_0 = 480$ K

이 값들은 웹사이트의 LEP 11-6에서도 사용된다.

실전 예제 문제

예제 11-3 *n*-부탄의 단열 액상 이성질화반응

노말부탄(normal butane, n-C_4H_{10})은 플러그흐름반응기에서 이성질화되어 이소부탄(isobutane, i-C_4H_{10})이 된다. 이소부탄은 가솔린 첨가제의 제조에 사용되는 가치 있는 제품이다. 예컨대 이소부탄은 더 반응시켜 이소옥탄(iso-octane)을 만든다. 2014년에 n-부탄의 판매가는 \$1.5/gal인 반면에 이소부탄의 가격은 \$1.75/gal이다.[†]

[†] 값싼 n-C_4H_{10}을 Jofostan, Riça의 일요시장에서 살 수 있다. 2월 29일 이곳 CRE 부스에서 스벤 코틀로프 교수의 특별 출연과 강의가 있다.

이 기초 가역반응은 고압 액상에서 미량의 촉매를 사용하여 **단열적으로** 수행된다. 360 K에서의 비반응속도는 31.1 h^{-1}이다. 90 mol% *n*-부탄과 비활성 물질인 10 mol% *i*-펜탄(iso-pentane)의 혼합물에 대하여 70% 전화율에서 100,000 gal/day(163 kmol/h)을 처리한다. 공급물은 330 K로 도입된다.

(a) 70% 전화율에 도달하는 데 필요한 PFR의 부피를 계산하기 위한 CRE 알고리즘을 세워라.

(b) 70% 전화율에 도달할 때까지 반응기의 하류를 따라서 거리(부피)의 함수로 X, X_e, T, $-r_A$를 플롯하고 분석하기 위하여 ODE 소프트웨어(Polymath)를 사용하여라.

(c) X의 함수로서 $\left(\frac{F_{A0}}{-r_A}\right)$의 표를 생성하기 위해서 T, k, K_C, X_e, 그리고 $-r_A$를 계산하기 위한 단계적 절차(step-by-step procedure)를 손 계산(hand calculation)으로 보여라.

(d) 70% 전화율에 도달하기 위한 PFR 부피를 계산하기 위하여 (c)에서 생성한 표를 이용하여라.

(e) 40% 전화율일 경우의 CSTR의 부피를 계산하여라.

추가 정보

경제적 보상
\$ = 1.75/gal 대 1.50/gal

$$\Delta H^{\circ}_{Rx} = -6900 \text{ J/mol n-부탄, 활성화 에너지} = 65.7 \text{ kJ/mol}$$

$$60°\text{C에서 } K_C = 3.03, \quad C_{A0} = 9.3 \text{ mol/dm}^3 = 9.3 \text{ kmol/m}^3$$

부탄

$$C_{P_{n\text{-}B}} = 141 \text{ J/mol}\cdot\text{K},$$

$$C_{P_{i\text{-}B}} = 141 \text{ J/mol}\cdot\text{K} = 141 \text{ kJ/kmol}\cdot\text{K}$$

i-펜탄

$$C_{P_{i\text{-}P}} = 161 \text{ J/mol}\cdot\text{K}$$

풀이

$$n\text{-}C_4H_{10} \rightleftarrows i\text{-}C_4H_{10}$$

$$A \rightleftarrows B$$

가역반응에서 전화율 70%를 요구하는 것은 위험도를 고려한다.

문제 서술 (a)에서는 70%의 전화율을 달성하는 데 필요한 PFR 부피를 찾기 위해 CRE 알고리즘을 세우라고 말했다. 이 문제 서술은 위험하다. 왜 그런가? 그것은 단열평형 전화율이 70% 미만이 될 수도 있기 때문이다! 다행히 여기서 논의된 경우는 그렇지 않다, $0.7 < X_e$. 일반적으로 평형전화율의 95%인 $X_f = 0.95\ X_e$를 얻을 수 있도록 반응기 부피를 요청하는 것이 훨씬 안전하고 좋을 것이다.

Part (a) PFR 알고리즘

$n - C_4H_{10}$, $i - C_4H_{10}$ → [PFR] → $i - C_4H_{10}$, $n - C_4H_{10}$

알고리즘

1. 몰수지:

$$F_{A0}\frac{dX}{dV} = -r_A \tag{E11-3.1}$$

2. 속도법칙:

$$-r_A = k\left(C_A - \frac{C_B}{K_C}\right) \tag{E11-3.2}$$

여기서 $\delta = 0$, $K_C = K_e$의 경우,

$$k = k(T_1)e^{\left[\frac{E}{R}\left(\frac{1}{T_1}-\frac{1}{T}\right)\right]} \tag{E11-3.3}$$

$$K_C = K_C(T_2)e^{\left[\frac{\Delta H^\circ_{Rx}}{R}\left(\frac{1}{T_2}-\frac{1}{T}\right)\right]} \tag{E11-3.4}$$

3. 양론(액상, $\upsilon = \upsilon_0$):

$$C_A = C_{A0}(1-X) \tag{E11-3.5}$$

$$C_B = C_{A0}X \tag{E11-3.6}$$

4. 결합:

알고리즘을 따른다.

$$-r_A = kC_{A0}\left[1-\left(1+\frac{1}{K_C}\right)X\right] \tag{E11-3.7}$$

5. 에너지수지: 식 (11-27)을 상기하면, 다음과 같다.

$$\dot{Q} - \dot{W}_s - F_{A0}\,\Sigma\,\Theta_i C_{P_i}(T-T_0) - F_{A0}X[\Delta H^\circ_{Rx}(T_R) + \Delta C_P(T-T_R)] = 0 \tag{11-27}$$

문제에 제시된 자료로부터

단열상태: $\dot{Q} = 0$

일 없음: $\dot{W} = 0$

$\Delta C_P = C_{P_B} - C_{P_A} = 141 - 141 = 0$

식 (11-27)에 위의 조건을 적용해 정리하면 다음과 같다.

$$\boxed{T = T_0 + \frac{(-\Delta H^\circ_{Rx})X}{\Sigma\,\Theta_i C_{P_i}}} \tag{E11-3.8}$$

기호 표기

$\Delta H_{Rx}(T) \equiv \Delta H_{Rx}$

$\Delta H_{Rx}(T_R) \equiv \Delta H^\circ_{Rx}$

$\Delta H_{Rx} =$
$\Delta H^\circ_{Rx} + \Delta C_P(T-T_R)$

6. 파라미터 평가:

n-butane이 전체 몰유량의 90%이므로, F_{A0}는 다음과 같이 된다.

$$F_{A0} = 0.9F_{T0} = (0.9)\left(163\frac{\text{kmol}}{\text{h}}\right) = 146.7\frac{\text{kmol}}{\text{h}}$$

$$\Sigma\Theta_i C_{P_i} = C_{P_A} + \Theta_I C_{P_I} = \left(141 + \left(\frac{0.1}{0.9}\right)161\right)\text{J/mol}\cdot\text{K}$$

$$= 159\ \text{J/mol}\cdot\text{K}$$

$$T = 330 + \frac{-(-6900)}{159}X$$

$$\boxed{T = 330 + 43.4X} \tag{E11-3.9}$$

여기서 T는 켈빈(Kelvin) 온도이다.

활성화 에너지 T_1과 k_1을 식 (E11-3.3)에 대입하면, 다음 식을 얻는다.

$$k = 31.1\ \exp\left[\frac{65{,}700}{8.31}\left(\frac{1}{360} - \frac{1}{T}\right)\right](h^{-1})$$

$$\boxed{k = 31.1\ \exp\left[7906\left(\frac{T-360}{360T}\right)\right](h^{-1})} \tag{E11-3.10}$$

ΔH°_{Rx}, T_2와 $K_C(T_2)$를 식 (E11-3.4)에 대입하면, 다음 식을 얻는다.

$$K_C = 3.03\ \exp\left[\frac{-6900}{8.31}\left(\frac{1}{333} - \frac{1}{T}\right)\right]$$

$$\boxed{K_C = 3.03\ \exp\left[-830.3\left(\frac{T-333}{333T}\right)\right]} \tag{E11-3.11}$$

속도법칙을 이용하여 정리하면 다음과 같다.

$$-r_A = kC_{A0}\left[1 - \left(1 + \frac{1}{K_C}\right)X\right] \tag{E11-3.7}$$

7. 평형전화율:

평형상태에서는

$$-r_A \equiv 0$$

이므로, 식 (E11-3.7)에서 평형전화율을 구할 수 있다.

$$X_e = \frac{K_C}{1 + K_C} \tag{E11-3.12}$$

$K_C(T)$를 알기 때문에, 온도의 함수로 X_e를 찾을 수 있다.

Polymath 해법을 수행한 후, 전화율과 온도에 따른 파라미터 X_e 및 $-r_A$가 어떻게 변화하는지 직관적으로 이해할 수 있도록 손으로 계산을 수행할 것이다.

Part (b)는 "열" 효과가 있는 대부분의 CRE 문제를 해결하기 위해 사용할 Polymath 해법이다.

Part (b) 전화율과 온도분포를 구하기 위한 PFR 컴퓨터 해

이제 Polymath를 사용하여 PFR 반응기 부피를 구하고, X, X_e, $-r_A$ 및 T를 반응기 하류로의 거리(부피)로 플롯하고 분석한다. 컴퓨터 해는 이러한 반응 변수가 반응기의 길이에 따라 어떻게 변화하는지 쉽게 알 수 있게 해주며 또한 C_{A0}과 T_0(LEP P11-1_A(b) 참조)와 같은 시스템 파라미터를 변화시켜 반응과 반응기를 연구할 수 있게 해준다. 표 E11-3.1에는 방정식 (E11-3.1), (E11-3.7), (E11-3.9), (E11-3.10), (E11-3.11), (E11-3.12)를 사용한 Polymath 프로그램이 나타나 있다.

실전 예제 문제

표 E11-3.1 단열 이성질화반응에 대한 Polymath 프로그램

Differential equations

```
1 d(X)/d(V) = -ra/Fa0
```

Explicit equations

```
1 Ca0 = 9.3
2 Fa0 = .9*163
3 T = 330+43.3*X
4 Kc = 3.03*exp(-830.3*((T-333)/(T*333)))
5 k = 31.1*exp(7906*(T-360)/(T*360))
6 Xe = Kc/(1+Kc)
7 ra = -k*Ca0*(1-(1+1/Kc)*X)
8 rate = -ra
```

POLYMATH Report
Ordinary Differential Equations

Calculated values of DEQ variables

	Variable	Initial value	Final value
6	rate	39.28165	0.0029845
7	T	330.	360.9227
8	V	0	5.
9	X	0	0.7141504
10	Xe	0.7560658	0.7141573

LEP Code: *http://www.umich.edu/~elements/5e/live/chapter11/LEP-11-3.pol*

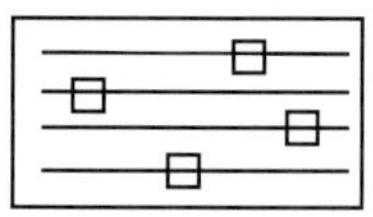
Wolfram Sliders

표 E11-3.1과 그림 E11-3.1(c)에서 5 dm^{3}인 PFR의 끝지점에서 전화율 X와 평형전화율 X_e가 71.4%에 도달했음을 보여준다. 또한, 그림 E11-3.1의 (a)와 (b)에 따르면, 반응기에서 이 지점에서 순반응속도가 0에 근접하는 360.9 K 고원에 도달한다. Wolfram을 사용하여 그림 E11-3.1의 각 세 부분을 살펴보아라.

그림 E11-3.1의 곡선 모양들을 보자. 왜 곡선들은 그렇게 보이는가?

분석: PFR의 Part (a) 및 (b). PFR의 그래픽 출력은 그림 E11-3.1에 나타나 있다. 그림 E11-3.1(c)에서 40% 전화에 PFR 부피가 1.15 m^{3}이 필요하다는 것을 알 수 있다. 온도 및 반응속도 프로필도 표시된다. 이상한 것을 눈치 챘는가? 정답은 반응속도가 최고치를 통과한다는 것이다.

(a)

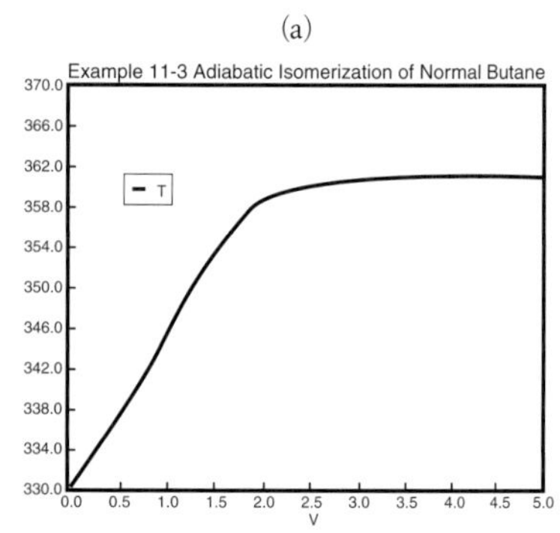

(b)

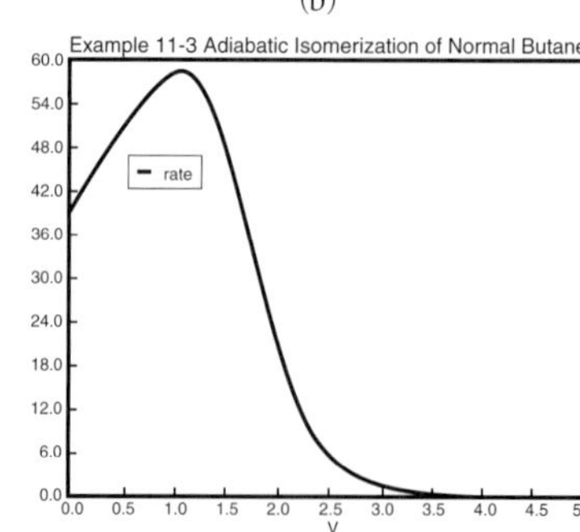

(c)

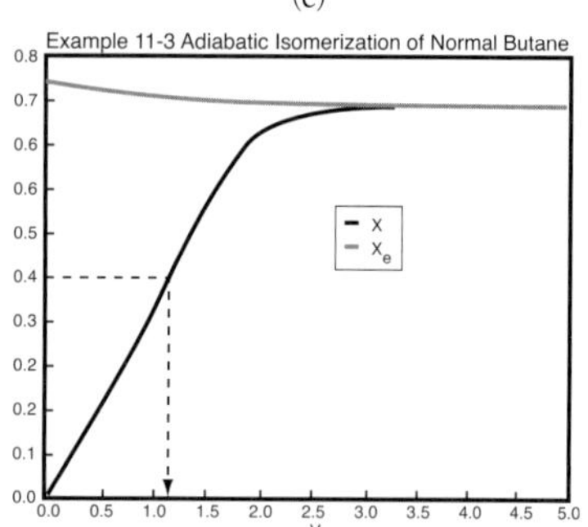

그림 E11-3.1 (a) 단열 PFR 온도(K), (b) 반응속도(kmol/m^3/h), (c) 전화율 X, X_e 곡선

$$-r_A = \underbrace{kC_{A0}}_{A} \underbrace{\left[1 - \left(1 + \frac{1}{K_C}\right) X\right]}_{B} \tag{E11-3.13}$$

반응기 입구 근처에서는 k가 증가하는 것처럼 T도 증가하는데, B항이 감소하는 것보다 A항이 더 빨리 증가하여 반응속도가 증가한다. 반응기의 출구 근처에서는, 평형에 접근하면서 A항이 증가하는 것보다 B항이 더 빨리 감소하고 있다. 결과적으로, 이러한 두 가지 경쟁적 효과 때문에, 반응속도에서 최대치를 가진다. 반응기 끝에서, 온도는 반응이 평형에 가까워질 때 고원에 도달한다(즉, $V \equiv 3.5\ m^3$). Riça에 있는 Jofostan대학의 모든 화학공학 학생들은 평형상태($-r_A \cong 0$)에서 X, X_e 또는 T에서 더 이상의 변화는 일어나지 않는다는 것을 알고 있다.

Part (c) 아마도 통 큰 통찰력을 제공하고 제2장의 기술을 기반으로 하는 손 계산에 의한 해답

한 번만 하려고 한다!!

이제 전화율 X의 함수로서 ($F_{A0/}-r_A$)를 계산하기 위해서 표 E11-3.1을 만든 후 심프슨 규칙(Simpson's rule)을 사용하여 식 (E11-3.8)을 적분할 것이다. 이 절차는 제2장에서 설명한 절차와 유사하다. 이제 표 E11-3.1이 어떻게 구성되었는지를 보여주는 샘플 계산을 수행한다.

예를 들어, $X = 0.2$의 경우 아래 화살표를 따라 계산하여라.

표 E11-3.1에 대한 표본 계산

(a) 먼저 온도 T를 계산하여라: 식 (E11-3.9):

$$T = 330 + 43.4(0.2) = 338.6\ \text{K}$$

(b) k를 계산하여라: 식 (E11-3.10):

$$k = 31.1\ \exp\left[7906\left(\frac{338.6 - 360}{(360)(338.6)}\right)\right] = 31.1\ \exp(-1.388) = 7.76\ \text{h}^{-1}$$

(c) K_C를 계산하여라: 식 (E11.3.11):

$$K_C = 3.03\ \exp\left[-830.3\left(\frac{338.6 - 333}{(333)(338.6)}\right)\right] = 3.03e^{-0.0412} = 2.9$$

(d) X_e를 계산하여라: 식 (E11-3.12):

$$X_e = \frac{2.9}{1 + 2.9} = 0.74$$

지루한 계산인 건 알지만 누군가는...

(e) $-r_A$를 계산하여라: 식 (E11-3.7):

$$-r_A = \left(\frac{7.76}{\text{h}}\right)(9.3)\frac{\text{mol}}{\text{dm}^3}\left[1 - \left(1 + \frac{1}{2.9}\right)(0.2)\right] = 52.8\ \frac{\text{mol}}{\text{dm}^3 \cdot \text{h}} = 52.8\ \frac{\text{kmol}}{\text{m}^3 \cdot \text{h}}$$

(f) F_{A0}를 $-r_A$로 나누면

$$\frac{F_{A0}}{-r_A} = \frac{(0.9\ \text{mol 부탄/mol 전체})(163.\ \text{kmol 전체/h})}{52.8\ \dfrac{\text{kmol}}{\text{m}^3 \cdot \text{h}}} = 2.78\ \text{m}^3$$

다른 전화율에 대해서도 계속하여 이 방식으로 계산하여 표 E11-3.2를 완성한다.

표 E11-3.2 손 계산

X	T (K)	k (h^{-1})	K_C	X_e	$-r_A$(kmol/m³·h)	$\frac{F_{A0}}{-r_A}$ (m³)
0	330	4.22	3.1	0.76	39.2	3.74
0.2	338.7	7.76	2.9	0.74	52.8	2.78
0.4	347.3	14.02	2.73	0.73	58.6	2.50
0.6	356.0	24.27	2.57	0.72	37.7	3.88
0.65	358.1	27.74	2.54	0.718	24.5	5.99
0.7	360.3	31.67	2.5	0.715	6.2	23.29

표 E11-3.2를 사용하여 제2장에서와 같이 레벤스필 플롯을 작성할 수 있다.

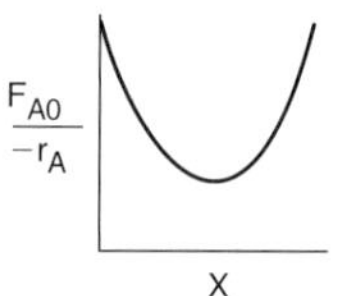

(e) 전화율 70%에 대한 반응기 부피는 적분 공식(quadrature formula)을 사용하여 구한다. 단열 평형 전화율이 0.71에 접근할 때 $(F_{A0}/-r_A)$가 급격히 증가하기 때문에, 두 부분으로 나누어서 적분을 하려고 한다.

$$V = \int_0^{0.7} \frac{F_{A0}}{-r_A} dX = \int_0^{0.6} \frac{F_{A0}}{-r_A} dX + \int_{0.6}^{0.7} \frac{F_{A0}}{-r_A} dX \qquad \text{(E11-3.14)}$$

이와 같은 손으로 하는 계산은 왜 해야 하는가? 이런 것이 별로 도움이 되지 못한다면, 나에게 이메일을 보내라. 그러면 이것을 다시 보지 않을 것이다.

부록 A에서 식 (A-24)와 (A-22)를 사용하면 다음을 구할 수 있다.

$$V = \frac{3}{8}\times\frac{0.6}{3}[3.74 + 3\times 2.78 + 3\times 2.50 + 3.88]\text{m}^3 + \frac{1}{3}\times\frac{0.1}{2}[3.88 + 4\times 5.99 + 23.29]\text{m}^3$$

$$V = 1.75\ m^3 + 0.85\ \text{m}^3$$

$$\boxed{V = 2.60\ m^3}$$

2019년 10월 10일 늦은 시간에: 사실 이 여백 노트(margin note)가 2011년에 처음 등장한 이후 손으로 계산하는 것을 본문에 보관하라고 하는 사람이 2명 있어서 보관하고 있다.

분석: Part (c) 여러분은 위에서 보인 것과 같은 손으로 하는 계산을 다시는 하지 않을 것이다. 그러면 왜 이것을 수행했는가? 희망하기로는 독자들에게 각 항의 크기를 직관적 감각으로 느끼게 하고, 제2장에서 $(F_{A0}/-r_A)$ 대 X의 레벤스필 플롯을 어떻게 만드는가를 보여준 것과 마찬가지로 반응기 하류를 따라가는 동안에 각 항이 어떻게 변화하는가(즉, 컴퓨터 해법 이 한 것)를 알려주고 싶은 것이다. 출구에서 $V = 2.6\ \text{m}^3$, $X = 0.7$, $X_e = 0.715$, $T = 360$ K이다.

Part (d) CSTR 풀이

먼저, 추측해 보아라. 이제 40%의 전화율에 도달하는 데 필요한 단열 CSTR의 부피를 계산하려고 한다. CSTR이 PFR보다 더 클 것 또는 작을 것이라고 생각하는가?

$V_{PFR} > V_{CSTR}$인가? 아니면 $V_{PFR} < V_{CSTR}$인가?

몰수지식은 다음과 같다.

$$V = \frac{F_{A0}X}{-r_A}$$

몰수지식에서 식 (E11-3.7)을 이용하면, 다음 식을 얻는다.

$$V = \frac{F_{A0}X}{kC_{A0}\left[1 - \left(1 + \frac{1}{K_C}\right)X\right]} \tag{E11-3.15}$$

에너지수지로부터 식 (E11-3.9)는 다음과 같다.

$$T = 330 + 43.4X$$

40% 전화율에 대하여

$$T = 330 + 43.4(0.4) = 347.3\text{K}$$

식 (E11-3.10)과 (E11-3.11)을 이용하거나 또는 T = 347.3 K에서 표 E11-3.1로부터 다음을 구할 수 있다.

$$k = 14.02\ \text{h}^{-1}$$
$$K_C = 2.73$$

이때

$$-r_A = 58.6\ \text{kmol/m}^3\cdot\text{h}$$
$$V = \frac{(146.7\ \text{kmol 부탄/h})(0.4)}{58.6\ \text{kmol/m}^3\cdot\text{h}}$$
$$V = 1.0\ \text{m}^3$$

이와 같은 단열 반응에서 40%의 전화율을 달성하기 위한 CSTR의 부피(1 m^3)는 PFR의 부피(1.15 m^3)보다 작음을 알 수 있다.

제2장의 레벤스필 플롯을 상기하면 전화율 40%에 대한 반응기 부피가 CSTR이 PFR보다 작다는 것을 바로 알 수 있다. 표 E11-3.1의 데이터를 X의 함수로 $(F_{A0}/-r_A)$를 도식화한 그림은 다음과 같다.

단열 CSTR 부피가 PFR 부피보다 작다.

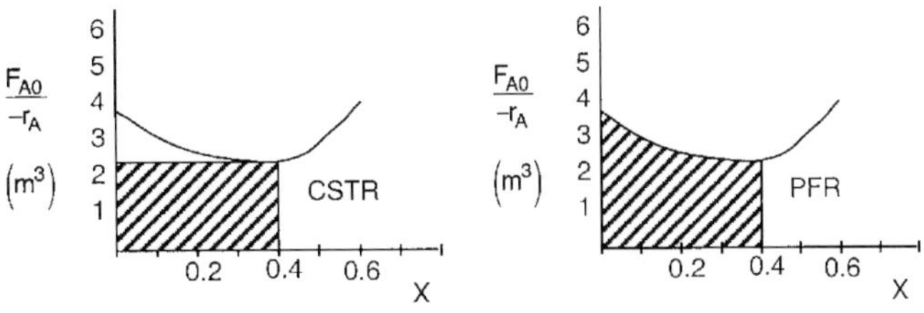

그림 E11-3.2 CSTR과 PFR의 레벤스필 플롯

그림에서 보면 PFR 면적(부피)이 CSTR 면적(부피)보다 크다.

분석: 이 예제에서 CRE 알고리즘을 단열로 운전되는 PFR과 CSTR에서 수행된 가역-1차반응에 응용하였다. 40%의 전화율을 얻는 데 필요한 CSTR의 부피는 같은 전화율을 얻는 데 필요한 PFR의 부피보다 작다는 것에 주목하여라. 그림 E11-3.1(c)에서, PFR 부피가 3.5 m^3일 때, 반응기의 중간쯤에서 근본적으로 평형에 도달하고, 온도, 반응속도, 평형전화율, 또는 전화율 등의 변화는 반응기 하류로 가더라도 더는 일어나지 않는다.

AspenTech: 예제 11-3을 AspenTech에 의해 만들었으며 CRE로부터 컴퓨터로 직접 설치할 수 있다.

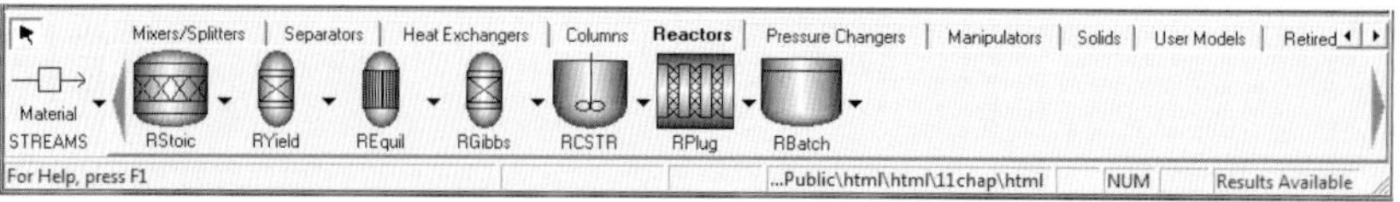

11.5 단열 평형 전화율(Adiabatic Equilibrium Conversion)

가역반응에서는 보통 평형전화율 X_e를 가장 먼저 계산한다.

가역반응에서 도달할 수 있는 가장 높은 전화율은 평형전화율이다. 흡열반응일 때, 평형전화율은 온도 증가에 따라서 최대 1.0까지 증가한다. 발열반응일 때, 평형전화율은 온도 증가에 따라 감소한다.

11.5.1 평형전화율(Equilibrium Conversion)

발열반응. 그림 11-3(a)는 발열반응(exothermic reaction)에서 농도평형상수(concentration equilibrium constant) K_C의 변화를 온도의 함수로 나타낸 것을 보여주고(부록 C 참조), 그림 11-3(b)는 이에 상당하는 평형전화율 X_e를 온도의 함수로 나타낸 것을 보여준다. 예제 11-3에서 1차반응에 대하여 평형전화율 X_e는 식 (E11-3.12)를 사용하여 계산할 수 있음을 알았다.

1차 가역반응

$$X_e = \frac{K_C}{1+K_C} \tag{E11-3.12}$$

따라서 X_e는 그림 11-3(a)와 식 (E11-3.12)로부터 또는 식 (E11-3.12)와 (E11-3.4) 중 하나를 사용하여 직접 온도 함수로 계산할 수 있다.

그림 11-3(b)의 X_e 대 T의 곡선모양은 1차반응이 아닌 반응들과 유사하다는 것을 주목하여라.

발열반응에서 평형전화율은 온도 증가에 따라 감소한다.

발열반응이 단열조건에서 진행될 때, 도달될 수 있는 최대전화율을 결정하기 위해서, 그림 11-4에서 보여주는 것과 같이, 에너지수지식(그림 11-2와 식 (T11-1.A))으로부터 얻은 온도-전화율 관계 직선과 온도의 함수로서 평형전화율(그림 11-3(b)) 곡선의 교차점(intersection)을 찾는다.

$$X_{EB} = \frac{\Sigma\Theta_i C_{P_i}(T-T_0)}{-\Delta H_{Rx}(T)} \tag{T11-1.A}$$

에너지수지선(energy balance line) X_{EB}과 열역학적 평형곡선(thermodynamic equilibrium curve) X_e의 교차점이 유입 온도 T_0에 대한 단열 평형 전화율과 온도이다.

유입 온도가 T_0에서 T_{01}로 증가하면, 에너지수지선은 오른쪽으로 이동될 것이며 그림에서 점선으로 표시된 것처럼 원래의 선에 평행하게 될 것이다. 유입 온도가 증가하면, 단열 평형 전화율은 감소하는 것을 유념해야 한다.

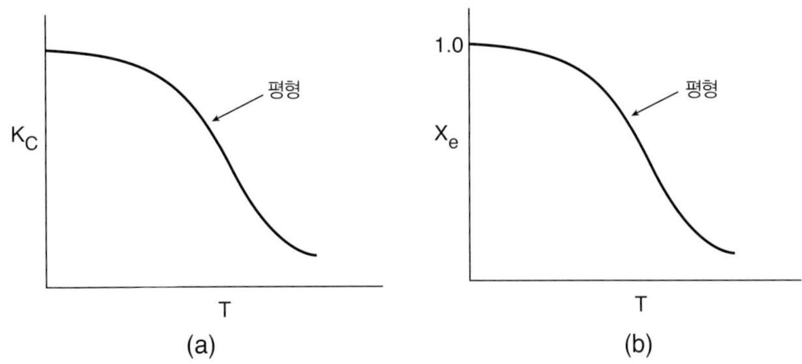

그림 11-3 발열반응에서 온도에 따른 평형상수와 전화율의 변화(*http://www.umich.edu/~elements/5e/11chap/summary-biovan.html*)

발열반응에서 단열 평형 전화율

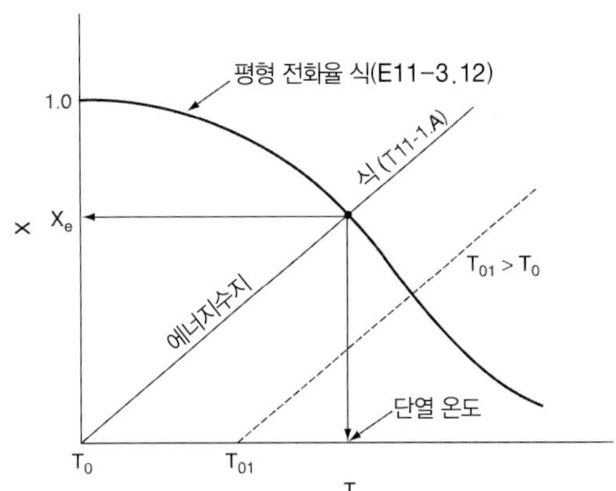

그림 11-4 단열 온도와 단열 평형 전화율 X_e를 구하기 위한 평형식과 에너지수지식의 도식 해법

예제 11-4 단열 평형 온도와 전화율의 계산

액상 기초 반응

$$A \rightleftarrows B$$

에 대해서 평형전화율을 온도의 함수로 플롯하여라. Jofostan 경제에 공업적으로 중요한 반응은 비밀코드 A와 B로 등록되어 있다.

(a) k, C_{A0}, X, X_e의 함수로 $-r_A$를 쓰기 위해서 속도식과 양론을 결합하여라.

(b) 화합물 A와 비활성 물질 I이 300 K로 반응기로 공급될 때, 단열 평형 온도와 전화율을 결정하여라.

(c) $v_0 = 5\ dm^3/min$에 대해서 단열 평형 전화율의 90%를 달성하는 데 필요한 CSTR 부피는 무엇인가?

추가 정보†:

$$H_A^\circ(298\ K) = -46{,}000\ cal/mol \qquad H_B^\circ(298\ K) = -60{,}000\ cal/mol$$

$$C_{P_I} = 50\ cal/mol \cdot K,\ C_{P_A} = 25\ cal/mol \cdot K,\ C_{P_B} = 25\ cal/mol \cdot K,\ \Theta_I = 1$$

† *Jofostan Journal of Thermodynamic Data*, Vol. 23, p. 74 (1999).

$$k = 0.000035\exp\left(\frac{E}{R}\left(\frac{1}{298} - \frac{1}{T}\right) \text{min}^{-1}\right) \text{ with } E = 10{,}000\frac{\text{cal}}{\text{mol}}$$

$$K_e = 75{,}000 \text{ at } 298 \text{ K}$$

풀이

(a) 전화율의 함수로서 $-r_A$를 쓰기 위하여 속도식과 양론을 결합하여라.

1. 몰수지:

$$\frac{dX}{dV} = -r_A/F_{A0} \tag{E11-4.1}$$

2. 속도법칙:

$$-r_A = k\left(C_A - \frac{C_B}{K_e}\right) \tag{E11-4.2}$$

3. 화학양론식: 액체($\upsilon = \upsilon_0$)

알고리즘을 따른다.

액상반응에 적용되어 농도가 다음과 같이 쓰여지는 경우를 제외하고는 표 11-2의 알고리즘을 따른다.

$$C_A = C_{A0}(1-X) \tag{E11-4.3}$$

$$C_B = C_{A0}X \tag{E11-4.4}$$

$$-r_A = kC_{A0}\left(1 - X - \frac{X}{K_e}\right) \tag{E11-4.5}$$

평형에서: $-r_A = 0$이므로:

$$K_e = \frac{C_{A0}X_e}{C_{A0}(1-X_e)} = \frac{X_e}{(1-X_e)} \tag{E11-4.6}$$

식 (E11-4.5)에서 X_e의 항으로 된 K_e로 치환하고 정리하면

$$\boxed{-r_A = kC_{A0}\left(1 - \frac{X}{X_e}\right)} \tag{E11-4.7}$$

식 (E11-4.6)을 X_e에 대해서 풀면

$$\boxed{X_e = \frac{K_e(T)}{1 + K_e(T)}} \tag{E11-4.8}$$

(b) 단열 평형 온도와 전화율을 찾아라.

4. 평형상수: 온도의 함수로서 ΔC_P와 $K_e(T)$를 계산하여라.

$$\Delta C_P = C_{P_B} - C_{P_A} = 25 - 25 = 0 \text{ cal/mol}\cdot\text{K}$$

$\Delta C_P = 0$인 경우, 평형상수는 van't Hoff 관계식에 의해 온도에 따라서 변화한다.

$$K_e(T) = K_e(T_1)\exp\left[\frac{\Delta H^\circ_{Rx}}{R}\left(\frac{1}{T_1} - \frac{1}{T}\right)\right] \tag{E11-4.9}$$

$$\Delta H^\circ_{Rx} = H^\circ_B - H^\circ_A = -14{,}000 \text{ cal/mol}$$

$$K_e(T) = 75{,}000\exp\left[\frac{-14{,}000}{1.987}\left(\frac{1}{298} - \frac{1}{T}\right)\right]$$

$$K_e = 75{,}000\exp\left[-23.64\left(\frac{T-298}{T}\right)\right] \tag{E11-4.10}$$

식 (E11-4.10)을 (E11-4.8)에 대입하면 평형전화율을 온도의 함수로 계산할 수 있다.

5. 열역학으로부터 평형전화율:

$$\boxed{X_e = \frac{75{,}000\exp[-23.64(T-298)/T]}{1+75{,}000\exp[-23.64(T-298)/T]}} \tag{E11-4.11}$$

온도 함수로서 평형전화율의 그림을 그리기 위해서 웹사이트 제11장 LEP "X_e 대 T"의 사용지침서를 사용할 것이다. X_e와 X_{EB}를 생성하기 위해 더미독립변수(dummy independent variable) "t"를 사용하여 Polymath를 속이면서 이를 수행한다. 다음으로, 그림 E11-4.1을 얻기 위해 T를 독립변수로, X_e와 X_{EB}를 종속변수로 만들기 위해 플로팅 프로그램의 변수를 변경한다(*http://www.umich.edu/~elements/5e/software/Polymath_fooling_tutorial.pdf*).

표 E11-4.1은 그 계산 결과를 보여준다.

표 E11-4.1 온도의 함수로서 평형전화율

T(K)	K_e	X_e	k (min^{-1})
298	75,000.00	1.00	0.000035
350	2236.08	1.00	0.000430
400	180.57	0.99	0.002596
450	25.51	0.96	0.010507
500	5.33	0.84	0.032152
550	1.48	0.60	0.080279
620	0.35	0.26	0.225566

이 경우 평형상수 K_e는 10^5배 만큼 감소하고 반응속도상수 k는 10^4배만큼 증가한다.

6. 에너지 수지식:

반응이 단열 조건에서 수행되는 경우, 에너지수지[식 (T11-1.A)]는 다음과 같다.

$$X_{EB} = \frac{\Sigma\Theta_i C_{P_i}(T-T_0)}{-\Delta H_{Rx}} = \frac{(C_{P_A}+\Theta_I C_{P_I})(T-T_0)}{-\Delta H^\circ_{Rx}} \tag{E11-4.12}$$

에너지수지식에서 계산된 전화율

$$X_{EB} = \frac{75(T-480)}{14{,}000} = 5.36\times10^{-3}(T-480) \tag{E11-4.13}$$

표 E11-4.1의 자료와 아래 자료를 그림 E11-4.1에 플롯하였다.

T(K)	480	525	575	620
X_{EB}	0	0.24	0.51	0.75

단열 평형 전화율과 평형 온도

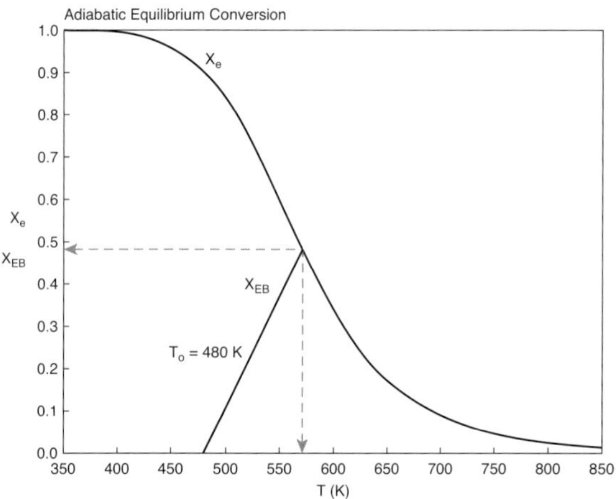

그림 E11-4.1 단열 평형 온도(T_e)와 전화율(X_e) 찾기. 참고: 곡선은 대략적인 내삽점을 사용한다.

$X_{EB}(T)$와 $X_e(T)$의 교차점은 $X_e = 0.49$와 $T_e = 572$ K이다.

(c) 주입 온도 480 K에 해당하는 단열 평형 전화율의 90%를 달성하기 위한 **CSTR 부피 계산**

$$V = \frac{F_{A0}X}{-r_A} = \frac{C_{A0}\upsilon_0 X}{kC_{A0}\left(1-\dfrac{X}{X_e}\right)} = \frac{\upsilon_0 X}{k\left(1-\dfrac{X}{X_e}\right)} \tag{E11-4.14}$$

$$k = \left(3.5\times10^{-5}\exp\left[\frac{10{,}000}{1.987}\left(\frac{1}{298}-\frac{1}{T}\right)\right]\right) = 3.5\times10^{-5}\exp\left[16.89\left(\frac{T-298}{T}\right)\right] \tag{E11-4.15}$$

그림 E11-4.1에서 480 K의 공급 온도에 대해, 단열 평형 온도는 572 K이고, 그에 상응하는 단열 평형 전화율은 $X_e = 0.49$에 불과함을 알 수 있다. 출구 전화율은

$$X = 0.9\,X_e = 0.9(0.49) = 0.44$$

단열 에너지수지로부터, $X = 0.44$에 해당하는 온도는

$$T = T_0 + \left(\frac{-\Delta H_{Rx}}{C_{P_A}+C_{P_I}}\right)X = 480\text{ K} + \frac{14{,}000\ \frac{\text{cal}}{\text{mol}}}{75\frac{\text{cal}}{\text{molK}}}(0.44) = 562\text{ K} \tag{E11-4.16}$$

$T = 562\ \text{K}$에서 $X_e = 0.53$ 그리고 $k = 0.098\ \text{min}^{-1}$

$$V = \frac{(0.44)\left(5\ \dfrac{\text{dm}^3}{\text{min}}\right)}{0.098\ \text{min}^{-1}\left(1 - \dfrac{0.44}{0.53}\right)} = 132.2\ \text{dm}^3$$

분석: 이 예제의 목표는 단열 평형 전화율과 온도의 개념을 소개하는 것이다. 가역반응을 분석하려고 할 때 단열 평형 전화율 X_e를 가장 먼저 결정해야 한다. 단열 평형 전화율 X_e은 유입 온도 T_0의 값과 유입 조성에 대해서 성취할 수 있는 최고 전화율이다. X_e 값이 너무 낮아 경제성이 없을 때 유입 온도를 낮추거나 비활성 물질을 추가하여라(또는 동시에 할 수 있다). 식 (E11-4.6)에서 유량변화는 평형전화율에 영향을 미치지 않음을 관찰하였다. 발열반응의 경우, 유입 온도 T_0가 증가하면 단열 전화율이 감소했고, 흡열반응의 경우 유입 온도 T_0가 증가하면 단열 전화율도 증가했다. Polymath를 이용하여 식 (E11-4.5)와 (E11-4.7)로부터 쉽게 그림 E11-4.1을 만들 수 있다.

만약 비활성 물질 첨가나 유입 온도를 낮추는 것이 불가능하다면 다단 반응기(reactor staging)를 고려해야 한다.

11.6 단간 냉각 또는 가열이 있는 다단 반응기

11.6.1 발열반응

단열운전에서는 단간 냉각(interstage cooling)이 있는 반응기를 직렬로 연결해서 그림 E11-4.1에서 보여준 것보다 더 높은 전화율을 얻을 수 있다.

그림 11-5 단간 냉각이 있는 직렬연결 반응기

그림 11-5는 PBR 반응기 열차에서 수행되는 발열 단열 반응의 경우를 보여준다. 반응기 1의 출구 온도는 800 K로 매우 높지만, 이때의 평형전화율(X_e)은 낮다. 반응 전화율 X_1은 X_e에 접근하기 때문에 낮다. 다음으로, 단열 반응기 1에서 나오는 출구흐름을 열교환기를 통해 온도를 다시 500 K로 낮춘다. 이때 X_e는 높지만 X는 여전히 낮다. 따라서 전화율을 증가시키기 위해 이 흐름은 단열 반응기 2로 들어간다. 반응기 2에서 전화율을 X_2로 증가시킨 후, 후속 열교환기를 거치며 이 공정을 반복한다.

이와 같은 구성에 대한 전화율−온도의 도표를 그림 11-6에 나타내었다. 단간 냉각이 없을 때는 평형전화율이 35%에 도달하는 것에 비해, 3개의 단간 냉각기가 설치되어 있을 때는 88%의 전화율에 도달할 수 있음을 알 수 있다.

11.6.2 흡열반응

직렬반응기에서 단간(interstage) 열전달이 필요한 또 다른 예는 가솔린의 옥탄가를 높이

발열 가역반응에 사용된 단간 냉각

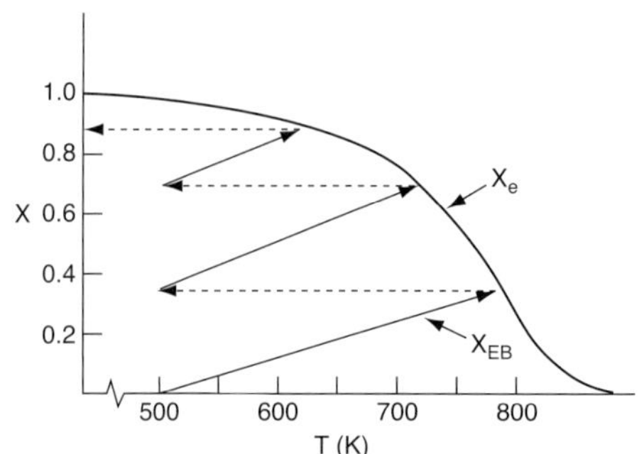

그림 11-6 발열반응에서 단간 냉각에 의한 전화율 증가. 참고: 선과 곡선은 근사값이다.

가솔린 조성의 대표적인 값

가솔린	
C_5	10%
C_6	10%
C_7	20%
C_8	25%
C_9	20%
C_{10}	10%
C_{11}-C_{12}	5%

는 것(upgrading the octane number)에서 찾을 수 있다. 주어진 탄소원자 수에 대하여 탄화수소분자가 더욱 조밀할수록 옥탄가는 더 높아진다(10.3.5절 참조). 따라서 직쇄 탄화수소를 가지 달린 이성체, 나프텐 및 방향족으로 전환시키는 것이 바람직하다. 반응 순차는 다음과 같다.

$$\text{직쇄 탄화수소} \underset{\text{Cat}}{\overset{k_1}{\rightleftharpoons}} \text{나프텐} \underset{\text{Cat}}{\overset{k_2}{\rightleftharpoons}} \text{방향족} + 3H_2$$

첫 번째 반응 단계(k_1)는 두 번째 단계에 비하여 느리고, 각 단계는 높은 흡열반응이다. 이 반응이 진행될 수 있는 허용 온도 범위는 매우 좁다: 530℃ 이상이면 바람직하지 않은 부반응(side reaction)이 일어나게 되고, 430℃ 이하이면 반응이 사실상 진행되지 않는다. 대표적인 원료는 75%의 직쇄물질(straight chain), 15% 나프타(naphtha) 및 10% 방향족(aromatic)으로 구성되어 있다.

현재 이 반응을 수행하는 데 사용되는 장치를 그림 11-7에 나타내었다. 반응기는 모두 동일한 크기로 구성되어 있지 않다. 전형적인 크기는 높이가 10~20 m, 지름이 2~5 m이다. 대표적인 가솔린 원료 유입속도는 2 atm에서 약 200 m^3/h이다. 수소는 대개 제품에서 분리되어 재순환된다.

반응이 흡열반응(endothermic reaction)이어서 온도 증가에 따라 평형전화율은 증가한다. 반응기 순차(reactor sequence)에 대한 전형적인 평형곡선과 온도-전화율 궤적을 그림 11-8에 나타내었다.

2015년 봄 옥탄가(ON) ON = 89에 대하여 $2.89/gal

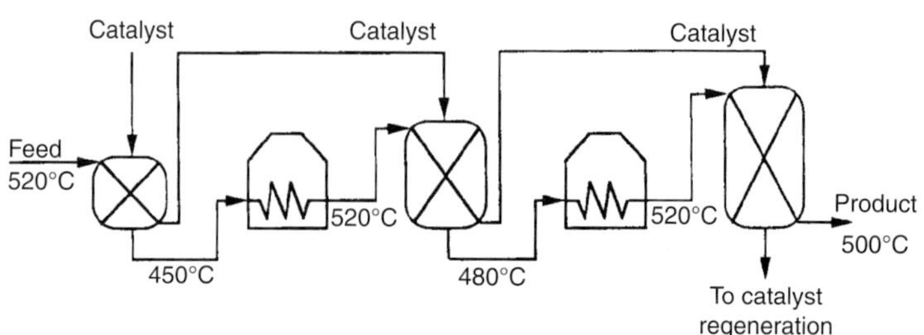

그림 11-7 이동층반응기(moving-bed reactor)에서 가솔린을 생산하는 경우의 단간 가열(interstage heating)

단간 가열

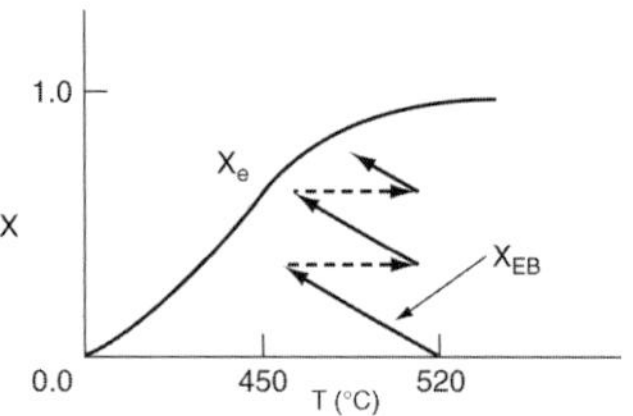

그림 11-8 그림 11-7에 상응하는 흡열반응의 반응기 단간 가열에 대한 온도-전화율 궤적

예제 11-5 고도 발열반응에 대한 단간 냉각

만약에 480 K까지 출구흐름을 냉각시킬 수 있는 2개의 단간 냉각기(interstage cooler)가 있다면, 예제 11-4에서 얻을 수 있는 전화율은 얼마인가? 또한 40 mol/s인 원료 A의 몰유량에 대한 각 열교환기의 열부하(heat duty)를 결정하여라. 각 반응기에서 평형전화율의 95%를 얻는 것으로 가정한다. 첫 번째 반응기로 공급되는 원료의 온도는 480 K이다.

풀이

1. 출구온도 계산

예제 11-4의 반응

$$A \rightleftarrows B$$

에 대하여, 유입온도 480 K에 대한 단열 평형 전화율이 0.49가 되는 것은 이미 알았다. 평형전화율의 95%에 대하여($X_e = 0.49$), 첫 번째 반응기를 나가는 전화율은 0.47이다. 출구온도는 식 (E11-4.12)를 정리하면 알 수 있다.

$$T = T_0 + \left(\frac{-\Delta H_{Rx}X}{C_{P_A} + \Theta_I C_{P_I}}\right) = 480 + \frac{14,000X}{25+50} = 480 + (186.7)(0.47) \quad \text{(E11-5.1)}$$

$$T = 568 \text{ K}$$

이제 T_1 = 568 K로 반응기에서 나오는 기체흐름을 열교환기에서 $T_2 = T_0$ = 480 K로 다시 되돌려 냉각시킬 것이다(그림 E11-5.1).

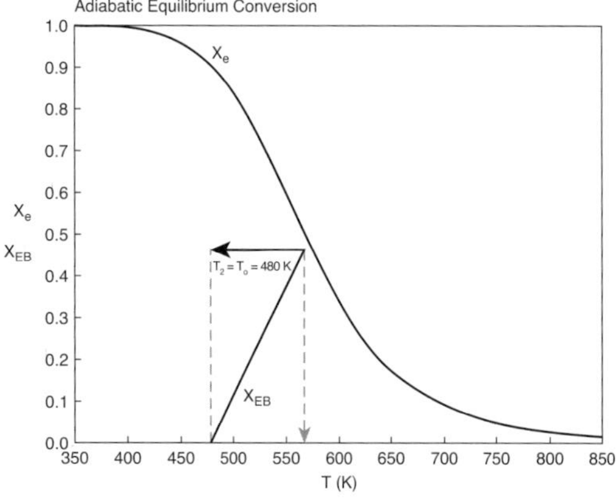

그림 E11-5.1 단열 평형 전화율의 95%에 도달한 후, 즉 X = 0.47, 480 K로 냉각

2. 열교환기의 열부하(heat load) 계산

열전달 과목을 수강하였다면 다음 계산은 친숙할 것이다. 열교환기 내에서 반응 기체 혼합물에 가해진 일이 없고, 반응은 열교환기 내에서는 일어나지 않는다. 이들 조건($F_{i|in} = F_{i|out}$) 하에서 식 (11-10)으로 주어진 에너지수지식은 다음과 같다.

$$\dot{Q} - \dot{W}_s + \Sigma F_{i0} H_{i0} - \Sigma F_i H_i = 0 \tag{11-10}$$

$\dot{W}_s = 0$일 때,

열교환기 **내의** 반응 기체 혼합물에 관한 에너지수지식

$$\dot{Q} = \Sigma F_i H_i - \Sigma F_{i0} H_{i0} = \Sigma F_{i0}(H_i - H_{i0}) \tag{E11-5.2}$$

$$= \Sigma F_i C_{P_i}(T_2 - T_1) = (F_A C_{P_A} + F_B C_{P_B} + F_i C_{P_i})(T_2 - T_1) \tag{E11-5.3}$$

그러나 $C_{P_A} = C_{P_B}$,

$$\dot{Q} = ((F_A + F_B)C_{P_A} + F_I C_{P_I})(T_2 - T_1) \tag{E11-5.4}$$

또한 이 예제의 경우, $F_{A0} = F_A + F_B$

$$\dot{Q} = F_{A0}(C_{P_A} + C_I \Theta_{P_I})(T_2 - T_1)$$
$$= \frac{40 \text{ mol}}{\text{s}} \cdot \frac{75 \text{ cal}}{\text{mol} \cdot \text{K}}(480 - 568) \text{ K}$$
$$= -264 \frac{\text{kcal}}{\text{s}} \tag{E11-5.5}$$

원료 유량 40 mol/s에 대하여 반응혼합물을 568 K에서 480 K로 냉각시키기 위해서는 264 kcal/s로 열을 제거시켜야 한다.

3. 두 번째 반응기

이제 두 번째 반응기의 전화율을 결정하자. 두 번째 반응기에 대하여 식 (E11-4.7)을 재정리하면 다음과 같다.

$$T_2 = T_{20} + \Delta X \left(\frac{-\Delta H^\circ_{Rx}}{C_{P_A}} \right) \tag{E11-5.6}$$
$$= 480 + 186.7 \Delta X$$

두 번째 반응기로의 유입 조건은 $T_{20} = 480$ K, $X = 0.47$이다. 이 점에서 시작되는 에너지수지를 그림 E11-5.2에 나타내었다. 이에 상응하는 단열 평형 전화율은 0.72이다. 평형전화율의 95%가 68.1%이고, 그에 해당되는 출구 온도는 $T = 480 + (0.68 - 0.47)\ 186.7 = 519$ K이다.

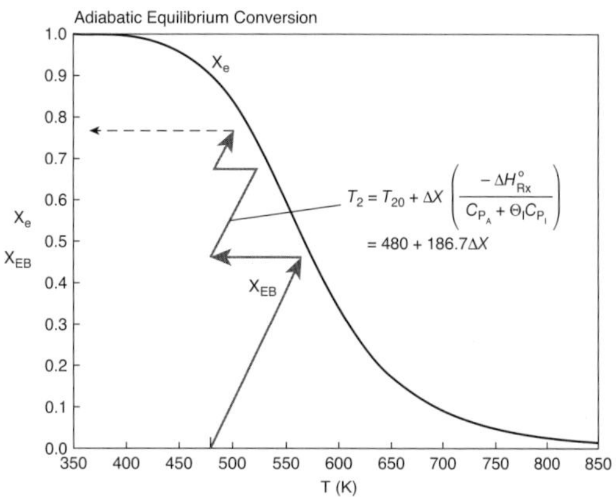

그림 E11-5.2 단간 냉각이 있는 직렬 3개 반응기. **참고:** 선과 곡선은 근사값이다.

장치운전(Unit Operation)과 열전달(Heat Transfer)의 결합 (역자 주 | Unit Operation은 "단위조작"으로 원만하지 않게 번역되어 사용되고 있으나 여기를 통해 바로잡고자 한다.)

4. 열부하(heat load)

반응혼합물을 519 K에서 480 K로 냉각시키기 위한 열교환기의 성능은 식 (E11-5.5)로부터 계산될 수 있다.

$$\dot{Q} = F_{A0}(C_{P_A} + \Theta_I C_{P_I})(480 - 519) = \left(\frac{40 \text{ mol}}{\text{s}}\right)\left(\frac{75 \text{ cal}}{\text{mol} \cdot \text{K}}\right)(-39)$$

$$= -117 \frac{\text{kcal}}{\text{s}}$$

5. 후속 반응기들

세 번째인 최종 반응기에서는 T_0 = 480 K, X = 0.68에서 시작하여 평형전화율과의 교차점(X_e = 0.82)까지 에너지수지에 대한 방정식을 표시하는 선분을 따라간다. 따라서 3개의 반응기와 2개의 단간 냉각기로 얻을 수 있는 전화율은 X = (0.95) (0.82) = 0.78이다.

분석: 고도의 발열반응이 단열 조건에서 진행될 경우 단간 냉각을 갖춘 다단 반응기(reactor staging with interstage cooling)를 사용하여 높은 전화율을 얻을 수 있다. 에너지수지 선으로부터 첫 번째 반응기의 출구 전화율과 온도는 각각 47%와 568 K인 것을 알 수 있다. 이 전화율을 갖는 유출 흐름은 480 K로 냉각된 후 두 번째 반응기로 들어간다. 두 번째 반응기에서 전체 전화율과 온도는 각각 68%와 519 K로 증가한다. 에너지수지로부터 얻은 X 대 T의 그래프의 기울기는 첫 번째 반응기와 같다. 이 예제는 각각의 열교환기의 열부하(heat load)를 계산하는 방법도 보여준다. 두 번째 반응기의 출구 온도가 519 K로 첫 번째 반응기의 출구 온도 568 K보다 낮기 때문에 세 번째 열교환기의 열부하는 첫 번째 열교환기보다 낮다. 그렇기 때문에 세 번째 열교환기에서는 적은 양의 열이 제거되면 된다.

11.7 최적 원료 주입 온도(Optimum Feed Temperature)

반응기 크기나 촉매의 양이 고정된 단열 반응기를 고려하자. 공급 원료의 온도가 변화함에 따라 어떤 변화가 생기는지를 연구해 보자. 반응은 가역 발열반응이다. 공급 원료의 온도가 매우 높은 극한상태에서는, 비반응속도는 크고 반응은 빠르게 진행되지만, 평형 전화율은 거의 0에 가까워진다. 따라서 생성물은 아주 적게 생긴다. 공급 원료의 온도가 아주 낮은 또 다른 극한상태에서는 평형전화율은 높다. 따라서 질문은, "왜 공급물을 가능한 최저의 입력 온도 T_0까지 냉각시키지 않는가?"이고, 답은 낮은 온도에서 반응속도 상수 k가 작으며, 그 반응이 합리적인 범위까지 진행되지 않아 사실상 전화율이 거의 없거나 거의 없을 수도 있다는 것을 알고 있다는 것이다. 그래서 우리는 평형 한계로 인한 고온에서의 낮은 전화율과 적은 반응률로 인한 저온에서의 낮은 전화율이라는 두 가지 극단성을 가지고 있다. 예제 11-6은 최적 온도를 찾는 방법을 탐구한다.

예제 11-6 단열운전을 위한 최적 주입 온도 찾기

예제 11-4와 11-5에서 논의해 온 반응을 계속하려고 한다.

$$A \rightleftarrows B$$

이성질화반응에 대한 다양한 온도에 대한 전화율 도표를 그리기 위해 예제 11-4 및 11-5에서 사용한 것과 동일한 파라미터값과 조건을 모두 사용하고 오직 주입 온도만 변화시킨다. 먼저 농도 항이 $C_A = C_{A0}(1 - X)$인 온도의존성이 없는 **액체 시스템**에 식 (T11-2.11)에서 (T11-2.8)까지를 적용한다. 몰수지부터 시작하자.

$$\frac{dX}{dV} = \frac{-r_{A0}}{F_{A0}} \tag{E11-6.1}$$

몰수지, 속도식, 그리고 양론식을 결합하면 다음을 얻는다.

$$\frac{dX}{dV} = kC_{A0}\left(1 - X - \frac{X}{K_e}\right) \tag{E11-6.2}$$

다음은 $\Delta C_p = 0$에 대한 에너지수지를 고려하자.

$$T = T_0 + \frac{X[-\Delta H^\circ_{Rx}]}{C_{P_A} + \Theta_I C_{P_I}} = T_0 + \frac{14,000X}{75} = T_0 + 187X \tag{E11-6.3}$$

$$X_e = \frac{K_e}{1 + K_e} \tag{E11-6.4}$$

예제 E11-4에서 주어진 K_e, k, X_{EB}에 대한 데이터와 방정식을 사용할 것이다.

단열 평형 온도와 전화율의 변화

표 E11-4.1에 있는 온도 T의 함수로서의 X_e 값을 사용하면 에너지수지는 다음과 같게 된다.

$$X_{\text{EB}} = \frac{(C_{P_A} + \Theta_I C_{P_I})(T - T_0)}{-\Delta H_{Rx}} = 5.36 \times 10^{-3}(T - T_0) \qquad \text{(E11-6.5)}$$

그림 E11-6.1은 다른 주입 온도 T_0에 대해서 같은 플롯에서 X_e와 X_{EB}를 플롯한 것이다.

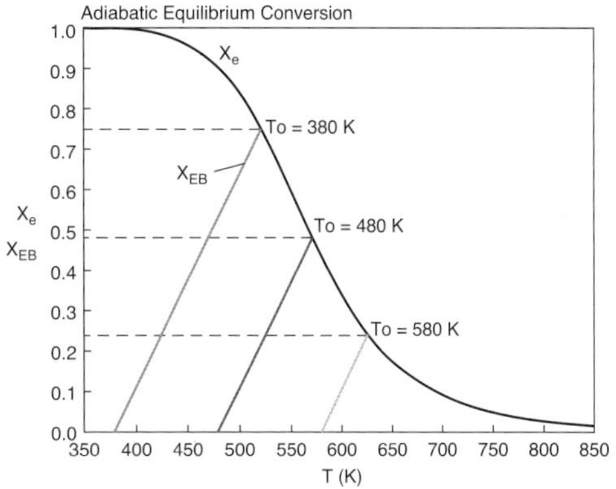

그림 E11-6.1 단열 평형 온도

T_0 = 580 K의 주입 온도에 대해, 단열 평형 전환율 X_e는 0.24이고, 그에 상응하는 인접 평형 온도는 625 K이다. 그러나 T_0 = 380 K의 주입 온도에서는 X_e가 0.75이고 해당 단열 평형 온도는 520 K이다.

X와 X_e에 대한 전화율 도표

최적의 공급 온도가 존재하는 통찰력을 파악하기 위하여, 다양한 주입 온도 T_0에 대한 전화율 도표를 관찰하자. 먼저 몰수지, 속도식, 양론 및 에너지수지 방정식[식 (E11-6.1)부터 식 (E11-6.5)]을 Polymath, MATLAB, Wolfram에 입력한다.

표 E11-6.1 Polymath 프로그램과 수치 결과

Differential equations

```
1 d(X)/d(V) = -ra/Fao
```

Explicit equations

```
1 k1 = 0.000035
2 T2 = 298
3 dH = -14000
4 To = 480
5 Cao = 1
6 Fao = 5
7 R = 1.987
8 E = 10000
9 Ke2 = 75000
10 T = To-dH*X/(75)
11 Ke = Ke2*exp((dH/R)*((1/T2)-(1/T)))
12 T1 = 298
13 k = k1*exp((E/R)*((1/T1)-(1/T)))
14 ra = -k*Cao*((1-X)-(X/Ke))
15 Xe = Ke/(1+Ke)
```

POLYMATH REPORT
Ordinary Differential Equations
Calculated values of DEQ variables

	Variable	Initial value	Final value
1	Cao	1.	1.
2	dH	-1.4E+04	-1.4E+04
3	E	10000.	10000.
4	Fao	5.	5.
5	k	0.021138	0.1092689
6	k1	3.5E-05	3.5E-05
7	Ke	9.586656	0.9613053
8	Ke2	7.5E+04	7.5E+04
9	R	1.987	1.987
10	ra	-0.021138	-0.0027641
11	T	480.	569.1776
12	T1	298.	298.
13	T2	298.	298.
14	To	480.	480.
15	V	0	100.
16	X	0	0.477737
17	Xe	0.9055415	0.4901355

T_0 = 480 K에 대한 X와 X_e에 대한 전화율 도표를 그림 E11-6.2에 나타내었으며, 반응기 끝인 100 dm^{3}에서 서로 접근하는 것을 볼 수 있다.

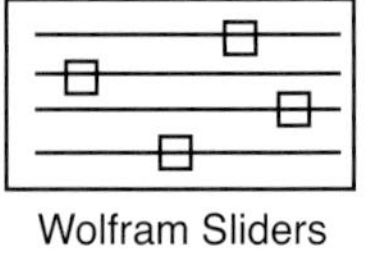

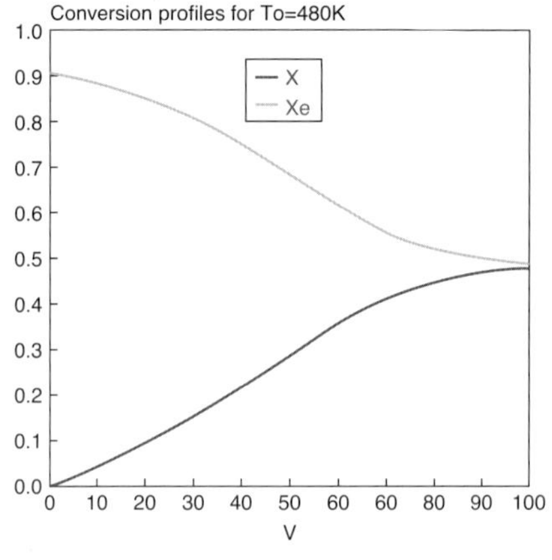

그림 E11-6.2 전화율 도표

그림 E11-6.2와 같이 반응기 길이를 따라가면서 반응기의 온도가 증가하기 때문에 평형전화율 X_e 또한 반응기의 길이에 따라 변화하고 감소한다.

다음 그림 E11-6.3과 같이 380 K, 480 K 및 580 K의 주입 온도에 따라 반응기 길이로 상응하는 전화율을 플롯한다.

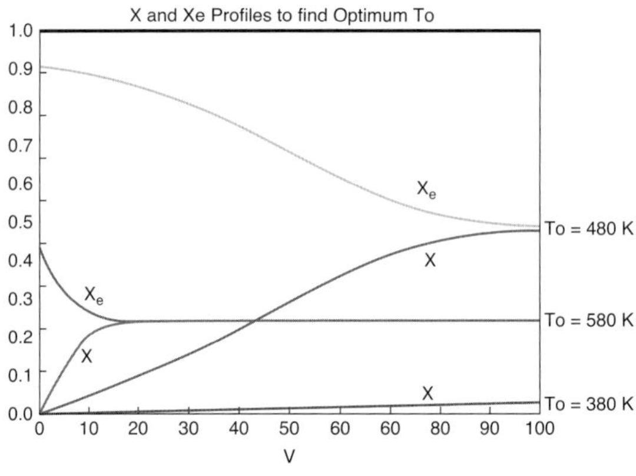

그림 E11-6.3 다른 주입 온도에 대한 평형전화율

주입 온도 580 K에서는 짧은 거리(즉, 소량의 촉매)에서 전화율과 온도가 매우 빠르게 증가하는 것을 알 수 있다. 이러한 급격한 증가는 때때로 "점화점(point)"이라고 부르거나 반응이 "점화되는(ignites)" 온도라고 불린다. 또한, 전화율은 V = 15 dm^{3}에서부터 반응기 출구까지 비교적 작은 값인 0.24에서 일정하게 유지된다는 것이 목격된다. 만약에 주입 온도를 480 K로 낮추면, 상당 평형전화율은 0.49로 증가한다; 하지만, 이 낮은 온도에서는 반응속도가 느려져서 반응기의 끝에 도달할 때까지 이러한 전화율은 달성되지 않는다. 입력 온도가 380 K까지 더 낮아지면 상당 평형전화율은

사실상 1.0이 되지만, 반응속도가 너무 느려 반응기 부피 100 dm^3에서는 전화율이 0.03이 된다. 매우 낮은 공급 온도에서, 비반응속도는 너무 작아서 거의 모든 반응물이 반응하지 않고 반응기를 통과한다–즉, 반응은 "점화"되지 않고 전환은 거의 이루어지지 않는다.

높은 공급 온도와 낮은 공급 온도 모두에서 전화율이 0에 가까워서 전화율을 최대화하는 최적 공급 온도(optimum feed temperature)가 있을 것이다. 공급 온도가 매우 낮은 값에서 증가하면, 전화율과 마찬가지로 비반응속도가 증가한다. 반응에서 평형전화율에 접근할 때까지, 전화율은 공급 온도가 증가함에 따라 계속 증가한다. 이러한 발열반응에 대한 공급 온도의 추가적 증가는 평형전화율 감소로 인한 전화율을 감소시킬 뿐이다. 이 최적 주입 온도는 그림 E11-6.4에 나타나 있다.

만일 다른 입력 온도에 대해 유사한 그림을 만든다면 표 E11-6.2에 나타낸 반응기 출구에서의 전화율을 구할 것이다.

표 E11-6.2 주입 온도의 함수로서 출구 전화율

T_0	380	420	460	500	540	580	620	660
X	0.029	0.12	0.43	0.43	0.33	0.24	0.17	0.11

주입 온도의 함수로서 출구 전화율의 플롯을 그림 E11-6.4에 나타내었다.

최적 입구 온도

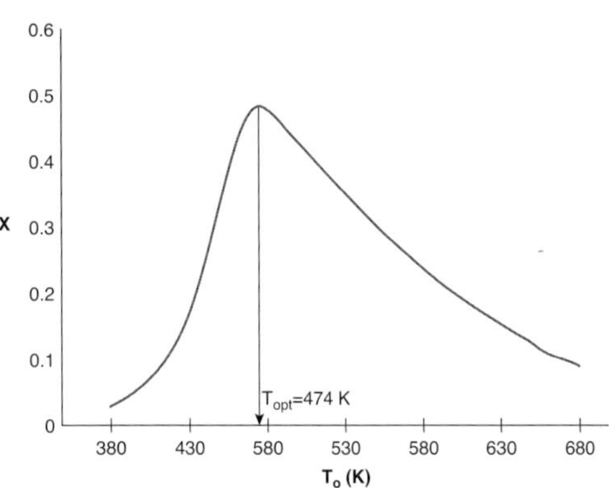

그림 E11-6.4 반응기 출구에서 전화율

분석: 고온에서는 반응속도가 빠르기 때문에 반응기 입구 근처에서 이미 평형에 도달하여 전화율이 작을 것으로 본다. 다른 극한인 낮은 온도에서는 반응이 절대 "점화되지" 않고 반응물이 반응기를 사실상 통과한다. 이 두 극단 사이의 온도로 반응물이 진입할 때, 전화율이 최대가 되는 최적의 주입 온도가 있음을 알 수 있다. 이 예에서 최적 주입 온도는 474 K이며, 이에 상응하는 전화율은 0.48이다.

마무리. 산업에서 수행되는 사실상 모든 반응은 열효과를 포함한다. 이 장에서는 정상상태에서 작동하고 열효과를 포함하는 반응기를 설계하기 위한 기초를 제공한다. 이러한 반응기를 모델링하기 위해서는 알고리즘에 또 다른 단계를 추가해야 한다; 이 단계가 에너지수지이다. 이 장의 목적 중 하나는 에너지수지의 각 항목을 이해하고 그것이 어떻게 유도되었는지 이해하는 것이다. 유도 과정에서 다양한 단계를 이해한다면 식을 올바르게 적용할 수 있다. 열효과가 있는 반응을 공부할 때 독자가 압도당하지 않도록 다른 사례들을 구별하여 나누었고, 이 장에서는 반응기가 단열 운전 되는 경우만을 고려하였다. 제12장에서는 열교환 기능이 있는 반응기에 초점을 맞출 것이다. 13장은 정상상태에서 운전되지 않는 반응기에 초점을 맞출 것이다. 황산 제조에 관한 산업 단열 반응은 여러 실제적인 상세한 내용을 제공하고 있으며 CRE 웹사이트의 PRS R12.4(*http://www.umich.edu/~elements/5e/11chap/live.html* 그리고 *http://www.umich.edu/~elements/5e/12chap/pdf/sulfuricacid.pdf*)에 나와 있다.

요 약

다음 반응에 대하여,

$$A + \frac{b}{a}B \rightarrow \frac{c}{a}C + \frac{d}{a}D$$

1. 온도 T에서 A의 몰당 반응열(heat of reaction)은

$$\Delta H_{Rx}(T) = \frac{c}{a}H_C(T) + \frac{d}{a}H_D(T) - \frac{b}{a}H_B(T) - H_A(T) \quad \text{(S11-1)}$$

2. A의 몰당 평균 열용량 차 ΔC_P는

$$\Delta C_P = \frac{c}{a}C_{PC} + \frac{d}{a}C_{PD} - \frac{b}{a}C_{PB} - C_{PA} \quad \text{(S11-2)}$$

   여기서 C_P는 온도 T_R과 T 사이에서 화합물 i의 평균 열용량이다.

3. 상변화가 없는 경우, 온도 T에서의 반응열은 표준반응열 T_R과 다음과 같은 관계를 갖는다.

$$\Delta H_{Rx}(T) = H^{\circ}_{Rx}(T_R) + \Delta C_P(T - T_R) \quad \text{(S11-3)}$$

4. 계 부피 V에서의 정상상태 에너지수지는

$$\boxed{\dot{Q} - F_{A0}\Sigma\Theta_i C_{P_i}(T - T_{i0}) - [\Delta H^{\circ}_{Rx}(T_R) + \Delta C_P(T - T_R)]F_{A0}\, X = 0} \tag{S11-4}$$

이제 이 장의 **마무리 박스**에서 보인 것처럼 비등온 반응공학문제를 해결하기 위해 첫 번째 4개 블록인 **몰수지, 속도식, 양론, 결합**과 다섯 번째 블록인 **에너지수지**를 결합한다.

5. PFR, PBR, CSTR 및 회분식반응기(BR)의 **단열운전**($\dot{Q} \equiv 0$)에 대하여 $\dot{W}_s$를 무시하고 단열 전화율–온도 관계는 식 (S11-4)를 풀면 다음과 같다.

$$\boxed{X = \frac{\Sigma\Theta_i C_{P_i}(T - T_0)}{-[\Delta H^{\circ}_{Rx}(T_R) + \Delta C_P(T - T_R)]}} \tag{S11-5}$$

식 (S11-5)를 단열 온도–전화율 관계식으로 풀면 다음과 같다.

$$\boxed{T = \frac{X[-\Delta H^{\circ}_{Rx}(T_R)] + \Sigma\,\Theta_i\, C_{P_i} T_0 + X\,\Delta C_P T_R}{[\Sigma\,\Theta_i\, C_{P_i} + X\,\Delta C_P]}} \tag{S11-6}$$

식 (S11-4)를 사용하면 비등온 단열 반응기 문제를 풀어 출구 전화율, 농도 및 온도를 예측할 수 있다.

CRE 웹사이트 자료

- **확장자료**(*http://umich.edu/~elements/5e/11chap/expanded.html*)
  1. 퍼즐 문제 "이 풀이는 무엇이 잘못되었는가?""
     (*http://umich.edu/~elements/5e/11chap/extended_ch11_puzzle.pdf*)
- **학습자료**(*http://umich.edu/~elements/5e/11chap/learn.html*)
  1. 요약노트(*http://umich.edu/~elements/5e/11chap/summary.html*)
  2. 자체테스트(*http://umich.edu/~elements/5e/11chap/add.html*)
     A. 연습문제(*http://umich.edu/~elements/5e/11chap/add.html*)
     B. i>clicker 질문(*http://umich.edu/~elements/5e/11chap/iclicker_ch11_q1.html*)
  3. 가역 기상반응에 대한 PFR/PBR 해법 절차
     (*http://umich.edu/~elements/5e/11chap/learn-pfrpbr.html*)
- **실전 예제 문제**(*http://umich.edu/~elements/5e/11chap/live.html*)
  기상반응에 대한 표 11-2 알고리즘
  1. 예제 11-3 노말부탄의 단열 이성질화반응
  2. 예제 11-3 AspenTech에서 공식화–CRE 웹사이트에서 다운로드
     (*http://www.umich.edu/~elements/5e/software/aspen-example11-3.html*)
  3. 예제 11-6 단열운전을 위한 최적 입구 온도 찾기

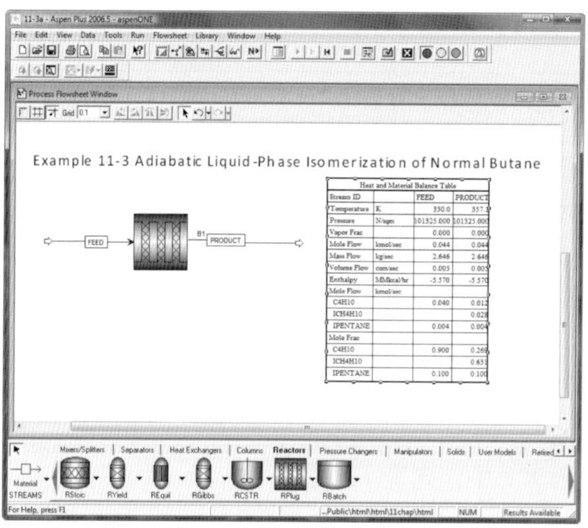

CRE 웹사이트에 AspenTech 단계적인 설명서 제공됨.

- **FAQ[자주 묻는 질문]**(*http://umich.edu/~elements/5e/11chap/faq.html*)
- **전문 참고자료 서고**(*http://www.umich.edu/~elements/5e/11chap/prof.html*)

R11.1 가변 열용량(*http://umich.edu/~elements/5e/11chap/pdf/CD-Ch08-VariableHeatCapacities.pdf*).

다음으로, 열용량이 광범위한 온도 범위에서 온도의 강력한 함수일 때 에너지수지의 형태를 얻기를 원한다. 이러한 조건에서 열용량의 평균값은 전화율과 온도 간 관계에 적합하지 않을 수 있다. 반응열과 다음과 같은 2차식을 결합하면

$$C_{P_i} = \alpha_i + \beta_i T + \gamma_i T^2$$

열용량이 온도의 함수로 주어진 다음 식을 구할 수 있다.

$$\boxed{\Delta H_{Rx}(T) = \Delta H^{\circ}_{Rx}(T_R) + \Delta\alpha(T - T_R) + \frac{\Delta\beta}{2}(T^2 - T_R^2) + \frac{\Delta\gamma}{3}(T^3 - T_R^3)}$$

예제 11-4는 열용량이 변하는 경우에 다시 수행한 것이다(*http://www.umich.edu/~elements/ 5e/11chap/prof.html*).

질문과 문제

각 문제의 아래첨자는 난이도를 나타낸다. A는 가장 쉬운 문제, B는 비교적 어려운 문제, C는 꽤 어려운 문제, D는 가장 어려운 문제.

A = ● B = ■ C = ◆ D = ◆◆

숙제 문제

다음 각 질문 및 문제들에 대해서, 여러분이 얻은 해답에 박스 표시를 하기보다는, 문제를 푸는 방법, 사용한 가정들, 풀이의 합리성, 배운 내용 그리고 추가적으로 포함시키고 싶은 어떤 사실들을 하나 또는 두 개의 문장으로 적어 보아라. 숙제 문제에 추가된 항 **(x)**, **(y)**, **(z)**에 대해서는 서문을 참조하여라.

창의적 문제

문제를 풀기 전에 예측되는 결과나 경향들을 정성적으로 설명하거나 스케치하여라.

■ 질문

Q11-1$_A$ **i>clicker.** 웹사이트(*http://www.umich.edu/~elements/5e/11chap/iclicker_ch11_q1.html*)를 방문하여 적어도 5개의 i>clicker 질문을 둘러보아라. 다음 시험에 포함되도록 그대로 사용할 수 있거나 변형할 수 있는 질문 하나를 골라라. 반대의 경우를 고려할 수도 있다. 즉, 왜 다음 시험에 그 질문이 있어서는 안 되는지를 설명하는 것이다. 어떤 경우든지, 당신의 이유를 설명하여라.

Q11-2$_A$ 표 11-2의 반응이 PFR 대신 BR에서 수행되었다고 가정하면, 표 11-2의 어떤 단계가 달라질까?

Q11-3$_A$ 단열운전의 경우에 대해서 문제 P2-9$_D$를 다시 풀어라.

Q11-4$_A$ 화학반응기 설계 및 운전을 위한 안전 고려사항 목록을 작성하여라. 당신의 목록에 있는 첫 번째 4개의 항목은 무엇인가? (*www.sache.org* 및 *www.siri.org/graphics* 참조.) *Chemical Engineering Progress* 1985년 8월호가 유용할 것이다.

Q11-5$_A$ 이 장에서 논의된 원리를 설명하는 일상생활의 예를 제시하라는 요청을 받은 경우 어떻게 할 것인가? (Tabasco나 다른 매운 양념 한 스푼을 조금씩 마시는 것이 하나의 예가 될 것인가?)

Q11-6$_A$ **예제 11-1: 필요한 추가 정보는 무엇인가?** PFR 대신 CSTR을 사용하는 경우 이 예제는 어떻게 변경되는가?

Q11-7$_A$ **예제 11-2: 반응열.** (1) 50% 비활성 물질(예, 헬륨)이 시스템에 추가될 경우 반응열은 어떻게 되는가? (2) ΔC_P 항이 무시될 경우 %오차는 얼마인가?

Q11-8$_A$ **예제 11-3: 노말부탄의 단열 액상 이성질화반응.** CSTR 부피가 PFR 부피보다 작은 이유를 설명할 수 있는가? (힌트: 식 (E11-3.13)이 당신의 설명에 도움이 될 수 있다.)

Q11-9$_A$ 이 장의 끝에 있는 모든 문제들을 숙독하고, 이 장에서 설명된 개념들을 사용하는 독창적인 문제를 만들어라. 지침으로 문제 P5-1$_B$를 참조하여라.

■ 컴퓨터 시뮬레이션과 실험

P11-1$_A$ CRE 웹사이트로부터 다음 프로그램을 적절한 곳에 설치하여라:

(a) **예제 표 11.2: 기상반응의 알고리즘**

Wolfram

(i) 모든 변수에 대하여 기본 경우를 사용하여라. 온도 프로필에 가장 큰 영향을 미치는 두 슬라이더 변수와 가장 적은 영향을 미치는 두 가지 슬라이더 변수는 무엇인가?

(ii) 어떤 반응열 값에서 반응기 입구 근처에서의 반응속도가 반응기 하류를 따라 내려가면서 거리에 따라서 증가하다가 감소하는가?

(iii) T_0을 변경할 때 반응속도 프로필이 어떻게 변경되는가?

(iv) T_0을 변경할 때 X 및 X_e 프로필에 어떤 일이 발생했는가? 이런 경향에 관해 설명할 수 있는가?

(v) 실험 (i)~(iv)에서 발견한 결론을 기술하여라.

(b) **예제 11-3: 단열 이성질화반응**

Wolfram

(i) X 및 X_e 프로필이 각 파라미터값에 대해 어떻게 변화하는지 기술하여라.

(ii) 반응기 끝에서 가능한 최대전화율을 달성하기 위해 유지해야 하는 최소 공급 온도는 얼마인가?

(iii) 반응속도가 반응기 부피를 따라 단조롭게 감소하기 시작하는 K_{CD}의 임계값은 얼마인가?

(iv) ΔH°_{Rx}를 변화시키고 온도 프로필의 변화를 관찰하여라. 반응열$(-\Delta H^\circ_{Rx})$이 작을 때, 반응기 부피를 따라서 왜 온도가 사실상 일정하게 되는지 그 이유를 설명하여라.

(v) 어떤 파라미터값이 반응속도 프로필에 영향을 미치며, $-r_A$는 어떤 방식으로 가장 많이 변화하는가?

Polymath

(vi) 부테인 반응을 매우 높은 압력으로 가압할 수 있는 0.8-m^3 PFR로 수행한 경우 어떻게 되는가?

(vii) 어떤 유입 온도를 권장하겠는가?

(viii) 최적의 유입 온도가 있는가?

(ix) 등온 운전을 유지하기 위해 반응기를 따라 제거되어야 하는 열($\dot{Q}$ 대 V)을 플롯하여라.

(c) AspenTech 예제 11-3. CRE 웹사이트에서 AspenTech 프로그램을 내려받아라. (1) AspenTech를 사용하여 반복한다. (2) 주입 유량 및 온도를 변화시키고, 발견한 것을 기술하여라.

(d) 예제 11-4: 단열 평형 온도와 전화율 계산하기

Polymath

(i) 주입 온도(T_0)의 함수로 평형전화율을 플롯하여라.

(ii) 높은 T_0와 낮은 T_0에서 무엇을 관찰하였는가?

(iii) 동일한 열용량을 갖는 비활성 물질과 공급물이 같은 몰수로 주입될 때 X_e 대 T_0를 플롯하여라.

(iv) 비활성 물질이 존재할 경우와 그렇지 않을 경우의 X_e 대 T_0의 플롯을 비교하고, 발견한 것을 기술하고, 결론을 적어라.

(e) 예제 11-5: 고도의 발열반응을 위한 단간 냉각. (1) 첫 번째 열교환기에서 220 kcal/s를 제거하는 데 필요한 냉각수의 몰유량(C_{Pw} = 18 cal/mol·K)을 결정하여라. 냉각수는 270 K로 들어가 400 K로 나온다. (2) 100 cal/s·m^2·K의 총괄열전달계수 U에 대한 열교환 면적 A(m^2)를 정하여라. 계산에는 로그 평균 추진력(log-mean driving force)을 사용해야 한다.

$$\dot{Q} = UA\frac{[(T_{h2}-T_{c2})-(T_{h1}-T_{c1})]}{\ln\left(\frac{T_{h2}-T_{c2}}{T_{h1}-T_{c1}}\right)} \tag{E11-5.7}$$

T$_{h2}$ 460 K → 열교환기 → T$_{h1}$ 350 K 반응혼합물

Tc$_2$ 400 K ← 열교환기 ← Tc$_1$ 270 K 냉각수

그림 P11-1$_A$(e) 향류 열교환기

(f) 예제 11-6: 최적 공급 온도

Wolfram

(i) 최적의 공급 온도를 찾아라. 기본 사례(basic case)로 시작하고, 최적의 주입 온도를 찾기 위하여 T_0를 한 번에 하나씩 변경하면서 파라미터 K_e, k, C_{A0}, ΔH_{Rx}, Θ_I, C_{P_I} 및 C_{P_A}를 변경하여라. 두 개 또는 그 이상의 결론을 써라.

(ii) 최대치 150,000으로 K_{e2}를 설정한 후 T_0를 변경하여라. 기본 사례와 어떤 차이를 관찰하였는가?

(iii) 다음에 Θ_I을 3으로 설정하고, 다시 다른 파라미터를 변경시켜라. 각 변수가 최적의 공급 온도에 어떤 영향을 미치는지 한두 문장으로 적어라.

(iv) 비활성 물질이 평형전화율 및 실제 전화율에 어떤 영향을 미치는지 설명하여라. 반응기 끝에서 적어도 50%의 전화율을 달성하기 위해 비활성 물질의 양은 얼마가 되어야 하는가?

(v) 반응열의 변화가 반응기 온도에 어떻게 영향을 주는지 분석하여라. 반응기 끝에서 가능한 최대 온도에 도달하기 위한 최적의 반응열은 무엇인가?

(vi) 실험 (i)~(v)에서 발견한 내용에 대한 결론을 작성하여라.

■ 문제

P11-2$_A$ 기초반응

$$A \rightleftarrows B$$

에 대해서 127°C에서의 평형전화율은 0.8이고, 227°C에서의 평형전화율은 0.5이다. 반응열을 구하여라.

P11-3$_B$ 평형전화율은 아래에 PBR 하류로 촉매 중량의 함수로 표시된다.

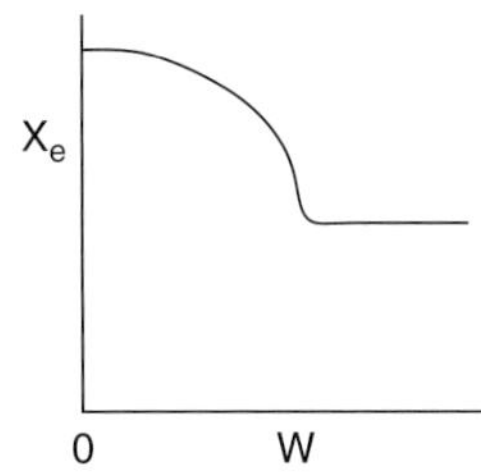

다음 문항 중 어떤 것이 참이고 어떤 것이 거짓인지를 표시하여라. 각각의 경우를 설명하여라.

(a) 반응은 1차 흡열이고 단열적으로 수행된다.

(b) 반응은 1차 흡열이고 반응기는 T_a가 일정하게 길이를 따라 가열된다.

(c) 반응은 2차 발열이고 반응기는 T_a가 일정하게 길이를 따라 냉각된다.

(d) 반응은 2차 발열이고, 단열적으로 수행된다.

P11-4$_A$ 다음 기초 비가역 유기 액상반응이 흐름식 반응기에서 단열적으로 수행된다.

$$A + B \rightarrow C$$

27°C에서 A와 B는 같은 몰수로 공급되며, 부피유량은 2 dm^3/s이고 C_{A0} = 0.1 $kmol/m^3$이다.

추가 정보:

$$H_A^\circ(273\text{ K}) = -20\text{ kcal/mol},\ H_B^\circ(273\text{ K}) = -15\text{ kcal/mol},$$
$$H_C^\circ(273\text{ K}) = -41\text{ kcal/mol}$$

$$C_{P_A} = C_{P_B} = 15\text{ cal/mol}\cdot\text{K} \qquad C_{P_C} = 30\text{ cal/mol}\cdot\text{K}$$

$$k = 0.01\ \frac{\text{dm}^3}{\text{mol}\cdot\text{s}}\ @\ 300\text{ K} \qquad E = 10{,}000\text{ cal/mol}$$

PFR

(a) X = 0.85가 되는 PFR 부피까지 전화율과 온도를 PFR 부피의 함수로서 플롯하고 분석하여라. 경향을 설명하여라.

(b) 완전 전화(complete conversion)의 경우에서도 액체의 비점(550 K)을 넘지 않도록 하는 최대 입구 온도는 얼마인가?

(c) 등온운전을 유지하기 위해 반응기의 길이를 따라서 제거되어야 하는 열량을 [$\dot{Q}$ 대 V]에 대하여 플롯하여라.

(d) 가역반응이고 450 K에서 K_C = 10 m^3/kmol일 때의 전화율과 온도를 PFR 반응기 부피가 10 dm^3일 때까지 플롯하고 분석하여라. 평형전화율 도표를 그려라. **(a)**와는 어떻게 경향이 다른가? (**답:** V = 10 dm^3일 때 X = 0.0051, X_{eq} = 0.517)

CSTR

(e) 90% 전화율을 달성하는 데 필요한 CSTR의 부피는 얼마인가?

BR

(f) 이 반응을 25 dm^{3}의 회분식반응기에서 N_{A0} = 10 mol을 채워 넣고 수행한다. 시간의 함수로서 A의 몰수, N_A, 전화율, 그리고 온도를 플롯하여라.

P11-5$_A$ 다음의 기초 비가역 기상반응이 촉매로 충전된 PFR에서 단열적으로 수행된다.

$$A \rightarrow B + C$$

압력 10 atm, 온도 450 K에서 순수한 A가 20 dm^3/s의 부피유량으로 반응기에 도입된다.

추가 정보:

$$C_{P_A} = 40\ \text{J/mol}\cdot\text{K} \qquad C_{P_B} = 25\ \text{J/mol}\cdot\text{K} \qquad C_{P_C} = 15\ \text{J/mol}\cdot\text{K}$$

$$H_A^\circ = -70\ \text{kJ/mol} \qquad H_B^\circ = -50\ \text{kJ/mol} \qquad H_C^\circ = -40\ \text{kJ/mol}$$

모든 생성열의 기준 온도는 273 K이다.

$$k = 0.133\ \exp\left[\frac{E}{R}\left(\frac{1}{450} - \frac{1}{T}\right)\right] \frac{\text{dm}^3}{\text{kg-cat}\cdot\text{s}} \quad \text{여기서 } E = 31.4\ \text{kJ/mol}$$

(a) PFR의 전화율이 (만약 가능하다면) 80%까지 되었을 때까지 전화율과 온도를 플롯하고 분석하여라(PFR에 충전된 촉매의 최대량은 50 kg이다). $\Delta P = 0.0$으로 가정하여라.

(b) 입구 온도를 변경해 보고 무엇을 발견하는지 설명하여라.

(c) 등온운전을 유지하기 위해 반응기 길이를 따라서 제거되어야 하는 열량을 [$\dot{Q}$ 대 V]에 대하여 그래프를 그려라.

(d) PBR에서 압력강하를 고려하자(ρ_b = 1 kg/dm^3).

반응기는 다음의 두 입자크기 중 하나로 충전시킬 수 있다. 하나를 선정하여라.

입경 D_1에 대하여, α = 0.019/kg-cat

입경 D_2에 대하여, α = 0.0075/kg-cat

(e) 반응기 길이에 따른 온도, 전화율 및 압력에 대하여 플롯하고 분석하여라. 파라미터 α와 P_0를 변화시켜 이들이 전화율에 현저하게 영향을 미치는 값의 범위를 구하여라.

(f) 서문의 표 P-4에 있는 여섯 아이디어 중에서 하나 이상을 골라 이 문제에 응용하여라.

P11-6$_B$ 비가역 흡열 기상반응이 기초반응을 따르며 다음과 같이 500 dm^{3}의 PFR에서 단열 조건에서 수행된다.

$$CH_3COCH_3 \rightarrow CH_2CO + CH_4$$
$$A \rightarrow B + C$$

화합물 A는 압력 2 atm, 몰유량 10 mol/min로 반응기에 공급된다. 그림 P11-6$_B$에 나타낸 것과 같이 비활성 물질도 2 atm에서 반응기에 공급된다. 두 흐름의 입구 온도는 1100 K이다.

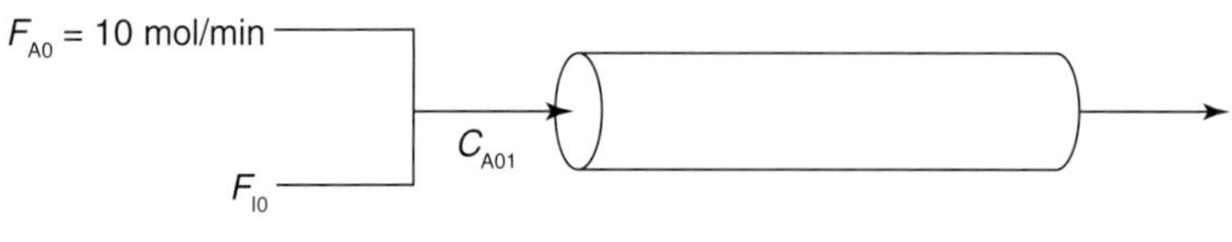

그림 P11-6$_B$ 비활성 물질이 있는 단열 PFR

추가 정보:

$k = \exp(34.34 - 34{,}222/T)\,1/s$	$C_{P_I} = 200\ \mathrm{J/mol \cdot K}$
(온도는 켈빈 단위)	
$C_{P_A} = 170\ \mathrm{J/mol \cdot K}$	$C_{P_B} = 90\ \mathrm{J/mol \cdot K}$
$C_{P_C} = 80\ \mathrm{J/mol \cdot K}$	$\Delta H^\circ_{Rx} = 80{,}000\ \mathrm{J/mol}$

(a) 먼저 C_{A01}을 C_{A0}와 Θ_I의 함수로 표시되는 식을 유도하여라.

(b) 비활성 물질이 없는 경우의 전화율과 온도의 프로필을 스케치하여라. 파선(dashed line)으로 적정량의 비활성 물질이 첨가된 경우의 프로필을 스케치하여라. 점선(dotted line)으로 많은 양의 비활성 물질이 첨가된 경우의 프로필을 스케치하여라. 정성적으로 스케치하면 된다. 곡선들의 비슷한 점과 차이점을 설명하여라.

(c) 출구 전화율을 Θ_I의 함수로 하여 스케치하고 플롯하고 분석하여라. 전화율이 최대값이 되는 A의 주입 몰유량에 대한 비활성 물질(I)의 주입 몰유량의 비(즉, $\Theta_I = F_{I0}/F_{A0}$)가 있는가? 최대값의 유무에 대한 이유를 설명하여라.

(d) 위의 **(b)**와 **(c)**에서 만약 반응이 가역이고 발열이며 1100 K에서 $\Delta H^\circ_{Rx} = -80$ kJ/mol, $K_C = 2\ \mathrm{dm^3/mol}$의 조건이면 무엇이 변할 것인가?

(e) **(c)**와 **(d)**에 대하여 F_B를 스케치 또는 플롯하고 무엇을 발견하는지 설명하여라.

(f) 순수하게 A만 투입되고 발열반응일 경우에 등온운전을 유지하기 위해 반응기를 따라서 제거되어야 하는 열량을 [$\dot{Q}$ 대 V]에 대하여 그래프를 그려라. (f)는 C급 수준의 문제이다. 즉, **P11-6$_C$(f)**.

P11-7$_B$ 기상 가역 반응이 압력강하가 있는 고압의 충전층반응기 내에서 진행된다.

$$A \rightleftarrows B$$

유입되는 반응물은 비활성 물질 I와 화합물 A이며 2대 1의 비율로 존재한다. 300 K에서 A의 몰유량은 5 mol/min이고 농도는 2 mol/dm^{3}이다. 이 문제를 부피의 항으로 풀어라. (힌트: $V = W/\rho_B$, $r_A = \rho_B r'_A$)

추가 정보:

$F_{A0} = 5.0\ \mathrm{mol/min}$	$T_0 = 300\mathrm{K}$
$C_{A0} = 2\ \mathrm{mol/dm^3}$	$T_1 = 300\mathrm{K}$
$C_I = 2C_{A0}$	$k_1 = 0.1\ \mathrm{min^{-1}}$ at 300K
$C_{P_I} = 18\ \mathrm{cal/mol/K}$	$Ua = 150\ \mathrm{cal/dm^3/min/K}$
$C_{P_A} = 160\ \mathrm{cal/mol/K}$	$T_{ao} = 300\mathrm{K}$
$E = 10{,}000\ \mathrm{cal/mol}$	$V = 40\ \mathrm{dm^3}$
$\Delta H_{Rx} = -20{,}000\ \mathrm{cal/mol}$	$\alpha\rho_b = 0.02\ \mathrm{dm^{-3}}$
$K_C = 1{,}000$ at 300K	<u>Coolant</u>
$C_{P_B} = 160\ \mathrm{cal/mol/K}$	$\dot{m}_C = 50\ \mathrm{mol/min}$
$\rho_B = 1.2\ \mathrm{kg/dm^3}$	$C_{P_{Cool}} = 20\ \mathrm{cal/mol/K}$

(a) **단열 운전.** X, X_e, p, T, 소멸속도를 V의 함수로 $V = 40\ \mathrm{dm^3}$가 될 때까지 플롯하여라. 왜 곡선의 모양이 그렇게 나왔는지 설명하여라.

(b) 비활성 물질 A의 비율($0 \le \Theta_I \le 10$)과 입구 온도를 변화시켜 보고 무엇을 발견하였는지를 설명하여라.

(c) 등온운전을 유지하기 위해 반응기를 따라서 제거되어야 하는 열량을 [$\dot{Q}$ 대 V]에 대하여 플롯하여라. (c)는 C급 수준의 문제이다.

이 문제는 제12장에서 계속될 것이다.

P11-8$_B$ 열효과가 있는 PBR에서 반응의 알고리즘

기초 기상 반응

$$A + B \rightleftarrows 2C$$

은 충전층반응기에서 수행된다. 주입 몰유량은 $F_{A0} = 5$ mol/s, $F_{B0} = 2F_{A0}$, $F_I = 2F_{A0}$이고 $C_{T0} = 0.3$ mol/dm^{3}이다. 입구 온도는 330 K이다.

추가 정보:

$$C_{P_A} = C_{P_B} = C_{P_C} = 20 \text{ cal/mol/}K,\ C_{P_I} = 40 \text{ cal/mol/}K,\ E = 25\,\frac{\text{kcal}}{\text{mol}},$$

$$\Delta H_{Rx} = -20\,\frac{\text{kcal}}{\text{mol}} \text{ @298 K}$$

$$\alpha = 0.0002 \text{ kg}^{-1},\ k = 0.004\,\frac{\text{dm}^6}{\text{kg}\cdot\text{mol}\cdot\text{s}} \text{ @310 K},$$

$$K_C = 1000 \text{ @303 K}$$

참고: 이 문제는 주입 조건의 일부(예: F_{B0})를 변경하여 P12-1$_B$에서 계속된다.

(a) 몰수지, 속도식, K_C를 T의 함수로, k를 T의 함수로, C_A, C_B, C_C를 X, p, T의 함수로 적어라.

(b) 속도식을 X, p, T의 함수로 적어라.

(c) 평형전화율이 다음과 같음을 증명하고, X_e 대 T를 플롯하여라.

$$X_e = \frac{\frac{3K_C}{4} - \sqrt{\left(\frac{3K_C}{4}\right)^2 - 2K_C\left(\frac{K_C}{4} - 1\right)}}{2\left(\frac{K_C}{4} - 1\right)}$$

(d) $\sum\Theta_i C_{P_i}$, ΔC_p, T_0, 입구 온도 T_1(속도법칙), T_2(평형상수)는 무엇인가?

(e) 단열운전에 대한 에너지수지를 적어라.

(f) **사례 1 단열 운전.** 반응이 단열로 진행될 때의 X_e, X, p, T를 W에 대하여 플롯하고 분석하여라. 프로필의 모양이 왜 그렇게 생겼는지 기술하여라. 비활성 물질의 영향을 받는 항목들은 무엇인가? Polymath를 이용하여 프로필을 플롯하기 전에 X_e, X, p, T의 프로필이 어떻게 생겼을지 스케치해 보아라. (**답:** $W = 800$ kg, $X = 0.3583$)

(g) 등온운전을 유지하기 위해 반응기를 따라서 제거되어야 하는 열량을 [$\dot{Q}$ 대 V]에 대하여 플롯하여라. (g)는 C급 수준의 문제이다. 즉, **P11-8$_C$(g)**.

P11-9$_A$ 다음 반응이 단간 냉각(interstage cooling)이 있는 다단 충전층(staged packed-bed reactor) 직렬반응기에서 단열적으로 수행된다(그림 11-5 참조).

$$A + B \rightleftarrows C + D$$

반응물 흐름이 냉각될 수 있는 최저온도는 27°C이다. 원료는 A와 B가 같은 몰수로 공급되고, 각 반응기에 있는 촉매량은 평형전화율의 99.9%를 얻는 데 충분하다. 원료는 27°C에서 공급되고 반응은 단열적으로 진행된다. 만약 4개의 반응기와 3개의 냉각기가 사용된다면 얻을 수 있는 전화율은 얼마인가?

추가 정보:

$$\Delta H^{\circ}_{Rx} = -30{,}000 \text{ cal/mol A} \qquad C_{P_A} = C_{P_B} = C_{P_C} = C_{P_D} = 25 \text{ cal/g mol} \cdot \text{K}$$

$$K_e(50°\text{C}) = 500{,}000 \qquad F_{A0} = 10 \text{ mol A/min}$$

먼저 평형전화율을 온도의 함수로 플롯하여라. (**부분 답:** $T = 360$ K, $X_e = 0.984$; $T = 520$ K, $X_e = 0.09$; $T = 540$ K, $X_e = 0.057$)

P11-10$_A$ 그림 P11-10$_A$는 단간 가열(interstage heating)이 있는 반응기 열차에 대한 온도-전화율 궤적을 보여준다. 그림 P11-10$_A$에 나타낸 것과 같이 3개의 위치에 같은 몫으로 원료 흐름을 주입하는 것으로써 단간 가열을 대체시키려고 한다.

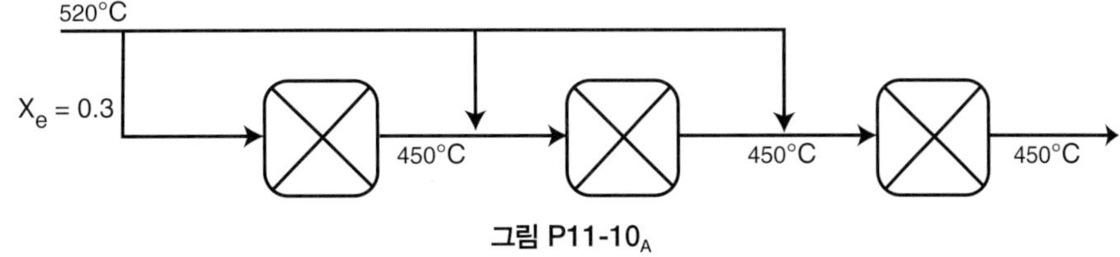

그림 P11-10$_A$

다음의 경우에 온도-전화율 궤적을 도시하여라: **(a)** 그림에 나타낸 유입 온도에 따른 흡열반응의 경우, **(b)** 첫 번째 반응기를 나오고 들어가는 온도가 역일 경우 즉 $T_0 = 450$°C에 따른 발열반응의 경우.

보충교재

1. 에너지수지의 유도에 관한 서적:

   ARIS, R., *Elementary Chemical Reactor Analysis*. Upper Saddle River, NJ: Prentice Hall, 1969, Chaps. 3 and 6.

   비등온반응기를 다룬 예제:

   BURGESS, THORNTON W., *The Adventures of Old Man Coyote*. New York: Dover Publications, Inc., 1916.

   BUTT, JOHN B., *Reaction Kinetics and Reactor Design*, Revised and Expanded, 2nd ed. New York: Marcel Dekker, Inc., 1999.

   WALAS, S. M., *Chemical Reaction Engineering Handbook of Solved Problems*. Amsterdam: Gordon and Breach, 1995. See the following solved problems: 4.10.1, 4.10.08, 4.10.09, 4.10.13, 4.11.02, 4.11.09, 4.11.03, 4.10.11.

   반응열과 평형상수에 관한 논의:

   DENBIGH, K. G., *Principles of Chemical Equilibrium*, 4th ed. Cambridge: Cambridge University Press, 1981.

2. 다양한 화합물의 생성열 $H_i(T)$, Gibbs 자유에너지 $G_i(T_R)$와 열용량에 관한 서적:

   GREEN, D. W. and R. H. PERRY, eds., *Chemical Engineers' Handbook*, 8th ed. New York: McGraw-Hill, 2008.

   REID, R. C., J. M. PRAUSNITZ, and T. K. SHERWOOD, *The Properties of Gases and Liquids*, 3rd ed. New York: McGraw-Hill, 1977.

   WEAST, R. C., ed., *CRC Handbook of Chemistry and Physics*, 94th ed. Boca Raton, FL: CRC Press, 2013.

12 정상상태 비등온반응기 설계–열교환이 있는 흐름반응기

Steady-State Nonisothermal Reactor Design—Flow Reactors with Heat Exchange

연구란 모두가 보는 것을 보고,
아무도 생각지 못했던 것을 생각하는 것이다.

—센트죄르지 얼베르트

(역자 주 | 헝가리의 생화학자. 비타민 C의 발견과 생물학적 연소로 1937년 노벨 생리학·의학상 수상)

개요

이 장에서는 열교환이 있는 화학반응기들에 초점을 맞춘다. 이 장의 주제는 다음과 같이 배열되어 있다.

- 12.1절은 PFR과 PBR에 쉽게 적용하기 위한 에너지수지를 좀 더 개발한다.
- 12.2절은 PFR과 PBR에서의 네 종류의 열교환기 운전에 관해 설명한다.
  (1) 일정한 열전달 매체 온도 T_a
  (2) 매체 온도 T_a가 변하는 병류(co-current) 운전
  (3) 매체 온도 T_a가 변하는 향류(countercurrent) 운전
  (4) 단열운전
- 12.3절은 네 가지 형태의 열교환기 운전의 예를 보여주고, PFR/PBR을 설계하는 알고리즘을 설명한다.
- 12.4절은 CSTR에 에너지수지를 적용한다.
- 12.5절은 CSTR이 여러 가지의 정상상태 온도와 전화율에서 운전될 수 있음을 보여주고, 어떤 상태가 안정하고 어떤 상태가 불안정한지 판단하는 것을 보여준다.
- 12.6절은 이 교재만의 특징이며 전체 내용 중 가장 중요한 주제인 **열효과가 있는 복수반응**(multiple reaction)을 **실전 예제 문제**로 설명한다.
- 12.7절은 반경 방향과 축 방향의 온도와 농도구배를 다룬다.

- 12.8절 안전: 13장에서 Monsanto 및 T2 Laboratories 폭발에 대한 CSI 분석을 수행할 때 회분식반응기 폭발의 원인을 논의하고 발생할 수 있는 시사점을 제시한다.

CRE 웹사이트(*http://www.umich.edu/~elements/5e/12chap/pdf/sulfuricacid.pdf*)의 제12장 *Professional Reference Shelf*(R12.4)는 전형적인 비등온 공업용 반응기와 SO_2 산화반응을 설명하고, 많은 실용적인 세부사항을 제공한다.

12.1 열교환이 있는 정상상태 관형반응기

이 절에서는 반응기의 관벽을 통해서 열이 가해지거나 제거되는 관형반응기(그림 12-1)를 고려한다. 이 반응기를 모델화시키기 위하여 반응기 내에서 반경 방향으로는 온도 기울기는 없고[1], 반응기 단위부피당 벽을 통한 열플럭스는 그림 12-1에서 보는 것과 같다고 가정한다.

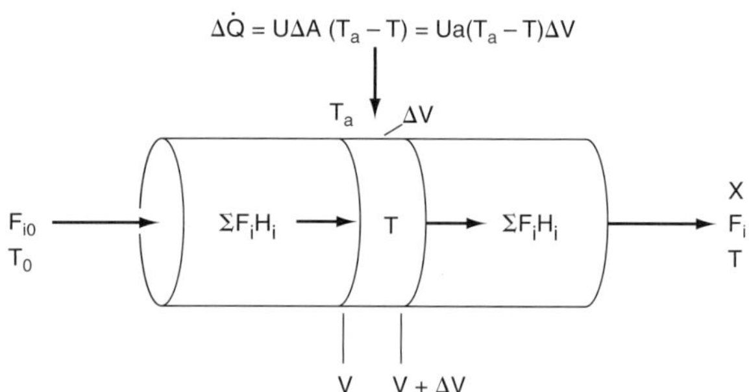

그림 12-1 열 획득이나 손실이 있는 관형반응기

12.1.1 PFR의 에너지수지식 유도

$\dot{W}_s = 0$일 때, 부피 ΔV에 관한 에너지수지를 취한다. 따라서 식 (11-10)은 다음과 같이 된다.

$$\text{가열} + \begin{matrix}\text{에너지}\\\text{유입}\end{matrix} - \begin{matrix}\text{에너지}\\\text{유출}\end{matrix} = 0$$

$$\Delta\dot{Q} + \Sigma F_i H_i\big|_V - \Sigma F_i H_i\big|_{V+\Delta V} = 0 \tag{12-1}$$

반응기로의 열흐름 $\Delta\dot{Q}$는 총괄열전달계수 U, 열교환 면적 ΔA 및 주위 온도 T_a와 반응기 온도 T의 차의 항으로 주어진다.

$$\Delta\dot{Q} = U\Delta A(T_a - T) = Ua\Delta V(T_a - T)$$

여기서 a는 반응기 단위부피당의 열교환 면적이다. 관형반응기에서는

1. 반경 방향의 온도 기울기는 12.7절, 웹사이트 PDF 제17장과 제18장에서 논의하였다(*http://www.umich.edu/~elements/5e/17chap/Fogler_Web_Ch17.pdf* 그리고 *http://www.umich.edu/~elements/5e/18chap/Fogler_Web_Ch18.pdf*).

$$a = \frac{A}{V} = \frac{\pi DL}{\frac{\pi D^2 L}{4}} = \frac{4}{D}$$

여기서 D는 반응기 직경이다. $\Delta \dot{Q}$를 식 (12-1)에 치환시키고 ΔV로 나누어서 $\Delta V \to 0$에 하면, 다음 식을 얻는다.

$$Ua(T_a - T) - \frac{d\,\Sigma(F_i H_i)}{dV} = 0$$

이 식을 전개하면,

$$Ua(T_a - T) - \Sigma \frac{dF_i}{dV} H_i - \Sigma F_i \frac{dH_i}{dV} = 0 \qquad (12\text{-}2)$$

화합물 i에 관한 몰수지에서,

$$\frac{dF_i}{dV} = r_i = \nu_i(-r_A) \qquad (12\text{-}3)$$

V에 관한 엔탈피 식 (11-19)를 미분하면,

$$\frac{dH_i}{dV} = C_{P_i} \frac{dT}{dV} \qquad (12\text{-}4)$$

식 (12-3)과 (12-4)를 식 (12-2)에 치환하면, 다음 식을 얻는다.

$$Ua(T_a - T) - \underbrace{\Sigma \nu_i H_i}_{\Delta H_{Rx}} (-r_A) - \Sigma F_i C_{P_i} \frac{dT}{dV} = 0$$

재정리하면 다음 식과 같다.

에너지 수지식의 이와 같은 형태는 복수반응에도 적용될 것이다.

$$\boxed{\frac{dT}{dV} = \frac{\overbrace{r_A \Delta H_{Rx}}^{\substack{Q_g \\ \text{열} \\ \text{“생성”}}} - \overbrace{Ua(T - T_a)}^{\substack{Q_r \\ \text{열} \\ \text{“제거”}}}}{\Sigma F_i C_{P_i}}} \qquad (12\text{-}5)$$

이 식은 표 11-1에 있는 식 (T11-1.G)이다.

$$\boxed{\frac{dT}{dV} = \frac{Q_g - Q_r}{\Sigma F_i C_{P_i}}} \qquad (\text{T11-1G})$$

여기서

$$Q_g = r_A \Delta H_{Rx} \equiv (-r_A)(-\Delta H_{Rx}) \qquad (12\text{-}5a)$$

$$Q_r = Ua(T - T_a) \qquad (12\text{-}5b)$$

Q_r이 반응혼합물에서 **제거된 "열"**이라는 것을 기억하기 위해, 구동력이 "T"로부터 "T_a"로 오는 것을 주목한다. 즉, $Ua(T - T_a)$.

발열반응(exothermic reaction)에 대해서, 생성된 열량 Q_g가 제거된 열량 Q_r보다 클 때($Q_g > Q_r$), 온도는 반응기를 따라 증가한다. $Q_r > Q_g$일 때는 온도가 반응기를 따라 감소한다.

흡열반응(endothermic reaction)에 대해서는 ΔH_{Rx}는 양수가 되며, 따라서 식 (12-5a)에서 발열량인 Q_g는 음수가 된다. 식 (12-5b)의 제거된 열 Q_r도 열이 추가되기보다는 ($T_a > T$) 제거되기 때문에 음수가 된다. 제12장 확장자료에 있는 샘플 계산을 참조하여라 (*http://www.umich.edu/~elements/5e/12chap/CH12ExpandedMaterialEndothemicReactions.pdf*). 주위 온도가 일정한 경우에 대한 예제 12-2에 이 점을 예시하였다.

식 (12-5)는 각 화합물의 몰수지와 결합된다[식 (12-3)]. 다음으로 제6장에서 설명하였던 것과 같이 액상계에서는 농도의 함수 또는 기상계에서는 몰유량의 함수로서 r_A를 표시한다. 멤브레인반응기에 대하여 몰유량속도 형태의 에너지수지식을 이용하고, 복수반응에는 이 형태를 확장시킨다.

또한 $F_i = F_{A0}(\Theta_i + \nu_i X)$을 상기하고 이 관계식을 식 (12-5)의 분모에 대입하여 식 (12-5)를 전화율의 항으로 쓸 수 있다.

PFR 에너지수지식

$$\boxed{\frac{dT}{dV} = \frac{r_A \Delta H_{Rx} - Ua(T - T_a)}{F_{A0}(\Sigma\Theta_i C_{P_i} + \Delta C_P X)} = \frac{Q_g - Q_r}{\Sigma F_i C_{P_i}}} \tag{12-6}$$

충전층반응기 $dW = \rho_b dV$에 대하여(여기서 ρ_b는 벌크(bulk)밀도이다),

PBR 에너지수지식

$$\boxed{\frac{dT}{dW} = \frac{r'_A \Delta H_{Rx} - \dfrac{Ua(T - T_a)}{\rho_b}}{\Sigma F_i C_{P_i}}} \tag{12-7}$$

식 (12-6)과 (12-7)은 표 11-1에 제시된 식 (T11-1D)와 (T11-1F)와 같다. 앞에서 언급했듯이, 이들 식을 유도하는 것을 통해서 열효과가 있는 CRE 문제에 이들을 정교하게 적용하는 것이 쉬워질 것이다.

12.1.2 열교환이 있는 흐름식 반응기에 알고리즘을 적용하기

앞 장에서 설명한 알고리즘을 계속 사용하면서 단순히 다섯 번째 블록, 즉 **에너지수지**(energy balance)를 추가한다.

기상

만약 반응이 기상에서 일어나고 압력강하가 포함되어 있다면, 네 개의 미분방정식을 동시에 풀어야 한다. 반응기의 부피(즉 길이)에 따라 온도가 변하는 것을 기술하는 미분방정식은

에너지수지식

$$\frac{dT}{dV} = g(X, T, T_a) \tag{A}$$

몰수지식과 연립하고

몰수지식

$$\frac{dX}{dV}=\frac{-r_A}{F_{A0}}=f(X,T,p) \tag{B}$$

그리고 압력강하 식과

압력강하

$$\frac{dp}{dV}=-h(p,X,T) \tag{C}$$

동시에 풀어야 한다. 열교환매체온도 T_a가 반응기 하류를 따라 변하면 다음과 같은 열교환매체에 대한 에너지수지를 추가해야만 한다. 다음 절에서는 병류(co-current) 열전달에 관한 식

열교환기

$$\frac{dT_a}{dV}=\frac{Ua(T-T_a)}{\dot{m}_{C0}C_{P_{C0}}} \tag{D}$$

(A)부터 (D)까지 연립 미분방정식의 수치 적분이 필요하다.

를 향류(countercurrent) 열전달에 관한 식과 함께 유도해 볼 것이다. 연립방정식 **(A)**, **(B)**, **(C)**, **(D)**를 풀기 위해서는 여러 가지 소프트웨어(Polymath 등)가 사용될 수 있다.

액상

액체 상태에서의 반응에 대해서는 반응속도는 전체 압력에 관한 함수가 아니므로, 몰수지는 다음과 같다.

$$\frac{dX}{dV}=\frac{-r_A}{F_{A0}}=f(X,T) \tag{E}$$

따라서 식 **(A)**, **(D)**, **(E)**만 연립적으로 풀면 된다.

12.2 열전달매체에 관한 수지식

12.2.1 병류(Co-current Flow)

열전달매체(heat-transfer fluid)가 발열반응에는 냉각매체(coolant)로, 흡열반응에는 가열매체(heating medium)로 된다. 반응혼합물로부터 나오는 열을 방출(또는 흡수)할 때 열전달매체의 유량이 매우 높으면 열전달매체 온도는 반응기 길이를 따라서 일정하게 된다. 이후 이 교재에서 발열반응으로부터 열을 제거하는 냉각매체에 대한 기본식을 개발한다; 그러나 이 동일한 식은 가열매체가 열을 공급하는 흡열반응에도 활용된다.

이제 그림 12-2에 나타낸 것처럼, R_1과 R_2 사이 및 축방향 V와 V + ΔV 사이의 환형(annulus)에서 냉각제에 관한 수지식을 세우자. 열전달매체(즉, 냉각매체)의 질량유량은 $\dot{m}_c$이다. 반응기가 냉각되는 경우 냉각매체의 수로의 바깥쪽 반경 R_2 밖으로는 **단열**되어 있을 경우를 검토하자. 관습상 $\dot{Q}$는 계에 **가해지**는 열이라는 것을 기억하자.

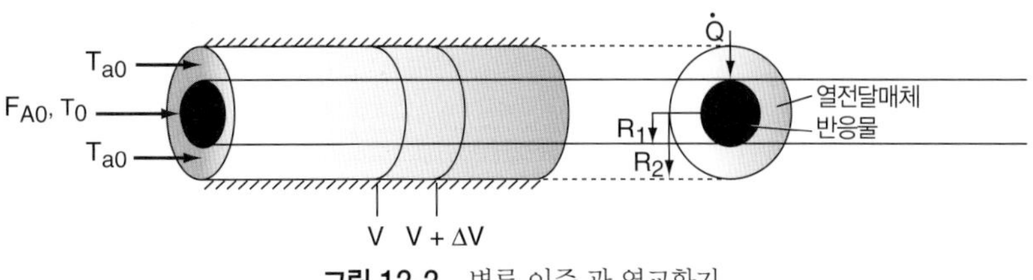

그림 12-2 병류 이중 관 열교환기

병류의 경우, 반응물과 냉각매체가 같은 방향으로 흐른다.

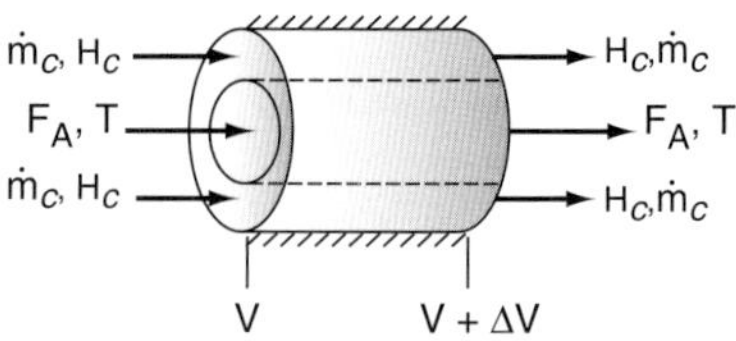

부피 V와 $V+\Delta V$ 사이의 냉각매체에 관한 에너지수지는

$$\begin{bmatrix} V\text{에서 유입} \\ \text{에너지 속도} \end{bmatrix} - \begin{bmatrix} V+\Delta V\text{에서 유출} \\ \text{에너지 속도} \end{bmatrix} + \begin{bmatrix} \text{내벽을 통하여} \\ \text{전도에 의해 가해진} \\ \text{열 속도} \end{bmatrix} = 0$$

$$\dot{m}_c H_c\big|_V \quad - \quad \dot{m}_c H_c\big|_{V+\Delta V} \quad + \quad Ua(T-T_a)\Delta V \quad = 0$$

여기서 T_a는 냉각매체 온도이고, T는 내부튜브의 반응혼합물의 온도이다.

ΔV로 나누고, $\Delta V \to 0$으로 극한을 취하면,

$$-\dot{m}_c \frac{dH_c}{dV} + Ua(T-T_a) = 0 \tag{12-8}$$

(12-4)와 유사하게, 냉각매체의 엔탈피 변화는 다음과 같다.

$$\frac{dH_c}{dV} = C_{P_c}\frac{dT_a}{dV} \tag{12-9}$$

반응기 길이에 따른 냉각매체 온도의 변화는

$$\boxed{\frac{dT_a}{dV} = \frac{Ua(T-T_a)}{\dot{m}_c C_{P_c}}} \tag{12-10}$$

이 식은 열전달매체가 냉각매체이건 가열매체이건 유효하다.

열전달매체가 T_{a0}로 들어올 때 발열반응과 흡열반응에 대한 대표적인 열전달매체 온도 프로필은 그림 12-3 (a)와 (b)에 각각 나타내었다.

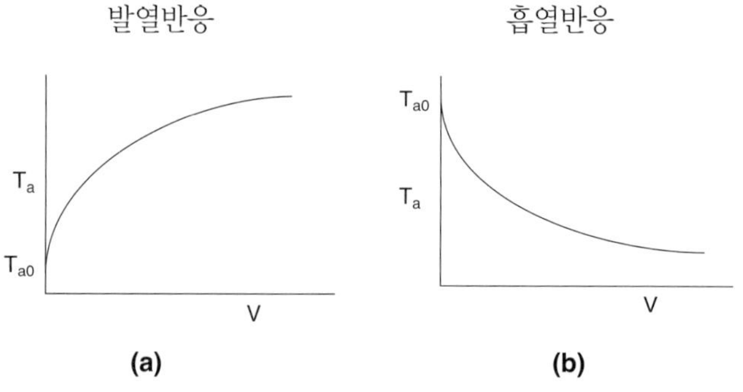

그림 12-3 병류 열교환기에서의 열전달매체 온도 도표. **(a)** 냉각매체, **(b)** 가열매체.

12.2.2 향류(Countercurrent Flow)

향류 열교환에서는 반응혼합물과 열교환매체(즉, 냉각매체)가 서로 반대방향으로 흐른다. 반응기 입구, $V = 0$에서 반응물은 온도 T_0에서 도입되고, 냉각매체는 온도 T_{a2}에서 배출된다. 반응기의 끝에서 반응물과 생성물은 온도 T에서 배출되면서 냉각매체는 T_{a0}에서 도입된다.

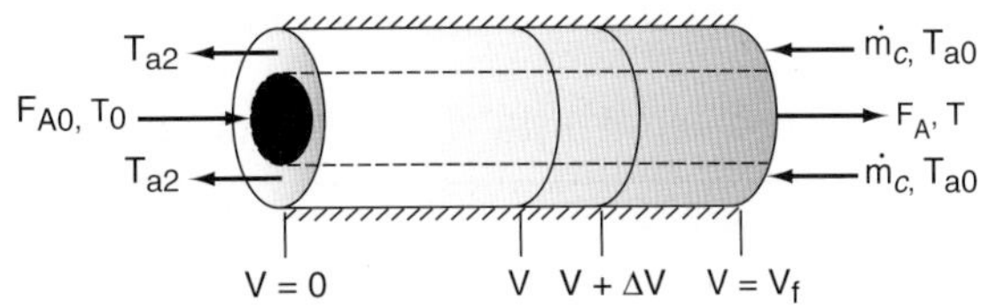

그림 12-4 향류 이중 관 열교환기

미분 반응기 부피에 대하여 냉각매체의 에너지수지식을 세운다.

$$\boxed{\frac{dT_a}{dV} = \frac{Ua(T_a - T)}{\dot{m}_c C_{P_c}}} \qquad (12\text{-}11)$$

입구에서 $V = 0$ $\therefore$ $X = 0$과 $T_a = T_{a2}$.

출구에서 $V = V_f$ $\therefore$ $T_a = T_{a0}$.

식 (12-10)과 (12-11)의 차이점은 음의 부호뿐이다[즉, $(T - T_a)$ 대 $(T_a - T)$].

이와 같은 향류 문제에서는 표 12-1에 보인 것처럼 **시행착오**(trial-and-error) 방법으로 출구 전화율과 온도를 구한다.

표 12-1 향류 열교환 되는 PFR의 출구 조건을 푸는 절차

1. 반응기의 끝($V = V_f$)에서 온도 T_{a0}, 즉 300 K의 냉각매체 흐름이 도입되는 발열반응을 검토하자. $V = 0$에서 반응기를 **나오는** 냉각매체의 온도(T_{a2})를 알기 위한 **시행착오** 과정을 수행해야 한다(그림 12-4 참조).
2. 그림 12-5(a)에 나타낸 것과 같이, 반응기 원료 공급 입구($X = 0$, $V = 0$)에서 나가는 냉각매체의 온도를 $T_{a2} =$ 340 K로 가정하자.
3. V의 함수로 X, T, 그리고 T_a를 계산하는 데 ODE 문제풀이 프로그램을 사용하여라.

시행착오 과정이 필요하다.

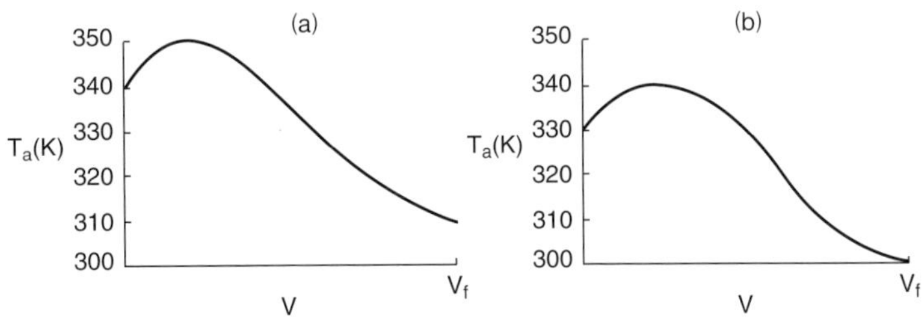

그림 12-5 향류 열교환기에 대한 시행착오 결과

원료 공급 입구($V = 0$와 $X = 0$)에서 T_{a2}를 340 K로 가정한 초기 예측으로부터 냉각매체 입구($V = V_f$) 온도가 310 K라는 것을 그림 12-5(a)로부터 알 수 있다. 이것은 실제의 냉각매체 입구 온도 300 K와는 일치하지 않는다.

4. 이제 $V = 0$ 및 $X = 0$에서 다른 냉각매체 온도의 초기값을 예측하자, 가령 330 K. 이러한 추측으로 시뮬레이션을 수행한 후, 그림 12-5(b)에서 $V = 0$에서의 냉각매체의 온도인 $T_{a2} = 330$ K가 V_f에서 냉각수 온도가 300 K로 주어지며 이는 실제 T_{a0}과 일치한다는 것을 알 수 있다.

12.3 열효과가 있는 PFR/PBR의 알고리즘

지금까지 정온 냉각매체 또는 변온 냉각매체 모든 경우에 대해서 PFR과 PBR에서 열효과가 포함된 반응공학문제를 해결하는 모든 방법을 검토하였다.

표 12-2에는 각각의 경우에 열교환이 있는 PFR과 PBR의 설계를 위한 알고리즘을 정리한 것이다: **사례 A**에서는 **전화율**이 반응변수이고, **사례 B**에서는 **몰유량**이 반응변수이다. 열효과가 있는 복수반응을 해석하기 위해서는 반드시 사례 B의 절차를 사용하여야 한다.

표 12-2 열효과가 있는 기상반응에 대한 PFR/PBR 설계 알고리즘

기초 기상반응이 향류 열교환기를 가진 PBR에서 수행된다.

$$A + B \rightleftarrows 2C$$

A. 반응변수가 전화율일 때

1. 몰수지식:

$$\frac{dX}{dW} = \frac{-r'_A}{F_{A0}} \tag{T12-1.1}$$

2. 속도법칙:

$$-r'_A = k_1\left(C_A C_B - \frac{C_C^2}{K_C}\right) \tag{T12-1.2}$$

$$k = k_1(T_1)\exp\left[\frac{E}{R}\left(\frac{1}{T_1} - \frac{1}{T}\right)\right] \tag{T12-1.3}$$

$\Delta C_P \cong 0$에 대하여

$$K_C = K_{C2}(T_2)\exp\left[\frac{\Delta H^\circ_{Rx}}{R}\left(\frac{1}{T_2} - \frac{1}{T}\right)\right] \tag{T12-1.4}$$

$\delta \equiv 0$이므로 $K_C \equiv K_e$임을 주의하여라.

3. 양론(기상):

알고리즘을 따른다.

$$C_A = \frac{C_{A0}(1-X)}{(1+\varepsilon X)}\frac{T_0}{T}p \tag{S4-9}$$

$$\varepsilon = y_{A0}\delta = \frac{1}{3}(2-1-1) = 0$$

- 몰수지
- 속도법칙
- 화학양론
- 에너지수지
- 파라미터
- 문제풀이
- 분석

$$C_A = C_{A0}(1-X)\frac{T_0}{T}p \tag{T12-1.5}$$

$$C_B = C_{A0}(\Theta_B - X)\frac{T_0}{T}p \tag{T12-1.6}$$

$$C_C = 2C_{A0}X\frac{T_0}{T}p \tag{T12-1.7}$$

$$C_I = C_{I0}\frac{T_0}{T}p \tag{T12-1.8}$$

$$\frac{dp}{dW} = -\frac{\alpha}{2p}(1+\varepsilon X)\frac{T}{T_0} \tag{5-30}$$

$$\varepsilon = 0$$

$$\frac{dp}{dW} = -\frac{\alpha}{2p}\frac{T}{T_0} \tag{T12-1.9}$$

X_e를 찾기 위하여 속도식과 양론을 결합하여라.

$$-r_A = k_1 C_{A0}^2\left[(1-X)(\Theta_B - X) - \frac{4X^2}{K_C}\right]\left(\frac{T_0}{T}p\right)^2 \tag{T12-1.10}$$

평형에서 $-r_A = 0$ 그리고 $X = X_e$이다.

표 12-2 열효과가 있는 기상반응에 대한 PFR/PBR 설계 알고리즘(계속)

X_e에 대해서 풀면,

$$X_e = \frac{(\Theta_B + 1)K_C - [((\Theta_B + 1)K_C)^2 - 4K_C\Theta_B(K_C - 4)]^{1/2}}{2(K_C - 4)} \quad \text{(T12-1.11)}$$

4. 에너지수지식:

반응기: $$\frac{dT}{dW} = \frac{\left(\frac{Ua}{\rho_b}\right)(T_a - T) + (-r_A)(-\Delta H_{Rx})}{F_{A0}[C_{P_A} + \Theta_B C_{P_B} + X\Delta C_P]} \quad \text{(T12-1.12)}$$

병류 냉각매체: $$\frac{dT_a}{dW} = \frac{\left(\frac{Ua}{\rho_b}\right)(T - T_a)}{\dot{m}_c C_{P_{cool}}} \quad \text{(T12-1.13)}$$

B. 반응변수가 몰유량일 때

1. 몰수지식:

$$\frac{dF_A}{dW} = r'_A \quad \text{(T12-1.14)}$$

$$\frac{dF_B}{dW} = r'_B \quad \text{(T12-1.15)}$$

$$\frac{dF_C}{dW} = r'_C \quad \text{(T12-1.16)}$$

$$F_I = F_{I0} \quad \text{(T12-1.17)}$$

2. 속도식(기초반응):

$$-r'_A = k_1\left(C_A C_B - \frac{C_C^2}{K_C}\right) \quad \text{(T12-1.2)}$$

$$k = k_1(T_1)\exp\left[\frac{E}{R}\left(\frac{1}{T_1} - \frac{1}{T}\right)\right] \quad \text{(T12-1.3)}$$

$$K_C = K_{C2}(T_2)\exp\left[\frac{\Delta H_{Rx}^\circ}{R}\left(\frac{1}{T_2} - \frac{1}{T}\right)\right] \quad \text{(T12-1.4)}$$

3. 양론(기상):

$$r'_B = r'_A \quad \text{(T12-1.18)}$$

$$r'_C = -2r'_A \quad \text{(T12-1.19)}$$

$$C_A = C_{T0}\frac{F_A}{F_T}\frac{T_0}{T}p \quad \text{(T12-1.20)}$$

$$C_B = C_{T0}\frac{F_B}{F_T}\frac{T_0}{T}p \quad \text{(T12-1.21)}$$

$$C_C = C_{T0}\frac{F_C}{F_T}\frac{T_0}{T}p \quad \text{(T12-1.22)}$$

$$F_T = F_A + F_B + F_C + F_I \quad \text{(T12-1.23)}$$

$$\frac{dp}{dW} = -\frac{\alpha}{p}\frac{F_T}{F_{T0}}\frac{T}{T_0} \quad \text{(T12-1.24)}$$

표 12-2 열효과가 있는 기상반응에 대한 PFR/PBR 설계 알고리즘(계속)

4. 에너지수지식:

반응기:

$$\frac{dT}{dW} = \frac{\left(\dfrac{Ua}{\rho_b}\right)(T_a - T) + (-r_A)(-\Delta H_{Rx})}{F_A C_{P_A} + F_B C_{P_B} + F_C C_{P_C} + F_I C_{P_I}} \quad \text{(T12-1.25)}$$

열교환기: 반응변수로서 전화율의 경우인 A와 동일하다.

사례 A: 독립변수로서 전화율 예제 계산

5. 파라미터 평가

이제 적절한 파라미터값과 모든 방정식을 입력하자.

$k_1, E, R, C_{T0}, T_a, T_0, T_1, T_2, K_{C2}, \Theta_B, \Theta_I, \Delta H^\circ_{Rx}, C_{P_A}, C_{P_B}, C_{P_C}, Ua, \rho_b$

기본 사례로서 파라미터값

$E = 25$ kcal/mol

$\Delta H_{Rx} = -20$ kcal/mol

$k = 0.004 \dfrac{dm^6}{mol \cdot kg \cdot s}$ @310K

$K_C = 1000$@303 K

$\alpha = 0.0002$/kg

$F_{A0} = 5$ mol/s

$C_{T0} = 0.3$ mol/dm^3

$C_{P_A} = C_{P_B} = C_{P_C} = 20$ cal/mol/K

$C_{P_I} = 40$ cal/mol K

$\left(\dfrac{Ua}{\rho_b}\right) = \text{Uarho} = 0.5 \dfrac{cal}{kg \cdot s \cdot K}$

$\dot{m}_c = 1000$ g/s

$C_{P_{Cool}} = 18$ cal/g/K

$\Theta_B = 1$

$\Theta_I = 1$

초기값 $T_0 = 330$ K, $T_{a0} = 320$ K, 그리고 $W = 0$에서 $X = 0$, 최종값: $W_f = 5000$ kg

6. 풀이:

해당 파라미터값과 함께 식 (T12-1.1)부터 식 (T12-1.25)까지를 Polymath 프로그램에 입력한다.

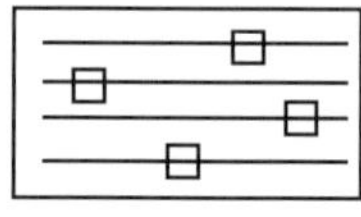
Wolfram Sliders

Differential equations

```
d(Ta)/d(W) = Uarho*(T-Ta)/(mc*Cpmc)
d(p)/d(W) = -alpha/2*(T/To)/p
d(T)/d(W) = (Uarho*(Ta-T)+(-ra)*(-Hr))/(Fao*sumcp)
d(X)/d(W) = -ra/Fao
```

Explicit equations

```
Hr = -20000
alpha = .0002
To = 330
Uarho = 0.5
mc = 1000
Cpcool = 18
Kc = 1000*(exp(Hr/1.987*(1/303-1/T)))
Fao = 5
thetaI = 1
CpI = 40
CpA = 20
thetaB = 1.0
CpB = 20
Cto = 0.3
Ea = 25000
Xe = ((thetaB+1)*Kc- (((thetaB+1)*Kc)^2-4*(Kc-4)*(Kc*thetaB))^0.5)/(2*(Kc-4))
k = .004*exp(Ea/1.987*(1/310-1/T))
yao = 1/(1+thetaB+thetaI)
Cao = yao*Cto
sumcp = (thetaI*CpI+CpA+thetaB*CpB)
Ca = Cao*(1-X)*p*To/T
Cb = Cao*(thetaB-X)*p*To/T
Cc = Cao*2*X*p*To/T
ra = -k*(Ca*Cb-Cc^2/Kc)
```

http://www.umich.edu/~elements/5e/live/chapter12/T12-3/LEP-T12-2.pol

표 12-2 열효과가 있는 기상반응에 대한 PFR/PBR 설계 알고리즘(계속)

POLYMATH Report
Ordinary Differential Equations
Calculated values of DEQ

	Variable	Initial value	Final value
1	alpha	0.0002	0.0002
2	Ca	0.1	0.0111092
3	Cao	0.1	0.1
4	Cb	0.1	0.0111092
5	Cc	0	0.0255273
6	CpA	20.	20.
7	CpB	20.	20.
8	CpI	40.	40.
9	Cpcool	18.	18.
10	Cto	0.3	0.3
11	Ea	2.5E+04	2.5E+04
12	Fao	5.	5.
13	Hr	-2.0E+04	-2.0E+04
14	k	0.046809	0.0303238
15	Kc	66.01082	93.4225
16	mc	1000.	1000.
17	p	1.	0.2360408
18	ra	-0.0004681	-3.531E-06
19	sumcp	80.	80.
20	T	330.	326.2846
21	Ta	320.	323.0528
22	thetaB	1.	1.
23	thetaI	1.	1.
24	To	330.	330.
25	Uarho	0.5	0.5
26	W	0	4500.
27	X	0	0.5346512
28	Xe	0.8024634	0.8285547
29	yao	0.3333333	0.3333333

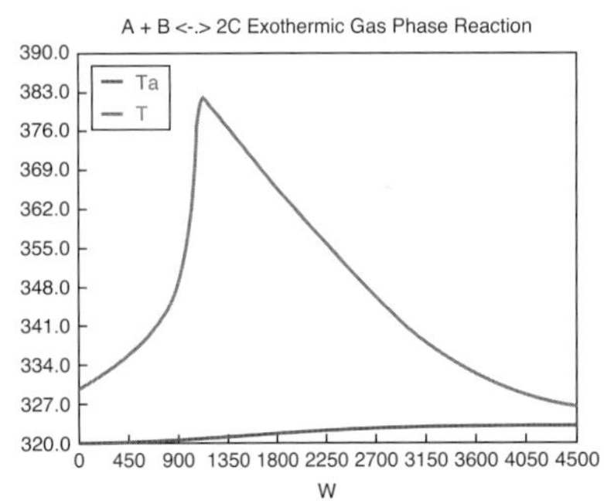

그림 TE12-1.1

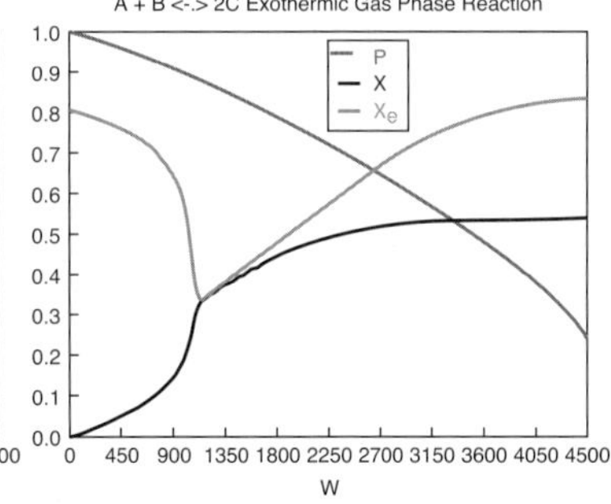

그림 TE12-1.2

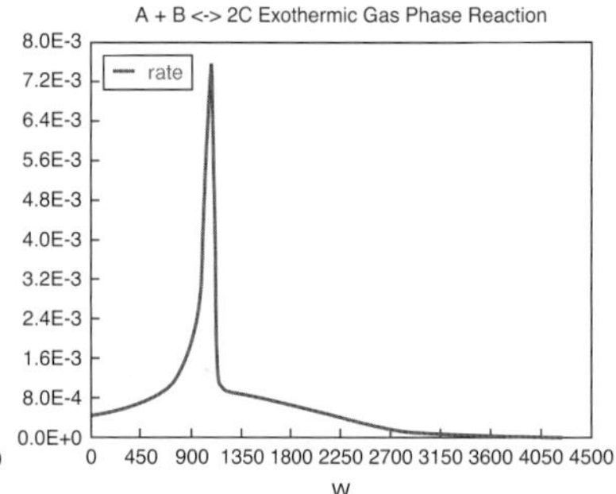

그림 TE12-1.3

7. 분석:

온도 변화추이는 그림 TE12-1.1에 나타내었다. 발열반응열로 인해 반응기 내 기체의 온도는 입구 근처에서 급격히 상승한 다음 반응물이 소모되면서 감소하고 반응기 하류로 내려가면서 유체가 냉각된다는 점을 주목하여라. 그림 TE12-1.2는 전화율 X가 증가하여 반응속도가 0이 되는 촉매 무게 약 W = 1125 kg에서 평형값 X_e에 접근하는 것을 보여준다. 이 시점에서는 X_e가 증가하지 않는 한 전화율은 더 이상 증가할 수 없다. X_e의 증가는 열교환기에 의해 반응기의 내용물을 냉각하면 평형이 오른쪽으로 이동하여 달성할 수 있다. 반응기의 끝에서 평형전화율은 82.9%로, 반응전화율은 53.4%까지 증가하였다. 그림 TE12-1.2로부터 한 가지 주목할 만한 사항은 X가 X_e보다 훨씬 낮음에도 불구하고 반응물의 냉각과 소비로 인해 전화율이 촉매 중량 2000 kg 이상에서는 크게 증가하지 않는다는 것이다(문제 P12-1_A 참조).

표 12-2의 다음 그림은 다양한 파라미터값에 대한 상기 방정식을 푼 결과로 발생한 대표적인 프로필을 보여준다. 표 12-2의 실전 예제 문제를 내려받고 P12-1_A에서 논한 바와 같이 다수의 파라미터를 변경할 것을 권장한다. 이 곡선이 왜 그렇게 보이는지 확실히 설명할 수 있다.

표 12-2 열효과가 있는 기상반응에 대한 PFR/PBR 설계 알고리즘(계속)

이들 곡선이 왜 이와 같이 나타나는가를 설명할 수 있는지 확인하여라.

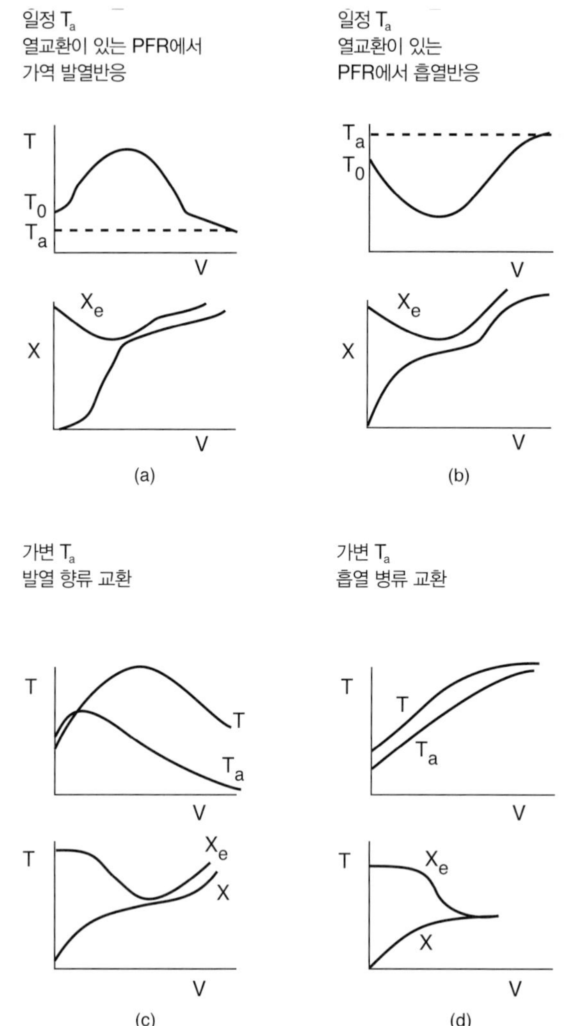

12.3.1 발열반응에 알고리즘 적용하기

예제 12-1 부테인의 이성질화반응 계속–저런!

플랜트 엔지니어 Maxwell Anthony가 온도 360 K에서 예제 11-3의 단열 반응기에 대하여 출구에서의 증기압을 확인하였을 때, 이소부텐(isobutene)의 증기압이 1.5 MPa이라는 것을 알았다. 이것은 회사가 사용하고 싶은 유리 반응기의 파열 압력(rupture pressure)보다 높다. Max는 다행히 저장 창고에 사용 가능한 관형반응기가 10개 묶음이 있고 하나하나는 부피가 5 m^3라는 것을 발견하였다. 그 반응기들은 내부 파이프로 반응물이 흐르는 이중 관 열교환기(double-pipe heat exchanger) 형태로 되어 있으며

Ua = 5,000 kJ/m³·h·K이다. Max는 또한 다양한 반응에 대해 ΔH_{Rx}를 찾기 위해 colorimeter 실험을 사용하는 인터넷에서 발견한 회사 중 한 곳에서 열역학적 데이터를 구매했다. 그 회사들 중 한 곳은 그의 반응에 대한 ΔH_{Rx}를 이번 주에 매우 낮은 가격인 25,000달러에 할인판매를 하고 있다. 회사는 이 ΔH_{Rx}의 값은 A의 초기 농도 1.86 mol/dm³에서 사용해야 가장 좋다고 말했다. 반응기로의 주입 온도는 305 K이고 냉각수의 주입 온도는 315 K이다. 냉각매체의 질량유량은 500 kg/h이고 냉각매체의 열용량은 28 kJ/kg·K이다. 반응기 중 어느 하나의 온도는 325 K 이상으로 상승할 수 없다. 인터넷에서 새로 구입한 값을 사용하여 다음 분석을 수행하여라.

(a) 병류 열교환: 반응기 길이에 따라 X, X_e, T, T_a, $-r_A$를 플롯하여라.
(b) 향류 열교환: 반응기 길이에 따라 X, X_e, T, T_a, $-r_A$를 플롯하여라.
(c) 일정한 외부 온도 T_a: 반응기 길이에 따라 X, X_e, T, $-r_A$를 플롯하여라.
(d) 단열운전: 반응기 길이에 따라 X, X_e, T, T_a, $-r_A$를 플롯하여라.
(e) 위의 **(a)**~**(d)**를 비교하고 발견한 것을 하나의 문단으로 기술하여라.

추가 정보:
예제 11-3에서 C_{P_A} = 141 kJ/kmol·K, $C_{P0} = \Sigma\Theta_i C_{Pi}$ = 159 kJ/kmol·K, Maxwell이 인터넷에서 구입한 ΔH_{Rx} = −34,500 kJ/kmol, ΔC_{P_A} = 0, C_{A0} = 1.86 kmol/m³.

풀이
우선 **(a)**의 병류 열교환 사례를 풀어 보고, 그 다음 **(b)**부터 **(d)**를 풀기 위하여 Polymath 프로그램에서 작은 변화를 줄 것이다.

평행한 10개의 반응기 각각의 몰유량은,

$$F_{A0} = (0.9)(163\ \text{kmol/h}) \times \frac{1}{10} = 14.7\ \frac{\text{kmol A}}{\text{h}}$$

몰수지, 속도식, 그리고 양론은 앞의 **예제 11-3**에서 논의하였던 단열 경우와 같다.

알고리즘

예제 11−3과 같다.

몰수지:

$$\frac{dX}{dV} = \frac{-r_A}{F_{A0}} \tag{E11-3.1}$$

속도식과 양론:

$$r_A = -kC_{A0}\left[1-\left(1+\frac{1}{K_C}\right)X\right] \tag{E11-3.7}$$

여기서

$$k = 31.1\exp\left[7906\left(\frac{T-360}{360T}\right)\right]\ \text{h}^{-1} \tag{E11-3.10}$$

$$K_C = 3.03\exp\left[\frac{-4150(T-333)}{333T}\right] \tag{E11-3.11}$$

$$Q_g = r_A \Delta H_{Rx}$$
$$Q_r = Ua(T - T_a)$$
$$\frac{dT}{dV} = \frac{Q_g - Q_r}{F_{A0} C_{P0}}$$

평형전화율은

$$X_e = \frac{K_C}{1+K_C} \tag{E11-3.12}$$

에너지수지:

반응기에 대한 에너지수지는

$$\frac{dT}{dV} = \frac{r_A \Delta H_{Rx} - Ua(T - T_a)}{F_{A0} \underbrace{\sum \Theta_i C_{P_i}}_{C_{P_0}}} = \frac{r_A \Delta H_{Rx} - Ua(T - T_a)}{F_{A0} C_{P_0}} \tag{E12-1.1}$$

Part (a) 병류 열교환

이제 결합된 상미분 및 명시적 방정식 (E11-3.1), (E11-3.7), (E11-3.10), (E11-3.11), (E11-3.12) 및 (E12-1.1), 그리고 적절한 열교환수지를 사용하여 풀려고 한다. 이 방정식들을 입력한 후 파라미터값들을 입력한다. 병류 열교환을 Polymath 기본 사례로 사용함으로써, 다른 세 가지 사례 각각에 대해 프로그램의 한 줄만 변경하고 X, X_e, T, T_a, $-r_A$의 프로필을 풀면 되며 프로그램을 다시 입력할 필요가 없다.

병류일 때, 열전달매체에 대한 수지는

$$\frac{dT_a}{dV} = \frac{Ua(T - T_a)}{\dot{m}_C C_{P_C}} \tag{E12-1.2}$$

$V = 0$에서 $T_0 = 305$ K 그리고 $T_a = 315$ K일 때, Polymath 프로그램과 풀이는 표 E12-1.1과 같다.

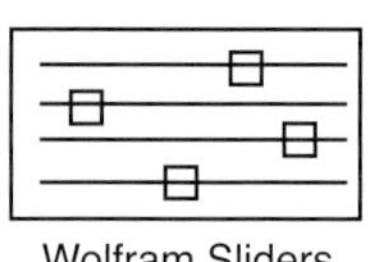

Wolfram Sliders

표 E12-1.1 Part (a) 병류 열교환

Differential equations

```
1 d(Ta)/d(V) = Ua*(T-Ta)/m/Cpc
2 d(X)/d(V) = -ra/Fa0
3 d(T)/d(V) = ((ra*deltaH)-Ua*(T-Ta))/Cpo/Fa0
```

Explicit equations

```
1  Cpc = 28
2  m = 500
3  Ua = 5000
4  Ca0 = 1.86
5  Fa0 = 0.9*163*.1
6  deltaH = -34500
7  k = 31.1*exp((7906)*(T-360)/(T*360))
8  Kc = 3.03*exp((deltaH/8.314)*((T-333)/(T*333)))
9  Xe = Kc/(1+Kc)
10 ra = -k*Ca0*(1-(1+1/Kc)*X)
11 Cpo = 159
12 rate = -ra
```

POLYMATH Report

Ordinary Differential Equations

Calculated values of DEQ variables

	Variable	Initial value	Final value
1	Ca0	1.86	1.86
2	Cpc	28.	28.
3	Cpo	159.	159.
4	deltaH	-3.45E+04	-3.45E+04
5	Fa0	14.67	14.67
6	k	0.5927441	6.80861
7	Kc	9.512006	2.641246
8	m	500.	500.
9	ra	-1.102504	-0.1181808
10	rate	1.102504	0.1181808
11	T	305.	336.7102
12	Ta	315.	335.6949
13	Ua	5000.	5000.
14	V	0	5.
15	X	0	0.7185996
16	Xe	0.9048707	0.7253687

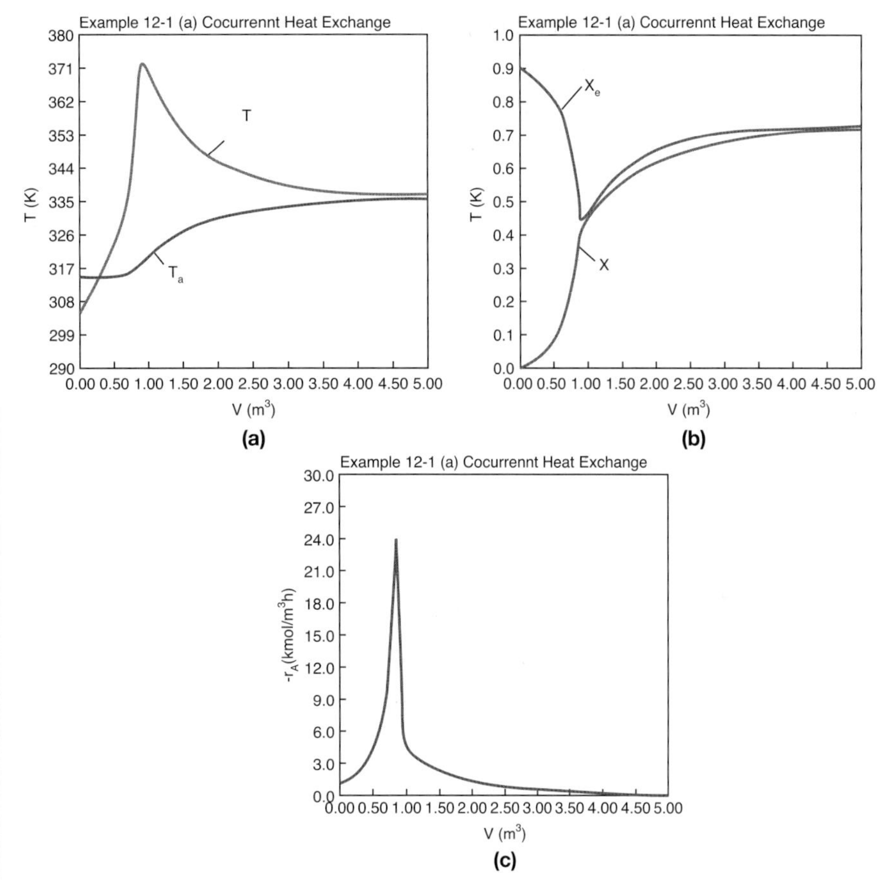

그림 E12-1.1 병류 열교환하는 반응기의 하류로의 부피 변화에 따른 프로필. **(a)** 온도, **(b)** 전화율, **(c)** 반응속도.

그림 E12-1.1은 반응기 온도 T, 냉각수 온도 T_a, 전화율 X, 평형전화율 X_e 및 반응속도 $-r_A$에 대한 프로필을 보여주고 있다. 반응기 입구에서 반응기 온도 T는 냉각매체 온도보다 낮지만, 반응혼합물이 반응기 안으로 또는 반응기를 통해 이동함에 따라 혼합물이 가열되고 T가 T_a보다 커진다는 점을 유의하여라. 컴퓨터에 Polymath 실전 예제 문제(LEP) 코드를 로드할 때 탐색하고자 하는 것 중 하나는 반응이 절대로 일어나지 않거나 "점화"되지 않는 주위 온도인 T_a의 값 또는 주입 온도 T_0의 값이다.

분석: Part (a) 병류 열교환: 반응기의 온도가 최대치를 통과하는 것을 주목한다. 반응기 입구 근처에서는 반응물 농도가 높으므로 반응속도가 빠르며(그림 E12-1.1(a) 참조) $Q_g > Q_r$이다. 따라서 반응기 부피가 증가함에 따라서 온도와 전화율이 증가하고 X_e는 온도 상승으로 인해 감소한다. 결국 X와 X_e는 서로 가까워지고($V = 0.95$ m^3) 반응은 평형에 가까워질수록 속도는 매우 작아진다. 이 시점에서, 반응물 전화율 X는 X_e가 증가하지 않는 한 증가할 수 없다. 또한, 주위 열교환기 온도인 T_a와 반응기 온도인 T가 기본적으로 동일할 때 반응기를 냉각시키는 온도 구동력이 더 이상 없다는 것을 주목한다. 결과적으로, 온도는 반응기 하류 쪽으로 더 이상 변하지 않으며, 온도만의 함수인 평형전화율도 변하지 않게 된다.

Part (b) 향류 열교환:

향류의 경우, 프로그램에서 두 가지 변화만 주면 된다. 먼저 식 (E12-1.2)의 우변 항에 −1을 곱하여 다음과 같은 식을 얻는다.

$$\frac{dT_a}{dV} = -\frac{Ua(T - T_a)}{\dot{m}_C C_{P_C}} \tag{E12-1.2}$$

그 다음, $V = 0$에서의 T_a를 추측한 후, 이것이 $V = 5\text{m}^3$에서의 T_{a0}와 같은지 확인한다. 만약 같지 않다면 다시 추측한다. 이 예제에서는 $T_a(V = 0) = 340.3$ K라고 추측하고 $V = 5\text{m}^3$에서 $T_a = T_{a0} = 315$ K인지를 확인할 것이다.

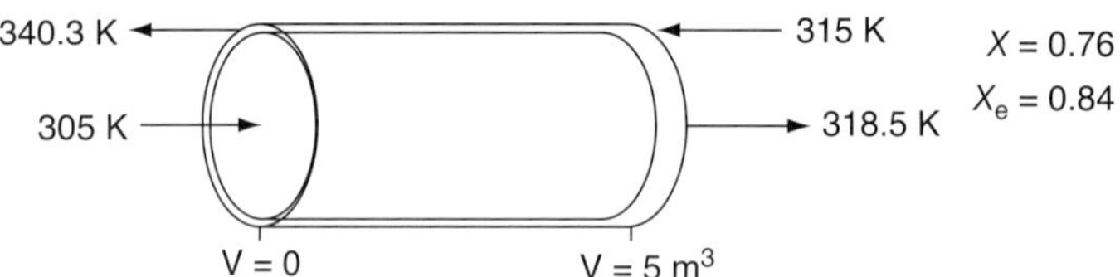

표 E12-1.2 Part (b) 향류 열교환

POLYMATH Report
Ordinary Differential Equations
Output from LEP Polymath Example

Differential equations
1 d(Ta)/d(V) = -Ua*(T-Ta)/m/Cpc
2 d(X)/d(V) = -ra/Fa0
3 d(T)/d(V) = ((ra*deltaH)-Ua*(T-Ta))/Cpo/Fa0

명시적 식 (1)~(12)는 600쪽의 표 E12-1.1과 동일하다.

	Variable	Initial value	Final value
10	rate	1.102504	0.31466
11	T	305	318.359
12	Ta	340.3	314.9774
13	Ua	5000	5000
14	V	0	5
15	X	0	0.762033
16	Xe	0.904871	0.843122

Guess of $T_a = 340.3$ K (@ V = 0) ← Matches $T_{a0} = 315$ K

좋은 추측이다!

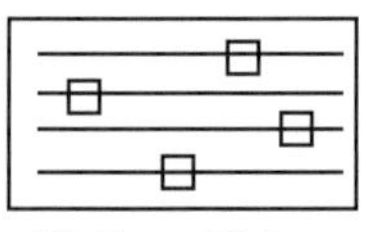

Wolfram Sliders

$V = 0$에서 냉각수 온도 입력값을 340.3K로 추정하고 $V = V_f$에서 계산 결과 냉각매체 온도는 $T_{a0} = 315$ K와 일치하였다!! (그건 운 좋은 추측이었나?!) 변수 프로필은 그림 E12-1.2와 같다.

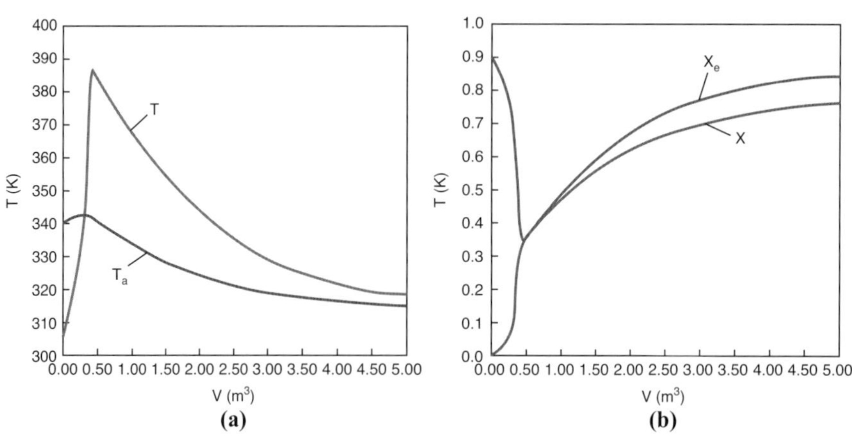

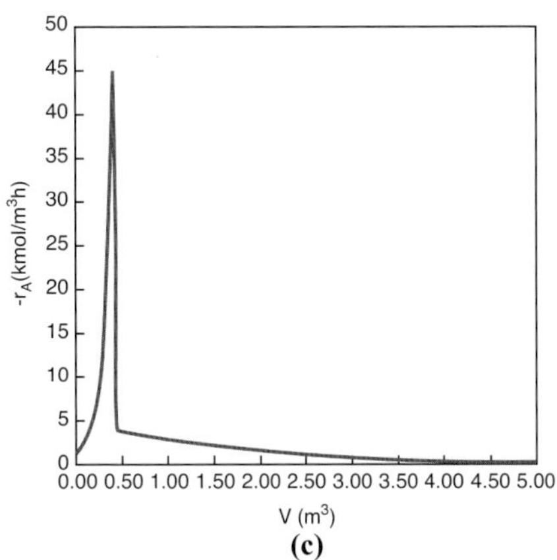

(c)

그림 E12-1.2 향류 열교환에서 반응기 하류로의 프로필. (**a**) 온도, (**b**) 전화율, (**c**) 반응속도.

V = 0.5 m^3에서 X = 0.36이고 X_e에 가까워질 때 속도 $-r_A$가 낮은 값으로 떨어지는 것을 볼 수 있다. X는 X_e보다 클 수 없으므로 X_e가 증가하지 않는 한 반응은 더 이상 진행되지 않는다. 반응기가 냉각되는 이 경우에는 온도가 떨어지고 반응기 부피가 V = 0.5 m^3 이후에는 평형전화율이 증가하게 된다.

분석: Part (b) 향류 교환기: 반응기 입구 근처에서는, 냉각매체의 온도가 반응물 입구 온도 이상임을 알 수 있다. 그러나 반응기를 따라 하류로 내려가면 반응이 "열"을 발생하고 반응기 온도가 냉각매체 온도 이상으로 상승한다. X_e가 반응기 입구 근처에서 최소(최대 반응기 온도에 상응) 도달한다는 것을 언급한다. 이 지점(V = 0.5 m^3)에서 X는 X_e 이상으로 증가할 수 없다. 반응기를 따라 하류로 내려갈 때 반응물은 냉각되고 반응기 온도는 감소하여 X와 X_e를 증가하게 한다. 향류 열교환 시스템에서는 병류 시스템보다 높은 출구 전화율 X 및 평형 전화율 X_e을 얻을 수 있다.

Part (c) 일정한 T_a

T_a가 일정할 때, Part (a)에 있는 Polymath 프로그램을 사용하되, 식 (E12-1.2)의 우변항에 0을 곱한다. 즉,

$$\frac{dT_a}{dV} = \frac{Ua(T - T_a)}{\dot{m}_C C_{P_C}} * 0 \tag{E12-1.3}$$

표 E12-1.3 Part (c) 일정한 T_a

Differential equations

1 d(Ta)/d(V) = Ua*(T-Ta)/m/Cpc*0 ◀—
2 d(X)/d(V) = -ra/Fa0
3 d(T)/d(V) = ((ra*deltaH)-Ua*(T-Ta))/Cpo/Fa0

명시적 식 (1)~(12)는 600쪽의 표 E12-1.1과 동일하다.

POLYMATH Report
Ordinary Differential Equations

Calculated values of DEQ variables

	Variable	Initial value	Final value
10	rate	1.102504	0.3048421
11	T	305.	317.4737
12	Ta	315.	315.
13	Ua	5000.	5000.
14	V	0	5.
15	X	0	0.7632038
16	Xe	0.9048707	0.8478702

초기값과 최종값이 Polymath 리포트에 나오며 변수 프로필은 그림 E12-1.3에 나타내었다.

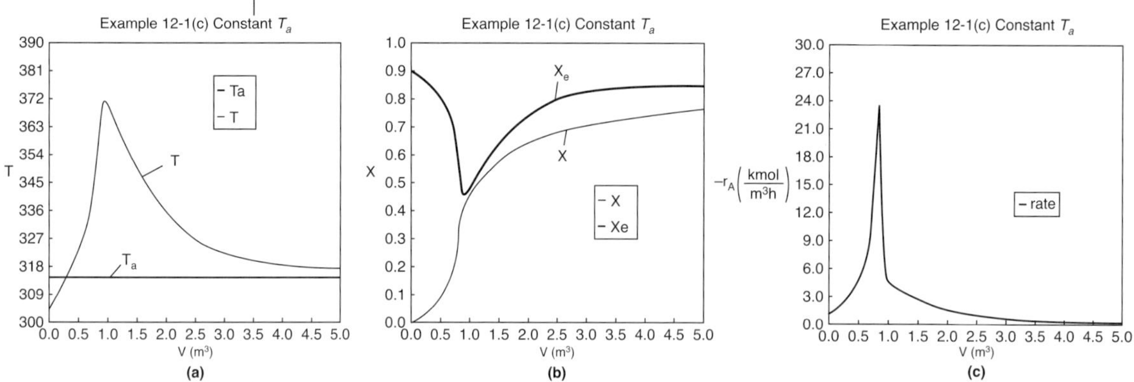

그림 E12-1.3 일정한 열전달매체 온도 T_a에 대해서 반응기 하류를 따라 그린 프로필. **(a)** 온도, **(b)** 전화율, **(c)** 반응속도.

선택한 파라미터값에 대해서 T, X, X_e 및 $-r_A$에 대한 프로필이 향류 흐름에 대한 프로필과 유사하다는 점에 유의한다. 예를 들어, $V = 1.0\ m^3$에서 X와 X_e가 서로 가까워지고, 이 점 이상에서는 반응기 온도가 감소하기 때문에 X_e가 증가한다.

분석: Part (c) 일정한 T_a: 냉각매체의 유량이 충분히 클 때, 냉각매체의 온도 T_a는 본질적으로 일정하게 될 것이다. 이 경우 반응기의 부피가 매우 크다면, 반응기 온도는, 이 경우와 마찬가지로, 결국 냉각매체의 온도와 같아질 것이다. 이때 이번 예제에서 가장 낮은 온도가 되는 이러한 출구 온도에서의 평형전화율 X_e는 이번 예제에서 공부한 네 가지 경우 중 가장 크다.

Part (d) 단열운전

예제 11-3에서 온도를 전화율의 함수로서 구하였고 이 관계를 이용해서 k와 K_C를 계산하였다. 더 쉬운 방법은 일반화된 문제나 병류 열교환기의 기본 사례를 풀고 그에 해당하는 Polymath 프로그램을 쓰는 것이다. 다음, Part **(a)**의 Polymath 프로그램을 사용하되 파라미터 Ua에 0을 곱한다. 즉,

$$Ua = 5{,}000 * 0$$

그런 다음 시뮬레이션을 다시 실행하여라.

표 E12-1.4 Part (d) 단열운전

Differential equations
1 d(Ta)/d(V) = Ua*(T-Ta)/m/Cpc
2 d(X)/d(V) = -ra/Fa0
3 d(T)/d(V) = ((ra*deltaH)-Ua*(T-Ta))/Cpo/Fa0

Explicit equations
1 Cpc = 28
2 m = 500
3 Ua = 5000*0
4 Ca0 = 1.86
5 Fa0 = 0.9*163*.1
6 deltaH = -34500
7 k = 31.1*exp((7906)*(T-360)/(T*360))
8 Kc = 3.03*exp((deltaH/8.314)*((T-333)/(T*333)))
9 Xe = Kc/(1+Kc)
10 ra = -k*Ca0*(1-(1+1/Kc)*X)
11 Cpo = 159
12 rate = -ra

POLYMATH Report
Ordinary Differential Equations

Calculated values of DEQ variables

	Variable	Initial value	Final value
1	Ca0	1.86	1.86
2	Cpc	28.	28.
3	Cpo	159.	159.
4	deltaH	-3.45E+04	-3.45E+04
5	Fa0	14.67	14.67
6	k	0.5927441	124.2488
7	Kc	9.512006	0.5752071
8	m	500.	500.
9	ra	-1.102504	1.191E-05
10	rate	1.102504	-1.191E-05
11	T	305.	348.2335
12	Ta	315.	315.
13	Ua	0	0
14	V	0	5.
15	X	0	0.3651629
16	Xe	0.9048707	0.3651628

초기 조건과 출구 조건이 Polymath 리포트에 있으며, T, X, X_e, $-r_A$의 프로필은 그림 E12-1.4에 나타내었다.

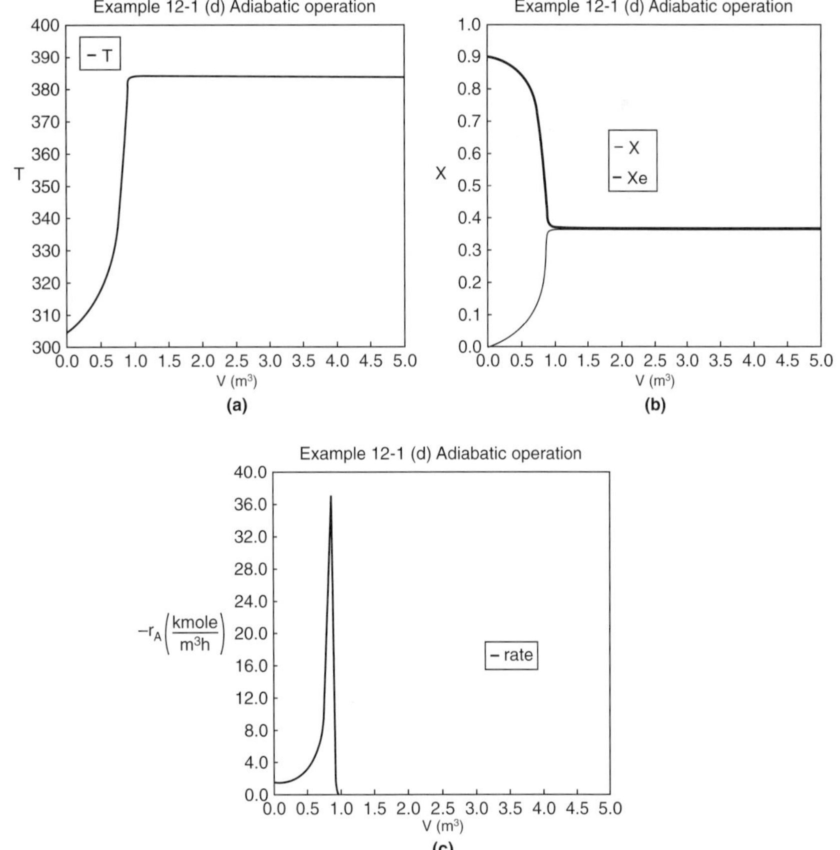

그림 E12-1.4 단열운전에 대한 반응기 하류로의 프로필. (a) 온도, (b) 전화율, (c) 반응속도.

분석: Part (d) 단열운전. 냉각이 없으므로, 이 발열반응의 온도는 평형상태에 도달할 때까지 반응기에서 계속 상승할 것이다, 단열 평형 온도(adiabatic equilibrium temperature) $T = 384$ K에서 $X = X_e = 0.365$이다. X와 X_e에 대한 프로필은 그림 E12-1.4(b)에 나타나 있으며, 여기서 X_e는 약 0.9 m^{3}의 반응기 부피에서 반응기 전화율과 같아질 때까지(즉, $X \equiv X_e$) 온도가 증가하기 때문에 반응기에서 감소하는 것을 관찰한다. 이 시점 이후에는 반응속도는 사실상 0이고 따라서 남아 있는 반응기 부피는 아무런 쓸모가 없으므로 온도, X, X_e에 변화가 없다.

마지막으로, 그림 E12-1.4(c)는 반응기 하류를 따라 내려갈 때 온도가 상승하면서 $-r_A$가 증가하여 최대치에 도달하고 X와 X_e가 서로 접근하고 반응속도가 사실상 0이 될 때까지 감소함을 보여준다.

총괄 분석: 이것은 매우 중요한 예제로서, 열교환이 있는 가역 발열반응에 CRE PFR 알고리즘을 적용한 것이다. 네 가지 종류의 열교환기 운전에 대해서 분석을 하였다. 향류 열교환기와 일정한 T_a 경우가 가장 높은 전화율을 얻을 수 있었으며, 단열운전의 경우가 가장 낮은 전화율을 얻을 수 있었다.

12.3.2 알고리즘을 흡열반응에 적용하기

예제 12-1에서는 발열반응을 네 종류의 다른 열교환기에 대해서 공부해 보았다. 이번에는 같은 방법을 흡열반응(endothermic reaction)에 적용시켜 보자.

예제 12-2 무수 아세트산의 생산

무수 아세트산(acetic anhydride) 제조설비의 설계를 다루고 있는 제프리스(Jeffreys)[2]는 중요한 설계 단계 중의 하나가 아세톤을 케텐과 메탄으로 기상 열분해시키는 것이라고 하였다.

$$CH_3COCH_3 \rightarrow CH_2CO + CH_4$$

그는 이 반응이 아세톤에 대해서 1차반응이고, 반응속도상수는 다음과 같이 표현된다고 하였다.

$$\ln k = 34.34 - \frac{34,222}{T} \tag{E12-2.1}$$

기상 흡열반응 예제:
1. 단열
2. 열교환, 일정 T_a
3. 병류 열교환, 가변 T_a
4. 향류 열교환, 가변 T_a

여기서 단위는 k는 초의 역수이고, T는 K이다. 이 설계에서는 관형반응기에 시간당 7850 kg의 아세톤을 공급하고자 한다. 반응기는 1 in, 스케줄-40인 튜브 1000개의 묶음으로 구성되어 있다. 네 가지 열교환 운전에 대해서 고찰하고자 한다. 유입 온도와 압력은 1035 K와 162 kPa(1.6 atm)으로 네 경우 모두 같으며, 사용 가능한 유입되는 가열매체의 온도는 1250 K이다. 열전달매체의 유량 $\dot{m}_c$는 0.111 mol/s이며, 열용량은 34.5 J/mol·K이다.

2. G. V. Jeffreys, *A Problem in Chemical Engineering Design: The manufacture of Acetic Anhydride*, 2nd ed. (London: Institution of Chemical Engineers).

길이 1.79 m, 스케줄-40인 1-in 튜브 1000개의 다발은 부피가 1.0 m^3(0.001 m^3/tube = 1.0 dm^3/tube)에 해당하며 20%의 전화율을 제공한다. ketene은 불안정하고 폭발하기 쉬우므로 전화율을 낮게 유지하는 것이 좋다. 그리고 관의 재질과 관스케줄 크기가 이 온도와 압력에 적당한 것인지를 충분히 검토하여야 한다. 또한, 최종 설계 및 운전 조건은 운전을 시작하기 전에 안전위원회(safety committee)에 의해 명백하게 할 필요가 있다.

사례 1 반응기는 단열적으로 운전된다.
사례 2 일정한 열전달매체 온도 T_a = 1250 K
사례 3 T_{a0} = 1250 K인 병류 열교환
사례 4 T_{a0} = 1250 K인 향류 열교환

추가 정보:

$$CH_3COCH_3\ \ (A): H_A(T_R) = -216.67\,kJ/mol,\ C_{P_A} = 163\,J/mol\cdot K$$
$$CH_2CO\ \ (B): H_B(T_R) = -61.09\,kJ/mol,\ C_{P_B} = 83\,J/mol\cdot K$$
$$CH_4\ \ (C): H_C(T_R) = -74.81\,kJ/mol,\ C_{P_C} = 71\,J/mol\cdot K$$
$$U = 110\,J/s\cdot m^2\cdot K$$

풀이

A = CH_3COCH_3, B = CH_2CO, C = CH_4로 하여 반응식을 다시 나타내면,

$$A \rightarrow B + C$$

열효과를 갖는 PFR에 대한 알고리즘

1. 몰수지:

$$\frac{dX}{dV} = -\frac{r_A}{F_{A0}} \tag{E12-2.2}$$

2. 속도법칙:

$$-r_A = kC_A \tag{E12-2.3}$$

식 (E12-2.1)을 다시 정리하면

$$k = 8.2\times10^{14}\exp\left[-\frac{34,222}{T}\right] = 3.58\ \exp\left[34,222\left(\frac{1}{1035} - \frac{1}{T}\right)\right] \tag{E12-2.4}$$

3. 양론(압력강하가 없는 기상반응):

$$C_A = \frac{C_{A0}(1-X)T_0}{(1+\varepsilon X)T} \tag{E12-2.5}$$

$$\varepsilon = y_{A0}\delta = 1(1+1-1) = 1$$

4. 결합:

$$-r_A = \frac{kC_{A0}(1-X)}{1+X}\frac{T_0}{T} \tag{E12-2.6}$$

식 (E12-2.2)와 (E12-2.6)을 결합하기 전에 먼저 X의 함수로 T를 결정하기 위하여 에너지수지를 이용할 필요가 있다.

5. 에너지수지:

a. 반응기 수지

$$\frac{dT}{dV}=\frac{Ua(T_a-T)+(r_A)\left[\Delta H^\circ_{Rx}+\Delta C_P(T-T_R)\right]}{F_{A0}\left(\Sigma\Theta_i C_{P_i}+X\Delta C_P\right)} \tag{E12-2.7}$$

b. 열교환기. 기본 사례로 병류 열전달매체 수지를 사용할 것이다. 그런 다음 우리는 다른 사례들을 해결하기 위해 어떻게 하면 코드에서 적절한 줄에 0 또는 −1을 단순히 곱함으로써 우리의 ODE 문제풀이 프로그램(예, Polymath)을 매우 쉽게 수정할 수 있는지 보여줄 것이다.

병류에 대해서:

알고리즘을 따른다.

$$\frac{dT_a}{dV}=\frac{Ua(T-T_a)}{\dot{m}C_{P_c}} \tag{E12-2.8}$$

6. 관 1개 기준으로 몰수지 파라미터의 계산:

$$F_{A0}=\frac{7,850\ \text{kg/h}}{58\ \text{kg/kmol}}\times\frac{1}{1,000\ \text{Tubes}}=0.135\ \text{kmol/h}=0.0376\ \text{mol/s}$$

$$C_{A0}=\frac{P_{A0}}{RT}=\frac{162\ kPa}{8.31\ \frac{\text{kPa}\cdot\text{m}^3}{\text{kmol}\cdot\text{K}}(1035\ K)}=0.0188\ \frac{\text{kmol}}{\text{m}^3}=18.8\ \text{mol/m}^3$$

$$\upsilon_0=\frac{F_{A0}}{C_{A0}}=2.0\ \text{dm}^3/\text{s},\quad V=\frac{1\ \text{m}^3}{1000\ \text{tubes}}=\frac{0.001\ \text{m}^3}{\text{tube}}=\frac{1.0\ \text{dm}^3}{\text{tube}}$$

7. 에너지수지 파라미터의 계산:

열역학:

a. $\Delta H^\circ_{Rx}(T_R)$: 298 K에서 표준 생성열을 사용하여

$$\begin{aligned}\Delta H^\circ_{Rx}(T_R) &= H^\circ_B(T_R)+H^\circ_C(T_R)-H^\circ_A(T_R)\\ &=(-61.09)+(-74.81)-(-216.67)\ \text{kJ/mol}\\ &=80.77\ \text{kJ/mol}\end{aligned}$$

b. ΔC_P : 평균 열용량을 사용하여

$$\Delta C_P=C_{P_B}+C_{P_C}-C_{P_A}=(83+71-163)\ \text{J/mol}\cdot\text{K}$$

$$\Delta C_P=-9\ \text{J/mol}\cdot\text{K}$$

열교환:

에너지수지. 파이프의 단위부피당 전열 면적은

$$a=\frac{\pi DL}{(\pi D^2/4)L}=\frac{4}{D}=\frac{4}{0.0266\ \text{m}}=150\ \text{m}^{-1}$$

$$U=110\ \text{J/m}^2\cdot\text{s}\cdot\text{K}$$

총괄열전달계수를 면적과 결합하면 다음과 같다.

$$Ua = 16{,}500\,\text{J/m}^3\cdot\text{s}\cdot\text{K}$$

표 E12-2.1 파라미터값들의 요약

	파라미터값	
$\Delta H^\circ_{Rx}(T_R) = 80.77$ kJ/mol	$\Delta C_P = -9$ J/mol·K	$T_0 = 1035$K
$F_{A0} = 0.0376$ mol/s	$C_{A0} = 18.8$ mol/m^3	$T_R = 298$ K
$C_{PA} = 163$ J/mol A/K	$Ua = 16{,}500$ J/mol^3·s·K	$\dot{m}_C = 0.111$ mol/s
$C_{P_{Cool}} \equiv C_{Pc} = 34.5$ J/mol/K		$V_f = 0.001$m^3

이 흡열반응 예제의 네 가지 사례의 열교환기 모두에 대해서 예제 12-1의 발열반응에 대해서 풀었던 것과 같은 방법으로 풀 것이다. 즉, 병류의 경우에 대해서 Polymath 식을 쓴 다음에 이를 기본 사례로 이용한다. 그리고 열전달매체 수지에 대한 다른 항들(식 12-10과 12-11)을 조작하여 기본 사례의 열전달계수에 0을 곱하는 단열 경우부터 시작해서 다른 사례들을 풀어 볼 것이다.

PFR에서 단열 발열반응

사례 1 단열운전

온도가 떨어짐에 따라 어떻게 반응이 죽어가는지 급격한 효과를 보기 위해서 먼저 단열 경우부터 시작하려고 한다. 실제로 각 튜브의 길이를 늘려 전체 반응기 부피를 5 dm^{3}으로 확대하여 이 반응이 죽어가는 효과를 관찰하고 열교환기를 추가해야 할 필요성을 보여줄 것이다. 단열운전의 경우, Polymath 프로그램의 Ua 항에 단순히 0을 곱한다. 다른 변화는 필요 없다. 단열운전의 경우 1 dm^3 반응기 1000개 다발을 사용하든지 1 m^3 반응기 하나를 사용하든지 결과가 같다. 흡열반응이 사실상 완벽히 죽을 수 있다는 것을 보이기 위해, 단일-파이프의 부피를 1 dm^{3}으로부터 5 dm^{3}까지 늘려 보자.

$$Ua = 16{,}500{*}0$$

Polymath 프로그램은 표 E12-2.2와 같다. 그림 E12-2.1은 그래프 출력이다.

반응의 죽음

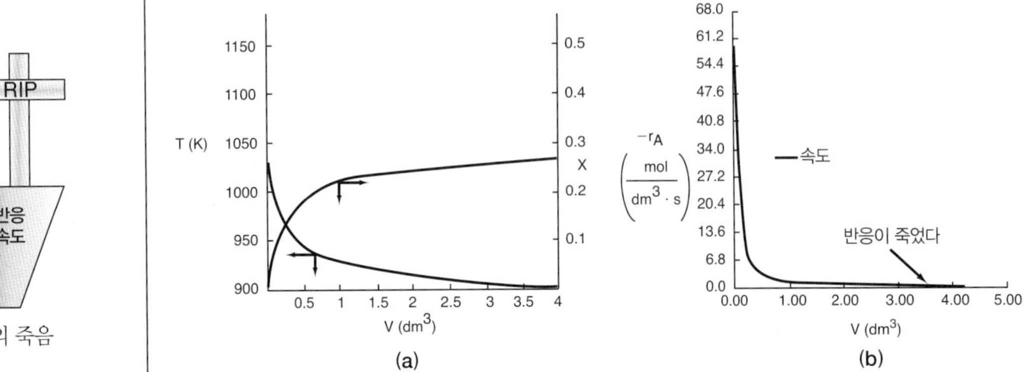

그림 E12-2.1 **(a)** 단열 전화율과 온도 프로필 **(b)** 반응속도 프로필

표 E12-2.2 단열운전 Polymath 프로그램과 결과

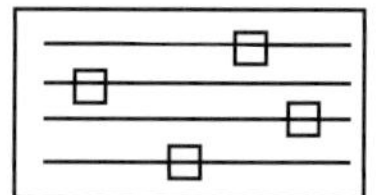

Differential equations

```
1 d(X)/d(V) = -ra/Fao
2 d(T)/d(V) = (Ua*(Ta-T)+ra*deltaH)/(Fao*(Cpa+X*delCp))
3 d(Ta)/d(V) = Ua*(T-Ta)/mc/Cpc
```

Explicit equations

```
1  Fao = .0376
2  Cpa = 163
3  delCp = -9
4  Cao = 18.8
5  To = 1035
6  deltaH = 80770+delCp*(T-298)
7  ra = -Cao*3.58*exp(34222*(1/To-1/T))*(1-X)*(To/T)/(1+X)
8  Ua = 16500*0 ← Adiabatic
9  mc = .111
10 Cpc = 34.5
11 rate = -ra
```

POLYMATH Report
Ordinary Differential Equations

Calculated values of DEQ variables

	Variable	Initial value	Final value
1	Cao	18.8	18.8
2	Cpa	163.	163.
3	Cpc	34.5	34.5
4	delCp	-9.	-9.
5	deltaH	7.414E+04	7.531E+04
6	Fao	0.0376	0.0376
7	mc	0.111	0.111
8	ra	-67.304	-0.3704982
9	rate	67.304	0.3704982
10	T	1035.	904.8156
11	Ta	1250.	1250.
12	To	1035.	1035.
13	Ua	0	0
14	V	0	0.005
15	X	0	0.2817744

분석: 사례 1 단열운전: 온도가 떨어지면서 k도 떨어지고, 이때 반응속도 $-r_A$는 무의미한 값으로 내려간다. 이와 같은 단열 흡열반응에서는 온도가 크게 떨어지기 때문에 반응이 3.5 dm^3 이후로는 실질적으로 죽는다는 것에 유의해야 한다. 또 전화율도 이 점을 넘어서면 아주 낮아진다. 전화율을 증가시키는 한 가지 방법은 이와 같은 흡열반응에 현열을 공급할 수 있도록 질소와 같은 희석제를 첨가하는 것이다. 그러나 희석제를 너무 많이 첨가하면 농도와 반응속도가 아주 낮아지게 된다. 한편 희석제를 아주 적게 첨가하면, 온도가 떨어져 반응은 소멸된다. 얼마나 많은 첨가제를 넣느냐 하는 것은 연습문제로 남겨둔다. 그림 E12-2.1 (a)와 (b)는 반응이 "죽어가는 것"을 보기 위하여 반응기 길이를 5 dm^{3}으로 한 결과이다. 그러나 반응은 반응기 입구 근처에서 거의 완결되므로 즉 $-r_A \cong 0$, 다음 세 가지 사례들에서는 1 dm^3(0.001 m^3) 반응기에서 열교환 시스템을 비교하며 공부하도록 한다.

사례 2 일정한 가열매체 온도 T_a

기본 사례 **(a)**의 프로그램에서 세 번째 줄을 다음과 같이 바꾼다.

$$\frac{dT_a}{dV} = \frac{Ua(T-T_a)}{\dot{m}C_{P_c}} * 0$$

$$Ua = 16{,}500 \text{ J/m}^3\text{/s/K}$$

$$\text{and } V_f = 0.001 \text{ m}^3$$

실전 예제 문제

표 E12-2.3 일정한 T_a일 때 Polymath 프로그램과 출력

Differential equations

```
1 d(X)/d(V) = -ra/Fao
2 d(T)/d(V) = (Ua*(Ta-T)+ra*deltaH)/(Fao*(Cpa+X*delCp))
3 d(Ta)/d(V) = Ua*(T-Ta)/mc/Cpc*0
```

Explicit equations

```
1  Fao = .0376
2  Cpa = 163
3  delCp = -9
4  Cao = 18.8
5  To = 1035
6  deltaH = 80770+delCp*(T-298)
7  ra = -Cao*3.58*exp(34222*(1/To-1/T))*(1-X)*(To/T)/(1+X)
8  Ua = 16500
9  mc = .111
10 Cpc = 34.5
11 rate = -ra
```

Calculated values of DEQ variables

	Variable	Initial value	Final value
1	Cao	18.8	18.8
2	Cpa	163.	163.
3	Cpc	34.5	34.5
4	delCp	-9.	-9.
5	deltaH	7.414E+04	7.343E+04
6	Fao	0.0376	0.0376
7	mc	0.111	0.111
8	ra	-67.304	-16.48924
9	rate	67.304	16.48924
10	T	1035.	1114.093
11	Ta	1250.	1250.
12	To	1035.	1035.
13	Ua	1.65E+04	1.65E+04
14	V	0	0.001
15	X	0	0.9508067

T, X, $-r_A$의 프로필은 그림 E12-2.2 (a), (b), (c)에 각각 나타내었다.

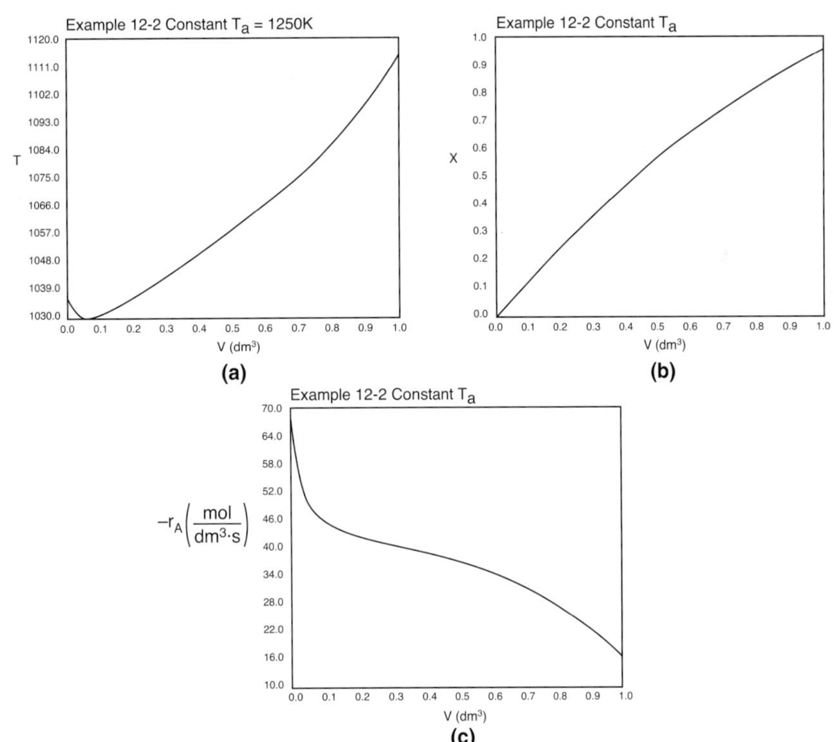

그림 E12-2.2 일정한 가열매체 온도 T_a일 때 반응기 부피를 따른 프로필; **(a)** 온도, **(b)** 전화율, **(c)** 반응속도.

분석: 사례 2 일정한 가열매체 온도 T_a: 반응기 입구 바로 뒤부터 흡열반응에 필요한 에너지를 반응물의 현열로부터 공급받으면서 온도가 떨어진다. 이러한 온도강하는 또한 반응속도를 떨어뜨린다. 반응기 길이를 따라갈수록 반응물이 소모되면서 반응속도는 더 떨어진다. $V = 0.08\ dm^3$ 이후에는, 일정한 T_a 열교환기에 의해 공급되는 열은 흡열반응에 의해 "소비되는" 열보다 커지며 반응기 온도는 상승한다. $V = 0.2\ dm^3$과 $V = 0.6\ dm^3$ 사이의 범위에서는 온도가 상승함에 따라 속도상수 k가 커져서 어느 정도 반작용하지만, 반응물의 소모로 인해 반응속도가 느리게 감소한다. 따라서 궁극적으로 95%의 출구 전화율을 달성할 수 있다.

사례 3 병류 열교환

병류 열교환기에 대한 에너지수지는

$$\frac{dT_a}{dV} = \frac{Ua(T - T_a)}{\dot{m}_C C_{P_C}}$$

이때, $V = 0$에서 $T_{a0} = 1250$ K이다.

표 E12-2.4 병류 열교환에 대한 Polymath 프로그램과 출력

Differental equations

1 d(X)/d(Y) = –ra/Fao
2 d(T)/d(V) = (Ua*(Ta – T) + ra*deltaH)/(Fao*(Cpa + X*delCp))
3 d(Ta)/d(V) = Ua*(T – Ta)/mc/Cpo

Explicit equations

1 Fao = .0376
2 Cpa = 163
3 delCp = –9
4 Cao = 18.8
5 To = 1035
6 deltaH = 80770 + delCp*(T – 298)
7 ra = –Cao*3.58*exp(3422*(1/To 1/T)*(1 – X)*(To/T)/(1 + X)
8 Ua = 16500
9 mc = .111
10 Cpc = 34.5
11 rate = –ra

Calculated values of DEQ variables

	Variable	Initial value	Final value
1	Cao	18.8	18.8
2	Cpo	163.	163.
3	Cpc	34.5	34.5
4	delCp	–9.	–9.
5	deltaH	7.414E + 04	7.459E + 04
6	Fao	0.0376	0.0376
7	mc	0.111	0.111
8	ra	–67.304	–4.899078
9	rate	67.304	4.899078
10	T	1035.	984.8171
11	Ta	1250	996.215
12	To	1035.	1035.
13	Ua	1.65E + 04	1.65E + 04
14	V	0	0.001
15	X	0	0.456201

T, T_a, X, $-r_A$에 대한 변수 프로필은 그림 E12-2.3 (a), (b), (c)에 각각 표시되어 있다. 반응이 흡열이므로 T_a는 $V = 0$에서 높은 온도에서 시작해야 한다.

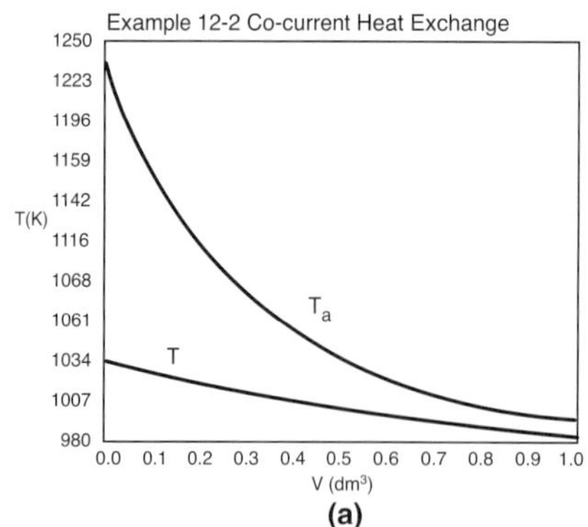

(a)

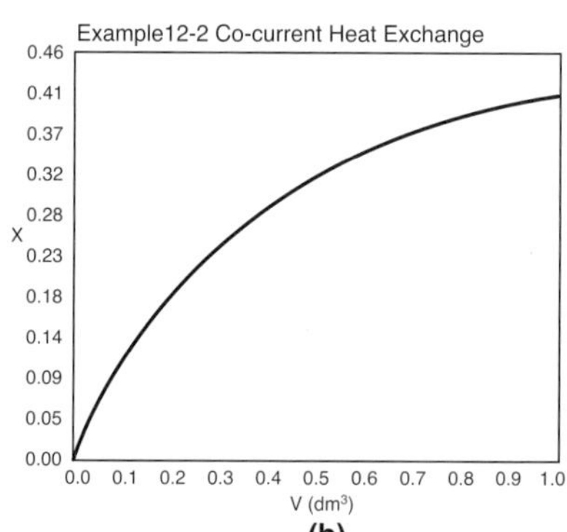

(b)

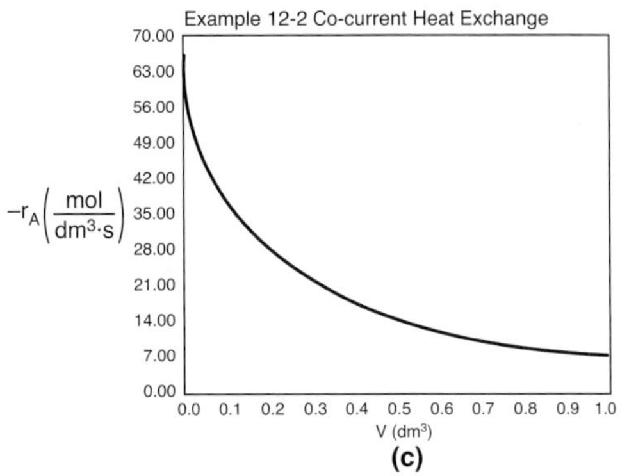

그림 E12-2.3 병류 열교환기가 있는 흡열반응에 대한 반응기 부피를 따른 프로필; **(a)** 온도, **(b)** 전화율, **(c)** 반응속도.

분석: 사례 3 병류 열교환: 병류 열교환일 때, 열교환기 매체온도 T_a는 흡열반응에 의해 쓰이는 열에 필요한 에너지를 공급하기 때문에, 처음에는 급격하게 떨어지고 그 후 반응기 길이를 따라 계속해서 감소한다. 결국 T_a는 T에 접근하는 지점까지 감소하며 여기에서의 열교환 속도는 작다; 그 결과, 반응기 온도 T는 반응속도와 마찬가지로 계속해서 감소하여 작은 전화율로 이어진다. 병류 교환에 대한 반응기 온도가 사례 2 일정한 T_a의 반응기 온도보다 낮으므로 반응속도는 더 낮을 것이다. 결과적으로 일정한 열교환 온도 T_a의 사례보다 훨씬 낮은 전화율이 얻어질 것이다.

사례 4 향류 열교환

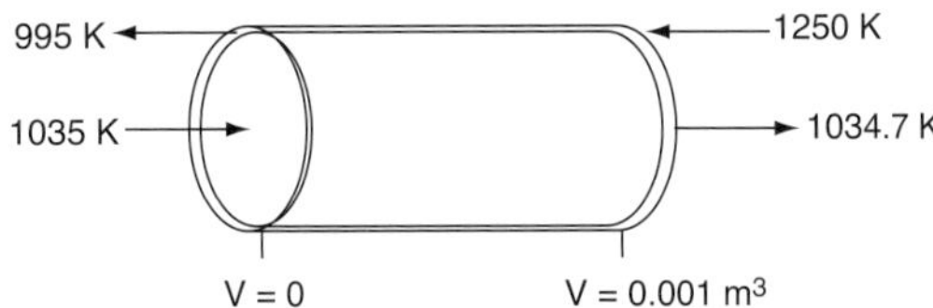

향류 열교환에 대해서는 먼저 병류 열교환기 에너지수지의 우변 항(rhs)에 −1을 곱하고, 표 12-2.5의 Polymath 프로그램의 나머지는 그대로 둔다.

$$\frac{dT_a}{dV} = -\frac{Ua\left(T - T_a\right)}{\dot{m}C_{P_C}}$$

그 다음, T_a (V = 0) = 995.15 K로 **추측**하면 V = 0.001 m^{3}에서 T_{a0} = 1250 K를 얻을 수 있다. (잠시라도 한 번의 추측으로 995.15 K를 맞췄다고 생각하지 말아라.) 일단 표 E12-2.5에 보인 것처럼 일치하면 그림 E12-2.4에 표시된 프로필을 보고할 수 있다.

표 E12-2.5 향류 열교환에 대한 Polymath 프로그램과 출력

POLYMATH Report
Ordinary Differential Equations

Calculated values of DEQ variables

	Variable	Initial value	Final value
9	rate	67.304	31.79235
10	T	1035.	1034.475
11	Ta	995.15	1249.999
12	To	1035.	1035.
13	Ua	1.65E+04	1.65E+04
14	V	0	0.001
15	X	0	0.3512403

좋은 추측이다!

Guess of T_{a2} = 995.15 K at V = 0 Matches T_{a0} = 1250 K at V_f = 0.001 m^3 = 1 dm^3

Differential equations

1 d(X)/d(V) = -ra/Fao

2 d(T)/d(V) = (Ua*(Ta-T)+ra*deltaH)/(Fao*(Cpa+X*delCp))

3 d(Ta)/d(V) = -Ua*(T-Ta)/mc/Cpc

명시적 식들은 사례 3의 병류 열교환과 동일하다.

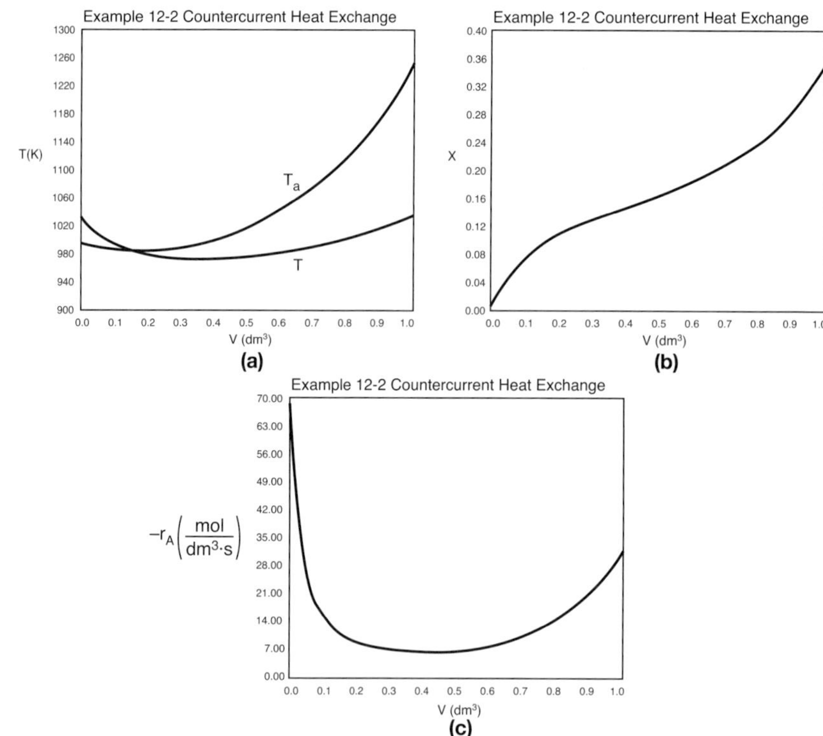

그림 E12-2.4 향류 열교환이 있는 반응기 하류를 따라 본 프로필; **(a)** 온도, **(b)** 전화율, **(c)** 반응속도.

분석: 사례 4 향류 열교환: 반응기 입구에서는($V = 0$), 기체의 현열로부터 에너지를 끌어와서 반응이 매우 빠르게 일어나고, 열교환기가 흡열반응에 의해 당겨쓰는 것과 같거나 더 큰 비율로 에너지를 공급할 수 없으므로 기체 온도가 떨어지게 한다. 향류 열교환의 경우, T_a의 온도가 반응기로 주입 온도 T보다 낮기 때문에 입구에서 추가적

인 "열"이 손실된다. 반응속도 $-r_A$에 최소치가 있는데 프로필이 다소 평평하다는 것을 주목하여라. $V = 0.2\ dm^3$과 $V = 0.8\ dm^3$ 사이에 이 평평한 지역에서 반응속도는 "실제로" 일정한데, 왜냐하면 T의 증가로 인한 k의 증가와 반응물 소비로 인한 속도 감소가 서로 균형을 이루고 있기 때문이다. 반응기의 바로 중앙을 지나면서 반응속도는 서서히 증가한다. 이는 반응물이 고갈되고 열교환기가 이제부터는 반응이 끌어당기는 에너지 속도보다 더 큰 속도로 에너지를 공급하여, 결과적으로 온도가 상승하기 시작하기 때문이다. 이렇게 낮은 온도는 반응물의 소비와 결합되어 평평한 지역에서 반응속도를 낮게 만들고, 병류 또는 일정한 T_a 열교환 경우보다도 낮은 전화율을 갖게 한다.

네 가지 사례의 요약. 출구 온도와 전화율은 요약 표 E12-2.6에 나타나 있다.

표 E12-2.6 요약 표

열 축출	X	$T(K)$	$T_a(K)$
단열	0.28	905	---
일정 T_a	0.95	1114	1250
병류	0.456	985	996
향류	0.35	1034	995

AspenTech: 예제 12-2는 AspenTech상에서도 구성될 수 있으며 CRE 웹사이트로부터 직접 컴퓨터에 내려받을 수 있다.

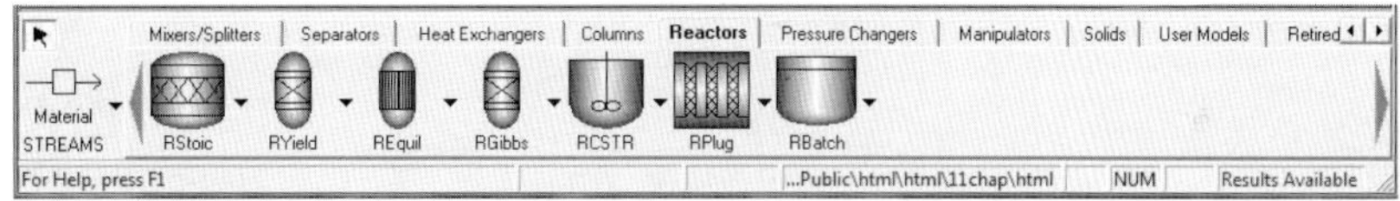

12.4 열효과가 있는 CSTR

이 절에서는 일반적인 에너지수지식[식 (11-22)]을 정상상태의 CSTR에 적용한다. 단열과 비단열적으로(non-adiabatically) 운전되는 반응기를 설계하기 위해서 어떻게 몰수지와 에너지수지를 결합시킬 것인가를 보여주는 예제 문제를 제시한다.

제11장에서 정상상태 에너지수지를 다음과 같이 유도하였다.

$$\dot{Q} - \dot{W}_s - F_{A0}\Sigma\Theta_i C_{P_i}(T - T_{i0}) - [\Delta H^\circ_{Rx}(T_R) + \Delta C_P(T - T_R)]F_{A0}X = 0 \tag{11-28}$$

$\dot{W}_s$는 축 일(shaft work), 즉 CSTR 내에서 교반기나 혼합기 등에 의해 CSTR 내부의 반응 유체에 **가해진** 일이라는 것을 상기하여라. 따라서 계에 의해 주변 환경에 **가해진** $\dot{W}_s$를 양수로 약속하였기 때문에 CSTR 교반기에 의한 일은 $\dot{W}_s = -1{,}000$ J/s와 같은 음수이다(캘리포니아 기술사 시험문제인 P12-6$_B$ 참조).

참고: 많은 계산에서 제2장에서 유도한 CSTR의 몰수지식

$$(F_{A0}X = -r_AV)$$

이 식들이 우리가 사용하게 될 정상상태 수지식의 형태들이다.

은 식 (11-28)의 괄호를 다음 항으로 바꾸어서 사용한다. 즉, $(F_{A0}X)$를 $(-r_AV)$로 바꾸어 식 (12-12)가 된다.

정리하면 정상상태 에너지수지식을 얻는다.

$$\boxed{\dot{Q} - \dot{W}_s - F_{A0}\Sigma\Theta_i C_{P_i}(T - T_{i0}) + (r_A V)(\Delta H_{Rx}) = 0} \tag{12-12}$$

CSTR이 잘 섞이고 온도가 반응 용기 전체에 균일하더라도, 이러한 조건이 반응이 등온으로 진행된다는 것을 의미하지는 않는다. 원료 온도가 CSTR 내부에 있는 유체의 온도와 동일할 때 등온운전이 일어난다.

CSTR에서 $\dot{Q}$ 항

12.4.1 반응기에 가해진 열, $\dot{Q}$

발열반응일 때 $(T > T_{a2} > T_{a1})$

열교환기가 설치된 CSTR의 개략도를 그림 12-6에 나타내었다. 열전달매체는 온도 T_{a1}에서 질량유량 $\dot{m}_c$(kg/s)로 열교환기에 들어가서 온도 T_{a2}로 나간다. 열교환기에서 반응기로의 열전달속도는 다음과 같다[3].

흡열반응일 때 $(T_{a1} > T_{a2} > T)$

$$\dot{Q} = \frac{UA(T_{a1} - T_{a2})}{ln[(T - T_{a1})/(T - T_{a2})]} \tag{12-13}$$

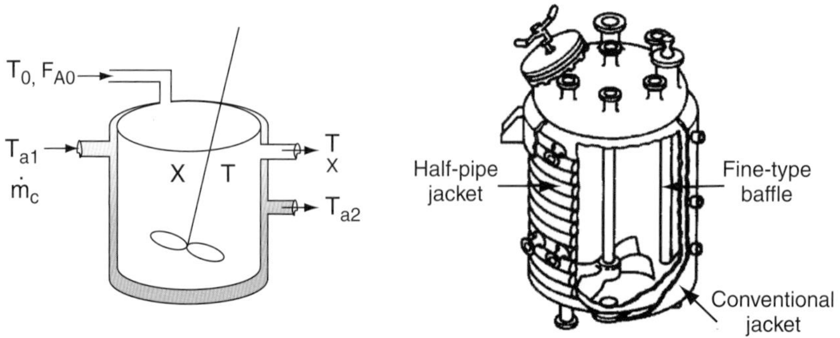

그림 12-6 열교환기가 설치된 CSTR. (오른쪽 그림 Pfaudler, Inc. 제공)

냉각매체(발열반응)를 기준으로 하는 다음 유도식은 가열매체(흡열반응)에도 적용할 수 있다. 먼저 첫 번째 근사로서, 냉각매체의 흐름을 준정상상태(quasi-steady state)로 가정하고 축적 항을 무시하도록 하자(즉, $dT_a/dt = 0$). 열교환기로 들어가고 나가는 열교환매체의 에너지수지를 세우면 다음과 같다.

열교환기 매체에 관한 에너지수지

$$\begin{bmatrix}\text{매체에 의한}\\ \text{유입에너지}\\ \text{속도}\end{bmatrix} - \begin{bmatrix}\text{매체에 의한}\\ \text{유출에너지}\\ \text{속도}\end{bmatrix} - \begin{bmatrix}\text{열교환기에서}\\ \text{반응기로의}\\ \text{열전달속도}\end{bmatrix} = 0 \tag{12-14}$$

$$\dot{m}_c C_{P_c}(T_{a1} - T_R) - \dot{m}_c C_{P_c}(T_{a2} - T_R) - \frac{UA(T_{a1} - T_{a2})}{\ln[(T - T_{a1})/(T - T_{a2})]} = 0 \tag{12-15}$$

3. 총괄열전달계수에 대한 정보는 J. R. Welty, G. L. Rorrer, and D. G. Foster, *Fundamentals of Momentum Heat and Mass Transfer*, 6th ed. (New Jersey: Wiley, 2015), p. 370에서 찾을 수 있다.

여기서 C_{P_c}는 냉각매체의 열용량, T_R은 기준온도이다. 이 식을 간략히 정리하면 다음과 같다.

$$\dot{Q} = \dot{m}_c C_{P_c}(T_{a1} - T_{a2}) = \frac{UA(T_{a1} - T_{a2})}{\ln[(T - T_{a1})/(T - T_{a2})]} \tag{12-16}$$

냉각매체의 출구온도를 얻기 위해서는 식 (12-16)을 풀면 된다.

$$T_{a2} = T - (T - T_{a1})\exp\left(\frac{-UA}{\dot{m}_c C_{P_c}}\right) \tag{12-17}$$

식 (12-16)에서

$$\dot{Q} = \dot{m}_c C_{P_c}(T_{a1} - T_{a2}) \tag{12-18}$$

식 (12-18)에 T_{a2}를 대입하면 다음 식을 얻는다.

CSTR로의 열전달

$$\boxed{\dot{Q} = \dot{m}_c C_{P_c}\left\{(T_{a1} - T)\left[1 - \exp\left(\frac{-UA}{\dot{m}_c C_{P_c}}\right)\right]\right\}} \tag{12-19}$$

열교환매체유량($\dot{m}_c$)이 큰 경우에는, 지수 항이 작으므로 테일러 급수전개($e^{-x} = 1 - x + \cdots$)시켜 2차 항을 무시하면 다음을 얻을 수 있다.

$$\dot{Q} = \dot{m}_c C_{P_c}(T_{a1} - T)\left[1 - \left(1 - \frac{UA}{\dot{m}_c C_{P_c}}\right)\right]$$

그러면

열교환매체유량이 큰 경우에만 유효!!

$$\boxed{\dot{Q} = UA(T_a - T)} \tag{12-20}$$

여기서 $T_{a1} \cong T_{a2} = T_a$이다.

연습문제 P12-6$_B$(캘리포니아 기술사 시험문제)에서와 같이 고점도 물질(highly viscous material)을 수반하는 공정을 제외하면, 교반기에 의해 가해진 일은 일반적으로 무시할 수 있다. 식 (11-27)에서 $\dot{W}_s$를 0으로 하여 ΔC_P를 무시하고, $\dot{Q}$를 치환하여 재정리하면, CSTR에서 전화율과 온도 사이에는 다음의 상관관계식을 얻는다.

$$\frac{UA}{F_{A0}}(T_a - T) - \Sigma\Theta_i C_{P_i}(T - T_0) - \Delta H^\circ_{Rx} X = 0 \tag{12-21}$$

X에 대하여 풀면,

$$\boxed{X = \frac{\frac{UA}{F_{A0}}(T - T_a) + \Sigma\Theta_i C_{P_i}(T - T_0)}{[-\Delta H^\circ_{Rx}(T_R)]}} \tag{12-22}$$

CSTR의 크기를 결정하기 위하여 식 (12-22)를 몰수지식과 결합시킨다.

$$\boxed{V = \frac{F_{A0}X}{-r_A(X,T)}} \tag{12-23}$$

T, T_0 및 T_a의 운전 파라미터의 영향을 보다 쉽게 확인할 수 있도록 항을 모으고 κ, T_c와 함께 C_{P_0}를 정의한다.

C_{P_0}를 다음과 같이 정의한 후, 식 (12-21)을 재정리하면

$$\boxed{C_{P_0} = \Sigma\Theta_i C_{P_i}}$$

다음 식을 얻는다.

$$C_{P_0}\left(\frac{UA}{F_{A0}C_{P_0}}\right)T_a + C_{P_0}T_0 - C_{P_0}\left(\frac{UA}{F_{A0}C_{P_0}} + 1\right)T - \Delta H^\circ_{Rx}X = 0$$

κ와 T_c는 비단열운전의 파라미터로서 다음과 같이 정의하자.

비단열 CSTR 열교환 파라미터: κ와 T_c

$$\boxed{\kappa = \frac{UA}{F_{A0}C_{P_0}} \text{ 그리고 } T_c = \frac{\kappa T_a + T_0}{1+\kappa}}$$

다음 식이 얻어진다.

$$-X\Delta H^\circ_{Rx} = C_{P_0}(1+\kappa)(T - T_c) \tag{12-24}$$

파라미터 κ와 T_c는 비단열조작식(equation for non-adiabatic operation)을 간략히 하는 데 사용된다. 식 (12-24)를 전화율에 대하여 풀면,

$$\boxed{X = \frac{C_{P_0}(1+\kappa)(T - T_c)}{-\Delta H^\circ_{Rx}}} \tag{12-25}$$

식 (12-24)를 반응기 온도에 대하여 풀면,

$$\boxed{T = T_c + \frac{(-\Delta H^\circ_{Rx})(X)}{C_{P_0}(1+\kappa)}} \tag{12-26}$$

표 12-3은 CSTR의 설계를 특정화하는 세 가지 방법을 보여준다. 비등온 CSTR 설계에 대한 이 절차는 1차 비가역 액상반응을 고려하여 설명할 수 있다. 3개의 변수 X, T, V를 가지고 있는 이러한 유형의 CSTR 문제를 풀기 위해, 2개의 변수만 지정하고 3번째 변수를 푸는 것이다. 경우 **A**(X를 지정), **B**(T를 지정) 또는 **C**(V를 지정)를 해결하기 위한 알고리즘을 표 12-3에 나타내었다. 그것의 적용은 예제 12-3에 보였다.

표 12-3 CSTR 크기를 특정하는 방법

열교환기가 설치된 CSTR의 에너지수지식의 형태

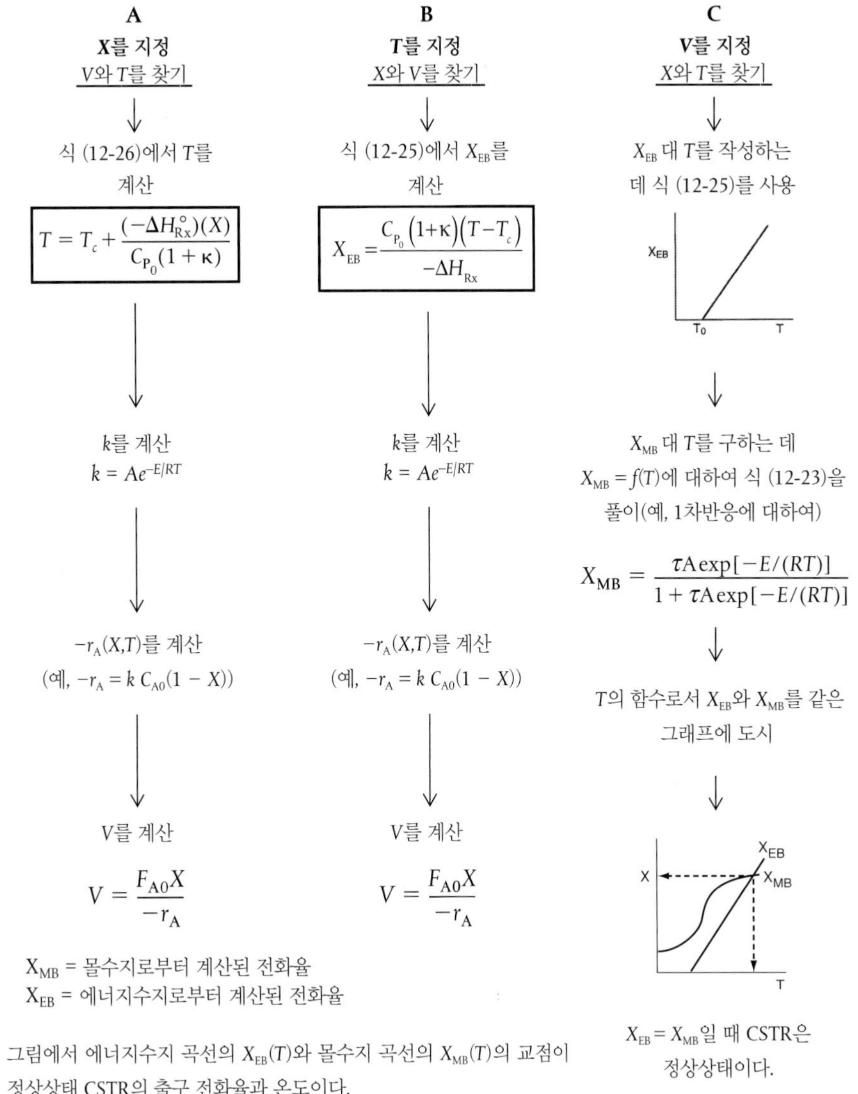

예제 12-3 단열 CSTR에서 프로필렌글리콜의 생산

프로필렌글리콜은 산화프로필렌의 가수분해에 의해서 생산된다.

$$\underset{\diagdown\ \diagup\atop \text{O}}{CH_2\text{—}CH}\text{—}CH_3 + H_2O \xrightarrow{H_2SO_4} \underset{\text{OH}}{CH_2}\text{—}\underset{\text{OH}}{CH}\text{—}CH_3$$

생산, 용도 및 경제성

2010년에는 90억 파운드 이상의 프로필렌글리콜이 생산되었고, 판매가격은 파운드당 \$0.80이었다. 프로필렌글리콜은 산화프로필렌 주요 유도체의 약 25%를 차지하고 있다. 황산을 촉매로 사용하면 반응은 실온에서 쉽게 일어난다.

당신이 이 방법으로 프로필렌글리콜을 생산하는 단열 CSTR을 책임지는 엔지니어다. 그런데 불행히도 반응기가 누출되기 시작하여 그것을 대체시켜야 한다. (황산의 강한 부식성 때문에 연강(mild steel)은 반응기 제작에 부적당한 재료라고 상사에게 여러 차례 보고했었다. 그는 듣지 않았다.) 멋있고 밝고 반짝거리는 300갤런 용량을 가진 가동되지 않고 있는 CSTR이 한 개 있는데, 이 용기의 내부는 유리가 내장되어(glass-lined) 있어서 이것을 사용하고자 한다.

영국식 단위와 미터법 단위 둘 다를 더 많이 연습할 수 있게 하려고 이 문제를 g, mol, m^3이 아닌 lb_m, s, ft^3, lb-mol로 해결하려고 한다. 왜?? 많은 공장들이 여전히 영국식 단위 체계를 사용한다.

산화프로필렌(P.O.)을 2500 lb_m/h (43.04 lb-mol/h)으로 반응기에 공급한다. 공급액 흐름은 (1) 산화프로필렌(46.62 ft^3/h)과 메탄올(46.62 ft^3/h)의 동일 부피 혼합물과 (2) 0.1 wt%의 H_2SO_4가 함유된 물로 구성되어 있다. 물의 부피유량은 233.1 ft^3/h이고, 이는 메탄올-P.O. 유량의 2.5배이다. 메탄올과 물의 몰유량은 각각 71.87 lb-mol/h과 802.8 lb-mol/h에 해당한다. 물-산화프로필렌-메탄올의 혼합물은 혼합과정에서 약간의 부피감소(약 3%)가 생기나, 이것은 계산과정에서 무시한다. 두 원료흐름의 온도는 혼합하기 전에는 58°F이나 두 흐름의 혼합과정에서 생기는 혼합열(heat of mixing)에 의해서 즉시 17°F가 상승한다. 따라서 모든 원료흐름의 입구온도는 75°F로 간주한다(그림 E12-3.1 참조).

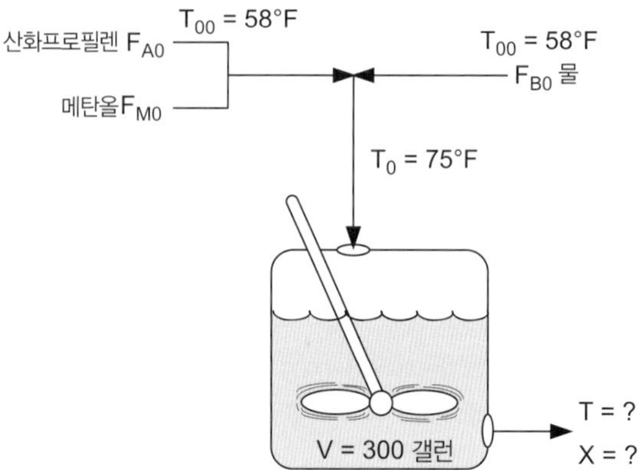

그림 E12-3.1 CSTR에서 프로필렌글리콜의 제조

Furusawa 등은 이와 비슷한 운전조건에서 반응이 산화프로필렌의 농도에 대하여 1차이고, 물을 과량으로 하였을 때 겉보기 0차이며, 반응속도상수는 다음과 같다고 하였다[4].

$$k = Ae^{-E/RT} = 16.96 \times 10^{12} (e^{-32,400/RT})\ h^{-1}$$

여기서 E의 단위는 Btu/lb-mol이고 T의 단위는 °R이다.

4. T. Furusawa, H. Nishimura, and T. Miyauchi, J. *Chem. Eng. Jpn.*, 2, 95.

운전상의 중요한 제약이 있다. 산화프로필렌은 비교적 저비점 물질(low-boiling-point substance)이다. 사용하고 있는 혼합물에서 운전온도는 125°F를 초과할 수 없고, 이 온도를 초과하면 배출구를 통해서 많은 양의 산화프로필렌이 증발하여 손실될 수 있다.

(a) 누수가 있는 반응기를 교체하여 이 가동되지 않고 있는 CSTR을 가지고 단열적으로 운전할 수 있겠는가?

(b) 교체할 수 있다면, 글리콜로 변하는 산화프로필렌의 전화율은 어떻게 되겠는가?

풀이

(이 문제에 사용된 모든 자료는 특별히 명시하지 않는 한 *Handbook of Chemistry and Physics*에서 얻었다.) 반응은 다음과 같이 표시된다고 하자.

$$A + B \longrightarrow C$$

여기서

A: 산화프로필렌(C_{P_A} = 35 Btu/lb-mol·°F)[5]

B: 물(C_{P_B} = 18 Btu/lb-mol·°F)

C: 프로필렌글리콜(C_{P_C} = 46 Btu/lb-mol·°F)

M: 메탄올(C_{P_M} = 19.5 Btu/lb-mol·°F)

이 문제에는 출구 전화율이나 단열 반응기의 온도가 주어져 있지 않다. 표 12-3의 오른쪽 경로에 나와 있듯이, 물질수지와 에너지수지를 사용하여 두 미지수(X와 T)를 가진 두 방정식을 풀 수 있다. 이들 방정식을 연립으로 풀면, 유리 내장 반응기에 대한 출구 전화율과 온도를 결정할 수 있으므로 현재의 반응기를 교체할 수 있는지를 알 수 있다.

1. 몰수지와 설계방정식:

$$F_{A0} - F_A + r_A V = 0$$

X의 항으로 표시한 설계방정식

$$V = \frac{F_{A0} X}{-r_A} \qquad \text{(E12-3.1)}$$

2. 속도법칙:

$$-r_A = kC_A \qquad \text{(E12-3.2)}$$

$$k = 16.96\ 10^{12} \exp[-32{,}400/R/T]\ \text{h}^{-1}$$

알고리즘을 따른다.

3. 양론(액상, $\upsilon = \upsilon_0$)**:**

$$C_A = C_{A0}(1 - X) \qquad \text{(E12-3.3)}$$

5. C_{P_A}와 C_{P_C}는 관측을 통해 저분자 산소함유 유기액체이고 열용량이 0.6 cal/g·°C ± 15%를 갖는다고 추정한다.

4. 결합:

$$V = \frac{F_{A0}X}{kC_{A0}(1-X)} = \frac{\upsilon_0 X}{k(1-X)} \quad \text{(E12-3.4)}$$

$\tau = V/\upsilon_0$로 하고, X를 T의 함수로 **풀면**

$$X_{MB} = \frac{\tau k}{1+\tau k} = \frac{\tau A e^{-E/RT}}{1+\tau A e^{-E/RT}} \quad \text{(E12-3.5)}$$

이 식은 **몰수지**로부터 구한 온도와 전화율의 관계이다.

두 개의 식, 두 개의 미지수

5. 교반기에 의한 에너지를 무시할 수 있으므로 이와 같은 단열 반응에 대한 에너지수지는 다음과 같다.

$$X_{EB} = \frac{\Sigma\, \Theta_i C_{P_i}(T-T_{i0})}{-[\Delta H^\circ_{Rx}(T_R) + \Delta C_P(T-T_R)]} \quad \text{(E12-3.6)}$$

이 식은 에너지수지로부터 구한 X와 T의 관계이다. 식 (E12-3.5)와 (E12-3.6)은 두 미지수 X와 T에 대하여 $X_{EB} = X_{MB} = X$로 하여 풀어야 한다.

6. 계산:

몰로 표현된 그 모든 숫자와 열수지 방정식을 작성하는 것보다, 이 작업을 적은 비용으로 Jofostan의 Riça에 있는 도심 마켓 센터 빌딩 3층에 위치한 Sven Köttlov 컨설팅 회사에 아웃소싱할 수 있다.

(a) **몰수지 항 계산**(C_{A0}, Θ_i, τ): 반응기로 유입되는 액체의 총부피유량은 다음과 같다.

지루한 계산인 건 알지만, 누군가는 어떻게 하는지 알아야 한다.

$$\begin{aligned}\upsilon_0 &= \upsilon_{A0} + \upsilon_{M0} + \upsilon_{B0} \\ &= 46.62 + 46.62 + 233.1 = 326.3 \text{ ft}^3/\text{h} \quad \text{(E12-3.7)}\\ V &= 300 \text{ gal} = 40.1 \text{ ft}^3\end{aligned}$$

$$\tau = \frac{V}{\upsilon_0} = \frac{40.1 \text{ ft}^3}{326.3 \text{ ft}^3/\text{h}} = 0.123 \text{ h} \quad \text{(E12-3.8)}$$

$$C_{A0} = \frac{F_{A0}}{\upsilon_0} = \frac{43.0 \text{ lb-mol/h}}{326.3 \text{ ft}^3/\text{h}} = 0.132 \text{ lb-mol/ft}^3 \quad \text{(E12-3.9)}$$

메탄올: $$\Theta_M = \frac{F_{M0}}{F_{A0}} = \frac{71.87 \text{ lb-mol/h}}{43.0 \text{ lb-mol/h}} = 1.67$$

물: $$\Theta_B = \frac{F_{B0}}{F_{A0}} = \frac{802.8 \text{ lb-mol/h}}{43.0 \text{ lb-mol/h}} = 18.65$$

몰수지식으로부터 계산된 X_{MB}는 식 (E12-3.5)로부터 구할 수 있다.

$$X_{MB} = \frac{(16.96\times 10^{12}\ h^{-1})(0.1229\ h)\exp(-32{,}400/1.987T)}{1+(16.96\times 10^{12}\ h^{-1})(0.1229\ h)\exp(-32{,}400/1.987T)}$$

X_{MB}를 온도의 함수로 도시하라.

$$\boxed{X_{MB} = \frac{(2.084\times 10^{12})\exp(-16{,}306/T)}{1+(2.084\times 10^{12})\exp(-16{,}306/T)},\ T\text{의 단위는 °R}} \quad \text{(E12-3.10)}$$

(b) 에너지수지 항 계산

(1) 온도 T에서의 반응열

$$\Delta H_{Rx}(T) = \Delta H^{\circ}_{Rx}(T_R) + \Delta C_P(T - T_R) \quad \text{(11-26)}$$

$$\Delta C_P = C_{P_C} - C_{P_B} - C_{P_A} = 46-18-35 = -7\ \text{Btu/lb-mol/°F}$$

$$\Delta H_{Rx} = -36{,}000 - 7(T - T_R) \quad \text{(E12-3.11)}$$

(2) 열용량 항

$$\begin{aligned}\Sigma\Theta_i C_{P_i} &= C_{P_A} + \Theta_B C_{P_B} + \Theta_M C_{P_M}\\ &= 35 + (18.65)(18) + (1.67)(19.5) \quad \text{(E12-3.12)}\\ &= 403.3\ \text{Btu/lb-mol}\cdot\text{°F}\end{aligned}$$

$$\begin{aligned}T_0 &= T_{00} + \Delta T_{mix} = 58°F + 17°F = 75°F\\ &= 535°R \quad \text{(E12-3.13)}\\ T_R &= 68°F = 528°R\end{aligned}$$

단열 반응에 대한 에너지수지로부터 계산된 전화율 X_{EB}는 식 (11-29)로부터 구할 수 있다.

$$X_{EB} = -\frac{\Sigma\,\Theta_i C_{P_i}(T - T_{i0})}{\Delta H^{\circ}_{Rx}(T_R) + \Delta C_P(T - T_R)} \quad \text{(11-29)}$$

알고 있는 모든 값을 에너지수지에 넣으면 다음과 같은 식을 얻을 수 있다.

$$X_{EB} = \frac{(403.3\ \text{Btu/lb-mol}\cdot\text{°F})(T-535)°F}{-[-36{,}400 - 7(T-528)]\ \text{Btu/lb-mol}}$$

단열 CSTR

$$\boxed{X_{EB} = \frac{403.3(T-535)}{36{,}400 + 7(T-528)}} \quad \text{(E12-3.14)}$$

7. 풀이: 이들 두 연립 대수방정식 (E12-3.10)과 (E12-3.14)를 푸는 방법은 여러 가지가 있다. 가장 쉬운 방법은 Polymath 비선형 방정식 문제풀이 프로그램을 이용하는 것이다. 그러나 몰수지와 에너지수지에 대한 X와 T 사이의 함수관계에 대한 통찰력을 얻기 위해서 도식해를 얻을 것이다. 여기서, 몰수지와 에너지수지에 대하여 X는 T의 함수로 플롯하고, 두 곡선의 교점이 몰수지와 에너지수지를 모두 만족하는 곳, 즉 $X_{EB} = X_{MB}$에서 해가 된다. 또 두 곡선을 플롯함으로써, 몰수지와 에너지수지를 동시에 만족시키는 교점이 하나 이상 존재하는지

[즉, 다중 정상상태(multiple steady states)]를 알아볼 수 있다. 만약 X와 T를 구하는 데 수치해석적인 방법을 사용한다면, 실제로 하나 이상의 해가 존재해도, 하나의 해만 얻게 될 가능성이 높다. 만약 Polymath를 사용한다면, 비선형 방정식 프로그램의 초기 추측을 바꿈으로써 복수의 근이 존재하는지 알 수 있다. 다중 정상상태에 대해서는 12-5절에서 더 논의될 것이다. 따라서 T를 먼저 선정하고 X를 계산한다(표 E12-3.1). 그림 E12-3.2에 플롯한 것이 X_{MB}와 X_{EB}의 계산결과이다. 사실상 직선은 에너지수지에 해당하고, 식 (E12-3.14), 곡선은 몰수지, 식 (E12-3.10)에 해당한다. 이 플롯에서 유일한 교점은 83% 전화율과 613°R점에 있다. 이 점에서 에너지수지와 몰수지가 동시에 만족된다. 온도가 125°F(585°R) 이하로 유지되어야 하기 때문에 300갤런의 반응기는 현재 상태로서는 사용할 수 없다.

표 E12-3.1 T에 대한 함수로 X_{EB}와 X_{MB}의 계산

T (°R)	X_{MB} [식 (E12-3.10)]	X_{EB} [식 (E12-3.14)]
535	0.108	0.000
550	0.217	0.166
565	0.379	0.330
575	0.500	0.440
585	0.620	0.550
595	0.723	0.656
605	0.800	0.764
615	0.860	0.872
625	0.900	0.980

585°R의 규정된 최대 온도를 초과하므로 반응기 사용 불가능

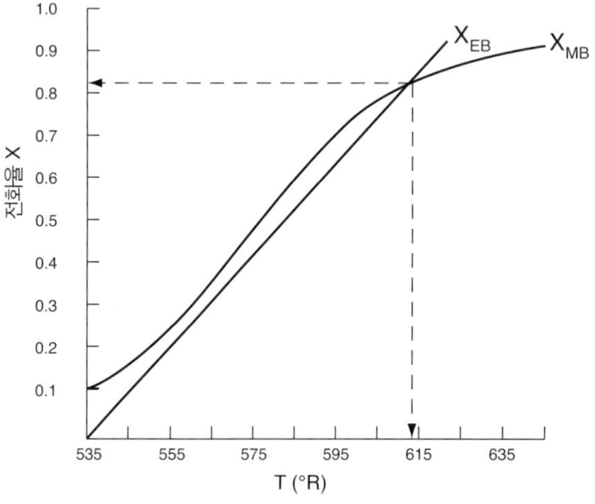

그림 E12-3.2 온도에 대한 함수인 전화율 X_{EB}와 X_{MB}

분석: 온도 함수로서 전화율 플롯을 만들기 위해 식 (E12-3.10)과 (E12-3.14)를 사용한 후 $X_{EB}(T)$와 $X_{MB}(T)$의 교점이 오직 하나이고 따라서 하나의 정상상태만이 존재한다는 것을 알 수 있다. 출구 전화율은 83%이고 출구 온도(즉, 반응기 온도)는 허용한계 585°R(125°F)보다 높은 613°R이므로 이 CSTR을 사용할 수 없다.

야단났군! 우리의 공장은 완전히 보수될 수 없을 것 같다. 수백만 달러의 이익은 날아가 버렸다. 그러나 잠깐, 포기하지 말고 반응공학 엔지니어 Maxwell Anthony에게 반응기에 배치할 수 있는 냉각코일 열교환기를 찾기 위해 Jofostan에 있는 우리 회사의 공장으로 날아가라고 하자. 예제 12-4에서 Max가 무엇을 찾았는지 보자.

예제 12-4 냉각코일이 있는 CSTR

대박! Max가 장비 창고에서 예제 12-3에서 논의한 산화프로필렌의 가수분해에 사용할 냉각코일을 Jofostan의 작은 산골 마을 Ölofasis에서 찾았다. 냉각코일의 냉각표면적은 40 ft^{2}이고, 냉각수의 유량은 충분히 커서 냉각매체의 온도가 85°F로 일정하게 유지될 수 있다. 이 코일의 전형적인 총괄열전달계수는 100 Btu/h·ft^2·°F이다. 이 냉각코일을 사용하면, 앞에서 제시한 최고온도 125°F라는 제약을 반응기가 만족하게 할 수 있겠는가?

풀이

냉각코일이 반응기 부피에 영향을 미치지 않는다고 가정하면, 몰수지로부터 온도의 함수로 구해지는 전화율은 예제 12-3에서 구한 것[식 (E12-3.10)]과 동일하다.

1. 예제 12-3으로부터 **몰수지식, 화학양론식 및 속도법칙을 결합**하면 다음과 같다.

$$X_{MB} = \frac{\tau k}{1+\tau k} = \frac{(2.084\times 10^{12})\exp(-16{,}306/T)}{1+(2.084\times 10^{12})\exp(-16{,}306/T)} \quad \text{(E12-3.10)}$$

여기서 T의 단위는 °R이다.

2. 에너지수지식. 교반기에 의한 일을 무시하고 식 (11-27)과 식 (12-20)을 결합하면 다음 식을 얻는다.

$$\frac{UA(T_a-T)}{F_{A0}} - X[\Delta H^\circ_{Rx}(T_R)+\Delta C_P(T-T_R)] = \Sigma\Theta_i C_{P_i}(T-T_0) \quad \text{(E12-4.1)}$$

X_{EB}에 대해서 **에너지수지를 풀면** 다음 식을 얻는다.

$$X_{EB} = \frac{\Sigma\Theta_i C_{P_i}(T-T_0)+[UA(T-T_a)/F_{A0}]}{-[\Delta H^\circ_{Rx}(T_R)+\Delta C_P(T-T_R)]} \quad \text{(E12-4.2)}$$

식 (E12-4.2)에서 냉각코일의 항은

$$\frac{UA}{F_{A0}} = \left(100\ \frac{\text{Btu}}{\text{h}\cdot\text{ft}^2\cdot{}^\circ\text{F}}\right)\frac{(40\ \text{ft}^2)}{(43.04\ \text{lb-mol/h})} = \frac{92.9\ \text{Btu}}{\text{lb-mol}\cdot{}^\circ\text{F}} \quad \text{(E12-4.3)}$$

냉각온도는

$$T_a = 85^\circ F = 545^\circ R$$

식 (E12-4.2)의 모든 다른 항들의 수치는 식 (E12-3.13)에서 주어진 값들과 같지만 열교환 항 X_{EB}가 포함되어 다음과 같다.

$$X_{EB} = \frac{403.3(T-535)+92.9(T-545)}{36{,}400+7(T-528)} \quad \text{(E12-4.4)}$$

이제 Polymath로 풀 수 있는 두 개의 식[식 (E12-3.10)과 식 (E12-4.4)]과 두 개의 미지수 X와 T가 있다. 예제 E4-5와 E8-6에서 어떻게 이런 종류의 비선형 연립방정식을 Polymath로 풀었는지 기억해 보자. (그림 E12-3.2의 X 대 T를 플롯하려면 668쪽의 **문제 P12-1(f)**를 참조하여라.) 웹사이트의 지침서(*http://www.umich.edu/~elements/5e/software/Polymath_fooling_tutorial.pdf*)에 설명된 대로 X와 T를 플롯하기 위해서 Polymath를 속여서 그림 E12-3.2를 생성할 수 있다.

표 E12-4.1 Polymath: 열교환이 있는 CSTR

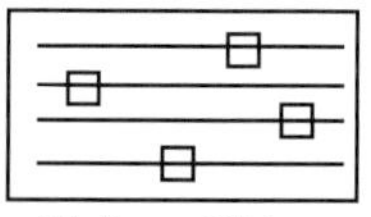
Wolfram Sliders

Nonlinear equations

1 f(X) = X-(403.3*(T-535)+92.9*(T-545))/(36400+7*(T-528)) = 0
2 f(T) = X-tau*k/(1+tau*k) = 0

Explicit equations

1 tau = 0.1229
2 A = 16.96*10^12
3 E = 32400
4 R = 1.987
5 k = A*exp(-E/(R*T))

	Variable	Value
1	A	1.696E+13
2	E	3.24E+04
3	k	4.648984
4	R	1.987
5	tau	0.1229

Calculated values of NLE variables

	Variable	Value	f(x)	Initial Guess
1	T	563.7289	-5.411E-10	564.
2	X	0.3636087	2.243E-11	0.367

표 E12-4.1에 X_{MB}에 대한 식 (E12-3.10)과 X_{EB}에 대한 식 (E12-4.4)의 Polymath 프로그램과 풀이가 나와 있다. 출구 온도와 출구 전화율은 각각 103.7°F(563.7°R)과 36.4%이다. 즉,

$$\boxed{T = 564°\text{R 그리고 } X = 0.36}$$

분석: Jofostan에 있는 Ölofasis의 마을 사람들에게 이 빛나는 새 열교환기를 찾는 데 도움을 준 것에 대해 감사한다. CSTR에 열교환기를 설치함으로써 그림 E12-3.2에서 $X_{MB}(T)$ 곡선은 변화가 없지만 $X_{EB}(T)$선의 기울기가 증가하여 X_{MB} 곡선과 $X = 0.36$, $T = 564$°R에서 교차한다. 이 전화율은 낮다! 반응기 온도를 585°R 가까이 올리기 위하여 T_a 또는 T_0를 증가시켜 냉각을 줄여볼 수 있지만, 그 이상은 불가능하다. 이 비가역 반응에서는 온도가 높을수록 전화율도 높다.

다음 절에서는 파라미터값과 입구 조건을 만족시키는 다수의 출구 전화율과 온도(다중 정상상태) 값이 가능하다는 것을 볼 것이다.

12.5 다중 정상상태(Multiple Steady State, MSS)

이 절에서는 1차반응이 일어나는 CSTR의 정상상태 운전을 고찰하고자 한다. 정상상태의 다중도(multiplicity of steady state)를 보여주는 훌륭한 실험 연구가 베이타사(Vejtasa)와 슈미츠(Schmitz)[6]에 의해 진행되었다. 그들은 티오황산나트륨과 과산화수소의 반응에 대해서 연구하였다.

$$2Na_2S_2O_3 + 4H_2O_2 \rightarrow Na_2S_3O_6 + Na_2SO_4 + 4H_2O$$

반응은 CSTR에서 단열 상태로 운전되었다. 일정 범위의 공간시간 τ를 갖도록 유량을 변화시키면서 다중 정상상태 온도를 관찰하였다.

역자 주 |
점선(dotted line) ……………………
파선(dashed line) - - - - - - - - -
쇄선(dot-and-dashed line) —·—·—·—·—

그림 E12-3.2의 $X_{MB}(T)$ 곡선[식 (E12-3.10)]을 그림 E12-3.2A에 파선(dashed line)으로 다시 그렸다. 만약 부피유량 υ_0가 조금 증가하면(τ는 감소) 어떻게 될지 고려해 보자. 에너지수지선 $X_{EB}(T)$는 변화가 없지만, 몰수지선 $X_{MB}(T)$는 그림 E12-3.2A에서 휘어진 실선으로 그려진 것과 같이 오른쪽으로 이동한다. 이러한 $X_{MB}(T)$의 오른쪽으로의 이동은 $X_{EB}(T)$와 $X_{MB}(T)$가 세 점에서 만나도록 하며, 이는 운전 가능한 반응기 조건이 세 가지라는 것을 의미한다.

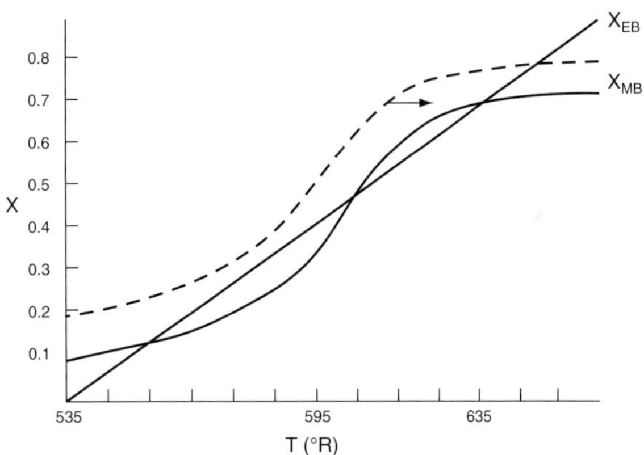

그림 E12-3.2A 다른 공간시간(τ)에서의 $X_{EB}(T)$와 $X_{MB}(T)$의 플롯

두 개 이상의 교점이 존재할 때, 에너지수지와 몰수지를 만족시키는 조건은 두 개 이상이므로(즉, $X_{EB} = X_{MB}$), 따라서 운전 가능한 반응기의 정상상태가 다수가 될 것이다. 이 3가지의 정상상태는 그래프상에서는 쉽게 구분할 수 있지만 Polymath 풀이에서는 한 가지만 나타난다. 따라서 Polymath 비선형방정식 문제풀이 프로그램을 사용할 때는 다른 풀이가 존재하는지 확인하기 위해 다른 초기값 추측(different initial guesses)을 선택하여야만 한다. 예제 12-3에서 한 것처럼 ODE 문제풀이 프로그램을 사용하여 $\frac{dT}{dt} = 0.1$로 설정하고, X_{MB} 및 X_{EB} 대 T를 플롯함으로써 그림 E12-3.2A의 플롯을 얻기 위해 Polymath를 속일 수 있다. "어떻게 Polymath를 속이고" G(T) 및 R(T) 플롯을 생성하는지에 대한 지

Polymath 속이기

6. S. A. Vejtasa and R. A. Schmitz, *AIChE J.*, 16 (3), 415 (1970).

침서는 *http://www.umich.edu/~elements/5e/software/Polymath_fooling_tutorial.pdf*에서 확인할 수 있다.

축 일과 ΔC_P를 무시(즉, $\Delta C_P = 0$이고 따라서 $\Delta H_{Rx} = \Delta H^\circ_{Rx}$)하는 경우에 대해서 적용하는 식 (12-24)를 상기하면서 시작하자.

$$-X\Delta H^\circ_{Rx} = C_{P0}(1+\kappa)(T-T_c) \tag{12-24}$$

여기서

$$\boxed{C_{P0} = \Sigma\,\Theta_i C_{P_i}} \tag{12-26a}$$

$$\boxed{\kappa = \frac{UA}{C_{P0}F_{A0}}} \tag{12-26b}$$

그리고

$$\boxed{T_c = \frac{T_0 F_{A0} C_{P0} + UAT_a}{UA + C_{P0}F_{A0}} = \frac{\kappa T_a + T_0}{1+\kappa}} \tag{12-27}$$

CSTR 몰수지 $X = \dfrac{-r_A V}{F_{A0}}$를 사용하여 식 (12-24)를 다음과 같이 다시 쓰면 된다.

$$(-r_A V/F_{A0})(-\Delta H^\circ_{Rx}) = C_{P0}(1+\kappa)(T-T_c) \tag{12-28}$$

이 식의 좌변을 **생성된 열 항**(heat-generated term)이라고 한다.

$G(T)$ = 발생열

$$\boxed{G(T) = (-\Delta H^\circ_{Rx})(-r_A V/F_{A0})} \tag{12-29}$$

식 (12-28)의 우변은 **제거된 열 항**(heat-removed term)(흐름과 열교환에 의한) $R(T)$이라고 한다.

$R(T)$ = 제거열

$$\boxed{R(T) = C_{P0}(1+\kappa)(T-T_c)} \tag{12-30}$$

정상상태의 다중도를 연구하기 위해서는 동일 그래프 상에 $R(T)$와 $G(T)$를 온도의 함수로 플롯하여, $R(T)$와 $G(T)$의 다중교점(multiple intersection)들을 얻을 수 있는 조건을 분석한다.

12.5.1 제거된 열 $R(T)$

유입 온도 변화. 식 (12-30)에서 $R(T)$는 온도에 따라서 선형적으로 증가하고, 그 기울기는 $C_{P0}(1+\kappa)$, 절편은 T_c라는 것을 알 수 있다. 그림 12-17에 보여준 것과 같이 유입 온도 T_0가 증가함에 따라 선분은 동일한 기울기를 유지하면서 오른쪽으로 이동한다.

제거열 곡선, $R(T)$

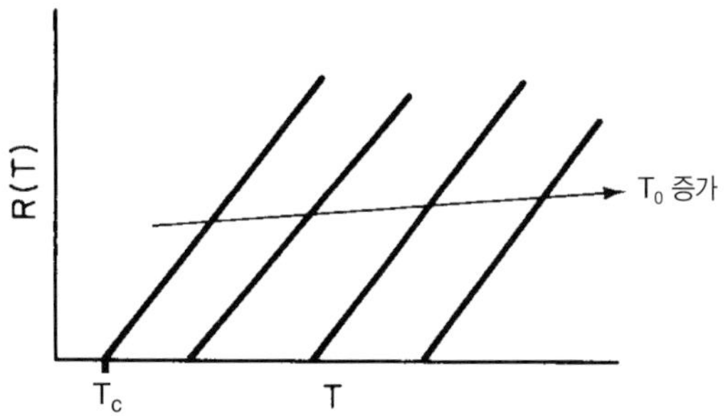

그림 12-7 유입 온도에 따른 제거된 열 선의 변화

비-단열 파라미터 κ의 변화. 몰유량 F_{A0}를 감소시키거나 열교환 면적 A를 증가시켜 κ를 증가시키면, 기울기는 증가하게 되고, $T_a < T_0$인 경우 세로좌표의 절편은 그림 12-8에서 보여준 것과 같이 왼쪽으로 이동한다.

$$\kappa = 0 \quad T_c = T_0$$
$$\kappa = \infty \quad T_c = T_a$$

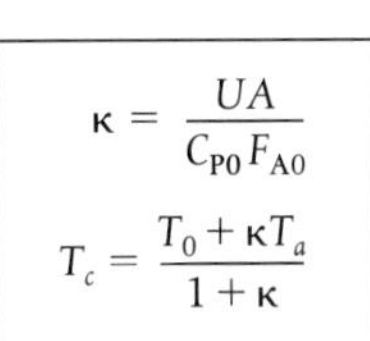

$$\kappa = \frac{UA}{C_{P0}F_{A0}}$$
$$T_c = \frac{T_0 + \kappa T_a}{1 + \kappa}$$

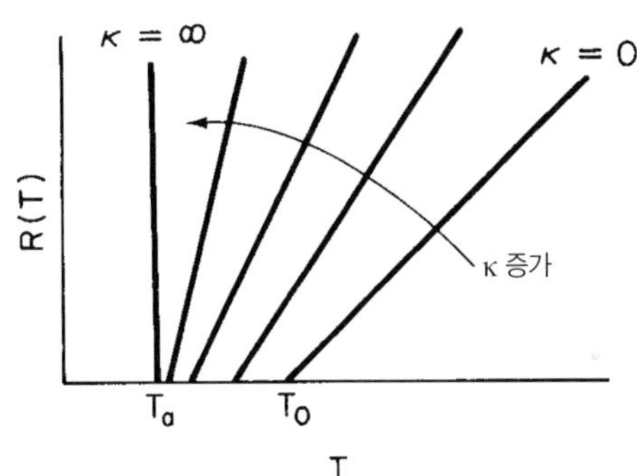

그림 12-8 κ($\kappa = UA/C_{P0}F_{A0}$)에 따른 제거된 열 선의 변화

반면 $T_a > T_0$인 경우이면 세로좌표의 절편은 κ가 증가함에 따라 오른쪽으로 이동하게 된다.

12.5.2 생성된 열 $G(T)$

생성된 열 항, 식 (12-29)는 전화율 항으로 다음과 같이 쓸 수 있다[$X = -r_AV/F_{A0}$].

$$G(T) = (-\Delta H^\circ_{Rx})X \tag{12-31}$$

온도의 함수로 발생된 열 $G(T)$의 플롯을 얻기 위해서는 CSTR의 몰수지, 속도식 및 양론을 이용하여 T의 함수로 X에 대하여 풀어야만 한다. 예컨대 1차 액상반응에서 CSTR의 몰수지식은 다음과 같다.

$$V = \frac{F_{A0}X}{kC_A} = \frac{v_0C_{A0}X}{kC_{A0}(1-X)}$$

X에 대하여 풀면 다음 식을 얻는다.

1차반응
$$X = \frac{\tau k}{1 + \tau k} \tag{5-8}$$

식 (12-31)에 X를 대입하면 다음 식이 얻어진다.

$$G(T) = \frac{-\Delta H^{\circ}_{Rx} \tau k}{1 + \tau k} \tag{12-32}$$

최종적으로 k를 아레니우스 식으로 치환시키면 다음과 같다.

$$\boxed{G(T) = \frac{-\Delta H^{\circ}_{Rx} \tau A e^{-E/RT}}{1 + \tau A e^{-E/RT}}} \tag{12-33}$$

G(T)에 대한 식 (12-33)과 유사한 식들을 다른 반응차수에 대해서도 유도할 수 있고, CSTR의 몰수지식을 X에 대하여 풀면 간단히 가역반응에 대해서도 유도할 수 있다. 예를 들어, 2차 액상반응의 전화율은 다음과 같다.

2차반응
$$X = \frac{(2\tau k C_{A0} + 1) - \sqrt{4\tau k C_{A0} + 1}}{2\tau k C_{A0}}$$

그리고 상응하는 발생된 열 항은 다음과 같다.

$$\boxed{G(T) = \frac{-\Delta H^{\circ}_{Rx}[(2\tau C_{A0} A e^{-E/RT} + 1) - \sqrt{4\tau C_{A0} A e^{-E/RT} + 1}]}{2\tau C_{A0} A e^{-E/RT}}} \tag{12-34}$$

이제 1차반응인 방정식 (12-33)으로 돌아가서 G(T) 곡선의 거동을 살펴보자. 아주 낮은 온도에서는, 1차반응의 경우에 식 (12-33)의 분모에서 두 번째 항은 무시할 수 있으므로, G(T)는 다음과 같이 변화된다.

낮은 T
$$G(T) = -\Delta H^{\circ}_{Rx} \tau A e^{-E/RT}$$

(ΔH°_{Rx}는 T_R에서 산출한 표준 반응열을 의미한다.)

아주 높은 온도에서는, 분모의 두 번째 항이 우세하므로, G(T)는 다음과 같이 축소된다.

높은 T
$$G(T) = -\Delta H^{\circ}_{Rx}$$

그림 12-9에서는 2개의 다른 활성화 에너지 E에 대해서 G(T)를 온도의 함수로 보여준다. 유량이 감소하거나 반응기 부피가 증대되면, 그 결과로 τ가 증가하면, 생성된 열 항 G(T)는 그림 12-10에서 보여주는 것과 같이 변화한다.

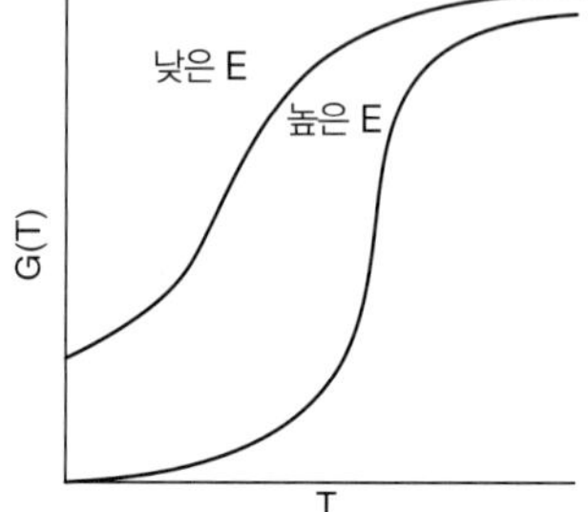

그림 12-9 활성화 에너지에 따른 G(T) 곡선의 변화

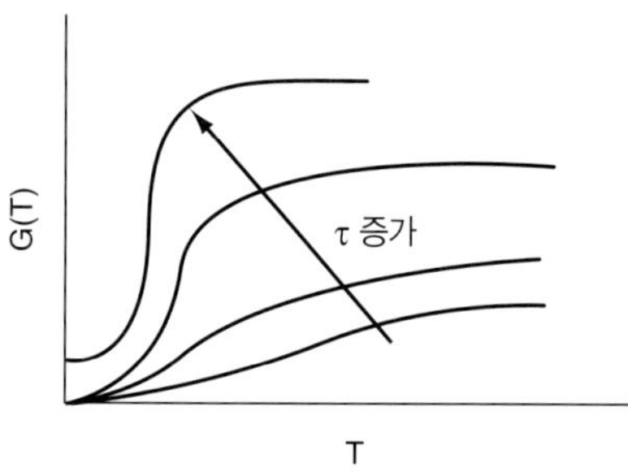

그림 12-10 공간시간에 따른 G(T) 곡선의 변화

생생열 곡선, $G(T)$

그림 12-10과 12-8을 결합하여 왜 분젠버너의 기체 유량을 매우 높게 올리면 꺼지는지 설명할 수 있겠는가?

12.5.3 점화-소화 곡선(Ignition-Extinction Curve)

$R(T)$와 $G(T)$의 교점은 반응기가 정상상태에서 운전될 수 있는 온도를 제공한다. 이 교차점은 에너지 수지 $R(T)$와 몰수지 $G(T)$를 모두 만족하는 지점이다. 상대적으로 낮은 온도 T_{01}로 원료를 공급한다고 가정하자. 그림 12-11에서 곡선 $y = G(T)$와 직선 $a = R(T)$로 표시되는 $G(T)$와 $R(T)$를 그리면, 교점은 점 1 하나만 생기게 됨을 알 수 있다. 이 교점으로부터 반응기 내의 정상상태 온도, T_{s1}을 찾을 수 있다. 그림 12-11에서 보여준 것과 같이, 이 온도는 T축을 따라 수직으로 읽어 내려가면 된다.

유입 온도를 T_{02}로 증가시키게 되면, $G(T)$ 곡선 y는 변하지 않고 그대로 유지되고 있으나 $R(T)$ 곡선은 그림 12-11의 선분 b에서 보듯이 오른쪽으로 이동하여 점2에서 $G(T)$와 만나고 점 3에서 접하게 된다. 따라서 그림 12-11에서 보면 유입 온도가 T_{02}인 CSTR에서 찾을 수 있는 정상상태 온도는 T_{s2}와 T_{s3}의 2개가 있음을 알 수 있다. 유입 온도가 T_{03}으로 증가하게 되면, $R(T)$ 곡선 즉 선분 c(그림 12-12)는 $G(T)$와 세 번 만나고 정상상태 온도는 $T_{s4,}$ $T_{s5,}$ T_{s6} 3개가 된다. T_0을 계속 증가시키면 선분 e에 도달하고, 여기에는 정상상태 온도가 T_{s10}와 T_{s11}, 2개만 존재하게 된다. 만약에 유입 온도를 T_{05}보다 약간만 증가시키면, 가령 T_{06}, 반응온도가 T_{s10}에서 T_{s12}로 급등한다. 이 급등을 반응에 대한 점화점(ignition point)이라고 부른다. T_0을 더욱 증가시키면 T_{06}에 해당되는 선분 f에 도달하게 되는데, 여기서는 몰수지와 에너지수지를 동시에 만족시키는 반응기 온도는 T_{s12} 하나뿐이다. 6개의 유입 온도에 대해서 유입 온도와 반응기의 조작 가능 온도와의 관계를 보여주는 표 12-4를 만들 수 있다.

교점이나 접점에서 몰수지와 에너지수지를 모두 만족한다.

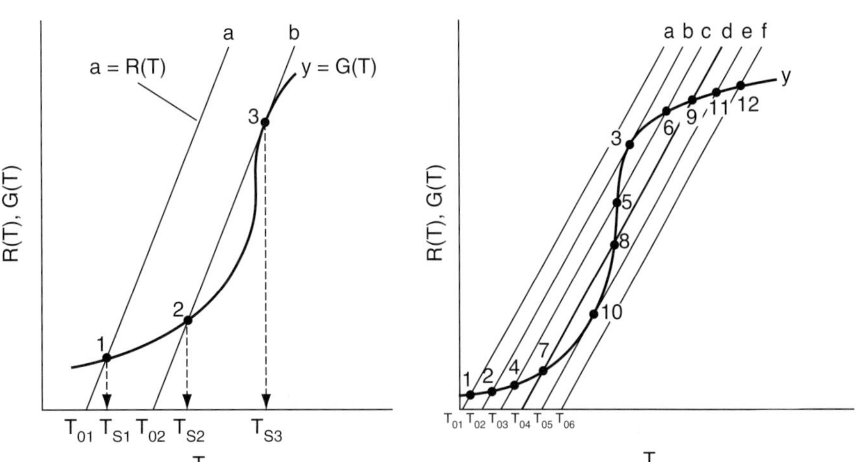

그림 12-11 T_0가 변할 때 다중 정상상태 찾기 **그림 12-12** T_0가 변할 때 다중 정상상태 찾기

표 12-4 다중 정상상태 온도

유입 온도	반응기 온도				
T_{01}			T_{s1}		
T_{02}		T_{s2}		T_{s3}	
T_{03}	T_{s4}		T_{s5}		T_{s6}
T_{04}	T_{s7}		T_{s8}		T_{s9}
T_{05}		T_{s10}		T_{s11}	
T_{06}			T_{s12}		

T_s를 T_0의 함수로 도시해 보면, 그림 12-13과 같이 잘 알려진 **점화-소화 곡선**(ignition-extinction curve)을 얻는다. 이 그림에서 보면, 유입 온도가 증가함에 따라 정상상태 온도는 T_{05}에 도달할 때까지 바닥 선(bottom line)을 따라서 증가하고 있음을 알 수 있다. T_{05}를 넘는 온도에서는 몇 분의 일 도만 증가하여도 정상상태 반응기 온도는 그림 12-13에서 보는 것처럼 T_{s11}로 도약하게 된다. 이와 같은 도약이 일어나는 온도를 **점화 온도**(ignition temperature)라 한다. 유입 온도가 어떤 특정 온도 T_{05}를 초과해야 온도가 더 높고 전화율이 더 큰 상부 정상상태(upper steady state)에서 운전이 가능하다.

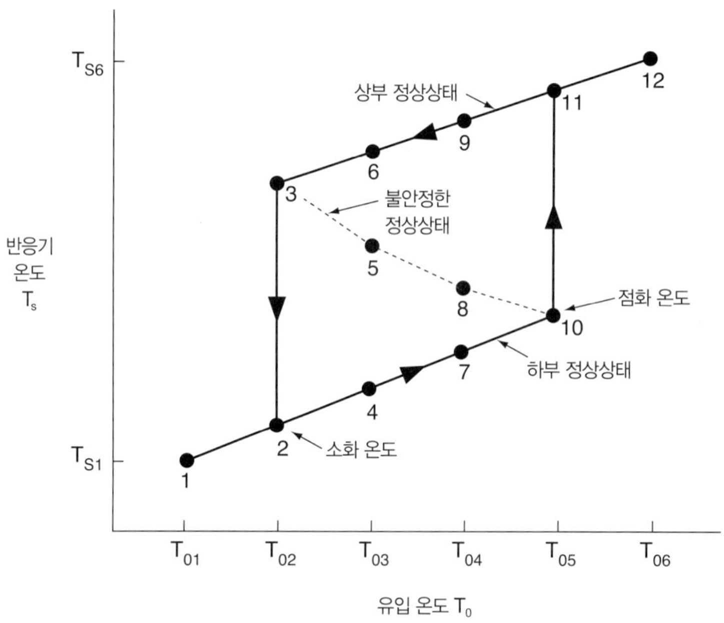

그림 12-13 온도와 점화-소화 곡선

반응기가 T_{s12}에서 운전되고, 유입 온도가 T_{06}으로부터 냉각되기 시작하면, 유입 온도 T_{02}에 해당하는 정상상태 반응기 온도 T_{s3}에 마침내 도달하게 된다. 온도가 T_{02} 이하로 조금이라도 감소하면, 정상상태 반응기 온도는 하부 정상상태(lower steady state) 온도인 T_{s2}로 떨어지게 된다. 따라서 이 온도 T_{02}를 **소화 온도**(extinction temperature)라 한다.

그림 12-12와 그림 12-13의 중간점 5와 8은 **불안정한 정상상태 온도**(unstable

steady-state temperature)를 나타낸다. 그림 12-12의 제거된 열 선 *d*와 그림 12-14에 다시 플롯된 생성된 열 곡선 *y*를 살펴보자. 예컨대 중간 정상상태 온도(middle steady-state temperature)인 T_{s8}에서 운전을 하고 반응기 내의 온도를 일정 값으로 증가시키면, 점 8과 9 사이에 있는 수직선 ②로 나타낸 온도가 될 것이다. 이와 같은 수직선 ②를 따라서 보면 생선된 열 곡선 $y \equiv G(T)$는 제거된 열 선 $d \equiv R(T)$보다 크다($G > R$). 따라서 반응기 내의 온도는 점 9가 상부 정상상태(upper steady state)에 도달될 때까지 계속해서 증가한다. 다른 한편으로, 점 8에서부터 온도를 일정 값으로 감소시키면, 점 7과 8 사이의 수직선 ③에 놓일 것이다. 여기서 제거된 열 **곡선** *d*가 생성된 열 곡선 *y*보다 더 큰 것을 알 수 있는데($R > G$), 그래서 온도가 하부 정상상태(lower steady state)에 도달될 때까지 감소가 계속된다. 즉, 중간 정상상태 온도 T_{s8}은 보다 위 또는 아래로 조금이라도 변화가 생긴다면, 반응기 온도는 이 중간 정상상태(middle steady-state)로부터 벗어날 것이다. 이와 같은 거동을 보이는 정상상태를 **불안정하다**(unstable)고 한다.

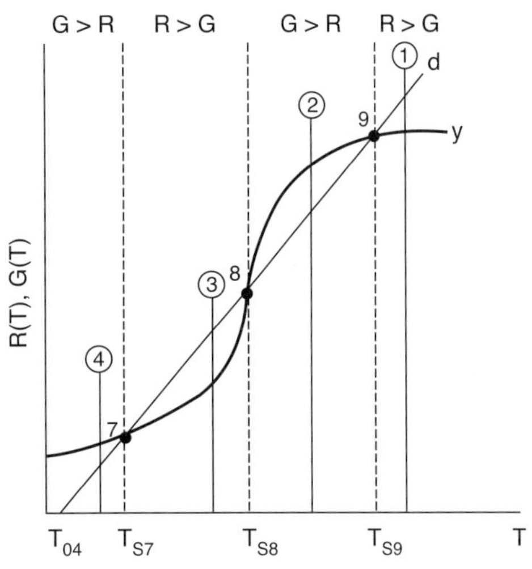

그림 12-14 다중 정상상태 온도의 안정성

이들 불안정한 운전점과는 반대로 안정한 운전점이 있다. T_{s9}에서 운전하는 반응기가 그림 12-14의 선 ①에 제시한 반응기 온도를 일정 값으로 증가시키면 어떤 상태가 되는지 알아보자. 제거열 **곡선** *d*가 생생열 곡선 *y*보다 크기 때문에($R > G$) 반응기 온도는 감소하여 T_{s9}로 되돌아가는 것을 알 수 있다. 다른 한편으로 선 ②에서 제시된 대로 T_{s9} 이하로 온도가 갑자기 떨어지면 생생열 곡선 *y*가 제거열 곡선 *d*보다 커져서($G > R$) 반응기 온도는 증가할 것이고 T_{s9}의 상부 정상상태로 되돌아갈 것이다. 따라서 T_{s9}는 **안정한 정상상태**(stable steady state)이다.

다음으로 T_{s7}에서 하부 정상상태가 그림 12-14의 선 ③에 나타낸 온도까지 일정 값으로 증가시킬 때 어떤 변화가 일어나는지 알아보자. 여기서 제거된 열 *R*이 발생한 열 *G*보다 크기 때문에 반응기 온도가 떨어질 것이고 T_{s7}로 되돌아가리라는 것을 알 수 있다. 선 ④에 나타낸 온도까지 T_{s7} 이하로 온도가 갑자기 감소하면, 발생한 열이 제거된 열보다 커지고(즉, $G > R$), 반응기 온도는 T_{s7}로 되돌아갈 때까지 증가할 것이다. 따라서 T_{s7}은 안정한 정상상태(stable steady state)이다. 반응기 온도가 T_{s1}, T_{s2}, T_{s4}, T_{s6}, T_{s11}, T_{s12}로 변할 때에도 비슷한 해석을 할 수 있는데 이들 반응기 온도에 양 또는 음의 요동이 생기더라도 **국부적 안정 정상상태 값**(locally stable steady-state values)으로 항상 되돌아가는 것을 알 수 있다.

이러한 점들이 국부적으로 안정하지만, 반드시 전체적으로 안정(globally stable)하지는 않다. 온도와 농도의 큰 동요(perturbation)가 반응기가 상부 정상상태(그림 12-14의 점 9와 같은 높은 전환율과 온도에 해당)에서 하부 정상상태(점 7의 낮은 온도와 전환율에 해당)로 떨어지는 요인이 될 가능성이 충분하다.

12.6 비등온 복수 화학반응들

대부분의 반응계는 하나 이상의 반응이 수반되고 등온적으로 운전되지 않는다. **이 절은 이 책에서 가장 중요한 부분 중의 하나이다.** 등온적으로 일어나지 않는 복수반응을 분석하기 위하여 앞에서 정리된 장을 모두 결합시킨다.

12.6.1 플러그흐름반응기에서 복수반응의 에너지수지

이 절에서는 복수반응의 에너지수지식을 구하려고 한다. PFR에서 일어나는 단일반응의 에너지수지식은 식 (12-5)로 주어져 있다.

$$\frac{dT}{dV} = \frac{(-r_A)[-\Delta H_{Rx}(T)] - Ua(T-T_a)}{\sum_{j=1}^{m} F_j C_{P_j}} \tag{12-5}$$

복수반응이 일어날 때, 각각 모든 반응의 반응열을 합산하고 계산에 넣어야 한다. PFR에서 q개의 복수반응이 일어나고 m개의 화합물이 있을 때, 식 (12-5)는 다음 식으로 쉽게 일반화시켜 나타낼 수 있다.

복수반응의 에너지수지식

$$\frac{dT}{dV} = \frac{\sum_{i=1}^{q}(-r_{ij})\left[-\Delta H_{Rxij}(T)\right] - Ua(T-T_a)}{\sum_{j=1}^{m} F_j C_{P_{ij}}} \tag{12-35}$$

i = 반응번호
j = 화합물

반응 i에 대한 반응열은 동일 성분을 기준으로 하여 반응속도 r_{ij}에 ΔH_{Rxij}를 곱한다.

$$[-r_{ij}][-\Delta H_{Rxij}] = \left[\frac{\text{반응 } i\text{에서 반응한 } j\text{의 몰수}}{\text{부피}\cdot\text{시간}}\right] \times \left[\frac{\text{반응 } i\text{에서 “방출되는” 열량(Joule)}}{\text{반응 } i\text{에서 반응한 } j\text{의 몰수}}\right]$$

$$= \left[\frac{\text{반응 } i\text{에서 “방출되는” 열량(Joule)}}{\text{부피}\cdot\text{시간}}\right] \tag{12-36}$$

여기서 첨자 j는 화합물, 첨자 i는 대상이 되는 반응을 나타낸다. 또 q는 **독립** 반응의 수이고, m은 화합물의 수이다. 다음과 같이 정의하자.

$$\boxed{Q_g = \sum_{i=1}^{q} (-r_{ij})\left[-\Delta H_{Rxij}(T)\right]}$$

그리고

$$\boxed{Q_r = Ua(T - T_a)}$$

그러면 식 (12-35)는 다음과 같이 된다.

$$\boxed{\frac{dT}{dV} = \frac{Q_g - Q_r}{\sum_{j=1}^{m} F_j C_{P_j}}} \qquad (12\text{-}37)$$

식 (12-37)은 복수반응에 대한 에너지수지의 멋진 콤팩트한 형태를 나타낸다.

PFR에서 진행되는 다음과 같은 반응 순서를 생각하자.

반응 1: $\mathrm{A} \xrightarrow{k_1} \mathrm{B}$

반응 2: $\mathrm{B} \xrightarrow{k_2} \mathrm{C}$

이 교재의 주요 목표 중의 하나는 여러분이 열효과가 있는 복수반응을 풀 수 있게 하는 것이다.

PFR의 에너지수지식은 다음과 같다.

$$Q_g = (-\Delta H_{Rx1A})(-r_{1A}) + (-r_{2B})(-\Delta H_{Rx2B})$$

$$Q_r = Ua(T - T_a)$$

식 (12-37)에 Q_g와 $-Q_r$을 대입하면 다음 식을 얻는다.

$$\frac{dT}{dV} = \frac{Ua(T_a - T) + (-r_{1A})(-\Delta H_{Rx1A}) + (-r_{2B})(-\Delta H_{Rx2B})}{F_A C_{P_A} + F_B C_{P_B} + F_C C_{P_C}} \qquad (12\text{-}38)$$

여기서 ΔH_{Rx1A} = [J/(반응 1에서 반응한 A의 몰수)],

ΔH_{Rx2B} = [J/(반응 2에서 반응한 B의 몰수)].

12.6.2 PFR에서의 병렬반응

이제 열효과가 있는 복수반응에 대한 세 가지 예제를 제공한다: 예제 12-5에서는 **병렬반응**(parallel reactions)에 대해, 예제 12-6에서는 **직렬반응**(series reactions)에 대해, 예제 12-7에서는 **복합반응**(complex reactions)에 대해 논의할 것이다.

예제 12-5 열효과가 있는 PFR에서의 병렬반응

다음의 기상반응이 PFR에서 일어난다.

$$\text{반응 1:}\qquad A \xrightarrow{k_1} B \qquad -r_{1A} = k_{1A}C_A \tag{E12-5.1}$$

$$\text{반응 2:}\qquad 2A \xrightarrow{k_2} C \qquad -r_{2A} = k_{2A}C_A^2 \tag{E12-5.2}$$

순수한 A가 온도 150℃, 농도 0.1 mol/dm³, 몰유량 100 mol/s로 반응기에 공급된다. 압력강하를 무시하고 반응기 하류 방향을 따라서 온도와 몰유량의 프로필을 구하여라.

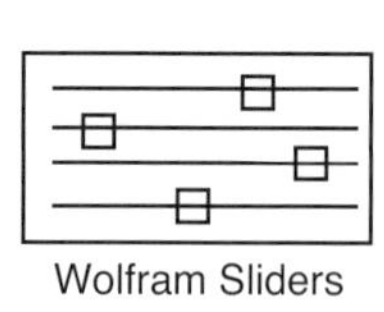
Wolfram Sliders

추가 정보:

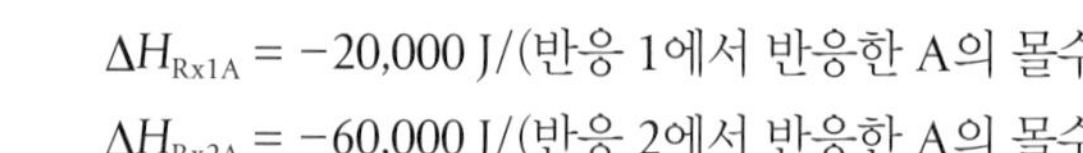

$\Delta H_{Rx1A} = -20{,}000$ J/(반응 1에서 반응한 A의 몰수)

$\Delta H_{Rx2A} = -60{,}000$ J/(반응 2에서 반응한 A의 몰수)

$C_{P_A} = 90\ \text{J/mol}\cdot°\text{C}$ $\qquad k_{1A} = 10\exp\left[\frac{E_1}{R}\left(\frac{1}{300}-\frac{1}{T}\right)\right]\text{s}^{-1}$

$C_{P_B} = 90\ \text{J/mol}\cdot°\text{C}$ $\qquad E_1/R = 4000\ \text{K}$

$C_{P_C} = 180\ \text{J/mol}\cdot°\text{C}$ $\qquad k_{2A} = 0.09\exp\left[\frac{E_2}{R}\left(\frac{1}{300}-\frac{1}{T}\right)\right]\frac{\text{dm}^3}{\text{mol}\cdot\text{s}}$

$Ua = 4000\ \text{J/m}^3\cdot\text{s}\cdot°\text{C}$ $\qquad E_2/R = 9000\ \text{K}$

$T_a = 100°\text{C}$ (일정)

풀이

0. 각각의 반응에 번호 부여. 이 단계는 문제에 주어졌다.

$$(1)\qquad A \xrightarrow{k_{1A}} B$$

$$(2)\qquad 2A \xrightarrow{k_{2A}} C$$

알고리즘을 따른다.

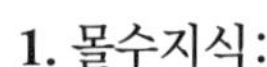
1. 몰수지식:

$$\frac{dF_A}{dV} = r_A \tag{E12-5.3}$$

$$\frac{dF_B}{dV} = r_B \tag{E12-5.4}$$

$$\frac{dF_C}{dV} = r_C \tag{E12-5.5}$$

2. 속도:

속도식:

$$r_{1A} = -k_{1A}C_A \tag{E12-5.1}$$

$$r_{2A} = -k_{2A}C_A^2 \tag{E12-5.2}$$

상대속도:

반응 1: $\frac{r_{1A}}{-1} = \frac{r_{1B}}{1}$; $\quad r_{1B} = -r_{1A} = k_{1A}C_A$

반응 2: $\dfrac{r_{2A}}{-2} = \dfrac{r_{2C}}{1}$; $r_{2C} = -\dfrac{1}{2} r_{2A} = \dfrac{k_{2A}}{2} C_A^2$

순속도:

$$r_A = r_{1A} + r_{2A} = -k_{1A}C_A - k_{2A}C_A^2 \quad \text{(E12-5.6)}$$

$$r_B = r_{1B} = k_{1A}C_A \quad \text{(E12-5.7)}$$

$$r_C = r_{2C} = \frac{1}{2} k_{2A}C_A^2 \quad \text{(E12-5.8)}$$

3. 양론(기상 $\Delta P = 0$, 즉 $p = 1$):

$$C_A = C_{T0}\left(\frac{F_A}{F_T}\right)\left(\frac{T_0}{T}\right) \quad \text{(E12-5.9)}$$

$$C_B = C_{T0}\left(\frac{F_B}{F_T}\right)\left(\frac{T_0}{T}\right) \quad \text{(E12-5.10)}$$

$$C_C = C_{T0}\left(\frac{F_C}{F_T}\right)\left(\frac{T_0}{T}\right) \quad \text{(E12-5.11)}$$

$$F_T = F_A + F_B + F_C \quad \text{(E12-5.12)}$$

$$k_{1A} = 10 \exp\left[4000\left(\frac{1}{300} - \frac{1}{T}\right)\right] s^{-1} \quad \text{(E12-5.13)}$$

(온도 단위 = K)

$$k_{2A} = 0.09 \exp\left[9000\left(\frac{1}{300} - \frac{1}{T}\right)\right] \frac{dm^3}{mol \cdot s} \quad \text{(E12-5.14)}$$

CRE의 주요 목표: 열효과가 있는 복수반응의 분석

4. 에너지수지식:

PFR 에너지수지[식 (12-35) 참조)]

$$\frac{dT}{dV} = \frac{Ua(T_a - T) + (-r_{1A})(-\Delta H_{Rx1A}) + (-r_{2A})(-\Delta H_{Rx2A})}{F_A C_{P_A} + F_B C_{P_B} + F_C C_{P_C}} \quad \text{(E12-5.15)}$$

아래처럼 된다.

$$\frac{dT}{dV} = \frac{4000(373 - T) + (-r_{1A})(20{,}000) + (-r_{2A})(60{,}000)}{90F_A + 90F_B + 180F_C} \quad \text{(E12-5.16)}$$

5. 계산:

Polymath 프로그램과 그래프 출력은 표 E12-5.1과 그림 E12-5.1 및 E12-5.2에서 보여준다.

실전 예제 문제

표 E12-5.1 Polymath 프로그램

Differential equations

```
1 d(Fa)/d(V) = r1a+r2a
2 d(Fb)/d(V) = -r1a
3 d(Fc)/d(V) = -r2a/2
4 d(T)/d(V) = (4000*(373-T)+(-r1a)*20000+(-r2a)*60000)/(90*Fa+90*Fb+180*Fc)
```

Explicit equations

```
1  k1a = 10*exp(4000*(1/300-1/T))
2  k2a = 0.09*exp(9000*(1/300-1/T))
3  Cto = 0.1
4  Ft = Fa+Fb+Fc
5  To = 423
6  Ca = Cto*(Fa/Ft)*(To/T)
7  Cb = Cto*(Fb/Ft)*(To/T)
8  Cc = Cto*(Fc/Ft)*(To/T)
9  r1a = -k1a*Ca
10 r2a = -k2a*Ca^2
```

Calculated values of DEQ variables

	Variable	Initial value	Final value
1	Ca	0.1	2.069E-09
2	Cb	0	0.0415941
3	Cc	0	0.016986
4	Cto	0.1	0.1
5	Fa	100.	2.738E-06
6	Fb	0	55.04326
7	Fc	0	22.47837
8	Ft	100.	77.52163
9	k1a	482.8247	2.426E+04
10	k2a	553.0557	3.716E+06
11	r1a	-48.28247	-5.019E-05
12	r2a	-5.530557	-1.591E-11
13	T	423.	722.0882
14	To	423.	423.
15	V	0	1.

왜 온도가 최대값을 통과하는가?

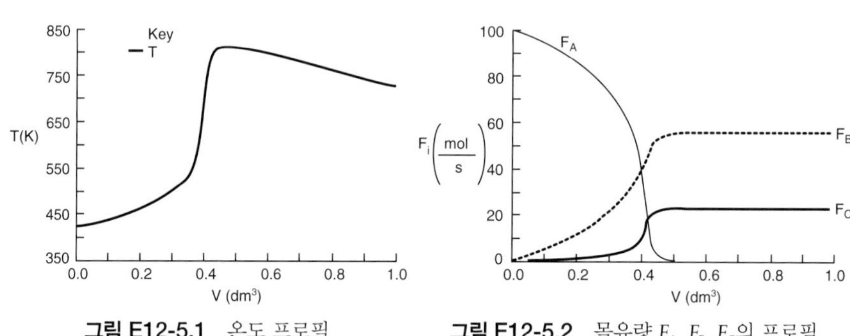

그림 E12-5.1 온도 프로필

그림 E12-5.2 몰유량 F_A, F_B, F_C의 프로필

분석: 그림 E12-5.1에서 반응기 부피 0.4 dm^3까지 온도가 천천히 상승한 후 850 K의 온도로 갑자기 상승(점화)한다. 이에 상응하여, 그림 E12-5.2에서 반응물 몰유량은 이 지점에서 급격하게 감소한다. 반응기 부피 $V = 0.45\ dm^3$인 지점에 도달할 때쯤, 반응물은 사실상 모두 소모되며, 이 지점 이후 $Q_r > Q_g$이기 때문에 반응기 온도는 떨어지기 시작한다. 또한, 선택도 $\tilde{S}_{B/C} = F_B/F_C = 55/22.5 = 2.44$는 이 지점 이후 일정하다. 만약 높은 선택도가 필요하다면, 반응기는 $V = 0.3\ dm^3$로 줄여야 한다. 이 지점에서 선택도는 $\tilde{S}_{B/C} = 20/2 = 10$이다.

12.6.3 CSTR에서 복수반응에 대한 에너지수지

CSTR에서 일어나는 단일반응의 정상상태 몰수지는 $[-F_{A0}X = r_AV]$이고, $\Delta H_{Rx}(T) = \Delta H^\circ_{Rx} + \Delta C_P(T - T_R)$이므로 $T_0 = T_{i0}$일 때, 식 (11-27)은 다음과 같이 정리된다.

$$\dot{Q} - \dot{W}_s - F_{A0}\, \Sigma\Theta_j C_{P_j}(T - T_0) + [\Delta H_{Rx}(T)][r_A V] = 0 \qquad (11\text{-}27A)$$

또한, 반응기에서 일어나는 모든 반응에 대하여 "생성된 열"을 고려해야만 한다. q개의 복수반응과 m개의 화합물에 대하여, CSTR 에너지수지는 다음과 같다.

$$\dot{Q} - \dot{W}_s - F_{A0} \sum_{j=1}^{m} \Theta_j C_{P_j} (T - T_0) + V \sum_{i=1}^{q} r_{ij} \Delta H_{Rxij}(T) = 0 \qquad (12\text{-}39)$$

CSTR에서의 복수반응에 대한 에너지수지식

식 (12-20)을 $\dot{Q}$에 대입하고, 일 항을 무시하고, 열용량이 모두 일정하다고 가정하면, 식 (12-39)는 다음과 같이 된다.

$$UA(T_a - T) - F_{A0} \sum_{j=1}^{m} C_{P_j} \Theta_j (T - T_0) + V \sum_{i=1}^{q} r_{ij} \Delta H_{Rxij}(T) = 0 \qquad (12\text{-}40)$$

예제 12-5에서 설명하였던 2개의 병렬반응에 대한 CSTR의 에너지수지식은 다음과 같다.

$$UA(T_a - T) - F_{A0} \sum_{j=1}^{m} \Theta_j C_{P_j} (T - T_0) + V r_{1A} \Delta H_{Rx1A}(T) + V r_{2A} \Delta H_{Rx2A}(T) = 0 \qquad (12\text{-}41)$$

반응공학의 주된 목적

앞에서 말했듯이, 이 교재의 **주된 목적** 중의 하나는 열효과가 있는 복수반응에 수반되는 문제를 학생이 직접 풀 수 있도록 하는 것이다(연습문제 P12-23$_C$, P12-24$_C$, P12-25$_C$, P12-26$_B$ 참조). 그것이 바로 다음의 두 예제에서 우리가 하려는 것이다!

12.6.4 CSTR에서의 직렬반응

예제 12-6 CSTR에서의 복수반응

다음과 같은 기초 액상반응이 10 dm^{3}의 CSTR에서 일어난다.

$$A \xrightarrow{k_1} B \xrightarrow{k_2} C$$

유입 원료의 부피유량 1000 dm^3/min과 A의 농도가 0.3 mol/dm^{3}에 대해서 유출흐름 농도는 얼마인가? 입구온도는 283 K이다.

추가 정보:

$C_{P_A} = C_{P_B} = C_{P_C} = 200 \text{ J/mol} \cdot \text{K}$

300 K 에서 $k_1 = 3.3 \text{ min}^{-1}$이고 $E_1 = 9900 \text{ cal/mol}$

500 K 에서 $k_2 = 4.58 \text{ min}^{-1}$이고 $E_2 = 27{,}000 \text{ cal/mol}$

$\Delta H_{Rx1A} = -55{,}000 \text{ J/mol A}$ $\quad UA = 40{,}000 \text{ J/min} \cdot \text{K}$ (여기서 $T_a = 57°\text{C}$)

$\Delta H_{Rx2B} = -71{,}500 \text{ J/mol B}$

풀이

알고리즘

0. 각각의 반응에 번호 부여

반응 (1) $\quad A \xrightarrow{k_1} B$

반응 (2) $\quad B \xrightarrow{k_2} C$

1. 각 화합물에 대한 몰수지식

화합물 A: A에 대한 몰수지식과 속도법칙을 결합:

$$V = \frac{F_{A0} - F_A}{-r_A} = \frac{\upsilon_0 [C_{A0} - C_A]}{-r_{1A}} = \frac{\upsilon_0 [C_{A0} - C_A]}{k_1 C_A} \quad \text{(E12-6.1)}$$

C_A에 대하여 푼다.

$$C_A = \frac{C_{A0}}{1 + \tau k_1} \quad \text{(E12-6.2)}$$

화합물 B: B에 대한 몰수지식과 속도법칙을 결합:

$$V = \frac{0 - C_B \upsilon_0}{-r_B} = \frac{C_B \upsilon_0}{r_B} \quad \text{(E12-6.3)}$$

2. 속도

반응은 기초 속도법칙에 따른다.

(a) 속도식

$r_{1A} = -k_{1A} C_A \equiv -k_1 C_A$

$r_{2B} = -k_{2B} C_B \equiv -k_2 C_B$

(b) 상대속도

$r_{1B} = -r_{1A}$

$r_{2C} = -r_{2B}$

(c) 순속도

$r_A = r_{1A}$

$r_B = r_{1B} + r_{2B}$

3. 결합

식 (E12-6.3)에 r_{1B}와 r_{2B}를 대입하면 다음 식이 된다.

$$V = \frac{C_B v_0}{k_1 C_A - k_2 C_B} \quad \text{(E12-6.4)}$$

C_B에 대해서 풀면

$$C_B = \frac{\tau k_1 C_A}{1 + \tau k_2} = \frac{\tau k_1 C_{A0}}{(1 + \tau k_1)(1 + \tau k_2)} \quad \text{(E12-6.5)}$$

$$\boxed{-r_{1A} = k_1 C_A = \frac{k_1 C_{A0}}{1 + \tau k_1}} \quad \text{(E12-6.6)}$$

$$\boxed{-r_{2B} = k_2 C_B = \frac{k_2 \tau k_1 C_{A0}}{(1 + \tau k_1)(1 + \tau k_2)}} \quad \text{(E12-6.7)}$$

4. 에너지수지

이 계에 식 (12-41)을 적용한다.

$$\left[r_{1A} \Delta H_{Rx1A} + r_{2B} \Delta H_{Rx2B}\right] V - UA\left(T - T_a\right) - F_{A0} C_{P_A} \left(T - T_0\right) = 0 \quad \text{(E12-6.8)}$$

$F_{A0} = \upsilon_0 C_{A0}$, r_{1A}, r_{2B}에 대입하여 정리하면,

$$\overbrace{\left[-\frac{\Delta H_{\text{Rx1A}}\tau k_1}{1+\tau k_1}-\frac{\tau k_1 \tau k_2\,\Delta H_{\text{Rx2B}}}{(1+\tau k_1)(1+\tau k_2)}\right]}^{\mathbf{G(T)}}=\overbrace{C_{\text{P}_\text{A}}(1+\kappa)[T-T_c]}^{\mathbf{R(T)}} \tag{E12-6.9}$$

$$\boxed{G(T)=\left[-\frac{\Delta H_{\text{Rx1A}}\tau k_1}{1+\tau k_1}-\frac{\tau k_1 \tau k_2\,\Delta H_{\text{Rx2B}}}{(1+\tau k_1)(1+\tau k_2)}\right]} \tag{E12-6.10}$$

$$\boxed{R(T)=C_{\text{P}_\text{A}}(1+\kappa)[T-T_c]} \tag{E12-6.11}$$

5. 파라미터 계산

$$\kappa=\frac{UA}{F_{\text{A0}}C_{\text{P}_\text{A}}}=\frac{40{,}000\ \text{J/min}\cdot\text{K}}{(0.3\ \text{mol/dm}^3)(1000\ \text{dm}^3/\text{min})\ 200\ \text{J/mol}\cdot\text{K}}=0.667 \tag{E12-6.12}$$

$$T_c=\frac{T_0+\kappa T_a}{1+\kappa}=\frac{283+(0.666)(330)}{1+0.667}=301.8\ K \tag{E12-6.13}$$

이제 Polymath를 속여서 T를 먼저 임시변수인 t의 함수로서 생성하도록 하여, $G(T)$와 $R(T)$를 생성한다. 그런 후 플롯하는 옵션을 이용해서 $T(t)$를 $G(T)$와 $R(T)$로 변환한다. $R(T)$와 $G(T)$ 대 T를 플롯하기 위한 Polymath 프로그램을 표 E12-6.1에 정리하였고, 그 결과 도표를 그림 E12-6.1에서 보여준다(*http://www.umich.edu/~elements/5e/tutorials/Polymath_fooling_tutorial_Example-12-6.pdf*).

이와 같이 온도를 조금씩 증가시키는 것은 $R(T)$와 $G(T)$의 도표를 생성하는 쉬운 방법 중 하나이다.

표 E12-6.1 Polymath 프로그램과 출력

방정식들:

Differential equations

1 d(T)/d(t) = 2

Explicit equations

1 Cp = 200
2 Cao = 0.3
3 To = 283
4 tau = .01
5 DH1 = -55000
6 DH2 = -71500
7 vo = 1000
8 E2 = 27000
9 E1 = 9900
10 UA = 40000
11 Ta = 330
12 k2 = 4.58*exp((E2/1.987)*(1/500-1/T))
13 k1 = 3.3*exp((E1/1.987)*(1/300-1/T))
14 Ca = Cao/(1+tau*k1)
15 kappa = UA/(vo*Cao)/Cp
16 G = -tau*k1/(1+k1*tau)*DH1-k1*tau*k2*tau*DH2/((1+tau*k1)*(1+tau*k2))
17 Tc = (To+kappa*Ta)/(1+kappa)
18 Cb = tau*k1*Ca/(1+k2*tau)
19 R = Cp*(1+kappa)*(T-Tc)
20 Cc = Cao-Ca-Cb
21 F = G-R

Calculated values of DEQ variables

	Variable	Initial value	Final value
1	Ca	0.2980966	0.0005469
2	Cao	0.3	0.3
3	Cb	0.0019034	0.0014891
4	Cc	1.341E-14	0.297964
5	Cp	200.	200.
6	DH1	-5.5E+04	-5.5E+04
7	DH2	-7.15E+04	-7.15E+04
8	E1	9900.	9900.
9	E2	2.7E+04	2.7E+04
10	F	9948.951	-1.449E+04
11	G	348.9509	1.259E+05
12	k1	0.6385073	5.475E+04
13	k2	7.03E-10	2.001E+04
14	kappa	0.6666667	0.6666667
15	R	-9600.	1.404E+05
16	T	273.	723.
17	t	0	225.
18	Ta	330.	330.
19	tau	0.01	0.01
20	Tc	301.8	301.8
21	To	283.	283.
22	UA	4.0E+04	4.0E+04
23	vo	1000.	1000.

실전 예제 문제

$F=0$일 때, $G(T)=R(T)$이고 정상상태가 존재한다.

다섯 개의 다중 정상상태가 존재한다!

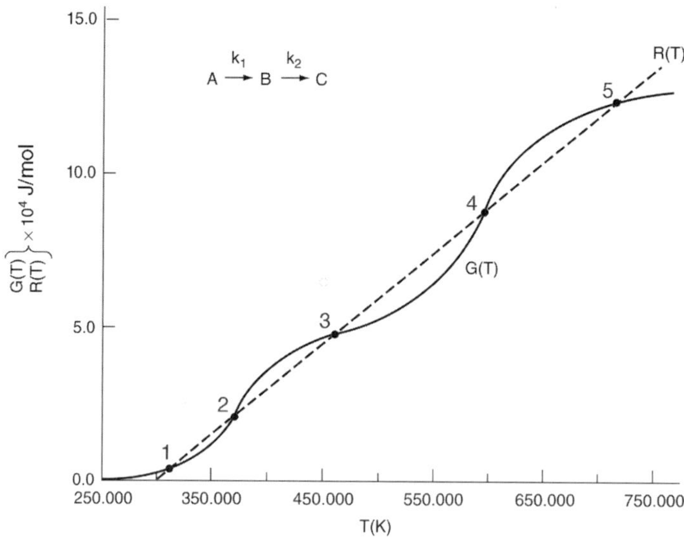

그림 E12-6.1 제거된 열과 생성된 열 곡선

표 E12-6.2 배출 농도와 온도

SS	T (K)	C_A (mol/dm³)	C_B (mol/dm³)	C_C (mol/dm³)
1	310	0.285	0.015	0
2	363	0.189	0.111	0.0
3	449	0.033	0.265	0.002
4	558	0.004	0.163	0.132
5	677	0.001	0.005	0.294

분석: 와! 5개의 정상상태(SS)가 존재하는 것을 알 수 있다. 표 E12-6.2에 제시된 출구 농도와 온도는 Polymath 프로그램의 표 출력으로 알 수 있다. 정상상태 1, 3, 5는 안정한 정상상태(stable SS)인 반면, 2, 4는 불안정하다(unstable SS). 정상상태 3에서의 선택도는 $\tilde{S}_{B/C} = \dfrac{0.265}{0.002} = 132.5$ 이며, 정상상태 5에서의 선택도는 $\tilde{S}_{B/C} = \dfrac{0.005}{0.294} = 0.017$ 로 매우 작다. 따라서 우리는 정상상태 3에서 작동시키거나, 다른 운전 조건을 찾아야 한다. $\tau = 0.01$ min에 대해 어떻게 생각하는가? 이것이 현실적인 값인가? (P12-1 (h) 참조.)

12.6.5 PFR에서의 복합반응

예제 12-7 PFR에서 열효과가 있는 복합반응

다음의 기상 복합반응은 기초 속도법칙을 따르며 PFR에서 수행된다.

(1) $A+2B \rightarrow C \quad -r_{1A}=k_{1A}C_AC_B^2 \quad \Delta H_{Rx1B}=-15{,}000\,\text{cal/mole B}$

(2) $2A+3C \rightarrow D \quad -r_{2C}=k_{2C}C_A^2C_C^3 \quad \Delta H_{Rx2A}=-10{,}000\,\text{cal/mole A}$

공급 원료는 A와 B가 반응 (1)에 대해 화학양론적이며 F_{A0} = 5 mol/min이다. 반응기 부피는 10 dm³이고 총 유입 농도는 C_{T0} = 0.2 mol/dm³이다. 유입 압력은 100 atm이고 유입 온도는 300 K이다. 냉각매체 유량은 50 mol/min이고 유입 냉각매체의 열용량은 $C_{P_{C0}}$ = 10 cal/mol·K이고 325 K의 온도로 유입된다.

파라미터

$$300\text{K에서} \quad k_{1A}=40\left(\frac{\text{dm}^3}{\text{mol}}\right)^2\Big/\text{min이며} \quad E_1=8{,}000\,\text{cal/mol}$$

$$300\text{K에서} \quad k_{2C}=2\left(\frac{\text{dm}^3}{\text{mol}}\right)^4\Big/\text{min이며} \quad E_2=12{,}000\,\text{cal/mol}$$

$$C_{P_A}=10\,\text{cal/mol/K} \qquad Ua=80\frac{\text{cal}}{\text{m}^3\cdot\text{min}\cdot\text{K}}$$
$$C_{P_B}=12\,\text{cal/mol/K} \qquad T_{a0}=325\,\text{K}$$
$$C_{P_C}=14\,\text{cal/mol/K} \qquad \dot{m}=50\,\text{mol/min}$$
$$C_{P_D}=16\,\text{cal/mol/K} \qquad C_{P_{C0}}=10\,\text{cal/mol/K}$$

F_A, F_B, F_C, F_D, p, T, T_a를 V에 대한 함수로 다음에 대하여 플롯하여라.

(a) 병류 열교환

(b) 향류 열교환

(c) 일정한 T_a

(d) 단열운전

풀이

압력강하가 없는 기상 PFR (p = 1)

1. 몰수지:

(1) $$\frac{dF_A}{dV}=r_A \qquad (F_{A0}=5\,\text{mol/min}) \qquad \text{(E12-7.1)}$$

(2) $$\frac{dF_B}{dV}=r_B \qquad (F_{B0}=10\,\text{mol/min}) \qquad \text{(E12-7.2)}$$

(3) $$\frac{dF_C}{dV}=r_C \qquad V_f=10\,\text{dm}^3 \qquad \text{(E12-7.3)}$$

(4) $$\frac{dF_D}{dV}=r_D \qquad \text{(E12-7.4)}$$

알고리즘을 따른다.

2. 속도:

2a. 속도식

(5) $r_{1A} = -k_{1A}C_AC_B^2$ (E12-7.5)

(6) $r_{2C} = -k_{2C}C_A^2C_C^3$ (E12-7.6)

2b. 상대속도

(7) $r_{1B} = 2r_{1A}$ (E12-7.7)

(8) $r_{1C} = -r_{1A}$ (E12-7.8)

(9) $r_{2A} = \frac{2}{3}r_{2C} = -\frac{2}{3}k_{2C}C_A^2C_C^3$ (E12-7.9)

(10) $r_{2D} = -\frac{1}{3}r_{2C} = \frac{1}{3}k_{2C}C_A^2C_C^3$ (E12-7.10)

2c. 화합물 A, B, C, D의 **순반응속도**

(11) $r_A = r_{1A} + r_{2A} = -k_{1A}C_AC_B^2 - \frac{2}{3}k_{2C}C_A^2C_C^3$ (E12-7.11)

(12) $r_B = r_{1B} = -2k_{1A}C_AC_B^2$ (E12-7.12)

(13) $r_C = r_{1C} + r_{2C} = k_{1A}C_AC_B^2 - k_{2C}C_A^2C_C^3$ (E12-7.13)

(14) $r_D = r_{2D} = \frac{1}{3}k_{2C}C_A^2C_C^3$ (E12-7.14)

3. 선택도:

$V = 0$일 때, $F_D = 0$이기 때문에 $S_{C/D}$가 무한대로 간다. 따라서 $S_{C/D}$를 $V = 0$부터 아주 작은 수 사이에서(예를 들면 $V = 0.0001\ dm^3$) 숫자를 주면 ODE 문제풀이 프로그램이 충돌하는 것을 막을 수 있다.

(15) $S_{C/D} = \text{if}\left(V > 0.0001\right)\text{ then}\left(\frac{F_C}{F_D}\right)\text{else}\left(0\right)$ (E12-7.15)

4. 화학양론:

반응공학의 주된 목적

(16) $C_A = C_{T0}\left(\frac{F_A}{F_T}\right)p\left(\frac{T_0}{T}\right)$ (E12-7.16)

(17) $C_B = C_{T0}\left(\frac{F_B}{F_T}\right)p\left(\frac{T_0}{T}\right)$ (E12-7.17)

(18) $C_C = C_{T0}\left(\frac{F_C}{F_T}\right)p\left(\frac{T_0}{T}\right)$ (E12-7.18)

(19) $C_D = C_{T0}\left(\frac{F_D}{F_T}\right)p\left(\frac{T_0}{T}\right)$ (E12-7.19)

압력강하를 무시한다.

(20) $p = 1$ (E12-7.20)

(21) $F_T = F_A + F_B + F_C + F_D$ (E12-7.21)

5. 파라미터들:

(22) $k_{1A}=40\exp\left[\frac{E_1}{R}\left(\frac{1}{300}-\frac{1}{T}\right)\right]\left(dm^3/mol\right)^2/min$ (E12-7.22)

(23) $k_{2C}=2\exp\left[\frac{E_2}{R}\left(\frac{1}{300}-\frac{1}{T}\right)\right]\left(dm^3/mol\right)^4/min$ (E12-7.23)

(24) $C_{A0}=0.2\,mol/dm^3$ (26) $E_1=8{,}000\,cal/mol$

(25) $R=1.987\,cal/mol/K$ (27) $E_2=12{,}000\,cal/mol$

다른 파라미터는 문제에 제시되어 있다. 즉, 식 (28)부터 식 (34)까지.

(28) C_{P_A}, (29) C_{P_B}, (30) C_{P_C}, (31) $\dot{m}_c$,

(32) ΔH°_{Rx1B}, (33) ΔH°_{Rx2A}, (34) C_{P_0}

6. 에너지수지:

식 (12-37)로부터

(35) $\frac{dT}{dV}=\frac{Q_g-Q_r}{\sum F_jC_{P_j}}$ (E12-7.35)

식 (E12-7.36)의 분모는

(36) $\sum F_jC_{P_j}=F_AC_{P_A}+F_BC_{P_B}+F_CC_{P_C}+F_DC_{P_D}$ (E12-7.36)

"제거된 열" 항은

(37) $Q_r=Ua\left(T-T_a\right)$ (E12-7.37)

"생성된 열" 항은

(38) $Q_g=\sum r_{ij}\Delta H_{Rxij}=r_{1B}\Delta H_{Rx1B}+r_{2A}\Delta H_{Rx2A}$ (E12-7.38)

(a) 병류 열교환

병류 열교환에 대한 열교환 수지는

(39) $\frac{dT_a}{dV}=\frac{Ua\left(T-T_a\right)}{\dot{m}_CC_{P_{C0}}}$ (E12-7.39)

Part (a) 병류흐름: 반응기 부피의 함수로서 몰유량과 반응기 온도, 그리고 냉각매체 온도를 플롯하고 분석하여라. 병류흐름에 대한 Polymath 코드와 출력을 표 E12-7.1에 보였다.

표 E12-7.1 병류 열교환에 대한 Polymath 프로그램과 출력

병류 열교환

실전 예제 문제

Differential equations

1 d(Fa)/d(V) = ra
2 d(Fb)/d(V) = rb
3 d(Fc)/d(V) = rc
4 d(Fd)/d(V) = rd
5 d(T)/d(V) = (Qg-Qr)/sumFiCpi
6 d(Ta)/d(V) = Ua*(T-Ta)/m/Cpco

Explicit equations

1 E2 = 12000
2 p = 1
3 R = 1.987
4 Ft = Fa+Fb+Fc+Fd
5 To = 300
6 k2c = 2*exp((E2/R)*(1/300-1/T))
7 E1 = 8000
8 Cto = 0.2
9 Ca = Cto*(Fa/Ft)*(To/T)*p
10 Cc = Cto*(Fc/Ft)*(To/T)*p
11 r2c = -k2c*Ca^2*Cc^3
12 Cpco = 10
13 m = 50
14 Cb = Cto*(Fb/Ft)*(To/T)*p
15 k1a = 40*exp ((E1/R)*(1/300-1/T))
16 r1a = -k1a*Ca*Cb^2
17 r1b = 2*r1a
18 rb = r1b
19 r2a = 2/3*r2c
20 DH1b = -15000
21 DH2a = -10000
22 r1c = -r1a
23 Ta55 = 325
24 Cpd = 16
25 Cpa = 10
26 Cpb = 12
27 Cpc = 14
28 sumFiCpi = Cpa*Fa+Cpb*Fb+Cpc*Fc+Cpd*Fd
29 rc = r1c+r2c
30 Ua = 80
31 r2d = -1/3*r2c
32 ra = r1a+r2a
33 rd = r2d
34 Qg = r1b*DH1b+r2a*DH2a
35 Qr = Ua*(T-Ta)

POLYMATH Report
Ordinary Differential Equations

Calculated values of DEQ variables

	Variable	Initial value	Maximal value	Final value
1	Ca	0.0666667	0.0666667	0.0077046
2	Cb	0.1333333	0.1333333	0.0156981
3	Cc	0	0.0909427	0.0909427
4	Cpa	10.	10.	10.
5	Cpb	12.	12.	12.
6	Cpc	14.	14.	14.
7	Cpco	10.	10.	10.
8	Cpd	16.	16.	16.
9	Cto	0.2	0.2	0.2
10	DH1b	-1.5E+04	-1.5E+04	-1.5E+04
11	DH2a	-10000.	-10000.	-10000.
12	E1	8000.	8000.	8000.
13	E2	1.2E+04	1.2E+04	1.2E+04
14	Fa	5.	5.	0.3890865
15	Fb	10.	10.	0.7927648
16	Fc	0	4.592674	4.592674
17	Fd	0	0.003648	0.003648
18	Ft	15.	15.	5.778173
19	k1a	40.	2.861E+05	1.248E+04
20	k2c	2.	1.21E+06	1.102E+04
21	m	50.	50.	50.
22	Qg	1422.222	9.589E+04	714.0015
23	Qr	-2000.	3.863E+04	1450.125
24	R	1.987	1.987	1.987
25	r1a	-0.0474074	-0.0236907	-0.0236907
26	r1b	-0.0948148	-0.0473814	-0.0473814
27	r1c	0.0474074	3.196187	0.0236907
28	r2a	0	0	-0.000328
29	r2c	0	0	-0.000492
30	r2d	0	0.0021577	0.000164
31	ra	-0.0474074	-0.0240187	-0.0240187
32	rb	-0.0948148	-0.0473814	-0.0473814
33	rc	0.0474074	3.195219	0.0231987
34	rd	0	0.0021577	0.000164
35	sumFiCpi	170.	170.	77.75984
36	T	300.	885.7738	524.395
37	Ta	325.	506.2685	506.2685
38	Ta55	325.	325.	325.
39	To	300.	300.	300.
40	Ua	80.	80.	80.
41	V	0	10.	10.
42	p	1.	1.	1.

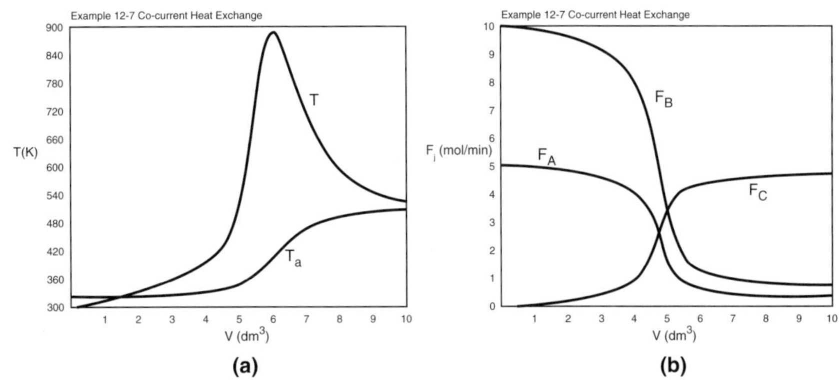

그림 E12-7.1 병류 열교환에 대한 프로필; **(a)** 온도 **(b)** 몰유량. **참고**: 몰유량 F_D는 매우 작아서 사실상 아래쪽 축에 붙어 있다.

온도와 몰유량 변화추이를 그림 E12-7.1에 나타내었다.

분석: Part (a): $Q_g > Q_r$일 때 반응기 온도 T가 증가하고, $V = 5\ \text{dm}^3$ 근처에서 최고값 $T = 930$ K에 도달한다. 그 이후부터 $Q_r > Q_g$이므로 반응기 온도가 감소하고 반응기 끝에서 T_a로 수렴한다. 병류 열교환일 때, 선택도 $\tilde{S}_{C/D} = \dfrac{4.63}{0.026} = 178$은 꽤 괜찮다.

Part (b) 향류 열교환: Part (a)와 같은 프로그램을 사용하되, 열교환 수지에서 부호를 바꾸고 V = 0에서의 T_a를 507 K라고 추측하고, $V = V_f$에서 T_{a0}가 325 K를 주는지 볼 것이다.

$$\frac{dT_a}{dV} = -\frac{Ua(T - T_a)}{\dot{m}_C C_{P_{Cool}}}$$

507 K라는 추측은 $T_{a0} = 325$ K로 딱 맞아떨어진다. 우린 재수가 좋은 거야 뭐야?!

표 E12-7.2 향류 열교환에 대한 Polymath 프로그램과 출력

향류 열교환

실전 예제 문제

Differential equations

```
1 d(Fa)/d(V) = ra
2 d(Fb)/d(V) = rb
3 d(Fc)/d(V) = rc
4 d(Fd)/d(V) = rd
5 d(T)/d(V) = (Qg-Qr)/sumFiCpi
6 d(Ta)/d(V) = -Ua*(T-Ta)/m/Cpco
```

Part (a)와 동일한 **명시적 방정식**, 즉 646쪽의 식 (1)~(35).

POLYMATH Report
Ordinary Differential Equations

Calculated values of DEQ variables

	Variable	Initial value	Maximal value	Final value
14	Fa	5.	5.	0.3863414
15	Fb	10.	10.	0.7882685
16	Fc	0	4.594177	4.594177
17	Fd	0	0.0038964	0.0038964
18	Ft	15.	15.	5.772683
36	T	300.	1101.439	327.1645
37	Ta	507.	536.1941	325.4494

↑ Matches

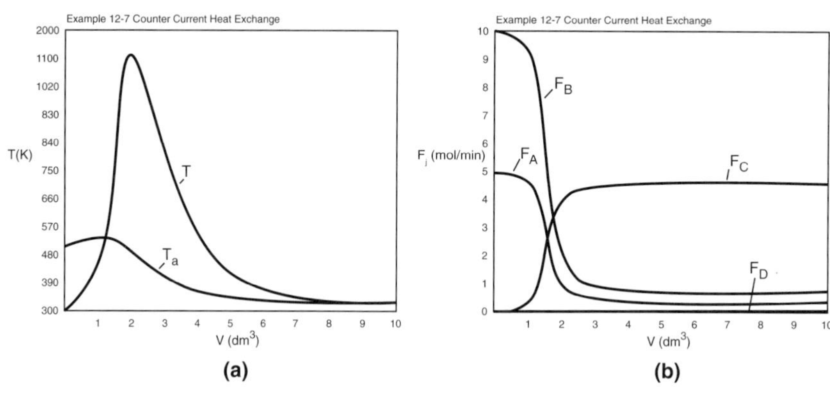

그림 E12-7.2 향류 열교환에 대한 프로필; **(a)** 온도 **(b)** 몰유량.

분석: Part (b): 향류 열교환일 때, 냉각매체 온도는 $V = 1.3\ dm^3$에서 최고값을 갖는 반면 반응기 온도는 $V = 2.7\ dm^3$에서 최고값을 갖는다. 향류 열교환기가 설치된 반응기는 온도가 1100 K의 최고값을 갖는데, 이는 병류 열교환기가 설치된 것(930 K)보다 높다. 따라서 이러한 최고온도 1100 K에서 추가적인 부반응이 일어날 가능성이 있다면, 병류 열교환기를 사용하거나 열교환기에서 T_a를 일정하게 유지해야 한다. 그림 12-7.2(**a**)를 보면 반응기 끝에서 반응기 온도가 냉각매체의 유입 온도에 접근하는 것을 알 수 있다. 향류 열교환계의 선택도 $\tilde{S}_{C/D} = 175$는 병류 열교환의 경우보다 조금 낮다.

Part (c) 일정한 T_a: 일정한 가열매체 온도의 경우를 풀기 위해서, 간단히 열교환기 수지의 우변 항에 0을 곱한다. 즉,

실전 예제 문제

$$\frac{dT_a}{dV} = -\frac{Ua(T-T_a)}{\dot{m}_C C_P} * 0$$

그리고 식 (E12-7.1)부터 (E12-7.39)까지를 사용한다.

표 E12-7.3 일정한 T_a일 때 Polymath 프로그램과 결과

일정한 T_a

Differential equations

1 d(Fa)/d(V) = ra
2 d(Fb)/d(V) = rb
3 d(Fc)/d(V) = rc
4 d(Fd)/d(V) = rd
5 d(T)/d(V) = (Qg-Qr)/sumFiCpi
6 d(Ta)/d(V) = Ua*(T-Ta)/m/Cpco*0 ←

Part (a)와 동일한 **명시적 방정식**,
즉 646쪽의 식 (1)~(35).

POLYMATH Report
Ordinary Differential Equations
Calculated values of DEQ variables

	Variable	Initial value	Maximal value	Final value
14	Fa	5.	5.	0.5419419
15	Fb	10.	10.	1.093437
16	Fc	0	4.446116	4.446116
17	Fd	0	0.0023884	0.0023884
18	Ft	15.	15.	6.083884
36	T	300.	836.9449	345.643
37	Ta	325.	325.	325.

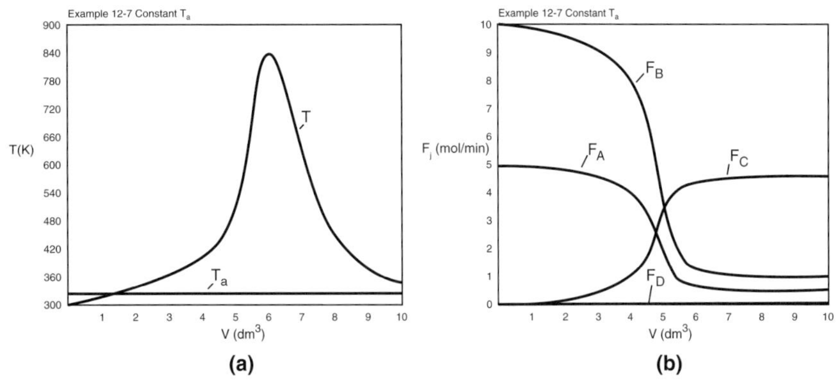

그림 E12-7.3 일정한 T_a일 때 프로필; (**a**) 온도 (**b**) 몰유량.

분석: Part (c): 일정한 T_a일 때, 반응기 온도의 최고값 870 K는 병류 열교환이나 향류 열교환 두 경우보다 더 낮고, 선택도 $\tilde{S}_{C/D} = 252.9$는 병류 열교환이나 향류 열교환 두 경우보다 더 높다. 따라서 어떻게 하면 T_a를 일정하게 유지하기 위해 냉각매체의 질량 유량을 충분히 높게 할 수 있는지 연구해 보아야 한다.

Part (d) 단열: 단열의 경우를 풀기 위해서는, 간단히 총괄열전달계수에 0을 곱한다.

$$Ua = 80*0$$

표 E12-7.4 단열운전에 대한 Polymath 프로그램과 결과

실전 예제 문제

Differential equations

```
1 d(Fa)/d(V) = ra
2 d(Fb)/d(V) = rb
3 d(Fc)/d(V) = rc
4 d(Fd)/d(V) = rd
5 d(T)/d(V) = (Qg-Qr)/sumFiCpi
6 d(Ta)/d(V) = Ua*(T-Ta)/m/Cpco*0 ◄—
```

단열운전

Explicit equations

```
29 Ua = 80*0
33 Qg = r1b*DH1b+r2a*DH2a
34 Qr = Ua*(T-Ta)
```

POLYMATH Report
Ordinary Differential Equations

Calculated values of DEQ variables

	Variable	Initial value	Final value
14	Fa	5.	0.1857289
15	Fb	10.	0.4123625
16	Fc	0	4.773366
17	Fd	0	0.0068175
18	Ft	15.	5.378275
36	T	300.	1548.299
37	Ta	325.	325.

Explicity Equations

Part (**a**), (**b**), (**c**)와 동일, 다만 646쪽 줄 30을 다음처럼 변화시킨다.

```
30 Ua = 80*0
```

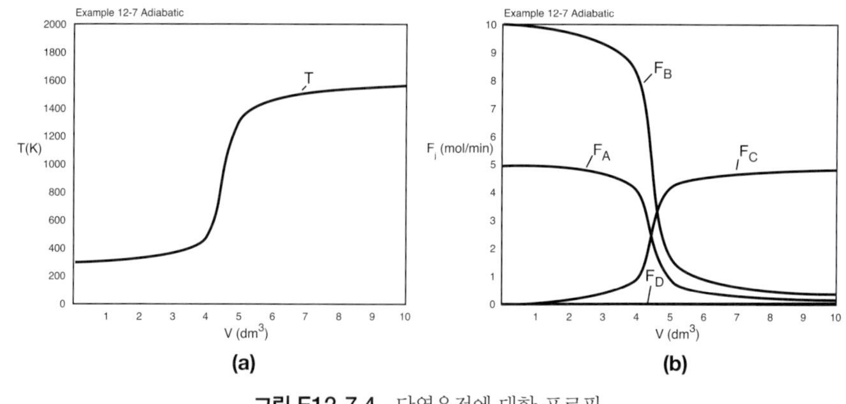

그림 E12-7.4 단열운전에 대한 프로필

분석: Part (d): 단열의 경우, 온도의 최고값인 출구 온도는 다른 세 경우의 열교환계보다 더 높으며, 선택도는 가장 낮다. 이처럼 높은 온도에서는 원치 않는 부반응의 발생이 분명히 문제가 된다.

Part (a)~(d) 총괄 분석: 모든 경우들에 대해서 온도의 최고값은 이 계에서 안전 한계선(safety limit)인 750 K를 벗어난다고 가정하자. **연습문제 P12-2$_A$ (i)**는 어떻게 하면 온도의 최고값을 750 K 이하로 유지할 것인지를 논의하는 문제이다.

12.7 관형반응기의 반경 및 축 방향 변화

COMSOL 응용

앞 절에서는 관형 및 충전층 반응기에서 속도, 농도, 온도 또는 반응속도에 있어서 반경 방향으로는 변화가 없다고 가정했다. 결과적으로, 축방향 프로필은 상미분방정식(ODE) 문제풀이 프로그램을 사용하여 풀 수 있었다. 이 절에서는 부분미분방정식(PDE) 문제풀이 프로그램이 필요한 시스템 변수의 축 및 반경 방향으로 변화가 모두 있는 경우를 고려할 것이다. COMSOL과 같은 PDE 프로그램은 CRE 웹사이트의 Radial Effects COMSOL 웹모듈에 나타난 바와 같이 축 및 반경 방향 프로필이 모두에 있는 관형반응기 문제를 풀 수 있게 한다(*http://www.umich.edu/~elements/5e/web_mod/radialeffects/index.htm*)[7]. 또한, **이 책과 관련하여 개발된 여러 COMSOL 예들**을 COMSOL 웹사이트(*www.comsol.com/ecre*)에서 찾을 수 있다.

그림 12-15에 보이는 미분 원통형 환형물(differential cylindrical annulus)에 대해 미분 몰수지와 에너지수지를 세울 것이다.

7. COMSOL에 대한 소개 웹 세미나는 AIChE 웹 세미나 웹사이트인 *http://www.aiche.org/resources/chemeondemand/webinars/modeling-non-ideal-reactors-and-mixers*에서 볼 수 있다.

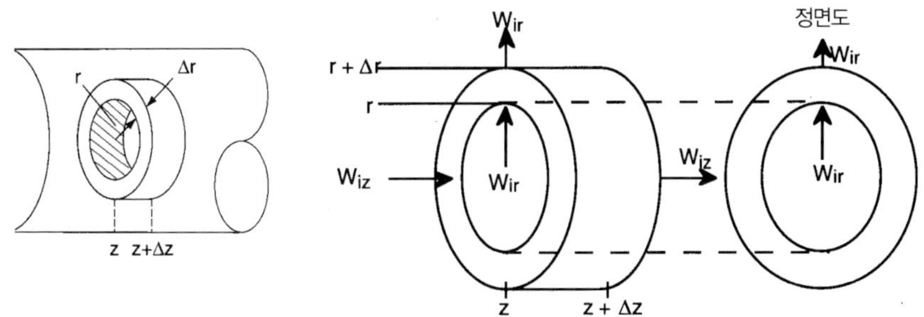

그림 12-15 원통형 껍데기: 두께 Δr, 길이 Δz, 부피 $2\pi r \Delta r \Delta z$

12.7.1 몰유속(Molar Flux)

지배 방정식을 도출하기 위해서는 몇 가지 항을 정의해야 한다. 첫 번째는 화합물 i의 몰유속, W_i(mol/m²·s)이다. 몰유속은 반경방향 성분인 W_{ir}와 축방향 성분인 W_{iz}로 구성된다. 몰유량은 몰유속과 유체흐름방향에 수직인 단면적의 곱이다. 예를 들어 축방향(즉, z)으로 흐르는 화합물 i의 경우

$$F_{iz} = W_{iz} A_{cz}$$

여기서 W_{iz}는 축방향 z로 몰유속(mol/m²/s), A_{cz}(m²)는 관형반응기의 단면적이다.

웹사이트의 PDF 제14장(*http://www.umich.edu/~elements/5e/14chap/Fogler_Web_Ch14.pdf*)에서는 몰유속에 대해 자세히 설명한다. 여기서는 몰유속이 확산 성분 $-D_e(\partial C_i/\partial z)$과 대류-흐름 성분 $U_z C_i$로 구성되어 있다고 하고, 따라서 축방향의 몰유속은 다음과 같다.

$$W_{iz} = -D_e \frac{\partial C_i}{\partial z} + U_z C_i \tag{12-42}$$

여기서 D_e는 유효확산계수(effective diffusivity)[또는 분산계수(dispersion coefficient)](m²/s)이며, U_z는 축방향 몰 평균속도(m/s)이다. 유사하게, 반경방향 r의 몰유속은

반경방향

$$W_{ir} = -D_e \frac{\partial C_i}{\partial r} + U_r C_i \tag{12-43}$$

여기서 U_r(m/s)은 반경방향의 평균속도다. 당분간은 반경방향의 속도는 무시한다. 즉, $U_r = 0$. 그림 12-15에서와 같이 길이 Δz 및 두께 Δr의 원통형 시스템 부피에서 화합물 A(즉, i = A)의 몰수지는 다음과 같다.

화합물 A의 몰수지

$$\begin{pmatrix} r\text{에서} \\ \text{A의 몰} \end{pmatrix} = W_{Ar} \cdot \begin{pmatrix} \text{반경방향 유속에} \\ \text{수직인 단면적} \end{pmatrix} = W_{Ar} \cdot 2\pi r \Delta z$$

$$\begin{pmatrix} z\text{에서} \\ \text{A의 몰} \end{pmatrix} = W_{Az} \cdot \begin{pmatrix} \text{반경방향 유속에} \\ \text{수직인 단면적} \end{pmatrix} = W_{Az} \cdot 2\pi r \Delta r$$

$$\begin{pmatrix} r\text{에서} \\ \text{A의 몰} \end{pmatrix} - \begin{pmatrix} (r+\Delta r)\text{에서} \\ \text{A의 몰} \end{pmatrix} + \begin{pmatrix} z\text{에서} \\ \text{A의 몰} \end{pmatrix} - \begin{pmatrix} (z+\Delta z)\text{에서} \\ \text{A의 몰} \end{pmatrix}$$

$$+ \begin{pmatrix} \text{생성된} \\ \text{A의 몰} \end{pmatrix} = \begin{pmatrix} \text{축적된 A의 몰} \end{pmatrix}$$

$$W_{Ar} 2\pi r \Delta z\big|_r - W_{Ar} 2\pi r \Delta z\big|_{r+\Delta r} + W_{Az} 2\pi r \Delta r\big|_z - W_{Az} 2\pi r \Delta r\big|_{z+\Delta z}$$
$$+ r_A 2\pi r \Delta r \Delta z = \frac{\partial C_A (2\pi r \Delta r \Delta z)}{\partial t}$$

$2\pi r\Delta r\Delta z$로 나누고 Δr과 $\Delta z \to 0$처럼 극한을 취하면

$$-\frac{1}{r}\frac{\partial (rW_{Ar})}{\partial r} - \frac{\partial W_{Az}}{\partial z} + r_A = \frac{\partial C_A}{\partial t}$$

유사하게, 화합물 i의 정상상태에 대해서,

$$\boxed{-\frac{1}{r}\frac{\partial (rW_{ir})}{\partial r} - \frac{\partial W_{iz}}{\partial z} + r_i = 0} \tag{12-44}$$

식 (12-44)에 있는 W_{iz}와 W_{ir}를 치환하기 위하여 식 (12-42)와 (12-43)을 사용하고, 반경방향 속도를 영으로 놓으면($U_r = 0$), 다음을 얻는다.

$$-\frac{1}{r}\frac{\partial}{\partial r}\left[\left(-D_e \frac{\partial C_i}{\partial r} r\right)\right]\left(-\frac{\partial}{\partial z}\left[-D_e \frac{\partial C_i}{\partial z} + U_z C_i\right]\right) + r_i = 0$$

정상상태 조건과 U_z가 축방향에 따라서 변하지 않는다고 가정하면,

이 식은 또한 웹사이트의 PDF 17장에서 자세히 논의될 것이다.

$$\boxed{D_e \frac{\partial^2 C_i}{\partial r^2} + \frac{D_e}{r}\frac{\partial C_i}{\partial r} + D_e \frac{\partial^2 C_i}{\partial z^2} - U_z \frac{\partial C_i}{\partial z} + r_i = 0} \tag{12-45}$$

12.7.2 에너지 열속(Energy Flux)

온도 및 전화율 또는 몰유량, 농도를 관련시키기 위해서 열역학의 제1법칙을 반응기에 적용하였을 때, 식 (11-10)에 도달한다. 정상상태에서 일 항을 무시하면

$$\overbrace{\dot{Q}}^{\text{전도}} + \overbrace{\sum_{i=1}^{n} F_{i0}H_{i0} - \sum_{i=1} F_i H_i}^{\text{대류}} = 0 \tag{12-46}$$

몰유속과 단면적의 항으로, 그리고 ($\mathbf{q} = \dot{Q}/A_c$)

$$A_c[\mathbf{q} + (\Sigma \mathbf{W}_{i0} H_{i0} - \Sigma \mathbf{W}_i H_i)] = 0 \tag{12-47}$$

q 항은 시스템에 추가되는 열이며 거의 항상 어떤 형태의 전도성 성분을 포함한다. 이제 에너지의 전도와 대류를 모두 포함하는 **에너지 열속 벡터 e**(J/m^2·s)를 정의한다.

$$\mathbf{e} = \text{전도} + \text{대류}$$

e = 에너지 열속 J/s·m^2

$$\boxed{\mathbf{e} = \mathbf{q} + \Sigma \mathbf{W}_i H_i} \tag{12-48}$$

여기서 전도 항 **q**(kJ/m^2·s)는 Fourier법칙으로 주어진다. 축방향, 반경방향 전도에 대해서 Fourier법칙은 다음과 같다.

$$q_z = -k_e \frac{\partial T}{\partial z} \qquad \text{그리고} \qquad q_r = -k_e \frac{\partial T}{\partial r}$$

여기서 k_e는 열전도도(J/m·s·K)이다. 에너지전달(흐름)은 열속 벡터(flux vector)와 에너지 열속(energy flux)에 수직인 단면적(A_c)을 곱하여 얻는다.

$$\text{에너지 흐름} = \mathbf{e} \cdot A_c$$

12.7.3 에너지수지

에너지 열속을 이용하여, 에너지수지를 계 부피가 $2\pi r\Delta r\Delta z$인 환형(그림 12-15)에 대해서 수행하면 다음을 얻는다.

$$(r\text{에서 유입 에너지 흐름}) = e_r A_{cr} = e_r \cdot 2\pi r \Delta z$$

$$(z\text{에서 유입 에너지 흐름}) = e_z A_{cz} = e_z \cdot 2\pi r \Delta r$$

$$\left(\begin{array}{c} r\text{에서 유입} \\ \text{에너지 흐름} \end{array}\right) - \left(\begin{array}{c} r+\Delta r\text{에서 유출} \\ \text{에너지 흐름} \end{array}\right) + \left(\begin{array}{c} z\text{에서 유입} \\ \text{에너지 흐름} \end{array}\right) - \left(\begin{array}{c} z+\Delta z\text{에서 유출} \\ \text{에너지 흐름} \end{array}\right) = \left(\begin{array}{c} \text{부피 } 2\pi r\Delta r\Delta z\text{에서의} \\ \text{에너지 축적} \end{array}\right)$$

$$(e_r 2\pi r \Delta z)|_r - (e_r 2\pi r \Delta z)|_{r+\Delta r} + e_z 2\pi r \Delta r|_z - e_z 2\pi r \Delta r|_{z+\Delta z} = 0$$

$2\pi r\Delta r\Delta z$로 나누고 Δr과 $\Delta z \to 0$처럼 극한을 취하면

$$\boxed{-\frac{1}{r}\frac{\partial (re_r)}{\partial r} - \frac{\partial e_z}{\partial z} = 0} \tag{12-49}$$

반경 및 축 방향의 에너지 열속은

$$e_r = q_r + \Sigma W_{ir} H_i$$
$$e_z = q_z + \Sigma W_{iz} H_i$$

에너지 열속 e_r과 e_z를 대입하면

$$-\frac{1}{r}\frac{\partial[r[q_r+\Sigma W_{ir}H_i]]}{\partial r}-\frac{\partial[q_z+\Sigma W_{iz}H_i]}{\partial z}=0 \tag{12-50}$$

대류 에너지 열속($\Sigma W_i H_i$)을 전개하면,

반경방향: $$\frac{1}{r}\frac{\partial}{\partial r}(r\Sigma W_{ir}H_i)=\frac{1}{r}\Sigma H_i\frac{\partial(rW_{ir})}{\partial r}+\frac{\Sigma W_{ir}\partial H_i}{\partial r} \tag{12-51}$$

(마지막 항: 무시)

축방향: $$\frac{\partial(\Sigma W_{iz}H_i)}{\partial z}=\Sigma H_i\frac{\partial W_{iz}}{\partial z}+\Sigma W_{iz}\frac{\partial H_i}{\partial z} \tag{12-52}$$

U_r과 열속 항 W_{ir}의 변화도(gradient)는 작기 때문에, 등식의 다른 항과 관련하여 식 (12-51)의 마지막 항을 무시할 수 있다.

식 (12-51) 및 (12-52)를 식 (12-50)으로 대체하고 재배열하면 다음이 얻어진다.

$$-\frac{1}{r}\frac{\partial(rq_r)}{\partial r}-\frac{\partial q_z}{\partial z}-\Sigma H_i\overbrace{\left(\frac{1}{r}\frac{\partial(rW_{ir})}{\partial r}+\frac{\partial W_{iz}}{\partial z}\right)}^{r_i}-\Sigma W_{iz}\frac{\partial H_i}{\partial z}=0$$

괄호 안의 항이 방정식 (12-44)와 관련이 있고, 정상상태 조건의 경우, 화합물 i의 생성속도(r_i)에 불과하다는 것을 인식하면 다음 식으로 된다.

$$\boxed{-\frac{1}{r}\frac{\partial}{\partial r}(rq_r)-\frac{\partial q_z}{\partial z}-\Sigma H_i r_i-\Sigma W_{iz}\frac{\partial H_i}{\partial z}=0} \tag{12-53}$$

다음을 상기하면

$$q_r=-k_e\frac{\partial T}{\partial r},\ q_z=-k_e\frac{\partial T}{\partial z},\ \frac{\partial H_i}{\partial z}=C_{P_i}\frac{\partial T}{\partial z},$$

그리고

$$r_i=\nu_i(-r_A)$$

$$\Sigma r_i H_i=\Sigma\nu_i H_i(-r_A)=-\Delta H_{Rx}r_A$$

다음 에너지식을 갖는다.

$$\boxed{\frac{k_e}{r}\left[\frac{\partial}{\partial r}\left(\frac{r\partial T}{\partial r}\right)\right]+k_e\frac{\partial^2 T}{\partial z^2}+\Delta H_{Rx}r_A-(\Sigma W_{iz}C_{P_i})\frac{\partial T}{\partial z}=0} \tag{12-54}$$

여기서 W_{iz}는 식 (12-42)에 의해 주어진다. 식 (12-54)를 **몰수지**(식 (12-45)), **속도식** 및 **양론**과 결합하여 반경 및 축 방향의 농도 변화도(gradient)를 풀 수 있다. 그러나 상당한 양의 컴퓨팅 시간이 필요하다. 풀이를 단순화하기 위해 약간의 근사치를 만들 수 있는지 보자.

초기 근사치

가정 1. 열용량을 포함한 표현에서 축방향의 확산 항을 식 (12-42)의 대류 항에 비해서 무시하면

$$\Sigma C_{P_i} W_{iz} = \Sigma C_{P_i}(0 + U_z C_i) = \Sigma C_{P_i} C_i U_z$$

이상의 가정으로 식 (12-54)는 다음과 같이 된다.

$$\boxed{\frac{k_e}{r}\frac{\partial}{\partial r}\left(\frac{r\partial T}{\partial r}\right) + k_e\frac{\partial^2 T}{\partial z^2} + \Delta H_{Rx} r_A - (U_z \Sigma C_{P_i} C_i)\frac{\partial T}{\partial z} = 0} \quad (12\text{-}55)$$

층류에 대해서, 속도 프로필은 아래와 같다.

$$U_z = 2U_0\left[1 - \left(\frac{r}{R}\right)^2\right] \quad (12\text{-}56)$$

여기서 U_0는 반응기 내부에서 평균속도이다.

반경방향과 축방향으로 온도 구배를 갖는 에너지수지

가정 2. $C_{P_m} = \Sigma C_{P_i} C_i = C_{A0} \Sigma \Theta_i C_{P_i}$이 일정하다고 가정한다. 이제 에너지수지는 다음과 같게 된다.

$$\boxed{k_e\frac{\partial^2 T}{\partial z^2} + \frac{k_e}{r}\frac{\partial}{\partial r}\left(r\frac{\partial T}{\partial r}\right) + \Delta H_{Rx} r_A - U_z C_{P_m}\frac{\partial T}{\partial z} = 0} \quad (12\text{-}57)$$

식 (12-57)은 COMSOL 문제에서 사용할 형태의 에너지식이다. 많은 경우, C_{P_m} 항은 용액의 밀도(kg/m^3)와 용액의 열용량(kJ/kg·K)의 곱이다.

냉각매체의 수지

또한 냉각매체의 수지는 축방향 거리에 따른 변화를 제공해 주며, 여기서 U_{ht}는 총괄열전달계수이고 R은 반응기 벽의 반경임을 상기하자.

$$\boxed{\dot{m}_c C_{P_c}\frac{\partial T_a}{\partial z} = U_{ht} 2\pi R[T(R,z) - T_a]} \quad (12\text{-}58)$$

경계와 초기 조건들

A. 초기조건(정상상태가 아닌 경우)

$t = 0$, $C_i = 0$, $T = T_0$, 모든 r에서 $z > 0$에 대해서

B. 경계조건

1) 반경방향

(a) $r = 0$에서 $\partial T/\partial r = 0$, $\partial C_i/\partial r = 0$.

(b) 관 벽($r = R$)에서, 반응 쪽의 벽에서 전도 열속이 반응기에서 열교환기 쪽 껍데기로의 대류 열속과 동일하다.

$$-k_e \frac{\partial T}{\partial r}\bigg|_R = U(T(R,z) - T_a)$$

(c) 관 벽($r = R$)에서 물질전달 없음 $\partial C_i/\partial r = 0$.

2) 축방향

(a) 반응기 입구 $z = 0$에서

$$T = T_0 \text{ 그리고 } C_i = C_{i0}$$

(b) 반응기 출구 $z = L$에서

$$\frac{\partial T}{\partial z} = 0 \text{ 그리고 } \frac{\partial C_i}{\partial z} = 0$$

앞의 방정식은 CRE 웹사이트의 확장자료에서 찾을 수 있는 열교환이 있는 관형반응기의 흐름과 반응을 기술하고 분석하기 위해 사용된다. 이어지는 것은 COMSOL 프로그램의 출력에서 나온 몇 가지 결과를 보여주는 그 예제의 간략한 개요에 불과하다.

예제 W12-8 반경 및 축 방향 구배(gradient)를 갖는 관형반응기

H_2C—CH(CH_3), O (고리) + H_2O $\xrightarrow{H_2SO_4}$ H_3C—CH(HO)—CH_2(OH)

액상반응은 COMSOL을 사용하여 분석되었으며, 자세한 내용은 CRE 웹사이트 *www.umich.edu/~elements/5e/index.html*의 제12장의 확장자료를 클릭하여 확인할 수 있다. 이 예제의 알고리즘은 웹사이트 *http://www.umich.edu/~elements/5e/12chap/expanded.html*에서 찾을 수 있다. 웹 그림 E12-8.1은 기본 사례 반응기와 반응 파라미터의 COMSOL에서 스크린샷한 것이다. COMSOL LEP에서는 기본 사례의 매개변수를 변화시키는 질문 "만약 ...이라면"이 주어진다. 이 예제의 전형적인 반경방향**(a)** 및 축방향**(b)** 온도 프로필은 그림 12-16에 나타나 있다.

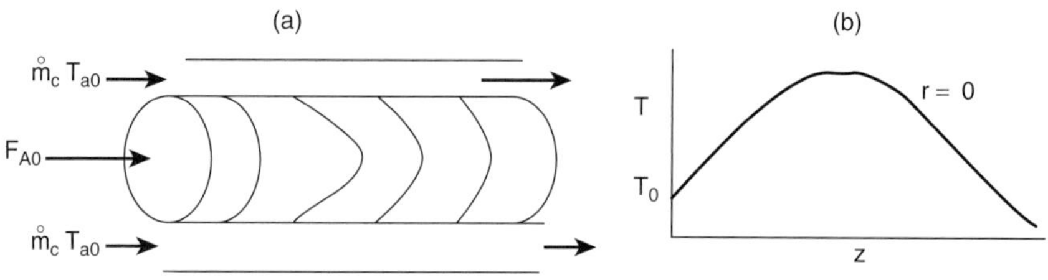

그림 12-16 반경방향(a) 및 축방향(b) 온도 프로필

결과. COMSOL 코드에 대한 그래프 해를 그림 12-17에 보였다.

COMSOL
시뮬레이션 결과

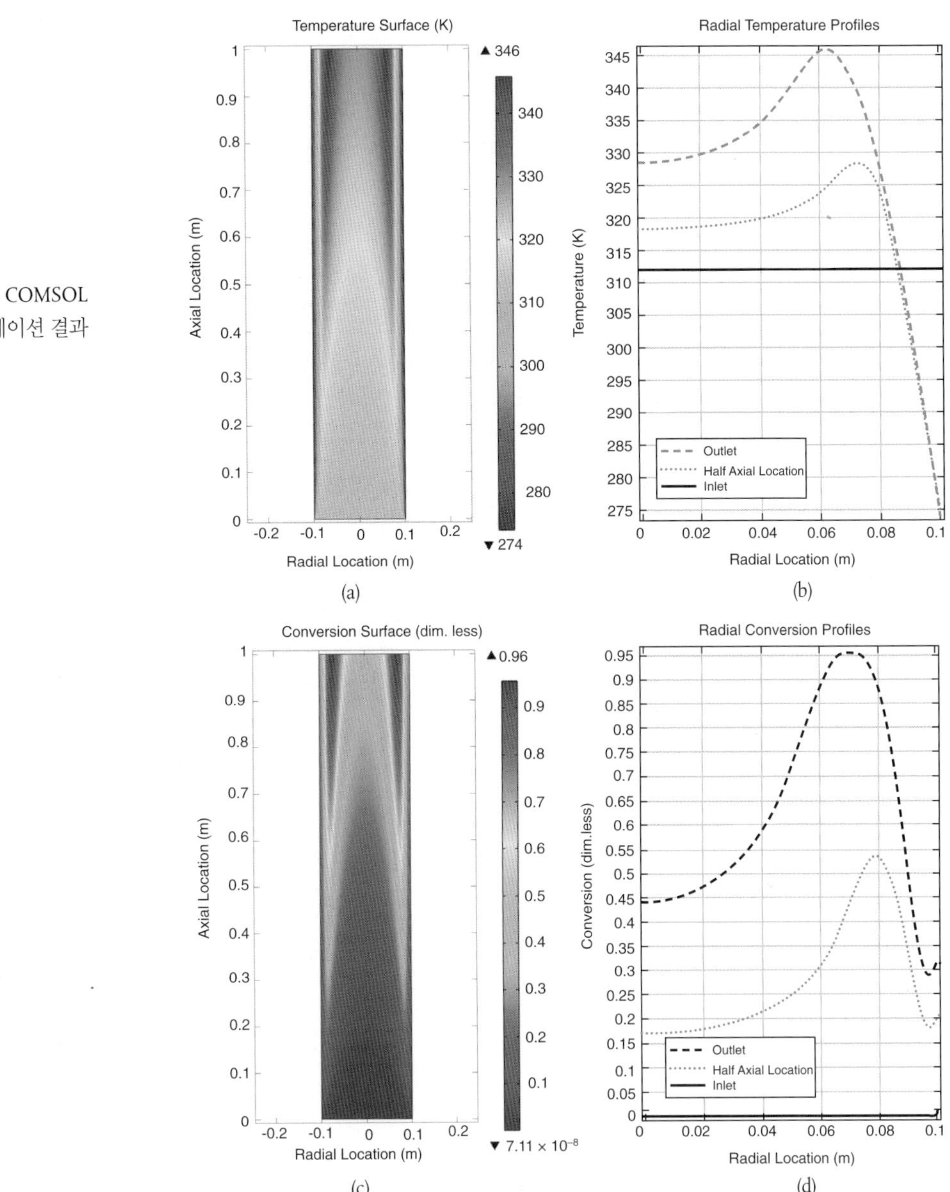

그림 12-17 (a) 온도 표면, (b) 온도 표면 프로필, (c) 전화율 표면, (d) 반경방향 프로필.

물의 부피유량은 메탄올에 함유된 프로필렌옥사이드 혼합물의 체적유량의 3.5배이다. 이 예제에 대한 자세한 내용은 CRE 웹사이트의 제12장 확장자료 *http://www.umich.edu/~elements/5e/12chap/expanded.html*, *http://www.umich.edu/~elements/12chap/expended_ch12_radial.pdf* 및 *http://www.umich.edu/~elements/5e/12chap/comsol.html*에서 제공된다.

분석: 그림 12-17(a)의 온도 표면 플롯에서는 온도가 312 K의 주입 온도로부터 반응기에서 축방향 및 반경방향으로 어떻게 변하는지를 관찰할 수 있다. 동일한 프로필은 웹모듈의 CRE 웹사이트에서 컬러로 확인할 수 있다. 그림 12-17(d)의 온도 및 농도 프로필에서 예측된 최대값과 최소값에 유의하여라. 벽 근처에서, 혼합물의 온도는 재킷에 의해 냉각

되는 차가운 벽 온도 때문에 낮다. 결과적으로, 반응속도는 낮아질 것이고, 따라서 전화율은 낮아질 것이다. 그러나 벽 바로 옆에서는 벽과의 마찰로 인하여 반응기를 통과하는 유속은 거의 0이다. 따라서 반응물은 반응기에서 더 오랜 시간을 머문다. 따라서 벽 바로 옆의 호전(upturn)에서 알 수 있듯이 더 큰 전화율이 달성된다.

CRE 웹사이트-COMSOL

이 대화형 웹사이트와 텍스트에서는 당신은 당신만의 코드를 쓸 필요 없이 LEP COMSOL 프로그램을 사용할 수 있다. 이러한 LEP에 액세스하기 위해서 CRE 웹사이트를 통해 액세스할 수 있으므로 COMSOL을 컴퓨터에 설치할 필요가 없다. 축방향 프로필 외에 온도, 전화율 및 농도의 반경방향 변화를 탐색하기 위해 파라미터를 변경할 수 있는 Polymath LEP와 유사한 방식으로 COMSOL 코드를 사용한다.

또한, 이 책의 연습에 기초한 다른 응용 프로그램들은 COMSOL 웹사이트(*www.comsol.com/ecre*)에서 찾을 수 있다. 여기에는 이 책의 활성화 에너지 예제에 기반한 *activation_energy*; CSTR의 운전 개시를 기반한 *cstr_startup*; Interchange가 있는 두 개의 CSTR로 모델링된 실제 CSTR에 기반한 *non_ideal_cstr*; 그리고 무수 아세트산 생산 예제를 기반으로 한 *non_isothermal_plug_flow* 등이 포함된다.

12.8 안전†

발열 화학반응의 스케일업(scaling up)은 매우 까다로울 수 있다. 표 12-5와 12-6에서는 각각 사고가 일어난 반응과 그 원인을 보여준다[8]. 독자는 이 반응들에 대한 사례 역사를 살펴보고 어떻게 하면 이와 비슷한 사고를 피할 수 있을지 배워야 한다.

표 12-5 회분식 공정에서 발생한 사고

공정 종류	1962~1987년 동안 영국에서 일어난 사고의 횟수
고분자합성반응	64
질화반응	15
황화반응	13
수화반응	10
염 생성 반응	8
할로겐화반응	8
알킬화반응(프리델-크래프트)	5
아민화반응	4
디아조반응	4
산화반응	2
에스터화반응	1
합계:	134

출처: J. Singh, *Chemical Engineering*, 92 (1997).

표 12-6 표 12-5의 회분식반응기 사고의 원인

원인	기여도 %
반응화학에 대한 지식 부족	20
재료의 성능 문제	9
온도 제어의 문제	19
교반의 문제	10
잘못된 반응물이나 촉매 도입	21
관리 부실	15
운전자의 실수	5

출처: B. Venugopal, *Chemical Engineering*, 54 (2002).

† *http://umich.edu/~safeche* 참조.

8. Courtesy of J. Singh, *Chemical Engineering*, 92 (1997) and B. Venugopal, *Chemical Engineering*, 54 (2002).

역자 주 | 폭주반응은 화학반응에서 발열이 더욱더 발열을 야기하는 상황으로, 피드백에 의해 온도 제어를 할 수 없는 현상 혹은 그러한 상태를 가리킨다.

폭주반응(runaway reaction)은 반응 운전에서 가장 위험한 상황이고, 어떻게 그리고 언제 그들이 일어나는지 완벽한 이해를 하는 것이 화학공학 엔지니어의 책임 중 하나이다. 이번 장의 마지막 예제는 일종의 폭주반응으로 생각할 수 있다. 반응기의 끝으로 갈수록, 반응기가 매우 높은 온도(800 K)로 가는 것을 어떠한 냉각장치로도 막을 수 없었다. 다음 장에서는 두 가지 폭주반응의 역사를 공부할 것이다. 하나는 **예제 E13-2**의 니트로아닐린 폭발이고, 다른 하나는 **예제 E13-6**에서 최근(2007년)에 T2 Laboratories에서 일어난 폭발에 관한 것이다. 예제 13-7 및 T2 Laboratories의 폭발에 대한 비디오와 그 폭발의 원인에 대해 참조하여라(*http://www.csb.gov/t2-laboratories-inc-reactive-chemical-explosion* 그리고 *https://www.youtube.com/watch?v=C561PCq5E1g*).

반응기 안전이나 화학 반응성 위험 관리(management of chemical reactivity hazards)에 관한 자료들이 많이 존재한다. 화학 반응성 위험과 화재, 폭발, 독성물질 유출 등을 관리하는 방법이 미국화학공학회(American Institute of Chemical Engineers)의 **Center for Chemical Process Safety (CCPS)**에 의해 개발되고 출판되었다. CCPS의 책과 다른 자료들은 *www.aiche.org/ccps*에서 찾아볼 수 있다. 예를 들면, 산업 전문가들에 의해 제작된 *Essential Practices for Managing Chemical Reactivity Hazards*라는 책은 CCPS에서 무료로 제공되며, *www.info.knovel.com/ccps*에서 찾아볼 수 있다. 어떤 물질이나 혼합물의 반응성을 측정하기 위한 간단하고 사용하기 쉬운 소프트웨어 프로그램인 Chemical Reactivity Worksheet은 National Oceanic and Atmospheric Administration (NOAA)에 의해 웹사이트 *www.noaa.gov*에서 무료로 제공된다.

안전과 화학공학교육(Safety and Chemical Engineering Education, SAChE) 프로그램은 1992년 AIChE, CCPS 그리고 엔지니어링 학교들의 협력으로 만들어졌으며, 화학, 생화학 제품이나 공정을 공부하는 학부생과 대학원생에게 공정의 안전문제를 가르치기 위한 교육자료, 프로그램 등을 제공한다. **SAChE 웹사이트**(*www.sache.org*)에는 반응기 안전에 관해 예제와 함께 많은 논의가 되어 있으며, 반응성이 큰 물질에 관한 정보들도 포함되어 있다. 이러한 자료들은 산업현장에서 훈련 목적으로 사용하기에도 좋다.

다음의 교육 모듈은 SAChE 웹사이트에서 찾아볼 수 있다(*www.sache.org*).

1. **화학 반응성 위험**(chemical reactivity hazards): 웹 기반의 수업 모듈로 외부 링크, 그래픽, 비디오, 보충 슬라이드를 포함하는 약 100개의 웹페이지로 되어 있다. 수업시간 발표 자료나 스스로 공부하는 데 사용할 수 있다. 이 모듈은 저학년이나 고학년 화학 공정 수업에서 제어가 안 되는 화학반응이 산업에서 어떻게 심각한 피해를 주는지 보여주고, 또 의도하지 않은 반응을 어떻게 피하고 의도한 반응을 제어하는 주요 개념을 도입하는 데 보충교재로 사용할 수 있다.
2. **폭주반응**(runaway reaction): 실험 특성평가와 배출구 크기 결정: 이 수업 모듈은 ARSST와 이것의 활용법을 설명하면서 어떻게 폭주반응의 일시적인 특징을 실험적으로 확인할 수 있는지, 또 결과 데이터를 분석하고 이에 따라 시스템의 비상용 배출구 크기를 결정할 수 있는지 알려준다.
3. **니트로아닐린 반응기의 파열**: 이 사례연구는 폭주반응의 개념과 함께 어떻게 그들이 평가되고 큰 피해를 막기 위해 제어되는지 보여준다.

4. **세베소 누출사고 사례연구**: 이 발표자료는 작은 엔지니어링 실수가 얼마나 심각한 문제를 일으킬 수 있는지 보여주는 널리 인용된 사례 역사를 설명한다; 반복되어서는 안 되는 문제이다. 이 사고는 1976년 이탈리아 세베소(Seveso)에서 일어났다. 다이옥신이 소량 방출되었는데 심각한 부상자가 다수 발생하였다.

참고: SAChE 회원 및 대학교에만 액세스가 허용됨

이러한 자료들을 보기 위해서는 SAChE의 회원 자격이 필요하다. 거의 모든 미국 대학들과 많은 다른 국가 대학교들이 SAChE의 회원이다. SAChE 웹사이트에 나와 있는 당신의 대학 SAChE 대표를 만나보거나, 담당 교수나 학과장을 만나서 대학 사용자명과 비밀번호를 확인하라. 회사들도 회원이 될 수 있다. SAChE 웹사이트에서 더 자세한 내용을 확인하라.

인증 프로그램

SAChE는 또한 모든 화학공학 학생을 위한 다양한 인증 프로그램을 제공한다. 학생들은 자료들을 공부하고, 온라인 시험을 응시하고, 수료증서를 받을 수 있다. 다음의 두 가지 인증 프로그램이 반응공학에 가치가 있다.

1. **폭주반응**: 이 인증 프로그램은 화학 반응 사고, 특히 폭주반응을 관리하는 것에 초점을 맞췄다.
2. **화학 반응성 위험**: 이 웹기반 인증 프로그램은 화학 반응성 위험에 대한 개요를 제공하여 기본적인 이해를 돕는다.

많은 학생들이 온라인으로 인증 시험에 응시하며, 이력서에 그들이 성공적으로 인증을 부여받았다는 것을 써넣는다.

안전에 관련된 더 많은 정보들이 웹의 요약노트와 전문 참고자료 서고에 있다. 특히 잠재적 문제를 감지하기 위하여 ARSST의 사용법을 공부하여라. 이러한 내용들은 CRE 웹사이트의 제13장 *Professional Reference Shelf (PRS) R13.1*에서 논의될 것이다.

마무리. 사실상 산업에서 수행되는 모든 반응은 열효과를 포함한다. 이 장에서는 정상상태에서 작동하고 열효과를 포함하는 반응기를 모델링하기 위한 기초를 제공한다. 이러한 반응기를 설계하기 위해서는 알고리즘에 또 다른 단계를 추가해야 한다; 이 단계가 에너지수지이다. 여기서는 폭주와 같이 안전하지 않은 상태를 초래하는지를 결정하기 위해 당신이 운전 조건(예, T_0)의 일부를 변경했을 경우 어떤 일이 발생할지 설명할 수 있기 위해서는, 에너지수지가 각 반응기 유형에 어떻게 적용되는지 이해하는 것이 중요하다. 실전 예제 문제(특히 *12T-12-2*)와 ICG 모듈은 이해의 수준을 한 단계 높이는 데 도움을 줄 것이다. 이 장을 공부하는 또 다른 주요 목표는 비등온 조건에서 복수반응을 수행하는 반응기를 설계하는 것이다. 이 목표를 달성했는지 확인하기 위하여 연습문제 12-26$_C$를 풀어 보아라. 이 장의 부록에는 다수의 실제적 상세 내용이 있는 산업적인 사례가 제공된다. 이전 장들에는 플러그흐름 프로필만 고려되었지만 12.7절에는 온도와 농도의 반경방향의 변화가 소개되어 있다. COMSOL을 사용하면 관형반응기에 대한 $C(r,z)$와 $T(r,z)$를 쉽게 생성할 수 있다. 이러한 **실전 예제 문제**에 대해 요약하면, 열효과가 있는 반응기를 잘 이해하는 최선의 방법은 CRE 웹사이트에서 Polymath, MATLAB, Wolfram 및 COMSOL 프로그램을 내려받아 실행하는 것이다. 안전에 대한 간략한 논의와 더 많은 정보를 얻을 수 있는 몇몇 자료들을 테스트하면서 이 장을 마친다.

요 약

1. 단일반응에서 **몰유량**(molar flow rate) 항으로 표현한 PFR/PBR의 에너지수지는

$$\frac{dT}{dV}=\frac{(r_A)[\Delta H_{Rx}(T)]-Ua(T-T_a)}{\Sigma F_i C_{P_i}}=\frac{Q_g-Q_r}{\Sigma F_i C_{P_i}} \qquad \text{(S12-1)}$$

전화율 항으로 표현하면

$$\frac{dT}{dV}=\frac{(r_A)[\Delta H_{Rx}(T)]-Ua(T-T_a)}{F_{A0}\left(\Sigma\Theta_j C_{P_j}+X\Delta C_P\right)}=\frac{Q_g-Q_r}{F_{A0}\left(\Sigma\Theta_j C_{P_j}+X\Delta C_P\right)} \qquad \text{(S12-2)}$$

2. 반응속도상수의 온도의존성은 다음 형태로 주어진다.

$$k(T)=k(T_1)\exp\left[\frac{E}{R}\left(\frac{1}{T_1}-\frac{1}{T}\right)\right]=k(T_1)\exp\left[\frac{E}{R}\left(\frac{T-T_1}{TT_1}\right)\right] \qquad \text{(S12-3)}$$

3. 평형상수의 온도의존성은 반트호프(van't Hoff) 식으로 주어진다. $\Delta C_P=0$이면

$$K_P(T)=K_P(T_2)\exp\left[\frac{\Delta H^\circ_{Rx}}{R}\left(\frac{1}{T_2}-\frac{1}{T}\right)\right] \qquad \text{(S12-4)}$$

4. 위치 에너지, 운동 에너지 및 점성 소실(viscous dissipation)의 변화를 무시하고 계에 가해지는 일(work)이 없으며 모든 화합물이 같은 온도로 들어온다면 단일반응에 대한 정상상태 CSTR의 에너지수지는

$$\frac{UA}{F_{A0}}(T_a-T)-X[\Delta H^\circ_{Rx}(T_R)+\Delta C_P(T-T_R)]=\Sigma\Theta_j C_{P_j}(T-T_{i0}) \qquad \text{(S12-5)}$$

5. 다중 정상상태:

$$G(T)=(-\Delta H^\circ_{Rx})\left(\frac{-r_A V}{F_{A0}}\right)=(-\Delta H^\circ_{Rx})(X) \qquad \text{(S12-6)}$$

$$R(T)=C_{P0}(1+\kappa)(T-T_c) \qquad \text{(S12-7)}$$

이때 $\kappa=\dfrac{UA}{C_{P_0}F_{A0}}$ 그래서 $T_c=\dfrac{\kappa T_a+T_0}{1+\kappa}$

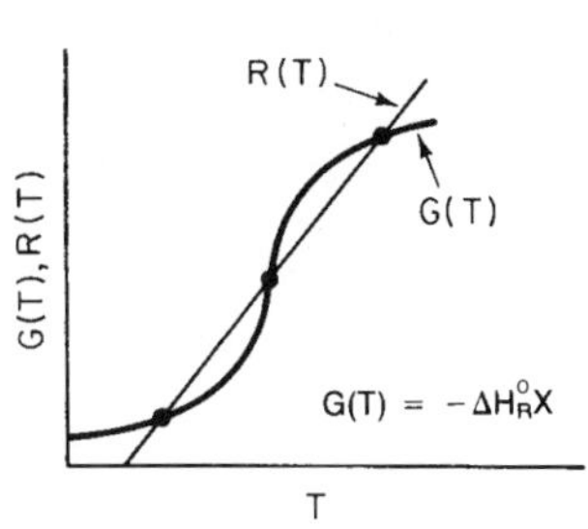

6. q개의 복수반응이 일어나고, m개의 화합물이 있을 때의 수지식:

$$\frac{dT}{dV}=\frac{\sum_{i=1}^{q}(r_{ij})[\Delta H_{Rxij}(T)]-Ua(T-T_a)}{\sum_{j=1}^{m}F_jC_{Pj}}=\frac{Q_g-Q_r}{\sum_{j=1}^{m}F_jC_{Pj}} \tag{S12-8}$$

7. 축방향 또는 반경방향의 온도 및 농도 구배. 다음의 연립 미분방정식은 COMSOL을 사용하여 풀었다.

$$D_e\frac{\partial^2C_i}{\partial r^2}+\frac{D_e}{r}\frac{\partial C_i}{\partial r}+D_e\frac{\partial^2C_i}{\partial z^2}-U_z\frac{\partial C_i}{\partial z}+r_i=0 \tag{S12-9}$$

그리고

$$k_e\frac{\partial^2T}{\partial z^2}+\frac{k_e}{r}\frac{\partial}{\partial r}\left(r\frac{\partial T}{\partial r}\right)+\Delta H_{Rx}r_A-U_zC_{P_m}\frac{\partial T}{\partial z}=0 \tag{S12-10}$$

CRE 웹사이트 자료

- **확장자료**(*http://www.umich.edu/~elements/5e/12chap/expanded.html*)
  1. COMSOL 예제 12-8(*http://www.umich.edu/~elements/5e/12chap/expanded_ch12_radial.pdf*)
  2. 문제(*http://www.umich.edu/~elements/5e/12chap/expanded_ch12_homeproblem.pdf*)
- **학습자료**(*http://www.umich.edu/~elements/5e/12chap/learn.html*)
  1. 요약노트(*http://www.umich.edu/~elements/12chap/summary.html*)
  2. 자체테스트(*http://www.umich.edu/~elements/5e/12chap/obj.html*)
     A. 연습문제(*http://umich.edu/~elements/5e/12chap/add.html*)
     B. i>clicker 질문(*http://www.umich.edu/~elements/5e/12chap/iclicker_ch12_q1.html*)
  3. 웹모듈 COMSOL 반경방향 및 축방향 구배(gradient)
     (*http://www.umich.edu/~elements/5e/12Chap/comsol.html*)
     (*http://www.umich.edu/~elements/5e/web_mod/radialeffects/index.htm*)
  4. 대화형 컴퓨터 게임

     A. 열효과 I
     (*http://www.umich.edu/~elements/5e/icm/heatfx1.html*)

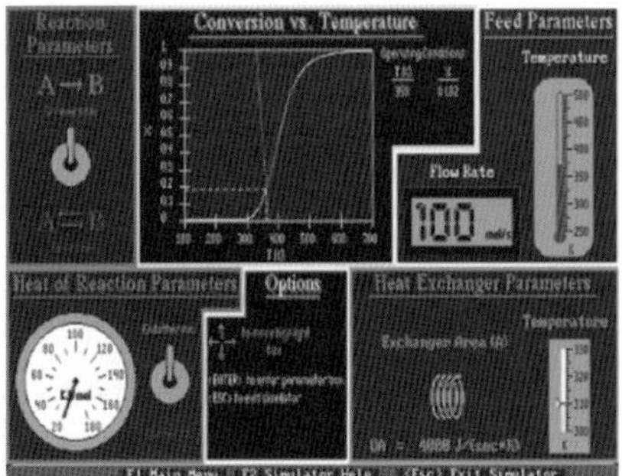

     B. 열효과 II
     (*http://www.umich.edu/~elements/5e/icm/heatfx2.html*)

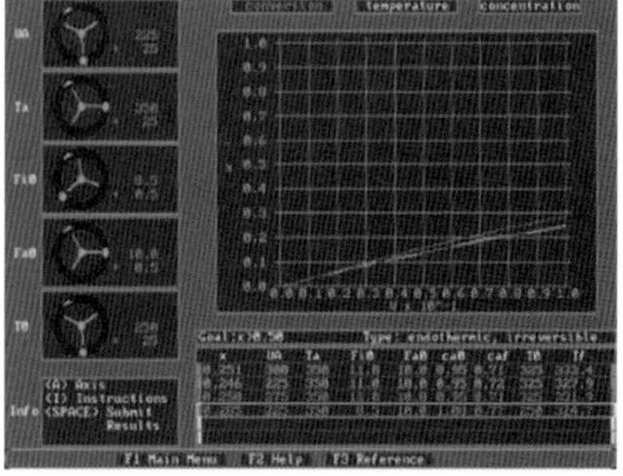

5. 풀이된 문제

 A. 예제 12-2(*http://www.umich.edu/~elements/5e/software/aspen-example12-2.html*)

 AspenTech에서 만들어짐: AspenTech를 CRE 웹사이트로부터 내려받아라.

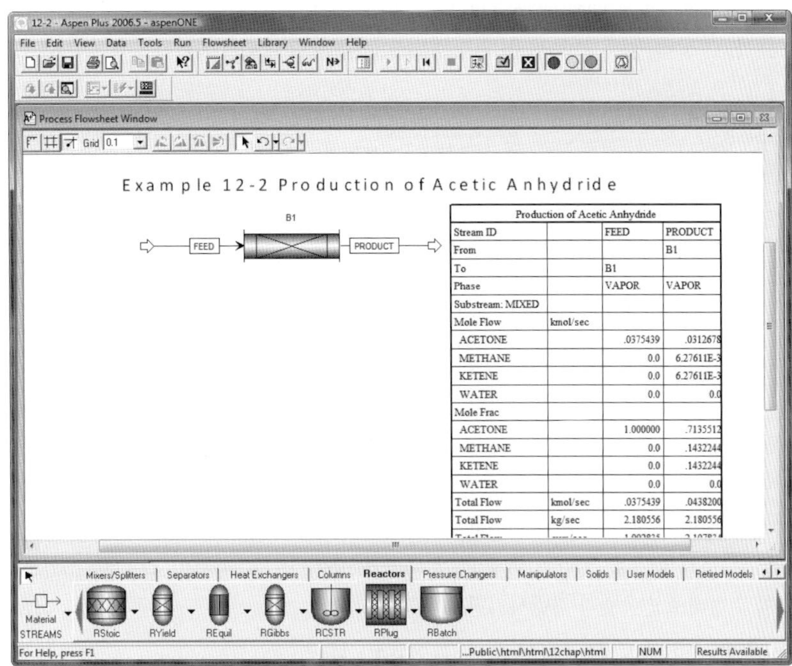

단계별 AspenTech 지침서가 CRE 웹사이트에 있다.

 B. 예제 CD 12-1(*http://www.umich.edu/~elements/5e/12chap/learn-cd12-1.html*)

 온도의 2차 함수로 표현된 열용량에 대한 $\Delta H_{Rx}(T)$

 C. 예제 CD 12-2(*http://www.umich.edu/~elements/5e/12chap/learn-cd12-2.html*)

 CSTR에서 단열적으로 진행되는 2차반응

6. PFR/PBR 가역 기상반응에 대한 풀이과정 (*http://www.umich.edu/~elements/5e/12chap/learn-pfrpbr.html*)

• **실전 예제 문제**(*http://www.umich.edu/~elements/5e/12chap/live.html*)

1. 예제 T12-2 PFR/PBR을 위한 알고리즘
2. 예제 12-1 열교환기가 있는 *n*-부테인의 이성질화반응
3. 예제 12-2 무수 아세트산의 생산
4. 예제 $12\text{-}2_{\text{Asp}}$ AspenTech 설계
5. 예제 12-3 단열 CSTR에서의 프로필렌글리콜 생산
6. 예제 12-4 냉각코일이 있는 CSTR
7. 예제 12-5 열효과가 있는 PFR에서 병렬반응
8. 예제 12-6 CSTR에서의 복수반응
9. 예제 12-7 복합반응
10. 예제 W12-8 COMSOL 관형반응기에서의 반경방향 효과
11. 예제 R12-1 산업적인 SO_2의 산화
12. 예제 12–T12-3 냉각매체 온도 T_a가 변하는 PBR

- **FAQ**[자주 묻는 질문](*http://www.umich.edu/~elements/5e/12chap/faq.html*)
- **전문 참고자료 서고**(*http://www.umich.edu/~elements/5e/12chap/prof.html*)

R12.1 CSTR(*http://www.umich.edu/~elements/5e/12chap/prof-runawayCSTR.html*) 및 플러그흐름반응기(*http://www.umich.edu/~elements/5e/12chap/prof-runawayPFR.html*)에서의 폭주반응

위상평면 플롯. 온도와 농도 프로필을 위상평면으로 변환한다.

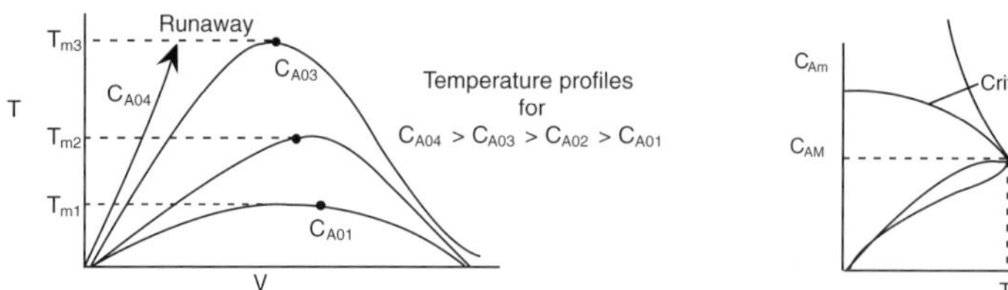

Temperature profiles   Critical trajectory on the $C_{\mathrm{Am}} - T_{\mathrm{m}}$ phase plane plot

"최대 곡선(maxima curve)"의 최대값을 통과하는 궤적은 매우 중요(critical)하다고 생각되며, 주어진 벽 온도(wall temperature)에 상응하는 C_A와 T에 대한 임계 도입 조건의 자취(locus of the critical inlet conditions)이다.

R12.2 정상상태 분기 분석(steady-state bifurcation analysis)(*http://www.umich.edu/~elements/5e/12chap/prof-steady.html*). 반응기 동역학에서 다중 고정점(multiple stationary points)이 존재하거나 지속적 진동(sustained oscillation)이 일어나는 것을 발견하는 것이 매우 중요하다.

R12.3 온도에 대한 함수로서의 열용량(*http://www.umich.edu/~elements/5e/12chap/pdf/CD-Ch08-VariableHeatCapacities.pdf*). 열용량의 2차식 형태로 반응열과 결합시키면,

$$C_{P_i} = \alpha_i + \beta_i T + \gamma_i T^2$$

다음 식을 구할 수 있다.

$$\boxed{\Delta H_{\mathrm{Rx}}(T) = \Delta H^{\circ}_{\mathrm{Rx}}(T_{\mathrm{R}}) + \Delta\alpha(T - T_{\mathrm{R}}) + \frac{\Delta\beta}{2}(T^2 - T_{\mathrm{R}}^2) + \frac{\Delta\gamma}{3}(T^3 - T_{\mathrm{R}}^3)}$$

예제 12-2는 열용량이 변하는 경우에 다시 PRS를 수행한 것이다.

R12.4 황산의 제조(*http://www.umich.edu/~elements/5e/12chap/pdf/sulfuricacid.pdf*). SO_2의 산업적 산화에 대하여 상세히 설명한다. 여기서는 촉매량, 반응기 형태, 운전 조건이 전화율과 온도 프로필을 예측하기 위한 모델과 함께 논의된다.

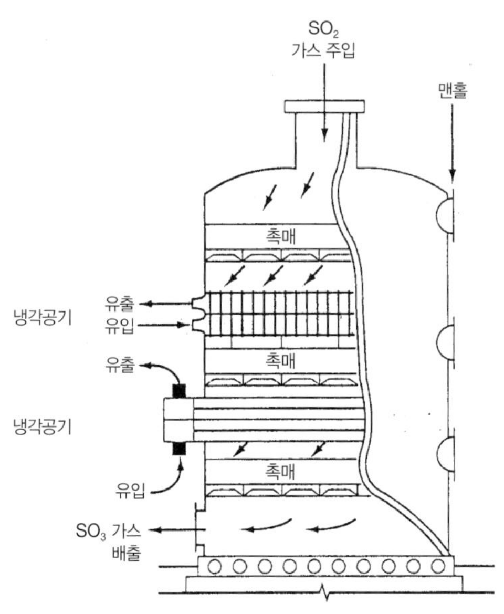

질문과 문제

숙제 문제

각 문제의 아래첨자는 난이도를 나타낸다. A는 가장 쉬운 문제, B는 비교적 어려운 문제, C는 꽤 어려운 문제, D는 가장 어려운 문제.

A = ● B = ■ C = ◆ D = ◆◆

다음 각 질문 및 문제들에 대해서, 여러분이 얻은 해답에 박스 표시를 하기보다는, 문제를 푸는 방법, 사용한 가정들, 풀이의 합리성, 배운 내용 그리고 추가적으로 포함시키고 싶은 어떤 사실들을 하나 또는 두 개의 문장으로 적어 보아라. 숙제 문제에 추가된 항 **(x)**, **(y)**, **(z)**에 대해서는 서문 G.2절을 참조하여라.

문제를 풀기 전에 예측되는 결과나 경향들을 정성적으로 설명하거나 스케치하여라.

■ 질문

Q12-1$_A$ **i>clicker.** 웹사이트(*http://www.umich.edu/~elements/5e/12chap/iclicker_ch12_q1.html*)를 방문하여 적어도 5개의 i>clicker 질문을 둘러보아라. 다음 시험에 포함되도록 그대로 사용할 수 있거나 변형할 수 있는 질문 하나를 골라라. 반대의 경우를 고려할 수도 있다. 즉, 왜 다음 시험에 그 질문이 있어서는 안 되는지를 설명하는 것이다. 어떤 경우든지, 당신의 이유를 설명하여라.

Q12-2$_A$ 그림 12-13을 검토하여라. 이 그림을 사용하여 성냥 머리를 작은 압력으로 부석(pumice)에 천천히 부딪칠 때 열이 약간 올라가고 점화되지 않지만, 압력을 가하여 빠르게 타격할 때 불이 붙지 않는 이유를 몇 문장으로 기술하여라. (또는 적어도 유추해서 그려보아라). Colombia, Medellín시의 Oscar Piedrahita에게 감사하라.

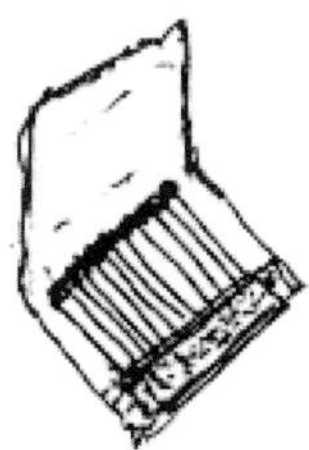

Q12-3$_A$ 이 장의 끝에 있는 문제들을 숙독하고, 이 장에서 설명된 개념들을 사용하는 독창적인 문제를 만들어라. 문제의 풀이를 얻기 위하여:

(a) 스스로 반응과 자료를 만들어라.

(b) 실제의 반응과 자료를 사용하여라. 연습문제 P5-1$_A$를 참조하여라.

(c) 화학반응기를 설계하고 운전하는 데 고려해야 할 안전성에 관한 목록을 준비하여라. (*www.sache.org* 그리고 *www.siri.org/graphics* 참조.) *Chemical Engineering Progress*의 1985년 8월호가 Part (c)를 해결하는 데 도움이 될 것이다.

■ 컴퓨터 시뮬레이션과 실험

CRE 웹사이트의 **실전 예제**를 광범위하게 사용하여 시뮬레이션을 수행할 것이다. 왜 **실전 예제 문제**의 파라미터를 변경하기 위한 시뮬레이션을 수행하는가? 그 이유는 다음을 하기 위해서이다.

- 반응기 시스템에 대한 보다 직관적인 느낌을 갖기 위해서
- 가장 민감한 파라미터(예, E, K_C)와 그러한 파라미터가 출구 조건에 미치는 영향에 대한 통찰력을 확보하기 위해서
- 반응기가 다양한 운전조건에 의해 어떤 영향을 받는지 알아보기 위해서
- 잠재적 폭주반응과 같은 위험한 상황을 시뮬레이션하기 위해서
- 모델 및 파라미터를 실험 데이터와 비교하기 위해서
- 반응 시스템을 최적화하기 위해서

P12-1$_A$ (a) LEP 표 12-2: 열교환이 있는 발열반응

웹사이트 실전 예제 문제(LEP)에 주어진 발열 기상 가역반응에 대해 표 T12-2에 있는 알고리즘 및 데이터에 대해 Polymath, MATLAB 또는 Wolfram 코드를 내려받아라.

$$A + B \rightleftarrows 2C$$

(i)~(xi)에 표시된 범위에서 아래 파라미터를 변화시켜라. 각 파라미터 변화에 대해 발견한 추세와 그러한 추세를 보이는 이유를 설명하는 단락을 기술하여라. 변경되지 않은 파라미터를 기본 사례로 사용하여라. 이 문제에 대한 학생들의 피드백은 LEP T12-2에 있는 웹의 Wolfram을 가능한 한 많이 사용하여 파라미터 변화를 수행해야 한다는 것이다. 각 부분에 대해 추세를 설명하는 문장을 두 개 이상 작성하여라.

Wolfram

(i) $10{,}000 < E_A < 40{,}000$

(ii) $20 < C_{P_I} < 60$

(iii) $-30{,}000 < \Delta H^\circ_{Rx} < -10{,}000$

(iv) F_{A0}: $1 \le F_{A0} \le 8$ mol/s

(v) Θ_I: $0.5 \le \Theta_I \le 4$

(vi) $\frac{Ua}{\rho_b}: 0.1 \le \frac{Ua}{\rho_b} \le 0.8 \frac{\text{cal}}{\text{kg}\cdot\text{s}\cdot\text{K}}$

(vii) $\dot{m}_c$: $1 \le \dot{m}_c \le 1000$ g/s

(viii) 기본 사례 파라미터의 경우, Θ_I의 어느 값에서 X_e와 X의 프로필이 분리되며, 왜 분리되는가? 다음에는 $\Theta_I = 1.2$로 놓고 α를 변화시키고 발견한 것을 기술하여라.

(ix) Θ_I의 어느 값에서 온도가 330 K에서 시작하여 반응기를 따라 감소하는가?

(x) 기본 사례로부터 시작해서, 소량만 변경해도 전화율 및 온도 프로필에 가장 큰 영향을 미치는 파라미터를 결정하여라.

(xi) X와 X_e를 가장 많이 분리하는 파라미터는?

(xii) 실험 (i)~(xi)에서 발견한 것에 대한 결론을 작성하여라.

Polymath

(xiii) 310 K $\le T_0 \le$ 350 K에서 T_0를 변화시키고 결론을 작성하여라.

(xiv) 300 K $\le T_a \le$ 340 K에서 T_a를 변화시키고 결론을 작성하여라.

(xv) 향류 냉각유체에 대해 (i)을 반복하여라. 힌트: 추세를 분석할 때, X, X_e, p를 W의 함수로 같은 그래프에, T와 T_a를 같은 그래프에 W의 함수로 표시하면 도움이 될 수 있다.

(xvi) 일정한 온도 T_a 및 단열운전의 경우에 대해서 이 문제를 반복하고, 발견한 가장 극적인 영향을 기술하여라.

(b) 예제 12-1: 부테인 이성질화

***Wolfram* 병류**

(i) T와 T_a 프로필을 서로 근접하게 하는 파라미터값은?

(ii) 어떤 파라미터와 언제 X와 X_e를 가장 많이 분리하는가?

(iii) X와 X_e 프로필을 가장 가깝게 유지하는 파라미터는?

(iv) 냉각매체를 순환시키는 펌프는 최대 500 kg/h으로 유체를 이송할 수 있다. 설계 제한 때문에 출구 반응기 온도를 325 K 이하로 유지해야 한다. 냉각매체의 어떤 열적 특성을 변화시킬 것인가? 새로운 값은 무엇인가? 전화율에 어떤 영향을 미칠까?

(v) 이러한 반응에 대해 인터넷에서 다른 값의 반응열을 발견했다. 반응열은 전화율에 어떤 영향을 미치는

가? 어떤 ΔH°_{Rx} 값이 최대전환율 값을 줄 것인가?

(vi) 실험 (i)~(v)에서 발견한 결론을 기술하여라.

***Polymath* 병류**

(vii) $Q_g = r_A \Delta H_{Rx}$ 및 $Q_r = Ua(T - T_a)$로 설정한 다음, Q_g 및 Q_r을 V의 함수로 동일한 그래프에 플롯하여라.

(viii) 냉각수 매체 유속($0 < \dot{m}_c < 2000$ kg/h)과 입력 온도(273 K $< T_0 < 315$ K)를 변화시키고 무엇을 발견하는지 기술하여라.

(ix) 그 이하에서는 반응이 "불붙지 않는" 열교환기 매체의 주입 온도 T_{a0}는 얼마인가?

(x) 평형상수 및 반응열의 값이 잘못 측정되었다고 가정하자. 330 K에서 K_C = 1,000 mol/dm^{3}와 H_{Rx} = − 20,000 kJ/mol인 것으로 확인되었다. 원래 사례와 관련하여 결과가 어떻게 변경되는가?

(xi) 일부 다른 파라미터를 변경시키고 안전하지 않은 운전 조건을 찾을 수 있는지 확인하여라.

(xii) 등온 작동을 유지하는 데 필요한 V의 함수로 Q_r 및 T_a를 플롯하여라.

***Polymath* 향류**

(xiii) ΔH_{Rx}를 변화시키면 X 및 X_e 프로필에 어떤 일이 발생하는지 기술하고 설명하여라.

(xiv) F_{A0}을 변경할 때 온도 프로필 T와 T_a에 어떤 일이 발생하는지 기술하여라.

(xv) 단열, 향류 열교환, 병류 열교환, 일정한 T_a, 네 가지 사례 모두에 대해 파라미터값을 변경할 때 X, X_e, T 및 T_a 프로필의 변화를 비교하여라. 조금만 변경해도 프로필이 크게 변경되는 파라미터는 무엇인가?

(xvi) 최대 370 K의 온도에 대해 열교환기가 설계되었다. 온도를 안전 한계로 유지하면서 적어도 75%의 전화율을 달성할 수 있도록 어떤 파라미터를 변경하겠는가?

(c) 예제 12-2: 무수 아세트산 생산-발열반응

Wolfram

(i) 파라미터를 증가하고 감소하면서 반응기 입구 근처에서 반응이 가장 빨리 죽어 버리는 경우의 파라미터값은?

(ii) 크게 변화시켰을 때 프로필을 극적으로 변경시키는 파라미터는?

(iii) 단열운전: A의 열용량이 증가할 때 전화율은 어떻게 변화하는가?

(iv) 일정한 온도 T_a: 6개월 운전 후 전화율이 감소한 것을 발견하였다. 유량 및 재질 특성을 확인했지만, 이 값들은 변경되지 않았음을 확인하였다. 어떤 파라미터가 변경되었는가?

(v) 실험 (i)~(iv)에서 배운 것에 대해 두 가지 결론을 기술하여라.

Polymath

(vi) $Q_g = r_A \Delta H_{Rx}$ 및 $Q_r = Ua(T - T_a)$로 놓고, Q_g 및 Q_r을 V의 함수로 같은 그래프에 플롯하여라.

(vii) 반응기 부피를 0.5 m^{3}로, 유입 조건을 (T_0 = 1050 K, T_{a0} = 1250 K)로 고정하고, 각 열교환 경우에 대해 X_e, X, T_a, T의 표를 만들어라. 주입 조건을 변화시키고 어떤 열교환기의 경우가 전화율에 가장 큰 차이를 보이는지 결정하여라.

(viii) V = 5m^{3}에 대해서 (vi)을 반복하여라.

(ix) 동일한 그래프에 네 가지 열교환 사례에 대해 Q_g, Q_r 및 $-r_A$ 대 V를 플롯하여 무엇을 발견하였는지 기술하여라.

(x) 4개의 열교환기의 경우 각각에 대해, F_{A0}을 일정하게 유지하고 다른 유입 조건이 적절히 조정되도록 하면서(예, ε), 열용량이 50 J/mol·K인 비활성 화합물 I를 추가하는 것에 대하여 조사하여라.

(xi) 비활성 화합물 몰유량을 변화(예, Θ_I, $0.0 < \Theta_I < 3.0$ mol/s)시켜라. 그리고 X를 Θ_I의 함수로 플롯하고 분석하여라.

(xii) 마지막으로, 열교환 유체 온도 T_{a0}($1,000$ K $< T_{a0} < 1350$ K)을 변경하여라. 흥미로운 프로필이나 결과에 주목하면서 당신이 발견한 것을 설명하는 단락을 적어라.

(d) 예제 12-2: AspenTech Formulation. AspenTech를 사용하여 예제 12-2 반복하여라.

(e) 예제 12-3: CSTR에서 프로필렌글리콜 생산

Wolfram

(i) 활성화 에너지(E)를 변화시키고, 적어도 두 가지 해가 E 값을 찾아라.

(ii) F_{B0}의 유량을 변화시켜 전화율이 0.8인 온도를 구하여라.

(iii) 반응기 온도를 640°R 이하로 유지하면서 최소한 하나 이상의 정상상태 해가 존재하는 입구 온도의 운전 범위는 무엇인가? 메탄올의 몰유량이 4배 증가하면 답이 어떻게 바뀔지 설명하여라.

(f) 예제 12-4: 냉각코일이 있는 CSTR

Wolfram

(i) 기준 온도(ΔH°_{Rx})에서 활성화 에너지(E)와 반응열의 변동이 전화율에 어떤 영향을 미치는지 탐구하여라. 최대 온도 125°F의 제약조건을 유지하면서 전화율을 80% 이상으로 증가시키는 E 값과 ΔH°_{Rx} 값을 찾아라. 실험에서 발견한 것에 대해 두 가지 결론을 적어라.

Polymath

(ii) 공간시간은 0.01분으로 계산되었다. 이 값이 현실적인가? υ_0과 두 반응속도상수를 모두 100배로 줄이고 무엇을 발견하였는지 기술하여라.

(iii) 새로운 출구 전화율 및 온도를 찾기 위한 X 대 T를 플롯하기 위하여 그림 E12-3.2 및 방정식 (E12-4.4)를 사용하여라.

(iv) Jofostan 화학공학 웹사이트의 기타 자료에는 $\Delta H^{\circ}_{Rx} = -38{,}700$ Btu/lb-mol 및 $\Delta C_P = 29$ Btu/lb-mol/°F가 표시된다. 이러한 값들이 결과를 어떻게 바꿀 것인가?

(v) 열교환기 면적의 함수로서 전화율을 플롯하고[$0 < A < 200$ ft^2], 결론을 작성하여라.

(g) 예제 12-5: 열효과가 있는 PFR에서의 병렬반응

Wolfram

(i) 동일한 유량의 B와 C를 생산하기 위하여 A의 초기 농도는 어느 정도여야 하는가? 결론을 기술하여라.

(ii) 이 반응에 대해 열교환기를 설계할 업체에 열전달계수(heat transfer coefficient) 값을 제공해야 한다. 반응기 끝에서 A의 전화율이 100%이면서 B의 선택도가 최대가 되도록 하는 최적의 값은 무엇인가?

Polymath

(iii) 왜 온도가 최대값을 갖는가? 압력강하가 있는 경우 $\alpha = 1.05$ dm^{-3}?

(iv) 반응이 450 K에서 $K_C = 10$을 갖는 가역반응이라면 어떻게 될까?

(v) Ua가 증가하면 선택도가 어떻게 변하나? 감소하면?

(h) 예제 12-6: CSTR에서의 복수반응(LEP 사용)

Wolfram

(i) 하나 이상의 정상상태 해가 존재하도록 유지할 수 있는 최대 냉각유체의 온도는 얼마인가?

(ii) 정상상태 해를 얻기 위한 A의 주입 온도에 대한 운전범위는?

(iii) 10,000에서 80,000 사이에서 Ua를 변화시키고 설명하고, 정상상태 해의 수가 어떻게 변화하는지 설명하여라.

(iv) 실험 (i)~(iii)을 수행한 것으로부터 얻은 결론을 서술하여라.

(i) 예제 12-7: 복합반응-안전

Wolfram

(i) 병류: 반응기에 압력강하가 있을 때 온도 및 몰유량 프로필을 탐색하여라. 압력강하가 50%일 때 생산품의 유량은 얼마나 되겠는가?

(ii) 병류: C의 선택도가 1이 되도록 하기 위해서 어떤 파라미터를 변경하겠는가? 파라미터값은?

(iii) 일정한 T_a: 총괄열전달계수가 제품의 흐름속도에 어떤 영향을 미치는가? 최소로 유지해야 하는가 아니면 최대로 유지해야 하는가? 설명하여라.

(iv) 일정한 T_a: 프로필에 거의 영향을 미치지 않는 변수는? 이유를 설명하여라.

(v) 단열: 10 dm^3 대신 5 dm^3의 소형 원자로를 사용하여 자본 비용을 절감하고자 하는 경우 기본 경우와 동일한 반응물 및 제품 흐름속도를 얻기 위해 어떤 파라미터를 변경하겠는가?

(vi) (i)~(v)의 실험에서 배운 내용을 써 보아라.

Polymath

(vii) V의 함수로 Q_g 및 Q_r을 플롯하여라. 당신은 어떻게 최대 온도를 700 K 이하로 유지할 수 있는가? 비활성 화합물을 추가하면 도움이 되고, 그렇다면 유량은 10 cal/mol/K일 때 얼마가 되어야 하는가?

(viii) 수치를 보라. 화합물 D는 어떻게 되었는가? 화합물 D는 어떤 조건을 더 만들 것을 제안하겠는가?

(ix) 온도표(예, 최대 T, T_a)와 어금니 유량표를 2~3 부피로 설정하여 서로 다른 열교환기 작동을 비교한다.

(x) C의 어금니 유량이 최대값을 넘지 않는 이유가 무엇이라고 생각하는가? 최대값을 통과하는 조건이 있는지 확인하기 위해 일부 파라미터에 따라 달라짐 먼저 F_{A0}를 5배 증가시킨다.

(xi) 이 문제에 압력을 포함시켜라. 압력강하 파라미터($0 < \alpha\rho_b < 0.0999\ dm^{-3}$)를 변경시켜서 찾은 것을 기술하고 결론을 적어 보아라.

(j) 식 (12-5)를 도출한 단계와 절차를 검토한 후, 유추하여 식 (12-35)를 도출한다.

(k) **CRE 웹사이트 SO_2 예제 PRS-R12.4-1.** SO_2 산화 **LEP R12-1**을 내려받아라. (1) 촉매 입자 직경이 반으로 잘린 경우 결과가 어떻게 변하는가? (2) 압력이 2배로 증가하였는가? 다공성이 변하지 않는다고 가정할 때 압력강하가 동일한 촉매 무게에 중요한 입자의 크기는? (3) 초기 온도와 Coolant의 온도를 변경하였는가? 당신이 발견한 것을 설명하는 단락을 써 보아라.

(l) **SAChE.** SAChE 웹사이트 *www.sache.org*를 방문하여라. 문제가 있는 모듈을 얻기 위해서는 여러분의 강사 또는 학과장이 SAChE 웹사이트의 사용자이름과 암호를 가지고 있어야 한다. 왼쪽 메뉴에서 "SAChE Products"를 선택하여라. "All"탭을 선택하고 "Safety, Health and the Environment(S, H & E)"라는 제목의 모듈로 이동하여라. 문제는 KINETICS(즉, CRE)에 있다. 위의 S, H & E 선택 항목 각각에 "K"로 표시된 몇 가지 문제와 설명이 있다. 그 문제에 대한 풀이는 그 사이트의 다른 섹션에 있다. 특히 살펴볼 곳은, *Loss of Cooling Water* (K-1), *Runaway Reactions* (HT-1), *Design of Relief Values* (D-2), *Temperature Control and Runaway* (K-4) (K-5), 그리고 *Runaway and the Critical Temperature Region* (K-7)이다. K 문제를 살펴보고 여러분이 배운 것에 대해 한 단락으로 써 보아라.

P12-2$_B$ **(a)** **COMSOL**

웹사이트의 COMSOL LEP를 사용하여 관형반응기의 반경방향 효과를 살펴보아라. 웹사이트의 확장자료는 이 LEP를 자세히 설명한다(*http://www.umich.edu/~elements/5e/12chap/expanded_ch12_radial.pdf*). COMSOL 접속 및 사용 방법에 대한 지침서는 *http://www.umich.edu/~elements/5e/12chap/comsol.html*에서 확인할 수 있다.

(i) 열전달계수 U에 따라 달라지며, 전화율 및 온도 프로필에 미치는 영향을 관찰한다. 왜 U의 값이 큰 값이 아니라 작은 값일 때 프로필에 대한 U의 영향이 큰가?

(ii) 열전도도가 전화율에 미치는 영향은? 최소화할 것인가 아니면 최대화할 것인가?

(iii) 최대 전화율 프로필이 1이 되기 위하여는 어떤 파라미터를 변경해야 하는가? 그 파라미터의 값은 무엇인가?

(iv) 속도 분포가 플러그흐름($U = U_0$)으로 변경되면 프로필이 어떻게 변경되는가? 관찰을 기반으로 두 가지 프로필, 즉 층류와 플러그흐름 중 큰 전화율을 얻는 데 어느 것이 권장되는가? 속도 분포 변화가 온도 분포에 어떤 영향을 미치는가?

(v) 직관적으로, 반경방향 전화율이 확산계수에 따라 어떻게 변할 것으로 예상하는가? 직감에 대한 이유를 설명하여라. 확산계수를 변경하여 이것을 증명하여라. 축방향 및 반경방향 전화율을 조사하고 두 가지 결론을 작성하여라.

$P12\text{-}3_B$ **표 12-2.2의 반응에 대한 PFR의 컴퓨터 실험.** PBR의 온도 영향을 더 잘 이해하려면 웹사이트에서 실전 예제 문제 표 12-2, **LEP T12-2**를 내려받아 다양한 파라미터를 변경하면 전화율 및 온도 프로필이 어떻게 변경되는지 알아보아라.

이것은 셜록 홈즈 문제이다. 기본 경우를 시작으로 오직 하나의 파라미터를 최대값과 최소값 사이에서 변화시켜 다음과 같은 그림을 얻었다. 어떤 운전 변수(예, T_0), 물성값(예, C_{P_A}) 또는 엔지니어링 변수(예, $\frac{U_a}{\rho_b}$)를 변경하였는지 찾아보아라. 다음 항목 중에서 선택하여라.

$k_1, E, R, C_{T0}, T_a, T_0, T_1, T_2, K_{C2}, \Theta_B, \Theta_I, \Delta H^\circ_{Rx}, C_{P_A}, C_{P_B}, C_{P_C}, Ua, \rho_b$

(a) Operating Variable Answer: ______ **(b)** Operating Variable Answer: ______

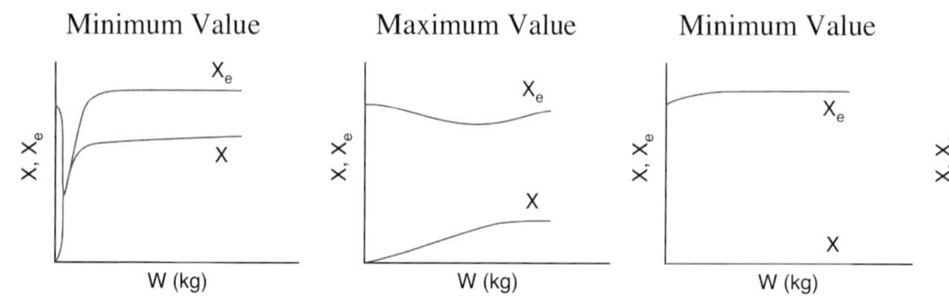

(c) Operating Variable Answer: ______ **(d)** Operating Variable Answer: ______

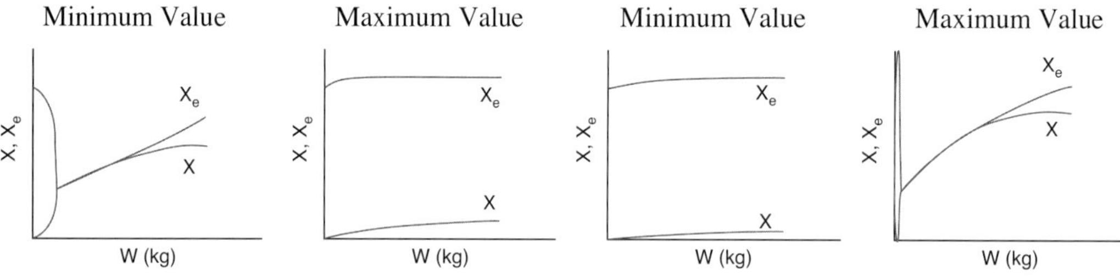

(e) Operating Variable Answer: ______

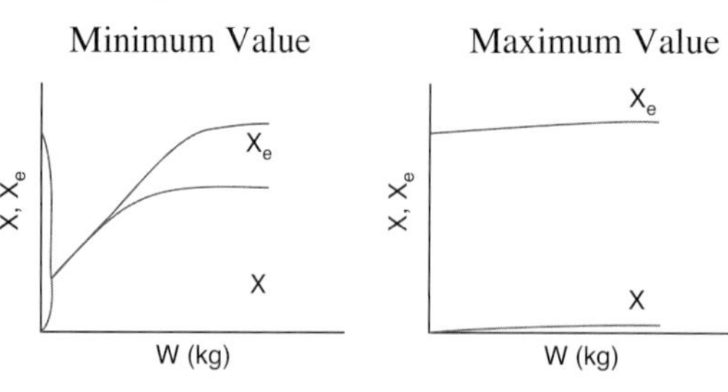

■ 대화형 컴퓨터 게임

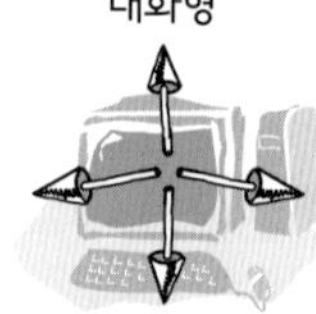

$P12\text{-}4_A$ CRE 웹사이트에서 대화형 컴퓨터 게임(ICG)을 내려받아라. 이 게임을 실행하고 수행번호(performance number)를 기록하여라. 수행번호는 그 내용을 얼마나 이해하는가에 대한 숙달 정도(mastery)를 나타낸다. **참고:** 시뮬레이션 (b), 반응기 4와 그 이상은 기술자가 반응기를 만지기 때문에 처음 세 개의 반응기에 대해서만 수행하여라.

(a) ICG 열효과 농구 1 수행번호 # ____________

(b) ICG 열효과 시뮬레이션 2 수행번호 # ____________

■ 문제

P12-5$_C$ **안전 문제.** 다음은 델라웨어주 윌밍턴시의 신문 더모닝뉴스(*The Morning News*, Wilmington, Delaware; 1977년 8월 3일자)에서 발췌한 것이다: "조사자들은 (새로운 아산화질소 공장이 파괴된) 원인 조사 과정에서 폭발의 파편들을 면밀히 조사하였다. 공장 대변인은 (치명적인) 폭발이 아산화질소 생산에 사용되는 다른 가스-질산암모늄-에 의한 것 같다고 발표하였다." 200°F의 83 wt% 질산암모늄과 17 wt% 물 용액이 약 510°F에서 운전되는 CSTR에 공급된다. 용융된 질산암모늄이 기상의 아산화질소와 수증기로 바로 분해된다. 계 내에서 압력 요동이 관찰되었고, 이에 따라 반응기로 공급되는 용융된 질산암모늄이 폭발하기 약 4분 전에 차단된 것으로 보인다.

CSTR에 원료공급이 중단된 시점에서 반응기 내에는 500 lb_m의 질산암모늄이 있었다고 가정하자. 반응기 내의 실질적인 전화율은 약 99.99%이다.

추가 정보(실제 경우에 가까운 추정치):

500°F에서 $\Delta H^{\circ}_{Rx} = -336$ Btu/lb_m 질산암모늄(일정)

$C_P = 0.38$ Btu/lb_m 질산암모늄·°F

$C_P = 0.47$ Btu/lb_m 수증기·°F

$$-r_A V = kC_A V = k\frac{M}{V}V = kM(\mathbf{lb_m/h})$$

여기서 M은 CSTR 내에 있는 질산암모늄의 질량(lb_m)이고, k는 다음의 관계로 주어진다.

T (°F)	510	560
k (h^{-1})	0.307	2.912

물과 수증기의 엔탈피는 다음과 같다.

$$H_w(200°F) = 168\ \mathrm{Btu/lb_m}$$
$$H_g(500°F) = 1202\ \mathrm{Btu/lb_m}$$

(a) 이 폭발의 원인을 설명할 수 있겠는가? **힌트**: 연습문제 P13-3$_B$ 참조.

(b) 반응기로 들어가는 원료의 유량은 차단 직전에 시간당 310 lb_m의 용액이었다면, 운전이 정지되기 직전에 반응기 내부 온도는 정확히 얼마였는가? **힌트**: 온도의 함수로 Q_r과 Q_g를 같은 그래프상에 플롯하여라.

(c) 이와 같은 반응은 어떻게 시작하고, 정지시키고, 제어할 수 있는가?

(d) 이 문제를 탐구하고 발견한 것을 기술하여라. 예를 들면, 열교환기 $UA\ (T - T_a)$를 추가하여 UA와 T_a의 값을 정하고 $R(T)$ 대 $G(T)$를 플롯하여라.

(e) 무엇이 이 문제의 주된 관점이 되는지를 논하여라. 이 문제에 대한 착상은 벤 호로위츠(Ben Horowitz)의 논문에서 발췌하였다.

P12-6$_B$ 흡열 액상 기초반응이

$$A + B \rightarrow 2C$$

단일 스팀재킷(single steam-jacket)을 가진 연속 교반형 반응기에서 반응이 완료될 때까지 충분히 진행된다(표 P12-6$_B$). 다음의 자료를 이용하여, 정상상태 반응기 온도를 계산하여라.

반응기 부피: 125 gal

스팀재킷 면적: 10 ft^2

재킷 스팀: 150 psig(포화온도 365.9°F)

재킷의 총괄열전달계수, U: 150 Btu/h·ft^2·°F

교반기 축 마력(agitator shaft horsepower): 25 hp

반응열, $\Delta H^{\circ}_{Rx} = +20{,}000$ Btu/lb-mol of A(온도와 무관)

표 P12-6$_B$ 원료 조건과 성질

	성분		
	A	*B*	*C*
원료(lb-mol/hr)	10.0	10.0	0
원료 온도(°F)	80	80	—
비열(Btu/lb-mol·°F)*	51.0	44.0	47.5
분자량	128	94	111
밀도(lb_m/ft^3)	63.0	67.2	65.0

*온도에 무관 (**답**: T = 199°F)
(캘리포니아 측량 전문 등록 위원회 제공)

P12-7$_B$ 다음 반응에 대해서 문제 P11-4$_A$에 있는 자료를 사용하여라. 기초, 비가역, 유기 액상반응이

$$A + B \longrightarrow C + I$$

흐름반응기에서 수행된다. 27°C에서 A와 B가 등몰로 공급된다. 부피유량은 2 dm^3/s이고 C_{A0} = 0.1 $kmol/m^3$이다. 자료를 이용하여 다음을 풀어라.

추가 정보:

H_A° (273 K) = −20 kcal/mol, H_B°(273 K) = −15 kcal/mol, H_C° (273 K) = −41 kcal/mol

$C_{P_A} = C_{P_B}$ = 15 cal/mol · K C_{P_C} = 30 cal/mol · K

$k = 0.01 \dfrac{dm^3}{mol \cdot s}$ @ 300 K E = 10,000 cal/mol

$Ua = 20 cal/m^3/s/K$ $\dot{m}_C = 50 g/s$

$T_{a0} = 450K$ $C_{P_{Cool}} = 1 cal/g/K$

(a) 반응이 하나의 500 dm^3 CSTR에서 단열 조건에서 일어날 때 전화율을 구하고, 직렬연결된 두 개의 250 dm^3 단열 CSTR에서의 결과와 비교하여라.
가역반응(P11-4$_A$의 **(d)**)이 열교환기가 있는 PFR에서 일어난다고 하자. 다음 경우들에 대하여 X, X_e, T, T_a, Q_r, Q_g, 그리고 속도 $-r_A$를 플롯하고 분석하여라.
(b) 일정한 열교환기 온도 T_a
(c) 병류 열교환기 T_a (**답**: V = 10 m^3에서 X = 0.36과 T = 442 K)
(d) 향류 열교환기 T_a (**답**: V = 10 m^3에서 X = 0.364와 T = 450 K)
(e) 단열운전
(f) 모든 결과(예, X, X_e, T, T_a)를 비교하는 표를 만들어라. 발견한 것을 기술하는 문단을 작성하여라.
(g) V의 함수로서 등온운전에 필요한 Q_r와 T_a를 플롯하여라.

P12-8$_A$ P11-7$_B$에서 논의된 기상 가역반응이

$$A \rightleftarrows B$$

지금은 압력강하가 있는 반응기에서 고압으로 진행된다. 원료는 2 대 1로 화합물 A에 대한 비활성 화합물 I의 비로 구성되어 있다. 300 K 온도에서 주입하는 A의 몰유량은 5 mol/min이고 농도는 2 mol/dm^3이다. 이 문제를 부피 항으로 다루어라. 힌트: $V = W/\rho_B$, $r_A = \rho_B r'_A$.

추가 정보:

$F_{A0} = 5.0$ mol/min	$T_0 = 300$ K	$\Delta H_{Rx} = -20{,}000$ cal/mol	$\alpha\rho_b = 0.02\ dm^{-3}$
$C_{A0} = 2\ mol/dm^3$	$T_1 = 300$ K	$K_C = 1{,}000$ @ 300 k	Coolant
$C_I = 2\ C_{A0}$	$k_1 = 0.1\ min^{-2}$ at 300 K	$C_{P_B} = 160$ cal/mol/K	$\dot{m}_C = 50$ mol/min
$C_{P_I} = 18$ cal/mol/K	$Ua = 150\ cal/dm^3/min/K$	$\rho_B = 1.2\ kg/dm^3$	$C_{P_{Cool}} = 20$ cal/mol/K
$C_{P_A} = 160$ cal/mol/K	$T_{a0} = 300$ K		
$E = 10{,}000$ cal/mol	$V = 40\ dm^3$		

다음과 같은 경우 PFR에서 X, X_e, T, T_a 및 속도($-r_A$) 프로필을 플롯하고 분석하여라. 각각의 경우에, 왜 곡선이 그렇게 보이는지 설명하라.

(a) 병류 열교환

(b) 향류 열교환 (**답**: $V = 20\ dm^3$이면 $X = 0.86$, $X_e = 0.94$)

(c) 일정한 열교환기 온도 T_a

(d) 위의 각 결과와 단열운전에 대한 결과를 비교하고 대조하여라(예를 들어 각 경우에 얻은 X와 X_e의 플롯이나 표 만들기).

(e) 일부 파라미터를 변경하고, 즉 ($0 < \Theta_I < 10$), 발견한 것을 기술하여라.

(f) 등온 운전을 유지하는 데 필요한 V의 함수로서 Q_r과 T_a를 플롯하여라.

P12-9$_A$ **열효과와 압력강하가 있는 PBR에서의 반응을 위한 알고리즘**

P11-8$_B$에 있는 기초 기상반응은

$$A + B \rightleftarrows 2C$$

현재 계속 PBR에서 진행된다. 주입 몰유량은 $F_{A0} = 5$ mol/s, $F_{B0} = 2F_{A0}$, $F_I = 2F_{A0}$이며 $C_{A0} = 0.2\ mol/dm^3$이다. 주입 온도는 325 K이며 냉각매체 유체는 300 K에서 사용할 수 있다.

추가 정보:

$$C_{P_A} = C_{P_B} = C_{P_C} = 20\ \text{cal/mol/K} \qquad k = 0.0002\frac{dm^6}{kg\cdot mol\cdot s}\ @300\ K$$

$$C_{P_A} = 18\ \text{cal/mol/K} \qquad \alpha = 0.00015\ kg^{-1} \qquad Ua = 320\frac{cal}{s\cdot m^3\cdot K}$$

$$E = 25\frac{kcal}{mol} \qquad \dot{m}_C = 18\ mol/s \qquad \rho_b = 1400\frac{kg}{m^3}$$

$$\Delta H_{Rx} = -20\frac{kcal}{mol}\ @298K \qquad C_{P_{Cool}} = 18\ \text{cal/mol (coolant)}$$

$$K_C = 1000\ @305K$$

다음 경우에 대해서 PFR의 길이를 따라서 X, X_e, T, T_a, $-r_A$를 플롯하여라.

(a) 병류 열교환

(b) 향류 열교환

(c) 일정한 열교환기 온도 T_a

(d) **(a)**, **(b)**, **(c)**에 대한 결과를 단열운전에 관한 결과와 비교, 대조하고, 발견한 것을 기술하는 단락을 작성하여라.

P12-10$_B$ 다음 반응에 대해서 문제 P11-4$_A$ 및 P12-7$_A$의 데이터를 사용하여라.

$$A + B \longrightarrow C + D$$

(a) 450 K에서 K_C = 10 m^3/kmol인 가역반응일 때 10 dm^3의 PFR 반응기 부피까지 전화율, Q_r, Q_g 및 온도 프로필을 플롯하고 분석하여라. 평형전화율 프로필을 플롯하고 분석하여라.

(b) 열교환기를 추가하고, Ua = 20 cal/m^3/s/K, 냉각매체 온도는 T_a = 450 K에서 일정할 때 **(a)**를 반복하여라.

(c) 병류 열교환기와 향류 열교환기 모두에 대해 **(b)**를 반복한다. 냉각매체 유량은 50 g/s, C_{P_C} = 1 cal/g·K이며, 주입 냉각유체 온도는 T_{a0} = 450 K이다. 냉각매체의 유량을 변화시켜라($10 < \dot{m}_c < 1{,}000$ g/s).

(d) 등온 운전을 유지하는 데 필요한 V의 함수로서 Q_r과 T_a를 플롯하여라.

(e) 답을 **(a)**에서 **(d)**까지 비교하고 발견한 것을 기술하여라. 어떤 일반화를 할 수 있는가?

(f) 반응이 비가역적이고, ΔH°_{Rx} = 6,000 cal/mol로 흡열일 때 **(c)**와 **(d)**를 반복하여라. T_{a0} = 450 K를 선택하여라.

P12-11$_B$ 재킷 열교환기에 의해 열을 제거하는 경우에 대해서 문제 P11-4$_A$ 및 P12-7$_A$의 반응 데이터를 사용하여라. 재킷을 통한 냉각매체 유량은 주변 교환기 온도가 T_a = 50°C로 일정할 정도로 충분히 높다.

$$A + B \longrightarrow C$$

(a) **(1)** 온도 전화율, Q_r, Q_g를 프로필을 플롯하고 분석하여라.

$$\frac{Ua}{\rho_b} = 0.08 \frac{J}{s \cdot \text{kg-cat} \cdot K}$$

여기서

ρ_b = 촉매의 벌크밀도 (kg/m^3)

a = 반응기 부피당 열교환 면적 (m^2/m^3)

U = 총괄열전달계수 (J/s · m^2 · K)

(2) Ua/ρ_b를 3000배 증가시키면 프로필은 어떻게 변할 것인가?

(3) α = 0.019 kg^{-1}의 압력강하가 있다면?

(b) 50°C의 냉각유체 주입 온도 및 $\dot{m}_c$ = 0.2 kg/s, C_{P_C} = 5,000 J/kg K에 대해서 병류, 향류, 단열운전에 대해서 **(a)**를 반복하여라.

(c) 80 kg의 촉매에 대해서 "유동화(fluidized)" CSTR에서 X와 T를 찾아라.

$$UA = 500 \frac{J}{s \cdot K}, \qquad \rho_b = 1 \text{ kg/m}^3$$

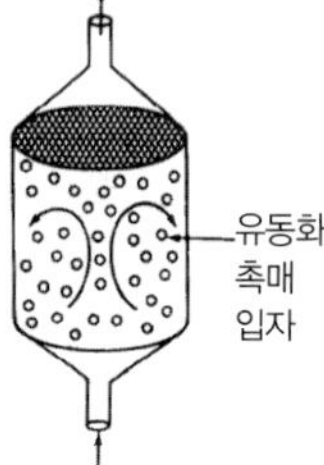

(d) 다음과 같은 역반응상수를 갖는 가역반응을 가정하고, W = 80.0 kg에 대해 **(a)** 및 **(b)**를 반복하여라.

$$k_r = 0.2 \exp\left[\frac{E_r}{R}\left(\frac{1}{450} - \frac{1}{T}\right)\right]\left(\frac{dm^6}{\text{kg-cat} \cdot \text{mol} \cdot s}\right); \qquad E_r = 51.4 \text{ kJ/mol}$$

주입 온도 T_0을 변화시키고 발견한 것을 기술하여라.

(e) 이 문제의 자료를 사용하거나 수정하여 다른 질문이나 계산을 제안하여라. 왜 여러분의 질문이 비판적 사고나 창의적인 사고를 필요로 하는지 설명하여라. 서문 G절과 *http://www.umich.edu/~scps* 참조.

P12-12$_C$ 충전층 멤브레인 반응기의 에너지수지식을 유도하여라. 수지식을 문제 P11-5$_A$의 반응

$$A \rightleftarrows B + C$$

에 적용하여라. 단 여기서는 300 K에서 K_C = 1.0 mol/dm^3인 가역반응으로 가정한다. 화합물 C는 k_C = 1.5 s^{-1}의 값으로 멤브레인 밖으로 확산된다.

(a) 반응이 단열적으로 수행될 때 다른 값의 K_C에 대한 농도 프로필을 작성한 후 분석하여라.

(b) 열전달계수가 Ua = 30 J/s·kg-cat·K이고, T_a = 50°C일 때 **(a)**를 반복하여라.

P12-13$_B$ 옳은 답에 동그라미를 하시오.

(a) A가 B가 되는 기초 가역 이성질화반응이 충전층반응기에서 수행된다. 다음과 같은 프로필을 얻었다.

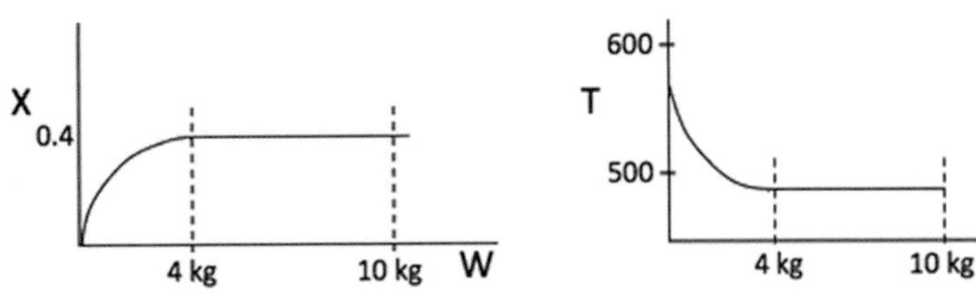

총 주입 부피유량이 일정하게 유지될 경우, 공급흐름에 비활성 화합물을 첨가하면 아래 어떤 가능성이 있는가?

A) 전화율을 증가시킨다.

B) 전화율을 감소시킨다.

C) 효과가 없다.

D) 알려준 정보가 부족함.

(b)

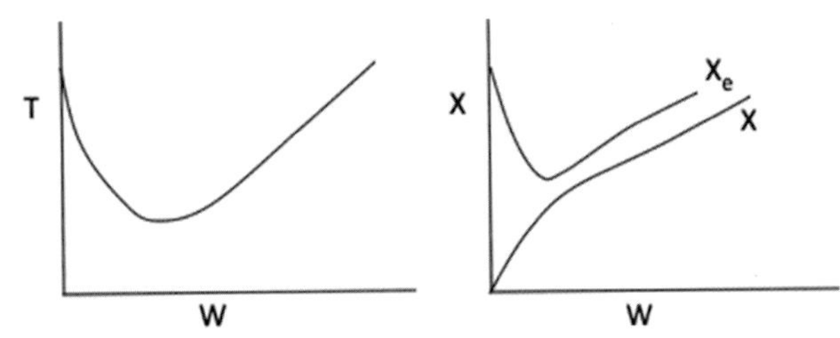

다음 중 옳은 것은?

A) 위의 반응은 단열일 수 있다.

B) 위의 반응은 일정한 냉각온도를 갖는 발열일 수 있다.

C) 위의 반응은 일정한 가열온도를 갖는 흡열일 수 있다.

D) 위의 반응은 2차일 수 있다.

(c) PBR 하류 방향의 촉매 무게의 함수로서 전화율이 아래에 표시되었다.

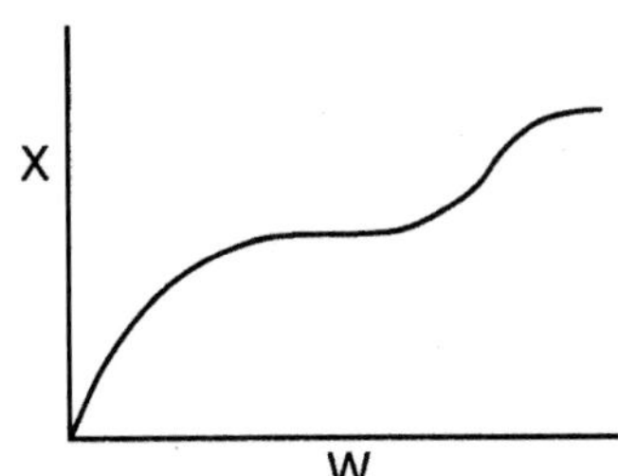

다음 중 틀린 문장은 무엇인가?

A) 반응은 1차 흡열일 수 있고, 단열로 수행될 수 있다.

B) 반응은 1차 흡열일 수 있고, 반응기는 일정한 T_a로 길이를 따라가면서 가열된다.

C) 반응은 2차 발열일 수 있고, 일정한 T_a로 반응기 길이를 따라 냉각된다.

D) 반응은 2차 발열일 수 있고, 단열로 수행될 수 있다.

E) 반응은 비가역적일 수 있다.

위의 **(a)**~**(c)**와 유사한 개념적 문제를 보기 위해서 *http://www.umich.edu/~elements/5e/12chap/iclicker_ch12_q1.html*을 방문하여라.

P12-14$_A$ 비가역반응이

$$A + B \longrightarrow C + D$$

CSTR에서 단열 조건에서 수행된다. "발생한 열" $G(T)$와 "제거된 열" $R(T)$ 곡선이 그림 P12-14$_A$에 나타나 있다.

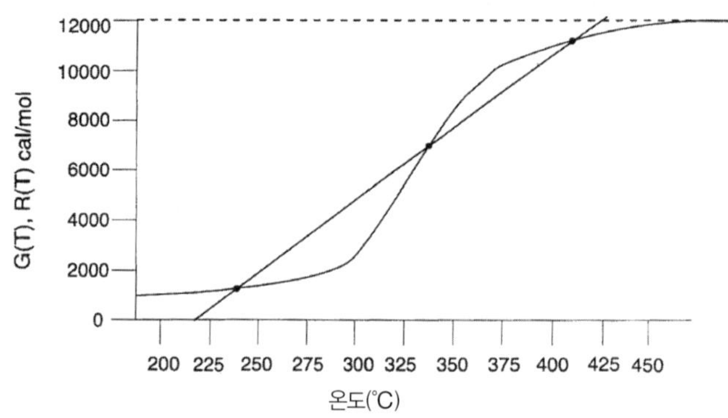

그림 P12-14$_A$ 제거된 열 $R(T)$와 발생한 열 $G(T)$ 곡선

(a) 이 반응의 ΔH_{Rx}는 얼마인가?

(b) 도입 점화온도(ignition temperature)와 소화온도(extinction temperature)는 얼마인가?

(c) 각각의 도입 점화온도와 소화온도에 해당하는 반응기의 모든 상응 온도는 얼마인가?

(d) 도입 점화온도와 소화온도에서 전화율은 얼마인가?

P12-15$_B$ 1차 비가역 발열 액상반응이 다음과 같이 재킷이 있는 CSTR에서 진행되고 있다.

$$A \rightarrow B$$

화합물 A와 비활성 화합물 I가 같은 몰수로 반응기에 공급된다. A의 몰유량은 80 mol/min이다.

추가 정보:

비활성 화합물의 열용량: 30 cal/mol·°C	$\tau = 100$ min
A와 B의 열용량: 20 cal/mol·°C	$\Delta H^\circ_{Rx} = -7500$ cal/mol
UA: 8,000 cal/min·°C	$k = 6.6 \times 10^{-3}\ \text{min}^{-1}$ (350K)
주위 온도, T_a: 300 K	$E = 40{,}000$ cal/mol·K

(a) 원료 온도 450 K에 대한 반응기 온도는 얼마인가?

(b) 반응기 온도를 원료 온도의 함수로 플롯하고 분석하여라.

(c) 높은 전화율로 반응기를 운전하기 위해서는 유체의 입구 온도를 얼마까지 예열시켜야 하는가? 이와 같은 입구 온도에서 CSTR 내에 있는 유체의 온도와 전화율은 얼마인가?

(d) 주입 유체를 **(c)**의 경우보다 5°C 높게 가열하다가 다시 20°C 냉각시켜 그대로 유지시킨다. 이때 전화율은 어떻게 되겠는가?

(e) 이 반응계에서 입구 소화온도는 얼마인가? (**답:** $T_0 = 87$°C)

$\mathbf{P12\text{-}16_B}$ 기초 가역 액상반응이 열교환기가 설치된 CSTR에서 다음과 같이 일어난다.

$$A \rightleftarrows B$$

순수한 A가 반응기에 도입된다.

(a) 반응열, 평형상수 및 온도 등의 함수로 $G(T)$를 계산하는 식을 유도하여라. T = 400 K에서의 $G(T)$를 샘플 계산을 보여라.

(b) 정상상태 온도는 얼마인가? (**답:** 310, 377, 418 K)

(c) 어느 정상상태가 국부적으로 안정(locally stable)한가?

(d) 상부 정상상태(upper steady state)에 상응하는 전화율은 무엇인가?

(e) 주위 온도 T_a를 변화시켜서 T_a의 함수로 반응기 온도를 플롯하고, 점화온도와 소화온도를 찾아라.

(f) 반응기 내의 열교환기가 갑자기 멈추면(즉, UA = 0), 새로운 상부 정상상태에 이르는 반응기 온도와 전화율은 어떻게 되겠는가? (**답:** 431 K)

(g) 최대전화율을 얻을 수 있는 열교환기 곱, UA는 무엇인가?

(h) 비판적인 사고(critical thinking)를 요구하는 질문 한 개를 쓴 후 왜 이 질문이 비판적인 사고가 필요한지에 대한 이유를 설명하여라. (**힌트:** 서문 G절 참고)

(i) 단열 분출 유량(adiabatic blowout flow rate) υ_0은 얼마인가?

(j) 하부 정상상태(lower steady state)에서 운전하고자 한다. 폭주반응을 예방할 수 있는 파라미터값은 어떤 것이 있는가? 예를 들면 상부 정상상태(upper SS).

추가 정보:

$UA = 3600$ cal/min · K	$E/R = 20{,}000$ K
$C_{P_A} = C_{P_B} = 40$ cal/mol · K	$V = 10\ \text{dm}^3$
$\Delta H^\circ_{Rx} = -80{,}000$ cal/mol A	$\upsilon_0 = 1\ \text{dm}^3/\text{min}$
$K_C = 100$ (400 K에서)	$F_{A0} = 10$ mol/min
$k = 1\ \text{min}^{-1}$ (400 K에서)	
주위 온도, $T_a = 37^\circ\text{C}$	원료 온도, $T_0 = 37^\circ\text{C}$

$\mathbf{P12\text{-}17_B}$ 다음의 액상 가역반응은

$$A \rightleftarrows B$$

열교환기가 있는 12 dm³의 CSTR에서 진행된다. 유입 온도 T_0와 열교환 매체 온도 T_a는 330 K이다. 비활성 화합물과 A는 같은 몰수로 혼합되어 유입된다.

(a) 온도 T를 선택하고, $G(T)$의 계산을 수행하여 당신의 계산이 당신이 선택한 온도에서 아래에 표시된 곡선의 해당 $G(T)$ 값과 일치함을 보여라.

(b) CSTR에서 출구 전화율과 온도를 찾아라. X = _____ T = _____.

(c) 어떤 주입 온도 T_0가 최대전화율을 주는가? T_0 = _____ X = _____.

(d) 열교환시스템(즉, U = 0)이 고장 나면 출구 전화율과 온도는 어떻게 될 것인가?

(e) 주입 점화온도와 소화온도를 찾을 수 있는가? 만약 그렇다면, 그 온도는 무엇인가? 만약 그렇지 않다면, 다음 문제로 넘어가라.

(f) 서문 G절을 사용하여 다른 질문을 하여라.

추가 정보:

이 반응의 $G(T)$ 곡선은 아래처럼 주어져 있다.

$C_{P_A} = C_{P_B} = 100$ cal/mol/K, $C_{P_I} = 150$ cal/mol/K $\quad k = 0.001\ \text{h}^{-1}$ @ 300 K with $E = 30{,}000$ cal/mol

$F_{A0} = 10$ mol/h, $C_{A0} = 1$ mol/dm^3, $\upsilon_0 = 10$ dm^3/h $\quad K_C = 5{,}000{,}000$ @ 300 K

$\Delta H^\circ_{Rx} = -42{,}000$ cal/mol $\quad UA = 5000$ cal/h/K

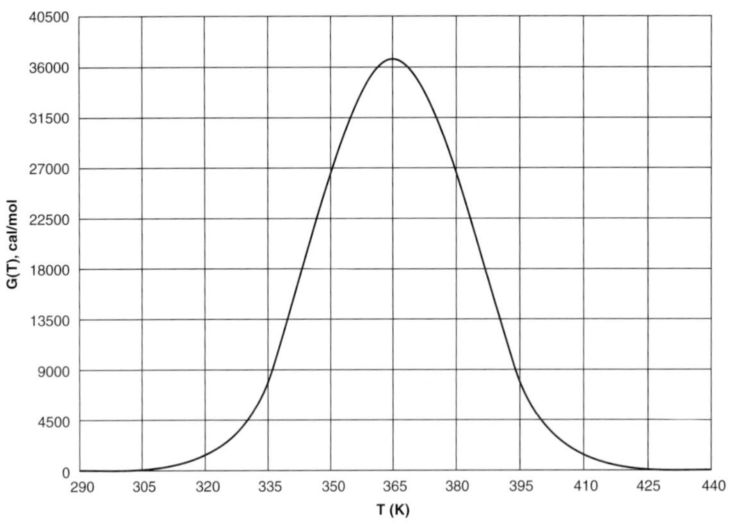

P12-18$_C$ 다음의 기상 기초반응은

$$2A \rightleftarrows C$$

충전층반응기에서 일어난다. 순수한 A가 450 K, 유량 10 mol/s, 농도 0.25 mol/dm^{3}로 유입된다. PBR은 촉매 90 kg이 충전되어 있고, 500 K의 냉각매체를 사용하는 열교환기로 둘러싸여 있다. 네 종류의 열교환기로부터 얻을 수 있는 전화율을 비교하여라: 단열운전, 일정 T_a, 병류 열교환, 향류 열교환.

추가 정보:

$\alpha = 0.019$/kg-cat	$C_{P_C} = 20$ J/mol/K
$Ua/\rho_b = 0.8$ J/kg-cat·s·K	$F_{A0} = 10$ mol/h
$\Delta H_{Rx} = -20{,}000$ J/mol	$C_{A0} = 1$ mol/dm^3
$C_{P_A} = 40$ J/mol·K	$\upsilon_0 = 10$ dm^3/h

P12-19$_C$ 그림 P12-19$_C$에 보이는 충전층반응기에서 반응이 수행된다.

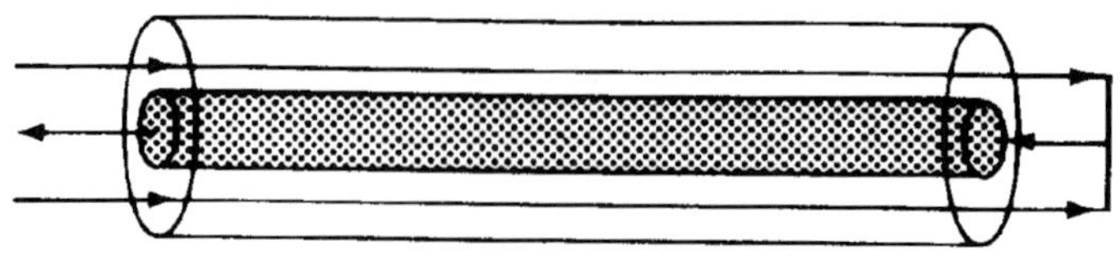

그림 P12-19$_C$ 열교환이 있는 PFR

반응물은 외부 단열 튜브와 촉매가 포함된 내부 튜브 사이의 환형 공간으로 들어간다. 환형 공간에서는 어떤 반응도 일어나지 않는다. 이 충전층반응기로의 기체와 환형 공간에서의 향류 기체의 열전달은 반응기의 길이를 따라 일어난다. 총괄열전달계수는 5 W/m^2·K이다. 문제 P12-7$_B$에 주어진 데이터에 대한 반응기 길이의 함수로서 전화율과 온도를 플롯하여라.

P12-20$_B$ 아래 반응이 충전층반응기에서 수행된다.

$$A + B \rightleftarrows 2C$$

4가지 열교환 사례, 즉 단열, 일정 온도 T_a, 병류 교환 및 향류 교환에 대해 다음과 같은 온도와 전화율 프로필을 일치시켜라.

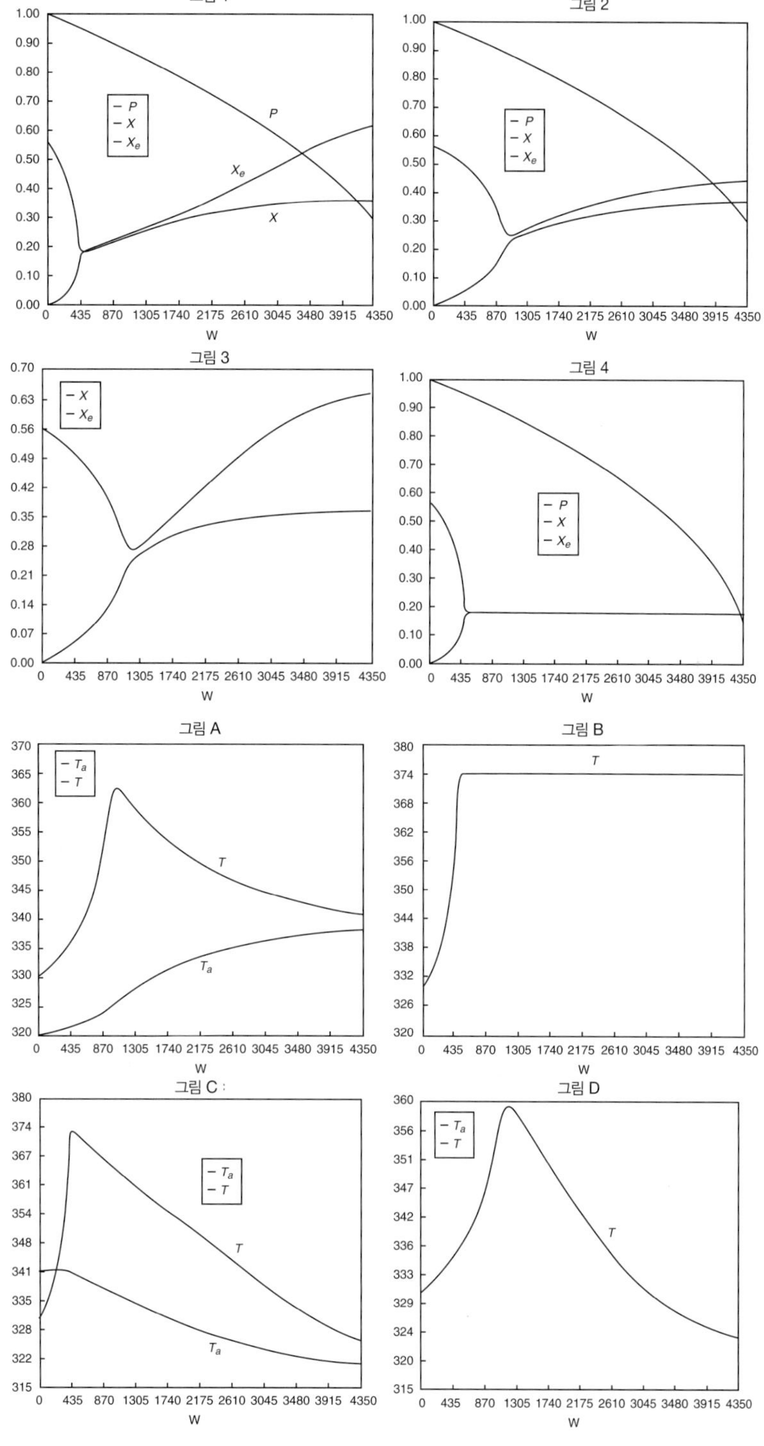

(a) 그림 1은 그림 ___와 부합한다.

(b) 그림 2는 그림 ___와 부합한다.

(c) 그림 3은 그림 ___와 부합한다.

(d) 그림 4는 그림 ___와 부합한다.

P12-21$_B$ 비가역 액상반응이 열교환기가 있는 PFR에서 수행된다.

반응 (1) $\quad A + B \rightarrow 2C \quad r_{1C} = k_{1C}C_AC_B$

반응 (2) $\quad 2B + C \rightarrow D \quad r_{2D} = k_{2D}C_BC_C$

반응기와 냉각매체의 온도에 대해 다음과 같은 온도 프로필을 얻었다.

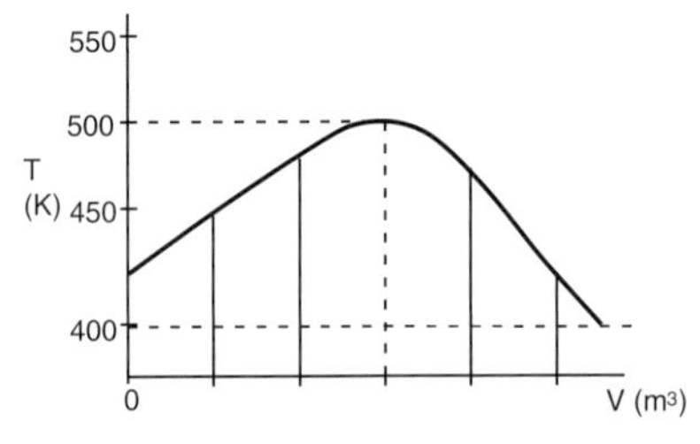

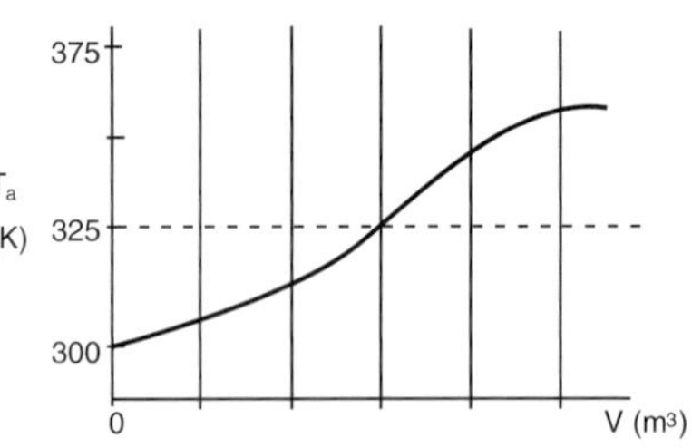

그림 P12-21$_B$ 반응기 온도 T와 냉각매체 온도 T_a 프로필

A, B, C, D의 농도는 액체 온도 T가 최대값에 도달한 반응기 하류 지점에서 측정되었으며, 모두 mol/dm^{3}으로 C_A = 0.1, C_B = 0.2, C_C = 0.5, C_D = 1.5인 것으로 밝혀졌다. 총괄열전달계수와 단위부피당 열교환기 면적(Ua)의 곱은 10 cal/s·dm^3·K이다. A의 주입 몰유량은 10 mol/s이다.

추가 정보:

$C_{P_A} = C_{P_B} = C_{P_C} = 30$ cal/mol/K $\qquad C_{P_D} = 90$ cal/mol/K, $C_{P_I} = 100$ cal/mol/K

$\Delta H^\circ_{Rx1A} = -50{,}000$ cal/molA $\qquad k_{1C} = 0.043\dfrac{dm^3}{mol \cdot s}$ @ 400 K

$\Delta H^\circ_{Rx2B} = +5000$ cal/molB $\qquad k_{2D} = 0.4\dfrac{dm^3}{mol \cdot s}$ @ 500 K, with $\dfrac{E}{R} = 5000$ K

(a) 반응 (1)의 활성화 에너지는?

P12-22$_B$ 다음 기초반응들이 일정 온도 T_a의 열교환이 있는 PFR에서 수행된다.

$$2A + B \rightarrow C \qquad \Delta H_{Rx1B} = -10\frac{kJ}{mol\ B}$$

$$A \rightarrow D \qquad \Delta H_{Rx2A} = +10\frac{kJ}{mol\ A}$$

$$B + 2C \rightarrow E \qquad \Delta H_{Rx3C} = -20\frac{kJ}{mol\ C}$$

반응물은 모두 400 K로 주입된다. A와 B만 반응기로 들어간다. 10 dm^3/s의 부피유량에서 A와 B의 주입 농도는 각각 3 mole과 1 mole이다.

추가 정보:

$Ua = 100\ \text{J/dm}^3\text{/s/K}$ $\qquad C_{P_A} = 10\ \text{J/mol/K}$

$k_{1A}(400\ \text{K}) = 1.0\left(\frac{\text{dm}^3}{\text{mol}}\right)^2/\text{s}$ $\qquad C_{P_B} = 20\ \text{J/mol/K}$

$C_{P_C} = 40\ \text{J/mol/K}$

$k_{2A}(400\ \text{K}) = 1.333\ \text{s}^{-1}$ $\qquad C_{P_D} = 20\ \text{J/mol/K}$

$k_{3B}(400\ \text{K}) = 2\left(\frac{\text{dm}^3}{\text{mol}}\right)^2/\text{s}$ $\qquad C_{P_E} = 100\ \text{J/mol/K}$

반응기 입구, 즉 $V = 0$에서 $\frac{dT}{dV} = 0$일 경우에 필요한 일정한 냉각매체 온도 T_a는 얼마인가?

P12-23$_B$ 다음 복합반응은 기초반응이다.

(1) $2A \rightleftarrows 2B$ $\qquad -r_{1A} = k_{1A}\left[C_A^2 - \frac{C_B}{K_{CA}}\right]$ $\qquad \Delta H_{Rx1A} = -20\ \text{kJ/mole A}$

(2) $2B + A \rightarrow C$ $\qquad r_{2C} = k_{2C}[C_B^2\ C_A]$ $\qquad \Delta H_{Rx2B} = +30\ \text{kJ/mole B}$

이 반응은 열교환기가 있는 PFR에서 수행된다. 순수한 A가 유량 5 mol/min, 농도 0.2 mol/dm^3, 온도 300 K로 주입된다. 냉각매체의 온도는 320 K이다.

추가 정보:

$k_{1A1} = 50\ \text{dm}^3/\text{mol}\cdot\text{min@305 K with } E_1 = 8{,}000\ \text{J/mol}$

$k_{2C2} = 4000\ \text{dm}^9/\text{mol}^3\cdot\text{min@310 K with } E_2 = 4{,}000\ \text{J/mol}$

$K_{CA} = 10\ \text{dm}^3/\text{mol@315 K}$

참고: 반트호프 식 (S12-4)를 사용할 때 이것은 반응 1의 A에 대한 평형상수이다.

$Ua = 200\ \frac{\text{J}}{\text{dm}^3\cdot\text{min K}}$ $\qquad C_{P_{Cool}} = 10\ \text{J/mol/K}$ $\quad C_{P_B} = 80\ \text{J/mol/K}$ $\quad C_{P_C} = 100\ \text{J/mol/K}$

$\dot{m}_C = 50\ \text{g/min}$ $\qquad C_{P_A} = 20\ \text{J/mol/K}$ $\quad R = 8.31\ \text{J/mol/K}$

반응기 부피는 10 dm^{3}이다.

(a) 반응기 길이를 따라서 단열운전, 일정 T_a로 열교환, 그리고 병류 열교환 및 향류 열교환에 대해서 한 그래프에 (F_A, F_B, F_C)를 그리고 (T와 T_a)를 다른 그래프에 플롯하여라. 병류 열교환에 대한 코드의 사본과 출력만 제출하여라.

단열운전

(b) 최대온도는 몇 도이고, 어느 반응기 부피에서 그 값에 도달하는가?

(c) B의 유량은 어느 반응기 부피에서 최대가 되며, 이 값에서 F_{Bmax}는 얼마인가?

일정 온도 T_a

(d) 최대온도는 몇 도이고, 어느 반응기 부피에서 그 값에 도달하는가?

(e) B의 유량은 어느 반응기 부피에서 최대가 되며, 이 값에서 F_{Bmax}는 얼마인가?

병류 열교환

(f) T_a는 어느 반응기 부피에서 T보다 더 커지게 되는가? 왜 그것이 더 크게 되는가?

향류 열교환

(g) T_a는 어느 반응기 부피에서 T보다 더 커지게 되는가?

힌트: 입구에서 T_a를 약 350 K로 추정하여라.

P12-24$_B$ 기초 액상반응이

$$(1)\ A + 2B \longrightarrow 2C$$

$$(2)\ A + C \longrightarrow 2D$$

10 dm^3 PFR에서 단열적으로 수행된다. A와 B가 혼합된 후, 화합물 A는 C_{A0} = 2 mol/dm^3, 화합물 B는 4 mol/dm^{3}의 농도로 반응기에 진입한다. 주입 부피유량은 10 dm^3/s이다.

300 K와 600 K 사이에서 주입 온도를 변화시킬 수 있다고 가정할 때, 반응기에서 나오는 화합물 C의 농도를 최대화하기 위해 어떤 주입 온도를 권장하는가? (±25°K). 모든 화합물은 같은 밀도를 가지고 있다고 가정하자.

추가 정보:

$$C_{P_A} = C_{P_B} = 20\,\text{cal/mol/K}, C_{P_C} = 60\,\text{cal/mol/K}, C_{P_D} = 80\,\text{cal/mol/K}$$

$$\Delta H_{Rx1A} = 20{,}000\,\text{cal/mol A}, \Delta H_{Rx2A} = -10{,}000\,\text{cal/mol A}$$

$$k_{1A} = 0.001\frac{\text{dm}^6}{\text{mol}^2\cdot\text{s}}\ @300\text{K with } E = 5000\,\text{cal/mol}$$

$$k_{2A} = 0.001\frac{\text{dm}^3}{\text{mol}\cdot\text{s}}\ @300\text{K with } E = 7500\,\text{cal/mol}$$

P12-25$_C$ **열효과가 있는 복수반응.** 자일렌은 3개의 주요 이성질체, *m*-자일렌, *o*-자일렌, *p*-자일렌이 있다. *o*-자일렌은 Cryotite 촉매를 통과시킬 때 다음의 기초반응이 관찰된다. *p*-자일렌을 생성하는 반응은 비가역적이다.

A(meta) ⇌ B (ortho) (k_1, k_2)

B (ortho) → C (para) (k_3)

이 문제를
명예의 전당
신청 보류 중

반응기로의 원료는 순수한 *m*-자일렌(A)이다. 2 mol/min의 총 주입 몰유량에 대해서 반응조건이 다음과 같을 때, 100 kg까지의 촉매의 양을 함수로 하여 온도와 각 화합물의 몰유량을 플롯하여라.

(a) PBR의 반응기 길이(즉, V)를 따라서 각 자일렌의 농도를 플롯하여라.

(b) 반응기에서 얻을 수 있는 *o*-자일렌의 최저 농도를 구하여라.

(c) 반응기에서 얻을 수 있는 *o*-자일렌의 최고 농도를 구하여라.

(d) 순수한 *o*-자일렌을 원료로 하였을 때, **(a)**를 다시 하여라. *m*-자일렌의 최고 농도는 얼마이고, 반응기 어디에서 일어나는가?

(e) 계의 변수 몇 개를 변화시키고 발견한 것을 설명하여라.

(f) 무엇이 이 문제의 주된 요점인가?

추가 정보[9]:

모든 열용량은 100 J/mol·K로 거의 같다.

$C_{T0} = 2\ \text{mol}/\text{dm}^3$	$K_C = 10\exp[4.8(430/T - 1.5)]$
$\Delta H^\circ_{\text{Rx}10} = -1800\ \text{J}/\text{mol}$ *o*-자일렌	$T_0 = 330\ \text{K} \quad T_a = 500\ \text{K}$
$\Delta H^\circ_{\text{Rx}30} = -1100\ \text{J}/\text{mol}$ *o*-자일렌	$k_2 = k_1/K_C$
$k_1 = 0.5\exp[2(1 - 320/T)]\ \text{dm}^3/\text{kg-cat}\cdot\text{min}$ (T의 단위는 K)	$Ua/\rho_b = 16\ \text{J}/\text{kg-cat}\cdot\text{min}\cdot{}^\circ\text{C}$
$k_3 = 0.005\exp\{[4.6(1 - (460/T))]\}\ \text{dm}^3/\text{kg-cat}\cdot\text{min}$	$W = 100\ \text{kg}$

P12-26$_C$ 열효과가 있는 복수반응의 포괄적 문제. 스티렌은 다음 반응에 의해 에틸벤젠으로부터 얻을 수 있다.

$$\text{에틸벤젠} \longleftrightarrow \text{스티렌} + H_2 \tag{1}$$

그러나 여러 가지 비가역 부반응도 일어난다:

$$\text{에틸벤젠} \longrightarrow \text{벤젠} + \text{에틸렌} \tag{2}$$

$$\text{에틸벤젠} + H_2 \longrightarrow \text{톨루엔} + \text{메탄} \tag{3}$$

[J. Snyder and B. Subramaniam, *Chem. Eng. Sci.*, 49, 5585 (1994)]. 전체 압력 2.4 atm에서 비활성 물질인 수증기와 함께 10.0 m^{3}의 PFR(PBR)에 0.00344 kmol/s의 유량으로 에틸벤젠이 공급된다. (a)부터 (c)까지 수증기/에틸벤젠의 초기 몰비는 14.5:1이지만 변할 수 있다.

다음과 같은 자료가 제시될 때, 반응기는 단열운전 되고 있고, 다음의 반응기 입구 온도에 대하여 스티렌, 벤젠, 톨루엔의 출구 몰유량과 $S_{\text{St/BT}}$를 구하여라.

(a) $T_0 = 800$ K

(b) $T_0 = 930$ K

(c) $T_0 = 1100$ K

(d) 수증기/에틸벤젠의 비가 58:1이 될 때, 스티렌의 생산을 위한 이상적인 입구 온도를 구하여라. 힌트: 스티렌의 몰유량 대 T_0를 도시하여라. 왜 그와 같은 곡선이 되는지 설명하여라.

(e) 900 K에서 스티렌을 생산하기 위한 이상적인 수증기/에틸벤젠의 비를 구하여라. 힌트: **(d)** 참조.

(f) T_a가 1000 K로 거의 일정하고 $Ua = 100$ kJ/m^3/min/K인 향류 열교환기를 추가시키려고 한다. 에틸벤젠에 대한 유입 수증기의 비가 20인 경우에 유입 온도를 얼마로 제안하겠는가? 몰유량과 $S_{\text{St/BT}}$를 도시하여라.

(g) 이 문제의 주된 요점은 무엇인가?

(h) 이 문제에서 할 수 있는 또 다른 질문이나 계산을 제안하여 보아라.

추가 정보:

	열용량		
메탄	68 J/mol·K	스티렌	273 J/mol·K
에틸렌	90 J/mol·K	에틸벤젠	299 J/mol·K
벤젠	201 J/mol·K	수소	30 J/mol·K
톨루엔	249 J/mol·K	수증기	40 J/mol·K

9. inviscid pericosity 측정으로부터 얻음.

$\rho = 2137\ \text{kg/m}^3$ 펠릿

$\phi = 0.4$

$\Delta H^{\circ}_{\text{Rx1EB}} = 118{,}000\ \text{kJ/kmol}$ 에틸벤젠

$\Delta H^{\circ}_{\text{Rx2EB}} = 105{,}200\ \text{kJ/kmol}$ 에틸벤젠

$\Delta H^{\circ}_{\text{Rx3EB}} = -53{,}900\ \text{kJ/kmol}$ 에틸벤젠

$$K_{p1} = \exp\left\{b_1 + \frac{b_2}{T} + b_3 \ln(T) + [(b_4 T + b_5)T + b_6]T\right\} \text{atm}$$

$b_1 = -17.34$ $\qquad b_4 = -2.314 \times 10^{-10}\ \text{K}^{-3}$

$b_2 = -1.302 \times 10^4\ \text{K}$ $\qquad b_5 = 1.302 \times 10^{-6}\ \text{K}^{-2}$

$b_3 = 5.051$ $\qquad b_6 = -4.931 \times 10^{-3}\ \text{K}^{-1}$

스티렌(St), 벤젠(B) 및 톨루엔(T)의 생성에 대한 반응속도식은 각각 다음과 같다(EB = 에틸벤젠).

$$r_{1\text{St}} = \rho(1-\phi)\exp\left(-0.08539 - \frac{10{,}925\ K}{T}\right)\left(P_{\text{EB}} - \frac{P_{\text{St}} P_{\text{H}_2}}{K_{p1}}\right) \quad (\text{kmol/m}^3 \cdot \text{s})$$

$$r_{2\text{B}} = \rho(1-\phi)\exp\left(13.2392 - \frac{25{,}000\ K}{T}\right)(P_{\text{EB}}) \quad (\text{kmol/m}^3 \cdot \text{s})$$

$$r_{3\text{T}} = \rho(1-\phi)\exp\left(0.2961 - \frac{11{,}000\ K}{T}\right)(P_{\text{EB}} P_{\text{H}_2}) \quad (\text{kmol/m}^3 \cdot \text{s})$$

여기서 온도 T의 단위는 K, P_i의 단위는 atm이다.

P12-27$_B$ 액상 이량체–사량체 직렬 부가 반응

$$4A \rightarrow 2A_2 \rightarrow A_4$$

은 다음과 같이 쓸 수 있다.

$$2\text{A} \rightarrow \text{A}_2 \qquad -r_{1\text{A}} = k_{1\text{A}} C_{\text{A}}^2 \qquad \Delta H_{\text{Rx1A}} = -32.5 \frac{\text{kcal}}{\text{molA}}$$

$$2\text{A}_2 \rightarrow \text{A}_4 \qquad -r_{2\text{A}_2} = k_{2\text{A}_2} C_{\text{A}_2}^2 \qquad \Delta H_{\text{Rx2A}_2} = -27.5 \frac{\text{kcal}}{\text{molA}_2}$$

이 반응은 10 dm^3 PFR에서 진행된다. 반응기를 둘러싸고 있는 열교환기에 흐르는 질량유량은 충분히 크기 때문에 열교환기의 주위 온도(ambient temperature)는 T_a = 315 K로 일정하다. 반응물은 300 K의 온도 T_0로 유입된다. 순수한 A가 반응기에 부피유량 50 dm^3/s, 농도 2 mol/dm^{3}으로 공급된다.

(a) F_{A}, F_{A_2}, F_{A_4}를 반응기 부피 10 dm^{3}까지 길이에 따라 플롯하고, 비교하고, 분석하여라.

(b) 원하는 생성물은 A_2이고, 현재의 반응기가 너무 큰 것일 수도 있다고 한다. F_{A_2}를 최대화하기 위한 반응기 부피는 얼마인가?

(c) 반응기 부피를 가능한 한 작게 하면서 F_{A_2}는 최대화하기 위해서는 어떠한 운전변수(예, T_0, T_a)에 변화를 주는 것이 좋으며, 어떻게 변화를 주겠는가? A_2의 생성을 최대화하는 데 방해되는 것은 어떤 것이 있는가? 주위 온도와 주입 온도는 0°C에서 177°C 사이에서 유지되어야 한다.

추가 정보:

$$k_{1A}=0.6\frac{dm^3}{mol\cdot s} \text{ @300 K with } E_1=4{,}000\frac{cal}{mol}$$

$$k_{2A_2}=0.35\frac{dm^3}{mol\cdot s} \text{ @320 K with } E_2=5{,}000\frac{cal}{mol}$$

$$C_{P_A}=25\frac{cal}{molA\cdot K}, C_{P_{A_2}}=50\frac{cal}{molA_2\cdot K}, C_{P_{A_4}}=100\frac{cal}{molA_4\cdot K}$$

$$Ua=1{,}000\frac{cal}{dm^3\cdot s\cdot K}$$

F_{A_2}를 최대화하기 위한 반응기 부피와 이때의 몰유량을 보고하여라.

보충교재

1. 에너지수지의 유도에 관한 훌륭한 서적:

   ARIS, R., *Elementary Chemical Reactor Analysis*. Upper Saddle River, NJ: Prentice Hall, 1969, Chaps. 3 and 6.

   FOGLER, JOSEPH, *A Reaction Engineer's Handbook of Thermochemical Data*, Jofostan Press, Riça, Jofostan (2020).

2. 안전

   CENTER FOR CHEMICAL PROCESS SAFETY (CCPS), *Guidelines for Chemical Reactivity Evaluation and Application to Process Design*. New York: American Institute of Chemical Engineers (AIChE) 1995.

   CROWL, DANIEL A., and JOSEPH F. LOUVAR, *Chemical Process Safety: Fundamentals with Applications*, 3rd ed. Upper Saddle River, NJ: Prentice Hall, 2011.

   MELHEM, G. A., and H. G. FISHER, *International Symposium on Runaway Reactions and Pressure Relief Design*. New York: Center for Chemical Process Safety (CCPS) of the American Institute of Chemical Engineers (AIChE) and The Institution of Chemical Engineers, 1995.

   화학공정안전센터(CCPS)의 웹사이트, *www.aiche.org/ccps* 참조.

3. 비등온반응기에 관한 예제 문제들은 여기서 찾아볼 수 있다.

   BURGESS, THORNTON W., *The Adventures of Jerry Muskrat*. New York: Dover Publications, Inc., 1914.

   FROMENT, G. F., and K. B. BISCHOFF, *Chemical Reactor Analysis and Design*, 3rd ed. New York: Wiley, 2010.

   WALAS, S. M., *Chemical Reaction Engineering Handbook of Solved Problems*. Amsterdam: Gordon and Breach, 1995. 풀이가 있는 다음 문제들을 참조: Problem 4.10.1, page 444; Problem 4.10.08, page 450; Problem 4.10.09, page 451; Problem 4.10.13, page 454; Problem 4.11.02, page 456; Problem 4.11.09, page 462; Problem 4.11.03, page 459; Problem 4.10.11, page 463.

4. 정상상태의 다중성과 반응기의 안정성에 대한 리뷰가 여기서 논의되었다.

   PERLMUTTER, D. D., *Stability of Chemical Reactors*. Upper Saddle River, NJ: Prentice Hall, 1972.

5. 여러 물질들에 대한 생성열 $H_i(T)$, 깁스 자유에너지 $G_i(T_R)$, 열용량은 여기서 찾을 수 있다.

   GREEN, DON W., and ROBERT H. PERRY, *Perry's Chemical Engineers' Handbook*, 8th ed. (Chemical Engineers Handbook). New York: McGraw-Hill, 2008.

   LIDE DAVID R., *CRC Handbook of Chemistry and Physics*, 90th ed. Boca Raton, FL: CRC Press, 2009.

비정상상태 비등온반응기 설계 13

Unsteady-State Nonisothermal Reactor Design

화공기술자는 관대한 사람이 못 된다.
왜냐하면 그들은 고온-고압을 좋아하기 때문이다.

—스티브 르블랑(Steve LeBlanc)
(역자 주 | 미국 톨레도대학교 화학환경공학과 교수)

개요

지금까지는 비등온반응기의 정상상태 운전에 초점을 맞추어 왔다. 이 장에서는 비정상상태 에너지수지식을 세워서 CSTR, 완전혼합 회분식반응기 및 반회분식반응기에 이를 적용시키고자 한다. 에너지수지의 **사용자 친화적 형태**를 얻기 위하여 "발생한 열, $\dot{Q}_g$"와 "제거된 열, $\dot{Q}_r$"의 차를 이용할 것이다.

$$\frac{dT}{dt} = \frac{\dot{Q}_g - \dot{Q}_r}{\sum N_i C_{P_i}}$$

- 13.1절에서는 일반 에너지수지(식 (11-9))를 비정상상태 운전에 대한 더 간단한 형태로 정리하는 방법에 대해 알려준다.
- 13.2절에서는 회분식반응기 운전에 대한 에너지수지를 논의하고, 산업용 회분식반응기의 폭발에 대한 이유와 반응기 안정성을 논의한다.
- 13.3절에서는 CSTR의 시동과 실제적 안정성 한계를 초과하는 것을 방지하는 방법을 논의한다.
- 13.4절에서는 주위 온도가 변하는 반회분식반응기에 대하여 에너지수지를 적용하는 방법에 대해 알려준다.
- 끝으로 13.5절에서는 사례 연구를 통해 회분식반응기에서 복수반응에 의한 T2 Laboratories 폭발을 알아보고자 한다.

안전은 이 장의 또 다른 주요 과제이며, 폭주반응을 강조하기 위한 예제 문제와 숙제가 주어졌다.

13.1 비정상상태 에너지수지식

반응기 계산에 쉽게 사용될 수 있는 에너지수지의 사용자 친화적인 형태(user-friendly form)를 유도하는 것으로 시작하자. 전에 언급했듯이, 최종 결과를 제시하는 것보다 방정식을 유도하는 이유는 (1) 독자가 사용자 친화적인 에너지수지를 유도하는 과정에서 어떤 가정들이 사용되는지 알 수 있고 (2) 독자가 유도 과정을 한 줄 한 줄 공부하면, 계산할 때 방정식의 기호에 부정확한 숫자를 삽입할 확률이 낮아진다고 확신하기 때문이다.

제11장에서 개발된 에너지수지에 대한 비정상상태 형태를 상기하는 것으로 시작하자.

$$\dot{Q} - \dot{W}_s + \sum_{i=1}^{m} F_i H_i\Big|_{\text{in}} - \sum_{i=1}^{m} F_i H_i\Big|_{\text{out}} = \left(\frac{d\hat{E}_{\text{sys}}}{dt}\right) \tag{11-9}$$

시간에 따른 계의 총괄 에너지 변화, $(d\hat{E}_{\text{sys}}/dt)$를 계산하는 데 먼저 집중하려고 한다. 계의 총괄 에너지는 계 내의 여러 화합물들의 비에너지(specific energy) E_i(예, J/mol i)와 그 화합물의 몰수, N_i(mol i)의 곱의 합이다.

$$\hat{E}_{\text{sys}} = \sum_{i=1}^{m} N_i E_i = N_A E_A + N_B E_B + N_C E_C + N_D E_D + N_I E_I \tag{13-1}$$

$\hat{E}_{\text{sys}}$의 계산에서 전과 마찬가지로 위치 에너지와 운동 에너지의 변화는 무시하고, 내부 에너지 U_i를 엔탈피 H_i로 치환시킨다.

$$\hat{E}_{\text{sys}} = \sum_{i=1}^{m} N_i E_i = \sum_{i=1}^{m} N_i U_i = \left[\sum_{i=1}^{m} N_i (H_i - PV_i)\right]_{\text{sys}} = \sum_{i=1}^{m} N_i H_i - \underbrace{P \sum_{i=1}^{m} N_i \tilde{V}_i}_{V}\ (\text{무시}) \tag{13-2}$$

식 (13-2)의 우변 마지막 항은 전체 압력에 전체 부피를 곱한 것, 즉 PV임을 유의하여라. 그리고 이 부분은 항상 식 (13-2)의 다른 항보다 작아서 무시할 수 있다.† 간단히 하기 위하여 다른 언급이 없는 한 이들의 합은 다음과 같이 쓰기로 한다.

$$\Sigma = \sum_{i=1}^{m}$$

계의 부피에서 공간적 변화가 없고, 전체 압력과 부피의 곱 PV에 시간적 변화가 무시될 때, 에너지수지식 (11-9)에 식 (13-2)를 치환하여 다음 식을 얻는다.

$$\dot{Q} - \dot{W}_s + \Sigma F_{i0} H_{i0}\Big|_{\text{in}} - \Sigma F_i H_i\Big|_{\text{out}} = \left[\Sigma N_i \frac{dH_i}{dt} + \Sigma H_i \frac{dN_i}{dt}\right]_{\text{sys}} \tag{13-3}$$

† UC Berkeley의 학생인 Marat Orazov는 식 (13-2)의 마지막 항이 총 몰수가 일정하게 유지되는 이상기체의 **특별한 경우** 무시할 수가 없다고 지적했다. 이 경우 식 (13-9)의 오른쪽에 있는 분모는 $\sum N_i(C_{Pi} - R)$가 된다. (역자 주 | Marat Orazov는 현재 University of Delaware, Chemical & Biomolecular Engineering의 조교수이다.)

식 (11-19)를 상기하면,

$$H_i = H_i^\circ(T_R) + \int_{T_R}^{T} C_{P_i}\, dT \tag{11-19}$$

시간에 대하여 미분하면 다음 식을 얻는다.

$$\frac{dH_i}{dt} = C_{P_i}\frac{dT}{dt} \tag{13-4}$$

식 (13-3)에 식 (13-4)를 대입하면 다음 식을 얻는다.

$$\dot{Q} - \dot{W}_s + \Sigma F_{i0}H_{i0} - \Sigma F_i H_i = \Sigma N_i C_{P_i}\frac{dT}{dt} + \Sigma\, H_i\frac{dN_i}{dt} \tag{13-5}$$

화합물 i에 대한 몰수지식은

$$\boxed{\frac{dN_i}{dt} = -\nu_i\, r_A V + F_{i0} - F_i} \tag{13-6}$$

dN_i/dt를 치환하기 위하여 식 (13-6)을 사용하면, 식 (13-5)는 다음이 된다.

$$\begin{aligned}\dot{Q} - \dot{W}_s &+ \sum F_{i0}H_{i0} - \sum F_i H_i \\ &= \sum N_i C_{P_i}\frac{dT}{dt} + \sum \nu_i H_i(-r_A V) + \sum F_{i0}H_i - \sum F_i H_i\end{aligned} \tag{13-7}$$

$\sum \nu_i H_i = \Delta H_{Rx}$로 하여 재정리하면 다음 식을 얻는다.

이 에너지수지식은 상변화가 있을 때 사용된다.

$$\boxed{\frac{dT}{dt} = \frac{\dot{Q} - \dot{W}_s - \sum F_{i0}(H_i - H_{i0}) + (-\Delta H_{Rx})(-r_A V)}{\sum N_i C_{P_i}}} \tag{13-8}$$

상변화가 없는 경우에 H_i와 H_{i0}를 치환하면 다음 식이 된다.

경과적인 상태 CSTR과 반회분식반응기의 에너지수지식

$$\boxed{\frac{dT}{dt} = \frac{\dot{Q} - \dot{W}_s - \sum F_{i0}C_{P_i}(T - T_{i0}) + [-\Delta H_{Rx}(T)](-r_A V)}{\sum N_i C_{P_i}}} \tag{13-9}$$

식 (13-9)는 CSTR의 비정상상태 운전과 반회분식반응기에도 적용한다. 또한 표 11-1에 식 (T11-1.I)로 나타나 있다.

ΔC_P가 작아서 무시되는 액상반응의 경우에는 다음의 근사식이 성립된다.

C_{P_S}: 용액의 열용량

$$\sum N_i C_{P_i} \cong \sum N_{i0} C_{P_i} = N_{A0}\overbrace{\Sigma\Theta_i C_{P_i}}^{C_{P_s}} = N_{A0}C_{P_s}$$

여기서 C_{P_s}는 **용액의 열용량**이다. 회분식에서의 $N_{A0}C_{P_s}$ 단위는 (cal/K) 또는 (J/K) 또는

(Btu/°R)이고,

$$\sum F_{i0}C_{P_i} = F_{A0}C_{P_s}$$

흐름식에서의 단위는 (J/s·K) 또는 (cal/s·K) 또는 (Btu/h·°R)[1]이다. 이 근사(approximation)와 모든 성분이 온도 T_0에서 반응기로 유입된다고 가정하면, 이 근사식은 다음 식이 된다.

$$\frac{dT}{dt} = \frac{\dot{Q} - \dot{W}_s - F_{A0}C_{P_s}(T - T_0) + [-\Delta H_{Rx}(T)](-r_A V)}{N_{A0}C_{P_s}} \tag{13-10}$$

13.2 회분식반응기의 에너지수지식

회분식반응기는 일반적으로 잘 혼합되므로, 온도와 화합물 농도의 공간적인 변화는 무시할 수 있다.

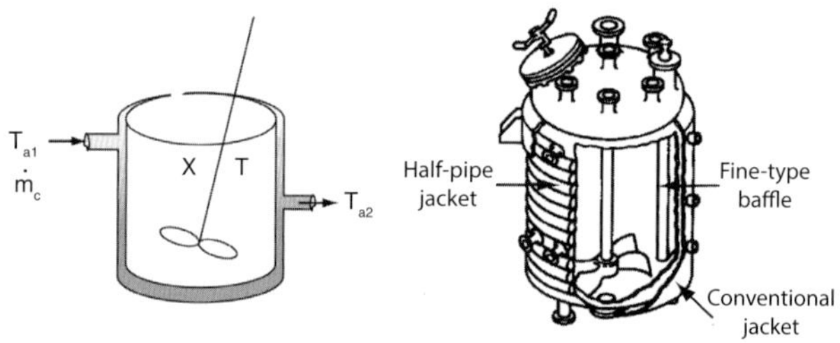

회분식반응기(BR)에 대한 에너지수지식은 식 (13-9)에서 유입흐름과 유출흐름을 영으로 하면($F_{i0} = F_i = 0$) 다음과 같이 된다.

$$\frac{dT}{dt} = \frac{\dot{Q} - \dot{W}_s + (-\Delta H_{Rx})(-r_A V)}{\sum N_i C_{P_i}} \tag{13-11}$$

다음으로 우리는 열교환기 에너지수지를 이용하여, $\dot{Q}$, 식 (12-19)를 얻으며, 회분식반응기에 "추가된" 열 $\dot{Q}$이 회분식반응기에서 "제거된" 열 $\dot{Q}_{rb}$을 뺀다는 것을 알게 된다(문제 P12-6_B에서는 이것을 할 수 없었다). 축 일(shaft work)을 무시하면 다음 식을 얻는다.

---

1. 열용량이 질량의 항으로(즉, $C_{P_{sm}}$ = J/g·K) 주어지면, 이때 F_{A0}와 N_{A0}는 질량 단위로 전환된다.

회분식의 경우

$$m_{A0}C_{P_{sm}} = N_{A0}C_{P_s}$$

$$(g)(J/g\cdot K) = (mol)\frac{J}{(mol\cdot K)} = \frac{J}{K}$$

흐름식의 경우

$$\dot{m}_{A0}C_{P_{sm}} = F_{A0}C_{P_s}$$

$$(g/s)(J/g\cdot K) = \left(\frac{mol}{s}\right)(J/mol\cdot K) = \frac{J}{K\cdot s}$$

그러나 질량유량과 질량기반 비열 곱의 단위는 몰유량과 몰기반 비열 곱의 단위와 같다(즉, cal/s·K).

$$\frac{dT}{dt} = \frac{\dot{Q}_{gb} - \dot{Q}_{rb} - \cancel{\dot{W}_s}^{\text{무시}}}{\Sigma N_i C_{P_i}}$$

$$\boxed{\frac{dT}{dt} = \frac{\dot{Q}_{gb} - \dot{Q}_{rb}}{\Sigma N_i C_{P_i}}} \tag{13-12}$$

회분식반응기에서 생성된 열, $\dot{Q}_{gb}$ 항과 제거된 열, $\dot{Q}_{rb}$ 항은 다음과 같다.

$$\dot{Q}_{gb} = (-\Delta H_{Rx})(-r_A V) \tag{13-13}$$

$$\boxed{\dot{Q}_{rb} = \dot{m}C_{P_C}(T - T_{a1})\left[1 - \exp\left(-\frac{UA}{\dot{m}C_{P_C}}\right)\right]} \tag{13-14}$$

기억할 것: 관습적인 부호 약속
추가된 열
$\dot{Q} = +10\text{J/s}$
제거된 열
$\dot{Q} = -10\text{J/s}$
계가 한 일
$\dot{W}_S = +10\text{J/s}$
계에 한 일
$\dot{W}_S = -10\text{J/s}$

식 (12-17)에서 얻은 보너스를 추가하면 아래처럼 된다.

$$\boxed{T_{a2} = T - (T - T_{a1})\left[\exp\left(-\frac{UA}{\dot{m}C_{P_C}}\right)\right]} \tag{13-15}$$

몰수지식에서 전화율 X보다는 몰수 N_i를 사용할 때 식 (13-12)가 더 선호되는 형태의 에너지수지식이다. 임의의 전화율 X에서 화합물 i의 몰수는 다음과 같다.

$$N_i = N_{A0}(\Theta_i + \nu_i X)$$

따라서 전화율의 항으로 표현된 **사용자 친화적인** 에너지수지는 다음과 같다.

회분식반응기의 에너지수지식

$$\boxed{\frac{dT}{dt} = \frac{\dot{Q}_{gb} - \dot{Q}_{rb}}{N_{A0}(\Sigma\, \Theta_i C_{P_i} + \Delta C_P X)}} \tag{13-16}$$

식 (13-12)는 몰수지식과 속도법칙을 결합하여야 한다.

회분식반응기의 몰수지식

$$\boxed{N_{A0}\frac{dX}{dt} = -r_A V} \tag{2-6}$$

13.2.1 회분식반응기의 단열운전

단열적으로 운전되는 회분식반응기는 다른 초기조건들에 대하여 온도-시간 궤적을 관찰하여 발열반응의 반응차수, 활성화 에너지 및 비반응속도를 결정하는 데 흔히 사용된다. 이 과정에서 단열운전에 대한 온도-전화율 상관관계식을 유도할 것이다.

교반기에 의한 일을 무시할 수 있는($\dot{W}_s \cong 0$) 회분식($F_{i0} = 0$) 반응기를 단열운전에 의하여 시동할 경우($\dot{Q} = 0$), 식 (13-10)은 다음과 같이 정리할 수 있다.

$$\frac{dT}{dt} = \frac{(-\Delta H_{Rx})(-r_A V)}{\Sigma N_i C_{P_i}} \tag{13-17}$$

CRE 웹사이트의 제13장 요약노트(*http://www.umich.edu/~elements/5e/13chap/Relationship-BetweenXandT.pdf*)는, 식 (13-17)과 식 (2-6)을 결합하면, 다음과 같은 단열 회분식 반응에 대한 **사용자 친화적** 식에 도달하기 위해 많은 재배열과 통합을 할 수 있다는 것을 보여준다.

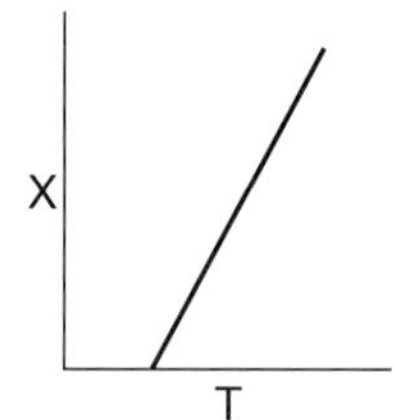

$$X = \frac{\Sigma\, \Theta_i C_{P_i}(T - T_0)}{-\Delta H_{Rx}(T)} \tag{13-18}$$

$$T = T_0 + \frac{[-\Delta H_{Rx}(T_0)]X}{\sum \Theta_i C_{P_i} + X\,\Delta C_P} \tag{13-19}$$

단열 반응기에 대한 온도-전화율 상관관계

단열 조건에 대하여 온도와 전화율 사이의 상관관계는 회분식반응기(BR), CSTR, PBR 및 PFR이 모두 같음을 알 수 있다. 회분식반응기에서는 T가 X의 함수가 될 때, 표 E11-3.1과 유사한 표를 만들 수 있다. 또한 특정한 전화율을 얻는 데 필요한 시간을 구하는 설계방정식을 계산하기 위해서는 11.3.2절에서 논의한 것과 유사한 기술을 이용할 수 있다.

$$t = N_{A0}\int_0^X \frac{dX}{-r_A V} \tag{2-9}$$

여유시간

그러나 표를 만들거나 제2장의 적분 방법을 사용할 **여유가 없을 때는**, Polymath, Wolfram, MATLAB을 통해 몰수지식(식 2-6)과 에너지수지식(식 13-19)의 미분방정식을 동시에 풀 수 있다.

$$N_{A0}\frac{dX}{dt} = -r_A V \tag{2-6}$$

예제 13-1 단열 회분식반응기

아직 겨울이고, Jofostan의 남쪽 해안에 있는 공장으로 전출 가고 싶을지라도, 당신은 예제 12-3의 CSTR을 담당하는 엔지니어이고, 아직도 이 공장의 프로필렌글리콜 생산을 책임지고 있다.

$$\underset{\diagdown O \diagup}{CH_2—CH—CH_3} + H_2O \xrightarrow{H_2SO_4} \underset{OH\quad OH}{CH_2—CH—CH_3}$$

$$A + B \longrightarrow C$$

1,000 dm^3의 매력 있게 보이는 새로운 유리 내장(glass-lined) CSTR의 설치를 고려 중이다. 당신은 반응속도식과 최대 단열온도를 신속히 검토하기로 하였다. Jofostan

역자 주 | 워베곤 호수: 라디오 쇼인 프레리 홈 회사에서 나오는 미네소타에 있는 가상의 호수

에 있는 한 회사에서 주문한 40 dm^3(~10 gal)의 세련되고 멋지게 꾸미고 계기가 갖추어진 교반형 회분식반응기를 가지고 있다. 이 반응기에 0.1 wt% H_2SO_4를 함유한 에틸렌옥사이드 4 dm^3(~1 gal), 메탄올 4 dm^3(~1 gal), 물 10 dm^3(~2.5 gal)을 충전한다. 안전상의 이유로, 반응기는 Wobegon호수 둑의 보트부두 위에 위치한다. (반응기가 폭발한다고 할 때 전체 공장을 망가뜨리고 싶지 않다.) 이맘때 미네소타 북부에서 모든 물질의 초기 온도는 276 K(3°C)이다. 여기서 주의해야만 한다! 반응기 온도가 350 K(77°C) 이상으로 증가하면 2차 고도 발열반응이 일어나 플로리다의 T2 Laboratories 공장 폭발과 유사한 발열반응이 발생하면서 폭주(runaway)를 일으키고 결국 폭발이 일어날 것이다(721쪽 참조).

비록 당신이 Jofostan 국립 연구소에 이 반응에 대한 자료를 요청했지만, 구매부는 돈을 절약하기 위해서 그 자료를 인터넷에서 구매하기로 결정했다. 구매한 자료는 다음과 같다.

$$E = 18{,}000\ \text{cal/mol},\ \Delta H_{Rx} = -20{,}202\ \text{cal/mol},\ C_{P_A} = 35\ \text{cal/mol/K},$$
$$C_{P_B} = 18\ \text{cal/mol/K},\ C_{P_C} = 46\ \text{cal/mol/K, and } C_{P_M} = 19.5\ \text{cal/mol/K}.$$

스벤 코틀로프 박사는 이 인터넷 구매에 반대하며 그가 이러한 파라미터값에 대해서 회의적이라는 것을 기록해야 한다고 말했다. 순수 에틸렌옥사이드와 메탄올의 농도는 각각 13.7 mol/dm^3, 24.7 mol/dm^3이다. 결과적으로, 반응기에 주입한 초기 몰수는 다음과 같다.

A: 에틸렌옥사이드:	$N_{A0} = (13.7\ \text{mol/dm}^3)(4\ \text{dm}^3) = 54.8\ \text{mol}$
B: 물:	$N_{B0} = (55.5\ \text{mol/dm}^3)(10\ \text{dm}^3) = 555\ \text{mol}$
M: 메탄올:	$N_M = (24.7\ \text{mol/dm}^3)(4\ \text{dm}^3) = 98.8\ \text{mol}$

황산 촉매는 무시할 수 있는 공간을 차지하기 때문에 총 체적은 18 dm^3이다. 예제 12-3에 제시된 데이터와 반응속도식을 사용하여라. 다음을 알기 위해서 2가지 시나리오를 수행한다: (1) 온도 상승 속도와 단열운전에 대해서 350 K에 도달하는 데 걸리는 시간, (2) 열교환기를 추가할 때 345 K에 도달하는 데 걸리는 시간.

(a) 단열운전: 단열운전에 대해서 시간의 함수로서 전화율과 온도(X와 T)를 플롯하여라. 51.5%의 전화율에 도달하려면 반응기 내부의 혼합물을 몇 분이나 기다려야 하는가? 그에 상응하는 단열온도는 얼마인가?

(b) 열교환기: 열교환기가 추가되었을 때의 시간 함수로서 온도와 전화율을 플롯하여라. T_{a1} = 290 K에서 총괄열전달계수 및 열교환면적의 곱은 UA = 10 cal/s/K이고, 냉각매체의 유속은 10 g/s이며, 열용량은 4.16 cal/g/K이다.

풀이

초기 온도는 3°C이며, 반응기 온도가 77°C 이상으로 상승할 경우, *Jofostan Journal of Chemical Safety*, Vol 19, p. 201 (2009)에서 보도된 바와 같이 위험한 발열 부반응이 발생할 수 있다.

전과 같이, 혼합 직후에 온도가 약 10°C(17°F) 상승한다.

1. **몰수지**: 제2장 식 (2-6)을 조정하여 다음 식을 얻는다.

$$\frac{dX}{dt} = \frac{-r_A V}{N_{A0}} \tag{E13-1.1}$$

2. **속도식**:

$$-r_A = kC_A \tag{E13-1.2}$$

3. **화학양론**:

$$N_A = N_{A0}(1-X) \tag{2-4}$$

액상 회분식 반응의 경우 $V = V_0$이므로,

$$C_A = \frac{N_A}{V} = \frac{N_A}{V_0} = \frac{N_{A0}(1-X)}{V_0} = C_{A0}(1-X) \tag{E13-1.3}$$

4. **결합**: 식 (E13-1.1), 식 (E13-1.2) 및 식 (2-4)를 결합하면

$$\frac{dX}{dt} = k(1-X) \tag{E13-1.4}$$

예제 12-3의 자료에서 영국 단위를 mks 단위로 바꾸면

$$k = (4.71 \times 10^9) \exp\left[\left(\frac{E}{R}\right)\frac{1}{T}\right] s^{-1} \tag{E13-1.5}$$

$$\frac{E}{R} = 9059K$$

기준 온도로서 297 K를 선택하고 식 (3-21)에 식 (E13-1.5)를 대입하면

$$k = (2.73 \times 10^{-4}) \exp\left[9059K\left(\frac{1}{297} - \frac{1}{T}\right)\right] s^{-1} \tag{E13-1.6}$$

5. **에너지수지**:

Part (a) 단열운전.

식 (13-19)를 사용하면 단열 반응에 대한 X와 T 사이의 관계를 얻을 수 있다.

$$T = T_0 + \frac{[-\Delta H_{Rx}(T_0)]X}{\Sigma\Theta_i C_{p_i} + \Delta C_p X} \tag{E13-1.7}$$

6. **파라미터**:

$$C_{P_S} = \Sigma\,\Theta_i C_{P_i} = C_{P_A} + C_{P_B}\Theta_B + C_{P_M}\Theta_M \tag{E13-1.8}$$

$$C_{P_S} = 35 + 18\left(\frac{555}{54.8}\right) + 19.5\left(\frac{98.8}{54.8}\right)$$

$$= 35 + 182.3 + 35.2 = 252.5 \frac{\text{cal}}{\text{mol}\cdot\text{K}}$$

용액의 총괄열용량(lumped heat capacity), C_{P_S}는

$$\boxed{C_{P_S} = 252.2\frac{\text{cal}}{\text{mol}\cdot\text{K}}}$$

반응열에 대한 식 (E13-1.9)에서 우변의 두 번째 항을 무시하려고 한다.

$$\Delta H_{Rx}(T) = \Delta H^\circ_{Rx}(T_R) + \underbrace{\Delta C_P(T - T_R)}_{\text{무시}} \tag{E13-1.9}$$

왜냐하면, $\Delta C_P = -7$ cal/mol/K이고 온도차 50 K이므로 $\Delta C_p(T - T_R) = 350$ cal/mol이므로 반응열 −20,202 cal/mol에 비해서 무시할 수 있기 때문이다.

$$\boxed{\Delta H_{Rx}(T) = \Delta H^\circ_{Rx} = -20,202 \text{ cal/mol}} \tag{E13-1.10}$$

혼합 후 입구 온도 T_0를 계산할 때, 초기 3℃에서 두 용액을 혼합한 열로 인한 온도 상승 10℃(17℉)를 포함해야 한다.

$$T_0 = 276 + 10 = 286\,K$$

$$T = T_0 + \frac{X(-\Delta H_{Rx})}{C_{P_S}} = 286K + \frac{X(-1(-20,202))\frac{\text{cal}}{\text{mol}}}{252.5 \text{ cal/mol}\cdot\text{K}}$$

단열 에너지수지

$$\boxed{T = 286 + 80X} \tag{E13-1.11}$$

열수지와 몰수지식의 요약을 표 E13-1.1에 정리하였다.

표 E13-1.1 1차 단열 회분식 반응에 대한 요약

$$\frac{dX}{dt} = k(1 - X) \tag{E13-1.4}$$

$$k = (2.73 \times 10^{-4})\exp\left[9059K\left(\frac{1}{297} - \frac{1}{T}\right)\right]s^{-1} \tag{E13-1.6}$$

$$T = 286 + 80X \tag{E13-1.11}$$

여기서 T의 단위는 K이고, t의 단위는 s이다.

예제 11-3에서 사용되었던 것과 유사한 표를 지금 작성할 수 있다. 또는 Polymath를 사용하면 시간을 줄일 수 있다.

소프트웨어 패키지인 Polymath는 식 (E13-1.4), 식 (E13-1.6) 및 식 (E13-1.11)을 결합하여 전화율과 온도를 시간의 함수로서 구할 수 있도록 사용되었다. 표 E13-1.2는 프로그램을 보여주며, 그림 E13-1.1과 그림 E13-1.2는 풀이 결과를 보여준다.

표 E13-1.2 Polymath 프로그램

POLYMATH Report
Ordinary Differential Equations
Calculated values of DEQ variables

Differential equations
1 d(X)/d(t) = k*(1-X)

Explicit equations
1 T = 286+80*X
2 k = .000273*exp(9059*(1/297-1/T))

	Variable	Initial value	Final value
1	k	8.446E-05	0.0858013
2	T	286.	366.
3	t	0	2500.
4	X	0	1.

Polymath 방정식은 350 K에서 "점화하는(ignates)" 폭주반응을 포함하지 않는다. 스위칭 기술인 *SW*는 온도가 무한값으로 가는 것을 방지하기 위해 사용될 수 있으며, 여기에서 예제 13-6에 상세히 기술한 바와 같이 사용될 수 있다.

우리는 286 K의 초기 온도에 주목한다. 반응은 비교적 느리게 시작하여 약 1200초(20분)에 "점화"되고 370 K로 빠르게 상승하는데, 이 온도는 완전한 전환에 도달하는 온도이다.

단열 회분식 운전

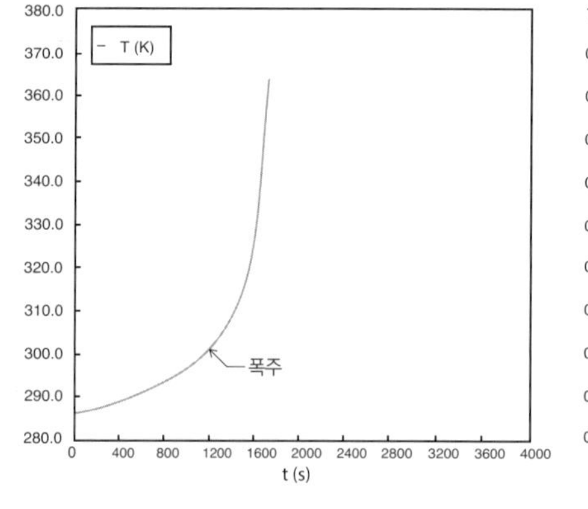

그림 E13-1.1 온도-시간 궤적

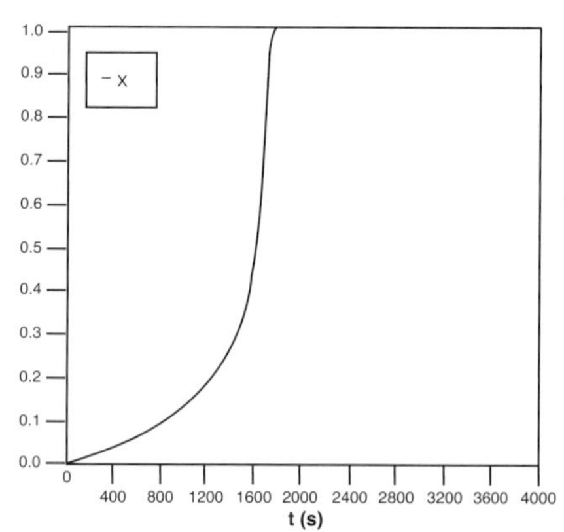

그림 E13-1.2 전화율-시간 궤적

Part (b) 회분식반응기에서 열교환.

이제 회분식반응기에 열교환기가 추가되는 경우를 고려하자. 냉각매체는 290 K로 들어가고 유량 $\dot{m}_C$은 10 g/s이다. 몰수지, 식 (E13-1.1) 및 물성, 식 (E13-1.2)에서 (E13-1.6) 및 (E13-1.8)은 그대로 유지된다.

몰수지

$$\frac{dX}{dt} = \frac{-r_A V}{N_{A0}} \tag{E13-1.1}$$

ΔC_p를 무시하면 에너지수지는 다음과 같이 된다.

에너지수지

$$\frac{dT}{dt} = \frac{\dot{Q}_{gb} - \dot{Q}_{rb}}{N_{A0} C_{P_s}} \tag{E13-1.2}$$

$$\dot{Q}_{rb} = \dot{m}_c C_{P_C} \left\{ (T - T_{a1}) \left[1 - \exp\left(\frac{-UA}{\dot{m}_c C_{P_C}} \right) \right] \right\} \tag{E13-1.13}$$

$$\dot{Q}_{gb} = (-r_A V)(-\Delta H^\circ_{Rx}) \tag{E13-1.14}$$

$$-r_A V = N_{A0} k(1 - X) \tag{E13-1.15}$$

Polymath 프로그램은 표 E13-1.3에 나타내었다. **파라미터는**

파라미터

$$C_{P_S} = 252.5 \text{ cal/mol/K} \quad C_{P_C} = 4.16 \text{ cal/g/K} \quad \dot{m}_c = 10 \text{ g/s}$$

$$N_{A0} = 54.8 \text{ mol}, \text{UA} = 10 \text{ cal/K/s}$$

$$T_{a1} = 290 \text{ K}, T_0 = 286 \text{ K}$$

다른 항은 **Part (a)**와 동일하다.

그림 E13-1.1과 그림 E13-1.3을 비교한 후 온도 프로필이 단열 경우에 비해서 가파르지 않다는 점을 주목한다. 예상대로 이 발열반응의 온도는 ($Q_{gb} > Q_{rb}$)로 인하여 처음에는 상승하고, 최대값을 거쳐 반응물을 소비할수록 "열 제거"가 "열 발생"보다 크기 때문에 온도가 감소한다. 결과적으로 비반응속도상수(specific reaction-rate constant)는 처음에 유체가 가열되면서 최대값을 통과하다가 나중에 냉각될 때 감소한다. 그림 E13-1.6은 "발생한 열" Q_{gb} 및 "제거된 열" Q_{rb}의 궤적을 나타낸다. 시간의 함수로서 Q_{gb}와 Q_{rb}의 플롯은 종종 반응 역학을 이해하는 데 유용할 수 있다.

$$\frac{dT}{dt} = \frac{Q_{gb} - Q_{rb}}{N_{A0}\Sigma\Theta_i C_{P_i}} \tag{E13-1.16}$$

($Q_{gb} > Q_{rb}$)이면 온도가 오르고, ($Q_{rb} > Q_{gb}$)이면 온도가 내린다.

표 E13-1.3 Polymath 프로그램

Polymath 풀이

POLYMATH Report

Ordinary Differential Equations

Differential equations

1 d(T)/d(t) = (Qg-Qr)/Cps/Nao
2 d(X)/d(t) = k*(1-X)

Explicit equations

1 UA = 10
2 DeltaH = -20202
3 Ta1 = 290
4 Cpc = 4.18
5 Cps = 252.5
6 mc = 10
7 k = .000273*exp(9059*(1/297-1/T))
8 Ta2 = T-(T-Ta1)*exp(-UA/mc/Cpc)
9 Qr = mc*Cpc*(T-Ta1)*(1-exp(-UA/mc/Cpc))
10 Nao = 54.8
11 Qg = Nao* k*(1-X)*(-DeltaH)
12 DeltaQ = Qr-Qg

Calculated values of DEQ variables

	Variable	Initial value	Final value
1	Cpc	4.18	4.18
2	Cps	252.5	252.5
3	DeltaH	-2.02E+04	-2.02E+04
4	DeltaQ	-129.0831	155.5053
5	k	8.446E-05	0.0007724
6	mc	10.	10.
7	Nao	54.8	54.8
8	Qg	93.50797	0.0004292
9	Qr	-35.57509	155.5058
10	T	286.	307.4848
11	t	0	4000.
12	Ta1	290.	290.
13	Ta2	289.1489	293.7202
14	UA	10.	10.
15	X	0	0.9999995

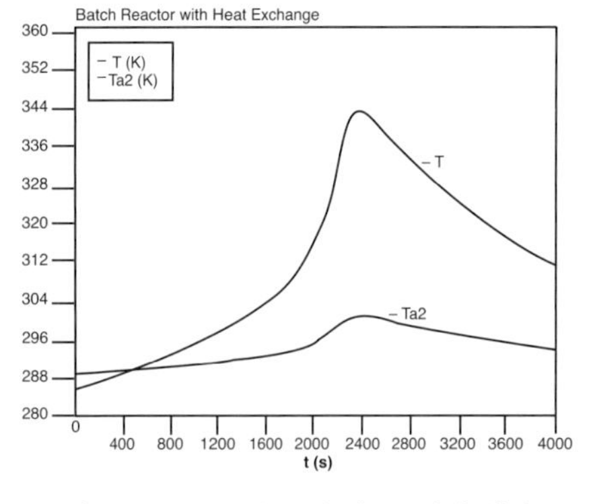

그림 E13-1.3 Polymath 온도-시간 궤적

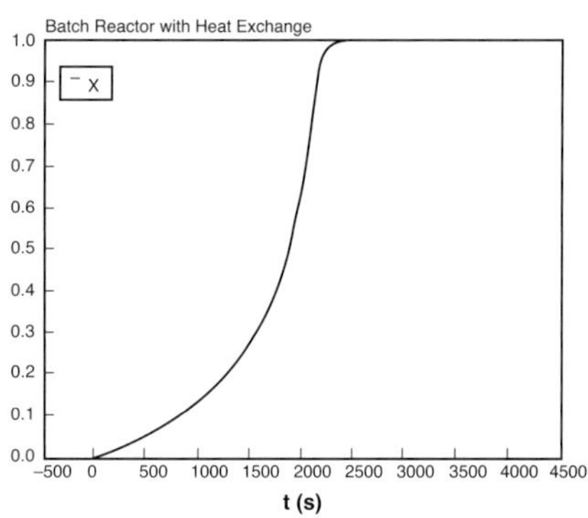

그림 E13-1.4 Polymath 전화율-시간 궤적

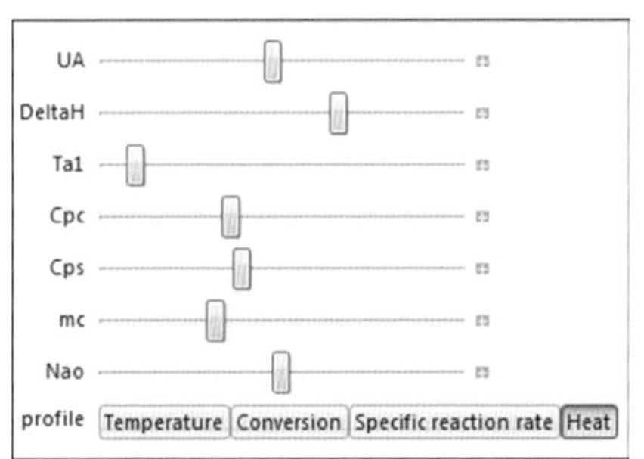

그림 E13-1.5 Wolfram 슬라이더

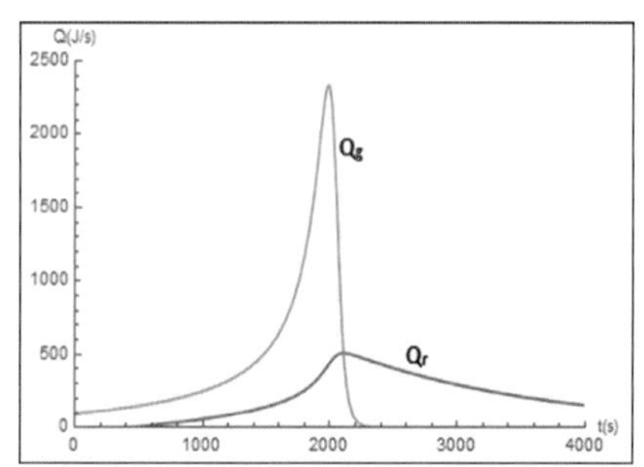

그림 E13-1.6 Wolfram 생성된 열과 제거된 열 궤적

분석:

(a) 단열. 초기 온도가 다소 낮아서 처음에는 반응이 느리다. 그러나 발열반응이 진행되면서 가열되고 자동촉매반응(autocatalytic)이 되어 1600초에서 작은 전화율이 불과 몇 초 뒤 전화가 완료된다. 전화율은 $X = 1.0$에 이르고 온도는 그곳에서 최대값에 도달한다.

(b) 열교환. 열교환 경우에서는 단열 경우보다 온도가 낮은 값으로 유지되기 때문에, 문제 설명에서 주어지는 파라미터값 UA, T_{ai}, T_0, $\dot{m}_c$ 등에 대한 전화율은 낮아질 것이다. 단, **LEP** 문제 P13-1_B (a)에서 제시한 대로 이들 값을 변경하면 전화율이 매우 낮은 상태로 유지되는 상황과 온도 곡선이 극도로 가파른 경우를 발견할 수 있다.

13.2.2 등온운전이 중단된 회분식반응기에서 **폭주반응**을 일으킨 사례

제5장과 제6장에서는 등온으로 운전하는 반응기의 설계에 대해 논의했다. 이러한 운전은 열교환기의 효율적인 제어에 의해 달성될 수 있다. 다음 예는 열교환기가 갑자기 고장 날 때 발생할 수 있는 상황을 보여준다.

예제 13-2 발열 폭주반응이 있는 화학공장의 안전성에 관한 연구[2]

8월 8일 오전 12시 18분, 일리노이주 Sauget의 몬산토 공장에서 심각한 사고가 발생했다(그림 E13-2.1 참조). [Sauget(인구 200명)은 1988년 Mon-Clar 리그 소프트볼 챔피언의 고향이다.] 이 폭발음은 무려 10마일이나 떨어진 일리노이주 Belleville에서도 들렸으며 사람들을 깊은 잠에서 깨웠다. 폭발은 암모니아와 *o*-니트로클로로벤젠(*o*-nitrochlorobenzene, ONCB)에서 니트로아닐린을 생산하는 데 사용된 회분식반응기에서 일어났다.

$$\text{C}_6\text{H}_4(\text{NO}_2)\text{Cl} + 2\text{NH}_3 \longrightarrow \text{C}_6\text{H}_4(\text{NO}_2)\text{NH}_2 + \text{NH}_4\text{Cl}$$

이 반응은 보통 175°C, 약 500 psi에서 24시간 등온으로 진행되고 있었다. 열교환기 내의 냉각수의 온도는 25°C이다. 냉각매체 유량을 조절하여 반응기 온도를 175°C로 유지시킬 수 있었다. 냉각매체 유량이 최대일 때, 열교환기 내의 온도는 25°C이다.

이 반응기의 운전에 관하여 몇 가지 정리하도록 하자. 수년간 열교환기는 때때로 고장이 발생하였으나 현장기술자가 "기다렸다는 듯이 뭐든지 하는 사람(Johnny on the Spot)"처럼 달려와서 고쳐서는 10분 이내에 별다른 문제 없이 가동했었다. 어느 날 누군가가 반응기를 바라보고 다음과 같이 말하였다. "반응기가 1/3 정도밖에 안 채워져 있군. 아직 반응기에 더 많은 반응물을 공급하여 더 많은 생성물을 만들고 더 많은 돈을 벌 수 있는 여유 공간이 있다. 반응기를 꽉 채워서 3배로 생산이 될 수 있도록 하면 어떻겠는가?" 오후 9시 45분에 그들은 이것을 실행에 옮겨 반응기를 시동하였다. 자정쯤에 반응기가 폭발하였고 그림 E13-2.1에 보이는 것과 같은 여파를 남겼다.

생산량을 3배로 결정

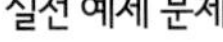

그림 E13-2.1 폭발의 여파(*St. Louis Globe/Democrat* 사진. St. Louis Mercantile Library 제공.)

사고 당일 정상적인 운전에 두 가지 변화가 있었다.

2. Ronald Willey, *Seminar on a Nitroaniline Reactor Rupture*. Prepared for SAChE, Center for Chemical Process Safety, American Institute of Chemical Engineers, New York (1994)의 문제에서 채택. *Process Safety Progress*, vol. 20, no. 2 (2001), pp. 123–129도 참조하여라. ΔH_{Rx}와 UA 값은 G. C. Vincent, *Loss Prevention*, 5, pp. 46–52에 나와 있는 온도-시간 궤적의 공장 자료로부터 예측하였다.

1. 반응기에 9.044 kmol ONCB, 33.0 kmol NH_3 및 103.7 kmol H_2O를 공급하였다. 정상적으로 반응기에 공급되던 원료는 3.17 kmol ONCB, 103.6 kmol H_2O 및 43 kmol NH_3이다.
2. 반응은 통상적으로 175°C에서 24시간 이상 등온으로 진행시켜 왔다. 반응 시작 약 45분 후에 반응기에의 냉각이 단 10분간 중단되었다가 다시 냉각이 정상화되어 55분부터 작동되었다. 3.17 kmol ONCB를 정상적으로 충전시켜 사용한 때에는 냉각이 10분 정도 중단될 수 있었으나 별다른 사고가 일어나지 않았다.

반응기는 압력이 약 700 psi를 초과할 때 파열되는 파열 디스크(rupture disk)가 장착되어 있다. 판이 파열되면 물은 증발하고, 증발잠열에 의해서 급랭되어 반응은 중단된다.

(a) 반응물이 잘 혼합되고 온도가 175°C(448 K)에 도달되기까지 120분 기간까지의 온도-시간 궤적을 플롯하여라.

(b) 다음의 세 가지 조건에 대하여 폭발이 일어날 가능성을 보여라: (1) ONCB의 충전량 증가 (2) 반응 초기 10분간 냉각이 중단 (3) 압력 방출 밸브의 고장.

추가 정보:

속도법칙: $-r_{ONCB} = kC_{ONCB}C_{NH_3}$

여기서 $k = 0.00017 \dfrac{m^3}{kmol \cdot min}$ [188°C(461 K)에서], $E = 11{,}273$ cal/mol

9.0448 kmol ONCB를 공급할 때의 반응 부피:

$$V = 3.265\ m^3\ ONCB/NH_3 + 1.854\ m^3\ H_2O = 5.119\ m^3$$

사례(Case History)

3.17 kmol ONCB를 공급할 때의 반응 부피:

$$V = 3.26\ m^3$$
$$\Delta H_{Rx} = -5.9 \times 10^5\ kcal/kmol$$
$$C_{P_{ONCB}} = C_{P_A} = 40\ cal/mol \cdot K$$
$$C_{P_{H_2O}} = C_{P_W} = 18\ cal/mol \cdot K \qquad C_{P_{NH_3}} = C_{P_B} = 8.38\ cal/mol \cdot K$$

$\Delta C_P \approx 0$로 가정:

$$T_a = 298\ K\text{에서 } UA = \frac{35.85\ kcal}{min\ °C}$$

풀이

$$A + 2B \longrightarrow C + D$$

몰수지식:

$$\frac{dX}{dt} = -r_A \frac{V}{N_{A0}} = \frac{-r_A}{C_{A0}} \tag{E13-2.1}$$

속도법칙:

$$-r_A = kC_AC_B \tag{E13-2.2}$$

화학양론(액상):

$$C_A = C_{A0}(1-X) \tag{E13-2.3}$$

$$C_B = C_{A0}(\Theta_B - 2X) \tag{E13-2.4}$$

$$\Theta_B = \frac{N_{B0}}{N_{A0}}$$

알고리즘을 따른다.

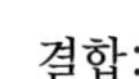

결합:

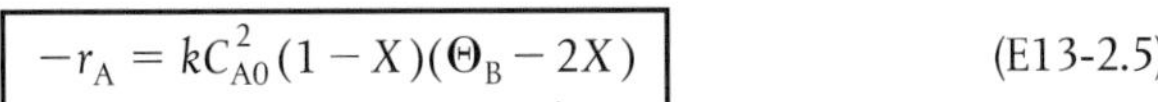

$$\boxed{-r_A = kC_{A0}^2(1-X)(\Theta_B - 2X)} \tag{E13-2.5}$$

식 (3-21)에 파라미터값을 대입하면

$$k = k(T_0)\exp\left[\frac{E}{R}\left(\frac{1}{T_0} - \frac{1}{T_1}\right)\right] \tag{3-21}$$

다음과 같이 얻을 수 있다.

$$k = 0.00017\ \exp\left[\frac{11273}{1.987}\left(\frac{1}{461} - \frac{1}{T}\right)\right]\frac{m^3}{kmol \cdot min}$$

에너지수지식:

$$\frac{dT}{dt} = \frac{UA(T_a - T) + (r_AV)(\Delta H_{Rx})}{\sum N_iC_{P_i}} \tag{E13-2.6}$$

$\Delta C_P = 0$에 대하여,

$$\sum N_iC_{P_i} = NC_P = N_{A0}C_{P_A} + N_{B0}C_{P_B} + N_WC_{P_W}$$

폭발 당일의 파라미터 계산:

$$NC_P = (9.0448)(40) + (103.7)(18) + (33)(8.38)$$

$$NC_P = 2504\ kcal/K$$

생성된 열을 $Q_g[Q_g = (r_AV)(\Delta H_{Rx})]$, 제거된 열을 $Q_r[Q_r = UA(T - T_a)]$로 하면,

$$\boxed{\frac{dT}{dt} = \frac{\overbrace{(r_AV)(\Delta H_{Rx})}^{Q_g} - \overbrace{UA(T-T_a)}^{Q_r}}{N_{A0}C_{P_A} + N_{B0}C_{P_B} + N_WC_{P_W}}} \tag{E13-2.7}$$

$Q_g = (r_AV)(\Delta H_{Rx})$
$Q_r = UA(T - T_a)$

그리고

$$\boxed{\frac{dT}{dt} = \frac{Q_g - Q_r}{NC_P}} \tag{E13-2.8}$$

A. 45분까지 등온운전

이 반응은 열교환기가 고장 나고 냉각이 45분에 정지할 때까지 175°C(448 K)의 등온에서 일어난다. 우리는 열교환기가 고장 나는 지점에서 Q_r과 Q_g뿐만 아니라 전화율 X, 온도 T를 계산할 것이다. 다음으로 우리는 냉각이 복원된 지점에서 10분 후에 다시 T, X, Q_r, Q_g를 계산한 다음 다시 Q_g와 Q_r을 비교할 것이다.

이에 따라 식 (E13-2.1)을 식 (E13-2.5)와 결합하여 정리하면 다음과 같다.

$$\frac{dX}{dt} = kC_{A0}(1-X)(\Theta_B - 2X) \tag{E13-2.9}$$

$$\Theta_B = \frac{33}{9.04} = 3.64$$

식 (E13-2.9)를 적분하면 다음 식을 얻는다.

$$t = \left[\frac{V}{kN_{A0}}\right]\left(\frac{1}{\Theta_B - 2}\right) ln\left[\frac{\Theta_B - 2X}{\Theta_B(1-X)}\right] \tag{E13-2.10}$$

175°C, 즉 448 K에서 $k = 0.0001167\ m^3/kmol{\cdot}min$이다.

k 값과 다른 파라미터값을 대입하면,

$$45 \text{ min} = \left[\frac{5.119 \text{ m}^3}{0.0001167 \text{ m}^3/\text{kmol}\cdot\text{min}\,(9.044 \text{ kmol})}\right]\times\left(\frac{1}{1.64}\right)\ln\left[\frac{3.64-2X}{3.64(1-X)}\right]$$

계산과 결과는 Polymath 출력에서도 구할 수 있다.

t = 45분일 때의 전화율 X를 구하면, $X = 0.033$임을 알 수 있다.

이 온도와 전화율에서 열의 생성속도 Q_g를 계산하고, 일정한 냉각매체 온도 T_a = 298 K에서 최대 열 제거속도 Q_r과 비교하고자 한다. 열의 생성속도 Q_g는,

실전 예제 문제

$$\boxed{Q_g = r_A V\,\Delta H_{Rx} = k\,\frac{N_{A0}(1-X)N_{A0}[(N_{B0}/N_{A0}) - 2X]V(-\Delta H_{Rx})}{V^2}} \tag{E13-2.11}$$

냉각이 멈춘 시각의 Q_r과 Q_g 비교

이 시간(t = 45분, X = 0.033, T = 175°C)에 k를 계산하고, 이때 Q_r과 Q_g를 계산한다. 175°C에서 $k = 0.0001167\ m^3/min{\cdot}kmol$이다.

$$Q_g = (0.0001167)\,\frac{(9.0448)^2(1-0.033)}{5.119}\left[\frac{33}{(9.0448)} - 2(0.033)\right]5.9\times10^5$$

$$\boxed{Q_g = 3830 \text{ kcal/min}}$$

여기에 상응하는 최대 냉각속도는 다음과 같다.

$$\begin{aligned} Q_r &= UA(T-298) \\ &= 35.85(448-298) \end{aligned} \tag{E13-2.12}$$

$$\boxed{Q_r = 5378 \text{ kcal/min}}$$

따라서

모두가 OK.

$$\boxed{Q_r > Q_g} \tag{E13-2.13}$$

반응은 제어될 수 있고, 냉각을 중단하여도 폭발은 일어나지 않는다.

B. 10분간 단열운전

반응이 시작된 후 45분에서 55분 사이에 갑자기 냉각이 중지되었다. 45분과 55분 사이의 단열운전 기간에 대한 초기조건으로서 등온운전 말기의 조건을 사용하고자 한다:

$$t = 45 \text{ min} \quad X = 0.033 \quad T = 448 \text{ K}$$

냉각 시스템의 중단은 이전에 아무런 나쁜 영향 없이 일어났다.

$t = 45$와 $t = 55$분 사이에 $Q_r = 0$이다. Polymath 프로그램은 프로그램에서 Q_r에 대하여 "*if statement*"를 사용하여 단열운전의 시간에 대해 설명하도록 변형하였다. 즉

$$Q_r = \text{if } (t > 45 \text{ and } t < 55) \text{ then } (0) \text{ else } (UA(T - 298))$$

비슷한 "*if statement*"는 등온운전에 사용되는데, 이때는 $(dT/dt) = 0$이다.

단열운전 10분 후 Q_r과 Q_g의 비교

45분에서 55분까지 냉각 없이 온도는 448 K에서 468 K로 상승하고, 전화율은 0.033에서 0.0424로 상승하였다. 식 (E13-2.11)에 이 온도와 전화율을 사용하여 55분에서 열의 생성속도 Q_g를 계산하고 그 값이 다음 값처럼 증가되었다.

$$Q_g = 6591 \text{ kcal/min}$$

이 반응기 온도에서 최대 냉각속도는 식 (E13-2.12)에서 다음과 같이 계산된다.

$$Q_r = 6093 \text{ kcal/min}$$

또한 **LEP** Polymath 프로그램을 사용하여 X, T, Q_r 및 Q_g에 대한 값을 찾을 수 있다. 또한, 실행시간을 $t = 45$분에서 $t = 55$분으로 변경하고, "*if statement*"를 포함시킴으로써 궤적 온도와 전화율 대 시간의 완전한 계산을 포함할 수 있다는 점에 유의한다. 최대 45분까지 등온운전 시간의 "*if statement*"는

$$\frac{dT}{dt} = \text{if } (t < 45) \text{ then } (0) \text{ else } ((Q_g - Q_r)/NC_P)$$

그리고 45~55분 사이의 단열운전 시간, 그 이후의 열교환 등의 "*if statement*"는

$$Q_r = \text{if } (45 < t < 55) \text{ then } (0) \text{ else } (UA(T - 298))$$

여기서, 10분 뒤에 열교환기가 작동되었지만, 여전히

귀환불능지점

$$\boxed{Q_g > Q_r} \tag{E13-2.14}$$

이 되고, 온도는 계속적으로 증가할 것이다. **폭주반응**(runaway reaction)이 일어난다!! **귀환불능지점**(point of no return)을 통과하여 온도가 계속 증가한다. 폭발이 일어날 때까지 반응속도가 계속 상승하게 된다.

C. 열교환이 있는 회분식 운전

반응 시작 후 55분에 냉각이 다시 작동한다. 단열운전 말기의 값(T = 468 K, X = 0.0423)은 열교환기가 회복된 초기조건이 된다. 55분에 냉각을 최대용량 $Q_r = UA(T - 298)$로 냉각시킨다. 표 E13-2.1에 온도-시간 궤적을 구하기 위한 Polymath 프로그램이 주어져 있다. (프로그램에서 N_{A0}와 N_{B0}를 각각 3.17과 43 kmol로 변화시킬 수 있다. 10분간 냉각을 중단시키면, 그 10분의 끝에 Q_r이 아직은 Q_g보다 크지 않을 것이므로 폭발은 일어나지 않는다.)

완전한 온도-시간 궤적을 그림 E13-2.2에서 보여준다. 냉각이 다시 가동된 이후로 길게 평탄한 영역(long plateau)을 보이는 점에 주목하자. 55분에 Q_r과 Q_g의 값을 사용하여 식 (E13-2.8)에 대입하면, 다음 값을 얻는다.

실전 예제 문제

$$\frac{dT}{dt} = \frac{(6591\ \text{kcal/min}) - (6093\ \text{kcal/min})}{2504\ \text{kcal/°C}} = 0.2\text{°C/min}$$

표 E13-2.1 Polymath 프로그램

Differential equations

```
1 d(T)/d(t) = if (t<45) then (0) else ((Qg-Qr)/NCp)
2 d(X)/d(t) = (-ra)*V/Nao
```

Explicit equations

```
1  NCp = 2504
2  V = 3.265+1.854
3  Nao = 9.0448
4  UA = 35.83
5  DeltaHrx = -590000
6  Nbo = 33
7  k = .00017*exp(11273/(1.987)*(1/461-1/T))
8  Qr = if(t>45 and t<55) then (0) else (UA*(T-298))
9  Theata = Nbo/Nao
10 ra = -k*Nao^2*(1-X)*(Theata-2*X)/V^2
11 Qg = ra*V*DeltaHrx
```

Calculated values of DEQ variables

	Variable	Initial value	Final value
1	DeltaHrx	-5.9E+05	-5.9E+05
2	k	0.0001189	0.8033049
3	Nao	9.0448	9.0448
4	Nbo	33.	33.
5	NCp	2504.	2504.
6	Qg	4092.007	7.234E+06
7	Qr	5374.5	4.218E+04
8	ra	-0.0013549	-2.395239
9	t	0	122.
10	T	448.	1475.143
11	Theata	3.648505	3.648505
12	UA	35.83	35.83
13	V	5.119	5.119
14	X	0	0.6075213

자정 조금 지나 폭발이 일어났다.

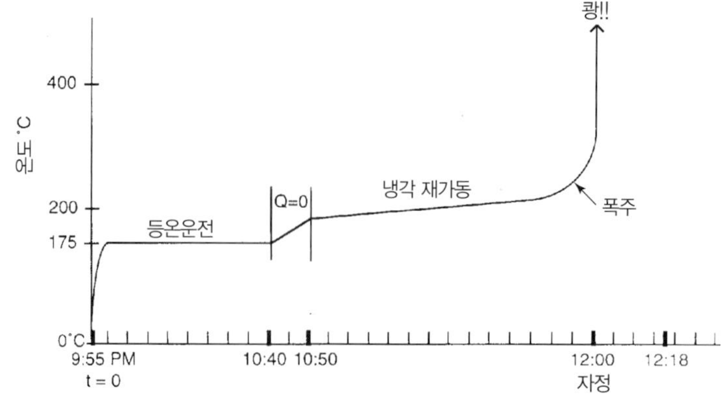

그림 E13-2.2 온도-시간 궤적

결과적으로, (dT/dt)가 비록 양의 값을 가지지만 온도는 처음에 0.2℃/min로 아주 서서히 증가한다. 11시 45분에 온도는 240℃에 이르게 되고, "생성된 열"과 온도 모두 아주 빠르게 증가하기 시작한다. 이 같은 급격한 증가는 Arrhenius 온도 의존도에 의한 결과인데, 이는 온도를 기하급수적으로 상승시킨다. 반응은 **제어가 되지 않는다**(running away)! 그림 E13-2.2에서 회분식 반응이 시작된 지 119분 후에 온도가 급격히 상승하고 반응기가 약 자정에 폭발한다고 관측하고 있다. 만약 교반기와 반응기의 질량과 열용량이 포함되었다면 NC_p 항은 약 5% 증가했을 것이고 폭발이 일어날 때까지 15분 정도 연장되었을 것이며, 그러므로 폭발 발생 시각은 오전 12시 18분으로 예측이 가능하다. 온도가 300℃에 도달할 때, 니트로아닐린이 CO, N_2 및 NO_2와 같은 비응축성 기체로 분해되고 더 많은 에너지를 방출한다. 방출된 총에너지는 6.8×10^9 J로 추정되고, 이것은 2500톤의 건물을 수직으로 300 m(축구장 3개 길이)까지 끌어올리는 데 충분한 에너지였다. 문제 **P13-1$_B$ (b)**에서는 Wolfram 슬라이더를 사용하여 예제 E13-2를 탐색하고 **폭발이 일어나지 않았을** 반응물의 공급량 값과 같은 것을 찾는 질문을 받을 것이다.

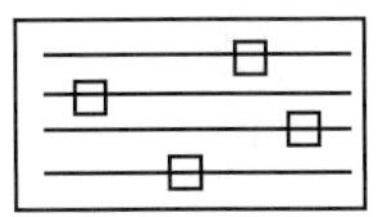
Wolfram Sliders

D. 안전디스크 파열 실패

온도가 265℃(약 700 psi)에 도달하고 계속적으로 상승할 때, 압력–안전–방출 디스크(pressure-safety-relief disk)가 파열되어야 했지만 그렇지 않았고, 온도는 계속 상승하였다. 이 파열 디스크가 파열되고 수분이 증발하면, 반응용액에서 10^6 kcal의 열을 배출하게 되므로 온도는 내려가고 폭주반응은 급랭된다.

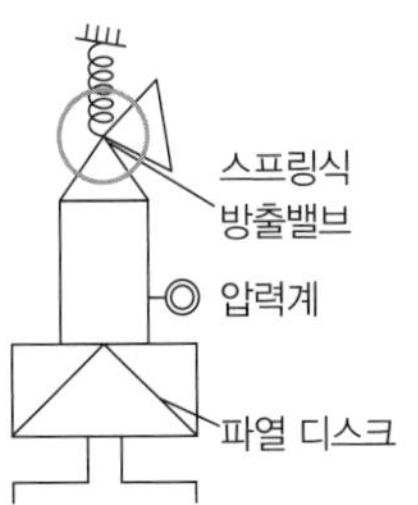

이 디스크가 265℃(약 700 psi)에서 파열되면, 파열되는 시점에서의 최대 질량유량 $\dot{m}_{vap}$이 830 kg/min(유체역학을 통해 최대 질량 흐름속도를 알 수 있다)으로 2-in. 오리피스를 통하여 대기(1 atm) 중으로 방출된다. 상당하는 제거된 열은 다음과 같다.

$$\begin{aligned} Q_r &= \dot{m}_{vap}\,\Delta H_{vap} + UA(T - T_a) \\ &= 830\,\frac{\text{kg}}{\text{min}} \times 540\,\frac{\text{kcal}}{\text{kg}} + 35.83\,\frac{\text{kcal}}{\text{min}\cdot\text{K}}\,(538 - 298)\text{K} \\ &= 4.48 \times 10^5\,\frac{\text{kcal}}{\text{min}} + 8604\,\frac{\text{kcal}}{\text{min}} \\ &= 456,604\,\frac{\text{kcal}}{\text{min}} \end{aligned}$$

Q_r의 이 값은 생성된 열 Q_g(Q_g = 27,460 kcal/min)보다 훨씬 크기 때문에 반응은 쉽게 중단될(quenched) 수 있다.

분석: 폭주반응(runaway reaction)은 화학산업에서 가장 위험하다. 사고를 예방하기 위해 항상 정교한 안전장치를 설치한다. 하지만 예제에서 보듯이 보완책(back-up plan)이 실패하면서 사고가 발생했다. 다음의 세 가지 중에서 하나가 일어나지 않으면 폭발은 발생하지 않는다.

1. 3배 생산

2. 운전 초기 10분간 열교환기 고장
3. 방출 장치(파열 디스크)의 고장

바꾸어 말하면, 폭발이 일어나려면 위의 모든 경우가 일어나야 한다. 만약 압력 방출 밸브가 바르게 작동하였으면, 폭주반응을 막을 수는 없었지만 폭발은 방지할 수 있었다. 압력 방출 장치로 파열 디스크(rupture disk)를 사용하는 것에 더하여 압력 방출 밸브(pressure relief valve)를 사용할 수 있다. 많은 경우에 당면한 반응에 대한 자료를 획득하고 방출 장치(relief device)의 적정한 규격을 사용하는 것에 충분한 주의를 기울이지 않고 있다. 이 자료는 전문 참고자료 서고(*http://www.umich.edu/~elements/5e/13chap/pdf/CD_ARSST_ProfRef.pdf*)에 기술된 *ARSST*(Advanced Reactor Safety Screening Tool)라고 불리는 특수하게 설계된 회분식반응기를 사용하여 구할 수 있다.

참고자료 서고

13.3 열교환기가 설치된 회분식과 반회분식반응기

열교환기가 설치된 반응기에 대한 논의에서, 지금까지는 주위 온도 T_a가 열교환기 전체에 걸쳐 공간적으로 균일하다고 가정했다. 계가 대기 중에 노출된 외부 관 표면을 갖는 관형반응기이거나 또는 열교환기를 통과하는 냉각매체 유량이 아주 빨라서 열교환기의 유입 온도가 유출온도와 사실상 일정한 CSTR이나 회분식반응기(BR)이면, 이와 같은 가정은 성립한다.

지금부터는 반응기 내의 온도가 공간적으로 균일하면서 열교환기의 길이에 따라 냉각매체 온도가 변화하는 경우를 고찰하고자 한다. 질량유량 $\dot{m}_c$, 온도 T_{a1}인 냉각매체가 열교환기에 도입되고 T_{a2}로 배출된다(그림 13-1 참조). 그림 13-1은 그림과 같이 CSTR 또는 흡입구 및 배출구 유량을 0으로 설정하면, 즉 $F_A = F_{A0} = 0$으로 설정되는 경우 회분식반응기(BR), 또는 배출구 흐름이 0으로 설정되는 경우, 즉 $F_A = F_B = 0$, 반회분식반응기로 표현할 수 있다.

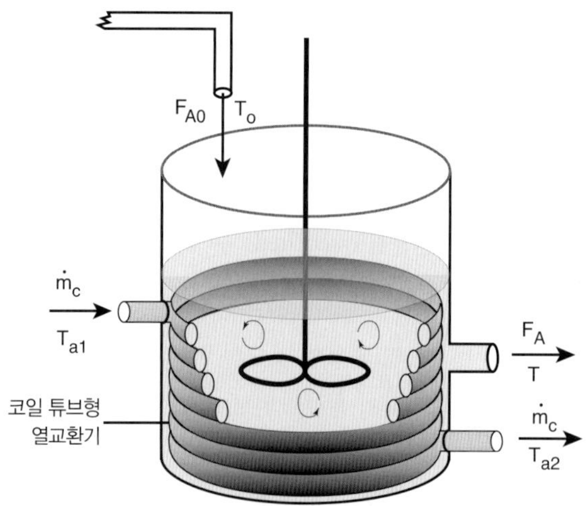

그림 13-1 열교환기가 설치된 탱크형 반응기

첫 번째 근사치로서 냉각매체 유량에 대해서 준-정상상태(quasi-steady state)를 가정하고 축적 항(즉, $dT_a/dt = 0$)을 무시하자. 그 결과, 식 (12-19)는 열교환기에서 반응기로의 열전달속도(rate of heat transfer)를 제공할 것이다.

$$\dot{Q} = \dot{m}_c C_{P_c}(T_{a1} - T)[1 - \exp(-UA/\dot{m}_c C_{P_c})] \tag{12-19}$$

반회분식반응기에 대한 에너지수지는 다음과 같다.

$$\boxed{\frac{dT}{dt} = \frac{\dot{Q} - \dot{W}_s - \Sigma F_{i0} C_{P_i}(T - T_{i0}) - [\Delta H_{Rx}(T)](-r_A V)}{\Sigma N_i C_{P_i}}} \tag{13-9}$$

열교환기 에너지수지식 즉 식 (12-9)를 약간 재배열하고, 축 일(shaft work) $\dot{W}_S$를 무시하면

$$\boxed{\frac{dT}{dt} = \frac{\dot{Q}_{gs} - \dot{Q}_{rs}}{\Sigma N_i C_{P_i}}} \tag{13-20}$$

여기서 반회분식반응기에 대한 “생성된 열” $\dot{Q}_{gs}$는 회분식반응기에 대한 것과 동일하다.

$$\boxed{\dot{Q}_{gs} = (r_A V)(\Delta H_{Rx})} \tag{13-21}$$

그러나 반회분식반응기에 대한 “제거된 열” $\dot{Q}_{gs}$는 다음과 같다.

$$\boxed{\dot{Q}_{rs} = \sum F_{i0} C_{P_i}(T - T_{i0}) + \dot{m} C_{P_C}[T - T_{a1}]\left[1 - \exp\left(\frac{-UA}{\dot{m} C_{P_C}}\right)\right]} \tag{13-22}$$

참고: $\dot{Q}_{rs}$와 $\dot{Q}_{gs}$에서 아래첨자 “s”는 이 식들이 반회분식(semibatch) 반응기에만 적용된다는 것을 의미한다.

큰 냉각매체 유량에 대해서, 식 (13-22)는 다음과 같이 된다.

$$\boxed{\frac{dT}{dt} = \frac{\overbrace{(r_A V)(\Delta H_{Rx})}^{Q_{gs}} - \overbrace{[\Sigma F_{i0} C_{P_i}(T - T_{i0}) + UA(T - T_a)]}^{Q_{rs}}}{\Sigma N_i C_{P_i}}} \tag{13-23}$$

반회분식반응기가 한 가지 더 늘어난 복잡성은 열전달면적 A가 시간에 따라 달라질 수 있다는 것이다. 예를 들어 그림 13-1의 탱크가 가득 차면 열교환면적과 접촉하는 반응유체는 액체 수위가 상승함에 따라 크게 변할 수 있다. 이러한 면적 변화는 반응기의 기하학적 구조, 냉각기가 반응기 내에 어떻게 위치하는지 그리고 반응기 내 초기 및 최종 유체 부피에 따라 달라진다. 다음의 반회분식반응기의 예에서 표면적 A가 사실상 일정하게 유지된다고 가정할 것이다. 이러한 가정은 문제 P13-1 (d) (vii)에서 분석될 것이다.

13.3.1 CSTR의 운전개시(Startup)

CSTR의 운전개시

반응기 운전을 개시할 때, 온도와 농도가 정상상태 값에 어떻게 접근하는지가 매우 중요한 경우가 많다. 예를 들어, 온도에서 지나친 상승(overshoot)은 반응물이나 생성물의 분해를 일으킬 수 있으며, 또는 오버슈트는 폭주반응을 일으키는 2차적 반응을 개시하는 것과 같은 안전 운전에 허용되지 않을 수 있다. 만약 어느 경우든 발생한다면, 우리는 그 시스템이 그것의 **실제적 안정성 한계**(practical stability limit)를 초과했다고 말할 것이다. 실질적인 한계는 반응이 수행되는 특정 반응 및 조건에 특정되며, 일반적으로 반응 안전 엔지니어(reaction safety engineer)가 결정한다. 이러한 한도가 초과하는지 확인하기 위해 수치적으로 비정상상태 온도–시간과 농도–시간 방정식을 풀 수 있을지라도, 종종 **온도–농도 위상평면**(temperature-concentration phase plane)을 사용하여 정상상태에 대한 접근방법을 연구하는 것이 더 통찰력이 있다. 이러한 개념을 설명하기 위해, 분석을 CSTR에서 수행된 액상반응에 국한하자.

CSTR이 정상상태에 접근하는 방법에 대한 정성적 논의는 CRE 웹사이트(*http://www.umich.edu/~elements/5e/13chap/prof-steadystate.html*) *PRS* R13.5에 주어져 있다. 요약의 그림 PRS13.5에 정리된 이 분석은 위상평면(phase plane)이 분할된 4개의 서로 다른 영역과 그것이 어떻게 정상상태에 대한 접근방식을 스케치할 수 있는지를 보여주기 위해 개발되었다.

참고자료 서고

예제 13-3 CSTR의 운전개시

다시, 예제 12-3의 열교환기가 설치된 CSTR에서 프로필렌글리콜(C)을 생산하는 공정을 생각해 보자. 초기에는 1.89 m^3의 반응기에 C_{wi} = 55.3 kmol/m^3의 297 K 물과 0.1 wt%의 H_2SO_4만이 있다. 원료 흐름은 36.3 kmol/h의 프로필렌 산화물(A), 0.1 wt%의 H_2SO_4를 함유한 45.4 kmol/h의 물(B) 및 45.4 kmol/h의 메탄올(M)로 구성되어 있다.

냉각수는 2.27 kg/s(453.6 kmol/h)의 유량으로 열교환기를 통과한다. 순수 프로필렌 산화물(A), 물(B)과 메탄올(M)의 몰밀도는 각각 ρ_{A0} = 14.8 kmol/m^3, ρ_{B0} = 55.3 kmol/m^3, ρ_{M0} = 24.7 kmol/m^3이다.

시간의 함수로서 프로필렌 산화물의 온도와 농도를 플롯하고, 반응기에서 서로 다른 유입온도와 A의 초기 농도에 따른 온도의 함수로서 A의 농도 역시 플롯하여라.

추가 정보:

$$T_{a1} = 288.7\,\text{K},\ \text{그리고}\ C_{P_W} = 18\,\text{kcal/kmol}\cdot\text{K}\text{에서}\ UA = 7262\ \frac{\text{kcal}}{\text{h}\cdot\text{K}}$$

$$C_{P_A} = 35\ \text{kcal/kmol}\cdot\text{K},\ C_{P_B} = 18\ \text{kcal/kmol}\cdot\text{K},$$
$$C_{P_C} = 46\ \text{kcal/kmol}\cdot\text{K},\ C_{P_M} = 19.5\ \text{kcal/kmol}\cdot\text{K}$$

CSTR로 유입되는 반응물의 혼합용액 온도는 T_0 = 297 K이다.

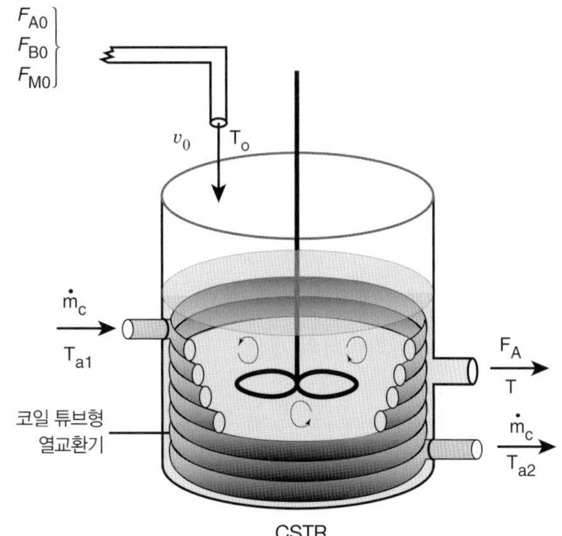

풀이

$$A + B \longrightarrow C$$

몰수지식:

초기조건

알고리즘을 따른다.

A: $$\frac{dC_A}{dt} = r_A + \frac{(C_{A0} - C_A)v_0}{V} \qquad C_{Ai} = 0 \tag{E13-3.1}$$

B: $$\frac{dC_B}{dt} = r_B + \frac{(C_{B0} - C_B)v_0}{V} \qquad C_{Bi} = 55.3\ \frac{\text{kmol}}{\text{m}^3} \tag{E13-3.2}$$

C: $$\frac{dC_C}{dt} = r_A + \frac{-C_C v_0}{V} \qquad C_{Ci} = 0 \tag{E13-3.3}$$

M: $$\frac{dC_M}{dt} = r_A + \frac{v_0(C_{M0} - C_M)}{V} \qquad C_{Mi} = 0 \tag{E13-3.4}$$

속도식: $$-r_A = kC_A \tag{E13-3.5}$$

화학양론: $$-r_A = -r_B = r_C \tag{E13-3.6}$$

에너지수지:

$$\frac{dT}{dt} = \frac{\dot{Q}_{gs} - \dot{Q}_{rs}}{NC_P} \tag{E13-3.7}$$

$$Q_{gs} = (r_A V)(\Delta H_{Rx}) \tag{E13-3.8}$$

$$\sum F_{i0} C_{P_i} = F_{A0} \sum \Theta_i C_{P_i} \tag{E13-3.9}$$

CSTR의 비정상상태 운전개시에서 "제거된 열"이라는 용어는 반회분식반응기에서 "제거된 열"이라는 용어와 유사하다. 식 (12-12)와 (12-19)를 상기하면

$$\dot{Q}_{rs} = \overbrace{F_{A0}\sum\Theta_i C_{P_i}(T-T_0)}^{Q_{rs1}} + \overbrace{m_c C_{P_c}(T-T_{a1})\left[1-\exp\left(\frac{-UA}{m_c C_{P_c}}\right)\right]}^{Q_{rs2}} \quad \text{(E13-3.10)}$$

$$\dot{Q}_{rs} = \dot{Q}_{rs1} + \dot{Q}_{rs2}$$

$$T_{a2} = T - (T - T_{a1})\exp\left(-\frac{UA}{\dot{m}_c C_{P_W}}\right) \quad \text{(12-17)}$$

파라미터의 계산:

$$NC_P = \sum N_i C_{P_i} = C_{P_A}N_A + C_{P_B}N_B + C_{P_C}N_C + C_{P_M}N_M \quad \text{(E13-3.11)}$$

$$= 35(C_AV) + 18(C_BV) + 46(C_CV) + 19.5(C_MV)$$

$$\sum \Theta_i C_{P_i} = C_{P_A} + \frac{F_{B0}}{F_{A0}} C_{P_B} + \frac{F_{M0}}{F_{A0}} C_{P_M} \quad \text{(E13-3.12)}$$

$$= 35 + 18\frac{F_{B0}}{F_{A0}} + 19.5\frac{F_{M0}}{F_{A0}}$$

$$\upsilon_0 = \frac{F_{A0}}{\rho_{A0}} + \frac{F_{B0}}{\rho_{B0}} + \frac{F_{M0}}{\rho_{M0}} = \left(\frac{F_{A0}}{14.8} + \frac{F_{B0}}{55.3} + \frac{F_{M0}}{24.7}\right)\frac{\text{m}^3}{\text{h}} \quad \text{(E13-3.13)}$$

반응온도 범위에서는 반응열이 크게 변하지 않아서 ΔC_P는 무시할 수 있으므로, 반응열은 기준온도(reference temperature)에 따라서 다음과 같이 일정한 값으로 가정한다.

$$\Delta H_{Rx} = -20{,}013\ \frac{\text{kcal}}{\text{kmol A}}$$

Polymath 프로그램을 표 E13-3.1에 나타내었다.

그림 E13-3.1과 E13-3.2는 T_i = 297 K의 초기 온도와 탱크 내 물(예, C_{Ai} = 0)만 있는 경우에 대해 프로필렌옥사이드의 농도와 반응기 온도를 각각 시간 함수로서 보여주고 있다. 온도와 농도는 모두 정상상태에 접근함에 따라 정상상태 값(T = 331 K, C_A = 0.687 kmol/m^3)을 중심으로 진동하는 것으로 관찰된다.

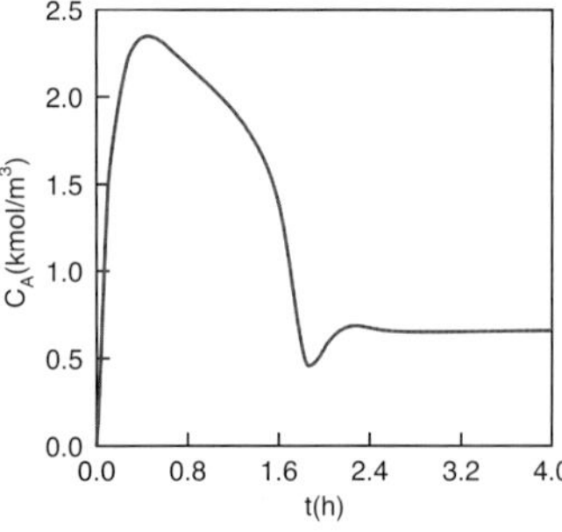

그림 E13-3.1 시간의 함수로서 프로필렌옥사이드, C_{Ai} = 0, T_i = 297 K

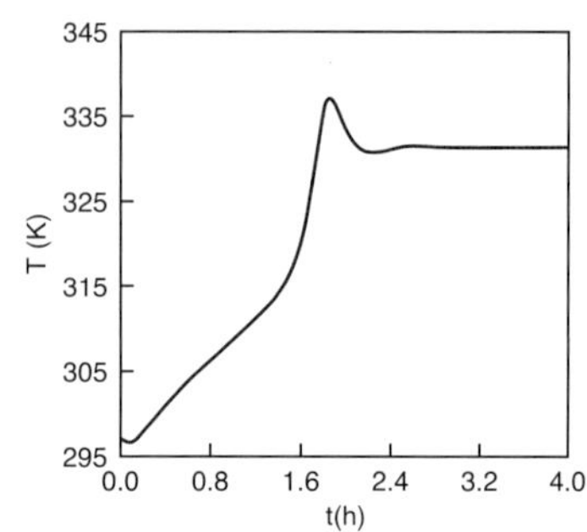

그림 E13-3.2 CSTR 운전개시에 대한 온도-시간 궤적, C_{Ai} = 0, T_i = 297 K

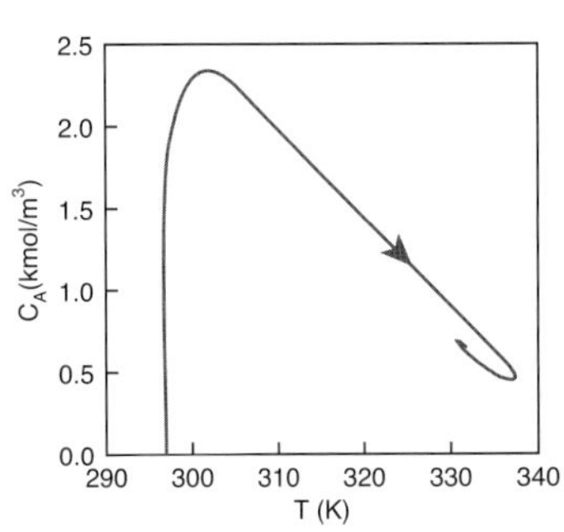

그림 E13-3.3 그림 E13-3.1과 그림 E13-3.2를 이용한 농도-온도 위상평면 궤적

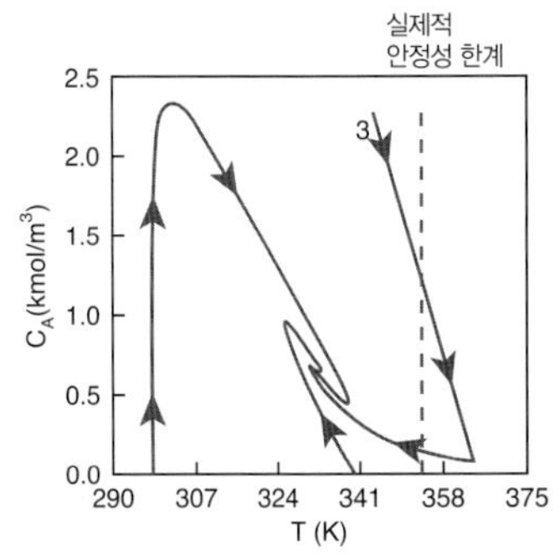

그림 E13-3.4 3가지 다른 초기조건에 대한 농도-온도 위상평면

용납할 수 없는 CSTR의 운전개시

그림 E13-3.3은 그림 E13-3.1과 E13-3.2를 결합하여 T 대 C_A를 위상 플롯 한 것이다. 331.5 K에서 A의 최종 정상상태 운전 농도는 0.658 kmol/m^{3}이다. 위상평면에서 화살표의 방향은 시간이 증가되는 방향을 보여준다. 운전개시 중에 최대 온도는 337.5 K로 실제적 안정성 한계(practical stability limit)인 355 K보다 낮다.

다음으로, 그림 E13-3.4는 세 가지 서로 다른 초기조건에 따라 다르게 나타나는 세 가지 궤적을 보여준다.

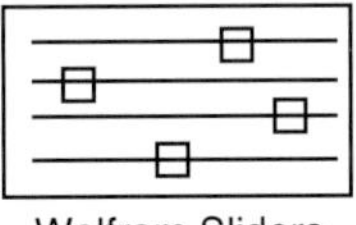

(1) $T_i = 297\text{K}$ $C_{Ai} = 0$ (그림 E13-3.3과 동일)

(2) $T_i = 339\text{K}$ $C_{Ai} = 0$

(3) $T_i = 344\text{K}$ $C_{Ai} = 2.26 \text{ kmol/m}^3$

3시간 후, 반응은 정상상태로 작동되고 세 가지 궤적 모두 결국에는 331 K의 최종 정상상태 온도로 수렴하고 상당 농도도 일치하게 된다.

$$C_A = 0.658 \text{ kmol/m}^3 \quad C_C = 2.25 \text{ kmol/m}^3$$
$$C_B = 34 \text{ kmol/m}^3 \quad C_M = 3.63 \text{ kmol/m}^3$$
$$T = 331.5 \text{ K}$$

예제 13-4의 경우 LEP의 Wolfram slider를 사용하여 온도와 농도가 정상상태에 근접함에 따라 파라미터가 궤적을 어떻게 변화시키는지 관찰할 수 있다.

아차! 실제적 안정성 한계를 초과했다.

이 반응 시스템의 경우, 공장 안전 담당은 탱크 내에서 상한 온도 한계가 355 K를 초과해서는 안 된다고 믿고 있다. 이 온도가 실제적 안정성 한계이다. **실제적 안정성 한계**(practical stability limit)는 그 이상의 온도가 되었을 때 원하지 않는 부반응, 안전 고려, 부차적인 폭주반응(runaway reaction), 장치에 대한 손상 때문에 운전하는 것이 바람직하지 않은 온도를 말한다. 따라서 초기온도 344 K, 초기 농도 2.26 kmol/m^{3}에서 시작되었다면, 반응기가 정상상태 온도 331 K에 접근되었을 때는 이미 355 K의 실질적인 안정화 한계가 초과되었음을 알 수 있다. 이와 같은 상황은 그림 E13-3.4의 농도-온도 궤적을 보면 알 수 있다.

표 E13-3.1 CSTR 운전개시에 대한 Polymath 프로그램

POLYMATH Report
Ordinary Differential Equations

Differential equations

1 d(Ca)/d(t) = 1/tau*(Ca0-Ca)+ra
2 d(Cb)/d(t) = 1/tau*(Cb0-Cb)+rb
3 d(Cc)/d(t) = 1/tau*(0-Cc)+rc
4 d(Cm)/d(t) = 1/tau*(Cm0-Cm)
5 d(T)/d(t) = (Qg-Qr)/NCp

Explicit equations

1 Fa0 = 36.3
2 T0 = 297
3 V = 1.89
4 UA = 7262
5 dh = -20013
6 Ta1 = 288.7
7 k = 16.96e12*exp(-18012/1.987/(T))
8 Fb0 = 453.6
9 Fm0 = 45.4
10 mc = 453.6
11 ra = -k*Ca
12 rb = -k*Ca
13 rc = k*Ca
14 Nm = Cm*V
15 Na = Ca*V
16 Nb = Cb*V
17 Nc = Cc*V
18 ThetaCp = 35+Fb0/Fa0*18+Fm0/Fa0*19.5
19 v0 = Fa0/14*8+Fb0/55*3+Fm0*24.7
20 ta2 = T-(T-Ta1)*exp(-UA/(18*mc))
21 Ca0 = Fa0/v0
22 Cb0 = Fb0/v0
23 Cm0 = Fm0/v0
24 Qr2 = mc*18*(Ta2-Ta1)
25 tau = V/v0
26 NCp = Na*35+Nb*18+Nc*46+Nm*19.5
27 Qr1 = Fa0*ThetaCp*(T-T0)
28 Qr = Qr1+Qr2
29 Qg = ra*V*dh

Calculated values of DEQ variables

	Variable	Initial value	Final value
1	Ca	0	0.658258
2	Ca0	2.905559	2.905559
3	Cb	55.3	34.06019
4	Cb0	36.30749	36.30749
5	Cc	0	2.247301
6	Cm	0	3.63395
7	Cm0	3.63395	3.63395
8	dh	-2.001E+04	-2.001E+04
9	Fa0	36.3	36.3
10	Fb0	453.6	453.6
11	Fm0	45.4	45.4
12	k	0.9420055	22.56758
13	mc	453.6	453.6
14	Na	0	1.244108
15	Nb	104.517	64.37375
16	Nc	0	4.2474
17	NCp	1881.306	1531.581
18	Nm	0	6.868166
19	Qg	0	5.619E+05
20	Qr	3.992E+04	5.619E+05
21	Qr1	0	3.56E+05
22	Qr2	3.992E+04	2.059E+05
23	ra	0	-14.85529
24	rb	0	-14.85529
25	rc	0	14.85529
26	T	297.	331.4976
27	t	0	4.
28	T0	297.	297.
29	Ta1	288.7	288.7
30	Ta2	293.5896	313.9124
31	tau	0.1512812	0.1512812
32	ThetaCp	284.314	284.314
33	UA	7262.	7262.
34	V	1.89	1.89
35	v0	12.49329	12.49329

실전 예제 문제

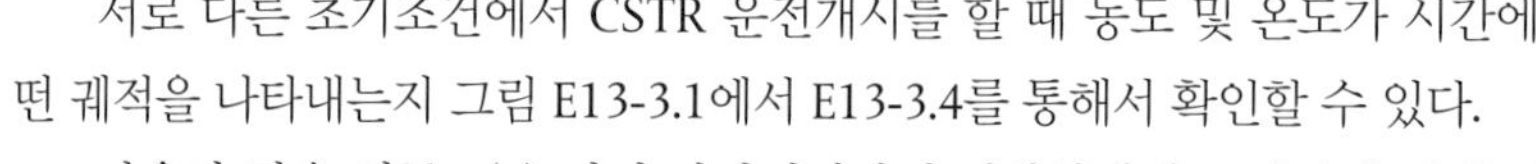

서로 다른 초기조건에서 CSTR 운전개시를 할 때 농도 및 온도가 시간에 따라 어떤 궤적을 나타내는지 그림 E13-3.1에서 E13-3.4를 통해서 확인할 수 있다.

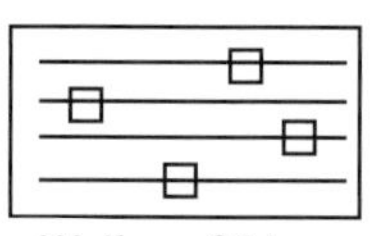
Wolfram Sliders

다음과 같은 질문: (1) 어떤 파라미터값이 정상상태에 도달하기 전에 가장 크고 가장 작은 진동수(number of oscillation)로 이어지는가와 같은 질문에 대한 답을 얻기 위해 Wolfram을 사용하는 것이 권장된다(문제 **P13-1$_B$** (c) 참조).

분석: 이 예제의 목적 중의 하나는 CSTR 운전개시 분석에 있어서 C_A에 따른 T의 위상 플롯의 사용을 보여주는 것이다. 위상 플롯을 통해서 다른 초기조건에서 어떻게 정상상태로 접근해 가는지 확인할 수 있고 **실제적 안정성 한계**(practical stability limit)를 초과하면 이차적 고도 발열반응이 일어나는지를 확인할 수 있다.

13.3.2 반회분식 운전(Semibatch Operation)

예제 13-4 반회분식반응기에서의 열효과

에틸아세테이트(ethyl acetate)의 saponification은 2차반응으로 그림 E13-4.1에 도식적으로 표시된 반회분식반응기에서 수행된다.

$$C_2H_5(CH_3COO)(aq) + NaOH(aq) \rightleftarrows Na(CH_3COO)(aq) + C_2H_5OH(aq)$$

$$A \quad + \quad B \quad \rightleftarrows \quad C \quad + \quad D$$

수산화나트륨 수용액은 농도 1 kmol/m^3, 온도 300 K, 부피유량 0.004 m^3/s로 물과 에틸아세테이트의 0.2 m^{3}의 초기 부피로 공급한다. 공급액 속의 물의 농도 C_{W0}은 55 kmol/m^{3}이다. 반응기 내 에틸아세테이트와 물의 초기 농도는 각각 5 kmol/m^{3}와 30.7 kmol/m^{3}이다. 반응은 발열이며 315 K 이하의 온도로 유지하기 위해 열교환기를 추가할 필요가 있다. UA = 3000 J/s·K인 완전히 반짝이는 열교환기를 Jofostan의 Riça 시내의 일요시장으로부터 구매하여 당장 사용할 준비가 되어 있다. 냉각수는 100 kg/s의 질량유량으로 285 K의 온도로 진입한다.

열교환기와 냉각매체 유량이 반응기 온도를 315 K 이하로 유지하기에 적절한가? 시간 함수로서 반응기 온도 T 및 농도 C_A, C_B, C_C를 플롯하여라.

추가 정보[3]:

$$k = 0.39175 \exp\left[5472.7\left(\frac{1}{273} - \frac{1}{T}\right)\right] \ \text{m}^3/\text{kmol}\cdot\text{s}$$

$$K_C = 10^{3885.44/T}$$

$$\Delta H^\circ_{Rx} = -79{,}076 \text{ kJ/kmol}$$

$$C_{P_A} = 170.7 \text{ kJ/kmol/K} = 170{,}700 \text{ J/mol/K}$$

$$C_{P_B} = C_{P_C} = C_{P_D} \cong C_{P_W} = C_P = 75.24 \text{ kJ/kmol}\cdot\text{K} = 75{,}246 \text{ J/mol/K}$$

공급물: $C_{W0} = 55 \text{ kmol/m}^3$ $\quad C_{B0} = 1.0 \text{ kmol/m}^3$

초기 농도: $C_{Wi} = 30.7 \text{ kmol/m}^3$ $\quad C_{Ai} = 5 \text{ kmol/m}^3$ $\quad C_{Bi} = 0$

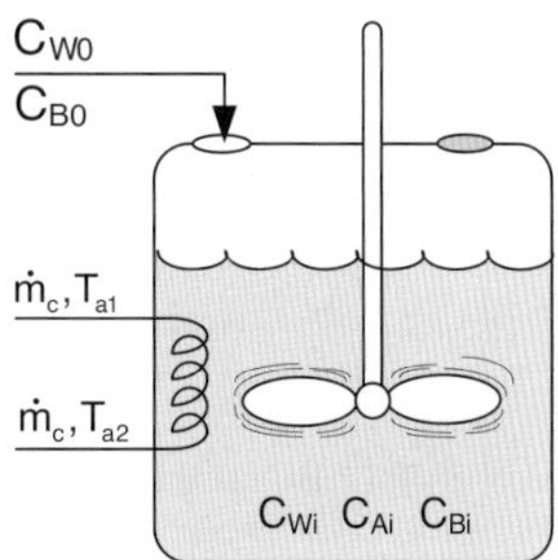

그림 E13-4.1 열교환이 있는 반회분식반응기

3. k 값은 J. M. Smith, *Chemical Engineering Kinetics*, 3rd ed. (New York: McGraw-Hill, 1981), p. 205로부터 얻었다. ΔH_{Rx}와 K_C는 *Perry's Chemical Engineers' Handbook*, 6th ed. (New York: McGraw-Hill, 1984), pp. 3–147에 주어진 값으로부터 계산되었다.

풀이

1. 몰수지: (6장 참조)

$$\frac{dC_A}{dt} = r_A - \frac{\upsilon_0 C_A}{V} \tag{E13-4.1}$$

$$\frac{dC_B}{dt} = r_B + \frac{\upsilon_0 (C_{B0} - C_B)}{V} \tag{E13-4.2}$$

$$\frac{dC_C}{dt} = r_C - \frac{C_C \upsilon_0}{V} \tag{E13-4.3}$$

$$C_D = C_C$$

$$\frac{dN_W}{dt} = C_{W0}\upsilon_0 \tag{E13-4.4}$$

초기 반응기 내의 물의 몰수는 N_{Wi}이다.

$$N_{Wi} = V_i C_{W0} = (0.2\ \mathrm{m^3})(30.7\ \mathrm{kmol/m^3}) = 6.14\ \mathrm{kmol}$$

2. 속도식:

$$-r_A = k\left(C_A C_B - \frac{C_C C_D}{K_C}\right) \tag{E13-4.5}$$

3. 양론:

$$-r_A = -r_B = r_C = r_D \tag{E13-4.6}$$

$$N_A = C_A V \tag{E13-4.7}$$

$$V = V_0 + \upsilon_0 t \tag{E13-4.8}$$

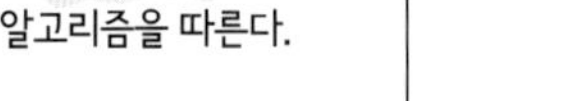

알고리즘을 따른다.

4. 에너지수지:

사용자 친화적인 에너지수지는 다음과 같다.

$$\boxed{\frac{dT}{dt} = \frac{\dot{Q}_{gs} - \dot{Q}_{rs}}{\Sigma N_i C_P}} \tag{13-20}$$

$$\boxed{\dot{Q}_{gs} = (r_A V)(\Delta H_{Rx})} \tag{13-21}$$

$$\dot{Q}_{rs} = \sum F_{i0} C_{P_i}(T - T_{i0}) + \dot{m}_c C_P [T - T_{a1}]\left[1 - \exp\left(\frac{-UA}{\dot{m}_c C_{P_i}}\right)\right] \tag{13-22}$$

오직 화합물 B(NaOH)와 물이 반응기로 도입된다. 따라서 식 (13-22)는

$$\boxed{Q_{rs} = \overbrace{(F_{B0}C_{P_B} + F_w C_{Pw})(T - T_0)}^{\dot{Q}_{rs1}} + \overbrace{\dot{m}_c C_{P_C}[T - T_{a1}]\left[1 - exp\left(\frac{-UA}{\dot{m}_c C_{P_C}}\right)\right]}^{\dot{Q}_{rs2}}} \tag{E13-4.9}$$

Q_{rs1}는 물질흐름에 의한 제거된 열이고, Q_{rs2}는 열교환을 통해 제거된 열이다.

표 E13-4.1 반회분식반응기에 대한 Polymath 프로그램과 출력

POLYMATH Report
Ordinary Differential Equations

Differential equations

```
1 d(Ca)/d(t) = ra-(v0*Ca)/V
2 d(Cb)/d(t) = rb+(v0*(Cb0-Cb)/V)
3 d(Cc)/d(t) = rc-(Cc*v0)/V
4 d(T)/d(t) = (Qg-Qr)NCp
5 d(Nw)/d(t) = v0*Cw0
```

Explicit equations

```
1  mc = 100
2  Kc = 10^(3885.44/T)
3  v0 = 0.004
4  Cb0 = 1
5  UA = 3000
6  Ta = 290
7  cp = 75240
8  T0 = 300
9  dh = -7.9076e7
10 Cw0 = 55
11 k = 0.39175*exp(5472.7*((1/273)-(1/T)))
12 Cd = Cc
13 Vi = 0.2
14 ra = -k*(Ca*Cb)-((Cc*Cd)/Kc))
15 cpa = 170700
16 V = Vi+v0*t
17 Fb0 = Cb0*v0
18 Qg = ra*V*dh
19 Na = V*Ca
20 Nb = V*Cb
21 Fw = Cw0*v0
22 Nc = V*Cc
23 rb = ra
24 rc = -ra
25 Qr1 = ((Fb0*cp) + (Fw*cp))*(T - T0)
26 Nd = V*Cd
27 rate = -ra
28 NCp = cp*(Nb+Nc+Nd+Nw)+cpa*Na
29 Cpc = 18
30 Ta1 = 285
31 Qr2 = mc*Cpc(T-Ta1)*(1-exp(-UA/mc/Cpc))
32 Qr = Qr1 + Qr2
33 Ta2 = T-(T-Ta1)*exp(-UA/mc/Cpc)
```

Calculated values of DEQ variables

	Variable	Initial value	Final value
1	Ca	5.	3.981E-13
2	Cb	0	0.2682927
3	Cb0	1.	1.
4	Cc	0	0.6097561
5	Cd	0	0.6097561
6	cp	7.524E+04	7.524E+04
7	cpa	1.707E+05	1.707E+05
8	Cpc	18.	18.
9	Cw0	55.	55.
10	dh	-7.908E+07	-7.908E+07
11	Fb0	0.004	0.004
12	Fw	0.22	0.22
13	k	2.379893	4.211077
14	Kc	8.943E+12	3.518E+12
15	mc	100.	100.
16	Na	1.	6.529E-13
17	Nb	0	0.44
18	Nc	0	1.
19	NCp	6.327E+05	6.605E+06
20	Nd	0	1.
21	Nw	6.14	85.34
22	Qg	0	6.19E-07
23	Qr	2.19E+04	1.993E+05
24	Qr1	0	1.633E+05
25	Qr2	2.19E+04	3.604E+04
26	ra	0	-4.773E-15
27	rate	0	4.773E-15
28	rb	0	-4.773E-15
29	rc	0	4.773E-15
30	t	0	360.
31	T	300.	309.6878
32	T0	300.	300.
33	Ta1	285.	285.
34	Ta2	297.1669	305.0248
35	UA	3000.	3000.
36	V	0.2	1.64
37	v0	0.004	0.004
38	Vi	0.2	0.2

Jofostan에는 스벤 코틀로프 박사에게 식 (12-17)을 사용하여 출구 열교환 매체의 온도를 계산해 달라고 할 수 있는 추가 보너스가 있다.

$$T_{a2} = T - (T - T_{a1})\exp\left[\frac{-UA}{\dot{m}_c C_{P_C}}\right] \quad (12\text{-}17)$$

5. 파라미터 계산:

$$F_{B0} = \upsilon_0 C_{B0} = \left(0.004\frac{m^3}{s}\right)\left(1\frac{kmol}{m^3}\right) = 0.004\frac{kmol}{s},$$

$$F_w = \upsilon_0 C_w = \left(0.004\frac{m^3}{s}\right)\left(55\frac{kmol}{m^3}\right) = 0.220\frac{kmol}{s}$$

$$C_{P_A} = 170{,}700\ J/kmol/K,\ C_P = 75{,}246\ J/kmol/K$$

B, C, 그리고 물의 열용량이 C_P로 본질적으로 같다는 것을 알고 있다.

$$NC_P = C_{P_A}N_A + C_P(N_B + N_C + N_D + N_W)$$

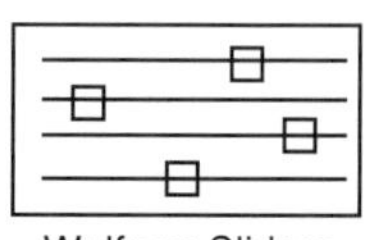

Polymath 프로그램은 표 E13-4.1에 주어졌다. 풀이 결과는 그림 E13-4.2와 E13-4.3에 나타나 있다.

온도 T와 T_a 및 농도에 대한 Polymath 프로그램의 그래픽 출력은 그림 13-4.2와 13-4.3에 나타나 있다.

실전 예제 문제

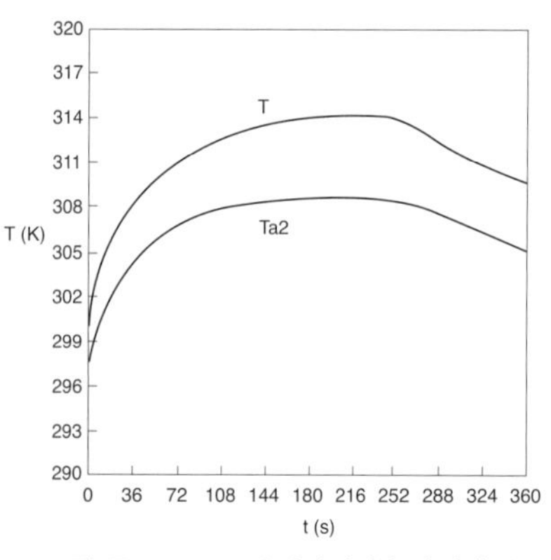

그림 E13-4.2 반회분식반응기에서 온도-시간 궤적

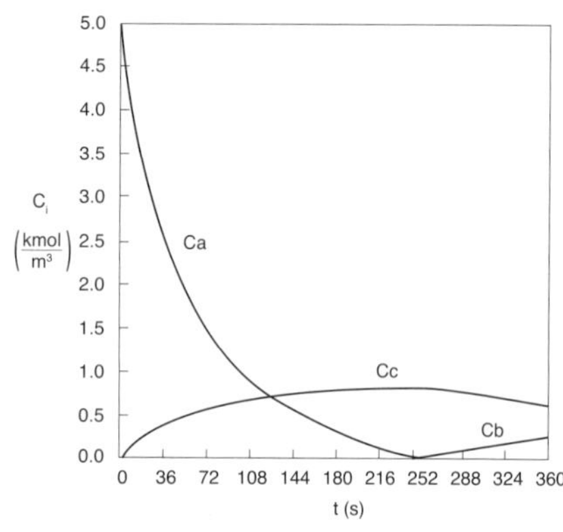

그림 E13-4.3 반회분식반응기에서 농도-시간 궤적

잘못된 반응기 선택!

분석: 그림 E13-4.3에서는 화합물 B의 농도가 252초까지 반응기에 진입하자마자 사실상 소비되기 때문에 0이 된다. 252초 이후에는 화합물 A 모두가 소비되어, 반응속도는 사실상 0이고 더 이상 C나 D가 생성되지 않으며 B도 더 이상 소비되지 않는다. 화합물 B는 부피유량 υ_0로 반응기에 계속 진입하기 때문에, 252초 후, 유체 부피가 계속 증가하여 C와 D의 농도는 희석된다. 그림은 252초 이전에는 ($Q_g > Q_r$)이므로 반응기 온도와 냉각매체 온도가 증가한다. 그러나 252초 이후에는 반응속도와 이에 따른 Q_g는 사실상 0이 되어 ($Q_r > Q_g$)가 되기 때문에 온도가 낮아진다. 비현실적으로 짧은 반응시간(252초) 때문에 이 온도에서 결코 이 반응을 반회분식반응기에서 수행하지 않을 것이다. 대신에 우리는 CSTR 또는 PFR을 사용할 가능성이 크다. 이 예제를 반영한 문제 P13-1$_B$ (d)를 참조하여라.

13.4 비등온 복수반응(Nonisothermal Multiple Reactions)

반회분식 또는 회분식 반응기에서 일어나는 m개의 화합물에 의한 q개의 복수반응에 대하여 식 (13-9)는 정상상태 에너지수지와 같은 방법으로 일반화시키면 다음 식을 얻는다.

$$\frac{dT}{dt} = \frac{\dot{m}_c C_{P_c}(T_{a1} - T)[1 - \exp(-UA/\dot{m}_c C_{P_c})] + \sum_{i=1}^{q} r_{ij} V \Delta H_{Rxij}(T) - \sum_{j=1}^{m} F_{j0} C_{Pj}(T - T_0)}{\sum_{j=1}^{m} N_{j0} C_{Pj}} \tag{13-24}$$

냉각매체 유량이 큰 경우에는 식 (13-24)는 다음과 같이 된다.

$$\frac{dT}{dt} = \frac{V \sum_{i=1}^{q} r_{ij} \Delta H_{Rxij} - UA(T - T_a) - \sum_{j=1}^{m} F_{j0} C_{P_j}(T - T_0)}{\sum_{j=1}^{m} N_j C_{P_j}} \tag{13-25}$$

식 (13-25)를 재정리하면서 다음과 같이 두면

$$Q_g = V \sum_{i=1}^{q} r_{ij} \Delta H_{Rxij} \tag{13-26}$$

$$Q_r = UA(T - T_a) + \sum F_{j0} C_{P_j}(T - T_0) \tag{13-27}$$

식 (13-25)는 더 단축된 형태로 아래와 같이 쓸 수 있다.

$$\frac{dT}{dt} = \frac{Q_g - Q_r}{\sum_{j=1}^{m} N_j C_{P_j}} \tag{13-28}$$

예제 13-5 반회분식반응기에서의 복수반응

황산(H_2SO_4)을 촉매로 사용하는 직렬반응이 다음과 같다.

$$2A \xrightarrow[(1)]{k_{1A}} B \xrightarrow[(2)]{k_{2B}} 3C$$

모든 반응은 반응물 농도의 1차반응이다. 하지만, 반응 (1)은 **발열**(exothermic)이고 반응 (2)는 **흡열**(endothermic)이다. 반응은 UA = 35,000 cal/h·K와 열교환기 온도 T_a가 298 K로 내부 열교환기를 가진 반회분식반응기에서 수행되고 있다. 순성분 A는 농도

4 mol/dm^3, 부피유량 240 dm^3/h, 온도 305 K로 반응기에 유입된다. 초기에 반응기에는 총 100 dm^{3}가 들어 있으며, 여기에는 황산 촉매 1.0 mol/dm^{3}과 A 1.0 mol/dm^{3}가 함유되어 있다. 반응속도는 촉매 농도와는 무관하다. 반응기의 초기온도는 290 K이다.

화합물의 농도와 반응기 내부 온도를 시간 함수로 플롯하고 분석하여라.

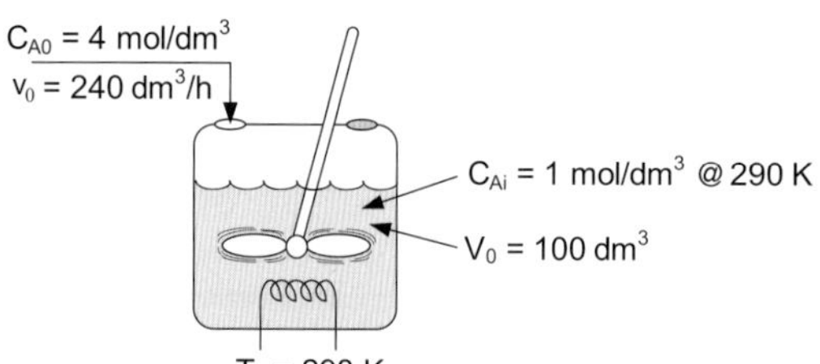

추가 정보:

$k_{1A} = 1.25\ \text{h}^{-1}$ @ 320 K with $E_{1A} = 9500$ cal/mol　　$C_{P_A} = 30$ cal/mol·K

$k_{2B} = 0.08\ \text{h}^{-1}$ @ 300 K with $E_{2B} = 7000$ cal/mol　　$C_{P_B} = 60$ cal/mol·K

$\Delta H_{Rx1A} = -6500$ cal/mol A　　$C_{P_C} = 20$ cal/mol·K

$\Delta H_{Rx2B} = +8000$ cal/mol B　　$C_{P_{H_2SO_4}} = 35$ cal/mol·K

풀이

반응 (1)　　$2A \longrightarrow B$

반응 (2)　　$B \longrightarrow 3C$

1. 몰수지:

$$\frac{dC_A}{dt} = r_A + \frac{(C_{A0} - C_A)}{V}\upsilon_0 \tag{E13-5.1}$$

$$\frac{dC_B}{dt} = r_B - \frac{C_B}{V}\upsilon_0 \tag{E13-5.2}$$

$$\frac{dC_C}{dt} = r_C - \frac{C_C}{V}\upsilon_0 \tag{E13-5.3}$$

2. 속도:

(a) 속도식:

$$-r_{1A} = k_{1A}C_A \tag{E13-5.4}$$

$$-r_{2B} = k_{2B}C_B \tag{E13-5.5}$$

(b) 상대속도:

$$r_{1B} = -\frac{1}{2}r_{1A} \tag{E13-5.6}$$

$$r_{2C} = -3\,r_{2B} \tag{E13-5.7}$$

(c) 순속도:

$$r_A = r_{1A} = -k_{1A}C_A \tag{E13-5.8}$$

$$r_B = r_{1B} + r_{2B} = \frac{-r_{1A}}{2} + r_{2B} = \frac{k_{1A}C_A}{2} - k_{2B}C_B \tag{E13-5.9}$$

$$r_C = 3\,k_{2B}C_B \tag{E13-5.10}$$

3. 화학양론(액상): C_A, C_B, C_C를 사용한다.

$$N_i = C_i V \tag{E13-5.11}$$

$$V = V_0 + \upsilon_0 t \tag{E13-5.12}$$

$$N_{H_2SO_4} = (C_{H_2SO_{4,0}})V_0 = \frac{1\text{ mol}}{\text{dm}^3} \times 100\text{ dm}^3 = 100\text{ mol}$$

$$F_{A0} = C_{A0}\upsilon_0 = \frac{4\text{ mol}}{\text{dm}^3} \times 240\,\frac{\text{dm}^3}{\text{h}} = 960\,\frac{\text{mol}}{\text{h}}$$

4. 에너지수지:

반회분식반응기에 대한 식 (13-25)를 약간 재정리하면

$$\frac{dT}{dt} = \frac{UA(T_a - T) - \sum F_{j0}C_{P_j}(T - T_0) + V\sum_{i=1}^{q} \Delta H_{Rxij} r_{ij}}{\sum_{j=1}^{m} N_j C_{P_j}} \tag{E13-5.13}$$

풀어 쓰면

$$\frac{dT}{dt} = \frac{UA(T_a - T) - F_{A0}C_{P_A}(T - T_0) + [(\Delta H_{Rx1A})(r_{1A}) + (\Delta H_{Rx2B})(r_{2B})]V}{[C_A C_{P_A} + C_B C_{P_B} + C_C C_{P_C}]V + N_{H_2SO_4}C_{P_{H_2SO_4}}} \tag{E13-5.14}$$

파라미터값을 식 (E13-5.14)에 대입하면

$$\boxed{\frac{dT}{dt} = \frac{35{,}000(298 - T) - (4)(240)(30)(T - 305) + [(-6500)(-k_{1A}C_A) + (+8000)(-k_{2B}C_B)]V}{(30C_A + 60C_B + 20C_C)(100 + 240t) + (100)(35)}} \tag{E13-5.15}$$

식 (E13-5.1)에서 (E13-5.3)까지 그리고 식 (E13-5.8)에서 (E13-5.12)까지는 ODE 문제풀이 프로그램을 사용하여 식 (E13-5.14)와 동시에 풀 수 있다. 표 E13-5.1은 Polymath 프로그램을 나타낸다. 그림 E13-5.1과 E13-5.2는 농도-시간 및 온도-시간의 궤적을 나타낸다.

표 E13-5.1 CSTR의 운전개시에 대한 Polymath 프로그램

Differential equations

1 d(Ca)/d(t) = ra+(Cao-Ca)*vo/V

2 d(Cb)/d(t) = rb-Cb*vo/V

3 d(Cc)/d(t) = rc-Cc*vo/V

4 d(T)/d(t) = (35000*(298-T)-Cao*vo*30*(T-305)+((-6500)*(-k1a*Ca)+(8000)*(-k2b*Cb))*V)/((Ca*30+Cb*60+Cc*20)*V+100*35)

Explicit equations

1 Cao = 4

2 vo = 240

3 k1a = 1.25*exp((9500/1.987)*(1/320-1/T))

4 k2b = 0.08*exp((7000/1.987)*(1/290-1/T))

5 ra = -k1a*Ca

6 V = 100+vo*t

7 rc = 3*k2b*Cb

8 rb = k1a*Ca/2-k2b*Cb

Calculated values of DEQ variables

	Variable	Initial value	Final value
1	Ca	1.	0.2636761
2	Cao	4.	4.
3	Cb	0	0.6875689
4	Cc	0	2.563518
5	k1a	0.2664781	7.458802
6	k2b	0.08	0.9317643
7	ra	-0.2664781	-1.966708
8	rb	0.133239	0.3427018
9	rc	0	1.921956
10	t	0	1.5
11	T	290.	363.4525
12	V	100.	460.
13	vo	240.	240.

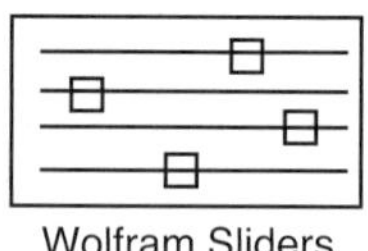
Wolfram Sliders

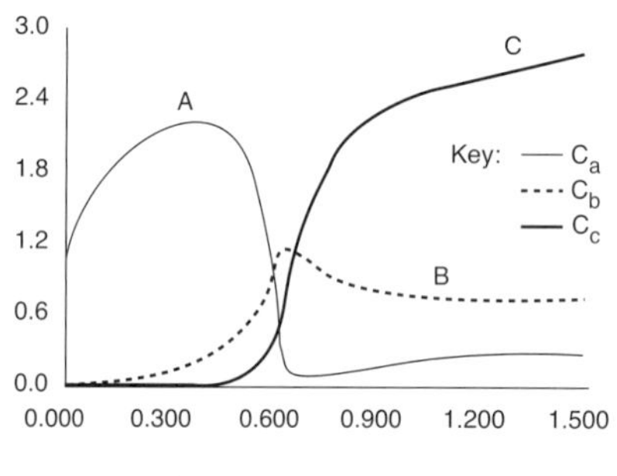

그림 E13-5.1 농도-시간 궤적

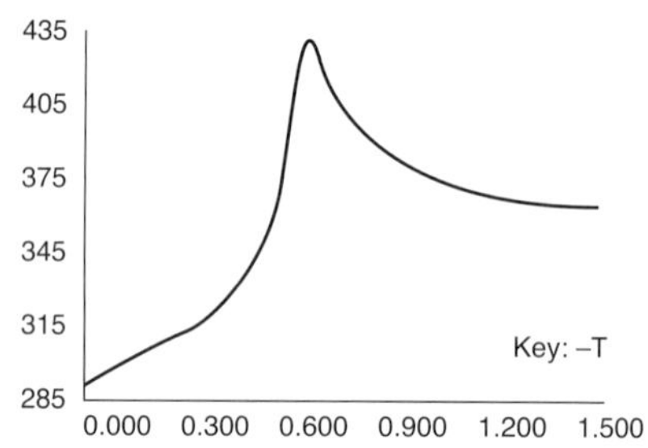

그림 E13-5.2 온도(K)-시간(h) 궤적

분석: C_{A0}와 T_0의 값이 C_{Ai}와 T_i의 값보다 크기 때문에 반응이 시작된 후 반응기 내부의 C_A와 T의 값은 증가한다. 이 값들은 반응기 내부로 들어오는 반응물의 양(F_{A0})보다 소비되는 양($-r_AV$)이 많을 때까지 증가하게 된다. $t = 0.2$ h에서의 반응기 온도는 발열(반응 1)에 의해 발생된 열 때문에 유입물의 온도(즉 305 K)보다 높다. A가 거의 다 소모되는 $t = 0.6$ h까지 온도는 계속 증가하게 된다. 이 시간 이후에는 온도가 2가지 이유에 의해 떨어지기 시작한다: (1) 열교환기에 의해 반응기가 냉각된다. (2) 흡열(반응 2)에 의해서 열이 흡수된다. 문제는 최대 온도(435 K)가 너무 높아 높은 증기압이 되고 결국 증발 손실 또는 고도의 발열성 2차적 반응을 일으키는가 하는 것이다.

예제 13-6 T2 Laboratories 폭발[4]

그림 E13-6.1 2007년 12월 20일에 찍힌 T2의 항공사진[화학안전위원회(Chemical Safety Board)에서 제공]

T2 Laboratories는 2,450갤런의 고압 회분식반응기에서 3단계 회분식 공정으로 연료 첨가제인 methylcyclopentadienyl manganese tricarbonyl (MCMT)를 생산하였다.

단계 1a. 용매인 diethylene glycol dimethyl ether (diglyme)에서 methylcyclopentadiene (MCP)와 나트륨(sodium)이 액상 금속화반응(metalation)을 일으켜 sodium methylcyclopentadiene과 수소 기체를 생성:

$$\text{MCP} + \text{Na} \xrightarrow{\text{diglyme}} \text{MCP}^{\ominus}\,\text{Na}^{\oplus} + \tfrac{1}{2}\text{H}_2 \tag{A}$$

수소는 즉시 용매에서 나와 기체 공간인 상부로 배출되고 계 밖으로 방출된다.

단계 1b. 단계 1a 끝에, $MnCl_2$가 첨가된다. sodium methylcyclopentadiene과 manganese chloride 사이의 치환반응(substitution reaction)에 의해 manganese dimethylcyclopentadiene과 sodium chloride가 생성된다:

$$2\,\text{MCP}^{\ominus}\,\text{Na}^{\oplus} \xrightarrow{\text{MnCl}_2} (\text{MCP})_2\text{Mn} + 2\,\text{NaCl} \tag{B}$$

단계 1c. 단계 1b 끝에 일산화탄소(CO)가 첨가된다. manganese dimethylcyclopentadiene과 일산화탄소 사이의 카보닐화반응(carbonylation reaction)에 의해 최종 생성물인 methylcyclopentadienyl manganese tricarbonyl (MCMT)가 생성된다:

$$(\text{MCP})_2\text{Mn} \xrightarrow{\text{CO}} (\text{MCP})\text{Mn}(\text{C}{\equiv}\text{O})_3 \tag{c}$$

4. 이 예제는 Northeastern University의 Ronald J. Willey 교수, University of Connecticut의 Michael B. Cutlip 교수, University of Michigan의 H. Scott Fogler 교수에 의해 *Process Safety Progress*, 30, 1 (2011)에 공동 집필되었다.

단계 1a를 폭발이 일어나는 유일한 단계로 생각하자.

과정

먼저, 고체 상태의 나트륨(sodium)을 2량체 methylcyclopentadiene (MCP)와 용매인 diethylene glycol dimethyl ether (diglyme)과 함께 회분식반응기 내에서 섞는다. 이후 반응기는 약 422 K(300°F)로 가열되고 승온 과정에서 약간의 반응을 일으킨다. 422 K에 다다르면서 가열은 정지시키지만, 발열반응이 시작되면서 더 이상의 가열 없이도 온도가 상승하게 된다. 온도가 455.4 K(360°F)에 도달하게 되면, 운전자는 냉각을 시작하는데, 열 흡수원(heat sink)[T_a = 373.15 K(212°F)]으로서 반응기 재킷 내의 물이 끓어서 증발되는 잠열에 의해 온도가 떨어진다.

무엇이 일어났나?

2007년 12월 19일, 반응기 온도가 455.4 K(360°F)에 도달했을 때, 공정 운전자가 그림 E13-6.2에 보이는 반응기 냉각 재킷으로 냉각수가 흐르도록 하지 못했다. 그 결과, 반응기는 냉각되지 못하고, 반응기 온도는 계속해서 올랐다. 반응속도가 증가하면서 수소가 계속 생성되어 압력이 빠른 속도로 증가했다. 결국 1인치 직경의 수소 통풍구에 있는 반응기 압력조절밸브가 더 이상 운전 압력인 50 psig(4.4 atm)를 유지할 수 없는 압력까지 증가하였다. 온도가 계속 상승함으로써, 이전에는 알지 못한 용매 diglyme의 발열 부차적 반응이 나트륨(sodium)의 촉매작용에 의해 빠르게 가속화되었다.

$$CH_3-O-CH_2-CH_2-O-CH_2-CH_2O-CH_3 \xrightarrow[Na]{} 3H_2 + misc(l)\&(s) \qquad (D)$$

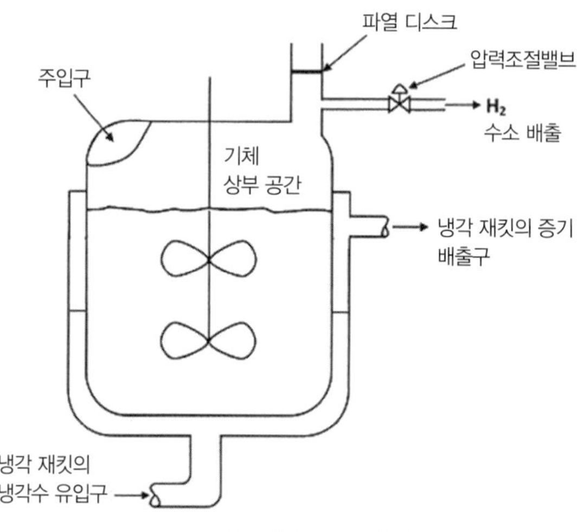

그림 E13-6.2 반응기

이 반응은 더 많은 수소를 발생시켜 압력이 더 빨리 상승하게 되고, 4인치 직경의 수소 배출관에 설치된 절대압력 28.2 atm(400 psig)에 파열되는 파열 디스크(rupture disk)를 파열시켰다. 배출관이 열려 있음에도 불구하고, 수소의 생성속도가 빠져나가는 속도보다 더 빨라서 압력은 계속해서 상승했다. 결국, 압력상승은 끔찍한 폭발을 일으키며 반응기를 파열시켰다. 결국 T2 공장은 완전히 무너지면서 4명의 사망자가 발생했다. 주변의 사업장들이 큰 피해를 입었고, 추가적인 부상자들이 발생하였다.

이 예제를 계속해 풀기 전에 CRE 웹사이트(YouTube 동영상)를 통해 볼 수 있는 9분짜리 화학안전위원회(Chemical Safety Board, CSB) 영상을 보면 도움이 될 것이다. 또는 보고서를 읽을 수도 있다(*http://www.csb.gov/videos/runaway-explosion-at-t2-laboratories/*). 또는 웹에서 "T2 explosion video"를 검색해서도 확인할 수 있다.

단순 모델

단계 1에 대한 주요 반응을 정리하면

$$\text{(methylcyclopentadiene)} + \text{Na} \longrightarrow \text{(methylcyclopentadienyl anion)}\ \text{Na}^{\oplus} + \frac{1}{2}\text{H}_2 \qquad \text{(반응 1)}$$

$$\text{CH}_3\text{–O–CH}_2\text{–CH}_2\text{–O–CH}_2\text{–CH}_2\text{O–CH}_3 \xrightarrow[\text{Na}]{} 3\text{H}_2 + \text{misc(l)\&(s)} \qquad \text{(반응 2)}$$

A = methycylcopentadiene, B = sodium, S = 용매(diglyme), D = 수소라고 하자. 이 폭주반응(runaway reaction)은 다음 두 반응으로 가정할 수 있다.

(1) **A** + **B** → **C** +**1/2 D** (기체)	(반응 1)
(2) **S** → **3 D** (기체) + 약간의 액체와 고체 생성물	(반응 2)

반응 (1)에서는 **A**와 **B**가 반응해서 생성물을 형성한다. 반응 (2)는 **B**의 존재 하에서 촉매반응 하는 액상 용매 diglyme **S**의 분해반응을 나타낸다. 하지만 이 반응은 온도가 약 470 K에 도달했을 때부터 진행된다.

초기온도 422 K에서의 반응속도상수(specific reaction rate constants)에 따라서 속도법칙은 다음과 같다:

$$-r_{1A} = k_{1A}C_AC_B$$
$$A_{1A} = 5.73\times10^2\ \text{dm}^3\ \text{mol}^{-1}\ \text{hr}^{-1} \text{과} \quad E_{1A} = 128{,}000\ \text{J/mol K}$$
$$-r_{2S} = k_{2S}C_S$$
$$A_{2S} = 9.41\times10^{16}\ \text{hr}^{-1} \text{과} \quad E_{2S} = 800{,}000\ \text{J/mol K}$$

반응열은 상수이며 다음과 같다

$$\Delta H_{Rx1A} = -45{,}400\ \text{J/mol}$$
$$\Delta H_{Rx2S} = -320{,}000\ \text{J/mol}$$

특히 각 물질의 몰수와 열용량의 곱의 합[식 (13-12)의 분모]은 다음의 상수값을 가진다.

$$\Sigma N_j C_{P_j} = 1.26\times10^7\ \text{J/K}$$

가정(Assumption)

반응기 내부의 액체부피(V_0)는 4,000 dm^{3}으로 일정하고, 증기 공간(V_H)은 5,000 dm^{3}을 차지한다고 가정하자. 반응 (1)과 (2)를 통해 발생하는 기체 H_2(즉, D)는 상부 공간으로 들어오는 흐름 F_D로 나타난다. 반응기 내 용해된 H_2나 액상성분의 증기압은 무시한다. 반응기 내의 초기 절대압은 4.4 atm(50 psig)이다. 정상운전 중에 발생한 수소(H_2)는 이상기체법칙에 따라 행동한다. 수소(H_2) 배기를 통해 압력은 4.40 atm으로 유지되고 배출 가능한 최대 유량은 11,400 mol/h이다. 반응기는 45 atm 이상의 압력이나 600 K 이상의 온도에서 터질 수 있다.

추가 정보:

$UA = 2.77 \times 10^6$ J h^{-1} K^{-1}. 422 K에서 가열이 끝날 때 반응기 내부의 농도는 $C_{A0} = 4.3$ mol/dm^3, $C_{B0} = 5.1$ mol/dm^3, $C_{I0} = 0.088$ mol/dm^3, $C_{S0} = 3$ mol/dm^{3}이다. 두 기체 배출 흐름의 현열(sensible heat)은 무시할 수 있다.

문제 서술

냉각이 정지($UA = 0$)했을 때, 반응기 온도, 상부 공간(head space) 압력, 반응물의 농도를 시간에 따라 플롯하고 분석하여라. 문제 P13-1 (**f**)에서는 반응기 온도가 455 K를 초과할 때마다 냉각수가 정상적으로 작동한 경우에 대해 다시 물어볼 것이다.

문제풀이 절차 개요(Solution Procedure Overview)

시간 함수로 반응기 내 압력을 결정하기 위해 반응기 상부 공간에서의 몰수지를 추가하여 CRE 알고리즘의 2단계 교란을 수행할 것이다. (1) 1단계에서 우리는 통상적인 몰수지 단계를 속도식, 양론, 에너지수지와 결합하여 H_2 생성속도를 결정할 것이다. 반응기 내 H_2의 축적이 없으므로 H_2는 반응기에서 상부 공간으로 흐른다. (2) 2단계에서는 상부 공간의 몰수지를 수행하여 상부 공간과 반응기의 압력을 결정한다. 나머지 단계는 CRE 알고리즘의 일부이며, 시간의 함수로 온도, 농도 및 압력을 결정하게 해준다.

(1) 반응기 몰수지:

반응기(부피가 일정한 회분식으로 가정)

액상

$$\frac{dC_A}{dt} = r_{1A} \tag{E13-6.1}$$

$$\frac{dC_B}{dt} = r_{1A} \tag{E13-6.2}$$

$$\frac{dC_S}{dt} = r_{2S} \tag{E13-6.3}$$

(2) 반응기 상부 공간(head space) 몰수지:

기체공간 V_V에 있는 기체 D(즉, H_2)의 몰수는 N_D로 정의하자. 상부 공간을 들어오고 나가는 흐름은 아래 그림에 나타내었다.

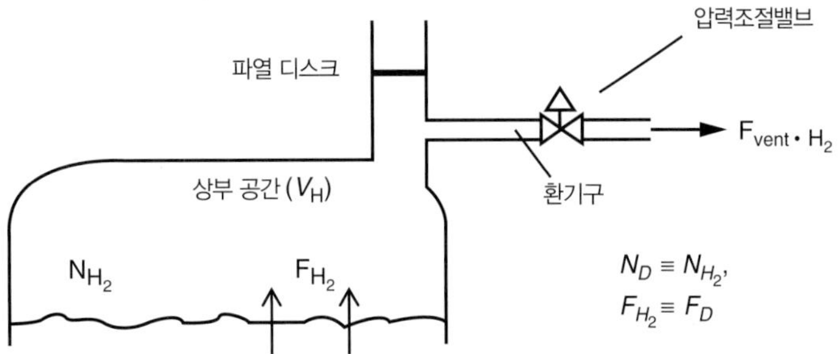

상부-공간 부피 V_H에서 화합물 $D(H_2)$의 수지는 다음과 같다.

축적 = 유입 − 유출

$$\frac{dN_D}{dt} = F_D - F_{vent} \tag{E13-6.4}$$

F_{vent}는 하나 또는 양쪽 출구 라인을 통해 상부 공간(head space)을 빠져나가는 기체의 몰유량을 나타낸다. F_D(즉, F_{H_2})는 액상을 빠져나와서 상부 공간으로 들어오는 기체의 몰유량을 나타내며 액상에서 생성된 수소와 같다(V_0가 액체반응기 부피일 때 알고리즘에서 비교속도와 순속도 참조).

$$F_D = [(-0.5r_{1A}) + (-3r_{2S})]V_0 \tag{E13-6.5}$$

상부 공간에서 이상기체를 따른다는 가정과 T가 조금 변화된다고 하면 식 (E13-6.4)는 반응기 상부 공간의 전체 기체 압력의 항으로 작성할 수 있다.

$$N_D = \frac{PV_H}{RT_H} \tag{E13-6.6}$$

식 (E13-6.3)의 N_D를 대입하여 재배열하면

$$\boxed{\frac{dP}{dt} = \left(F_D - F_{vent}\right)\frac{RT_H}{V_H}} \tag{E13-6.7}$$

(3) 기체 배출 방식(How the Venting Works):

기체는 압력조절밸브(pressure control valve) 관을 통해 반응기를 빠져나간다. 기체가 적게 발생할 때, 생성되는 기체의 유량이 11,400 mol/hr가 되기 전까지는 생성되는 모든 기체를 배출함으로써 압력조절밸브는 초기 설정된 압력을 유지한다.

$$F_D < 11{,}400 \text{일 때} \quad F_{vent} = F_D \tag{E13-6.8}$$

이제 H_2용 배출 시스템과 환기구 밖으로 나가는 조건에 대해 조금 더 알아야 한다. 압력이 증가하지만, 여전히 파열 디스크(rupture disk) 설정치 이하일 때,

압력조절 관으로의 배출은 다음 식에 따른다.

$$P < 28.2\ \text{atm일 때}\ F_{vent} = \Delta P C_{v1} = (P-1)C_{v1} \tag{E13-6.9}$$

이 식에서의 P는 반응기의 절대압력(atm)이며 1 atm은 하류 압력이고 압력 제어 상관 상수 C_{v_1}는 3,360 mol/hr·atm이다. 만약 반응기 내 압력이 28.2 atm(400 psig)을 넘어가면, 파열 디스크가 파괴되면서 $F_{vent} = (P-1)C_{v2}$의 유속으로 반응기 내의 기체가 빠져나간다. 이때의 C_{v2} = 53,600 mol/atm·hr이다.

P = 28.2 atm에서 파열 디스크 파열(rupture disk blowout) 이후, 기체는 다음 식의 유량을 따라 동시에 압력조절 관과 파열 디스크 관을 통해 밖으로 배출된다.

$$F_{vent} = (P-1)(C_{v1} + C_{v2}) \tag{E13-6.10}$$

F_D와 P 값에 대해서 적절한 논리에 대응하여 시간에 따른 배출유량 F_{vent}을 얻기 위해서 상기 식 (E13-6.7)에서 (E13-6.10)까지를 사용할 수 있다.

(4) 속도:

속도식:

$$(1)\quad -r_{1A} = k_{1A}C_A C_B \tag{E13-6.11}$$

$$k_{1A} = A_{1A}e^{-E_{1A}/RT} \tag{E13-6.12}$$

$$(2)\quad -r_{2S} = k_{2S}C_S \tag{E13-6.13}$$

$$k_{2S} = A_{2S}e^{-E_{2S}/RT} \tag{E13-6.14}$$

상대속도:

$$(1)\quad \frac{r_{1A}}{-1} = \frac{r_{1B}}{-1} = \frac{r_{1C}}{1} = \frac{r_{1D}}{1/2} \tag{E13-6.15}$$

$$(2)\quad \frac{r_{2S}}{-1} = \frac{r_{2D}}{3} \tag{E13-6.16}$$

순속도:

$$r_A = r_B = r_{1A} \tag{E13-6.17}$$

$$r_S = r_{2S} \tag{E13-6.18}$$

$$r_D = -\frac{1}{2}r_{1A} + -3r_{2S}\ \text{(기체 발생)} \tag{E13-6.19}$$

(5) 양론:

발생하는 기체에 의해 줄어드는 반응기 액체 부피의 변화는 무시한다.

$$C_A = \frac{N_A}{V_0} \quad \text{(E13-6.20)} \qquad C_B = \frac{N_B}{V_0} \quad \text{(E13-6.21)}$$

$$C_S = \frac{N_S}{V_0} \quad \text{(E13-6.22)} \qquad C_D = \frac{P}{RT} \quad \text{(E13-6.23)}$$

(6) 에너지수지:

식 (E13-23)에 회분식 시스템($F_{i0} = 0$)을 적용시킨다.

$$\frac{dT}{dt} = \frac{V_0\left[r_{1A}\Delta H_{Rx1A} + r_{2S}\Delta H_{Rx2S}\right] - UA(T - T_a)}{\sum N_j C_{P_j}} \quad \text{(E13-6.24)}$$

속도식과 $\sum N_j C_{P_j}$를 대입하면

$$\frac{dT}{dt} = \frac{V_0\left[-k_{1A}C_A C_B \Delta H_{Rx1A} - k_{2S}C_S\Delta H_{Rx2S}\right] - UA(T - T_a)}{1.26\times10^7 (J/K)} \quad \text{(E13-6.25)}$$

(7) 수치해석: "비법(Tricks of the Trade)"

온도와 압력이 빠르게 변하면서 **반응 (2)**가 시작되고 폭주가 일어난다. 이것은 전형적으로 수치적으로 불안정하고 잘못된 결과를 생성할 수 있는 상미분방정식의 가파른 시스템(stiff system)을 초래한다. 이 불안정은 반응기가 폭발 온도나 압력에 도달했을 때 모든 항을 0으로 설정하도록 하는 소프트웨어 스위치(software switch, SW)를 통해 예방할 수 있다. Polymath에서의 이런 스위치는 식 (E13-6.26) 형태를 가지고 이 문제의 모든 미분방정식의 우변에 곱할 수 있다. 이를 통해 T가 600 K 이상이 되거나 압력이 45 atm을 초과하는 것은 멈추게 될 것이다.

SW1 = if (T>600 or P>45) then (0) else (1) (E13-6.26)

다음 웹사이트의 지침서를 참고하여라: *http://www.umich.edu/~elements/5e/tutorials/Polymath_Tutorial_to_solve_numerically_unstable_systems.pdf.*

이제 냉각이 안 되는 ($UA = 0$)인 상황에 대한 식 (E13-6.1)에서 (E13-6.26)까지를 풀 수 있게 되었다. 위에 언급한 것처럼 모든 미분방정식에 스위치 SW1을 필히 적용하여야 한다.

표 E13-6.1 Polymath 프로그램

Differential equations

1 d(CA)/d(t) = SW1*r1A

change in concentration of methylcyclopentadiene (mol/dm3/hr)

2 d(CB)/d(t) = SW1*r1A

change in concentration of sodium (mol/dm3/hr)

3 d(CS)/d(t) = SW1*r2S

change in concentration of diglyme (mol/dm3/hr)

4 d(P)/d(t) = SW1*((FD-Fvent)*0.082*T/VH)

5 d(T)/d(t) = SW1*((V0*(r1A*DHRx1A+r2S*DHRx2S) -SW1*UA*(T-373.15))/SumNCp)

Explicit equations

1 V0 = 4000

dm3

2 VH = 5000

dm3

3 DHRx1A = -45400

J/mol Na

4 DHRx2S = -3.2E5

J/mol of Diglyme

5 SumNCp = 1.26E7

J/K

6 A1A = 4E14

per hour

7 E1A = 128000

J/kmol/K

8 k1A = A1A*exp(-E1A/(8.31*T))

rate constant reaction 1

9 A2S = 1E84

per hour

10 E2S = 800000

J/kmol/K

11 k2S = A2S*exp(-E2S/(8.31*T))

rate constant reaction 2

12 SW1 = if (T>600 or P>45) then (0) else (1)

13 r1A = -k1A*CA*CB

mol/dm3/hour (first order in sodium and cyclomethylpentadiene)

14 r2S = -k2S*CS

mol/dm3/hour (first order in diglyme)

15 FD = (-0.5*r1A-3*r2S)*V0

16 Cv2 = 53600

17 Cv1 = 3360

18 Fvent = if (FD<11400) then (FD) else(if (P<28.2) then ((P-1)*Cv1) else ((P-1)*(Cv1 +Cv2)))

19 UA = 0

no cooling

POLYMATH Report

Ordinary Differential Equations

Calculated values of DEQ variables

	Variable	Initial value	Final value
1	A1A	4.0E+14	4.0E+14
2	A2S	1.0E+84	1.0E+84
3	CA	4.3	9.919E-07
4	CB	5.1	0.800001
5	CS	3.	2.460265
6	Cv1	3360.	3360.
7	Cv2	5.36E+04	5.36E+04
8	DHRx1A	-4.54E+04	-4.54E+04
9	DHRx2S	-3.2E+05	-3.2E+05
10	E1A	1.28E+05	1.28E+05
11	E2S	8.0E+05	8.0E+05
12	FD	2467.445	7.477E+10
13	Fvent	2467.445	2.507E+06
14	k1A	0.0562573	153.6843
15	k2S	8.428E-16	2.533E+06
16	P	4.4	45.01004
17	r1A	-1.233723	-0.000122
18	r2S	-2.529E-15	-6.231E+06
19	SumNCp	1.26E+07	1.26E+07
20	SW1	1.	0
21	t	0	4.
22	T	422.	538.8048
23	UA	0	0
24	V0	4000.	4000.
25	VH	5000.	5000.

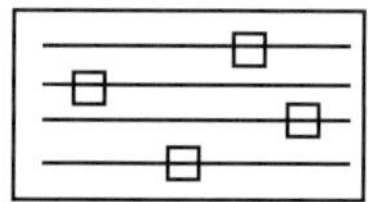
Wolfram Sliders

참고: 반응기가 시작되어 3.6시간 후에 2차반응이 돌발한다.

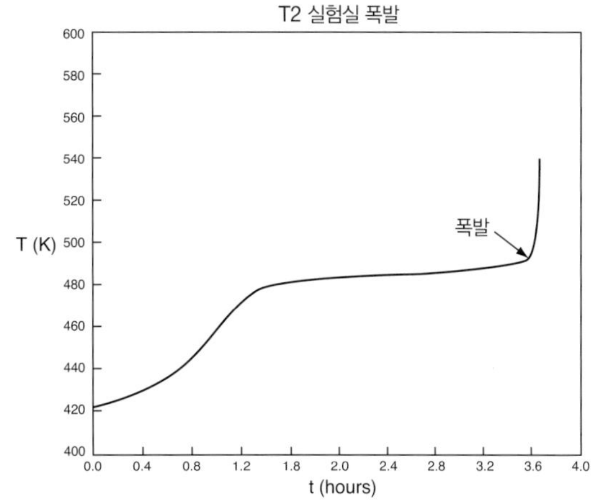

그림 E13-6.3(a) 온도(K)와 시간(h)에 대한 궤적

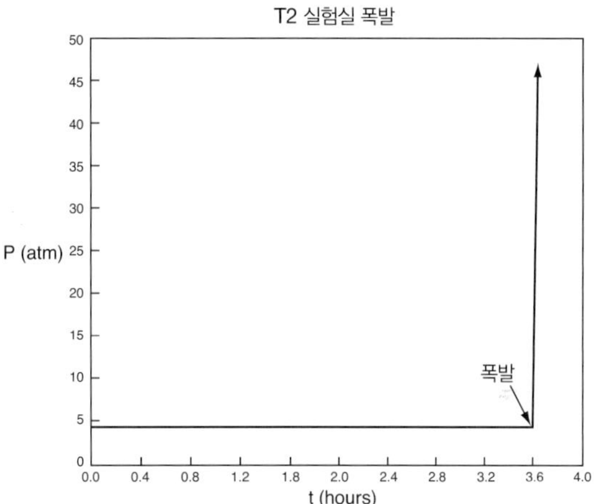

그림 E13-6.3(b) 압력(atm)과 시간(h)에 대한 궤적

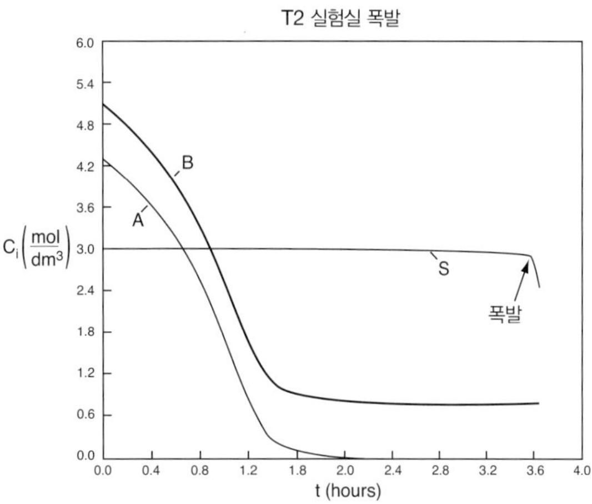

그림 E13-6.3(c) 농도(mol/dm^3)와 시간(h)에 대한 궤적

그림 E13-6.3(a)~(b)를 통해 시동 후 대략 3.6시간 후에 폭발이 일어나고, 그림 E13-6.3(c)에서는 diglyme의 농도가 폭발 직전에 갑자기 줄어드는 것을 알 수 있다. 온도의 갑작스러운 증가 때문에 발생하는 수치적 불안정(numerical instability)도 그림을 통해 확인할 수 있다.

분석: 다음과 같은 상황이 벌어지지 않았다면 폭주반응(runaway reaction)은 일어나지 않았을 것이다. (1) 냉각 시스템의 실패로 인한 반응기 온도 상승 및 이차적인 반응 개시. (2) 높은 온도에서 용매 dygline의 분해에 의한 수소 기체(D)의 생성. (3) 상부 공간에서의 H_2 기체의 생성속도가 H_2의 배출속도보다 크기 때문에 반응기를 터지게 할 만큼 압력 상승.

마무리. 이 장을 끝마친 후에 독자들은 CSTR, 반회분식 및 회분식 반응기에 대하여 비정상상태 에너지수지를 활용할 수 있게 된다. 독자들은 ONCB와 T2 Laboratories 폭발 사례 연구를 통해 반응기 안전을 논의할 수 있었고 이를 통해 미래의 사고를 예방하는 데 도움이 될 것이다. 독자들의 논의사항에 포함되어야 할 것은 실제적 안정성 한계(practical stability limit)를 초과하지 않도록 반응기를 운전개시(startup)하는 방법이다. 이들 예제를 공부한 후 독자들은 단일반응과 복수반응에 대하여 반응기를 안전하게 운전하는 방법을 설명할 수 있을 것이다.

요 약

1. CSTR과 반회분식반응기의 비정상상태 운전에 대한 에너지수지

$$\boxed{\frac{dT}{dt} = \frac{\dot{Q} - \dot{W}_s - \sum F_{i0} C_{P_i}(T - T_{i0}) + [-\Delta H_{Rx}(T)](-r_A V)}{\sum N_i C_{P_i}}} \tag{S13-1}$$

열교환에 대한 식 (13-12)를 사용하고 축 일(shaft work)을 무시하면

$$\frac{dT}{dt} = \frac{\dot{Q}_{gs} - \dot{Q}_{rs}}{\Sigma N_i C_{P_i}} \tag{S13-2}$$

$$\dot{Q}_{gs} = (r_A V)(\Delta H_{Rx}) \tag{S13-3}$$

$$Q_{rs} = \Sigma F_{i0} C_{P_i}(T - T_{i0}) + m_c C_P [T - T_{a1}]\left[1 - \exp\left(\frac{-UA}{m_c C_{P_i}}\right)\right] \tag{S13-4}$$

냉각매체 유량 $\dot{Q}_{rs}$과 $\dot{m}_c C_P$가 클 때, 식 (13-22)는 다음과 같이 된다.

$$\frac{dT}{dt} = \frac{\overbrace{(r_A V)(\Delta H_{Rx})}^{\dot{Q}_g} - \overbrace{\left[\Sigma F_{i0} C_{P_i}(T - T_{i0}) + UA(T - T_a)\right]}^{\dot{Q}_{rs}}}{\Sigma N_i C_{P_i}} \tag{S13-5}$$

2. 회분식반응기

a. 비단열계

$$\frac{dT}{dt} = \frac{Q_{gb} - Q_{rb}}{\Sigma N_i C_{P_i}} = \frac{Q_{gb} - Q_{rb}}{N_{A0}\left(\Sigma \Theta_i C_{P_i} + \Delta C_P X\right)} \tag{S13-6}$$

$$Q_{gb} = (r_A V)(\Delta H_{Rx}) \tag{S13-7}$$

$$Q_{rb} = m_c C_{P_c}(T - T_{a1})\left[1 - \exp\left(\frac{-UA}{m_c C_{P_c}}\right)\right] \tag{S13-8}$$

b. 단열계

$$\boxed{X = \frac{C_{P_s}(T - T_0)}{-\Delta H_{Rx}(T)} = \frac{\Sigma \Theta_i C_{P_i}(T - T_0)}{-\Delta H_{Rx}(T)}} \tag{S13-9}$$

$$T = T_0 + \frac{[-\Delta H_{Rx}(T_0)]X}{C_{P_s} + X\Delta C_P} = T_0 + \frac{[-\Delta H_{Rx}(T_0)]X}{\sum_{i=1}^{m} \Theta_i C_{P_i} + X\,\Delta C_P} \quad \text{(S13-10)}$$

3. 반회분식반응기와 CSTR의 운전개시

$$\frac{dT}{dt} = \frac{\dot{Q}_{gs} - \dot{Q}_{rs}}{\sum N_i C_{P_i}} \quad \text{(S13-11)}$$

여기에서 $\dot{Q}_{gs}$는 식 (S13-7)과 같고 $\dot{Q}_{rs}$(아래첨자 **rs**, 즉 반회분식반응기로부터 **"제거된 열"**)은 아래 식과 같다.

$$Q_{rs} = \Sigma F_{i0} C_{P_{i0}} \left(T - T_0\right) + mC_{P_C}\left(T - T_{a1}\right)\left[1 - \exp\left(\frac{-UA}{mC_{PP}}\right)\right] \quad \text{(S13-12)}$$

4. 복수반응(q개 반응과 m개 화합물)

$$\frac{dT}{dt} = \frac{\overbrace{\sum_{j=1}^{q} r_{ij} V \Delta H_{Rxij}(T)}^{\dot{Q}_g} - \overbrace{\sum_{j=1}^{m} F_{j0} C_{P_j}\left(T - T_0\right) + \dot{m}_C C_{P_C}\left(T - T_{a1}\right)\left[1 - \exp\left(\frac{-UA}{\dot{m} C_{P_C}}\right)\right]}^{\dot{Q}_{rs}}}{\sum_{j=1}^{m} N_j C_{P_j}} \quad \text{(S13-13)}$$

여기서 i = 반응 번호, j = 화합물들이다.

CRE 웹사이트 자료

- **확장자료**(*http://umich.edu/~elements/5e/13chap/expanded.html*)
  1. 전문 참고자료 서고에는 "확장자료"에 해당할 만한 주제가 포함되어 있다. (*http://umich.edu/~elements/5e/13chap/prof.html*)
  2. 웹 문제 WP13-1_B 회분식반응기에서의 복수반응 (*http://umich.edu/~elements/5e/13chap/expanded_ch13_homeproblem.pdf*)
- **학습자료**(*http://umich.edu/~elements/5e/13chap/learn.html*)
  1. 요약노트(*http://umich.edu/~elements/5e/13chap/summary.html*)
  2. 자체테스트(*http://umich.edu/~elements/5e/13chap/summary-selftest.html*)
     A. 연습문제(*http://umich.edu/~elements/5e/13chap/add.html*)
     B. i>clicker 질문(*http://umich.edu/~elements/5e/13chap/iclicker_ch13_q1.html*)
  3. 웹링크: SAChE Safety 웹사이트(*www.sache.org*). 여러분의 학과장으로부터 사용자 이름과 암호를 얻어야 한다. Kinetics(즉, CRE) 텍스트, 예제 및 문제는 제품 섹션에 K로 표시되어 있다: 안전, 건강, 환경(S, H & E).
  4. 풀이된 문제
     A. 예제 CD13-1 ARSST 사용(*http://umich.edu/~elements/5e/13chap/learn-cdp13-1.html*)

B. 예제 CD13-2 CSTR의 운전개시(*http://umich.edu/~elements/5e/13chap/learn-cdp13-2.html*)

C. 예제 CD13-3 정상상태에서 온도 감소(*http://umich.edu/~elements/5e/13chap/learn-cdp13-3.html*)

D. 예제 CD13-4 비례–적분(PI) 제어(*http://umich.edu/~elements/5e/13chap/learn-cdp13-4.html*)

• **실전 예제 문제**(*http://umich.edu/~elements/5e/13chap/live.html*)

1. 예제 13-1 단열 회분식반응기
2. 예제 13-2 발열 폭주반응이 있는 화학공장의 안전
3. 예제 13-3 CSTR의 운전개시
4. 예제 13-4 반회분식반응기의 열효과
5. 예제 13-5 반회분식반응기의 복수반응
6. 예제 13-6 T2 Laboratories 폭발
7. PRS 예제 CD13-1 상부 정상상태에서 온도 감소
8. PRS 예제 CD13-2 CSTR의 적분 제어
9. PRS 예제 CD13-3 CSTR의 비례–적분 제어
10. 예제 R13-4 선형 안정성
11. 예제 R13-1 ARSST 사용

• **FAQ**[자주 묻는 질문]
(*http://umich.edu/~elements/5e/13chap/faq.html*)

• **전문 참고자료 서고**(*http://umich.edu/~elements/5e/13chap/prof.html*)

R13.1 ARSST 완결(*http://umich.edu/~elements/5e/13chap/pdf/CD_ARSST_ProfRef.pdf*)
이 절에서는 급격한 폭주반응을 방지하기 위한 안전밸브 크기 결정에 대한 자세한 내용을 제공한다.

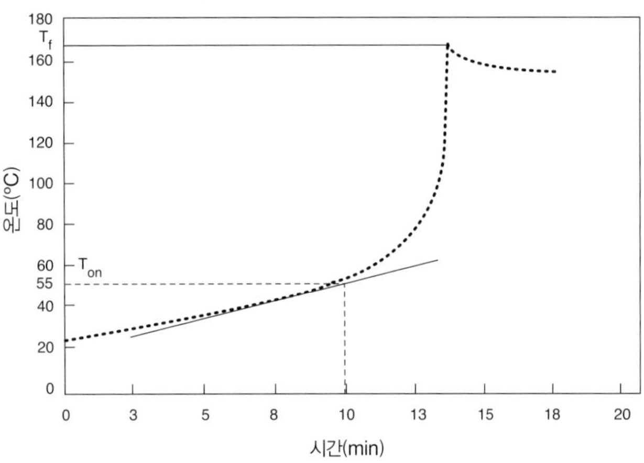

그림 R13.1 무수 아세트산의 가수분해에 대한 온도–시간 궤적

R13.2 상부 정상상태의 온도 감소(*http://umich.edu/~elements/5e/13chap/prof-uppersteadystate.html*)

R13.3 CSTR의 제어(*http://umich.edu/~elements/5e/13chap/prof-uppersteadystate.html*)
이 절에서는 CSTR의 비례(P)와 적분(I) 제어의 사용을 논의한다. 예제는 발열반응의 I 제어와 PI 제어를 포함한다.

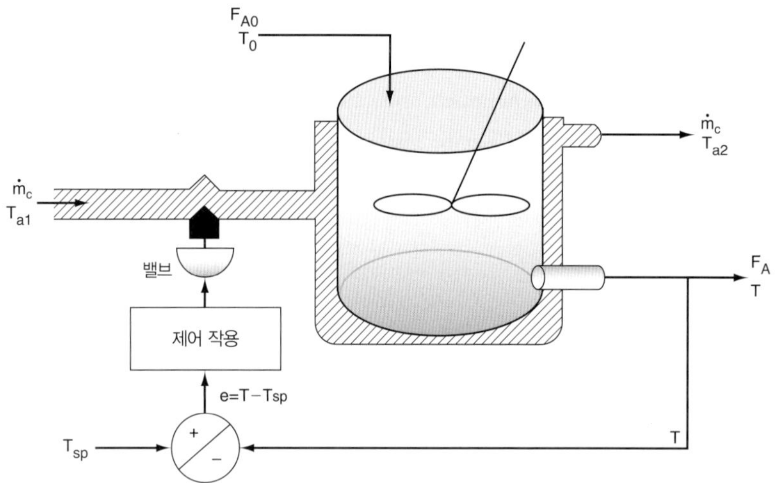

그림 R13.3 냉각매체의 유량 제어 시스템이 있는 반응기

비례-적분 제어 기능

$$z = z_0 + k_c(T - T_{SP}) + \frac{k_c}{\tau}\int_0^t (T - T_{SP})dt$$

R13.4 선형화 안정성 이론(PDF)(*http://umich.edu/~elements/5e/13chap/pdf/CD_CH09Linearized_ProfRef3.pdf*)

R13.5 정상상태의 위상평면 플롯과 농도 대 온도의 궤적에 대한 접근(*http://umich.edu/~elements/5e/13chap/prof-steadystate.html*)

CSTR의 운전개시(그림 R13.5)와 정상상태로의 접근(CRE 웹사이트). 농도-온도 위상평면(concentration-temperature phase plane)의 탐색을 통해서, 정상상태로의 접근과정을 볼 수 있고 실제적 안정성 한계(practical stability limit)를 초과했는지 아닌지 알 수 있다. 몰수지(MB = 0)와 에너지수지(EB = 0)에 대한 정상상태의 궤적을 볼 수 있다.

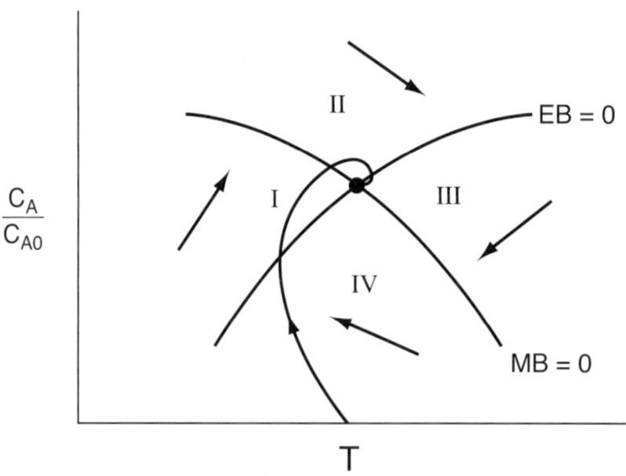

그림 R13.5 CSTR의 운전개시

R13.6 회분식반응기의 단열운전(*http://umich.edu/~elements/5e/13chap/prof-adiabaticbatch.html*)

R13.7 플러그흐름반응기의 비정상상태 운전(*http://umich.edu/~elements/5e/13chap/prof-unsteadyplug.html*)

질문과 문제

■ 질문

Q13-1$_A$ **i>clicker.** 웹사이트(*http://www.umich.edu/~elements/5e/13chap/iclicker_ch13_q1.html*)를 방문하여 적어도 5개의 i>clicker 질문을 둘러보아라. 다음 시험에 포함되도록 그대로 사용할 수 있거나 변형할 수 있는 질문 하나를 골라라. 반대의 경우를 고려할 수도 있다. 즉, 왜 다음 시험에 그 질문이 있어서는 안 되는지를 설명하는 것이다. 어떤 경우든지, 당신의 이유를 설명하여라.

Q13-2 발열반응을 다루기 위해 가장 중요한 안전 고려사항이 무엇인지 반 친구와 상의하여라. 이 질문에 대한 답변에 도움이 되도록 화학반응기 설계 및 운전에 대한 안전 고려사항 목록을 작성하여라. *Chemical Engineering Progress* 1985년 8월호를 참조.

■ 컴퓨터 시뮬레이션과 실험

P13-1$_B$ 이 장의 예제 문제들을 복습하고, Polymath, Wolfram, MATLAB과 같은 소프트웨어 패키지를 사용하여 파라미터 민감성 분석을 수행하여 아래의 "What if..." 질문에 답하여라.

What if...

(a) **예제 13-1: LEP 회분식반응기**

Wolfram

(i) 단열 경우: "발화" 준비가 되어 있고, 그 궤적이 공격할 준비가 되어 있는 "코브라"처럼 보이는 궤적(⤴) 을 찾을 수 있는지 보기 위하여 Wolfram을 사용하여라. 반응이 2500초에 폭주하는 시점을 찾기 위하여 T_0를 변화시켜라.

(ii) 열교환 경우: (1) "코브라와 같은" 궤적(⤴)을 찾기 위하여 슬라이더를 변화시켜라. T_0의 함수로서의 출구 전화율과 반응이 1500초에 폭주하는 시점을 찾기 위하여 T_{a1}을 변화시켜라. (2) T_{a1}, N_{A0}, m_C를 최대값으로부터 최소값까지 변화시킬 때 무엇을 발견했는지를 기술하고 설명하기 위하여 시간의 함수로 Q_r와 Q_g의 플롯을 사용하여라. (3) 다른 변수들 중 일부를 변화시키고, 흥미롭게 찾은 세 가지를 확인하고 결론을 기술하여라.

(iii) 실험 (i)과 (ii)에서 발견한 것에 대해 결론을 써라.

Polymath

(iv) 주위 온도인 T_a가 일정하지 않고 냉각매체 유량이 100 kg/s이면서 4.18 J/g의 열용량을 가지도록 Polymath 코드를 수정하여라. 냉각매체의 유량을 변화시키고, 온도와 전화율 궤적이 어떻게 변화하는지를 기술하여라.

(v) 혼합열을 무시한다면 단열 경우에 대한 답이 어떻게 바뀔지 알아보기 위해 Polymath 코드를 수정하여라.

(vi) 초기온도가 20°F인 매우 추운 날에 반응이 시작된다면 단열운전에 대해서 90%의 전화율을 달성하는 데 얼마나 시간이 걸릴까? (메탄올은 이 온도에서 얼지 않을 것이다.)

(vii) 이제 프로필렌옥사이드가 반응하는 반응기에 열교환기가 추가되는 것을 고려하여라. 파라미터는 C_{A0} = 1 lb-mol/ft^3, V = 1.2 ft^3, ($\Sigma N_i C_{P_i}$ = 403 Btu°R), ΔC_P는 무시, UA = 0.22 Btu/°R/s, T_a = 498 K이다. 시간에 따른 X, T, Q_g, Q_r에 관한 궤적을 플롯하고 분석하여라.

(b) **예제 13-2: 폭주반응을 보이는 화학공장의 안전**

Wolfram

(i) Wolfram을 사용하여 다른 모든 변수가 기준 경우와 같을 때, 그 이하에서는 폭발이 일어나지 않는 N_{A0}의 값을 찾아라. N_{B0}에 대해도 반복하여라.

(ii) Wolfram을 사용하여 그 이상에서는 폭발이 일어나지 않는 NC_p와 UA의 값을 찾아라.

(iii) (i)과 (ii)의 실험으로부터 안전과 관련된 3가지 결론을 작성하여라.

Polymath

(iv) 9.04 kmol의 ONCB를 투입하고 냉각을 정지하지 않았다면 폭발이 일어나지 않았음을 보여주기 위하여 Polymath 코드를 수정하여라. 또는 3.17 kmol의 ONCB를 투입하고 45분 운전 후 10분간 냉각을 중단시켰다면 폭발이 일어나지 않았음을 보여주기 위하여 Polymath 코드를 수정하여라.

(v) 9.04 kmol을 투입하고 12시간 운전 후 10분간 냉각을 중단시켰다면 폭발이 일어나지 않았음을 보여주기 위하여 Polymath 코드를 수정하여라.

명예의 전당

(vi) 냉각이 실패할 경우 언제 반응을 급랭(quenched)시켜야 하는지에 대한 지침을 개발하여라. 아마도 ONCB의 다른 투입량에 대해 냉각 실패 기간 t_f와 비교하여 반응이 시작한 이후 냉각이 실패했을 때까지의 시간 t_0의 플롯을 사용하여 안전한 운전을 논의할 수 있을 것이다.

(vii) 정확히 오전 12시 18분에 폭발을 일으킬 수 있는 파라미터의 집합을 찾아라. 예를 들어 금속 반응기의 질량 및 열용량을 포함하고/하거나 UA를 새로 추정하여라.

(viii) 마지막으로, 800 psi 급의 1/2인치 파열 디스크(rupture disk)를 설치했는데 실제로 800 psi(270°C)에서 파열되었는가? 그런데도 폭발이 일어났을까? **참고**: 질량유량 $\dot{m}$은 디스크의 단면적에 따라 변한다. 따라서 반응 조건에 대해서는 1/2인치 디스크 중 최대 질량 흐름 속도를 2인치 디스크에 대한 질량 흐름 830 kg/min과 비교하여 확인할 수 있다. 웹사이트의 **실전 예제 문제**로 가서 예제 13-2에서 설명한 ONCB 폭발을 직접 분석하여라. 경영진이 지정한 3배 생산으로 운영하면서 이러한 유형의 폭발이 다시는 발생하지 않도록 하기 위해 무엇을 할 것인지 설명하여라.

(c) 예제 13-3: LEP CSTR 운전개시, Part 1

Wolfram

(i) 경우 2(T_i = 339 K, C_{Ai} = 0)의 온도-농도 프로필에서 상승이 일어나지 않는 최소 냉각매체 유량은?

(ii) 냉각매체 온도, 냉각매체 유량 또는 총괄열전달계수를 합리적 한도 내에서 변화시켜 경우 3(T_i = 344 K, C_{Ai} = 2.26)에 대한 실제적 안정성 한계를 교차하는 것을 방지하는 것이 가능한가? 그렇다면, 어떤 파라미터가 있으며, 그것을 달성하기 위해 어떤 것을 변화시켜야 하는가?

(iii) 온도 궤적이 실제적 안정성 한계를 초과하게 할 초기 온도와 농도를 찾기 위하여 Wolfram을 사용하고 결론을 기술하여라.

Polymath

(iv) C_{Ai} = 0.1 lb mol/ft^3 및 T_i = 150°F인 경우를 고려하여라. 실제적 안정성 한계를 초과하지 않는 최소 냉각매체 온도는 얼마인가?

(v) 주입 온도 70°F, 초기 반응기 온도 160°F, 0.1 M의 프로필렌옥사이드 초기 농도에 대한 궤적에 대해 어떻게 되는지 기술하여라.

(vi) T_0, T_i, C_{Ai}의 다양한 조합을 시도해 보고, 온도-시간 궤적과 온도-농도 위상평면으로 결과를 보고하여라.

(vii) 실제적 안정성 한계에 도달하거나 이를 초과하게 되는 조건 및 그렇지 않은 조건 집합을 찾아라.

(viii) 냉각매체 유량을 변화하여 그림 E13-3.1에서 E13-3.4까지에 주어진 기준 경우와 비교하여라. 무엇을 발견했는지 기술하고 나서 결론을 써라.

***COMSOL* CSTR 운전개시, Part 2**

(ix) 탱크 부피를 1 m^{3}에서 5 m^3 사이에서 변화시키고 궤도의 차이와 정상상태에 도달하는 시간 및 360 K의 실제적 안정성 한계를 초과한 시간을 설명하여라.

(x) 실제적 안정성 한계인 360 K를 초과하지 않는 최대 공급 온도를 찾기 위하여 T_i = 340 K, C_i = 1400 mol/m^3 궤적에 대한 기준 경우 파라미터를 사용하여라.

(xi) υ_0, V_{tank}, T_0, T_a, m_C, UA에서 운전 파라미터 2개를 선택하여 최소값부터 최대값까지 변화를 주고, 발견한 것을 기술하여라. 오류 메시지가 표시되기 때문에 최대값 또는 최소값이 초과한 시기를 알 수 있다.

(xii) 활성화 에너지인 E_A를 50,000 J/mol에서 120,000 J/mol 사이에 두고 변화시키면서, 정상상태에 도달하기 위한 진동수(number of oscillations)에 대한 E_A의 영향에 대해 논의하여라.

(xiii) COMSOL 실험 (ix)부터 (xii)까지의 두 가지 결론을 기술하여라.

(d) 예제 13-4: LEP 반회분식

Wolfram

(i) Wolfram을 사용하여 C_{B0}을 변화시키고 C_C의 최대치가 어떻게 변화하는지 설명하여라.

(ii) 온도 궤적에 거의 영향을 미치지 않는 슬라이더 변수를 나열하여라. 농도 궤적에 대해서도 반복하여라.

(iii) 파라미터를 변화시켰을 때, T와 T_{a2}의 그래프가 서로 겹치게 하는 파라미터는 무엇인가?

(iv) A의 100% 변환을 여전히 달성할 수 있는 최소 주입 온도는 얼마인가?

Polymath

(v) 몇 시에 C($N_C = C_C V$)의 몰수와 화합물 C의 농도는 최대가 되는가?

(vi) 이러한 최대치가 발생하는 시각이 (i)과 다른가? 그렇다면 왜 그런가? 냉각매체 속도가 10배 증가하면 X 대 t 및 T 대 t의 궤적은 어떻게 보일 것인가? 반응시간(252초)이 왜 이렇게 짧은 것인가?

(vii) 문제. 반응하는 액체에 접촉하는 표면적이 시간에 따라 변화한다고 가정하여라. 반응기의 초기 유체 부피는 0.2 m^{3}이고 주입 부피 유량은 0.004 m^3/s이다. 690쪽의 하프파이프 재킷(half-pipe jacket)의 직경이 0.5 m인 경우 열교환기 면적을 시간 함수로 계산하여라. 1.0 m와 0.25 m 직경에 대해 반복하여라.

(e) 예제 13-5: LEP 반회분식반응기에서 복수반응

Wolfram

(i) 반응기 온도가 450 K에 도달했을 때 2차적 반응이 점화한다고 가정하여라. 2차적 반응이 점화될 C_{A0}과 υ_0의 값(또는 그 조합)을 찾아라.

(ii) C_{A0}과 υ_0를 최대값과 최소값 사이에서 변화시키면서, 농도 궤도가 어떻게 변화하며, 왜 변화하는지 기술하여라.

(iii) 파라미터가 변화할 때 어떤 파라미터가 어느 시점에 A, B, C의 동일한 농도를 초래하는가? 파라미터값은 얼마인가? 두 개의 결론을 써라.

Polymath

(iv) 부피유량을 ($24 < \upsilon_0 < 1,000$ 사이) 변화시켜 기준 경우와 비교하여라. 어떤 경향을 발견하였는지 기술하여라.

(v) $N_A = C_A V$, $N_B = C_B V$의 궤적을 장시간(예, t = 15 h) 플롯하고 분석하여라. 무엇을 관찰하였는가?

(vi) 장시간에서 $N_A \cong C_{A0}\upsilon_0/k_{1A}$와 $N_B \cong C_{A0}\upsilon_0/2k_{2B}$를 볼 수 있는가?

(vii) 만약 이 반회분식반응기에 뚜껑이 없고 최대 부피가 1,000 dm^{3}이면 어떤 일이 일어나고 있다고 생각하는가?

(viii) 화합물 B가 희망하는 제품이라면, 어떻게 N_B를 최대화할 것인가?

(f) 예제 13-6: LEP T2 Laboratories 폭발

Wolfram

(i) 액체 부피 V_0을 변화시키고 압력 프로필에 미치는 영향을 학습하여라. 압력이 치솟는 υ_0의 임계값은 얼마인가?

(ii) B의 농도가 항상 C의 농도보다 높게 하려면 어떤 파라미터를 변화시킬 것인가?

(iii) 다른 파라미터를 변화시키고, 압력 한계 전에 온도 한계에 도달할 수 있는지 확인하여라.

(iv) 폭발이 일어나지 않았을 diglyme의 2차적 반응에 대한 반응열의 값을 찾은 다음 결론을 기술하여라.

Polymath

(v) 온라인으로 화학안전위원회(Chemical Safety Board, CSB) 영상을 보고 증거 보고서를 읽어라(*http://www.csb.gov/t2-laboratories-inc-reactive-chemical-explosion*). 또한 웹에서 "T2 폭발 동영상"(T2 explosion video)을 검색하여라.

(vi) (a) 비디오를 보고 무엇을 배웠는가? (b) 폭발 가능성을 배제하기 위해 이 반응기 시스템을 어떻게 수정 및/또는 작동시켜야 하는지 제안하여라. (c) 예비(backup) 냉각을 사용할 것인가? 그렇다면 어떻게? (d) 더 높은 온도에서 2차반응이 시작된다면 어떻게 알 수 있는가? **힌트**: *PRS R13.1 Complete ARSST*를 참조하여라.

(vii) *Living Example Polymath E13-6*를 내려받아라. 시간의 함수로서 C_A, C_B, C_C, P, T를 플롯하여라. 0.0에서 2.77 × 10^6 J/h/K 사이에서 *UA*를 변화시키고 **폭주**를 관찰할 수 있는 가장 작은 *UA* 값을 찾아라. 폭주에 가까워질 때 그 경향을 묘사하여라. 그것은 매우 좁은 범위의 *UA* 값에서 발생했는가? **힌트**: 문제는 T > 600 K 또는 P > 45 atm일 때 폭발 조건 근처에서 매우 경직된다. 온도나 압력이 이들 값에 도달하면 모든 미분방정식(농도변화, 온도변화, 압력변화)과 반응속도를 0으로 설정하여 수치해가 분석을 완료하고 반응기 폭발 시점에서 모든 변수를 고정하여라.

(viii) 이제 실제 운전에 대해 좀 더 자세히 생각해 보자. 반응기 내용물은 가열속도 $\dot{Q}$ = 4 K/min으로 300 K에서 422 K/min 속도로 가열된다. 422 K에서는, 가열을 꺼도 될 정도로 반응속도가 충분하다. 반응기 온도는 그 반응이 발열이므로 계속 상승하여, 온도가 455 K에 이르면 냉각수가 켜지고 냉각이 시작된다. *UA* = 2.77 × 10^6 J/h/K인 경우와 *UA* = 0인 경우에 대해 이 상황을 모델링하여라.

(ix) 반응기가 폭발점에 도달하지 못하도록 반응기 온도가 455 K에 도달하는 시점부터 냉각을 상실할 수 있는 최대 시간(*UA* = 0)은 몇 분 이내에 가능한가? 조건은 예제의 (1)의 조건들과 같다.

(x) 파라미터와 운전 조건을 변화시켜 발견한 것을 서술하여라.

(g) **LEP PRS R13.2 예제 CD13-5.** **상부 정상상태에서 온도 감소에 대한 실전 예제 문제**를 내려받아라. 입력 온도인 T_0을 80°F와 68°F 사이에서 변화시키고 T_0의 함수로서 정상상태 전환율을 플롯하여라. 냉각매체 유량을 10,000 mol/h에서 400 mol/h 사이로 변경하여라. 냉각매체 유량의 함수로서 전환율과 반응기 온도를 플롯하여라.

(h) **LEP PRS R13.3 예제 CD13-2.** **실전 예제 문제**를 내려받아라. CSTR의 적분 제어기에 대해 gain k_C를 0.1~500 사이에서 변동시켜라. k_C의 낮은 값이 반응기를 낮은 정상상태로 떨어뜨리는가, 또는 반응기가 불안정해지는 원인이 되는 상한값이 있는가? T_0가 65°F 또는 60°F로 떨어지면 어떻게 될까?

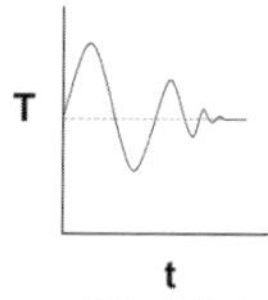

적분 제어기

(i) **LEP PRS R13.3 예제 CD13-3.** **실전 예제 문제**를 내려받아라. 파라미터 k_C와 τ_I의 효과를 공부하여라. 어떤 파라미터값의 조합이 온도에서 가장 적은 그리고 가장 큰 진동을 발생시키는가? 어떤 k_C와 τ_I의 값이 반응을 가장 빨리 정상상태로 되돌리는가?

(j) **SAChE.** SAChE 웹사이트 *www.sache.org*를 방문하여라. 문제가 있는 모듈을 얻기 위해서는 여러분의 강사 또는 학과장이 SAChE 웹사이트의 사용자이름과 암호를 가지고 있어야 한다. 왼쪽 메뉴에서 "SAChE Products"를 선택하여라. "All"탭을 선택하고 "Safety, Health and the Environment(S, H & E)"라는 제목의 모듈로 이동하여라. 문제는 KINETICS(즉, CRE)에 있다. 위의 S, H & E 선택 항목 각각에 "K"로 표시된 몇 가지 문제와 설명이 있다. 그 문제에 대한 풀이는 그 사이트의 다른 섹션에 있다. 특히 살펴볼 곳은, *Loss of Cooling*

Water (K-1), *Runaway Reactions* (HT−1), *Design of Relief Values* (D-2), *Temperature Control and Runaway* (K-4) (K-5), 그리고 *Runaway and the Critical Temperature Region* (K-7)이다. K 문제를 살펴보고 여러분이 배운 것에 대해 한 단락으로 써 보아라.

■ 문제

P13-2$_B$ 다음은 델라웨어주 윌밍턴시의 신문 더모닝뉴스(*The Morning News*, Wilmington, Delaware; 1977년 8월 3일자)에서 발췌한 것이다: "조사자들은 (새로운 아산화질소 공장이 파괴된) 원인 조사 과정에서 폭발의 파편들을 면밀히 조사하였다. 공장 대변인은 (치명적인) 폭발이 아산화질소 생산에 사용되는 다른 가스−질산암모늄−에 의한 것 같다고 발표하였다." 200°F의 83 wt% 질산암모늄과 17 wt% 물 용액이 약 510°F에서 운전되는 CSTR에 공급된다. 용융된 질산암모늄이 기상의 아산화질소와 수증기로 바로 분해된다. 계 내에서 압력 요동이 관찰되었고, 이에 따라 반응기로 공급되는 용융된 질산암모늄이 폭발하기 약 4분 전에 차단된 것으로 보인다.

(a) 이 폭발의 원인을 설명할 수 있는가?

(b) 정지 직전 반응기로 들어가는 공급 유량은 시간당 310 lb_m의 용액이었다면, 운전이 정지되기 직전에 정확한 반응기 온도는 얼마였는가? 자료를 이용하여, 반응기로 원료공급이 차단된 후 폭발이 있기까지 걸린 시간을 정확히 계산하여라.

CSTR로의 원료공급이 중단된 시점에서 반응기에 520°F의 온도에서 500 lb_m의 질산암모늄이 검출되었다고 가정하자. 반응기 내의 실질적인 전환율은 약 99.99%이다. 이 문제의 추가 정보는 연습문제 P12-5$_C$에서와 같다. 반응기 내에 용액이 100 lb_m가 들어 있었다면 이 문제의 답은 어떻게 변하겠는가? 310 lb_m, 800 lb_m가 되면 어떠한가? T_0 = 100°F, 500°F이면 어떤가? 이러한 반응을 어떻게 시작하고 정지하고 제어할 것인가?

안전: 반응정지의 개방형 문제. 반응기에 대한 총 공급을 중단시키기보다는 질산암모늄 공급 유량을 줄이면서, 부피 유량 υ_w인 순수한 물로 희석해야 한다. 동일한 총 부피 공급량 υ_0과 온도를 유지하여라. υ_w를 선택하고 시간의 함수로서 반응기 온도와 조성을 플롯하여라. 몇 시에 안전하게 물 공급을 차단할 수 있는가?

P13-3$_B$ 문제 P11-4$_A$와 P12-7$_A$의 액상반응은 반회분식반응기에서 수행되어야 한다. 초기에는 25°C의 반응기에 500 mol의 A가 들어 있다. 화합물 B는 50°C에서 10 mol/min의 속도로 반응기에 공급된다. B가 500 mol이 공급된 후 반응기에 대한 공급이 중단된다.

(a) 반응이 단열로 수행될 때 시간의 함수로서 온도 Q_r, Q_g, 전화율을 플롯하고 분석하여라. t = 2 h까지 계산하여라.

(b) 열교환기(UA = 100 cal/min·K)가 반응기에 설치되어 주위 온도가 50°C로 일정할 때의 시간 함수로 전화율을 플롯하고 분석하여라. t = 3 h까지 계산하여라.

(c) 역반응을 무시할 수 없는 경우, **(b)**를 반복하여라.

새로운 파라미터값:

$k = 0.01(\text{dm}^3/\text{mol})$ @ 300K, E = 10 kcal/mol

$V_0 = 50\ \text{dm}^3$, $\upsilon_0 = 1\ \text{dm}^3/\text{min}$, $C_{A0} = C_{B0} = 10\ \text{mol/dm}^3$

역반응에 대해서: $k_r = 0.1\ \text{min}^{-1}$ @ 300K, E_r = 16 kcal/mol

P13-4$_B$ 소피아(Sophia)와 닉(Nic)은 Jofostan의 Kärläs에 소재한 할아버지 공장에서 회분식반응기를 운전하고 있다. 반응은 1차, 비가역, 액상, 발열이다. 온도를 조절하기 위해서 비활성 냉각매체를 반응혼합물에 첨가한다. 냉각매체의 유량을 변화시켜 온도를 일정하게 유지한다(그림 P13-4$_B$ 참조).

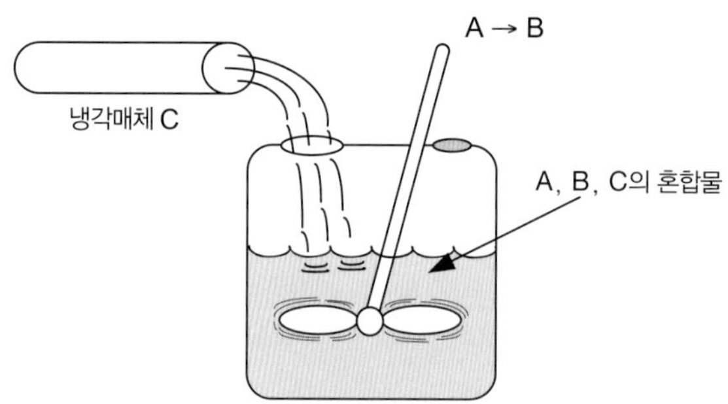

그림 P13-4$_B$ 비활성 냉각매체 이용 반회분식반응기

(a) 반응 시작 2시간 후 그들이 냉각매체 유량을 계산하는 것을 도와주어라. (**답:** F_C = 3.157 lb/s)

(b) 반응기에 냉각매체를 공급하기보다는, 적당한 온도에서도 쉽게 끓일 수 있는 용매를 첨가하는 것이 바람직하다는 제안이 있다. 용매의 증발열은 1000 Btu/lb이며, 초기에는 25 lb-mol의 A가 탱크에 존재한다. 용매와 반응물의 초기 부피는 300 ft^{3}이다. 시간의 함수로서 용매 증발 속도를 결정하여라. 2시간 후에 속도는 어떻게 되는가?

추가 정보:

반응 온도: 100°F

k 값 @100°F: 1.2 × 10^{-4} s^{-1}

냉각매체 온도: 80°F

모든 성분의 열용량: 0.5 Btu/lb·°F

모든 성분의 밀도: 50 lb/ft^3

ΔH°_{Rx}: −25,000 Btu/lb-mol

초기:

반응기에는 오직 A만 존재(B와 C는 없음)

C_{A0}: 0.5 lb-mol/ft^3

초기 부피: 50 ft^3

W2014 CRE 미시간대학 중간시험문제 II

P13-5$_B$ 다음 반응이 부피가 일정한 회분식반응기에서 단열적으로 수행된다.

$$A + B \longrightarrow C$$

이 반응의 속도법칙은 다음과 같다.

$$-r_A = k_1 C_A^{1/2} C_B^{1/2} - k_2 C_C$$

각 성분의 전화율과 농도를 시간의 함수로 그리고 분석하여라.

추가 정보:

초기 온도 = 100°C

$$k_1\,(373\text{ K}) = 2 \times 10^{-3}\text{ s}^{-1} \qquad E_1 = 100\text{ kJ/mol}$$
$$k_2\,(373\text{ K}) = 3 \times 10^{-5}\text{ s}^{-1} \qquad E_2 = 150\text{ kJ/mol}$$
$$C_{A0} = 0.1\text{ mol/dm}^3 \qquad C_{P_A} = 25\text{ J/mol}\cdot\text{K}$$
$$C_{B0} = 0.125\text{ mol/dm}^3 \qquad C_{P_B} = 25\text{ J/mol}\cdot\text{K}$$
$$\Delta H^\circ_{Rx}\,(298\text{ K}) = -40{,}000\text{ J/mol A} \qquad C_{P_C} = 40\text{ J/mol}\cdot\text{K}$$

P13-6$_B$ 다음과 같은 기초 비가역 액상반응을 반회분식반응기에서 진행시킨다.

$$A + 2B \longrightarrow C$$

여기서 반응물 B를 A에 공급한다. 반응기 내에 있는 A의 부피는 10 dm^{3}이고, A의 초기 농도는 5 mol/dm^3, 반응기의 초기온도는 27°C이다. 화합물 B는 52°C에서 4 M의 농도로 공급된다. 가능한 한 짧은 시간에 적어도 A의 전화율 80%를 얻고자 한다. 그러나 동시에 반응기의 온도는 130°C 이상으로 올라가면 안 된다. 매 회차 사이에 반응기를 비우고 채우는 데 30분간을 소요하고, 1일 24시간 동안에 대략 120 mol의 C를 만들고자 한다. 반응기를 통과하는 냉각매체의 유량은 2000 mol/min이다. 열교환기는 반응기 내부에 장착되어 있다.

(a) 공급 원료의 부피유량(dm^3/min)을 추천하여라.

(b) 냉각매체의 최대 유량을 200 mol/min으로 내리면, 이 문제의 답은 어떻게 변하겠는가? 20 mol/min이면 어떻게 되는가?

추가 정보:

$\Delta H^\circ_{Rx} = -55{,}000$ cal/mol A

$C_{P_A} = 35$ cal/mol·K, $C_{P_B} = 20$ cal/mol·K, $C_{P_C} = 75$ cal/mol·K

$k = 0.0005 \dfrac{\text{dm}^6}{\text{mol}^2 \cdot \text{min}}$(27°C에서), $E = 8000$ cal/mol

$T_a = 17$°C일 때, $UA = 2500 \dfrac{\text{cal}}{\text{min} \cdot \text{K}}$

C_P(냉각매체) = 18 cal/mol·K

P13-7$_B$ 문제 P11-4$_A$와 P12-7$_A$에 있는 비가역 액상반응($A + B \longrightarrow C$)은 10 dm^{3}의 회분식반응기에서 수행된다. 다음 경우에 있어서 A, B, C의 농도와 온도를 시간의 함수로 플롯하고 분석하여라.

(a) 단열운전

(b) UA 값이 10,000, 40,000, 100,000 J/min·K일 때

(c) UA = 40,000 J/min·K이면서, 초기 반응기 온도가 다른 경우

A와 B는 27°C에서 등몰로 들어가고 부피유량이 2 dm^3/s이며, $C_{A0} = 0.1$ kmol/m^{3}이다.

추가 정보:

ΔH°_A (273 K) $= -20$ kcal/mol, ΔH°_B (273 K) $= -15$ kcal/mol,

ΔH°_C (273 K) $= -41$ kcal/mol

$C_{P_A} = C_{P_B} = 15$ cal/mol · K $\qquad C_{P_C} = 30$ cal/mol · K

$k = 0.01 \dfrac{\text{dm}^3}{\text{mol} \cdot \text{s}}$ @ 300 K $\qquad E = 10{,}000$ cal/mol $\qquad K_c = 10\text{m}^3/\text{mol}$ @ 450 K

P13-8$_B$ 문제 P12-16$_B$의 반응 및 해당 파라미터값을 사용해 $T_i = 25$°C, $C_{Ai} = 0.0$인 CSTR의 운전개시를 기술하여라. **힌트:** T_i와 C_{Ai}의 다양한 값에 대한 C_A 대 T의 위상평면 플롯뿐만 아니라 농도 및 온도 궤적을 플롯하여라.

P13-9$_B$ 400 psig의 압력 하에 2000 dm^{3}의 액상 회분식반응기에서 다음과 같은 반응이 일어나고 있다.

$$A + 2B \xrightarrow{k_{1A}} C \qquad \Delta H_{Rx1B} = -5{,}000 \text{ cal/mol} \qquad -r_{1A} = k_{1A}C_AC_B^2$$

$$3C + 2A \xrightarrow{k_{2A}} D \qquad \Delta H_{Rx2C} = +10{,}000 \text{ cal/mol} \qquad -r_{2A} = k_{2A}C_AC_C$$

$$B + 3C \xrightarrow{k_{3C}} E \qquad \Delta H_{Rx3B} = -50{,}000 \text{ cal/mol} \qquad -r_{3C} = k_{3C}C_BC_C$$

초기 온도가 450 K이고 A, B, C에 대한 초기 농도는 각각 1.0, 0.5, 0.2 mol/dm^{3}이다. 냉각매체 유량은 최대값이어서 $T_{a1} = T_{a2} = T_a = 400$ K가 되고, 열교환면적과 총괄열전달계수의 곱인 UA가 $UA = 100$ cal/s · K가 된다.

(a) $t = 0$에서 $Q_r > Q_g$이고 열교환 시스템의 고장이 없다면 반응기가 폭주할 가능성은 없는가? 설명하여라.

(b) $t = 0$에서 Q_r은?

(c) $t = 0$에서 Q_g는?

(d) $t = 0$에서 온도 상승(즉, dT/dt)의 초기 속도는?

$$\frac{dT}{dt} = \underline{\hspace{3cm}}$$

(e) 주위 온도 T_a를 400 K에서 350 K로 낮춘다고 가정하면, 초기 반응기 온도 변화 속도는 얼마인가?

$$\frac{dT}{dt} = \underline{\hspace{3cm}}$$

$t = 1000$ s까지의 시간 함수로서 온도와 모든 농도를 플롯하여라.

(f) 450 K의 온도에서 50 mol의 비활성 물질을 주입하자는 제안이 있었다. 비활성 물질을 추가하면 폭주 가능성이 더 커질까? 아니면 덜 그럴까? 어떻게? 정량적으로 나타내어라.

$$\frac{dT}{dt} = \underline{\hspace{3cm}}$$

추가 정보:

첫 번째 근사치로서 모든 반응열이 일정하다고 가정한다(예, $\Delta C_{P_{ij}} \cong 0$). 450 K의 비반응속도(specific reaction rate)는 다음과 같다.

$k_{1A} = 1 \times 10^{-3}\,(\text{dm}^3/\text{mol})^2/\text{s}$ $C_{P_A} = 10$ cal/mol/K $C_{P_D} = 80$ cal/mol/K

$k_{2A} = \frac{1}{3} \times 10^{-3}\,(\text{dm}^3/\text{mol})^2/\text{s}$ $C_{P_B} = 10$ cal/mol/K $C_{P_E} = 50$ cal/mol/K

$k_{3C} = 0.6 \times 10^{-3}\,(\text{dm}^3/\text{mol})^2/\text{s}$ $C_{P_C} = 50$ cal/mol/K

P13-10$_B$ CRE 웹사이트에 있는 문제 CD12GA2의 반응은 반회분식반응기에서 수행하도록 되어 있다. 어떻게 이 반응(즉, T_0, υ_0, T_i)을 수행하겠는가? 순수한 A와 B의 몰농도는 5 mol/dm^{3}과 4 mol/dm^{3}이다. 선택한 조건에서의 농도, 온도, 총괄 선택도를 시간의 함수로 플롯하고 분석하여라.

- **추가 숙제 문제**

시험이나 보충 문제 또는 예제로 이용할 수 있는 많은 문제들을 CRE 웹사이트 *http://www.umich.edu/~elements/5e/index.html*에서 찾아볼 수 있다.

보충교재

1. 회분식과 반회분식 반응기를 다룬 문제 풀이가 아래 문헌에 있다:

WALAS, S. M., *Chemical Reaction Engineering Handbook*. Amsterdam: Gordon and Breach, 1995, pp. 386-392, 402, 460-462, and 469.

안전

CROWL, DANIEL A., and JOSEPH F. LOUVAR, *Chemical Process Safety: Fundamentals with Applications*, 3rd ed. Upper Saddle River, NJ: Prentice Hall, 2001.

EDGAR, T. F., "From the Classical to the Postmodern Era," *Chem. Eng. Educ.*, 31, 12 (1997).

KLETZ, TREVOR A., "Bhopal Leaves a Lasting Legacy: The Disaster Taught Some Hard Lessons That the Chemical Industry Still Sometimes Forgets ," *Chemical Processing*, p. 15 (Dec. 2009).

링크

연결

1. SAChE 웹사이트는 예제와 함께 반응기 안전에 관하여 많은 토론을 제공한다(*www.sache.org*). 필요한 사용자 이름과 암호는 학과장에게 얻을 수 있다. 2003 Tab을 쳐라. K Problem으로 이동하여라.
2. 헤르츠 교수가 개발하고 4장과 5장에서 논의된 반응기 랩(Reactor Lab)은 여기서도 사용될 수 있다. *www.reactorlab.net*.
3. 화학공정안전센터(Center for Chemical Process Safety, CCPS) 웹사이트(*www.aiche.org/ccps/*)를 참조하여라.

수치해석법

Numerical Techniques

미시간호—염분과 상어가 없음.

A.1 반응기 설계에 유용한 적분

또한 *www.integrals.com*을 참고하여라.

$$\int_0^x \frac{dx}{1-x} = \ln \frac{1}{1-x} \tag{A-1}$$

$$\int_{x_1}^{x_2} \frac{dx}{(1-x)^2} = \frac{1}{1-x_2} - \frac{1}{1-x_1} \tag{A-2}$$

$$\int_0^x \frac{dx}{(1-x)^2} = \frac{x}{1-x} \tag{A-3}$$

$$\int_0^x \frac{dx}{1+\varepsilon x} = \frac{1}{\varepsilon} \ln(1+\varepsilon x) \tag{A-4}$$

$$\int_0^x \frac{(1+\varepsilon x)dx}{1-x} = (1+\varepsilon) \ln \frac{1}{1-x} - \varepsilon x \tag{A-5}$$

$$\int_0^x \frac{(1+\varepsilon x)dx}{(1-x)^2} = \frac{(1+\varepsilon)x}{1-x} - \varepsilon \ln \frac{1}{1-x} \tag{A-6}$$

$$\int_0^x \frac{(1+\varepsilon x)^2 dx}{(1-x)^2} = 2\varepsilon(1+\varepsilon)\ln(1-x) + \varepsilon^2 x + \frac{(1+\varepsilon)^2 x}{1-x} \tag{A-7}$$

$$\int_0^x \frac{dx}{(1-x)(\Theta_B - x)} = \frac{1}{\Theta_B - 1} \ln \frac{\Theta_B - x}{\Theta_B(1-x)} \qquad \Theta_B \neq 1 \tag{A-8}$$

$$\int_0^W (1-\alpha W)^{1/2} dW = \frac{2}{3\alpha}[1-(1-\alpha W)^{3/2}] \tag{A-9}$$

$$b^2 = 4ac \text{ 일 때} \qquad \int_0^x \frac{dx}{ax^2+bx+c} = \frac{-2}{2ax+b} + \frac{2}{b} \tag{A-10}$$

$$b^2 > 4ac \text{ 일 때} \qquad \int_0^x \frac{dx}{ax^2+bx+c} = \frac{1}{a(p-q)} \ln\left(\frac{q}{p} \cdot \frac{x-p}{x-q}\right) \tag{A-11}$$

여기서 p와 q는 방정식의 근이다.

$$ax^2 + bx + c = 0 \qquad \text{즉, } p, q = \frac{-b \mp \sqrt{b^2 - 4ac}}{2a}$$

$$\int_0^x \frac{a+bx}{c+gx} dx = \frac{bx}{g} + \frac{ag-bc}{g^2} \ln \frac{c+gx}{c} \tag{A-12}$$

A.2 등면적 도식 미분법(Equal-Area Graphical Differentiation)

수치 자료나 도식 자료를 미분하는 여러 가지 방법이 있다(제7장 참조). 여기서는 등면적 미분법(equal-area differentiation)에 대해서 설명하고자 한다. 여기 상세하게 기술된 절차에서는, x에 관한 y의 도함수를 구하려고 한다.

이 방법은 제5장에서 볼 수 있다.

1. 표 A-1과 같이 관찰 자료(y_i, x_i)를 표로 만든다.

2. 각 구간(interval)에 대하여 $\Delta x_n = x_n - x_{n-1}$과 $\Delta y_n = y_n - y_{n-1}$을 계산한다.

표 A-1

x_i	y_i	Δx	Δy	$\frac{\Delta y}{\Delta x}$	$\frac{dy}{dx}$
x_1	y_1				$\left(\frac{dy}{dx}\right)_1$
		$x_2 - x_1$	$y_2 - y_1$	$\left(\frac{\Delta y}{\Delta x}\right)_2$	
x_2	y_2				$\left(\frac{dy}{dx}\right)_2$
		$x_3 - x_2$	$y_3 - y_2$	$\left(\frac{\Delta y}{\Delta x}\right)_3$	
x_3	y_3				$\left(\frac{dy}{dx}\right)_3$
x_4	y_4		등		

3. 구간 x_{n-1}에서 x_n 사이의 **평균** 기울기의 추정값인 $\Delta y_n/\Delta x_n$을 계산한다.

4. 이들 값을 x_i에 대해 막대그림(histogram)을 그린다. 예컨대 x_2와 x_3 사이의 값은 $(y_3 - y_2)/(x_3 - x_2)$이다. 그림 A-1을 참조하여라.

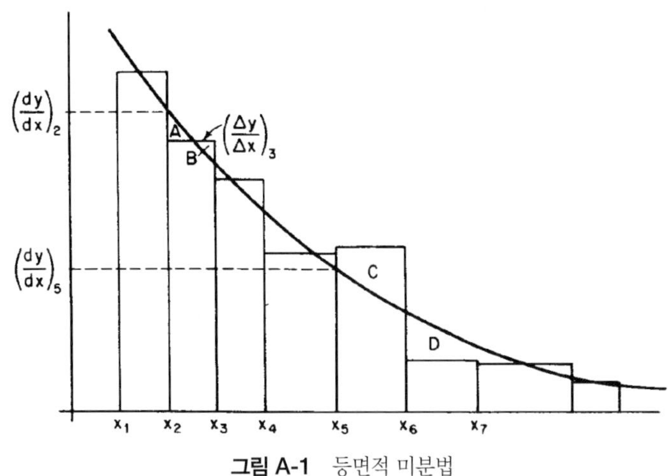

그림 A-1 등면적 미분법

5. 다음에는 막대그림 아래의 **면적**을 가장 잘 근사시킬 수 있는 **매끄러운 곡선**을 그린다. 즉, 각 구간마다 A와 B로 표기된 면적들이 서로 같아지도록 곡선을 그린다. 그러나 이것이 한 구간마다 불가능할 경우에는 몇 개의 구간에 걸쳐 면적이 같아지도록 한다(C와 D로 표기된 면적처럼). Δx와 Δy의 정의로부터

$$y_n - y_1 = \sum_{i=2}^{n} \frac{\Delta y}{\Delta x_i} \Delta x_i \tag{A-13}$$

등면적법은 다음을 만족시키는 dy/dx를 추산하는 것이다.

$$y_n - y_1 = \int_{x_1}^{x_n} \frac{dy}{dx}\, dx \tag{A-14}$$

즉 **가능한 모든 곳**에서의 $\Delta y/\Delta x$ 아래의 면적이 dy/dx 아래의 면적과 같아지도록 한다.

6. 자료점 $x_1, x_2, \cdots$에서 이 곡선으로부터 dy/dx의 추정값을 읽어서 표를 완성한다.

이 기술을 설명하는 예제가 CRE 웹사이트의 부록 A에 주어져 있다.

미분법은 아무리 잘해도 적분법에 비해 정확도가 떨어진다. 또한 미분법은 **불량 자료를 분명하게 지적해** 주며, 그러한 자료들을 보상하는 것을 허락한다. 그러나 미분법은 속도 데이터 해석(rate-data analysis)이나 경과적 확산 데이터(transient diffusion data)의 해석에서처럼 자료가 **매끈하게** 미분이 되는 경우에만 사용할 수 있다.

A.3 미분방정식의 해

A.3.A 1차 상미분방정식

CRE 웹사이트의 부록 A.3을 보아라.

$$\frac{dy}{dt}+f(t)y=g(t) \tag{A-15}$$

적분인자 $= \exp\left(\int f dt\right)$를 사용하여, 그 해는

$$y=e^{-\int f dt}\int g(t)\,e^{\int f dt}\,dt+K_1 e^{-\int f dt} \tag{A-16}$$

예제 A-1 연속반응에 대한 적분인자

$$\frac{dy}{dt}+k_2 y=k_1 e^{-k_1 t}$$

위의 방정식과 식 (A−15)를 비교하면

$$f(t)=k_2$$

그리고 적분인자 $= \exp\int k_2 dt=e^{k_2 t}$

적분인자 $= \exp\int k_2 dt=e^{k_2 t}$

$$\frac{d(ye^{k_2 t})}{dt}=e^{k_2 t}k_1 e^{-k_1 t}=k_1 e^{(k_2-k_1)t}$$

$$e^{k_2 t}y=k_1\int e^{(k_2-k_1)t}dt=\frac{k_1}{k_2-k_1}e^{(k_2-k_1)t}+K_1$$

$$y=\frac{k_1}{k_2-k_1}e^{-k_1 t}+K_1 e^{-k_2 t}$$

$t=0 \quad y=0$

$$y=\frac{k_1}{k_2-k_1}\left[e^{-k_1 t}-e^{-k_2 t}\right]$$

A.3.B 연립 미분방정식

다음과 같은 연립 1차 선형 미분방정식을 푸는 해법은

$$\frac{dx}{dt}=ax+by$$

$$\frac{dy}{dt}=cx+dy$$

CRE 웹사이트(*http://www.umich.edu/~elements/5e/appendix/AppA.3_Web.pdf*)의 웹 부록 A.3에 수록되어 있다.

A.3.C 2차 상미분방정식

아래 유형의 미분방정식을 푸는 방법은

$$\frac{d^2y}{dx^2} - \beta y = 0 \tag{A-17}$$

M. R. Spiegel의 *Applied Differential Equations*(Upper Saddle River, NJ: Prentice Hall, 1958, Chapter 4; 오래되었음에도 불구하고 훌륭한 책임) 또는 F. Ayres의 *Differential Equations*(New York: Schaum Outline Series, McGraw-Hill, 1952)에서 찾을 수 있다. 이러한 유형의 해법은 PDF 제15장에 수록되어 있다. 한 가지 해결 방법은 특성 근을 결정하는 것이다.

$$\left(\frac{d^2}{dx^2} - \beta\right) y = (m^2 - \beta)y$$

여기서

$$m = \pm\sqrt{\beta}$$

미분방정식의 해는 다음과 같다.

$$y = A_1 e^{-\sqrt{\beta}x} + B_1 e^{+\sqrt{\beta}x} \tag{A-18}$$

여기서 A_1과 B_1은 임의의 적분상수이다. 식 (A-18)은 다음과 같은 형태로 정리할 수 있는지 검증할 수 있다.

$$y = A \sinh\sqrt{\beta}x + B\cosh\sqrt{\beta}x \tag{A-19}$$

sinh(0) = 0과 cosh(0) = 1.0이므로 상수 A와 B를 계산할 때 식 (A−19)는 더 유용한 형태이다. 부록 A.3.B도 참조하여라.

A.4 적분의 수치적 계산

이 절에서는 1차 미분방정식을 풀기 위하여 적분을 수치적으로 구하는 방법에 대해 다룬다.

1. **사다리꼴 공식**(trapezoidal rule)(2-점, two-point)(그림 A-2): 이는 가장 간단하면서도 가장 근사적인 방법의 하나며, 적분의 두 극한에서 구한 피적분함수를 사용하여 적분을 구하는 것이다.

$$\int_{X_0}^{X_1} f(X)\,dX = \frac{h}{2}[f(X_0) + f(X_1)] \tag{A-20}$$

   여기서 $h = X_1 - X_0$이다.

2. **심프슨의 1/3 공식**(Simpson's one-third rule)(3-점, three-point)(그림 A-3): 심프슨 공식을 적용하면 보다 정확한 적분계산을 할 수 있다.

$$\int_{X_0}^{X_2} f(X)\,dX = \frac{h}{3}[f(X_0) + 4f(X_1) + f(X_2)] \tag{A-21}$$

   여기서

$$h = \frac{X_2 - X_0}{2} \qquad X_1 = X_0 + h$$

제2, 4, 12장에 있는 $\int_0^X \frac{F_{A0}}{-r_A} dX$ 과 PDF 제17장에 있는 $\int_0^\infty X(t)E(t)dt$ 을 푸는 방법

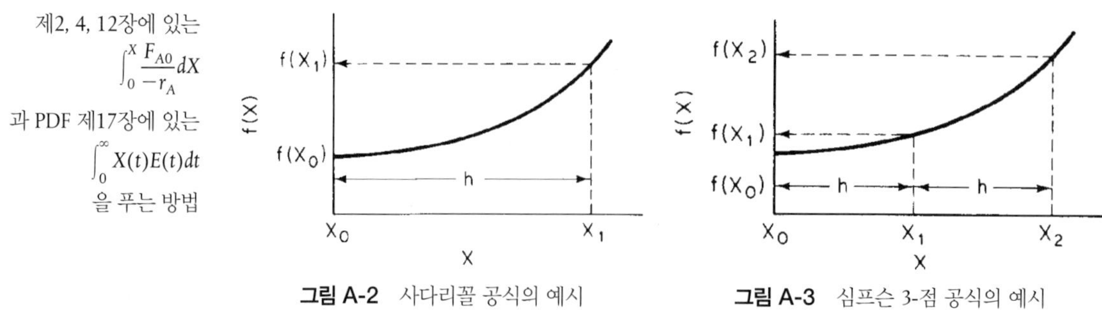

그림 A-2 사다리꼴 공식의 예시 **그림 A-3** 심프슨 3-점 공식의 예시

3. 심프슨의 3/8 공식(Simpson's three-eighths rule)(4-점, four-point)(그림 A-4): 심프슨의 3/8 공식을 응용하여 개선된 심프슨의 1/3 공식을 만들 수 있다.

$$\int_{X_0}^{X_3} f(X)\,dX = \tfrac{3}{8}h\,[f(X_0) + 3f(X_1) + 3f(X_2) + f(X_3)] \tag{A-22}$$

여기서

$$h = \frac{X_3 - X_0}{3} \qquad X_1 = X_0 + h \qquad X_2 = X_0 + 2h$$

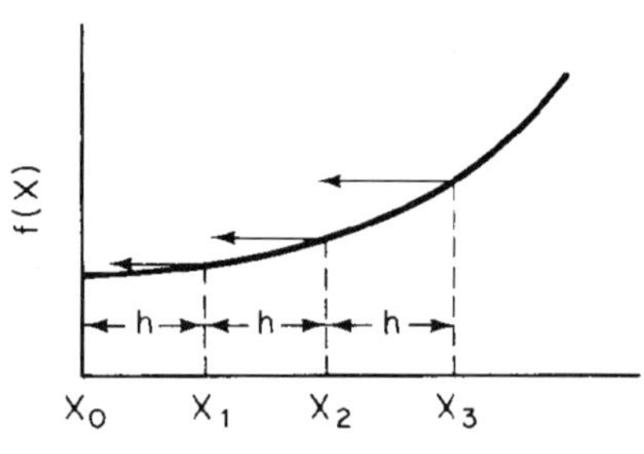

그림 A-4 심프슨의 4-점 공식의 예시

4. 5-점 적분공식(five-point quadrature formula)

$$\int_{X_0}^{X_4} f(X)\,dX = \frac{h}{3}(f_0 + 4f_1 + 2f_2 + 4f_3 + f_4) \tag{A-23}$$

여기서

$$h = \frac{X_4 - X_0}{4}$$

5. N + 1 포인트의 경우, 여기서 (N/3)은 정수이다.

$$\int_{X_0}^{X_N} f(X)\,dX = \tfrac{3}{8}h\,[f_0 + 3f_1 + 3f_2 + 2f_3 + 3f_4 + 3f_5 + 2f_6 + \cdots + 3f_{N-1} + f_N] \tag{A-24}$$

여기서

$$h = \frac{X_N - X_0}{N}$$

6. N + 1 포인트의 경우, 여기서 N은 짝수이다.

$$\int_{X_0}^{X_N} f(X)\,dX = \frac{h}{3}(f_0 + 4f_1 + 2f_2 + 4f_3 + 2f_4 + \cdots + 4f_{N-1} + f_N) \quad \text{(A-25)}$$

여기서

$$h = \frac{X_N - X_0}{N}$$

이 공식들은 반응공학에서 사용되는 적분이나 상미분방정식을 푸는 방법을 설명한다거나 ODE 문제풀이 프로그램의 전원이 끊어지거나 혹은 다른 기능 장애가 있을 때 유용하게 사용할 수 있다.

A.5 반-로그 그래프

웹상의 반-로그 그래프에서 경사도를 취하는 방법을 검토하여라. 또한 *www.physics.uoguelph.ca/tutorials/GLP*도 참조하여라. 또한, 데이터 분석을 위해 반-로그 플롯 사용하는 것은 웹 부록 A.5를 참조하여라.

A.6 소프트웨어 패키지

Polymath, COMSOL, Aspen의 사용방법에 대한 지침서는 CRE 웹사이트에서 확인할 수 있다.
상미분방정식(ODE) 문제풀이 프로그램에 대한 연락처는 다음과 같다.

Polymath Software
P.O. Box 523
Willimantic, CT 06226-0523
Web site:
www.polymathsoftware.com/fogler

MATLAB
The Math Works, Inc.
20 North Main Street, Suite 250
Sherborn, MA 01770
www.mathworks.com

Wolfram
100 Trade Center Drive
Champaign, IL 61820-7237
Tel: +1-217-398-0700
+1-800-WOLFRAM (965-3726)
Fax: +1-217-398-0747
www.wolfram.com

Aspen Technology, Inc.
10 Canal Park
Cambridge, MA 02141-2201
Email: *info@aspentech.com*
www.aspentech.com

COMSOL, Inc.
1 New England Executive Park
Burlington, MA 01803
Tel: +1-781-273-3322
Fax: +1-781-273-6603
Email: *info@comsol.com*
www.comsol.com

이상기체 상수와 환산 계수들 B

Ideal Gas Constant and Conversion Factors

*www.onlineconversion.com*을 참조하여라.

이상기체상수

$$R = \frac{0.73\ \text{ft}^3 \cdot \text{atm}}{\text{lb mol} \cdot {}^\circ\text{R}} \qquad R = \frac{1.987\ \text{Btu}}{\text{lb mol} \cdot {}^\circ\text{R}}$$

$$R = \frac{8.314\ \text{kPa} \cdot \text{dm}^3}{\text{mol} \cdot \text{K}} \qquad R = \frac{8.3144\ \text{J}}{\text{mol} \cdot \text{K}}$$

$$R = 0.082\ \frac{\text{dm}^3 \cdot \text{atm}}{\text{mol} \cdot \text{K}} = \frac{0.082\ \text{m}^3 \cdot \text{atm}}{\text{kmol} \cdot \text{K}} \qquad R = \frac{1.987\text{cal}}{\text{mol} \cdot \text{K}}$$

볼츠만 상수

$$k_B = 1.381 \times 10^{-23}\ \frac{\text{J}}{\text{molecule} \cdot \text{K}}$$

$$= 1.381 \times 10^{-23}\ \text{kg m}^2/\text{s}^2/\text{molecule}/\text{K}$$

이상기체의 부피

32°F, 1 atm에서 이상기체 1 lb·mol이 차지하는 부피는 359 ft^3 (0.00279 lb·mol/ft^3)

0°C, 1 atm에서 이상기체 1 mol이 차지하는 부피는 22.4 dm^3 (0.0446 mol/dm^3)

$$C_A = \frac{P_A}{RT} = \frac{y_A P}{RT}$$

여기서 C_A = A의 농도, mol/dm^3 $\quad$ T = 온도, K

P = 압력, kPa $\quad$ y_A = A의 몰분율

R = 이상기체상수, 8.314 kPa·dm^3/mol·K

1M = 1 molar = 1 mol/liter = 1 mol/dm^3 = 1 kmol/m^3 = 0.062 lb·mol/ft^3

부피

1 cm^3 = 0.001 dm^3
1 in^3 = 0.0164 dm^3
1 fluid oz = 0.0296 dm^3
1 ft^3 = 28.32 dm^3
1 m^3 = 1000 dm^3
1 U.S. gallon = 3.785 dm^3
1 liter (L) = 1 dm^3

$$\left(1\ ft^3 = 28.32\ dm^3 \times \frac{1\ gal}{3.785\ dm^3} = 7.482\ gal\right)$$

길이

1 Å = 10^{-8} cm
1 dm = 10 cm
1 μm = 10^{-4} cm
1 in. = 2.54 cm
1 ft = 30.48 cm
1 m = 100 cm

압력

1 torr (1 mmHg) = 0.13333 kPa
1 in. H_2O = 0.24886 kPa
1 in. Hg = 3.3843 kPa
1 atm = 101.33 kPa
1 psia = 6.8943 kPa
1 megadyne/cm^2 = 100 kPa

에너지(일)

1 kg·m^2/s^2 = 1 J
1 Btu = 1055.06 J
1 cal = 4.1868 J
1 L·atm = 101.34 J
1 hp·h = 2.6806 × 10^6 J
1 kWh = 3.6 × 10^6 J

온도

°F = 1.8 × °C + 32
°R = °F + 459.69
K = °C + 273.16
°R = 1.8 × K
°Réamur = 1.25 × °C

질량

1 lb_m = 454 g
1 kg = 1000 g
1 grain = 0.0648 g
1 oz (avoird.) = 28.35 g
1 ton = 908,000 g

점도

1 poise = 1 g/cm/s = 0.1 kg/m/s
1 centipoise = 1 cp = 0.01 poise = 0.1 micro Pascal · second

힘

$$1\ dyne = 1\ g \cdot cm/s^2$$

$$1\ Newton = 1\ kg \cdot m/s^2$$

압력

$$1\ Pa = 1\ Newton/m^2$$

일

A. 일 = 힘 × 거리

1 Joule = 1 Newton·meter = 1 kg·m^2/s^2 = 1 Pa·m^3

B. 압력 × 부피 = 일

(1 Newton/m^2)·m^3 = 1 Newton·m = 1 Joule

시간에 따른 에너지 변화속도

$$1 \text{ Watt} = 1 \text{ J/s}$$

$$1 \text{ hp} = 746 \text{ J/s}$$

중력 환산 계수

중력 상수

$$g = 32.2 \text{ ft/s}^2$$

미국공학계 환산 계수

$$g_c = 32.174 \frac{(\text{ft})(\text{lb}_\text{m})}{(\text{s}^2)(\text{lb}_\text{f})}$$

SI/cgs 단위계

$$g_c = 1 \text{ (무차원)}$$

표 B-1 전형적인 물성값

	액체 (물)	기체 (공기, 77°C, 101 kPa)	고체
밀도	1000 kg/m^3	1.0 kg/m^3	3000 kg/m^3
농도	55.5 mol/dm^3	0.04 mol/dm^3	–
확산도	10^{-8} m^2/s	10^{-5} m^2/s	10^{-11} m^2/s
점도	10^{-3} kg/m/s	1.82×10^{-5} kg/m/s	–
열용량	4.31 J/g/K	40 J/mol/K	0.45 J/g/K
열전도도	1.0 J/s/m/K	10^{-2} J/s/m/K	100 J/s/m/K
운동점도	10^{-6} m^2/s	1.8×10^{-5} m^2/s	–
프란틀 수	7	0.7	–
슈미트 수	200	2	–

표 B-2 전형적인 전달 값

	액체	기체
열전달계수, h	1000 W/m^2/K	65 W/m^2/K
물질전달계수, k_c	10^{-2} m/s	3 m/s

평형상수를 포함하는 열역학 관계식[1] C

Thermodynamic Relationships Involving the Equilibrium Constant

기상반응에 대하여

$$A + \frac{b}{a}B \rightleftarrows \frac{c}{a}C + \frac{d}{a}D \tag{2-2}$$

1. 참(무차원)평형상수

$$RT\ln K = -\Delta G$$

$$\boxed{K = \frac{a_C^{c/a}\,a_D^{d/a}}{a_A\,a_B^{b/a}}}$$

여기서 a_i는 화합물 i의 활동도이다.

$$a_i = \frac{f_i}{f_i^\circ}$$

여기서 f_i = 화합물 i의 퓨가시티

f_i° = 표준상태의 퓨가시티, 기체의 경우 표준상태는 1 atm이다.

$$a_i = \frac{f_i}{f_i^\circ} = \gamma_i P_i$$

1. 이들 관계식들에 대한 제약조건이나 보다 자세한 설명에 대해서는 다음 서적을 참조하라: K. Denbigh, *The Principles of Chemical Equilibrium*, 3rd ed. (Cambridge: Cambridge University Press, 1971), p. 138.

여기서 γ_i는 활동도계수이다.

K = 참평형상수
K_γ = 활동도평형상수
K_p = 압력평형상수
K_c = 농도평형상수

$$K = \underbrace{\frac{\gamma_C^{c/a}\,\gamma_D^{d/a}}{\gamma_A\,\gamma_B^{b/a}}}_{K_\gamma} \cdot \underbrace{\frac{P_C^{c/a}P_D^{d/a}}{P_A P_B^{b/a}}}_{K_p} = K_\gamma K_p$$

K_γ의 단위는 $[\text{atm}]^{-\left(d/a+c/a-\frac{b}{a}-1\right)} = [\text{atm}]^{-\delta}$

K_p의 단위는 $[\text{atm}]^{\left(d/a+c/a-\frac{b}{a}-1\right)} = [\text{atm}]^{\delta}$

이상기체의 경우 $K_\gamma = 1.0\ \text{atm}^{-\delta}$

2. 일반적인 반응식 (2-2)에 대해, 압력평형상수 K_p는

$$K_p = \frac{P_C^{c/a}P_D^{d/a}}{P_A P_B^{b/a}} \tag{C-1}$$

P_i = 화합물 i의 부분압력, atm, kPa

$P_i = C_i RT$

3. 일반적인 반응식 (2-2)에 대해, 농도평형상수 K_c는

K, K_γ, K_c 및 K_p의 관계를 구할 수 있어야 한다.

$$K_c = \frac{C_C^{c/a}C_D^{d/a}}{C_A C_B^{b/a}} \tag{C-2}$$

4. 이상기체의 경우, K_C와 K_p의 관계는

$$K_p = K_c (RT)^\delta \tag{C-3}$$

여기서 일반적인 반응식 (2-2)에 대해,

$$\delta = \frac{c}{a} + \frac{d}{a} - \frac{b}{a} - 1 \tag{C-4}$$

5. K_p는 온도만의 함수이며, K_p의 온도의존성은 반트호프 식으로 주어진다.

반트호프(van't Hoff)의 공식

$$\boxed{\frac{d \ln K_p}{dT} = \frac{\Delta H_{Rx}(T)}{RT^2}} \tag{C-5}$$

$$\frac{d \ln K_p}{dT} = \frac{\Delta H_{Rx}^\circ(T_R) + \Delta C_p (T - T_R)}{RT^2} \tag{C-6}$$

(*http://www.umich.edu/~elements/5e/11chap/summary-biovan.html*)

6. 위 식을 적분하면

$$\ln\frac{K_p(T)}{K_p(T_1)} = \frac{\Delta H_{Rx}^\circ(T_R) - T_R\,\Delta C_p}{R}\left(\frac{1}{T_1} - \frac{1}{T}\right) + \frac{\Delta C_p}{R}\ln\frac{T}{T_1} \tag{C-7}$$

K_p와 K_c의 관계는

$$\boxed{K_c = \frac{K_p}{(RT)^\delta}} \tag{C-8}$$

만약

$$\delta = \left(\frac{d}{a} + \frac{c}{a} - \frac{b}{a} - 1\right) = 0$$

이면

$$K_p = K_c$$

7. ΔC_P를 무시한 K_p. 일정온도 T_1에서 평형상수 $K_p(T_1)$와 반응열 $\Delta H^\circ_{\mathrm{Rx}}$가 주어지면, 온도 T에서 압력평형상수는 아래와 같다.

$$\boxed{K_P(T) = K_P(T_1)\exp\left[\frac{\Delta H^\circ_{\mathrm{Rx}}\,(T_R)}{R}\left(\frac{1}{T_1} - \frac{1}{T}\right)\right]} \tag{C-9}$$

8. 르샤틀리에(Le Châtelier)의 원리에 의해 발열반응의 경우에 온도가 증가함에 따라서 평형은 왼쪽으로 이동한다(즉, K 및 X_e가 감소한다). 평형상수가 온도에 따라서 변하는 모양을 발열반응 및 흡열반응의 경우에 대해 각각 그림 C-1과 C-2에 나타내었다.

온도에 따른 평형상수의 변화

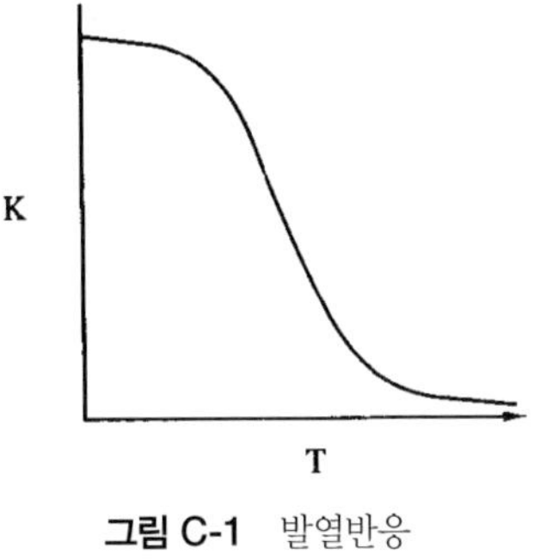

그림 C-1 발열반응

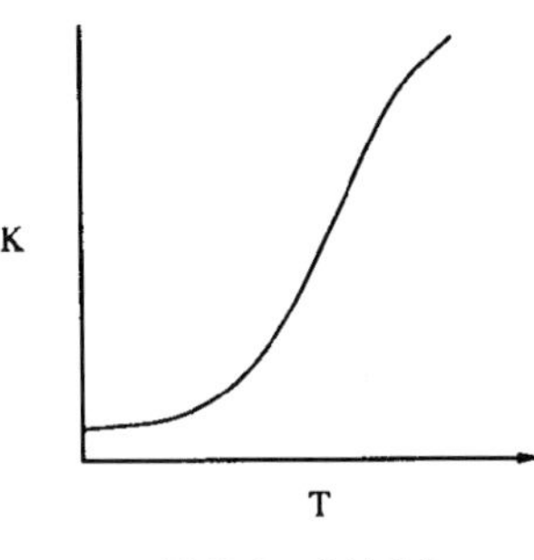

그림 C-2 흡열반응

9. 온도 T에서 평형상수는 깁스(Gibbs) 자유에너지 변화로부터 계산할 수 있다.

$$-RT\ln[K(T)] = \Delta G^\circ_{\mathrm{Rx}}(T) \tag{C-10}$$

$$\boxed{\Delta G^\circ_{\mathrm{Rx}} = \frac{c}{a}G^\circ_{\mathrm{C}} + \frac{d}{a}G^\circ_{\mathrm{D}} - \frac{b}{a}G^\circ_{\mathrm{B}} - G^\circ_{\mathrm{A}}} \tag{C-11}$$

10. 어떤 화합물의 깁스 표준 생성 자유에너지 G°_i를 열거한 표들은 문헌에서 찾을 수 있다(*webbook.nist.gov*).

11. 깁스 자유에너지와 엔탈피 H 및 엔트로피 S의 변화와의 관계는 다음 식으로 표현된다.

$$\Delta G = \Delta H - T\,\Delta S \tag{C-12}$$

*bilbo.chm.uri.edu/CHM112/lectures/lecture31.htm*을 참조하여라. ΔG에 대한 상당 전화율을 계산하는 방법에 관한 예가 웹사이트에 주어져 있다.

예제 C-1 수성가스 시프트 반응

다음의 수성가스 시프트 반응이

$$H_2O + CO \rightleftarrows CO_2 + H_2$$

1000 K, 10 atm에서 행해져 수소가 생성된다. 물과 일산화탄소가 등몰 혼합된 경우에 각 성분의 평형전화율 및 평형농도를 구하여라.

데이터: 1000 K, 10 atm에서 깁스 생성 자유에너지는 $G^\circ_{CO} = -47{,}860$ cal/mol; $G^\circ_{CO_2} = -94{,}630$ cal/mol; $G^\circ_{H_2O} = -46{,}040$ cal/mol; $G^\circ_{H_2} = 0$

풀이

먼저 평형상수를 계산한다. K를 구하는 첫 단계는 이 반응에 대한 깁스 자유에너지 변화를 계산하는 것이다.

ΔG°_{Rx}를 계산하라.

$$\Delta G^\circ_{Rx} = G^\circ_{H_2} + G^\circ_{CO_2} - G^\circ_{CO} - G^\circ_{H_2O} \tag{EC-1.1}$$

$$= 0 + (-94{,}630) - (-47{,}860) - (-46{,}040)$$

$$= -730 \text{ cal/mol}$$

$$-RT \ln K = \Delta G^\circ_{Rx}(T) \tag{C-10}$$

$$\ln K = -\frac{\Delta G^\circ_{Rx}(T)}{RT} = \frac{-(-730 \text{ cal/mol})}{1.987 \text{ cal/mol}\cdot\text{K}\ (1000\text{ K})} \tag{EC-1.2}$$

$$= 0.367$$

즉

K를 계산하라.

$$K = 1.44$$

먼저 평형상수를 활동도의 항으로 바꾼 다음, 농도의 항으로 표현하면 다음과 같다.

$$K = \frac{a_{CO_2} a_{H_2}}{a_{CO} a_{H_2O}} = \frac{f_{CO_2} f_{H_2}}{f_{CO} f_{H_2O}} = \frac{\gamma_{CO_2} P_{CO_2} \gamma_{H_2} P_{H_2}}{\gamma_{CO} P_{CO} \gamma_{H_2O} P_{H_2O}} \tag{EC-1.3}$$

여기서 a_i는 화합물 i의 활동도, f_i는 퓨가시티, γ_i는 활동도계수(고온 저압이므로 여기서는 1.0이 된다), y_i는 화합물 i의 몰분율이다.[2] 몰분율을 분압의 항으로 바꾸면

$$K = \frac{P_{CO_2} P_{H_2}}{P_{CO} P_{H_2O}} \tag{EC-1.4}$$

2. J. R. Elliott, C. T. Lira, *Introductory Chemical Engineering Thermodynamics*, 2nd ed. (Upper Saddle River, NJ: Prentice Hall, 2012)의 제17장, and Chapter 16 in J. W. Tester, M. Modell, *Thermodynamics and Its Applications*, 3rd ed. (Upper Saddle River, NJ: Prentice Hall, 1997)의 제16장을 참조하여라.

$$P_i = C_i RT \tag{EC-1.5}$$

$$K = \frac{C_{CO_2} C_{H_2O}}{C_{CO} C_{H_2O}} \tag{EC-1.6}$$

원료가 등몰인 경우에 전화율 항으로 나타내면 다음과 같다.

K와 X_e를 관련시켜라.

$$K = \frac{C_{CO,0} X_e C_{CO,0} X_e}{C_{CO,0}(1 - X_e) C_{CO,0}(1 - X_e)} \tag{EC-1.7}$$

$$= \frac{X_e^2}{(1 - X_e)^2} = 1.44 \tag{EC-1.8}$$

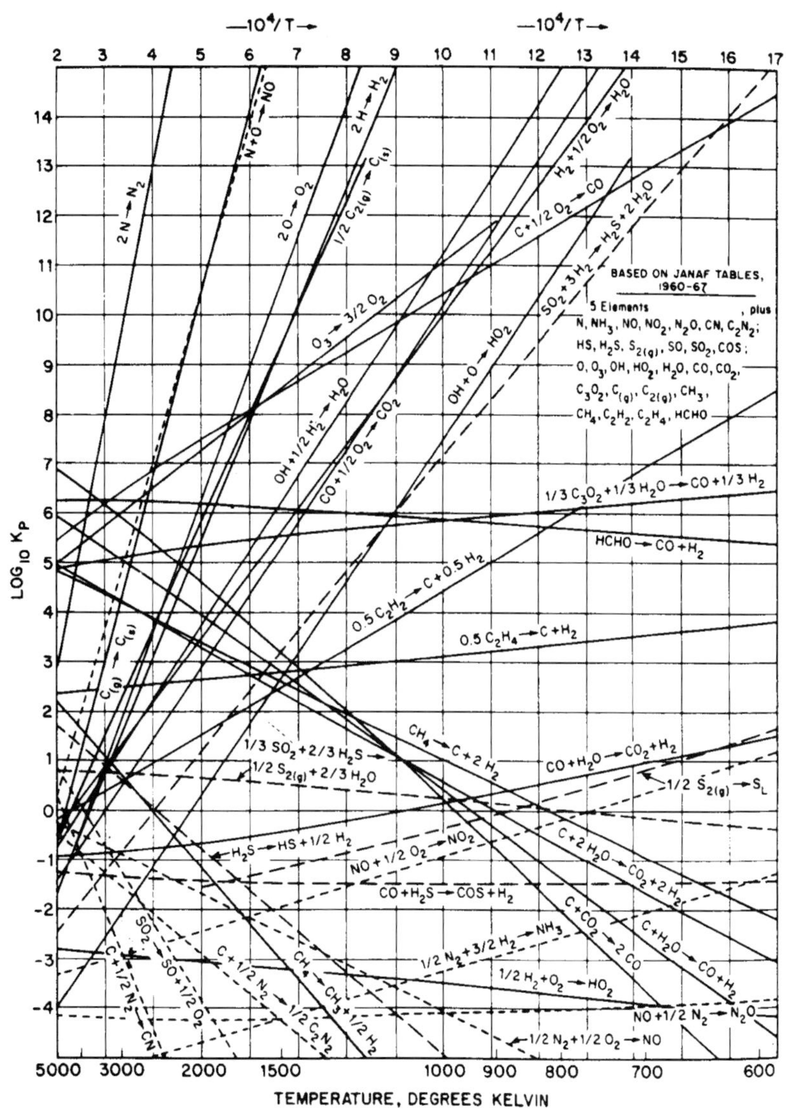

그림 EC-1.1 Modell, Michael, and Reid, Robert, *Thermodynamics and Its Applications,* 2nd ed., © 1983. Reprinted and electronically reproduced by permission of Pearson Education, Inc., Upper Saddle River, NJ.

그림 EC-1.1로부터, 1000 K에서 $\log K_P = 0.15$가 된다. 따라서 $K_P = 1.41$이고, 이는 계산 값과 가깝다. 이 반응의 경우에 전체 몰수의 변화가 없으므로(즉, $\delta = 0$),

$$K = K_P = K_C \text{ (무차원)}$$

식 (EC-1.8)의 제곱근을 취하면

평형전화율 X_e를 계산하여라.

$$\frac{X_e}{1 - X_e} = (1.44)^{1/2} = 1.2 \tag{EC-1.9}$$

X_e에 대해서 풀면

$$\boxed{X_e = \frac{1.2}{2.2} = 0.55}$$

따라서

$$C_{CO,0} = \frac{y_{CO,0} P_0}{RT_0}$$

$$= \frac{(0.5)(10 \text{ atm})}{(0.082 \text{ dm}^3 \cdot \text{atm/mol} \cdot \text{K})(1000 \text{ K})}$$

$$= 0.061 \text{ mol/dm}^3$$

CO의 평형농도 $C_{CO,e}$를 계산하여라.

$$C_{CO,e} = C_{CO,0}(1 - X_e) = (0.061)(1 - 0.55) = 0.0275 \text{ mol/dm}^3$$

$$C_{H_2O,e} = 0.0275 \text{ mol/dm}^3$$

$$\boxed{C_{CO_2,e} = C_{H_2,e} = C_{CO,0}X_e = 0.0335 \text{ mol/dm}^3}$$

그림 EC-1.1로부터, 여러 반응들에 대한 온도의 함수로서의 평형상수를 구할 수 있다. 온도에 따라서 평형상수가 증가하는 반응들은 발열반응이다.

다음 링크들은 열화학 데이터를 제공한다(생성열, C_P 등).

1) *www.uic.edu/~mansoori/Thermodynamic.Data.and.Property_html*

2) *webbook.nist.gov*

또한 *Chem. Tech.*, 28 (3) (March), 19 (1998)도 참고하여라.

소프트웨어 패키지

Software Packages

Polymath 6.1이 수치해법이 필요한 문제의 대부분을 위한 주요 소프트웨어 패키지이지만 Wolfram, Excel, MATLAB도 이용할 수 있다. 또한 COMSOL과 Aspen을 사용하여 12장, 13장, PDF 18장에서 선택한 몇 가지 문제를 해결할 수 있다.

D.1 Polymath

D.1.A Polymath에 대해서

(*http://www.umich.edu/~elements/5e/software/polymath.html*)

Polymath는 화학반응공학 문제를 해결하는 데 가장 적합한 매우 사용자 친화적인 소프트웨어 패키지이다. 이 교재와 웹사이트에서는 대부분 전화율과 온도를 얻기 위한 연립 미분방정식을 풀기 위해 DEQ를 사용하지만, 곡선에 자료를 적합(data fitting)시키기 위한 REG를 사용하거나 비반응속도(specific reaction rate) k와 활성화 에너지 E_A와 같은 반응속도 파라미터를 결정하기 위한 최선의 파라미터값을 결정하기 위해 비선형 회귀분석(nonlinear regression)을 사용한다.

- 연립 선형 대수 방정식
- 연립 비선형 대수 방정식
- 연립 상미분 방정식
- 데이터 회귀분석(아래 내용 포함)
    - 다항식에 의한 곡선 맞춤
    - 통계가 있는 다중 선형 회귀분석
    - 통계가 있는 비선형 회귀분석

Polymath는 수학 방정식을 입력하고 최소의 학습곡선(learning curve)을 제공한다는 점에서 독특하다. 문제 해법은 강력한 알고리즘으로 쉽게 찾을 수 있다. Polymath는 화학반응공학이나 화학공학의 다른 분야에 매우 편리한 문제해결법을 사용할 수 있어서 많은 교육 경험을 하게 해준다.

Polymath는 대부분의 대학 컴퓨터에서 무료로 이용할 수 있다. 게다가, 만약 당신이 당신의 개인용 컴퓨터에 로딩하기 위해 버전을 사고 싶다면, 먼저 15일 동안 Polymath 6.1을 무료로 사용해 볼 수 있다. Polymath 6.1의 시험 버전은 설치 후 최대 15일까지 연속적으로 실행된다. 당신은 이 버전을 특정 개인용 컴퓨터에 한 번만 설치할 수 있을 것이다. 다양한 기간 동안(예, 4개월, 1년) 실행될 Polymath 6.1의 특별 가격 교육 버전을 주문하는 방법에 대한 자세한 내용은 다음 주소에서만 확인할 수 있다. *http://www.polymathsoftware.com/fogler/*.

D.1.B Polymath 지침서

(http://www.umich.edu/~elements/5e/software/polymath-tutorial.html)

다음 Polymath 프로그램에 대한 Polymath 지침서(LEQ, NLE, DEQ, REG)가 웹사이트에 제공된다.

- LEP 코드 실행방법(*http://www.umich.edu/~elements/5e/software/Polymath_LEP_tutorial_new.pdf*)
- 선형 방정식 문제풀이 프로그램(*http://www.umich.edu/~elements/5e/software/Linear_Equation_%20Solver_Tutorial.pdf*)
- 비선형 방정식 문제풀이 프로그램(*http://www.umich.edu/~elements/5e/software/Non_linear_equation_tutorial.pdf*)
- 상미분방정식 문제풀이 프로그램(*http://www.umich.edu/~elements/5e/software/Ordinary_Differential_Equation_Solver_Tutorial.pdf*)
- 데이터의 회귀 다항식 맞춤(*http://www.umich.edu/~elements/5e/software/Polymath_linear_and_polynomial_regression_tutorial.pdf*)
- 비선형 회귀분석(nonlinear regression analysis)
  - 속도식 파라미터 찾기(α 및 k)(*http://www.umich.edu/~elements/5e/software/Example_7-3_Polymath_nonlinear_regression_tutorial.pdf*)
  - 불균일반응에 대한 속도법 파라미터 찾기(*http://www.umich.edu/~elements/5e/software/Nonlinear_Regression_Tutorial.pdf*)
- 비선형 회귀 지침서(*http://www.umich.edu/~elements/5e/software/nonlinear_regression_tutorial.pdf*)

이 웹사이트는 각 Polymath 프로그램에 대한 다양한 단계의 스크린샷을 보여준다. Polymath 지침서는 LearnChemE 비디오(*https://www.youtube.com/watch?v=nyJmt6cTiL4*)에서도 볼 수 있다.

D.1.C 실전 예제 문제(Living Example Problems)

CRE 웹사이트에서 복사하여 Polymath 소프트웨어에 붙여 넣어야 하는 LEP에 대해 LEP(실전 예제 문제)를 내려받고 실행하는 방법에 대한 지침서가 나열되어 있다. Polymath 소프트웨어는 미국 및 일부 다른 국가의 대부분의 화학공학 부서와 컴퓨터 실습실에서 사용할 수 있다. 만약 당신이 당신의 노트북이나 데스크탑 컴퓨터에 Polymath를 가지고 싶다면, 당신은 다양한 기간 소프트웨어의 특별한 저가 교육 버전을 구입할 수 있다. Polymath 버전은 Windows XP, Vista, Windows 7, Windows 8 및 Windows 10과 호환된다. 특별할인된 Polymath 소프트웨어는 특별 웹사이트 *www.polymath-software.com/fogler*에서만 구입할 수 있다. 최소 비용의 교육용 버전은 당신이 Polymath를 주문하기 위해 특별한 웹사이트에 로그인할 때 포글러 교과서를 언급할 것을 요구한다. 안드로이드 사용자들은 또한 전화기, 태블릿, 컴퓨터에서도 PolyMathLite를 사용할 수 있다. 자세한 내용은 웹사이트 *www.polymathlite.com*에서 확인할 수 있다.

D.2 Wolfram

Wolfram CDF 플레이어는 .cdf 파일을 보는 데 사용된다. WolframLEP를 실행하기 위해서는 필요 없지만 슬라이더를 사용해 다른 파라미터를 변화시키고 결과를 라이브로 생성할 수 있는 동적 및 인터랙티브 예제를 만드는 것이 특징이다. 이 프로그램을 생성하는 코드도 편집하려면 Wolfram Mathematica 11을 구입해 내려받아야 하는데, 이 프로그램은 *http://www.wolfram.com/mathematica/*에서 찾을 수 있다. (미시간대학 학생 참고: CAEN 컴퓨터에는 Mathematica 11이 설치되어 있어서 Mathematica 파일을 쉽게 편집하고 볼 수 있다.)

시작하기

- Wolfram CDF Player를 무료로 내려받는다(*https://www.wolfram.com/cdf-player/*). (참고: 모든 미시간대학 학생: CAEN 컴퓨터에는 CDF 플레이어가 설치되어 있으므로 CDF 플레이어를 설치할 필요가 없다.)
- Wolfram CDF Player 설치에 대한 지침서를 본다(*http://www.umich.edu/~elements/5e/software/CDF_installation_tutorial.pdf*).
- Wolfram LEP 코드 실행에 대한 지침서를 본다(*http://www.umich.edu/~elements/5e/software/Wolfram_LEP_tutorial.pdf*).

D.3 MATLAB

MATLAB은 기술 컴퓨팅을 위한 고성능 언어다. 매트릭스 기반 언어(matrix-based language)로서, 매트릭스 조작, 함수와 데이터의 플롯, 알고리즘의 구현, 다른 언어로 작성된 프로그램과의 연동 등이 가능하다. MATLAB 코드를 실행하기 위해서는 MATLAB 소프트웨어가 필요하다. MATLAB 소프트웨어는 대부분의 대학 컴퓨터에서 무료로 사용할 수 있다. 만약 어떤 이유로 당신의 대학에서 그것을 구입할 수 없다면, *https://www.mathworks.com*에서 구매할 수 있다.

LEP를 위한 MATLAB 프로그램은 CRE 웹사이트에서 제공된다. MATLAB ODE 문제풀이 프로그램의 단점은 이차적 파라미터값의 변화를 결정하려고 할 때 특히 사용자 친화적이지 않다는 것이다. MATLAB은 Polymath와 같은 네 가지 유형의 프로그램에 사용될 수 있다.

시작하기

컴퓨터에 이미 MATLAB이 설치되어 있는 경우 MATLAB 프로그램 지침서를 이용하여라. MATLAB이 설치되어 있지 않으면 아래를 방문하여 한 달 무료 체험판을 내려받아라. *https://www.mathworks.com/programs/trials/trial_request.html?ref=ggl&s_eid=ppc_5852767522&q=%252Btrial%20%252Bmatlab.*

MATLAB 지침서

- 상미분방정식(ODE) 문제풀이 프로그램 지침서(*http://www.umich.edu/~elements/5e/software/matlab_tutorial_LEP-12-1.pdf)*

D.4 Excel

마이크로소프트 Excel은 기본적이고 복잡한 수학 계산과 기능을 수행하기 위해 행과 열에 배열된 셀의 그리드를 사용하는 스프레드시트 애플리케이션(spreadsheet application)이다. Excel은 계산, 그래프 도구, 피벗 테이블 및 매크로 프로그래밍 언어를 특징으로 한다. 이 교과서에서는 선형 회귀분석을 수행하기 위해 Excel을 사용한다.

시작하기

사용지침서에서는 컴퓨터에 Excel(Microsoft Office)이 설치되어 있다고 가정한다. 만약 대학의 학생이나 교수라면, 당신은 대학 컴퓨터에서 Excel을 이용할 수 있을 것이다. Excel에 접근할 수 없는 경우, 대학 전산 서비스에 문의하거나 *products.office.com*을 방문하여 30일간의 무료 체험판을 내려받거나 Microsoft(*https://products.office.com/en-US/excel?legRedir=true&CorrelationId=f37dfa92-9ec7-41a1-bdd4-d5ccd9210720*)에서 Excel을 구입하여 사용하기 바란다. 미시간대학 학생들은 모든 캠퍼스 내 컴퓨터에서 Excel을 이용할 수 있다.

Excel 지침서

- 활성화 에너지의 결정(*http://www.umich.edu/~elements/5e/software/Excel_tutorial.pdf)*

D.5 COMSOL*(http://www.umich.edu/~elements/5e/12chap/comsol.html)*

COMSOL Multiphysics는 COMSOL Inc.로부터 상업적으로 이용 가능한 모델링 및 시뮬레이션 소프트웨어다. 1D, 1D 축 대칭, 2D, 2D 축 대칭, 3D, 단일지점(0D)에서의 다중역학 문제를 해결한다. 프로그램 내부에서는 이러한 문제가 편미분방정식(1D~3D용 PDE) 또는 상미분방정식(ODE)을 사용하여 계산된다.

이 교과서에는 COMSOL Multiphysics 소프트웨어를 사용하여 구체화하고 해결해 온 모델 예제가 수록되어 있다. *www.comsol/ecre*에서 각 문제가 설명되고 설명서에 요약되어 있으며, 여기에는 해당 모델을 재현하고 모델 방정식을 자세히 도출하기 위한 단계별 지침도 포함되어 있다. 웹모듈에는 내려받기가 가능한 5개의 COMSOL 모듈(예, 관형반응기, 플러그흐름반응기, CSTR)이 있다. 이러한 COMSOL 모델을 실행하거나 재현하기 위해서는 유효한 COMSOL Multiphysics 라이선스가 필요하다.

COMSOL 소프트웨어를 사용하면 상미분방정식 및 편미분방정식을 모두 풀 수 있다(*http://www.comsol.com/ecre*). COMSOL의 화학반응공학 모듈은 공간과 시간에 따른 문제를 해결하기 위해 사용된다.

시작하기

컴퓨터에 COMSOL 소프트웨어가 설치되어 있는 경우, COMSOL 파일을 직접 개발하거나 COMSOL 웹사이트(*http://www.comsol.com/ecre*)에 있는 여러 개의 COMSOL 파일에 접근할 수 있다. COMSOL 웹사이트 *http://umich.edu/~elements/5e/software/software_comsol.html*에서 COMSOL 파일을 내려받아 실행하는 지침서가 있다. COMSOL 소프트웨어가 없더라도 걱정할 것 없다! 도서관에 있는 모든 COMSOL 파일에 접속하고 실행할 수 있는 COMSOL LEP 파일용 사용자 인터페이스를 만들었다. COMSOL 모델을 사용하기 위해 당신은 미시간대학의 웹사이트를 "Guest"로서 로그인할 수 있다. COMSOL에 액세스하고 실행하려면 *http://www.umich.edu/~elements/5e/12chap/comsol.html*을 방문하여라.

다음 COMSOL 모듈에 대한 COMSOL LEP 파일을 실행하기 위한 COMSOL 지침서가 웹사이트(*http://www.umich.edu/~elements/5e/software/software_comsol.html*)에서 제공된다.

- 비등온 관형반응기
- CSTR의 운전개시
- 단열운전하는 플러그흐름반응기
- 열교환기가 설치된 플러그흐름반응기
- 직렬연결된 2개의 CSTR

D.6 Aspen

Aspen은 주로 상급 디자인 과정에 사용되는 프로세스 시뮬레이터(process simulator)이다. 이 교재에서 사용되는 소프트웨어 패키지 중 가장 어려운 것이다. Aspen에서 반응물과 생성물의 물리적 특성에 대한 데이터베이스가 내장되어 있다. 결과적으로, 오직 화학물질과 속도식 파라미터만을 타자 치면 된다. 그것은 정말 너무 강력해서 여기에 주어진 숙제에 이용될 수 없다. Aspen을 이용한 벤젠의 열분해에 대한 예제가 CRE 웹사이트의 제5장 *Learning Resources 4.E, Solved Problem E.5-3 Design*에 주어졌다. Aspen에 익숙해지도록 돕기 위한 숙제 중 하나는 열효과가 있는 문제로서 이를 풀기 위하여 Aspen을 사용하는 것에 노력을 쏟아야 할 것이다.

제5장, 제11장, 제12장의 Aspen 지침서 및 예제 문제는 CRE 웹사이트 홈페이지에서 직접 액세스할 수 있다(*Let's Get Started*에서, *Additional Software*를 클릭한 다음 *Aspen Plus*를 클릭하여라).

화학반응공학 문제(소프트웨어는 포함되지 않음)를 해결하기 위해 Aspen Plus를 사용하는 지침은 Aspen 웹사이트 *www.aspentech.com*에서 확인할 수 있다.

- 제5장–예제 5-3: 에틸렌 분해용 관형반응기 설계 [Tutorial, ASPEN Backup File] (*http://www.umich.edu/~elements/5e/software/aspen-creating.html*)
- 제8장–부속문서 예제: 벤젠의 열분해 [Tutorial, ASPEN Backup File, Polymath File]
- 제11장–예제 11-3: 노말–부테인 [Tutorial, ASPEN Backup File](*http://www.umich.edu/~elements/5e/software/aspen-example11-3.html*)
- 제12장–예제 12-2a: 무수초산의 단열 생산 [Tutorial, ASPEN Backup File] (*http://www.umich.edu/~elements/5e/software/aspen-example12-2.html#8-6*)
- 제12장–예제 12-2b: 일정한 열교환을 갖는 무수초산의 생산 [Tutorial, ASPEN Backup File](*http://www.umich.edu/~elements/5e/software/aspen-example12-2.html#8-7*)

D.7 장치의 시각적 백과사전(Visual Encyclopedia of Equipment)–반응기 절

다양한 유형의 반응기에 대한 추가 정보가 다음 사이트에 있다.
http://encyclopedia.che.engin.umich.edu/Pages/Reactors/menu.html

D.8 반응기 랩

ReactorLab을 사용하여 다양한 화학 반응기를 시뮬레이션하는 지침은 *http://reactorlab.net*에서 확인할 수 있다.

속도식 자료 E

Rate-Law Data

반응 속도식 및 데이터는 다음 웹사이트에서 얻을 수 있다.

1. National Institute of Standards and Technology (NIST)
   Chemical Kinetics Database on the Web
   Standard Reference Database 17, Version 7.0 (Web Version), Release 1.2
   기상반응에 대한 속도론적 데이터를 모아 제공한다.
   http://kinetics.nist.gov/kinetics/index.jsp
2. International Union of Pure and Applied Chemistry (IUPAC)
   이 웹사이트는 기체 속도론적 데이터 평가를 위한 속도론적 및 광화학 데이터를 제공한다.
   http://iupac.pole-ether.fr/
3. NASA/JPL(Jet Propulsion Laboratory: California Institute of Technology)
   이 웹사이트는 대기 연구에서 사용할 수 있는 화학 속도론과 광화학 데이터를 제공한다.
   http://jpldataeval.jpl.nasa.gov/download.html
4. BRENDA: University of Cologne
   이 웹사이트는 효소 데이터와 신진대사 정보를 제공한다. BRENDA는 쾰른대학의 생화학연구소에서 유지, 개발되고 있다.
   http://www.brenda-enzymes.org/
5. NDRL Radiation Chemistry Data Center: Notre Dame Radiation Laboratory
   이 웹사이트는 용액의 과도기 라디칼, 라디칼 이온 및 들뜬 상태에 대한 반응속도 데이터를 제공한다.
   http://rad.nd.edu/data-center/

학술기호 F

Nomenclature

A	화학물
A_c	단면적(m^2)
A_p	입자의 전체 외부 표면적(m^2)
a_p	단위 반응기 부피당 촉매의 외부 표면적 (m^2/m^3)
a	반응기의 단위부피당 열교환 면적(m^{-1})
a_c	촉매 입자의 부피당 외부 표면적(m^2/m^3)
B	화학물
$\mathbf{B}_A$	벌크 흐름으로 생기는 단위면적당 A의 몰유량 ($mol/m^2 \cdot s$)
Bo	보덴스타인 수(Bodenstein number)
C	화학물
C_i	화합물 i의 농도(mol/dm^3)
C_{pi}	온도 T에서 화합물 i의 열용량($cal/gmol \cdot K$)
$\tilde{C}_{pi}$	온도 T_0와 T 사이에서 화합물 i의 평균 열용량($cal/mol \cdot K$)
$\hat{C}_{pi}$	표준온도 T_R과 T 사이에서 화합물 i의 평균 열용량($cal/mol \cdot K$)
c	전체 농도(mol/dm^3)(PDF 제14장)
D	화학물
Da	담쾰러(Damköhler) 수(무차원)
D_{AB}	B용액 중에서 A성분의 이성분계 확산계수(dm^2/s)
D_a	분산계수(cm^2/s)
D_e	유효 확산계수(dm^2/s)
D_K	뉴즌 확산계수(Knudsen diffusivity)(dm^2/s)
D^*	테일러 분산계수(Taylor dispersion coefficient)

E	활성화 에너지(cal/gmol)
(E)	자유(비결합된) 효소의 농도(mol/dm^3)
F_i	화합물 i의 몰속도(mol/s)
F_{i0}	화합물 i의 몰유입속도(mol/s)
f	부피유량비, υ/υ_0
G	단위면적당 질량 속도(g/dm^2·s)
G_i	화합물 i의 생성속도(mol/s)
$G_i^\circ(T)$	온도 T에서 화합물 i의 깁스 자유에너지(cal/gmol·K)
$H_i(T)$	온도 T에서 화합물 i의 엔탈피(cal/mol i)
$H_{i0}(T)$	온도 T_0에서 화합물 i의 엔탈피(cal/mol i)
H_i°	표준온도 T_R에서 화합물 i의 생성엔탈피(cal/gmol i)
h	열전달계수(cal/m^2·s·K)
$\mathbf{J}_A$	화합물 A의 분자 확산 속도(mol/m^2·s)
K_A	흡착 평형 상수
K_c	농도 평형 상수
K_e	평형상수(무차원)
K_P	분압 평형 상수
k	비반응속도(반응속도상수)
k_c	물질전달계수(m/s)
M_i	화합물 i의 분자량(g/mol)
m_i	화합물 i의 질량(g)
N_i	화합물 i의 몰수(mol)
n	총괄 반응 차수
Nu	넛셀 수(Nusselt number)(무차원)
Pe	페클레 수(Peclet number)(PDF 제17장)
P_i	화합물 i의 분압(atm)
Pr	프란틀 수(Prandtl number)(무차원)
Q	주위에서 계로의 열 흐름(cal/s)
R	이상기체상수
Re	레이놀즈 수(Reynolds number)(무차원)
r	반경(m)
r_A	단위부피당 화합물 A의 생성속도(gmol A/s·dm^3)
$-r_A$	단위부피당 화합물 A의 소멸속도(mol A/s·dm^3)
$-r'_A$	촉매 단위질량당 화합물 A의 소멸속도(mol A/g·s)
$-r''_A$	촉매 단위표면적당 화합물 A의 소멸속도(mol A/m^2·s)
S	활성점(제10장)
(S)	기질 농도(gmol/dm^3)(제7장)
S_a	촉매 단위질량당 표면적(m^2/g)

$S_{D/U}$	순간 선택도(제8장)
$\tilde{S}_{D/U}$	총괄 선택도(U에 대한 D의)
Sc	슈미트 수(Schmidt number)(무차원)(제10장)
Sh	셔우드 수(Sherwood number)(무차원)(제10장)
SV	공간속도(s^{-1})
T	온도(K)
t	시간(s)
U	총괄열전달계수($cal/m^2 \cdot s \cdot K$)
V	반응기 부피(dm^3)
V_0	초기 반응기 부피(dm^3)
υ	부피유속(dm^3/s)
υ_0	유입부피유속(dm^3/s)
W	촉매 무게(kg)
$\mathbf{W}_A$	화합물 A의 몰유속($mol/m^2 \cdot s$)
X	주요 반응물 A의 전화율
Y_i	화합물 i의 순간 수율
$\tilde{Y}_i$	화합물 i의 총괄 수율
y	압력비 P/P_0
y_i	화합물 i의 몰분율
y_{i0}	화합물 i의 초기 몰분율
Z	압축인자
z	선형거리(cm)

아래첨자

0	유입 입구 또는 초기 조건
b	충전층(벌크)
c	촉매
e	평형
p	펠릿(알갱이)

그리스 기호

α	반응차수(제3장)
α	압력강하 파라미터(제5장)
α_i	열용량 파라미터(제12장)
β_i	열용량 파라미터
β	반응차수
γ_i	열용량 파라미터
δ	반응한 A몰당 전체 몰수의 변화

ε	전체 몰 변화로부터 기인되어 반응한 A몰당 부피 변화 분율
η	내부 유효 인자(effectiveness factor)
Θ_i	A의 초기(유입) 몰수에 대한 화합물 i의 초기(유입) 몰수의 비
λ	무차원 거리(z/L)(PDF 제15장)
λ	기대수명(s)(PDF 제17장)
μ	점도(g/cm·s)
ρ	밀도(g/cm^3)
ρ_c	촉매 알갱이의 밀도(g/cm^3 of pellet)
ρ_b	촉매의 벌크 밀도(g/cm^3 of reactor bed)
τ	공간시간(s)
ϕ	공극률(Porosity)
ϕ_n	틸레 모듈러스(Thiele modulus)
ψ	무차원 농도(C_A/C_{As})
Ω	외부(총괄) 유효 인자(effectiveness factor)

개방형 문제들 G

Open-Ended Problems

다음은 미시간대학의 학기 중 출제 문제들로 사용되었던 개방형 문제들을 요약한 것이다. 전체 문제에 대한 설명은 CRE 웹사이트, 웹 부록 G에서 찾아볼 수 있다(*http://www.umich.edu/~elements/5e/appendix/DVDROM-Appendix-G.pdf*).

G.1 ChemE 자동차

매년 ChemE 자동차 대회(ChemE Car competition) 결승은 미국화학공학회(AIChE)의 연례 총회에서 열린다. 결승전에서 경쟁할 수 있으려면 학생부(student chapter)가 봄에 열리는 지역대회에서 자격을 얻어야 한다. 이 대회는 화학반응에 의해 동력을 얻고, 아주 큰 신발상자보다는 크지 않아야 하며, 지정된 양의 물(예, 500 dm^3)을 운반하고, 일정 거리(예, 35 m)를 이동하고 정차하는 소형차를 설계 · 구축하는 것이다. 운반할 물의 양과 거리는 대회가 시작되기 1시간 전에 지정된다. 전체 지시문 목록은 *https://www.aiche.org/chem-e-car-competitionr-rules*에서 찾을 수 있다.

G.2 효율적인 윤활유 설계

자동차 엔진에 사용되는 윤활유는 기본 오일(base oil)에 첨가제를 혼합하여 바람직한 물리적 특성을 가진 혼합물로 되어 있다. 이 문제에서 학생들은 산화작용에 의한 윤활유 성능 저하를 검사하고 개선된 윤활유 시스템을 설계하도록 한다. 설계에는 윤활유 시스템의 물리적, 화학적 특성과 자동차에 적용되는 방법에 대한 설명이 포함되어야 한다. 주안점: 자동차산업, 석유산업.

G.3 Peach Bottom 핵반응기

역자 주 | Peach Bottom은 미국 펜실베이니아 요크카운티의 핵발전소가 있는 조그만 마을

최근 설치된 핵 발전 설비로부터의 방사능 유출흐름은 핵규제위원회의 기준(Nuclear Regulatory Commission standards)을 준수하도록 만들어야 한다. 학생들은 화학반응공학과 창조적인 문제해결방안을 이용하여 반응기 유출물의 처리에 대한 해결책을 제안하도록 한다. 주안점: 문제해석, 안전, 윤리.

G.4 습식 매립 산화

여러분은 많은 양의 수용성 폐기물을 배출하는 정밀화학회사에서 일하고 있다. 여러분 회사의 최고경영자(CEO)가 저널에서 유해폐기물을 감소시키는 신기술이 개발되었다는 것을 읽었고, 여러분은 그 시스템 및 타당성을 평가해야 한다. 주안점: 폐기물 처리공정, 환경문제, 윤리.

G.5 수첨탈황 반응기 설계

클렌 석유화학(Kleen Petrochemical)의 감독관은 수첨탈황반응(hydrodesulfurization)을 이용하여 공정 폐기물에서 에틸벤젠을 생산하려 한다. 여러분에게 수첨탈황반응을 위한 반응기를 설계하는 임무가 주어졌다. 주안점: 반응기 설계.

G.6 연속생물처리공정

대부분의 상업용 생물반응은 회분식반응기에서 이루어진다. 연속적인 생물반응기의 설계는 그것이 회분식 공정보다 경제적으로 더 유용하다는 것을 증명할 수 있어서 바람직하다. 가장 바람직한 것은 성장배지를 공급하는 동안 반응기에 떠 있는 세포를 반응기 밖으로 나오게 하지 않고 유지할 수 있는 반응기다. 주안점: 혼합 모델링, 분리, 바이오공정 속도론, 반응기 설계.

G.7 메탄올 합성

실험실 자료에 기반한 반응속도 모델들은 촉매 반응기의 설계를 위해 화학 산업에서 점차 많이 사용되고 있다. 그러나 모델링 프로세스 자체는 실험 자료의 다른 해석으로 기본 속도식을 도출함으로써 최종 반응기 설계와 궁극의 성능에 영향을 미칠 수 있다. 이 문제에서는, 학생들에게 속도론 모델링 방법/접근법을 개발하고, 실험 자료로부터 메탄올의 생산에 응용하도록 한다. 주안점: 속도론 모델링, 반응기 설계.

G.8 케이준 해산물 검보(Cajun Seafood Gumbo)

미식가들이 찾는 별미들은 대개 회분공정(실제로 회분반응기)으로 만들어진다. 만들기가 가장 까다로운 별미 중 몇 가지로 루이지애나 특산품이 있는데, 이는 양념(매운맛)과 미묘한 향료들이 서로 정교하게 어우러져야 한다. 크리올(creole)과 케이준(cajun) 음식을 만들 때 어떤 향들은 몇몇 재료들을 뜨거운 기름에서 일정시간 동안 끓이는 것만으로 날아간다.

특산품의 하나인 케이준 해산물 검보(cajun seafood gumbo)에 초점을 두고자 한다. 고급 해산물 수프를 5 gal/h로 생산할 수 있는 연속흐름반응기 계를 개발해 보아라. 전체 공정의 흐름도를 작성하여라. 당신의 프로젝트가 확실히 성공하게끔 하는 데 필요한 실험 및 연구 범위를 기술하여라. 이 문제에 대한 연구를 어떻게 시작할 것인가에 대해 말해 보아라. 수행하려는 실험에 대한 계획을 수립하여라(제7장 R7.5, 296쪽 참조).

케이준 해산물 수프를 회분조작으로 만드는 전통적인 방법은 다음과 같다(10쿼트, 40인분).

밀가루 1컵
올리브유 1½컵
잘게 썬 셀러리 1컵
붉은 양파 큰 것(깍둑썰기) 2개
생선 스톡 5쿼트
생선(대구, 붉은 도미, 아귀, 넙치를 섞은 것) 6파운드
게살 12온스
중간크기의 굴 1쿼트
중간에서 큰 새우 1파운드
월계수 잎(바순 것) 4장
잘게 썬 파슬리 ½컵
아이다호 큰 감자(깍둑썰기) 3개
빻은 후추 1스푼
토마토 페이스트 1스푼
마늘(깍둑썰기) 5쪽
타바스코 소스 ½스푼
달지 않은 백포도주 1병
가리비 1파운드

1. 루(roux)를 만든다(즉, 밀가루 1컵을 끓는 올리브유 1컵에다 넣는다). 진한 갈색이 될 때까지 볶는다. 루를 생선 육수에 넣는다.
2. 잘게 썬 셀러리와 양파를 끓는 올리브유에 넣어 양파가 반투명하게 될 때까지 볶는다. 기름을 빼고서 생선 육수에 넣는다.
3. 생선의 1/3(2 lb)을 넣은 다음, 게살, 굴에서 나온 물, 월계수 잎, 파슬리, 감자, 검은 후추, 토마토 페이스트, 마늘, 타바스코 소스의 1/3을 넣고 올리브유 1/4컵을 넣는다. 중간 중간 저어 주면서 살짝 끓는 상태에서 4시간 동안 요리한다.
4. 찬물 1쿼트를 넣은 다음, 불에서 내려 냉장고에 (적어도 12시간) 먹기 2.5시간 전까지 넣어 둔다.
5. 냉장고에서 꺼내 올리브유, 포도주 및 가리비 1/4컵을 넣는다. 살짝 끓인 다음, 2시간 동안 보글보글 끓인다. 나머지 생선(먹기 좋게 자른)과 게살을 넣고 물을 부어 전체 부피가 10쿼트가 되게 한다. 2시간 동안 끓이고 새우를 넣은 다음 10분 후에 굴을 넣어 즉시 먹는다.

G.9 알코올 대사

이 개방형 문제(open-ended problem)의 목적은 학생들이 반응속도론에 대한 지식을 인간의 알코올 대사를 모델링하는 문제에 적용하는 것이다. 게다가, 학생들은 그들의 발견을 포스터 세션에 발표할 것이다. 포스터 발표는 대학 사회에 술 소비와 관련된 위험에 대한 인식을 높이기 위해 고안될 것이다.

학생들은 다음 4가지 주요 주제 중 하나를 선택하여 더 조사해야 한다.

1. 급성 알코올 과다 복용으로 인한 사망
2. 알코올의 장기 효과
3. 알코올과 일반적인 약의 상호작용
4. 알코올의 신진대사에 영향을 미치는 요인

각 주제에 관한 일반적인 정보를 CRE 웹사이트에서 확인할 수 있다.

신진대사와 모델 방정식은 CRE 웹사이트에서 제공된다. CRE 웹사이트에서 직접 알코올 대사에 대한 실전 예제 문제를 로드할 수 있다(*http://www.umich.edu/~elements/5e/09chap/prof-pharmacokinetics.html*).

G.10 메탄올 중독

메탄올 중독에 대한 응급실 처방은 메탄올이 눈을 멀게 하는 포믹산(formic acid)과 포메이트(formate)로 분해되지 않도록 알코올 탈수소 효소(alcohol dehydrogenase enzyme)를 묶기 위해 에탄올을 정맥에 주사하는 것이다. 이 개방형 문제의 목표는 메탄올 독성에 대하여 에탄올 정맥주사의 주입속도를 예측하기 위한 에탄올 대사에 대한 생리학 기반 모델을 만드는 것이다. 웹에 있는 제9장의 PBPK(Physiological Based Pharmacokinetic) 모델에 관한 전문 참고자료 서고 자료로 이 문제를 시작할 수 있다.

계산화학 소프트웨어 패키지 사용 H

Use of Computational Chemistry Software Packages

H.1 전산화학공학

미래에 대한 도입부로서, 우리의 분야는 분자화학공학(molecular chemical engineering)을 발전시키고 있다. 화학반응공학자들에게 계산화학(computational chemistry)과 분자 모델링(molecular modeling)은 우리의 미래가 될 수 있다.

반응기 설계 문제에 사용되는 분자 화합물의 열역학적 특성은 Perry's Handbook이나 JANAF 표와 같은 표준 자료 소스에 수록된 열역학 데이터에서 쉽게 추정할 수 있다. 표에 작성되지 않은 분자 화합물의 열화학적 특성은 일반적으로 그룹 기여 방법(group contribution methods)을 사용하여 추정할 수 있다. 그러나 활성화 에너지의 추정은 전환–상태 구조(transition-state structures)에 대한 신뢰할 수 있는 정보가 부족하므로 훨씬 더 어렵고, 이러한 계산을 수행하는 데 필요한 데이터를 쉽게 구할 수 없다.

최근 계산화학의 발전과 강력하고 사용하기 쉬운 소프트웨어 도구의 등장으로 이러한 새로운 방법을 반응기 설계 프로세스에 통합할 수 있을 만큼 충분한 정확도로 중요한 반응–속도 값(활성화 에너지 등)을 추정할 수 있게 되었다. 계산화학 프로그램은 양자역학의 이론과 방정식에 기초하는데, 최근까지 수소 원자와 같은 가장 단순한 시스템에 대해서만 해결할 수 있었다. 저렴한 초고속 데스크톱 컴퓨터의 등장으로 공학 연구와 산업 실습 모두에서 이러한 프로그램의 사용이 급증하고 있다. 결합 길이, 결합 각도, 순 쌍극 모멘트, 정전기 전하 분포 등의 분자 특성을 계산할 수 있다. 또한, 반응 에너지학(reaction energetics)은 양자 화학을 사용하여 반응물, 생성물 및 전환 상태 구조의 생성열을 추정함으로써 정확하게 결정할 수 있다.

상업적으로 이용 가능한 계산화학 프로그램의 예로는 Wavefunction, Inc.(*www.wavefun.com*)에서 개발한 Spartan과 Molecular Simulation, Inc.(*www.accelrys.com*)의 Cerius2가 있다. 분자반응공학에 관한 제3장의 웹모듈(*www.umich.edu/~elements/5e/* 참조)은 우리가 미래에 기대할 수 있는 것의 예제를 제공한다.

CRE 웹 자료 사용법

How to Use the CRE Web Resources

CRE 웹 자료의 주요 목적은 풍부한 자료들을 제공하고자 하는 것이다. CRE 웹 자료를 사용하는 혜택은 다섯 부분에 있다.

1. 학생들의 서로 다른 학습 스타일에도 쉽게 적용: *http://www.umich.edu/~elements/5e/asyLearn/index.htm*
2. 추가 과제문제, 특정 개념 또는 주제에 대한 심화학습 기회의 제공
3. 비판적 사고, 창의적 사고 및 문제해결 기법들을 훈련할 수 있는 기회의 제공
4. 현장의 공학도에게 추가적인 기술 자료의 제공
5. 화학공학의 계산 소프트웨어를 사용하는 추가적인 숙제 문제와 강의내용과 같은 학습정보의 제공

I.1 CRE 웹 자료의 구성요소

이 CRE 웹 자료에는 두 가지 형태의 정보가 있다: **장에 따라서**(by chapter) 만들어진 정보와 **개념에 따라서**(by concept) 만들어진 정보. CRE 웹 자료의 "장에 따라서" 부분에 있는 자료는 이 교재에 나오는 자료와 상응하며 5개의 절로 더 나누어진다.

- **목적(objectives)**. 목적 페이지는 학생들이 장(chapter)에서 무엇을 배울 것인가를 목록으로 만들었다. 한 장을 마쳤을 때 학생들은 목적 페이지로 되돌아가서 그 장에서 모든 것을 배웠는지 여부를 점검할 수 있다. 혹은 어떤 특별한 토픽에 대해서 도움이 필요한 경우 학생들은 목적 페이지에서 그 토픽이 해당 장에서 다루어지는지를 확인할 수 있다.
- **학습자료(Learning Resources)**. 이 자료들은 각 장의 내용에 대해 포괄적인 개요를 제공하고 추가적인 설명, 그리고 화학반응공학의 기본 개념을 보강하기 위한 응용사례들을 제공한다. 요약노트(Summary Notes)는 각 장의 전체 모습(overview)으로서 역할을 하고 유도된 방정식의 논리 흐름과 추가적인 예들을 포함한다. 웹모듈과 대화형 컴퓨터 게임(ICG)은 교재로부터의 원리가 표준에 맞지 않는 문제(nonstan-

dard problems)에 어떻게 적용될 수 있는지 보여준다. 풀이된 문제(Solved Problems)는 학생들에게 각 장으로부터 얻은 지식을 활용하도록 더 많은 예제를 제공한다.

웹사이트 홈페이지에 **YouTube** 동영상 링크가 있다. 앨라배마대학에서 가장 많이 본 동영상은 다음과 같다.

제1장: Fogler Zone(너는 포글러라는 친구를 얻었다)

제3장: 흑거미 살인 미스터리와 건축업자 Bob과 친구들의 감자 굽기

제4장: CRF(Crimson Reactor Firm) 반응기 비디오, 크림슨 반응기 회사의 다이어트 코크(Diet Coke)와 멘토스(Mentos)로 운전되는 "반회분식(semi batch)" 비디오

제5장: 새로운 춤과 노래를 배운다. YMCA 곡조의 CSTR, Chemical Good Time Rhythm 랩송, 미시간대학생들의 Chemical Engineering Gone Wrong.

미시간대학에서 가장 많이 본 동영상은 다음과 같다.

제3장: Arrhenius Dream

제4장: I just found X

제5장: Chemical Engineering Gone Wrong

제5장: Under Pressure

- **실전 예제 문제(Living Example Problems, LEP).** 이 문제들은 보통 각 장에 있는 두 번째 숙제 문제(예, P5-2$_B$)인데, 보통 컴퓨터 소프트웨어로 풀어야 한다. Polymath, Wolfram 또는 MATLAB을 사용하여 LEP를 수행할 수 있다. LEP 프로그램은 CRE 웹 자료로 제공되기 때문에 학생들은 프로그램을 다운받아 문제를 가지고 "놀이"할 수 있고, 비판적 사고와 창의적 사고를 기르기 위하여 "만약 ...라면?"이라는 질문을 할 수 있다. 학생들은 주어진 반응시스템의 추세를 예측하거나 시스템의 거동을 예상하기 위해 반응속도상수와 같은 파라미터값을 바꿀 수 있다.

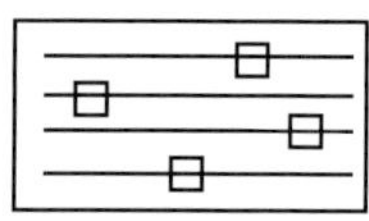
Wolfram Sliders

- **전문 참고자료 서고(Professional Reference Shelf).** 전문 참고자료 서고는 두 가지 형태의 정보를 포함한다. 첫 번째로 PRS는 현장 엔지니어에게는 중요하지만 대부분의 화학반응공학 과정에는 일반적으로 포함되지 않는 자료들을 제공한다. 두 번째로는 교재에서 많이 생략된 유도과정을 아주 세밀하게 설명한다. 이러한 유도의 중간과정을 CRE 웹 자료에서 보여준다.

참고자료 서고

- **컴퓨터 시뮬레이션 문제.** 이 문제들은 LEP에 기초하고 있다. 독자들은 Wolfram 슬라이더, Polymath 또는 MATLAB을 사용하여 질문에 답하거나 문제를 해결해야 한다. 이러한 문제들은 두 텍스트에 모두 적용된다: *Essentials of Chemical Reaction Engineering*, 2nd edition 그리고 *Elements of Chemical Reaction Engineering*, 5th edition. 이 문제들에는 또한 이전 판 교과서에 있던 우수한 문제들이 포함되어 있다.
- **LearnChemE 비디오.** 콜로라도대학교는 이 강좌에서 다루는 여러 개념에 대해 6~8분짜리 동영상을 많이 보유하고 있다. 다수의 매우 좋은 동영상들이 있다.
- **i>clicker 질문.** i>clicker 질문 모음과 답변이 각 장에 제공된다.
- **확장자료(Expanded Material).** 이 자료는 일부 대학에서는 텍스트 형식 페이지로 다루지 않을 수 있으므로 웹사이트 자료로 가볍게 다루고 있다.

- **강의노트(Lecture Notes).** 파워포인트 슬라이드의 강의노트에 대한 출처는 두 가지인데, 하나는 미시건대학의 내 노트이고, 다른 하나는 일리노이대학의 Mary Kraft 교수의 노트이다.
- **장치의 시각적 백과사전(Visual Encyclopedia of Equipment)(*http://encyclopedia.che.engin.umich.edu*).** 이 부분은 미시간대학의 Susan Montgomery 박사가 개발했다. 여기에는 실제 반응기와 이상적인 반응기에 대한 풍부한 사진과 설명이 제시되어 있다. Felder/Solomon 지수의 시각적, 능동적, 감지 및 직관적 학습 스타일을 가진 학생들은 특히 이 섹션의 혜택을 받을 것이다.
- **반응기 랩(Reactor Lab)(*http://www.ReactorLab.net*).** 샌디에이고 캘리포니아대학의 Richard Herz 교수에 의해 개발된 이 상호작용 도구는 학생들이 CRE 자료에 대한 이해를 테스트할 뿐 아니라 다른 상황과 반응차수와 반응형태의 조합을 탐구할 수 있게 해준다.

학습자료(Learning Resources)의 자료는 **요약노트**, **웹모듈**, **대화형 컴퓨터 게임**, **풀이된 문제**로 나누어진다. 표 I-1은 각 장에서 찾아볼 수 있는 여러 가지 풍부한 자원들에 대해 보여주고 있다.

표 I-1 CRE 웹 자료에 들어 있는 풍부한 학습자료

	장(Chapter)												
	1	2	3	4	5	6	7	8	9	10	11	12	13
요약노트	■	■	■	■	■	■	■	■	■	■	■	■	■
웹모듈	■	■	■		■	■		■	■				
대화형 컴퓨터 게임	■	■		■	■		■	■	■	■		■	
풀이된 문제		■		■	■	■	■	■	■	■	■	■	■
추가 숙제 문제	■	■	■	■	■	■	■	■	■	■	■	■	■
실전 예제 문제				■	■	■	■	■	■	■	■	■	■
전문 참고자료 서고	■	■	■	■	■	■	■	■	■	■	■	■	■
YouTube 동영상 링크	■		■	■	■								■

참고: ICG는 큰 메모리를 사용하는 프로그램이다. ICG의 메모리 내재적인 성질 때문에 간간이 중단되는 문제가 있다(윈도우즈 컴퓨터의 10~15%). 다른 컴퓨터에서 ICG를 시도하여 보통 이 문제를 해결할 수 있다. Heatfx 2에서 ICG는 처음 세 개의 반응기들에 대해서만 풀 수 있고, 사용자는 프로그램의 버그로 인해 현재 part 2까지 계속할 수 없다.

"개념에 따라서(by concept)" 부분에서 접근할 수 있는 정보는 하나의 장(chapter)에 특정되지 않는다. "장에 따라서(by chapter)" 부분으로부터 자료를 접근하였다고 할지라도, "개념에 따라서(by concept)" 부분은 여러 장들을 찾아보지 않고(without browsing) 빠르게 특정 자료에 접속하게끔 해준다.

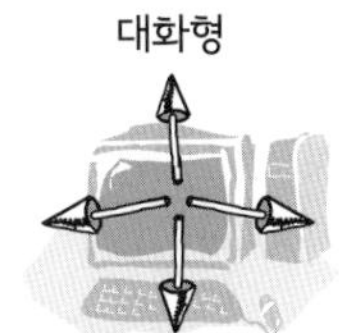

- **상호 호환적 웹모듈(Interactive Web Modules).** CRE 웹 자료에는 인터페이스로서 웹브라우저(Web browser)를 사용하는 웹모듈이 있으며, 이 상호 호환적 웹모듈은 화학반응공학 원리가 어떻게 코브라에게 물리거나 감자를 요리하는 것을 모델링하는 것과 같은 다양한 상황까지도 적용할 수 있는지를 보여주는 예제를 제공한다.
- **대화형 컴퓨터 게임(ICG).** ICG는 인터페이스로서 윈도우즈(Windows)나 도스(DOS)를 기반으로 하여 사용하는 게임이다. ICG는 농구나 제퍼디!(jeopardy!) 같은 다양한 게임을 통해 화학반

응공학의 또 다른 측면의 지식을 테스트한다.

- **문제 풀이(Problem Solving).** 여기서 학생들은 닫힌 형 문제뿐 아니라 개방형 문제들을 통해 문제해결에 대한 각양각색의 전략들을 배운다. 10가지 다른 형태의 숙제 문제들과 이 문제들에 접근하는 제안들을 보아라. 비판적 사고와 창의적 사고에 대한 폭넓은 정보도 역시 이 부분에서 찾을 수 있다. 또한 Fogler와 LeBlanc, Rizzo가 집필한 창조적 문제 풀이 전략(*Strategies for Creative Problem Solving*, Third Edition)을 *http://www.umich.edu/~scps/*와 함께 참조하여라.

웹모듈

- **강의 요강(Syllabi).** 대표적인 강의 요강이 CRE 웹 자료에 포함되어 있다: (1) 4학점 학부생 과정, 화학공학 344. 그리고 (2) 3학점 대학원 강의.
- **자주 묻는 질문(Frequently Asked Questions, FAQ).** 여러 해에 걸쳐 나는 이 과정을 가르쳤고, 학생들로부터 많은 질문을 받았다. 보통 질문은 교재의 설명이나 해석하는 여러 가지 방법을 요구하거나, 혹은 토의 중인 원리의 또 다른 사례 등을 요청하는 것이었다. 이 자주 묻는 질문과 그에 대한 답변이 이 장에 정리되어 있다.
- **크레디트(Credits).** 이 CRE 웹 자료를 편찬하는 데 누가 담당했는지를 보아라.

I.2 웹 자료는 학습 스타일을 어떻게 돕는가

I.2.A 포괄적 학습자와 순차적 학습자*

포괄적 학습자(Global Learner)

- CRE 웹 자료의 각 장의 전체 모습(overview)을 얻기 위하여 강의 요약노트를 사용하고 큰 그림(big picture)을 보아라.
- CRE 웹 자료의 현실 세계의 예제와 그림을 복습하여라.
- ICG의 윤곽을 그린 개념을 눈여겨보아라.

순차적 학습자(Sequential Learner)

- 웹상의 강의노트에서 유도(derivation) 등으로 가기 위하여 드라이브 버튼(Drive hot buttons)을 사용하여라.
- 한 걸음 한 걸음 착실히 ICG에서 모든 유도(derivation)를 따르라.
- 한 걸음 한 걸음 착실히 CRE 웹 자료 강의노트에 있는 모든 자체테스트, 오디오 및 예들을 수행하여라.

I.2.B 적극적 학습자와 사색적 학습자

적극적 학습자(Active Learner)

- 적극성을 유지하기 위해 자료와 서로 연계되는 모든 버튼(hot buttons)을 사용하여라.
- 실습문제의 좋은 자원으로 자체테스트를 사용하여라.
- 설정/파라미터를 바꾼 실전 예제 문제를 사용하고 그 결과를 보아라.
- ICG를 사용한 문제를 복습하여라.

사색적 학습자(Reflective Learner)

- 자체테스트는 그것을 보기 전에 답을 생각하도록 한다.
- 독립적으로 토픽에 대해 생각하기 위하여 **실전 예제 문제**를 사용하여라.

I.2.C 감각적 학습자와 직관적 학습자

감각적 학습자(Sensing Learner)

- 자료가 어떻게 실제 세상의 토픽(real-world topic)에 응용되는지 **웹모듈**(코브라, 하마, 나노입자)을 사용하여라.
- **실전 예제 문제**를 실제 세상의 토픽에 관련시켜라.

직관적 학습자(Intuitive Learner)

- 공급된 Polymath에 파라미터들을 변화시키고 문제에 대한 그들의 영향을 이해하여라.
- "만약 ...라면?(what if....)" 형태의 질문을 이해하기 위하여 ICG의 시행착오(trial-and-error) 부분을 사용하여라.

I.2.D 시각적 학습자와 언어적 학습자

시각적 학습자(Visual Learner)

- 경향을 보이는 그래프나 그림이 있는 CRE 웹 자료 요약노트에서 예제와 자체테스트를 공부하여라.
- 유도/문제가 다음 단계로 어떻게 진행되는지 보기 위해서 ICG를 실행하여라.
- 여러 파라미터가 어떻게 시스템에 영향을 주는지 시각적인 이해를 위해서 **실전 예제 문제**/Polymath 코드로부터 그래프로 출력된 것을 사용하여라.
- 실제 반응기의 그림을 보기 위해서 **전문 참고자료 서고**를 사용하여라.

언어적 학습자(Verbal Learner)

- 다른 방법으로 정보를 듣기 위하여 웹상에서 오디오를 청취하여라.
- ICG에 대한 질문에 답변하기 위해 파트너와 같이 일하여라.

([*]**역자 주 | 포괄적 학습자**: 학습을 관련성 없이 포괄적으로 접근하여 한꺼번에 터득하는 학습자. **순차적 학습자**: 단계적으로 접근하여 점진적으로 터득하는 학습자. 불교에서 공부하는 형태도 이와 비슷한 개념으로 "돈오점수"가 있는데, "돈오"는 갑자기 깨닫는 것이고 "점수"는 점진적으로 수련하는 것을 말한다.)

I.3 운용법(Navigation)

학생들은 많은 다른 방법으로 교재와 연계하여 CRE 웹사이트를 사용할 수 있다. 웹사이트는 **풍부한 자료들**을 제공한다. 혜택을 극대화하기 위해 이러한 자료들을 어떻게 사용하는가를 결정하는 것은 바로 각각 학생들에게 달려 있다. 표 I-2는 학습자료(Learning Resources)에 있는 **요약노트**(Summary Notes)에 있는 클릭 버튼과, 버튼을 클릭하면 보게 되는 것에 대한 간단한 설명이다.

표 I-2 요약노트에 있는 자주 쓰는 버튼

클릭 버튼	어디로 가나
Example	풀이된 예제 문제
Link	이 장과 관계없는 일반적인 자료
Tip	문제를 풀기 위한 힌트나 조언
Self Test	절에서의 학습자료 테스트, 해답 제공
Derive	이 노트에 보여주지 않았던 방정식의 유도
Critical	이 장과 관계된 비판적 사고의 질문
Module	이 장과 관계된 웹모듈
Assess	장의 목적
Polymath	요약노트에서의 문제에 대한 Polymath 풀이
Biography	방정식이나 원리를 개발한 사람의 전기
More	토픽에 대한 더 많은 정보를 넣는 장
Workbook	문제의 상세한 풀이
Plot	풀이나 방정식의 도표
Side Note	특정 주제에 대한 추가 정보
wm qt raw	오디오 클립

찾아보기

Index

ㄱ

ㅅ

ㅇ

ㅎ

기타